LEICE
book

Gmelin Handbuch der Anorganischen Chemie

Achte völlig neu bearbeitete Auflage

Main Series, 8th Edition

Bisher erschienene Bände zu „Mangan“ (Syst.-Nr. 56)
Volumes published on "Manganese" (Syst.-No. 56)

Mangan Teil B

Das Element — 1973

Mangan Teil C 1

Verbindungen (Hydride. Oxide. Oxidhydrate. Hydroxide) — 1973

Mangan Teil C 2

Verbindungen (Oxomanganionen. Permangansäure. Verbindungen und Phasen mit Metallen der 1. und 2. Haupt- und Nebengruppe des Periodensystems) — 1975

Mangan Teil C 3

Verbindungen des Mangans mit Sauerstoff und Metallen der 3. bis 6. Gruppe des Periodensystems. Verbindungen des Mangans mit Stickstoff — 1975

Mangan Teil C 4

Verbindungen des Mangans mit Fluor — 1977

Mangan Teil C 5

Verbindungen des Mangans mit Chlor, Brom und Jod — 1978 (vorliegender Band)

Mangan Teil C 6

Verbindungen des Mangans mit Schwefel, Selen, Tellur, Polonium — 1976

Gmelin Handbuch der Anorganischen Chemie

BEGRÜNDET VON Leopold Gmelin

Achte völlig neu bearbeitete Auflage

ACHTE AUFLAGE begonnen im Auftrage der Deutschen Chemischen Gesellschaft
von R. J. Meyer
E. H. E. Pietsch und A. Kotowski

fortgeführt von
Margot Becke-Goehring

HERAUSGEGEBEN VOM Gmelin-Institut für Anorganische Chemie
der Max-Planck-Gesellschaft zur Förderung der Wissenschaften

Springer-Verlag
Berlin · Heidelberg · New York 1978

Gmelin-Institut für Anorganische Chemie
der Max-Planck-Gesellschaft zur Förderung der Wissenschaften

KURATORIUM (ADVISORY BOARD)

Dr. J. Schaafhausen, Vorsitzender (Hoechst AG, Frankfurt/Main-Höchst), Dr. G. Breil (Ruhrchemie AG, Oberhausen-Holten), Prof. Dr. R. Brill (Lenggries), Dr. G. Broja (Bayer AG, Leverkusen), Prof. H. J. Emeléus, Ph. D., D. Sc., FRS (University of Cambridge), Prof. Dr. G. Fritz (Universität Karlsruhe), Prof. Dr. E. Gebhardt (Max-Planck-Institut für Metallforschung, Stuttgart), Prof. Dr. W. Gentner (Max-Planck-Institut für Kernphysik, Heidelberg), Prof. Dr. Dr. E. h. O. Glemser (Universität Göttingen), Prof. Dr. Dr. E.h. O. Haxel (Heidelberg), Prof. Dr. Dr. h.c. H. Hellmann (Chemische Werke Hüls AG, Marl), Prof. Dr. R. Hoppe (Universität Gießen), Stadtkämmerer H. Lingnau (Frankfurt am Main), Prof. Dr. R. Lüst (Präsident der Max-Planck-Gesellschaft, München), Prof. Dr. E. L. Muetterties (Cornell University, Ithaca, N.Y.), Prof. Dr. H. Schäfer (Universität Münster)

DIREKTOR

Prof. Dr. Dr. E.h. Margot Becke

STELLVERTRETENDER DIREKTOR

Dr. W. Lippert

HAUPTREDAKTEURE (EDITORS IN CHIEF)

Dr. K.-C. Buschbeck, Ständiger Hauptredakteur

Dr. H. Bergmann, Dr. H. Bitterer, Dr. H. Katscher, Dr. R. Keim, Dipl.-Ing. G. Kirschstein, Dipl.-Phys. D. Koschel, Dr. U. Krüerke, Dr. H. K. Kugler, Dr. E. Schleitzer-Rust, Dr. A. Slawisch, Dr. K. Swars, Dr. R. Warncke

MITARBEITER (STAFF)

Z. Amerl, D. Barthel, Dr. N. Baumann, I. Baumhauer, R. Becker, Dr. K. Beeker, Dr. W. Behrendt, Dr. L. Berg, Dipl.-Chem. E. Best, Dipl.-Phys. E. Bienemann, M. Brandes, E. Brettschneider, E. Cloos, Dipl.-Phys. G. Czack, I. Deim, L. Demmel, Dipl.-Chem. H. Demmer, R. Dombrowsky, R. Dowideit, Dipl.-Chem. A. Drechsler, Dipl.-Chem. M. Drößmar, I. Eifler, M. Engels, Dr. H.-J. Fachmann, I. Fischer, J. Füssel, Dipl.-Ing. N. Gagel, Dipl.-Chem. H. Gedschold, E. Gerhardt, Dipl.-Phys. D. Gras, Dr. V. Haase, H. Hartwig, B. Heibel, Dipl.-Min. H. Hein, G. Heinrich-Sterzel, H. W. Herold, U. Hettwer, Dr. I. Hinz, Dr. W. Hoffmann, Dipl.-Chem. K. Holzapfel, E.-M. Kaiser, Dipl.-Chem. W. Karl, H.-G. Karrenberg, Dipl.-Phys. H. Keller-Rudek, Dr. E. Koch, Dipl.-Chem. K. Koeber, H. Köppe, Dipl.-Chem. H. Köttelwesch, R. Kolb, E. Kranz, L. Krause, Dipl.-Chem. I. Kreuzbichler, Dr. P. Kuhn, B. de Lamper, M.-L. Lenz, Dr. A. Leonard, Dipl.-Chem. H. List, H. Mathis, K. Mayer, E. Meinhard, Dr. P. Merlet, K. Meyer, M. Michel, Dr. A. Mirtsching, K. Nöring, C. Pielenz, E. Preißer, I. Rangnow, Dipl.-Phys. H.-J. Richter-Ditten, Dipl.-Chem. H. Rieger, E. Rudolph, G. Rudolph, Dipl.-Chem. S. Ruprecht, Dipl.-Chem. D. Schneider, Dr. F. Schröder, Dipl.-Min. P. Schubert, Dipl.-Ing. H. Somer, E. Sommer, Dr. P. Stieß, M. Teichmann, Dr. W. Töpper, Dr. B. v. Tschirschnitz-Geibler, Dipl.-Ing. H. Vanecek, Dipl.-Chem. P. Velić, Dipl.-Ing. U. Vetter, Dipl.-Phys. J. Wagner, R. Wagner, Dipl.-Chem. S. Waschk, Dr. G. Weinberger, Dr. H. Wendt, H. Wiegand, Dipl.-Ing. I. v. Wilucki, C. Wolff, K. Wolff, Dr. A. Zelle, U. Ziegler, G. Zosel

FREIE MITARBEITER (CORRESPONDENT MEMBERS OF THE SCIENTIFIC STAFF)

Dr. A. Bohne, Dr. W. Kästner, Dr. I. Kubach, Dr. K. Rumpf, Dr. U. Trobisch

AUSWÄRTIGE WISSENSCHAFTLICHE MITGLIEDER
(CORRESPONDENT MEMBERS OF THE INSTITUTE)

Prof. Dr. Hans Bock
Prof. Dr. Dr. Alois Haas, Sc. D. (Cantab.)
Prof. Dr. Dr. h.c. Erich Pietsch

Gmelin Handbuch der Anorganischen Chemie

Achte völlig neu bearbeitete Auflage

Main Series, 8th Edition

Mangan

Teil C 5

Verbindungen des Mangans mit Chlor, Brom und Jod

Mit 111 Figuren

HAUPTREDAKTEUR (CHIEF EDITOR) Hartmut Katscher

REDAKTEURE (EDITORS) Helga Demmer, Hartmut Katscher, Gerhard Kirschstein, Peter Merlet, Ludwig Roth, Sigrid Ruprecht, Hildegard Wendt

WISSENSCHAFTLICHE MITARBEITER (AUTHORS) Elisabeth Bienemann, Hannelore Keller-Rudek, Karl Koeber, Peter Kuhn, Elisabeth Luther, Dietrich Schneider, Joachim Wagner, Hildegard Wendt

System-Nummer 56

Springer-Verlag

Berlin · Heidelberg · New York 1978

ENGLISCHE FASSUNG DER STICHWÖRTER NEBEN DEM TEXT:
ENGLISH HEADINGS ON THE MARGINS OF THE TEXT:

J. F. ROUNSAVILLE

Withdrawn from
University Leicester Library

DIE LITERATUR IST BIS ANFANG 1977 AUSGEWERTET,
IN MANCHEN FÄLLEN DARÜBER HINAUS

LITERATURE CLOSING DATE: BEGIN OF 1977
IN SOME CASES MORE RECENT DATA HAVE BEEN CONSIDERED

Die vierte bis siebente Auflage dieses Werkes erschien im Verlag
von Carl Winter's Universitätsbuchhandlung in Heidelberg

No spine label

546
GME
553632
1-7-78

Library of Congress Catalog Card Number: Agr 25-1383

ISBN 3-540-93363-8 Springer-Verlag, Berlin · Heidelberg · New York
ISBN 0-387-93363-8 Springer-Verlag, New York · Heidelberg · Berlin

Die Wiedergabe von Gebrauchsnamen, Handelsnamen, Warenbezeichnungen usw. im Gmelin Handbuch berechtigt auch ohne besondere Kennzeichnung nicht zu der Annahme, daß solche Namen im Sinne der Warenzeichen- und Markenschutz-Gesetzgebung als frei zu betrachten wären und daher von jedermann benutzt werden dürften.

Das Werk ist urheberrechtlich geschützt. Die dadurch begründeten Rechte, insbesondere die der Übersetzung, des Nachdruckes, der Entnahme von Abbildungen, der Funksendung, der Wiedergabe auf photomechanischem oder ähnlichem Wege und der Speicherung in Datenverarbeitungsanlagen bleiben, auch bei nur auszugsweiser Verwendung, vorbehalten.

Printed in Germany.—All rights reserved. No part of this book may be reproduced in any form—by photoprint, microfilm, or any other means—without written permission from the publishers.

© by Springer-Verlag, Berlin · Heidelberg 1978

LN-Druck Lübeck

Vorwort

Nach den Verbindungen von Mangan mit Fluor in „Mangan" C 4 werden hier die Verbindungen mit Chlor, Brom und Jod beschrieben. Wie in den früher erschienenen Bänden werden außerdem die Verbindungen und Systeme mit weiteren Metallen behandelt.

Der erste große Abschnitt enthält die Chloride MnCl, $MnCl_2$, $MnCl_3$ und $MnCl_4$, die Hydrate von $MnCl_2$ sowie die Chlorokomplex-Ionen von Mn^{II}, Mn^{III} und Mn^{IV}. Der Schwerpunkt liegt bei den Verbindungen $MnCl_2$ und $MnCl_2 \cdot 4\,H_2O$, die viel für Synthesen verwendet werden und bei der Erzaufbereitung eine Rolle spielen. Ihre magnetischen Eigenschaften sind ausführlich untersucht worden.

Den größten Umfang nehmen die Chloromanganate mit Alkalimetallen sowie Ammonium und ganz besonders mit organischen Ammoniumverbindungen ein. Sie besitzen vielfältige Strukturen: $MnCl_4$-Tetraeder oder $MnCl_6$-Oktaeder, die zu kleinen Gruppen, Ketten oder Schichten verknüpft sein können. Durch Ammoniumkationen mit langen organischen Resten werden die Mn-Cl-Schichten so weit auseinandergerückt, daß die Verbindungen Ähnlichkeit mit flüssigen Kristallen erhalten. Wegen der Kettenstruktur sind beispielsweise $CsMnCl_3 \cdot 2\,H_2O$ und vor allem $(CH_3)_4NMnCl_3$ („TMMC") ideale eindimensionale Heisenberg-Antiferromagnetika.

Bei den Verbindungen von Mangan mit Chlor und Sauerstoff ist in Analogie zu MnO_3F das ebenfalls schon lange bekannte MnO_3Cl zu nennen. Von größerer Bedeutung ist jedoch $Mn(ClO_4)_2$ und dessen Hydrate, die bei Untersuchungen in Lösungen viel verwendet werden.

Im Vergleich zu den Verbindungen mit Chlor nehmen die mit Brom und Jod einen weit kleineren Raum ein. Sie zeigen meist deutliche Analogien zu den Chlorverbindungen, besitzen aber eine geringere Vielfalt und sind auch nicht so ausführlich untersucht worden. Verbindungen mit Mn^{III} und Mn^{IV} sind nicht bekannt, lediglich in einigen Jodato- und Perjodatokomplexen treten diese Oxidationsstufen von Mangan auf.

Wie schon in „Mangan" C 4 werden auch hier die elektronischen Spektren von Mn nicht im einzelnen beschrieben, da sie in einem späteren Band zusammenfassend dargestellt werden.

Frankfurt am Main, März 1978

Hartmut Katscher

Preface

This volume describes the compounds of manganese with chlorine, bromine, and iodine and follows the volume "Mangan" C 4 which covered the fluorine compounds. As in earlier manganese volumes the compounds and systems with other metals are also included.

The first part covers the chlorides MnCl, $MnCl_2$, $MnCl_3$, $MnCl_4$; the hydrates of $MnCl_2$; and the chloromanganate ions of Mn^{II}, Mn^{III}, and Mn^{IV}. The emphasis is on $MnCl_2$ and $MnCl_2 \cdot 4H_2O$. Both play a role in extraction of manganese from ores and in synthesis of manganese compounds. The magnetic properties of both have been thoroughly investigated.

The greatest number of pages is devoted to alkali metal, ammonium, and especially organic ammonium chloromanganates. In chloromanganates the manganese is coordinated tetrahedrally or octahedrally. The tetrahedrons or octahedrons occur individually or joined in an amazing variety of structures: small groups, chains, layers, etc. If the organic ammonium cation is large, chloromanganate layers are forced apart and the compounds become similar to liquid crystals. Because of the chain structures $CsMnCl_3 \cdot 2H_2O$ and above all $(CH_3)_4NMnCl_3$ (TMMC) are ideal one-dimensional Heisenberg anti-ferromagnetics.

Among compounds of manganese with Cl and O are MnO_3Cl and $Mn(ClO_4)_2$. MnO_3Cl is the analog of MnO_3F; both have been known a long time. Manganese(II) perchlorate and its hydrates are of greater importance and are frequently used in solution chemistry.

Less space is needed for the manganese compounds of bromine and iodine. The formulas and properties are analogous to those of the chlorine compounds. But in contrast the bromine and iodine compounds do not show the variety of types. They are also less studied. No compounds of bromine with Mn^{III} or Mn^{IV} are known. There are only a few iodate and periodate complexes of Mn^{III} and Mn^{IV}.

As in "Mangan" C 4 electronic spectra of Mn are not described individually. The spectra will be included in a later volume.

Frankfurt/Main, March 1978

Hartmut Katscher

Inhaltsverzeichnis

(Table of Contents see page XII)

Seite

Seite

Seite

Seite

Seite

Seite

Seite

Seite

Seite

Table of Contents

(Inhaltsverzeichnis s. S. I)

Page

Page

Page

Page

5 Mangan und Chlor

Manganese and Chlorine

5.1 Das System Mangan-Chlor

The Manganese-Chlorine System

Die Verbindung MnCl tritt nur in der Gasphase auf, s. S. 2. Im Dampf über $MnCl_2$ wird neben anderen Molekülen auch Mn_2Cl_3 beobachtet, s. S. 15. Am stabilsten von allen Manganchloriden ist das Dichlorid $MnCl_2$, das durch direkte Reaktion der Elemente entsteht, s. S. 5. Die Existenz von festem $MnCl_3$ ist nicht gesichert, dagegen kann sich offenbar gasförmiges $MnCl_3$ bei der Umsetzung von $MnCl_2$ mit Cl_2 bilden, s. S. 88. Auf die Verbindung $MnCl_4$ wird nur indirekt geschlossen, die Reindarstellung gelang bisher nicht, s. S. 92.

Auf Grund der Gefrierpunktserniedrigung ($\Delta T = 1.5 \pm 1$ grd) [1] und der Schmelzwärme [2] lösen sich etwa 0.8 ± 0.5 Mol-% Mn in $MnCl_2$ [1] mit einer freien Lösungsenergie von $\Delta G^\circ = -41$ kcal/mol [3]. — In flüssigem Chlor ist $MnCl_2$ nicht löslich [4].

Literatur:

[1] J. D. Corbett, R. J. Clark, T. F. Munday (J. Inorg. Nucl. Chem. **25** [1963] 1287/91; IS-596 [1963] 1/12, 3/8; N.S.A. **17** [1963] Nr. 35687). — [2] G. E. Moore (J. Am. Chem. Soc. **65** [1943] 1700/3). — [3] L. E. Topol (J. Phys. Chem. **69** [1965] 11/7, 13). — [4] W. Biltz, E. Meinecke (Z. Anorg. Allgem. Chem. **131** [1923] 1/21, 4).

5.2 Die Chloride des Mangans und ihre Hydrate

Chlorides of Manganese and Their Hydrates

Übersicht

Review in German

Die beiden wichtigsten Dichloride des Mangans, das hygroskopische $MnCl_2$ und das handelsübliche $MnCl_2 \cdot 4H_2O$, sind schon seit langem bekannt. Sie lassen sich beispielsweise aus Mangan oder Manganverbindungen und Chlor oder Salzsäure herstellen und dienen häufig als Ausgangsmaterial für Synthesen in wäßrigen Lösungen. Sie spielen ferner als Zwischenprodukte bei der Aufbereitung von Manganerzen und bei der Gewinnung von Mangan eine Rolle. Im Vergleich dazu sind die übrigen Chloride und Dichloridhydrate von untergeordneter Bedeutung. Die Frage nach der Existenz von $MnCl_3$ und $MnCl_4$ wird zwar schon seit dem 18. Jahrhundert bearbeitet, ist aber bis heute nicht eindeutig beantwortet. Dagegen sind stabile Chloromanganate mit Mn^{III} und Mn^{IV} bekannt, s. Kapitel 5.3.

Review in English

Review. The two most important manganese dichlorides, hygroscopic $MnCl_2$ and the commercial $MnCl_2 \cdot 4H_2O$, have been known for a long time. They may be prepared from manganese or manganese compounds and chlorine or hydrochloric acid. They serve frequently as starting materials for syntheses in aqueous solution and are intermediates in the dressing of manganese ores and in production of manganese metal. Other hydrates of the dichloride and other chlorides are in comparison of minor significance. Even the existence of $MnCl_3$ and $MnCl_4$ has been disputed since the 18th century and has never been unequivocally demonstrated. But stable chloromanganates of Mn^{III} and Mn^{IV} are known, see chapter 5.3.

Manganese Monochloride

5.2.1 Manganmonochlorid MnCl

Die Verbindung ist nur im gasförmigen Zustand bekannt.

Bildung. MnCl-Moleküle existieren im Dampf über $MnCl_2$. Sie werden an Hand der Absorptionsspektren im UV oberhalb von 1270 K [1, 2, 3] und der Emissionsspektren (nach Gleichstrom- oder Hochfrequenzentladungen im Dampf über $MnCl_2$ ab 770 bis 870 K) im nahen UV [2 bis 10], im Sichtbaren [11, 12] und nahen IR [13] nachgewiesen. Ein früher beobachtetes UV-Emissionssystem wurde noch irrtümlich dem $MnCl_2$-Molekül zugeordnet [14]. Ein Emissionssystem im Sichtbaren, das von trocknem amorphen $MnCl_2$ im oxidierenden Teil einer Bunsen-Flamme ausgeht, wurde der Bildung von MnCl-Molekülen zugeordnet [15], jedoch bei späteren Untersuchungen (s. [11, 12]) nicht wieder beobachtet. — In $H_2/O_2/N_2$-Flammen mit Chlor (als Cl_2, $CHCl_3$ oder als CCl_4 eingeleitet) und Spuren von Mn (verdünnte wäßrige Mangansalz-Lösung wird in die Flamme gesprüht) wird MnCl photometrisch an Hand der Intensitätsänderung charakteristischer Mn-Linien nachgewiesen (T = 1500 bis 2600 K) [16].

Die Bildungsenthalpie für die Bildung von MnCl(gas) aus den Elementen unter Standardbedingungen wird zu $\Delta H_0^\circ = 10.54$, $\Delta H_{298.15}^\circ = 10.1$ kcal/mol bestimmt [17]. Aus (berechneten) Daten für $MnCl_2$(gas) wird für die Bildung von MnCl(gas) aus den freien Atomen $\Delta H_{298}^\circ = -67$ kcal/mol berechnet [18] und mit dem als Dissoziationsenergie bestimmten Wert $\Delta H_{298}^\circ = -86.2$ kcal/mol ($\Delta H_0^\circ = -85.3 \pm 2$ kcal/mol) [19] verglichen.

Elektronenkonfiguration, Terme. Auf Grund der halbgefüllten 3d-Schale des Mn-Atoms werden Terme von hoher Multiplizität für MnCl erwartet. Der Grundzustand erweist sich an Hand der Multiplettstruktur in den Absorptions- und Emissionsspektren als $^7\Sigma$-Zustand und wird als unterer Zustand der Übergänge $^7\Pi \rightleftharpoons {}^7\Sigma$ bei 350 bis 390 nm [1, 8, 9] und $^7\Sigma \leftarrow {}^7\Sigma$ bei 240 bis 250 nm [1] identifiziert; s. auch Herzberg [20] und Rosen [21]. Die MO-Konfiguration kann laut Jørgensen [22] mit Hilfe der Ligandenfeldtheorie vorhergesagt werden: $(\delta^2\pi^2\sigma)\sigma^*$ $^7\Sigma$, $^5\Sigma$ oder $(\delta^2\pi^2)$ $(\sigma^*)^2$ $^5\Sigma$. Hier sind δ, π, σ die 3d-Orbitale von Mn^{II} und σ^* ein nahezu nichtbindendes Orbital (Kombination von Mn 4s und Mn 4pσ) auf der dem Cl-Atom abgewandten Seite von Mn [22]. Ältere Überlegungen mit Hilfe der MO-Methode s. [2].

Anregungszustände. $^7\Pi$ mit dem Termwert $T_e = 27004.6$ cm^{-1} und der Spin-Bahn-Kopplungskonstante $A \approx 41$ cm^{-1} [9, 21] (ältere Werte $T_e = 27013.2$ cm^{-1}, $A \approx 44$ cm^{-1} [1, 2, 20]) und $^7\Sigma$ mit $T_e = 40808$ cm^{-1} [1, 20, 21] folgen aus den Absorptions- und Emissionsübergängen im UV. — Ferner ergeben sich aus den Emissionsspektren im Sichtbaren und nahen IR Π- und Σ-Zustände mit ungeraden Multiplizitäten von mindestens 3 oder 5 und folgenden relativen energetischen Lagen [21]:

Übergang	$\Pi \rightarrow \Sigma$	$\Pi \rightarrow \Sigma$*)	$\Pi \rightarrow \Sigma$
T_e in cm^{-1}	20115	19920	11420
Literatur	[11]	[11]	[13]

*) Von Rao [12] mit $A \approx 56$ cm^{-1} beobachtet und als $^5\Pi \rightarrow {}^7\Sigma$(Grundzustand)-Interkombinationsübergang gedeutet.

Schwingungskonstanten. Die Schwingungsanalyse des $^7\Pi \rightarrow {}^7\Sigma$-Übergangs ergibt $\omega_e'' = 380.6$ cm^{-1}, $x_e''\omega_e'' \approx 0$ cm^{-1} und $\omega_e' = 407.2$ cm^{-1}, $x_e'\omega_e' = 0.3$ cm^{-1} [9, 21] (ältere Werte $\omega_e'' = 384.9$ cm^{-1}, $x_e''\omega_e'' = 1.4$ cm^{-1} und $\omega_e' = 410.9$ cm^{-1}, $x_e'\omega_e' = 1.5$ cm^{-1} [1, 20]), die des $^7\Sigma \leftarrow {}^7\Sigma$-Übergangs $\omega_e' \approx 320$ cm^{-1} [1, 21]. Konstanten für die drei Übergänge im Sichtbaren und nahen IR s. in den Originalen [11, 13] und bei Rosen [21].

Die Kraftkonstante $k_e = 1.824$ mdyn/Å [23] ergibt sich mit $\omega_e = 380.6$ cm^{-1}, $k_e = 1.866$ [2] bzw. 1.865 mdyn/Å [24] mit $\omega_e = 384.9$ cm^{-1}. Das Trägheitsmoment wird zu $I \approx 167 \times 10^{-40}$ g · cm^2 abgeschätzt [25].

Dissoziationsenergie. $D_0^\circ = 85.3 \pm 2$ kcal/mol ($\triangleq 3.7 \pm 0.1$ eV) folgt aus dem Dissoziationsgleichgewicht in der $H_2/O_2/N_2$-Flamme, in die Chlor und Mangansalz-Lösungen eingeleitet sind [16]; der Wert wird von Gaydon [26] und Vedeneyev u.a. [19] empfohlen. Spektroskopische D°-Werte [19, 20, 24, 27] sind wegen $x_e''\omega_e'' \approx 0$ (s. oben) laut Gaydon [26] unzureichend.

Thermodynamische Funktionen sind mit den molekularen Konstanten nach Herzberg [20] berechnet und gelten für den Zustand des idealen Gases. Die molare Wärmekapazität beträgt $C_p^\circ = 8.46$ cal · mol^{-1} · K^{-1} bei 298.15 K [25], neuerer Wert ohne Quellenangabe $C_p^\circ = 8.05$ cal · mol^{-1} · K^{-1} [17]. Die Interpolationsformel im Bereich T = 298 bis 2000 K lautet $C_p^\circ = 8.89 + 0.04 \times 10^{-3} T - 0.39 \times 10^5 T^{-2}$ [28]. Die Entropie beträgt $S_{298.15}^\circ = 60.5 \pm 0.5$ cal · mol^{-1} · K^{-1} [25]. Wärmeinhalt $H_T^\circ - H_{298.15}^\circ$ und Entropiezuwachs $S_T^\circ - S_{298.15}^\circ$ in Abhängigkeit von der Temperatur [28, 29]:

T in K	400	600	800	1000	1200	1400	1600	2000
$H_T^\circ - H_{298.15}^\circ$ in cal/mol	875	2620	4390	6165	7945	9730	11515	15085
$S_T^\circ - S_{298.15}^\circ$ in cal · mol^{-1} · K^{-1}	2.52	6.06	8.60	10.59	12.21	13.58	14.78	16.77

Interpolationsformel für T = 298 bis 2000 K: $H_T^\circ - H_{298.15}^\circ = 8.89 T + 0.02 \times 10^{-3} T^2 + 0.39 \times 10^5 T^{-1} - 2783$ [28].

Elektronenbandenspektren. Sie sind sowohl in Absorption als auch in Emission untersucht, s. Übersicht bei Rosen [21].

Im Absorptionsspektrum des Dampfes über $MnCl_2$ wurde von Müller [2] und Miescher, Müller [3] bei 1970 K zum erstenmal ein UV-Bandensystem zwischen 350 und 400 nm beobachtet (β-System), das sich in acht Gruppen mit nach Violett abschattierten Kanten zerlegen läßt. Bacher [1] gelang am Dampf über $MnCl_2$ mit einem Überschuß an Mangan schon bei Temperaturen zwischen 1270 und 1470 K die Aufnahme des MnCl-Spektrums: Außer dem bekannten β-System im nahen UV (mit aufgelöster Schwingungs- und Rotationsstruktur) erscheinen vier nach Violett abschattierte Kanten um 245 nm, das sogenannte α-System, mit v', v" = (0, 1) bei 40392 cm^{-1}, (1, 1) bei 40709 cm^{-1}, (0, 0) bei 40776 cm^{-1}, (1, 0) bei 41096 cm^{-1}. Die Analyse der Multiplettstruktur ergibt einen $^7\Pi \leftarrow {}^7\Sigma$-Übergang für das β-System (entgegen [2, 3]), für das α-System wird ein $^7\Sigma \leftarrow {}^7\Sigma$ Übergang angenommen [1].

Zur Emission werden MnCl-Moleküle angeregt durch Hochfrequenzentladung in $MnCl_2$-Dampf (wasserfreies $MnCl_2$ im Hochvakuum in der Entladungsröhre auf 770 bis 870 K erhitzt) [2, 3, 4], durch Hochfrequenzentladung im $MnCl_2$-Dampf mit Ne als Entladungsträger [10], durch Gleichstromentladung im $MnCl_2$-Dampf [6, 7, 8, 12] oder Hohlkathodenentladung in $MnCl_2$ mit Ar als Trägergas [9, 11, 13]. Fünf Bandensysteme wurden insgesamt beobachtet, eines im nahen UV zwischen 350 und 390 nm, eines im Violetten zwischen 430 und 460 nm, zwei eng beieinander liegende im Blaugrünen zwischen 470 und 510 nm und eines im nahen IR zwischen 818 und 915 nm.

Zwischen 350 und 390 nm erscheinen insgesamt acht Bandengruppen (entsprechend $\Delta v = 0$, ± 1, ± 2, ± 3, -4) des β-Systems [2 bis 4, 6 bis 10] mit deutlicher O-P-Q(gelegentlich auch N)-Rotationsstruktur (entsprechend $\Delta K = -2, -1, 0$ bzw. -3) und Septettaufspaltung der O-, P-, Q-Kanten [2, 8, 9] sowie ^{35}Cl-^{37}Cl-Isotopieaufspaltung [2 bis 4, 6 bis 10]. Folgende Wellenzahlen (in cm^{-1}) werden für die Kanten der 0-0-Bande bei einer späteren Untersuchung des β-Systems von Hayes, Nevin [9] hergeleitet:

n	1	2	3	4	5	6	7
O_n	26880.2	26906.4	—	26981.2	27030.1	27078.1	—
P_n	26896.2	26926.9	26954.9	27001.7	27049.6	27095.7	27142.7
Q_n	26906.4	26940.0	26972.7	27017.8	27062.3	27107.5	27153.6

Ursprünglich als $^7\Pi \rightarrow {}^7\Pi$- [2, 3, 4], gelegentlich auch als $^1\Pi \rightarrow {}^1\Sigma$-Übergang [7] gedeutet, erweist sich das β-System (auch durch Vergleich mit dem entsprechenden Absorptionsspektrum) als $^7\Pi \rightarrow {}^7\Sigma$-Übergang, wobei für den oberen Term $^7\Pi_J$ (J = −2, −1, 0, 1, 2, 3, 4 entsprechend O_1, P_1, Q_1 bis O_7, P_7, Q_7) ein Drehimpulskopplungsschema zwischen den Hundschen Fällen (a) und (b) gilt [1, 8, 9].

Im Sichtbaren zwischen 430 und 460 nm erscheint ein schlecht aufgelöstes Bandensystem γ' (ursprünglich dem $MnCl_2$-Molekül zugeordnet [10] und auch bei Müller [2] erwähnt) mit vereinzelten Schwingungsprogressionen in $\nu = 384$ cm^{-1}, das jedoch nicht analysiert werden kann [12].

Manganese Monochloride

Im blaugrünen Bereich zwischen 470 und 510 nm werden von Hayes [11] intensive $\Delta v=0$-Sequenzen zweier getrennter $\Pi\rightarrow\Sigma$-Systeme (496.4 bis 500.9 nm und 501.1 bis 503.0 nm mit ungeraden Multiplizitäten von mindestens 3 bzw. 5) analysiert (Rotationsstruktur Q-R-S-T, ^{35}Cl-^{37}Cl-Isotopieaufspaltung; auch schwache Sequenzen mit $\Delta v=\pm1$, $+2$): $\nu_{00}(Q)=20112.0$ bzw. $20110.0\ cm^{-1}$, $\nu_{00}(R)=20129.5$ bzw. $20127.9\ cm^{-1}$ für $Mn^{35}Cl$ bzw. $Mn^{37}Cl$ und $\nu_{00}(Q)=$ 19928.6, 19916.1, $19906.0\ cm^{-1}$, $\nu_{00}(R)=19943.4$, 19924.4, $19916.1\ cm^{-1}$ (Multiplettaufspaltung angedeutet). Die ältere Untersuchung (bei unzureichender Auflösung laut [11]) ergab zwischen 489 und 510 nm ein Bandensystem γ mit $\Delta v=0$, ±1-Sequenzen eines $^5\Pi\rightarrow{}^7\Sigma$-Übergangs [12] (erste Beobachtung und Zuordnung zu $MnCl_2$ durch Mesnage [10]).

Im nahen IR zwischen 818 und 915 nm werden Q-, R-, S-, T-Kanten von $\Delta v=0$, ±1, -2-Folgen eines $\Pi\rightarrow\Sigma$-Übergangs (ungerade Multiplizität, mindestens 5) mit $\nu_{00}(Q)=11414.0$, $11013.3\ cm^{-1}$, $\nu_{00}(R)=11422.2$, $11022.7\ cm^{-1}$ (Multiplettaufspaltung) für $Mn^{35}Cl$, $\nu_{00}(Q)=11413.6\ cm^{-1}$, $\nu_{00}(R)=11421.6\ cm^{-1}$ für $Mn^{37}Cl$ von Hayes, Nevin [13] registriert.

Literatur:

[1] J. Bacher (Helv. Phys. Acta **21** [1948] 379/402). — [2] W. Müller (Helv. Phys. Acta **16** [1943] 3/32). — [3] E. Miescher, W. Müller (Helv. Phys. Acta **15** [1942] 319/20). — [4] E. Miescher (J. Phys. Radium [8] **9** [1948] 153/5). — [5] S. C. Deb, B. Saha (Sci. Cult. [Calcutta] **5** [1939] 262).

[6] P. T. Rao (Current Sci. [India] **17** [1948] 209). — [7] P. T. Rao (Indian J. Phys. **23** [1949] 301/8). — [8] P. T. Rao (Indian J. Phys. **23** [1949] 517/24). — [9] W. Hayes, T. E. Nevin (Proc. Roy. Irish Acad. A **57** [1955] 15/30). — [10] P. Mesnage (Ann. Phys. [Paris] [11] **12** [1939] 5/87, 51/9).

[11] W. Hayes (Proc. Phys. Soc. [London] A **68** [1955] 1097/106). — [12] P. T. Rao (Proc. Natl. Inst. Sci. India **18** [1952] 481/6). — [13] W. Hayes, T. E. Nevin (Nuovo Cimento Suppl. [10] **2** [1955] 734/41). — [14] G. D. Rochester, E. Olsson (Z. Physik **114** [1939] 495/9). — [15] B. Saha (Sci. Cult. [Calcutta] **5** [1939] 197).

[16] E. M. Bulewicz, L. F. Phillips, T. M. Sugden (Trans. Faraday Soc. **57** [1961] 921/31). — [17] D. D. Wagman, W. H. Evans, V. B. Parker, I. Halow, S. M. Bailey, R. H. Schumm (Natl. Bur. Std. [U.S.] Tech. Note 270-4 [1969] 107). — [18] G. I. Novikov (Probl. Sovrem. Khim. Koord. Soedin. **1970** Nr. 3, S. 33/48; C.A. **75** [1971] Nr. 10210). — [19] V. I. Vedeneyev, L. V. Gurvich, V. N. Kondrat'yev, V. A. Medvedev, Ye. L. Frankevich (Bond Energies, Ionization Potentials and Electron Affinities, London 1966, S. 41, 93). — [20] G. Herzberg (Molecular Spectra and Molecular Structure I. Spectra of Diatomic Molecules, Princeton, N.J., – Toronto – New York – London 1950, S. 550/1).

[21] B. Rosen (International Tables of Selected Constants, Bd. 17, Spectroscopic Data Relative to Diatomic Molecules, Oxford – New York – Toronto – Sydney – Braunschweig 1970, S. 257/8). — [22] C. K. Jørgensen (Mol. Phys. **7** [1963/64] 417/24). — [23] G. E. Leroi, T. C. James, J. T. Hougen, W. Klemperer (J. Chem. Phys. **36** [1962] 2879/83). — [24] T. L. Cottrell (The Strengths of Chemical Bonds, 2. Aufl., London 1958, S. 226, 285). — [25] K. K. Kelley, E. G. King (U.S. Bur. Mines Bull. Nr. 592 [1961] 63, 110).

[26] A. G. Gaydon (Dissociation Energies and Spectra of Diatomic Molecules, 3. Aufl., London 1968, S. 276). — [27] T. L. Allen (J. Chem. Phys. **26** [1957] 1644/7). — [28] K. K. Kelley (U.S. Bur. Mines Bull. Nr. 584 [1960] 121). — [29] A. D. Mah (U.S. Bur. Mines Rept. Invest. Nr. 5600 [1960] 9).

Manganese Dichloride

5.2.2 Mangandichlorid $MnCl_2$

Formation. Preparation

5.2.2.1 Bildung und Darstellung

Die wichtigsten Methoden zur Darstellung von rosa gefärbtem wasserfreiem $MnCl_2$ sind die Synthese aus Mangan und Chlor und die Entwässerung des Tetrahydrats. Die Reduktion und Chlorierung von Mn-Oxiden, -Erzen, -Legierungen oder Rückständen dient hauptsächlich zur technischen $MnCl_2$-Gewinnung.

5.2.2.1.1 Aus Mangan und Chlor oder Chloriden

From Manganese and Chlorine or Chlorides

$MnCl_2$ wird durch Einwirkung von gasförmigem Cl_2 auf metallisches Mn bei Temperaturen in der Nähe des Schmelzpunkts (650°C) von $MnCl_2$ dargestellt. Ausgangsmaterial ist Mn als Pulver oder in Form kleiner Stücke, die im Reaktionsrohr unter Erhitzen auf 550 bis unter 650°C im trocknen Cl_2-Strom zu $MnCl_2$ reagieren [1]. Ein für Matrix-Untersuchungen geeignetes Präparat wird durch Einwirkung von Cl_2 auf die Oberfläche von auf 720 bis 810°C erhitztes Mn im Ar-Strom ($Ar:Cl_2 = 20$ bis 100) in einem Spezialofen erhalten [2]. Zu einer Ausbeute von 65% führt die Chlorierung von Mn-Pulver als Suspension in wasserfreiem Äthanol in N_2 unter Rühren, wobei 1 h lang am Rückflußkühler erhitzt wird und das Gemisch anschließend eine weitere Stunde unter Rühren erwärmt wird. Das nach Abdestillieren des Alkohols zurückbleibende perlweiße $MnCl_2$ wird im Vakuum getrocknet [3]. — Mit flüssigem Cl_2 im geschlossenen Rohr ist nach 4 h bei gewöhnlicher Temperatur keine Reaktion eingetreten, auch nicht nach anschließendem sechsstündigem Erhitzen auf 100°C. Unter Zusatz von wenig Wasser bildet sich nach 12 h bei gewöhnlicher Temperatur $MnCl_2$ als gelbes Pulver, das sich in Wasser farblos löst [4].

Die technische Darstellung erfolgt durch Behandlung von Mn zwischen 600 und 1000°C mit Cl_2-Gas in einer Apparatur, die gestattet, das geschmolzene $MnCl_2$ nach seiner Bildung aus dem Reaktionsgemisch abzuziehen, wobei der Cl_2-Strom in der gleichen Richtung fließt wie die $MnCl_2$-Schmelze [5].

Pulverisiertes Mn reagiert mit zahlreichen Chloriden wie JCl, S_2Cl_2, CCl_4, $AsCl_3$, $SnCl_2$, $SnCl_4$, $CdCl_2$, Hg_2Cl_2, $NiCl_2$, $CoCl_2$, CuCl, AgCl, $PdCl_2$ oder K_2PtCl_6 in der Wärme, meist bei 600°C, unter Bildung von $MnCl_2$; vgl. hierzu „Mangan" B, S. 357. Die Reaktionen haben jedoch für präparative Zwecke keine Bedeutung.

Literatur:

[1] N. G. Klyuchnikov (Rukovodstvo po Neorganicheskomu Sintezu, Moskva – Leningrad 1953, S. 153/9). — [2] M. E. Jacox, D. E. Milligan (J. Chem. Phys. **51** [1969] 4143/55, 4144). — [3] R. C. Osthoff, R. C. West (J. Am. Chem. Soc. **76** [1954] 4732/4). — [4] J. Meyer, W. Aulich (Z. Angew. Chem. **44** [1931] 21/3). — [5] Magnesium Electron Ltd., A. L. Hock, J. A. Dukes (B.P. 680710 [1949/52]).

5.2.2.1.2 Durch Entwässerung des Tetrahydrats und anderer Hydrate

By Dehydration of the Tetrahydrate and Other Hydrates

Die Entwässerung von $MnCl_2 \cdot 4H_2O$ (s. S. 34) durch bloßes Trocknen und Erhitzen führt zu keinem reinen Produkt, da ein Teil des Mn^{II}-Chlorids im Kontakt mit H_2O-Dampf hydrolysiert wird. Zur Vermeidung der Hydrolyse wird die Entwässerung im Vakuum oder in HCl-Atmosphäre durchgeführt. Die Methode ist auch zur Darstellung von reinstem $MnCl_2$ geeignet (s. S. 8).

$MnCl_2 \cdot 4H_2O$ verliert sein Hydratwasser im Temperaturbereich von über 54 bis 220°C [1], nach Lumme, Raivio [2] bei weniger als 50 bis etwa 227°C. — Außer dem Tetrahydrat wird auch seine wäßrige Lösung oder deren Trockenrückstand als Ausgangsmaterial verwendet. Ebenso wird häufig von einer Zwischenstufe der Entwässerung, beispielsweise dem Dihydrat, ausgegangen. Versuche zur Entwässerung des Trockenrückstands von eingedampfter $MnCl_2$-Lösung durch Erhitzen unter Luftausschluß führt bereits Davy [3, 4] durch. In inerter Atmosphäre soll die Entwässerung bei 300°C gelingen [1], jedoch wird nach L'Haridon, Lang [5] durch Entwässerung bei Temperaturen oberhalb von 110 bis 120°C selbst in N_2 kein reines $MnCl_2$ erhalten. — Im Vakuum erfolgt die Entwässerung bei 80 bis 90°C [6] oder durch allmähliches Erhitzen auf 190°C über 24 h oder länger [7, 8]. Nach dem Trocknen von $MnCl_2 \cdot 4H_2O$ im Vakuum bei 100°C wird das Reaktionsprodukt längere Zeit bei 110°C und 10^{-4} Torr erhitzt. Das gebildete $MnCl_2$ enthält weniger als 0.1% H_2O. Die Entfernung der letzten Spuren H_2O ist sehr schwierig, selbst wenn das Salz als sehr fein verteiltes Pulver vorliegt [5]. Das nach Trocknen und Erhitzen von $MnCl_2 \cdot 4H_2O$ im Vakuum bei bis zu 200°C gebildete Mn-Chlorid wird anschließend bei 650°C abdestilliert und kondensiert in Form kleiner Kriställchen [9].

Preparation of $MnCl_2$ by Dehydration of $MnCl_2 \cdot 4H_2O$

Zur technischen Darstellung dient $MnCl_2 \cdot 4H_2O$ oder seine wäßrige Lösung als Ausgangsmaterial. In einer Spezialapparatur wird unter Anwendung von heißer Luft bei einer Eintrittstemperatur in die Kammer von 450 bis 500°C und bei 220°C in der Reaktionszone sowie einem Vakuum von 0.2 bis 0.4 Torr im oberen Teil der Apparatur entwässert. Das Reaktionsprodukt wird mit der Luft hinausgetragen und im Zyklon aufgefangen. Das gebildete $MnCl_2$ enthält 0.0 bis 0.4% H_2O und 0.2 bis 0.8% Mn-Oxide [10 bis 12].

Die Entwässerung unter Erhitzen im trocknen HCl-Strom [13] führt zu einem Produkt mit etwa 0.3% H_2O [14]. Während der Entwässerung im Pt-Schiffchen in einer Atmosphäre von trocknem HCl-Gas wird die Temperatur auf etwa 400°C über einen Zeitraum von einigen Stunden gesteigert, bis kein Wasser mehr abgegeben wird. Das entwässerte Pulver wird dann in HCl-Atmosphäre geschmolzen und innerhalb von etwa 1 h auf gewöhnliche Temperatur abgekühlt [15]. Vor dem Überleiten von getrocknetem HCl-Gas wird das Tetrahydrat mit konzentrierter Salzsäure befeuchtet; anschließend wird rasch bis gerade über den Schmelzpunkt von $MnCl_2$ erhitzt und das Reaktionsprodukt dann im HCl-Strom erkalten gelassen [16].

Vielfach wird eine mehrstufige Entwässerung empfohlen, beispielsweise wird $MnCl_2 \cdot 4H_2O$ im HCl-Strom zunächst auf 300 bis 400°C, dann unter Durchleiten von trocknem N_2 auf 600 bis 700°C 30 min lang erhitzt [17]. Durch Erhitzen an der Luft auf etwa 60°C schmilzt $MnCl_2 \cdot 4H_2O$ in seinem Kristallwasser und wird bis zum Dihydrat unter Erhitzen entwässert. Die weitere Entwässerung erfolgt bei etwa 700°C im HCl-Strom im Verlaufe von etwa 0.5 h, zum Schluß unter Verstärkung des HCl-Stroms. Die entstehende rosafarbige $MnCl_2$-Schmelze muß beim Herausfließen vor Luft geschützt werden [18, 19]. Das bei 200°C im Vakuum vorentwässerte Mn-Chlorid wird geschmolzen und trocknes HCl-Gas durchgeleitet, bis eine klare rote Schmelze erhalten wird. HCl wird durch trocknes N_2 entfernt und das Salz im flüssigen Zustand durch eine Vycorsinterscheibe gefiltert [20]. Das Hydrat wird langsam in einem raschen Strom von trocknem HCl im Gemisch mit N_2 erhitzt. Wenn der größte Teil des Wassers entfernt ist, wird das Erhitzen bis zum Schmelzen der Verbindung gesteigert und für kurze Zeit HCl durch die Schmelze geleitet [33]. Das im Vakuumexsikkator über $CaCl_2$ vorgetrocknete Tetrahydrat wird bei 300°C im HCl-Strom entwässert [21]. Beim Dihydrat (aus dem Tetrahydrat erhalten) wird die Entwässerung im HCl-Strom bei 150°C innerhalb von 8 h durchgeführt [22]. Durch Vortrocknen wird $MnCl_2 \cdot 4H_2O$ in das Monohydrat übergeführt, das bei etwa 400°C in HCl-Atmosphäre entwässert wird [23]. Zur Vorentwässerung wird auf etwa 110°C erhitzt, das Reaktionsprodukt zerrieben und dann die Entwässerung im HCl-Strom bei 600°C innerhalb von etwa 1 h beendet; abgekühlt wird im HCl-Strom [24].

Zur Unterdrückung der Hydrolyse dient ein Zusatz von NH_4Cl im Überschuß zu $MnCl_2 \cdot 4H_2O$. Das Gemisch wird erhitzt, bis sich eine klare rote Flüssigkeit bildet. Nach dem Abkühlen, wobei NH_4Cl gasförmig entweicht, wird erneut aufgeschmolzen. Beim Abkühlen wird eine Kontraktion der Schmelzmasse beobachtet [25].

Die Umsetzung von $MnCl_2 \cdot 4H_2O$ mit wasserfreien Säurechloriden führt gleichfalls zur Entwässerung. Geeignet ist $SOCl_2$, wobei am Rückfluß [26, 27] (bei höheren Temperaturen im Bombenrohr [26]) erhitzt wird, s. beispielsweise [28]. Khristov u.a. [29] erhalten nach 3 h Erhitzen ein Endprodukt, das 17.26% Cl zu wenig enthält (bezogen auf $MnCl_2$). — Mit Acetylchlorid resultiert nach 4 h mäßigem Erhitzen am Rückfluß und 24 h Trocknen des abfiltrierten Mn-Chlorids im Vakuumexsikkator über NaOH und P_2O_5 sowie 1 h bei 105 bis 110°C ein Produkt mit einem Defizit von 0.29% Cl gegenüber dem stöchiometrischen Gehalt für $MnCl_2$ [30]. Die Entwässerung mit Benzoylchlorid hat gegenüber der mit $SOCl_2$ den Vorteil, daß sie bis 200°C ohne Bombenrohr ausgeführt werden kann [31].

Die Entwässerung des Tetrahydrats durch Abdestillieren des Kristallwassers im azeotropen Gemisch von H_2O-Äthanol-Benzol (oder Dichloräthan, Toluol, Xylol) aus der homogenen Lösung wird von Karaivanov, Magaeva [32] vorgeschlagen.

Literatur:

[1] V. V. Pechkovskii, S. A. Amirova, N. I. Vorob'ev, T. V. Ostrovskaya (Zh. Neorgan. Khim. **9** [1964] 2059/65; Russ. J. Inorg. Chem. **9** [1964] 1113/7). — [2] P. Lumme, M.-T. Raivio (Suomen Kemistilehti B **41** [1968] 194/202; C.A. **69** [1968] Nr. 70245). — [3] J. Davy (Phil. Trans. Roy.

Soc. London **1812** 169/204, 183). — [4] J. Davy (Schweiggers J. Chem. Physik **10** [1814] 311/54, 329). — [5] P. L'Haridon, J. Lang (Rev. Chim. Minerale **5** [1968] 127/45, 128).

[6] T. T. Tuichiboev (Nauchn. Tr. Tashkentsk. Gos. Univ. Nr. 379 [1970] 148/51; C.A. **76** [1972] Nr. 118034). — [7] S. I. Chan, B. M. Fung, H. Lütje (J. Chem. Phys. **47** [1967] 2121/30, 2121). — [8] B.-M. Fung (Diss. California Inst. Technol., Pasadena 1967, 208 S., 140; C.A. **68** [1968] Nr. 44608). — [9] M. O. Kostryukova (Dokl. Akad. Nauk SSSR [2] **96** [1954] 959/61). — [10] G. L. Babukha, Yu. G. Klimenko, M. I. Rabinovich, C. A. Zaretskii, V. N. Suchkov u.a. (UdSSR P. 233647 [1966/68]; C.A. **70** [1969] Nr. 116721).

[11] Yu. G. Klimenko, M. I. Rabinovich (Teplo-Massoobmen **1968** 118/24; C.A. **71** [1969] Nr. 62580). — [12] M. I. Rabinovich, Yu. G. Klimenko, S. A. Zaretskii, V. A. Granovskaya (Khim. Prom. Ukr. **1970** Nr. 6, S. 60/2; C.A. **75** [1971] Nr. 119601). — [13] G. v. Grundherr (Diss. München T.H. 1914, S. 1/48, 3). — [14] F. Remy (Rev. Chim. Minerale **2** [1965] 693/725, 718). — [15] R. B. Murray, L. D. Roberts (Phys. Rev. [2] **100** [1955] 1067/70).

[16] N. Konopik, H. Schurk (Monatsh. Chem. **82** [1951] 761/6). — [17] V. A. Zaitsev, A. A. Egorova, L. F. Kapitanova, G. I. Solov'eva, L. I. Polyakova (UdSSR P. 161708 [1962/64]; C.A. **61** [1964] 3964). — [18] D. I. Ryabchikov, V. M. Shul'man (Zh. Prikl. Khim. **7** [1936] 1162/5; C. **1936** I 3112). — [19] Yu. V. Karyakin, I. I. Angelov (Christye Khimicheskie Reaktivy, Moskva 1955, S. 338/40). — [20] L. Yarmus, M. Kukk, B. R. Sundheim (J. Chem. Phys. **40** [1964] 33/6).

[21] H. J. Seifert, F. W. Koknat (Z. Anorg. Allgem. Chem. **341** [1965] 269/80, 270). — [22] B. B. Bose, M. H. Khundkar (J. Indian Chem. Soc. Ind. News Ed. **14** [1951] 45/9). — [23] H. A. Laitinen, C. H. Liu (J. Am. Chem. Soc. **80** [1958] 1015/20). — [24] N. G. Klyuchnikov (Rukovodstvo po Neorganicheskomu Sintezu, Moskva – Leningrad 1953, S. 191/6). — [25] E. W. Dewing (Met. Trans. **1** [1970] 2169/74), Aluminium Laboratories Ltd., E. W. Dewing (F.P. 1512160 [1966/68]; C.A. **70** [1969] Nr. 69698).

[26] H. Hecht (Z. Anorg. Allgem. Chem. **254** [1947] 37/51). — [27] J. H. Freeman, M. L. Smith (J. Inorg. Nucl. Chem. **7** [1958] 224/7). — [28] V. Gutmann, W. Lux (Monatsh. Chem. **98** [1967] 276/85, 277). — [29] D. Khristov, S. Karaivanov, V. Kolyushki (Godishnik Sofiiskiya Univ. Khim. Fak. **55** [1960/61] 49/66, 63 [deutsche Zusammenfassung S. 66]; C.A. **61** [1964] 9061). — [30] D. Khristov [Christov] (Compt. Rend. Acad. Bulgare Sci. **16** [1963] 177/80; C.A. **60** [1964] 1310).

[31] V. Gutmann, H. Tannenberger (Monatsh. Chem. **88** [1957] 216/27, 218). — [32] S. Karaivanov, S. Magaeva (Nauchn. Tr. Vissh. Pedagog. Inst. Plovdiv Mat. Fiz. Khim. Biol. **5** [1967] 81/6 [deutsche Zusammenfassung S. 86]; C.A. **69** [1968] Nr. 108058). — [33] J. J. Foster, N. S. Gill (J. Chem. Soc. A **1968** 2625/9).

5.2.2.1.3 Aus weiteren Mangan-Verbindungen

From Other Manganese Compounds

Die Umsetzung der Oxide MnO und MnO_2 mit Cl_2, von Mn_2O_3 und MnO_2 mit HCl bzw. Salzsäure, von MnO und MnO_2 mit S_2Cl_2 sowie von MnO_2 mit NH_4Cl und CH_3COCl zu $MnCl_2$ ist bereits in „Mangan" C 1, S. 63, 66, 119, 300, 305, 308, 314 und 319 beschrieben. Zu ergänzen ist die Chlorierung von MnO mit $COCl_2$ bei etwa 450°C [1], s. auch [2], und mit CCl_4 bei 400°C [3].

Durch Umsetzung von $Mn(NO_3)_2 \cdot 3H_2O$, $MnCO_3$, $Mn(HCO_2)_2 \cdot 2H_2O$, $MnC_2O_4 \cdot 3H_2O$ oder $Mn(C_2H_5CO_2)_2$ mit CH_3COCl unter Erhitzen (Rückfluß) entsteht in 0.5 bis 2 h $MnCl_2$, das nach Abfiltrieren 24 h im Vakuum über NaOH und P_2O_5 sowie 2 h bei 140 bis 145°C getrocknet wird. Der Cl-Gehalt des Präparats liegt etwa 1.83% unter dem berechneten [4]. Mn-Acetat in Benzollösung wird durch CH_3COCl in 10%igem Überschuß in der Siedehitze unter Rühren zu $MnCl_2$ umgesetzt. Der abfiltrierte Niederschlag wird mit Benzol gewaschen und bei 200°C in N_2 getrocknet. Der Cl-Gehalt beträgt 56.0% (berechnet 56.4%) [5]. Von $Mn(NO_3)_2 \cdot 6H_2O$ ausgehend entspricht das Reaktionsprodukt der Zusammensetzung $Mn_{1.00}Cl_{2.03} \cdot 0.25\,CH_3CO_2H$. Es wird mit wasserfreiem $CHCl_3$ und Äther gewaschen und bis zur Gewichtskonstanz im Exsikkator getrocknet [6], vgl. auch „Mangan" C 3, S. 277.

MnS wird bei Temperaturen über 100°C mit Cl_2 nahezu vollständig zu $MnCl_2$ umgesetzt [7], s. „Mangan" C 6, S. 30. — Mangansulfat, das zuvor zur Entfernung von Hydratwasser im trocknen CO_2-Strom erhitzt wurde, wird durch Chlorierung im $CHCl_3$-CO_2-Strom bei 350°C und darüber in

Preparation of $MnCl_2$ from Manganese Compounds

$MnCl_2$ übergeführt [8]. — $MnCl_2$ wird aus einer Lösung von Mn-Trifluoracetat in Trifluoressigsäure mit Chlorwasserstoff bei 25 bis 26°C als weißer Niederschlag nahezu vollständig gefällt [9].

Die Umsetzung von Manganerzen, Schlacken und Ferromangan zu $MnCl_2$ ist in erster Linie von technischem Interesse und hat im allgemeinen die gleichzeitige Abtrennung von Fe zum Ziel. Als Chlorierungsmittel werden Cl_2, HCl, NH_4Cl und $FeCl_3$ verwendet; Einzelheiten s. „Mangan" B, S. 26.

Literatur:

[1] E. Chauvenet (Compt. Rend. **152** [1911] 87/9). — [2] Th. Goldschmidt A.G., Essen, H. Stamm, W. Brugger (D.P. 847886 [1950/52]; C. **1953** 913). — [3] P. Camboulives (Compt. Rend. **150** [1910] 175/7). — [4] D. Khristov [Christov] (Compt. Rend. Acad. Bulgare Sci. **16** [1963] 713/6; C.A. **61** [1964] 5172). — [5] G. W. Watt, P. S. Gentile, E. P. Helvenston (J. Am. Chem. Soc. **77** [1955] 2752/3).

[6] V. R. Gonzalez (Rev. Fac. Cienc. Univ. Oviedo **7** [1966] 83/176, 103, 141). — [7] W. Koch, O. Gautsch (Arch. Eisenhüttenw. **30** [1959] 723/30, 727). — [8] A. Conduché (Compt. Rend. **158** [1914] 1180/2). — [9] G. S. Fujioka, G. H. Cady (J. Am. Chem. Soc. **79** [1957] 2451/4).

Preparation in Pure Form. Purification

5.2.2.1.4 Reindarstellung. Reinigung

Die Reindarstellung von $MnCl_2$ geht vom $MnCl_2 \cdot 4H_2O$ aus, das aus Wasser umkristallisiert wird. Zuerst wird das Hydrat durch Erhitzen im Vakuum bei 200°C teilweise entwässert, dann im Vycorschiffchen in einem horizontalen Quarzrohr im wasserfreien HCl-Strom bei 750 bis 800°C erhitzt, wobei das restliche Wasser vollständig entfernt und die Probe geschmolzen wird. Nach Abkühlen auf gewöhnliche Temperatur wird das Produkt in einer Trockenbox in kleine Stücke zerbrochen. Analyse: 43.71 Gew.-% Mn (berechnet 43.65 Gew.-%), 56.35 Gew.-% Cl (berechnet 56.35 Gew.-%). Nach der spektrochemischen Analyse sind Si, Fe, Cu und Ag in Mengen von nicht mehr als 0.001% vorhanden; andere Verunreinigungen sind nicht nachweisbar [1]. Nach der Entwässerung unter wasserfreiem HCl bei 500°C ist eine anschließende Behandlung mit Cl_2 bis zu 700°C erforderlich sowie Vakuumdestillation bei 800°C. Die Chlorierung ist notwendig, um eine klare gelbbraune Schmelze ohne Abscheidung von schwarzen Feststoffen zu erhalten [2]. In Anlehnung an die Methode von Corbett u.a. [2] wird $MnCl_2 \cdot 4H_2O$ 24 h lang im Vakuum bei 210°C entwässert, die gebildete rosafarbene, feste Substanz gepulvert und im wasserfreien HCl-Gasstrom langsam geschmolzen. Anschließend wird wasserfreies Cl_2-Gas 15 min lang durch die Schmelze geleitet und danach Ar-Gas zur Entfernung von gelöstem Cl_2. Abgekühlt wird unter Ar-Atmosphäre. Die Analyse ergibt ein mittleres Verhältnis von Chlor zu Mangan von 2.005 ± 0.005 [3]. — Zur Reinigung des $MnCl_2$ ist die Destillation im Cl_2-Strom unter vermindertem Druck geeignet [4], s. auch [5]. — Zur Reinheitsprüfung im Hinblick auf H_2O dient die IR-Spektroskopie [6].

Das sehr hygroskopische $MnCl_2$ wird über P_2O_5 im Exsikkator, der in trocknem N_2 steht, aufbewahrt [7]. Das gepulverte Präparat wird in ein Glasrohr locker eingefüllt und bei gewöhnlicher Temperatur in He-Atmosphäre zugeschmolzen. Das wasserfreie $MnCl_2$ soll stets in inerter, trockner Atmosphäre gehandhabt werden, um die Einwirkung von Wasserdampf zu verhindern [8].

Literatur:

[1] R. C. Chisholm, J. W. Stout (J. Chem. Phys. **36** [1962] 972/9, 972). — [2] J. D. Corbett, R. J. Clark, T. F. Munday (IS-596 [1963] 1/12, 3; N.S.A. **17** [1963] Nr. 35687; J. Inorg. Nucl. Chem. **25** [1963] 1287/91). — [3] A. S. Kucharski, S. N. Flengas (J. Electrochem. Soc. **119** [1972] 1170/81, 1170). — [4] N. G. Klyuchnikov (Rukovodstvo po Neorganicheskomu Sintezu, Moskva – Leningrad 1953, S. 153/9). — [5] G. Garton, P. J. Walker (J. Cryst. Growth **33** [1976] 331/4).

[6] D. H. Kerridge, S. A. Tariq (Inorg. Chim. Acta **2** [1968] 371/4). — [7] R. A. Butera, W. F. Giauque (J. Chem. Phys. **40** [1964] 2379/89, 2380). — [8] R. B. Murray, L. D. Roberts (Phys. Rev. [2] **100** [1955] 1067/70).

5.2.2.1.5 Einkristalle

Single Crystals

Zur Darstellung wird von $MnCl_2$-Schmelze ausgegangen, die durch Entwässerung des Tetrahydrats bei 560°C und anschließend im HCl-Strom bei 580°C erhalten wird. Mit einer Absenkgeschwindigkeit der Ampulle von 1.25 mm/h werden in etwa 6 d Einkristalle von 50 mm Länge und 60 mm Durchmesser erhalten [1]. Die geschmolzene Verbindung wird über einen Zeitraum von 30 h [2] bis zu einigen Tagen [3] aus der Erhitzungszone entfernt; Größe der Einkristalle ≈1 cm^3. Einkristalle von 9 mm Durchmesser und bis zu 70 mm Länge können nach der vertikalen Bridgman-Methode gewonnen werden, wobei die Temperatur der heißen Zone ≈695°C, die der kalten Zone ≈615°C beträgt; die Schmelze wird zur Homogenisierung zuvor 24 h bei ≈750°C gehalten. Aus der heißen Zone wird das Chlorid mit 6 mm/h in die kalte Zone übergeführt [4]. Bei der Züchtung nach dem vertikalen Bridgman-Stockbarger-Verfahren in graphitisierten Quarzampullen wird die Ausgangsverbindung $MnCl_2 \cdot 4H_2O$ zunächst über 48 h bei 80°C getrocknet, dann teilweise entwässert und schließlich das restliche Wasser bei 500°C im Vakuum sowie durch eine mehrmalige Destillation bei 900°C im Vakuum in einer Spezialapparatur entfernt. Temperatur der heißen Ofenzone ≈725°C, Übergang in die kalte Zone mit 3 mm/h, Abkühlungsgeschwindigkeit 10 grd/h bis auf Zimmertemperatur. Kristallgröße bis zu 5 cm Länge und 2 cm Durchmesser [5]. Die Wachstumsrichtung der Einkristalle liegt bei diesen Verfahren senkrecht zur c-Achse, also parallel zur Richtung der Schichten [4, 5]. — Um bei der Darstellung von größeren Einkristallen oxidierende Hydrolyse zu vermeiden, geht man von metallischem Mn in Form von Draht, Körnern oder Blättchen aus, jedoch nicht von Pulver. Nach Überleiten von trocknem Ar erfolgt die Reaktion durch Überleiten von HCl-Gas bei ≈900°C. Nach 5 bis 6 h läßt man das gebildete Halogenid-Kondensat schmelzen und überführt die Schmelze durch geeignete Neigung der Apparatur in angeschmolzene Kristallisationsampullen. Die Einkristalle entstehen nach dem Bridgman-Verfahren in einem Temperaturgradienten von 10 bis 17 grd/cm; das Absenken der Ampulle im Ofen verläuft im allgemeinen mit 2.7 mm/h. Die Größe der erhaltenen Kristalle beträgt maximal 16 mm × 70 mm [6].

Zur Darstellung von Kristalliten von 1 bis 2 μm Größe werden nach der modifizierten Methode von Marshall [7] 100 ml destillierter Äthyläther in etwa 2 ml wasserfreie äthanolische Lösung von $MnCl_2$ gegossen. Der erhaltene Niederschlag wird 6 h lang bei 420°C im Vakuum (3×10^{-7} Torr) erhitzt [8].

Literatur:

[1] R. A. Butera, W. F. Giauque (J. Chem. Phys. **40** [1964] 2379/89, 2380). — [2] D. H. Douglass, M. W. P. Strandberg (Physica **27** [1961] 1/17, 16). — [3] R. B. Murray, L. D. Roberts (Phys. Rev. [2] **100** [1955] 1067/70, 1068). — [4] P. Meglino, E. Kostiner (J. Cryst. Growth **32** [1976] 276/7). — [5] G. Garton, P. J. Walker (J. Cryst. Growth **33** [1976] 331/4).

[6] S. Legrand (J. Cryst. Growth **35** [1976] 208/10). — [7] F.-H. Marshall (Phys. Rev. [2] **58** [1940] 642/50, 642/6). — [8] Y. Sensui (Bull. Chem. Soc. Japan **45** [1972] 359/61 [englisch]).

5.2.2.1.6 Thermodynamische Daten der Bildung

Thermodynamic Data of Formation

Für die Bildungsenthalpie ΔH (in kcal/mol) von festem $MnCl_2$ aus festem Mn und gasförmigem Cl_2 wird der Standardwert $\Delta H^\circ_{298} = -115.03$ [1] angegeben gegenüber dem älteren von $\Delta H^\circ_{298} = -115.3$ [2], s. auch [3 bis 5], der mit dem experimentell ermittelten Wert von Krivtsov, Rosolovskii [6] übereinstimmt. Aus Lösungswärmen neu berechnet: −115.6 [7]; aus Lösungswärmen abgeleitet: −115.19 ± 0.120 [8, 9]; unter Einbeziehung der von Pauling gegebenen Beziehung zwischen Bildungswärmen und Elektronegativitäten und Einführung neuer Parameter berechnet: −114.91, experimentell bestimmt: −115.19 [10]; durch vergleichende Berechnungen ermittelt: −113.3 [6]; aus Lösungswärmen abgeleitet: −111.6 [11], s. auch [12 bis 14]. In der Literatur finden sich weitere ΔH-Werte, die meist für 25 oder 18°C angegeben sind und zwischen −111.99 und −116 schwanken [15 bis 20].

Für gasförmiges $MnCl_2$ wird die Bildungsenthalpie bei Bildung aus den Elementen im Standardzustand mit $\Delta H^\circ_{298} = -63.0$ angegeben [1], s. auch [5]. Für die Reaktion Mn(gas) + 2 Cl (gas) → $MnCl_2$(gas) berechnet Mesnage [18] aus den Sublimationswärmen ΔH = −195.2; vgl. auch [21].

Thermodynamic Data of Formation of $MnCl_2$

Für die freie Bildungsenthalpie ΔG (in kcal/mol) von festem $MnCl_2$ unter Standardbedingungen wird $\Delta G^\circ_{298} = -105.29$ angegeben [1] gegenüber dem älteren Wert $\Delta G^\circ_{298} = -105.5$ [2], der mit dem experimentell ermittelten von Wilcox [10] übereinstimmt. Weitere berechnete ΔG_{298}-Werte, die zwischen 105.1 und 106.04 schwanken, s. [7, 10, 22]. Bei 600 und 800 K ist $\Delta G = -95.85$ bzw. -89.65 [22].

Für flüssiges $MnCl_2$ betragen die Werte bei 700, 800 und 900°C $\Delta G = -87.15$, -83.21 bzw. -76.23 [23], s. auch [22]; für gasförmiges $MnCl_2$ bei 1363 K ist $\Delta G^\circ = -69.0 \pm 0.8$ [24].

Für die Berechnung von ΔG (in cal/mol) in Abhängigkeit von der Temperatur werden zwischen 298 und 923 K $\Delta G_T = -116350 - 3.52 T \lg T + 0.14 \times 10^{-3} T^2 + 0.16 \times 10^5 T^{-1} + 58.5 T$, zwischen 923 und 1000 K $\Delta G_T = -110000 - 8.08 T \lg T + 1.72 \times 10^{-3} T^2 - 0.52 \times 10^5 T^{-1} + 79.81 T$ und zwischen 1000 und 1200 K $\Delta G_T = -109280 - 5.45 T \lg T + 0.36 \times 10^{-3} T^2 - 0.34 \times 10^5 T^{-1} + 62.33 T$ aus thermodynamischen Daten der Literatur abgeleitet [22]; für $\Delta G_T = a + bT + cT^2 + d \lg T + eT^{-1}$ werden für jeden Temperaturbereich die Werte von a bis e im Original tabellarisch angegeben [25]. Zwischen 298 und 923 K ist $\Delta G_T = -112980 - 7.49 T \lg T + 54.85 T$ (±2), zwischen 923 und 1463 K $\Delta G_T = -100600 + 19.2 T$ (±2), zwischen 1463 und 1530 K $\Delta G_T = -56350 + 23.0 T \lg T - 83.85 T$ (±3) und zwischen 1530 und 2000 K $\Delta G_T = -59850 + 23.0 T \lg T - 81.55 T$ (±3) [26]. Für die Beziehung $\Delta G_T = a + bT \lg T + cT$ werden die Werte $a = -116300$, $b = 8.37$ und $c = -56.0$ für den Temperaturbereich von 298 bis 923 K sowie $a = -107970$, $b = 9.11$ und $c = -49.15$ für den Temperaturbereich von 993 bis 1373 K angegeben; weitere Werte für den Bereich über 1400 K s. Original [27]. Die Temperaturfunktion $\Delta G^\circ_T = \Delta H^\circ - T \Delta S^\circ$ gilt nach verschiedenen Literaturdaten [14, 22, 27] und eigenen Berechnungen [3] in folgenden Temperaturbereichen:

Temperaturbereich in K	$-\Delta H^\circ$ in cal/mol	$-\Delta S^\circ$ in $cal \cdot mol^{-1} \cdot K^{-1}$
298 bis 923	114360	30.78
923 bis 1000	104080	19.46
1000 bis 1374	103610	19.05
1374 bis 1410	103260	18.76
1530 bis 2000	≈80000	2.8

Graphische Darstellung der ΔG°_T-Funktionen s. Original [3].

Bildungsentropie von $MnCl_2$: $\Delta S^\circ_{298} = -32.93 \pm 0.5$ $cal \cdot mol^{-1} \cdot K^{-1}$ [3].

Die elektrochemisch gemessenen Bildungspotentiale von $MnCl_2$ zwischen 900 und 1200 K stimmen mit den thermochemischen Daten von Wicks und Block [22] gut überein [28].

Literatur:

[1] D. D. Wagman, W. H. Evans, V. B. Parker, I. Halow, S. M. Bailey, R. H. Schumm (Natl. Bur. Std. [U.S.] Tech. Note 270-4 [1969] 1/141, 107). — [2] F. D. Rossini, D. D. Wagman, W. H. Evans, S. Levine, I. Jaffe (Natl. Bur. Std. [U.S.] Circ. Nr. 500 [1952] Tabelle 48-2, S. 274). — [3] E. Steinmetz, H. Roth (J. Less-Common Metals **16** [1968] 295/342, 304). — [4] H. W. Anderson, L. A. Bromley (J. Phys. Chem. **63** [1959] 1115/8). — [5] G. I. Novikov (Probl. Sovrem. Khim. Koord. Soedin. **1970** Nr. 3, S. 33/48, 34).

[6] N. V. Krivtsov, V. Ya. Rosolovskii (Zh. Neorgan. Khim. **13** [1968] 317/20; Russ. J. Inorg. Chem. **13** [1968] 164/6). — [7] T. A. Zordan, L. G. Hepler (Chem. Rev. **68** [1968] 737/45, 741). — [8] M. F. Koehler, J. P. Coughlin (J. Phys. Chem. **63** [1959] 605/8). — [9] A. D. Mah (U.S. Bur. Mines Rept. Invest. Nr. 5600 [1960] 1/34, 8). — [10] D. E. Wilcox (UCRL-10397 [1962] 1/120, 19; N.S.A. **16** [1962] Nr. 31586).

[11] A. Könneker, W. Biltz (Z. Anorg. Allgem. Chem. **242** [1939] 225/8). — [12] V. V. Fomin (Zh. Fiz. Khim. **27** [1953] 1689/92; C.A. **1955** 5100). — [13] W. A. Roth (FIAT Rev. Ger. Sci. **26** IV [1949] 214/34, 232). — [14] L. L. Quill (The Chemistry and Metallurgy of Miscellaneous Materials, New York – Toronto – London 1950, S. 109/10). — [15] J. Thomsen (Thermochemische Untersuchungen, 3. Bd., Leipzig 1883, S. 269; Systematische Durchführung thermochemischer Untersuchungen, Stuttgart 1906, S. 247; J. Prakt. Chem. [2] **11** [1875] 402/30, 405).

[16] M. Berthelot (Thermochimie, Bd. 2, Paris 1897, S. 268). — [17] F. R. Bichowsky, F. D. Rossini (The Thermochemistry of the Chemical Substances, New York 1936, S. 93, 315). — [18] P. Mesnage (Ann. Phys. [Paris] [11] **12** [1939] 5/87, 29; Diss. Paris 1938, S. 25). — [19] C. V. Schwarz (Arch. Eisenhüttenw. **24** [1953] 285/306, 294). — [20] M. Barber, J. W. Linnett, N. H. Taylor (J. Chem. Soc. **1961** 3323/32).

[21] S. A. Shchukarev (Probl. Sovrem. Khim. Koord. Soedin. **1970** Nr. 3, S. 5/15, 8). — [22] C. E. Wicks, F. E. Block (U.S. Bur. Mines Bull. Nr. 605 [1963] 1/146, 74). — [23] G. Devoto, A. Guzzi (Gazz. Chim. Ital. **59** [1929] 591/600, 591). — [24] L. Rossemyr, T. Rosenqvist (Trans. AIME **224** [1962] 140/3). — [25] H. H. Kellogg (J. Metals **2** [1950] Trans. **188** 862/72, 871).

[26] H. Villa (J. Soc. Chem. Ind. [London] **69** [1950] Suppl. Nr. 1, S. S9/S18, S15). — [27] O. Kubaschewski, E. L. Evans, C. B. Alcock (Metallurgical Thermochemistry, 4. Aufl., Oxford – London – Edinburgh – New York – Toronto – Sydney – Paris – Braunschweig 1967, S. 425). — [28] S. N. Flengas (High Temp. – High Pressures **5** [1973] 551/66, 554).

5.2.2.2 Moleküle

Molecules

5.2.2.2.1 $MnCl_2$

$MnCl_2$

Das monomere $MnCl_2$ ist ein symmetrisches lineares Molekül (Punktgruppe $D_{\infty h}$, Dipolmoment $\mu = 0$), wie sich aus der massenspektrometrischen Untersuchung der Ablenkung von Molekularstrahlen im inhomogenen elektrischen Feld ergibt (unpolare Moleküle zeigen keine Ablenkung) [1]. Die Linearität wird ferner durch das IR-Spektrum (s. unten) bestätigt; sie folgt auch aus theoretischen Untersuchungen der Valenzzustände des Mn-Atoms in $MnCl_2$(gas) nach dem „Atom-im-Molekül"-Modell [2]. — Elektronenbeugungsmessungen an $MnCl_2$-Dampf bei etwa 1070 K ergeben folgende Kernabstände r_g, mittlere Schwingungsamplituden u und den Bastiansen-Morino-Schrumpfeffekt δ (alle in Å) [3]:

r_g (Mn-Cl)	r_g (Cl···Cl)	u (Mn-Cl)	u (Cl···Cl)	δ (Cl···Cl)
2.2049	4.3245	0.0820	0.1521	0.0853

Berechnete Werte für u und δ bei T = 0, 1000, 1250, 1500 K (mit Hilfe geschätzter Schwingungsfrequenzen ν_1, ν_2, gemessenem ν_3 (s. unten) und eines geschätzten Kernabstands r (Mn-Cl) = 2.09 Å nach Brewer u.a. [4]) s. [5 bis 7].

Für den elektronischen Grundzustand wird (analog zu MnF_2, s. [8] und „Mangan" C 4, S. 8) ein $^6\Sigma_g^+$-Term angenommen; die Konfiguration der 21 Valenzelektronen lautet (nach einem qualitativen MO-Schema für lineare Moleküle der Dichloride von 3d-Elektronen-Übergangsmetallen nach Liehr [9]): $(1\sigma_g^+)^2 (1\pi_g)^4 (2\sigma_g^+)^2 (1\sigma_u^+)^2 (2\sigma_u^+)^2 (1\pi_u)^4 (1\delta_g)^2 (2\pi_g)^2 (3\sigma_g)^1$, davon sind $1\delta_g$, $2\pi_g$, $3\sigma_g$ näherungsweise Mn-, die restlichen Cl-Orbitale [10].

Anregungszustände auf Grund von Cl→Mn-Charge transfer-Übergängen sind [10]:

..... $(1\pi_u)^3 (1\delta_g)^3 (2\pi_g)^2 (3\sigma_g)^1$ $^6\Phi$, $^6\Pi_u$

..... $(1\pi_u)^3 (1\delta_g)^2 (2\pi_g)^3 (3\sigma_g)^1$ $^6\Sigma_u^+$, $^6\Sigma_u^-$, $^6\Delta_u$

..... $(1\pi_u)^3 (1\delta_g)^2 (2\pi_g)^2 (3\sigma_g)^2$ $^6\Pi_u$

Den Übergängen in die $^6\Sigma_u^+$-, $^6\Pi_u$-Zustände werden die UV-Absorptionsbanden von matrixisoliertem $MnCl_2$ bei 43900, 45700 (Schulter) und 50000 cm^{-1} (Ar-Matrix, T = 4.2 K) [10] bzw. bei 43940 cm^{-1} (Ar-Matrix, T = 14 K) [11] zugeordnet.

Der MnCl-Bindung wird auf Grund einfacher semiempirischer Rechnungen ein überwiegend ionischer Charakter (79%) zugeschrieben [12]. Dies folgt auch aus dem Verlauf der Bildungsenthalpien für die Dichloride der 3d-Übergangsmetalle [13]. Dagegen läßt sich aus Kraftkonstanten von MX_2- und MX-Molekülen (M = Übergangsmetall, X = Halogen) auch auf eine vorwiegend kovalente Bindung unter Beteiligung von 3d-Elektronen schließen [14].

Das $MnCl_2$-Molekül besitzt drei Fundamentalschwingungen, die symmetrische und die antisymmetrische Streckschwingung $\nu_1 (\Sigma_g^+)$ bzw. $\nu_3 (\Sigma_g^-)$ und die zweifach entartete Biegeschwingung

$MnCl_2$ Molecule

$\nu_2(\Pi_u)$. ν_2 und ν_3 sind IR-aktiv und werden im Dampf (im Gleichgewicht mit der kondensierten Phase bei T = 1070 bis 1270 K) [14] und in Edelgasmatrizen bei T = 4 K [15 bis 17] bzw. bei T = 14 K [11] beobachtet (ν in cm^{-1}):

	ν_3	ν_3	ν_2	ν_3	ν_3	ν_3
$Mn^{35}Cl_2$		476.8		476.8	484.5	
$Mn^{35}Cl^{37}Cl$	467 ± 5	473.9	83	474.0	481.7	477.0
$Mn^{37}Cl_2$		471.2		471.4	478.8	
Probe	Gas	Ar-Matrix		Ar-Matrix	Ne-Matrix	Ar-Matrix
Literatur	[14]	[17]		[11]	[16]	[15]

Die Frequenz der IR-inaktiven Streckschwingung ν_1 wird aus ν_3 unter Benutzung der Streck-Streck-Wechselwirkungskraftkonstante $k_{12} = 0.1$ mdyn/Å (für $CrCl_2$) nach [16] zu $\nu_1 = 331$ cm^{-1} abgeschätzt [18]. Aus dem gemessenen Bastiansen-Morino-Schrumpfeffekt wird die Frequenz der Biegeschwingung von Cyvin [19] zu $\nu_2 = 93 \pm 8$ cm^{-1} berechnet. Aus Frequenzen verwandter Moleküle schätzen Brewer u.a. [4] $\nu_1 = 309$ cm^{-1}, $\nu_2 = 47$ cm^{-1} ab und übernehmen den Gasphasenwert für ν_3 nach [14]; die Werte dienen der Berechnung thermodynamischer Größen für $MnCl_2$(gas) [4], s. S. 18.

Die Streckkraftkonstante für ein einfaches Valenzkraftfeld ergibt sich mit den ν_3-Werten der Gasphase bzw. in der Ar-Matrix zu $k_1 = 1.99$ mdyn/Å [14] bzw. 2.08 mdyn/Å [15].

Die atomare Bindungsenthalpie (Dissoziation in die gasförmigen Elemente) $\Delta H^\circ_{at} = 186$ kcal/mol bei 298.15 K ergibt sich aus der Sublimationsenthalpie von $MnCl_2$ in Kombination mit der Bildungsenthalpie ΔH° von $MnCl_2$(fest), der Sublimationsenthalpie von Mn und der Dissoziationsenergie von Cl_2 [4]. $\Delta H^\circ_{at} = 185$ kcal/mol ist aus thermochemischen Daten abgeleitet [23]. Für die Bindungsenergie der Mn-Cl-Bindung folgt aus thermochemischen Daten nach [20] E(Mn-Cl) = 93.4 kcal/mol, ein theoretischer Wert (nach einer Gleichung von Pauling [21]) beträgt 94 kcal/mol [22].

Literatur:

[1] A. Büchler, J. L. Stauffer, W. Klemperer (J. Chem. Phys. **40** [1964] 3471/4). — [2] O. P. Charkin, M. E. Dyatkina (Zh. Strukt. Khim. **6** [1965] 579/90; J. Struct. Chem. [USSR] **6** [1965] 550/60). — [3] I. Hargittai, J. Tremmel, G. Schultz (J. Mol. Struct. **26** [1975] 116/9), I. Hargittai, J. Tremmel (Kem. Kozlemen. **44** [1975] 309/29; C.A. **85** [1976] Nr. 102662). — [4] L. Brewer, G. R. Somayajulu, E. Brackett (Chem. Rev. **63** [1963] 111/21). — [5] G. Nagarajan (J. Mol. Spectry. **13** [1964] 361/92, 383).

[6] G. Nagarajan, E. R. Lippincott (J. Chem. Phys. **42** [1965] 1809/18). — [7] S. J. Cyvin, B. Vizi (Veszpremi Vegyip. Egyet. Kozlemen. **11** [1968] 83/9; C.A. **72** [1970] Nr. 24977). — [8] E. F. Hayes (J. Phys. Chem. **70** [1966] 3740/2). — [9] A. D. Liehr (J. Chem. Educ. **39** [1962] 135/9). — [10] C. W. DeKock, D. M. Gruen (J. Chem. Phys. **49** [1968] 4521/6).

[11] M. E. Jacox, D. E. Milligan (J. Chem. Phys. **51** [1969] 4143/55). — [12] R. G. Pearson, H. B. Gray (Inorg. Chem. **2** [1963] 358/63). — [13] K. Kite, D. R. Rosseinsky (J. Inorg. Nucl. Chem. **31** [1969] 1199/203). — [14] G. E. Leroi, T. C. James, J. T. Hougen, W. Klemperer (J. Chem. Phys. **36** [1962] 2879/83). — [15] S. H. Garnett (Diss. Princeton Univ. 1968, S. 61/81; Diss. Abstr. Intern. B **29** [1968/69] 3039).

[16] J. W. Hastie, R. H. Hauge, J. L. Margrave (High Temp. Sci. **3** [1971] 257/74). — [17] K. R. Thompson, K. D. Carlson (J. Chem. Phys. **49** [1968] 4379/84), K. R. Thompson (Diss. Case Western Reserve Univ., Cleveland, Ohio, 1968; Diss. Abstr. Intern. B **29** [1969] 4622). — [18] V. G. Solomonik, K. S. Krasnov, E. V. Morozov (Izv. Vysshikh Uchebn. Zavedenii Khim. i Khim. Tekhnol. **16** [1973] 1291/3; C.A. **79** [1973] Nr. 151269). — [19] J. S. Cyvin (private Mitteilung 1973) laut [3]. — [20] H. Schäfer, L. Bayer, G. Breil, K. Etzel, K. Krehl (Z. Anorg. Allgem. Chem. **278** [1955] 300/9).

[21] L. Pauling (The Nature of the Chemical Bond, 2. Aufl., Ithaca 1940, S. 60). — [22] T. L. Allen (J. Chem. Phys. **26** [1957] 1644/7). — [23] C. B. Alcock, J. H. E. Jeffes (Inst. Mining Met. Trans. C **76** [1967] 246/58).

5.2.2.2.2 Mn_2Cl_4

Mn_2Cl_4

Dimeres Mn_2Cl_4 konnte im IR-Spektrum nicht nachgewiesen werden, weder im Dampf [1] noch in festem Ar [2]. Massenspektrometrisch wird es dagegen bei 888 K gefunden, s. auch S. 15. Aus Dampfdruckmessungen ergibt sich die Assoziationsenthalpie zu 37.7 kcal/mol Mn_2Cl_4, die freie Assoziationsenergie zu 9.3 kcal/mol [3].

Literatur:

[1] G. E. Leroi, T. C. James, J. T. Hougen, W. Klemperer (J. Chem. Phys. **36** [1962] 2879/83). — [2] S. H. Garnett (Diss. Princeton Univ., Princeton, N.J., 1968, S. 1/85; Diss. Abstr. B **29** [1969] 3039). — [3] R. C. Schoonmaker, A. H. Friedman, R. F. Porter (J. Chem. Phys. **31** [1959] 1586/9).

5.2.2.3 Kristallographische Eigenschaften

Crystallographic Properties

Kristallstruktur. Bei der Fällung [1] oder Sublimation [2] haben die Kristalle die Form hexagonaler Plättchen. Sie sind ähnlich wie Glimmer leicht parallel zu den Schichten spaltbar [3, 4]. — Die nach dem Bridgman-Verfahren gezüchteten Einkristalle (s. S. 9) sind oft verzwillingt mit der Zwillingsebene in der Wachstumsrichtung [3].

$MnCl_2$ kristallisiert rhomboedrisch und ist isotyp mit $CdCl_2$ (C 19), vgl. „Cadmium" Erg.-Bd., S. 467/9 [5, 6, 7]. Die aus Pulveraufnahmen ermittelten Gitterkonstanten sind bei hexagonaler Indizierung: $a = 3.711 \pm 0.002$, $c = 17.59 \pm 0.07$ Å bei 20°C [7] und $a = 3.7061 \pm 0.0004$, $c = 17.569 \pm 0.001$ Å bei 25°C [8]; Raumgruppe $R\bar{3}m\text{-}D_{3d}^5$ (Nr. 166), Z = 3 [7]. Aus den älteren, für die rhomboedrische Elementarzelle aus Röntgenaufnahmen bestimmten Werten [9, 10] ergibt sich $a = 3.862$ und $c = 17.480$ Å [7], s. auch [11], d-Werte s. Original [8, 10]. Atomlagen für die rhomboedrische Elementarzelle: Mn in 1a (0, 0, 0); Cl in 2c (x, x, x) mit $x \approx 0.25$ [6]. Der Abstand zweier benachbarter Cl-Atome im $MnCl_6$-Oktaeder beträgt 3.5_6 Å und entspricht damit ungefähr der Summe der Ionenradien bei dichtester Packung [12].

Gitterschwingungen. In Verbindungen mit $CdCl_2$-Struktur sind sechs Gitterschwingungen möglich, je eine A_{1g}- und E_g-Schwingung (Raman-aktiv) und je zwei (eine akustische und eine optische) A_{2u}- und E_u-Schwingung (infrarotaktiv) [13].

Gitterenergie U in kcal/mol

U	Anmerkung und Literatur
603.4	nach Sherman [14] ermittelter Wert [15]
600	berechnet aus Bildungsenthalpien der gasförmigen Ionen und derjenigen des festen $MnCl_2$ [16]
598	berechnet aus den Bildungsenthalpien nach Born-Haber sowie interpoliert aus den Werten der Chloride $CaCl_2$ bis $ZnCl_2$ [17, 19]; berechnet aus thermochemischen Daten nach dem Born-Haber-Kreisprozeß [18]
591.5	berechnet aus thermochemischen Daten nach dem Born-Haber-Kreisprozeß [20]; berechnet aus den Bildungsenthalpien der gasförmigen Ionen und derjenigen des festen $MnCl_2$ [21]
568	berechnet aus Sublimationsenthalpie und Ionisierungsspannung des Metalls und Bildungsenthalpie der Verbindung nach Born-Haber [19, 22]
567.8	berechnet unter Berücksichtigung der Elektronenstruktur der Atome [23]

Chemische Bindung. Die MnK-Kante des Röntgenabsorptionsspektrums von $MnCl_2$ zeigt Fig. 13 in „Mangan" B, S. 165, im Vergleich zu den Hydraten des $MnCl_2$ und Fig. 17 in „Mangan" B, S. 167, im Vergleich zu anderen Mn-Verbindungen. Das Maximum der Kurve liegt für $MnCl_2$ bei niedrigerer Energie als für das Hexahydrat [24]. Der Anteil der Anfangsabsorption an der Gesamt-

Chemical Bonding in $MnCl_2$

sprunghöhe beträgt für $MnCl_2$ 5%, in der Absorptionskurve tritt eine kaum erkennbare Biegung auf. Der Wert der Anfangsabsorption wird durch die Beimischung von p-Zuständen des Cl zu der d-s-Bande des Mn bestimmt; das Überlappen der 3d-4s-Wellenfunktionen mit den 3p-Wellenfunktionen ist Null oder kleiner [25]. — Die Bindung zwischen Mn und Cl hat in $MnCl_2$ zum Teil kovalenten Charakter, jedoch geringer als in $MnBr_2$ (vgl. S. 268) und stärker als in MnF_2 (vgl. „Mangan" C 4, S. 16), wie aus der Multiplettaufspaltung des Röntgenphotoelektronenspektrums geschlossen wird [26]; s. auch [27]. Berechnungen des relativen Ionencharakters aus Ladungsverteilung, Atomradien und strukturellen Betrachtungen deuten auf eine ionische Mn-Cl-Bindung [28], s. auch [29].

In der Schmelze von $MnCl_2$ wird zum mindesten teilweise Ionencharakter zwischen Mn und Cl angenommen [30]. Bei einer Lösung von $MnCl_2$ in geschmolzenem $CsCdCl_3$ hat die Mn-Cl-Bindung mehr Ionencharakter als im kristallinen $MnCl_2$ [31]. Im Vergleich zur wäßrigen Lösung nimmt der Ionencharakter der Bindung zwischen Mn^{2+} und Cl^- jedoch in Alkalichloridschmelzen zu, wie der Auswertung der elektronischen Spektren zu entnehmen ist [32].

Literatur:

[1] Y. Sensui (Bull. Chem. Soc. Japan **45** [1972] 359/61 [englisch]). — [2] Yu. V. Karyakin, I. I. Angelov (Chistye Khimicheskie Reaktivy, Moskva 1955, S. 338). — [3] P. Meglino, E. Kostiner (J. Cryst. Growth **32** [1976] 276/7). — [4] G. Garton, P. J. Walker (J. Cryst. Growth **33** [1976] 331/4). — [5] G. Bruni, A. Ferrari (Atti Reale Accad. Lincei [6] **4** [1926] 10/3; Z. Physik. Chem. **130** [1927] 488/94, 491).

[6] L. Pauling, J. L. Hoard (Z. Krist. **74** [1930] 546/51). — [7] A. Ferrari, A. Braibanty, G. Bigliardi (Acta Cryst. **16** [1963] 846/7). — [8] H. E. Swanson, H. F. McMurdie, M. C. Morris, E. H. Evans (Natl. Bur. Std. [U.S.] Monograph Nr. 25, Tl. 8 [1970] 1/167, 43). — [9] A. Ferrari (Atti 3° Congr. Nazl. Chim. Pura Appl., Firenze 1929, S. 452/60, 455, 457). — [10] A. Ferrari, A. Celeri, F. Giorgi (Atti Reale Accad. Lincei [6] **9** [1929] 782/9; Strukturbericht, Bd. 2, 1928/32 [1937], S. 245/6).

[11] A. Ferrari (Atti Reale Accad. Lincei [6] **6** [1927] 56/9). — [12] R. Pappalardo (J. Chem. Phys. **31** [1959] 1050/61, 1056). — [13] D. J. Lockwood (J. Opt. Soc. Am. **63** [1973] 374/82). — [14] J. Sherman (Chem. Rev. **11** [1932] 93/170). — [15] S. Makishima (Z. Elektrochem. **41** [1935] 697/712, 705).

[16] M. Kh. Karapet'yants (Zh. Fiz. Khim. **28** [1954] 1136/52, 1151; C.A. **1955** 7917). — [17] K. B. Yatsimirskii (Zh. Neorgan. Khim. **3** [1958] 2244/52; Russ. J. Inorg. Chem. **3** Nr. 10 [1958] 26/36, 28). — [18] L. H. Ahrens, D. F. C. Morris (J. Inorg. Nucl. Chem. **3** [1956/57] 270/80, 271). — [19] M. F. C. Ladd, W. H. Lee (Progr. Solid State Chem. **1** [1964] 37/82, 52). — [20] A. Kapustinsky, B. Weselowsky [A. F. Kapustinskii, B. K. Veselovskii] (Z. Physik. Chem. B **22** [1933] 261/6, 263; Zh. Fiz. Khim. **5** [1934] 64/72, 66).

[21] Ya. A. Ugai (Tr. Voronezhsk. Univ. **42** Nr. 2 [1956] 35/6; C.A. **1959** 13722). — [22] S. A. Shchukarev, M. A. Oranskaya (Zh. Obshch. Khim. **24** [1954] 2109/19; J. Gen. Chem. USSR **24** [1954] 2077/86, 2080). — [23] E. S. Sarkisov (Zh. Fiz. Khim. **28** [1954] 627/36, 632; C.A. **1955** 7917). — [24] K. Böke (Z. Physik. Chem. [Frankfurt] **10** [1957] 45/58, 55; Diss. München T.H. 1956, S. 1/68, 24). — [25] S. A. Nemnonov, K. M. Kolobova (Izv. Akad. Nauk SSSR Ser. Fiz. **27** [1963] 390/3; Bull. Acad. Sci. USSR Phys. Ser. **27** [1963] 398/401).

[26] J. C. Carver, G. K. Schweitzer, T. A. Carlson (J. Chem. Phys. **57** [1972] 973/82). — [27] B. R. Russell, R. M. Hedges (Theoret. Chim. Acta **19** [1970] 335/46, 338). — [28] J. Suchet (Compt. Rend. **253** [1961] 2490/2). — [29] J. Ferguson (Progr. Inorg. Chem. **12** [1970] 159/293, 241). — [30] N. E. Norman, H. F. Johnstone (Ind. Eng. Chem. **43** [1951] 1553/8).

[31] S. V. Volkov, N. I. Buryak (Zh. Neorgan. Khim. **18** [1973] 2382/9; Russ. J. Inorg. Chem. **18** [1973] 1260/4). — [32] S. V. Volkov, O. B. Babushkina, N. I. Buryak (Ukr. Khim. Zh. **43** Nr. 1 [1977] 3/6; Soviet Progr. Chem. **43** Nr. 1 [1977]).

Mechanical and Thermal Properties

5.2.2.4 Mechanische und thermische Eigenschaften

Density. Molar Volume. Compressibility

5.2.2.4.1 Dichte D in g/cm³, Molvolumen V in cm³/mol, Kompressibilität

Pyknometrische Messungen in Toluol bei 25°C ergeben D = 2.977 [1]. Aus den Gitterkonstanten (s. S. 13) folgen D = 3.069 [2] und 3.000 bei 25°C [3]. Meisel [4] bildet aus den abgerundeten Werten den Mittelwert D = 3.02 und leitet daraus das Molvolumen V = 41.7 ab; Umrechnung auf T = 0 führt zu V_0 = 41.1.

Für die Abnahme des Volumens bei Kompression gilt die allgemeine Formel $-\Delta v/v_0 = a \cdot p - b \cdot p^2$, wobei v_0 das Volumen bei Atmosphärendruck ist. Bei Drücken bis 12000 kg/cm^2 werden an $MnCl_2$ bei 30°C die Parameter $a = 54.09 \times 10^{-7}$ cm^2/kg, $b = 96.3 \times 10^{-12}$ cm^4/kg^2 erhalten, bei 75°C ist $a = 55.62 \times 10^{-7}$ cm^2/kg, $b = 106.5 \times 10^{-12}$ cm^4/kg^2 [5].

Literatur:

[1] G. P. Baxter, M. A. Hines (J. Am. Chem. Soc. **28** [1906] 1560/80, 1574). — [2] A. Ferrari, A. Celeri, F. Giorgi (Atti Reale Accad. Lincei [6] **9** [1929] 782/9). — [3] H. E. Swanson, H. F. McMurdie, M. C. Morris, E. H. Evans (Natl. Bur. Std. [U.S.] Monograph Nr. 25, Tl. 8 [1970] 1/167, 43). — [4] K. Meisel (in: W. Biltz, Raumchemie der festen Stoffe, Leipzig 1934, S. 36). — [5] P. W. Bridgman (Proc. Am. Acad. Arts Sci. **68** [1932/33] 27/93, 54).

5.2.2.4.2 Verflüchtigung

Volatilization

Dampfdruck p, Siedepunkt T_v, Verdampfungsenthalpie ΔH_v und Sublimationsenthalpie ΔH_s in kcal/mol.

Der Dampf über $MnCl_2$ besteht in den untersuchten Temperaturbereichen fast ausschließlich aus $MnCl_2$-Molekülen. Massenspektrometrisch werden auch dimere $(MnCl_2)_2$-Moleküle sowie MnCl und Mn_2Cl_3 nachgewiesen [1], von anderen Autoren neben $MnCl_2$ nur MnCl und Mn [13]. Bei 888 K haben $MnCl_2$ und $(MnCl_2)_2$ die Partialdrücke 6.15×10^{-5} bzw. 7.40×10^{-7} atm [1]. Bei späteren Messungen wird allerdings über Dimere nicht berichtet [2].

Nach der Mitführungsmethode mit HCl als Trägergas untersucht Breil [3] den Dampfdruck zwischen 726 und 943°C und gelangt dabei zu folgenden, etwas später veröffentlichten [4] Werten:

t in °C	726	783	798	837	858	890	918	943
p in Torr	1.42	3.23	4.43	8.72	11.61	18.89	30.19	43.50

In diesem Bereich gilt die Interpolationsformel $\lg p = 8.559 - 8448/T$. Der Siedepunkt wird direkt zu 1225 ± 5°C bei 724 Torr gemessen. Hiermit wird unter Einbeziehung von teilweise geschätzten Wärmekapazitätsdaten die Formel $\lg p = 20.8029 - 10605.5/T - 4.3282 \lg T$ (p in atm) abgeleitet, aus der sich der Siedepunkt bei 760 Torr zu $T_v = 1504$ K ergibt [4]. Umrechnung auf Torr und Abrundung der Parameter führt zu der Formel $\lg p = 23.68 - 10606/T - 4.33 \lg T$ [5]. Die oben zitierten p-Werte [3, 4] liegen deutlich unter denjenigen von Maier [6], möglicherweise infolge Verunreinigung der untersuchten Probe [3]. Andererseits besteht die Möglichkeit, daß nach der Mitführungsmethode nicht der Sättigungsdampfdruck gemessen wird [7]. Diesem Einwand begegnen Schäfer und Breil [8] mit Ergebnissen, die mit Cl_2 als Trägergas erhalten wurden; zwar liegt dann auch $MnCl_3$ in der Gasphase vor, jedoch ist dessen Partialdruck sehr klein (z. B. 0.4 Torr bei 1108 K). Der zwischen 726 und 918°C gemessene Anstieg von p = 1.41 auf 30.95 Torr wird durch die Formel $\lg p = 8.545 - 8409/T$ erfaßt [8]. Aus den Meßdaten von Maier [6] extrapoliert Kelley [9] $T_v = 1463$ K. — Nach einer Transpirationsmethode ergeben sich folgende Werte für den Gesamtdampfdruck p:

Boiling Point

T in K	993	1023	1053	1123	1148	1188	1218
p in Torr	1.63	2.63	4.71	9.59	14.74	25.63	59.98

Die Werte lg p sind linear von T^{-1} abhängig [10].

Aus den höher liegenden p-Werten leitet Maier [6] eine Abnahme der Verdampfungsenthalpie von $|\Delta H_v| = 38.30$ bei 1155.1 K auf 28.78 bei 1463 K ab. Hierfür könnte nach Kelley [9] die Formel $|\Delta H_v| = 44.26 - 0.01\,T$ gelten, so daß bei 1463 K $|\Delta H_v| = 29.63$ und bei 298 K $|\Delta H_v| = 41.729$ wäre. Dagegen erhalten Schäfer u. a. [4] $|\Delta H_v| = 35.60$ am Siedepunkt (1504 K) und 45.97 bei 298 K, und aus den neuesten Messungen [10] folgt $|\Delta H_v| = 35.37 \pm 1.27$ bei 1106 K und 43.45 bei 298 K.

Die Sublimationsenthalpie ergibt sich aus Dampfdruckmessungen direkt zu $\Delta H_s = -54.52 \pm 0.78$ bei 298 K; nach dem 2. Hauptsatz wird aus $\Delta H_v = -43.45$ (s. oben) und $\Delta H_f = 8.97$ (s. S. 16) bei 298 K $\Delta H_s = -52.42$ erhalten [10]. Der aus einem Diagramm ersichtliche Wert $\Delta H_s \approx -55$ [11] beruht vermutlich auf der Angabe $\Delta H_s = -54.5$, die von Brewer u. a. [12] aus vorliegenden Dampfdruckmessungen abgeleitet wurde.

Literatur:

[1] R. C. Schoonmaker, A. H. Friedman, R. F. Porter (J. Chem. Phys. **31** [1959] 1586/9). — [2] A. Büchler, J. L. Stauffer, W. Klemperer (J. Chem. Phys. **40** [1964] 3471/4). — [3] G. Breil (Diss. Stuttgart T.H. 1952, S. 1/140, 19/44, 116). — [4] H. Schäfer, L. Bayer, G. Breil, K. Etzel, K. Krehl (Z. Anorg. Allgem. Chem. **278** [1955] 300/9, 303). — [5] O. Kubaschewski, E. L. Evans (Metallurgical Thermochemistry, 3. Aufl., London – New York – Paris – Los Angeles 1958, S. 297, 330).

[6] C. G. Maier (U.S. Bur. Mines Tech. Papers Nr. 360 [1925] 1/54, 21, 30; U.S. Bur. Mines Inform. Circ. Nr. 6769 [1934] 1/163, 138). — [7] N. Konopik, H. Schurk (Monatsh. Chem. **82** [1951] 761/6). — [8] H. Schäfer, G. Breil (Z. Anorg. Allgem. Chem. **283** [1956] 304/13, 306). — [9] K. K. Kelley (U.S. Bur. Mines Bull. Nr. 383 [1935] 1/132, 67/8). — [10] B. R. Krishna Murthy, V. V. Dadape (Indian J. Chem. **6** [1968] 714/7).

[11] C. B. Alcock, J. H. E. Jeffes (Inst. Mining Met. Trans. C **76** [1967] 246/58, 254). — [12] L. Brewer, G. R. Somayajulu, E. Brackett (Chem. Rev. **63** [1963] 111/21, 118). — [13] K. Matsumoto, N. Kiba, T. Takeuchi (Talanta **22** [1975] 321/5).

Melting Point. Enthalpy of Fusion of $MnCl_2$

5.2.2.4.3 Schmelzpunkt T_f, t_f, Schmelzenthalpie ΔH_f

Der von Sandonnini und Scarpa [1] ermittelte Schmelzpunkt $t_f = 650°C$ wird von Moore [2] bestätigt ($T_f = 923$ K) und so von Rossini u.a. [3] übernommen. Nach neueren Messungen ist $t_f = 654 \pm 1°C$ [4].

Die Differenz der Enthalpien von festem und flüssigem $MnCl_2$ am Schmelzpunkt wird zu 9000 ± 50 cal/mol bestimmt [2]. Eine Nachprüfung des Verlaufs der H-T-Kurven führt zu $\Delta H_f =$ 8970 cal/mol [5].

Literatur:

[1] C. Sandonnini, G. Scarpa (Atti Reale Accad. Lincei [5] **20** II [1911] 61/8, 62), vgl. auch C. Sandonnini (Atti Reale Accad. Lincei [5] **20** II [1911] 496/503, 496). — [2] G. E. Moore (J. Am. Chem. Soc. **65** [1943] 1700/3). — [3] F. D. Rossini, D. D. Wagman, W. H. Evans, S. Levine, I. Jaffe (Natl. Bur. Std. [U.S.] Circ. Nr. 500 [1952] 703). — [4] J. D. Corbett, R. J. Clark, T. F. Munday (J. Inorg. Nucl. Chem. **25** [1963] 1287/91). — [5] K. K. Kelley (U.S. Bur. Mines Bull. Nr. 476 [1949] 115).

Thermodynamic Functions

5.2.2.4.4 Thermodynamische Funktionen

Enthalpie H in cal/mol, Wärmekapazität C_p und Entropie S in $cal \cdot mol^{-1} \cdot K^{-1}$.

Bei Messungen zwischen 1.25 und 4.2 K werden zwei scharfe Maxima von C_p bei 1.81 und 1.96 K gefunden, die offensichtlich mit magnetischen Umwandlungen (s. S. 21) zusammenhängen [1]. Zuvor wurde nur das obere Maximum gefunden, während die Werte um 1.8 K sehr stark streuten; oberhalb 2 K fällt C_p proportional zu T^{-n} mit $n = 1.95 \pm 0.05$ ab [2]. — Nach neueren Messungen [3] steigt C_p von 1.495 bei 1.2 K auf 3.620 bei 1.797 K und nach Abfall auf 2.441 bei 1.86 K abermals auf 3.300 bei 1.950 K; oberhalb 2 K fällt C_p von 2.215 auf 0.568 bei 4.2 K. Die Extrapolation zu tieferen Temperaturen führt zu folgenden Werten [3]:

T in K	0.2	0.4	0.6	0.8	1.0	1.2
$H-H_o$	0.018	0.082	0.197	0.364	0.584	0.857
C_p	0.194	0.449	0.704	0.967	1.232	1.495
S	0.157	0.368	0.599	0.837	1.081	1.329

Der magnetische Anteil der Wärmekapazität kann in der Form $C_m = b/T^2 - d/T^3$ angesetzt werden. Die von Murray [1] erhaltenen Parameter b und d sind jedoch mit Meßdaten für den Bereich oberhalb 10 K (s. S. 17) nicht gut vereinbar; eine Neuberechnung von Chisholm und Stout [4] führt zu $C_m = 13.2/T^2 - 13.1/T^3$ und dient als Grundlage für die Abschätzung der magnetischen Entropieänderung (Einzelheiten s. im Original). Der Gitteranteil C_g ist proportional T^3; nach Giauque u.a. [5] kann $C_g = 1.6 \times 10^{-4} T^3$ gesetzt werden.

Durch ein äußeres Magnetfeld wird die Temperaturabhängigkeit von C_p unterhalb 4 K stark verändert. Dies wird zunächst für Feldstärken bis 7.26 kOe festgestellt [6], und die Ausdehnung des Meßbereichs bis 90 kOe führt zu den in **Fig. 1** wiedergegebenen Kurven, die bei 50 und 90 kOe eine völlig andere Form als unterhalb 30 kOe haben [3]. Der Verlauf bei 90 kOe kann bequem zur Berechnung der Entropie ausgewertet werden [5]:

T in K	1.4	1.6	1.8	2.0	2.6	3.2	3.8	4.2
C_p	0.069	0.126	0.205	0.290	0.560	0.796	0.983	1.085
S	0.011	0.024	0.043	0.069	0.179	0.320	0.473	0.577

Die Enthalpie $H - H_0$ bleibt bis 0.6 K unterhalb 0.001 und steigt zwischen 1.4 und 4.2 K von 0.013 auf 1.731. Über die Verschiebung des Maximums von C_p von T = 1.945 K auf maximal T = 2.03 K bei etwa 11 kOe und zurück auf weniger als 1.5 K bei 25 kOe wurde schon früher berichtet [7]. Die bei verschiedenen Feldstärken erhaltenen Meßergebnisse werden in ausführlicher Diskussion zur Klärung der magnetischen Beiträge zu den thermodynamischen Größen verwendet [3].

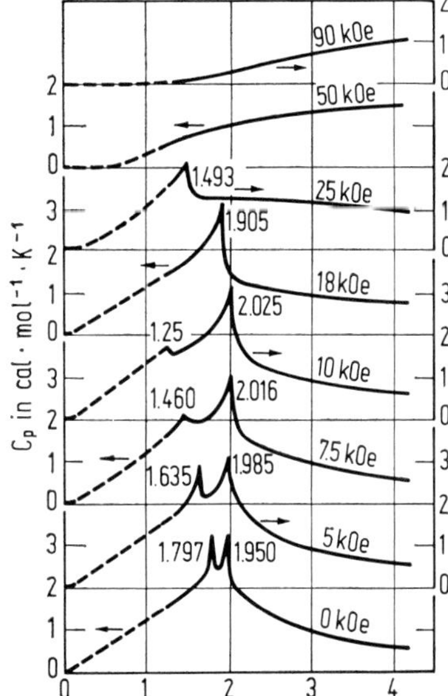

Fig. 1

Temperaturabhängigkeit der Wärmekapazität C_p bei verschiedenen magnetischen Feldstärken ($H \| b_{magnet}$ bzw. a_{chem}).

Im Bereich zwischen 10 K und Raumtemperatur ist C_p zunächst von Trapeznikova und Milyutin [8] (14 bis 131 K) sowie von Kelley und Moore [9] (53 bis 295 K) gemessen worden; s. dazu auch [19]. Die ersten C_p-Meßwerte [8] sind im Bereich unterhalb $T \approx \Theta_D/10$, also bis etwa 32 K, proportional T^2, wie für Kristalle mit Schichtgitterstruktur theoretisch zu erwarten [10, 11]. Aus neueren Messungen zwischen 11.48 und 300.07 K [4] werden für glatte Temperaturwerte für H, C_p und S folgende Werte abgeleitet (in Auswahl):

T in K	10	20	30	40	50	60	80	100
$H^\circ - H_0^\circ$	7.03	12.60	27.81	55.67	97.96	155.40	313.48	520.4
C_p°	0.280	0.966	2.117	3.483	4.983	6.503	9.226	11.34
S°	3.558	3.917	4.518	4.893	6.248	7.291	9.546	11.846

Thermodynamic Functions of $MnCl_2$

T in K	120	140	160	180	200	220	260	300
$H^\circ - H^\circ_0$	763.4	1033.8	1324.2	1629.8	1947.0	2272.9	2944.1	3634.7
C°_p	12.88	14.07	14.93	15.59	16.10	16.48	17.05	17.46
S°	14.057	16.138	18.076	19.875	21.546	23.098	25.900	28.370

Danach ist $H^\circ - H^\circ_{298.15} = 3602 \pm 8$, $C^\circ_p = 17.43$ bei 298.15 K und die Standardentropie $S^\circ_{298.15} = 28.26 \pm 0.05$ [4]. Aus den Meßdaten oberhalb 53 K wurde $S^\circ_{298.15} = 28.0 \pm 0.8$ abgeleitet [9].

Zwischen 668 und 1201 K wurde H von Moore [12] gemessen; danach gilt zwischen 600 und 923 K die Formel $H^\circ - H^\circ_{298.16} = 18.04T + 1.58 \times 10^{-3}T^2 + 1.37 \times 10^{-5}T^{-1} - 5979$ auf 0.4% genau, und oberhalb des Schmelzpunkts bis 1200 K ist $H^\circ - H^\circ_{298.16} = 22.60T + 300$ (auf 0.1% genau). Würde die Formel für festes $MnCl_2$ schon ab 400 K gelten, so wäre $H^\circ_{400} - H^\circ_{298.16} = 1850$; s. dazu auch [19]. Das Entropie-Inkrement $S^\circ - S^\circ_{298.16}$ steigt von 5.32 bei 400 K auf 21.64 bei 923 K und für die Schmelze von 31.39 bei 923 K auf 37.30 bei 1200 K [12]. Nach Kelley [13], der auch die erste Messung von Regnault [14] zwischen 20 und 99°C zitiert, könnte die Formel für die Enthalpie von festem $MnCl_2$ und die daraus abgeleitete Formel für C_p schon ab 298 K gelten. In ihr sollte der temperaturunabhängige Summand auf 6000 abgerundet werden. Für die Schmelze gilt eher $H^\circ - H^\circ_{298.16} = 22.60\ T + 280$ [15]. In der Nähe des Schmelzpunktes wird bei flüssigem $MnCl_2$ $C_p = 7.53$ gemessen [18]. — Thermodynamische Funktionen für den Bereich bis 1500 K werden ferner von Mah [16] abgeschätzt. Auf dessen Ergebnissen beruhen die Angaben von Brewer u.a. [17] für die freie Enthalpie.

Für $MnCl_2$-Dampf schätzt Mah [16] $C_p = 14$ und berechnet $H^\circ - H^\circ_{298}$ sowie $S^\circ - S^\circ_{298}$ für Temperaturen von 400 bis 1600 K. Mit geschätzten Werten für die Wellenzahlen der Molekülschwingungen ν_1 und ν_2 sowie den Kernabstand (s. S. 11) (gemessen war nur $\nu_3 = 467\ cm^{-1}$) berechnen Brewer u.a. [17] $H^\circ_{298} - H^\circ_0 \approx 3543$ und die freie Enthalpie für 298.15, 500, 1000 und 1500 K.

Literatur:

[1] R. B. Murray (Phys. Rev. [2] **100** [1955] 1071/4). — [2] M. O. Kostryukova (Dokl. Akad. Nauk SSSR [2] **96** [1954] 959/61; C.A. **1955** 15308). — [3] W. F. Giauque, E. W. Hornung, R. A. Fisher, G. E. Brodale (J. Chem. Phys. **42** [1965] 835/51). — [4] R. C. Chisholm, J. W. Stout (J. Chem. Phys. **36** [1962] 972/9, 972); vgl. auch J. W. Stout (Pure Appl. Chem. **2** [1961] 287/96, 290). — [5] W. F. Giauque, G. E. Brodale, R. A. Fisher, E. W. Hornung (J. Chem. Phys. **42** [1965] 1/8).

[6] R. B. Murray (Phys. Rev. [2] **128** [1962] 1570/4). — [7] R. A. Butera, W. F. Giauque (J. Chem. Phys. **40** [1964] 2379/89), R. A. Butera (Diss. Univ. of California, Berkeley 1964 nach Diss. Abstr. **26** [1965] 3054/5). — [8] O. Trapeznikova, G. Milyutin (Zh. Eksperim. i Teor. Fiz. **7** [1937] 217/20; Physik. Z. Sowjetunion **11** [1937] 55/9); vgl. auch O. N. Trapesnikowa, L. W. Schubnikov (Actes 7e Congr. Intern. Froid, La Haye – Amsterdam 1936 [1937], Bd. 1, S. 268/81, 278; C. **1939** I 2573). — [9] K. K. Kelley, G. E. Moore (J. Am. Chem. Soc. **65** [1943] 1264/7). — [10] V. V. Tarasov (Zh. Fiz. Khim. **24** [1950] 111/28, 113, 121, **27** [1953] 1430/6; Dokl. Akad. Nauk SSSR [2] **54** [1946] 803/6; Compt. Rend. Acad. Sci. USSR [2] **54** [1946] 795/8).

[11] L. M. Tarasova, V. V. Tarasov (Dokl. Akad. Nauk SSSR **107** [1956] 719/22; C.A. **1957** 14401). — [12] G. E. Moore (J. Am. Chem. Soc. **65** [1943] 1700/3). — [13] K. K. Kelley (U.S. Bur. Mines Bull. Nr. 476 [1949] 1/241, 114/5). — [14] V. Regnault (Ann. Physik Chem. [2] **53** [1841] 60/94, 78, 91). — [15] C. E. Wicks, F. E. Block (U.S. Bur. Mines Bull. Nr. 605 [1963] 1/146, 74).

[16] A. D. Mah (U.S. Bur. Mines Rept. Invest. Nr. 5600 [1960] 1/34, 8/9). — [17] L. Brewer, G. R. Somayajulu, E. Brackett (Chem. Rev. **63** [1963] 111/21, 112, 115, 118). — [18] T. B. Douglas (BNL-2446 [1955] 13/20; C.A. **1956** 12578). — [19] M. Hoch, T. Vernardakis (High Temp.-High Pressures **8** [1976] 247/54).

5.2.2.4.5 Charakteristische Temperatur Θ_D

Debye Temperature

Aus der Temperaturabhängigkeit der Wärmekapazität kann Θ_D nur berechnet werden, wenn die besondere, für Verbindungen mit Schichtgitter geltende Formel verwendet wird. Auf diese Weise gelangt Tarasov [1] zu $\Theta_D = 324$ K. Bei Einbeziehung neuerer Meßdaten wird $\Theta_D = 327$ K erhalten [2].

Literatur:

[1] V. V. Tarasov (Zh. Fiz. Khim. **24** [1950] 111/28, **27** [1953] 1430/6; Dokl. Akad. Nauk SSSR [2] **54** [1946] 803/6; Compt. Rend. Acad. Sci. USSR [2] **54** [1946] 795/8). — [2] L. M. Tarasova, V. V. Tarasov (Dokl. Akad. Nauk SSSR **107** [1956] 719/22; C.A. **1957** 14401).

5.2.2.5 Magnetische und elektrische Eigenschaften

Magnetic and Electrical Properties

5.2.2.5.1 Elektronenenergieniveaus

Electron Energy Levels

Das unter Verwendung von MgKα-Strahlung untersuchte Photoelektronenspektrum des Valenzbandes zeigt eine schwach ausgebildete Schulter bei etwa 1 eV, ein starkes Maximum in der Nähe von 3 eV mit einem Nebenmaximum auf der Seite höherer Bindungsenergie sowie eine flache Schulter bei etwa 8 eV. Eine im Bereich von 15 eV beobachtete Bande wird dem 3s-Niveau des Cl zugeschrieben [1]. Das 3s-Niveau des Mn, das wie bei MnF_2 (s. „Mangan" C 4, S. 63) bei etwa 85 bis 90 eV liegt, erweist sich bei der Untersuchung mit AlKα-Strahlung als aufgespalten zu einem Dublett mit dem Abstand $\Delta E = 6.0$ eV [2].

Auch aus den Röntgenspektren können die Breite des Valenzbandes und die Lage des 3s-Niveaus abgeleitet werden. Nach ersten Messungen an der Cl-Absorptionskante [3] (vgl. auch „Chlor" Erg. Bd. A, S. 140) wird das Cl-Emissions- und Absorptionsspektrum von Sugiura [4] an einigen Dichloriden, darunter $MnCl_2$, eingehend untersucht. Die hier gefundene Halbwertsbreite (4.6 eV) der K-Emissionsbande ist jedoch nach neueren Messungen [5] etwas zu groß; sie beträgt nur 3.9 eV. Die Bande weist eine sehr ähnliche Struktur wie die analoge Bande im Photoelektronenspektrum [1] auf. Die Kβ_5-Linie des Mn scheint aus vier Komponenten zu bestehen; neben dem Hauptmaximum liegt auf der kurzwelligen Seite ein Nebenmaximum (mit 2.0 eV Abstand), auf der langwelligen Seite liegen zwei (mit 2.2 bzw. 4.1 eV Abstand). Die oberen Teile des Valenzbandes (dessen Gesamtbreite 11.5 ± 0.5 eV beträgt) werden von s- und p-Elektronen der Cl-Atome und den d-Elektronen des Mn gebildet, die unteren von den p- und s-Elektronen des Mn [5]. — Über die Verschiebung der K-Kante von Mn s. „Mangan" B, S. 165.

Literatur:

[1] Y. Sakisaka, T. Ishii, T. Sagawa (J. Phys. Soc. Japan **36** [1974] 1372/6). — [2] J. C. Carver, G. K. Schweitzer, T. A. Carlson (J. Chem. Phys. **57** [1972] 973/82). — [3] E. E. Vainshtein (Bull. Acad. Sci. URSS, Classe Sci. Chim. **1944** 382/9; C.A. **1945** 3988). — [4] C. Sugiura (J. Phys. Soc. Japan **33** [1972] 455/8). — [5] V. V. Nemoshkalenko, Yu. I. Bratushko, E. K. Ivanova, V. P. Krivitskii, Yu. P. Nazarenko, B. K. Ostafiichuk (Fiz. Tverd. Tela **18** [1976] 1157/60; Soviet Phys.-Solid State **18** [1976] 665/6).

5.2.2.5.2 Suszeptibilität

Susceptibility

An einem kugelförmigen Einkristall wird zwischen 1.1 und 4.2 K parallel bzw. senkrecht zur c-Achse ($\chi_{\parallel}$ und $\chi_{\perp}$) die in **Fig. 2**, S. 20, dargestellte Temperaturabhängigkeit gefunden; die entsprechende Kurve für eine pulverförmige Probe χ_p liegt dazwischen. Die Suszeptibilität ist bis zu 2.4 kOe unabhängig vom Magnetfeld; sie zeigt für $\chi_{\parallel}$ und χ_p bei etwa 2 K eine Anomalie, die auf den Übergang vom paramagnetischen in den antiferromagnetischen Zustand (s. S. 21) zurückzuführen ist. Die beobachtete Anisotropie läßt sich hauptsächlich durch den Einfluß von magnetischen Dipolwechselwirkungen und elektrischen Kristallfeldern erklären [1]. Die Differenz $\chi(T) - \chi(4.2\text{ K})$ als

Susceptibility of $MnCl_2$

Funktion von T (1.4 bis 4.2 K) zeigt ein Maximum zwischen 1.6 und 1.95 K [2]. — Messungen zwischen 1.5 und 20 K (Kurven für die Molsuszeptibilität χ_{mol} und $1/\chi_{mol}$) zeigen dagegen nicht die von Murray, Roberts [1] beobachtete Anomalie; χ bleibt zwischen 1.5 und 2.0 K konstant und folgt im paramagnetischen Bereich (oberhalb 2 K) dem Curie-Weiss-Gesetz: paramagnetische Curie-Temperatur $\Theta_p = -3 \pm 0.2$ K, effektives magnetisches Moment $\mu_{eff} = 5.79 \pm 0.04\ \mu_B$ [3]. $\Theta_p = -4 \pm 2$ K aus Messungen zwischen 90 und 600 K; g-Faktor = 1.96 ± 0.03 [4], $\Theta_p = -3.3$ K, $\mu_{eff} = 5.73\ \mu_B$ aus Messungen zwischen 13.9 und 300 K [5]; vgl. auch ältere Angaben [6, 7].

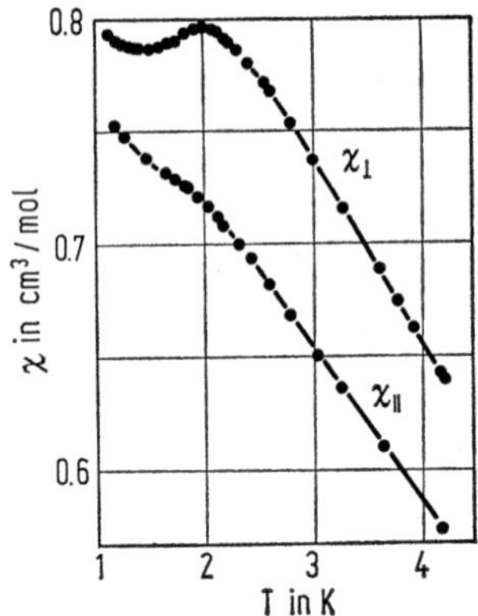

Fig. 2

Temperaturabhängigkeit der Molsuszeptibilität χ von $MnCl_2$ parallel und senkrecht zu [001].

Nach Messungen im festen und geschmolzenen Zustand nimmt $1/\chi_{mol}$ zwischen 75°C und dem Schmelzpunkt (650°C) linear von 90 auf 226 mol/cm³ zu. Nach einem Sprung auf 253 mol/cm³ bei 700°C folgt wieder ein linearer Anstieg auf 300 mol/cm³ bei 900°C. Die noch im paramagnetischen Bereich durch die Austauschwechselwirkung bedingte parallele Anordnung der Spins der Mn^{2+}-Ionen innerhalb einer Mn^{2+}-Schicht verschwindet am Schmelzpunkt auf Grund des Zusammenbruchs der Schichtstruktur. In beiden Zuständen wird das Curie-Weiss-Gesetz befolgt; es ergibt sich $\mu_{eff} = 5.84$ und $5.92\ \mu_B$ für den Bereich unterhalb 650°C bzw. oberhalb 700°C [8].

Die isotherme differentielle Suszeptibilität $(\partial M/\partial H)_T$ bestimmen Giauque u.a. [9] für Temperaturen von 1.3 bis 4.2 K bei Feldstärken bis 95 kOe. In parallel zur magnetischen b-Achse (≙ kristallographische a-Achse) orientierten Feldern werden im Bereich bis 30 kOe zwischen 1.333 und 4.194 K die in **Fig. 3** wiedergegebenen Isothermen erhalten; in **Fig. 4** ist der Verlauf von $(\partial M/\partial H)_T$ als Funktion der Temperatur für neun konstante Feldstärken dargestellt. — Analoge Untersuchungen für Magnetfelder parallel zur magnetischen c-Achse (≙ kristallographische c-Achse) und magnetischen a-Achse (ähnlicher Verlauf wie parallel zur magnetischen b-Achse) s. bei Butera [10].

Literatur:

[1] R. B. Murray, L. D. Roberts (Phys. Rev. [2] **100** [1955] 1067/70). — [2] M. O. Kostryukova (Zh. Eksperim. i Teor. Fiz. **27** [1954] 655/6; C.A. **1955** 10688). — [3] T. Watanabe (J. Phys. Soc. Japan **16** [1961] 1131/41). — [4] K. Kido, T. Watanabe (J. Phys. Soc. Japan **14** [1959] 1217/24). — [5] C. Starr, F. Bitter, A. R. Kaufmann (Phys. Rev. [2] **58** [1940] 977/83).

[6] C. Fehrenbach (J. Phys. Radium [7] **8** [1937] 11/22). — [7] A. Lallemand (Ann. Phys. [Paris] [11] **3** [1935] 97/197, 166). — [8] K. Tanemoto, T. Nakamura, T. Sata (Chem. Letters **1973** 911/4). — [9] W. F. Giauque, R. A. Fisher, E. W. Hornung, R. A. Butera, G. E. Brodale (J. Chem. Phys. **42** [1965] 9/20). — [10] R. A. Butera (Diss. Univ. of California, Berkeley 1964, S. 1/219, 41/5; Diss. Abstr. **26** [1965] 3054).

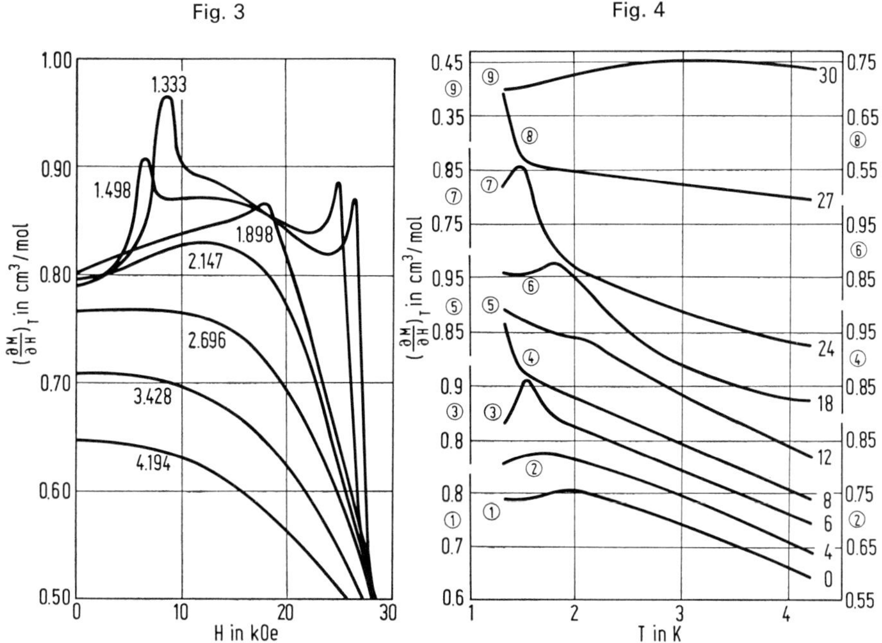

Differentielle Suszeptibilität von $MnCl_2$ als Funktion der Feldstärke H bei verschiedenen Temperaturen (in K) (links) und als Funktion der Temperatur T bei verschiedenen Feldstärken (in kOe) (rechts).

5.2.2.5.3 Magnetische Umwandlungen, magnetisches Phasendiagramm, magnetische Struktur

Magnetic Transformations. Magnetic Phase Diagram. Magnetic Structure

Die magnetischen Eigenschaften von $MnCl_2$ zeigen bei tiefen Temperaturen ein ungewöhnliches Verhalten. Dies ist ersichtlich aus Messungen der Wärmekapazität C_p von Murray [1], bei denen zwei scharfe λ-Anomalien bei 1.81 und 1.96 K beobachtet werden (s. Fig. 1, S. 17), und der Temperaturabhängigkeit der Suszeptibilität senkrecht zur c-Achse (s. S. 19) [2]. Wahrscheinlich finden im Elektronen-Spin-System der Mn^{2+}-Ionen zwei Umwandlungen statt. Das Maximum von C_p bei 1.96 K zeigt die Umwandlung vom paramagnetischen Zustand in eine antiferromagnetische Ordnung großer Reichweite an, das Maximum bei 1.81 K entsteht durch eine Umorientierung des Spinsystems zu einem zweiten antiferromagnetischen Zustand [1]. Aus den bei Messungen der Temperaturabhängigkeit von C_p und der isothermen differentiellen Suszeptibilität beobachteten Maxima bei 1.815 und 1.945 K und aus einer Betrachtung der zwischenatomaren Abstände schließt Butera [3] auf das Vorhandensein von zwei Austauschmechanismen verschiedener Stärke. Das in **Fig. 5**, S. 22, dargestellte Phasendiagramm zeigt diese beiden antiferromagnetischen Strukturen: AF_1 mit bestehender Fernordnung und AF_2 mit Nahordnung (P = paramagnetische Phase) [3]. Auch aus der Neutronenstreuung ergeben sich bei Feldstärken von 8 kOe ähnliche Phasengrenzen [4].

Messungen der Neutronenstreuung an Einkristallen (Untersuchungen an pulverförmigen Proben brachten keine genauen Ergebnisse) von Wilkinson u.a. [5] zeigen deutlich die beiden Umwandlungen zu verschiedenen antiferromagnetischen Strukturen bei 1.96 K und in einem etwa 0.03 K breiten Bereich um den Mittelwert 1.82 K.

Magnetic Phase Diagram of $MnCl_2$

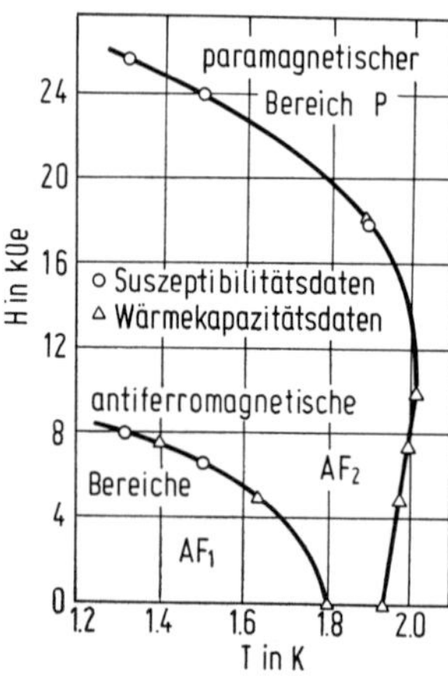

Fig. 5

Magnetisches Phasendiagramm von $MnCl_2$ ($H_0 \parallel [001]$).

Bei optischen Messungen (Absorption zwischen 420 und 440 nm, magnetischer Dichroismus) in Magnetfeldern bis etwa 20 kOe gelangen dagegen Regis u.a. [6] zu etwas abweichenden Resultaten: die Umwandlung von AF_1 nach AF_2 erfolgt bei etwa 1.75 K bei 7 kOe, und für die Umwandlung $AF_2 \rightarrow P$ bleibt die Temperatur bis etwa 7 kOe konstant (1.96 K), dann erfolgt Abnahme auf etwa 1.68 bei 20 kOe.

Magnetic Structure

Die magnetische Struktur zwischen 1.82 und 1.95 K hat eine magnetische Elementarzelle mit rhombischer Symmetrie; sie kann sich ausbilden in antiferromagnetischen Domänen entlang der drei Achsen in der Basisfläche der chemischen hexagonalen Elementarzelle. Die magnetische Elementarzelle enthält zehn Mn-Atome in der Basisfläche und sechs Schichten von Mn-Atomen entlang der c-Achse. Die Richtung der magnetischen Momente ist nahezu parallel zur a-Achse. Zur Erklärung der beobachteten Daten unterhalb 1.82 K sind je zwei gleiche Elementarzellen mit monokliner Symmetrie anzunehmen. Jede dieser Zellen bildet sich entlang der drei Achsen in der Basisebene der chemischen hexagonalen Elementarzelle aus. Sie enthalten 15 Mn-Atome in der Basisebene und schließen sechs Schichten von Mn-Atomen entlang der c-Achse ein. Die Richtung der magnetischen Momente ist wieder nahezu parallel zur a-Achse [5].

Literatur:

[1] R. B. Murray (Phys. Rev. [2] **100** [1955] 1071/4, **128** [1962] 1570/4). — [2] R. B. Murray, L. D. Roberts (Phys. Rev. [2] **100** [1955] 1067/70). — [3] R. A. Butera (Diss. Univ. of California, Berkeley 1964, S. 1/219, 66; Diss. Abstr. **26** [1965] 3054). — [4] M. K. Wilkinson, J. W. Cable, E. O. Wollan, W. C. Koehler (ORNL-2501 [1958] 37/9; N.S.A. **12** [1958] Nr. 10684). — [5] M. K. Wilkinson, J. W. Cable, E. O. Wollan, W. C. Koehler (ORNL-2430 [1958] 65/74; N.S.A. **12** [1958] Nr. 8000).

[6] M. Regis, Y. Farge, B. S. H. Royce (AIP [Am. Inst. Phys.] Conf. Proc. Nr. 29 [1976] 654/5), M. Regis, Y. Farge (J. Phys. [Paris] **37** [1976] 627/36, 634).

Antiferromagnetic Resonance. Paramagnetic Resonance

5.2.2.5.4 Antiferromagnetische Resonanz, paramagnetische Resonanz

Aus Messungen der magnetischen Resonanz im antiferromagnetischen und paramagnetischen Zustand an scheibenförmigen Einkristallen werden die Molekularfelder und Linienbreiten als Funktion der Temperatur und Kristallrichtung bei den Frequenzen $\nu = 9.0$ und 35.0 GHz bestimmt. **Fig. 6** zeigt die experimentellen Werte für die Temperaturabhängigkeit des reduzierten Resonanzfeldes $H_o/(\omega/\gamma)$ bei $\nu = 9.0$ GHz und die nach drei, auf einem Modell mit zwei Untergittern beruhenden Resonanzgleichungen erhaltenen theoretischen Kurven. Die unterhalb T_N (etwa 2 K) ansteigende Kurve (Fall III) wird durch $H_o \approx |(\omega/\gamma) \pm (2\,H_E H_A)^{1/2}|$ beschrieben (H_o = äußeres Magnetfeld, H_E

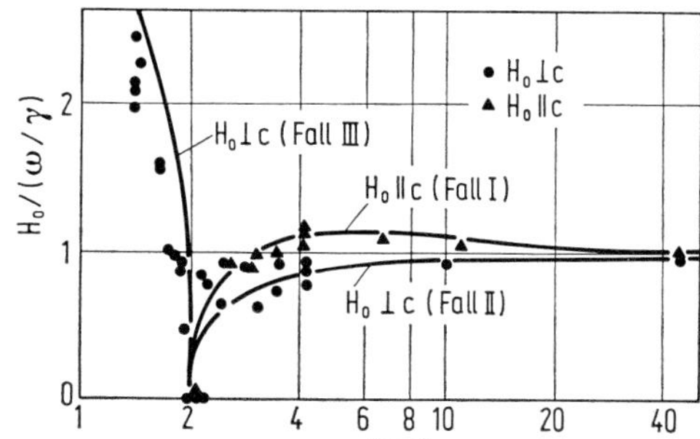

Fig. 6

Temperaturabhängigkeit der reduzierten Resonanzfeldstärke in verschieden orientierten äußeren Feldern bei $MnCl_2$.

und H_A = Austausch- bzw. Anisotropiefeld, ω = Winkelfrequenz des Wechselfeldes, γ = gyromagnetischer Faktor). Die beiden anderen Gleichungen (Fall I und II) beschreiben auch den paramagnetischen Zustand, in dem $2\,H_EH_A = 0$ ist (oberhalb etwa 7 K), sowie den Zwischenzustand, in dem auf Grund von Nahordnung $2\,H_EH_A \neq 0$ ist.

Die Halbwertsbreite $\Delta\nu$ wird bei allen Temperaturen im antiferromagnetischen und paramagnetischen Zustand mit zunehmender Frequenz geringer und zeigt keine Richtungsabhängigkeit. Im antiferromagnetischen Zustand (s. Figur im Original) wird sie durch die Gleichung $\Delta\nu = 2\nu_A(0)/n\,(B_S^{-1}(T/T_N) - B_S(T/T_N)$ beschrieben (der vollständige Ausdruck enthält noch einen Faktor, der die Austauschverengung berücksichtigt); dabei ist ν_A die der Anisotropiefeldstärke bei T = 0 entsprechende Frequenz, $B_S(T/T_N)$ die modifizierte Brillouin-Funktion des Spins S (in diesem Fall $S = {}^5/_2$) und n die äquivalente Anzahl der nächsten Nachbarn des Spins $^1/_2$ (d.h. sechs Nachbarn mit Spin $^5/_2$ sind äquivalent 30 Nachbarn mit Spin $^1/_2$). Die Werte für ν = 35.0 GHz gehorchen sehr gut dieser Gleichung mit $\nu_A(0)$ = 14 GHz und n = 30 (die Übereinstimmung für ν = 9.0 GHz ist weniger gut). Die Temperaturabhängigkeit der Halbwertsbreite im paramagnetischen Zustand wird bei 9.0 und 35.0 GHz durch eine Kurve der Form $\Delta\nu = 2.0 \times e^{3.3/T}$ bzw. $1.0 \times e^{4.3/T}$ beschrieben [1].

Halbwertsbreite der paramagnetischen Resonanz ΔH bei gewöhnlicher Temperatur: ΔH = 860 Oe [2], ΔH = 830 Oe [3]. Bei hohen Frequenzen wird ΔH kleiner; die relative Abnahme zwischen 9.52 und 34.7 GHz soll 15% [4] oder 50% [5] betragen. — Geringe Zusätze von K verringern ebenfalls ΔH bei 300 K [6].

Literatur:

[1] D. H. Douglass, M. W. P. Strandberg (Physica **27** [1961] 1/17). — [2] J. Brown (J. Phys. Chem. **67** [1963] 2524/9). — [3] A. N. Murty (J. Sci. Ind. Res. [India] B **17** [1958] 470/1). — [4] Y. Servant, É. Palangié (Compt. Rend. B **276** [1973] 801/3). — [5] E. Pleau, G. Kokoszka (J. Chem. Soc. Faraday Trans. II **69** [1973] 355/62).

[6] E. E. Schneider, P. A. Forrester (Arch. Sci. [Geneva] **11**, Spec. No. [1958] 143/9; C.A. **1959** 21177).

5.2.2.5.5 Charakteristische Elektronenenergieverluste ΔE

Characteristic Electron Energy Losses

Bei der unelastischen Streuung von Elektronen (800 eV) werden folgende ΔE-Werte (in eV) beobachtet: 9.0 ± 0.2 (Ladungsübertragung), 16.0 ± 0.2 (Anregung von Plasmaschwingungen), 23.2 ± 0.3 (Ionisierung der 3s-Schale des Cl^-), 37.5 ± 0.5 (Ionisierung des Mn^{2+}), 50.2 ± 0.5 (Abtrennung eines 3p-Elektrons aus dem Mn^{2+}), P. E. Best (Proc. Phys. Soc. [London] **80** [1962] 1308/21, 1312).

Specific Conductance of $MnCl_2$

5.2.2.5.6 Spezifische elektrische Leitfähigkeit $\varkappa$ in $\Omega^{-1} \cdot cm^{-1}$

Aus Messungen an geschmolzenem $MnCl_2$ ergibt sich [1]:

t in °C	650	700	750	800	850
$\varkappa$	1.479	1.557	1.644	1.737	1.842

Neuere, zwischen 658 und 833 erhaltene Werte [2] stimmen mit diesen Ergebnissen [1] innerhalb 1% überein; sie gehorchen der Gleichung $\varkappa = -0.9810 + 3.2128 \times 10^{-3} T - 0.6205 \times 10^{-6} T^2$ [2]. Wesentlich tiefer liegen die Meßdaten von Winterhager, Werner [3], die zwischen 855 und 937°C einen Anstieg von $\varkappa = 1.451$ auf 1.664 fanden.

Literatur:

[1] I. G. Murgulescu, S. Zuca (Acad. Rep. Populare Romine Studii Cercetari Chim. **7** [1959] 325/38; C.A. **1960** 12736). — [2] A. S. Kucharski, S. N. Flengas (J. Electrochem. Soc. **121** [1974] 1298/308, 1300). — [3] H. Winterhager, L. Werner (Forschungsber. Wirtsch.-Verkehrsministeriums Nordrhein-Westfalen Nr. 341 [1956] 1/36, 28).

Optical Properties

5.2.2.6 Optische Eigenschaften

Bei 83 K sind im IR-Spektrum zahlreiche Absorptionsbanden zu beobachten, von denen diejenigen bei 180 ± 5 und 230 ± 5 cm^{-1} den optisch aktiven Schwingungen vom Typ A_{2u} bzw. E_u entsprechen. Banden bei 330 ± 5, 385 ± 5 und 465 ± 5 cm^{-1} können Kombinationsschwingungen zugeordnet werden. Mehrere zwischen 560 und 3510 cm^{-1} registrierte Banden und Linien werden auf Verunreinigungen zurückgeführt [1].

Das Raman-Spektrum besteht bei Raumtemperatur aus zwei deutlichen Linien mit $\nu = 144 \pm 1\,cm^{-1}$ (E_g-Schwingung) bzw. 234.5 ± 1 cm^{-1} (A_{1g}-Schwingung). Eine bei 83 K beobachtete Linie mit 463 cm^{-1} gehört zum Raman-Spektrum zweiter Ordnung [1].

Die Absorption im sichtbaren und ultravioletten Bereich beruht auf Übergängen im Mn^{2+}-Ion (vgl. „Mangan" B, S. 179/81), die in einer späteren Lieferung eingehend beschrieben werden. Bei 78 K werden vor allem die C-Banden (23590 bis 24000 cm^{-1}) und die D-Banden (26300 bis 27370 cm^{-1}) absorbiert [2]. Auf dieser Absorption beruht die rosa Farbe von $MnCl_2$, die seit langem [3] bekannt ist. Die Absorptionsbanden sind im Bereich bis etwa 40000 cm^{-1} wenig intensiv, so daß $MnCl_2$ bis etwa 240 nm (≙ 41700 cm^{-1}) als durchlässig bezeichnet wird [4].

$MnCl_2$ ist optisch einachsig negativ, Brechungsindizes: $n_\omega = 1.708$, $n_\varepsilon = 1.622$ in weißem Licht [5].

Über den Faraday-Effekt liegt nur eine kurze Notiz mit drei Diagrammen vor, in denen die Feldabhängigkeit des Rotationsvermögens (bis 80 kOe), die Wellenlängenabhängigkeit (Abnahme zwischen 457.9 und 632.8 nm) sowie die Temperaturabhängigkeit zwischen 4.2 und 80 K, gemessen bei 579.0 nm und 22 kOe, dargestellt sind [6].

Literatur:

[1] D. J. Lockwood (J. Opt. Soc. Am. **63** [1973] 374/82). — [2] R. Pappalardo (J. Chem. Phys. **31** [1959] 1050/61). — [3] J. H. Kastle (Am. Chem. J. **23** [1900] 500/5). — [4] M. Kimura, M. Takewaki (Sci. Papers Inst. Phys. Chem. Res. [Tokyo] **9** [1928] 57/64). — [5] H. E. Swanson, H. F. McMurdie, M. C. Morris, E. H. Evans (Natl. Bur. Std. [U.S.] Monograph Nr. 25, Tl. 8 [1970] 1/167, 43).

[6] H. Bizette, J. Picard, C. Terrier (Compt. Rend. C **269** [1969] 1488/9).

5.2.2.7 Elektrochemisches Verhalten

Electrochemical Behavior

Die Zersetzungsspannung E (in V) beträgt für geschmolzenes $MnCl_2$ in Abhängigkeit von der Temperatur [1]:

t in °C	777	865	971	1077
E	1.78	1.72	1.45	1.29

E = 1.88 bei 700°C [2]. Zu ihrer Berechnung wird die Gleichung $E = 1.98 - 4 \times 10^{-4}(t - 650)$ angegeben [3]. E des reinen $MnCl_2$ ist niedriger als in Schmelzgemischen (vgl. „Mangan" B, S. 268/70) [1].

Aus thermodynamischen Daten berechnete Standard-EMK der reversiblen galvanischen Zelle $Mn|MnCl_2|Cl_2$ mit festem oder geschmolzenem $MnCl_2$ (Werte in Auswahl) [4]:

t in °C	25	100	300	500	600	800	1000	1500
EMK in V	2.287 ± 0.02	2.235	2.098	1.967	1.902	1.807	1.725	1.649

Zur Temperaturabhängigkeit zwischen 900 und 1200 K s. [5].

Literatur:

[1] M. Bruneaux, G. Darmois, S. Ziolkiewicz (Compt. Rend. **254** [1962] 3668/70). — [2] Yu. K. Delimarskii (Zh. Fiz. Khim. **29** [1955] 28/38, 29). — [3] K. Ono (Bull. Res. Inst. Mineral Dressing Met. [Sendai, Japan] **3** [1944] 2/14 nach englischer Zusammenfassung S. 2; C.A. **1951** 48). — [4] W. J. Hamer, M. S. Malmberg, E. Rubin (J. Electrochem. Soc. **103** [1956] 8/16, 10). — [5] S. N. Flengas (High Temp.-High Pressures **5** [1973] 551/66, 554).

5.2.2.8 Chemisches Verhalten

Chemical Reactions

5.2.2.8.1 Beim Erhitzen

Thermal Decomposition

Massenspektrometrisch werden im Dampf von $MnCl_2$ Mangan-Ionen festgestellt [1, 2], und ab etwa 1150°C treten bei Dampfdruckmessungen in N_2 Spuren von freiem Chlor auf, was auf eine geringe thermische Dissoziation schließen läßt [3], s. auch [4]. Zur Zusammensetzung des Dampfes s. auch S. 15.

Literatur:

[1] K. Matsumoto, N. Kiba, T. Takeuchi (Talanta **22** [1975] 321/5). — [2] O. W. Richardson (Phil. Mag. [6] **26** [1913] 452/72, 457). — [3] C. G. Maier (U.S. Bur. Mines Tech. Papers Nr. 360 [1925] 1/54, 30). — [4] P. Lumme, M.-T. Raivio (Suomen Kemistilehti B **41** [1968] 194/202; C.A. **69** [1968] Nr. 70245).

5.2.2.8.2 Gegen Wasser

With Water

$MnCl_2$ ist stark hygroskopisch [1, 2], soll aber nach anderen Autoren gegen Feuchtigkeit relativ beständig sein [3], s. auch S. 8. Die Wasseraufnahme von $MnCl_2$ verläuft in mit Feuchtigkeit gesättigter Luft etwas unterschiedlich zu der in halbgesättigter [4]. Beim Erhitzen auf 150°C ergeben sich keine Anzeichen von Hydrolyse [5]. Nach Literaturdaten beträgt die Enthalpie für $MnCl_2$(fest) + $4\,H_2O$(fl) $\rightarrow$ $MnCl_2 \cdot 4\,H_2O$(fest) $\Delta H = -14.32 \pm 0.3$ kcal/mol bei 18°C [6]; aus Lösungswärmen folgt $\Delta H = -14.470$ kcal/mol ebenfalls bei 18°C [7]. Mit Wasserdampf reagiert $MnCl_2$ im Temperaturbereich von 250 bis 400°C unter Bildung von HCl und festem Mn-Oxid [8]. Diskussion älterer Angaben über die Zusammensetzung der entstehenden Mn-Oxide s. [9]. Der Reaktionsverlauf läßt auf die Bildung eines Oxidchlorids als Zwischenprodukt schließen [10], s. S. 237. Berechnung der Geschwindigkeitskonstanten und der freien Energie der Hydrolysereaktion bei 250 bis 400°C s. [10], bei 500 bis 1000°C s. [11]. Bei 400 bis 450°C ist die Hydrolyse gering, bei 550 bis 600°C nimmt sie

Reactions of $MnCl_2$ with Water

stark zu, besonders in Gegenwart von Sauerstoff. Die bei der Einwirkung von überhitztem Wasserdampf, auch bei Anwesenheit von Luft, entstehenden festen Reaktionsprodukte sind braun bis schwarzbraun gefärbte Gemische von Mn_2O_3 und Mn_3O_4. Die Bildung von MnO wird unter diesen Bedingungen ausgeschlossen [9]. Dagegen führt die thermische Hydrolyse im N_2-Strom bei einem H_2O-Dampfdruck bis zu 30 Torr und 400 bis 500°C zu festem MnO als Endprodukt. Dabei folgt der Adsorption von H_2O und dem Einbau der H_2O-Moleküle in das Schichtengitter des $MnCl_2$ eine Abspaltung von HCl. Nach Bildung eines intermediären Hydroxidchlorids folgt schließlich dessen Zersetzung in das Oxid [12]. — Zur Löslichkeit in H_2O s. S. 32.

Literatur:

[1] D. H. Douglass, M. W. P. Strandberg (Physica **27** [1961] 1/17, 16). — [2] P. Meglino, E. Kostiner (J. Cryst. Growth **32** [1976] 276/7). — [3] N. Konopik, H. Schurk (Monatsh. Chem. **82** [1951] 761/6). — [4] A. Seyewetz, Brissaud (Compt. Rend. **190** [1930] 1131/3). — [5] B. B. Bose, M. H. Khundkar (J. Indian Chem. Soc. Ind. News Ed. **14** [1951] 45/9).

[6] C. V. Schwarz (Arch. Eisenhüttenw. **24** [1953] 285/306, 294). — [7] J. Thomsen (Thermochemische Untersuchungen, 3. Bd., Leipzig 1883, S. 270). — [8] V. P. Ivantsov (Tr. Tomsk. Gos. Univ. **126** [1954] 73/82, 77; C.A. **1958** 850). — [9] G. I. Zvorykina (Zh. Prikl. Khim. **30** [1957] 1515/25; J. Appl. Chem. USSR **30** [1957] 1582/91). — [10] V. P. Ivantsov (Tr. Tomsk. Gos. Univ. Ser. Khim. **154** [1962] 32/41, 42/51; C.A. **60** [1964] 3529).

[11] T. Rigg (Advan. Extr. Met. Refining Proc. Intern. Symp., London 1971 [1972], S. 153/68, 162). — [12] A. Glasner, I. Mayer (Bull. Res. Council Israel A **9** [1960] 161/72).

With Nonmetals

5.2.2.8.3 Gegen Nichtmetalle

Hydrogen

Mit Wasserstoff reagiert $MnCl_2$ erst oberhalb 650°C [1], bei gewöhnlicher Temperatur wird keine Reaktion beobachtet [2]. Untersuchungen des reversiblen Gleichgewichts $MnCl_2 + H_2 \rightleftharpoons Mn + 2HCl$ im Temperaturbereich von 820 bis 900 K ergeben für die Temperaturabhängigkeit der Gleichgewichtskonstanten $\lg K_p = (-14520.7681/T) + 7.4678$. Berechnete und nach der Zirkulationsmethode gemessene Werte von K_p s. Original [3]. Für das angeführte Gleichgewicht beträgt $\lg(p^2_{HCl}/p_{H_2})$ (mit dynamischer Methode gemessen, p in atm) [4]:

T in K	973	1173	1273
$-\lg(p^2_{HCl}/p_{H_2})$	5.365	2.686	2.185

Flüssiges $MnCl_2$ wird bei 940°C von Wasserstoff zu β-Mangan-Whiskers reduziert, in Gegenwart von SiO_2 entstehen Mangansilicid-Whiskers [5]. In Graphit eingelagertes $MnCl_2$ tritt bei Einwirkung von H_2 bei 250 bis 600°C aus dem Schichtengitter des Graphits heraus und wird zum Metall reduziert [6]. Von atomarem Wasserstoff wird festes $MnCl_2$ bei kurzer Einwirkung (5 min) nicht reduziert [7].

Oxygen

Sauerstoff. Beim Erhitzen von $MnCl_2$ auf Rotglut an der Luft bildet sich als Endprodukt Mn_3O_4 [8], s. auch [9]. Bei der Reaktion im Sauerstoffstrom wird bei 450°C Cl_2-Entwicklung beobachtet; bei 620°C entspricht der Reaktionsverlauf $2MnCl_2 + 1.5O_2 \rightarrow Mn_2O_3 + 2Cl_2$ [1]. Mn_2O_3 wird in statischer Luftatmosphäre bei 788°C, in dynamischer O_2-Atmosphäre bei 860°C gebildet. Für die Reaktionsordnung und Aktivierungsenergie gelten [21]:

Reaktionsordnung		Aktivierungsenergie in kcal/mol		Beginn der Zersetzung	
Luft	O_2	Luft	O_2	Luft	O_2
1.2	1.13	19.4	29.1±1	334°C	350°C

Kinetische Untersuchungen der Oxidation im Bereich von 400 bis 600°C s. [10].

Halogenes

Halogene. Beim Erhitzen von $MnCl_2$ im F_2-Strom entsteht MnF_3 oder MnF_4, s. „Mangan" C 4, S. 79 bzw. 91. — Im Chlorstrom setzt bei etwa 400°C [11] oder erst bei 700 bis 800°C [12] merkliche Verflüchtigung von $MnCl_2$ ein, wobei das Chlor bis zu Temperaturen unterhalb des

Siedepunktes von $MnCl_2$ nur als Trägergas wirkt. Anzeichen für intermediäre Bildung eines höheren Chlorids liegen nicht vor, werden aber durch Mitführungsmessungen von Cl_2 an flüssigem $MnCl_2$ nicht ausgeschlossen (vgl. S. 88) [13], s. auch [14, 15]. — In flüssigem Cl_2 ist $MnCl_2$ nicht löslich [16]. — Untersuchungen des Austausches von Cl mit der Gasphase zwischen 200 und 420°C mit Hilfe von ^{36}Cl ergeben für die Selbstdiffusion unterhalb 330°C eine Aktivierungsenergie E_A von 0.95 eV und einen Diffusionskoeffizienten von $D \approx 1 \times 10^{-8}$ cm²/s. Oberhalb 330°C bilden sich Anionenlücken, dabei ist $E_A = 1.6$ eV und $D \approx 2 \times 10^{-3}$ cm²/s [17].

Sulfur

Durch Einbringen von Schwefel wird geschmolzenes $MnCl_2$ teilweise zu MnS umgesetzt [18].

Graphite

Mit natürlichem Graphit von 0.07 bis 0.09 mm Teilchengröße bildet $MnCl_2$ in Gegenwart von Cl_2 bei 400°C und einer Einwirkungszeit von 7 d eine Einlagerungsverbindung, die bis zu 61.5 Gew.-% $MnCl_2$ enthält [19]. Bei 500 bis 700°C wird die Verbindung aus dem Graphit-$MnCl_2$-Gemisch durch 25- bis 30stündige Reaktion im Cl_2-Strom erhalten [20].

Literatur:

[1] V. V. Pechkovskii, S. A. Amirova, N. J. Vorob'ev, T. V. Ostrovskaya (Zh. Neorgan. Khim. **9** [1964] 2059/65; Russ. J. Inorg. Chem. **9** [1964] 1113/7). — [2] A. Arfwedson (Schweiggers J. Chem. Physik **42** [1824] 202/14, 213). — [3] K. Sano (J. Chem. Soc. Japan Pure Chem. Sect. **59** [1938] 1150/2 nach C.A. **1939** 917). — [4] K. Jellinek, A. Rudat (Z. Physik. Chem. A **143** [1929] 244/64, 247). — [5] E. F. Riebling, W. W. Webb (Science [2] **126** [1957] 309).

[6] M. E. Vol'pin, Yu. N. Novikov, Yu. T. Struchkov, V. A. Semion (Izv. Akad. Nauk SSSR Ser. Khim. **1970** 2608/9; Bull. Acad. Sci. USSR Div. Chem. Sci. **1970** 2452/3), M. E. Vol'pin, Yu. T. Struchkov, Yu. N. Novikov, V. A. Semion (Zh. Obshch. Khim. **41** [1971] 242; J. Gen. Chem. USSR **41** [1971] 241). — [7] C. S. Bagdasar'yan, V. K. Semenchenko (Zh. Fiz. Khim. **6** [1935] 1033/8; C. **1936** I 3964). — [8] A. Gorgeu (Compt. Rend. **106** [1888] 743/6; Bull. Soc. Chim. France [2] **49** [1888] 664/71, 669). — [9] M. Berthelot (Compt. Rend. **86** [1878] 628/34, 629). — [10] T. Kuffa (Hutnicke Listy **30** [1975] 576/80 nach C.A. **83** [1975] Nr. 153120).

[11] R. Wasmuht (Z. Angew. Chem. **43** [1930] 98/101). — [12] N. Konopik, H. Schurk (Monatsh. Chem. **82** [1951] 761/6). — [13] H. Schäfer, G. Breil (Z. Anorg. Allgem. Chem. **283** [1956] 304/13, 306, 311). — [14] L. Brewer (in: L. L. Quill, The Chemistry and Metallurgy of Miscellaneous Materials, New York – Toronto – London 1950, S. 227). — [15] S. A. Shchukarev, M. A. Oranskaya (Zh. Obshch. Khim. **24** [1954] 2109/19; J. Gen. Chem. USSR **24** [1954] 2077/86, 2081).

[16] W. Biltz, E. Meinecke (Z. Anorg. Allgem. Chem. **131** [1923] 1/21, 4). — [17] Y. Sensui (Bull. Chem. Soc. Japan **45** [1972] 359/61). — [18] A. Vogel (Schweiggers J. Chem. Physik **21** [1817] 62/73, 69). — [19] E. Stumpp, F. Werner (Carbon **4** [1966] 538). — [20] Yu. N. Novikov, N. D. Lapkina, Yu. T. Struchkov, M. E. Vol'pin (Zh. Strukt. Khim. **17** [1976] 756/8; J. Struct. Chem. [USSR] **17** [1976] 656/8).

[21] P. Lumme, M.-T. Raivio (Suomen Kemistilehti B **41** [1968] 194/202; C.A. **69** [1968] Nr. 70245), P. Lumme, O. Vuokila (Suomen Kemistilehti B **42** [1969] 306/11; C.A. **71** [1969] Nr. 95396), P. Lumme, K. Junkkarinen, J. Peltonen, T. Raivio (Proc. 1st Intern. Conf. Therm. Anal., Aberdeen, Scot., 1965, S. 100/1).

5.2.2.8.4 Gegen Metalle

With Metals

Die durch Schlag mit einem Hammer ausgelöste Reduktion von $MnCl_2$ mit metallischem Na oder K verläuft unter Explosion [1]. Bei der in zwei Stufen durchgeführten Reduktion mit Na im NaCl-Bett wird zunächst bei 185 bis 260°C und nach Ablauf der exothermen Reaktion bei 900°C Mn mit einer Reinheit von 96.3% in einer Ausbeute von 82% erhalten [2]. Auch in flüssigem NH_3 gelöstes Na reduziert $MnCl_2$ zum Metall [3]. — Beim Erhitzen von $MnCl_2$ mit Mg-Feile entsteht unter ruhigem Abbrennen des Reaktionsgemisches metallisches Mn [4]. Die Gleichgewichtskonstante der Reaktion $Mg + MnCl_2 \rightleftharpoons MgCl_2 + Mn$ bei 750°C wird zu $K = 2.09 \times 10^5$ berechnet [5]. Fügt man einer auf etwa 900°C im Luftofen erhitzten Mg-Schmelze $MnCl_2$ hinzu, so wird in Abhängigkeit von den Versuchsbedingungen Mn teilweise als Metall ausgeschieden, teilweise entsteht eine Mg-Mn-Legierung; ferner bilden sich Mn-Oxide [6]. — Die Reduktion von $MnCl_2$ mit Zink verläuft explosions-

Reactions of $MnCl_2$ with Metals

artig [7]. — Die Reduktion mit Al (vgl. „Mangan" B, S. 8) erfolgt bei 1000 bis 1400 K nach $3MnCl_2 + 2Al \rightleftharpoons 2AlCl_3 + 3Mn$, wobei gleichzeitig Legierungsbildung eintreten kann. Bei 1500 bis 2000 K verläuft die Reaktion nach $MnCl_2 + 2Al \rightleftharpoons 2AlCl + Mn$ vermutlich ohne Legierungsbildung [8]. — Beim Überleiten von $MnCl_2$-Dampf über Mn bei 1000°C und 0.1 Torr erfolgt kein Mn-Transport [9]. Zur Löslichkeit von Mn in $MnCl_2$ s. S. 1.

Literatur:

[1] J. Cueilleron (Bull. Soc. Chim. France [5] **12** [1945] 88/9). — [2] National Distillers and Chemical Corporation (B.P. 813663 [1956/59]; C.A. **1959** 17453). — [3] M. E. Vol'pin, Yu. N. Novikov, Yu. T. Struchkov, V. A. Semion (Izv. Akad. Nauk SSSR Ser. Khim. **1970** 2608/9; Bull. Acad. Sci. USSR Div. Chem. Sci. **1970** 2452/3), M. E. Vol'pin, Yu. T. Struchkov, Yu. N. Novikov, V. A. Semion (Zh. Obshch. Khim. **41** [1971] 242; J. Gen. Chem. USSR **41** [1971] 241). — [4] K. Seubert, A. Schmidt (Liebigs Ann. Chem. **267** [1892] 218/48, 240). — [5] K. Ono (Bull. Res. Inst. Mineral Dressing Met. [Sendai, Japan] **3** [1944] 2/14, 8; C.A. **1951** 48).

[6] J. D. Grogan, J. L. Haughton (J. Inst. Metals **69** [1943] 241/8, 243). — [7] M. Terreil (Bull. Soc. Chim. France [2] **21** [1874] 289/90). — [8] H. Balduin (Monatsh. Chem. **88** [1957] 1038/47, 1040). — [9] M. F. Lee (J. Phys. Chem. **62** [1958] 877/8).

With Inorganic Compounds

5.2.2.8.5 Gegen anorganische Verbindungen

In flüssigem NH_3 lösen sich 0.5 bis 1 mg $MnCl_2$/100 ml bei −40 bis −70°C [1]. Je nach den Versuchsbedingungen werden außer Additionsprodukten auch $MnClNH_2$ und NH_4Cl durch Ammonolyse gebildet [2]; zur Ammonolyse mit KNH_2 s. [38]. — In CCl_4 suspendiertes $MnCl_2$ gibt mit N_2O_5 und $ClNO_3$ nach mehrstündiger Reaktion unter Cl_2-Entwicklung die Additionsverbindung $Mn(NO_3)_2 \cdot N_2O_4$ [3]. Mit wasserfreiem HNO_3, das mit N_2O_5 und H_2O im Gleichgewicht steht, reagiert $MnCl_2$ unter Bildung von $Mn(NO_3)_2 \cdot 2H_2O$ [4] (s. „Mangan" C 3, S. 280). Mit NOCl entsteht im Einschlußrohr bei −10°C Mangan(III)-nitrosylchlorid (s. S. 257).

Mit wasserfreiem HF reagiert $MnCl_2$ unter lebhafter HCl-Entwicklung zu MnF_2 [5 bis 8]. Im HCl-Strom sublimiert $MnCl_2$ schon nach kurzem Erhitzen [9]; bei Mitführungsmessungen an flüssigem $MnCl_2$ mit HCl als Trägergas wird bei 1108 K ein $MnCl_2$-Druck von 8.6 ± 0.2 Torr gemessen [10]. Mit wasserfreiem $HClO_4$ reagiert $MnCl_2$ nicht [4].

In flüssigem H_2S ist $MnCl_2$ unlöslich und reagiert weder bei tiefen Temperaturen noch bei gewöhnlicher Temperatur [11]. Die Untersuchung der Reaktion von $MnCl_2$ mit gasförmigem H_2S nach $MnCl_2 + H_2S \rightleftharpoons MnS + 2HCl$ führt zu (extrapolierten) Werten für die Gleichgewichtskonzentrationen, die 15 Vol.-% bei 407°C, 43.5 ± 0.5 Vol.-% bei 506°C und 72 Vol.-% HCl bei 583°C betragen. Für die Reaktion wird nach der Nernstschen Näherungsgleichung für Zimmertemperatur $\Delta H \approx 26.030$ [12] und $\Delta H_{298} = 27.470$ kcal/mol berechnet [13]. Aus $\Delta H_0 = 0.15T - 0.415 \times 10^{-3}T^2 - 0.72 \times 10^{-6}T^3$ wird $\Delta H_0 = 27.481$ kcal/mol abgeleitet. $\Delta G^\circ_{298} = 17.538$ kcal/mol, $\Delta S = -35.2$ cal · mol^{-1} · K^{-1} [13]. — Die Zugabe von S_4N_4 zu einer $MnCl_2$-Suspension in $SOCl_2$ führt in der Siedehitze unter Farbänderung von dunklem Blaugrün über Burgunderrot zur Bildung von dunkelgrünem $SNMnCl_2$ [14]. Mit S_2Cl_2 bildet $MnCl_2$ in der Siedehitze ein lederfarbenes Solvat der Zusammensetzung $MnCl_2 \cdot S_2Cl_2$ [15]. — $MnCl_2$ ist in $SeOCl_2$ nur wenig löslich: 100 g einer gesättigten Lösung enthalten 0.16 g $MnCl_2$ bei 25°C. Mit steigender Temperatur nimmt die Löslichkeit zu [16]. — Mit PCl_5 tritt bis 350°C keine Reaktion ein [17]. In $POCl_3$ ist $MnCl_2$ löslich und bildet bei Zusatz von $SbCl_5$, $SnCl_4$ oder $FeCl_3$ Komplexverbindungen der Zusammensetzung $MnCl_2 \cdot 2SbCl_5 \cdot 8POCl_3$ (weiß), $MnCl_2 \cdot 2SnCl_4 \cdot 8POCl_3$ (weiß) bzw. $MnCl_2 \cdot 2FeCl_3 \cdot 7POCl_3$ (gelbgrün) [18].

In eutektischer $LiNO_3$-KNO_3-Schmelze wird $MnCl_2$ oberhalb 350°C quantitativ zu MnO_2 oxidiert [19]. Durch Erhitzen von $MnCl_2$ mit $NaNO_3$ auf 220 bis 230°C entsteht ein Gemisch von Mn-Oxiden [20] oder Mn-Oxidchlorid [21]. Eine Lösung von NH_4NO_3 in flüssigem NH_3 reagiert mit $MnCl_2$ unter Bildung von löslichem NH_4Cl und einer unlöslichen, nicht näher beschriebenen Mn-Verbindung [22]. Bei 205 bis 220°C wird NH_4NO_3 nach Zugabe von 5% eines Gemisches aus $MnCl_2$ und $K_2Cr_2O_7$ oder $CuCrO_4$ heftig zersetzt [23].

Im eutektischen Gemisch von LiF und KF ist $MnCl_2$ löslich, aber bei der Grenzverdünnung nicht vollständig dissoziiert [24]. Die Einwirkung von gasförmigem $FeCl_3$ auf $MnCl_2$ führt zur Bildung einer gasförmigen Komplexverbindung ähnlich wie bei $AlCl_3$ (s. S. 223), so daß die Flüchtigkeit von $MnCl_2$ in Gegenwart von gasförmigem $FeCl_3$ stark erhöht wird [25]. — Über den Einbau von Mn^{2+}-Ionen aus $MnCl_2$ in AgCl-Kristalle (vgl. „Silber" B 1, S. 358) sowie die Diffusion in AgCl-Einkristallen und AgCl-$MnCl_2$-Mischkristallen s. [26]. Zur Bildung von Doppelverbindungen mit anderen Metallchloriden s. Kapitel 5.3, S. 93.

Aus $LiBH_4$ in wasserfreiem Äther und $MnCl_2$ entsteht eine farblose Lösung von $Mn(BH_4)_2$ unter Abscheidung von LiCl [27]. Durch AlH_3 wird $MnCl_2$ bei etwa 20°C zum Metall reduziert, s. auch „Mangan" C 1, S. 1. Analog verläuft die Reaktion mit $LiAlH_4$ unter H_2-Entwicklung [28]. In der $MnCl_2$-Graphit-Einlagerungsverbindung (vgl. hierzu „Kohlenstoff" B, S. 895) wird $MnCl_2$ von $LiAlH_4$ und $NaBH_4$ nicht reduziert [29].

Die Kinetik der Reaktion zwischen $MnCl_2$ und $BaCO_3$ in inerter Atmosphäre wird mit Methoden der thermographischen Analyse untersucht und die Geschwindigkeitskonstante sowie Aktivierungsenergie für die Reaktion werden in Luft ermittelt [30]. — In geschmolzenem KSCN ist $MnCl_2$ bei 200°C zu 1% löslich. Bei 250°C bildet sich nach 4 d, bei 290°C nach 30 min MnS als grüner Niederschlag unter gleichzeitiger Abscheidung von KCl [31], s. auch „Kohlenstoff" D 5, S. 199.

Flüssiges $MnCl_2$ reagiert mit Quarz, weswegen die Ampullen bei Einkristallzüchtungen (s. S. 9) innen graphitisiert werden müssen [37]. — Beim Glühen von Talk, $Mg_3Si_4O_{10}(OH)_2$, mit $MnCl_2$ im N_2-Strom wird primär gebildetes MnO an das Reaktionsprodukt des Silicats angelagert, so daß als Endprodukt Mg-Mn-Metasilicat erhalten wird [34]. Enstatit, $MgSiO_3$, reagiert mit $MnCl_2$ bei >800°C im N_2-Strom unter Aufnahme von 0.063 mol Mn^{2+}/mol Enstatit im Austausch gegen Mg^{2+}; damit entspricht der Mn-Gehalt des Reaktionsprodukts einer Mischung von Enstatit mit 7.9% $MnSiO_3$ [35]. Mit Pyrophyllit, $(HO)_2Al_2Si_4O_{10}$, reagiert $MnCl_2$ bei 800°C im N_2-Strom in komplizierter Weise und liefert ein rosa gefärbtes Reaktionsprodukt [34, 36].

Beim Schmelzen von $Na_2P_2O_6$ mit $MnCl_2$ entsteht eine farblose Flüssigkeit, die beim Abkühlen glasig erstarrt [32]. — Zwischen α-Zirkonphosphat $Zr(HPO_4)_2 \cdot H_2O$ und $MnCl_2$ findet bei 160°C direkter Ionenaustausch statt [33].

Literatur:

[1] A. Schneider, R. Gehrke (Naturwissenschaften **49** [1962] 467). — [2] F. Remy (Rev. Chim. Minerale **5** [1968] 935/99, **2** [1965] 693/725, 718, 721). — [3] K. Dehnicke, J. Strähle (Chem. Ber. **97** [1964] 1502/10, 1503). — [4] B. J. Hathaway, A. E. Underhill (J. Chem. Soc. **1960** 648/54). — [5] K. Fredenhagen, G. Cadenbach (Z. Physik. Chem. A **146** [1930] 245/80, 249).

[6] J. H. Simons (Chem. Rev. **8** [1931] 213/35, 224). — [7] K. Fredenhagen (Z. Physik. Chem. A **164** [1933] 176/200, 179). — [8] H. Fredenhagen (Z. Anorg. Allgem. Chem. **242** [1939] 23/32, 25). — [9] C. R. Alder Wright, A. E. Menke (J. Chem. Soc. **37** [1880] 22/49, 28). — [10] H. Schäfer, G. Breil (Z. Anorg. Allgem. Chem. **283** [1956] 304/13, 306), H. Schäfer, L. Bayer, G. Breil, K. Etzel, K. Krehl (Z. Anorg. Allgem. Chem. **278** [1955] 300/9, 303).

[11] A. W. Ralston, J. A. Wilkinson (J. Am. Chem. Soc. **50** [1928] 258/64, 259). — [12] K. Jellinek, G. v. Podjaski (Z. Anorg. Allgem. Chem. **171** [1928] 261/70, 265, 268). — [13] C. G. Maier (U.S. Bur. Mines Inform. Circ. Nr. 6769 [1934] 1/163, 141). — [14] A. J. Banister, J. S. Padley (J. Chem. Soc. A **1969** 658/61). — [15] R. Chand, G. S. Hamdard, K. Lal (J. Indian Chem. Soc. **35** [1958] 28/30).

[16] C. R. Wise (J. Am. Chem. Soc. **45** [1923] 1233/7). — [17] E. S. Vorontsov, M. K. Chikanova (Zh. Neorgan. Khim. **16** [1971] 1429/32; Russ. J. Inorg. Chem. **16** [1971] 754/6). — [18] W. L. Driessen, W. L. Groeneveld (Rec. Trav. Chim. **87** [1968] 786/94, 788). — [19] D. H. Kerridge, S. A. Tariq (Inorg. Chim. Acta **2** [1968] 371/4). — [20] F. Kuhlmann (Compt. Rend. **55** [1862] 246/8).

[21] L. Péan de Saint-Gilles (Compt. Rend. **55** [1862] 329/30). — [22] E. Divers (Phil. Trans. Roy. Soc. London **163** [1873] 359/76, 369). — [23] A. R. Fragina, E. Ya. Golysheva, A. A. Shidlovskii (Izv. Vysshikh Uchebn. Zavedenii Khim. i Khim. Tekhnol. **9** [1966] 358/61 nach C.A. **66** [1967] Nr. 14366). — [24] C. Bourlange, S. Ziolkiewicz (Compt. Rend. **249** [1959] 2170/1). — [25] E. W. Dewing (Met. Trans. **1** [1970] 2169/74).

[26] A. N. Murin, I. V. Murin, V. P. Sivkov (Fiz. Tverd. Tela **13** [1971] 3682/4; Soviet Phys.-Solid State **13** [1971] 3107/8; Vestn. Leningr. Univ. Ser. Fiz. Khim. **1972** Nr. 2, S. 122/6 nach C.A. **77** [1972] Nr. 79627). — [27] J. Aubry, G. Monnier (Bull. Soc. Chim. France **1955** 482). — [28] M. J. Rice (in: NYO-3919 [1955] 23/30, 23; N.S.A. **10** [1956] Nr. 1641). — [29] M. E. Vol'pin, Yu. N. Novikov, Yu. T. Struchkov, V. A. Semion (Izv. Akad. Nauk SSSR Ser. Khim. **1970** 2608/9; Bull. Acad. Sci. USSR Div. Chem. Sci. **1970** 2452/3), M. E. Vol'pin, Yu. T. Struchkov, Yu. N. Novikov, V. A. Semion (Zh. Obshch. Khim. **41** [1971] 242; J. Gen. Chem. USSR **41** [1971] 241). — [30] M. V. Chagunava, M. G. Sudzhashvili (Sakartvelos Politeknikuri Instituti. Shromebi Tr. Gruz. Politekhn. Inst. **3** Nr. 167 [1974] 87/90 nach Ref. Zh. Khim. **1975** Nr. 12 B 1147).

[31] D. H. Kerridge, M. Mosley (J. Chem. Soc. A **1967** 352/5), D. H. Kerridge (Photoelec. Spectrom. Group Bull. Nr. 17 [1967] 508/12). — [32] Salih Hisar Remziye (Bull. Soc. Chim. France **1956** 1259/62). — [33] A. Clearfield, J. M. Troup (J. Phys. Chem. **74** [1970] 2578/80). — [34] E. Thilo (Z. Anorg. Allgem. Chem. **225** [1935] 49/63, 57). — [35] E. Thilo (Ber. Deut. Chem. Ges. **70** [1937] 2267/72).

[36] E. Thilo (Z. Anorg. Allgem. Chem. **212** [1933] 369/84, 378). — [37] G. Garton, P. J. Walker (J. Cryst. Growth **33** [1976] 331/4). — [38] P. W. Schenk, K. Huste, E. Tulhoff (Angew. Chem. **75** [1963] 683).

Reactions of $MnCl_2$ with Organic Compounds

5.2.2.8.6 Gegen organische Verbindungen

Zur Löslichkeit in organischen Lösungsmitteln s. S. 76/81.

Durch Erhitzen höherer aliphatischer oder aromatischer Carbonsäuren mit $MnCl_2$ auf Temperaturen, die um 10 bis 15 grd über deren Schmelzpunkt liegen, bilden sich die entsprechenden Mn-Salze [1]. — Aus Na-Äthanolat oder -Propanolat entstehen mit $MnCl_2$ in absoluter alkoholischer Lösung die entsprechenden Mn-Verbindungen [2], s. auch [3]. — In einigen Fällen dient die Umsetzung mit $MnCl_2$ zur Einführung von Mn bei der Darstellung Mn-organischer Verbindungen, s. die Übersicht [4] sowie [5]. Bei der Reaktion von $MnCl_2$ mit CH_3MgBr in Tetrahydrofuran entsteht $(CH_3)_2Mn$. Die Isolierung analog gebildeter höherer Homologe stößt jedoch auf Schwierigkeiten, weil diese sehr viel instabiler sind als $(CH_3)_2Mn$ [6]. Über die bei der Umsetzung von Halogeniden der Übergangsmetalle, unter anderen $MnCl_2$, mit Grignard-Verbindungen in Tetrahydrofuran auftretenden Reaktionsprodukte s. auch [7]. Die Umsetzung von $MnCl_2$ mit Arylmagnesiumhalogeniden unter CO-Druck führt zur Bildung von Mn-Carbonyl [8], das gleichfalls durch Reaktion von Na-Benzophenon mit $MnCl_2$ in Tetrahydrofuran oder Dioxan bei Temperaturen oberhalb 150°C durch Einwirkung von CO im Autoklaven entsteht [9]. Na-Benzophenonketyl wird durch $MnCl_2$ in Tetrahydrofuran in die entsprechende Mn-Verbindung übergeführt [9].

Auf Grund seiner Elektronenkonfiguration ($3d^5$) eignet sich $MnCl_2$ als Füllmaterial in Gaschromatographen für die Trennung von Alkanen, Alkenen und Alkinen, die auf deren unterschiedlicher π-Elektronendichte beruht [10]. Untersuchungen mit Kohlenwasserstoffen sowie deren Chlor-Derivaten führen zu analogen Ergebnissen [11].

Literatur:

[1] S. Prasad, V. R. Reddy (J. Indian Chem. Soc. **35** [1958] 907/8). — [2] J. G. F. Druce (J. Chem. Soc. **1937** 1407/8). — [3] B. Kandelaky, I. Setaschwili, I. Tawberidze (Kolloid-Z. **73** [1935] 47/9). — [4] M. Dub (Organometallic Compounds, Bd. 1, 2. Aufl., Berlin – Heidelberg – New York 1966, S. 131/84). — [5] G. E. Coates, M. L. H. Green, K. Wade (Organometallic Compounds, Bd. 2, 3. Aufl., London 1968, S. 110).

[6] M. Tamura, J. Kochi (J. Organometal. Chem. **29** [1971] 111/29, 112). — [7] M. Tamura, J. Kochi (Bull. Chem. Soc. Japan **44** [1971] 3063/73 [englisch]). — [8] Ethyl Corp., V. Hnizda (U.S.P. 2822247 [1956/58] nach C.A. **1958** 10520). — [9] R. D. Closson, L. R. Buzbee, G. G. Ecke (J. Am. Chem. Soc. **80** [1958] 6167/70). — [10] R. L. Grob, E. J. McGonigle (J. Chromatog. **59** [1971] 13/20, 13).

[11] E. J. McGonigle, R. L. Grob (J. Chromatog. **101** [1974] 39/50).

5.2.3 Das System $MnCl_2$-H_2O

The $MnCl_2$-H_2O System

Zustandsdiagramm. Im System $MnCl_2$-H_2O existieren vier Hydrate mit 6, 4, 2 und 1 mol H_2O [1, 2], s. **Fig. 7** [2]. Nach dem Verlauf der Entwässerungskurve von $MnCl_2 \cdot 4H_2O$ in Abhängigkeit von der Entwässerungsgeschwindigkeit wird ferner auf die Bildung von $MnCl_2 \cdot 3.5H_2O$ und $MnCl_2 \cdot 3H_2O$ geschlossen [3]. Über ältere Untersuchungen s. [4]. Invariante Punkte in Fig. 7 [2]:

Punkt	A, eutektisch	B, peritektisch	C, peritektisch	D, peritektisch	E, peritektisch
t in °C	−26.5	−2	+58.1	198	362
[$MnCl_2$] in Gew.-% .	30.5	38.5	51.4	63.7	85.0

Die DTA ergibt die folgenden Maxima: bei 55 ± 5°C für den Übergang $MnCl_2 \cdot 4H_2O$ (fest) → $MnCl_2 \cdot 2H_2O$ (fest) + 2 H_2O (fl), bei 135 ± 5°C für den Übergang $MnCl_2 \cdot 2H_2O$ (fest) → $MnCl_2 \cdot H_2O$ (fest) + H_2O (gas) und bei 210 ± 5°C für den Übergang $MnCl_2 \cdot H_2O$ (fest) → $MnCl_2$ (fest) + H_2O (gas) [5]; vgl. auch [6]. Zwischen 0 und 100°C sind unter $MnCl_2$-Lösung das Tetra- und Dihydrat als Bodenkörper beständig. Der Übergangspunkt wird von Richards, Wrede [7] zu 58.089 < ± 0.005°C bestimmt, s. auch [8]. Ein Gemisch beider Hydrate hat sich bei 60°C nach 21 d Rührdauer noch nicht umgesetzt [9]. Der Übergang bei 198°C wird bereits von Dawson, Williams [8] auf Grund des isothermen Abbaus des Dihydrats erkannt. — Intermediäre Kristallisationswärme von $MnCl_2 \cdot 4H_2O$ aus leicht übersättigter Lösung: $\Delta H = -4.47$ kcal/mol bei 12°C, $\Delta H = -4.75$ kcal/mol bei 20°C [10]. — Abweichend von den Angaben, die aus der Löslichkeitstabelle (s. S. 32) ersichtlich sind, sowie den aus Fig. 7 zu entnehmenden Daten ergeben Untersuchungen bei tiefen Temperaturen die Existenz des Hexahydrats unterhalb und des Tetrahydrats oberhalb −6.4°C. Eutektischer Punkt: −49.1°C und 37.3 Gew.-% $MnCl_2$ [11].

Im metastabilen Bereich der unterkühlten Lösung wird die Temperatur des Übergangs vom flüssigen in den glasartigen Zustand t_g für wäßrige $MnCl_2$-Lösungen mit einer Zusammensetzung nahe dem eutektischen Bereich (etwa 19 bis 6.7 mol H_2O/mol $MnCl_2$ entsprechend etwa 5 bis 13 Mol-% $MnCl_2$ in der wäßrigen Lösung) aus EMK-Messungen ermittelt. t_g steigt in einer Lösung mit 6 bis 13 Mol-% $MnCl_2$ gleichmäßig von etwa −124 bis etwa −95°C an. Bei kleinen $MnCl_2$-Konzentrationen (mehr als 16 mol H_2O/mol $MnCl_2$) ändert sich t_g mit weiterer Zunahme des H_2O-Gehalts praktisch nicht mehr. Der Übergang erfolgt, wenn die Viskosität der unterkühlten Lösung etwa 10^{13}P erreicht hat, bei einer Temperaturänderung von 1 bis 10°C/min [12].

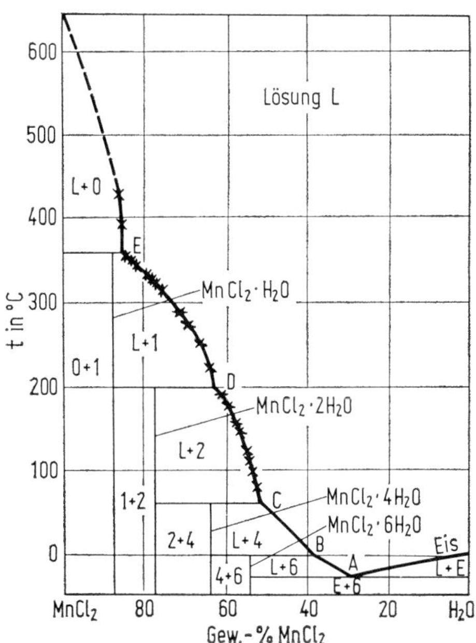

Fig. 7

Zustandsdiagramm des Systems $MnCl_2$-H_2O (die Zahlen bezeichnen die Hydrate von $MnCl_2$).

The $MnCl_2$-H_2O System

Solubility

Löslichkeit bei Temperaturen von t = −20 bis +430°C, Konzentration c in g $MnCl_2$/100 g gesättigte Lösung; Werte nach Seidell, Linke [13] aus den Angaben verschiedener Autoren [2, 4, 8, 9, 14]:

t in °C	−20	−10	0	10	20	25	30	50
Konzentration c	35.0	37.0	38.8	40.5	42.5	43.55	44.68	49.53
Bodenkörper	$MnCl_2 \cdot 4H_2O$							

t in °C	58
Konzentration c	51.35
Bodenkörper	$MnCl_2 \cdot 4H_2O + MnCl_2 \cdot 2H_2O$

t in °C	60	80	100	121	146	176	189
Konzentration c	52.06	52.98	53.5	55.0	56.7	58.6	61.3
Bodenkörper	$MnCl_2 \cdot 2H_2O$						

t in °C	198
Konzentration c	63.7
Bodenkörper	$MnCl_2 \cdot 2H_2O + MnCl_2 \cdot H_2O$

t in °C	217	272	313	333	350	353
Konzentration c	64.5	69.6	75.1	79.5	82.5	83.5
Bodenkörper	$MnCl_2 \cdot H_2O$					

t in °C	362	392	430
Konzentration c	85.0	85.5	86.5
Bodenkörper	$MnCl_2 \cdot H_2O + MnCl_2$	$MnCl_2$	

Weitere Löslichkeitsdaten für 12 und 14°C [15], für 20°C [16], für Zimmertemperatur [17], für 20 bis 65°C [18], für 25 bis 75°C [19], für 0 bis 100°C [20], für 15 bis 100°C [21].

Von den beiden Modifikationen des Tetrahydrats ist die metastabile β-Form löslicher als die stabile α-Form; die Löslichkeit beträgt 47.40% für β- und 41.61% für α-$MnCl_2 \cdot 4H_2O$ bei 18°C [22]. — Theoretische Berechnungen der Löslichkeit des Tetra- und Dihydrats durch Vergleich mit ähnlichen Salzen s. [23].

Vapor Pressure

Dampfdruck p in Torr der gesättigten Lösung bei verschiedenen Temperaturen t:

t in °C	15.5	20			25	30.0	40.0	50.0
p	7.85	≈8.0	9.45	10.1	13.35	17.02	28.67	46.29
Bodenkörper	$MnCl_2 \cdot 4H_2O$							
Literatur	[8]	[24]	[8]	[25]	[25]	[8]	[8]	[8]

t in °C	57.8	60.0	70.5	80.5	90.0
p	62.9	64.8	110.25	172.1	262.0
Bodenkörper	$MnCl_2 \cdot 4H_2O + MnCl_2 \cdot 2H_2O$	$MnCl_2 \cdot 2H_2O$			
Literatur	[8]	[8]	[8]	[8]	[8]

Die von Dawson, Williams [8] tensimetrisch bestimmten Werte werden in spätere Sammelwerke [26, 27] übernommen.

Dampfdruck p in Torr von wäßriger $MnCl_2$-Lösung der Konzentration c in mol $MnCl_2$/mol H_2O bei 20°C, bestimmt nach statischer Methode [28], s. auch [29]:

c	0.0219	0.0398	0.0544	0.0631	0.0834	0.0982	0.150565 (gesättigt)
p	16.40	15.34	14.32	13.61	12.24	11.18	10.78 (extrapoliert)

Dampfdruck p in Torr von Lösungen der Molalität m in mol $MnCl_2$/kg H_2O; Dampfdruckerniedrigung Δp in Torr, auf Atmosphärendruck reduziert, bei 100°C [30]:

m	0.703	1.262	2.311	3.539	4.110	5.257
p	738.1	716.0	670.2	612.1	588.5	541.0
Δp	21.9	44.0	89.8	147.9	171.5	219.0

Literatur:

[1] A. Benrath (Z. Anorg. Allgem. Chem. **235** [1938] 42/8, 45). — [2] A. Benrath (Z. Anorg. Allgem. Chem. **247** [1941] 147/60, 147). — [3] W. S. Castor, F. Basolo (J. Am. Chem. Soc. **75** [1953] 4804/7). — [4] J. Süss (Z. Krist. **51** [1913] 248/68, 250, 262). — [5] H. J. Borchardt, F. Daniels (J. Phys. Chem. **61** [1957] 917/21), H. J. Borchardt (Diss. Univ. of Wisconsin, Madison, 1956, 131 S., 46/8; Diss. Abstr. **16** [1956] 1807).

[6] T. Rigg (Advan. Extr. Met. Refining Proc. Intern. Symp., London 1971 [1972], S. 153/68, 156). — [7] T. W. Richards, F. Wrede (Z. Physik. Chem. **61** [1908] 313/20, 315). — [8] H. M. Dawson, P. Williams (Z. Physik. Chem. **31** [1899] 59/68, 63). — [9] H. Benrath (Z. Anorg. Allgem. Chem. **220** [1934] 145/53, 145). — [10] J. Perreu (Compt. Rend. **199** [1934] 48/51).

[11] L. A. Ozerov (Tr. Voronezhsk. Univ. **28** [1953] 24/6; Ref. Zh. Khim. **1955** Nr. 9194). — [12] C. A. Angell, E. J. Sare (J. Chem. Phys. **52** [1970] 1058/68). — [13] A. Seidell, W. F. Linke (Solubilities, Inorganic and Metal-Organic Compounds, Bd. 2, Washington 1965, S. 550). — [14] A. L. Étard (Ann. Chim. Phys. [7] **2** [1894] 503/74, 537). — [15] A. Ditte (Compt. Rend. **92** [1881] 242/4; Ann. Chim. Phys. [5] **22** [1881] 551/66, 563).

[16] P. L'Haridon, J. Lang (Rev. Chim. Minerale **5** [1968] 127/45, 127). — [17] U. T. Andres (Mater. Sci. Eng. **26** [1976] 269/75, 272). — [18] P. Kuznetsov (Izv. Alekseevsk. Donsk. Politekhn. Inst. Novocherk. **1** II [1912] 399/410, 407/10; C. **1913** I 765). — [19] O. I. Parilova, I. G. Druzhinin (Zh. Neorgan. Khim. **13** [1968] 2560/4; Russ. J. Inorg. Chem. **13** [1968] 1322/4). — [20] Yu. V. Karyakin, I. I. Angelov (Chistye Khimicheskie Reaktivy, Moskva 1955, S. 338).

[21] E. Dupuy (J. Pharm. Chim. [5] **9** [1884] 358/63, 438/42). — [22] P. Kusnetzoff (Ann. Chim. Phys. [8] **18** [1909] 214/22, 220). — [23] S. S. Chin (Zh. Fiz. Khim. **26** [1952] 960/9, 963). — [24] H. Lescoeur (Ann. Chim. Phys. [7] **2** [1894] 78/117, 116). — [25] M. Diesnis (Bull. Soc. Chim. France [5] **2** [1935] 1901/7, 1906; Ann. Chim. [Paris] [11] **7** [1937] 5/69, 39, 58).

[26] Landolt-Börnstein, 5. Aufl., Bd. 1, 1923, S. 667. — [27] Intern. Critical Tables, Bd. 3, 1928, S. 367. — [28] J. Perreu (Compt. Rend. **200** [1935] 1588/90). — [29] J. Perreu (Compt. Rend. **191** [1930] 254/7). — [30] G. Tammann (Mem. Acad. Imp. Sci. St. Petersbourg [7] **35** Nr. 9 [1887] 1/172, 120).

5.2.4 Mangandichlorid-hexahydrat $MnCl_2 \cdot 6H_2O$

Manganese Dichloride Hexahydrate

Die Verbindung tritt im System $MnCl_2$-H_2O auf, s. S. 31. — Kristalle werden beim Abkühlen von 37.4%iger $MnCl_2$-Lösung auf −21°C erhalten [1], s. auch [2]. Über die Kristallisation im Magnetfeld s. [3].

Die Kristalle sind fast farblos, in größeren Mengen oder in zerkleinerter Form erscheinen sie schwach rosa gefärbt. Sie bilden rhomboedrische oder vieleckige Plättchen, zum Teil monokline Prismen [1]. — Das Maximum der K-Absorptionskante des Röntgenspektrums ist gegenüber wasserfreiem $MnCl_2$ (s. S. 13) und den Chloriden mit geringerem Wassergehalt nach höheren Energien verschoben, vgl. Fig. 13 in „Mangan" B, S. 165 [4]. — Zur peritektischen Zersetzung in $MnCl_4 \cdot 4H_2O$ und H_2O s. S. 31.

Literatur:

[1] P. Kuznetsov (Zh. Russ. Fiz. Khim. Obshchestva **30** [1898] 741/8, 744; C. **1899** I 246). — [2] A. Benrath (Z. Anorg. Allgem. Chem. **235** [1938] 42/8, 45). — [3] G. Roasio (Z. Krist. **59** [1924] 88/9). — [4] K. Böke (Z. Physik. Chem. [Frankfurt] **10** [1957] 45/58, 55; Diss. München T.H. 1956, 68 S., 24).

Manganese Dichloride Tetrahydrate

5.2.5 Mangandichlorid-tetrahydrat $MnCl_2 \cdot 4H_2O$ und $MnCl_2 \cdot 4D_2O$

Das Tetrahydrat ist das üblicherweise vorliegende Mn^{II}-Chlorid, sofern keine Angaben über den Wassergehalt gemacht sind. Es tritt im System $MnCl_2$-H_2O auf (s. S. 31), ebenso in Systemen mit weiteren Metallchloriden und H_2O, s. Kapitel 5.3, S. 93.

Formation. Preparation

5.2.5.1 Bildung und Darstellung

Zur Darstellung von $MnCl_2 \cdot 4H_2O$ wird spektroskopisch reines Mn in Salzsäure gelöst und das Tetrahydrat durch Sättigen der Lösung mit HCl abgeschieden. Wiederholtes Konzentrieren der Lösung durch Eindampfen und erneutes Sättigen mit HCl führt zu hohen Ausbeuten [1]. — Die Umsetzung von $MnCO_3$ mit Salzsäure (1:1 bis 1:2) ergibt eine Lösung, aus der nach dem Ansäuern mit HCl und Verdampfen bei einer Temperatur unter 52°C $MnCl_2 \cdot 4H_2O$ auskristallisiert. Die Kristalle werden nach Absaugen im Exsikkator über konzentrierter Schwefelsäure getrocknet [2]; s. auch [3]. Gefälltes $MnCO_3$, das zur Entfernung von Kationen mehreren Reinigungsfällungen unterzogen wurde, wird in Salzsäure gelöst und die Lösung bei 200°C zur Trockne eingedampft. Die aus der wäßrigen Lösung des Rückstands erhaltenen Kristalle werden noch zweimal umkristallisiert [4]. — Bei der technischen Darstellung aus Erzen bedient man sich der gleichen Verfahren wie sie beim wasserfreien $MnCl_2$ (s. S. 4) und in „Mangan" B, S. 26, angegeben sind.

Zur Reinigung wird die $MnCl_2$-Lösung nach Zusatz von metallischem Mn zum Sieden erhitzt [2]. Sie wird zuerst mit frisch gefälltem, gut ausgewaschenem $MnCO_3$ behandelt, um Fe zu entfernen, dann filtriert, mit HCl gesättigt und zum Auskristallisieren stehengelassen. Die erhaltenen Kristalle werden in der gleichen Weise umkristallisiert und schließlich aus reinem Wasser auskristallisiert [5]. Zn, Mo, W und Fe werden durch Ionenaustausch aus der neutralen $MnCl_2$-Lösung entfernt [6]. Zur Abscheidung von Co dient die Fällung mit 1-Nitroso-2-naphthol [7]. Die Chromatographie an aktiviertem Al-Oxid ist zur Reinigung von Handelsprodukten geeignet [8]. Zur Reinigung von $MnCl_2$-Lösung, die als Elektrolyt zur Herstellung von Mn dienen soll, s. „Mangan" B, S. 27.

$MnCl_2 \cdot 4D_2O$

$MnCl_2 \cdot 4D_2O$. Zur Darstellung wird der größte Teil des Hydratwassers aus $MnCl_2 \cdot 4H_2O$ durch Erhitzen entfernt. Bei der Kristallisation des entwässerten Produktes aus D_2O-Lösung wird ein Präparat mit 96% des theoretischen D_2O-Gehaltes erhalten [9].

Einkristalle von $MnCl_2 \cdot 4H_2O$ mit einem Gewicht von 2 bis 4 g werden aus wäßriger Lösung durch Eindampfen bei Zimmertemperatur gewonnen [10 bis 13]. Aus einer gesättigten $MnCl_2$-Lösung werden bei 28°C in einem langsamen N_2-Strom Plättchen von 1.3 × 1 × 0.3 cm erhalten. Große Kristalle bis zu 5 × 6.5 × 7.5 cm werden in 80 d aus leicht übersättigter Lösung bei etwa 30°C gezüchtet, wobei die Temperatur auf etwa 0.001 grd genau eingehalten wird [14]. — Einkristalle von $MnCl_2 \cdot 4D_2O$ werden analog aus Lösungen in D_2O gezüchtet [15].

Thermodynamic Data of Formation

Thermodynamische Daten der Bildung. Für die Bildungsenthalpie ΔH (in kcal/mol) von festem $MnCl_2 \cdot 4H_2O$ aus den Elementen unter Standardbedingungen wird durch Neuberechnung aus bekannten Literaturdaten unter Verwendung neuerer Werte für alle zusätzlichen Größen $\Delta H^\circ = -403.3$ bei 298.15 K angegeben [16] gegenüber dem älteren Standardwert $\Delta H^\circ = -407.0$ [17]. Bei 18°C aus Lösungswärmen berechneter Wert: $\Delta H = -400.7$ [18]. Ältere Daten werden von Walkley [19] korrigiert zu $\Delta H = -403.98$ kcal/mol. — Die freie Bildungsenthalpie ΔG (in kcal/mol) von festem $MnCl_2 \cdot 4H_2O$ unter Standardbedingungen wird zu $\Delta G^\circ_{298} = -340.3$ neu berechnet [16]. Ältere Daten werden von Walkley [19] korrigiert zu $\Delta G = -340.52$, s. auch [20].

Literatur:

[1] R. A. Butera, W. F. Giauque (J. Chem. Phys. **40** [1964] 2379/89, 2379). — [2] N. G. Klyuchnikov (Rukovodstvo po Neorganicheskomu Sintezu, Moskva – Leningrad 1953, S. 203, 208). — [3] R. Brandes (Ann. Physik Chem. [2] **22** [1831] 255/73, 255). — [4] G. P. Baxter, M. A. Hines (J. Am. Chem. Soc. **28** [1906] 1560/80, 1564, 1571). — [5] A. C. Robertson (J. Am. Chem. Soc. **49** [1927] 1630/42, 1631).

[6] M. Nardin (Mem. Sci. Rev. Met. **67** [1970] 431/7). — [7] J. J. Foster, N. S. Gill (J. Chem. Soc. A **1968** 2625/9). — [8] B. A. J. Lister (J. Appl. Chem. **2** [1952] 280/3). — [9] B. G. Turrell, C. L. Yue (Can. J. Phys. **47** [1969] 2575/81, 2576). — [10] H. Forstat, G. O. Taylor, B. R. King (J. Phys. Soc. Japan **15** [1960] 528).

[11] G. S. Dixon, J. E. Rives (Phys. Rev. [2] **177** [1969] 871/7, 872). — [12] M. A. Lasheen, J. van den Broek, C. J. Gorter (Physica **24** [1958] 1061/75, 1065). — [13] J. E. Rives, V. Benedict (Phys. Rev. [3] B **12** [1975] 1908/19, 1910). — [14] T. A. Reichert, W. F. Giauque (J. Chem. Phys. **50** [1969] 4205/22, 4206). — [15] N. C. Vizia, C. R. K. Murty (Proc. 13th Nucl. Phys. Solid State Phys. Symp., Bombay 1968 [1969], Bd. 3, S. 88/92; C.A. **73** [1970] Nr. 93334).

[16] D. D. Wagman, W. H. Evans, V. B. Parker, I. Halow, S. M. Bailey, R. H. Schumm (Natl. Bur. Std. [U.S.] Tech. Note 270-4 [1969] 1/141, 107/8). — [17] F. D. Rossini, D. D. Wagman, W. H. Evans, S. Levine, I. Jaffe (Natl. Bur. Std. [U.S.] Circ. Nr. 500 [1952] Tabelle 48-2, S. 274). — [18] F. R. Bichowsky, F. D. Rossini (The Thermochemistry of the Chemical Substances, New York 1936, S. 93, 315). — [19] A. Walkley (J. Electrochem. Soc. **94** [1948] 41). — [20] A. Walkley (J. Electrochem. Soc. **93** [1948] 316/23, 319).

5.2.5.2 Kristallographische Eigenschaften

Crystallographic Properties

Polymorphie. Schon Marignac [1, 2] erkennt, daß $MnCl_2 \cdot 4H_2O$ in zwei Modifikationen auftritt. Die α-Form kristallisiert aus neutraler wäßriger Lösung bei Raumtemperatur, während die metastabile β-Form beim Abkühlen übersättigter Lösungen erhalten wird [3, 4]. Die Umwandlung β→α erfolgt langsamer als beim isotypen Bromid (s. S. 276) [3]. $MnCl_2 \cdot 4D_2O$ zeigt die gleichen polymorphen Eigenschaften [5].

Kristallformen, Kristallisation. α-$MnCl_2 \cdot 4H_2O$. Die durch Eindampfen von wäßriger $MnCl_2$-Lösung bei gewöhnlicher Temperatur erhaltenen Kristalle sind nahezu hexagonale Plättchen nach {100} [6 bis 8], s. auch [9, 10]. Die Bildung von Dendriten wird bei der Kristallisation aus wäßriger Lösung unter Zusatz von Gelatine, Agar-Agar, Glycerin oder Alkohol beobachtet [11]. Ältere Angaben über beobachtete Formen s. [12]. Spaltbarkeit ist nicht festgestellt worden [12]. — Zur Wachstumsgeschwindigkeit der Kristalle s. [13, 14]. — Durch die Einwirkung eines Funkens auf die Oberfläche eines Tropfens von übersättigter $MnCl_2$-Lösung entstehen Kristallkeime, deren Anzahl nicht vom Vorzeichen der Entladung abhängt, jedoch von der Übersättigung und Viskosität der Lösung, äußeren Faktoren, wie der Feldstärke, sowie auch von der Anwesenheit von Staub [15].

β-$MnCl_2 \cdot 4H_2O$. Schiefwinklige Oktaeder werden aus übersättigter $MnCl_2$-Lösung bei 0 bis 6°C erhalten [2], ferner große, durchscheinende Plättchen [3], s. auch [16]. — Zur Kristallisation aus schwach saurer Lösung in Gegenwart von $FeCl_2$ s. [17].

Kristallstruktur. α-$MnCl_2 \cdot 4H_2O$ kristallisiert monoklin. Bei der Aufstellung $P2_1/n$ der Raumgruppe $P2_1/c$-C_{2h}^5 (Nr. 14) werden röntgenographisch folgende Gitterkonstanten bestimmt (RT = Raumtemperatur):

a in Å	b in Å	c in Å	β	Temp.	Lit.
11.186 ± 0.006	9.513 ± 0.005	6.186 ± 0.002	99.74° ± 0.04°	RT	[7]
11.194 ± 0.001	9.527 ± 0.002	6.202 ± 0.001	99.75° ± 0.01°	25°C	[18]
11.3	9.55	6.15	99°38′	RT	[6]

Die Werte von Delain [6] sind von der ursprünglich gewählten Aufstellung $P2_1/a$ in die Aufstellung $P2_1/n$ transformiert [7, 19], s. auch [20]. Tabelle der d-Werte s. Original [18]. Z = 4 [6, 7]. Alle Atome besetzen die allgemeine Punktlage mit folgenden röntgenographisch bestimmten Parametern (R = 3.9%) [7]:

Crystallographic Properties of $MnCl_2 \cdot 4H_2O$

Atom	x	y	z
Mn	0.2329 (1)	0.1714 (1)	0.9865 (1)
Cl (1)	0.0610 (1)	0.3076 (1)	0.0938 (2)
Cl (2)	0.3817 (1)	0.3662 (1)	0.0355 (2)
O (1)	0.3010 (4)	0.1127 (5)	0.3334 (6)
O (2)	0.1568 (4)	0.2280 (5)	0.6446 (7)
O (3)	0.1323 (5)	0.9736 (6)	0.9590 (11)
O (4)	0.3695 (4)	0.0381 (5)	0.8761 (7)

Sie stimmen mit späteren, aus Neutronenbeugungsuntersuchungen (R = 6.5%) gut überein. Die anisotropen Temperaturfaktoren zeigen dagegen stärkere Abweichungen (Werte s. Original) [8]. Die Lagen der H-Atome sind bei der Röntgenstrukturanalyse [7] durch einen Fehler während der Berechnung verfälscht [26]. Die Werte aus der Neutronenbeugungsuntersuchung stimmen mit den nach einem elektrostatischen Modell berechneten [26] gut überein [8], Tabelle der Parameter s. Originale [8, 21, 26].

Wie **Fig. 8** zeigt, besteht die Struktur aus diskreten, nahezu unverzerrten Oktaedern, deren Ecken mit zwei Cl-Atomen in cis-Stellung und vier H_2O besetzt sind. Die vier Mn-O-Abstände sind nahezu gleich und betragen im Mittel 2.206 Å; die beiden Mn-Cl-Abstände sind im Mittel 2.488 Å [7]. Die Werte stimmen gut mit denen aus der Neutronenbeugungsuntersuchung überein, lediglich der Mn-O (2)-Abstand ist mit 2.218 Å etwas länger als bei der Röntgenuntersuchung (2.209 Å) [8]. Weitere Abstände und Winkel s. Originale [7, 8]. — Die H-Atome bilden Brückenbindungen unterschiedlicher Stärke: vier H-Atome zu je einem Cl-Atom und zwei H-Atome zu je einem O-Atom. Dagegen sind zwei H-Atome (schwächer) gleichzeitig an zwei Cl-Atome gebunden, Abstände und Winkel s. Originale [8, 21, 26]. Die Neutronenbeugungsanalyse ergibt für den H-O-H-Winkel 104.3°, 106.1°, 111.4° und 112.4° in den vier verschiedenen H_2O-Molekülen [8].

β-$MnCl_2 \cdot 4H_2O$ kristallisiert ebenfalls monoklin. Es soll mit $FeCl_2 \cdot 4H_2O$ [23] isotyp sein [24], hätte dann also eine trans-Konfiguration der Cl-Atome um das Mn-Atom, s. auch [5, 7].

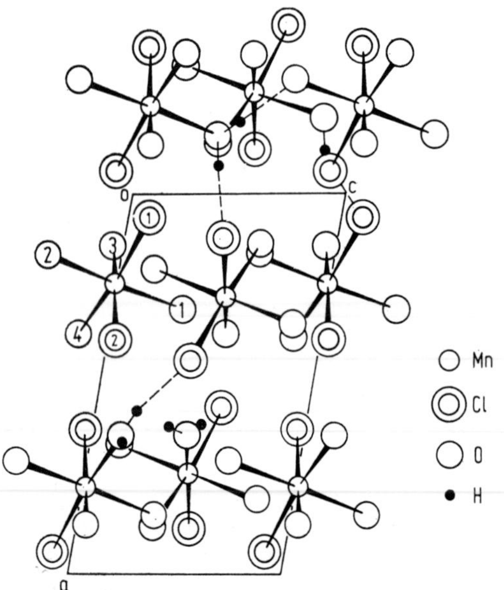

Fig. 8

Kristallstruktur von α-$MnCl_2 \cdot 4H_2O$ mit einigen ausgewählten H-Brückenbindungen.

Bindung. Zur K-Absorptionskante von Röntgenstrahlen und Vergleich mit Untersuchungen an Mn-Metall, Mn^{2+} in Lösung und anderen Mn^{II}-Verbindungen s. „Mangan" B, S. 165. Da das Tetrahydrat hauptsächlich kovalente Bindung besitzt, werden Übergänge zu niedrigen Hybridzuständen, die etwas p-Anteil enthalten, beobachtet [22]. *Chemical Bonding*

Gitterenergie U = 452.7 kcal/mol, berechnet aus den Bildungsenthalpien der gasförmigen Ionen und derjenigen der festen Verbindung [25]. *Lattice Energy*

Literatur:

[1] C. Marignac (Mem. Soc. Phys. Hist. Nat. Geneve **14** [1855] 201/88, 215). — [2] C. Marignac (Ann. Mines [5] **12** [1857] 1/74, 5). — [3] P. I. Kuznetsov [Kusnetzoff] (Zh. Russ. Fiz. Khim. Obshchestva [J. Russ. Phys. Chem. Soc.] **41** [1909] 353/67, 364; Ann. Chim. Phys. [8] **18** [1909] 214/22, 220). — [4] J. Süss (Z. Krist. **51** [1913] 248/68, 250). — [5] D. Oelkrug, A. Wölpl (Ber. Bunsenges. Physik. Chem. **76** [1972] 1088/92).

[6] C. Delain (Compt. Rend. **238** [1954] 1245/6). — [7] A. Zalkin, J. D. Forrester, D. H. Templeton (Inorg. Chem. **3** [1964] 529/33). — [8] Z. M. el Saffar, G. M. Brown (Acta Cryst. B **27** [1971] 66/73). — [9] O. Lehmann (Z. Krist. **8** [1884] 433/54, 442). — [10] R. Brandes (Ann. Physik Chem. [2] **22** [1831] 255/73, 255).

[11] Yu. Ya. Til'mans (Dokl. Akad. Nauk SSSR [2] **78** [1951] 83/6). — [12] P. Groth (Chemische Krystallographie, Bd. 1, Leipzig 1906, S. 237, 244/5). — [13] T. G. Petrov, E. B. Treivus (Kristallografiya **5** [1960] 452/8; Soviet Phys.-Cryst. **5** [1960] 429/34). — [14] R. P. Rastogi, A. C. Chatterji (J. Phys. Chem. **59** [1955] 1/3). — [15] M. I. Kozlovskii (Rost Kristallov Akad. Nauk SSSR Inst. Kristallogr. **4** [1964] 27/31; Growth Crystals [USSR] **4** [1964] 20/3).

[16] V. C. Buțureanu (Ann. Sci. Univ. Jassy **7** [1912] 179/82; C. **1912** II 904). — [17] T. Rigg (Advan. Extr. Met. Refining Proc. Intern. Symp., London 1971 [1972], S. 153/68, 154). — [18] H. E. Swanson, H. F. McMurdie, M. C. Morris, E. H. Evans, B. Paretzkin (Natl. Bur. Std. [U.S.] Monograph Nr. 25, Tl. 9 [1971] 1/126, 28). — [19] J. D. H. Donnay, H. M. Ondik (Crystal Data, Determinative Tables, 3. Aufl., Bd. 2, Inorganic Compounds, Washington, D.C., 1973, S. M-110). — [20] A. C. Tobi, C. H. MacGillavry (in: H. M. Gijsman, Thesis Leiden 1958, S. 43/5).

[21] Z. M. el Saffar (J. Chem. Phys. **52** [1970] 4097/9). — [22] H. Hanson, W. W. Beeman (Phys. Rev. [2] **76** [1949] 118/21). — [23] B. R. Penfold, J. A. Grigor (Acta Cryst. **12** [1959] 850/4). — [24] H. M. Dawson, P. Williams (Z. Physik. Chem. **31** [1899] 59/68). — [25] Ya. A. Ugai (Tr. Voronezhsk. Univ. **42** Nr. 2 [1956] 35/6; C.A. **1959** 13722).

[26] W. H. Baur (Inorg. Chem. **4** [1965] 1840/1).

5.2.5.3 Mechanische und thermische Eigenschaften

Mechanical and Thermal Properties

5.2.5.3.1 Dichte D in g/cm³, thermische Ausdehnung α

Density. Thermal Expansion

Die von Boedeker [1] bei 10°C gemessene Dichte D = 2.0146 wurde abgerundet (2.01) in die üblichen Tabellenwerke übernommen. Diesem Wert entspricht das Molvolumen V = 98.46 cm³/mol, das Balandin [2] auf 98.5 abrundet. Das von Gapon [3] angegebene Molvolumen 103.4 cm³/mol beruht auf dem von Schröder [7] gemessenen Wert D = 1.913.

Aus den Gitterkonstanten (s. S. 35) berechnen Zalkin u.a. [4] für Raumtemperatur D = 2.03. Eine Neubestimmung der Gitterkonstanten bei 25°C führt zu D = 2.016 [5] und V = 98.17 cm³/mol.

Die thermische Ausdehnung wurde an einem würfelförmigen Einkristall zwischen 0.4 und 4.2 K gemessen. Dicht unterhalb der Néel-Temperatur $T_N = 1.623$ K gilt für jeden der drei linearen Ausdehnungskoeffizienten (stets in $10^{-6}\,K^{-1}$) $\alpha = A + B \cdot \ln(1 - T/T_N)$, oberhalb T_N dagegen $\alpha = A' + B'(T/T_N - 1)^{-p}$; Werte für die Parameter:

Thermal Expansion of $MnCl_2 \cdot 4H_2O$

Ausdehnungsrichtung	A	B	A'	B'	p
a-Achse	−6.60	9.86	1.36	−2.09	0.30
b-Achse	8.03	−21.4	−0.797	3.68	0.30
c'-Achse	1.61	− 4.82	−0.0440	0.792	0.30

Mit c' ist die Richtung senkrecht zur ab-Ebene bezeichnet. In a-Richtung ist α durchweg negativ. Zwischen 0.5 und 1.4 K nehmen $-\alpha_a$, α_b und $\alpha_{c'}$ von 2.2 auf 13.5, von 3.8 auf 25.3 bzw. von 1.1 auf 5.85 zu; zwischen 1.8 und 4.0 K nimmt $-\alpha_a$ von 2.37 auf 0.10, α_b von 5.6 auf 0.6, $\alpha_{c'}$ von 1.27 auf 0.10 ab. Die hieraus resultierende Temperaturabhängigkeit des kubischen Ausdehnungskoeffizienten (durchweg >0) wird graphisch dargestellt [6].

Literatur:

[1] C. Boedeker (Die Beziehungen zwischen Dichte und Zusammensetzung bei festen und liquiden Stoffen, Leipzig 1860, S. 8, 80). — [2] A. Balandin (Z. Physik. Chem. **121** [1926] 299/306, 303). — [3] E.-N. Gapon (J. Chim. Phys. **25** [1928] 154/6). — [4] A. Zalkin, J. D. Forrester, D. H. Templeton (Inorg. Chem. **3** [1964] 529/33). — [5] H. E. Swanson, H. F. McMurdie, M. C. Morris, E. H. Evans, B. Paretzkin (Natl. Bur. Std. [U.S.] Monograph Nr. 25, Tl. 9 [1971] 28/9).

[6] J. W. Philp, R. Gonano, E. D. Adams (Phys. Rev. [2] **188** [1969] 973/81), R. Gonano, J. W. Philp, E. D. Adams (J. Appl. Phys. **39** [1968] 710/1). — [7] H. G. F. Schröder (Dichtigkeitsmessungen, Heidelberg 1873).

Thermodynamic Functions

5.2.5.3.2 Thermodynamische Funktionen

Enthalpie H, Wärmekapazität C_p, Entropie S. — Kalorimetrische Messungen sind unterhalb 4.2 K von zahlreichen Autoren ausgeführt worden, bei höheren Temperaturen nur einmal zwischen 14.5 und 22 K [1].

Das bei 1.62 K auftretende Maximum von C_p ist schon bei den ersten Messungen [1] mit dem Übergang zwischen dem antiferromagnetischen und dem paramagnetischen Zustand („AF-P"-Übergang) erklärt worden. So wurde es bei Messungen bis 1.17 K [2] bzw. bis 0.9 K [3] bestätigt. Von Miedema u.a. [4] wurde der Meßbereich bis 0.15 K ausgedehnt, um den Kernanteil C_n der Wärmekapazität zu ermitteln; danach ist unterhalb 0.3 K $C_p \cdot T^2 \approx C_n \cdot T^2 = 0.026$ J · K/mol.

Messungen an einem Einkristall führten zu folgenden ausgeglichenen Werten für H in cal/mol, C_p und S in cal · mol^{-1} · K^{-1} [5]:

T in K	0.3	0.6	1.0	1.6	1.62	1.63	2.0	3.0	4.2
$H - H_{ref}$	−0.859	−0.676	−0.007	2.329	2.513	2.557	2.943	3.304	3.495
C_p	0.193	1.063	2.307	7.73	14.09	2.728	0.622	0.222	0.120
S	−0.013	0.374	1.202	2.958	3.073	3.101	3.319	3.471	3.525

Die Temperatur, bei der $H = H_{ref}$ ist, wurde so gewählt, daß der Wert für C_p bei 1.7 K (1.340) mit einem früher [6] erhaltenen übereinstimmt. Das Maximum von C_p liegt bei $T_N \approx T_{max} = 1.621$ K [5]. Ergänzende Messungen [7] ergeben einen Anstieg auf $C_p = 12.8$ bei 1.6197 K und $C_p = 1.424$ bei 1.7008 K.

In unmittelbarer Nähe der magnetischen Umwandlung wird bei C_p-Messungen die Differenz $\Delta T = T_N - T_{max}$ ermittelt [8]. Eine korrigierte Auswertung der Ergebnisse führt zu $\Delta T = 2 \times 10^{-4}$ K [9]. Von Guttmann [10] wird eine neue Methode zur Ermittlung der Parameter in der Gleichung $C/R = B + A \cdot (T/T_{max} - 1)^{-\alpha}$ entwickelt; danach ergeben sich mit den vorliegenden Meßdaten [8] für den Bereich $T > T_{max}$ die Werte $A = 1.9 \pm 0.6$, $B = -2.0 \pm 0.6$, $\alpha = 0.12 \pm 0.03$ und die Differenz $\Delta T = (6 \pm 1) \times 10^{-4}$ K.

Ein äußeres Magnetfeld H bewirkt eine Verringerung von T_{max}, wie zuerst bei H = 2.84, 7.61 und 10.48 kOe an einer pulverförmigen Probe festgestellt wurde [3]. An einem Einkristall wurde die Verschiebung von T_{max} zunächst in Feldern gemessen, die parallel zur c-Achse gerichtet waren [11].

Gleichzeitig wurde an ebenso orientierten Einkristallen bei Feldstärken zwischen 5 und 10 kOe der Übergang in den Spin-Flop-Zustand (SF, s. S. 43) untersucht. Die Ergebnisse schienen den bei magnetischen Messungen erhaltenen Befund, daß die Vorzugsrichtung parallel zur c-Achse liegt, zu bestätigen [12], während sie nach neueren Messungen [13] um 7° gegen die c-Achse geneigt ist, s. S. 45. Die Messungen in ||c gerichteten Feldern wurden im Bereich bis 6 kOe von Reichert u.a. [14], im Bereich bis 90 kOe von Giauque u.a. [7] wiederholt, um die Lage der Grenzen der Stabilitätsbereiche im H-T-Diagramm zu prüfen, die zuvor in gerichteten Feldern ||b [6] und ⊥bc-Ebene [5] ermittelt war. Von den dabei erhaltenen Grenzkurven sind jedoch diejenigen, bei denen das äußere Feld weder genau parallel noch genau senkrecht zur Vorzugsrichtung orientiert war, nicht korrekt. Die daraus abgeleiteten thermodynamischen Größen lassen daher über die Art der Umwandlung keine sicheren Schlüsse zu. In den ||b orientierten Feldern wurde eine Abnahme von T_{max} auf 1.091 K bei 18 kOe und 0.698 K bei 22 kOe gefunden; außerdem wurde C_p bei H = 25, 40, 65 und 90 kOe gemessen; Ergebnisse s. im Original [6].

Unter Berücksichtigung der tatsächlichen Vorzugsrichtung ist das H-T-Diagramm von Rives und Benedict [15] durch magnetische Messungen geklärt worden. Danach ist der AF-SF-Übergang jedenfalls unterhalb 0.6 K eine Phasenumwandlung erster Ordnung; weitere Einzelheiten s. S. 43.

Oberhalb 14 K wurde in zwei Meßreihen ein Anstieg von C_p von 4.66 bzw. 4.45 $J \cdot mol^{-1} \cdot K^{-1}$ bei 14.53 bzw. 14.54 K auf 13.2 bzw. 12.9 $J \cdot mol^{-1} \cdot K^{-1}$ bei 21.40 bzw. 21.39 K gemessen [1].

Über 22 K hinaus ist C_p nicht gemessen worden. Zur Bestimmung der Standardentropie reichen die Meßdaten also nicht aus [16]. Von Wagman u.a. [17] wird der (offenbar geschätzte) Wert $S^\circ_{298} = 72.5\ cal \cdot mol^{-1} \cdot K^{-1}$ angegeben. Eine indirekte Berechnung ergibt $S^\circ_{298} = 54.4\ cal \cdot mol^{-1} \cdot K^{-1}$ [18].

Literatur:

[1] S. A. Friedberg, J. D. Wasscher (Physica **19** [1953] 1072/8); vgl. hierzu J. A. Hofmann, A. Paskin, K. J. Tauer, R. J. Weiss (Phys. Chem. Solids **1** [1956/57] 45/60, 55) und M. A. Lasheen, J. van den Broek, C. J. Gorter (Physica **24** [1958] 1076/84). — [2] H. Forstat, G. O. Taylor, B. R. King (J. Phys. Soc. Japan **15** [1960] 528). — [3] W. H. M. Voorhoeve, Z. Dokoupil (Physica **27** [1961] 777/82). — [4] A. R. Miedema, R. F. Wielinga, W. J. Huiskamp (Physica **31** [1965] 835/44). — [5] W. F. Giauque, E. W. Hornung, G. E. Brodale, R. A. Fisher (J. Chem. Phys. **52** [1970] 3936/52).

[6] W. F. Giauque, R. A. Fisher, G. E. Brodale, E. W. Hornung (J. Chem. Phys. **52** [1970] 2901/18). — [7] W. F. Giauque, R. A. Fisher, E. W. Hornung, G. E. Brodale (J. Chem. Phys. **53** [1970] 1474/90). — [8] G. S. Dixon, J. E. Rives (Phys. Rev. [2] **177** [1969] 871/7); vgl. auch G. S. Dixon (Diss. Univ. of Georgia 1967, 43 S. nach Diss. Abstr. B **28** [1967] 2582). — [9] J. J. White, J. E. Rives (Phys. Rev. [3] B **6** [1972] 4352/6). — [10] A. J. Guttmann (J. Phys. C **8** [1975] 4037/50, 4051/61).

[11] T. A. Reichert, W. F. Giauque (J. Chem. Phys. **50** [1969] 4205/22, **52** [1970] 476). — [12] J. N. McElearney, H. Forstat, P. T. Bailey (Phys. Rev. [2] **181** [1969] 887/95, 891). — [13] R. F. Altman, S. Spooner, J. E. Rives, D. P. Landau (Phys. Rev. [3] B **11** [1975] 458/61). — [14] T. A. Reichert, R. A. Butera, E. J. Schiller (Phys. Rev. [3] B **1** [1970] 4446/55). — [15] J. E. Rives, V. Benedict (Phys. Rev. [3] B **12** [1975] 1908/19).

[16] K. K. Kelley, E. G. King (U.S. Bur. Mines Bull. Nr. 592 [1961] 63). — [17] D. D. Wagman, W. H. Evans, V. B. Parker, I. Halow, S. M. Bailey, R. H. Schumm (Natl. Bur. Std. [U.S.] Tech. Note 270-4 [1969] 1/141, 108). — [18] M. V. Ionin, A. E. Ezheleva (Tr. po Khim. i Khim. Tekhnol. **1969** Nr. 1, S. 12/3; C.A. **73** [1970] Nr. 7960).

5.2.5.3.3 Wärmeleitfähigkeit λ

Thermal Conductivity

Zwecks Klärung der Frage, ob Magnonen am Wärmetransport beteiligt sind, wurde λ in Feldern bis 40 kOe bei 0.45 K sowie oberhalb der Néel-Temperatur (wo kein Einfluß des Magnetfelds festgestellt wurde) gemessen [1]. Eine qualitative Deutung der Ergebnisse wird zwar von Rives [2] gegeben, jedoch brachten auch weitere Messungen der Temperaturabhängigkeit von λ ohne Feld und bei H = 40 kOe [3] noch keine sichere Entscheidung, möglicherweise deswegen, weil der

Thermal Conductivity of $MnCl_2 \cdot 4H_2O$

Wärmestrom und das Magnetfeld senkrecht zur ab-Ebene gerichtet waren und die Vorzugsrichtung (wie erst nach Veröffentlichung der hier zitierten Arbeiten bekannt wurde, s. S. 45) um einige Grad davon abweicht. Von Metcalfe [4] wurde λ zwischen 0.1 und 0.4 K längs der c-Achse in longitudinalen Feldern bis 30 kOe gemessen, wobei Maxima bei den Feldstärken beobachtet wurden, bei denen der AF-SF- und der SF-P-Übergang (s. S. 42) stattfinden. Ähnliche Messungen wurden in Feldern bis 40 kOe auch zwischen 0.33 und 1.39 K ausgeführt, jedoch war eine befriedigende Deutung der Feldabhängigkeit von λ nicht zu erreichen. Ein eindeutiger Nachweis für einen Magnonenbeitrag zu λ wurde jedenfalls nicht erbracht [5].

Literatur:

[1] J. E. Rives, D. Walton (Phys. Letters A **27** [1968] 609/10). — [2] J. E. Rives (Phys. Letters A **36** [1971] 327/8). — [3] J. E. Rives, D. Walton, G. S. Dixon (J. Appl. Phys. **41** [1970] 1435/6); vgl. auch J. E. Rives, G. S. Dixon, D. Walton (J. Appl. Phys. **40** [1969] 1555/6). — [4] M. J. Metcalfe (Phys. Letters A **36** [1971] 373/5). — [5] V. Benedict (Diss. Univ. of Georgia, Athens, Ga., 1973, S. 65/70; Diss. Abstr. Intern. B **34** [1974] 4580).

Magnetic and Electrical Properties

5.2.5.4 Magnetische und elektrische Eigenschaften

Magnetic Susceptibility

5.2.5.4.1 Suszeptibilität χ

Bei älteren, in äußeren Magnetfeldern durchgeführten Messungen wird meistens die c-Achse als magnetische Vorzugsrichtung angesehen. Erst bei neueren Untersuchungen der magnetischen Struktur finden Altman u.a. [1], daß diese Richtung durch die c′-Achse gegeben ist, die um 7° von der c-Achse abweicht.

Messungen an einem Einkristall in Richtung der c-Achse und senkrecht dazu (b-Achse) unterhalb 20 K ergeben bei Feldstärken bis zu 4.5 kOe und bei einer Frequenz $\nu = 227$ Hz die in **Fig. 9** dargestellten Kurven für $H_c = 0$, die qualitativ mit der theoretischen, auf der Grundlage eines Molekularfeldmodells erhaltenen Kurve übereinstimmen (da χ in willkürlichen Einheiten gemessen wurde, ist die graphische Wiedergabe in der Form χ/C geeignet (C = Curie-Konstante), die die Dimension T^{-1} hat). Oberhalb der Néel-Temperatur $T_N = 1.62$ K sind die Werte in beiden Richtungen gleich und gehorchen dem Curie-Weiss-Gesetz. Mit zunehmender Feldstärke wird das Maximum steiler und verschiebt sich zu niedrigeren Temperaturen [2].

Fig. 9

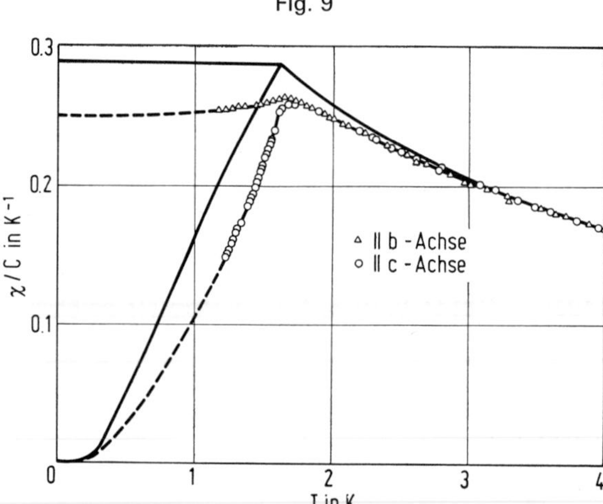

Temperaturabhängigkeit der Suszeptibilität χ (dividiert durch die Curie-Konstante C) eines $MnCl_2 \cdot 4H_2O$-Einkristalls.

Auch die an pulverförmigen Proben gemessenen Werte stimmen im paramagnetischen Zustand mit den obigen Ergebnissen überein und gehorchen ebenfalls dem Curie-Weiss-Gesetz. Die Werte unterhalb T_N setzen sich zusammen aus einem Drittel des Wertes für die Vorzugsrichtung c plus zwei Drittel des Wertes für die dazu senkrechten Richtungen [3]. Ein Vergleich der experimentellen Ergebnisse von Lasheen u.a. [2, 3] mit den nach dem Molekularfeldmodell berechneten Werten s. bei van den Broek, Gorter [4]. Die von Lasheen u.a. [2] erhaltenen Werte für χ in Richtung der c-Achse werden im Bereich von T_N gut durch ein Modell des raumzentrierten kubischen Ising-Gitters beschrieben [5].

Zwischen 1 und 290 K entlang der b- und der c-Achse sowie in Richtung senkrecht zur bc-Ebene (χ_3) gemessene Werte [6]:

T in K	1.02	1.66	4.23	14.99	15.42	17.85	20.42	67.48	77.75	290
$\chi_b \cdot 10^4$	55.0	56.0	33.6	—	12.54	10.93	9.82	3.17	2.79	0.77
$\chi_c \cdot 10^4$	63.5*) / 20.0**)	58.6	35.4	13.35	13.24	11.44	10.14	3.23	2.83	0.77
$\chi_3 \cdot 10^4$	55.0	56.0	33.6	13.30	—	—	10.03	—	—	—

*) Für $H > H_{SF}$ (H_{SF} = Spin-Flop-Feld, s. S. 43). — **) Für $(\partial\sigma/\partial H)_{H=0}$ (σ = Magnetisierung).

Zur Bestimmung des magnetischen Phasendiagramms wird die differentielle Suszeptibilität als Funktion der Feldstärke H in Richtung der magnetischen Vorzugsachse im Bereich bis 30 kOe unterhalb T_N von van Duyneveldt u.a. [7] gemessen, im Bereich bis 24 kOe zwischen 0.3 und 1.6 K von Rives, Benedict [8].

Literatur:

[1] R. F. Altman, S. Spooner, D. P. Landau, J. E. Rives (Phys. Rev. [3] B **11** [1975] 458/61). — [2] M. A. Lasheen, J. van den Broek, C. J. Gorter (Physica **24** [1958] 1061/75). [3] M. A. Lasheen, J. van den Broek, C. J. Gorter (Physica **24** [1958] 1076/84). — [4] J. van den Broek, C. J. Gorter (Physica **26** [1960] 638/46). — [5] M. E. Fisher, M. F. Sykes (Physica **28** [1962] 939/56, 952).

[6] H. M. Gijsman, N. J. Poulis, J. van den Handel (Physica **25** [1959] 954/68). — [7] A. J. van Duyneveldt, J. Soeteman, L. J. de Jongh (J. Phys. Chem. Solids **36** [1975] 481/4), A. J. van Duyneveldt, J. Soeteman, A. van der Bilt, L. J. de Jongh (Colloq. Intern. Centre Natl. Rech. Sci. [Paris] Nr. 242 [1975] 271/5), H. A. Groenendijk, A. J. van Duyneveldt (Physica BC **86/88** [1977] 1265/6). — [8] J. E. Rives, V. Benedict (Phys. Rev. [3] B **12** [1975] 1908/19), J. E. Rives (Phys. Rev. [2] **162** [1967] 491/6).

5.2.5.4.2 Magnetisierung M

Magnetization

Die Feldabhängigkeit der Magnetisierungsintensität bei 0.477, 1.292 und 2.002 K ist nach Messungen an einem kugelförmigen Einkristall mit dem Magnetfeld H entlang der c-Achse in **Fig. 10**, S. 42, dargestellt (Sättigungswert: M_s = 28076 G · cm³/mol). Für die Temperaturabhängigkeit von M bei konstanten Feldstärken zwischen 0.5 und 90 kOe werden die Kurven in **Fig. 11**, S. 42, erhalten [1]. Die graphische Wiedergabe der Temperaturabhängigkeit von M bei konstanten Magnetfeldern von 3, 5 und 6 kOe (|| c-Achse) in der Nähe der Néel-Temperatur T_N läßt deutlich eine Diskontinuität bei dieser Umwandlung erkennen [2]. Bei entsprechenden Untersuchungen finden Gijsman u.a. [3], daß sich das Maximum in den Magnetisierungskurven bei T_N mit zunehmender Feldstärke (1.7 bis 17.1 kOe) zu niedrigeren Temperaturen verschiebt, immer flacher wird und oberhalb von etwa 12 kOe verschwindet. Der bei 1.02 K beobachtete plötzliche Anstieg von M als Funktion von H bei etwa 7 kOe zeigt das Auftreten des Spin-Flop-Feldes an (Umwandlung erster Ordnung), während aus dem Kurvenverlauf bei 1.40 K (schwacher Anstieg, Knick bei etwa 7 kOe) auf eine Umwandlung zweiter Ordnung vom antiferromagnetischen zum paramagnetischen Zustand zu schließen ist [3]. Aus Messungen der adiabatischen Änderung der Magnetisierung (H || c-Achse) bei verschiedenen Entropiewerten bestimmen Giauque u.a. [4] die Phasengrenze zwischen dem antiferromagnetischen und dem Spin-Flop-Zustand.

Magnetization of $MnCl_2 \cdot 4H_2O$

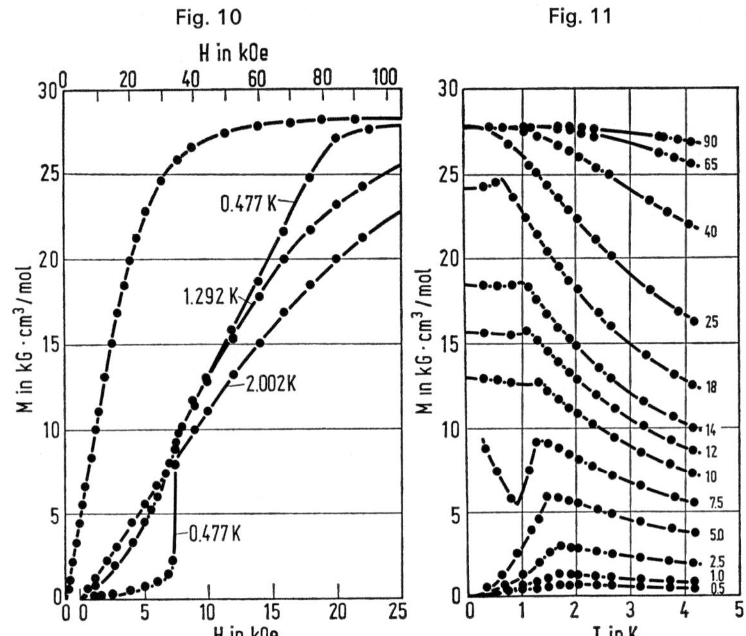

Magnetisierung von $MnCl_2 \cdot 4H_2O$ als Funktion der Feldstärke bei verschiedenen Temperaturen (links) und als Funktion der Temperatur bei verschiedenen Feldstärken (in kOe) (rechts).

Die zwischen 0.3 und 4.2 K in Feldern parallel zur b-Achse erhaltenen Kurven haben bei H = 40, 65 und 90 kOe einen ähnlichen Verlauf wie für H || c-Achse und nähern sich dem Sättigungswert $M_s = 27974$ G · cm³/mol. Unterhalb 18 kOe tritt bei T_N ein flaches Maximum auf, das mit abnehmender Feldstärke immer schwächer wird und bei 1 kOe verschwindet [5]; vgl. auch die Kurven für M als Funktion von T bei konstantem H entlang der b-Achse von Gijsman u.a. [3].

Die für Magnetfelder entlang der a-Achse erhaltenen Ergebnisse sind denen bei H || b-Achse sehr ähnlich, doch zeigt sich unterhalb 14 kOe eine beträchtliche Zunahme in der Irreversibilität. Die zwischen 0.3 und 4.2 K gemessenen Magnetisierungsintensitäten erreichen bei 65 und 90 kOe (0.46 K) den magnetischen Sättigungswert $M_s = 27999$ G · cm³/mol [6].

Literatur:

[1] T. A. Reichert, W. F. Giauque (J. Chem. Phys. **50** [1969] 4205/22, 4208). — [2] T. A. Reichert, R. A. Butera, E. J. Schiller (Phys. Rev. [3] B **1** [1970] 4446/55), E. J. Schiller (Diss. Univ. of Pittsburgh 1971; Diss. Abstr. Intern. B **32** [1972] 6959). — [3] H. M. Gijsman, N. J. Poulis, J. van den Handel (Physica **25** [1959] 954/68, 957). — [4] W. F. Giauque, R. A. Fisher, E. W. Hornung, G. E. Brodale (J. Chem. Phys. **53** [1970] 1474/90, 1486). — [5] W. F. Giauque, R. A. Fisher, G. E. Brodale, E. W. Hornung (J. Chem. Phys. **52** [1970] 2901/18, 2907).

[6] W. F. Giauque, E. W. Hornung, G. E. Brodale, R. A. Fisher (J. Chem. Phys. **52** [1970] 3936/52, 3940).

Magnetic Transformations

5.2.5.4.3 Magnetische Umwandlungen

Néel Temperature

Néel-Temperatur T_N. Die nach unterschiedlichen Methoden bestimmten Werte liegen fast alle in der Nähe von 1.62 K. Aus der Temperaturabhängigkeit der Wärmekapazität abgeleitete Werte: $T_N = 1.622 \pm 0.001$ K [1], 1.622 ± 0.005 K [2], 1.620 ± 0.002 K [3] und etwas tiefer $T_N = 1.60 \pm 0.01$ K

[4]. Das Maximum der Kurve für die Temperaturabhängigkeit der Suszeptibilität χ wird bei 1.62 K [5] oder 1.612 K [6] gefunden. Aus der Protonenresonanz (Minimum der Oszillatorfrequenz) erhalten Legrand u.a. [7] $T_N = 1.618$ K und Turrell u.a. [8] $T_N = 1.626 \pm 0.002$ K bzw. nach einer 96%igen Deuterierung des Kristalls 1.588 ± 0.002 K. Später wird aus der λ-Anomalie von χ (indirekte Bestimmung aus dem Maximum des Temperaturkoeffizienten der Radiofrequenz) $T_N = 1.611 \pm 0.003$ K für das Hydrat und 1.542 ± 0.002 K für das Deuterat erhalten [9].

Spin Flop

Spin-Flop. In Magnetfeldern, die parallel zur magnetischen Vorzugsrichtung orientiert sind, erfolgt unterhalb etwa 1.25 K eine Umwandlung vom antiferromagnetischen (AF) in den Spin-Flop (SF)-Zustand, wenn H die Stärke des Spin-Flop-Feldes H_{SF} (etwa 7.5 kOe) erreicht; weitere Erhöhung von H führt zur Umwandlung in den paramagnetischen Zustand. Für die AF-SF-Umwandlung wird auf Grund thermodynamischer Überlegungen angenommen, daß sie erster Ordnung ist, aber nur dann, wenn der Winkel ψ zwischen H und der Vorzugsrichtung unterhalb eines kritischen Grenzwerts ψ_{max} bleibt. Wird dieser überschritten, so drehen sich die Spins bei zunehmendem Feld nur allmählich in ihre neuen Gleichgewichtslagen. Für ein einfaches Modell mit zwei Untergittern und mit einachsiger Anisotropie ist ψ_{max} nach Rohrer, Thomas [10] bei T = 0 K durch die Beziehung $\psi_{max} = H_A/2H_E$ (H_A und H_E = Anisotropie- bzw. Austauschfeld) gegeben, nach der sich für $MnCl_2 \cdot 4H_2O$ $\psi_{max} = 6.5°$ ergibt [11]. Bei adiabatischen Untersuchungen [15, 16] in Feldern $\parallel$c (also bei $\psi \approx 7°$) wird daher nicht die scharfe Umwandlung erster Ordnung beobachtet, sondern ein kontinuierlicher Umwandlungsprozeß. Bei 0.297 K und verschiedenen Feldstärken durchgeführte Messungen zeigen bei 7.040 kOe ein starkes Maximum der differentiellen Suszeptibilität; bei dieser Feldstärke ($H_{SF} = 7.065$ kOe, auf 0 K extrapolierter Wert) steigt die Magnetisierung infolge der AF-SF-Umwandlung stark an. Wie weitere, zur Klärung der Beschaffenheit dieser Umwandlung durchgeführte Messungen bei etwas höheren Temperaturen zeigen, ändert sich der Verlauf der Kurven, die die Suszeptibilität und Magnetisierung als Funktion des inneren Feldes darstellen, deutlich zwischen 0.372 und 0.426 K. Dicht oberhalb 0.4 K ist demnach die Umwandlung nicht mehr von erster Ordnung, vermutlich deswegen, weil der kritische Winkel ψ_{max} von seinem Maximalwert (etwa 6.5°) auf etwa 2° bei 0.4 K abnimmt [12]. — Aus der Änderung der Wärmeleitfähigkeit in Magnetfeldern parallel zur c-Achse bei 0.13 K ergibt sich $H_{SF} = 7.1$ kOe [13]. Aus der Suszeptibilität in Wechselfeldern und aus der Ausrichtung der Kernmomente wird übereinstimmend geschlossen, daß H_{SF} zwischen 1.115 ± 0.01 und 0.06 ± 0.01 K von 7.63 auf 7.21 kOe abnimmt [14].

Magnetic Phase Diagram

Magnetisches Phasendiagramm. Die Werte für das kritische innere Magnetfeld H_i, die sich aus Messungen der Temperaturabhängigkeit der Suszeptibilität in der Nähe der Phasenumwandlungen ergeben, sind als Funktion der Temperatur in **Fig. 12** dargestellt. Die Phasengrenzen, die den antiferromagnetischen vom Spin-Flop- und vom paramagnetischen Zustand trennen, werden nur in Feldern erhalten, die parallel zur Vorzugsrichtung orientiert sind. In Feldern parallel zur a- und b-Achse geht $MnCl_2 \cdot 4H_2O$ vom antiferromagnetischen direkt in den paramagnetischen Zustand über [12]. Nur geringfügige Abweichungen davon zeigen die Phasendiagramme, bei denen die c-Achse als Vorzugsrichtung angenommen wurde. Ein derartiges Diagramm wurde von Soeteman u.a. [17] aus Messungen der adiabatischen Suszeptibilität $\chi_{ad} = (c_M/c_H) \cdot \chi_0$ erhalten (wobei c_M

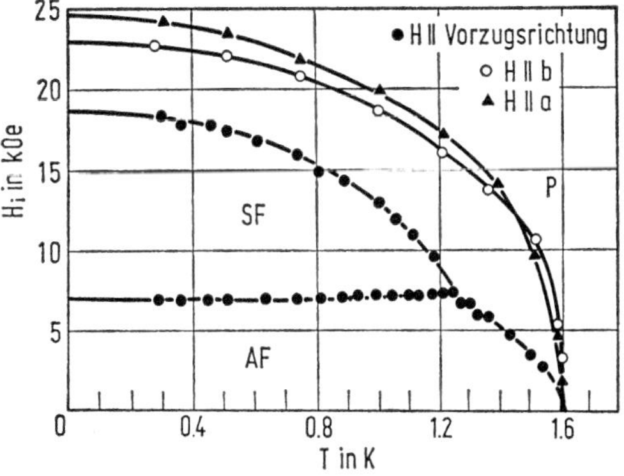

Fig. 12

Magnetisches Phasendiagramm von $MnCl_2 \cdot 4H_2O$ mit den Stabilitätsbereichen der antiferromagnetischen (AF) und der Spin-Flop-Ordnung (SF) sowie dem paramagnetischen Bereich (P).

Magnetic Phase Diagram of $MnCl_2 \cdot 4H_2O$

und c_H die Wärmekapazität des Spinsystems bei konstanter Magnetisierung bzw. konstantem H und χ_0 die Suszeptibilität bei H = 0 bezeichnen), ein weiteres von Gijsman u.a. [18] auf Grund von Messungen der Magnetisierung sowie der NMR und AFMR. Etwas stärker unterscheidet sich das Diagramm, das Giauque u.a. [19] aus Messungen von χ_{ad} und der Wärmekapazität ableiten. — Für eine deuterierte Probe (99.5% D_2O) verläuft die Phasengrenze AF-SF bei etwas kleineren Feldstärken als für $MnCl_2 \cdot 4H_2O$ [20].

Literatur:

[1] G. S. Dixon (Diss. Univ. of Georgia, Athens, Ga., 1967, S. 1/38, 18; Diss. Abstr. B **28** [1967] 2582). — [2] S. A. Friedberg, J. D. Wasscher (Physica **19** [1953] 1072/8). — [3] W. H. M. Voorhoeve, Z. Dokoupil (Physica **27** [1961] 777/82). — [4] H. Forstat, G. O. Taylor, B. R. King (J. Phys. Soc. Japan **15** [1960] 528). — [5] M. A. Lasheen, J. van den Broek, C. J. Gorter (Physica **24** [1958] 1061/75, 1066).

[6] M. Cerdonio, P. Paroli (Phys. Letters A **38** [1972] 533/4). — [7] J. P. Legrand, J. P. Renard, M. Aidan (Phys. Letters A **48** [1974] 123/4). — [8] B. G. Turrell, C. L. Yue, D. S. Sahri (Phys. Letters A **28** [1969] 680/1), B. G. Turrell, C. L. Yue (Can. J. Phys. **47** [1969] 2575/81). — [9] B. G. Turrell, C. L. Yue (Can. J. Phys. **49** [1971] 2520/4). — [10] H. Rohrer, H. Thomas (J. Appl. Phys. **40** [1971] 1025/7).

[11] R. Altman, S. Spooner, D. P. Landau, J. E. Rives (Phys. Rev. [3] B **11** [1975] 458/61). — [12] J. E. Rives, V. Benedict (Phys. Rev. [3] B **12** [1975] 1908/19), J. E. Rives (Phys. Rev. [2] **162** [1967] 491/6). — [13] M. J. Metcalfe (Phys. Letters A **36** [1971] 373/5). — [14] R. L. A. Gorling, B. G. Turrell, P. W. Martin (Can. J. Phys. **55** [1977] 1526/40); vgl. auch R. A. L. Gorling, P. Daly, B. G. Turrell, P. W. Martin (Contrib. Papers Intern. Conf. Hyperfine Interact. Stud. Nucl. React. Decay, Uppsala 1974, S. 184/5). — [15] W. F. Giauque, R. A. Fisher, E. W. Hornung, G. E. Brodale (J. Chem. Phys. **53** [1970] 1474/90, 1486).

[16] J. N. McElearney, H. Forstat, P. T. Bailey (Phys. Rev. [2] **181** [1969] 887/95), J. N. McElearney (Diss. Michigan State Univ. 1968; Diss. Abstr. B **29** [1968/69] 3882). — [17] J. Soeteman, A. J. van Duyneveldt, C. J. Gorter (Physica **45** [1969] 435/44). — [18] H. M. Gijsman, N. J. Poulis, J. van den Handel (Physica **25** [1959] 954/68, 961). — [19] W. F. Giauque, R. A. Fisher, E. W. Hornung, G. E. Brodale (J. Chem. Phys. **53** [1970] 1474/90, 1475). — [20] H. Forstat, P. T. Bailey, J. R. Ricks (Phys. Letters A **30** [1969] 52/3).

Exchange Interaction. Exchange and Anisotropy Field

5.2.5.4.4 Austauschwechselwirkung, Austausch- und Anisotropiefeld

Aus eigenen Messungen der Wärmekapazität und vorhandenen Literaturdaten der Suszeptibilität berechnen Miedema u.a. [1] für den Fall, daß nur die Austauschwechselwirkung mit den sechs nächsten Nachbarn berücksichtigt werden muß, als wahrscheinlichsten Wert für den Austauschparameter J/k = −0.057 K. — Die experimentell ermittelte Änderung bei Deuterierung beträgt $\Delta J/J = -2.3\%$ [5]. — Nach einem einfachen Molekularfeld-Modell ergibt sich dann die Stärke des Austauschfeldes zu $H_E = 12.8$ kOe und die Stärke des Anisotropiefeldes mit der Beziehung $H_{SF} = \sqrt{2H_EH_A} = 7.5$ kOe (s. S. 43) zu $H_A = 2.2$ kOe [1]. Gorling u.a. [2] erhalten $H_E = 11.7 \pm 0.6$ kOe, $H_A = 2.0 \pm 0.1$ kOe. — H_E und H_A können aber auch ohne Kenntnis von H_{SF} bestimmt werden, wenn die Feldstärken, bei denen $MnCl_2 \cdot 4H_2O$ in den paramagnetischen Zustand übergeht (auf $T \rightarrow 0$ extrapoliert), bekannt sind. Da in Feldern senkrecht zur Vorzugsrichtung diese Grenzwerte in Richtung der a- und der b-Achse verschieden sind, gibt es zwei H_A-Werte (2.20 ± 0.05 bzw. 3.80 ± 0.05 kOe), und H_E ergibt sich zu 10.375 ± 0.03 kOe. Der hieraus berechnete Wert $H_{SF} = 7.10$ kOe stimmt mit dem gemessenen (7.065 kOe) gut überein [3]. — Aus Resonanzmessungen (s. S. 47) ergibt sich, daß H_E zwischen 10 und 15 kOe liegen muß [4].

Literatur:

[1] A. R. Miedema, R. F. Wielinga, W. J. Huiskamp (Physica **31** [1965] 835/44). — [2] R. A. L. Gorling, P. Daly, B. G. Turrell, P. W. Martin (Contrib. Papers Intern. Conf. Hyperfine Interact. Stud. Nucl. React. Decay, Uppsala 1974, S. 184/5). — [3] J. E. Rives, V. Benedict (Phys. Rev. [3] B **12** [1975] 1908/19, 1917). — [4] J. Marshall, G. Kokoszka (J. Magn. Resonance **19** [1975] 240/2). — [5] B. G. Turrell, C. L. Yue (Can. J. Phys. **47** [1969] 2575/81, 2576).

5.2.5.4.5 Magnetische Struktur

Magnetic Structure

Von den drei verschiedenen magnetischen Raumgruppen, die auf Grund von Messungen der Protonenresonanz und der Cl-NMR möglich wären, gibt nur $P2_1'/a$ (Nr. 77) eine angemessene Übereinstimmung in Richtung und Stärke zwischen den beobachteten und berechneten inneren Feldern [1]. Durch Neutronenstreuversuche bestätigen Altman u.a. [2] die Raumgruppe. Zur Lage der Mn^{2+}-Ionen und der Orientierung ihrer Momente innerhalb der zwei Teilgitter s. Figur im Original. Die Momente liegen weder parallel zur c-Achse noch senkrecht zur ab-Ebene (also ‖ c'), sondern so, daß sie mit der c-Achse einen Winkel von fast 7° bilden [2]. Daß die Vorzugsrichtung der Magnetisierung nicht, wie in früheren Arbeiten angegeben, parallel zur c-Achse verläuft, sondern mit dieser einen Winkel von 12° ± 6° bildet, fanden schon Gorling u.a. [3] bei der Untersuchung der Kernspinorientierung. Die dem Elektroneneinfang von ^{54}Mn folgende γ-Emission ist in einem Hochfrequenzfeld anisotrop. Die Auswertung derartiger Messungen ermöglicht die Bestimmung der Orientierung der Mn^{2+}-Momente als Funktion von Feldstärke und -richtung. Zahlreiche Angaben über die Orientierung im antiferromagnetischen und im Spin-Flop-Zustand sowie über die allmähliche Änderung beim Spin-Flop-Übergang s. bei Gorling u.a. [4].

Literatur:

[1] R. D. Spence, V. Nagarajan (Phys. Rev. [2] **149** [1966] 191/8). — [2] R. Altman, S. Spooner, D. P. Landau, J. E. Rives (Phys. Rev. [3] B **11** [1975] 458/61). — [3] R. A. L. Gorling, P. Daly, B. G. Turrell, P. W. Martin (Contrib. Papers Intern. Conf. Hyperfine Interact. Stud. Nucl. React. Decay, Uppsala 1974, S. 184/5). — [4] R. L. A. Gorling, B. G. Turrell, P. W. Martin (Can. J. Phys. **55** [1977] 1526/40).

5.2.5.4.6 Paramagnetische Absorption und Relaxation

Paramagnetic Resonance. Relaxation

Die Darstellung der experimentellen Ergebnisse der paramagnetischen Spin-Gitter-Relaxation erfolgt häufig mit Hilfe der thermodynamischen Theorie von Casimir, du Pré [1]; s. hierzu „Mangan" C 6, S. 116. In Übereinstimmung mit dieser Theorie ist die Frequenzabhängigkeit von χ'/χ_0 im Bereich zwischen etwa 0.4 und 4 MHz, die Teunissen, Gorter [2] bei vier Temperaturen zwischen 64.4 und 290 K beobachten. Die Messungen ergeben $b/C = 19.5 \times 10^6$ Oe² sowie für ρ (= 2πτ) und F folgende Werte [2]:

H in Oe		800	1600	2400	3200
ρ in μs bei	64.4 K	—	1.25	1.61	1.85
	77.4 K	—	1.00	1.25	1.43
	90.2 K	—	0.66	0.93	1.18
	290 K	—	0.11	0.16	0.21
F		0.03	0.12	0.24	0.34

Im gleichen Feldstärkebereich (H = 1600 bis 3200 Oe) bei gewöhnlicher Temperatur und 5.4 bis 12.8 MHz erhaltene Werte stimmen damit gut überein [3]. Bei 8.7, 15 und 30 MHz findet Salikhov [4] im Bereich von 1 bis 6 kOe folgende Spin-Gitter-Relaxationsparameter: $\rho_0 = 1.90$ μs für H→0, $\rho_\infty = 13.00$ μs für H→∞ bei 90 K, $\rho_0 = 0.2$ μs, $\rho_\infty = 0.6$ μs bei 290 K; für beide Temperaturen ist $b/C = 19.70 \times 10^6$ Oe² [4]. Die Abnahme der Spin-Gitter-Relaxationszeit τ zwischen 77 und 295 K zeigt folgende Tabelle:

T in K	77	90	120	150	170	195	295
τ in 10^{-7} s	5.1	3.4	2.9	2.1	1.7	1.5	0.8

Zwischen 77 und 135 K gilt $\tau = 1.1 \times 10^{-7} \cdot \exp(122/T)$, zwischen 135 und 295 K $\tau = 3 \times 10^{-8} \cdot \exp(295/T)$ [5].

EPR of $MnCl_2 \cdot 4H_2O$

Bei tiefen Temperaturen (unterhalb 4 K) beobachten Lasheen u.a. [6] in Richtung der b- und der c-Achse den konstanten Wert $b/C = 19.0 \times 10^6$ Oe^2 bis etwa 2 K. Die unterhalb dieser Temperatur beobachtete Zunahme von b/C auf 22.4×10^6 Oe^2 bei 1.813 K (H‖c) bzw. auf 40.6×10^6 Oe^2 bei 1.672 K (H‖b) beweist, daß die Wärmekapazität dann nicht mehr proportional b/T^2 ist.

Auch in der antiferromagnetischen Phase läßt sich das Relaxationsverhalten von $MnCl_2 \cdot 4H_2O$ durch das Modell von Casimir, du Pré in der Form $\chi'(\omega) = \chi_{ad} + (\chi_T - \chi_{ad})/(1+\omega^2\tau^2)$ und $\chi''(\omega) = (\chi_T - \chi_{ad})\omega\tau/(1+\omega^2\tau^2)$ beschreiben, wenn der Relaxationsprozeß nur durch eine Relaxationszeit τ charakterisiert ist. Dies ist daraus ersichtlich, daß die graphische Darstellung von χ'' als Funktion von χ' für verschiedene Frequenzen einen Halbkreis ergibt (Argand-Diagramm), aus dessen Maximum ($\omega\tau = 1$) der Wert von τ erhalten wird. Aus den Grenzfällen $\omega\tau \ll 1$ und $\omega\tau \gg 1$ ergibt sich $\chi' = \chi_T$ bzw. $\chi' = \chi_{ad}$; die isotherme und adiabatische Suszeptibilität χ_T und χ_{ad} können also aus diesem Diagramm durch Extrapolation auf $\omega \to 0$ und $\omega \to \infty$ erhalten werden [7]. In **Fig. 13** ist die Temperaturabhängigkeit von τ in einem Magnetfeld von 4 kOe dargestellt. Der Wert für das scharfe Maximum bei 1.51 K stimmt mit der von Soeteman u.a. [8] gemessenen Néel-Temperatur bei einem Feld von 4 kOe überein. Die bei 1.44 K gemessene Feldabhängigkeit von τ zeigt **Fig. 14**; oberhalb des Umwandlungsfeldes von 5.5 kOe erfolgt die Relaxation ungefähr zehnmal schneller [9]. Bei Messungen an einem Einkristall können Lasheen u.a. [6] im antiferromagnetischen Zustand keine Relaxationszeiten nachweisen, an pulverförmigen Proben dagegen beobachten sie [10] zwei Relaxationen, eine kurze mit großer Amplitude und eine lange mit kleiner Amplitude; vgl. auch die graphische Darstellung für die Temperaturabhängigkeit von τ zwischen etwa 4 und 100 K (H‖c, H = 4 kOe) und die Feldabhängigkeit zwischen 1.5 und 20 kOe bei 20.2 K [8].

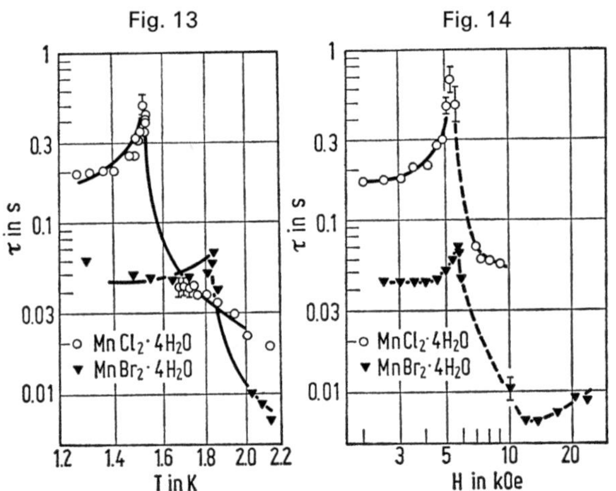

Temperaturabhängigkeit (links) und Feldabhängigkeit (rechts) der Spin-Gitter-Relaxationszeit von $MnCl_2 \cdot 4H_2O$ und $MnBr_2 \cdot 4H_2O$.

Die bei sehr hohen Frequenzen durch Spin-Spin-Relaxation in einer pulverförmigen Probe bei 20 und 77 K verursachte paramagnetische Absorption χ''/χ_0 ist in **Fig. 15** als Funktion der Stärke eines parallelen bzw. eines transversalen statischen Magnetfeldes dargestellt. Die gestrichelten Linien sind der Formel $\chi_{ad}/\chi_0 = (1 + H_{\parallel}^2/H_h^2)^{-1}$, mit $H_h^2 = \{(T - \Theta_p)/T\}^3 \cdot b/C$ angepaßt, indem $(b/C)^{1/2} = 4.24$ kOe und $\Theta_p = -2.0$ K gesetzt wurde [11]. Die durch Spin-Spin-Relaxation bedingte paramagnetische Absorption wurde davor von mehreren anderen Autoren [12 bis 15] untersucht.

Die Änderung der Suszeptibilität $\chi_\perp = \chi'_\perp - i\chi''_\perp$ bei Anlegen eines äußeren Feldes ist proportional der Amplitudenänderung $\Delta A/A$ bzw. der Phasenverschiebung $\Delta\Phi$ der durchgehenden Welle. Bei 9275 MHz und gewöhnlicher Temperatur messen Chastanet, Sardos [25] diese Größen bei Feldstärken bis 4570 Oe und erhalten für $\Delta A/A$ als Funktion von $\Delta\Phi$ eine kreisförmige Kurve, ebenso auch in der Nähe von 16 GHz bei Feldstärken bis 8380 Oe [26]. Die hierfür bestimmenden Größen, ein Absorptionsparameter ωT_2 und der Deflexionsfaktor D, können auch aus dem Faraday-Effekt (s. S. 49) abgeleitet werden; Näheres s. bei Servant [27].

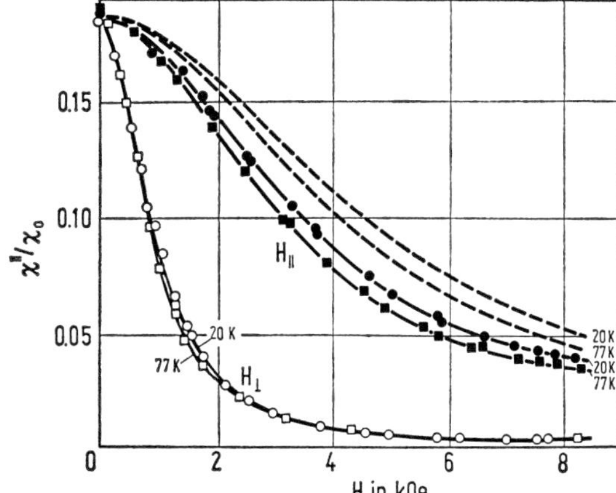

Fig. 15

Paramagnetische Absorption χ''/χ_0 von $MnCl_2 \cdot 4H_2O$, gemessen in statischen longitudinalen und transversalen Feldern verschiedener Stärke bei 20 und 77 K sowie $\nu = 411$ MHz.

Die Linienbreite ΔH der paramagnetischen Resonanz liegt bei gewöhnlicher Temperatur in der Nähe von 1350 Oe. Der Wert $\Delta H = 1340$ Oe [19] wird von einigen Autoren recht genau bestätigt (1340 Oe [18, 28], 1345 Oe [20]), von anderen wenigstens annähernd (1410 Oe [21]). Nur eine ältere Angabe (1650 Oe [22]) liegt deutlich höher. Die Abnahme von ΔH, die Abkowitz, Honig [17] zwischen Raumtemperatur und 77 K finden (1600 bis 600 Oe), wird von Marshall und Kokoszka [16] nicht bestätigt. Diese erhalten zwischen 300 und 77 K einen (für mono- und polykristalline Proben übereinstimmenden) konstanten Mittelwert $\Delta H = 1294 \pm 16$ Oe, der im Bereich von 9 bis 14 GHz nicht von der Frequenz abhängt. — Bei weiter steigender Frequenz wird ΔH kleiner. Lancaster, Gordy [23] finden $\Delta H = 700$ Oe bei 24.12 GHz, und bei 34.7 GHz ist ΔH um 44% kleiner als bei 9.52 GHz [24].

Bei 4.2 K ist ΔH anisotrop; mit $H_0 \parallel c$ ergibt sich $\Delta H \approx 2.2$ kOe, mit $H_0 \parallel a$ oder $H_0 \parallel b$ dagegen $\Delta H \approx 1.7$ kOe [17].

Literatur:

[1] H. B. G. Casimir, F. K. du Pré (Physica **5** [1938] 507/11). — [2] P. Teunissen, C. J. Gorter (Physica **7** [1940] 33/44, 38). — [3] B. M. Kozyrev (Uch. Zap. Kaz. Gos. Ped. Inst. **1** [1949] 83/108). — [4] S. G. Salikhov (Paramagnitn. Resonans Sb. **1960** 107/13; C.A. **57** [1962] 4173). — [5] S. Clement, J. Pescia (Compt. Rend. **260** [1965] 2143/6).

[6] M. A. Lasheen, J. van den Broek, C. J. Gorter (Physica **24** [1958] 1061/75). — [7] A. J. van Duyneveldt, J. Soeteman, L. J. de Jongh (J. Phys. Chem. Solids **36** [1975] 481/4; Colloq. Intern. Centre Natl. Rech. Sci. [Paris] Nr. 242 [1975] 271/5). — [8] J. Soeteman, A. J. van Duyneveldt, C. J. Gorter (Physica **45** [1969] 435/44). — [9] A. J. van Duyneveldt, J. Soeteman, C. J. Gorter (in: H. Haken, M. Wagner, Cooperative Phenomena, Heidelberg – New York 1973, S. 281/5). — [10] M. A. Lasheen, J. van den Broek, C. J. Gorter (Physica **24** [1958] 1076/84).

[11] P. R. Locher, C. J. Gorter (Physica **28** [1962] 797/833, 821). — [12] K. P. Sitnikov (Zh. Eksperim. i Teor. Fiz. **34** [1958] 1093/5; Soviet Phys.-JETP **7** [1958] 757/8). — [13] A. I. Kurushin (Izv. Akad. Nauk SSSR Ser. Fiz. **20** [1956] 1232/5; C.A. **1958** 7849; Zh. Eksperim. i Teor. Fiz. **37** [1959] 297/8; Soviet Phys.-JETP **10** [1959] 209/10). — [14] B. M. Kozyrev, S. G. Salikhov, Yu. Ya. Shamonin (Zh. Eksperim. i Teor. Fiz. **22** [1952] 56/61; C.A. **1953** 11838). — [15] E. Ambler, R. P. Hudson (Phys. Rev. [2] **104** [1956] 1506/7; Physica **22** [1956] 866/8).

[16] J. Marshall, G. Kokoszka (J. Magn. Resonance **19** [1975] 240/2). — [17] M. Abkowitz, A. Honig (Phys. Rev. [2] **136** [1964] A 1003/11). — [18] L. Yarmus, A. A. Harkavy (Phys. Rev. [2] **173** [1968] 427/35). — [19] H. Kumagai, K. Ono, I. Hayashi, H. Abe, J. Shimada, H. Shono, H. Ibamoto, S. Tachimori (J. Phys. Soc. Japan **9** [1954] 369/75), H. Kumagai, K. Ono, I. Hayashi (Phys. Rev. [2] **85** [1952] 925). — [20] A. O. Huque (Pakistan J. Sci. Res. **19** [1967] 140/5; C.A. **69** [1968] Nr. 72729).

[21] C. MacLean, G. J. W. Kor (Appl. Sci. Res. B **4** [1955] 425/33). — [22] J. Uebersfeld (Compt. Rend. **236** [1953] 1645/7). — [23] F. W. Lancaster, W. Gordy (J. Chem. Phys. **19** [1951] 1181/91, 1187). — [24] Y. Servant, E. Palangié (Compt. Rend. B **276** [1973] 801/3). — [25] R. Chastanet, R. Sardos (Compt. Rend. B **271** [1970] 571/4).

[26] R. Chastanet, K. Haye, R. Sardos (Compt. Rend. B **273** [1971] 785/8). — [27] Y. Servant (Ann. Phys. [Paris] [14] **4** [1969] 579/615, 601/9). — [28] E. E. Schneider, P. A. Forrester (Arch. Sci. [Geneva] **11**, [1958] Fasc. Spec. S. 143/9, 145).

Antiferromagnetic Resonance of $MnCl_2 \cdot 4H_2O$

5.2.5.4.7 Antiferromagnetische Resonanz (AFMR)

Das aus Messungen der Temperaturabhängigkeit der AFMR bei etwa 24 GHz erhaltene magnetische Resonanzfeld für H_0 parallel zu den Kristallachsen ist in **Fig. 16** dargestellt. Die für $H_0 \| c$ unterhalb 1.18 K bei 7.5 kOe auftretende Resonanzabsorption beruht auf dem AF-SF-Übergang (s. S. 43). Die bei geringen Feldstärken $(H \| c)$ beobachtbare Resonanz, die bei $T \to 1$ K auf $H = 0$ geht, ist nicht deutlich ausgeprägt, da sich die Absorption sehr asymmetrisch bis zum Feld Null erstreckt (Ergebnisse für analoge Messungen bei etwa 9.2 GHz s. im Original). Die graphische Darstellung von H_0 als Funktion des Winkels zwischen H_0 und der c-Achse in der bc- bzw. ac-Ebene zeigt für die Resonanz bei $H \leqq H_{SF}$ Übereinstimmung mit der Nagamiya-Yosida-Theorie für einen rhombischen Kristall mit zwei Untergittern, in dem die Austauschenergie viel größer ist als die Zeeman- und die Anisotropieenergie, M. Abkowitz, A. Honig (Phys. Rev. [2] **136** [1964] A 1003/11).

Fig. 16

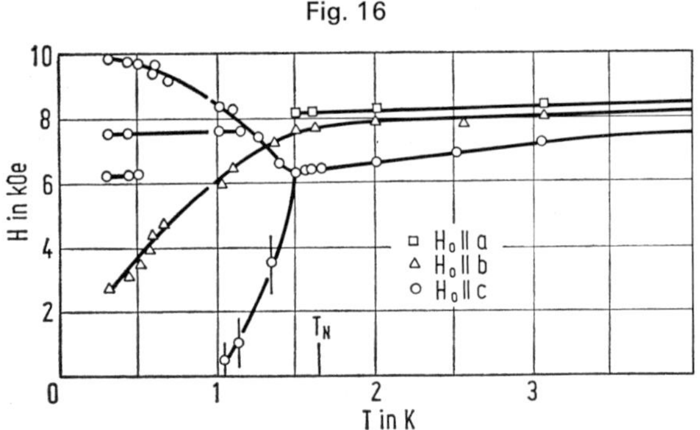

Temperaturabhängigkeit der Resonanzfeldstärke H von $MnCl_2 \cdot 4H_2O$ in verschieden orientierten äußeren Feldern H_0.

Nuclear Magnetic Resonance. Nuclear Quadrupole Coupling

H Resonance

5.2.5.4.8 Kernmagnetische Resonanz (NMR), Kernquadrupolkopplung

Protonenresonanz. Im paramagnetischen Zustand werden an einem Einkristall 16 Resonanzlinien beobachtet, deren Intensität beim Übergang zum antiferromagnetischen Zustand plötzlich abnimmt [1], s. auch [2].

Im antiferromagnetischen Zustand werden an einem Einkristall ohne äußeres Feld zwischen 1.1 und 1.5 K acht Resonanzlinien beobachtet. Aus der im Original graphisch dargestellten Temperaturabhängigkeit abgelesene Frequenzen bei 1.1 K: $\nu_0(T) = 6.75$, 8.1 (doppelt), 9.45 (9.81 bei 1.02 K [4]), 14.9, 15.1, 15.5 und 24 MHz. Die vier niederfrequenten Linien werden bis etwa 0.4 K gemessen, wobei sich kein Anhaltspunkt für die von Abkowitz, Honig [3] vorgeschlagene Phasenumwandlung bei ≈ 0.6 K ergibt. Angaben für die Beträge und Richtungen der 32 lokalen Felder an den Protonenplätzen (bei 1.1 K) im Original [4]. Für die Linie bei 6.75 MHz wird aus Messungen bis 0.4 K für 0 K eine Frequenz $\nu_0(0) = 8.080$ MHz extrapoliert. In der Nähe von T_N (Bereich 0.88 T_N bis 0.99 T_N) läßt sich die Frequenz dieser Linie darstellen durch $\nu_0(T)/\nu_0(0) = C\,(1 - T/T_N)^{\beta}$ mit $C = 1.29$,

$T_N = 1.618$ K, $\beta = 0.33 \pm 0.01$ [5]. Die Spin-Gitter-Relaxationszeit T_1 wird für die Linie bei 9.45 MHz (10.4 MHz bei 0.8 K) mittels des Zerfalls der freien Induktion und des Spinechoverfahrens gemessen: $T_1 = 1.22$ ms bei 0.5 K, 0.52 und 0.53 ms bei 0.7 K, 0.36 ms bei 0.8 K (ohne äußeres Feld; erster und letzter Wert aus Figur im Original abgelesen). Die Temperaturabhängigkeit ist in Einklang mit der von Moriya [6] benutzten 2-Magnonen-Theorie [7].

Cl-Resonanz. Im paramagnetischen Zustand wird die ^{35}Cl-Quadrupolresonanz bei 5.355 und 3.465 MHz beobachtet und den Kernen auf den nichtäquivalenten Plätzen Cl(1) (mit Mn-Cl(1)-Bindung um 66.5° gegen die c-Achse geneigt [4]) bzw. Cl(2) zugeordnet [8]. *Cl Resonance*

Im antiferromagnetischen Zustand werden an einem Einkristall ohne äußeres Feld folgende NMR-Frequenzen (in MHz bei 1.06 K; Temperaturabhängigkeit der ^{35}Cl-Frequenzen zwischen 0.4 und 1.4 K s. Figur im Original) gemessen:

^{35}Cl(1)	7.0876	9.0261	11.2546	^{35}Cl(2)	7.5173	8.4051	9.2601
^{37}Cl(1)	5.9518	7.5045	9.2690	^{37}Cl(2)	6.3036	*)	7.6579

*) Von ^{1}H-Linie verdeckt.

Hiernach werden angegeben $\nu_Z = \gamma H/2\pi = 9.14$ und 8.33 MHz für ^{35}Cl(1) bzw. ^{35}Cl(2) (beide bei 1.06 K; γ = gyromagnetisches Verhältnis, H = inneres Magnetfeld) und $\nu_Q(1 + {}^1/_3\eta^2)^{1/2} = 1.3$ bzw. 2.4 MHz ($\nu_Q = e^2qQ/2h$, η = Asymmetrieparameter) [4]. Neuere Angaben für ν_Z lauten 10.118 bzw. 9.400 MHz (vermutlich bei 0.4 K). Auf Grund der Angaben bei Spence, Nagarajan [4] wird ferner $\eta = 0.2$ für ^{35}Cl(1) und 0.34 für ^{35}Cl(2) angeführt [8]; dort auch Folgerungen für die inneren Magnetfelder am Ort von Cl(1) und Cl(2) sowie ihre Zerlegung in Dipol- und Hyperfeinfelder.

Die Komponenten des Tensors A der übertragenen magnetischen Hyperfeinwechselwirkung (in 10^{-4} cm^{-1}) ergeben sich für Cl(1) zu $A_x^I = 1.34$, $A_z^I = 1.08$ (x bezeichnet die Richtung der Mn-O(1)-Bindung, z die der Mn-Cl(1)-Bindung), für Cl(2) zu $A_y^{II} = 1.16$ (y bezeichnet hier die Richtung der c-Achse) [4]. Angaben für die mit A verknüpften Spindichten f sowie für den analog mit e^2qQ gebildeten Parameter f_Q s. bei Rinneberg, Hartmann [9].

Literatur:

[1] H. M. Gijsman, N. J. Poulis, J. van den Handel (Physica **25** [1959] 954/68, 955). — [2] N. J. Poulis, H. M. Gijsman (Physica **24** [1958] S156/S157). — [3] M. Abkowitz, A. Honig (Phys. Rev. [2] **136** [1964] A 1003/11). — [4] R. D. Spence, V. Nagarajan (Phys. Rev. [2] **149** [1966] 191/8, 193). — [5] J.-P. Legrand, J.-P. Renard, M. Aidan (Phys. Letters A **48** [1974] 123/4).

[6] T. Moriya (Progr. Theoret. Phys. [Kyoto] **16** [1956] 23/44). — [7] P. K. Leichner, J. A. Cowen (Phys. Rev. [3] B **7** [1973] 4293/5). — [8] C. H. W. Swüste, K. Kopinga (Physica **60** [1972] 415/26, 423). — [9] H. Rinneberg, H. Hartmann (J. Chem. Phys. **52** [1970] 5814/20, 5819).

5.2.5.4.9 Magnetooptische Effekte

Magneto-optical Effects

Der Faraday-Effekt im Mikrowellenbereich, erstmals an $MnCl_2 \cdot 4H_2O$ und $MnSO_4 \cdot H_2O$ beobachtet [1], weist eine Anomalie bei der Feldstärke auf, bei der paramagnetische Resonanzabsorption eintritt. Dieser von Kastler [2] vorhergesagte Effekt wurde von mehreren Autoren [3 bis 6] an paramagnetischen Salzen nachgewiesen; hierüber und über die Weiterentwicklung der Theorie berichtet Servant [7].

Nach einigen weiteren Messungen an $MnCl_2 \cdot 4H_2O$ [8 bis 10] wurde von Servant [7, 11] die kurz zuvor an Cr-Alaun entdeckte Umwandlung von linear polarisierten Wellen in elliptisch polarisierte auch an $MnCl_2 \cdot 4H_2O$ beobachtet. Dabei zeigte sich, daß die Feldabhängigkeit des Drehwinkels α und der Elliptizität β bei 8780 MHz anders ist als bei 3318 MHz und daß somit auch für β als Funktion von α Kurven unterschiedlicher Form erhalten werden. Die Maximalwerte von β sind 10.45′ (3318 MHz) bzw. 57.2′ (8780 MHz); der Deflexionsfaktor $D = |\alpha_{max}/\alpha_{min}|$ beträgt 0.065 bzw. 0.5 [7].

Magneto-optical Effects of $MnCl_2 \cdot 4H_2O$

Auch aus der magnetischen Doppelbrechung, gemessen mit einem Reflexionspolarimeter, kann β abgeleitet werden; das Verhältnis $|\beta_{min}/\beta_{max}|$ ergibt sich zu 0.21 [12]; zur Theorie s. Kastler [13].

Literatur:

[1] M. C. Wilson, G. F. Hull (Phys. Rev. [2] **74** [1948] 711). — [2] A. Kastler (Compt. Rend. **228** [1949] 1640/2). — [3] C. Ryter, R. Lacroix, R. Extermann (Helv. Phys. Acta **23** [1950] 539/41). — [4] J. Soutif-Guicherd, M. Lambinet (Compt. Rend. **231** [1950] 1460/2). — [5] A. Gozzini (Nuovo Cimento [9] **8** [1951] 928/35).

[6] N. N. Neprimerov (Izv. Akad. Nauk SSSR Ser. Fiz. **18** [1954] 360/7, 368/77, **20** [1956] 1236/7; C.A. **1958** 7850). — [7] Y. Servant (Ann. Phys. [Paris] [14] **4** [1969] 579/615, 580, 596, 599, 610). — [8] P. Hedvig, Á. Nagy (Magy. Tud. Akad. Kozp. Fiz. Kut. Int. Kozlemen. **3** [1955] 478/93; C.A. **1958** 19468; Acta Phys. Acad. Sci. Hung. **5** [1956] 529/31). — [9] J. Soutif-Guicherd (J. Appl. Phys. **29** [1958] 256/8). — [10] A. I. Kurushin (Zh. Eksperim. i Teor. Fiz. **37** [1959] 297/8; Soviet Phys.-JETP **10** [1959] 209/10).

[11] Y. Servant (Compt. Rend. **258** [1964] 5624/7). — [12] R. Sardos, J.-C. Bissey (Compt. Rend. B **268** [1969] 1141/4, 1373/6), J.-C. Bissey (Rev. Phys. Appl. **6** [1971] 211/3), vgl. auch R. Sardos (Compt. Rend. **258** [1964] 5394/7). — [13] A. Kastler (Compt. Rend. **231** [1950] 1462/4).

Dielectric Constant

5.2.5.4.10 Dielektrizitätskonstante ε

Aus Messungen nach der Brückenmethode (1kHz) an einem Einkristall bestimmt Galy [1] die vier Tensorkomponenten von ε für Temperaturen zwischen 100 und 332 K. Für den geradlinigen Teil der Kurven (oberhalb von etwa 320 K wird ein etwas steilerer Anstieg beobachtet) ergibt sich: $\varepsilon'_1 = 5.6 + 0.0100\,T$, $\varepsilon'_2 = 3.95 + 0.0078\,T$ und $\varepsilon'_3 = 5.9 + 0.0102\,T$. Die Kurve für ε'_4 hat keinen linearen Verlauf; zwischen etwa 140 und 170 K nimmt ε'_4 von etwa 0.7 auf 0.4 ab und nach einem schwachen Anstieg auf $\varepsilon'_4 \approx 0.9$ bei 300 K wiederum auf etwa 0.4 bei 332 K ab. ε'' ist bei gewöhnlicher Temperatur von der Größenordnung 4×10^{-2} [1]. Die Berechnung nach einer theoretischen Formel, die nur an $CuSO_4 \cdot 5H_2O$ experimentell geprüft wurde, ergibt $\varepsilon = 9.6 \pm 0.25$ [2].

Literatur:

[1] A. Galy (Compt. Rend. **234** [1952] 2274/6). — [2] N. N. Neprimerov (Izv. Akad. Nauk SSSR Ser. Fiz. **18** [1954] 360/7; C.A. **1955** 1428).

Optical Properties

5.2.5.5 Optische Eigenschaften

Im IR-Spektrum von Tetraquo- und Hexaquo-Komplexen sind je acht Absorptionsbanden zu erwarten. Die beobachteten Banden von $MnCl_2 \cdot 4H_2O$ lassen sich besser mit denen von Hexahydraten vergleichen und können so der Gruppe $Mn(H_2O)_4Cl_2$ (s. S. 36) zugeschrieben werden [1]. Die Schwingung der H_2O-Moleküle gegen das Zentral-Ion hat meist eine Wellenzahl zwischen 350 und 400 cm^{-1} [2]; vgl. „Sauerstoff" 5, S. 1574. An $MnCl_2 \cdot 4H_2O$ wird die entsprechende Bande bei etwa 395 cm^{-1} gefunden. Weitere Banden bei 655 und 560 cm^{-1} können der H_2O-Schaukelschwingung und der Kippschwingung (die H_2O-Ebene kippt gegen die Mn-O-Verbindungslinie) zugeordnet werden [1]. Dem tetraedrischen Komplex $Mn(H_2O)_4^{2+}$ ordnet Schläfer [3] fünf Banden bei 316, 342.6, 361.8, 405.5 und 406.8 cm^{-1} zu. — Die Schwingungsbanden, die den H_2O-Molekülen selbst zuzuordnen sind, wurden an $MnCl_2 \cdot 4H_2O$ von Duval und Lecomte [4] registriert; vgl. hierzu Mathieu [2]. Ihre Lage ist sehr ähnlich wie bei der gesättigten $MnCl_2$-Lösung [3]. Allgemeines über die H_2O-Schwingungen in Elektrolytlösungen s. bei Walrafen [5].

Die Raman-Spektren von $M(H_2O)_4$- und $M(H_2O)_6$-Ionen müßten theoretisch aus je elf Linien bestehen [1]. Von Galy [6] werden bei $MnCl_2 \cdot 4H_2O$ unterhalb 300 cm^{-1} acht Linien bzw. Banden mit 44, 54, 79, 104, 130, 160, 180 bis 200 sowie 290 cm^{-1} registriert, ferner die der Mn-O-Valenzschwingung entsprechende Linie bei 375 cm^{-1} und einige H_2O-Linien bei 1595, 1645 und zwischen 3320 und 3510 cm^{-1}. Über die Raman-Spektren von hydratisierten Salzen s. Siebert [7].

Im sichtbaren Bereich treten zahlreiche Absorptionsbanden auf (Näheres s. in einer späteren Lieferung), die die rötliche Färbung des $MnCl_2 \cdot 4H_2O$ [8] verursachen. Gelegentlich wird die Verbindung auch als bräunlich („lederfarben") bezeichnet [9]. — Im Gegensatz zu α-$MnCl_2 \cdot 4H_2O$ zeigt α-$MnCl_2 \cdot 4D_2O$ bei 77 und 300 K Phosphoreszenz [10].

Refractive Indices

$MnCl_2 \cdot 4H_2O$ ist optisch zweiachsig positiv mit den Brechungsindizes $n_\alpha = 1.583$, $n_\beta = 1.608$ und $n_\gamma = 1.667$ in weißem Licht [11].

Literatur:

[1] I. Nakagawa, T. Shimanouchi (Spectrochim. Acta **20** [1964] 429/39); vgl. hierzu M. Goodgame, P. J. Hayward (J. Chem. Soc. A **1971** 3406/9). — [2] J.-P. Mathieu (J. Chim. Phys. **50** [1953] C79/C88). — [3] H. L. Schläfer (Z. Physik. Chem. [Frankfurt] **6** [1956] 201/19). — [4] C. Duval, J. Lecomte (J. Chim. Phys. **50** [1953] C64/C71). — [5] G. E. Walrafen (J. Chem. Phys. **36** [1962] 1035/42).

[6] A. Galy (Compt. Rend. **233** [1951] 1181/3); vgl. auch J. Chapelle, A. Galy (Compt. Rend. **236** [1953] 1653/5). — [7] H. Siebert (Anwendungen der Schwingungsspektroskopie in der anorganischen Chemie, Berlin 1966, S. 145). — [8] N. F. Dashniani (Tr. Inst. Prikl. Khim. i Elektrokhim. Akad. Nauk Gruz.SSR **1** [1959] 111/5; C.A. **56** [1962] 1143). — [9] B. B. Bose, M. H. Khundkar (J. Indian Chem. Soc. Ind. News Ed. **14** [1951] 45/9). — [10] D. Oelkrug, A. Wölpl (Ber. Bunsenges. Physik. Chem. **76** [1972] 1088/92).

[11] H. E. Swanson, H. F. McMurdie, M. C. Morris, E. H. Evans, B. Paretzkin (Natl. Bur. Std. [U.S.] Monograph Nr. 25, Tl. 9 [1971] 1/126, 28).

5.2.5.6 Chemisches Verhalten

Chemical Reactions

Decomposition

Zersetzung. Die thermische Zersetzung von $MnCl_2 \cdot 4H_2O$ ist vielfach untersucht worden. Der isotherme Abbau läßt den Verlauf über ein Di- und Monohydrat erkennen [1]; ältere Untersuchungen hierzu s. [2 bis 6]. Die Existenz von Hydraten mit 3.5 und 3 Molekülen H_2O als Zwischenprodukte der Entwässerung halten Castor, Basolo [7] für möglich; vgl. dazu das System $MnCl_2$-H_2O, S. 31, sowie die Darstellung von $MnCl_2$ aus $MnCl_2 \cdot 4H_2O$, S. 5. — Zum Übergang von $MnCl_2 \cdot 4D_2O$ in $MnCl_2 \cdot 2D_2O$ s. [8].

Nach der DTA zersetzt sich das Tetrahydrat bei 55 ± 5°C in das Dihydrat, dieses bei 135 ± 5°C in das Monohydrat und bei 210 ± 5°C in das wasserfreie Salz [9]. Auf Grund thermogravimetrischer Untersuchungen wird zuerst das Trihydrat bei 120°C gebildet, das Dihydrat bei 150°C und das wasserfreie Salz bei 220°C [10]. Nach den von Lumme, Raivio [11] ausgeführten Untersuchungen verlaufen die Reaktionen (1): $MnCl_2 \cdot 4H_2O \rightarrow MnCl_2 \cdot H_2O + 3H_2O$ in statischer Luftatmosphäre bei <50 bis 175°C, in dynamischer N_2-Atmosphäre bei <50 bis 191°C und (2): $MnCl_2 \cdot H_2O \rightarrow MnCl_2 + H_2O$ bei 175 bis 227°C bzw. bei 191 bis 228°C, so daß nur die letzte Reaktion mit den obigen Angaben [9, 10] in Einklang gebracht werden kann [11]. In dynamischer Luftatmosphäre liegen die Temperaturen für Reaktionsbeginn und -ende etwas höher, für Reaktion (1) bei 50 bzw. 211°C und für (2) bei 211 bzw. 272°C. Je höher die Temperatur ist, bei der die Entwässerung beginnt, um so niedriger sind die Reaktionsordnung und die Aktivierungsenergie (in kcal/mol) der Reaktion [11, 12]:

Zersetzungs-reaktion	Reaktionsordnung			Aktivierungsenergie			Beginn der Zersetzung (°C)		
	Luft	O_2	N_2	Luft	O_2	N_2	Luft	O_2	N_2
(1)	1.0	1.22	0.8	21.6	21.7 ± 2	16.8	<50	50	<50
(2)	0.4	0.68	0.7	21.9	20.3 ± 1	31.1	175	211	191

Vgl. hierzu die Aktivierungsenergien aus Untersuchungen der Entwässerung von $MnCl_2 \cdot 4H_2O$-Einkristallen [13].

Decomposition of $MnCl_2 \cdot 4H_2O$

Bereits Farrer, Pickering [3] stellen bei der thermischen Zersetzung von $MnCl_2 \cdot 4H_2O$ fest, daß die Entwässerung vor Erreichen der Stufe des wasserfreien Salzes unter Abspaltung von HCl und Bildung von Mn-Oxid verläuft. MnO als Endprodukt der thermischen Hydrolyse bei 400 bis 500°C erhalten auch Glasner, Mayer [14]. Als Zwischenprodukt entsteht Hydroxidchlorid (s. S. 237), dessen Bildung für den Reaktionsverlauf geschwindigkeitsbestimmend ist. Das Erhitzen erfolgt im N_2-Strom, der mit Wasserdampf gesättigt ist. Der Hydrolyse geht die Dehydratation voraus; die Hydrolysegeschwindigkeit ist jedoch für die Hydrate größer als für zuvor entwässerte Proben [14]. Zur Bildung von MnO im Ar-H_2O-Strom bei 600°C s. [24]. In Wasserdampf ist die Hydrolysegeschwindigkeit bei 400 bis 600°C geringer als im Wasserdampf-Luft-Gemisch. Für $MnCl_2 \cdot 4H_2O$ oder $MnCl_2$ (vgl. S. 25) beträgt die Differenz in der Hydrolysegeschwindigkeit nur wenige Prozente [15]. — Die Abspaltung des letzten H_2O-Moleküls verläuft nicht ohne Zerstörung der Verbindung. Elektronenbeugungsaufnahmen der bei der thermischen Zersetzung im Vakuum gebildeten Reaktionsprodukte führen zu der Annahme, daß die Zersetzung unter HCl-Entwicklung erfolgt infolge der Reaktion des Cl mit dem restlichen Hydratwasser. Das primär gebildete Hydroxidchlorid hat die Zusammensetzung $Mn(OH)_xCl_{2-x}$ [16].

Dissoziationsdruck p in Torr von festen Manganchloridhydraten bei verschiedenen Temperaturen [17]:

Reaktion $MnCl_2 \cdot 4H_2O \rightarrow MnCl_2 \cdot 2H_2O + 2H_2O(gas)$ (1)

T in K	294.2	303.9	310.1	314.4	317.6	320.9	328.1	330.7
$p(H_2O)$. . . .	5.00	10.25	15.85	21.50	26.35	32.65	51.75	60.65

Reaktion $MnCl_2 \cdot 2H_2O \rightarrow MnCl_2 + 2H_2O(gas)$ (2)

T in K	322.9	326.4	330.3	341.7	353.6	363.5	373.0	402.6
$p(H_2O)$. . . .	6.00	7.50	9.85	20.05	40.65	70.55	116.15	473.15

Reaktion $MnCl_2 \cdot H_2O \rightarrow MnCl_2 + H_2O(gas)$ (3)

t in °C	147.0	151.5	162.3	174.7	193.8
$p(H_2O)$. . . .	43.7	53.7	83.2	138.0	281.8

Zusammensetzung des gemessenen Monohydrats: $MnCl_2 \cdot 0.90H_2O$ [17]. Ältere Angaben für den Übergang (1) bei 20 bis 100°C s. [18].

Reactions with Elements and Compounds

Reaktionen mit Elementen oder Verbindungen. Mit atomarem H reagiert $MnCl_2 \cdot 4H_2O$ nur wenig, im Verlaufe von 40 min tritt oberflächliche Dunkelfärbung auf. Die beobachtete rötliche Fluoreszenz hört nach etwa 30 min auf; auch an der Wand des Reaktionsrohres zeigt sich ein leuchtender Belag zerstäubten Salzes [19].

Zwischen $H_2{}^{18}O$ und den H_2O-Molekülen des Kristallwassers findet Isotopenaustausch in wenigen Minuten bis zum Gleichgewicht statt [20]. — Das im Tetrahydrat enthaltene Kristallwasser führt zur Hydrolyse von Diboran [21], Ca-Carbid, PCl_3 oder CH_3COCl [22].

Literatur zur Toxizität von $MnCl_2 \cdot 4H_2O$ s. [23].

Literatur:

[1] A. Benrath (Z. Anorg. Allgem. Chem. **235** [1938] 42/8, 45). — [2] R. Brandes (Ann. Physik Chem. [2] **22** [1831] 255/73, 260). — [3] E. M. Farrer, S. U. Pickering (Chem. News **53** [1886] 279). — [4] W. Müller-Erzbach (Ann. Physik Chem. [2] **27** [1886] 623/30; Ber. Deut. Chem. Ges. **22** [1889] 3181/2). — [5] P. Kuznetsov (Zh. Russ. Fiz. Khim. Obshchestva **30** [1898] 741/8, 742; C. **1899** I 246).

[6] H. M. Dawson, P. Williams (Z. Physik. Chem. **31** [1899] 59/68). — [7] W. S. Castor, F. Basolo (J. Am. Chem. Soc. **75** [1953] 4804/7, 4807/10). — [8] O. W. Muelder (Proc. Iowa Acad. Sci. **46** [1939] 194/5; C.A. **1940** 6874). — [9] H. J. Borchardt, F. Daniels (J. Phys. Chem. **61** [1957] 917/21), H. J. Borchardt (Diss. Univ. of Wisconsin, Madison, 1956, 131 S., S. 46/8; Diss. Abstr. **16** [1956] 1807). — [10] V. V. Pechkovskii, S. A. Amirova, N. I. Vorob'ev, T. V. Ostrovskaya (Zh. Neorgan. Khim. **9** [1964] 2059/65; Russ. J. Inorg. Chem. **9** [1964] 1113/7).

[11] P. Lumme, M.-T. Raivio (Suomen Kemistilehti B **41** [1968] 194/202; C.A. **69** [1968] Nr. 70245). — [12] P. Lumme, O. Vuokila (Suomen Kemistilehti B **42** [1969] 306/11; C.A. **71** [1969] Nr. 95396). — [13] I. G. Murgulescu, E. I. Segal (Acad. Rep. Populare Romine Studii Cercetari Chim. **7** Nr. 1 [1959] 21/33, 30; Rev. Chim. Acad. Rep. Populaire Roumaine **4** [1959] 159/70; C.A. **56** [1962] 13592; Analele Univ. C. I. Parhon Ser. Stiint. Nat. Nr. 22 [1959] 75/89, 85). — [14] A. Glasner, I. Mayer (Bull. Res. Council Israel A **9** [1960] 161/72). — [15] G. I. Zvorykina (Zh. Prikl. Khim. **30** [1957] 1515/25; J. Appl. Chem. USSR **30** [1957] 1582/91).

[16] R. Lecuir, R. Lecuir (Compt. Rend. **237** [1953] 1415/7). — [17] K. Sano (J. Chem. Soc. Japan **59** [1938] 846/8, **60** [1939] 366/8; C.A. **1938** 7329, **1939** 5266). — [18] H. Lescoeur (Ann. Chim. Phys. [6] **19** [1890] 533/56, 543, [7] **2** [1894] 78/117, 79, 116). — [19] H. Kroepelin, E. Vogel (Z. Anorg. Allgem. Chem. **229** [1936] 1/15, 7). — [20] K. H. Peinelt (Freiberger Forschungsh. A Nr. 267 [1961] 353/61, 355; Abhandl. Deut. Akad. Wiss. Berlin Kl. Chem. Geol. Biol. **1964** Nr. 7, S. 765/9).

[21] C. Naccache, B. Imelik (Compt. Rend. **250** [1960] 2019/21). — [22] V. I. Semishin (Zh. Obshch. Khim. **16** [1946] 523/30; C.A. **1947** 1145). — [23] Nguyen Phu Lich (Aliment. Vie **59** Nr. 2 [1971] 103/53, 113/8). — [24] C. E. Bamberger, D. M. Richardson (J. Inorg. Nucl. Chem. **39** [1977] 150/1).

5.2.5.7 Löslichkeit

Solubility

Zur Löslichkeit in H_2O s. S. 32. — In Methanol, Glykol, Glycerin und Aceton beträgt die angenäherte Löslichkeit von $MnCl_2 \cdot 4H_2O$ 100 bis 1000 g/l, in binären Gemischen von Glykol oder Glycerin und NH_3 10 bis 100 g/l, wobei unter Farbänderung von nahezu Farblos nach Rötlichbraun Mn^{II} zu Mn^{III} oxidiert wird. In mit NH_3 gesättigtem Amylalkohol beträgt die Löslichkeit 0.1 bis 1 g/l, in mit NH_3 oder H_2S gesättigtem Aceton 1 bis 10 g/l bzw. 0.1 bis 1 g/l [1].

In Äther-HF-Mischungen bleibt die Löslichkeit bis 6 Gew.-% HF praktisch konstant etwa 4×10^{-9} g-Atom Mn/ml bei 29°C, während sie in Äther-HNO_3-Mischungen auf etwa 2×10^{-7} g-Atom Mn/ml bei 4 Gew.-% HNO_3 ansteigt. Die Extrapolation der Kurven führt zu einer Löslichkeit von etwa 4×10^{-9} g-Atom Mn/ml in reinem Äther (gemessen mit Hilfe von ^{54}Mn) [3]. — In mit HCl gesättigtem Dioxan beträgt die Löslichkeit 0.1 bis 1 g/l. In mit HCl gesättigtem Benzol oder Trichloräthylen ist das Tetrahydrat nicht löslich [1], ebensowenig in Terpentinöl [2]. — Beim Lösen in Acetamid wird das Kristallwasser vollständig abgespalten, in Urethan bleiben 0.72 mol H_2O auch in Lösung an $MnCl_2$ gebunden [4]. — Über nichtwäßrige Lösungen von $MnCl_2 \cdot 4H_2O$ s. auch S. 78.

Literatur:

[1] H. Barber, D. Ali (Mikrochemie **38** [1951] 194/211, 207). — [2] R. Brandes (Ann. Physik Chem. [2] **22** [1831] 255/73, 263/6). — [3] R. A. A. Muzzarelli (Can. J. Chem. **44** [1966] 747/52, 750). — [4] G. Bruni, A. Manuelli (Z. Elektrochem. **10** [1904] 601/4).

5.2.6 Mangandichlorid-dihydrat $MnCl_2 \cdot 2H_2O$ und $MnCl_2 \cdot 2D_2O$

Manganese Dichloride Dihydrate

5.2.6.1 Bildung und Darstellung

Formation. Preparation

Das rosa gefärbte $MnCl_2 \cdot 2H_2O$ tritt im System $MnCl_2$-H_2O auf, vgl. S. 31. Es wird durch Entwässerung von $MnCl_2 \cdot 4H_2O$ (s. S. 51) oder durch Auskristallisieren aus $MnCl_2$-Lösung zwischen 58 und 198°C (vgl. S. 31) dargestellt.

Das Tetrahydrat wird bei gewöhnlicher Temperatur im Vakuum über $CaCl_2$ in 12 bis 14 h zum Dihydrat entwässert; innerhalb von 7 d wird unter diesen Bedingungen keine weitere Wasserabgabe beobachtet [1], s. auch [2]. Analog ist bereits von Goldschmidt, Syngros [3] die Entwässerung über H_2SO_4 durchgeführt worden; vgl. auch Sabatier [4], der auf diese Weise ein Hydrat der Zusammensetzung $MnCl_2 \cdot {}^5/_3 H_2O$ erhalten zu haben glaubte.

Preparation of $MnCl_2 \cdot 2D_2O$

$MnCl_2 \cdot 2D_2O$ wird analog aus dem Tetradeuterat (s. S. 34) hergestellt [5]. Teilweise und vollständig deuterierte Verbindungen werden erhalten, wenn die Auflösung von gereinigtem $MnCl_2 \cdot 2H_2O$ in D_2O über $CaCl_2$ im Vakuumexsikkator zur Trockne eingedampft wird. Der Prozeß wird wiederholt, bis eine nahezu vollständig deuterierte Verbindung erhalten wird [2]. Sie wird ferner durch wiederholte Auflösung des Dihydrats in D_2O im Vakuum bei ≈65°C hergestellt [6].

Zur Entwässerung von $MnCl_2 \cdot 4H_2O$ und $MnCl_2 \cdot 4D_2O$ zu $MnCl_2 \cdot 2H_2O$ bzw. $MnCl_2 \cdot 2D_2O$ ist $SOCl_2$ bei gewöhnlicher Temperatur geeignet [7, 8].

Die Angaben über die Temperatur des Auskristallisierens von $MnCl_2 \cdot 2H_2O$ aus heiß gesättigter, wäßriger $MnCl_2$-Lösung schwanken zwischen 75, 70 [9, 10], 65 [11] und 60°C [12]. — Aus Methanol-H_2O-Lösung von etwa 60°C kristallisiert das Dihydrat gleichfalls aus [13]. — Nach älteren Angaben wird die gesättigte, wäßrige [14, 15] (vgl. auch [4]) oder alkoholisch-wäßrige $MnCl_2$-Lösung [16] mit HCl gesättigt, um $MnCl_2 \cdot 2H_2O$ abzuscheiden.

Da das Dihydrat bei etwa 60°C als Bodenkörper im System LiCl-$MnCl_2$-H_2O (s. S. 98) und $MgCl_2$-$MnCl_2$-H_2O (s. S. 215) auftritt, wird es auch durch Umsetzung von konzentrierter wäßriger LiCl-Lösung mit $MnCl_2$-Lösung sowie durch Eindampfen und Abkühlen der Lösung erhalten. In Gegenwart von $MgCl_2$ erfolgt die Kristallisation aus mit Salzsäure angesäuerter, wäßriger oder wäßrig-alkoholischer Lösung [17].

Single Crystals

Einkristalle werden durch langsames Verdampfen einer wäßrigen $MnCl_2$-Lösung bei 70 ± 0.5°C dargestellt [18, 19], s. auch [20].

Thermodynamic Data of Formation

Thermodynamische Daten der Bildung. Für die Bildungsenthalpie ΔH (in kcal/mol) von festem $MnCl_2 \cdot 2H_2O$ aus den Elementen unter Standardbedingungen wird durch Neuberechnung aus Literaturdaten unter Verwendung neuerer Werte für alle zusätzlichen Größen $\Delta H^\circ = -261.0$ [21] bei 298.15 K angegeben gegenüber dem älteren Standardwert $\Delta H^\circ = -276.7$ [22]. Bei 18°C aus Lösungswärmen berechneter Wert: $\Delta H = -257.2$ [23]. — Die freie Bildungsenthalpie ΔG von festem $MnCl_2 \cdot 2H_2O$ unter Standardbedingungen wird zu $\Delta G^\circ_{298} = -225.2$ kcal/mol neu berechnet [21].

Literatur:

[1] B. B. Bose, M. H. Khundkar (J. Indian Chem. Soc. Ind. News Ed. **14** [1951] 39/40). — [2] K. Ichida, Y. Kuroda, D. Nakamura, M. Kubo (Spectrochim. Acta A **28** [1972] 2433/41, 2436). — [3] H. Goldschmidt, K. L. Syngros (Z. Anorg. Allgem. Chem. **5** [1894] 129/46, 139). — [4] P. Sabatier (Bull. Soc. Chim. France [3] **1** [1889] 88/91, [3] **11** [1894] 546/9). — [5] O. W. Muelder (Proc. Iowa Acad. Sci. **46** [1939] 194/5; C.A. **1940** 6874).

[6] B. K. Srivastava, D. P. Khandelwal, H. D. Bist (Indian J. Pure Appl. Phys. **14** [1976] 240/2). — [7] D. Oelkrug (Z. Physik. Chem. [Frankfurt] **63** [1969] 66/83, 82). — [8] D. Oelkrug, A. Wölpl (Ber. Bunsenges. Physik. Chem. **76** [1972] 1088/92). — [9] R. D. Spence, K. V. S. R. Rao (J. Chem. Phys. **52** [1970] 2740/4). — [10] C. J. Marzzacco, D. S. McClure (Symp. Faraday Soc. Nr. 3 [1969/70] 106/18, 106).

[11] B. K. Vainshtein (Dokl. Akad. Nauk SSSR [2] **83** [1952] 227/30; Tr. Inst. Kristallogr. Akad. Nauk SSSR Nr. 10 [1954] 49/61; C.A. **1956** 1404). — [12] D. H. Goode (J. Chem. Phys. **43** [1965] 2830/9, 2831). — [13] A. Neuhaus (Z. Krist. **98** [1938] 112/42, 115). — [14] H. Lescoeur (Ann. Chim. Phys. [7] **2** [1894] 78/117, 79). — [15] A. Ditte (Ann. Chim. Phys. [5] **22** [1881] 551/66, 563).

[16] H. M. Dawson, P. Williams (Z. Physik. Chem. **31** [1899] 59/68, 64). — [17] C. E. Saunders (Am. Chem. J. **14** [1892] 127/52, 127). — [18] K. E. Lawson (J. Chem. Phys. **44** [1966] 4159/66, 4159). — [19] B. Morosin, E. J. Graeber (J. Chem. Phys. **42** [1965] 898/901). — [20] J. N. McElearney, S. Merchant, R. L. Carlin (Inorg. Chem. **12** [1973] 906/8).

[21] D. D. Wagman, W. H. Evans, V. B. Parker, I. Halow, S. M. Bailey, R. H. Schumm (Natl. Bur. Std. [U.S.] Tech. Note 270-4 [1969] 1/141, 107/8). — [22] F. D. Rossini, D. D. Wagman, W. H. Evans, S. Levine, I. Jaffe (Natl. Bur. Std. [U.S.] Circ. Nr. 500 [1952] Tabelle 48-2, S. 274). — [23] F. R. Bichowsky, F. D. Rossini (The Thermochemistry of the Chemical Substances, New York 1936, S. 93, 315).

5.2.6.2 Kristallographische Eigenschaften

Crystallographic Properties

Die Kristalle sind prismatisch nach {110} [1 bis 3] oder nadelförmig nach [001] [1, 2, 4]; sie treten häufig in Aggregaten oder als radialstrahlige Bündel von Fasern auf. Ausgezeichnete Spaltbarkeit parallel zur Wachstumsachse [1, 3, 4]. Einige Kristalle zeigen mechanische Zwillingsbildung, wobei die Zwillingsebenen einen steilen Winkel mit der Wachstumsachse bilden [4]. Es wird eine starke Neigung zu Hohlwachstum beobachtet [1].

$MnCl_2 \cdot 2H_2O$ kristallisiert monoklin und ist isotyp mit $CoCl_2 \cdot 2H_2O$ [1], vgl. „Kobalt" Erg.-Bd. A, S. 551, s. auch [5].

Röntgenographische [1, 4, 6] und Elektronenbeugungsuntersuchungen [7] ergeben folgende Gitterkonstanten bei Raumtemperatur [1, 4, 7] bzw. bei 25°C [6]:

a in Å	b in Å	c in Å	β	Lit.
7.4062 (5)	8.8032 (5)	3.6881 (5)	98.22 (1)°	[6]
7.409 ± 0.004	8.800 ± 0.004	3.691 ± 0.002	98.67° ± 0.02°	[4]
7.403 ± 0.010	8.770 ± 0.005	3.701 ± 0.05	98°5′	[7, 8]
7.33	8.75	3.68	98°41′	[1, 9]

Tabelle der d-Werte s. [6]. Z = 2 [1]. Raumgruppe C2/m-C_{2h}^3 (Nr. 12) [7]. Röntgenographisch bestimmte Atomkoordinaten (R = 5.5%) [4]:

Atom	Punktlage	x	y	z
Mn	2a	0	0	0
Cl	4i	0.24089 ± 0.00004	0	0.55850 ± 0.00014
O	4g	0	0.24432 ± 0.00013	0
H	8j	0.0863 ± 0.0072	0.3031 ± 0.0065	0.098 ± 0.023

Die Lagen von Mn, Cl und O stimmen im wesentlichen mit den aus Elektronenbeugungsaufnahmen erhaltenen überein [7]. Nach dem elektrostatischen Modell von Baur [10] werden für H folgende Parameter berechnet: x = 0.105, y = 0.308, z = 0.086 [11].

Atomabstände: Mn-Cl = 2.515 und 2.592 Å, Mn-O = 2.150 Å, Cl-O = 3.234 und 3.767 Å, O-H = 0.86 Å; Winkel: Cl-Mn-Cl = 87.45°, Mn-O-Cl = 134.08°, H-O-H = 105.9°, O-H-Cl = 164.0° [4]. — Aus dem elektrostatischen Modell folgen der Abstand H···Cl = 2.329 Å sowie die Winkel O-H···Cl = 154.6° und Cl···O···Cl = 91.8°. Ein unerwartetes Ergebnis ist die Abweichung der H-O-H-Ebene um mehr als 9° von der Cl···O···Cl-Ebene [11]. Weitere Einzelheiten der Kettenstruktur und der H-Brückenbindungen s. **Fig. 17**, S. 56 [2]. — Für das Wasser ist die H-Bindung hinreichend stark, wie aus der Tatsache deutlich wird, daß die Wellenzahlen der Dehnungsschwingungen des H_2O viel kleiner, die der Biegungsschwingung dagegen etwas größer sind als bei den an H_2O-Dampf [12] beobachteten Banden.

Lattice Energy

Gitterenergie U = 521.2 kcal/mol, berechnet aus den Bildungsenthalpien der gasförmigen Ionen und derjenigen der festen Verbindung [13].

Literatur:

[1] A. Neuhaus (Z. Krist. **98** [1938] 112/42, 114). — [2] R. D. Spence, K. V. S. Rama Rao (J. Chem. Phys. **52** [1970] 2740/4). — [3] J. N. McElearney, S. Merchant, R. L. Carlin (Inorg. Chem. **12** [1973] 906/8). — [4] B. Morosin, E. J. Graeber (J. Chem. Phys. **42** [1965] 898/901). — [5] B. K. Vajnštein (Nuovo Cimento Suppl. [10] **3** [1956] 773/97, 789).

[6] H. E. Swanson, H. F. McMurdie, M. C. Morris, E. H. Evans, B. Paretzkin (Natl. Bur. Std. [U.S.] Monograph Nr. 25, Tl. 11 [1974] 1/129, 38). — [7] B. K. Vainshtein (Dokl. Akad. Nauk SSSR [2] **83** [1952] 227/30; Structure Reports, Bd. 16, 1952, S. 184/5). — [8] B. K. Vainshtein (Tr. Inst. Kristallogr. Akad. Nauk SSSR **10** [1954] 49/61, 52; C.A. **1956** 1404). — [9] J. D. H. Donnay, H. M. Ondik (Crystal Data, Determinative Tables, 3. Aufl., Bd. 2, Inorganic Compounds, Washington, D.C., 1973, S. M-52). — [10] W. H. Baur (Acta Cryst. **19** [1965] 909/16).

[11] Z. M. el Saffar (J. Chem. Phys. **52** [1970] 4097/9). — [12] R. A. Fifer, J. Schiffer (J. Chem. Phys. **52** [1970] 2664/70), R. A. Fifer (Diss. Temple Univ., Philadelphia, Pa., 1970, 138 S. nach Diss. Abstr. Intern. B **31** [1970] 1865). — [13] Ya. A. Ugai (Tr. Voronezhsk. Univ. **42** Nr. 2 [1956] 35/6; C.A. **1959** 13772).

Crystal Structure of $MnCl_2 \cdot 2H_2O$

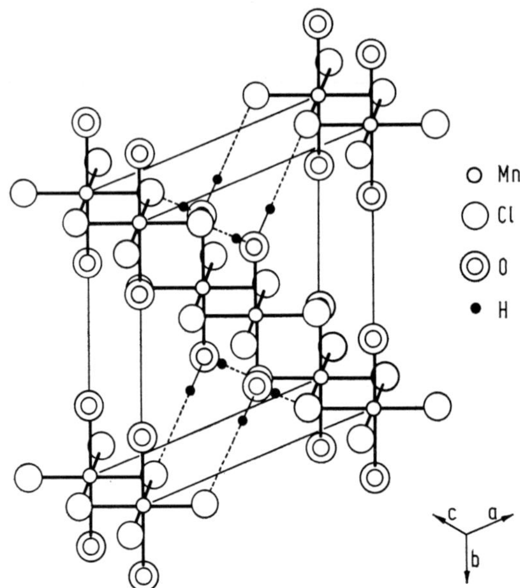

Fig. 17

Kristallstruktur von $MnCl_2 \cdot 2H_2O$ mit einigen H-Brückenbindungen der mittleren Kette.

Mechanical and Thermal Properties

5.2.6.3 Mechanische und thermische Eigenschaften

Dichte D in g/cm^3, pyknometrisch (wahrscheinlich bei gewöhnlicher Temperatur) bestimmt: $D = 2.272 \pm 0.009$ [1]. Aus röntgenographischen Daten berechnet: D = 2.259 bei 25°C [1, 2], 2.320 [3].

Über die Messung der Wärmekapazität liegt nur eine kurze Notiz vor; danach wurde im Bereich zwischen 1 und 15 K ein Maximum bei 6.68 K infolge der magnetischen Umwandlung beobachtet, daneben aber auch das dem $MnCl_2 \cdot 4H_2O$ zuzuschreibende Maximum bei 1.62 K (s. S. 42) [4]. — Für den Wert der Standardentropie $S^\circ_{298} = 52.3$ cal · mol^{-1} · K^{-1} geben Wagman u.a. [5] die zugrunde gelegten Meßdaten nicht an.

Literatur:

[1] B. Morosin, E. J. Graeber (J. Chem. Phys. **42** [1965] 898/901). — [2] H. E. Swanson, H. F. McMurdie, M. C. Morris, E. H. Evans, B. Paretzkin (Natl. Bur. Std. [U.S.] Monograph Nr. 25, Tl. 11 [1974] 1/129, 38). — [3] B. K. Vainshtein (Dokl. Akad. Nauk SSSR [2] **83** [1952] 227/30). — [4] P. T. Bailey, J. R. Ricks, H. Forstat (Bull. Am. Phys. Soc. [2] **14** [1969] 540). — [5] D. D. Wagman, W. H. Evans, V. B. Parker, I. Halow, S. M. Bailey, R. H. Schumm (Natl. Bur. Std. [U.S.] Tech. Note 270-4 [1969] 1/141, 108).

5.2.6.4 Magnetische Eigenschaften

Magnetic Properties

Messungen der Suszeptibilität χ zwischen 1.5 und 20 K in Richtung der b- und der c-Achse sowie der zu beiden senkrechten a'-Achse zeigen bei den höheren Temperaturen im paramagnetischen Zustand keine Anisotropie. Zwischen 20 und 14 K nimmt χ_{mol} linear von 0.11 auf 0.14 cm^3/mol zu; unterhalb von etwa 14 K sind $\chi_{a'}$ und χ_b noch gleich groß, während χ_c mit abnehmender Temperatur allmählich ansteigt. Unterhalb der Néel-Temperatur T_N fällt χ_b steil von 0.162 auf 0.012 cm^3/mol ab, da die b-Achse die Richtung der leichten Magnetisierbarkeit darstellt [1]. Daß die Momente sich in Richtung der b-Achse ausrichten, ergibt sich auch aus Suszeptibilitätsmessungen von Cowen und Fairall [2], deren Ergebnisse von McElearney u.a. [1] mitgeteilt werden.

Die magnetische Umwandlung erfolgt nach Suszeptibilitätsmessungen bei $T_N = 6.90 \pm 0.03$ K [1], nach Kernresonanzuntersuchungen bei $T_N = 6.8$ K [3], nach kalorimetrischen Messungen (s. S. 56) bei 6.68 K [4].

Im geordneten Zustand bilden die Mn-Ionen lineare Ketten parallel zur c-Achse, in denen die Mn-Momente antiferromagnetisch gekoppelt sind, s. **Fig. 18**. Die aus den Cl-Resonanzdaten abgeleitete magnetische Raumgruppe $C_{2c}2/m$ (nach Opechowski, Guccione [5]; C_c2/m, Nr. 63, nach Belov u.a. [6]) wird durch die aus Messungen der Protonenresonanz berechneten Werte des dipolaren Magnetfeldes in Richtung der a-, b- und c-Achse bestätigt [3].

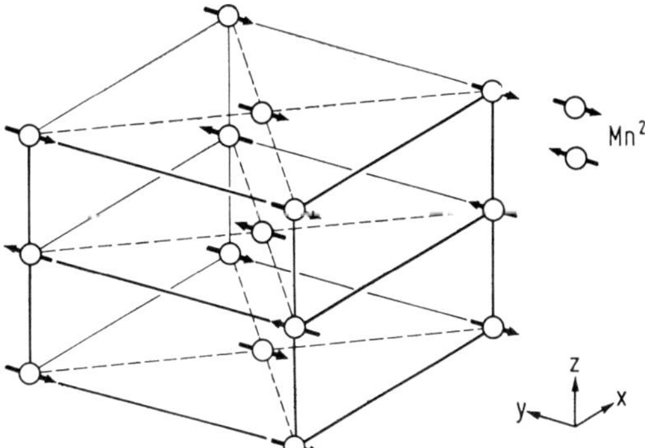

Fig. 18

Magnetische Struktur von $MnCl_2 \cdot 2H_2O$ unterhalb $T_N = 6.8$ K.

Für die Austauschwechselwirkung ergibt sich aus experimentellen Ergebnissen für χ unter Verwendung der Gleichung von Fisher [7] für ein klassisches Heisenberg-Modell, daß die Austauschparameter innerhalb einer Kette J/k und zwischen den Ketten J'/k innerhalb des experimentellen Fehlerbereichs gleich sind: $J/k = -0.45 \pm 0.03$ K, $J'/k = -0.48 \pm 0.03$ K [2].

Im EPR-Spektrum erweist sich die Linienbreite im Bereich von 9.52 bis 34.7 GHz als nahezu konstant (495 bis 545 G) [8]; ältere Messungen s. bei Schneider, Forrester [9].

Die kernmagnetische Resonanz wird für ^1H und ^{35}Cl an Einkristallen im antiferromagnetischen Zustand untersucht. Die ^1H-Resonanzfrequenz ohne äußeres Feld fällt von ≈18 MHz bei 1.0 K auf ≈15 MHz bei 4.7 K (aus Figur im Original abgelesen). Aus der Winkelabhängigkeit der Protonenresonanz in einem äußeren Feld von 250 Oe kann auf die Richtung der inneren Felder an den Protonenplätzen geschlossen werden [3]. Die Spin-Gitter-Relaxationszeit T_1 beträgt bei 1.34 K ohne äußeres Feld 47.5 ms. Die in einem äußeren Feld gemessene Winkelabhängigkeit von T_1 ist in Einklang mit einem 2-Magnonen-Prozeß (s. dazu „Mangan" C 4, S. 52) [10]. — Die ^{35}Cl-Resonanz ohne äußeres Feld besteht zwischen 2 und 6 K aus zwei Linien, die nur wenig gegenüber der reinen Quadrupolresonanz im paramagnetischen Zustand (≈4 MHz) verschoben sind und bei 6.8 K in diese übergehen. In einem kleinen äußeren Feld spaltet jede Komponente in zwei weitere Komponenten auf. Aus der Winkelabhängigkeit der Aufspaltung folgt, daß die inneren magnetischen Felder an den Cl-Plätzen entlang der b-Achse gerichtet sind. Die Quadrupolkopplungskonstante wird mit $e^2qQ/h = 7.844$ MHz, der Asymmetrieparameter mit $\eta = 0.6$ angegeben [3].

Literatur:

[1] J. N. McElearney, S. Merchant, R. L. Carlin (Inorg. Chem. **12** [1973] 906/8). — [2] J. A. Cowen, C. Fairall (unveröffentlichte Messungen). — [3] R. D. Spence, K. V. S. Rama Rao (J. Chem. Phys. **52** [1970] 2740/4). — [4] P. T. Bailey, J. R. Ricks, H. Forstat (Bull. Am. Phys. Soc. [2] **14** [1969] 540). — [5] W. Opechowski, R. Guccione (in: G. T. Rado, H. Suhl, Magnetism, Bd. 2 A, Kapitel 3, New York 1965).

[6] N. V. Belov, N. N. Neronova, T. S. Smirnova (Kristallografiya **2** [1957] 315/25; Soviet Phys.-Cryst. **2** [1957] 311/22). — [7] M. E. Fisher (Am. J. Phys. **32** [1964] 343/6). — [8] Y. Servant, E. Palangié (Compt. Rend. B **276** [1973] 801/3). — [9] E. E. Schneider, P. A. Forrester (Arch. Sci. [Geneva] **11** [1958] Fasc. Spec. S. 143/9, 145). — [10] T. Gioto, A. Hirai, T. Haseda (Phys. Letters A **33** [1970] 185/6).

Optical Properties of $MnCl_2 \cdot 2H_2O$

5.2.6.5 Optische Eigenschaften

Die Absorption des Mn^{2+}-Ions bewirkt, daß $MnCl_2 \cdot 2H_2O$ wie die meisten Verbindungen des zweiwertigen Mn blaßrosa bis rosa gefärbt ist [1]. — Die Verbindung ist optisch zweiachsig positiv. Für die D-Linie ergeben sich bei 20°C die Brechungsindizes $n_\alpha = 1.584 \pm 0.002$, $n_\beta = 1.611 \pm 0.002$ und $n_\gamma = 1.666 \pm 0.002$, mit $n_\alpha \| [010]$, $2V = 72°$ [1], s. auch [2]. Spätere Messungen ergeben $n_\alpha = 1.583$, $n_\beta = 1.613$ und $n_\gamma = 1.664$ bei 25°C [3].

Im IR-Spektrum treten zwischen 200 und 700 cm^{-1} die Gitterschwingungen, die Mn-O-Dehnungsschwingung und die Schaukelschwingungen der H_2O-Moleküle gegen die $MnCl_2$-Ketten auf. Von den Gitterschwingungen finden Ichida u.a. [4] nur die Bande bei 245 cm^{-1}, der Mn-O-Schwingung entspricht eine Bande bei etwa 375 cm^{-1}. Die Kippschwingung (wagging mode) tritt bei 357 cm^{-1} ($MnCl_2 \cdot 2H_2O$) bzw. 275 cm^{-1} ($MnCl_2 \cdot 2D_2O$) auf, die Schaukelschwingung (rocking mode) bei 562 bzw. 428 cm^{-1}. Hieraus ergeben sich die Produkte aus Kraftkonstante und effektiver Ladung des H-Atoms (die etwa bei e/3 liegen dürfte) zu 0.074 mdyn/Å (wagging) und 0.311 mdyn/Å (rocking) [4]. Bei einer früheren Untersuchung wurden in diesem Bereich nur drei Banden bei 230, 400 und 565 cm^{-1} gefunden, darüber hinaus sechs Banden zwischen 100 und 210 cm^{-1} [5].

Den Schwingungen ν_1, ν_2, ν_3 der Wassermoleküle werden von Fifer und Schiffer [6] bei einem Vergleich mit anderen Dichlorid-Hydraten und H_2O selbst folgende, bei 85 K beobachtete Absorptionsmaxima (in cm^{-1}) zugeordnet:

$MnCl_2 \cdot 2H_2O$			$MnCl_2 \cdot 2HDO$			$MnCl_2 \cdot 2D_2O$		
3440	1611	3488	2558	1424	3464	2520	1190	2602

Hieraus lassen sich fünf Kraftkonstanten für die H_2O-Schwingungen ableiten (s. Original) [6]. Die Wellenzahl der ν_2-Bande verschiebt sich, wenn das Salz in KBr eingebettet wird, allmählich zu größeren Wellenzahlen (um etwa 10 cm^{-1} in 20 h), in Nujol-Mull dagegen nicht [7]. Die Anharmonizität dieser ν_2-Schwingung von H_2O und D_2O wird von Srivastava u.a. [8] berechnet.

Literatur:

[1] A. Neuhaus (Z. Krist. **98** [1938] 112/42, 114/8). — [2] J. D. H. Donnay, H. M. Ondik (Crystal Data, Determinative Tables, 3. Aufl., Bd. 2, Inorganic Compounds, Washington, D.C., 1973, S. M-52). — [3] H. E. Swanson, H. F. McMurdie, M. C. Morris, E. H. Evans, B. Paretzkin (Natl. Bur. Std. [U.S.] Monograph Nr. 25, Tl. 11 [1974] 1/129, 38). — [4] K. Ichida, Y. Kuroda, D. Nakamura, M. Kubo (Spectrochim. Acta A **28** [1972] 2433/41). — [5] D. M. Adams, P. J. Lock (J. Chem. Soc. A **1971** 2801/6).

[6] R. A. Fifer, J. Schiffer (J. Chem. Phys. **52** [1970] 2664/70), R. A. Fifer (Diss. Temple Univ., Philadelphia, Pa., 1970 nach Diss. Abstr. Intern. B **31** [1970] 1865). — [7] B. K. Srivastava, D. P. Khandelwal, H. D. Bist (Indian J. Pure Appl. Phys. **14** [1976] 240/2). — [8] B. K. Srivastava, D. P. Khandelwal, H. D. Bist (Solid State Commun. **19** [1976] 985/7).

5.2.6.6 Chemisches Verhalten

Chemical Behavior

Die Zersetzung von $MnCl_2 \cdot 2H_2O$, die bei 198°C unter Bildung von $MnCl_2 \cdot H_2O$ (vgl. unten) verläuft, wird bei der Zersetzung des Tetrahydrats mitbehandelt, s. S. 51, s. auch S. 31. — $MnCl_2 \cdot 2H_2O$ ist sehr hygroskopisch [1]. Durch Aufnahme von Feuchtigkeit aus der Luft entsteht aus dem Dihydrat das Tetrahydrat [2, 3].

Literatur:

[1] A. Neuhaus (Z. Krist. **98** [1937/38] 112/42, 114). — [2] P. Kuznetsov (Zh. Russ. Fiz. Khim. Obshchestva **30** [1898] 741/8, 742; C. **1899** I 246). — [3] D. H. Goode (J. Chem. Phys. **43** [1965] 2830/9, 2831).

5.2.7 Mangandichlorid-monohydrat $MnCl_2 \cdot H_2O$

Manganese Dichloride Monohydrate

Die Verbindung tritt im System $MnCl_2 \cdot H_2O$ auf (s. S. 31). Sie wird als Zwischenprodukt bei der thermischen Zersetzung von $MnCl_2 \cdot 4H_2O$ (vgl. S. 51) in Luft gebildet [1], im Luftstrom bei etwa 150°C [2]. Entsprechend entsteht sie aus dem Dihydrat (s. oben) durch Entwässerung [3 bis 5]. Als Übergangstemperatur wird von Benrath [6] 198°C (vgl. S. 31) angegeben; aus der DTA ergibt sich 135 ± 5°C [7].

Für die Bildungsenthalpie von festem $MnCl_2 \cdot H_2O$ aus den Elementen unter Standardbedingungen wird $\Delta H^{\circ}_{298} = -188.8$ kcal/mol [8] angegeben gegenüber dem älteren Standardwert $\Delta H^{\circ}_{298} = -188.5$ kcal/mol [9]. — Freie Bildungsenthalpie unter Standardbedingungen: $\Delta G^{\circ}_{298} = -166.4$ kcal/mol [8] und -164.5 kcal/mol [10]. — Entropie $S^{\circ}_{298} = 41.6\ \mathrm{cal \cdot mol^{-1} \cdot K^{-1}}$ [8].

Literatur:

[1] P. Lumme, M.-T. Raivio (Suomen Kemistilehti B **41** [1968] 194/202, 194; C.A. **69** [1968] Nr. 70245). — [2] P. Dubois (Compt. Rend. **198** [1934] 1502/4). — [3] P. Dubois, E. Rencker (Compt. Rend. **200** [1935] 131/4). — [4] E. Rencker (Bull. Soc. Chim. France [5] **3** [1936] 978/81). — [5] B. B. Bose, M. H. Khundkar (J. Indian Chem. Soc. Ind. News Ed. **14** [1951] 45/9).

[6] A. Benrath (Z. Anorg. Allgem. Chem. **247** [1941] 147/60, 149). — [7] H. J. Borchardt, F. Daniels (J. Phys. Chem. **61** [1957] 917/21), H. J. Borchardt (Diss. Univ. of Wisconsin, Madison, 1956, 131 S., S. 46/7; Diss. Abstr. **16** [1956] 1807). — [8] D. D. Wagman, W. H. Evans, V. B. Parker, I. Halow, S. M. Bailey, R. H. Schumm (Natl. Bur. Std. [U.S.] Tech. Note 270-4 [1969] 1/141, 107/8). — [9] F. D. Rossini, D. D. Wagman, W. H. Evans, S. Levine, I. Jaffe (Natl. Bur. Std. [U.S.] Circ. Nr. 500 [1952] Tabelle 48-2, S. 274). — [10] W. M. Latimer (The Oxidation States of the Elements and Their Potentials in Aqueous Solutions, 2. Aufl., New York 1952, S. 235).

5.2.8 Wäßrige Lösung von $MnCl_2$

Aqueous Solution of $MnCl_2$

5.2.8.1 Bildungsdaten, Lösungsenthalpien

Heats of Formation and Solution

Aus Angaben von Thomsen [1] leiten Bichowsky, Rossini [2] die Bildungsenthalpie $\Delta H = -128.7$ kcal/mol bei 18°C ab. Mit Einbeziehung der Meßdaten von Kapustinskii [3] gelangen Rossini u.a. [4] zu dem Wert $\Delta H = -132.0$ kcal/mol, den Wagman u.a. [5] ohne Angaben über neue Literaturquellen auf -132.66 kcal/mol korrigieren. Diese Autoren [5] berechnen die Änderung der freien Energie bei der Bildung von undissoziiertem $MnCl_2$ in hypothetisch idealer 1molaler Lösung zu $\Delta G = -117.6$ kcal/mol.

Die Lösungsenthalpie bei 25°C ergibt sich aus verschiedenen Meßdaten [6, 7] für das wasserfreie Chlorid zu $\Delta H_L = -17.5$ kcal/mol [8]. Nach neueren Messungen steigt $-\Delta H_L$ von 17.826 ± 0.023 kcal/mol bei 25°C auf 22.949 ± 0.50 kcal/mol bei 95°C [9]. Ältere Werte für $-\Delta H_L$ [1, 10, 11] lagen unterhalb 17 kcal/mol. — Am Tetrahydrat werden bei 25 und 50°C die Lösungsenthalpien

Aqueous Solution of $MnCl_2$

$\Delta H_L = -1.730$ bzw. -2.768 kcal/mol in 3.3 M Lösung erhalten [12]. Die letzte Lösungsenthalpie vor Erreichen der Sättigung (0.1056 mol Tetrahydrat je 1 mol H_2O) ergibt sich kalorimetrisch zu -4.81 kcal/mol [13], aus dem Dampfdruck der gesättigten Lösung zu -4.75 [13] oder -4.87 [14] kcal/mol.

Literatur:

[1] J. Thomsen (J. Prakt. Chem. [2] **11** [1875] 402/30, 404, 408; Thermochemische Untersuchungen, 3. Bd., Leipzig 1883, S. 201, 268/9). — [2] F. R. Bichowsky, F. D. Rossini (The Thermochemistry of the Chemical Substances, New York 1936, S. 93, 315). — [3] A. F. Kapustinskii (Zh. Fiz. Khim. **15** [1941] 220/7, 222; C. A. **1943** 5308). — [4] F. D. Rossini, D. D. Wagman, W. H. Evans, S. Levine, I. Jaffe (Natl. Bur. Std. [U.S.] Circ. Nr. 500 [1952] Tabelle 48-2, S. 274). — [5] D. D. Wagman, W. H. Evans, V. B. Parker, I. Halow, S. M. Bailey, R. H. Schumm (Natl. Bur. Std. [U.S.] Tech. Note 270-4 [1969] 107/8).

[6] P. Paoletti, A. Vacca (Trans. Faraday Soc. **60** [1964] 50/5). — [7] P. Ehrlich, F. W. Koknat, H.-J. Seifert (Z. Anorg. Allgem. Chem. **341** [1965] 281/6). — [8] T. A. Zordan, L. G. Hepler (Chem. Rev. **68** [1968] 737/45, 740). — [9] M. B. Freilich (Diss. Purdue Univ., Lafayette, Indiana, 1974, S. 19/29; Diss. Abstr. Intern. B **35** [1975] 5306). — [10] S. Makishima (Z. Elektrochem. **41** [1935] 697/712, 705).

[11] A. Könneker, W. Biltz (Z. Anorg. Allgem. Chem. **242** [1939] 225/8). — [12] N. K. Voskresenskaya, K. S. Ponomareva (Dokl. Akad. Nauk SSSR [2] **45** [1944] 200/2; Compt. Rend. Acad. Sci. USSR [2] **45** [1944] 188/90; Zh. Fiz. Khim. **20** [1946] 433/40, 437, 440; C. A. **1946** 6965). — [13] J. Perreu (Compt. Rend. **198** [1934] 172/4). — [14] J. Perreu (Compt. Rend. **200** [1935] 1588/90).

Nature of Solution

5.2.8.2 Konstitution der Lösung

Complexes

5.2.8.2.1 Komplexbildung

In der Chloridlösung liegen außer dem hydratisierten Mn^{2+}-Ion noch Chlorokomplexe der Zusammensetzung $Mn(H_2O)_{6-n}Cl_n^{2-n}$ (n = 1, 2, 3) sowie Hydrolyseprodukte, vor allem $Mn(H_2O)_5OH^+$ (s. „Mangan" B, S. 368/70), vor.

In stark verdünnten, völlig dissoziierten Lösungen ist Mn^{2+} von je sechs H_2O-Molekülen umgeben, s. „Mangan" B, S. 364/5, und „Mangan" C 3, S. 282/3. Aus der Konzentrationsabhängigkeit der Spin-Gitter-Relaxationszeit schließen Tishkov, Vishnevskaya [1], daß von etwa c = 0.5 mol/l an H_2O-Moleküle der Hydrathülle durch Cl^- ersetzt werden; dieser Austausch setzt sich bis mindestens c = 5 mol/l fort. Die Analyse des Absorptionsspektrums (vgl. „Mangan" B, S. 182) zeigt, daß die Bande bei 407 nm dem $Mn(H_2O)_5Cl^+$ zuzuordnen ist; etwa bei c > 4 mol/l wird sie infolge der Bildung von $Mn(H_2O)_4Cl_2$ aufgespalten [2, 3, 41]. Die Breite der EPR-Linie ΔH ändert sich stufenartig bei c = 0.36 mol/l (Bildung von $Mn(H_2O)_5Cl^+$) und bei $c \approx 2$ mol/l (Bildung von $Mn(H_2O)_4Cl_2$) [4]. Über den Einfluß von Cl^- und anderen Anionen auf ΔH bei verschiedenen Konzentrationen s. auch Nehmiz, Stockhausen [5]. Die Größen, die die Geschwindigkeit der Bildung von $Mn(H_2O)_5Cl^+$ in $Mn(ClO_4)_2$-Lösung bei Zugabe von NaCl charakterisieren, werden bei 20 und 160°C von Hayes und Myers [6] aus ΔH abgeleitet und von McCain und Myers [7] korrigiert. Durch Relaxationsmessungen an $Mn(ClO_4)_2$- und $MnCl_2$-Lösungen sowie an Lösungen, die $Mn(ClO_4)_2$ und NaCl (im Überschuß) enthalten, versuchen Vishnevskaya und Kozyrev [8], die während der Komplexbildung bei 20 bis 90°C ablaufenden Prozesse zu identifizieren.

Das $Mn(H_2O)_5Cl^+$-Ion wurde früher oft als $MnCl^+$ bezeichnet und deswegen „Ionenpaar" genannt; es wurde schon von Günther-Schulze [9] nachgewiesen.

Komplex-Ionen, die mehr als ein Chloratom je Mn-Atom enthalten, können, wie die von Morris, Short [10] gemessenen Stabilitätskonstanten zeigen, nur in sehr konzentrierten Lösungen entstehen [11]: $Mn(H_2O)_3Cl_3^-$ erst bei Cl^--Überschuß, erst recht $MnCl_6^{4-}$ [3, 12]. — In salzsaurer Lösung entsteht auch das $MnCl_4^{2-}$-Ion, das von Łodzińska, Golińska [13] spektroskopisch nachgewiesen wird; s. hierzu S. 75 und 84.

5.2.8.2.2 Hydrolyse

Hydrolysis

Hydrolyseerscheinungen sind vermutlich die Ursache für Unterschiede des Absorptionsspektrums im kurzwelligen UV von 4.8 M $MnCl_2$-Lösungen gegenüber dem sonst weitgehend analogen Spektrum des kristallinen $MnCl_2 \cdot 4H_2O$ [14]. — Durch Zusatz von HCl in geringer Konzentration oder NaCl in hoher Konzentration wird die Fällung kleiner Mengen Mn-Oxidhydrat als Hydrolyseprodukt unterdrückt, da Cl^--Ionen das Mn^{2+} bei erhöhten Temperaturen komplex binden und damit die Gleichgewichte der Hydrolysereaktionen (1) $Mn(H_2O)_6^{2+} \rightleftharpoons Mn(H_2O)_5OH^+ + H^+$ und (2) $Mn(H_2O)_5OH^+ \rightleftharpoons Mn(OH)_2(\text{fest}) + H^+ + 4H_2O$ nach links verschieben [15]. Zur Vermeidung der Fällung von $Mn(OH)_2$ werden $MnCl_2$-Lösungen mit $HClO_4$ bis zu pH ≈ 5 angesäuert [7], s. auch Morris, Short [10].

Oberhalb 120°C erleidet 0.5 N $MnCl_2$-Lösung beim Erhitzen im Autoklaven in merkbarem Umfang Hydrolyse, die nach nephelometrischen Messungen ab 160°C stark zunimmt. Von 120 bis 150°C wird nur geringe Trübung beobachtet, die oberhalb 160°C zunimmt. Bei 200°C tritt noch keine Fällung ein [16]. Untersuchungen der Stabilität von 0.05 und 0.2 M $MnCl_2$-Lösung im Temperaturbereich von 100 bis 300°C ergeben, daß die Hydrolyse bei 200 bis 300°C zur teilweisen Fällung von Mn-Oxidhydraten führen kann, die in Abhängigkeit von der Erhitzungsdauer als brauner bis schwarzer Niederschlag oder Suspension auftreten [15]. — Zur Bildung basischer Mn-Chloride s. S. 237/8.

5.2.8.2.3 Wasserstoff-Ionenkonzentration

pH

$MnCl_2$ gehört zu den Salzen, die in verdünnter wäßriger Lösung neutral (pH ≈ 6.3), in konzentrierter Lösung sauer reagieren (pH ≈ 4.3 in etwa 3 M Lösung) [17], s. auch [18]. Auf elektrometrischem Weg bestimmte pH-Werte zahlreicher wäßriger Halogenidlösungen, darunter $MnCl_2$, im Konzentrationsbereich von etwa 0.1 M bis zur gesättigten Lösung s. [17]; s. auch „Kobalt" A, Erg.-Bd. 2, Fig. 104, S. 563.

5.2.8.2.4 Dissoziation

Dissociation

Aus Leitfähigkeitsmessungen ist zu entnehmen, daß vollständige Dissoziation bei großer Verdünnung eintritt [19]. Dissoziationsgrad α in %, ermittelt aus Leitfähigkeitsdaten (λ/λ_∞ bzw. μ/μ_∞), in Abhängigkeit von der Temperatur (in °C) bei verschiedener molarer Verdünnung V_{mol} [20], s. auch [21]:

V_{mol}	2048	1024	512	128	32	16	8	2
$\alpha_{35°}$	100.0	97.4	95.1	87.6	78.4	72.8	66.3	49.3
$\alpha_{50°}$	100.0	98.3	95.5	87.2	77.5	71.5	64.9	47.5
$\alpha_{65°}$	100.0	98.1	95.5	85.9	76.2	69.7	62.7	44.9

Für V_{mol} = 18.87 bis 0.25 bei 0°C s. [22].

5.2.8.2.5 Aktivitätskoeffizient f_a

Activity Coefficient

Änderung des Aktivitätskoeffizienten von Mn^{2+} mit der Ionenstärke in wäßriger $MnCl_2$-Lösung s. „Mangan" B, S. 368.

Aktivitätskoeffizient f_a für $MnCl_2$ in wäßriger Lösung der Molalität m in mol/kg H_2O bei 25°C (Werte in Auswahl) [23], s. auch [24]:

m	0.1	0.3	0.5	0.8	1.0	2.0	3.0	4.0	5.0	6.0
f_a	0.518	0.452	0.442	0.457	0.481	0.671	0.938	1.240	1.56	1.89

Activity Coefficients in Aqueous Solution of $MnCl_2$

Diese Werte sind nach neueren Berechnungen mit dem Faktor 1.004 zu multiplizieren [25]. Ältere, etwas höher liegende Werte für den Konzentrationsbereich von 0.04 bis 3.50 und 0.1 bis 2.2 mol $MnCl_2$/kg H_2O s. [26] bzw. [27 bis 29]. In Übereinstimmung mit diesen Werten stehen auch die berechneten Werte von Kashcheeva, Tseft [30]. — Die Abweichungen von der Debye-Hückel-Grenzgleichung werden durch Hydratationseffekte erklärt. Die mit Hilfe einer 1-Parameter-Gleichung unter Annahme der Hydratation des Kations und der Nichthydratation des Anions berechneten Werte stimmen mit den experimentellen Ergebnissen [24] im Konzentrationsbereich von 0.1 bis 1.0 mol/l gut überein [31]. Die Berechnung der Aktivitätskoeffizienten von 0.1 bis 1.4molalen $MnCl_2$-Lösungen bei 25°C mit Hilfe der Ladungen, Konzentration und Anzahl der Ionen, der Konzentration der Lösung und des Molgewichtes von H_2O ergibt ebenfalls gute Übereinstimmung mit den experimentellen [24] Werten [32]. — Über die Abhängigkeit der Minima der mittleren Aktivitätskoeffizienten von der entsprechenden Molalität der Lösung für $MnCl_2$ und andere 2-1-Elektrolyte bei 25°C s. [33]. Ableitung einer halbempirischen Gleichung zur Berechnung von Aktivitätskoeffizienten und Vergleich mit experimentellen Ergebnissen s. [34]. — Absoluter Null-Koeffizient der Aktivität von $MnCl_2$ in Wasser bei 25°C: lg $f_a(0) = -3.84$ (die absoluten Null-Koeffizienten der Aktivität stellen die Dissoziationskonstanten der Elektrolyte in Lösung dar) [35].

Osmotic Coefficient

5.2.8.2.6 Osmotischer Koeffizient f_o

Aus isopiestischen Dampfdruckbestimmungen berechnete Werte, Molalität m in mol/kg H_2O bei 25°C; Genauigkeit ±1% [24], s. auch [23] (Werte in Auswahl):

m	0.1	0.3	0.5	1.0	1.6	2.0	3.0	5.0	8.0
f_o	0.853	0.872	0.908	1.022	1.173	1.264	1.454	1.671	1.861

Hydration

5.2.8.2.7 Hydratation

Zur Hydratation des Mn^{2+}-Ions s. „Mangan" B, S. 364/8 und S. 60. — Aus Ultraschallinterferenzmessungen ergibt sich die Hydratationszahl H (in mol H_2O/mol $MnCl_2$) zu H = 10.50 bei 20°C und H = 9.45 bei 40°C, unter der Annahme, daß die Kompressibilität von gelöstem $MnCl_2$ und Hydratwasser Null ist. Die Hydratation nimmt demnach mit steigender Temperatur ab [36]. Aus Messungen in 0 bis 3 M Lösungen wird H = 9.34 ermittelt [37]. — Aus den Aktivitätskoeffizienten nach Robinson, Harned [28] wird für $MnCl_2$ in gesättigter Lösung H = 18 errechnet [38]. Wird H aus der Leitfähigkeit und der Gefrierpunktserniedrigung berechnet, so ergibt sich bei 0°C folgende Abnahme bei steigender Konzentration c (in mol/l) [22, 39]:

c	0.133	0.266	0.532	0.796	1.061	1.500	2.000	3.000	4.000
H	42.8	26.7	28.9	21.5	19.6	19.3	17.5	13.6	11.1

Hydratationsenthalpie von $MnCl_2$: $\Delta H^{\circ}_{hyd} = -619.16 \pm 0.1$ kcal/mol bei 25°C, -624.07 ± 0.1 kcal/mol bei 95°C, berechnet aus gemessenen Lösungsenthalpien von wasserfreiem $MnCl_2$ in Wasser (s. S. 59) [40].

Literatur zu 5.2.8.2.1 bis 5.2.8.2.7:

[1] P. G. Tishkov, G. P. Vishnevskaya (Zh. Eksperim. i Teor. Fiz. **38** [1960] 335/40; Soviet Phys.-JETP **11** [1960] 243/6). — [2] A. Łodzińska, F. Golińska (Roczniki Chem. **43** [1969] 1929/38; C.A. **72** [1970] Nr. 61006). — [3] A. Łodzińska, F. Golińska (Proc. 13th Intern. Conf. Coord. Chem., Cracow-Zakopane 1970, Bd. 2, S. 118/9). — [4] V. I. Ermakov, P. A. Zagorets, A. P. Grunau, V. V. Orlov (Zh. Fiz. Khim. **41** [1967] 1669/74; Russ. J. Phys. Chem. **41** [1967] 892/5). — [5] P. Nehmiz, M. Stockhausen (Z. Naturforsch. **24a** [1969] 573/7).

[6] R. G. Hayes, R. J. Myers (J. Chem. Phys. **40** [1964] 877/82); vgl. auch R. G. Hayes (UCRL-9873 [1961] 1/89, 48/68, 78/81; N.S.A. **16** [1962] Nr. 13017). — [7] D. C. McCain, R. J. Myers (J. Phys. Chem. **72** [1968] 4115/22). — [8] G. P. Vishnevskaya, B. M. Kozyrev (Zh. Strukt. Khim. **8** [1967] 627/35; J. Struct. Chem. [USSR] **8** [1967] 562/8). — [9] A. Günther-Schulze (Z. Elektrochem. **28** [1922] 387/9). — [10] D. F. C. Morris, E. L. Short (J. Chem. Soc. **1961** 5148/53).

[11] T. A. Zordan, L. G. Hepler (Chem. Rev. **68** [1968] 737/45, 744). — [12] A. Łodzińska, F. Golińska (Roczniki Chem. **44** [1970] 1867/73, 2065/9 nach englischer Zusammenfassung S. 1872/3; C.A. **74** [1971] Nr. 80408, Nr. 105041). — [13] A. Łodzińska, F. Golińska (Roczniki Chem. **45** [1971] 719/25; C.A. **75** [1971] Nr. 156564). — [14] H. Hartmann, H. L. Schläfer (Rec. Trav. Chim. **75** [1956] 648/57, 654). — [15] P.-Ch. Kong, T. W. Waddle, P. Bayliss (Can. J. Chem. **49** [1971] 2442/6).

[16] T. Katsurai (Kolloid-Z. **64** [1933] 317/9; Sci. Papers Inst. Phys. Chem. Res. [Tokyo] **35** [1939] 191/227, 195, 204; J. Chem. Soc. Japan **61** [1940] 255/6 nach C.A. **1942** 6930). — [17] F. Reiff (Z. Anorg. Allgem. Chem. **208** [1932] 321/47, 326). — [18] E. Hayek (Z. Anorg. Allgem. Chem. **219** [1934] 296/300). — [19] H. W. Jones, C. B. Monk, C. W. Davies (J. Chem. Soc. **1949** 2693/5). — [20] E. J. Shaeffer, H. C. Jones (Am. Chem. J. **49** [1913] 207/53, 231).

[21] A. P. West, H. C. Jones (Am. Chem. J. **44** [1910] 508/44, 530). — [22] F. H. Getman, H. P. Bassett (in: Carnegie Inst. Nr. 60 [1907] 15/145, 74, 139). — [23] R. A. Robinson, R. H. Stokes (Electrolyte Solutions, 2. Aufl., New York – London 1959, S. 487, 499). — [24] R. H. Stokes (Trans. Faraday Soc. **44** [1948] 295/307, 299, 302). — [25] E. A. Guggenheim, R. H. Stokes (Trans. Faraday Soc. **54** [1958] 1646/9).

[26] R. I. Agladze (Tr. Mosk. Khim. Tekhnol. Inst. Nr. 7 [1940] 112/24, 116; C.A. **1944** 675). — [27] R. A. Robinson, R. H. Stokes (Trans. Faraday Soc. **36** [1940] 1137/8). — [28] R. A. Robinson, H. S. Harned (Chem. Rev. **28** [1941] 419/76, 446). — [29] H. S. Harned, B. B. Owen (The Physical Chemistry of Electrolytic Solutions, 2. Aufl., New York 1950, S. 567). — [30] T. V. Kashcheeva, A. L. Tseft (Tr. Vost. Sibirsk. Filiala Akad. Nauk SSSR Nr. 25 [1960] 43/51; C.A. **1961** 11053).

[31] R. A. Robinson, R. H. Stokes (Ann. N.Y. Acad. Sci. **51** [1948/51] 593/604, 597). — [32] D. G. Miller (J. Phys. Chem. **60** [1956] 1296/9). — [33] M. Moriyama (Naturwissenschaften **43** [1956] 515; Z. Physik. Chem. [Frankfurt] **27** [1961] 34/41). — [34] M. Moriyama (Z. Physik. Chem. [Frankfurt] **25** [1960] 310/20). — [35] A. M. Rozen, M. V. Ionin (Radiokhimiya **13** [1971] 287/9; Soviet Radiochem. **13** [1971] 290/2).

[36] T. Isemura, S. Goto (Bull. Chem. Soc. Japan **37** [1964] 1690/3). — [37] M. S. Murty (Indian J. Pure Appl. Phys. **3** [1965] 156/9). — [38] T. Ikeda (Bull. Chem. Soc. Japan **24** [1951] 101/5). — [39] H. C. Jones, H. P. Bassett (Am. Chem. J. **33** [1905] 534/86, 562). — [40] M. B. Freilich (Diss. Purdue Univ., Lafayette, Indiana, 1974, S. 40/2, 46; Diss. Abstr. Intern. B **35** [1975] 5306).

[41] C. K. Jørgensen (Acta Chem. Scand. **11** [1957] 53/72, 65).

5.2.8.2.8 Kernmagnetische Resonanz, Protonenrelaxation

Nuclear Magnetic Resonance. ^1H Relaxation

Überblick

Survey

Die Relaxationszeiten T_1 (longitudinal) und T_2 (transversal) der Protonenresonanz sind wegen der Wechselwirkung zwischen Proton (Kernspin $I = {}^1/_2$) und paramagnetischem Mn^{2+}-Ion (Elektronenspin $S = {}^5/_2$) wesentlich kleiner als bei reinem Wasser, für das bei gewöhnlicher Temperatur $T_1 = 2$ bis 3 s gilt, s. beispielsweise [1]. Ein Einfluß des Cl^--Ions ist auf Grund seiner abgeschlossenen Elektronenschalen nicht zu erwarten [2]. Daß die Anionen keinen Einfluß auf T_1 und T_2 haben, weist Bloom [3] an Hand der Ersetzung von Cl^- durch F^-, ClO_4^-, NO_3^- und ${}^1/_2 SO_4^{2-}$ für Konzentrationen der benutzten Mn-Salze $c < 0.0001$ mol/l und Resonanzfrequenzen $\nu = 2.2$ und 540 kHz nach; bezüglich Cl^- und SO_4^{2-} s. auch [4]. Dementsprechend kann eine vollständige Diskussion des vorliegenden Sachverhalts nicht auf die Untersuchung mit $MnCl_2$ als Quelle für das paramagnetische Ion beschränkt werden, sondern muß auch solche mit dem Perchlorat, dem Nitrat und dem Sulfat berücksichtigen.

Der Einfluß des Mn^{2+}-Ions wirkt sich überwiegend auf die Protonen der H_2O-Moleküle in der ersten Schicht der Hydrathülle aus; die Wechselwirkung zwischen Mn^{2+} und weiter entfernten Protonen, die den sogenannten Translationsanteil der Relaxationsgeschwindigkeit liefert, wird erstmals von Pfeifer [5] (bei Untersuchungen an $MnSO_4$) berücksichtigt. Zur Theorie dieses Anteils und zur systematischen Aufschlüsselung aller möglichen Wechselwirkungsbeziehungen s. [6]. Einheitliche Relaxationsgeschwindigkeiten ergeben sich im übrigen auf Grund des schnellen Austausches von Protonen zwischen der Hydrathülle und dem freien Wasser, s. beispielsweise [7, 8].

NMR of ¹H in Aqueous Solution of $MnCl_2$

Im einzelnen beruht der Einfluß des paramagnetischen Ions auf der (anisotropen) direkten Dipol-Dipol-Wechselwirkung zwischen Ion und Proton (im folgenden „dipolare Kopplung"), s. dazu [9, 10], und der (isotropen) indirekten Kontaktwechselwirkung (der Form AIS, im folgenden „skalare Kopplung"), s. dazu [11 bis 13]. Auf Grund einer Messung des Overhauser-Effekts (an $MnCl_2$-Lösungen mit c = 0.001 bis 0.015 mol/l in äußeren Feldern H = 60 bis 80 Oe) schließt Kul'beda [14], daß unterhalb 60°C die dipolare, oberhalb die skalare Kopplung vorherrscht; Näheres dazu s. unter „Temperaturabhängigkeit" S. 65. Zum Overhauser-Effekt s. ferner [34].

Die zeitlichen Schwankungen der resultierenden lokalen Felder werden durch die Korrelationszeiten τ_{dip} bzw. τ_{skal} charakterisiert (zur Bedeutung einer solchen Zeit s. beispielsweise [1, S. 201]). Dabei ist τ_{dip} im wesentlichen (d.h. bei Vernachlässigung eines Translationsanteils) bestimmt durch die Korrelationszeit τ_R für die statistische Rotation (Taumelbewegung) des hydratisierten Ions und die elektronische Relaxationszeit T_e, d.h. $1/\tau_{dip} = 1/\tau_R + 1/T_e$, und τ_{skal} durch die Verweilzeit τ_H eines Protons in der Hydrathülle und T_e, d.h. $1/\tau_{skal} = 1/\tau_H + 1/T_e$, s. beispielsweise [15, 16]. Ausführlich werden diese Zusammenhänge von Hausser, Noack [8] behandelt, unter Einbeziehung der Hyperfeinkopplung (innerhalb des Mn^{2+}-Ions) auch von Sames, Michel [17]. Die Bedeutung von T_e für die Protonenrelaxation wird erstmals von Rivkind [18] gezeigt; s. auch Kozyrev [19].

Im Anschluß an die zunächst behandelte Konzentrations-, Temperatur- und Frequenzabhängigkeit von T_1 und T_2 werden einige Angaben für die Kopplungskonstante A und die verschiedenen Korrelationszeiten gebracht. — Zum Einfluß der Acidität der Lösung auf die Relaxation s. [20 bis 22, 3]. — Auf Angaben zur Resonanz der Kerne ^2D [23, 15, 24], ^{17}O [25 bis 28] sowie der zusätzlich in die Lösung eingebrachten Kerne ^7Li [29] und ^{133}Cs [29 bis 31] kann hier nur verwiesen werden.

Zu den zahlreichen Untersuchungen mit dem Mn^{2+}-Ion, die teilweise schon in „Mangan" B, S. 356, zitiert worden sind, gaben einige Besonderheiten des Ions Anlaß, vor allem die Gleichheit von Kern- und Elektronenspin ($I = S = ^5/_2$) und das Vorliegen eines S-Grundzustands, s. [32].

Relaxation Times. Concentration Dependence

Einzelwerte. Konzentrationsabhängigkeit von T_1 und T_2

Bei gewöhnlicher Temperatur (25°C) und hohen Frequenzen werden an Chloridlösungen (falls nichts anderes vermerkt) verschiedener Konzentrationen N der paramagnetischen Ionen folgende Relaxationszeiten gemessen:

T_1 in ms	24	21 ± 2	8.5	3.6
T_2 in ms	—	4.1	—	1.0
N in 10^{18} Ionen/cm^3	3	3	9	15.6
ν in MHz	20	24	15	16.45
Literatur	[33]	[34]	[35]	[36]
Bemerkungen			a)	b)

a) Messung an Nitrat, Chlorid oder Sulfat. — b) Vermutlich bei 10 bis 15°C.

Von der Konzentration N hängt $1/T_1$, wie von der Theorie gefordert, linear ab, über einen großen Bereich von N auch $1/T_2$, s. **Fig. 19**. Die für $1/T_2$ bei großem N beobachtete Abweichung ist nicht durch die Zunahme der Viskosität bedingt, da diese eine entgegengesetzte Krümmung zur Folge haben müßte [15]. Für den Quotienten T_1/T_2, der nach der ursprünglichen Theorie [9, 10] gleich 1 sein sollte, wird als maximaler Wert 6.2 angegeben [15]. Analoge Darstellungen, die durchweg den linearen Zusammenhang zwischen $1/T_1$, $1/T_2$ und N (in 10^{18} Ionen/cm^3) oder c (in mol/l) bestätigen, finden sich in den in der folgenden Tabelle aufgeführten Untersuchungen (bei gewöhnlicher Temperatur):

Bereich	c = 0.0003 bis 0.004	c = 0.0002 bis 0.01	c = 0.001 bis <0.1	N = 0.131 bis 234	N ≈ 0.4 bis >100
ν in MHz	5.50 bis 28.7	30 [3]	16.45	17.32	5 und 26
Salz	Nitrat	Chlorid, Sulfat	Chlorid	Chlorid	Chlorid
T_1/T_2	—	≈ 10	3.6	7.1	—
Literatur	[37]	[4]	[36]	[2]	[38]

Der lineare Zusammenhang wird ferner bestätigt von Codrington, Bloembergen [34] für Feldstärken bis 5600 Oe, von King, Davidson [39] für $\nu = 40$ MHz ($T_1/T_2 = 9.5$), von Morgan, Nolle [7] für 1.9 bis 60 MHz sowie von Hausser, Noack [8] für 50 kHz bis 160 MHz.

In sehr stark verdünnten Lösungen (von $MnCl_2 \cdot 4H_2O$) wird $T_1 = 1.97$ s für $N = 1.19 \times 10^{16}$ Ionen/cm^3, 1.92 s für $N = 1.33 \times 10^{16}$ bei 20°C und 28 MHz gemessen. Für die Differenz von $1/T_1$ und der Relaxationsgeschwindigkeit des reinen Wassers wird der lineare Zusammenhang mit N zwischen 10 und 90°C bestätigt [40].

Mit zunehmender Ersetzung von H_2O durch D_2O wird entgegen Rivkind [41] (Messung bei etwa 230 Oe am Chlorid) an einer 0.01molaren $MnSO_4$-Lösung keine Änderung von T_1 und T_2 beobachtet [42] (Figur für −4, +25, 70 und 90°C, 16 MHz im Original).

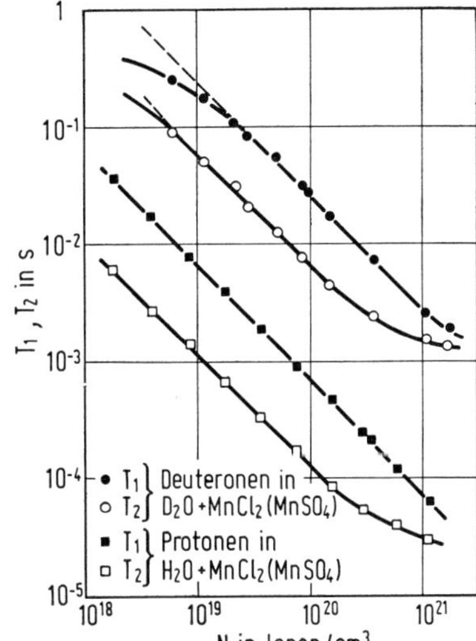

Fig. 19

Konzentrationsabhängigkeit der Relaxationszeiten T_1 und T_2 bei 25 ± 2°C und einer Frequenz $\nu = 27.5$ MHz in Mn^{2+}-Salzlösungen.

Temperaturabhängigkeit von T_1 und T_2

Temperature Dependence of Relaxation Times

Die longitudinale Relaxationszeit T_1 nimmt mit steigender Temperatur in der in **Fig. 20**, S. 66, nach Messungen von Hausser, Laukien [43] an $MnCl_2$ gezeigten Weise zu. Die nichtlineare Abhängigkeit von lg T_1 von $1/T$, die Bernheim u.a. [33] bei 10, 20 und 28 MHz an einer $MnCl_2$-Lösung (Figur für $N = 3 \times 10^{18}$ Ionen/cm^3 von 275 bis 385 K im Original; Korrektur der Angaben bei Rubinstein u.a. [44]) und Bloembergen, Morgan [16] bei 14, 30 und 60 MHz an Nitratlösungen (Figur für lg (cT_1) von 5 bis 80°C) finden, ist im Einklang mit einem im wesentlichen auf der dipolaren Kopplung beruhenden Relaxationsmechanismus und einer exponentiellen Temperaturabhängigkeit der zugehörigen Korrelationszeit τ_{dip}, die ihrerseits mit τ_R identifiziert werden kann (Zahlenangaben s. S. 67/8). Von Pfeifer [5] wird zur Deutung seiner Messungen bei 4, 16, 24 und 36 MHz an einer 0.005molaren $MnSO_4$-Lösung (Figur für T_1 von 0 bis 100°C) auch der Translationsanteil herangezogen, der zu $1/T_1$ einen Beitrag von 10 bis 20% liefert und einer Bewegungsbehinderung der H_2O-Moleküle außerhalb der Hydrathülle mit einem etwa sechsmal kleineren Diffusionskoeffizienten (als dem des reinen Wassers) entspricht. Messungen bei 28.7 MHz an einer 0.1molaren Lösung von $MnSO_4$ in einem H_2O-D_2O-Gemisch (1:1) von 20 bis 110°C s. bei Mazitov [23] (dort auch T_1 für ^2D), bei 15 kHz an $MnSO_4$-Lösungen von 15 bis 95°C bei Sprinz [32] (cT_1 identisch mit cT_2 bei 40 kHz).

Die transversale Relaxationszeit T_2 nimmt nach dem Durchlaufen eines flachen Minimums mit wachsender Temperatur ebenfalls zu. Der gegenüber T_1 andersartige Anstieg bedingt ein Maximum in T_1/T_2, s. Fig. 20, S. 66. Die Existenz des Minimums wird von Bernheim u.a. [33] für 10 MHz und von Bloembergen, Morgan [16] für 14 und (nicht so klar) für 30 MHz bestätigt.

NMR of ¹H in Aqueous Solution of $MnCl_2$

Der Verlauf ist im Einklang mit einem hauptsächlich auf der skalaren Kopplung beruhenden Relaxationsmechanismus, wobei die zugehörige Korrelationszeit τ_{skal} bei niedriger Temperatur durch die elektronische Relaxation (mit linearer Temperaturabhängigkeit von T_e), bei hoher Temperatur durch den Protonenaustausch (mit exponentieller Temperaturabhängigkeit von τ_H) bedingt ist [33]. T_e beruht nach Bloembergen, Morgan [16] im wesentlichen auf der Verzerrung der kubischen Symmetrie des hydratisierten Komplexes durch auftreffende H_2O-Moleküle mit einer Korrelationszeit τ_v, für die ebenfalls eine exponentielle Temperaturabhängigkeit angenommen wird (s. dazu S. 68). Bei Messungen bei 28.7 MHz an $MnSO_4$ in einem H_2O-D_2O-Gemisch findet Mazitov [23], daß aus dem Verhalten der Differenz $1/T_2 - 1/T_1$ (auf der skalaren Kopplung beruhender Anteil von $1/T_2$) sich Aktivierungsenergien für τ_H (für ^1H und ^2D) ergeben, die darauf hindeuten, daß nicht einzelne Protonen, sondern ganze H_2O-Moleküle ausgetauscht werden; s. dazu auch [8, 50, 52].

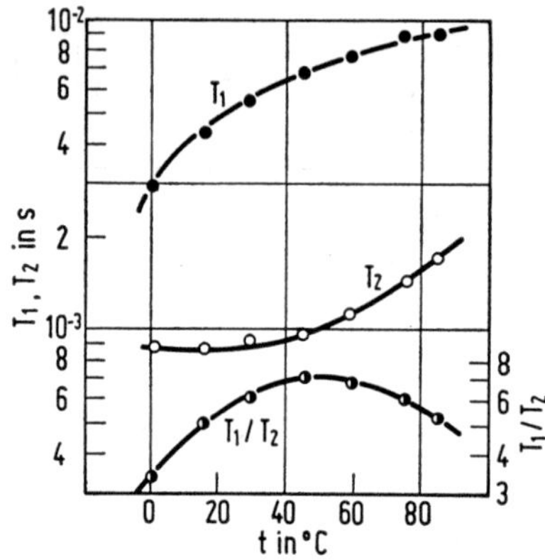

Fig. 20

Temperaturabhängigkeit der Protonenrelaxationszeiten T_1 und T_2 in wäßriger $MnCl_2$-Lösung bei einer Konzentration von $N = 1.2 \times 10^{19}$ Ionen/cm³.

Frequency Dependence of Relaxation Times

Frequenzabhängigkeit von T_1 und T_2

Die in **Fig. 21** nach Messungen von Hausser, Noack [8] an $MnCl_2$ wiedergegebene gemeinsame Dispersionsstufe von T_1 und T_2 unterhalb 1 MHz, entsprechend $\omega_s \cdot \tau_{skal} \approx 1$, wo ω_s = Larmorfrequenz des Elektronenspins, und die Dispersionsstufe von T_1 bei ≈ 10 MHz, entsprechend $\omega_s \cdot \tau_{dip} \approx 1$, lassen sich auf der Grundlage von dipolarer und skalarer Kopplung bei Vernachlässigung

Fig. 21

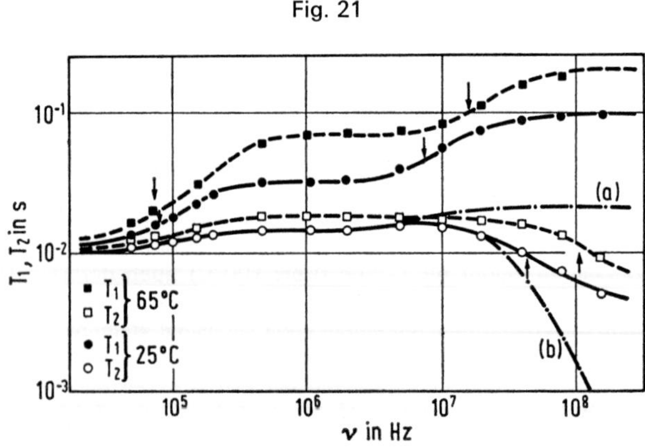

Frequenzabhängigkeit der Protonenrelaxationszeiten T_1 und T_2 in wäßrigen $MnCl_2$-Lösungen für eine Konzentration $N = 9.2 \times 10^{17}$ Ionen/cm³. Zu (a) und (b) s. Text. Die Pfeile bezeichnen die Dispersionsstufen.

eines möglichen Translationsanteils erfassen, wenn geeignete Werte für τ_{dip}, τ_{skal}, A/h (s. folgenden Abschnitt) und für den Abstand r zwischen Ion und Proton der Hydrathülle (2.71 ± 0.03 Å) gewählt werden. Insbesondere ergibt sich Übereinstimmung mit dem Anstieg des auf dipolarer Kopplung beruhenden Anteils von T_1 um den Faktor $^{10}/_3$ im Bereich der zweiten und mit dem Anstieg des auf skalarer Kopplung beruhenden Anteils von T_2 um den Faktor 2 im Bereich der ersten Dispersionsstufe. Für das Absinken von T_2 oberhalb etwa 10 MHz ist die (neben τ_H) in τ_{skal} eingehende frequenzabhängige elektronische Relaxationszeit T_e verantwortlich (bei konstantem τ_H, τ_{dip}, A/h und r). Die beiden in Fig. 21, S. 66, mit (a) und (b) bezeichneten Kurven entsprechen den Fällen $\tau_{skal} = \tau_H$ bzw. $\tau_{skal} = T_e$ und lassen sich an Hand geeigneter Werte für τ_H und τ_v zu der beobachteten Kurve überlagern [8]. Nach Heinze, Pfeifer [45] lassen sich die genannten Messungen von T_1 bei 25°C besser erfassen, wenn neben dem rotatorischen ein translatorischer Anteil von 20% angenommen wird.

Die Zunahme von T_1 und die Abnahme von T_2 im Bereich hoher Frequenzen beobachten ferner Laukien, Noack [38] an $MnCl_2$ bei 5 und 26 MHz für 25°C, Bernheim u.a. [33] an $MnCl_2$ bei 10, 20 und 28 MHz unterhalb etwa 330 K, Morgan, Nolle [7] an $Mn(NO_3)_2$ bei 1.9 bis 60 MHz für 27°C sowie Bloembergen, Morgan [16] an $Mn(NO_3)_2$ bei 14, 30 und 60 MHz ebenfalls unterhalb 330 K; s. dazu auch Nolle, Morgan [46]. Die Zunahme von T_1 bei konstantem T_2 registrieren bereits Nolle, Morgan [37].

Für niedrige Frequenzen liegen explizite Angaben nach Messungen von Codrington, Bloembergen [34] an einer 0.005 molaren $MnCl_2$-Lösung (vermutlich bei 25°C) vor:

H in Oe	1	5	10	18	31	44
ν in kHz	4.28	21.4	42.8	77	132.5	188
T_1 in ms	—	2 ± 1	3 ± 1	6 ± 2	8 ± 3	9 ± 3
T_2 in ms	1.4	1.9	1.9	2.4	2.8	2.6

Die unterhalb 10 Oe nur geringe ν-Abhängigkeit von T_1 und T_2 wird insbesondere von Sprinz [32] an $MnSO_4$-Lösungen zwischen 15 und 95°C bestätigt.

Für das noch schwächere Erdfeld (entsprechende Frequenz ν = 2.2 kHz) wird $cT_1 = cT_2 = 1.5 \times 10^{-5}$ s · mol/l an $MnCl_2$-Lösungen mit c ≈ 0.00005 mol/l bei gewöhnlicher Temperatur gemessen (korrigiert bezüglich der Relaxationszeit des Wassers). T_2 (Erdfeld)/T_1 in Abhängigkeit von ν (bis etwa 2 MHz, auch für 5 und 60°C) s. Figur im Original [3].

Die bei 95°C zwischen 0.01 und 1 MHz gemessene Frequenzabhängigkeit von T_1 (von $MnSO_4$-Lösungen) läßt sich im Gegensatz zu derjenigen bei 25°C nur mit der Theorie von Sames, Michel [17], die die Hyperfeinkopplung (innerhalb des Mn^{2+}-Ions) einschließt, wiedergeben [47]; ausführliche Diskussion und ergänzende Angaben für 15, 55, 75 und 85°C bei Sprinz [32].

Korrelationszeiten, Kopplungskonstante A

Correlation Times. Coupling Constant

Korrelationszeiten τ_{dip} und τ_{skal} der dipolaren bzw. skalaren Kopplung bei gewöhnlicher Temperatur (zur Abhängigkeit von T s. die Bemerkungen):

τ_{dip} in ps	32 ± 2	30	31	30	10
τ_{skal} in ns	3.0 ± 0.3	—	—	≈3.8	—
Lit.	[8]	[7]	[7]	[16]	[33]
Bemerkungen . .	a)	b)	c)	d)	e)

a) Aus der Abhängigkeit von T_1 und T_2 von ν bei 25°C unter Vernachlässigung eines Translationsanteils. Werte für 5°C: 56 bzw. 2.3, für 65°C: 16 bzw. 3.3. — b), c) Aus der Frequenzabhängigkeit von T_1, wobei entweder T_1 bei kleinem ν (b) oder die Frequenz, bei der $\omega_s \cdot \tau_{dip} = 1$ ist (c), benutzt wird. — d) Für $\tau_{dip} = \mathring{\tau}_{dip} \exp(V_{dip}/RT)$ ergibt sich aus der Temperaturabhängigkeit von T_1 eine „Aktivierungsenergie" V_{dip} = 4.5 kcal/mol; τ_{skal} ist aus τ_H und T_e berechnet. — e) Aus $T_1/T_2 \approx 5.5$ bei 20 MHz. Die Temperaturabhängigkeit von T_1 bei kleinem T liefert V_{dip} = 5.5 kcal/mol. — Zur Temperaturabhängigkeit von τ_{skal} zwischen 15 und 95°C s. Sprinz [32].

NMR of ¹H in Aqueous Solution of $MnCl_2$

Correlation Times

Korrelationszeit τ_R der statistischen Rotation des hydratisierten Ions bei gewöhnlicher Temperatur:

τ_R in ps.	32	31	38	≈30
Lit.	[8]	[32]	[5]	[34]
Bemerkungen . .	a)	b)	c)	d)

a) Aus der Abhängigkeit von T_1 und T_2 von ν bei 25°C. Werte für 5°C: 56, für 65°C: 16. — b) Für 25°C aus der bei Pfeifer [5] angegebenen Abhängigkeit von τ_R von T. — c) Für 290 K aus der Frequenz- und Temperaturabhängigkeit von T_1. Letztere liefert $\tau_R = 2.1 \times 10^{-14} \exp(4.3\ \text{kcal} \cdot \text{mol}^{-1}/RT)$ s. — d) Abschätzung für 25°C auf Grund der Abhängigkeit von T_1, T_2 von ν.

Elektronische Relaxationszeit T_e und Korrelationszeit τ_v bei gewöhnlicher Temperatur:

T_e in ns.	3.5	3.4	(4.5)	—	5.5
τ_v in ps	5.3	3.7	2.4	1.6	—
Lit.	[8]	[32]	[16]	[46]	[32]
Bemerkungen . .	a)	b)	c)	d)	e)

a) T_e für $\omega_s \to 0$. Aus der Abhängigkeit von T_2 von ν bei 25°C, wobei die von Bloembergen, Morgan [16] angegebene Beziehung zwischen der longitudinalen Relaxationszeit T_{e1} und der Frequenz (Larmorfrequenz ω_s) benutzt wird. Werte für 5°C: 2.5 bzw. 6.7, für 65°C: 4.1 bzw. 2.4. — b) T_e wird aus Messungen von T_2 durch Sprinz [42] abgeleitet. τ_v (für 25°C) wird den Messungen der paramagnetischen Resonanz durch Nolle, Morgan [46] entnommen, wenn diese mit der von Sames [48] angegebenen Beziehung für die transversale Relaxationszeit T_{e2} (statt mit T_{e1}) ausgewertet werden. — c) T_e wird für 30 MHz mit dem angeführten τ_v (300 K) berechnet. Die aus der Abhängigkeit von $1/T_2$ von ν zwischen 12 und 40°C ermittelten τ_v-Werte lassen sich durch $\tau_v = \tau_v^\circ \exp(V_v/RT)$ mit $V_v = 3.9$ kcal/mol erfassen. — d) Aus Messungen der paramagnetischen Resonanz, s. unter b), zwischen 15 und 90°C, die $V_v = 2.5$ kcal/mol ergeben. — e) Aus der Temperatur- und Frequenzabhängigkeit von T_1 (zwischen 15 und 95°C bzw. 0 und 1 MHz), die auf $T_e = 3.8 \times 10^{-7} \exp(-2.5\ \text{kcal} \cdot \text{mol}^{-1}/RT)$ s führen, wenn die die Hyperfeinkopplung im Mn^{2+}-Ion einschließende Theorie [17] zugrundegelegt wird.

Mehrere elektronische Relaxationszeiten T_{e1}, T_{e2} werden von Rubinstein u.a. [44] berücksichtigt.

Verweilzeit in der Hydrathülle $\tau_H = \tau_H^\circ \exp(V_H/RT)$:

τ_H in ns	20	16	23	25	32
Lit.	[8]	[23]	[16]	[33]	[25]
Bemerkungen . .	a)	b)	c)	d)	e)

a) Aus der Abhängigkeit von T_1, T_2 von ν bei 25°C. Werte für 5°C: 26, für 65°C: 14. Zur Kritik an letzterem Wert s. Sprinz [32], der $\tau_H^\circ = 3.7 \times 10^{-14}$ s, $V_H = 8.1$ kcal/mol angibt. — b) Für 300 K; $V_H = 8.3$ kcal/mol. — c) Für 300 K; $\tau_H^\circ = 2.8 \times 10^{-14}$ s, $V_H = 8.1$ kcal/mol. — d) Für 300 K; $\tau_H^\circ = 2.2 \times 10^{-14}$ s, $V_H = 8.4$ kcal/mol. — e) Aus der ^{17}O-Resonanz bei 25°C. $V_H = 8.1$ kcal/mol; s. auch Wiedergabe bei Stengle, Langford [51], Eaton, Phillips [52].

Vom Mischungsverhältnis H_2O/D_2O ist τ_H nach Sprinz [42] unabhängig.

Coupling Constant

Kopplungskonstante A:

A/h in $10^6\ s^{-1}$	0.79 ± 0.03	0.81 ± 0.08	0.8	1.0	1.1
Lit.	[32]	[8]	[7]	[16]	[23]
Bemerkungen	a)	b)	c)	d)	e)

a) Aus der Abhängigkeit von T_1 von ν zwischen 15 kHz und 1 MHz. A ist von der Temperatur zwischen 0 und 100°C unabhängig. — b) Im Original $2\pi A/h = 5.1 \pm 0.5$ MHz, konstant für 5, 25 und 65°C. Aus der Frequenzabhängigkeit von T_1, T_2. — c) Aus $T_1/T_2 = 2.25$ bei 2.0 MHz. — d) Aus der Temperaturabhängigkeit von T_2. — e) Aus der Differenz $1/T_2 - 1/T_1$.

Aus der Verschiebung der Protonenresonanz in einer Perchloratlösung wird A von Luz, Shulman [49] abgeleitet. Abweichende Angabe bei Bernheim u.a. [33].

Literatur zu 5.2.8.2.8:

[1] J. A. Pople, W. G. Schneider, H. J. Bernstein (High-resolution Nuclear Magnetic Resonance, New York – Toronto – London 1959, S. 203). — [2] G. Laukien, J. Schlüter (Z. Physik **146** [1956] 113/26, 120, 122/3). — [3] A. L. Bloom (J. Chem. Phys. **25** [1956] 793/4). — [4] J. R. Zimmerman (J. Chem. Phys. **22** [1954] 950). — [5] H. Pfeifer (Z. Naturforsch. **17a** [1962] 279/87).

[6] H. Pfeifer (Ann. Physik [7] **8** [1961] 1/8). — [7] L. O. Morgan, A. W. Nolle (J. Chem. Phys. **31** [1959] 365/8). — [8] R. Hausser, F. Noack (Z. Physik **182** [1964/65] 93/110, 96/7, 103/7). — [9] N. Bloembergen, E. M. Purcell, R. V. Pound (Phys. Rev. [2] **73** [1948] 679/712, 705/6). — [10] I. Solomon (Phys. Rev. [2] **99** [1955] 559/65).

[11] I. Solomon, N. Bloembergen (J. Chem. Phys. **25** [1956] 261/6). — [12] N. Bloembergen (J. Chem. Phys. **27** [1957] 572/3). — [13] N. Bloembergen (J. Chem. Phys. **27** [1957] 595/6). — [14] V. E. Kul'beda (Zh. Eksperim. i Teor. Fiz. **46** [1964] 106/9; Soviet Phys.-JETP **19** [1964] 77/9). — [15] G. Laukien, F. Noack (Z. Physik **159** [1960] 311/32, 328).

[16] N. Bloembergen, L. O. Morgan (J. Chem. Phys. **34** [1961] 842/50). — [17] D. Sames, D. Michel (Ann. Physik [7] **18** [1966] 353/78). — [18] A. I. Rivkind (Dokl. Akad. Nauk SSSR **102** [1955] 1107/10; C.A. **1956** 4570). — [19] B. M. Kozyrev (Discussions Faraday Soc. Nr. 19 [1955] 135/40). — [20] V. M. Vdovenko, V. B. Kolokol'tsov, O. B. Stebunov (Radiokhimiya **9** [1967] 443/9; Soviet Radiochem. **9** [1967] 431/5).

[21] N. S. Kucheryavenko (Zh. Strukt. Khim. **5** [1964] 17/22; J. Struct. Chem. [USSR] **5** [1964] 13/7). — [22] A. A. Popel', R. A. Dautov, A. V. Zakharov (Dokl. Akad. Nauk SSSR **149** [1963] 637/8; Dokl. Phys. Chem. Proc. Acad. Sci. USSR **149** [1963] 264/5). — [23] R. K. Mazitov (Dokl. Akad. Nauk SSSR **152** [1963] 375/8; Dokl. Phys. Chem. Proc. Acad. Sci. USSR **152** [1963] 818/20). — [24] A. I. Rivkind (Zh. Eksperim. i Teor. Fiz. **34** [1958] 1007/9; Soviet Phys.-JETP **7** [1958] 696/6). — [25] T. J. Swift, R. E. Connick (J. Chem. Phys. **37** [1962] 307/20, 311, **41** [1964] 2553/4).

[26] R. E. Connick, E. D. Stover (J. Phys. Chem. **65** [1961] 2075/7). — [27] R. E. Connick, R. E. Poulson (J. Chem. Phys. **30** [1959] 759/61). — [28] F. Alder, F. C. Yu (Phys. Rev. [2] **81** [1951] 1067/8). — [29] R. K. Mazitov (Zh. Strukt. Khim. **5** [1964] 302/3; J. Struct. Chem. [USSR] **5** [1964] 271/2). — [30] G. M. Gusakov, I. I. Evdokimov, R. K. Mazitov (Zh. Strukt. Khim. **12** [1971] 580/4, 710/2; J. Struct. Chem. [USSR] **12** [1971] 531/4, 642/3).

[31] O. Lutz (Z. Naturforsch. **22a** [1967] 286/8). — [32] H. Sprinz (Ann. Physik [7] **20** [1967] 168/86, 175/7, 180/3). — [33] R. A. Bernheim, T. H. Brown, H. S. Gutowsky, D. E. Woessner (J. Chem. Phys. **30** [1959] 950/6). — [34] R. S. Codrington, N. Bloembergen (J. Chem. Phys. **29** [1958] 600/4). — [35] R. L. Conger, P. W. Selwood (J. Chem. Phys. **20** [1952] 383/7).

[36] H. Yoshioka, T. Fujita (J. Phys. Soc. Japan **14** [1959] 1717/24). — [37] A. W. Nolle, L. O. Morgan (J. Chem. Phys. **26** [1957] 642/8). — [38] G. Laukien, F. Noack (Arch. Sci. [Geneva] **11** [1958] Fasc. Spec., S. 262/8). — [39] J. King, N. Davidson (J. Chem. Phys. **29** [1958] 787/91). — [40] J. W. Hennel, K. Krynicki, T. Waluga, G. Zapalski (Acta Phys. Polon. **20** [1961] 77/82).

[41] A. I. Rivkind (Dokl. Akad. Nauk SSSR **112** [1957] 239/40; Soviet Phys.-Dokl. **2** [1957] 30/1). — [42] H. Sprinz (Z. Naturforsch. **19a** [1964] 1243/4). — [43] R. Hausser, G. Laukien (Z. Physik **153** [1958/59] 394/411, 405). — [44] M. Rubinstein, A. Baram, Z. Luz (Mol. Phys. **20** [1971] 67/80, 78/9). — [45] H. E. Heinze, H. Pfeifer (Z. Physik **192** [1966] 329/39, 338).

[46] A. W. Nolle, L. O. Morgan (J. Chem. Phys. **36** [1962] 378/80). — [47] H. Pfeifer, D. Michel, D. Sames, H. Sprinz (Mol. Phys. **11** [1966] 591/5). — [48] D. Sames (Ann. Physik [7] **15** [1965] 363/82, 380). — [49] Z. Luz, R. G. Shulman (J. Chem. Phys. **43** [1965] 3750/6). — [50] R. G. Pearson, J. Palmer, M. M. Anderson, A. L. Allred (Z. Elektrochem. **64** [1960] 110/5).

[51] T. R. Stengle, C. H. Langford (Coord. Chem. Rev. **2** [1967] 349/70, 361). — [52] D. R. Eaton, W. D. Phillips (Advan. Magn. Resonance **1** [1965] 103/48, 145/6).

Mechanical and Thermal Properties of Aqueous Solutions of $MnCl_2$

5.2.8.3 Mechanische und thermische Eigenschaften

Die nachstehend wiedergegebenen, von Beattie [1] kritisch ausgewählten Werte für die relative Dichte D_4^t beruhen auf den Messungen von Wagner [2] und Heydweiller [3]. Mit steigendem $MnCl_2$-Gehalt c (in Gew.-%) nimmt D_4^{18} folgendermaßen zu:

c	1	2	4	8	12	16	20	30
D_4^{18}	1.0069	1.0153	1.0324	1.0676	1.1046	1.1435	1.1846	1.2988

D_4^{25} steigt von 1.0055 für c = 1% auf 1.0482 für c = 6% [1]. Neuere Meßwerte für D_4^{25} [4]:

c	10	14	20	24	30	35	40
D_4^{25}	1.0841	1.1217	1.1819	1.2251	1.2947	1.3576	1.4251

Ältere Dichtewerte werden von Timmermans [5] zusammengestellt, wobei jedoch einzelne Meßdaten weggelassen wurden, darunter diejenigen von Campbell [6], der bei Konzentrationen von 0.01 bis 0.5 val/l einen Anstieg von D_{15}^{15} = 1.00047 auf 1.02599 findet. An sieben Lösungen mit c = 1.566 bis 38.42% messen Cabrera u.a. [7] D bei 12, 16, 20 und 26°C; vgl. auch Spacu und Popper [8] und Kapustinskii [9]. An Lösungen mit 239.2, 352.6 bzw. 568.1 g/l wird bei 20°C die relative Dichte (bezogen auf H_2O bei 4°C) D = 1.1678, 1.2477 bzw. 1.40646, bei 40°C D = 1.1648, 1.2390, 1.4009 und bei 60°C D = 1.1491, 1.2299, 1.3853 gefunden [27]. Bezogen auf die Konzentration c' an $MnCl_2 \cdot 4H_2O$ werden bei 20°C D-Werte gefunden, die von 1.100_4 bei c' = 1.00 mol/l linear auf 1.438_4 bei c' = 4.46 mol/l zunehmen [10]. — Für gesättigte Lösungen liegen nur die alten Meßdaten von Dawson und Williams [11] vor; danach steigt D von 1.4991 bei 25°C (11.05 mol $MnCl_2$ je 100 mol H_2O) auf 1.6134 bei 70°C (15.84 mol $MnCl_2$ je 100 mol H_2O). — Für das scheinbare Molvolumen Φ, gemessen bei 25°C, gibt Kapustinskii [9] folgende Werte an:

m in mol/kg H_2O	0.05053	0.19961	0.39812	0.59884	0.79846	0.99806	2.1
Φ	20.3	21.4	19.0	20.3	22.5	22.1	25.0

Bei der Messung der Schallgeschwindigkeit v zeigen die wäßrigen Lösungen der Chloride zweiwertiger Metalle im Bereich bis c = 3 mol/l eine gleichartige Konzentrationsabhängigkeit: bei steigendem c wird v größer, weil die Kompressibilität abnimmt. Die molare Schallgeschwindigkeit $R = v^{1/3} \cdot \overline{M}/D$ und die akustische Impedanz $Z = v \cdot D$ (D bezeichnet die Dichte, $\overline{M}$ das mittlere Molekulargewicht) nehmen linear mit c zu [12].

Die Oberflächenspannung γ nimmt nach ersten Messungen [13], deren Ergebnisse in Tabellenwerken [5, 14] wiedergegeben werden, bei $MnCl_2$-Gehalten bis 8 Gew.-% monoton zu. Neuere Messungen [15] bei 18°C zeigen bei einer kleinen Konzentration ein Minimum von γ, für dessen Auftreten Jones und Ray [16] auf Grund von Untersuchungen an mehreren Elektrolytlösungen eine theoretische Deutung geben. Ausgewählte Meßwerte [15]:

c in val/l	0.01	0.05	0.10	0.20	0.25	0.30	0.35	0.40	1.00
$\gamma/\gamma(H_2O)$	1.003	1.005	1.006	1.007	0.999	0.988	1.000	1.010	1.027

Die Viskosität η von Lösungen mit der Konzentration c' (in mol $MnCl_2 \cdot 4H_2O/l$) steigt bei 20°C folgendermaßen an [10]:

c'	1.0	1.5	2.0	2.5	3.0	3.5	4.0	4.46
η in cP	1.402_4	1.669_9	2.017_8	2.447_0	3.014_1	3.828_6	5.502_1	6.900_9

Bezogen auf die $MnCl_2$-Konzentration c werden bei 20°C folgende Werte erhalten [17]:

c in mol/l	0.5	1.0	2.0	3.0	4.0
η in cP	1.1728	1.3274	1.8031	2.5121	3.0666

Die Abhängigkeit der Viskosität (gemessen mit einem Kapillar-Viskosimeter bei 25°C) von der Dichte der $MnCl_2$-Lösung wird von Andres [28] dargestellt; die Viskosität der gesättigten Lösung liegt zwischen 7.5 und 7.7 cP. Weitere Meßdaten s. in einigen älteren Veröffentlichungen [2, 6, 18, 22].

Der Anstieg der kinematischen Viskosität ν mit wachsender $MnCl_2$-Konzentration (250 bis 700 g/l) bei 20, 40, 60 und 80°C stellen Markova u.a. [27] in einem Diagramm dar.

Über den Einfluß der Viskosität auf den Übergang der $MnCl_2$-Lösung in den glasartigen Zustand s. S. 31.

Diffusionskoeffizient D gegen reines Wasser, unter Berücksichtigung des Temperaturkoeffizienten auf 20°C umgerechnet:

c in val/l	0.1	0.25	0.5	1	2	3
D in cm²/d	0.813	0.783	0.772	0.759	0.758	0.770

Nach Nernst berechneter Grenzwert für unendliche Verdünnung: D = 1.188 cm²/d [19]. — Für die Thermodiffusion ergibt sich der Soret-Koeffizient unter Anwendung von kombinierten Thermozellen in 0.005 M $MnCl_2$-Lösung bei 25°C zu $-7.0_1 \times 10^{-3}$ K^{-1} [26].

Den Siedepunkt von Lösungen mit 222 bis 828 g $MnCl_2$/l bestimmen Markova u.a. [27] bei 160, 280 und 764 Torr; bei 764 Torr wird ein Anstieg von 103.08 auf 118.1°C gefunden.

Die molale Gefrierpunktserniedrigung $\Delta T_f/m$ steigt mit dem $MnCl_2$-Gehalt folgendermaßen an [20]:

m in mol/kg H_2O	0.053	0.133	0.400	0.796	1.061	2.000	3.000	4.000
$\Delta T_f/m$ in K·kg/mol	4.81	4.80	5.01	5.34	5.62	8.25	10.33	12.13

Bis m ≈ 0.6 werden folgende Werte gemessen [21]:

c in g $MnCl_2$/100 g H_2O	0.719	1.530	3.070	4.62	6.18	7.75
$\Delta T_f/m$ in K·kg/mol	5.04	4.97	5.10	5.19	5.29	5.38

Ältere Werte s. bei Biltz [22] und Timmermans [5].

Die Wärmekapazität ist nach ersten Messungen an Lösungen der Molalität 0.25, 0.5 und 1 [23] bzw. mit 10.07 bis 49.97 Gew.-% $MnCl_2$ [24] von Kapustinskii [25] bei 25°C gemessen worden. Aus der molaren Wärmekapazität C_p wurden die scheinbare und die partielle Wärmekapazität Φ_c bzw. C'_p abgeleitet [25]:

m in mol/kg H_2O	0.0505	0.0988	0.1996	0.3984	0.5988	0.7985	0.9981
C_p in cal·mol⁻¹·K⁻¹	995.3	993.3	990.3	982.6	977.6	972.3	967.9
Φ_c in cal·mol⁻¹·K⁻¹	−48.06	−45.94	−42.88	−38.57	−35.27	−32.47	−30.00
C'_p in cal·mol⁻¹·K⁻¹	−45.44	−42.26	−37.67	−31.21	−26.25	−22.05	−18.35

Literatur:

[1] J. A. Beattie (in: Intern. Critical Tables, Bd. 3, 1928, S. 67). — [2] J. Wagner (Z. Physik. Chem. **5** [1890] 31/52, 38). — [3] A. Heydweiller (Z. Anorg. Allgem. Chem. **116** [1921] 42/4). — [4] N. V. Borovskaya (Vop. Fiz. Khim. Rastvorov Elektrolit. **1968** 140/9; C.A. **70** [1969] Nr. 61253). — [5] J. Timmermans (The Physico-chemical Constants of Binary Systems in Concentrated Solutions, Bd. 3, New York – London 1960, S. 920/2).

[6] A. N. Campbell (J. Chem. Soc. **1928** 653/8). — [7] B. Cabrera, E. Moles, M. Marquina (J. Chim. Phys. **16** [1918] 11/27, 21). — [8] G. Spacu, E. Popper (Bull. Soc. Stiinte Cluj **8** [1934/37] 5/128, 33; C.A. **1935** 1027). — [9] A. F. Kapustinskii [Kapustinsky] (Bull. Acad. Sci. URSS Classe Sci. Chim. **1942** 195/9; Acta Physicochim. URSS **17** [1942] 167/72). — [10] H. L. Schläfer (Z. Physik. Chem. [Frankfurt] **6** [1956] 201/19, 209).

[11] H. M. Dawson, P. Williams (Z. Physik. Chem. **31** [1899] 59/68, 63). — [12] M. S. Murty (Indian J. Pure Appl. Phys. **3** [1965] 156/9). — [13] H. Sentis (Ann. Univ. Grenoble **9** [1897] 1/82, 50, 65, 81). — [14] T. F. Young, W. D. Harkins (Intern. Critical Tables, Bd. 4, 1928, S. 464). — [15] E. Ferroni, G. Gabrielli (Ric. Sci. **26** [1956] 3656/61).

[16] G. Jones, W. A. Ray (J. Am. Chem. Soc. **59** [1937] 187/98, **63** [1941] 288/94). — [17] N. A. Chesnokov (Tr. Vses. Nauchn. Issled. Inst. Metrol. Nr. 62 [1962] 44/51). — [18] W. Herz (Z. Anorg. Allgem. Chem. **89** [1914] 393/6, **99** [1917] 132/6). — [19] L. W. Öholm (Finska Kemistsamfundets Medd. **44** [1935] 71/9; C. **1936** I 4692). — [20] H. C. Jones, F. H. Getman (Am. Chem. J. **31** [1904] 303/59, 312); vgl. auch F. H. Getman, H. P. Bassett (in: Carnegie Inst. Nr. 60 [1907] 15/145, 74, 139), H. C. Jones, H. P. Bassett (Am. Chem. J. **33** [1905] 534/86, 560/3).

[21] H. J. Muller (Ann. Chim. [Paris] [11] **8** [1937] 143/241, 223). — [22] W. Biltz (Z. Physik. Chem. **40** [1902] 185/221, 200). — [23] C. Marignac (Arch. Sci. Phys. Nat. [2] **55** [1876] 113/35, 119; Ann. Chim. Phys. [5] **8** [1876] 410/30, 416). — [24] A. Blümcke (Ann. Physik Chem. [3] **23** [1884] 161/73, 170). — [25] A. F. Kapustinskii [Kapustinsky] (Zh. Obshch. Khim. **12** [1942] 180/5; Acta Physicochim. USSR **17** [1942] 152/66, 154, 156).

[26] T. Ikeda, Y. Takatsuka, T. Watanabe (Bull. Chem. Soc. Japan **48** [1975] 2531/2; C.A. **83** [1975] Nr. 183660). — [27] V. M. Markova, I. F. Bogdanova, A. Z. Nikitenko, E. A. Bambulevich (in: Khimiya i Tekhnol. Soedin. Margantsa **1975** Nr. 1, S. 56/61; Ref. Zh. Khim. **1976** Nr. 19 B 1385). — [28] U. T. Andres (Mater. Sci. Eng. **26** [1976] 269/75, 273).

Electrical and Magnetic Properties of Aqueous Solutions of $MnCl_2$

5.2.8.4 Elektrische und magnetische Eigenschaften

Über die Messung der Dielektrizitätskonstanten ε' und ε'' an einigen Chloridlösungen, darunter $MnCl_2 \cdot 4H_2O$, im Zentimeterbereich bei 28°C und Konzentrationen von 0.25 bis 1.0 mol/l berichten kurz Krishna Mohana Rao und Premaswarup [1].

Für die spezifische Leitfähigkeit $\varkappa$ (in $\Omega^{-1} \cdot cm^{-1}$) werden bei verschiedenen Konzentrationen c (in g/l) folgende Werte erhalten [2]:

c		118.45	264.5	347.0	490.82	565.0	686.0
$\varkappa$ bei	20°C	0.090	0.11709	0.11215	0.0839	0.0661	0.03846
	40°C	0.1201	0.1702	0.1647	0.1276	0.1042	0.0654
	60°C	—	0.270	0.262	0.228	0.180	0.1284

Das Minimum des spezifischen Widerstandes $\rho = 1/\varkappa$ wird bei 25°C auch von Durivault u.a. [3] festgestellt. Im Bereich von 0.2 bis 1.8 mol/l nimmt $\varkappa$ monoton von 3.034×10^{-2} auf 13.47 zu [4]

Für die Äquivalentleitfähigkeit Λ (in $\Omega^{-1} \cdot cm^2 \cdot val^{-1}$) wird aus ersten Messungen bei 0°C [5] der Grenzwert bei unendlicher Verdünnung $\Lambda_\infty = 123$ abgeleitet [6]. Bei 25°C ist $\Lambda_\infty = 129.4$ [7]. Bei 18°C wird im Bereich von c = 0.5 bis 6.0 val/l eine Abnahme von $\Lambda = 66.4$ auf 16.30 beobachtet [8]. — Bei Kompression nimmt Λ, gemessen bei 0.5, 2 und 20 mmol/l bei 25°C, bis 1000 atm zu und dann bis 2000 atm wieder (schwächer) ab [9].

Für die molare Leitfähigkeit μ wird bei 0°C eine ähnliche Zunahme mit der Verdünnung V_{mol} (2 bis 1024 l/mol) gefunden, nämlich von 72.64 auf 122.5 $\Omega^{-1} \cdot cm^2 \cdot mol^{-1}$, wie bei den $Mn(NO_3)_2$-Lösungen [5, 10], s. „Mangan" C 3, S. 288. Auch die Temperaturabhängigkeit im Bereich bis 65°C ist ähnlich [10, 11].

EPR

Die paramagnetische Resonanzabsorption ist an wäßrigen Mn-Salzlösungen oft untersucht worden; hierüber wird zusammenfassend in „Mangan" B, S. 127/8, berichtet. Auch bei einigen anderen Untersuchungen [12, 13] wurde die Konzentration so gewählt, daß die Relaxation des $Mn(H_2O)_6^{2+}$-Komplexes im wesentlichen unbeeinflußt vom Anion (darunter Cl^-) untersucht werden konnte; vgl. auch „Mangan" B, S. 372/5. — Für die Messung der Intensitäten der EPR-Signale zwecks Ermittlung von Spin-Konzentrationen ist nach Dohrmann [14] eine 0.01 M $MnCl_2$-Lösung als Bezugslösung geeignet. — Die Hyperfeinstruktur des Resonanzsignals einer gefrorenen Lösung konnte zunächst nicht aufgelöst werden [15]. Die Auflösung in die sechs Komponenten gelingt jedoch bei Zugabe von HCl oder LiCl; dann können Übergänge mit $\Delta m = 0$ und $\Delta m = \pm 1$ beobachtet werden [16]. Dies beruht darauf, daß bei Cl^--Überschuß die Dipolwechselwirkung geschwächt wird [17]. — Eine sichere Untersuchung der einzelnen HFS-Komponenten wird auch durch Zusatz eines Polydextran-Gels ermöglicht [18].

Literatur:

[1] P. S. Krishna Mohana Rao, D. Premaswarup (Indian J. Pure Appl. Phys. **5** [1967] 581/3). — [2] V. M. Markova, I. F. Bogdanova, A. Z. Nikitenko, E. A. Bambulevich (Khimiya i Tekhnol. Soedin. Margantsa Nr. 1 [1975] 56/61; Ref. Zh. Khim. **1976** Nr. 19 B 1385). — [3] J. Durivault, C. Garrigue, F. Lazare, J. Salvinien, P. Viallet (Compt. Rend. **254** [1962] 2153/5). — [4] J. F. Tate, M. M. Jones (J. Inorg. Nucl. Chem. **12** [1960] 241/51, 247). — [5] H. C. Jones, F. H. Getman (Am. Chem. J. **31** [1904] 303/59, 312).

[6] H. C. Jones, H. P. Bassett (Am. Chem. J. **33** [1905] 534/86, 561). — [7] H. W. Jones, C. B. Monk, C. W. Davies (J. Chem. Soc. **1949** 2693/5). — [8] A. Heydweiller (Z. Anorg. Allgem. Chem. **116** [1921] 42/4). — [9] F. H. Fisher, D. F. Davis (J. Phys. Chem. **69** [1965] 2595/8). — [10] H. C. Jones (Carnegie Inst. Wash. Publ. Nr. 170 [1912] 1/148, 49); vgl. auch F. H. Getman, H. P. Bassett (in: Carnegie Inst. Nr. 60 [1907] 15/145, 73, 139).

[11] E. J. Shaeffer, H. C. Jones (Am. Chem. J. **49** [1913] 207/53, 231), A. P. West, H. C. Jones (Am. Chem. J. **44** [1910] 508/44, 530). — [12] S. A. Al'tshuler, K. A. Valiev (Zh. Eksperim. i Teor. Fiz. **35** [1958] 947/58; Soviet Phys.-JETP **8** [1958] 661/8). — [13] A. W. Nolle, L. O. Morgan (J. Chem. Phys. **36** [1962] 378/80). — [14] J. K. Dohrmann (Ber. Bunsenges. Physik. Chem. **74** [1970] 575/80). — [15] F. G. Wakim, A. W. Nolle (J. Chem. Phys. **37** [1962] 3000/2).

[16] B. T. Allen, D. W. Nebert (J. Chem. Phys. **41** [1964] 1983/5). — [17] R. T. Ross (J. Chem. Phys. **42** [1965] 3919/22). — [18] J. S. Leigh, G. H. Reed (J. Phys. Chem. **75** [1971] 1202/4).

5.2.8.5 Optische Eigenschaften

Optical Properties

Index of Refraction

Der Brechungsindex n wurde zunächst bei den Wellenlängen der Hα- und der Hβ-Linie (656.3, 486.1 nm) [1] sowie der NaD-Linie [1, 2] gemessen; die Ergebnisse werden von Timmermans [3] wiedergegeben, ebenso die Werte für $n_D - n_D(H_2O)$, die Heydweiller und Grube [4] bei 18°C an Lösungen mit den Konzentrationen 0.4995, 1.013, 2.024 und 4.042 val/l im Bereich von 467.9 bis 231.4 nm erhielten. Diese n_D-Werte werden von Kruis und Geffcken [5] zur Berechnung der Äquivalentdispersion ausgewertet.

An verdünnten Lösungen ($c \leqq 0.5$ val/l) werden bei 20°C folgende Werte gemessen:

c in val/l	0.01	0.02	0.05	0.1	0.2	0.3	0.5
n_α	1.33147	1.33163	1.33196	1.33254	1.33402	1.33535	1.33803
n_β	1.33742	1.33757	1.33793	1.33858	1.34014	1.34148	1.34415

Aus diesen Daten ergibt sich die Molrefraktion zu R = 3.5 bzw. 3.9 cm³ [6]. Für $c \geqq 0.5$ val/l wurde bei 18°C die Differenz $n - n(H_2O)$ bei vier Wellenlängen (Hα, Hβ, Hγ = 434.0 nm und NaD) gemessen [7]. Mit den bei 20°C für H_2O geltenden abgerundeten Werten (s. „Sauerstoff" 5, S. 1549) $n_\alpha = 1.33115$, $n_\beta = 1.33712$, $n_\gamma \approx 1.34021$, $n_D = 1.33299$ ergeben sich für die Lösungen folgende Werte:

c in val/l	n_α	n_D	n_β	n_γ
0.5	1.33765	1.33955	1.34382	1.34704
1	1.34405	1.34600	1.35043	1.35380
2	1.35636	1.35843	1.36312	1.36680
4	1.37993	1.38222	1.38750	1.39164
6	1.40225	1.40475	1.41056	1.41517

Hieraus berechnete R-Werte werden in einem zusammenfassenden Bericht von Heydweiller [8] gegeben: R = 19.25, 19.34, 19.25, 19.14 bzw. 18.56 cm³; Mittelwert: 19.15 cm³. Dagegen gibt Lee [9] für 589 nm nach Messungen an Lösungen der Molalität $m \leqq 1$ bei 29°C R = 24.7 cm³ an.

Optical Properties of Aqueous Solutions of $MnCl_2$

Das spezifische magnetische Drehungsvermögen [ω], gemessen bei 546.1 nm, ergibt sich an zwei Lösungen mit 24.28 bzw. 39.61 Gew.-% bei 15°C zu 0.0156′ bzw. 0.0189′, bei 60°C zu 0.0159′ bzw. 0.0191′ je cm und Gauss [10]. An zwei Lösungen mit 5.5 bzw. 19.7 Gew.-% wurden bei 20°C und 578 nm die Werte 10^6 [ω] = 4.083 bzw. 4.206 rad · cm^{-1} · G^{-1} erhalten [11]. Bei 589 nm wurde das Drehungsvermögen zweier Lösungen mit 0.11060 bzw. 0.25155 g $MnCl_2$/ml von Jahn [1] gemessen; vgl. ferner Wachsmuth [12] und Quincke [13]. — Bei 600, 800, 1000 und 1250 nm werden Werte für die Drehung wie bei $MnSO_4$ (s. „Mangan" C 6, S. 160) erhalten [14].

Literatur:

[1] H. Jahn (Ann. Physik Chem. [2] **43** [1891] 280/305, 291, 293, 304). — [2] H. C. Jones, F. H. Getman (Am. Chem. J. **31** [1904] 303/59, 313). — [3] J. Timmermans (The Physico-chemical Constants of Binary Systems in Concentrated Solutions, Bd. 3, New York – London 1960, S. 922). — [4] A. Heydweiller, O. Grube (Ann. Physik [4] **49** [1916] 653/70, 658, 665). — [5] A. Kruis, W. Geffcken (Z. Phys. Chem. B **34** [1936] 70/81, 75).

[6] A. N. Campbell (J. Chem. Soc. **1928** 653/8). — [7] G. Limann (Z. Physik **8** [1922] 13/9, 14). — [8] A. Heydweiller (Physik. Z. **26** [1925] 526/56, 531, 538). — [9] H.-Y. Lee (Spec. Contrib. Inst. Geophys. Natl. Cent. Univ. Miaoli Taiwan Nr. 1 [1965] 35/60, 38; C. A. **68** [1968] Nr. 17206). — [10] H. Ollivier (Ann. Phys. [Paris] [11] **11** [1939] 461/503, 497).

[11] F. Guillaume (Thèse Nancy 1946) laut Timmermans [3]. — [12] R. Wachsmuth (Ann. Physik Chem. [2] **44** [1891] 377/82, 380). — [13] G. Quincke (Ann. Physik Chem. [2] **24** [1885] 606/18, 609, 613). — [14] L. R. Ingersoll (J. Opt. Soc. Am. **6** [1922] 663/81, 679).

Chemical Behavior

5.2.8.6 Chemisches Verhalten

Die Reaktionen der wäßrigen $MnCl_2$-Lösung sind zum größten Teil identisch mit den Reaktionen des Mn^{2+}-Ions in wäßriger Lösung. Die Fällungsreaktionen sind in „Mangan" B, S. 376/7, die Redoxreaktionen in „Mangan" B, S. 379/89, behandelt. $MnCl_2$-Lösungen werden ferner bei der Darstellung zahlreicher Mn-Verbindungen eingesetzt. Im folgenden werden nur solche Reaktionen ausführlicher beschrieben, die für $MnCl_2$ spezifisch sind.

Durch Einwirkung von Cl_2 und J_2 auf gesättigte $MnCl_2$-Lösung wird $MnCl_2 \cdot 2JCl_3 \cdot 8H_2O$ in orangeroten Nadeln erhalten [1]. — Bei gewöhnlicher Temperatur werden aus einer 0.025 N $MnCl_2$-Lösung 8.2% des gelösten $MnCl_2$ an Holzkohle adsorbiert [2]. Die Adsorption an Aktivkohle aus wäßrig-alkoholischer Lösung ist von der Zusammensetzung des Lösungsmittelgemisches abhängig [3]. — $MnCl_2$-Lösung absorbiert NO bei 20°C und 712 bis 621 Torr, jedoch in geringerer Menge als Lösungen der Sulfate von Fe^{II}, Ni^{II} oder Co^{II} [4]. — Die Umsetzung mit alkoholischer Hydroxylammoniumchloridlösung führt zur Bildung von $MnCl_2 \cdot 2NH_2OH$ [5], s. auch [6].

Ti und Zr werden durch 5- bis 20%ige $MnCl_2$-Lösung bei 35 bis 100°C nicht bzw. kaum angegriffen. Rostfreier Stahl beginnt in 20%iger $MnCl_2$-Lösung bei 60°C zu korrodieren [7]. — Durch Zusatz von ammoniakalischer NH_4ClO_4-Lösung zu ammoniakalischer $MnCl_2$-Lösung tritt sofort Fällung von $Mn(ClO_4)_2 \cdot xNH_3$ ein [8]. — Bei der Reaktion mit $Zn_5(OH)_8(NO_3)_2 \cdot 2H_2O$ wird Cl^- der $MnCl_2$-Lösung gegen NO_3^- der Zn-Verbindung ausgetauscht, aber Mn^{2+} nicht in die Zn-Verbindung eingebaut. Mit 0.01 bis 1 M $MnCl_2$-Lösung entsteht ein Produkt des Strukturtyps $Zn_5(OH)_9Cl \cdot xH_2O$ [9]. — Mit $HgCl_2$ entstehen in Abhängigkeit von der Konzentration der Reaktionspartner Hg-Oxidchloride unterschiedlicher Zusammensetzung [10]. Beim Vermischen von $Hg(CN)_2$- und $MnCl_2$-Lösung im Verhältnis 2:1 entsteht das wenig stabile $Hg(CN)_2Cl^-$, wie aus spektrochemischen Untersuchungen geschlossen wird [11]. — In der Kälte setzt sich hochkonzentrierte $MnCl_2$-Lösung mit abgekühlter Lösung von Ag_2PO_3F nach $MnCl_2 + Ag_2PO_3F \rightarrow MnPO_3F + 2AgCl$ um [12].

Die Bildung von Komplexen mit organischen Verbindungen wird in einem eigenen Band beschrieben.

Literatur:

[1] R. F. Weinland, F. Schlegelmilch (Z. Anorg. Allgem. Chem. **30** [1902] 134/43, 139), F. Schlegelmilch (Diss. München 1901, S. 1/20, 6, 10). — [2] N. Schilow (Z. Physik. Chem. **100** [1922] 425/62, 426). — [3] N. A. Schilov, S. M. Pevzner (Zh. Russ. Fiz. Khim. Obshchestva **59** [1927] 158/70, 162, 169; C. **1927** II 1136). — [4] G. Hüfner (Z. Physik. Chem. **59** [1907] 416/23, 422). — [5] W. Feldt (Ber. Deut. Chem. Ges. **27** [1894] 401/6).

[6] W. Meyeringh (Ber. Deut. Chem. Ges. **10** [1877] 1940/7, 1946). — [7] L. B. Golden, I. R. Lane, W. L. Acherman (Ind. Eng. Chem. **44** [1952] 1930/9, 1936, 1938). — [8] R. Salvadori (Gazz. Chim. Ital. **40** II [1910] 19/21). — [9] W. Stählin, H. R. Oswald (J. Solid State Chem. **3** [1971] 256/64, 256). — [10] H. Pelabon, Delwaulle (Bull. Soc. Chim. France [4] **47** [1930] 156/64, 156/60).

[11] T. Inoue (Japan. J. Chem. **3** [1928] 147/63, 148, 160; C. **1929** I 220). — [12] E. B. Singh, P. C. Sinha (J. Indian Chem. Soc. **41** [1964] 407/10).

5.2.9 Das System $MnCl_2$-HCl-H_2O

The $MnCl_2$-HCl-H_2O System

Gesättigte Lösungen von $MnCl_2$ in bis zu 9molaler wäßriger Salzsäure stehen bei 25°C mit $MnCl_2 \cdot 4H_2O$ als fester Phase im Gleichgewicht (auch bei Abwesenheit von HCl besteht der Bodenkörper aus $MnCl_2 \cdot 4H_2O$, s. S. 31) [1].

Die Mischungsenthalpie beim Versetzen der Lösung von 1 mol $MnCl_2$ in 40 mol H_2O mit einer Lösung von 98 mol HCl in 1960 mol H_2O wird kalorimetrisch bei 25 ± 0.02°C zu $\Delta H = -0.23 \pm 0.02$ kcal bestimmt [2]. Die Mischungsenthalpie beim Mischen von 4 ml 5.8molarer HCl-Lösung mit 150 ml $MnCl_2$-Lösung sinkt von +21.8 cal bei 0.5 mol/l $MnCl_2$ auf ein Minimum von −10 cal bei 3.1 mol/l $MnCl_2$ ab und steigt wieder auf −7.8 cal bei 4.65 mol/l $MnCl_2$ an; weitere Werte und graphische Darstellungen der Mischungsenthalpie gegen die Cl^-- und H_2O-Aktivität s. Original [3].

Die Hydratation des Mn^{2+}-Ions im System $MnCl_2$-HCl-H_2O ist schwächer als die des Ni^{2+}-Ions im analogen System $NiCl_2$-HCl-H_2O [1]. Hydratationsparameter von $MnCl_2$ und HCl sowie graphische Darstellung der Mole freies Wasser je 55 Mole Gesamtwasser gegen die $MnCl_2$-Molalität (berechnet aus den über den Dampfdruck bestimmten H_2O-Aktivitäten) bei 25°C s. [12], s. auch [1]. Stärkere Hydratation der H^+-Ionen als der Li^+-Ionen bei gleicher Cl^--Aktivität geht aus den kalorimetrischen Untersuchungen [3] hervor. Bei den hohen Salzkonzentrationen wird durch HCl bereits Wasser aus der ersten Koordinationssphäre des Mn^{2+}-Ions abgezogen [3]. Zum scheinbaren Molvolumen von $MnCl_2$ s. [12].

Komplexbildung. Die aufeinanderfolgende Existenz der auch in der wäßrigen $MnCl_2$-Lösung auftretenden Spezies $Mn(H_2O)_6^{2+}$, $MnCl(H_2O)_5^+$ und $MnCl_2(H_2O)_4$ in Lösungen mit geringem HCl- und steigendem $MnCl_2$-Gehalt geht aus spektroskopischen Untersuchungen am System $MnCl_2$-HCl-H_2O hervor [4]. Dieselben Komplexe werden auch bei Kationenaustausch-Untersuchungen an Lösungen mit 0.01 mol $MnCl_2$/l und 0 bis 5 mol HCl/l gefunden. Danach liegen in Lösungen bis 1 mol Cl^-/l vorwiegend $MnCl(H_2O)_5^+$-Ionen, bei 1 bis 3 mol Cl^-/l vorwiegend der Komplex $MnCl_2(H_2O)_4$ vor [5]. Die Existenz der oben genannten Komplexe ist auch auf Grund früherer Dampfdruckuntersuchungen an ähnlich zusammengesetzten Lösungen anzunehmen [1]. Abweichend hiervon wird bei NMR-Untersuchungen an $MnCl_2$-Lösungen (0.005 und 0.036 mol/l) in HCl (0 bis 8 mol/l) bis zu einer Konzentration von 4.5 mol HCl/l kein Austausch eines H_2O-Moleküls in $Mn(H_2O)_6^{2+}$ durch Cl^- beobachtet. Nach EPR-Untersuchungen an 0.036molaren $MnCl_2$-Lösungen in HCl variabler Konzentration liegen in einer 1.5molaren HCl-Lösung die Komplexe $Mn(H_2O)_6^{2+}$ und $Mn(H_2O)_6^{2+}Cl^-$ (mit einem Cl^--Ion in der äußeren Koordinationssphäre) zu 60 bzw. 40% vor. Einzelheiten s. Original [6].

Die Bildung des komplexen Anions $MnCl_3(H_2O)_3^-$ beginnt nach Anionenaustausch-Untersuchungen an $MnCl_2$-Lösungen (1 bis 3 mg Metall in 0.025 ml) in 0.5 bis 12molarem HCl erst oberhalb einer HCl-Konzentration von 5 mol/l [7], s. auch Anionenaustausch-Untersuchungen bei Constantinescu u.a. [5]. Bei einer HCl-Konzentration von 10 mol/l wird das tetraedrische $MnCl_4^{2-}$-Ion die

Complexes in the $MnCl_2$-HCl-H_2O System

vorherrschende Spezies [7], s. auch [8, 9]. In Lösungen mit starkem Cl^--Überschuß (etwa 1 mol $MnCl_2$/l auf 12 mol HCl/l) existieren außer $MnCl_4^{2-}$ die oktaedrischen Komplexe $MnCl_4(H_2O)_2^{2-}$ und $MnCl_6^{4-}$, die miteinander und mit Cl^--Ionen gemäß $2\,MnCl_4(H_2O)_2^{2-} + 2\,Cl^- \rightleftharpoons MnCl_6^{4-} + MnCl_4^{2-} + 2\,H_2O$ im Gleichgewicht stehen. In diesen Lösungen werden außerdem tetraedrische Aquochlorokomplexe des Typs $MnCl_n(H_2O)_{4-n}^{2-n}$ (n = 1 bis 3) vermutet [4, 10]. Das gleichzeitige Vorliegen oktaedrischer und tetraedrischer Chloromangankomplexe in $MnCl_2$-Lösungen in konzentriertem HCl wurde bereits früher auf Grund der gelbrosa Farbe dieser Lösungen angenommen [11]. (Zur Farbe der verschiedenen Komplexe s. S. 81.) Hiervon abweichende Ergebnisse von NMR-Untersuchungen an 0.006 bis 0.07 molaren $MnCl_2$-Lösungen in 5 und 10 molarem HCl s. Original [6].

Aus den Partialdrücken von HCl und H_2O von 0 bis 3 molalen $MnCl_2$-Lösungen in 4.7, 7.0 und 9.0 molalem HCl bei 25°C werden die Aktivitäten von $MnCl_2$ und H_2O und der Aktivitätskoeffizient von HCl in diesen Lösungen berechnet. Graphische Darstellungen s. Original. Die Aktivität von $MnCl_2$ in 4.7 molalem HCl steigt von etwa 2.5 bei 1 mol/kg HCl-Lösung auf 3.8 bei 3 mol/kg HCl-Lösung an, in 9 molalem HCl von etwa 3.8 bei 1 mol/kg HCl-Lösung auf 4.7 bei 2.3 mol/kg HCl-Lösung (aus graphischer Darstellung im Original) [1]. Nach Moore [12] sind die Aktivitäten von $MnCl_2$ und HCl im ternären System erhöht gegenüber den Aktivitäten dieser Verbindungen in ihren binären Systemen mit H_2O.

Der Dampfdruck salzsaurer $MnCl_2$-Lösungen sinkt mit steigendem $MnCl_2$-Gehalt in ähnlicher Weise ab wie der HCl-freier $MnCl_2$-Lösungen (s. S. 32) [1]. Die relative Dampfdruckerniedrigung $\Delta p/p_o$ (p_o = Dampfdruck der $MnCl_2$-freien Salzsäure) steigt bei 25°C in 4.7 molaler HCl-Lösung nahezu linear von etwa 0.24 der Mn-freien Lösung auf etwa 0.52 bei 3.5 mol $MnCl_2$/kg HCl-Lösung. Graphische Darstellung von $\Delta p/p_o$ in 7.0 und 9.0 molaler HCl-Lösung s. Original [1].

Die Verteilung von Mangan (und anderen Übergangsmetallen) in Form seiner anionischen Chlorokomplexe zwischen der salzsauren $MnCl_2$-Lösung und einem Anionenaustauscher in Abhängigkeit von der HCl-Konzentration bei dynamischer Arbeitsweise geht aus einer graphischen Darstellung bei Kraus, Moore [7] hervor, bei statischer Arbeitsweise s. [9]. Verteilungskoeffizienten von Mn zwischen 10 und 12 normalem HCl und Austauscherharz aus ähnlichen Untersuchungen s. [8], zwischen 1 bis 10 normalem HCl und Tributylphosphat s. [13].

Literatur:

[1] T. E. Moore, F. W. Burtch, C. E. Miller (J. Phys. Chem. **64** [1960] 1454/8). — [2] A. Walkley (J. Electrochem. Soc. **93** [1948] 316/23, 318). — [3] Z. G. Szabo, M. Palfalvi-Rozsaheghyi, K. Burger (Proc. 3rd Symp. Coord. Chem., Debrecen, Hung., 1970, Bd. 1, S. 99/110; C.A. **74** [1971] Nr. 57949). — [4] A. Łodzińska, F. Golińska (Proc. 13th Intern. Conf. Coord. Chem., Cracow-Zakopane 1970, Bd. 2, S. 118/9). — [5] O. Constantinescu, I. Pascaru, M. Constantinescu (Rev. Roumaine Phys. **9** [1964] 705/13; C.A. **62** [1965] 12497).

[6] V. A. Glebov, T. M. Nikitina (Koord. Khim. **1** [1975] 1106/13 nach C.A. **83** [1975] Nr. 199897). — [7] K. A. Kraus, G. E. Moore (J. Am. Chem. Soc. **75** [1953] 1460/2). — [8] I. K. Tsitovich (Zh. Vses. Khim. Obshchestva im. D. I. Mendeleeva **6** [1961] 711/2; C.A. **56** [1962] 10944). — [9] I. K. Tsitovich (Dokl. Akad. Nauk SSSR **136** [1961] 114/6; C.A. **56** [1962] 6884). — [10] A. Łodzińska, F. Golińska (Roczniki Chem. **45** [1971] 719/25, 723; C.A. **75** [1971] Nr. 156564).

[11] J. A. Ibers, N. Davidson (J. Am. Chem. Soc. **72** [1950] 4744/8). — [12] T. E. Moore (PB-130756 [1957] 1/50, 11, 17; C.A. **56** [1962] 2951). — [13] D. F. C. Morris, E. L. Short, D. N. Slater (Electrochim. Acta **8** [1963] 289/300, 291).

Nonaqueous Solutions of $MnCl_2$

5.2.10 Nichtwäßrige Lösungen von $MnCl_2$

Alcohols

5.2.10.1 Alkohole

Complexes

In wasserfreiem Methanol, Äthanol, Propanol, Butanol sowie n-Amylalkohol und Pentanol ist $MnCl_2$ bei gewöhnlicher Temperatur oder unter Erwärmen löslich und bildet Verbindungen vom Typ $MnCl_2 \cdot x\,ROH$ [1 bis 4], die in einem späteren Band ausführlicher beschrieben werden. Die Stärke der Bindung zwischen Mn und Lösungsmittel nimmt in der Reihe Methanol > Äthanol > Propanol > Butanol ab, was zu einer Verschiebung des Gleichgewichts zwischen oktaedrischer und tetraedrischer Koordination des Mn^{II} führt. Die Spektren entsprechen insbesondere in Methanollösung oktaedrischen Solvaten; in Äthanol-, Butanol- und Propanollösung sind die Banden der oktaedrischen Solvate von denjenigen des $MnCl_4^{2-}$ teilweise überlagert. Die Spektren weisen auf tetraedrische Koordination hin, wenn die Lösungen Cl^- im Überschuß (Zugabe von LiCl) enthalten. Dabei wächst bei gleichen Ionenkonzentrationen der Anteil an tetraedrischen Komplexen von Methanol bis Butanol an. Herabsetzung der Temperatur begünstigt die Bildung oktaedrischer Solvat-Komplexe [5]. Aus EPR- und NMR-Untersuchungen von $Mn(ClO_4)_2$-Lösungen folgt, daß bei LiCl-Zusatz primär $Mn(CH_3OH)_5Cl^+$ aus $Mn(CH_3OH)_6^{2+}$ gebildet wird ($K_1 > 100$ M^{-1}). Mit steigender Cl^--Konzentration entstehen verschiedene oktaedrische Chlorokomplexe der allgemeinen Zusammensetzung $Mn(CH_3OH)_{6-n}Cl_n^{2-n}$, von denen $Mn(CH_3OH)_4Cl_2$ überwiegen dürfte. Hohe LiCl-Konzentrationen und Zunahme der Temperatur von 0 bis 140°C begünstigen die Bildung des tetraedrischen $MnCl_4^{2-}$ [6]. Über die Bildung von Mn^{2+}-CH_3OH-Cl^--Komplexen s. auch Burlamacchi u. a. [7]. Den Dissoziationsgrad bestimmte Salvadori [8] aus der Siedepunktserhöhung. Aus Leitfähigkeitsmessungen an Äthanollösungen wird auf einen oktaedrischen Komplex $Mn(C_2H_5OH)_4Cl_2$ geschlossen [9], s. auch [10].

Die Wärmekapazität methanolischer Lösungen steigt mit der $MnCl_2$-Konzentration bis 26 Gew.-% linear an [11]. Weitere mechanische und thermische Eigenschaften in Gegenwart von LiCl s. S. 100. — Die elektrische Leitfähigkeit in Methanol und Äthanol nimmt mit der Verdünnung und der Temperatur zwischen 0 und 45°C zu [12].

NMR-Messungen an den Protonen des Methanols geben Aufschluß über die Wechselwirkung zwischen dem paramagnetischen Kation und den Molekülen des Lösungsmittels. Das vornehmlich untersuchte Relaxationsverhalten liefert Hinweise auf die Geschwindigkeit des Austauschs von CH_3OH-Molekülen zwischen der Solvathülle des Mn^{2+}-Ions und dem freien Lösungsmittel. Von Breivogel [27] wird so die Geschwindigkeitskonstante (reziproke Verweilzeit τ in der Solvathülle, dazu Aktivierungsenergie und -entropie) für die Austauschreaktion aus der zwischen 190 und 330 K gemessenen transversalen Relaxationszeit T_2 der Protonen der OH-Gruppe ermittelt. Abweichende Angaben nach ähnlichen Messungen (allerdings an $Mn(ClO_4)_2$ mit und ohne LiCl-Zusatz) s. bei Levanon, Luz [6]. Von Sperling, Pfeifer [28] wird neben T_2 auch die longitudinale Relaxationszeit T_1 gemessen, und zwar für die OH-Gruppe, von $T = -95$ bis $+80$°C, als auch für die CH_3-Gruppe, von 5 bis 80°C. In letzterem Intervall nehmen alle Zeiten annähernd linear mit T zu. Aus der betreffenden Figur im Original abgelesene Werte (in ms) für 25°C und 16 MHz: $T_1 \approx 6.5$, $T_2 \approx 2.8$ (OH,) $T_1 \approx 27$, $T_2 \approx 21$ (CH_3). Folgerungen für τ im Original [28]. Vorläufige Angaben s. [29]. Aus Linienbreitenmessungen bei 25°C leiten Pearson u. a. [30] getrennte Werte $1/(T_{2S} + \tau)$ für die OH- und die CH_3-Gruppe ab, wo T_{2S} die Relaxationszeit für Protonen in der Solvathülle bedeutet. Frequenzabhängigkeit (40 kHz bis 36 MHz) von T_1 (CH_3) bei −72°C nach Messungen von Heinze [31] bei Sprinz [32]. Erstmalige Messung von verschiedenen Relaxationszeiten für die OH- und die CH_3-Gruppe (jeweils T_1 und T_2) s. [33]; dort auch im Gemisch mit Wasser untersucht. Zur Größenordnung von T_1/T_2 im Zusammenhang mit der Relaxationsgeschwindigkeit der paramagnetischen Elektronenresonanz s. Rivkind [34]. *NMR*

Die Konstante A der Fermi-Kontaktwechselwirkung wird sowohl aus dem Relaxationsverhalten [28, 33] als auch aus der Verschiebung der Resonanz [27] abgeleitet. Auf eine „anomale" Resonanzverschiebung weisen bereits Phillips u. a. [35] hin.

Die im Protonenresonanzspektrum des Äthanols beobachteten drei Linien werden mit wachsender $MnCl_2$-Konzentration (0.00065 bis 0.4 mol/l) breiter und zwar in der Reihenfolge OH-, CH_2-, CH_3-Gruppe [36]. Linienbreiten messen auch Pearson u. a. [30], die getrennte Werte für $1/(T_{2S} + \tau)$ (Symbole s. oben) für die drei Gruppen angeben. Zum Relaxationsverhalten s. ferner Rivkind [37], der vorher [34] auch das Verhältnis T_1/T_2 wie an Methanollösungen behandelte. — Weitere NMR-Untersuchungen wurden an Lösungen in Äthylenglycol, 2-Chlor-äthanol [36], Ameisensäure [32] und Tetrahydrofuran (im Gemisch mit Wasser) [38] ausgeführt.

Zur Absorption von $MnCl_2$ aus äthanolischer Lösung an Silicagel, das mit PCl_3 vorbehandelt wurde, s. [13].

Solutions of $MnCl_2$ in Mixtures of Alcohols and Water

Alkohol-Wasser-Gemische. Die Löslichkeitsisotherme des Systems $MnCl_2$-C_2H_5OH-H_2O zeigt **Fig. 22**. Die Löslichkeit von $MnCl_2$ durchläuft ein Minimum bei einem Gehalt von 23.3 g $MnCl_2$/100 g Lösung. Die obere Grenze der Alkoholkonzentration des Lösungsmittelgemisches, die mit der Anwesenheit von $MnCl_2 \cdot 4H_2O$ vereinbar ist, beträgt 77.3 g C_2H_5OH/100 g Lösungsmittelgemisch [15].

Fig. 22

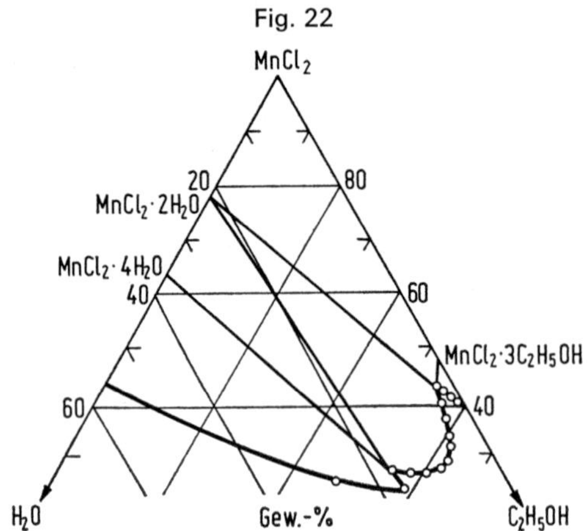

Löslichkeitsisotherme bei 25°C im System $MnCl_2$-C_2H_5OH-H_2O.

Complexes

Nach EPR-Untersuchungen an wäßrig-methanolischen Lösungen mit 0.01 M $MnCl_2$ bei 25°C steigt die Gleichgewichtskonstante der Reaktion $Mn^{2+} + Cl^- \rightarrow MnCl^+$ von 2.0 beim Molenbruch x = 0.11 an Methanol auf 550.0 bei x = 1.0 [14]. Die Abnahme der Intensität des EPR-Signals mit steigender HCl-Konzentration von 0 bis 3 mol HCl/l in 50%iger Methanollösung wird mit dem Eindringen von Cl^--Ionen in die erste Koordinationssphäre der Mn-Komplexe unter Bildung von $MnCl(H_2O)_{5-n}(CH_3OH)_n^+$ und $MnCl_2(H_2O)_{4-n}(CH_3OH)_n$ gedeutet [39]. Mit der Zugabe von Wasser zur reinen Äthanollösung ersetzen die H_2O-Moleküle nacheinander die Alkohol-Moleküle und die Cl^--Ionen, da die Stärke der Liganden in der Reihe $ROH < Cl^- < H_2O$ zunimmt. Ist die Alkoholkonzentration auf 12.5% verringert, so ist das EPR-Spektrum fast identisch mit dem des Aquokomplexes [9]; s. auch [10]. — Untersuchungen des NMR-Spektrums von hoher Auflösung in C_2H_5OD-D_2O-Lösungen von 4×10^{-3} M $MnCl_2$ ergeben, daß der Alkohol aus der Solvathülle des Mn^{2+} bei einer D_2O-Konzentration von 60% vollständig durch D_2O ersetzt ist, was bedeutet, daß etwa 4 mol D_2O/1 mol C_2H_5OD eingeführt sind. Der Alkohol wird mit Erhöhung der Temperatur leichter verdrängt, bei Einführung von 1 mol H_2O/1 mol C_2H_5OD vollständig. Mit steigender Temperatur wird demnach die Bindung im Alkohol-Solvat des $MnCl_2$ lockerer [16]. — Untersuchungen des Verteilungsverhältnisses von $MnCl_2$ in n-Butanol-H_2O-Gemischen ergeben, daß die Extrahierbarkeit des Mn^{2+} wesentlich durch die Cl^--Konzentration bestimmt wird [17].

Physical Properties

Die Dichte von $MnCl_2$-Lösungen in H_2O-C_2H_5OH-Gemischen folgt bei 25°C dem Gesetz von Root: $D = D_0 + Ac - Bc^{3/2}$. Werte der Konstanten A und B von 0 bis 29.5% Äthanol s. Original. Das Molvolumen des solvatisierten Mangans bei unendlicher Verdünnung steigt in diesem Bereich linear an [18]. — Die relative Viskosität wächst mit der $MnCl_2$-Konzentration zwischen 0.25 und 2.5 M $MnCl_2$. Sie durchläuft ein Minimum, wenn sie gegen die C_2H_5OH-Konzentration (0 bis 30%) aufgetragen wird, das um so deutlicher ausgeprägt ist, je höher die $MnCl_2$-Konzentration ist [19]. Die Viskosität von Methanollösungen mit 0.001 bis 0.1521 mol $MnCl_2 \cdot 4H_2O$/l steigt bei 20 bis 45°C leicht linear mit der Konzentration an. Das Verhältnis der Werte bei diesen beiden Temperaturen ist konstant 1.63 [20]. Zur Schmelzwärme gefrorener Lösungen von $MnCl_2 \cdot 2H_2O$ (0.3 und 2 Mol-%) in Methanol sowie den Einfluß von γ-Strahlung (^{60}Co, 11 mr/h) s. [21].

Das Verhältnis R der molaren Leitfähigkeit bei 45°C zu der bei 20°C ist unabhängig von der Konzentration im Bereich von 6.19×10^{-4} bis 0.155 mol $MnCl_2 \cdot 4H_2O$/l Methanol: R = 1.200 [22], s. auch [20]. In Methanol-CCl_4-Gemischen steigt die Leitfähigkeit um bis zu 1000% in 8 min bei

45°C. Dieser Effekt wird in geringerem Maße auch in Gemischen von Methanol und $CHCl_3$, sym-$C_2H_2Cl_4$, Cyclohexan, n-Hexan oder n-Heptan beobachtet, am geringsten mit n-Heptan. Herabsetzen der Temperatur, Erhöhung der Salzkonzentration oder des inerten Lösungsmittels verringern den Effekt. Die Zunahme der Leitfähigkeit mit der Zeit wird auf eine heterogene Reaktion monomerer Mn-Spezies an aktiven Stellen auf der Elektrodenoberfläche (platinierte Pt-Elektroden) zurückgeführt [23]. — Messungen der Spin-Gitter-Relaxationszeiten in reinen oder wäßrigen Glyzerin-Lösungen bei 12 bis 43 MHz ergeben nur eine geringe Abhängigkeit von Konzentration (0.225 bis 3.9 mol $MnCl_2 \cdot 4H_2O$/l) und Viskosität der Lösung [24]. NMR-Untersuchungen in Glyzerin-H_2O-Gemischen s. [34]. — Die Dielektrizitätskonstante ε fällt bei Lösungen mit 0.01 M $MnCl_2$ und 25°C mit dem Molenbruch x des Methanols von $\varepsilon = 70.2$ bei $x = 0.11$ auf $\varepsilon = 32.6$ bei $x = 1.0$ [14].

Die Einwirkung von γ-Strahlen (^{60}Co, 0.06 mr/min) auf eine gefrorene Lösung von $MnCl_2 \cdot 2H_2O$ in Methanol (6×10^{19} Mn^{2+}/g) bei 77 K führt zur Bildung von Äthylenglycol und Formaldehyd als Radiolyseprodukte von CH_3OH. Aus dem EPR-Spektrum ergibt sich eine Verringerung der Mn^{2+}-Konzentration mit zunehmender Bestrahlungsdosis; im Bereich von 100 bis 200 mr beträgt sie etwa die Hälfte der ursprünglichen Größe [25], s. auch [21]. — Die Absorption von $MnCl_2$ an aktivierter Kohle aus 0.025 N Lösungen in C_2H_5OH-H_2O-Gemischen des gesamten Konzentrationsbereichs geht durch ein breites Minimum bei etwa 50 Gew.-% C_2H_5OH [26].

Literatur:

[1] O. E. Zvyagintsev, A. Z. Chkhenkeli (Zh. Obshch. Khim. **11** [1941] 791/802; C. **1941** II 1603). — [2] P. L'Haridon, J. Lang (Rev. Chim. Minerale **8** [1971] 813/8). — [3] F. Bourion (Compt. Rend. **134** [1902] 555/7). — [4] A. Z. Chkhenkeli (Zh. Neorgan. Khim. **2** [1957] 787/9; Russ. J. Inorg. Chem. **2** Nr. 4 [1957] 118/22). — [5] T. S. Shitova, I. S. Pominov (Zh. Prikl. Spektroskopii **14** [1971] 546/7; J. Appl. Spectry. [USSR] **14** [1971] 411/2).

[6] H. Levanon, Z. Luz (J. Chem. Phys. **49** [1968] 2031/40). — [7] L. Burlamacchi, G. Martini, E. Tiezzi (J. Phys. Chem. **74** [1970] 3980/7). — [8] R. Salvadori (Gazz. Chim. Ital. **26** I [1896] 237/54, 246). — [9] N. D. Yordanov (Dokl. Bolgar. Akad. Nauk **22** Nr. 1 [1969] 61/4; C.A. **70** [1969] Nr. 119945). — [10] B. R. McGarvey (J. Phys. Chem. **61** [1957] 1232/7).

[11] A. Blümcke (Ann. Physik Chem. [3] **23** [1884] 161/73). — [12] E. Rimbach, K. Weitzel (Z. Physik. Chem. **79** [1912] 279/302, 284). — [13] A. N. Volkova, S. I. Kol'tsov, V. B. Aleskovskii (Izv. Vysshikh Uchebn. Zavedenii Khim. i Khim. Tekhnol. **12** [1969] 863/5; C.A. **72** [1970] Nr. 25266). — [14] J. R. Bard, J. O. Wear (Z. Naturforsch. **26b** [1971] 1091/6). — [15] P. L'Haridon, J. Lang (Rev. Chim. Minerale **5** [1968] 127/45, 131, 136).

[16] Yu. Ya. Shamonin, S. A. Yan (Dokl. Akad. Nauk SSSR **152** [1963] 677/9; Dokl. Phys. Chem. Proc. Acad. Sci. USSR **152** [1963] 860/1; Dokl. Akad. Nauk Arm.SSR **38** [1964] 289/93; C.A. **61** [1964] 13936). — [17] T. E. Moore (TID-15379 [1962] 13 S., 3/5; N.S.A. **16** [1962] Nr. 14820). — [18] J. Padova (J. Chem. Phys. **39** [1963] 2599/602). — [19] J. Padova (J. Chem. Phys. **38** [1963] 2635/40). — [20] P. A. D. de Maine, E. R. Russell, D. O. Johnston, M. M. de Maine (J. Chem. Eng. Data **8** [1963] 91/3).

[21] E. F. Abdrashitov, D. P. Kiryukhin, L. A. Tikhomirov, I. M. Barkalov (Khim. Vysokikh Energ. **7** [1973] 274/6; High Energy Chem. [USSR] **7** [1973] 243/5). — [22] P. A. D. de Maine, G. E. McAlonie (J. Inorg. Nucl. Chem. **18** [1961] 286/91). — [23] P. A. D. de Maine, C. R. Santa, G. E. Rigby (J. Miss. Acad. Sci. **8** [1962] 299/306). — [24] P. G. Tishkov (Zh. Eksperim. i Teor. Fiz. **36** [1959] 1337/41; Soviet Phys-JETP **9** [1959] 949/52). — [25] E. F. Abdrashitov, L. A. Tikhomirov (Khim. Vysokikh Energ. **6** [1972] 190/1; High Energy Chem. [USSR] **6** [1972] 173/4).

[26] N. Schilow, S. Pewsner (Z. Physik. Chem. **118** [1925] 361/8, 363, 365). — [27] F. W. Breivogel (J. Chem. Phys. **51** [1969] 445/8). — [28] R. Sperling, H. Pfeifer (Z. Naturforsch. **19a** [1964] 1342/7). — [29] H. Pfeifer (Phys. Letters **2** [1962] 351/2). — [30] R. G. Pearson, J. Palmer, M. M. Anderson, A. L. Allred (Z. Elektrochem. **64** [1960] 110/5).

[31] H.-E. Heinze (unveröffentlichte Messung laut Sprinz [32]). — [32] H. Sprinz (Ann. Physik. [7] **20** [1967] 168/86, 185). — [33] H. Yoshioka, T. Fujita (J. Phys. Soc. Japan **14** [1959] 1717/24). — [34] A. I. Rivkind (Dokl. Akad. Nauk SSSR **102** [1955] 1107/10; C.A. **1956** 4570). — [35] W. D. Phillips, C. E. Looney, C. K. Ikeda (J. Chem. Phys. **27** [1957] 1435/6).

Nonaqueous Solutions of $MnCl_2$

[36] Yu. Ya. Shamonin (Dokl. Akad. Nauk SSSR **140** [1961] 1136/7; Proc. Acad. Sci. USSR Phys. Chem. Sect. **140** [1961] 782/3). — [37] A. I. Rivkind (Dokl. Akad. Nauk SSSR **117** [1957] 448/51; C.A. **1957** 19463). — [38] A. Fratiello, D. Miller (J. Chem. Phys. **42** [1965] 796/7). — [39] O. Constantinescu, I. Pascaru, M. Constantinescu (Rev. Roumaine Phys. **9** [1964] 705/13; C.A. **62** [1965] 12497).

Other Solvents

5.2.10.2 Weitere Lösungsmittel

Äther. 100 ml einer bei 0°C gesättigten Lösung von $MnCl_2$ in einem mit HCl gesättigten Gemisch gleicher Volumina $(C_2H_5)_2O$ und H_2O enthalten 0.86_4 g Mn [1], s. auch [2]. Löslichkeitsuntersuchungen in Äther bei gleichzeitiger Anwesenheit von HCl oder $FeCl_3$ ergeben, daß die Löslichkeit von $MnCl_2$ mit zunehmender HCl-Konzentration bis 5 mol HCl/l anwächst, stärker noch mit zunehmender $FeCl_3$-Konzentration bis 3 mol $FeCl_3$/l [3].

$MnCl_2$ löst sich in 1,4-Dioxan unter Erwärmen auf 50°C auf Grund der Bildung eines purpurfarbenen $MnCl_2$-Dioxan-Komplexes allmählich auf [4].

Ester. In Essigsäureäthylester ist $MnCl_2$ nicht löslich [5]. — In Propandiol-1,2-carbonat beträgt die aus Leitfähigkeitsmessungen ($\varkappa = 6.5 \times 10^{-5}\ \Omega^{-1} \cdot cm^{-1}$) ermittelte Löslichkeit etwa 0.03 g ($\triangleq 2 \times 10^{-4}$ mol) $MnCl_2$/100 g Lösungsmittel bei 25°C [6]. In der Lösung werden nur oktaedrische $MnCl_6^{4-}$-Ionen beobachtet [7], s. auch [8]. — In Trimethylphosphat (TMP) treten die oktaedrischen Komplexe $MnCl_4(TMP)_2^{2-}$ und $MnCl_6^{4-}$ auf [7, 8]. — Zum System $LiCl-MnCl_2-H_2O-PO(OC_4H_9)_3$ s. S. 101.

Die Löslichkeit von $MnCl_2$ in reinem Aceton ist sehr gering. Unter Rühren entsteht hellrosa gefärbtes $MnCl_2 \cdot (CH_3)_2CO$ als Suspension, da das Solvat in acetonischer Lösung nahezu unlöslich ist [9]. Das elektrische Leitvermögen von $MnCl_2$-Lösung in Aceton nimmt mit der Verdünnung und der Temperatur zwischen 0 und 36°C zu [10]. NMR-Untersuchungen s. [11]. — Das System $MnCl_2-(CH_3)_2CO-H_2O$ zeigt bei 25°C eine große Mischungslücke; im Gleichgewicht mit den gesättigten Lösungen treten als feste Phasen $MnCl_2 \cdot 2H_2O$, $MnCl_2 \cdot 4H_2O$ und $MnCl_2 \cdot (CH_3)_2CO$ auf. Löslichkeitsisotherme s. **Fig. 23**; die Zusammensetzung am kritischen Punkt K beträgt 6 Gew.-% $MnCl_2$, 60 Gew.-% $(CH_3)_2CO$ und 34 Gew.-% H_2O [9]. Die Dichte folgt bei 25°C dem Gesetz von Root wie bei den $C_2H_5OH-H_2O$-Gemischen (s. S. 78). Das Molvolumen des Mangans bei unendlicher Verdünnung bleibt bis 30.8% Aceton praktisch konstant [12]. Die relative Viskosität von 0.25 bis 2.5 mol $MnCl_2$/l enthaltender wäßrig-acetonischer Lösung (8.5 bis 52.0% Aceton) bei 25°C wächst mit der $MnCl_2$- und Aceton-Konzentration [13].

Fig. 23

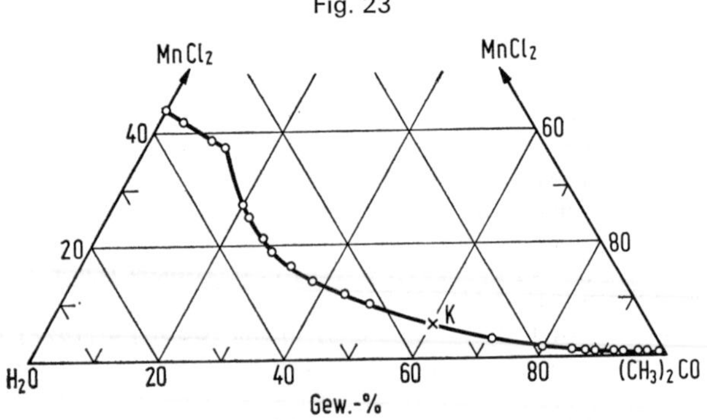

Löslichkeitsisotherme bei 25°C im System $MnCl_2-(CH_3)_2CO-H_2O$.

In Acetonitril können in Abhängigkeit von der Cl^--Konzentration $MnCl^+$ und $MnCl_4^{2-}$ auftreten [7, 8]. — In Benzonitril ist $MnCl_2$ schwer löslich [14]. — Die Löslichkeit in Formamid beträgt bei 30 bis 55°C 5.888 bis 9.215 g $MnCl_2$/100 g Formamid [15]. — Die Farbe einer 0.1molaren

Lösung von $MnCl_2 \cdot 4H_2O$ in Dimethylformamid geht von Gelb über Rot in Dunkelbraun über, wenn die Lösung einige Stunden steht. Das Absorptionsspektrum wird durch Zusatz von Cl^- infolge Komplexbildung stark beeinflußt; der Einfluß nimmt ab in der Reihe $Cl^- >$ Acetat $> NO_3^- > ClO_4^-$ [16]. Die Bildung von tetraedrischen Chloro-Komplexen [17] wird insbesondere mit zunehmender Cl^--Konzentration und steigender Temperatur begünstigt [18]. In Lösungen mit 0.05 bis 0.5 mol $MnCl_2 \cdot 4H_2O$/l wird aus EPR-, optischen und DK-Untersuchungen auf einen dimeren $MnCl_2$-Komplex geschlossen, ebenso in Dimethylacetamid [19]. — In Dimethylsulfoxid ist das Gleichgewicht der oktaedrischen und tetraedrischen Komplexe in Richtung der letzteren mit Erhöhung der Cl^--Konzentration und der Temperatur verschoben, jedoch etwas weniger als in Dimethylformamid [18], s. auch [19]. — 100 ml Pyridin lösen 1.28 g $MnCl_2$ bei 0°C und 1.06 g bei 25°C [20, 2]; s. auch [21]. — In Benzoylchlorid wird nach 48 h Schütteln im zugeschmolzenen Rohr bei 30°C keine Auflösung von $MnCl_2$ festgestellt; es bildet sich fleischfarbenes $MnCl_2 \cdot C_6H_5COCl$ [22].

Literatur:

[1] W. Fischer, W. Seidel (Z. Anorg. Allgem. Chem. **247** [1941] 333/66, 347). — [2] A. Seidell, W. F. Linke (Solubilities, Inorganic and Metal-Organic Compounds, Bd. 2, Washington 1965, S. 552/3). — [3] E. I. Denisov, V. V. Abramov, I. Firlya (Zh. Prikl. Khim. **41** [1968] 2088/90; J. Appl. Chem. USSR **41** [1968] 1969/70). — [4] R. S. Nyholm, G. J. Sutton (J. Chem. Soc. **1958** 564/6). — [5] A. Naumann (Ber. Deut. Chem. Ges. **43** [1910] 313/21, 314).

[6] W. S. Harris (UCRL-8381 [1958] 1/77, 31; C.A. **1959** 4966). — [7] V. Gutmann, W. Lux (Monatsh. Chem. **98** [1967] 276/85). — [8] V. Gutmann (Coord. Chem. Rev. **2** [1967] 239/56, 245). — [9] P. L'Haridon, J. Lang (Rev. Chim. Minerale **5** [1968] 127/45, 131, 136). — [10] E. Rimbach, K. Weitzel (Z. Physik. Chem. **78** [1912] 279/302, 284).

[11] A. I. Rivkind (Dokl. Akad. Nauk SSSR **117** [1957] 448/51; C.A. **1957** 19463). — [12] J. Padova (J. Chem. Phys. **39** [1963] 2599/602). — [13] J. Padova (J. Chem. Phys. **38** [1963] 2635/40). — [14] A. Naumann (Ber. Deut. Chem. Ges. **47** [1914] 1369/76, 1369). — [15] R. Gopal, M. M. Husain (J. Indian Chem. Soc. **40** [1963] 272/4).

[16] R. T. Pflaum, A. I. Popov (Anal. Chim. Acta **13** [1955] 165/71, 167). — [17] L. I. Katzin (J. Chem. Phys. **36** [1962] 3034/41). — [18] T. S. Shitova, I. S. Pominov (Zh. Prikl. Spektroskopii **14** [1971] 546/7; J. Appl. Spectry. [USSR] **14** [1971] 411/2). — [19] H. Pirot, M. Stockhausen (Z. Naturforsch. **27a** [1972] 709/11). — [20] R. Müller (Z. Anorg. Allgem. Chem. **142** [1925] 130/2).

[21] L. F. Audrieth, A. Long, R. E. Edwards (J. Am. Chem. Soc. **58** [1936] 428/9). — [22] R. C. Paul, M. S. Bains, G. Singh (J. Indian Chem. Soc. **35** [1958] 489/92).

5.2.11 Chlorokomplexe von Mangan(II)

Chloro Complexes of Manganese(II)

5.2.11.1 Übersicht

Review

Mangan(II) bildet eine Vielzahl von Chloro- und Aquochlorokomplexen. Im folgenden werden nur die in Lösung vorkommenden Spezies behandelt, s. dazu auch die wäßrige und salzsaure Lösung sowie die Lösungen in organischen Lösungsmitteln von $MnCl_2$ (S. 60, 75 und 76) und $Mn(ClO_4)_2$ in Gegenwart von Cl^- (S. 253). Über die in Systemen mit anderen Chloriden sowie im festen Zustand auftretenden Komplexe s. Kapitel 5.3, S. 93.

Aus Untersuchungen an wäßrigen $MnCl_2$-Lösungen geht die Existenz der Komplexe $Mn(H_2O)_6^{2+}$, $MnCl(H_2O)_5^+$ und $MnCl_2(H_2O)_4$ hervor. Bei Cl^--Überschuß treten außerdem die oktaedrischen Anionen $MnCl_3(H_2O)_3^-$, $MnCl_4(H_2O)_2^{2-}$, $MnCl_6^{4-}$ und das tetraedrische $MnCl_4^{2-}$-Ion auf, möglicherweise auch tetraedrische gemischte Aquochlorokomplexe der allgemeinen Formel $MnCl_n(H_2O)_{4-n}$ mit n = 1 bis 3. Für den oktaedrischen Komplex $MnCl_4(H_2O)_2^{2-}$ wird aus potentiometrischen Messungen an 0.01 und 0.05 molaren Mn^{2+}-Lösungen bei NH_4Cl-Konzentrationen von 0 bis 1 mol/l und einer konstanten Ionenstärke I = 1.15 (NH_4NO_3) bei 18°C die Stabilitätskonstante $K_4 = [MnCl_4(H_2O)_2^{2-}]/[MnCl_3(H_2O)_3^-][Cl^-]$ zu $\lg K_4 = -0.09 \pm 0.06$ bestimmt [1] (Abkürzungen bei Angaben von Stabilitätskonstanten gemäß Sillén, Martell [2]). Zu den Stabilitätskonstanten der übrigen Aquochlorokomplexe s. im folgenden. Kublanovskii [1] ermittelt aus den Stabilitätskonstanten

Chloro Complexes of Manganese (II)

der verschiedenen oktaedrischen Aquochloromangankomplexe eine prozentuale Verteilung der Komplexe in Abhängigkeit von der Cl^--Konzentration; graphische Darstellung s. Original. Die Stabilitätskonstanten weichen jedoch von denen anderer Autoren stark zu höheren Werten ab [1]. Aufstellung einer Stabilitätsreihe anionischer Chlorokomplexe von Übergangsmetallen mit Hilfe der Ergebnisse von Anionenaustauschuntersuchungen und Anwendung in der chemischen Analyse s. bei Tsitovich [3] und Kraus, Moore [4].

Die oktaedrischen Chloro- und Aquochloromangankomplexe sind hellrot bzw. rosa, die tetraedrischen blaßgrün, gelb bzw. gelbgrün gefärbt [5], s. auch [6]. Die oktaedrischen gemischten Aquochlorokomplexe werden im folgenden zur Vereinfachung ohne die H_2O-Moleküle formuliert.

In organischen Lösungsmitteln oder organisch-wäßrigen Lösungen werden die H_2O-Moleküle in den Aquochlorokomplexen ganz oder teilweise durch Moleküle des jeweiligen Lösungsmittels ersetzt, so daß beispielsweise Spezies der allgemeinen Formel $[MnCl(H_2O)_{5-n}L_n]^+$ mit n = 1 bis 5, L = organisches Lösungsmittel, (entsprechend $MnCl(H_2O)_5^+$ bzw. $MnCl^+$ in wäßriger Lösung) vorliegen. Das viel untersuchte tetraedrische Ion $MnCl_4^{2-}$ tritt auch in organischen Lösungen auf. EPR-Untersuchungen an 0.05 bis 0.5molaren Lösungen von $MnCl_2 \cdot 4H_2O$ in Dimethylformamid, Dimethylacetamid und Dimethylsulfoxid weisen ferner auf die Existenz eines Komplexes $Mn \cdot MnCl_4$ mit einer tetraedrisch gebauten $MnCl_4^{2-}$-Gruppe und dem zweiten Mn^{2+}-Ion in der äußeren Koordinationssphäre hin [7].

Literatur:

[1] V. S. Kublanovskii (Zh. Neorgan. Khim. **22** [1977] 735/8; Russ. J. Inorg. Chem. **22** [1977] 405/7). — [2] L. G. Sillén, A. E. Martell (Stability Constants of Metal-Ion Complexes, London 1970). — [3] I. K. Tsitovich (Dokl. Akad. Nauk SSSR **136** [1961] 114/6; Proc. Acad. Sci. USSR, Chem. Sect. **136** [1961] 29/31). — [4] K. A. Kraus, G. E. Moore (J. Am. Chem. Soc. **75** [1953] 1460/2). — [5] F. A. Cotton, D. M. L. Goodgame, M. Goodgame (J. Am. Chem. Soc. **84** [1962] 167/72).

[6] J. J. Foster, N. S. Gill (J. Chem. Soc. A **1968** 2625/9). — [7] H. Pirot, M. Stockhausen (Z. Naturforsch. **27a** [1972] 709/11).

$MnCl^+$ and $[MnCl(H_2O)_{5-n}L_n]^+$

5.2.11.2 $MnCl^+$ und $[MnCl(H_2O)_{5-n}L_n]^+$, n = 1 bis 5, L = organisches Lösungsmittelmolekül

In der folgenden Tabelle sind Werte für die Stabilitätskonstante $K_1 = [MnCl^+]/[Mn^{2+}][Cl^-]$ in wäßriger Lösung zusammengestellt (Konzentrationsangaben in mol/l, t in °C, RT = Raumtemperatur; in Klammern gesetzte Werte wurden aus den im Original angegebenen umgerechnet):

Methode	t	Medium	K_1	lg K_1	Lit.
potentiometrisch	18	0.005 bis 1 NH_4Cl, I = 1.15 (NH_4NO_3)	6.5	0.81	[1]
Kationenaustausch	20	I = 0.691 ($HClO_4$)	3.85	0.59 [3]	[2]
polarographisch	RT	I = 1.5 ($NaClO_4$)	1.1	0.04 [3]	[4]
potentiometrisch	25	I = 1 bis 3 $HClO_4$	0.14 bis 0.50*)	−0.85 bis −0.30	[5]
potentiometrisch	25	I→0	0.72	(−0.143)	[5]
berechnet	RT	0 korr.	(1.26)	0.1 [7]	[6]

*) Aus graphischer Darstellung interpoliert; ähnliche Werte werden spektralphotometrisch bestimmt.

In Dimethylformamid wird die Bildungskonstante durch EPR-Untersuchungen bei 25°C und Ionenstärken zwischen 0.01 und 0.05 mol/l (CsCl bzw. $(CH_3)_4NCl$) zu K_1 = 6457 l/mol bestimmt [8].

Die freie Enthalpie der Bildung des $MnCl^+$-Ions aus den Elementen in wäßriger Lösung bei 298.15 K unter Standardbedingungen wird aus Literaturangaben zu $\Delta G° = -86.7$ kcal/mol neu berechnet [9]. — Aus der linearen Abhängigkeit von lg K_1 von der reziproken Temperatur zwischen

25 und 116°C werden Enthalpie, freie Enthalpie und Entropie der Reaktion $Mn^{2+} + Cl^- \rightleftharpoons MnCl^+$ in Dimethylformamid bei 25°C zu $\Delta H° = -1.20$ kcal/mol, $\Delta G° = -5.20$ kcal/mol und $\Delta S° = 13.4$ cal · mol^{-1} · K^{-1} ermittelt [8].

Literatur:

[1] V. S. Kublanovskii (Zh. Neorgan. Khim. **22** [1977] 735/8; Russ. J. Inorg. Chem. **22** [1977] 405/7). — [2] D. F. C. Morris, E. L. Short (J. Chem. Soc. **1961** 5148/53). — [3] L. G. Sillén, A. E. Martell (Stability Constants of Metal-Ion Complexes, London 1964, S. 279). — [4] S. Tribalat, J.-M. Caldero (Compt. Rend. **255** [1962] 925/7). — [5] Z. Libus, H. Tialowska (J. Solution Chem. **4** [1975] 1011/22, 1016).

[6] W. L. Masterton, L. H. Berka (J. Phys. Chem. **70** [1966] 1924/9). — [7] L. G. Sillén, A. E. Martell (Stability Constants of Metal-Ion Complexes, Supplement Nr. 1, London 1971, S. 169). — [8] R. Bard, J. T. Holman, J. O. Wear (Z. Naturforsch. **24b** [1969] 989/93). — [9] D. D. Wagman, W. H. Evans, V. B. Parker, I. Halow, S. M. Bailey, R. H. Schumm (Natl. Bur. Std. [U.S.] Tech. Note 270-4 [1969] 107).

5.2.11.3 $[MnCl_2(H_2O)_4]$

$[MnCl_2$-$(H_2O)_4]$

Die Stabilitätskonstanten $K_2 = [MnCl_2]/[MnCl^+][Cl^-]$ und $\beta_2 = [MnCl_2]/[Mn^{2+}][Cl^-]^2$ werden durch Kationenaustausch-Untersuchungen mit Hilfe von ^{54}Mn bei $I = 0.691$ mol/l ($HClO_4$) und 20°C zu $K_2 = 0.47$ l/mol und $\beta_2 = 1.80 \pm 0.1$ $(l/mol)^2$ bestimmt [1]. Durch potentiometrische Messungen bei einer Ionenstärke $I = 1.15$ (NH_4NO_3) und NH_4Cl-Konzentrationen von 0 bis 1 mol/l wird bei 18°C ein wesentlich höherer Wert ermittelt: $K_2 = 3.1$ l/mol [2].

Die freie Bildungsenthalpie des Komplexes in hypothetischer idealer 1molaler Lösung wird aus Literaturdaten zu $\Delta G^{\circ}_{298} = -117.6$ berechnet [3].

Literatur:

[1] D. F. C. Morris, E. L. Short (J. Chem. Soc. **1961** 5148/53). — [2] V. S. Kublanovskii (Zh. Neorgan. Khim. **22** [1977] 735/8; Russ. J. Inorg. Chem. **22** [1977] 405/7). — [3] D. D. Wagman, W. H. Evans, V. B. Parker, I. Halow, S. M. Bailey, R. H. Schumm (Natl. Bur. Std. [U.S.] Tech. Note 270-4 [1969] 108).

5.2.11.4 $MnCl_3^-$

$MnCl_3^-$

Die Bildungskonstante $K_3 = [MnCl_3^-]/[MnCl_2][Cl^-]$ sowie die Bruttobildungskonstante $\beta_3 = [MnCl_3^-]/[Mn^{2+}][Cl^-]^3$ in wäßriger Lösung bei der Ionenstärke $I = 0.691$ mol/l ($HClO_4$) werden bei 20 ± 1°C zu $K_3 = 0.24$ l/mol und $\beta_3 = 0.44 \pm 0.08$ $(l/mol)^3$ mit der Ionenaustauschermethode unter Verwendung von radioaktivem ^{54}Mn bestimmt [1] (lg $\beta_3 = -0.36$ [2]). Ein höherer Wert, $K_3 = 1.7$ l/mol, wird bei potentiometrischen Untersuchungen mit NH_4Cl-Konzentrationen von 0 bis 1 mol/l, Ionenstärke $I = 1.15$ (NH_4NO_3) und 18°C ermittelt [3].

Die freie Enthalpie der Bildung des $MnCl_3^-$-Ions in einer hypothetischen 1molalen idealen wäßrigen Lösung aus den Elementen wird aus Literaturangaben bei 298.15 K unter Standardbedingungen zu $\Delta G° = -148.2$ kcal/mol neu berechnet [4].

Literatur:

[1] D. F. C. Morris, E. L. Short (J. Chem. Soc. **1961** 5148/53). — [2] L. G. Sillén, A. E. Martell (Stability Constants of Metal-Ion Complexes, London 1964, S. 279). — [3] V. S. Kublanovskii (Zh. Neorgan. Khim. **22** [1977] 735/8; Russ. J. Inorg. Chem. **22** [1977] 405/7). — [4] D. D. Wagman, W. H. Evans, V. B. Parker, I. Halow, S. M. Bailey, R. H. Schumm (Natl. Bur. Std. [U.S.] Tech. Note 270-4 [1969] 108).

$MnCl_4^{2-}$

5.2.11.5 $MnCl_4^{2-}$

Das Ion existiert in Verbindungen des Typs M_2MnCl_4 mit großem Kation M (z. B. Alkylammonium) [1 bis 9], aber auch in Cs_3MnCl_5 (s. S. 148) sowie in Alkalichlorid-$MnCl_2$-Schmelzen [10 bis 15], in denen es erhebliche Stabilität zeigt [43, 44]. In wäßriger Lösung tritt es erst bei sehr hohem Cl^--Überschuß auf, s. hierzu beispielsweise beim System $MnCl_2$-HCl-H_2O (S. 75). Das $MnCl_4^{2-}$-Ion steht damit im Gegensatz zu den analogen Komplexen anderer Übergangsmetalle (außer Ni), die bereits bei wesentlich niedrigerem Cl^--Überschuß stabil sind [45, 46]. In alkoholischer Lösung bildet es sich in geringen Mengen bereits bei der Vereinigung etwa 1molarer $MnCl_2 \cdot 4H_2O$-Lösungen mit etwa 1molaren LiCl- oder $CaCl_2$-Lösungen in endothermer Reaktion. Die Stabilität nimmt hier (ebenso wie in wäßriger Lösung) mit steigender Cl^--Konzentration zu. In anderen polaren Lösungsmitteln, z. B. Nitromethan und Acetonitril, ist die Stabilität von der Cl^--Konzentration unabhängig [4].

Die vor allem an den M_2MnCl_4-Verbindungen häufig untersuchten Elektronenbandenspektren [1 bis 5, 10 bis 12] und Schwingungsspektren [5 bis 9, 13, 14, 42] weisen durchweg auf ein Ion von regulär tetraedrischer Struktur hin (Punktgruppe T_d), wenn auch in Einzelfällen eine geringe Verzerrung nicht auszuschließen ist [2, 3].

Elektronische Struktur (vgl. „Mangan" B, S. 179/81). Für $Mn^{II}(d^5)$ gilt in Feldern tetraedrischer und oktaedrischer Symmetrie das gleiche Termschema (bis auf die nur beim Oktaeder vorhandene Unterscheidung zwischen geraden und ungeraden Zuständen). Der Grundterm ist $^6A_1$ (^6S), und die darüber liegenden Quartett-Terme des freien Ions ^4G, ^4D, ^4P und ^4F spalten im Kristallfeld auf gemäß $G \rightarrow T_1, T_2, E, A_1$ (E und A_1 bei Vernachlässigung von Spin-Bahn-Kopplungs- und Kovalenzeffekten entartet [2]); $D \rightarrow T_2$, E; $P \rightarrow T_1$; $F \rightarrow A_2, T_1, T_2$, s. beispielsweise [1, 17].

Das magnetische Moment des Grundzustands entspricht dem von fünf ungepaarten Spins ohne Bahnmoment, sollte also theoretisch $\mu = 5.92\ \mu_B$ betragen. Experimentelle Werte (in μ_B): $\mu = 5.83$ in $[(CH_3)_4N]_2MnCl_4$ [2], $\mu = 5.94$ in $[(C_2H_5)_4N]_2MnCl_4$ [18], $\mu = 5.88$ in $[(C_6H_5)_3CH_3As]_2MnCl_4$ [18, 19]. Aus EPR-Spektren in Lösungen ergibt sich ein g-Faktor von 2.007 ± 0.001 und eine Konstante A der Elektronenspin-^{55}Mn-Kernspin-Wechselwirkung von $|A| = 79 \pm 1$ G [38] bzw. $|A| = 80 \pm 1$ G [39]; die Spektren zeigen, daß der Grundzustand ein reiner S-Term ist [39].

Die mit optischen Spektren kristalliner und gelöster Chloromanganate sowie LiCl-$MnCl_2$-Schmelzen gemessenen Termenergien, bezogen auf den Grundzustand, zeigt die Tabelle auf S. 85. Es bedeuten in Spalte 1: Py^+ = Pyridinium-Kation, in Spalte 2: krist. = kristalline Probe, Lsg. = Lösung, DMF = Dimethylformamid, AN = Acetonitril, in Spalte 3: A = Absorptions-, R = Reflexionsspektrum, Em = Fluoreszenz-Emissions-, Ex = Fluoreszenz-Anregungsspektrum; Messungen bei Raumtemperatur, soweit nicht anders angegeben.

In einigen anderen Arbeiten [11, 16, 18, 21, 22] werden die beobachteten Banden nicht oder nur teilweise bestimmten Termübergängen zugeordnet. Charge-Transfer-Banden werden bei $\nu >$ 46000 cm^{-1} [23], Interhalogen-Banden bei 49400 cm^{-1} beobachtet [24].

Für den Aufspaltungsparameter Dq, der die Stärke des Ligandenfelds mißt, und die Racah-Parameter B und C werden meist aus eigenen Messungen der Termenergien (gelegentlich auch [25] aus Meßergebnissen anderer Autoren [1]) für die quartären Ammoniumverbindungen folgende Werte (in cm^{-1}) bestimmt:

B	C	Dq	Lit.
650	2990	330	[2]
558	3524	360	[1]
674	3209	310	[25]

Furlani u. a. [4, 20] geben Dq = 330 cm^{-1} an. Ein älterer Wert Dq = 265 cm^{-1} [22] ist vermutlich irrtümlich [1]. Deutlich höhere B- und Dq-Werte als in quartären Ammoniumverbindungen werden für $MnCl_4^{2-}$ in $MnCl_2$-Alkalihalogenid-Schmelzen gefunden (beispielsweise B = 715, Dq = 500 cm^{-1} in LiCl-$MnCl_2$). Dies ist auf die Zunahme des Ionencharakters der Mn-Cl-Bindung in den Alkalihalogenid-Schmelzen zurückzuführen [12]. — Mit halbempirischen Verfahren berechnen Harris, Boudreaux [26] die Cl-Mn-Charge-Transfer-Energie sowie die Atomladungen und Orbitalpopulationen.

Energien (in cm^{-1}) der Terme von $MnCl_4^{2-}$.

Kation	Probe	Methode	$T_1(G)$	$T_2(G)$	$A_1(G)$, $E(G)$	$T_2(D)$	$E(D)$	$T_1(P)$	$A_2(F)$	$T_1(F)$	$T_2(F)$	Bemerkung	Lit.
$(CH_3)_4N^+$	krist.	A, Ex, Em	21250	22235	23020	26080	26710	27770	33300	34500	36650	a)	[2]
$(CH_3)_4N^+$	krist.	A, Ex, Em	20600, 21100	22150	23000, 23300, 23550, 23800	26000, 26200, 26900, 27200	27600	30600	34400	34400	36000	a)	[40]
$(C_2H_5)_4N^+$	krist.	R, Ex			23400	26080	26750	27750				b)	[3]
Py^+(I), $CH_3(C_6H_5)_3P^+$(II), $(CH_3)_4N^+$(III)	krist. (I, II, III), Lsg. von (I) in DMF, von (II) in AN	A, R	21200	22400	23200	26300	27100	27900	≈38000				[1]
$(CH_3)_4N^+$, $(CH_3)_3C_6H_5CH_2N^+$	Lsg. in DMF, AN	A	21300	22530	23180, 23400	27300, 27650	28060	26600	35600	35600	37120		[4]
$(CH_3)_3C_6H_5CH_2N^+$	krist.	Ex	20150, 20980	22120	22990	26460	27100, 27700				36500	c)	[20]
	$MnCl_2$ in LiCl-Schmelze bei 650 °C	A	20100	21800	23200	25850	27800					d)	[12]

Bemerkungen: a) Messungen an Einkristallen bei $1.6 \leq T \leq 20$ K [2] bzw. $T \approx 4.2$ K [40]. — b) T = 77 K. — c) Termwerte aus Absorptions-, Reflexions- und Lumineszenzspektren s. Original [20]. — d) Ähnliche Termenergien wurden in geschmolzenem NaCl, KCl, RbCl und CsCl erhalten [12].

$MnCl_4^{2-}$

Der Kernabstand r(Mn-Cl) liegt in $(C_5H_5NH)_2MnCl_4$ zwischen 2.350 und 2.376 Å, der Winkel α(Cl-Mn-Cl) zwischen 105.6° und 112.2°, wie die röntgenographische Strukturbestimmung ergibt (s. S. 206) [41]. r = 2.372 Å wird aus der Röntgenstrukturanalyse von $[(CH_3)_4N]_2MnCl_4$ bestimmt [27].

Molekülschwingungen, Kraftkonstanten. Über die Schwingungen im $MnCl_4$-Molekül s. S. 92. Die Schwingungen $\nu_1(A_1)$, $\nu_2(E)$, $\nu_3(F_1)$ und $\nu_4(F_2)$ tetraedrischer AB_4-Moleküle sind alle Raman-aktiv, ν_3 und ν_4 auch IR-aktiv. Bei $MnCl_4^{2-}$ sind jedoch die zur Ermittlung aller Wellenzahlen erforderlichen Raman-Spektren schwierig zu messen, da die Chloromanganate im Sichtbaren absorbieren [29, 30]. Ferner sind die niederfrequenten Deformationsschwingungen ν_2 und ν_4 schwer zu identifizieren, da sie im Bereich von Gitterschwingungsbanden liegen [7]. Folgende Wellenzahlen (in cm^{-1}) sind in kristallinen Proben der quartären Ammonium- sowie Pyridinium-Verbindungen gemessen (ν_1 und ν_2 aus Raman-, ν_3 und ν_4 aus IR-Spektren, soweit nicht anders angegeben):

Kation	$\nu_1(A_1)$	$\nu_2(E)$	$\nu_3(F_1)$	$\nu_4(F_2)$	Lit.
$(CH_3)_4N^+$	—	79*) (IR)	284	123	[9]
$(C_2H_5)_3NH^+$	256	—	301, 278	120	[29, 31]
$(C_2H_5)_4N^+$	258	—	—	116 (Ra)	[30]
$(C_2H_5)_4N^+$	—	78*) (IR)	284	118	[9]
PyH^+	260	75	289	118 (Ra)	[32, 33]

*) Zuordnung unsicher.

An benzolischen Lösungen mit dem Kation „Aliquat 336", das drei C_8- bis C_{10}-Ketten und eine Methyl-Gruppe am Stickstoff enthält, werden die Wellenzahlen $\nu_3 = 288$, $\nu_4 = 119$ cm^{-1} [7] sowie $\nu_3 = 285$, $\nu_4 = 120$ cm^{-1} [5] gemessen. Aus Raman-Spektren von Alkalihalogenid-Schmelzen ergibt sich $\nu_1 = 240$, $\nu_4 = 130$ cm^{-1} (5 Mol-% $MnCl_2$ in CsCl, t = 660°C) bzw. $\nu_1 = 225$ cm^{-1} ($MnCl_2$ in CsCl(66%)-NaCl(34%)-Eutektikum, t = 400°C) [13] sowie $\nu_1 = 255$ cm^{-1} [34]; $\nu_1 = 254$ cm^{-1} ($MnCl_2$-KCl-Schmelze, t = 500°C) [14]. Weitere Ergebnisse (Wellenzahlen in cm^{-1}): Für kristallines $[(C_2H_5)_4N]_2MnCl_4$ $\nu_3 = 281$ [37] bzw. 282 [6], in CH_3NO_2-Lösung $\nu_1 = 251$ [30]; für $[(C_2H_5)_3NH]_2MnCl_4$ in CH_3CN-Lösung $\nu_1 = 249$ [29]. In kristallinem $[CH_3(C_6H_5)_3As]_2MnCl_4$ ist ν_3 in drei Linien bei 294, 284 und 272 aufgespalten [6].

Für das Valenzkraftfeld mit den Konstanten f_r (Streckung), f_α (Biegung) sowie den Wechselwirkungskonstanten f_{rr}, $f_{\alpha\alpha}$ bzw. $f_{\alpha\alpha'}$ (zwei Winkel mit einer bzw. keiner gemeinsamen Bindung) sowie $f_{r\alpha}$ bzw. $f_{r\alpha'}$ (ein Winkel und eine Bindung, die im Winkel enthalten bzw. nicht enthalten ist) werden folgende Werte in mdyn/Å berechnet:

f_r	f_{rr}	f_α	$f_{\alpha\alpha}$	$f_{\alpha\alpha'}$	$f_{r\alpha} - f_{r\alpha'}$	Bem.	Lit.
1.0486	0.1097	0.2488	−0.0341	−0.1109	−0.1127	a)	[28]
0.95	0.14	0.08	0.02			b)	[35]

Bemerkungen: a) Verwendete Frequenzen s. [9, 30]. Berechnet nach der von Larnaudie [36] angegebenen „Methode der zunehmenden Festigkeit" („rigidité progressive"). Werte im Original [28] in cm^{-2}, umgerechnet mit 1 mdyn/Å $\triangleq 1.5583 \times 10^6$ cm^{-2}. — b) Verwendete Frequenzen s. [30]. Berechnet mit der Näherung $f_{\alpha\alpha} = f_{\alpha\alpha'}$, $f_{r\alpha} = f_{r\alpha'}$.

Weitere Ergebnisse: $f_r = 1.31$ [29] bzw. $f_r = 1.39$ mdyn/Å [30] wird jeweils aus eigener Messung von ν_1 in der Näherung $f_{rr} = 0$ berechnet.

Für die Konstanten K (Streckung), H (Biegung) sowie F und F' (Abstoßung zwischen nichtgebundenen Atomen) des Urey-Bradley-Felds ergeben sich folgende Werte in mdyn/Å:

K	H	F	F'	Bemerkung	Lit.
0.83	−0.002	0.14		a)	[35]
0.896	0.0001	0.155		b)	[7]
0.83	−0.013	0.14	−0.025	c)	[30]

Bemerkungen: a) Verwendete Frequenzen s. [9, 31]. Berechnet mit der Näherung $F' = -0.1$ F. — b) Berechnet mit ν_3- und ν_4-Frequenzen aus eigenen Messungen. — c) Verwendete Frequenzen s. [9] und eigene Messungen [30]. Das negative Vorzeichen von H läßt vermuten, daß die Zuordnung $\nu_2 = 78\ cm^{-1}$ (s. [9] und Tabelle S. 86) irrtümlich ist [30].

Konstanten eines Orbital-Valenzkraftfelds werden von Basile u. a. [35] angegeben.

Das $MnCl_4^{2-}$-Ion zeigt in festen Verbindungen (ebenso wie andere Tetrahalogenomanganat-Ionen) im UV-Licht gelbgrüne Fluoreszenz [1].

Das $MnCl_4^{2-}$-Ion zersetzt sich beim Lösen von Tetrachloromanganaten in Wasser und Alkohol, jedoch nicht in Nitromethan und Acetonitril [4] Mit Hilfe kalorimetrisch gemessener Lösungswärmen von $[CH_3(C_6H_5)_3As]_2MnCl_4$ und anderer analoger Verbindungen mit Übergangsmetallen M werden die relativen Stabilitäten der Komplexe MCl_4^{2-} an Hand der Umsetzung $MCl_4^{2-} + 6\,H_2O \rightleftharpoons M(H_2O)_6^{2+} + 4\,Cl^-$ diskutiert [47]. In Dimethylformamid (DMF) besitzt das Ion ein strärker negatives Potential als $MnCl_4(DMF)_2^{2-}$ [43]. Mit $(C_2H_5)_4N^+$-Ionen in Acetonitril reagiert es gemäß $MnCl_4^{2-} + (C_2H_5)_4N^+ \rightleftharpoons [MnCl_4^{2-}\ (C_2H_5)_4N^+]$. Die Gleichgewichtskonstante dieser Reaktion wird bei EPR-Untersuchungen zu $K = 14 \pm 2$ l/mol bei 20°C bestimmt [48].

Literatur:

[1] F. A. Cotton, D. M. L. Goodgamo, M. Goodgamo (J. Am. Chem. Soc. **84** [1962] 167/72). — [2] M. T. Vala, C. J. Ballhausen, R. Dingle, S. L. Holts (Mol. Phys. **23** [1972] 271/34). — [3] D. Oelkrug, A. Wölpl (Ber. Bunsenges. Physik. Chem. **76** [1972] 680/6). — [4] C. Furlani, A. Furlani (J. Inorg. Nucl. Chem. **19** [1961] 51/60). — [5] E. F. King (Diss. Louisiana State Univ., New Orleans, La., 1969; Diss. Abstr. B **29** [1969] 3249).

[6] R. J. H. Clark, T. M. Dunn (J. Chem. Soc. **1963** 1198/201). — [7] M. L. Good, C. C. Chang, D. W. Wertz, J. R. Durig (Spectrochim. Acta A **25** [1969] 1303/9). — [8] R. Robert, C. Brassy, A. Mellier (Compt. Rend. B **274** [1972] 341/3). — [9] A. Sabatini, L. Sacconi (J. Am. Chem. Soc. **86** [1964] 17/20). — [10] D. M. Gruen, R. L. McBeth (Pure Appl. Chem. **6** [1963] 23/47).

[11] B. R. Sundheim, M. Kukk (Discussions Faraday Soc. Nr. 32 [1961] 49/52). — [12] S. V. Volkov, O. B. Babushkina, N. I. Buryak (Ukr. Khim. Zh. **43** [1977] 3/6; C.A. **86** [1977] Nr. 148072). — [13] S. V. Volkov, N. P. Evtushenko, K. B. Yatsimirskii (Teor. i Eksperim. Khim. **12** [1976] 111/5; Theor. Exptl. Chem. [USSR] **12** [1976] 85/8). — [14] K. Tanemoto, T. Nakamura (Chem. Letters **1975** 351/6). — [15] G. N. Papatheodorou, O. J. Kleppa (J. Inorg. Nucl. Chem. **33** [1971] 1249/78, 1261).

[16] C. K. Jørgensen (Acta Chem. Scand. **11** [1957] 53/72, 66). — [17] B. N. Figgis (Introduction to Ligand Fields, New York 1966, S. 159). — [18] N. S. Gill, R. S. Nyholm (J. Chem. Soc. **1959** 3997/4007). — [19] N. S. Gill, R. S. Nyholm, P. Pauling (Nature **182** [1958] 168/70). — [20] C. Furlani, E. Cervone, P. Cancellieri (Atti Accad. Nacl. Lincei Rend. Classe Sci. Fis. Mat. Nat. [8] **37** [1964] 446/56).

[21] I. Burić, K. Nicolić, A. Aleksić (Phys. Status Solidi B **64** [1974] 581/8). — [22] S. Buffagni, T. M. Dunn (Nature **188** [1960] 937/8). — [23] P. Day, C. K. Jørgensen (J. Chem. Soc. **1964** 6226/34). — [24] B. D. Bird, P. Day (Chem. Commun. **1967** 741/2). — [25] J. J. Foster, N. S. Gill (J. Chem. Soc. A **1968** 2625/9).

[26] L. E. Harris, E. A. Boudreaux (Inorg. Chim. Acta **9** [1974] 245/50). — [27] B. Morosin laut Vala u.a. [2]. — [28] A. B. Kovrikov, Van Din Quen (Zh. Prikl. Spektroskopii **14** [1971] 1088/92; J. Appl. Spectry. [USSR] **14** [1971] 799/802). — [29] H. G. M. Edwards, M. J. Ware, L. A. Woodward (Chem. Commun. **1968** 540/1). — [30] J. S. Avery, C. D. Burbridge, D. M. L. Goodgame (Spectrochim. Acta A **24** [1968] 1721/6).

[31] M. Gall laut Edwards u.a. [29]. — [32] A. Mellier, R. Robert (J. Chim. Phys. **73** [1976] 595/8). — [33] R. Robert, F. Lignou, H. Payen de la Garanderie (Compt. Rend. B **279** [1974] 531/4). — [34] J. H. R. Clarke laut Edwards u.a. [29]. — [35] L. J. Basile, J. R. Ferraro, P. Labonville, M. C. Wall (Coord. Chem. Rev. **11** [1973] 21/69).

[36] M. Larnaudie (J. Phys. Radium [8] **15** [1954] 365/74). — [37] D. M. Adams, J. Chatt, J. M. Davidson, J. Gerratt (J. Chem. Soc. **1963** 2189/94). — [38] S. I. Chan, B. M. Fung, H. Lütje (J. Chem. Phys. **47** [1967] 2121/30). — [39] B. R. Sundheim, J. Flato, L. Yarmus (J. Chem. Phys. **51** [1969] 4132/5). — [40] P. R. Garber, A. A. Rastorguev (Fiz. Mat. Metody Koord. Khim. Tezisy Dokl. 5th Vses. Soveshch, Kishinev 1974, S. 22/3).

[41] C. Brassy, R. Robert, B. Bachet, R. Chevalier (Acta Cryst. B **32** [1976] 1371/6). — [42] W. Bues, L. El-Sayed, H. A. Oye (Acta Chem. Scand. A **31** [1977] 461/8). — [43] A. Ciana, C. Furlani (Electrochim. Acta **10** [1965] 1149/59, 1150, 1152). — [44] J. Josiak (Z. Physik. Chem. **257** [1976] 229/40, 234, 238). — [45] I. K. Tsitovich (Zh. Vses. Khim. Obshchestva **6** [1961] 711/2; C.A. **56** [1962] 10944).

[46] I. K. Tsitovich (Dokl. Akad. Nauk SSSR **136** [1961] 114/6; Proc. Acad. Sci. USSR Chem. Sect. **133/141** [1961] 29/31). — [47] A. B. Blake, F. A. Cotton (Inorg. Chem. **3** [1964] 5/10). — [48] L. Burlamacchi, G. Martini, E. Tiezzi (J. Phys. Chem. **74** [1970] 3980/7, 3984).

Manganese Trichloride

5.2.12 Mangantrichlorid $MnCl_3$

Vorbemerkung. Die Existenz reiner höherer Chloride $MnCl_x$ mit $x>2$ ist nicht gesichert, lediglich die Chlorokomplexe von Mn^{III} und Mn^{IV} sind beständig, s. Kapitel 5.3, S. 93. Die Komplexe mit organischen Liganden werden in einem eigenen Band beschrieben. — Höhere Manganchloride werden beim Auflösen von MnO_2 oder $KMnO_4$ in Salzsäure, bei der Einwirkung von Cl_2 oder anderen Oxidationsmitteln auf $MnCl_2$ oder bei der anodischen Oxidation von Mn^{II} in Chloridlösung vermutet, wobei sie in den Lösungen immer in komplexer Form vorliegen dürften; vgl. hierzu „Mangan" B, S. 381/90, und die Übersicht von W. Levason, C. A. McAuliffe (Coord. Chem. Rev. **7** [1971] 353/84, 367).

Formation. Preparation

5.2.12.1 Bildung und Darstellung

$MnCl_3$ soll nur bei tiefen Temperaturen gebildet werden. Möglicherweise ist es ein Zwischenprodukt in den dunkel gefärbten Auflösungen von MnO_2 in Salzsäure, vgl. „Mangan" C 1, S. 305. Es soll als feste Verbindung in dem schwarzen instabilen Niederschlag enthalten sein, der durch Sättigen einer ätherischen Suspension von MnO_2 mit HCl-Gas bei etwa −63°C und Fällung mit CCl_4 oder Benzol entsteht [1]. Zur Herstellung einer ätherischen Lösung, die bis zu −20°C noch recht haltbar sein soll, wird frisch gefälltes und bei 110°C gut getrocknetes Mn^{IV}-Oxid oder MnOOH in CCl_4-Suspension bei −10°C unter Rühren etwa 2 h mit trocknem HCl behandelt. Nach Abdekantieren des Lösungsmittels wird der Rückstand dreimal mit Petroläther gewaschen und dann mit auf −40 bis −70°C gekühltem absolutem Äther extrahiert. Die ätherische Lösung wird zur Entfernung von noch vorhandenem HCl etwa 8 d lang bei −60 bis −70°C über Ätznatron aufbewahrt [2 bis 4]. Auch die Umsetzung von $Mn(OH)_3$, das durch Hydrolyse von $K_3Mn(CN)_6$ erhalten wurde, mit eiskalter konzentrierter Salzsäure [5] sowie die Behandlung von Mn^{III}-Acetat mit trocknem, flüssigem HCl bei −100°C [6] soll zur Bildung des Trichlorids führen. Bei der Umsetzung von Mn_2O_3 mit HCl-Gas soll $MnCl_3$ in geringen Mengen neben dem Hauptprodukt $MnCl_2$ entstehen. Das Reaktionsprodukt ist bei tiefer Temperatur tiefbraun gefärbt, wird aber mit der Zeit heller und entwickelt allmählich Cl_2, was auf Zersetzung von $MnCl_3$ zurückgeführt wird [7]. — Beim Erwärmen von aus $MnCl_2$ und NOCl erhaltenem $[MnNO]Cl_3$ (s. S. 257) unter Luftabschluß soll $MnCl_3$ als intermediäres Zersetzungsprodukt auftreten [8]. — Nach Briggs [9] entsteht $MnCl_3$ bei Oxidationsreaktionen von MnO_2Cl_2 und $MnOCl_3$ und tritt als erstes Zersetzungsprodukt von $MnOCl_3$ auf, vgl. S. 240 und 241. Zur Oxidation von Mn^{2+} zu Mn^{3+} in Lösung mit Cl_2^--Radikalen, die durch flash-Photolyse von Cl_3^- erzeugt werden, s. [24].

Die Bildung von $MnCl_3$ wird auch bei Oxidationsreaktionen von Mn^{II} angenommen: bei der Einwirkung von Cl_2 auf $MnCl_2$ in einer Lösung von konzentrierter Salzsäure im geschlossenen Rohr bei gewöhnlicher Temperatur oder durch Sättigen einer gekühlten $MnCl_2$-Lösung mit Cl_2 [10], ferner durch Oxidation von Mn^{II} in salzsaurer Lösung mit geeigneten Oxidationsmitteln wie H_2O_2, HNO_2, $H_2S_2O_8$ u.a. [11]. In salzsauren, konzentrierten $MnCl_2$-Lösungen (mit <0.1 mg Ag^+/l als Katalysator) wird bei hoher Cl_2- und Mn-Konzentration bereits nach 1 h bei 25°C eine Farbänderung von Rosagelb nach Rotbraun beobachtet. In der Lösung wird die Bildung von Chloriden mit Mn^{III} und Mn^{IV} angenommen, die neben Mn^{II} bevorzugt als Chlorokomplexe, wahrscheinlich vom Typ $Mn^{III}Cl_5^{2-}$ und $Mn^{IV}Cl_6^{2-}$, vorliegen sollen. Eine 10.1molare HCl-Lösung soll bis zu 50% Mn^{IV} enthalten; die mittlere scheinbare Wertigkeit nähert sich 3 und ist stabiler als in Lösungen mit geringerer Acidität [12]. — Die Elektrooxidation von $MnCl_2$ in HCl-Lösung bei −10°C [13] (vgl. auch [14, 15]) wird von Ibers, Davidson [16] als Hinweis auf die Bildung von Mn^{III} in der salzsauren Lösung gewertet. — Mitführungsmessungen im Cl_2-Strom mit flüssigem $MnCl_2$ als Bodenkörper ergeben eine an der Grenze der Nachweisbarkeit liegende Bildung von gasförmigem $MnCl_3$ [17], s. jedoch auch [18]. — Beim chemischen Transport von Mn_3O_4 oder $MnFe_2O_4$ mit HCl zwischen 1000 und 800°C wird neben der Bildung von gasförmigem $MnCl_2$ auch die von gasförmigem $MnCl_3$ angenommen [19].

Thermodynamische Daten der Bildung. Für die Bildungsenthalpie von festem $MnCl_3$ aus festem Mn und gasförmigem Cl_2 wird der Standardwert $\Delta H^\circ_{298} = -110$ kcal/mol [20] angegeben und von späteren Autoren übernommen, s. [21, 22]; Wilcox [23] berechnet $\Delta H^\circ_{298} = -107.41$ kcal/mol. — Nach Steinmetz u.a. [22] gilt für die freie Bildungsenthalpie die Temperaturfunktion $\Delta G^\circ_T = \Delta H^\circ - T\Delta S^\circ$ im Bereich von 298 bis 900 K mit $\Delta H^\circ = -110.25$ kcal/mol und $\Delta S^\circ = -49.5$ cal · mol^{-1} · K^{-1} für die Bildung von festem $MnCl_3$ aus α-Mn und Cl_2; graphische Darstellung der ΔG°-Funktionen s. Original. — Bildungsentropie $\Delta S_{298} = -48.6 \pm 2$ cal · mol^{-1} · K^{-1} [22].

Literatur:

[1] J. H. Křepelka, J. Kubis (Collection Trav. Chim. Tchecoslovaquie **7** [1935] 105/24, 116/23). — [2] W. B. Holmes (J. Am. Chem. Soc. **29** [1907] 1277/88, 1282). — [3] W. B. Holmes, E. V. Manuel (J. Am. Chem. Soc. **30** [1908] 1192/3). — [4] H. Funk, H. Kreis (Z. Anorg. Allgem. Chem. **349** [1967] 45/9). — [5] W. Jaeschke, J. Meyer (Z. Physik. Chem. **83** [1913] 281/9, 285).

[6] A. Chrétien, G. Varga (Bull. Soc. Chim. France [5] **3** [1936] 2385/94, 2387). — [7] C. Chaléroux (Ann. Chim. [Paris] [13] **5** [1960] 1069/104, 1101). — [8] H. Gall, H. Mengdehl (Ber. Deut. Chem. Ges. **60** [1927] 86/91). — [9] T. S. Briggs (J. Inorg. Nucl. Chem. **30** [1968] 2866/9). — [10] C. E. Rice (J. Chem. Soc. **73** [1898] 258/61).

[11] M. Bobtelsky, R. Cohen (Compt. Rend. **201** [1935] 662/4). — [12] V. N. Lisov, V. N. Lazarev (Khim. Tekhnol. Nr. 22 [1971] 48/52; C.A. **77** [1972] Nr. 66752). — [13] M. Sem (Diss. Darmstadt T.H. 1913, S. 1/65, 42/9; Z. Elektrochem. **21** [1915] 426/37, 430, **23** [1917] 98). — [14] J. Meyer (Z. Elektrochem. **22** [1916] 201/2). — [15] G. v. Grundherr (Diss. München T.H. 1914, S. 1/48, 1/28).

[16] J. A. Ibers, N. Davidson (J. Am. Chem. Soc. **72** [1950] 4744/8). — [17] H. Schäfer, G. Breil (Z. Anorg. Allgem. Chem. **283** [1956] 304/13, 306), G. Breil (Diss. Stuttgart T.H. 1952, S. 1/140, 19/44, 116). — [18] N. Konopik, H. Schurk (Monatsh. Chem. **82** [1951] 761/6). — [19] P. Kleinert (Z. Anorg. Allgem. Chem. **389** [1972] 129/44, 132). — [20] L. Brewer, L. A. Bromley, P. W. Gilles, N. L. Lofgren (in: L. L. Quill, The Chemistry and Metallurgy of Miscellaneous Materials, New York – Toronto – London 1950, S. 76/192, 109/10).

[21] C. E. Wicks, F. E. Block (U.S. Bur. Mines Bull. Nr. 605 [1963] 1/146, 75). — [22] E. Steinmetz, H. Roth (J. Less-Common Metals **16** [1968] 295/342, 304). — [23] D. E. Wilcox (UCRL-10397 [1962] 1/120, 29; N.S.A. **16** [1962] Nr. 31586). — [24] G. S. Laurence, A. T. Thornton (J. Chem. Soc. Dalton Trans. **1973** 1637/44, 1639).

5.2.12.2 Physikalische Eigenschaften, chemisches Verhalten

Physical and Chemical Properties

Molekül. Experimentelle Ergebnisse liegen nicht vor. Unter der Annahme eines pyramidalen $MnCl_3$-Moleküls (Punktgruppe C_{3v}, ∢ ClMnCl = 110°) werden mit den Beziehungen zwischen Streck- und Biegekraftkonstanten von $FeCl_3$ und FeCl, $k_1(MnCl_3) = k_e(MnCl)$ und $k_\delta/r^2(MnCl_3) = 0.0235\ k_e(MnCl)$, berechnet: $\nu_1 = 330$, $\nu_2 = 70$, $\nu_3 = 412$, $\nu_4 = 85\ cm^{-1}$; der Kernabstand r(Mn-Cl) = 2.16 Å wird von $CrCl_3$ übernommen [1].

Physical and Chemical Properties of $MnCl_3$

Die Farbe von festem $MnCl_3$ wird als grünlichschwarz oder schwarz [2, 3] bis braun und als rot durchscheinend für die dünne Schicht [4] angegeben. Die konzentrierte Lösung soll dunkelgrün erscheinen, jedoch beim Eintropfen in Eiswasser eine rötlich gefärbte Lösung bilden [5]. Die salzsaure Lösung wird als tief braunrot [6], die ätherische Lösung als violett beschrieben [2]. Die rotbraune Farbe von mit Cl_2 oxidierter, stark salzsaurer $MnCl_2$-Lösung wird als Beweis für die Bildung von Chlorokomplexen des oxidierten Mangans angeführt [7].

Der Partialdruck von $MnCl_3$ ist selbst in der Nähe des Siedepunktes von $MnCl_2$ in einer Cl_2-Atmosphäre viel kleiner als der von $MnCl_2$. Geschätzte Werte: Dampfdruck 10^{-4} bis 10^{-2} atm bei 535 ± 200 K, Siedepunkt 900 K, Verdampfungsenthalpie $\Delta H = -21.0$ kcal/mol, freie Verdampfungsenthalpie $\Delta G_{1000} = 2$ kcal/mol, Verdampfungsentropie $\Delta S_{900} = 23$ cal · mol^{-1} · K^{-1} [8]. Enthalpie-Inkrement $H_T - H_{298} = 5$ kcal/mol, Entropie-Inkrement $S_T - S_{298} = 12$ cal · mol^{-1} · K^{-1} bei 500 K (Unsicherheit 20%). Hieraus ergibt sich für T = 298 und 500 K die Größe $-(G - H_{298})/T = 39$ bzw. 41 cal · mol^{-1} · K^{-1} (Unsicherheit 7%) [9]. Die Werte werden in der Literatur übernommen, vgl. [10, 11].

Bei Temperaturen unter −40°C soll $MnCl_3$ an der Luft haltbar sein; bereits oberhalb −35°C beginnt die Verbindung, sich zu zersetzen und unter Abspaltung von Cl_2 in $MnCl_2$ überzugehen [4], vgl. [12]. Beim Stehen im Exsikkator soll $MnCl_3$ in $MnCl_2$ und $MnCl_4$ disproportionieren [2], in der Wärme unter Cl_2-Entwicklung zerfallen [2, 4]. Bei 1000 K wird der Grenzwert der Zersetzungsenthalpie für $MnCl_3(gas) \rightarrow MnCl_2(gas) + Cl$ zu $\Delta H \leqq 40$ kcal/mol berechnet [13], s. auch [14].

Durch Wasser wird $MnCl_3$ sofort zersetzt [2]. Bei 0°C färbt sich die Lösung braun, es folgt Trübung und Abscheidung eines braunen, flockigen Niederschlags [4]. $MnCl_3$ neigt stark zu Hydrolyse, so daß eine hohe HCl-Konzentration zur Erhöhung der Stabilität erforderlich ist. In der salzsauren Lösung liegen gleichzeitig Verbindungen von Mn^{II}, Mn^{III} und Mn^{IV} vor. Die in der Lösung herrschenden Gleichgewichte $Mn^{IV} + Mn^{II} \rightleftharpoons 2\,Mn^{III}$ und $MnCl_2 + x/2\,Cl_2 \rightleftharpoons MnCl_{2+x}$ werden durch Komplexbildung mit der Salzsäure kompliziert [7]. Die bei gewöhnlicher Temperatur in HCl-Lösung kaum meßbare Zersetzungsgeschwindigkeit von $MnCl_3$ ist jedoch in Gegenwart von Katalysatoren selbst bei 0°C recht groß; katalytisch aktiv sind in abnehmender Reihenfolge $Ag^+ > Pt^{4+} > Pb^{2+} > Cu^{2+}$; mit wachsender HCl-Konzentration wird die Zersetzung gleichzeitig beschleunigt [15].

In flüssigem HCl ist $MnCl_3$ leicht löslich [4]. — Mit Ammoniak und Aminen bildet $MnCl_3$ kristalline Additionsverbindungen, die unter Ausschluß von Feuchtigkeit bei Zimmertemperatur beständig sind [12], s. auch [16]. — Die Lösung von $MnCl_3$ in Alkohol ist weinfarben [2]. Allgemein ist $MnCl_3$ in polaren Lösungsmitteln, wie Alkoholen, Äther und anderen, löslich [4, 12]; infolge Bildung von Additionsverbindungen sind diese Lösungen nicht sehr temperaturempfindlich [12]. Absoluter Äther ist als Lösungsmittel besonders geeignet [2]. Die ätherische Lösung ist bei Temperaturen über −50°C tiefviolett gefärbt, bei tieferen Temperaturen rot; bei −20°C ist sie noch recht haltbar. Die Äther-Additionsverbindungen des Mn^{III}-Chlorids sind erheblich unbeständiger als die mit Aminen; das gilt auch für die Reaktionsprodukte mit Acetylaceton [12]. — In Acetylchlorid ist $MnCl_3$ löslich, in Benzol löst es sich nicht [4].

Literatur:

[1] V. G. Solomonik, K. S. Krasnov, E. V. Morozov (Izv. Vysshikh Uchebn. Zavedenii Khim. i Khim. Tekhnol. **16** [1973] 1291/3; C.A. **79** [1973] Nr. 151269). — [2] W. B. Holmes (J. Am. Chem. Soc. **29** [1907] 1277/88, 1285). — [3] J. H. Křepelka, J. Kubis (Collection Trav. Chim. Tchecoslovaquie **7** [1935] 105/24, 116/23). — [4] A. Chrétien, G. Varga (Bull. Soc. Chim. France [5] **3** [1936] 2385/94, 2389). — [5] W. Jaeschke, J. Meyer (Z. Physik. Chem. **83** [1913] 281/9, 282).

[6] J. A. Ibers, N. Davidson (J. Am. Chem. Soc. **72** [1950] 4744/8). — [7] V. N. Lisov, V. N Lazarev (Khim. Tekhnol. Nr. 22 [1971] 48/52; C.A. **77** [1972] Nr. 66752). — [8] L. Brewer (in: L. L. Quill, The Chemistry and Metallurgy of Miscellaneous Materials, New York – Toronto – London 1950, S. 193/275, 202, 211, 227). — [9] L. Brewer, L. A. Bromley, P. W. Gilles, N. L. Lofgren (in: L. L. Quill, The Chemistry and Metallurgy of Miscellaneous Materials, New York – Toronto – London 1950, S. 76/192, 82, 96). — [10] C. E. Wicks, F. E. Block (U.S. Bur. Mines Bull. Nr. 605 [1963] 1/146, 75).

[11] E. Steinmetz, H. Roth (J. Less-Common Metals **16** [1968] 295/342, 304). — [12] H. Funk, H. Kreis (Z. Anorg. Allgem. Chem. **349** [1967] 45/9). — [13] H. Schäfer, G. Breil (Z. Anorg. Allgem. Chem. **283** [1956] 304/13, 306, 311). — [14] S. A. Shchukarev, M. A. Oranskaya (Zh. Obshch. Khim. **24** [1954] 2109/19; J. Gen. Chem. USSR **24** [1954] 2077/86). — [15] M. Bobtelsky, R. Cohen (Compt. Rend. **201** [1935] 662/4).

[16] G. v. Grundherr (Diss. München T.H. 1914, S. 1/48, 28/47).

5.2.13 Chlorokomplexe von Mangan(III)

Chloro Complexes of Manganese(III)

Mangan(III) bildet die Aquochlorokomplexe $MnCl(H_2O)_x^{2+}$, $MnCl_2(H_2O)_x^+$ und $MnCl_5H_2O^{2-}$ sowie die reinen Chlorokomplexe $MnCl_5^{2-}$ und $MnCl_6^{3-}$ (die nur in wäßriger Lösung auftretenden Komplexe $MnCl(H_2O)_x^{2+}$ und $MnCl_2(H_2O)_x^+$ werden im folgenden mit $MnCl^{2+}$ und $MnCl_2^+$ bezeichnet). Ferner wird die Existenz eines Komplexes $MnCl_n(H_2O)_x^{3-n}$ mit $n > 1$ in Mn^{III} und starken Cl-Überschuß enthaltenden Lösungen angenommen [1, 2]. Diesem Komplex wird ein an den genannten Lösungen beobachtetes Absorptionsmaximum bei 550 nm [1] oder 580 nm [2] zugeordnet. Graphische Darstellungen des Absorptionsspektrums von Lösungen mit 0.004 mol Mn^{III}/l, 10 mol HCl/l s. [3], mit 0.0001 mol Mn^{III}/l, 1 mol Cl^-/l s. [2]. (Im Absorptionsspektrum bei Ibers, Davidson [3] tritt ebenfalls ein Maximum bei 550 nm auf.) Für die Bildung von Chloromangan(III)-Komplexen nicht näher definierter Zusammensetzung (im folgenden mit $Mn^{III}(Cl, H_2O)$ bezeichnet) aus Mn^{2+}-Ionen und Cl_2 in konzentriertem HCl in Gegenwart von Ag^+-Ionen werden für die Gleichgewichtskonstante $K = [Mn^{III}(Cl, H_2O)]/[Mn^{2+}][Cl_2]^{1/2}$ aus spektroskopischen Untersuchungen die Werte 0.19 $(l/mol)^{1/2}$ bei 25°C und 0.33 $(l/mol)^{1/2}$ bei 0°C abgeleitet [3].

Das $MnCl^{2+}$-Ion bildet sich nach kinetischen Untersuchungen bei der durch Mn^{III} katalysierten Oxidation von Oxalsäure durch Chlor in wäßriger, Cl^--haltiger $HClO_4$-Lösung. In diesem Reaktionsgemisch ist $MnCl^{2+}$ die dominierende Mn^{III}-Cl-Spezies. Bei einer Cl^--Konzentration von 0.1 mol/l liegt etwa 50% des Mn^{III} als $MnCl^{2+}$ vor [4]. Die Bildung von $MnCl^{2+}$ als Zwischenprodukt wird auch bei kinetischen Untersuchungen der durch Cl^--Ionen katalysierten Oxidation von Tl^+ durch Mn^{III} festgestellt [5]. Dem Komplex wird ein Absorptionsmaximum bei 240 nm zugeordnet. Einzelheiten zu den spektroskopischen Untersuchungen s. Originale [1, 2].

Die Bildungskonstante $K_1 = [MnCl^{2+}]/[Mn^{3+}][Cl^-]$ wird spektralphotometrisch bei 25°C und der Ionenstärke $I = 3.26$ mol/l ($HClO_4$) zu $K_1 = 13.2 \pm 0.9$ l/mol bestimmt [1]. Der für $I = 2$ mol/l ($HClO_4$) aus kinetischen Messungen [4] abgeschätzte Wert $K_1 = 9 \pm 3$ l/mol bei 25°C (lg $K_1 = 0.95$ [6]) wird nach weitergehenden kinetischen Untersuchungen zu $K_1 = 13.5 \pm 0.5$ l/mol neu berechnet [7], s. auch [8]. Vergleich der Stabilitätskonstanten von MX^{2+} (M = Übergangsmetall, X = Halogen) und Diskussion s. [1].

Das $MnCl_2^+$-Ion tritt (neben $MnCl^{2+}$) in wäßrigen Lösungen von Mn^{III}, Cl^-, $HClO_4$ und $Mn(ClO_4)_2$ auf. Ihm wird ein Absorptionsmaximum bei etwa 300 nm zugeordnet [1]. Die Bildungskonstante $K_2 = [MnCl_2^+]/[MnCl^{2+}][Cl^-]$ wird bei 25°C und einer Ionenstärke von 3.26 mol/l spektralphotometrisch zu $K_2 = 1.1 \pm 0.7$ l/mol bestimmt [1].

Die Komplexe $MnCl_5^{2-}$ und $MnCl_5H_2O^{2-}$ treten als Anionen in Verbindungen des Typs X_2MnCl_5 bzw. $Z_2MnCl_5 \cdot H_2O$ auf (X = relativ großes Kation, z. B. $(C_2H_5)_4N^+$, Z = relativ kleines Kation, z. B. K^+). Zu den Eigenschaften der Verbindungen s. Kapitel 5.3.1.2, S. 169, und 5.3.2.2, S. 210. $MnCl_5^{2-}$ und $MnCl_5H_2O^{2-}$ verleihen den Salzen, Schmelzen oder Lösungen eine grüne bzw. rotbraune Farbe [9]. Das $MnCl_5^{2-}$-Ion liegt nach Röntgen-Strukturbestimmungen, beispielsweise beim Bipyridyliumpentachloromanganat(III), in Form einer verzerrten vierseitigen Pyramide vor, in deren Mittelpunkt das Mn-Atom und an deren 5 Ecken die Cl-Atome angeordnet sind. Das komplexe Anion ist in den Salzen relativ stabil [10]. Im $MnCl_5H_2O^{2-}$-Ion ist das Mn-Atom nach optischen Untersuchungen an $[(CH_3)_4N]_2MnCl_5 \cdot H_2O$ wahrscheinlich oktaedrisch von fünf Cl-Ionen und einem H_2O-Molekül koordiniert [11].

Das $MnCl_6^{3-}$-Ion ist als Anion in den festen Verbindungen $[Co(pn)_3]MnCl_6$ und $[Rh(pn)_3]MnCl_6$ (pn = 1,2-Propandiamin) enthalten. Dies wird aus Röntgenuntersuchungen an diesen Verbindungen und den analogen Ferraten(III) und Chromaten(III) sowie den Isotypiebeziehungen abgeleitet [12]. Das in Lösungen instabile Anion [13] wird im Kristallgitter mit Kationen, die die gleiche Ladung und

$MnCl_6^{3-}$ eine ähnliche Größe wie $MnCl_6^{3-}$ aufweisen, stabilisiert [12]. Zur Verbindung $[Co(en)_3][MnCl_6] \cdot 2H_2O$ (en = Äthylendiamin) s. [14]. Das $MnCl_6^{3-}$-Ion verleiht den Verbindungen eine dunkelbraune Farbe [12]. Aus spektroskopischen Untersuchungen wird für den Komplex eine verzerrt-oktaedrische (tetragonale) Struktur abgeleitet [15].

Literatur:

[1] D. R. Rosseinsky, M. J. Nicol, K. Kite, R. J. Hill (J. Chem. Soc. Faraday Trans. I **70** [1974] 2232/8, 2234). — [2] C. F. Wells, D. Mays, C. Barnes (J. Inorg. Nucl. Chem. **30** [1968] 1341/4). — [3] J. A. Ibers, N. Davidson (J. Am. Chem. Soc. **72** [1950] 4744/8). — [4] H. Taube (J. Am. Chem. Soc. **70** [1948] 3928/35, 3931). — [5] D. R. Rosseinsky, R. J. Hill (J. Chem. Soc. Dalton Trans. **1972** 715/8).

[6] L. G. Sillén, A. E. Martell (Stability Constants of Metal-Ion Complexes, London 1964, S. 279). — [7] G. Davies, K. Kustin (Inorg. Chem. **8** [1969] 1196/8). — [8] G. Davies (Coord. Chem. Rev. **4** [1969] 199/224, 218). — [9] N. S. Gill (Chem. Ind. [London] **1961** 989/90). — [10] I. Bernal, N. Elliott, R. A. Lalancette, T. Brennan (Proc. 11th Intern. Conf. Coord. Chem., Haifa and Jerusalem 1968, Abstr. Nr. G 14, S. 518/20).

[11] A. K. Das, D. V. Ramana Rao (Chem. Ind. [London] **1973** 186/7). — [12] W. E. Hatfield, R. C. Fay, C. E. Pfluger, T. S. Piper (J. Am. Chem. Soc. **85** [1963] 265/9). — [13] G. Basolo (Coord. Chem. Rev. **3** [1968] 213/23, 217). — [14] W. Levason, C. A. McAuliffe, S. G. Murray (Inorg. Nucl. Chem. Letters **8** [1972] 97/100). — [15] D. M. Adams, D. M. Morris (J. Chem. Soc. A **1968** 694/5).

Manganese Tetrachloride(?)

5.2.14 Mangantetrachlorid $MnCl_4$ (?)

Auch für dieses ungesicherte Manganchlorid gilt das bereits bei $MnCl_3$ in der Vorbemerkung Gesagte, s. S. 88.

Bildung. Voraussetzung zur Bildung ist eine hohe HCl-Konzentration. Die spektralphotometrische Untersuchung einer Lösung, die durch Umsetzung von $MnCl_2$ mit Cl_2 in Salzsäure erhalten wird, ergibt aber keine Anhaltspunkte für das Vorliegen von Mn^{IV} [1]; s. jedoch die Untersuchungen von Lisov, Lazarev [2]. — Die durch Einleiten von trocknem HCl in eine ätherische Suspension von MnO_2 bei −63°C entstehende dunkelgrüne oder bei tiefen Temperaturen (Kohlensäureschnee/Aceton) erhaltene braune Lösung soll $MnCl_4$ als Reaktionsprodukt enthalten [3]. Bei der Chlorierung von MnO_2 mit CH_3COCl unter Zusatz von $CHCl_3$ bei 0°C wird die Bildung von $MnCl_4$ als in CH_3COCl mit violetter Farbe lösliches Zwischenprodukt vermutet [4]. Bei der anodischen Oxidation von $MnCl_2$ in stark salzsaurer Lösung wird die Bildung von $MnCl_4$ im Anolyten angenommen [5], s. auch [6].

Molekül. Experimentelle Ergebnisse liegen nicht vor. Unter der Annahme eines tetraedrischen $MnCl_4$-Moleküls (Punktgruppe T_d) werden mit den Beziehungen zwischen Streck- und Biegekraftkonstanten von $TiCl_4$ und TiCl, $k_1(MnCl_4) = 1.8\ k_e(MnCl)$ und $k_\delta/r^2(MnCl_4) = 0.054\ k_e(MnCl)$, berechnet: $\nu_1 = 405$, $\nu_2 = 130$, $\nu_3 = 555$, $\nu_4 = 135\ cm^{-1}$; der Kernabstand r(Mn-Cl) = 2.16 Å wird von $CrCl_3$ übernommen [7].

Eigenschaften. Die Farbe von festem Mn^{IV}-Chlorid wird als rötlichbraun [8] bis grün, in salzsaurer Lösung in der Durchsicht als dunkelrot beschrieben [9], s. auch [6].

Mn^{IV}-Chlorid ist außerordentlich instabil [10]. Geschätzte thermodynamische Werte: Enthalpie-Inkrement $H_T - H_{298} = 8$ kcal/mol, Entropie-Inkrement $S_T - S_{298} = 21\ cal \cdot mol^{-1} \cdot K^{-1}$ für die flüssige Verbindung bei 500 K (Unsicherheit 20%). Hieraus ergibt sich für T = 298 und 500 K die Größe $-(G - H_{298})/T = 62$ bzw. 67 $cal \cdot mol^{-1} \cdot K^{-1}$ (flüssiger Zustand, Unsicherheit 7%) [11].

Die thermische Zersetzung führt zur Abspaltung von Cl_2 [8]. — In feuchter Luft tritt rasch Zersetzung ein [8]. Mn^{IV}-Chlorid neigt stark zur Hydrolyse, so daß hohe HCl-Konzentrationen zur Erhöhung der Stabilität erforderlich sind [2]. Über die in salzsaurer Lösung herrschenden Gleichgewichte s. S. 90; daraus ergibt sich, daß die Verbindung nur in stark salzsaurer Lösung und bei niedriger $MnCl_2$-Konzentration beständig sein kann [5]. Als Hydrolyseprodukt entsteht MnO_2 [6, 8],

s. auch [12]. Die Hydrolyse verläuft formal nach $MnCl_4 + 2H_2O \rightarrow MnO_2 + 4H^+ + 4Cl^-$. Wegen der entstehenden H^+-Ionen tritt Umsetzung des MnO_2 mit Cl^--Ionen unter Bildung von Cl_2 ein, so daß nach Einstellung eines Gleichgewichtes nur eine geringe Menge an MnO_2 vorhanden ist [13].

Mn^{IV}-Chlorid ist in absolutem Alkohol löslich. In Äther suspendiert und gekühlt erfolgt langsame Zersetzung unter Violettfärbung der Lösung, wobei die Bildung von $MnCl_3$ angenommen wird [8].

Literatur:

[1] J. A. Ibers, N. Davidson (J. Am. Chem. Soc. **72** [1950] 4744/8). — [2] V. N. Lisov, V. N. Lazarev (Khim. Tekhnol. Nr. 22 [1971] 48/52; C. A. **77** [1972] Nr. 66752). — [3] J. H. Křepelka, J. Kubis (Collection Trav. Chim. Tchecoslovaquie **7** [1935] 105/24, 109/18). — [4] A. Chrétien, G. Oechsel (Compt. Rend. **206** [1938] 254/6). — [5] V. N. Lisov (Ukr. Khim. Zh. **33** [1967] 849/54; C. A. **67** [1967] Nr. 113196).

[6] A. N. Campbell (J. Chem. Soc. **123** [1923] 892/4). — [7] V. G. Solomonik, K. S. Krasnov, E. V. Morozov (Izv. Vysshikh Uchebn. Zavedenii Khim. i Khim. Tekhnol. **16** [1973] 1291/3; C. A. **79** [1973] Nr. 151269). — [8] W. B. Holmes (J. Am. Chem. Soc. **29** [1907] 1277/88). — [9] W. Jaeschke, J. Meyer (Z. Physik. Chem. **83** [1913] 281/9, 283). — [10] L. Brewer (in: L. L. Quill, The Chemistry and Metallurgy of Miscellaneous Materials, New York – Toronto – London 1950, S. 193/275, 227).

[11] L. Brewer, L. A. Bromley, P. W. Gilles, N. L. Lofgren (in: L. L. Quill, The Chemistry and Metallurgy of Miscellaneous Materials, New York – Toronto – London 1950, S. 76/192, 82, 96). — [12] W. F. Cole, A. D. Wadsley, A. Walkley (Trans. Electrochem. Soc. **92** [1947] 133/58, 138). — [13] A. Gattow, O. Glemser (Z. Anorg. Allgem. Chem. **309** [1961] 121/50, 129).

5.2.15 $MnCl_6^{2-}$

$MnCl_6^{2-}$

Der Hexachloromangan(IV)-Komplex tritt als Anion in Verbindungen des Typs M_2MnCl_6 auf (M = einwertiges Kation). Zur Darstellung und zu den Eigenschaften s. in den Kapiteln 5.3.1.2, S. 169, und 5.3.2.2, S. 210. Das Ion verleiht den Verbindungen eine tief dunkelrote bis schwarze Farbe [1 bis 3]. Nach Röntgen-Pulveraufnahmen ist es oktaedrisch gebaut. An feuchter Luft zersetzt es sich zu $MnCl_5H_2O^{2-}$ [1]. Bei optischen Untersuchungen des $MnCl_6^{2-}$-Ions an mit Mn^{IV} dotiertem K_2SnCl_6 wird $MnCl_5^{2-}$ als Zersetzungsprodukt gefunden [4]. Vergleich der Stabilität von $MnCl_6^{2-}$, $TcCl_6^{2-}$ und $ReCl_6^{2-}$ anhand des aus optischen Messungen in 12N HCl bestimmten Kristallfeldparameters 10 Dq und des Racah-Parameters B s. [5].

Literatur:

[1] P. C. Moews (Inorg. Chem. **5** [1966] 5/8). — [2] R. F. Weinland, P. Dinkelacker (Z. Anorg. Allgem. Chem. **60** [1908] 173/7). — [3] R. J. Meyer, H. Best (Z. Anorg. Allgem. Chem. **22** [1900] 169/91, 186). — [4] P. J. McCarthy, R. D. Bereman (Inorg. Chem. **12** [1973] 1909/14). — [5] B. Jezowska-Trzebiatowska, S. Wajda, M. Bałuka, L. Natkaniec, W. Wojciechowski (Inorg. Chim. Acta **1** [1967] 205/8).

5.3 Verbindungen des Mangans mit Chlor und weiteren Metallen

Übersicht

Compounds of Manganese with Chlorine and Metals

Review in German

Wie in den früher erschienenen Bänden mit Verbindungen des Mangans werden auch hier die komplexen Doppelchloride im Anschluß an die reinen Manganchloride behandelt. Die Anordnung folgt den Gruppen des Periodensystems, lediglich die Ammoniumverbindungen mit organischen Resten am Stickstoff sowie einige andere Oniumverbindungen werden in einem eigenen Kapitel (5.3.2) zusammengefaßt. Die meisten Verbindungen werden von den Alkalichloriden mit $MnCl_2$ gebildet, die eine große Vielfalt struktureller Eigenschaften zeigen: isolierte $MnCl_4$-Tetraeder, $MnCl_6$-Oktaeder, Ketten, Schichten usw. Davon sind besonders die magnetischen Eigenschaften der Verbindungen mit Kettenstrukturen wegen ihrer eindimensionalen magnetischen Kopplung eingehender untersucht. Demgegenüber treten die Verbindungen mit Mn^{III} und Mn^{IV} hinsichtlich Menge und wissenschaftlicher Bearbeitung deutlich zurück.

Bei den Metallchloriden der 2. bis 8. Gruppe des Periodensystems sind häufig die Systeme mit $MnCl_2$ untersucht worden. Die wenigen Verbindungen, die dabei auftreten, spielen eine untergeordnete Rolle, lediglich $TlMnCl_3$ hat bisher größeres Interesse gefunden.

Review in English

Review. As in earlier volumes double chlorides of manganese are discussed directly after the manganese chlorides. The arrangement of the section is that of the periodic system. Only compounds with organically substituted ammonium chlorides and a few other onium salts are covered in the separate chapter 5.3.2, p. 174. The most double salts are formed between $MnCl_2$ and alkali chlorides. They show great structure variety: isolated tetrahedral $MnCl_4^{2-}$, isolated octahedral $MnCl_6^{4-}$, chains, layers, etc. The chain compounds have a one dimensional magnetic coupling and are especially studied. Complex double manganese(III) and manganese(IV) chlorides occur less often and are less studied.

Systems with manganese(II) chloride and metal chlorides of the 2nd to the 8th group of the periodic system have been frequently investigated. Few double chlorides occur. Although $TlMnCl_3$ is of interest, the others are not so important.

Compounds of Manganese with Chlorine, Alkali Metals, and Ammonium

5.3.1 Verbindungen des Mangans mit Chlor, Metallen der 1. Hauptgruppe und Ammonium

Systems and Compounds with Manganese(II)

5.3.1.1 Systeme und Verbindungen mit Mangan(II)

The LiCl-$MnCl_2$ System

5.3.1.1.1 Das System LiCl-$MnCl_2$

Zustandsdiagramm. Rhomboedrisches $MnCl_2$ (s. S. 13) und kubisches LiCl bilden nach DTA-Messungen (im HCl-Strom) eine lückenlose Reihe rhomboedrischer Mischkristalle mit einem Schmelzpunktsminimum bei 560°C und etwa 50 Mol-% $MnCl_2$ [1], s. auch [2, 3], die im $MnCl_2$-reichen Abschnitt bei nur wenig tieferer Temperatur zerfällt, s. **Fig. 24**. Der höchste Entmischungspunkt wird bei etwa 552°C und etwa 70 Mol-% $MnCl_2$ beobachtet [1]. Nach DTA-Untersuchungen und Pulveraufnahmen sind bei Zimmertemperatur $MnCl_2$ und LiCl nur wenig ineinander löslich, es bildet sich die kubische Verbindung Li_2MnCl_4 (s. S. 97) von sehr geringer Phasenbreite. Oberhalb 440°C existieren zwei Bereiche homogener Mischkristalle, von denen die LiCl-reiche kubisch, die $MnCl_2$-reiche rhomboedrisch kristallisiert [4]. Zur Bildung der kongruent schmelzenden Verbindung $LiMnCl_3$ (s. S. 97) mit $t_f = 565$°C (zwei Eutektika bei 540°C und 38 Mol-% LiCl sowie 555°C und 58 Mol-% LiCl) s. [5], von Li_2MnCl_4 mit $t_f = 553$°C (zwei Eutektika bei 545°C und 45 Mol-% 2 LiCl sowie 536°C und 23 Mol-% 2 LiCl) s. [6].

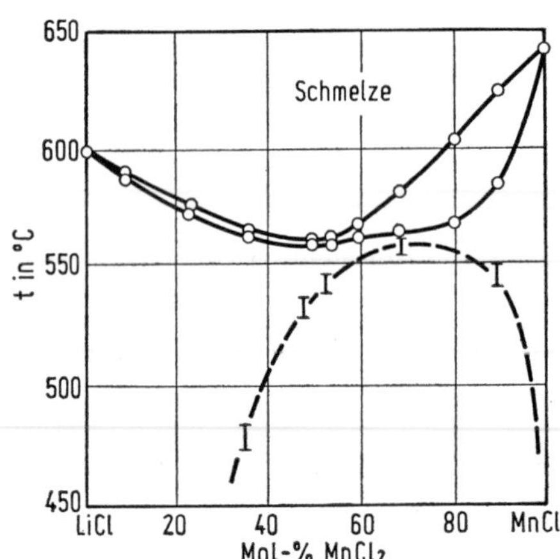

Fig. 24

Zustandsdiagramm des Systems LiCl-$MnCl_2$.

In den $MnCl_2$-LiCl-Schmelzen liegt wahrscheinlich und vor allem bei höherem $MnCl_2$-Gehalt eine statistische Verteilung der Kationen vor, die auch in LiCl-reichen Schmelzen anzunehmen ist. Dabei wird für sehr geringe $MnCl_2$-Konzentrationen eine Beteiligung der statistisch gebildeten Mn-Cl-Li-Assoziationen an der Ausbildung von $(MnCl_4^{2-})$Li-Konfigurationen mit gleicher Koordinationszahl für Mn^{2+} und Li^+ vermutet [7].

Die durch Bestimmungen des Sättigungs-Dampfdrucks nach der Siedepunktmethode erhaltenen Dampfdrücke bei verschiedenen Temperaturen lassen sich durch die Gleichung $\lg p = A/T + B$ (p in Torr) darstellen. In Abhängigkeit vom LiCl-Gehalt der Schmelzen erhält man für die Konstanten A und B folgende Werte:

Mol-% LiCl	20	40	50	60	80	100
−A	8947	9024	9797	9224	9961	8288
B	8.868	8.788	9.298	8.732	9.239	8.055

Für die Temperaturabhängigkeit der Komplexbildungskonstante K in der Dampfphase gilt die Beziehung $\lg K = 2540/T - 4.0343$, woraus für T = 1173 und 1423 K die Konstanten K = 0.0135 bzw. 0.00563 erhalten und die Reaktionsenthalpie $\Delta H = -11.620$ kcal/mol sowie die Entropie $\Delta S = -18.46$ $cal \cdot mol^{-1} \cdot K^{-1}$ berechnet werden [13].

Thermodynamic Data

Thermodynamische Daten. Kalorimetrische Bestimmungen ergeben die Gesamtmischungsenthalpie ΔH von Schmelzen bei 690°C und daraus berechnete Wechselwirkungsparameter $\lambda = \Delta H/x(1-x)$, wobei x = Molenbruch $MnCl_2$ (ausgewählte Werte in kcal/mol):

$x(MnCl_2)$	0.1009	0.2011	0.3017	0.4017	0.5006	0.5993	0.7900	0.9489
$-\Delta H$	0.180	0.320	0.395	0.418	0.415	0.367	0.208	0.046
$-\lambda$	2.010	1.993	1.877	1.740	1.662	1.529	1.257	0.964

Die Werte bei 810°C sind etwas kleiner, s. Original. Mit steigendem $MnCl_2$-Anteil nimmt $-\lambda$ fast linear ab, s. Figur im Original [7].

Aus EMK-Bestimmungen an $MnCl_2$-LiCl-Schmelzen bei 918 K und den integralen Mischungsenthalpien von Papatheodorou, Kleppa [7] ergeben sich für LiCl die folgenden partialen Mischungsenthalpien $\Delta\bar{H}$, -entropien $\Delta\bar{S}$ und chemischen Potentiale $\Delta\mu$ in cal/mol bzw. $cal \cdot mol^{-1} \cdot K^{-1}$ (Werte in Auswahl) [8]:

Mol-% $MnCl_2$	10.1	20.0	30.0	40.0	50.0	60.0
$-\Delta\bar{H}$(LiCl)	50	130	280	370	590	700
$\Delta\bar{S}$(LiCl)	0.15	0.39	0.70	0.97	1.40	1.89
$-\Delta\mu$(LiCl)	190	485	850	1260	1870	3450

Aus EMK-Bestimmungen bei 800°C erhält man für $MnCl_2$ die folgenden partialen Mischungsenthalpien $\Delta\bar{H}$, $\Delta\bar{G}$ in cal/mol und -entropien $\Delta\bar{S}$ in $cal \cdot mol^{-1} \cdot K^{-1}$ [10]:

Mol-% $MnCl_2$	2.99	20.00	33.06	50.45
$-\Delta\bar{H}(MnCl_2)$	1688	541	390	213
$-\Delta\bar{G}(MnCl_2)$	2045	2021	588	395
$\Delta\bar{S}(MnCl_2)$	7.30	4.58	2.38	1.50

Partiale sowie integrale Mischungsenthalpien ΔH (in cal/mol) von $MnCl_2$ und LiCl, gemittelt aus Messungen an Schmelzen im Temperaturbereich von 550 bis 850°C (Werte in Auswahl) [10]:

Mol-% $MnCl_2$	10	20	30	40	50	70	90
$-\Delta\bar{H}(MnCl_2)$	930	560	390	265	210	100	25
$-\Delta\bar{H}$(LiCl)	45	110	170	220	280	450	875
$-\Delta H$	130	200	230	240	245	205	110

Gleichungen zur Berechnung von $\Delta\bar{H}(MnCl_2)$ und $\Delta\bar{H}$(LiCl) für 0 bis 33.3 Mol-% $MnCl_2$ auf Grund der Meßwerte von Papatheodorou, Kleppa [7] s. [9].

The LiCl-MnCl₂ System

Thermodynamic Data

$\Delta\bar{G}$, $\Delta\bar{H}$ in cal/mol sowie Aktivitätskoeffizient γ aus EMK-Bestimmungen bei 750 bis 1250 K, berechnet für 1100 K [14]:

Mol-% $MnCl_2$	$-\Delta\bar{H}(MnCl_2)$	$-\Delta\bar{G}(MnCl_2)$	$\gamma(MnCl_2)$	$\gamma(LiCl)$
0.401	1900	11803	1.14	1.00
1.00	2000	9603	1.54	1.00
5.00	2300	5603	1.62	1.00

Für ideale, verdünnte $MnCl_2$-Lösungen in geschmolzenem LiCl ergibt sich aus EMK-Bestimmungen bei 891 bis 1171 K in Abhängigkeit von der Temperatur und Mn^{2+}-Ionenkonzentration die freie Mischungsenthalpie (in cal/mol): $\Delta G = -2500 + (4.82 + 4.576 \lg [Mn^{2+}]) \cdot T$. Die exotherme Reaktion spricht für die Bildung eines Komplexes, vermutlich $MnCl_3^-$ [15].

Aus kalorimetrischen Bestimmungen der Lösungsenthalpie der $MnCl_2$-LiCl-Mischkristalle und der Einzelsalze in H_2O bei 25°C erhält man die folgenden Bildungsenthalpien ΔH der Mischkristalle in kcal/mol:

Mol-% $MnCl_2$	20.08	40.06	50.15	60.09	80.03
$-\Delta H$	0.17 ± 0.02	0.18 ± 0.02	0.14 ± 0.03	0.01 ± 0.01	-0.10 ± 0.04

Für die Lösung von festem LiCl in festem $MnCl_2$ ergibt sich daraus $\Delta H = +1.1$ kcal/mol und von festem $MnCl_2$ in festem LiCl $\Delta H = -1.9$ kcal/mol bei unendlicher Verdünnung der gelösten Komponente [1].

Crystallographic Properties of Solid Solutions

Kristallographische Daten der Mischkristalle. Die Mischkristalle besitzen nach Pulveraufnahmen rhomboedrische Symmetrie wie reines $MnCl_2$ (s. S. 13), Raumgruppe $R\bar{3}m-D_{3d}^5$ (Nr. 166) [3] mit den Gitterkonstanten a und α bzw. a und c bei hexagonaler Achsenwahl. (LiCl kristallisiert kubisch, Raumgruppe $Fm3m-O_h^5$; die rhomboedrische Zelle ist so gewählt, daß die Achsen durch 0, 0, 0 und 1, 1/2, 1/2 usw. gehen, d.h. $a_{rh} = a_k\sqrt{6}/2$ und $\alpha = 33°33'$; $a_k \approx 5.14$ Å, s. „Lithium" Erg.-Bd., S. 329.) Gitterkonstanten bei Raumtemperatur in Abhängigkeit von der Zusammensetzung [1]:

Mol-% $MnCl_2$	100	80	60	50	20	0 (LiCl)
a_{rh} in Å	6.198	6.219	6.222	6.231	6.238	6.282
α	34°38'*)	34°46'	34°38'	34°34'	34°52'	33°33'
a_h in Å	3.690	3.716	3.704	3.702	3.738	3.626
c_h in Å	17.461	17.512	17.529	17.559	17.559	17.768
c/a	4.732	4.712	4.732	4.742	4.698	4.900

*) Im Original 24°38', wahrscheinlich Druckfehler.

Die Struktur der Mischkristalle läßt einen fließenden Übergang von der kubisch-flächenzentrierten Symmetrie des LiCl zur rhomboedrischen des $MnCl_2$ erkennen. In den Mischkristallen bilden die Cl^--Ionen eine hexagonal-dichteste Kugelpackung. Die Kationenlagen sind bei den ungeradzahligen Schichten nur durch Li^+-Ionen, in den geradzahligen Schichten durch Li^+ und Mn^{2+} in statistischer Verteilung besetzt [3], s. auch [1]. Struktur bei der Zusammensetzung Li_2MnCl_4 s. S. 97.

Other Properties

Weitere Eigenschaften. Die durch hydrostatische Wägungen bestimmte Dichte von $MnCl_2$-LiCl-Schmelzen zwischen 656 und 850°C läßt sich durch die Dichte-Temperatur-Gleichung $D_t = a - bt$ wiedergeben. Koeffizienten a und b in Abhängigkeit vom $MnCl_2$-Gehalt mit Angabe des Temperaturbereiches der Messungen:

Mol-% $MnCl_2$	0	20	40	60	70	80	90
a	1.766	2.054	2.277	2.442	2.517	2.576	2.685
$b \cdot 10^3$	0.433	0.450	0.466	0.485	0.490	0.500	0.580
untere Meßtemperatur in °C	780	660	670	661	656	663	669
obere Meßtemperatur in °C	850	750	750	750	750	756	771

Das System zeigt kein merkliches Überschußvolumen, s. Figur im Original [12].

EPR-Messungen an Mischkristallen und Schmelzen mit einer Molarität von 0.005 bis 10 M $MnCl_2$ zwischen 25 und 900°C s. [16], mit 1 M $MnCl_2$ zwischen 25 und 500°C s. bei [17].

Literatur:

[1] R. S. Umyarova, V. S. Urusov, A. F. Vorob'ev (Geokhimiya **1975** 44/51, 45/8; C.A. **82** [1975] Nr. 160965). — [2] C. Sandonnini, G. Scarpa (Atti Reale Accad. Lincei [5] **22** II [1913] 163/8). — [3] B. Stehlík (Chem. Zvesti **10** [1956] 348/56, 351, 354; C.A. **1956** 15166). — [4] P. F. Andersen (Acta Cryst. **7** [1954] 660). — [5] G. W. Owston (Brit. J. Appl. Phys. [2] **1** [1968] 1839/40).

[6] D. S. Lesnykh, Z. M. Karmanova (Uch. Zap. Rostovsk. na Donu Gos. Univ. **25** Nr. 7 [1955] 19/23; C.A. **1959** 11974). — [7] G. N. Papatheodorou, O. J. Kleppa (J. Inorg. Nucl. Chem. **33** [1971] 1249/78, 1253, 1257, 1259, 1261/2, 1271/2). — [8] T. Østvold (Acta Chem. Scand. **26** [1972] 2788/98, 2791, 2794). — [9] S. N. Flengas, A. S. Kucharski (Can. J. Chem. **49** [1971] 3971/85, 3979/80). — [10] A. S. Kucharski, S. N. Flengas (J. Electrochem. Soc. **119** [1972] 1170/81, 1172/5).

[11] C. J. J. van Loon, J. de Jong (Acta Cryst. B **31** [1975] 2549/50). — [12] B. F. Markov, V. D. Prisyazhnyi, G. P. Prikhod'ko (Ukr. Khim. Zh. **36** [1970] 251/3, 252; Soviet Progr. Chem. **36** Nr. 3 [1970] 24/6). — [13] B. P. Burylev, V. L. Mironov (Zh. Fiz. Khim. **48** [1974] 2142; Russ. J. Phys. Chem. **48** [1974] 1272). — [14] A. F. Alabyshev, A. G. Morachevskii, M. V. Kamenetskii, V. A. Petrov, V. E. Lisinskii (Zh. Prikl. Khim. **49** [1976] 215/7; J. Appl. Chem. USSR **49** [1976] 212/4). — [15] A. F. Alabyshev, M. V. Kamenetskii, A. G. Morachevskii, V. A. Petrov (Zh. Prikl. Khim. **47** [1974] 437/9; J. Appl. Chem. USSR **47** [1974] 431/3).

[16] L. Yarmus, M. Kukk, B. R. Sundheim (J. Chem. Phys. **40** [1964] 33/6). — [17] J. Brown (J. Phys. Chem. **67** [1963] 2524/9).

5.3.1.1.2 Li_2MnCl_4 (= 2 LiCl · $MnCl_2$)

Li_2MnCl_4

Die Verbindung tritt im System LiCl-$MnCl_2$ auf, s. S. 94. — Die Darstellung erfolgt durch Zusammenschmelzen von $MnCl_2$ und LiCl im Molverhältnis 1:2 unter trocknem N_2 nach Vorbehandlung im Vakuum (10^{-5} Torr) und einer Woche Tempern wenig unterhalb des Schmelzpunktes [1] oder durch langsames Erhitzen von $MnCl_2 \cdot 2\,H_2O$ und LiCl im HCl-Strom bis zur völligen Entwässerung, dann Schmelzen und langsames Abkühlen auf etwa 100°C [2].

Neuere Neutronenbeugungsuntersuchungen an Li_2MnCl_4-Pulver ergeben eine kubische inverse Spinellstruktur, Raumgruppe Fd3m-O_h^7 (Nr. 227), a = 10.5031(3) Å; Z = 8 [1]. Ältere Angaben [2, 3] über eine rhomboedrische Struktur in Analogie zu $MnCl_2$ (s. S. 13) dürften damit überholt sein.

Atomlagen nach Neutronenbeugungsaufnahmen: Li(1) in 16 d (1/2, 1/2, 1/2 usw.); Li(2) in 8 a (1/8, 1/8, 1/8 usw.); Mn in 16 d (1/2, 1/2, 1/2 usw.); Cl in 32 e (x, x, x usw.) mit x = 0.2564(1); R = 1.90%. Kürzeste Atomabstände in Å: Li(2)↔Cl = 2.391(1), (Li(1), Mn)↔Cl = 2.560(1), Cl↔Cl = 3.523(3) bis 3.904(3); Bindungswinkel s. Original. Die Hälfte der Li^+-Ionen werden tetraedrisch von Cl^--Ionen umgeben (8 Li(2) auf 8a), während die übrigen Li^+- sowie die Mn^{2+}-Ionen statistisch auf die Oktaederplätze verteilt sind (8 Li(1) und 8 Mn auf 16d) [1], s. dazu auch [2].

Literatur:

[1] C. J. J. van Loon, J. de Jong (Acta Cryst. B **31** [1975] 2549/50). — [2] B. Stehlík (Chem. Zvesti **10** [1956] 348/56, 351, 354; C.A. **1956** 15166). — [3] P. F. Andersen (Acta Cryst. **7** [1954] 660).

5.3.1.1.3 $LiMnCl_3$ (= LiCl · $MnCl_2$)

$LiMnCl_3$

Über das mögliche Auftreten der Verbindung s. beim System LiCl-$MnCl_2$ S. 94 EPR-Untersuchungen bei dieser Zusammensetzung (Linienbreite 260 Oe) s. C. N. Owston (Brit. J. Appl. Phys. [2] **1** [1968] 1839/40).

The LiCl-$MnCl_2$-H_2O System

Phase Diagram

5.3.1.1.4 Das System LiCl-$MnCl_2$-H_2O

Zustandsdiagramm. Löslichkeitsbestimmungen (Restmethode und direkte Analyse) bei 0 bis 100°C ergeben die in **Fig. 25** wiedergegebene Löslichkeitspolytherme in x-m-Darstellung. Diese zeigt neben den Kristallisationsflächen der Einzelsalze (Abkürzungen in Klammern) LiCl (Li), LiCl · H_2O (Li 1), LiCl · 2 H_2O (Li 2), $MnCl_2$ · 2 H_2O (Mn 2) und $MnCl_2$ · 4 H_2O (Mn 4) die Felder der fünf Doppelsalze: $LiMnCl_3$ · 5 H_2O (D 1), beständig unterhalb 0 bis etwa 26°C, konnte aber weder nach der Restmethode noch durch direkte Analyse einwandfrei ermittelt werden; $LiMnCl_3$ · 2 H_2O (D 2), beständig oberhalb etwa 53°C; Li_2MnCl_4 · 4 H_2O (D 3), beständig von etwa 23 bis etwa 76°C; Li_2MnCl_4 · 2 H_2O (D 4), beständig oberhalb etwa 73°C, und Li_4MnCl_6 · 10 H_2O (D 6), beständig unterhalb 0 bis etwa 28°C. Von den fünf Doppelsalzen ist keines bei irgendeiner Temperatur kongruent löslich [1]. Das von Chassevant [2] gefundene Doppelsalz $LiMnCl_3$ · 3 H_2O (s. S. 100) tritt nicht auf [1].

Fig. 25

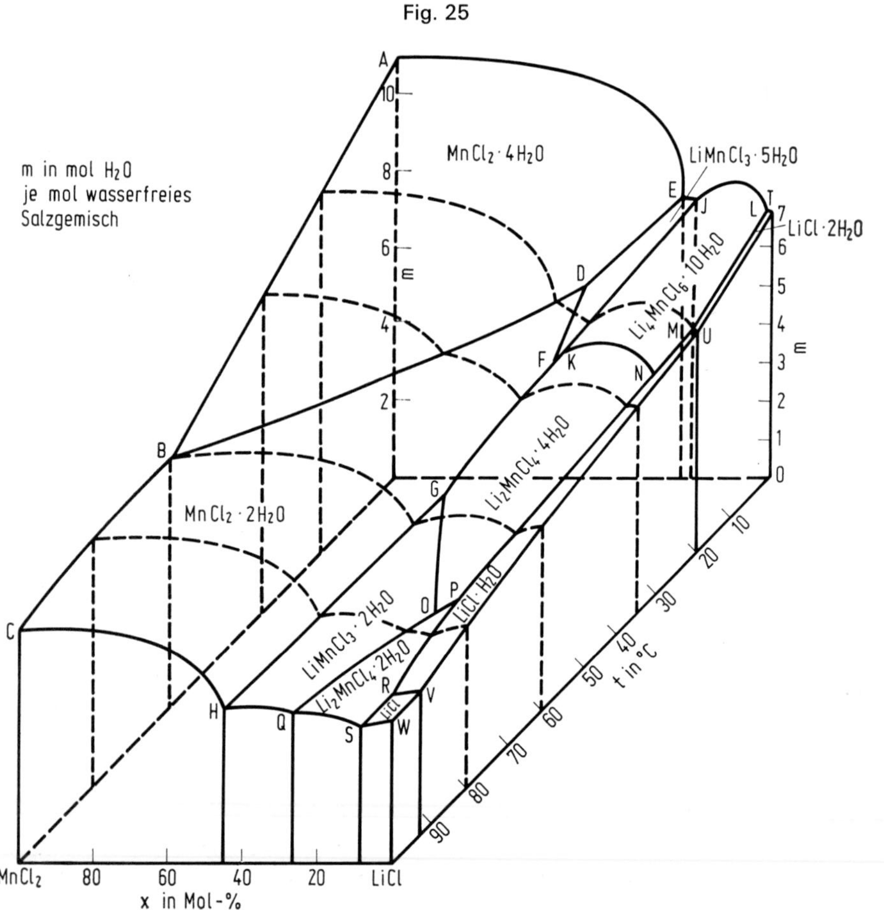

x-m-Polytherme des Systems LiCl-$MnCl_2$-H_2O.

Zusammensetzung der bei den ausgezeichneten Punkten an beiden Salzen gesättigten Lösungen mit x = Mol-% $MnCl_2$ bezogen auf das wasserfreie Salzgemisch, m = mol H_2O je mol wasserfreies Salzgemisch sowie Bodenkörper bei verschiedenen Temperaturen [1]:

Dreisalzpunkte (nonvariante Gleichgewichte):

Punkt in Fig. 25*)	t in °C	$x(MnCl_2)$	m	Bodenkörper
D (e)	14.5	35	6.45	Mn 4 + Mn 2 + D 1
M (e)	19.5	1	5.7	D 5 + Li 1 + Li 2
K (e)	23.5	30	5.75	D 1 + D 3 + D 5
F (e)	25.5	31	5.8	Mn 2 + D 1 + D 3
N (e)	28.5	2.5	5.4	D 3 + D 5 + Li 1
G (e)	53	34	4.8	Mn 2 + D 2 + D 3
P (e)	73	10.5	4.0	D 3 + D 4 + Li 1
O (e)	75.5	13	4.0	D 2 + D 3 + D 4
R (e)	92	8	3.55	D 4 + Li 1 + Li

Zweisalzpunkte (univariante Gleichgewichte):

Punkt in Fig. 25*)	t in °C	$x(MnCl_2)$	m	Bodenkörper
E (v)	0	24.26	7.24	Mn 4 + D 1
J (v)	0	20.69	7.20	D 1 + D 5
L (v)	0	0.97	6.84	D 5 + Li 2
U (e)	20	0	5.7	Li 1 + Li 2
V (e)	92.5	0	3.7	Li + Li 1
H (v)	99	44.35	4.05	Mn 2 + D 2
Q (v)	99	27.16	3.88	D 2 + D 4
S (v)	99	8.80	3.55	D 4 + Li
B (v)	60	100	6.56	Mn 2 + Mn 4

*) (e) = extrapolierte, (v) = durch Versuche erhaltene Werte.

Weitere Zwei- und Einsalzpunkte sowie Angaben in Gew.-% s. Original [1].

Thermodynamic Data

Thermodynamische Daten. Die beim Vermischen der wäßrigen Lösungen von $MnCl_2$ (0.5 bis 4.65 molar, 150 ml) und LiCl (6 molar, 4 ml) entwickelte Mischungsenthalpie ΔH (in cal) wird kalorimetrisch bestimmt [4], die Aktivität a des H_2O und der Cl^--Ionen aus den osmotischen bzw. den Aktivitätskoeffizienten von $MnCl_2$- und LiCl-Lösungen bei 25°C nach Robinson, Stokes [5] berechnet; Werte in Abhängigkeit vom $MnCl_2$-Gehalt [4]:

$MnCl_2$ in mol/l	0.5	1	1.3	1.7	2.3	3.1	3.6	4.65
ΔH in cal	−7.2	−6.6	+2.2	+2.8	+3.6	−1.0	−5.1	−16.0
$a(H_2O)$	0.966	0.929	0.890	0.850	0.785	0.705	0.643	0.531
$a(Cl^-)$	0.44	0.96	1.36	2.05	3.40	6.01	8.14	13.41

Die gemessene Gesamtmischungsenthalpie setzt sich im wesentlichen aus den Enthalpiewerten der folgenden drei Teilreaktionen zusammen: 1) der exothermen Hydratisierung des Li^+-Ions; 2) der endothermen Dehydratisierung des $Mn(H_2O)_x^{2+}$-Komplexes durch das Li^+-Ion und 3) der exothermen Bildung eines Chloromanganatkomplexes $MnCl_x^{2-x}$. Im endothermen Abschnitt der Enthalpiekurve überwiegt die Dehydratisierung von $Mn(H_2O)_x^{2+}$ durch Li^+, in den exothermen Abschnitten die Hydratisierung des Li^+ bzw. Bildung des Chloromanganatkomplexes, dessen Stabilität die Dehydratisierung von $Mn(H_2O)_x^{2+}$ ebenfalls beeinflußt. Beim Vergleich mit den Chloriden weiterer zweiwertiger Metalle ergibt sich für die maximale Mischungsenthalpie ΔH_{max} (in cal) die Reihe: Cu^{2+} (7.0) > Mn^{2+} (3.6) > Sr^{2+} (3.2) > Ca^{2+} (2.5) > Co^{2+} (2.2) > Ni^{2+} (2.1) > Mg^{2+} (−0.6). Bei Mn^{2+} ist demnach die Stabilität des Aquokomplexes ziemlich groß, die des Chlorokomplexes dagegen gering [4].

The LiCl-$MnCl_2$-H_2O System

Complexes

K o m p l e x b i l d u n g. Aus optischen Untersuchungen ergibt sich, daß bei Gehalten von 1.4 bis 5.6 M LiCl in der Lösung dieselben Mangankomplexe auftreten wie in der reinen wäßrigen $MnCl_2$-Lösung (s. S. 60). Bei 5.6 M LiCl befinden sich $Mn(H_2O)_6^{2+}$ und $MnCl_2(H_2O)_4$ im Gleichgewicht. Zwischen 5.6 und 8.4 M LiCl wird $MnCl_3(H_2O)_3^-$ beobachtet und bei 11.6 M LiCl tritt $MnCl_6^{4-}$ auf [7], s. auch [8, 9].

Physical Properties

P h y s i k a l i s c h e E i g e n s c h a f t e n. Messungen an Gemischen aus jeweils 3.03 Mol-% $MnCl_2$ und LiCl enthaltenden Lösungen bei 20°C ergeben beim Molverhältnis 1:1 Maxima in der Abweichung der Dichte, Oberflächenspannung und des Brechungsindex von der Additivität (s. Figur im Original), die auf die Bildung eines komplexen Salzes mit dem Anion $MnCl_3^-$ hinweisen [6]. — Konzentrierte Lösungen sind grün [3] oder strohgelb gefärbt [2].

L i t e r a t u r:

[1] H. Benrath (Z. Anorg. Allgem. Chem. **220** [1934] 145/53). — [2] A. Chassevant (Compt. Rend. **115** [1892] 113/5; Ann. Chim. Phys. [6] **30** [1893] 5/56, 10/5, 47/53). — [3] C. E. Saunders (Am. Chem. J. **14** [1892] 127/52, 150). — [4] Z. G. Szabó, M. Pálfalvi-Rózsahegyi, K. Burger (Proc. 3rd Symp. Coord. Chem., Debrecen, Hung., 1970, Bd. 1, S. 99/110, 102, 107; C.A. **74** [1971] Nr. 57949). — [5] R. A. Robinson, R. H. Stokes (Electrolyte Solutions, London 1959, S. 483, 487, 491, 499).

[6] A. Ya. Deich (Zh. Neorgan. Khim. **3** [1958] 2420/1; Russ. J. Inorg. Chem. **3** Nr. 1 [1958] 257/9). — [7] A. Łodzinska, F. Golińska (Roczniki Chem. **44** [1970] 1867/73; C.A. **74** [1971] Nr. 80408). — [8] A. Łodzinska, F. Golińska (Roczniki Chem. **44** [1970] 2065/9; C.A. **74** [1971] Nr. 105041). — [9] J. Karwowoski, A. Łodzinska (J. Mol. Struct. **19** [1973] 709/17).

$LiMnCl_3 \cdot nH_2O$, $Li_2MnCl_4 \cdot nH_2O$, $Li_4MnCl_6 \cdot 10H_2O$

5.3.1.1.5 $LiMnCl_3 \cdot nH_2O$ (n = 5, 3, 2), $Li_2MnCl_4 \cdot nH_2O$ (n = 4, 2), $Li_4MnCl_6 \cdot 10H_2O$ (= $LiCl \cdot MnCl_2 \cdot nH_2O$, $2LiCl \cdot MnCl_2 \cdot nH_2O$, $4LiCl \cdot MnCl_2 \cdot 10H_2O$)

Die im System LiCl-$MnCl_2$-H_2O (s. S. 98) auftretenden Doppelsalze $LiMnCl_3 \cdot 5H_2O$ (D 1), $LiMnCl_3 \cdot 2H_2O$ (D 2), $Li_2MnCl_4 \cdot 4H_2O$ (D 3), $Li_2MnCl_4 \cdot 2H_2O$ (D 4) und $Li_4MnCl_6 \cdot 10H_2O$ (D 5) scheiden sich meist feinkristallin aus und sind wahrscheinlich infolge der viel LiCl enthaltenden Mutterlauge, von der sie nicht zu befreien sind, stark hygroskopisch. Nur D 2 kristallisiert in gut ausgebildeten Prismen und Stäben. Mit steigendem LiCl-Gehalt geht die Farbe der Doppelsalze von Dunkelrosa (D 2) in fast Weiß (D 5) über [1].

Die von Chassevant [2] gefundene Verbindung $LiMnCl_3 \cdot 3H_2O$ tritt im Zustandsdiagramm nicht auf [1]. Sie fällt aus Mischungen äquivalenter Lösungen von $MnCl_2$ und LiCl nach Konzentrieren auf dem Wasserbad beim Erkalten in trockner Atmosphäre über H_2SO_4 in langen rosa Nadeln aus, die sehr hygroskopisch sind, sich an der Luft zersetzen und in trockner Atmosphäre H_2O, im Vakuum über H_2SO_4 oder beim Erhitzen auf 120°C daneben auch HCl infolge Hydrolyse abspalten [2].

L i t e r a t u r:

[1] H. Benrath (Z. Anorg. Allgem. Chem. **220** [1934] 145/53). — [2] A. Chassevant (Compt. Rend. **115** [1892] 113/5; Ann. Chim. Phys. [6] **30** [1893] 5/56, 10/5, 47/53).

The LiCl-$MnCl_2$-CH_3OH System

5.3.1.1.6 Das System LiCl-$MnCl_2$-CH_3OH

Messungen an jeweils 0.5 molaren Lösungen von $MnCl_2$ und LiCl in Methanol bei 20°C ergeben für die Dichte D (in g/cm³), Viskosität η (bezogen auf $\eta(H_2O) = 1$) und Oberflächenspannung σ (in dyn/cm) in Abhängigkeit vom Molverhältnis LiCl/$MnCl_2$ die folgenden Werte (in Auswahl):

LiCl/$MnCl_2$ . .	$MnCl_2$	1/5	1/3	1/2	1/1	2/1	3/1	5/1	LiCl
D^{20}	0.8564	0.8496	0.8455	0.8410	0.8346	0.8268	0.8227	0.8188	0.8110
η^{20}	1.003	0.997	0.991	0.964	0.934	0.863	0.840	0.839	0.810
σ^{20}	25.37	25.37	25.37	25.37	25.37	25.30	25.06	25.06	25.06

Auf die Bildung einer sehr unbeständigen (aus dem S-förmigen Verlauf der Viskositätsisotherme zu schließen) 1:1-Verbindung verweist ein Maximum der Abweichung der optischen Dichte von der Additivität, s. Figur im Original. Die Reaktion der Salze ist in Methanol geringer als in H_2O (s. S. 99), vermutlich wegen der geringeren Löslichkeit und geringeren DK des Methanols, A. Ya. Deich (Zh. Neorgan. Khim. **5** [1960] 2111/4; Russ. J. Inorg. Chem. **5** [1960] 1024/6).

5.3.1.1.7 Das System $LiCl-MnCl_2-H_2O-PO(OC_4H_9)_3$

The $LiCl-MnCl_2-H_2O-PO-(OC_4H_9)_3$ System

Die radiometrische Untersuchung der Verteilung von Mn^{2+} (Konzentration $c = 2.5 \times 10^{-6}$ bis 10^{-4} mol/l) auf wäßrige, 0 bis 10molare LiCl-Lösungen und Tributylphosphat bei 20°C mittels ^{54}Mn-γ-Strahlung ($t_{1/2} = 291$ d) zeigt, daß der Verteilungsquotient D des Mn^{2+} zwischen Tributylphosphat und wäßriger Phase mit steigendem LiCl-Gehalt der letzteren (vor allem oberhalb 4 mol/l) rasch von D = 0.001 bei [LiCl] ≈ 0.1 auf D = 100 bei [LiCl] = 10 mol/l zunimmt. Im Tributylphosphatextrakt ergeben sich aus spektralphotometrischen Untersuchungen Hinweise auf die Bildung eines tetraedrischen $MnCl_4^{2-}$-Ions, das vermutlich Bestandteil eines assoziierten Elektrolyten $[Li(H_2O)_{4-x}L_x]_2^+MnCl_4^{2-}$ mit x = 0 bis 2 und $L = PO(OC_4H_9)_3$ ist, D. F. Morris, E. L. Short, D. N. Slater (Electrochim. Acta **8** [1963] 289/300, 292).

5.3.1.1.8 Das System $NaCl-MnCl_2$

The $NaCl-MnCl_2$ System

Zustandsdiagramm. Das nach thermographischen Analysen und Pulveraufnahmen aufgestellte Zustandsdiagramm in **Fig. 26** zeigt die vier Verbindungen Na_4MnCl_6, Na_2MnCl_4, $NaMnCl_3$ und $NaMn_2Cl_5$, von denen nur $NaMnCl_3$ gerade noch kongruent [1], nach neueren Angaben aber inkongruent schmilzt [2, 6], während die übrigen inkongruent schmelzen [1], s. auch [23]. Die auch von anderen Autoren [3, 4] angegebenen Verbindungen Na_4MnCl_6 und $NaMn_2Cl_5$ können allerdings durch neuere Versuche nicht bestätigt werden [2, 5]. Statt dessen werden Verbindungen der Zusammensetzung Na_6MnCl_8 und $Na_2Mn_3Cl_8$ (s. S. 104 und 106) gefunden [5], s. auch [6]. Zum Auftreten der Verbindung Na_6MnCl_8 s. auch S. 102.

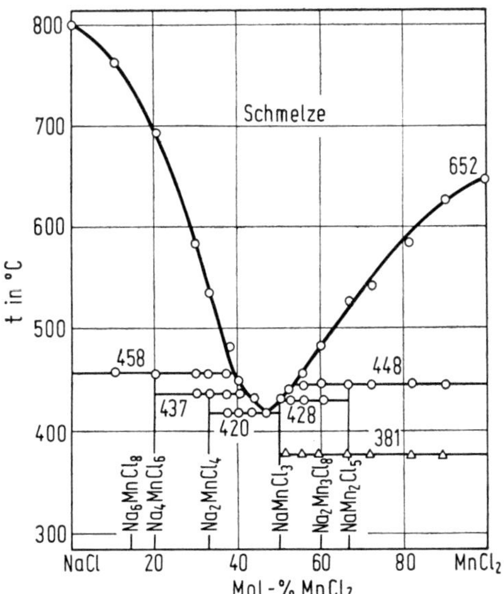

Fig. 26

Zustandsdiagramm des Systems $NaCl-MnCl_2$.

Phase Diagram of the NaCl-MnCl$_2$ System

Temperatur t und Zusammensetzung der Schmelze an den charakteristischen Punkten der Schmelzkurve (S = Schmelzpunkt des $NaMnCl_3$, P = Peritektikum und E = Eutektikum):

Punkt	P_1	P_2	E_1	S	P_3
t in °C	458	437	420	428	448
Mol-% $MnCl_2$	39.0	42.5	47.0	50.0	55.0

E_2 ($NaMnCl_3$ + „$NaMn_2Cl_5$") ist innerhalb der Fehlergrenzen identisch mit S. „$NaMn_2Cl_5$" zeigt bei 381°C einen Umwandlungspunkt, ein weiterer, an Schmelzen mit 50 bis 66.6 Mol-% $MnCl_2$ beobachteter thermischer Effekt bei 392°C deutet die Bildung einer neuen Verbindung von noch unbekannter Zusammensetzung an [1]. Ein Eutektikum wird auch bei 425°C mit 50.0 Mol-% $MnCl_2$ angegeben [3, 4]. „Na_4MnCl_6" schmilzt inkongruent bei 445°C [3, 4], Na_2MnCl_4 inkongruent bei 446°C [2], $NaMnCl_3$ kongruent bei 440 ± 3°C [21], inkongruent bei 428°C [2], „$NaMn_2Cl_5$" inkongruent bei 445°C [2], 442°C [3, 4].

Aus Pulveraufnahmen ergeben sich für die kristallinen Phasen die folgenden Homogenitätsbereiche bei Zimmertemperatur [7]:

Phase	NaCl	Na_2MnCl_4	$NaMnCl_3$	„$NaMn_2Cl_5$"	$MnCl_2$
Mol-% $MnCl_2$	0 bis 10	32 bis 45	49 bis 60	64 bis 73	80 bis 100

Die Löslichkeit von $MnCl_2$ in NaCl-Einkristallen ist nach Messungen der Ionenleitfähigkeit, des dielektrischen Verlustes sowie röntgenographisch sehr gering und liegt zwischen 200 und 350°C in der Größenordnung von 40 bis 1000 ppm (s. Figur im Original), wobei sich überschüssiges $MnCl_2$ in Form von Na_6MnCl_8 abscheidet [15], und zwar metastabil [17], s. auch [16]. Die Abscheidung von sich zu Clustern gruppierenden Teilchen einer neuen Phase bei der Abkühlung von NaCl-Kristallen mit 0.01 bis 0.1 Mol-% $MnCl_2$ beobachtet zwischen 0 und 500°C auch Abaev [18]. Diese als „Suzuki-Phase" bezeichnete Ausscheidung wird durch elektronenmikroskopische Untersuchungen eines bei 550°C mit 1 Gew.-% $MnCl_2$ dotierten und langsam abgekühlten NaCl-Einkristalls nachgewiesen [22], s. auch S. 104 und „Natrium" Erg.-Bd. 6, S. 281. Über EPR-Untersuchungen in diesem Bereich s. [24].

D a m p f d r u c k. Aus Dampfdruckbestimmungen nach der Siedepunktmethode erhält man die folgenden Konstanten A und B der Dampfdruckgleichung $\lg p = A/T + B$ (p in Torr) in Abhängigkeit vom $MnCl_2$-Gehalt der $MnCl_2$-NaCl-Schmelze:

Mol-% $MnCl_2$	0	25.00	28.06	31.72	36.92	46.75	50.0	66.13	75.0
−A	10834	10055.2	11229	10763	11242	11413	8801.8	7880	8841
B	9.320	7.1018	9.666	9.466	9.885	10.225	6.2988	7.838	6.4826
Lit.	[19]	[20]	[19]	[19]	[19]	[19]	[20]	[19]	[20]

Messungen im Temperaturbereich von 1092 bis 1347 K s. bei Mirzoev u.a. [20]. Für die Bildung eines NaCl-$MnCl_2$-Komplexes in der Dampfphase berechnete Konstanten K, Enthalpie ΔH und Entropie ΔS s. Original [19].

Thermodynamic Data

T h e r m o d y n a m i s c h e D a t e n. Kalorimetrische Bestimmungen ergeben die Gesamtmischungsenthalpie ΔH bei 810°C und daraus berechnete Wechselwirkungsparameter $\lambda = \Delta H/x(1-x)$ mit x = Molenbruch $MnCl_2$ (ausgewählte Werte in kcal/mol):

x($MnCl_2$)	0.049	0.149	0.248	0.299	0.348	0.400	0.449	0.652	0.851
$-\Delta H$	0.325	0.922	1.394	1.597	1.689	1.836	1.761	1.417	0.721
$-\lambda$	6.958	7.266	7.478	7.616	7.440	7.653	7.120	6.248	5.696

Das breite Maximum von $-\lambda$ zwischen 30 und 40 Mol-% $MnCl_2$ (s. Figur im Original) deutet die Bildung eines, beim System NaCl-$MnCl_2$ noch wenig stabilen, komplexen Anions $MnCl_4^{2-}$ an, was auf einen Ordnungszustand zwischen dem System LiCl-$MnCl_2$ (s. S. 94) mit statistischer Ionenverteilung und dem System KCl-$MnCl_2$ (s. S. 108) mit praktisch vollständiger $MnCl_4^{2-}$-Ordnung hinweist [8].

Aus EMK-Bestimmungen an $MnCl_2$-NaCl-Schmelzen bei 885 K und den integralen Mischungsenthalpien von Papatheodorou, Kleppa [8] ergeben sich für NaCl die folgenden partialen Mischungsenthalpien $\Delta\bar{H}$, -entropien $\Delta\bar{S}$ und chemischen Potentiale $\Delta\mu$ in cal/mol bzw. cal · mol^{-1} · K^{-1}:

Mol-% $MnCl_2$	35.7	40.9	46.1	51.0	56.2	60.8	65.6
$-\Delta\bar{H}$(NaCl)	1000	1700	2150	2500	2850	3000	3250
$\Delta\bar{S}$(NaCl)	0.84	0.65	0.78	1.02	1.29	1.73	2.10
$-\Delta\mu$(NaCl)	1740	2270	3840	3400	3990	4530	5100

Bei 1085 K erhält man bei 12.9, 24.1 und 35.3 Mol-% $MnCl_2$ $\Delta\bar{H}=-70$, -360 bzw. -950 cal/mol, $\Delta\bar{S}=0.30$, 0.63 bzw. 0.98 cal · mol^{-1} · K^{-1} und $\Delta\mu=-394$, -1040 bzw. -2010 cal/mol [9].

Aus EMK-Bestimmungen bei 800°C erhält man für $MnCl_2$ die folgenden partialen Mischungsenthalpien $\Delta\bar{H}$, $\Delta\bar{G}$ (in cal/mol) und -entropien $\Delta\bar{S}$ (in cal · mol^{-1} · K^{-1}) in Abhängigkeit vom $MnCl_2$-Gehalt [10]:

Mol-% $MnCl_2$	2.93	9.81	19.84	34.22	49.83	59.87	75.03
$-\Delta\bar{H}(MnCl_2)$	6911	6865	6229	3355	−124	−12	+351
$-\Delta\bar{G}(MnCl_2)$	6787	6539	4792	3320	1604	705	356
$\Delta\bar{S}(MnCl_2)$	6.89	4.31	1.88	2.10	2.99	1.69	0.57

Aus den EMK-Daten bei 810°C berechnete Werte für $\Delta\bar{H}$ (cal/mol), $\Delta\bar{S}$ (cal · mol^{-1} · K^{-1}), Aktivität a und Aktivitätskoeffizient γ von $MnCl_2$:

Mol-% $MnCl_2$	$\Delta\bar{H}(MnCl_2)$	$\Delta\bar{S}(MnCl_2)$	$10^3 a(MnCl_2)$	$10^2\gamma(MnCl_2)$	Lit.
1.00	−7200	9.06	0.399	3.99	[11]
2.93	−6900	6.87	1.25	4.25	[11] nach [10]
9.81	−6900	4.27	4.70	4.79	[11] nach [10]

Partiale sowie integrale Mischungsenthalpien $\Delta\bar{H}$ bzw. ΔH (in cal/mol) von $MnCl_2$ und NaCl, gemittelt aus EMK-Messungen an Schmelzen im Temperaturbereich von 550 bis 850°C (Werte in Auswahl) [10]:

Mol-% $MnCl_2$	10	20	30	40	50	70	90
$-\Delta\bar{H}(MnCl_2)$	6860	6200	4300	1100	250	175	25
$-\Delta\bar{H}$(NaCl)	5	120	780	2520	3080	3340	3580
$-\Delta H$	690	1340	1830	1950	1670	1050	380

Gleichungen zur Berechnung von $\Delta\bar{H}(MnCl_2)$ und $\Delta\bar{H}$(NaCl) für 0 bis 33.3 Mol-% $MnCl_2$ auf Grund der Meßwerte von Papatheodorou, Kleppa [8] s. [12].

Freie partiale Mischungsenthalpien $\Delta\bar{G}$ (in cal/mol) von $MnCl_2$ und NaCl sowie integrale Mischungsenthalpien ΔG, ΔH und -entropien ΔS (in cal/mol bzw. cal · mol^{-1} · K^{-1}), gemittelt aus EMK-Messungen an NaCl-reichen Schmelzen bei 830 bis 950°C in Abhängigkeit vom $MnCl_2$-Gehalt:

Mol-% $MnCl_2$	0.22	0.36	1.29	4.73	9.1	19.61	38.5
$-\Delta\bar{G}(MnCl_2)$	9867	9679	9593	8456	6193	4948	4117
$-\Delta\bar{G}$(NaCl)	0	1	2	36	200	409	725
$-\Delta G$	57	89	279	1010	1425	2403	3303
$-\Delta H$	105	164	493	1606	2141	3092	4047
ΔS	0.04	0.067	0.20	0.52	0.65	0.63	0.69

Überschußgrößen ΔG^{ex} und ΔS^{ex} sowie Angaben in Joule s. Original [13].

Zur Berechnung der Ionenaustauschenergie ω (=−3.50 kcal) aus der Schmelzkurve des binären Systems (NaCl-Seite) s. [14].

Literatur:

[1] H. J. Seifert, F. W. Koknat (Z. Anorg. Allgem. Chem. **341** [1965] 269/80, 272). — [2] R. N. Yakovleva, I. I. Kozhina, I. V. Krivousova, I. V. Vasil'kova (Vestn. Leningr. Univ. Fiz. Khim. **1970** Nr. 3, S. 87/92; C.A. **74** [1971] Nr. 57761). — [3] C. Sandonnini, G. Scarpa (Atti Reale Accad. Lincei [5] **22** II [1913] 163/8). — [4] V. V. Safonov, B. G. Korshunov, L. N. Taranyuk (Zh. Neorgan. Khim. **13** [1968] 1950/5; Russ. J. Inorg. Chem. **13** [1968] 1014/7). — [5] C. J. J. van Loon, D. J. W. Ijdo (Acta Cryst. B **31** [1975] 770/3).

[6] H. Seifert, H. Fink (Rev. Chim. Minerale **12** [1975] 466/75, 474). — [7] R. N. Yakovleva, I. V. Vasil'kova, I. V. Krivousova, I. I. Kozhina, M. P. Susarev (Vestn. Leningr. Univ. Fiz. Khim. **1971** Nr. 2, S. 92/5; C.A. **75** [1971] Nr. 144694). — [8] G. N. Papatheodorou, O. J. Kleppa (J. Inorg. Nucl. Chem. **33** [1971] 1249/78, 1252, 1259, 1273). — [9] T. Østvold (Acta Chem. Scand. **26** [1972] 2788/98, 2792). — [10] A. S. Kucharski, S. N. Flengas (J. Electrochem. Soc. **119** [1972] 1170/81, 1173/5).

[11] D. R. Sadoway, S. N. Flengas (J. Electrochem. Soc. **122** [1975] 515/20). — [12] S. N. Flengas, A. S. Kucharski (Can. J. Chem. **49** [1971] 3971/85, 3979/80). — [13] L. D. Boldina, A. B. Suchkov, L. A. Paramonova (Fiz. Khim. Elektrokhim. Rasplavlen. Solei i Shlakov Tr. 4th Vses. Soveshch., Kiev 1969, Bd. 1, S. 174/7; C.A. **77** [1972] Nr. 80227). — [14] A. N. Kirgintsev, E. G. Avvakumov (Usp. Khim. **34** [1965] 154/75; Russ. Chem. Rev. **34** [1965] 58/68, 62). — [15] J. A. Chapman, E. Lilley (J. Phys. [Paris] **34** [1973] Suppl. S. C9-455/C9-464, C9-459, C9-461).

[16] J. E. Strutt, E. Lilley (Reactiv. Solids Proc. 7th Intern. Symp., Bristol, Engl., 1972, S. 84/96, 90/2; C.A. **80** [1974] Nr. 30839). — [17] A. I. Sors, E. Lilley (Phys. Status Solidi A **32** [1975] 533/9, 535). — [18] M. I. Abaev (Fiz. Tverd. Tela **12** [1970] 2431/6; Soviet Phys.-Solid State **12** [1970] 1943/7). — [19] B. P. Burylev, V. L. Mironov (Zh. Fiz. Khim. **48** [1974] 2142; Russ. J. Phys. Chem. **48** [1974] 1272). — [20] G. Mirzoev, G. I. Novikov, A. K. Baev, S. E. Orekhova (Izv. Akad. Nauk Tadzh.SSR Otd. Fiz. Mat. Geol. Khim. Nauk **1973** Nr. 4, S. 52/8; C.A. **81** [1974] Nr. 69088).

[21] M. Kestigian, W. J. Croft (Mater. Res. Bull. **4** [1969] 877/80). — [22] M. Yakamán, L. W. Hobbs, M. J. Goringe (Phys. Status Solidi A **39** [1977] K85/K90). — [23] C. N. Owston (Brit. J. Appl. Phys. [2] **1** [1968] 1839/40). — [24] K. G. Bansigir, E. E. Schneider (J. Appl. Phys. **33** [1962] Suppl. S. 383/90).

Na_6MnCl_8

5.3.1.1.9 Na_6MnCl_8 (= 6 NaCl · $MnCl_2$)

Die hygroskopische Verbindung wird aus stöchiometrischen Anteilen NaCl und $MnCl_2$ analog $Na_2Mn_3Cl_8$ (s. S. 106) dargestellt, indem die Komponenten zunächst unter N_2 zusammengeschmolzen und dann in evakuierten Quarzampullen zwischen 340 und 410°C getempert werden.

Röntgen-Pulver- und Neutronenbeugungsaufnahmen bei 300 K ergeben eine kubische Struktur vom Typ Mg_6MnO_8, s. „Mangan" C 2, S. 254, Raumgruppe Fm3m-O_h^5 (Nr. 225) mit a = 11.2274(4) Å; Z = 4. Atomlagen: Na in 24d (0, 1/4, 1/4 usw.); Mn in 4a (0, 0, 0 usw.); Cl(1) in 8c (1/4, 1/4, 1/4 usw.); Cl(2) in 24e (0.2287(2), 0, 0 usw.); R = 2.56%. Kürzeste Atomabstände in Å: Mn↔Cl(2) = 2.568(2), Na↔Cl(1) = 2.8069(0), Na↔Cl(2) = 2.8170(2), weitere Abstände und Bindungswinkel s. Original. Die Cl^--Ionen sind in kubisch dichtester Packung, während die Na^+- und Mn^{2+}-Ionen Oktaederlagen in geordneter Folge einnehmen. Die Cl^--Ionen sind teils sechsfach von 6 Na^+ (wie in NaCl), teils fünffach von 4 Na^+ und 1 Mn^{2+} umgeben, wobei sich in dem oktaedrischen Koordinationspolyeder gegenüber vom Mn eine Leerstelle befindet [1]. Die Ausscheidungen in NaCl, das mit $MnCl_2$ dotiert wurde und die ebenfalls die Zusammensetzung Na_6MnCl_8 besitzen, haben offensichtlich dieselbe Kristallstruktur, s. zum Beispiel [2 bis 4].

Literatur:

[1] C. J. J. van Loon, D. J. W. Ijdo (Acta Cryst. B **31** [1975] 770/3). — [2] D. L. Kirk, A. R. Kahn, P. L. Pratt (J. Phys. D **8** [1975] 2013/24). — [3] J. A. Chapman, E. Lilley (J. Mater. Sci. **10** [1975] 1154/6). — [4] M. Yacamán, L. W. Hobbs, M. J. Goringe (Phys. Status Solidi A **39** [1977] K85/K90).

5.3.1.1.10 Na_2MnCl_4 (= 2 NaCl · $MnCl_2$)

Na_2MnCl_4

Die Verbindung wird aus stöchiometrischen Anteilen NaCl und $MnCl_2$ (geringer Überschuß) durch Zusammenschmelzen im geschlossenen Quarzrohr und mehrtägiges Abkühlen auf Zimmertemperatur dargestellt. Die roten, zum Teil nadelförmigen Kristalle entlang [001] sind nach Einkristallaufnahmen rhombisch, Raumgruppe Pbam-D_{2h}^9 (Nr. 55) mit a = 6.93(1), b = 11.86(2) und c = 3.86(2) Å; Z = 2. Atomlagen:

Atom	Punktlage	x	y	z
Mn	2a	0	0	0
Na	4h	0.4186(18)	0.1818(11)	0.5
Cl(1)	4g	0.1215(9)	0.1952(6)	0
Cl(2)	4h	0.2399(9)	−0.0449(6)	0.5

R = 10.4%. Kürzeste Atomabstände in Å: Mn↔Cl(1) = 2.463(5), Mn↔Cl(2) = 2.603(6), Na↔Cl(1) = 2.799(12) und 2.825(12), Na↔Cl(2) = 2.960(12) und 2.871(12). Die mittleren Atomabstände Mn↔Cl (2.56 Å) und Na↔Cl (2.85 Å) sprechen für eine im wesentlichen aus Ionen aufgebaute Struktur [1]. Sie ist vom Sr_2PbO_4-Typ [2], s. „Blei" C 3, S. 1195. Danach ist jedes Mn^{2+}-Ion von einem etwas verzerrten Oktaeder aus zwei Cl(1)- und vier Cl(2)-Ionen umgeben, wobei die Oktaeder ähnlich wie im Rutil-Typ (TiO_2) über gemeinsame gegenüberliegende Kanten zu unendlichen Ketten $[MnCl_4]_n^{2n-}$ parallel zur c-Achse verknüpft sind, die durch die Na^+-Ionen zusammengehalten werden. Jedes Na^+-Ion ist von sechs Cl^--Ionen in Form eines trigonalen Prismas umgeben. — Dichte nach der Schwebemethode (Toluol) 2.53, Röntgendichte 2.54 g/cm^3 [1]. Zum Schmelzpunkt s. S. 101. — Na_2MnCl_4 ist bereits an feuchter Luft unbeständig gegen H_2O [1].

Literatur:

[1] J. Goodyear, S. A. D. Ali, G. A. Steigmann (Acta Cryst. B **27** [1971] 1672/4). — [2] C. J. J. van Loon, D. J. W. Ijdo (Acta Cryst. B **31** [1975] 770/3).

5.3.1.1.11 $NaMnCl_3$ (= NaCl · $MnCl_2$)

$NaMnCl_3$

Zur Darstellung erhitzt man ein Gemisch aus äquimolaren Anteilen NaCl und $MnCl_2 \cdot 4H_2O$ im trocknen HCl-Strom (Trägergas Ar) auf 450°C [1, 2]. Einkristalle lassen sich aus der Schmelze bei langsamer Temperaturerniedrigung von 440 auf 400°C [2] sowie nach der horizontalen oder vertikalen Bridgman-Methode züchten [1].

Aus kalorimetrischen Bestimmungen der Lösungsenthalpie von $NaMnCl_3$, NaCl und $MnCl_2$ in H_2O bei 25°C ergibt sich für die Bildung aus NaCl + $MnCl_2$ die Bildungsenthalpie $\Delta H = -0.71$ kcal/mol [3], für die Bildung aus den Elementen bei 298 K folgt damit der Standardwert $\Delta H_{298}^{\circ} = -214.5$ kcal/mol [4].

Einkristallaufnahmen ergeben eine rhomboedrische Struktur vom Ilmenit-Typ ($FeTiO_3$) [5], Raumgruppe R$\bar{3}$-C_{3i}^2 (Nr. 148) mit den hexagonalen Gitterkonstanten a = 6.591(3) und c = 18.627(9) Å; Z = 6 [2]. Die ältere hexagonale Indizierung von Pulverdiagrammen mit a = 26.65$_6$ und c = 6.19$_8$ Å [1] ist überholt, da die Präparate mit Na_2MnCl_4 verunreinigt waren [2]. Atomlagen (hexagonale Zelle):

Atom	Punktlage	x	y	z
Na	6c	0	0	0.1449(15)
Mn	6c	0	0	0.3407(4)
Cl	18f	0.3713(5)	0.0105(4)	0.0777(4)

R = 3.29%. Kürzeste Atomabstände in Å: Mn↔Cl = 2.520(1), 2.585(1), Na↔Cl = 2.719(1), 2.903(2). Weitere Abstände und Bindungswinkel s. Original. Die Struktur von $NaMnCl_3$ läßt sich als rhomboedrisch verzerrte, hexagonal-dichteste Kugelpackung der Cl^--Ionen auffassen, wobei zwischen den

$NaMnCl_3$

Cl^--Ionen Schichten der Zusammensetzung $2\,Na^+ + \square$ (Leerstelle) und $2\,Mn^{2+} + \square$ abwechselnd eingelagert sind. Die Metall-Ionen sind von einem verzerrten Oktaeder aus sechs Cl^--Ionen, die Cl^--Ionen von je zwei Na^+- und Mn^{2+}-Ionen umgeben [2]. — Gitterenergie (nach dem Kreisprozeß) U = 786.8 kcal/mol [3].

Dichte nach der Immersionsmethode (Toluol) $D_4^{20} = 2.62$, Röntgendichte 2.64 [1], 2.62 g/cm³ [2]. — Schmelzpunkt s. S. 101.

Für die magnetische Suszeptibilität χ gilt nach Messungen an Einkristallen zwischen 4.2 und 350 K bei Feldstärken bis 15 kOe das Curie-Weiss-Gesetz nur oberhalb 60 K; die Curie-Temperatur ergibt sich zu $\Theta_p = 0$ K. Abkühlung reduziert den Wert auf $\Theta_p = -4$ K; die mit der Bildung der magnetischen Ordnung kurzer Reichweite verbundene Abweichung von diesem Gesetz beginnt bei etwa 15 K. Der g-Faktor beträgt 2.05 ± 0.01, das effektive Moment ist $\mu_{eff} = 6.05 \pm 0.05\,\mu_B$. Der kleine Wert von Θ_p zeigt, daß die magnetische Ordnung kurzer Reichweite nicht nur auf der antiferromagnetischen Wechselwirkung zwischen den nächsten Nachbarn beruht, daß vielmehr auch ferromagnetische Wechselwirkung mit den übernächsten Nachbar-Ionen besteht. Bei gewöhnlicher Temperatur ist χ schwach anisotrop: $\chi_{\parallel c} = 7.0 \times 10^{-5}$, $\chi_{\perp c} = 8.1 \times 10^{-5}$ cm³/g. Der leichte Anstieg von χ unterhalb der Néel-Temperatur, die nach einer privaten Mitteilung von Belov bei 7.6 K liegt, beruht auf paramagnetischen $MnCl_2$-Einschlüssen, für die $T_N = 1.96$ K (s. S. 21) gilt [6]. — Die Magnonenseitenbanden im optischen Absorptionsspektrum verschwinden bei $T_N = 8 \pm 1$ K [7]. — EPR-Untersuchungen zeigen, daß die Linienbreite weitgehend unabhängig von der Temperatur ist: $\Delta H = 270$ Oe [8].

Chemisches Verhalten. Dampfdruckbestimmungen bei 1119 bis 1303 K ergeben für den Zerfall von $NaMnCl_3$ in $MnCl_2 + NaCl$ die Dissoziationsenthalpie $\Delta H = 49.9 \pm 0.2$ kcal/mol und die Entropie $\Delta S = 27.9 \pm 1.8$ cal · mol⁻¹ · K⁻¹ [9].

Gegen H_2O (bereits an feuchter Luft) ist $NaMnCl_3$ sehr unbeständig [1, 2]. Für die Auflösung von 1 mol $NaMnCl_3$ in 1200 mol H_2O folgt aus kalorimetrischen Bestimmungen bei 25°C die Lösungsenthalpie $\Delta H_L = -15.23$ kcal/mol [3].

Literatur:

[1] M. Kestigian, W. J. Croft (Mater. Res. Bull. **4** [1969] 877/80). — [2] C. J. J. van Loon, G. C. Verschoor (Acta Cryst. B **29** [1973] 1224/8). — [3] P. Ehrlich, F. W. Koknat, H. J. Seifert (Z. Anorg. Allgem. Chem. **341** [1965] 281/6). — [4] T. A. Zordan, L. G. Hepler (Chem. Rev. **68** [1968] 737/45, 744). — [5] T. F. W. Barth, E. Posnjak (Z. Krist. **88** [1934] 265/70; Strukturbericht, Bd. 3, 1933/35 [1937], S. 379/81).

[6] N. V. Fedoseeva, I. P. Spevakova, Yu. P. Sereda (Fiz. Tverd. Tela **18** [1976] 3122/4; Soviet Phys.-Solid State **18** [1976] 1821/2). — [7] A. I. Belyaeva, M. M. Kotlyarskii, E. A. Popov, B. V. Beznosikov (Phys. Status Solidi B **75** [1976] K123/K127). — [8] C. N. Owston (Brit. J. Appl. Phys. [2] **1** [1968] 1839/40). — [9] G. Mirzoev, G. I. Novikov, A. K. Baev, S. E. Orekhova (Izv. Akad. Nauk Tadzh.SSR Otd. Fiz. Mat. Geol. Khim. Nauk **1973** Nr. 4, S. 52/8; C.A. **81** [1974] Nr. 69088).

$Na_2Mn_3Cl_8$

5.3.1.1.12 $Na_2Mn_3Cl_8$ (= $2\,NaCl \cdot 3\,MnCl_2$)

Die Verbindung wird aus stöchiometrischen Anteilen von NaCl und $MnCl_2$ durch Zusammenschmelzen unter trocknem N_2 nach vorheriger Vakuumbehandlung ($p = 10^{-5}$ Torr) erhalten; die gepulverte Probe wird im evakuierten Quarzrohr mehrmals eine Woche bei 340 bis 410°C getempert.

Röntgenpulver- und Neutronenbeugungsaufnahmen bei 300 K ergeben eine rhomboedrische Symmetrie, Raumgruppe $R\bar{3}m$-D_{3d}^5 (Nr. 166) mit a = 7.4563(3) und c = 19.591(1) Å bei hexagonaler Achsenwahl; Z = 3. Atomlagen (hexagonale Zelle):

Atom	Punktlage	x	y	z
Na	6c	0	0	0.157(1)
Mn	9e	0.5	0	0
Cl(1)	6c	0	0	0.4072(8)
Cl(2)	18h	0.4052(3)	−0.4052(3)	0.4052(3)

R = 4.99%. Kürzeste Atomabstände in Å: Mn↔Cl = 2.565(5), 2.594(9), Na↔Cl = 2.738(6), 2.957(6), weitere Abstände sowie Bindungswinkel s. Original. Das Gitter der Cl-Ionen ist je zur Hälfte von hexagonal-dichtester und hexagonal-einfacher Packung mit der Schichtenfolge ···CCA(ABBCCA)ABB···, s. **Fig. 27**. Die Na^+-Ionen nehmen zwischen identischen Cl^--Schichten Lagen mit trigonal-prismatischer Umgebung ein, während die Mn^{2+}-Ionen drei Viertel der Oktaederlagen zwischen verschiedenen Cl^--Schichten besetzen. Dieser neue Strukturtyp ist mit der Doppelschichtstruktur von $Cd_2Mn_3O_8$ verwandt, s. „Mangan" C 2, S. 296/7. — $Na_2Mn_3Cl_8$ ist hygroskopisch, C. J. J. van Loon, D. J. W. Ijdo (Acta Cryst. B **31** [1975] 770/3).

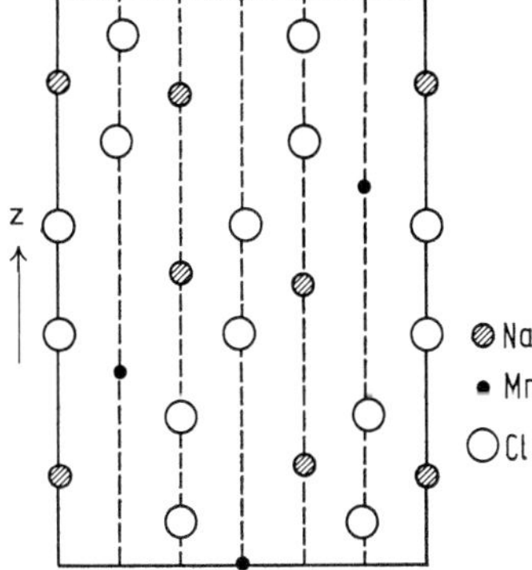

Fig. 27

Schnitt ||(110) durch die hexagonale Elementarzelle von $Na_2Mn_3Cl_8$.

5.3.1.1.13 Das System $NaCl\text{-}MnCl_2\text{-}H_2O$

The NaCl-$MnCl_2$-H_2O System

Zusammensetzung der an beiden Salzen gesättigten Lösung in Gew.-% $MnCl_2$ und NaCl nach Löslichkeitsbestimmungen (Restmethode) bei 25°C und chemischer Analyse mit Angabe der Dichte D (in g/cm³), des pH-Wertes und der koexistierenden festen Phasen (Werte in Auswahl):

Gew.-% $MnCl_2$	0	7.57	18.70	26.95
Gew.-% NaCl	26.42	20.66	13.78	9.69
Dichte D^{25}	1.199	1.237	1.301	1.358
pH	6.30	6.00	5.30	4.50
feste Phase	NaCl	NaCl	NaCl	NaCl
Gew.-% $MnCl_2$	35.60	40.61	42.27	43.51
Gew.-% NaCl	6.25	4.97	2.04	0
Dichte D^{25}	1.458	1.507	1.498	1.494
pH	3.58	2.20	1.40	—
feste Phase	NaCl	NaCl + $MnCl_2 \cdot 4H_2O$	$MnCl_2 \cdot 4H_2O$	$MnCl_2 \cdot 4H_2O$

Löslichkeitsisotherme bei 25°C s. Figur im Original. Am Zweisalzpunkt erreicht die Dichte ihr Maximum, während der pH-Wert mit steigendem $MnCl_2$-Gehalt in der Nähe des Zweisalzpunktes stärker abfällt. Werte für den Brechungsindex und die EMK s. Original [1]. Bei 18°C lösen sich in 100 ml gesättigter NaCl-Lösung 0.4 g $MnCl_2$ [2]. Die osmotischen Koeffizienten von NaCl + $MnCl_2$

enthaltenden Lösungen werden durch isopiestische Messungen bei wechselnder Zusammensetzung bis zur Gesamt-Ionenstärke I = 6.0 mol/kg ermittelt und daraus die Aktivitätskoeffizienten lg γ für $MnCl_2$ und NaCl sowie die freie Überschußmischungsenthalpie ΔG^{ex} (in J/kg H_2O) bei gleichem molarem Gehalt an $MnCl_2$ und NaCl für I = 1 bis 6 berechnet:

I	1	2	3	4	5	6
lg γ(NaCl)	−0.1823	−0.1750	−0.1461	−0.1057	−0.0580	−0.0056
lg γ($MnCl_2$)	−0.3506	−0.3495	−0.3184	−0.2749	−0.2260	−0.1756
ΔG^{ex}	26	86	151	196	191	109

γ($MnCl_2$) ist bei allen untersuchten Ionenstärken in NaCl-Lösungen mit Spuren $MnCl_2$ größer als in reinen $MnCl_2$-Lösungen, ebenso ist γ(NaCl) in $MnCl_2$-Lösungen mit Spuren NaCl bei geringer Gesamt-Ionenstärke größer, bei hoher Gesamt-Ionenstärke dagegen kleiner als in reinen NaCl-Lösungen [3].

Literatur:

[1] I. G. Druzhinin, V. N. Gorokhova (Izv. Vysshikh Uchebn. Zavedenii Khim. i Khim. Tekhnol. **1961** 765/71, 767; C.A. **56** [1962] 9477). — [2] I. I. Krasikova, I. T. Ivanova (Zh. Russ. Fiz. Khim. Obshchestva Chast' Khim. **60** [1928] 561/3; C.A. **1928** 2342). — [3] C. J. Downes (J. Chem. Eng. Data **18** [1973] 412/6).

The KCl-$MnCl_2$ System Phase Diagram

5.3.1.1.14 Das System KCl-$MnCl_2$

Zustandsdiagramm. Das nach DTA-Messungen und Pulveraufnahmen aufgestellte Zustandsdiagramm in **Fig. 28** zeigt die drei Verbindungen K_4MnCl_6, $K_3Mn_2Cl_7$ und $KMnCl_3$, von denen nur $KMnCl_3$ bei 490°C kongruent schmilzt, die übrigen inkongruent bei 448 bzw. 437°C schmelzen [1].

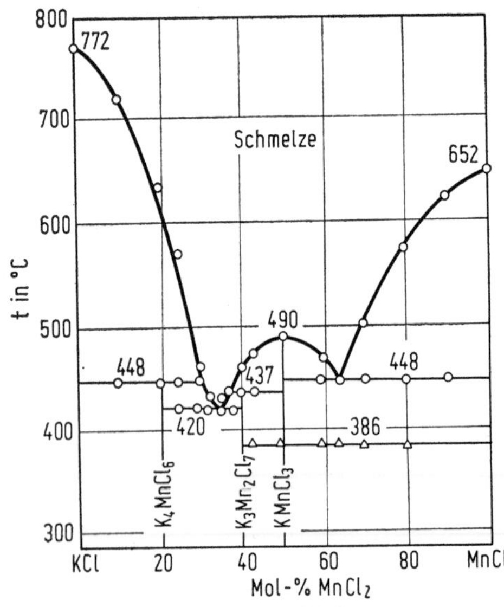

Fig. 28

Zustandsdiagramm des Systems KCl-$MnCl_2$.

Nach Yakovleva u.a. [2] bildet sich an Stelle von K_4MnCl_6 die Verbindung K_2MnCl_4, die bei 452°C inkongruent schmilzt. Nur K_4MnCl_6 und $KMnCl_3$ finden dagegen Safonov u.a. [3], Murgulescu, Zuca [4], Natsvlishvili, Bergman [5] und Sandonnini, Scarpa [6]. Nach anderen Untersuchungen schmilzt $KMnCl_3$ kongruent bei 507 ± 5°C [19], 496°C [5], 495°C [6], 490°C [2] und zeigt einen Umwandlungspunkt bei 458 ± 5°C (kubisch ⇌ tetragonal) [19], nach anderen Autoren bei 386°C [1]. K_4MnCl_6 schmilzt inkongruent bei 444°C [5], 445°C [6]. $K_3Mn_2Cl_7$ schmilzt inkongruent bei 438°C

[2]. — Zwei eutektische Punkte liegen bei 420 und 448°C mit 33.0 bzw. 64.0 Mol-% $MnCl_2$ [1], 420 und 450°C bei 35 bzw. 64 Mol-% $MnCl_2$ [2], 428 und 449°C mit 34 bzw. 64 Mol-% $MnCl_2$ [5], s. auch [6, 7]. Peritektische Punkte: 448 und 437°C bei 30.5 bzw. 37.0 Mol-% $MnCl_2$ [1].

Mischkristalle. Aus Pulveraufnahmen ergeben sich für die festen Phasen die folgenden Homogenitätsbereiche bei Zimmertemperatur (für KCl und K_2MnCl_4 keine Angaben) [8]:

Phase	$K_3Mn_2Cl_7$	$KMnCl_3$	$MnCl_2$
Mol-% $MnCl_2$	30 bis 43	47 bis 58	88 bis 100

Eine durch Pulveraufnahmen nachgewiesene feste Mischphase mit 55 Mol-% $MnCl_2$ kristallisiert wahrscheinlich kubisch mit a = 4.99 Å [2].

Die mit geringen Mengen von $MnCl_2$ dotierten KCl-Kristalle (Darstellung s. Original) sind echte Substitutionsmischkristalle (Abweichung des Mn^{2+}- vom K^+-Radius etwa 32%), die bei Sättigung mit Mn^{2+} (etwa 0.05%) eine geringe Gitteraufweitung (s. Figur im Original) zeigen. Übersättigte Mischkristalle mit 0.24% Mn^{2+} und der Gitterkonstante a = 6.2955 ± 0.0005 Å scheiden nach 2 h Tempern bei 240°C und anschließendem Abschrecken auf Zimmertemperatur K_4MnCl_6 ab, und die Kristalle zeigen keine erhöhte Gitterkonstante (a = 6.291 Å) mehr [17].

Dampfdruck. Aus Dampfdruckbestimmungen nach der Siedepunktmethode erhält man die folgenden Konstanten A und B der Dampfdruckgleichung $\lg p = A/T + B$ (p in Torr) in Abhängigkeit vom $MnCl_2$-Gehalt der Schmelze:

Mol-% $MnCl_2$	0	14.49	30.46	40.40	50.42	73.06
−A	9804	11744	11584	8809	9631	7177
B	8.860	10.068	9.963	8.028	8.832	7.383

Hieraus für die Bildung eines KCl-$MnCl_2$-Komplexes berechnete Konstanten K, Enthalpie ΔH und Entropie ΔS s. [18]. — Aus Dampfdruckbestimmungen an Schmelzen bei 1143 bis 1587 K ermittelte Konstanten A und B der Dampfdruckgleichung $\lg p = A - B/T$ und die daraus für die Reaktion $KMnCl_3 \rightleftharpoons MnCl_2 + KCl$ berechnete Reaktionsenthalpie ΔH° in kcal/mol und -entropie ΔS° in $cal \cdot mol^{-1} \cdot K^{-1}$ [23]:

Mol-% $MnCl_2$	A	B	ΔH°	ΔS°
25	8.80	10148	52.8	30.3
50	7.92	8587	45.7	27.4
75	8.08	8419	47.3	33.3

Thermodynamische Daten. Kalorimetrische Bestimmungen der Gesamtmischungsenthalpie ΔH bei 810°C ergeben in Abhängigkeit von der Zusammensetzung die folgenden Werte in kcal/mol und daraus berechnete Wechselwirkungsparameter $\lambda = \Delta H/x(1-x)$, wobei x = Molenbruch $MnCl_2$ (Werte in Auswahl): *Thermodynamic Data*

$x(MnCl_2)$	0.050	0.176	0.349	0.399	0.493	0.595	0.750	0.899
−ΔH	0.691	2.234	3.647	3.785	3.600	3.160	2.310	1.105
−λ	14.338	15.364	16.120	15.786	14.400	13.110	12.330	12.175

Das deutliche Maximum von −λ bei etwa 34 Mol-% $MnCl_2$ (s. Figur im Original) läßt einen fast vollkommenen Ordnungszustand unter Bildung des stabilen komplexen Anions $MnCl_4^{2-}$ von wahrscheinlich tetraedrischer Konfiguration erkennen. Die Gesamtmischungsenthalpie ΔH im System $MnCl_2$-KCl setzt sich demnach aus einem Anteil für die Bildung von $MnCl_4^{2-}$ und einem Anteil aus den Ionenwechselwirkungen zusammen; bei 33.3 Mol-% $MnCl_2$ ist somit $\Delta H = \Delta H(MnCl_4^{2-})$ [9].

Für die Bildung von idealen verdünnten $MnCl_2$-Lösungen in geschmolzenem KCl ergibt sich aus EMK-Bestimmungen bei 1047 bis 1246 K in Abhängigkeit von der Temperatur und Mn^{2+}-Ionenkonzentration die freie Mischungsenthalpie (in cal/mol): $\Delta G = -23000 + (12.57 + 4.576 \lg [Mn^{2+}])T$. Die exotherme Reaktion spricht für die Bildung eines Komplexes, vermutlich $MnCl_3^-$ [24].

The KCl-$MnCl_2$ System

Thermodynamic Data

Integrale sowie partiale Mischungsenthalpien, ΔH bzw. $\Delta \bar{H}$ in cal/mol von $MnCl_2$ und KCl, gemittelt aus den durch EMK-Messungen an $MnCl_2$-KCl-Schmelzen bei 550 bis 850°C erhaltenen Enthalpiewerten nach Kucharski, Flengas [10], sowie partiale Überschußenthalpie $\Delta \bar{H}^{ex}$ in cal/mol (aufgerundet) und -entropie $\Delta \bar{S}^{ex}$ in $cal \cdot mol^{-1} \cdot K^{-1}$ von $MnCl_2$, berechnet aus den von 660 bis 810°C gemessenen EMK-Werten nach Josiak [11] in Abhängigkeit vom $MnCl_2$-Gehalt:

Mol-% $MnCl_2$	10	20	30	40	50	60	70	80	90
$-\Delta H$	1290	2540	3370	3710	3710	3470	2840	2140	1190
$-\Delta \bar{H}(MnCl_2)$	12850	12240	7100	4775	3225	1800	925	400	150
$-\Delta \bar{H}(KCl)$	16	112	1770	3000	4190	5970	7465	9080	10520
$-\Delta \bar{H}^{ex}(MnCl_2)$	—	8980	5280	730	580	1225	1120	1160	1040
$-\Delta \bar{S}^{ex}(MnCl_2)$	—	9.075	10.249	10.729	7.850	4.890	2.982	2.232	1.267

$\Delta \bar{G}^{ex}(MnCl_2)$ s. Original, $-\Delta \bar{S}^{ex}$ erreicht bei 33.3 Mol-% $MnCl_2$ ein Maximum mit 12.116 $cal \cdot mol^{-1} \cdot K^{-1}$, das auf die Bildung des komplexen Anions $MnCl_4^{2-}$ hinweist [11]. Gleichungen zur Berechnung von $\Delta \bar{H}(MnCl_2)$ und $\Delta \bar{H}(KCl)$ für 0 bis 33.3 Mol-% $MnCl_2$ auf Grund der Meßwerte von Papatheodorou, Kleppa [9] s. [12]. In **Fig. 29** sind die aus EMK-Messungen bei 700°C erhaltenen partialen Daten $\Delta \bar{H}$, $\Delta \bar{G}^{ex}$ und $\Delta \bar{S}^{ex}$ von $MnCl_2$ in Abhängigkeit vom $MnCl_2$-Gehalt der Schmelzen wiedergegeben. Die Kurven zeigen positive Werte für $\Delta \bar{H}$ oberhalb von etwa 50 Mol-% $MnCl_2$ und ein scharfes Maximum von $\Delta \bar{S}^{ex}$ bei 33.3 Mol-% $MnCl_2$ (bei stark negativen Werten für $\Delta \bar{H}$ und $\Delta \bar{G}^{ex}$), das auf die Bildung des $MnCl_4^{2-}$-Ions hinweist [21]. Für $MnCl_2$ erhält man aus EMK-Bestimmungen bei 800°C die folgenden partialen Mischungsenthalpien $\Delta \bar{H}$, $\Delta \bar{G}$ in cal/mol und -entropien $\Delta \bar{S}$ in $cal \cdot mol^{-1} \cdot K^{-1}$ [10]:

Mol-% $MnCl_2$	1.05	9.71	19.80	32.91	50.42	69.47
$-\Delta \bar{H}(MnCl_2)$	13301	12344	12246	6146	3371	859
$-\Delta \bar{G}(MnCl_2)$	12021	11039	9049	6144	2930	859
$\Delta \bar{S}(MnCl_2)$	7.86	3.42	0.23	2.20	1.19	0.72

$\Delta \bar{G}$ und $\Delta \bar{H}$ in cal/mol für $MnCl_2$ sowie Aktivitätskoeffizienten γ von $MnCl_2$ und KCl aus EMK-Bestimmungen bei 750 bis 1250 K, berechnet für T = 1100 K [20]:

Mol-% $MnCl_2$	0.266	0.364	0.730	1.00	5.00
$-\Delta \bar{H}(MnCl_2)$	20500	21000	21600	23000	24500
$-\Delta \bar{G}(MnCl_2)$	24003	23103	21303	20803	18003
$10^3 \gamma(MnCl_2)$	6.38	7.22	7.35	6.76	6.48
$\gamma(KCl)$	1.000	1.000	1.000	0.990	0.985

Für KCl ergeben sich aus EMK-Bestimmungen bei 690 bis 790°C und den integralen Mischungsenthalpien von Papatheodorou, Kleppa [9] die folgenden partialen Mischungsenthalpien $\Delta \bar{H}(KCl)$ in cal/mol, -entropien $\Delta \bar{S}(KCl)$ in $cal \cdot mol^{-1} \cdot K^{-1}$ und chemischen Potentiale $\Delta\mu$ in cal/mol (Werte in Auswahl) [13]:

T in K		1063		983			963		
Mol-% $MnCl_2$	12.4	18.5	30.0	35.5	39.2	41.9	46.1	51.2	65.8
$-\Delta \bar{H}(KCl)$	0	200	1050	2250	3400	4300	5000	5500	6300
$\Delta \bar{S}(KCl)$	0.37	0.51	0.87	0.51	0.11	−0.36	−0.31	0.07	1.90
$-\Delta\mu(KCl)$	390	750	1970	2750	3500	3950	4700	5570	8140

Partiale Enthalpie $\bar{H}$ in kcal/mol sowie Aktivität a und Aktivitätskoeffizient γ von $MnCl_2$ bei 800°C, berechnet aus den von $MnCl_2$-KCl-Schmelzen bei 500 bis 960°C erhaltenen EMK-Werten und den daraus abgeleiteten Bildungsgrößen ΔG, ΔH und ΔS von $MnCl_2$ (Werte in Auswahl) [14]:

Mol-% $MnCl_2$	5	9	19	30	36.5	44.5	52	69	80
$-\bar{H}$	35.7	26.3	22.7	17.8	7.8	6.7	7.5	19	16
$10^3 a$	0.287	0.658	4.32	31.4	29.5	15.5	56.6	948	2060
$10^3 \gamma$	5.65	6.13	22.7	108	80.9	343	109	1375	2592

Werte für 900°C s. Original. Für die Bildung des komplexen Anions $MnCl_3^-$ aus $MnCl_2 + Cl^-$ bei 800 und 900°C berechnet sich die Stabilitätskonstante zu K = 145 bzw. 79 und die freie Enthalpie zu $\Delta G = -16.1$ bzw. -0.14 kcal/mol, denen bei 50 Mol-% $MnCl_2$ ein Anteil von 40 bzw. 10% komplexgebundenem Mn^{2+} entspricht [14], s. auch S. 83. — Gleichungen zur Berechnung der Aktivität a von $MnCl_2$ in $MnCl_2$-KCl-Schmelzen bei 800°C s. [15]. Aus der Schmelzkurve des Systems (KCl-Seite) berechnete Ionenaustauschenergie ω (−6.50 kcal) s. [16].

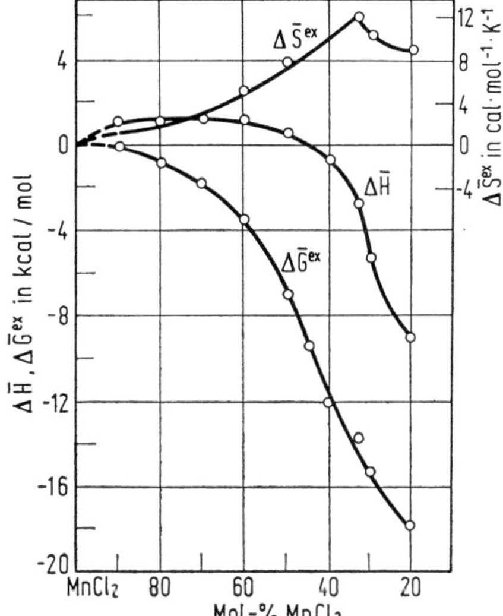

Fig. 29

Partiale thermodynamische Daten von $MnCl_2$ im System KCl-$MnCl_2$ bei 700°C.

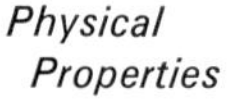

Weitere physikalische Eigenschaften. Die Dichte von $MnCl_2$-KCl-Schmelzen in Abhängigkeit von der Temperatur und der Zusammensetzung ist in **Fig. 30** für Temperaturen von 540 bis 1000°C wiedergegeben. Dabei wird für alle Zusammensetzungen eine lineare Abnahme bei steigender Temperatur beobachtet. Als Funktion des Molenbruchs weist die Dichte eine deutliche Abweichung von einem linearen Anstieg im Bereich von etwa 30 Mol-% $MnCl_2$ auf. Das gleiche Verhalten zeigt auch der Brechungsindex (λ = 632.8 nm), während die Molrefraktion in guter Näherung linear verläuft [22].

Fig. 30

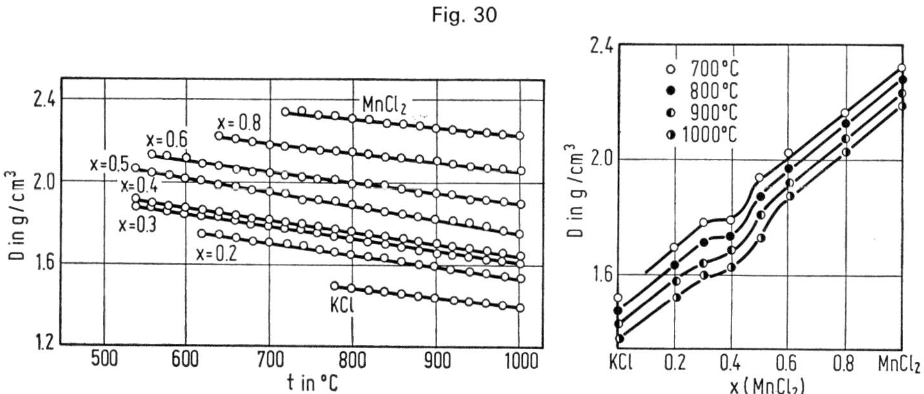

Dichte D von KCl-$MnCl_2$-Schmelzen als Funktion der Temperatur (links) und der Zusammensetzung (rechts); x = Molenbruch von $MnCl_2$.

The KCl-$MnCl_2$ System
Physical Properties

EPR-Messungen an Mischkristallen und Schmelzen mit einer Molarität von 0.005 bis 10 M $MnCl_2$ zwischen 25 und 900°C s. [25], mit 1 M $MnCl_2$ zwischen 25 und 500°C s. [26], s. auch [27].

Bei 700°C werden folgende Brechungsindizes n gemessen (Werte für andere Temperaturen bis t = 1000°C s. Original) [22]:

$[MnCl_2]$ in Mol-% . . .	20	30	40	50	60	80	100
n	1.4398	1.4515	1.4659	1.5038	1.5382	1.5896	1.6334

Das Raman-Spektrum von $MnCl_2$-KCl-Schmelzen zeigt bei $t \approx 700°C$ für 10 bis 100 Mol-% $MnCl_2$ eine Bande, deren Frequenz ν (Linienbreite $\Delta\nu$) sich von $\nu = 245$ ($\Delta\nu = 38\ cm^{-1}$) bei 10 Mol-% $MnCl_2$ auf $\nu = 208$ ($\Delta\nu = 110\ cm^{-1}$) bei reinem $MnCl_2$ verschiebt. Daraus wird geschlossen, daß sich im Konzentrationsbereich zwischen 10 und 40 Mol-% $MnCl_2$ bevorzugt tetraedrische $MnCl_4^{2-}$-Komplexe (s. S. 84) bilden. Ein leichter Anstieg von ν in diesem Konzentrationsbereich deutet darauf hin, daß daneben möglicherweise noch andere Komplexe wie $MnCl_3^-$ oder $Mn_2Cl_7^{3-}$ existieren [28]. Bei etwa 35 Mol-% $MnCl_2$ und 500°C werden drei schwache Raman-Banden bei 256, 137 und 87 cm^{-1} gefunden, die einem $MnCl_3^-$-Ion mit trigonal-pyramidaler Struktur zugeordnet werden [29].

Literatur:

[1] H. J. Seifert, F. W. Koknat (Z. Anorg. Allgem. Chem. **341** [1965] 269/80, 271/3). — [2] R. N. Yakovleva, I. I. Kozhina, I. V. Krivousova, I. V. Vasil'kova (Vestn. Leningr. Univ. Fiz. Khim. **1970** Nr. 3, S. 87/92; C.A. **74** [1971] Nr. 57761). — [3] V. V. Safonov, B. G. Korshunov, L. N. Taranyuk (Zh. Neorgan. Khim. **13** [1968] 1950/5; Russ. J. Inorg. Chem. **13** [1968] 1014/7). — [4] I. G. Murgulescu, S. Zuca (Acad. Rep. Populare Romine Studii Cercetari Chim. **7** [1959] 325/38, 333/5; C.A. **1960** 12736). — [5] E. R. Natsvlishvili, A. G. Bergman (Zh. Obshch. Khim. **9** [1939] 642/6; C.A. **1939** 7685).

[6] C. Sandonnini, G. Scarpa (Atti Reale Accad. Lincei [5] **22** II [1913] 163/8). — [7] C. N. Owston (Brit. J. Appl. Phys. [2] **1** [1968] 1839/40). — [8] R. N. Yakovleva, I. V. Vasil'kova, I. V. Krivousova, I. I. Kozhina, M. P. Susarev (Vestn. Leningr. Univ. Fiz. Khim. **1971** Nr. 2, S. 92/5; C.A. **75** [1971] Nr. 144694). — [9] G. N. Papatheodorou, O. J. Kleppa (J. Inorg. Nucl. Chem. **39** [1971] 1249/78, 1252, 1259, 1276). — [10] A. S. Kucharski, S. N. Flengas (J. Electrochem. Soc. **119** [1972] 1170/81, 1173/5).

[11] J. Josiak (Roczniki Chem. **46** [1972] 1029/37, 1031; C.A. **77** [1972] Nr. 157193). — [12] S. N. Flengas, A. S. Kucharski (Can. J. Chem. **49** [1971] 3971/85, 3979/80). — [13] T. Østvold (Acta Chem. Scand. **26** [1972] 2788/98, 2792/3). — [14] M. Bruneaux, S. Ziolkiewicz, G. Morand (J. Chim. Phys. **61** [1964] 1215/21, 1217/8; Compt. Rend. **257** [1963] 3591/4). — [15] B. P. Burylev (Zh. Prikl. Khim. **46** [1973] 2774/5; J. Appl. Chem. USSR **46** [1973] 2934/6).

[16] A. N. Kirgintsev, E. G. Avvakumov (Usp. Khim. **34** [1965] 154/75; Russ. Chem. Rev. **34** [1965] 58/68, 62). — [17] U. Steinicke (Krist. Tech. **6** [1971] 17/31, 21, 24). — [18] B. P. Burylev, V. L. Mironov (Zh. Fiz. Khim. **48** [1974] 2142; Russ. J. Phys. Chem. **48** [1974] 1272). — [19] W. J. Croft, M. Kestigian, F. D. Leipziger (Inorg. Chem. **4** [1965] 423/4). — [20] A. F. Alabyshev, A. G. Morachevskii, M. V. Kamenetskii, V. A. Petrov, V. E. Lisinskii (Zh. Prikl. Khim. **49** [1976] 215/7; J. Appl. Chem. USSR **49** [1976] 212/4).

[21] J. Josiak (Z. Physik. Chem. [Leipzig] **257** [1976] 229/40, 237). — [22] K. Tanemoto, Y. Takagi, T. Nakamura (Japan. J. Appl. Phys. **15** [1976] 1637/42). — [23] G. I. Novikov, N. V. Galitskii, A. K. Baev, S. E. Orekhova, I. L. Gaidym (Nauchn. Tr. Vses. Nauchn. Issled. Proektn. Inst. Titana **1973** Nr. 9, S. 17/22; C.A. **81** [1974] Nr. 141823). — [24] A. F. Alabyshev, M. V. Kamenetskii, A. G. Morachevskii, V. A. Petrov (Zh. Prikl. Khim. **47** [1974] 437/9; J. Appl. Chem. USSR **47** [1974] 431/3). — [25] L. Yarmus, M. Kukk, B. R. Sundheim (J. Chem. Phys. **40** [1964] 33/6).

[26] J. Brown (J. Phys. Chem. **67** [1963] 2524/9). — [27] K. G. Bansigir, E. E. Schneider (J. Appl. Phys. **33** [1962] Suppl. S. 383/90). — [28] K. Tanemoto, T. Nakamura (Chem. Letters **1975** 351/6). — [29] J. T. Kenney, F. X. Powell (U.S. Clearinghouse Fed. Sci. Tech. Inform., AD 680039 [1968]; C.A. **70** [1969] Nr. 110307).

5.3.1.1.15 K_4MnCl_6 (= 4 KCl · $MnCl_2$) *K_4MnCl_6*

Die Verbindung tritt in den Systemen KCl-$MnCl_2$ (s. S. 108) und KCl-$MnCl_2$-H_2O (s. S. 117) auf und kommt in der Natur als Mineral Chloromanganokalit vor.

Darstellung. K_4MnCl_6 erhält man durch Zusammenschmelzen von wasserfreiem $MnCl_2$ mit der vierfachen Molmenge KCl [1, 2], der dreifachen Molmenge KCl im HCl-Gasstrom [3], in HCl-Atmosphäre oder im Vakuum bei 430°C [1]. Der Schmelzkuchen wird gepulvert und bei 380°C [2] oder bei 420 bis 448°C mehrere Stunden getempert [4]. Man kann K_4MnCl_6 auch durch Fällung einer wäßrigen Lösung von KCl (117 g/l) und $MnCl_2 \cdot 4H_2O$ (350 g/l) mit konzentriertem wäßrigem HCl [1] oder durch langsames Eindunsten einer wäßrigen Lösung von $MnCl_2$ mit der vierfachen Molmenge KCl bei 75°C herstellen [5]. Nach Foster, Gill [3] ist K_4MnCl_6 jedoch aus H_2O-Lösung nicht isolierbar. — Die Darstellung gelingt ferner durch Umsetzung von $(CH_3COO)_2Mn$ und überschüssigem CH_3OOK in Eisessig mit mindestens 1.4 mol/l CH_3COCl. Der farblose feinkristalline Niederschlag wird nach 2 h abgesaugt, mit CH_3COCl gewaschen und im Vakuum getrocknet [6].

Kristallstruktur. K_4MnCl_6 kristallisiert in flachen, schwach doppelbrechenden Rhomboedern von rhombendodekaederähnlichem Habitus [7]. Einkristallaufnahmen ergeben eine rhomboedrische Struktur, Raumgruppe $R\bar{3}c$-D_{3d}^6 (Nr. 167) mit a = 8.46_8 Å und α = 89°32'; Z = 2 [5]; hexagonale Zelle: a = 11.93, c = 14.79 Å (im Structure Report [8] ist irrtümlich c = 14.81 Å angegeben); Z = 6 [9]. Nach Bergerhoff, Schmitz-Dumont [10] ist die Struktur vom K_4CdCl_6-Typ, doch werden andere Atomlagen als bei Bellanca [5] angegeben, wodurch die $MnCl_6$-Oktaeder etwas gegeneinander verdreht werden, s. auch [2]. In beiden Fällen erstrecken sich lineare Ketten -K-$MnCl_6$-K-$MnCl_6$- entlang der hexagonalen c-Achse. Die Mn-Atome sind oktaedrisch von sechs Cl-Atomen, die K-Atome von acht Cl-Atomen umgeben. Atomabstände in Å: Mn↔Cl = 2.54, K↔Cl = 3.14 und 3.16, Cl↔Cl = 3.52, Mn↔Mn = 7.40, K↔K = 4.23 (kürzester) [5].

Diskontinuitäten der Suszeptibilität und EPR bei etwa 80 K [11] sowie der Wärmekapazität bei 0.332 K sind möglicherweise von kristallographischen Strukturumwandlungen begleitet [2], s. unten.

Nach der Schwebemethode in $CHBr_3$ (+Toluol) bestimmte Dichte D_4^{20} = 2.315 g/cm³ [5], 2.310 g/cm³ [7]; Röntgendichte 2.303 g/cm³ [9].

Kalorimetrische Messungen der Wärmekapazität c_p bei 0 bis 2 K ergeben zwei scharfe Maxima bei 0.332 K und T_N = 0.439 K mit c_p/R = 2.41 bzw. 1.82, s. **Fig. 31**, S. 114 [2]. — Zum Schmelzpunkt s. S. 108.

Magnetische Eigenschaften. Messungen der Suszeptibilität χ an einer pulverförmigen Probe zwischen 1.4 und 300 K ergeben folgende Werte (in Auswahl):

T in K	1.41	3.63	5.00	10.00	26.0	40.6	66.0	95.0
χ_{mol} in 10^{-2} cm³/mol	103.3	64.90	51.22	30.42	14.90	10.13	6.725	4.633
T in K	127.7	156.9	186.5	224.3	243.3	262.4	284.0	300.0
χ_{mol} in 10^{-2} cm³/mol	3.498	2.868	2.434	2.045	1.884	1.754	1.625	1.538

Das Curie-Weiss-Gesetz wird oberhalb 95 K befolgt mit der paramagnetischen Curie-Temperatur Θ_p = −7.8 K, zwischen 13 und 80 K mit Θ_p = −6.0 K; die Änderung von χ_{mol} bei etwa 80 K beruht möglicherweise auf der Abnahme der Symmetrie der Kristallstruktur. Das effektive magnetische Moment beträgt 6.20 ± 0.02 μ_B [11]. Aus Messungen unterhalb 4 K folgt Θ_p = −1.7 ± 0.3 K, und eine Abschätzung der Werte zwischen 1.4 und 20 K von Swanson u.a. [11] ergibt $\Theta_p \approx -2$ K [2].

Aus der Temperaturabhängigkeit der Wärmekapazität wird die Néel-Temperatur T_N = 0.439 K erhalten [2].

Ein Vergleich der experimentell und theoretisch bestimmten EPR-Linienbreite läßt auf eine über zwei dazwischenliegende Cl^--Ionen erfolgende Superaustauschwechselwirkung zwischen den nächstbenachbarten Mn^{2+}-Ionen schließen, für die der Austauschparameter J/k = 0.22 K abgeschätzt wird [11].

K_4MnCl_6

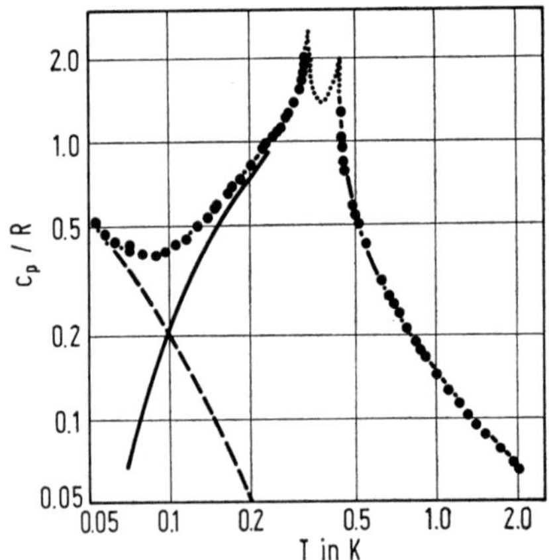

Fig. 31

Temperaturabhängigkeit der Wärmekapazität von K_4MnCl_6 (Anteil der Hyperfeinstruktur gestrichelt).

Das EPR-Spektrum zeigt zwischen 300 und 87 K eine konstante Linienbreite $\Delta H = 23 \pm 1$ Oe, die zwischen 87 und 80 K etwas zunimmt und zwischen 80 und 70 K eine plötzliche Änderung zeigt. In diesem Temperaturbereich scheint eine schmale Resonanzlinie einer wesentlich breiteren überlagert zu sein. Zwischen 70 und 30 K ist ΔH wieder konstant (etwa 175 Oe) und nimmt bei etwa 30 K nochmals zu, bis der Wert 260 Oe bei 4.2 K erreicht ist. Bei dieser Zunahme wird keine Überlappung von zwei Resonanzen beobachtet [11].

Chemisches Verhalten. K_4MnCl_6 ist stark hygroskopisch [4] und zerfließt rasch an der Luft [5].

Literatur:

[1] R. J. Ginther (J. Electrochem. Soc. **98** [1951] 74/81, 74). — [2] H. W. J. Blöte, W. J. Huiskamp (Physica **53** [1971] 445/70, 447, 458; J. Phys. [Paris] **32** [1971] Suppl. S. C1-1005/C1-1007). — [3] J. J. Foster, N. S. Gill (J. Chem. Soc. A **1968** 2625/9). — [4] H. J. Seifert, F. W. Koknat (Z. Anorg. Allgem. Chem. **341** [1965] 269/80, 271/3). — [5] A. Bellanca (Periodico Mineral. [Rome] **16** [1947] 73/88, 74, 81/3; Ric. Sci. Ricostruz. **16** [1946] 1109/10; C.A. **1947** 1522).

[6] H.-D. Hardt, M. Fleischer (Z. Anorg. Allgem. Chem. **357** [1968] 113/21, 118, 120). — [7] J. Süss (Z. Krist. **51** [1913] 248/68, 260). — [8] J. M. Bijvoet (Structure Reports, Bd. 11, 1947/48, S. 413/5). — [9] J. D. H. Donnay, H. M. Ondik (Crystal Data, Determinative Tables, 3. Aufl., Bd. 2, Inorganic Compounds, Washington, D.C., 1973, S. H-132). — [10] G. Bergerhoff, O. Schmitz-Dumont (Z. Anorg. Allgem. Chem. **284** [1956] 10/9).

[11] T. B. Swanson, V. W. Laurie, W. Duffy (J. Chem. Phys. **49** [1968] 4407/11).

K_2MnCl_4?

5.3.1.1.16 K_2MnCl_4 ($= 2KCl \cdot MnCl_2$)?

Bei Untersuchungen des Systems KCl-$MnCl_2$ (s. S. 108) und $NaCl$-KCl-$MnCl_2$ (s. S. 125) wird auf die Existenz dieser Verbindung geschlossen; d-Werte s. Original [1]. Ein Produkt dieser Bruttozusammensetzung entsteht bei der thermischen Zersetzung von K_2MnCl_6 (s. S. 172), es wird jedoch als ein Gemisch von $KMnCl_3$ und $K_3Mn_2Cl_7$ angesehen [2].

Literatur:

[1] R. N. Yakovleva, I. I. Kozhina, I. A. Krivousova, I. V. Vasil'kova (Vestn. Leningr. Univ. Fiz. Khim. **1970** Nr. 3, S. 87/92; C.A. **74** [1971] Nr. 57761). — [2] H.-D. Hardt, M. Fleischer (Z. Anorg. Allgem. Chem. **357** [1968] 113/21, 117).

5.3.1.1.17 $K_3Mn_2Cl_7$ (= 3 KCl · 2 $MnCl_2$)

$K_3Mn_2Cl_7$

Zur Darstellung werden die durch Zusammenschmelzen stöchiometrischer Anteile von KCl und $MnCl_2$ erhaltenen Produkte gepulvert und zur vollständigen Gleichgewichtseinstellung mehrmals bei Temperaturen zwischen 420 und 437°C (peritektischer Zerfall, s. S. 108) getempert.

Die Verbindung kristallisiert in optisch einachsigen, nach Pulveraufnahmen tetragonalen Blättchen der Raumgruppe I4/mmm-D_{4h}^{17} (Nr. 139) mit a = 5.027 ± 0.005 und c = 25.325 ± 0.01 Å; Z = 4. Atomlagen (nach Pulveraufnahmen):

Atom	Punktlage	x	y	z
K	2a	0	0	0
K	4e	0	0	0.19
Mn	4e	0	0	0.40
Cl	2b	0	0	0.5
Cl	4e	0	0	0.31
Cl	8g	0	0.5	0.10

$K_3Mn_2Cl_7$ kristallisiert in einem eigenen Strukturtyp, der aus Doppelschichten aufgebaut ist.

Pyknometrisch bestimmte Dichte 2.45, Röntgendichte 2.47 g/cm³. — $K_3Mn_2Cl_7$ ist stark hygroskopisch, H. J. Seifert, F. W. Koknat (Z. Anorg. Allgem. Chem. **341** [1965] 269/80, 271, 276).

5.3.1.1.18 $KMnCl_3$ (= KCl · $MnCl_2$)

$KMnCl_3$

Zur Darstellung erhitzt man ein Gemisch aus äquimolaren Anteilen KCl und $MnCl_2$ in einem mit O_2-freiem N_2 gemischten trocknen HCl-Strom [1] oder KCl und $MnCl_2 \cdot 4H_2O$ im trocknen O_2-freien HCl-Strom (Trägergas Ar) 2 h auf wenig oberhalb des Schmelzpunktes (507°C) [2]. Man erhält die Verbindung auch durch Umsetzung von $(CH_3COO)_2Mn$ mit CH_3COOK in einer Lösung von mindestens 1.4 mol/l CH_3COCl in Eisessig [3]. — Einkristalle werden durch Zonenschmelzen des Rohproduktes gezüchtet (Temperaturgefälle 100 grd) [2].

Aus kalorimetrischen Bestimmungen der Lösungsenthalpie von $KMnCl_3$, KCl und $MnCl_2$ in H_2O bei 25°C ergibt sich für die Bildung aus KCl + $MnCl_2$ die Bildungsenthalpie $\Delta H = -3.63$ [4] und −4.4 kcal/mol [5]. Für die Bildung aus den Elementen erhält man mit dem Wert von Ehrlich u.a. [4] die Standardbildungsenthalpie $\Delta H^\circ_{298} = -223.4$ kcal/mol [6].

Kristallographische Eigenschaften. Polykristallines $KMnCl_3$ ist durchscheinend orange. Die einzelnen Kristalle bilden flache rechteckige, bei Zimmertemperatur schwach doppelbrechende tetragonale Platten, die zur Zwillingsbildung neigen und oberhalb 458 ± 5°C optisch isotrop (kubisch) werden. Debye-Aufnahmen ergeben eine pseudokubisch tetragonale Struktur mit den Gitterkonstanten a = 10.024 und c = 9.972 Å; Z = 8 [2], Raumgruppe P4mm-C_{4v}^1 [7]. Die Struktur ist vom Perowskit-Typ ($CaTiO_3$) [7, 8], wobei die Gitterkonstante gegenüber der idealen kubischen Struktur verdoppelt ist [9]. — Gitterenergie (Kreisprozeß) U = 772.7 kcal/mol [4].

Nach der Schwebemethode in Toluol bestimmte Dichte 2.67, Röntgendichte 2.69 g/cm³ [2]. Schmelzpunkt s. S. 108. Gleichungen zur Berechnung der Schmelzwärme (6.1 kcal/mol) und der Ionenaustauschenergien (wahre: Q′ = 11.150, scheinbare: Q = −18.160 cal/mol) s. [10].

Magnetische Eigenschaften. Für die Suszeptibilität χ gilt zwischen 18 und 300°C das Curie-Weiss-Gesetz mit der paramagnetischen Curie-Temperatur $\Theta_p = -74$ K [11]; χ bei 77 K s. [12]. Das effektive Moment steigt in diesem Bereich von 5.34 auf 5.64 μ_B [11]. Unterhalb 300 K gilt

$KMnCl_3$

dagegen dieses Gesetz nicht. Die reziproke Molsuszeptibilität $1/\chi_{mol}$ hat bei 263 K den Wert 167 mol/cm³, erreicht in der Nähe von 100 K ($1/\chi_{mol} \approx 120$ mol/cm³) einen flachen Bereich und nimmt unterhalb 95 K mit einer stärkeren Neigung ab bis zu einem Minimum bei der Néel-Temperatur $T_N = 71$ K ($1/\chi_{mol} = 87$ mol/cm³). Unterhalb T_N erfolgt ein starker Anstieg auf $1/\chi_{mol} = 178$ mol/cm³ bei 55 K. Der darauf folgende steile Abfall auf $1/\chi_{mol} = 50$ mol/cm³ bei 20 K läßt auf eine Änderung von einer kollinearen in eine verkantete, schwach ferromagnetische Spinkonfiguration schließen [13]. — Aus magnetischen Resonanzmessungen [13, 14] ergibt sich die Néel-Temperatur $T_N = 100$ K.

Die Breite der paramagnetischen (EPR) und der antiferromagnetischen (AFMR) Resonanzlinie ist im paramagnetischen Bereich bei 9.5 GHz (X-Band) und 25 GHz (K-Band) gleich groß: $\Delta H = 24$ Oe [14]. Bei späteren Untersuchungen wird bei der EPR $\Delta H = 45$ Oe gefunden [12]. Bei T_N verbreitert sich die Resonanzlinie im K-Band plötzlich und spaltet in zwei Linienpaare auf, deren Resonanzfeldstärke H_{res} mit der Temperatur abnimmt. Unterhalb von etwa 86.5 K werden nur noch zwei intensive Linien beobachtet, für die jedoch H_{res} mit abnehmender Temperatur zunimmt. Bei 9.5 GHz verschwindet die EPR bei T_N [14], s. auch [12]. Auch AFMR ist (bei Feldstärken bis 12.5 kOe) bis hinunter zu 5 K nicht zu beobachten. Es wird jedoch eine einzelne Linie im V-Band (70 GHz) beobachtet, für die das Resonanzfeld mit abnehmender Temperatur auf ein Minimum abfällt und dann wieder ansteigt. Diese Resonanzlinie könnte auf einer Spin-Flop-Schwingung beruhen [14]. Von früheren Messungen [15] wird nur ein vorläufiger Bericht veröffentlicht.

Untersuchungen der kernmagnetischen Resonanz von ^{35}Cl an einer polykristallinen Probe bei 77 K ergeben einen einzelnen Kernquadrupolübergang bei 10.26 ± 0.03 MHz. Das Auftreten einer unaufgespaltenen Resonanzlinie wird als Stütze für die vermutete [15] kubische Perowskit-Struktur (mit einer Kompensation der inneren Felder) angesehen [16]. — Neuere Messungen des Kernquadrupolresonanzspektrums von ^{35}Cl und ^{37}Cl an Einkristallen und Pulvern bei 298 und 77 K s. bei Moskalev [17].

Chemisches Verhalten. $KMnCl_3$ ist äußerst hygroskopisch und zerfließt sehr rasch an feuchter Luft [2, 18]. — Für die Auflösung von 1 mol $KMnCl_3$ in 1200 mol H_2O ergeben kalorimetrische Bestimmungen bei 25°C die Lösungsenthalpie $\Delta H_L = -9.19 \pm 0.02$ [4] bis -8.79 ± 0.06 kcal/mol [5].

Literatur:

[1] J. J. Foster, N. S. Gill (J. Chem. Soc. A **1968** 2625/9). — [2] W. J. Croft, M. Kestigian, F. D. Leipziger (Inorg. Chem. **4** [1965] 423/4). — [3] H.-D. Hardt, M. Fleischer (Z. Anorg. Allgem. Chem. **357** [1968] 113/21, 118, 120). — [4] P. Ehrlich, F. W. Koknat, H.-J. Seifert (Z. Anorg. Allgem. Chem. **341** [1965] 281/6, 283/5). — [5] S. A. Shchukarev, I. V. Vasil'kova, G. M. Barvinok (Vestn. Leningr. Univ. Fiz. Khim. **20** Nr. 3 [1965] 145/7; C.A. **64** [1966] 77).

[6] T. A. Zordan, L. G. Hepler (Chem. Rev. **68** [1968] 737/45, 744). — [7] H. F. McMurdie, J. de Groot, M. Morris, H. E. Swanson (J. Res. Natl. Bur. Std. A **73** [1969] 621/6, 624). — [8] H. Seifert, H. Fink (Rev. Chim. Minerale **12** [1975] 466/75, 471). — [9] M. M. Schieber (Experimental Magnetochemistry, Amsterdam 1967, S. 418). — [10] B. P. Burylev (Zh. Prikl. Khim. **46** [1973] 2774/5; J. Appl. Chem. USSR **46** [1973] 2934/6).

[11] G. M. Barvinok, V. Vintruff (Vestn. Leningr. Univ. Fiz. Khim. **21** Nr. 4 [1966] 111/4; C.A. **66** [1967] Nr. 80483). — [12] C. N. Owston (Brit. J. Appl. Phys. [2] **1** [1968] 1839/40). — [13] J. R. Shane, R. W. Kedzie, M. Kestigian, D. H. Lyons, F. F. Y. Wang (U.S. Clearinghouse Fed. Sci. Tech. Inform. AD 645366 [1966] 1/137, 14/5; C.A. **68** [1968] Nr. 34287). — [14] R. W. Kedzie, J. R. Shane, M. Kestigian, W. J. Croft (J. Appl. Phys. **36** [1965] 1195/6). — [15] K. Zdansky, E. Simanek, Z. Sroubek (Phys. Status Solidi **3** [1963] K277/K279).

[16] E. H. Carlson (Phys. Letters A **29** [1969] 696/7). — [17] A. K. Moskalev (Fazovye Perekhody Krist. **1975** 130/4 nach C.A. **84** [1976] Nr. 157677). — [18] H. J. Seifert, F. W. Koknat (Z. Anorg. Allgem. Chem. **341** [1965] 269/80, 271/3).

5.3.1.1.19 Das System KCl-$MnCl_2$-H_2O

The KCl-$MnCl_2$-H_2O System

Löslichkeitsdiagramm. Löslichkeitsbestimmungen (Restmethode und direkte Analysen) bei 25, 50 und 75°C [1], bei 6, 28.4, 52.8 und 62.6°C sowie dilatometrische Untersuchungen [2] ergeben die in **Fig. 32**, S. 118, wiedergegebene Löslichkeitspolytherme. Sie zeigt neben den Kristallisationsflächen der $MnCl_2$-Hydrate (Umwandlungspunkt von $MnCl_2 \cdot 4H_2O$ in $MnCl_2 \cdot 2H_2O$ in Gegenwart von KCl bei 52.8°C [2], s. auch S. 51) und von KCl die Felder der drei Doppelsalze $KMnCl_3 \cdot 2H_2O$, $K_2MnCl_4 \cdot 2H_2O$ und K_4MnCl_6 (s. S. 120, 119 und 113) [1, 2], von denen $KMnCl_3 \cdot 2H_2O$ von 6°C an [2] bis oberhalb 75°C [1], $K_2MnCl_4 \cdot 2H_2O$ oberhalb 50°C [1] oder schon von 28.4°C an auftritt [2] und K_4MnCl_6 bei 62.6°C gebildet wird [2]. Die Kristallisationsflächen von $K_2MnCl_4 \cdot 2H_2O$ und K_4MnCl_6 sind auch bei 75°C noch sehr klein [1, 3]. Nach Löslichkeitsbestimmungen bei 20°C soll das Doppelsalz $KMnCl_3 \cdot H_2O$ auftreten [4]; bei 5°C treten nur $MnCl_2 \cdot 4H_2O$ und KCl auf [5], s. auch [6]. Alle drei Doppelsalze lösen sich in H_2O inkongruent und sind stark hygroskopisch [1, 2] mit Ausnahme des luftbeständigen, rosagefärbten $KMnCl_3 \cdot 2H_2O$ [3]. Zusammensetzung der bei den Zweisalz- (univariant) und Dreisalzpunkten (invariant) an beiden Salzen gesättigten Lösungen in Gew.-% $MnCl_2$ und KCl (Rest H_2O) bei der Temperatur t mit Angabe der koexistenten, festen Phasen, wobei Mn 2 und Mn 4 = $MnCl_2 \cdot 2H_2O$ bzw. $MnCl_2 \cdot 4H_2O$, KMn 1 = $KMnCl_3 \cdot H_2O$, KMn 2 = $KMnCl_3 \cdot 2H_2O$, K_2Mn 2 = $K_2MnCl_4 \cdot 2H_2O$ und K_4Mn = K_4MnCl_6 ist:

Punkt in Fig. 32	t in °C	Gew.-% $MnCl_2$	Gew.-% KCl	Feste Phasen	Lit.
—	5	38.75	10.40	Mn 4 + KCl	[5]
—	5	37.6	10.8	Mn 4 + KCl	[6]
—	6	35.94	9.41	Mn 4 + KMn 2 + KCl	[2]
	20	42.4	7.6	Mn 4 + KMn 1	[4]
—	20	39.4	11.2	KMn 1 + KCl	[4]
B	25	41.32	8.69	Mn 4 + KMn 2	[1, 3]
C	25	38.60	16.23	KMn 2 + KCl	[1, 3]
—	28.4	43.28	8.66	Mn 4 + KMn 2	[2]
—	28.4	38.65	13.79	KMn 2 + K_2Mn 2 + KCl	[2]
F	50	46.63	8.00	Mn 4 + KMn 2	[1, 3]
K	50	39.66	16.78	KMn 2 + KCl	[1, 3]
—	52.8	50.14	6.01	Mn 4 + Mn 2 + KMn 2	[2]
—	58.3	51.72	—	Mn 4 + Mn 2	[2]
—	62.6	49.95	6.67	Mn 2 + KMn 2	[2]
—	62.6	44.05	12.49	KMn 2 + K_2Mn 2	[2]
S	62.6	36.85	18.77	K_2Mn 2 + K_4Mn + KCl	[2]
N	75	49.65	8.02	Mn 2 + KMn 2	[1, 3]
O	75	40.84	16.08	KMn 2 + K_2Mn 2	[1, 3]
P	75	36.54	17.45	K_2Mn 2 + K_4Mn	[1, 3]
R	75	35.02	20.47	K_4Mn + KCl	[1, 3]

In Fig. 32, S. 118, entsprechen die Punkte A und E dem Salz $MnCl_2 \cdot 4H_2O$, M dem $MnCl_2 \cdot 2H_2O$ und D, L, Q dem KCl [1].

Zusammensetzung der mit den $MnCl_2$-Hydraten und KCl bei −50.2 bis +19°C gesättigten Lösung:

t in °C	−50.2	−49.1	−39.5	−22.6	−18.9	−16.0	−10.5	+5.0	19.3
[$MnCl_2$] in Gew.-%	35.6	37.3	32.18	20.95	8.9	36.15	—	37.6	37.9
[KCl] in Gew.-%	62.3	—	3.2	6.3	12.8	6.35	19.5	10.8	13.0

Solubility in the KCl-$MnCl_2$-H_2O System

Von −50.2 (ternäres Eutektikum) bis −6.4°C koexistieren als feste Phasen KCl und $MnCl_2 \cdot 6H_2O$, bei höheren Temperaturen KCl und $MnCl_2 \cdot 4H_2O$ [6]. — Bei 18°C lösen sich in 100 ml gesättigter KCl-Lösung 0.4 g $MnCl_2$ [7].

Fig. 32

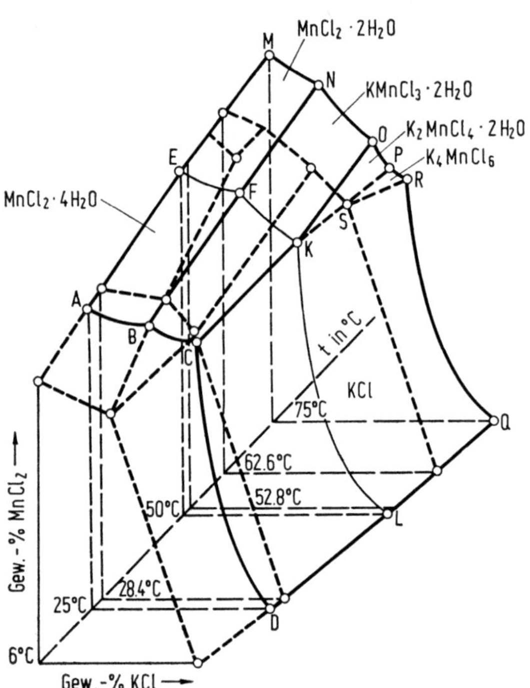

Löslichkeitspolytherme des Systems KCl-$MnCl_2$-H_2O (Polytherme nach Süss [2] gestrichelt).

Physical Properties

Physikalische Eigenschaften wäßriger KCl-$MnCl_2$-Lösungen. Für gesättigte wäßrige Lösungen verschiedener Zusammensetzung werden die Dichte D, Viskosität η und elektrische Leitfähigkeit $\varkappa$ bei 5°C angegeben (Werte in Auswahl):

Gew.-% $MnCl_2$	0	13.83	20.79	37.98
Gew.-% KCl	22.7	13.50	10.00	9.15
D in g/cm^3	1.2583	1.2329	1.2933	1.5083
η in cP	1.3558	2.2260	3.3354	14.6968
$\varkappa$ in $\Omega^{-1} \cdot cm^{-1}$	0.2413	0.1575	0.1193	0.0378
Feste Phase	KCl	KCl	KCl	KCl
Gew.-% $MnCl_2$	38.75	38.17	38.70	39.53
Gew.-% KCl	10.40	6.79	3.00	0
D in g/cm^3	1.5412	1.4888	1.4561	1.4408
η in cP	21.7547	13.2404	11.1594	11.0610
$\varkappa$ in $\Omega^{-1} \cdot cm^{-1}$	0.0312	0.0385	0.0389	0.0372
Feste Phase	Mn4 + KCl	Mn2	Mn2	Mn2

Die Werte von D und η haben ein Maximum und von $\varkappa$ ein Minimum beim Zweisalzpunkt mit 38.75 Gew.-% $MnCl_2$ und 10.40 Gew.-% KCl, was auf eine Strukturänderung in diesem Bereich hinweist, s. auch Figur im Original [5]. Die für gesättigte Lösungen bei 20°C gemessenen Werte von D, η und $\varkappa$ weisen ebenfalls bei den Zweisalzpunkten (s. S. 117) Abweichungen auf, die auf die Bildung einer Doppelverbindung hinweisen, s. Tabelle im Original [4].

Dichte D in g/cm³, Viskosität η in cP und Brechungsindex n von 6.5 Mol-% ($MnCl_2$ + KCl) enthaltenden Lösungen bei 20°C in Abhängigkeit vom Verhältnis Mn^{2+}/K^+ mit Angabe der Abweichung ΔD, $\Delta\eta$ und Δn von den additiv berechneten Werten (in Auswahl):

Mn^{2+}/K^+	3.5/1	2.5/1	1.5/1	1/1	1/1.5	1/2.5	1/3.5
D in g/cm³	1.2959	1.2854	1.2635	1.2446	1.2263	1.2042	1.1931
ΔD	0.0002	0.0037	0.0053	0.0058	0.0053	0.0052	0.0036
η in cP	2.9303	2.7044	2.2722	1.9875	1.7455	1.4526	1.3307
$\Delta\eta$	0.5221	0.5881	0.7242	0.7416	0.7083	0.6762	0.6125
n	1.40472	1.40150	1.39567	1.39047	1.38527	1.37922	1.37587
$\Delta n \cdot 10^6$	968	1050	1340	1463	1420	1290	1110

Die Maxima von ΔD, $\Delta\eta$ und Δn bei $Mn^{2+}/K^+ = 1/1$ deuten die Bildung eines komplexen Anions $MnCl_3^-$ an [8].

Isopiestische Messungen an Lösungen mit dem Molverhältnis 2KCl:1$MnCl_2$ bei 25°C ergeben Dampfdruckerniedrigungen, die nur wenig von den additiv berechneten Werten abweichen, so daß im untersuchten Konzentrationsbereich von 0.1 bis 1.0 mol/l K_2MnCl_4 nicht auf das Vorliegen eines komplexen $MnCl_4^{2-}$-Ions geschlossen werden kann [9].

Literatur:

[1] O. I. Parilova, I. G. Druzhinin (Uch. Zap. Kabardino-Balkarsk. Gos. Univ. **1969** Nr. 41, S. 550/4; C.A. **75** [1971] Nr. 41052). — [2] J. Süss (Z. Krist. **51** [1913] 248/68, 256/9, 262/6). — [3] O. I. Parilova, I. G. Druzhinin (Zh. Neorgan. Khim. **13** [1968] 2560/4; Russ. J. Inorg. Chem. **13** [1968] 1322/4). — [4] D. S. Lesnykh, L. I. Deryabina, I. G. Eikhenbaum (Zh. Neorgan. Khim. **15** [1970] 516/20; Russ. J. Inorg. Chem. **15** [1970] 266/8). — [5] L. Ya. Tereshchenko, E. I. Strizhneva, A. F. Il'chenko, L. A. Todenberg (Zh. Neorgan. Khim. **20** [1975] 780/2; Russ. J. Inorg. Chem. **20** [1975] 438/40).

[6] L. A. Ozerov (Tr. Voronezhsk. Gos. Univ. **28** [1953] 24/6; C.A. **1957** 1714). — [7] I. I. Krasikova, I. T. Ivanova (Zh. Russ. Fiz. Khim. Obshchestva Chast' Khim. **60** [1928] 561/3; C.A. **1928** 2342). — [8] N. F. Ermolenko, G. Vasil'eva (Uch. Zap. Belorussk. Gos. Univ. Ser. Khim. Nr. 29 [1956] 295/305, 298; C.A. **1960** 23683). — [9] R. A. Robinson, R. H. Stokes (Trans. Faraday Soc. **41** [1945] 752/6).

5.3.1.1.20 $K_2MnCl_4 \cdot 2H_2O$ (= 2KCl · $MnCl_2 \cdot 2H_2O$)

$K_2MnCl_4 \cdot 2H_2O$

Die Verbindung erhält man durch langsames Eindunsten einer wäßrigen Lösung von $MnCl_2 \cdot 4H_2O$ und KCl (Molverhältnis $MnCl_2$:KCl = 1.2:1) bei 45°C in blaßrosafarbenen tetragonalen Bipyramiden [1], s. auch [2].

Nach Pulver- und Einkristallaufnahmen kristallisiert $K_2MnCl_4 \cdot 2H_2O$ tetragonal, Raumgruppe I4/mmm-D_{4h}^{17} (Nr. 139) mit a = 7.415 ± 0.005 und c = 8.220 ± 0.005 Å; Z = 2. Atomlagen:

Atom	Punktlage	x	y	z
K	4d	0	0.5	0.25
Mn	2a	0	0	0
Cl	8h	0.2414(2)	0.2414(2)	0
O	4e	0	0	0.2647(5)
H	16m	0.0634(71)	0.0634(71)	0.3134(99)

$K_2MnCl_4 \cdot 2H_2O$

R = 3.4%. Die acht H-Atome sind auf die Lage 16m statistisch verteilt. Atomabstände (in Å) innerhalb des $MnCl_4(H_2O)_2$-Oktaeders: Mn↔Cl = 2.542(1), Mn↔O = 2.184(4), Cl↔Cl = 3.579(2), Cl↔O = 3.337(3) (Mn↔Cl und Mn↔O für die thermische Bewegung senkrecht zur Bindungsrichtung korrigiert); außerhalb des Oktaeders: K↔Cl = 3.332(1), K↔O = 3.709(0), Cl↔Cl = 3.836(2), Cl↔O mit H-Brücke = 3.332(3), O↔O = 3.870(6). In $K_2MnCl_4 \cdot 2H_2O$ ist jedes Mn-Atom von einem Oktaeder aus vier Cl-Atomen und zwei H_2O-Molekülen in trans-Stellung unter Bildung einzelner $[MnCl_4 \cdot 2H_2O]^{2-}$-Gruppen umgeben, s. dazu **Fig. 33**. Jedes O-Atom hat vier Cl-Atome als nächste Nachbarn außerhalb des Mn-Koordinationspolyeders im Abstand von jeweils 3.33 Å. Die H-Atome liegen auf x, x, z und x̄, x̄, z oder x, x̄, z und x̄, x, z im Abstand von 0.8 Å zum O-Atom. Die K-Atome sind ähnlich wie in CsCl von acht Cl-Atomen umgeben [1].

Fig. 33

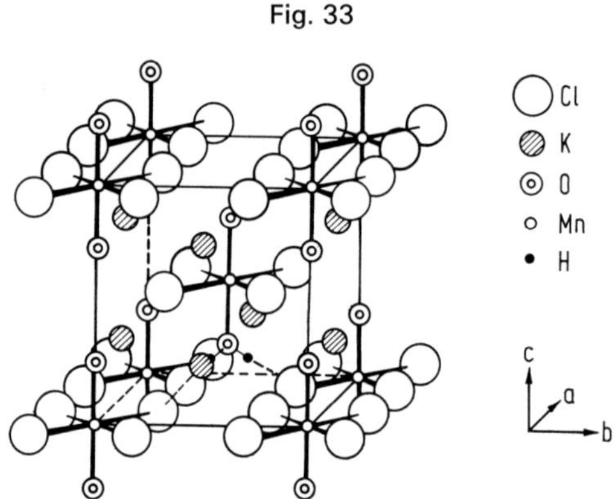

Kristallstruktur von $K_2MnCl_4 \cdot 2H_2O$.

Nach der Schwebemethode (in $C_2H_2Br_4 + CCl_4$) bestimmte Dichte 2.28 [1], 2.221 g/cm³ (in $C_2H_2Br_4$) [2], Röntgendichte 2.284 g/cm³ [1].

$K_2MnCl_4 \cdot 2H_2O$ ist sehr hygroskopisch [2], gibt aber das H_2O bei 85°C ab [1]. — Bei Untersuchungen des Systems KCl-$MnCl_2$-H_2O wird auch die Existenz eines Monohydrats angegeben [3], s. dazu S. 117.

Literatur:

[1] S. J. Jensen (Acta Chem. Scand. **22** [1968] 647/52). — [2] J. Süss (Z. Krist. **51** [1913] 248/68, 257). — [3] D. S. Lesnykh, L. I. Deryabina, I. G. Eikhenbaum (Zh. Neorgan. Khim. **15** [1970] 516/20; Russ. J. Inorg. Chem. **15** [1970] 266/8).

$KMnCl_3 \cdot 2H_2O$
Preparation

5.3.1.1.21 $KMnCl_3 \cdot 2H_2O$ (= $KCl \cdot MnCl_2 \cdot 2H_2O$)

Darstellung. Die Verbindung kristallisiert aus der heiß gesättigten wäßrigen Lösung von äquimolaren Anteilen KCl und $MnCl_2$ (geringer Überschuß) bei langsamem Abkühlen in großen blaßrosafarbenen Kristallen [1, 2], bei raschem Abkühlen in langen, dünnen Nadeln [1], s. auch [3]. Man erhält sie auch durch langsames Eindunsten der Lösung von KCl und $MnCl_2 \cdot 4H_2O$ (1:1) bei 20°C [4 bis 6, 10]. Zur Kristallisation aus wäßrigem HCl bei 25°C s. [6]. Bei Verwendung einer gesättigten Lösung von KCl und $MnCl_2 \cdot 4H_2O$ im Verhältnis 1:2 in D_2O kristallisiert ein Deuterat von unbestimmtem D_2O-Gehalt [7].

Crystallographic Properties

Kristallographische Eigenschaften. $KMnCl_3 \cdot 2H_2O$ bildet dicke trikline Tafeln [2, 3] oder nach der c-Achse gestreckte, häufig verzwillingte rosa Prismen [2, 4, 8] mit den Hauptformen {001} und {010} [8]. Die Kristalle sind leicht verformbar [2, 8] und ziemlich vollkommen spaltbar [2]. Aus Pulver- und Einkristallaufnahmen ergibt sich die Raumgruppe $P\bar{1}$-C_i^1 (Nr. 2) mit a = 6.49 ± 0.01, b = 6.91 ± 0.01, c = 9.91 ± 0.01 Å, α = 96.8° ± 0.1°, β = 114.1° ± 0.1°, γ = 112.6° ± 0.1°; Z = 2. Goniometrisch bestimmtes Achsenverhältnis und Winkel von Mügge [2] stimmen hiermit gut überein (Transformationsmatrix [100/010/212]). Die Elementarzelle ist wie bei β-$RbMnCl_3 \cdot 2H_2O$ (s. S. 143) gewählt, da die Strukturen beider Verbindungen bis auf die Lage der H-Atome übereinstimmen. Reduzierte Zelle nach Dirichlet: a = 6.49, b = 6.91, c = 9.21 Å, α = 69.4°, β = 88.7°, γ = 67.4° [4].

Nach Neutronenbeugungsaufnahmen besetzen alle Atome die allgemeine Punktlage 2i mit folgenden Parametern:

Atom	x	y	z
K	0.1388(9)	0.8457(8)	0.1959(5)
Mn	0.9516(6)	0.2967(5)	0.3254(3)
Cl(1)	0.2502(2)	0.7120(2)	0.4983(1)
Cl(2)	0.6500(3)	0.8918(2)	0.1878(2)
Cl(3)	0.1712(3)	0.3355(2)	0.1686(2)
O(1)	0.7707(4)	0.7828(4)	0.5097(3)
O(2)	0.6963(4)	0.4025(4)	0.1673(3)
H(1)	0.6034(10)	0.7246(10)	0.4934(7)
H(2)	0.7642(10)	0.8193(9)	0.4203(6)
H(3)	0.5989(10)	0.3092(8)	0.0618(5)
H(4)	0.5736(11)	0.4217(11)	0.1901(6)

R = 5.3%. Die Parameter der Atome K, Mn, Cl und O stimmen mit denen aus der Röntgenuntersuchung [4] innerhalb der Standardabweichung überein [5]. Die Lagen der H-Atome sind in guter Übereinstimmung mit Berechnungen [7, 9], die mit Hilfe des elektrostatischen Modells von Baur [10] und der Kernresonanz an der deuterierten Verbindung durchgeführt wurden [7].

In $KMnCl_3 \cdot 2H_2O$ sind die Mn-Atome wie in β-$RbMnCl_3 \cdot 2H_2O$ von vier Cl-Atomen und zwei H_2O-Molekülen in trans-Stellung oktaedrisch umgeben; Abstände (in Å): Mn↔Cl = 2.482 bis 2.594, Mn↔O = 2.182 und 2.187. Je zwei dieser Oktaeder sind über Kanten zu isolierten Gruppen $[Mn_2Cl_6 \cdot 4H_2O]^{2-}$ verknüpft. Die K-Cl-Abstände liegen zwischen 3.121 und 4.855 Å, die K-O-Abstände zwischen 3.164 und 4.169 Å. Weitere Abstände s. Original [4], Winkel s. [8]. Der Unterschied zur Struktur von β-$RbMnCl_3 \cdot 2H_2O$ besteht in der Anordnung der H-Atome: H(1) bildet eine Brückenbindung zu Cl(1) (in der Rb-Verbindung zu Cl(1) und Cl(3)) und H(3) zu Cl(2) (in der Rb-Verbindung zu Cl(3)). In $KMnCl_3 \cdot 2H_2O$ ist O(2) tetraedrisch von 2H, K und Mn umgeben, während in der Rb-Verbindung eine dreifache planare Koordination mit 2H und Mn vorliegt wie bei O(1); Abstände und Winkel bei den H-Brücken s. Original [5].

Mechanical and Thermal Properties

Mechanische und thermische Eigenschaften. Durch Flotation $(C_2H_2Br_4 + CCl)_4$ bestimmte Dichte D^{20} = 2.20, Röntgendichte 2.22 g/cm³ [4].

Kalorimetrische Messungen der Wärmekapazität C_p von 1.0 bis 6.8 K ergeben ein scharfes Maximum bei T_N (s. unten) neben einem kleinen Maximum bei 1.6 K, das eine Verunreinigung durch $MnCl_2 \cdot 4H_2O$ andeutet. Die magnetische Umwandlung ist mit einer Entropieänderung ΔS = 3.58 cal · mol⁻¹ · K⁻¹ verbunden. Für die Temperaturabhängigkeit von C_p unterhalb 2.70 K gilt $C_p \approx T^{2.34}$ [11].

Magnetic Properties

Magnetische Eigenschaften. Für die Néel-Temperatur wird aus NMR-Messungen T_N = 2.74 K erhalten [12], s. auch [13], aus Messungen der Wärmekapazität T_N = 2.70 ± 0.01 K [11].

Die aus der NMR bestimmte magnetische Struktur zeigt eine geordnete Phase von axialer Anisotropie mit zwei ungewöhnlichen Erscheinungen: die Richtung der Untergittermagnetisierung ist um 18° gegen die pseudo-vierfache Symmetrieachse des Koordinationsoktaeders geneigt, und die zwei Mn-Spins innerhalb einer dimeren Gruppe (s. oben) sind ferromagnetisch ausgerichtet.

Magnetic Properties of $KMnCl_3 \cdot 2H_2O$

Der resultierende Antiferromagnetismus kommt durch wiederholte Verschiebung der parallelen Spinpaare und Umkehrung ihrer Richtung zustande. Die magnetische Raumgruppe ist $P_s\bar{1}$ [8]. In **Fig. 34** ist die Spinanordnung innerhalb der dimeren $[Mn_2Cl_6 \cdot 4H_2O]$-Gruppe dargestellt [14].

Fig. 34

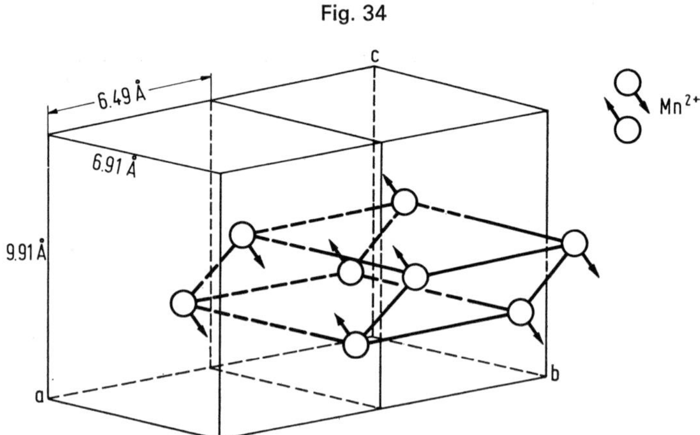

Orientierung der Mn^{2+}-Momente in $KMnCl_3 \cdot 2H_2O$.

Bei Anlegen eines äußeren Magnetfeldes parallel zur Untergittermagnetisierung werden zwei Phasenumwandlungen erster Ordnung bei etwa 11.3 und 13.8 kOe beobachtet. Es scheint mindestens fünf Phasen mit drei Tripelpunkten zu geben, s. das magnetische Phasendiagramm in **Fig. 35** [15]. Auch bei Messungen der Wärmekapazität in Magnetfeldern von variabler Stärke und Richtung zeigen sich deutlich fünf magnetische Phasen. Zwei Phasengrenzen bei etwa 12 und 14 kOe lassen auf Spin-Flop-Umwandlungen (erster Ordnung) schließen, die anderen Grenzen auf Umwandlungen zweiter Ordnung. Zur Deutung des Phasendiagramms wird nach Approximation auf T = 0 ein Ising-Modell mit acht Untergittern eingeführt [14].

Fig. 35

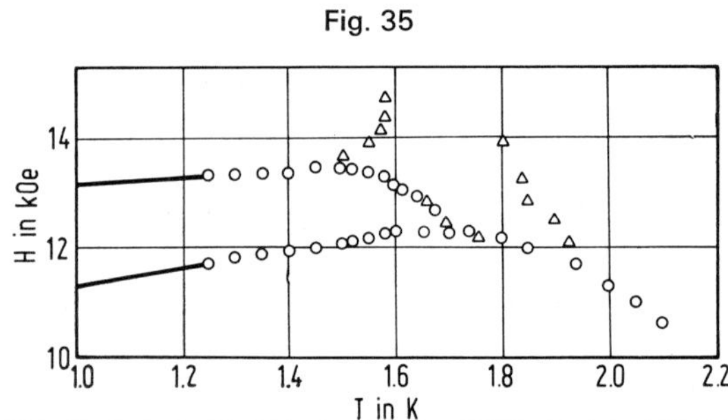

Magnetisches Phasendiagramm von $KMnCl_3 \cdot 2H_2O$.

Die aus der Temperaturabhängigkeit der Wärmekapazität unterhalb T_N erhaltene Untergittermagnetisierung wird durch $M/M_0 = [1-(T/T_N)^{3.34}]^{1/2}$ beschrieben (M_0 = Sättigungsmagnetisierung) [11].

NMR

Die kernmagnetische Resonanz der Protonen wird an einem Einkristall im antiferromagnetischen Bereich ohne äußeres Feld untersucht. Drei eng benachbarte Linien bei 17.5 bis 18 MHz (1.2 K; Temperaturabhängigkeit s. Figur im Original) und eine weitere bei etwa 23.5 MHz (1.2 K) werden den Protonen H(12), H(21) und H(22) einerseits bzw. H(11) andererseits zugeordnet (in der Bezeichnung von El-Saffar [9]). Beträge und Richtungen der zugehörigen inneren Felder s. im Original. Hieraus wird die (vermutliche) Richtung bestimmt, in der die Translation (mit anschließender Umkehrung) der parallelen Spinpaare zu erfolgen hat [8]. — Die Cl-Resonanz besteht im paramagnetischen Bereich (3.0 K) aus drei reinen Quadrupolübergängen bei 4.238, 4.54 und 5.212 MHz, die auf Grund der Zeeman-Aufspaltungen in einem kleinen äußeren Feld Cl(2), Cl(1) bzw. Cl(3) zugeordnet werden (Cl(1) gehört beiden Oktaedern der dimeren Gruppe an). Im antiferromagnetischen Bereich werden ohne äußeres Feld sechs Linien zwischen 7.5 und 11.5 MHz (1.2 K; Temperaturabhängigkeit s. Figur im Original) und weitere drei bei etwa 14, 18.5 und 22.5 MHz (1.2 K) beobachtet. Die sechs niederfrequenten Linien werden Cl(2) und Cl(3) zugeordnet, die drei höherfrequenten dem Cl(1). Hieraus wird auf die Richtung der Mn-Spins in der dimeren Gruppe geschlossen (s. S. 121/2). Quadrupolkopplungskonstante $e^2qQ/h = 8.70, 8.32, 10.31$ MHz, Asymmetrieparameter $\eta = 0.52, 0.34, 0.26$ für Cl(1), Cl(2) bzw. Cl(3) [8].

Chemical Behavior

Chemisches Verhalten. $KMnCl_3 \cdot 2H_2O$ ist luftbeständig und nicht hygroskopisch [3], nach Saunders [1] zerfließt es an feuchter Luft. Nach Mügge [2] verwittert das Salz an der Luft rasch und scheidet KCl in den Formen der Ausgangskristalle ab. Bei der Einwirkung von wenig H_2O kristallisiert das abgeschiedene KCl nach Süss [16] in kleinen Würfeln, die sich um die zerfallenden Doppelsalzkristalle gruppieren. Wegen der inkongruenten Löslichkeit läßt sich $KMnCl_3 \cdot 2H_2O$ aus H_2O nur in Gegenwart eines großen Überschusses an $MnCl_2$ umkristallisieren [1, 16]. — Das Kristallwasser wird bei 76°C abgegeben [4].

$KMnCl_3 \cdot 2H_2O$ gibt beim Überleiten von trocknem NH_3-Gas (bei gewöhnlicher Temperatur) die komplexe Verbindung $[Mn(NH_3)_6]Cl_2 \cdot KCl$ in exothermer Reaktion unter Verdrängung des H_2O durch NH_3 [17, 18]. Mit trocknem Pyridin erhält man analog $[Mn(C_5H_5N)_6]Cl_2 \cdot KCl$ unter schwacher Wärmeentwicklung und merklicher Volumenzunahme [17].

Literatur:

[1] C. E. Saunders (Am. Chem. J. **14** [1892] 127/52, 129/33). — [2] O. Mügge (Z. Krist. **24** [1895] 160/4; Neues Jahrb. Mineral. Geol. Paläontol. II **1892** 91/107, 92). — [3] O. I. Parilova, I. G. Druzhinin (Zh. Neorgan. Khim. **13** [1968] 2560/4; Russ. J. Inorg. Chem. **13** [1968] 1322/4). — [4] S. J. Jensen (Acta Chem. Scand. **22** [1968] 641/6). — [5] F. Birkelund, S. J. Jensen (Acta Chem. Scand. **26** [1972] 1358/64).

[6] S. J. Jensen (Acta Cryst. **21** [1966] A56/A57). — [7] W. J. M. de Jonge, J. P. A. M. Hijmans, E. C. A. Gevers (Physica **52** [1971] 129/34). — [8] R. D. Spence, W. J. M. de Jonge, K. V. S. Rama Rao (J. Chem. Phys. **54** [1971] 3438/44). — [9] Z. M. El-Saffar (J. Chem. Phys. **52** [1970] 4097/9). — [10] W. H. Baur (Acta Cryst. **19** [1965] 909/16).

[11] H. Forstat, J. N. McElearny, P. T. Bailey (Phys. Letters A **27** [1968] 549/50). — [12] D. Spence, J. A. Casey, V. Nagarajan (J. Appl. Phys. **39** [1968] 1011). — [13] R. D. Spence, K. V. S. Rama Rao (J. Chem. Phys. **52** [1970] 2740/4). — [14] P. T. Bailey (Diss. Michigan State Univ. 1971, S. 1/132, 24/7; Diss. Abstr. Intern. B **32** [1971] 3583). — [15] J. A. Cowen, C. W. Fairall, E. Grabowski, P. Soltis (Phys. Letters A **34** [1971] 102/3).

[16] J. Süss (Z. Krist. **51** [1913] 248/68, 266). — [17] G. Spacu, L. T. Caton (Bul. Soc. Stiinte Cluj **2** [1924/25] 29/51, 32/3, 40/2; C. **1924** I 1650). — [18] L. T. Caton (Ann. Sci. Univ. Jassy **17** [1931/32] 199/204; C. **1932** II 965).

5.3.1.1.22 Das System $LiCl$-KCl-$MnCl_2$

The LiCl-KCl-$MnCl_2$ System

Randsysteme LiCl-$MnCl_2$ s. S. 94, KCl-$MnCl_2$ s. S. 108.

Für die Diffusion von $MnCl_2$ in eutektischer LiCl-KCl-Schmelze ($t_f = 352$°C, 40.5 Mol-% KCl) ergeben polarographische Messungen bei 420 ± 2°C (mittels rotierender Pt-Scheibenkathode) den Diffusionskoeffizienten $D_{Mn^{2+}} = 6 \times 10^{-7}$ cm²/s [1].

The LiCl-KCl-MnCl₂ System

Partial-molare Mischungsenthalpien $\Delta\bar{H}$ und $\Delta\bar{G}$ (in cal/mol) sowie Aktivitätskoeffizienten γ von $MnCl_2$ aus EMK-Bestimmungen an Lösungen von $MnCl_2$ in eutektischen LiCl-KCl-Schmelzen bei 750 bis 1250 K berechnet für T = 1100 K in Abhängigkeit vom $MnCl_2$-Gehalt [2]:

Mol-% $MnCl_2$	0.504	0.788	1.00	5.00
$-\Delta\bar{H}(MnCl_2)$	12400	12700	12900	23700
$-\Delta\bar{G}(MnCl_2)$	17003	16003	15403	11353
$10^2\,\gamma(MnCl_2)$	8.25	8.29	8.32	1.2

Aus EMK-Messungen an Lösungen von $MnCl_2$ in eutektischen LiCl-KCl-Schmelzen bei 400 bis 700°C werden für $MnCl_2$ bei 500°C die folgenden partial-molaren freien Energien $\bar{G}$ und Entropien $\bar{S}$ sowie (auch für LiCl + KCl) die Aktivitäten a und deren Koeffizienten γ in Abhängigkeit vom $MnCl_2$-Gehalt berechnet [3]:

$[MnCl_2]$ in Mol-%	$-\bar{G}(MnCl_2)$ in cal/mol	$-\bar{S}(MnCl_2)$ in $cal \cdot mol^{-1} \cdot K^{-1}$	$a(MnCl_2)$	$\gamma(MnCl_2)$	a(LiCl + KCl)	γ(LiCl + KCl)
10.0	8397	4.1	0.004	0.044	0.868	0.964
20.4	6228	4.1	0.007	0.065	0.660	0.829
30.3	4705	3.2	0.047	0.154	0.513	0.736
40.5	3460	2.3	0.105	0.259	0.330	0.554
50.4	2497	0.9	0.198	0.393	0.194	0.392
60.1	1753	0.9	0.319	0.531	0.102	0.255
80.2	600	0.0	0.677	0.832	0.018	0.088

$\bar{G}$, $\bar{S}$, a und γ von $MnCl_2$ sowie a und γ von (LiCl + KCl) bei 400 und 600°C s. Tabellen und Diagramme im Original. Die Aktivitäten von $MnCl_2$ und des LiCl-KCl-Eutektikums zeigen bei 400 bis 600°C eine starke negative Abweichung von der Additivität mit Maximum bei 50 Mol-% $MnCl_2$. Hieraus ergibt sich für 400, 500 und 600°C die Mischungsenthalpie $H_{12} = -7073$, -5910 bzw. -4809 cal/mol, die auf die Bildung eines komplexen Anions, beispielsweise $MnCl_3^-$ oder $MnCl_6^{4-}$, hinweist [3], s. hierzu auch die Gleichung zur Berechnung der freien Lösungsenthalpie (ΔG) von $MnCl_2$ in eutektischer LiCl-KCl-Schmelze in Abhängigkeit von Temperatur und Mn^{2+}-Gehalt, die auf eine exotherme Reaktion hinweist, bei Alabyshev u.a. [4].

EPR-Messungen am festen und flüssigen LiCl-KCl-Eutektikum mit einer Molarität von 0.005 bis 10 M $MnCl_2$ zwischen 25 und 900°C s. [5], mit 0.1 bis 2 M $MnCl_2$ zwischen 25 und 500°C s. [6] und zwischen 700 und 1200 K bei verschiedenen Konzentrationen s. [7]. Über den Nachweis von K_4MnCl_6 auf diesem Wege s. [8].

Literatur:

[1] I. D. Panchenko, Yu. K. Delimarskii, G. V. Shilina (Fiz. Khim. Rasplavlen. Solei i Shlakov Akad. Nauk SSSR Ural'sk. Filial Inst. Elektrokhim. Tr. Vses. Soveshch., Sverdlovsk 1960 [1962], S. 306/10 nach C.A. **58** [1963] 38). — [2] A. F. Alabyshev, A. G. Morachevskii, M. V. Kamenetskii, V. A. Petrov, V. E. Lisinskii (Zh. Prikl. Khim. **49** [1976] 215/7; J. Appl. Chem. USSR **49** [1976] 212/4). — [3] M. Takahashi (Denki Kagaku [J. Electrochem. Soc. Japan] **29** [1961] 15/8; englisch S. E50/E54; C.A. **62** [1965] 71). — [4] A. F. Alabyshev, M. V. Kamenetskii, A. G. Morachevskii, V. A. Petrov (Zh. Prikl. Khim. **46** [1973] 1596/7; J. Appl. Chem. USSR **46** [1973] 1698/9). — [5] L. Yarmus, M. Kukk, B. R. Sundheim (J. Chem. Phys. **40** [1964] 33/6).

[6] J. Brown (J. Phys. Chem. **67** [1963] 2524/9). — [7] T. B. Swanson (J. Chem. Phys. **45** [1966] 179/82). — [8] T. B. Swanson (J. Phys. Chem. **72** [1968] 4701/4).

5.3.1.1.23 Das System $NaCl$-KCl-$MnCl_2$

The NaCl-KCl-$MnCl_2$ System

Randsysteme KCl-$MnCl_2$ s. S. 108, $NaCl$-$MnCl_2$ s. S. 101, KCl-NaCl s. „Kalium", Anhang-Bd., S. 7*, Anhang-Bd. Erg.-Bd. S. 6.

Das nach thermographischen Analysen von 25 Innenschnitten aufgestellte Schmelzdiagramm in **Fig. 36** a, S. 126, zeigt die Kristallisationsbereiche der Doppelsalze K_2MnCl_4, $K_3Mn_2Cl_7$, $KMnCl_3$, Na_2MnCl_4, $NaMnCl_3$, $NaMn_2Cl_3$ sowie von $MnCl_2$ und den KCl-NaCl-Mischkristallen [1]; s. dazu auch die röntgenographischen Untersuchungen [4]. Nur die vier Doppelsalze K_4MnCl_6, $KMnCl_3$, Na_4MnCl_6 und $NaMn_2Cl_5$ (aus 6 Schnitten), deren Existenz durch Pulveraufnahmen belegt wird, finden dagegen Safonov u. a. [2], s. Fig. 36 b, S. 126. Die Verbindungen $K_3Mn_2Cl_7$ und $NaMnCl_3$ wurden nicht beobachtet und auch die Zersetzungstemperatur der KCl-NaCl-Mischkristalle in Gegenwart von $MnCl_2$ nicht bestimmt [2]. Eine ternäre Verbindung tritt nicht auf [1, 2]. Die Existenz der Verbindungen Na_4MnCl_6, $NaMn_2Cl_5$ (s. S. 101) und K_2MnCl_4 (s. S. 114) ist nicht gesichert. — Der stabile quasibinäre Schnitt $KMnCl_3$-NaCl teilt das Zustandsdiagramm in die Teilsysteme $KMnCl_3$-KCl-NaCl und $KMnCl_3$-$MnCl_2$-NaCl [1, 2], die übrigen Schnitte sind instabil [2], s. auch [1]. Zusammensetzung der Schmelze in Mol-% $MnCl_2$ und NaCl (Rest KCl) an den invarianten Punkten E_1, E_2 (ternäre Eutektika) und P_1 bis P_5 (Peritektika) mit Angabe der koexistierenden festen Phasen (MK_{NaCl} = Mischkristalle auf NaCl-Basis) nach [1], in Klammern nach [2]:

Punkt in Fig. 36	t in °C	$[MnCl_2]$ in Mol-%	[NaCl] in Mol-%	Feste Phasen
E_1	388 (390)	34.0 (34.5)	16.0 (20.0)	$K_2MnCl_4 + K_3Mn_2Cl_7 + MK_{NaCl}$
E_2	366 (350)	47.0 (45.0)	30.0 (26.3)	$KMnCl_3 + Na_2MnCl_4 + NaMnCl_3$
P_1	391	32.0	18.0	$K_2MnCl_4 + KCl + MK_{NaCl}$
P_2	398	36.0*)	20.0	$K_3Mn_2Cl_7 + KMnCl_3 + MK_{NaCl}$
P_3	377	43.0	29.0	$KMnCl_3 + Na_2MnCl_4 + MK_{NaCl}$
P_4	370	50.0	27.0	$KMnCl_3 + NaMnCl_3 + NaMn_2Cl_5$
P_5	372	55.0	21.0	$KMnCl_3 + NaMn_2Cl_5 + MnCl_2$

*) In der Tabelle im Original 46.0.

Der stabile Schnitt $KMnCl_3$-NaCl hat ein Eutektikum bei 394°C mit 23.5 Mol-% NaCl [1], nach früheren Untersuchungen bei 400°C mit 25.0 Mol-% NaCl [2]. Aus EMK-Messungen an äquimolaren NaCl-KCl-Schmelzen mit 5.87×10^{-2} bis 1.07 Mol-% $MnCl_2$ bei 700 bis 900°C werden für $MnCl_2$ die folgenden Aktivitätskoeffizienten γ sowie die partial-molale freie Standard-Mischungsenergie $\Delta\bar{G}$ und -entropie $\Delta\bar{S}$ berechnet:

t in °C	$\gamma(MnCl_2)$	$\Delta\bar{G}$ in cal/mol	$\Delta\bar{S}$ in $cal \cdot mol^{-1} \cdot K^{-1}$
700	0.0093	− 9040	3.6
800	0.011	− 9640	3.7
900	0.014	−10000	3.5

Die Daten sprechen für die Bildung komplexer Anionen vom Typ $MnCl_{2+x}^{x-}$ [3].

Literatur:

[1] R. N. Yakovleva, I. V. Vasil'kova, M. P. Susarev, I. V. Krivousova (Tr. Tambovsk. Inst. Khim. Mashinostr. Nr. 4 [1970] 164/8; C.A. **78** [1973] Nr. 20734). — [2] V. V. Safonov, B. G. Korshunov, L. N. Taranyuk (Zh. Neorgan. Khim. **13** [1968] 1950/5; Russ. J. Inorg. Chem. **13** [1968] 1014/7). — [3] S. N. Flengas, T. R. Ingraham (J. Electrochem. Soc. **106** [1959] 714/21, 720). — [4] R. N. Yakovleva, I. V. Vasil'kova, I. V. Krivousova, I. I. Koshina, M. P. Susarev (Vestn. Leningr. Univ. Fiz. Khim. **1971** Nr. 2, S. 92/5; C.A. **75** [1971] Nr. 144694).

Fig. 36

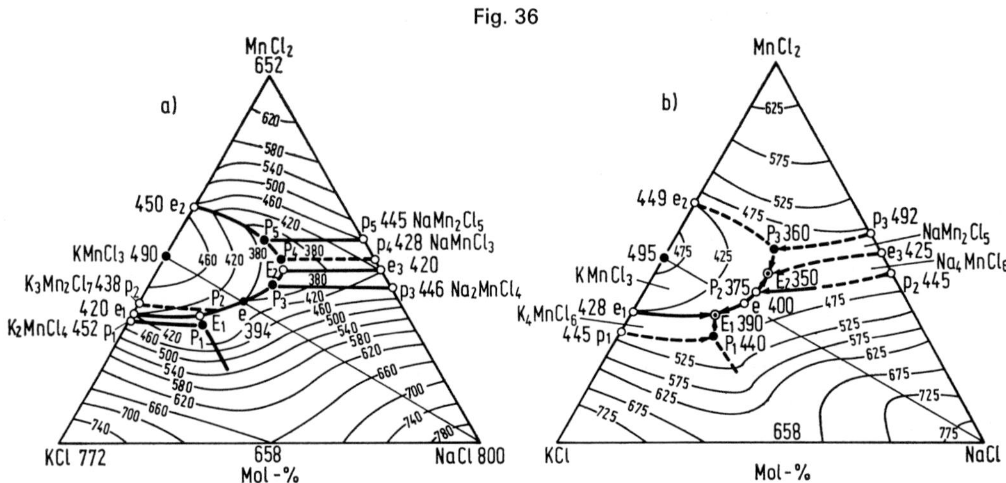

Schmelzdiagramm des Systems NaCl-KCl-$MnCl_2$ nach Yakovleva u.a. [1] (a) und Safonov u.a. [2] (b); Temperaturangaben in °C.

$(NH_4)_2$-$MnCl_4$

5.3.1.1.24 $(NH_4)_2MnCl_4$ (=2$NH_4Cl \cdot MnCl_2$)

Die Verbindung wird durch mehrtägiges Erhitzen von $(NH_4)_2MnCl_4 \cdot 2H_2O$ (s. S. 131) auf 120°C in Ar-Atmosphäre erhalten und kristallisiert nach Pulveraufnahmen im tetragonalen K_2NiF_4-Typ (s. „Nickel" B, S. 1032), Raumgruppe I4/mmm-D_{4h}^{17} (Nr. 139) mit a = 5.049(2) und c = 16.148(7) Å; Z = 2, und ist isotyp mit Rb_2MnCl_4 (s. S. 134), α-Cs_2MnCl_4 (s. S. 150) und $M^I_2MnCl_2X_2$ (M^I = NH_4, Rb; X = Br, J, s. S. 308 und 342). — $(NH_4)_2MnCl_4$ ist hygroskopisch und zersetzt sich bei etwa 160°C, wobei NH_4Cl absublimiert, H. T. Witteveen (J. Solid State Chem. **11** [1974] 245/53, 247).

NH_4MnCl_3

5.3.1.1.25 NH_4MnCl_3 (= $NH_4Cl \cdot MnCl_2$)

Zur Darstellung erhitzt man wasserfreies $MnCl_2$ mit der äquimolaren Menge NH_4Cl im evakuierten Quarzrohr 12 h auf 580°C [1]. Zur Herstellung mit etwas mehr als der äquimolaren Menge NH_4Cl s. [2, 3]. Einkristalle erhält man nach der Bridgman-Methode durch Schmelzen des gepulverten Rohprodukts im Quarztiegel bei 10^{-5} Torr, 520°C und langsames Abkühlen (1 grd/h) auf 300°C. Bis zu 20 mm lange Einkristalle mit einem Durchmesser von 10 mm entstehen nur in Gegenwart eines im Vakuum ausgeglühten Graphitstabes, der aber nicht mit der Schmelze in Berührung kommen darf [3].

Kristallographische Eigenschaften. NH_4MnCl_3 bildet klare orangerote [1, 3], hygroskopische [3], bei Zimmertemperatur weiche und schwach nach {100} spaltbare Kristalle [3]. — Die Quadrupolaufspaltung des Mössbauer-Spektrums bei mit ^{57}Fe dotierten Proben, die Anomalie im Verlauf der Wärmekapazität und die DTA weisen bei 258 ± 6 K auf die Umwandlung in eine Tieftemperaturmodifikation hin [4].

Die Hochtemperaturmodifikation kristallisiert nach Pulveraufnahmen kubisch, Raumgruppe Pm3m-O_h^1 (Nr. 221), a = 5.057 ± 0.005 Å; Z = 1 [1]. Einkristallaufnahmen ergeben a = 5.0422(4) Å [3]; d-Werte s. Original [1]. Die Modifikation kristallisiert im Perowskit-Typ ($CaTiO_3$) [1]. Die H-Atome sind statistisch auf die Punktlage 12i (0, x, x usw.) verteilt, und zwar in Richtung der nächsten zwölf Cl-Atome [4].

Die Tieftemperaturmodifikation hat nach Neutronenbeugungsaufnahmen bei 4.2 K eine tetragonale Elementarzelle, besitzt aber rhombische Symmetrie, Raumgruppe Pbnm-D_{2h}^{16} (Nr. 62), a = 7.05, b = 7.05, c = 10.23 Å; Z = 4. Atomlagen:

Atom	Punktlage	x	y	z
N	4c	0.00	0.00	0.25
Mn	4b	0.5	0	0
Cl(1)	4c	0.04	0.50	0.25
Cl(2)	8d	0.29	0.29	0.00

Die Struktur kann als verzerrter Perowskit-Typ aufgefaßt werden. Die 16 H-Atome sind statistisch auf 48 Plätze der Lage 8d rund um die N-Atome verteilt und befinden sich auf den Verbindungslinien zu den Cl-Atomen im Abstand N↔H = 1.03 Å [4].

Bei Raumtemperatur ergibt sich die pyknometrisch bestimmte Dichte zu D = 2.35 [3] und 2.29 g/cm³ [1], die Röntgendichte zu $D_{rö}$ = 2.335 ± 0.002 [3] und 2.32 g/cm³ [1].

Magnetische Eigenschaften. NH_4MnCl_3 ist ein Antiferromagnet vom G-Typ, d.h., jedes Mn^{2+}-Ion ist antiferromagnetisch an seine sechs nächsten Nachbarn gekoppelt. Die Néel-Temperatur T_N = 110 ± 15 K wird aus der Suszeptibilität (keine Meßwerte) erhalten, T_N = 100 ± 10 K aus der Neutronenstreuung [4]. Die Intensität und die Breite der EPR-Linie weist bei T_N = 105 ± 1 K eine plötzliche Änderung auf [5]. — Aus dem Mössbauer-Spektrum einer polykristallinen, mit 0.5% ^{57}Fe dotierten Probe wird T_N = 105 ± 4 K erhalten [2].

Das EPR-Spektrum läßt bei gewöhnlicher Temperatur eine einzelne symmetrische Resonanzlinie bei g = 2.0099 in Einkristallen erkennen; Linienbreite ΔH = 210 ± 10 Oe. Dieser g-Wert und die Form der Linie bleiben bis zur Néel-Temperatur konstant. Unterhalb 104 K sind der g-Wert und die Linienbreite ebenfalls konstant: g = 2.0339, ΔH = 950 ± 40 Oe [5].

Literatur:

[1] M. Amit, A. Zodkevitz, J. Makovsky (Israel J. Chem. **8** [1970] 737/40). — [2] L. Asch, J. M. Friedt, C. Lupiani, J. Tornero (Chem. Phys. Letters **21** [1973] 595/7). — [3] J. D. Tornero, J. M. Cabrera (J. Cryst. Growth **28** [1975] 273/5). — [4] G. Shachar, J. Makowsky, H. Shaked (Solid State Commun. **9** [1971] 493/5). — [5] J. D. Tornero, F. J. Lopez, J. M. Cabrera (Solid State Commun. **16** [1975] 53/5).

5.3.1.1.26 Das System NH_4Cl-$MnCl_2$-H_2O

The NH_4Cl-$MnCl_2$-H_2O System

Löslichkeitsdiagramm. Neuere Löslichkeitsbestimmungen bei 25°C ergeben zusammen mit älteren Untersuchungen [1] die in **Fig. 37**, S. 128, wiedergegebene Isotherme [3]. Zwischen den Punkten A (reines NH_4Cl) und B treten Mischkristalle bis etwa 16 Gew.-% $MnCl_2 \cdot 2\,H_2O$ [3], bei 22°C bis etwa 4 Gew.-% Mn^{2+} (≙ 11.8 Gew.-% $MnCl_2 \cdot 2\,H_2O$) [14] auf (s. S. 130). Zwischen B und C befindet sich eine Mischungslücke. Beim Punkt D liegt die Verbindung $(NH_4)_6MnCl_8 \cdot 2\,H_2O$ (s. S. 131) vor, die in dem Bereich bis C Mischkristalle mit NH_4Cl bildet. Am Punkt E tritt die Verbindung $(NH_4)_2MnCl_4 \cdot 2\,H_2O$ auf (s. S. 131), die im Bereich zwischen D und E mit $(NH_4)_6MnCl_8 \cdot 2\,H_2O$ Mischkristalle der allgemeinen Zusammensetzung $(NH_4Cl)_{1-x}(MnCl_2 \cdot 2\,H_2O)_x$ mit x = 0.143 bis 0.333 bildet. Beim Punkt F existiert $MnCl_2 \cdot 4\,H_2O$ [3]. Die älteren Untersuchungen zwischen 10 und 70°C ergeben ebenfalls die Mischkristalle entsprechend den Bereichen AB und DE, aber nicht die zwischen C und D. Ferner ist die Mischungslücke nach der $MnCl_2 \cdot 2\,H_2O$-reicheren Seite verschoben. Sie wird mit fallender Temperatur schmäler und verschwindet unterhalb 25°C [1, 2]. Die bei 25°C aus übersättigter Lösung (z.B. mit 10.70 Gew.-% $MnCl_2$ und 21.9 Gew.-% NH_4Cl) abgeschiedenen Mischkristalle sind metastabil und zerfallen bei längerem (2 bis 28 d)

Solubility in the NH_4Cl-$MnCl_2$-H_2O System

Verrühren mit der Mutterlauge allmählich, sind also nicht im Gleichgewicht mit der Lösung. Sie werden daher auch bei streng isothermen Untersuchungen des Systems (drei Wochen Verrühren von 2.36 bis 12.32 Gew.-% $MnCl_2$ enthaltenden Lösungen mit 26.7 bis 21.2 Gew.-% NH_4Cl bei 25°C) nicht gefunden [4]. Nach neueren Untersuchungen treten bei 25°C als Bodenkörper auf (Abkürzungen in Klammern): NH_4Cl, $MnCl_2 \cdot 4H_2O$, die Mischkristalle MK1 auf NH_4Cl-Basis, MK2 auf $MnCl_2 \cdot 2H_2O$-Basis und das Doppelsalz $(NH_4)_2MnCl_4 \cdot 2H_2O$ (DS). Zweisalzpunkte und Zusammensetzung der gesättigten Lösungen in Gew.-% wasserfreiem Salz [5]:

Gew.-% $MnCl_2$	19.35	26.66	36.92	44.33
Gew.-% NH_4Cl	16.53	11.25	4.68	1.76
Bodenkörper	NH_4Cl + MK1	MK1 + DS	DS + MK2	MK2 + $MnCl_2 \cdot 4H_2O$

Weitere Untersuchungen der 25°C-Isotherme s. [6, 7]; Untersuchungen der Komplexbildung s. [19] und S. 81. — Die in der älteren Literatur beschriebenen Verbindungen $(NH_4)_4MnCl_6 \cdot 3H_2O$ [15] sowie $NH_4MnCl_3 \cdot 2H_2O$ [16], dessen Existenz später verneint wird [17, 18], sind als Mischkristalle von $(NH_4)_2MnCl_4 \cdot 2H_2O$ mit NH_4Cl bzw. $MnCl_2 \cdot 2H_2O$ aufzufassen [1].

Fig. 37

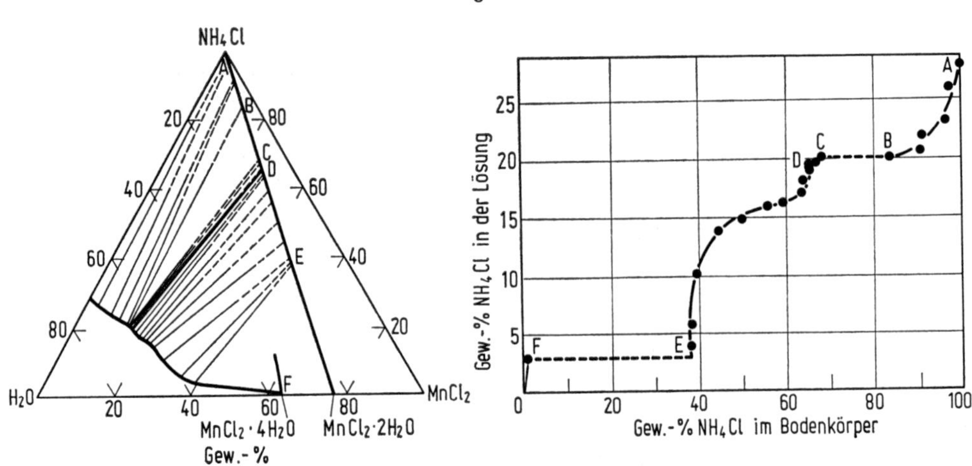

Isotherme bei 25°C im System NH_4Cl-$MnCl_2$-H_2O nach Clendinnen, Rivett [1, 2] und Greenberg, Walden [3].

Für die Verteilung der Mn^{2+}-Ionen auf Lösung und Bodenkörper bei 0°C ergeben Untersuchungen an übersättigten NH_4Cl-Lösungen, die mit 4×10^{-5} bis 4×10^{-3} mol Mn/l versetzt sind, den von der Mn^{2+}-Konzentration nur wenig abhängigen mittleren Verteilungskoeffizienten $D \approx 0.75$ [8], s. auch [9]. Untersuchungen an übersättigten NH_4Cl-Lösungen (20% Übersättigung) bei 20°C ergeben beispielsweise D = 0.5 mit 0.5 Mol-% Mn^{2+}, D = 1.3 mit 0.05 Mol-% Mn^{2+} und D = 11.7 mit 0.005 Mol-% Mn^{2+}. Bei 40°C sind die Werte etwas niedriger: D = 0.3, 0.9 bzw. 11.6; weitere Angaben dazu s. Original [10].

Density. Viscosity

Dichte und Viskosität der Lösungen. Dichte D der an beiden Salzen gesättigten Lösung bei 25 und 60°C in Abhängigkeit von der Zusammensetzung (Werte in Auswahl) [1]:

Bei 25°C:

Gew.-% $MnCl_2$	0	5.37	10.70	16.04	22.17	28.07	35.42	43.11	43.45
Gew.-% NH_4Cl	28.33	25.11	22.35	19.48	14.84	10.00	5.53	2.95	0
D in g/cm³	1.077	1.119	1.164	1.209	1.263	1.317	1.396	1.494	1.485

Bei 60°C:

Gew.-% $MnCl_2$	2.91	10.16	15.91	22.42	27.74	32.80	38.02	45.00	51.47
Gew.-% NH_4Cl	33.52	29.50	25.28	19.04	14.33	10.52	7.55	4.64	0.91
D in g/cm^3	1.105	1.183	1.210	1.267	1.317	1.365	1.426	1.523	1.619

Weitere Dichtemessungen von gesättigten Lösungen bei 10 bis 70°C s. [2]. Dichte D (in g/cm^3) und dynamische Viskosität η (in cP) von 1.0 bis 7.0 Mol-% Gesamtsalz ($MnCl_2 + NH_4Cl$) enthaltenden Lösungen bei 25 und 55°C in Abhängigkeit vom Verhältnis Mn^{2+}/NH_4^+ (ausgewählte Werte):

Gesamtsalz	Mn^{2+}/NH_4^+:	$MnCl_2$	5.0	2.2	1.0	0.5	0.2	NH_4Cl
Bei 25°C:								
1.0	D	1.0545	1.0464	1.0397	1.0303	1.0223	1.0142	1.0062
	η	1.106	1.066	1.032	0.998	0.953	0.919	0.887
3.5	D	1.1889	1.1620	1.1389	1.1081	1.0806	1.0533	1.0263
	η	1.804	1.593	1.443	1.255	1.117	0.989	0.883
7.0	D	1.3643	1.3111	1.2644	1.2059	1.1533	1.1019	1.0505
	η	4.068	3.055	2.404	1.776	1.389	1.113	0.897
Bei 55°C:								
1.0	D	1.0424	1.0344	1.027	1.0185	1.0108	1.0025	0.9936
	η	0.618	0.599	0.581	0.562	0.547	0.529	0.514
3.5	D	1.1760	1.1489	1.1260	1.0952	1.0693	1.0412	1.0146
	η	0.974	0.884	0.807	0.715	0.648	0.586	0.534
7.0	D	1.3493	1.2964	1.2505	1.1923	1.1406	1.0895	1.0383
	η	2.029	1.598	1.303	1.007	0.816	0.677	0.566

D und η für Lösungen mit 2.2, 5 und 6 Mol-% Gesamtsalz sowie bei 40°C s. Original [11]. lg η zeigt bei 25°C und 7 Mol-% Gesamtsalz eine maximale Abweichung von der Additivität bei $Mn^{2+}/NH_4^+ \approx 1$ (s. Figur im Original), die durch die Bildung des Doppelsalzes NH_4MnCl_3 erklärt wird [12]. — Zur Bestimmung des spezifischen Volumens einer an beiden Salzen insgesamt etwa 2molaren Lösung in Abhängigkeit vom Verhältnis $MnCl_2:NH_4Cl$ bei 18°C s. [13].

Literatur:

[1] F. W. Clendinnen, A. C. D. Rivett (J. Chem. Soc. **119** [1921] 1329/39, 1336). — [2] F. W. Clendinnen, A. C. D. Rivett (J. Chem. Soc. **123** [1923] 1344/51, 1350). — [3] A. L. Greenberg, G. H. Walden (J. Chem. Phys. **8** [1940] 645/58, 651/6). — [4] A. Benrath, H. Schackmann (Z. Anorg. Allgem. Chem. **221** [1935] 418/22). — [5] M. K. Kydinov, S. A. Lomteva (Materialy Nauchn. Konf. Posvyashch. 100-[Sto] Letiyu Period. Zakona D. I. Mendeleeva, Frunze 1969 [1970], S. 117/9; C.A. **76** [1972] Nr. 28308).

[6] H. W. Foote, B. Saxton (J. Am. Chem. Soc. **36** [1914] 1695/704, 1701/3). — [7] N. S. Kurnakov, N. K. Voskresenskaya (Bull. Acad. Sci. URSS Classe Sci. Math. Nat. Ser. Chim. **1937** 607/30 [deutscher Auszug S. 629/30]; C.A. **1938** 2417), N. K. Voskresenskaya (Priroda [Moscow] **26** Nr. 6 [1937] 46/52, 48; C. **1938** I 3161). — [8] E. M. Ioffe (Izv. Akad. Nauk SSSR Otd. Khim. Nauk **1955** 586/93; Bull. Acad. Sci. USSR Div. Chem. Sci. **1955** 525/30; Zh. Neorgan. Khim. **3** [1958] 29/32; Russ. J. Inorg. Chem. **3** Nr. 1 [1958] 40/5). — [9] E. M. Ioffe, B. A. Nikitin (Acta Physicochim. URSS **17** [1942] 93/105, 101/2; C.A. **1943** 5904; Izv. Akad. Nauk SSSR Otd. Khim. Nauk **1942** 383/90, 388; C.A. **1945** 1588). — [10] D. Draganova (Godishnik Sofiiskiya Univ. Khim. Fak. **61** [1966/67] 275/99, 284, 297 [deutscher Auszug S. 299]; C.A. **71** [1969] Nr. 42975).

[11] V. N. Lisov (Ukr. Khim. Zh. **28** [1962] 32/8; C.A. **57** [1962] 4105). — [12] V. N. Lisov (Ukr. Khim. Zh. **29** [1963] 12/5; C.A. **59** [1963] 2223). — [13] I. A. Sheka, A. L. Gol'dinov (Ukr. Khim. Zh. **16** Nr. 1 [1950] 83/98, 93/7; C. **1954** 1432). — [14] T. J. Seed (J. Chem. Phys. **41** [1964] 1486/91, 1487). — [15] E. M. Farrer, S. U. Pickering (Chem. News **53** [1886] 279).

[16] O. Hautz (Liebigs Ann. Chem. **66** [1848] 280/90, 285/7). — [17] K. v. Hauer (J. Prakt. Chem. **63** [1854] 425/39, 436/8; Sitz.-Ber. Kaiserl. Akad. Wiss. Wien Math. Naturw. Kl. **13** [1854] 443/56, 453/5). — [18] C. E. Saunders (Am. Chem. J. **14** [1892] 127/52, 134/9; Z. Krist. **23** [1894] 617). — [19] V. S. Kublanovskii (Zh. Neorgan. Khim. **22** [1977] 735/8; Russ. J. Inorg. Chem. **22** [1977] 405/7).

The NH_4Cl-rich Solid Solutions of NH_4Cl and $MnCl_2 \cdot 2H_2O$

5.3.1.1.27 NH_4Cl-reiche Mischkristalle zwischen NH_4Cl und $MnCl_2 \cdot 2H_2O$

Zur Bildung im System NH_4Cl-$MnCl_2$-H_2O s. Fig. 37, S. 128, Bereich AB. — Die Darstellung ist nur durch Abkühlen der an beiden Salzen übersättigten Lösungen [1 bis 5] oder durch isothermes Eindampfen bei 22 [6] bis 25°C möglich [7]. Durch Lösen von $MnCl_2$ in gesättigter NH_4Cl-Lösung [8] oder von NH_4Cl in gesättigter $MnCl_2$-Lösung erhält man dagegen fast reines NH_4Cl [8, 9]. Über Mischkristallbildung bei 25°C s. auch [10, 11]. Ältere Angaben zur Mischkristallbildung s. [12, 13].

Für die Bildung eines Mischkristalls mit 78.38 Gew.-% NH_4Cl ergibt sich aus kalorimetrischen Bestimmungen der Lösungswärme der mechanischen Gemische und der festen Phase unter der Annahme, daß einheitliche Mischkristalle vorliegen, die Bildungsenthalpie $\Delta H = 981$ cal/mol [4].

Die Mischkristalle sind farblos bis blaßrosa gefärbt [4, 7]. Sie zeigen bei höherem $MnCl_2$-Gehalt deutliche Doppelbrechung [6, 7, 14] und neigen dabei zur Ausbildung von Würfeln an Stelle der Oktaederformen des NH_4Cl. Bei hohem $MnCl_2$-Gehalt werden die Grenzflächen der Kristalle uneben, wobei ihre Würfelform weitgehend verschwindet. Diese Kristalle haben starke Spannungen und zerspringen oft entlang den Diagonalen [14], s. auch [7]. Bei 22°C auskristallisierte Proben zeigen unterhalb 0.2 Gew.-% Mn^{2+} ($\triangleq$ 5.9 Gew.-% $MnCl_2 \cdot 2H_2O$) eine faserige Gestalt wie reines NH_4Cl, zwischen 0.3 und 1.5 Gew.-% Mn^{2+} sind sie glasig transparent mit Andeutungen von Wachstumslinien und zwischen 1.7 und 8.0 Gew.-% Mn^{2+} ($\triangleq$ 24 Gew.-% $MnCl_2 \cdot 2H_2O$) erhält man eine fast amorphe Masse [6].

Bis 1.7 Gew.-% Mn^{2+} ($\triangleq$ 5.0 Gew.-% $MnCl_2 \cdot 2H_2O$) besitzen die Mischkristalle dieselbe innenzentrierte kubische Struktur wie NH_4Cl (CsCl-Typ) mit $a = 3.87 \pm 0.005$ Å. Ab 2.4 Gew.-% Mn^{2+} deuten schwache zusätzliche Röntgenreflexe eine Symmetrieerniedrigung an. Der Wechsel von der kubischen zur tetragonalen Struktur vom Typ der Doppelsalze $(NH_4)_6MnCl_8 \cdot 2H_2O$ und $(NH_4)_2MnCl_4 \cdot 2H_2O$ (s. S. 131) findet bei etwa 4 Gew.-% Mn^{2+} ($\triangleq$ 11.8 Gew.-% $MnCl_2 \cdot 2H_2O$) statt [6]. Gitterkonstanten a bei 25 bis 29°C aus Pulveraufnahmen und Dichten D bei 25 bis 28°C in Abhängigkeit vom $MnCl_2 \cdot 2H_2O$-Gehalt [3]:

Gew.-% $MnCl_2 \cdot 2H_2O$.	0	1.9	3.7	8.5	9.1	16.0
a in Å	3.8680	3.8687	3.8691	3.8699	3.8714	3.8708
	±0.0003	±0.0003	±0.0003	±0.0005	±0.0001	±0.0007
D_{gem} in g/cm³	1.519	1.508	1.528	1.557	1.586	1.610
D_{ber} in g/cm³	1.525	1.535	1.543	1.569	1.571	1.610

(Ältere Angaben [11] über eine Abnahme von a mit steigendem Mn-Gehalt sind durch eine falsche Indizierung des Pulverdiagramms vorgetäuscht [3].) Der Einbau des $MnCl_2 \cdot 2H_2O$ in das NH_4Cl-Gitter erfolgt wahrscheinlich statistisch durch Austausch von zwei (benachbarten) NH_4^+-Ionen gegen zwei H_2O-Moleküle und Einbau des Mn^{2+}-Ions auf Zwischengitterplätzen [3, 6]. Dieses bildet mit vier Cl^--Ionen und zwei H_2O-Molekülen $[MnCl_4(H_2O)_2]^{2-}$-Baugruppen, die als komplexe Anionen statistisch über den ganzen NH_4Cl-Kristall verteilt sind und zur Aufweitung und Verzerrung des NH_4Cl-Gitters führen [15].

Literatur:

[1] F. W. Clendinnen, A. C. D. Rivett (J. Chem. Soc. **119** [1921] 1329/39, 1336). — [2] F. W. Clendinnen, A. C. D. Rivett (J. Chem. Soc. **123** [1923] 1344/51, 1350). — [3] A. L. Greenberg, G. H. Walden (J. Chem. Phys. **8** [1940] 645/58, 651/6). — [4] H. W. Foote, B. Saxton (J. Am. Chem. Soc. **36** [1914] 1695/704, 1701/3). — [5] W. Lindenberg (Z. Naturforsch. **11b** [1956] 447/52, 449).

[6] T. J. Seed (J. Chem. Phys. **41** [1964] 1486/91). — [7] N. S. Kurnakov, N. K. Voskresenskaya (Bull. Acad. Sci. URSS Classe Sci. Math. Nat. Ser. Chim. **1937** 607/30, 620/2 [deutscher Auszug S. 629/30]; C.A. **1938** 2417), N. K. Voskresenskaya (Priroda [Moscow] **26** Nr. 6 [1937] 46/52, 48; C. **1938** I 3161). — [8] B. Srebrow (Kolloid-Z. **58** [1932] 298/302). — [9] A. Benrath, H. Schackmann (Z. Anorg. Allgem. Chem. **221** [1935] 418/22). — [10] M. K. Kydinov, S. A. Lomteva (Materialy Nauchn. Konf. Posvyashch. 100-[Sto] Letiyu Period. Zakona D. I. Mendeleeva, Frunze 1969 [1970], S. 117/9; C.A. **76** [1972] Nr. 29308).

[11] V. G. Kuznecov (Compt. Rend. Acad. Sci. URSS [2] **15** [1937] 469/71 [deutsch]). — [12] E. Gruner, L. Sieg (Z. Anorg. Allgem. Chem. **229** [1936] 175/87, 181). — [13] P. de Clermont, H. Guiot (Compt. Rend. **85** [1877] 37/9). — [14] O. Lehmann (Z. Krist. **8** [1884] 433/54, 445/6). — [15] U. Steinicke (Krist. Tech. **6** [1971] 7/16, 13/5).

5.3.1.1.28 $(NH_4)_6MnCl_8 \cdot 2H_2O$, $(NH_4)_2MnCl_4 \cdot 2H_2O$ und gegenseitige Mischkristalle

$(NH_4)_6$-$MnCl_8 \cdot 2H_2O$, $(NH_4)_2$-$MnCl_4 \cdot 2H_2O$, and Their Solid Solutions

Zur Lage der Verbindungen und Mischkristalle im System NH_4Cl-$MnCl_2$-H_2O s. S. 127. Die Mischkristalle lassen sich auch als $(NH_4Cl)_{1-x}(MnCl_2 \cdot 2H_2O)_x$ beschreiben.

Darstellung. $(NH_4)_2MnCl_4 \cdot 2H_2O$ erhält man durch langsames Eindunsten einer wäßrigen Lösung von äquimolaren Anteilen $MnCl_2$ und NH_4Cl über konzentriertem H_2SO_4 bei Zimmertemperatur [1], durch Kristallisation aus einer NH_4Cl und überschüssiges $MnCl_2$ enthaltenden Lösung [2] oder aus einer mit HCl angesäuerten Lösung der Komponenten in stöchiometrischem Ansatz durch langsames Einengen bei 40°C [3]. Die Mischkristalle bis zu reinem $(NH_4)_6MnCl_8 \cdot 2H_2O$ werden aus den entsprechend zusammengesetzten Lösungen bei 25°C gezüchtet und bis zur Gleichgewichtseinstellung mehrmals zerstoßen und mehrere Monate unter der Mutterlauge homogenisiert [4], dann mit Alkohol und Äther gewaschen und trocken gesaugt [5].

Für die Bildung von zwei Mischkristallen mit 47.96 und 61.99 Gew.-% NH_4Cl (Molverhältnis $NH_4Cl:MnCl_2 \cdot 2H_2O$ etwa 3:1 bzw. 5:1) ergibt sich aus kalorimetrischen Bestimmungen der Lösungswärme der mechanischen Gemenge von $MnCl_2 \cdot 2H_2O$ und NH_4Cl sowie der festen Phasen in H_2O unter der Annahme, daß einheitliche Mischkristalle vorliegen, die Bildungsenthalpie $\Delta H = -1189$ bzw. -1462 cal/mol [6].

Kristallographische Eigenschaften. $(NH_4)_2MnCl_4 \cdot 2H_2O$ kristallisiert in gelblichen bis blaßrosafarbenen kleinen Würfeln [7] oder Rhombendodekaedern [1 bis 3, 8], bei der genauen stöchiometrischen Zusammensetzung in Rosetten aus regelmäßigen Sechsecken [8, 9], die bei höherem NH_4-Gehalt fast farblos und schlecht ausgebildet sind [8] und beim Molverhältnis von etwa $4NH_4Cl:1MnCl_2$ als charakteristische, verwachsene Blättchen ausfallen. Bei weiterem NH_4Cl-Zusatz kristallisieren Dendriten von NH_4Cl aus [9].

$(NH_4)_2MnCl_4 \cdot 2H_2O$ kristallisiert tetragonal mit $a = 7.5139 \pm 0.0005$, $c = 8.245 \pm 0.003$ Å [5], $a = 7.5291 \pm 0.0005$, $c = 8.262 \pm 0.003$ Å; Z = 2 [4] im $K_2CuCl_4 \cdot 2H_2O(H4_1)$-Typ, s. „Kupfer" B, S. 1024, 1434; Raumgruppe $P4_2/mnm$-D^{14}_{4h} (Nr. 136) [5]. $(NH_4)_6MnCl_8 \cdot 2H_2O$ kristallisiert ebenfalls tetragonal in einer Überstruktur des $K_2CuCl_4 \cdot 2H_2O$-Typs [4] mit $a = 15.256 \pm 0.004$, $c = 16.008 \pm 0.004$ Å [5], $a = 15.287 \pm 0.002$, $c = 16.040 \pm 0.002$ Å; Z = 8 [4]. d-Werte beider Verbindungen s. Original [4]. Die Gitterkonstanten der Mischkristalle gehorchen der Regel von Vegard, wenn man die Verdopplung durch die Überstruktur unberücksichtigt läßt (x bezieht sich auf die Formulierung $(NH_4Cl)_{1-x}(MnCl_2 \cdot 2H_2O)_x$) [4]:

x	0.156	0.159	0.183	0.204	0.247	0.290
a in Å	15.295	15.283	15.277	7.616	7.588	7.557
c in Å	16.070	16.072	16.100	8.087	8.149	8.206

$(NH_4)_6$-$MnCl_8$·$2H_2O$, $(NH_4)_2$-$MnCl_4$·$2H_2O$, and Their Solid Solutions

Die Struktur von $(NH_4)_2MnCl_4 \cdot 2H_2O$ läßt sich aus der kubisch raumzentrierten von NH_4Cl ableiten durch geordneten Einbau von Mn^{2+}-Ionen in das Zentrum der von vier Cl-Ionen gebildeten Kontaktfläche zwischen zwei NH_4Cl-Elementarzellen und Austausch der NH_4^+-Ionen in den Würfelzentren gegen H_2O, wodurch sich eine sechsfache Koordination des Mn^{2+}-Ions ergibt. Dieser geordnete Einbau der Mn^{2+}-Ionen führt zu einer tetragonalen Verzerrung, wobei das Achsenverhältnis c/a von 1.05 für $(NH_4)_6MnCl_8 \cdot 2H_2O$ auf 1.09 für $(NH_4)_2MnCl_4 \cdot 2H_2O$ ansteigt [3, 20]. Der Grad der tetragonalen Verzerrung und damit der Ordnungsgrad nimmt mit der Besetzung von geordneten Lagen in den Elementarzellen durch die $MnCl_2 \cdot 2H_2O$-Baugruppen zu, die sich entlang der c-Achse ausrichten. Eine sichere Abgrenzung von der Überstruktur ist wegen der im Grenzbereich (bei etwa 20 Mol-% $MnCl_2 \cdot 2H_2O$) sehr ähnlichen Röntgenogramme (Überlagerung der Reflexe) nur schwer möglich [4].

Beim Erhitzen auf 130°C (4 h) wandelt sich die tetragonale Überstruktur von $(NH_4)_6MnCl_8 \cdot 2H_2O$ in den kubischen NH_4Cl-Typ um. Nach längerem Lagern (bis 300 h) bei Zimmertemperatur entsteht wieder die ursprüngliche Überstruktur [4].

Dichte. Pyknometrische Bestimmungen bei 25 bis 28°C ergeben für $(NH_4)_2MnCl_4 \cdot 2H_2O$ und $(NH_4)_6MnCl_8 \cdot 2H_2O$ die Dichte D = 1.913 bzw. 1.701 g/cm³, die Röntgendichte beträgt 1.906 bzw. 1.711 g/cm³ [5]. Für $(NH_4)_2MnCl_4 \cdot 2H_2O$ ergeben Messungen bei 20°C die Dichte D = 1.912 g/cm³ [3].

Chemisches Verhalten. $(NH_4)_2MnCl_4 \cdot 2H_2O$ gibt nach thermischen Analysen das H_2O bei etwa 115°C und oberhalb 160°C auch NH_4Cl ab [10], s. auch [1]. An der Luft sowie im Exsikkator ist es beständig [1] und nur wenig hygroskopisch [3]. In H_2O löst es sich leicht, läßt sich aber daraus nur in Gegenwart von überschüssigem $MnCl_2$ unzersetzt umkristallisieren [1], s. auch [5]. — Beim Überleiten von getrocknetem NH_3-Gas ergibt $(NH_4)_2MnCl_4 \cdot 2H_2O$ das Hexammin $(NH_4)_2MnCl_4 \cdot 6NH_3$ unter starker Wärmeentwicklung und Verdrängung des H_2O; durch Pyridin wird es ohne Bildung eines definierten Reaktionsproduktes zersetzt [11, 12]. — An NH_4Cl reichere Präparate, z.B. solche der Zusammensetzung $4NH_4Cl \cdot MnCl_2 \cdot 3H_2O$, spalten beim Erhitzen auf 100°C neben H_2O auch NH_4Cl ab, halten aber einen Teil des H_2O noch bei 220°C fest [13].

Literatur:

[1] C. E. Saunders (Am. Chem. J. **14** [1892] 127/52, 134/9; Z. Krist. **23** [1894] 617). — [2] A. Johnsen (Neues Jahrb. Mineral. Geol. Paläontol. Abhandl. **2** [1903] 93/118, 104/6). — [3] A. Neuhaus (Z. Krist. **98** [1938] 112/42, 127/8). — [4] A. Grenall (J. Chem. Phys. **17** [1949] 1036/43). — [5] A. L. Greenberg, G. H. Walden (J. Chem. Phys. **8** [1940] 645/58, 651/6).

[6] H. W. Foote, B. Saxton (J. Am. Chem. Soc. **36** [1914] 1695/704, 1701/3). — [7] K. v. Hauer (J. Prakt. Chem. **63** [1854] 425/39, 436/8; Sitz.-Ber. Kaiserl. Akad. Wiss. Wien Math. Naturw. Kl. **13** [1854] 443/56, 453/5). — [8] N. S. Kurnakov, N. K. Voskresenskaya (Bull. Acad. Sci. URSS Classe Sci. Math. Nat. Ser. Chim. **1937** 607/30, 620/2 [deutscher Auszug S. 629/30]; C.A. **1938** 2417), N. K. Voskresenskaya (Priroda [Moscow] **26** Nr. 6 [1937] 46/52, 48; C. **1938** I 3161). — [9] V. S. Kublanovskii (Zh. Neorgan. Khim. **22** [1977] 735/8; Russ. J. Inorg. Chem. **22** [1977] 405/7). — [10] H. T. Witteveen (J. Solid State Chem. **11** [1974] 245/53, 247).

[11] G. Spacu, L. T. Caton (Bul. Soc. Stiinte Cluj **2** [1924/25] 29/50, 34, 38/40; 306/31, 316; C. **1924** I 1650/1, **1925** I 2435). — [12] L. T. Caton (Ann. Sci. Univ. Jassy **17** [1931/32] 199/204; C. **1932** II 965). — [13] E. M. Farrer, S. U. Pickering (Chem. News **53** [1886] 279).

$(N_2H_5)_3$-$MnCl_5$

5.3.1.1.29 $(N_2H_5)_3MnCl_5$ (= $3(N_2H_5)Cl \cdot MnCl_2$)

Etwa dieser Zusammensetzung entspricht eine bei 239 bis 241°C unter Zersetzung schmelzende weiße Kristallfraktion, die beim Einengen einer alkoholischen Lösung von $MnCl_2$ und N_2H_5Cl erhalten wird. Sie ist in H_2O sehr leicht, in kaltem Alkohol nur wenig und in heißem Alkohol unter teilweiser Zersetzung löslich, A. Ferratini (Gazz. Chim. Ital. **42** I [1912] 138/78, 171/2).

5.3.1.1.30 Das System $RbCl-MnCl_2$

The $RbCl-MnCl_2$ System

Zustandsdiagramm. Das nach der visuell-polythermen Methode aufgestellte Zustandsdiagramm in **Fig. 38** zeigt die Verbindungen $RbMnCl_3$, $Rb_3Mn_2Cl_7$ und Rb_2MnCl_4, von denen nur $RbMnCl_3$ bei 552 [1] bis 571 ± 5°C [10] kongruent, die übrigen inkongruent bei 475 bzw. 462°C schmelzen [1], s. auch [2]. Nach Natsvlishvili, Bergman [3] schmilzt Rb_2MnCl_4 kongruent bei 466°C, nach Gromakov [4] tritt an Stelle dieser Verbindung Rb_3MnCl_5 auf. — Eutektika werden bei 479°C mit 30 Mol-% RbCl und bei 446°C mit 73 Mol-% RbCl beobachtet [1], s. auch [5]; ältere Angaben (drei Eutektika) s. [3, 4]. Die Schmelzen sind bei <50 Mol-% RbCl rosa, bei 50 Mol-% RbCl schwach gelb und bei höherem RbCl-Gehalt bis 70 Mol-% grün gefärbt [1] und enthalten wahrscheinlich das komplexe Anion $MnCl_4^{2-}$ [2]. Schmelzen mit hohem RbCl-Anteil neigen stark zur Unterkühlung [1].

Fig. 38

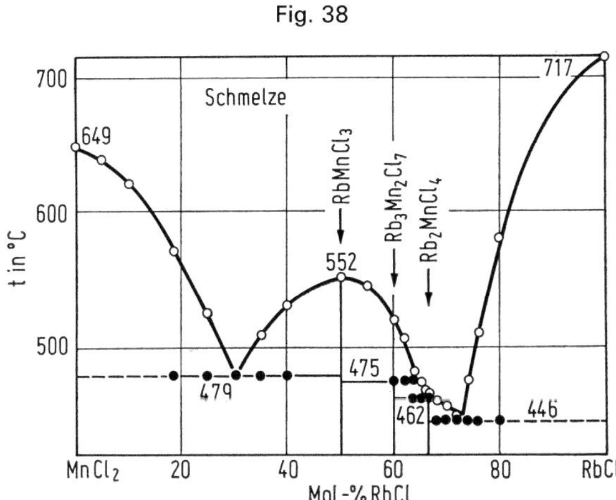

Zustandsdiagramm des Systems $RbCl-MnCl_2$.

Dampfdruck. Aus Dampfdruckbestimmungen nach der Siedepunktmethode erhält man die folgenden Konstanten A und B der Dampfdruckgleichung: $\lg p = A/T + B$ (p in Torr) in Abhängigkeit vom $MnCl_2$-Gehalt der Schmelze:

Mol-% $MnCl_2$	0	17.95	34.02	43.62	53.71	75.59
−A	9000	10224	10412	9428	9090	8999
B	8.217	9.157	9.212	8.545	8.449	8.709

Hieraus für die Bildung eines $RbCl-MnCl_2$-Komplexes in der Dampfphase berechnete Konstanten K, Enthalpie ΔH und Entropie ΔS s. [9].

Thermodynamische Daten. Kalorimetrische Bestimmungen der Gesamtmischungsenthalpie ΔH bei 810°C ergeben in Abhängigkeit von der Zusammensetzung die folgenden Werte in kcal/mol, aus denen die Wechselwirkungsparameter $\lambda = \Delta H/x(1-x)$, x = Molenbruch $MnCl_2$, berechnet werden, Werte in Auswahl:

$x(MnCl_2)$	0.049	0.102	0.254	0.326	0.400	0.479	0.774	0.923
−ΔH	0.802	1.588	3.799	4.445	4.587	4.474	2.792	1.140
−λ	17.258	17.398	20.069	20.241	19.111	17.930	15.948	16.126

Das deutliche Maximum von −λ bei etwa 33 Mol-% $MnCl_2$ läßt einen fast vollkommenen Ordnungszustand unter Bildung des stabilen, komplexen Anions $MnCl_4^{2-}$ in der Schmelze erkennen [6]. — Gleichungen zur Berechnung der partialmolaren Mischungsenthalpien $\Delta\bar{H}(MnCl_2)$ und $\Delta\bar{H}(RbCl)$

The RbCl-$MnCl_2$ System

für 0 bis 33.3 Mol-% $MnCl_2$ nach den Meßwerten von Papatheodorou, Kleppa [6] s. [7]. Aus EMK-Bestimmungen bei 998 K und den integralen Mischungsenthalpien von Papatheodorou, Kleppa [6] ergeben sich für RbCl die folgenden partialen Mischungsenthalpien $\Delta\bar{H}$ in cal/mol, -entropien $\Delta\bar{S}$ in $cal \cdot mol^{-1} \cdot K^{-1}$ und chemischen Potentiale $\Delta\mu$ in cal/mol (Werte in Auswahl):

Mol-% $MnCl_2$	12.5	19.8	25.4	30.0	37.6	43.0	49.2	56.2	65.8
$-\Delta\bar{H}$(RbCl)	0	100	800	1800	4000	5150	5950	6700	7800
$\Delta\bar{S}$(RbCl)	0.36	0.71	0.59	+0.27	−0.44	−0.52	−0.14	+0.48	1.30
$-\Delta\mu$(RbCl)	360	810	1390	2070	3560	4630	5810	7180	9100

Auch hier spricht ein negatives Maximum von $\Delta\bar{S}$(RbCl) für die Bildung des Anions $MnCl_4^{2-}$, dessen Stabilität in den Alkalichloridschmelzen in der Reihe RbCl > KCl > NaCl > LiCl (kein Komplex) abnimmt [8].

Literatur:

[1] B. F. Markov, R. V. Chernov (Ukr. Khim. Zh. **24** [1958] 139/42; C.A. **1958** 17932). — [2] B. F. Markov, R. V. Chernov (Ukr. Khim. Zh. **27** [1961] 34/9; C.A. **1961** 17185). — [3] E. R. Natsvlishvili, A. G. Bergman (Zh. Obshch. Khim. **9** [1939] 642/6; C.A. **1939** 7685). — [4] S. D. Gromakov (Zh. Fiz. Khim. **24** [1950] 641/9, 646/8; AEC-TR-4523 [1950] 1/12, 9/10). — [5] C. N. Owston (Brit. J. Appl. Phys. [2] **1** [1968] 1839/40).

[6] G. N. Papatheodorou, O. J. Kleppa (J. Inorg. Nucl. Chem. **33** [1971] 1249/78, 1252, 1259). — [7] S. N. Flengas, A. S. Kucharski (Can. J. Chem. **49** [1971] 3971/85, 3979/80). — [8] T. Østvold (Acta Chem. Scand. **26** [1972] 2788/98, 2792). — [9] B. P. Burylev, V. L. Mironov (Zh. Fiz. Khim. **48** [1974] 2142; Russ. J. Phys. Chem. **48** [1974] 1272). — [10] M. Kestigian, W. J. Croft, F. D. Leipziger (J. Chem. Eng. Data **12** [1967] 17/8).

Rb_2MnCl_4

5.3.1.1.31 Rb_2MnCl_4 (= $2RbCl \cdot MnCl_2$)

Darstellung. Die Verbindung erhält man durch ein- bis zweitägiges Erhitzen eines Gemisches aus stöchiometrischen Anteilen RbCl und wasserfreiem $MnCl_2$ auf etwa 600°C und wiederholtes mehrwöchiges Tempern des gepulverten Rohproduktes bei 300 bis 400°C [1]. Man kann das Gemisch auch in evakuierten Quarzampullen mehrere Stunden auf etwa 560°C erhitzen und langsam auf Zimmertemperatur abkühlen [2] oder 68.2 Mol-% RbCl und 31.8 Mol-% $MnCl_2$ auf 500°C in Quarzampullen erhitzen [3]. Bei weiteren Verfahren werden stöchiometrische Anteile von RbCl und $MnCl_2 \cdot 4H_2O$ vier Stunden im HCl-Strom (Trägergas Ar) bis wenig oberhalb des Schmelzpunktes erhitzt [4], oder es wird $Rb_2MnCl_4 \cdot 2H_2O$ (s. S. 139) bei 130°C bis zur Gewichtskonstanz [5] mehrere Tage bei 150°C in Ar-Atmosphäre [1] oder bei 110°C entwässert [6, 7]. Zur Fällung aus einer konzentrierten wäßrigen Lösung von $MnCl_2$ und RbCl durch HCl s. [8, 9]. — Einkristalle erhält man nach der vertikalen Bridgman-Methode im Temperaturgefälle von 100 grd und Abkühlen mit 10 [3] bis 20 grd/h auf Zimmertemperatur [4].

Struktur. Rb_2MnCl_4 bildet durchsichtige, orangefarbene, stark hygroskopische [3] Blättchen [6], die sich entlang der Basisebene leicht spalten lassen [3]. Nach Pulveraufnahmen kristallisiert es tetragonal, Raumgruppe I4/mmm-D_{4h}^{17} (Nr. 139), im K_2NiF_4-Typ (s. „Nickel" B, S. 1032) [6] mit a = 5.049(2), c = 16.172(4) Å [1], a = 5.051 ± 0.005, c = 16.18 ± 0.01 Å; Z = 2 [6], s. auch [2]. Aus Pulveraufnahmen wird für Rb der Parameter z = 0.35 und für Cl z = 0.15 abgeleitet [6] und später bestätigt [2]; aus Einkristallaufnahmen werden die Werte 0.3551(11) bzw. 0.1546(28) erhalten (R = 10.1%). Atomabstände (in Å): Mn-Cl = 2.50(5) und 2.53(1), Cl-Cl = 3.55(3) und 3.57(1), Rb-Cl = 3.24(5), 3.44(2) und 3.57(2) [13].

Experimentell bestimmte Dichte D = 2.96 (pyknometrisch) [6], 2.97 g/cm^3 (Immersionsmethode) [3], Röntgendichte 2.96 g/cm^3 [6]. — Zum Schmelzpunkt s. S. 133.

Die magnetische Struktur wird von Epstein u.a. [2] durch Messungen der Neutronenstreuung identisch mit derjenigen von K_2NiF_4 gefunden (vgl. „Mangan" C 4, S. 108), wenn die Kristalle über die Schmelze hergestellt waren. Bei einer Darstellung aus wäßrigen Lösungen dagegen finden Gurewitz u.a. [5] die magnetische Ca_2MnO_4-Struktur, die jedoch nach 100 h langem Tempern bei 430°C und anschließendem Abschrecken auf gewöhnliche Temperatur wieder in die K_2NiF_4-Form übergeht. — Für die Néel-Temperatur wird $T_N = 57$ K erhalten [2], während Messungen der Suszeptibilität und des Spin-Flop von L. J. de Jongh (unveröffentlicht) $T_N = 56.5 \pm 1.5$ K und den Austauschparameter $J/k = -6.2$ K ergeben [10].

Für die Dielektrizitätskonstante bei niedrigen und hohen Frequenzen $\varepsilon(0)$ und $\varepsilon(\infty)$ ergeben sich aus Messungen des Reflexionsvermögens im fernen IR folgende Werte [11]:

T in K	20	40	80	300	
$\varepsilon(0)$	9.3 [1)]	7.7 [2)]	7.8 [1)]	7.3 [1)]	6.7 [2)]
$\varepsilon(\infty)$	2.6	3.2	2.6	2.6	3.2

1) E ⊥ c-Achse; 2) E ∥ c-Achse.

Optische Eigenschaften. Im IR-Reflexionsspektrum werden bei 300 K folgende Wellenzahlen (in cm^{-1}) transversal-optischer (TO) und longitudinal-optischer (LO) Gitterschwingungen der Symmetrie E_u bzw. A_{2u} gefunden: 69 (TO), 73 (LO), 100 (TO), 106 (LO), 119 (TO), 156 (LO), 251 (TO), 286 (LO) bzw. 99 (TO), 106 (LO), 145 (TO), 159 (LO), 209 (TO), 258 (LO). Das Raman-Spektrum zeigt bei 300 K Linien bei 52.0 und 97.5 cm^{-1} (Symmetrie E_g) bzw. 89.5 und 201.0 cm^{-1} (Symmetrie A_{1g}). Die Wellenzahlen der E_u- und der E_g-Schwingungen ändern sich bis 20 K nur wenig, während bei einigen A_{2u}- und den A_{1g}-Schwingungen bis 40 bzw. 15 K eine deutliche Zunahme stattfindet [11]. Aus diesen Wellenzahlen werden je neun Kraftkonstanten für 20, 80 und 300 K abgeleitet [12].

Chemisches Verhalten. Rb_2MnCl_4 ist hygroskopisch [13]. Es ist in H_2O sehr leicht, in konzentriertem HCl nur wenig löslich [8, 9].

Literatur:

[1] H. T. Witteveen (J. Solid State Chem. **11** [1974] 245/53, 247). — [2] A. Epstein, E. Gurewitz, J. Makovsky, H. Shaked (Phys. Rev. [3] B **2** [1970] 3703/6). — [3] J. Makovsky, A. Zodkewitz, Z. H. Kalman (J. Cryst. Growth **11** [1971] 99/100). — [4] M. Kestigian, W. W. Holloway (Phys. Status Solidi A **6** [1971] K19/K22). — [5] E. Gurewitz, A. Epstein, J. Makovsky, H. Shaked (Phys. Rev. Letters **25** [1970] 1713/4).

[6] H. J. Seifert, F. W. Koknat (Z. Anorg. Allgem. Chem. **341** [1965] 269/80, 275). — [7] C. E. Saunders (Am. Chem. J. **14** [1892] 127/52, 139/43). — [8] R. Godeffroy (Z. Allgem. Österr. Apothekerver. **13** [1875] 21/8, 25, 28; Arch. Pharm. **212** [1878] 47/54, 49/50). — [9] R. Godeffroy, E. J. Zwick (Ber. Deut. Chem. Ges. **8** [1875] 8/11). — [10] L. J. de Jongh, A. R. Miedema (Advan. Phys. **23** [1974] 1/260, 104/5).

[11] H. Bürger, K. Strobel, R. Geick, W. Müller-Lierheim (J. Phys. C **9** [1976] 4213/22). — [12] K. Strobel, R. Geick (J. Phys. C **9** [1976] 4223/36). — [13] J. Goodyear, E. M. Ali, G. A. Steigmann (Acta Cryst. B **33** [1977] 2932/3).

5.3.1.1.32 $Rb_3Mn_2Cl_7$ (= 3 RbCl · 2 $MnCl_2$)

$Rb_3Mn_2Cl_7$

Preparation

Zur Darstellung erhitzt man wegen des inkongruenten Schmelzpunktes nicht stöchiometrische Anteile, sondern 64.5 Mol-% RbCl und 35.5 Mol-% $MnCl_2$ etwa $^1/_2$ d in der Quarzampulle auf 500°C [1]. Die Verbindung läßt sich auch aus wäßriger oder alkoholischer Lösung der Chloride herstellen [2]. — Einkristalle erhält man nach dem vertikalen Bridgman-Verfahren [1].

Crystal Structure

Kristallstruktur. Die durchsichtigen orangefarbenen, stark hygroskopischen [1, 3] Blättchen [4] sind parallel zur Basisebene leicht spaltbar [1]. Sie kristallisieren nach Pulveraufnahmen tetragonal, Raumgruppe I4/mmm-D_{4h}^{17} (Nr. 139) mit den Gitterkonstanten $a = 5.059 \pm 0.005$, $c = 26.146 \pm 0.010$ Å; Z = 2 [4]. Die Gitterkonstanten werden durch spätere Einkristallaufnahmen [3] und

Crystal Structure of $Rb_3Mn_2Cl_7$

Neutronenbeugungsuntersuchungen [2] bestätigt; d-Werte s. Original [3]. Röntgenographisch [3] und aus der Neutronenbeugung werden folgende Atomparameter erhalten (Werte in Klammern bei 4.2 K) [2]:

Atom	Punktlage	x	y	z	Lit.
Rb(1)	2a	0	0	0	[3]
Rb(2)	4e	0	0	0.180 ± 0.005	[3]
		0	0	0.180 ± 0.002 (0.176 ± 0.002)	[2]
Mn	4e	0	0	0.400 ± 0.005	[3]
		0	0	0.398 ± 0.005 (0.399 ± 0.003)	[2]
Cl(1)	2b	0	0	0.5	[3]
Cl(2)	4e	0	0	0.295 ± 0.005	[3]
		0	0	0.303 ± 0.002 (0.297 ± 0.001)	[2]
Cl(3)	8g	0	0.5	0.100 ± 0.005	[3]
		0	0.5	0.094 ± 0.001 (0.095 ± 0.001)	[2]

Die Parameter der aus der Schmelze gewonnenen Präparate (in der Tabelle) und der aus Lösungen hergestellten sind gleich innerhalb der Fehlerbreite [2]. Die Struktur besteht wie bei $K_3Mn_2Cl_7$ (s. S. 115) und den entsprechenden Fluoriden aus Doppelschichten vom $Sr_3Ti_2O_7$-Typ, s. „Mangan" C 4, Fig. 34, S. 105 [2, 4].

Density

Experimentell bestimmte Dichte 3.04 (pyknometrisch) [4], 3.01 (Immersionsmethode) [1], Röntgendichte 3.06 g/cm³ [4]. — Zum Schmelzpunkt s. S. 133.

Magnetic Properties

Magnetische Eigenschaften. Im Temperaturbereich 64.5 < T < 100 K verhält sich der Kristall wie ein zweidimensionaler Antiferromagnet. Die Mn^{2+}-Momente sind in Richtung der c-Achse ausgerichtet, jedes Moment ist antiparallel zu denen der fünf nächsten Mn^{2+}-Nachbarn. Unterhalb der Néel-Temperatur $T_N \approx 64.5$ K ordnet sich die Verbindung in drei Dimensionen. Die magnetische Struktur hängt davon ab, ob die Verbindung aus der Schmelze erstarrt (MS) oder aus wäßriger oder alkoholischer Lösung (AS) gefällt wird, s. **Fig. 39**. Für die MS- und AS-Probe sind die beiden Raumgruppen nach Opechowski, Guccione [5] $F_Cm'm'm'$ (in der Anordnung dieser Untersuchung $F_Bm'm'm'$) und $P_J4_2/nn'm'$. Das Volumen der magnetischen Elementarzelle ist zwei- bzw. viermal so groß wie das der chemischen Elementarzelle und das magnetische Moment je Mn^{2+}-Ion berechnet sich zu 4.2 ± 0.2 bzw. 4.3 ± 0.2 μ_B [2].

Fig. 39

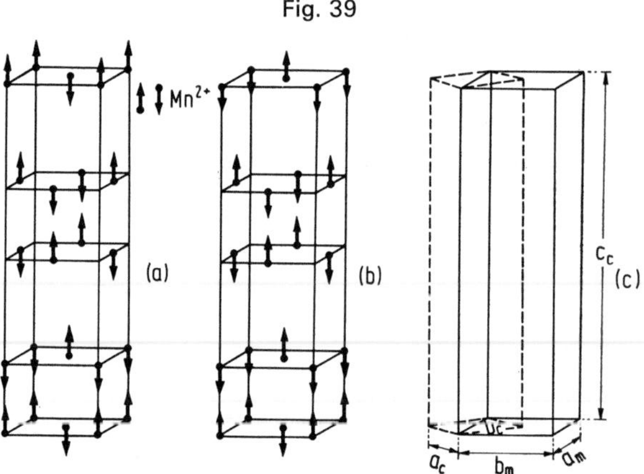

Magnetische Struktur von $Rb_3Mn_2Cl_7$, das aus der Schmelze (a) bzw. aus Lösungen (b) gewonnen wurde sowie Beziehung zwischen chemischer und magnetischer Elementarzelle (c).

Literatur:

[1] J. Makovsky, A. Zodkewitz, Z. H. Kalman (J. Cryst. Growth **11** [1971] 99/100). — [2] E. Gurewitz, J. Makovsky, H. Shaked (Phys. Rev. [3] B **14** [1976] 2071/7). — [3] M. Amit, H. Horowitz, J. Makovsky (Israel J. Chem. **10** [1972] 715/9). — [4] H. J. Seifert, F. W. Koknat (Z. Anorg. Allgem. Chem. **341** [1965] 269/80, 273/8). — [5] W. Opechowski, B. Guccione (in: G. T. Rado, H. Suhl, Magnetism. Bd. IIa, Academic Press, New York – London 1965, S. 105/65, 139, 144).

5.3.1.1.33 $RbMnCl_3$ (= $RbCl \cdot MnCl_2$)

$RbMnCl_3$

Preparation

Zur Darstellung erhitzt man ein inniges Gemisch aus äquimolaren Anteilen RbCl und wasserfreiem $MnCl_2$ einige Stunden auf etwa 600°C in verschlossener Quarzampulle [1]. Man kann auch RbCl und $MnCl_2 \cdot 4H_2O$ im trocknen HCl-Strom (Trägergas Ar) in Pt-Schalen 2 h bis wenig oberhalb des Schmelzpunktes [2, 3] oder im trocknen HCl- sowie N_2-Strom erst einige Stunden auf 200°C zur Entwässerung, dann längere Zeit auf 500°C erhitzen und dann im Gasstrom langsam abkühlen [4]. Ferner läßt sich $RbMnCl_3 \cdot 2H_2O$ (s. S. 142) bei 110°C entwässern [5]. — Einkristalle werden nach der vertikalen Bridgman-Methode im Temperaturgefälle von 100 grd gezüchtet [2, 3] oder (meist verzwillingt) durch Abkühlen der Schmelze mit 5 grd/h auf Zimmertemperatur erhalten [6].

Aus kalorimetrischen Bestimmungen der Lösungsenthalpie von $RbMnCl_3$, RbCl und $MnCl_2$ in H_2O bei 25°C ergibt sich für die Bildung aus RbCl und $MnCl_2$ die Bildungsenthalpie $\Delta H = -6.21$ kcal/mol [7]; für die Bildung aus den Elementen wird aus diesem Wert die Standardbildungsenthalpie $\Delta H^{\circ}_{298} = -224.7$ kcal/mol erhalten [8].

Crystallographic Properties

Kristallographische Eigenschaften. Das orangefarbene $RbMnCl_3$ kristallisiert nach Pulveraufnahmen unter Normalbedingungen hexagonal, Raumgruppe $P6_3/mmc-D^4_{6h}$ (Nr. 194), mit a = 7.165 ± 0.005, c = 17.815 ± 0.010 Å [5], a = 7.164, c = 17.798 Å; Z = 6 [2], s. auch [6]. d-Werte s. [2]. — Atomlagen aus Einkristallaufnahmen:

Atom	Punktlage	x	y	z
Rb(1)	4f	1/3	2/3	−0.0888(13)
Rb(2)	2b	0	0	0.25
Mn(1)	4f	1/3	2/3	0.1603(15)
Mn(2)	2a	0	0	0
Cl(1)	12k	0.1616(79)	−0.1616(79)	0.0820(15)
Cl(2)	6h	0.4928(74)	−0.4928(74)	0.25

R = 11.8%. Die Struktur baut sich wie bei $CsMnF_3$ (s. „Mangan“ C 4, S. 189) aus einer Folge von sechs Schichten ···BCBACA··· vom Typ des hexagonalen $BaTiO_3$ (s. „Titan“ S. 442) auf [6], wie schon früher aus Pulveraufnahmen abgeleitet wurde [5]. Die beiden über eine gemeinsame Fläche verknüpften $MnCl_6$-Oktaeder sind trigonal verzerrt, was in dem kurzen Cl-Cl-Abstand von 3.13 Å und dem Winkel Cl-Mn-Cl von nur 86° zum Ausdruck kommt. Im Durchschnitt ist Mn-Cl 2.51 und Cl-Cl 3.55 Å lang. Die Rb-Cl-Abstände liegen zwischen 3.58 und 3.72 Å [6]. — Gitterenergie (aus dem Kreisprozeß berechnet) U = 769.3 kcal/mol [7].

Oberhalb 7 kbar entsteht bei 700°C eine kubische Hochdruckmodifikation. Der Übergang ist nur wenig von der Temperatur abhängig. Die Modifikation läßt sich auf Normalbedingungen abschrecken. Sie ist bis 300°C in trocknem N_2 haltbar und wandelt sich bei 400°C in wenigen Stunden in die stabile Modifikation um. Gitterkonstante a = 5.058(3) Å, d-Werte s. Original. Die Struktur ist vom Perowskit-Typ ($CaTiO_3$) [4].

Density

Die für die hexagonale Form experimentell bestimmte Dichte beträgt 3.10 g/cm^3 (Immersionsmethode) [2], 3.09 g/cm^3 (pyknometrisch) [5, 6], Röntgendichte 3.11 [6], 3.107 [2], 3.10 g/cm^3 [5]. — Zum Schmelzpunkt s. S. 133.

Magnetic Properties of $RbMnCl_3$

Magnetische Eigenschaften. Die Suszeptibilität χ ist unterhalb des Maximums bei 95 K (T_N) anisotrop und hat den in **Fig. 40** dargestellten Verlauf für die Richtungen H || [001] und senkrecht dazu (H = 4.78 kOe) [9]. Messungen bei 77 K s. [10]. Das Curie-Weiss-Gesetz mit der paramagnetischen Curie-Temperatur $\Theta_p = -204$ K gilt erst oberhalb 140 K [9]. Aus der Temperaturabhängigkeit von χ_{mol} oberhalb 250 K (keine Werte) berechnet sich das effektive magnetische Moment zu $\mu_{eff} \approx 5.3\ \mu_B$ [1]. Bei Messungen zwischen 300 und 35 K beobachten Shane u.a. [11] im paramagnetischen Bereich für $1/\chi_{mol}$ eine lineare Abhängigkeit von der Temperatur in zwei begrenzten Bereichen, zwischen denen die Kurve von 160 bis 190 K einen flachen Verlauf hat, der charakteristisch für einen kollinearen Antiferromagneten ist.

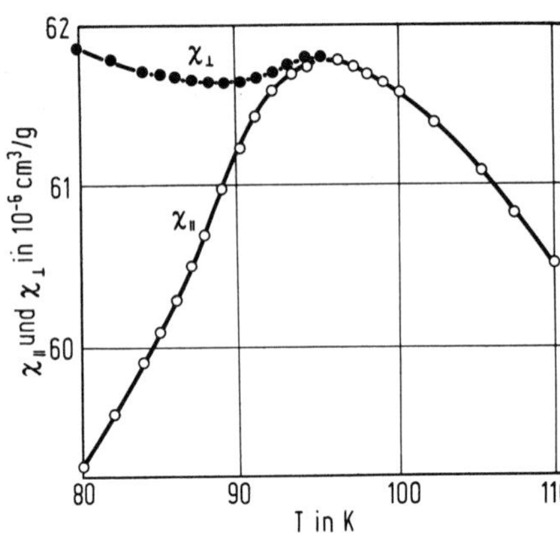

Fig. 40

Temperaturabhängigkeit der spezifischen Suszeptibilität χ von monokristallinem $RbMnCl_3$ parallel bzw. senkrecht zur c-Achse.

Untersuchungen der Magnetisierung M ergeben, daß $RbMnCl_3$ unterhalb T_N antiferromagnetisch mit einem schwachen Ferromagnetismus ist. Die spontane Magnetisierung ist $\sigma = 0.41$ G · cm³/g bei 78 K und verläuft entlang der hexagonalen Achse. Für H $\perp$ [001] (78 K) ist $M = \chi_{\parallel} H$ mit $\chi_{\parallel} = 59.28 \times 10^{-6}$ cm³/mol und für H || [001] bei H > 2.5 kOe $M = \sigma\chi_{\perp} H$ mit $\chi_{\perp} = 61.84 \times 10^{-6}$ cm³/mol [9].

Die aus der Suszeptibilität bestimmte Néel-Temperatur $T_N = 94.6$ K [9] und 95 ± 2 K [1] stimmt mit dem aus der Neutronenbeugung erhaltenen Wert $T_N = 94 \pm 2$ K [1] gut überein. Eine weniger genaue Bestimmung aus EPR-Messungen ergibt $T_N = 86 \pm 6$ K [12].

Die aus der Neutronenbeugung bei 4.2 K bestimmte magnetische Struktur besteht aus ferromagnetischen Schichten, in denen sich die Mn^{2+}-Ionen befinden und die in der Reihenfolge A(+), B(−), B(+), A(−), C(+), C(−) entlang der c-Achse gestapelt sind. Die Momente sind senkrecht zur c-Achse ausgerichtet, wodurch eine unendliche Anzahl von Strukturen festgelegt wird, die zu einer zweidimensionalen irreduziblen Darstellung Γ_6^+ von D_{6h}^4 gehören. Zwei deutlich unterschiedliche Strukturen rhombischer Symmetrie Cm'c'm und Cmcm umfassen den Raum von Γ_6^+ und stimmen mit den Daten der Neutronenbeugung überein [1]. Aus den Messungen der Magnetisierung ist zu schließen, daß $RbMnCl_3$ die magnetische Raumgruppe Cm'c'm hat; der Austauschparameter beträgt J/k = 9.85 K [9].

EPR

Eine Untersuchung der paramagnetischen Resonanz (EPR) im X- und im K-Band (9 und 25 GHz) zeigt, daß die Linienbreite von $\Delta H = 39$ Oe bei gewöhnlicher Temperatur auf $\Delta H > 155$ Oe bei 95 K zunimmt [12]. Mit weiterer Temperaturabnahme verbreitert sich die Resonanzlinie weiterhin und verschwindet schon bei 88 K [13]. Nach neueren Untersuchungen verschwindet die 53 Oe breite Linie erst unterhalb 85 K [10]. Im V-Band (70 GHz) kann die Resonanz beim Durchlaufen von T_N kontinuierlich verfolgt werden; in der Nähe von T_N zeigt sich ein Hysterese-Effekt. Unterhalb T_N nimmt die Resonanzfeldstärke H_{res} der antiferromagnetischen Resonanz (AFMR) stark ab. Außer der AFMR-Linie wird eine schmale, temperaturunabhängige Resonanz bei g = 2 beobachtet, die der EPR ungeordneter Mn^{2+}-Ionen in einer Hydratphase der Probe zuzuschreiben ist [13]. Bei tiefen Temperaturen (6 K) besteht das AFMR-Spektrum im K-Band aus acht schmalen Linien; in den untersuchten Richtungen ist H_{res} temperaturunabhängig [12].

Bei der spektroskopischen Untersuchung des Spinwellenspektrums (4.2 K) werden intensive Magnonen-Seitenbanden mit Feinstrukturen auf der Hochfrequenzseite der reinen Exzitonenbanden im UV beobachtet [14]. Berechnung von Dispersionsbeziehungen für Spinwellen in $RbMnCl_3$ nach zwei Modellen s. [15].

Das Kernquadrupolresonanzspektrum von ^{35}Cl und ^{37}Cl wird an Einkristallen und Pulvern bei 298 und 77 K von Moskalev [17] gemessen.

Brechungsindex. $RbMnCl_3$ ist optisch einachsig positiv mit $n_\varepsilon = 1.700$ und $n_\omega = 1.688$ in weißem Licht [2]. Im einzelnen werden folgende Werte gemessen: *Index of Refraction*

λ in nm	643.3	629	605	579.1	546.1
n_ε	1.7005	1.7014	1.7036	1.7062	1.7099
n_ω	1.6869	1.6879	1.6898	1.6923	1.6960

Aus der graphischen Auftragung von $(n^2-1)^{-1}$ gegen λ^{-2} abgeleitete Dispersionsparameter s. Original [16].

Chemisches Verhalten. $RbMnCl_3$ ist äußerst hygroskopisch [2, 6]. Von anderen Autoren wird dagegen beobachtet, daß nur die in HCl-Atmosphäre hergestellten Präparate hygroskopisch sind, während die in N_2 erhaltenen gegen Luftfeuchtigkeit stabil sind [4]. — Für die Auflösung von 1 mol $RbMnCl_3$ in 1200 mol H_2O ergeben kalorimetrische Bestimmungen bei 25°C die Lösungsenthalpie $\Delta H_L = -6.69 \pm 0.02$ kcal/mol [7]. *Chemical Behavior*

Literatur:

[1] M. Melamud, J. Makovsky, H. Shaked, S. Shtrikman (Phys. Rev. [3] B **3** [1971] 821/6). — [2] M. Kestigian, W. J. Croft, F. D. Leipziger (J. Chem. Eng. Data **12** [1967] 97/8). — [3] M. Kestigian, W. W. Holloway (Phys. Status Solidi A **6** [1971] K19/K22). — [4] J. M. Longo, J. A. Kafalas (J. Solid State Chem. **3** [1971] 429/33). — [5] H. J. Seifert, F. W. Koknat (Z. Anorg. Allgem. Chem. **341** [1965] 269/80, 273).

[6] J. Goodyear, G. A. Steigmann, E. M. Ali (Acta Cryst. B **33** [1977] 256/8). — [7] P. Ehrlich, F. W. Koknat, H.-J. Seifert (Z. Anorg. Allgem. Chem. **341** [1965] 281/6). — [8] T. A. Zordan, L. G. Hepler (Chem. Rev. **68** [1968] 737/45, 744). — [9] N. V. Fedoseeva, B. V. Beznosikov (Pis'ma Zh. Eksperim. i Teor. Fiz. **21** [1975] 108/10; JETP Letters **21** [1975]). — [10] C. N. Owston (Brit. J. Appl. Phys. [2] **1** [1968] 1839/40).

[11] J. R. Shane, R. W. Kedzie, M. Kestigian, D. H. Lyons, F. F. Y. Wang (AD-645366 [1966] 1/137, 14, 16; C.A. **68** [1968] Nr. 34287). — [12] R. W. Kedzie, J. R. Shane, M. Kestigian, W. J. Croft (J. Appl. Phys. **36** [1965] 1195/6). — [13] J. R. Shane, R. W. Kedzie, M. Kestigian (J. Appl. Phys. **37** [1966] 1134/5). — [14] A. I. Belyaeva, M. M. Kotlyarskii (Phys. Status Solidi B **76** [1976] 419/26, 425). — [15] E. J. Samuelsen, M. Melamud (J. Phys. C **7** [1974] 4314/22).

[16] A. T. Anistratov, E. A. Popov, B. V. Beznosikov, I. T. Kokov (Opt. i Spektroskopiya **39** [1975] 692/6; Opt. Spectry. [USSR] **39** [1975] 390/2). — [17] A. K. Moskalev (Fazovye Perekhody Krist. **1975** 130/4 nach C.A. **84** [1976] Nr. 157677).

5.3.1.1.34 $Rb_2MnCl_4 \cdot 2H_2O$ ($= 2RbCl \cdot MnCl_2 \cdot 2H_2O$)

$Rb_2MnCl_4 \cdot 2H_2O$

Zur Darstellung wird die Verbindung aus der Lösung von 0.24 mol RbCl und 0.16 mol $MnCl_2 \cdot 4H_2O$ in Wasser durch Zugabe von konzentrierter HCl-Lösung gefällt [1]. Man erhält sie auch durch Lösen von $MnCO_3$ und RbCl im Molverhältnis 1:2 in wäßriger HCl-Lösung [2] oder durch langsames Eindunsten einer gesättigten wäßrigen Lösung von $MnCl_2 \cdot 4H_2O$ und der doppelten Molmenge RbCl bei 20°C [3 bis 5]. Sie kann aus H_2O umkristallisiert und über $CaCl_2$ getrocknet werden [4]. — Aus wäßrigen Lösungen von RbCl und $MnCl_2 \cdot 4H_2O$ werden bei Zimmertemperatur Einkristalle von etwa 2.5 cm Länge, 0.7 cm Durchmesser und 1 g Gewicht gewonnen [6]. *Preparation*

Crystal Structure of $Rb_2MnCl_4 \cdot 2H_2O$

Kristallstruktur. Die blaßrosafarbenen, triklinen Kristalle sind häufig verzwillingt [3, 4] mit der Zwillingsachse normal zur (011)-Ebene [3]. Sie sind leicht spaltbar [4]. — $Rb_2MnCl_4 \cdot 2H_2O$ kristallisiert nach Pulver- und Einkristall-Aufnahmen in der Raumgruppe $P\bar{1}$-C_i^1 (Nr. 2) mit a = 5.66, b = 6.48, c = 7.01 Å (je ±0.01 Å) und α = 66.7°, β = 87.7°, γ = 84.8° (je ±0.1°); Z = 1 (Zellwahl nach Dirichlet) [3]. Atomlagen von Rb, Mn, O und Cl nach Röntgenbestimmungen (R = 10.4%) [3], die Lagen der H-Atome sind aus dem elektrostatischen Modell von Baur [7] abgeleitet [8]:

Atom	Punktlage	x	y	z
Rb	2i	0.239(5)	0.165(5)	0.117(5)
Mn	1g	0	0.5	0.5
Cl(1)	2i	0.757(10)	0.879(9)	0.373(10)
Cl(2)	2i	0.259(10)	0.638(9)	0.170(10)
O	2i	0.781(31)	0.377(30)	0.345(31)
H(1)	2i	0.220	0.777	0.645
H(2)	2i	0.374	0.544	0.699

Kürzeste Atomabstände innerhalb der $MnCl_4(H_2O)_2$-Oktaeder (in Å): Mn↔Cl(1) = 2.54(1), Mn↔Cl(2) = 2.58(1), Mn↔O = 2.08(4), Cl(1)↔Cl(2) = 3.61(1), 3.63(1), Cl(1)↔O = 3.25(3), 3.33(3), Cl(2)↔O = 3.26(3), 3.37(3); um die Rb-Atome: Rb↔Cl(1) = 3.46(1) bis 3.56(1), Rb↔Cl(2) = 3.24(1) bis 3.45(1), Rb↔O = 3.42(3) bis 4.09(3). Weitere Abstände s. Original. $Rb_2MnCl_4 \cdot 2H_2O$ ist isotyp mit $Cs_2MnCl_4 \cdot 2H_2O$, s. Fig. 48, S. 157. Die Mn-Atome sind von einem Oktaeder aus vier Cl-Atomen und zwei H_2O-Molekülen in trans-Stellung umgeben und bilden isolierte $[MnCl_4(H_2O)_2]^{2-}$-Gruppen. Der relativ geringe Abstand des H_2O-Moleküls zu zwei nächstbenachbarten Cl-Atomen (3.17 bis 3.29 Å) und der Cl-O-Cl-Winkel von 105° lassen vermuten, daß H-Brückenbindungen die Oktaeder verbinden. Das Rb-Atom ist von acht Cl- und vier O-Atomen umgeben. Die Struktur läßt sich als verzerrte Cs_2PuCl_6-Struktur (K_2GeF_6-Typ) [9] beschreiben [3].

Mechanical and Thermal Properties

Nach der Schwebemethode bestimmte Dichte D^{20} = 2.81, Röntgendichte 2.85 g/cm³ [3]. — Für die Wärmekapazität C_p ergeben kalorimetrische Bestimmungen bei Temperaturen von 1.38 bis 4.03 K ein steiles Maximum bei 2.24 K mit $C_p(max) \approx 10.0$ cal · mol⁻¹ · K⁻¹, s. Figur im Original, woraus durch graphische Interpolation eine Übergangsenergie ΔH_u = 8.29 cal/mol und eine Entropieänderung ΔS_u = 3.47 cal · mol⁻¹ · K⁻¹ für die (magnetische) Umwandlung abgeleitet wird [6].

Magnetic Properties

Magnetische Eigenschaften. Die zwischen 20.4 und 14.0 und zwischen 4.2 und 1.3 K gemessene Molsuszeptibilität χ_{mol} parallel zur O-Mn-O-Achse (diese stimmt mit der magnetischen Vorzugsrichtung im geordneten Zustand überein) gehorcht im oberen Temperaturbereich dem Curie-Weiss-Gesetz: $\chi_{mol} = 4.41/(T+3.57)$. Zwischen 4.2 K und der Néel-Temperatur T_N = 2.24 K (dieser Wert wird auch bei C_p-Messungen gefunden, s. oben) nimmt χ_{mol} von 0.52 auf 0.57 cm³/mol zu, unterhalb T_N auf 0.23 cm³/mol bei 1.3 K ab. Die Kurve nähert sich dem Wert Null bei T = 0. Senkrecht zur O-Mn-O-Achse ist χ_{mol} praktisch temperaturunabhängig [10].

Die bei 0.5 K gemessene Magnetisierung erreicht ihren Sättigungswert M ≈ 28×10³ cm³/mol in einem Feld senkrecht zur O-Mn-O-Richtung bei höherer Feldstärke (50 kOe) als in einem longitudinalen Feld (40 kOe) [10]; vgl. auch die entsprechenden Magnetisierungskurven bei 1.33 K [11].

NMR-Spektren ergeben die magnetische Raumgruppe $P_s\bar{1}$ und die in **Fig. 41** dargestellte magnetische Elementarzelle im Vergleich zur chemischen Elementarzelle [12]. — In einem parallel zur O-Mn-O-Richtung orientierten Magnetfeld wird bei H_{SF} = 13.2 kOe Spin Flop beobachtet. Aus den Feldstärken, die bei 0.5 K in dieser Richtung und senkrecht dazu zur Sättigung erforderlich sind, wird die Stärke des Anisotropie- und des Austauschfeldes zu H_A = 7.2 und H_E = 21.9 kOe bestimmt [10]. Weitere Messungen bei 1.4 K führen zu H_{SF} = 12 kOe ≙ 950 kA/m sowie zu H_A = 4 kOe ≙ 300 kA/m und H_E = 18 kOe ≙ 1.4 MA/m [11]. Für den Austauschparameter J/k leitet Hoel [10] aus der Magnetisierungskurve zunächst den Wert −0.589 K ab, in einer späteren Arbeit mit Carrander [11] dagegen J/k = −0.48 K.

Fig. 41

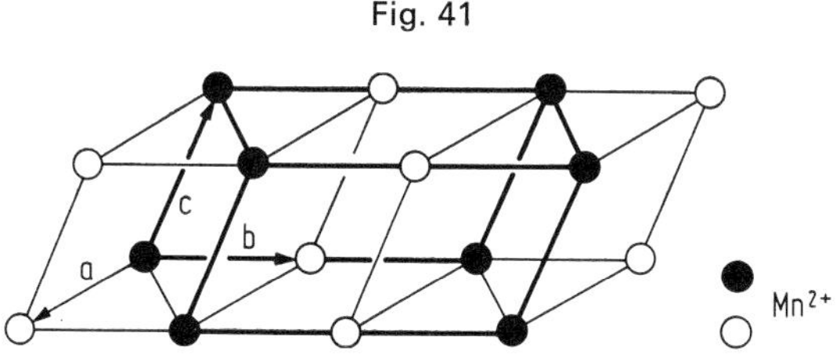

Magnetische Struktur von $Rb_2MnCl_4 \cdot 2\,H_2O$ (die chemische Elementarzelle ist mit dünnen Strichen gezeichnet).

Die kernmagnetische Resonanz der Protonen wird an einem Einkristall im antiferromagnetischen Bereich ohne äußeres Feld untersucht [12]. Sie besteht aus zwei Linien (18.30 und 18.96 MHz bei 1.1 K [13], Temperaturabhängigkeit s. Figur im Original [12]), die noch eine auf Kerndipolwechselwirkung beruhende und nur teilweise aufgelöste Aufspaltung von etwa 35 kHz zeigen. Aus der Winkelabhängigkeit der Resonanz in einem äußeren Feld von 84 Oe wird auf die antiferromagnetische Ordnung und die magnetische Raumgruppe geschlossen (s. S. 140). Diskrepanzen zwischen den gemessenen und den berechneten inneren Feldern an den beiden Protonenplätzen (Beträge und Richtungen für 1.1 K im Original) könnten auf ungepaarten Spin am Sauerstoff-Ion hindeuten [12]. Die Spin-Gitter-Relexationszeit T_1 wird ohne äußeres Feld an der niederfrequenten Linie (18.1 MHz bei 1.1 K) von 1.3 bis 0.45 K gemessen. Die Zunahme um etwa zwei Größenordnungen dürfte auf einem 2-Magnonenprozeß beruhen (s. „Mangan" C 4, S. 52) [14]. *NMR*

Die Cl-Resonanz besteht im paramagnetischen Bereich aus je zwei reinen Quadrupolübergängen von ^{35}Cl und ^{37}Cl. Frequenz für $^{35}Cl(1)$: 5.335 MHz, für $^{35}Cl(2)$: 3.854 MHz [12], s. auch [15]. Im antiferromagnetischen Bereich werden für jeden Kern sechs Linien beobachtet, die je drei Übergängen mit $\Delta m = \pm 1$ auf zwei verschiedenen Cl-Plätzen entsprechen. Frequenzen für $^{35}Cl(1)$ bei 1.1 K (Temperaturabhängigkeit s. Figur im Original): 7.725, 9.635, 10.480, für $^{35}Cl(2)$: 6.250, 8.560, 10.715 MHz [12]. Zugehöriges $\nu_Z = \gamma(^{35}Cl) \cdot H/2\pi = 9.026$ bzw. 8.372 MHz (H = inneres Feld). Auf Grund der Hyperfein(HF)-Kopplungskonstante [12] wird die Spindichte $f_s = 0.44$ bzw. 0.39% angegeben, auf Grund der Quadrupolkopplungskonstante [15] der Parameter $f_Q = 9.5$ bzw. 6.9% (zu den Ausdrücken von f s. „Mangan" C 4, S. 58) [15]. T_1 für eine $^{35}Cl(2)$-Linie (8.53 MHz bei 1.1 K) hängt in derselben Weise von T ab wie im Fall der ^1H-Linie (s. oben) [14].

Die Rb-Resonanz besteht im paramagnetischen Bereich (3.0 K) aus drei reinen Quadrupolübergängen bei 2.6743 ± 0.0018 und 3.2229 ± 0.0060 MHz (beide ^{85}Rb) sowie bei 3.1161 ± 0.0016 MHz (^{87}Rb). Im antiferromagnetischen Bereich werden für ^{87}Rb sechs Frequenzen beobachtet (1.22 bis 9.26 MHz bei 1.1 K [13]), Temperaturabhängigkeit s. Figur im Original [12]. Hieraus leiten Swüste u.a. [15] $\nu_Z = \gamma(^{87}Rb) \cdot H/2\pi = 2.591$ MHz ab. Für ^{85}Rb werden nur vier Frequenzen beobachtet (2.38 bis 3.79 MHz bei 1.1 K [13]), die auf Grund des kleinen Verhältnisses $v = \gamma(^{85}Rb)/\gamma(^{87}Rb) = 0.2951$ nur schwach von der Temperatur abhängen, s. Figur im Original. Die Intensität der Linien ist auf Grund des Faktors v^2 trotz der größeren natürlichen Häufigkeit von ^{85}Rb kleiner als die der ^{87}Rb-Linien [12]. T_1 für die ^{85}Rb-Linie bei 3.22 MHz (Messung von 1.1 bis 0.45 K) und für die ^{87}Rb-Linie bei 3.89 MHz (1.6 bis 0.32 K) hängt in derselben Weise von T ab wie im Falle der ^1H-Linie (s. oben) [14].

Optische Eigenschaften. Das Anion $[MnCl_4(H_2O)_2]^{2-}$ besitzt nach Abzug der inneren Freiheitsgrade der Wassermoleküle 15 Schwingungen, die mit 11 Frequenzen auftreten (Faktorgruppe D_{4h}, E_g- und E_u-Schwingungen je zweifach entartet, ν_{11} (E_u) jedoch aufgespalten, s. folgende Tabelle). Für die einzelnen Schwingungen (ν = Streckschwingung, δ = ebene, Γ = nichtebene Deformation, ω = Schaukelschwingung, „wagging", ρ = Pendelschwingung, „rocking") werden bei Raumtemperatur folgende Wellenzahlen (in cm^{-1}) gemessen: *Optical Properties*

Optical Properties of $Rb_2MnCl_4 \cdot 2H_2O$

Raman-Spektrum:

Schwingung	$\nu_1(A_{1g})$	$\nu_2(A_{2g})$	$\nu_3(B_{1g})$	$\nu_4(B_{2g})$	$\nu_5(E_g)$
Wellenzahl	315	234	202	152	182
Zuordnung	$\nu(MnOH_2)$	$\nu(MnCl_4)$	$\nu(MnCl_4)$	$\delta(ClMnCl)$	$\omega(MnO)$

IR-Spektrum:

Schwingung	$\nu_6(A_{2u})$	$\nu_7(A_{2u})$	$\nu_9(E_u)$	$\nu_{10}(E_u)$	$\nu_{11}(E_u)$
Wellenzahl	337	117	235	195	163, 145
Zuordnung	$\nu(MnOH_2)$	$\Gamma(MnCl_4)$	$\nu(MnCl_4)$	$\omega(MnO)$	$\delta(ClMnCl)$

Das IR-Spektrum wurde auch bei 77 K untersucht [16]. — Für die deuterierte Verbindung werden im IR-Spektrum die Wellenzahlen $\nu_6 = 335$, $\nu_7 = 118$, $\nu_9 = 220$, $\nu_{10} = 200$, $\nu_{11} = 160$, 145 cm^{-1} gemessen. Weitere Banden im IR-Spektrum von $[MnCl_4(H_2O)_2]^{2-}$ bzw. von $[MnCl_4(D_2O)_2]^{2-}$ treten auf bei 3380, 3215 [ν(OH)], 1625 bzw. 1197 [δ(HOH)], 600 bzw. 410 [ω(HOH)] und 465 bzw. 350 cm^{-1} [ρ(HOH)]. Die Zuordnung $\omega(HOH) > \rho(HOH)$ ist entgegengesetzt zu der in älteren Arbeiten bei anderen Aquo-Komplexen getroffenen [16].

Chemical Behavior

Chemisches Verhalten. Die Kristalle zersetzen sich bei 93°C [3] und ergeben bei 110°C wasserfreies Rb_2MnCl_4 (s. S. 134) [4, 17]. Sie sind nicht hygroskopisch [4]. In H_2O ist die Verbindung kongruent löslich und kann daraus unzersetzt umkristallisiert werden [4, 10]; in Alkohol ist sie unlöslich [5].

Literatur:

[1] E. Gurewitz, A. Epstein, J. Makovsky, H. Shaked (Phys. Rev. Letters **25** [1970] 1713/4). — [2] H. T. Witteveen (J. Solid State Chem. **11** [1974] 245/53, 247). — [3] S. J. Jensen (Acta Chem. Scand. **18** [1964] 2085/97). — [4] C. E. Saunders (Am. Chem. J. **14** [1892] 127/52, 139/43). — [5] R. Godeffroy (Arch. Pharm. **212** [1878] 47/54, 49).

[6] H. Forstat, N. D. Love, J. N. McElearney (Phys. Letters A **25** [1967] 253/4). — [7] W. H. Baur (Acta Cryst. **19** [1965] 909/16). — [8] Z. M. el Saffar (J. Chem. Phys. **52** [1970] 4097/9). — [9] W. H. Zachariasen (Acta Cryst. **1** [1948] 268/9). — [10] L. A. Hoel (Phys. Status Solidi **36** [1969] 119/24).

[11] K. Carrander, L. A. Hoel (Phys. Scr. **4** [1971] 135/6). — [12] R. D. Spence, J. A. Casey, V. Nagarajan (Phys. Rev. [2] **181** [1969] 488/98). — [13] J. A. Casey (Diss. Michigan State Univ. 1967 nach Diss. Abstr. B **28** [1967] 2582). — [14] C. E. Taylor, J. A. Cowan (J. Appl. Phys. **39** [1968] 498/9). — [15] C. H. W. Swüste, W. J. M. de Jonge, J. A. G. W. van Meijel (Physica **76** [1974] 21/58, 54/5).

[16] D. M. Adams, P. J. Lock (J. Chem. Soc. A **1971** 2801/6). — [17] H. J. Seifert, F. W. Koknat (Z. Anorg. Allgem. Chem. **341** [1965] 269/80, 271).

$RbMnCl_3 \cdot 2H_2O$

5.3.1.1.35 $RbMnCl_3 \cdot 2H_2O$ (= $RbCl \cdot MnCl_2 \cdot 2H_2O$)

Preparation

Darstellung. Die Verbindung existiert in einer rhombischen, bei 0°C stabilen α- und einer triklinen, bei 25°C stabilen β-Modifikation, die reversibel ineinander unwandelbar sind [1]. α-$RbMnCl_3 \cdot 2H_2O$ kristallisiert aus einer bei 50°C gesättigten Lösung von RbCl und der fünffachen Molmenge $MnCl_2 \cdot 4H_2O$ in 8 M HCl-Lösung beim Abkühlen auf 0°C in rosafarbenen Nadeln [1], s. auch [7]. β-$RbMnCl_3 \cdot 2H_2O$ scheidet sich bei 25°C als weißes, mikrokristallines Pulver ab [1], das nach mehrmonatigem [1] bis mehrjährigem [2] Stehen in der Mutterlauge bei 25°C in rosafarbene, kreuzartig verzwillingte Nadeln mit der Zwillingsachse [01$\bar{1}$] übergeht [2]. Aus einer gesättigten, wäßrigen Lösung von RbCl und der zwölffachen Molmenge $MnCl_2 \cdot 4H_2O$ kristallisiert das Salz nach einigen Tagen in derben rosaroten Nadeln, die durch kurzes Eintauchen in Eiswasser gewaschen werden [3].

Kristallstruktur. α-$RbMnCl_3 \cdot 2H_2O$ kristallisiert nach Pulver- und Einkristall-Aufnahmen in der Raumgruppe Pcca-D_{2h}^8 (Nr. 54) mit a = 9.005, b = 7.055, c = 11.340 Å (je ±0.005 Å); Z = 4. Atomlagen von Rb, Mn, Cl und O aus der Röntgenbeugung (R = 5.7%) [1], Lagen der H-Atome nach dem elektrostatischen Modell von Baur [4] berechnet [5]:

Crystal Structure

Atom	Punktlage	x	y	z
Rb	4d	0.25	0	0.1475(2)
Mn	4c	0	0.4600(3)	0.25
Cl(1)	4e	0.25	0.5	0.1476(4)
Cl(2)	8f	0.0866(5)	0.2023(4)	0.3893(3)
O	8f	0.0738(12)	0.6793(12)	0.3716(7)
H(1)	8f	0.485	0.290	0.440
H(2)	8f	0.325	0.279	0.384

Kürzeste Atomabstände innerhalb der $MnCl_4(H_2O)_2$-Oktaeder (in Å): Mn↔Cl(1) = 2.549(2), Mn↔Cl(2) = 2.531(3), Mn↔O = 2.177(9), Cl(1)↔Cl(2) = 3.711(4), 3.754(4), Cl(2)↔Cl(2) = 3.524(4), Cl(1)↔O = 3.186(11), 3.252(9), Cl(2)↔O = 3.373(9), O↔O = 3.061(12); um das Rb-Atom: Rb↔Cl = 3.377(4) bis 3.573(3), Rb↔O = 3.697(10), 3.755(9); weitere Abstände s. Original [1]. α-$RbMnCl_3 \cdot 2H_2O$ ist isotyp mit $CsMnCl_3 \cdot 2H_2O$ (s. S. 158). Das Mn-Atom ist von einem verzerrten Oktaeder aus vier Cl-Atomen und zwei H_2O-Molekülen in cis-Stellung umgeben, und jedes Rb-Atom hat acht Cl-Atome als nächste Nachbarn, die zusammen mit sechs Sauerstoffatomen eine Art kubisch-raumzentrierte Packung ergeben. Die $[MnCl_4(H_2O)_2]$-Oktaeder sind über gemeinsame Cl-Eckenatome zu Zickzackketten verknüpft, die ||(001)-Schichten bilden, s. **Fig. 42**, S. 144 [1]. Über die Anordnung der H-Brückenbindungen s. [5].

β-$RbMnCl_3 \cdot 2H_2O$ kristallisiert in der Raumgruppe P$\bar{1}$-C_i^1 (Nr. 2) mit a = 6.65, b = 7.01, c = 9.03 Å (je ±0.01 Å) und α = 92.3°, β = 109.4°, γ = 112.9° (je ±0.1°); Z = 2 [1]. Atomlagen nach Neutronenbeugungsaufnahmen (alle Atome auf der allgemeinen Punktlage 2i):

Atom	x	y	z
Rb	0.256(2)	0.934(1)	0.177(1)
Mn	0.998(3)	0.331(2)	0.329(2)
Cl(1)	0.242(1)	0.713(1)	0.495(1)
Cl(2)	0.771(1)	0.959(1)	0.187(1)
Cl(3)	0.244(1)	0.426(1)	0.162(1)
O(1)	0.743(2)	0.749(1)	0.491(1)
O(2)	0.746(2)	0.438(1)	0.168(1)
H(1)	0.581(4)	0.685(3)	0.461(3)
H(2)	0.778(4)	0.817(3)	0.414(3)
H(3)	0.640(4)	0.459(3)	0.190(2)

R = 5.6% [2]. Die Lage der Atome Rb, Mn, Cl und O stimmt innerhalb der Standardabweichung mit der röntgenographisch [1] bestimmten überein, die Lage der H-Atome ist in guter Übereinstimmung mit der nach dem elektrostatischen Modell von Baur [4] berechneten [5]. Kürzeste Atomabstände innerhalb des $MnCl_4(H_2O)_2$-Oktaeders (in Å): Mn↔Cl = 2.543(7) bis 2.624(5), Mn↔O = 2.202(18), 2.228(20), Cl↔Cl = 3.530 bis 3.635, Cl↔O = 3.281(20) bis 3.453(22); um das Rb-Atom: Rb↔Cl = 3.313(6) bis 3.622(4), Rb↔O = 3.662(20) bis 3.975(21); weitere Abstände s. Original [1]. In β-$RbMnCl_3 \cdot 2H_2O$ ist das Mn-Atom von einem verzerrten Oktaeder aus vier Cl-Ionen und zwei H_2O-Molekülen in trans-Stellung umgeben. Die Oktaeder sind paarweise über eine gemeinsame Cl-Cl-Kante zu $[Mn_2Cl_6(H_2O)_4]^{2-}$-Gruppen verbunden. Die Rb^+-Ionen sind von acht Cl^--Ionen

Crystal Structure of $RbMnCl_3 \cdot 2H_2O$

Fig. 42

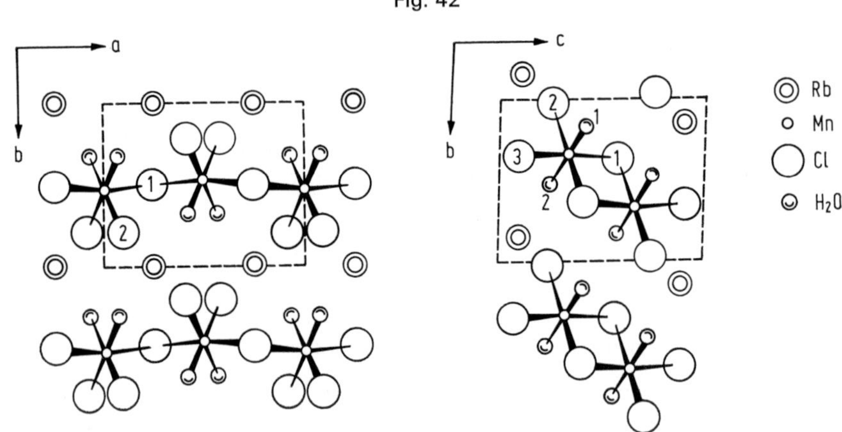

Projektion der Kristallstrukturen von α-$RbMnCl_3 \cdot 2H_2O$ (links) und β-$RbMnCl_3 \cdot 2H_2O$ (rechts).

in einer CsCl-Typ-artigen Anordnung umgeben. Die Struktur von β-$RbMnCl_3 \cdot 2H_2O$ läßt sich als Schichtenstruktur aus Cl-, Rb- und O-Atomen mit dazwischen liegenden Mn-Atomen parallel (100) beschreiben, s. Fig. 42 [1]. — Bei den H-Brücken ist auffällig, daß H(1) sowohl eine Bindung zu Cl(1) als auch zu Cl(3) bildet (H-Cl-Abstände 2.46 bzw. 2.84 Å) [2]. Dadurch unterscheidet sich die Struktur von dem sonst isostrukturellen $KMnCl_3 \cdot 2H_2O$ (s. S. 120) [6]. H(2) bildet eine Brückenbindung zu Cl(2), H(3) und H(4) zu Cl(3) mit Abständen von 2.31, 2.47 bzw. 2.28 Å. Weitere Abstände und Winkel s. Original [2].

Mechanical and Thermal Properties

Für α- und β-$RbMnCl_3 \cdot 2H_2O$ ist die nach der Schwebemethode (in $C_2H_2Br_4 + CCl_4$) bestimmte Dichte $D_4^{20} = 2.60$, die Röntgendichte = 2.62 g/cm³ [1]. — Die Wärmekapazität von α-$RbMnCl_3 \cdot 2H_2O$ hat bei $T_N = 4.56$ K ein Maximum und weist im übrigen eine ähnliche Temperaturabhängigkeit (gemessen bis 52 K) auf wie $CsMnCl_3 \cdot 2H_2O$ (s. S. 159), d.h. bei etwa 16 K tritt ein breites Maximum des magnetischen Anteils auf [11].

Magnetic Properties

Magnetische Eigenschaften. Nach NMR-Messungen (Näheres s. S. 145) ordnet sich α-$RbMnCl_3 \cdot 2H_2O$ antiferromagnetisch bei der Néel-Temperatur $T_N = 4.560 \pm 0.005$ K, die mit dem bei Messungen der Wärmekapazität (s. oben) erhaltenen Wert gut übereinstimmt. Die magnetische Struktur (Raumgruppe $P_{2b}c'ca'$), s. **Fig. 43**, ist dieselbe wie bei dem schon früher untersuchten $CsMnCl_3 \cdot 2H_2O$ (s. S. 161), d.h., die Spins sind zu Ketten in Richtung der b-Achse geordnet [7]. Auch der Austauschparameter J/k = −3.0 K ist derselbe wie beim Cs-Salz [11].

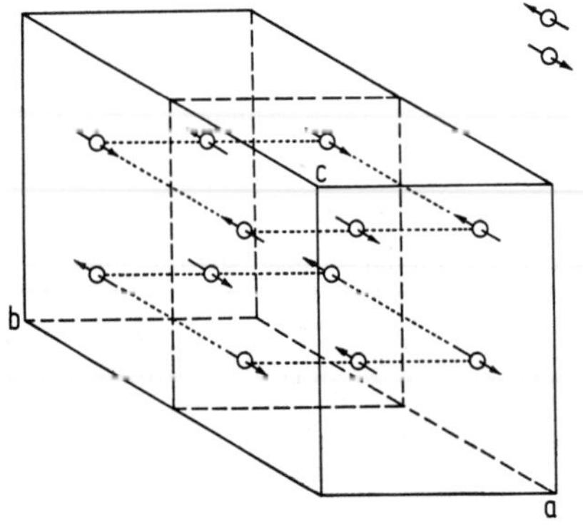

Fig. 43

Magnetische Struktur von $RbMnCl_3 \cdot 2H_2O$.

Messungen der antiferromagnetischen Resonanz bei verschiedenen Temperaturen und Frequenzen (H || zur leichten b-Achse) lassen bei sehr niedriger Frequenz (5 MHz) das Spin-Flop-Feld $H_{SF} = 14.62$ kOe erkennen. Ein Vergleich der Ergebnisse bei 1.2 K mit der Nagamiya-Yosida-Theorie [8], nach der die Resonanzbedingung durch die drei Parameter $c_1 = 2\,K_1/\chi_\perp$, $c_2 = 2\,K_2/\chi_\perp$ und $\alpha = 1 - \chi_{\parallel}/\chi_\perp$ beschrieben wird (K_1, K_2 sind die auf die c- und a-Achse bezogenen Anisotropiekonstanten, $\chi_{\parallel}$ und $\chi_\perp$ die Suszeptibilitäten parallel und senkrecht zur b-Achse), zeigt systematische Abweichungen von der Größenordnung 400 Oe. Der Wert von α ist höher als der erwartete Wert von 0.78, der sich aus den unveröffentlichten Werten von A. C. Botterman $\chi_{\parallel} = 38 \times 10^{-6}$ und und $\chi_\perp = 173 \times 10^{-6}$ cm^3/g bei 1.1 K ergibt. Diese Unterschiede können darauf beruhen, daß die Wechselwirkungen nur annähernd von rhombischer Symmetrie oder von höherer Ordnung sind. Das Anisotropiefeld in c- und a-Richtung berechnet sich zu $H_A = 440$ bzw. 1510 Oe, das Austauschfeld zu $H_E = 242$ kOe [9]. *AFMR*

Die kernmagnetische Resonanz (NMR) des ^1H wird an Einkristallen (α-$RbMnCl_3 \cdot 2\,H_2O$) ohne äußeres Feld für $T < 4.56$ K bei zwei Frequenzen beobachtet; die entsprechenden inneren Felder betragen 3065 bzw. 2912 Oe. Die Extrapolation der Temperaturabhängigkeit liefert T_N (s. S. 144). — Für ^{35}Cl werden im paramagnetischen Bereich zwei Quadrupolübergänge bei etwa 4 und 6 MHz beobachtet, entsprechend den zwei nichtäquivalenten Positionen Cl(2) (in allgemeiner Lage) bzw. Cl(1) (symmetrisch zwischen zwei Mn-Ionen der Kette). Im antiferromagnetischen Bereich werden sechs NMR-Frequenzen bei etwa 1 bis 11 MHz beobachtet; die Temperaturabhängigkeit (Näheres s. im Original) ist schwach für Cl(1), dagegen stark für Cl(2). Für $^{35}Cl(1)$ und $^{35}Cl(2)$ werden die Quadrupolkopplungskonstante $e^2qQ/h = 11.384$ bzw. 7.989 MHz und der Asymmetrieparameter $\eta = 0.30$ bzw. 0.40 angegeben (Größe und Richtung der inneren Felder im Original). — Für ^{87}Rb ($I = 3/2$) und ^{85}Rb ($I = 5/2$) werden im paramagnetischen Zustand ohne äußeres Feld ein bzw. zwei Quadrupolübergänge bei etwa 3 bis 4 MHz beobachtet. Hiernach wird e^2qQ/h mit 6.99 bzw. 13.8 MHz angegeben, η mit 0.668. Im antiferromagnetischen Zustand ergeben sich fünf bzw. sieben NMR-Frequenzen bei etwa 1 bis 7 MHz (Temperaturabhängigkeit s. Figur im Original, dort ferner inneres Feld am Rb) [7]. *NMR*

Die bei gewöhnlicher Temperatur untersuchte Winkelabhängigkeit der Linienbreite der paramagnetischen Resonanz für Magnetfelder H in den ab-, bc- und ca-Ebenen (s. Figur im Original) ermöglicht eine genaue Prüfung der zur Bestimmung der Korrelationsfunktionen der vier Spins in der Kette verwendeten Entkopplungsapproximation. Die Winkelanisotropie kann jedoch nur erklärt werden, wenn die unterschiedlichen Abfallsgeschwindigkeiten für die Korrelationen innerhalb und zwischen den Ketten berücksichtigt werden. Die Halbwertsbreite der Resonanzlinie beträgt 118 und 102 Oe für H||a und ||b [10]. *EPR*

Chemisches Verhalten. α-$RbMnCl_3 \cdot 2\,H_2O$ spaltet das Kristallwasser bei 69°C, die β-Form bei 83°C ab [1]. *Chemical Behavior*

Literatur:

[1] S. J. Jensen (Acta Chem. Scand. **21** [1967] 889/98). — [2] S. J. Jensen, M. S. Lehmann (Acta Chem. Scand. **24** [1970] 3422/4). — [3] H. J. Seifert, F. W. Koknat (Z. Anorg. Allgem. Chem. **341** [1965] 269/80, 271). — [4] W. H. Baur (Acta Cryst. **19** [1965] 909/16). — [5] Z. M. el Saffar (J. Chem. Phys. **52** [1970] 4097/9).

[6] F. Birkelund, S. J. Jensen (Acta Chem. Scand. **26** [1972] 1358/64). — [7] W. J. M. de Jonge, C. H. W. Swüste (J. Chem. Phys. **61** [1974] 4981/4). — [8] T. Nagamiya, K. Yosida, R. Kubo (Advan. Phys. **4** [1955] 1/112, 43). — [9] J. P. A. M. Hijmans, W. J. M. de Jonge (Phys. Letters A **43** [1973] 441/2). — [10] K. Nagata, T. Hirosawa (J. Phys. Soc. Japan **40** [1976] 1584/92).

[11] K. Kopinga (Phys. Rev. [3] B **16** [1977] 427/32).

The CsCl-MnCl₂ System

5.3.1.1.36 Das System CsCl-$MnCl_2$

Phase Diagram

Zustandsdiagramm. Das nach der visuell-polythermen Methode aufgestellte Zustandsdiagramm in **Fig. 44** zeigt die Verbindungen $CsMn_4Cl_9$, $CsMnCl_3$, Cs_2MnCl_4 und Cs_3MnCl_5 [1], s. auch [2, 3], deren Existenz durch Hochtemperatur-Pulveraufnahmen bestätigt wird [4]. $CsMn_4Cl_9$ schmilzt inkongruent, die übrigen Verbindungen kongruent [2], Cs_2MnCl_4 ist dimorph [4, 5]. Temperatur t und Zusammensetzung der Schmelze an den charakteristischen Punkten der Schmelzkurve (S = Schmelzpunkt, E = Eutektikum, P = Peritektikum) [1]:

Punkt	P	E_1	S_1	E_2
t in °C	537	517	593	526
Mol-% CsCl	20	31	50	63.5
Verbindungen	$CsMn_4Cl_9$	$CsMnCl_3$ + $CsMn_4Cl_9$	$CsMnCl_3$	Cs_2MnCl_4 + $CsMnCl_3$
Punkt	S_2	E_3	S_3	E_4
t in °C	538	507	511	499
Mol-% CsCl	66.7	73	75	79.5
Verbindungen	Cs_2MnCl_4	Cs_3MnCl_5 + Cs_2MnCl_4	Cs_3MnCl_5	Cs_3MnCl_5 + CsCl

Weitere Angaben zum Schmelzdiagramm s. [6]. Die Schmelzen sind bei >50 Mol-% $MnCl_2$ rosa, bei 50 Mol-% $MnCl_2$ schwach gelb und bei geringerem $MnCl_2$-Gehalt grün gefärbt, besonders intensiv bei 30 bis 40 Mol-% $MnCl_2$, und neigen bei hohem CsCl-Gehalt stark zur Unterkühlung [1]. In den CsCl-reichen Schmelzen mit mehr als 66 Mol-% liegt nach Absorptions- und Raman-Untersuchungen das Anion $MnCl_4^{2-}$ vor [15], s. auch [7].

Vapor Pressure

Dampfdruck. Aus Dampfdruckbestimmungen nach der Siedepunktmethode erhält man die folgenden Konstanten A und B der Dampfdruckgleichung: $\lg p = A/T + B$ (p in Torr) in Abhängigkeit vom $MnCl_2$-Gehalt der Schmelze:

Mol-% $MnCl_2$	0	17.95	36.85	46.67	56.76	77.78	100
−A	8275	8862	9355	9351	9146	8841	8343
B	8.119	8.447	8.627	8.659	8.602	8.642	8.4471

Hieraus für die Bildung eines CsCl-$MnCl_2$-Komplexes in der Dampfphase berechnete Konstanten K, Enthalpie ΔH und Entropie ΔS s. Original [14].

Fig. 44

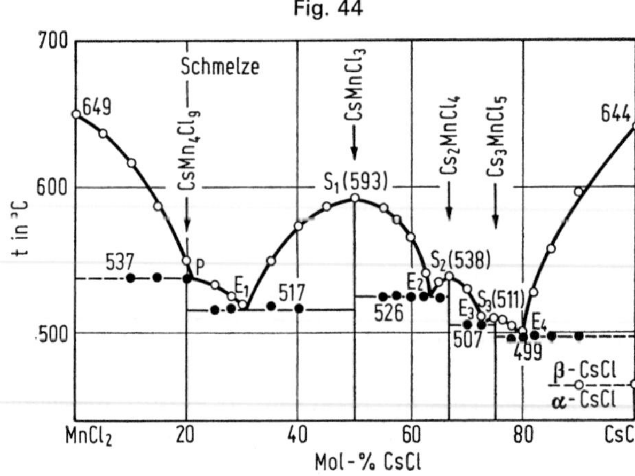

Zustandsdiagramm des Systems CsCl-$MnCl_2$.

Thermodynamic Data

Thermodynamische Daten. Kalorimetrische Bestimmungen der Gesamtmischungsenthalpie ΔH bei 690 und 810°C ergeben in Abhängigkeit von der Zusammensetzung die folgenden Werte in kcal/mol und daraus berechnete Wechselwirkungsparameter $\lambda = \Delta H/x(1-x)$, x = Molenbruch $MnCl_2$, Werte in Auswahl:

bei 690°C:

x($MnCl_2$)	0.0500	0.1004	0.2860	0.3510	0.4010	0.6250	0.7740	0.9250
$-\Delta H$	0.893	1.789	4.777	5.348	5.361	4.626	3.439	1.406
$-\lambda$	18.808	19.810	23.405	23.467	22.320	19.735	19.674	20.200

bei 810°C:

x($MnCl_2$)	0.051	0.100	0.251	0.329	0.405	0.476	0.779	0.924
$-\Delta H$	0.971	1.876	4.419	5.241	5.369	5.258	3.272	1.332
$-\lambda$	20.101	20.784	23.532	23.758	22.288	21.082	18.989	18.945

Das deutliche Maximum von $-\lambda$ bei etwa 33 bis 35 Mol-% $MnCl_2$ läßt einen fast vollkommenen Ordnungszustand unter Bildung des stabilen komplexen Anions $MnCl_4^{2-}$ in der Schmelze erkennen [8]. — Integrale sowie partiale Mischungsenthalpien $\Delta \bar{H}$ in cal/mol von $MnCl_2$ und CsCl, gemittelt aus den durch EMK-Messungen an $MnCl_2$-CsCl-Schmelzen bei 550 bis 850°C erhaltenen Enthalpiewerten, in Abhängigkeit vom $MnCl_2$-Gehalt [9]:

Mol-% $MnCl_2$	10	20	30	50	60	70	80	90
$-\Delta H$	1690	3370	4650	5340	4990	4200	3060	1630
$-\Delta \bar{H}$ ($MnCl_2$)	16900	16413	11000	4650	2650	1225	450	100
$-\Delta \bar{H}$ (CsCl)	(5)	108	1942	6038	8500	11150	13514	15400

Für $MnCl_2$ erhält man aus EMK-Bestimmungen bei 800°C die folgenden partialen Mischungsenthalpien $\Delta \bar{H}$, $\Delta \bar{G}$ (in cal/mol) und -entropien $\Delta \bar{S}$ (in $cal \cdot mol^{-1} \cdot K^{-1}$) in Abhängigkeit vom $MnCl_2$-Gehalt [9]:

Mol-% $MnCl_2$	3.19	9.81	19.57	33.42	49.80	70.02
$-\Delta \bar{H}$ ($MnCl_2$)	17553	16440	16414	9546	5036	1255
$-\Delta \bar{G}$ ($MnCl_2$)	15530	14547	12393	8663	3475	746
$\Delta \bar{S}$ ($MnCl_2$)	4.96	2.94	(−0.50)	1.35	(−0.07)	0.23

$\Delta \bar{H}$, $\Delta \bar{S}$ sowie aus den EMK-Daten berechnete Aktivitäten a und Aktivitätskoeffizienten γ von $MnCl_2$ [10]:

Mol-% $MnCl_2$	$-\Delta \bar{H}$ ($MnCl_2$)	$\Delta \bar{S}$ ($MnCl_2$)	$10^4 a$ ($MnCl_2$)	$10^4 \gamma$ ($MnCl_2$)
1.00	17600	7.24	0.0755	7.55
3.19 [9]	17550	4.99	0.257	7.42
9.81 [9]	16440	2.88	1.15	11.7

Gleichungen zur Berechnung von $\Delta \bar{H}$ ($MnCl_2$) und $\Delta \bar{H}$ (CsCl) für 0 bis 33.3 Mol-% $MnCl_2$ nach den Meßwerten von Papatheodorou, Kleppa [8] s. [11], von $\Delta \bar{H}$ und $\Delta \bar{S}$ ($MnCl_2$) s. auch [9]. Zur Diskussion der Mischungsentropie unter Berücksichtigung von Konfigurations- und Schwingungsanteilen der beteiligten Ionenarten ($MnCl_4^{2-}$, Cl^-, Mn^{2+}, Cs^+), wobei die Schwingungsanteile im Vergleich zu den übrigen $MnCl_2$-Alkalichlorid-Systemen ihren höchsten negativen Wert erreichen, s. [9].

Mechanical Properties

Mechanische Eigenschaften der Schmelzen. Die durch hydrostatische Wägungen bestimmte Dichte von $MnCl_2$-CsCl-Schmelzen zwischen t = 540 und 730°C läßt sich durch die Gleichung $D_t = a - bt$ wiedergeben. Koeffizienten a und b in Abhängigkeit vom $MnCl_2$-Gehalt mit Angabe des Temperaturbereichs (in °C) [12]:

Mechanical Properties of Melts in the CsCl-MnCl₂ System

Mol-% $MnCl_2$	0	20	30	40	50	60	70	80	90
a	3.452	3.220	3.054	2.991	3.012	2.989	2.983	2.956	2.811
10^3b	1.023	0.926	0.795	0.773	0.835	0.815	0.809	0.773	0.580
untere Meßtemperatur	656	540	580	600	620	600	600	632	633
obere Meßtemperatur	725	704	700	701	700	700	699	700	701

Dichte D, Überschußvolumen V^E (definiert als Abweichung von der Additivität) und Oberflächenspannung σ von $MnCl_2$-CsCl-Schmelzen bei 700°C in Abhängigkeit vom $MnCl_2$-Gehalt (Werte in Auswahl) [13]:

Mol-% $MnCl_2$	0	10	20	33	45	50	70	80	100
D in g/cm³	2.735	2.635	2.560	2.470	2.435	2.426	2.414	2.401	2.337
V^E in cm³/mol	0	1.497	2.429	3.434	3.202	2.935	1.248	0.566	0
σ in dyn/cm	86.9	82.5	75.6	72.6	70.9	70.6	72.9	74.9	75.6

Die Werte für σ und V^E erreichen maximale Abweichungen in der Nähe von 33 Mol-% $MnCl_2$, die auf die Bildung von $MnCl_4^{2-}$ hinweisen, s. dazu Figur im Original [13], s. auch [12].

Literatur:

[1] B. F. Markov, R. V. Chernov (Ukr. Khim. Zh. **24** [1958] 139/42; C.A. **1958** 17932). — [2] P. Andersen (Nord. Kemistmötet Helsingfors **7** [1950] 147). — [3] P. Ehrlich, F. W. Koknat, H.-J. Seifert (Z. Anorg. Allgem. Chem. **341** [1965] 281/6). — [4] P. Andersen (9. Nord. Kemikermoede, Aarhus 1956, S. 7). — [5] H. J. Seifert, H. Fink (Rev. Chim. Minerale **12** [1975] 466/75, 471, 474).

[6] C. N. Owston (Brit. J. Appl. Phys. [2] **1** [1968] 1839/40). — [7] B. F. Markov, R. V. Chernov (Ukr. Khim. Zh. **27** [1961] 34/9; C.A. **1961** 17185). — [8] G. N. Papatheodorou, O. J. Kleppa (J. Inorg. Nucl. Chem. **33** [1971] 1249/78, 1252, 1257). — [9] A. S. Kucharski, S. N. Flengas (J. Electrochem. Soc. **119** [1972] 1170/81, 1174). — [10] D. R. Sadoway, S. N. Flengas (J. Electrochem. Soc. **122** [1975] 515/20).

[11] S. N. Flengas, A. S. Kucharski (Can. J. Chem. **49** [1971] 3971/85, 3979). — [12] B. F. Markov, V. D. Prisyazhnyi, G. P. Prikhod'ko (Ukr. Khim. Zh. **36** [1970] 251/3; Soviet Progr. Chem. **36** Nr. 3 [1970] 24/6). — [13] L. El-Sayed, H. A. Øye (Acta Chem. Scand. A **29** [1975] 267/8). — [14] B. P. Burylev, V. L. Mironov (Zh. Fiz. Khim. **48** [1974] 2142; Russ. J. Phys. Chem. **48** [1974] 1272). — [15] W. Bues, L. El-Sayed, H. A. Øye (Acta Chem. Scand. A **31** [1977] 461/8).

Cs_3MnCl_5

5.3.1.1.37 Cs_3MnCl_5 (= 3 CsCl · $MnCl_2$)

Zur Darstellung schmilzt man CsCl und $MnCl_2$ in stöchiometrischen Mengen in evakuierten Quarzrohren und kühlt die Schmelze mit 5 grd/h auf Zimmertemperatur ab [1], s. auch [2, 3], oder man erhitzt ein inniges Gemisch aus $MnCl_2 \cdot 4H_2O$ und CsCl (1:3) im trocknen HCl-Gasstrom (Trägergas Ar) in Pt-Schalen bis oberhalb des Schmelzpunktes von Cs_3MnCl_5 und läßt nach 4 h abkühlen. Einkristalle erhält man mit Hilfe der vertikalen Bridgman-Methode im Temperaturgefälle von 100 grd [4].

Aus kalorimetrischen Bestimmungen der Lösungsenthalpie von Cs_3MnCl_5, CsCl und $MnCl_2$ in H_2O bei 25°C ergibt sich für die Bildung aus 3 CsCl + $MnCl_2$ die Bildungsenthalpie $\Delta H = -9.81$ kcal/mol [5]. Messungen in einer eutektischen LiCl-KCl-Schmelze bei 455°C ergeben $\Delta H = -7.17 \pm 0.15$ kcal/mol [2]. Für die Bildung aus den Elementen wird mit dem Wert von Ehrlich u.a. [5] die Standardbildungsenthalpie $\Delta H^\circ_{298} = -435.9$ kcal/mol erhalten [6].

Kristallstruktur. Die grünlichgelben, sehr hygroskopischen prismenförmigen Kristalle sind nach Pulver- und Einkristallaufnahmen tetragonal, Raumgruppe I4/mcm-D_{4h}^{18} (Nr. 140) mit den Gitterkonstanten a = 9.21 (2), c = 14.97 (5) Å; Z = 4 [1]; a = 9.214 ± 0.003, c = 14.908 ± 0.006 Å [3, 7], s. auch [8]. Atomlagen (R = 9.6%):

Atom	Punktlage	x	y	z
Cs(1)	4a	0	0	0.25
Cs(2)	8h	0.1643(10)	0.6643(10)	0
Mn	4b	0	0.5	0.25
Cl(1)	4c	0	0	0
Cl(2)	16l	0.1430(30)	0.6430(30)	0.6546(27)

Kürzeste Atomabstände in Å: Mn↔Cl = 2.347(40), Cs(1)↔Cl = 3.742(12) und 3.819(30), Cs(2)↔Cl = 3.414(41) bis 3.661(34) [1]. Die mit Cs_3CoCl_5 (s. „Kobalt" Erg.-Bd. A, S. 833) isotype Struktur [7] enthält isolierte, etwas verzerrte $MnCl_4$-Tetraeder (Winkel Cl-Mn-Cl = 105° bis 112°) neben freien Cl^-- und Cs^+-Ionen [1, 3].

Die gemessene Dichte ist 3.35, die Röntgendichte 3.30 g/cm^3 [1]. — Schmelzpunkt s. S. 146. — Kalorimetrische Bestimmungen bei 0.05 bis 2.00 K ergeben für die Wärmekapazität c_p/R ein steiles Maximum bei $T_N = 0.601$ K, s. **Fig. 45**. Die Werte sind zwischen 1 und 2 K proportional T^{-2} [3].

Nach Messungen der Temperaturabhängigkeit der Suszeptibilität befolgen die Werte zwischen 85 und 1200 K das Curie-Weiss-Gesetz. Die paramagnetische Curie-Temperatur für den festen und geschmolzenen Zustand beträgt $\Theta_p = +10$ bzw. -20 K, das effektive magnetische Moment ist übereinstimmend $\mu_{eff} = 5.80\,\mu_B$ [9]. Zwischen 300 und 680 K nimmt die reziproke Molsuszeptibilität von 67 auf 155 mol/cm^3 gemäß dem Curie-Weiss-Gesetz zu; das effektive magnetische Moment beträgt 5.85 μ_B [10]. Auch die von Blöte, Huiskamp [3] erhaltenen Ergebnisse der reziproken spezifischen Suszeptibilität unterhalb 4 K gehorchen diesem Gesetz mit der paramagnetischen Curie-Temperatur $\Theta_p = -0.9 \pm 0.1$ K.

Eine Untersuchung der Austauschwechselwirkung zeigt, daß die Mn^{2+}-Ionen antiferromagnetisch an die vier nächsten Nachbarn in der (001)-Ebene und an die zwei nächsten Nachbarn in c-Richtung gekoppelt sind. Dies führt zu einer einfachen magnetischen Struktur mit zwei Untergittern. Von den verschiedenen Methoden zur Berechnung des Austauschparameters führt die Verwendung der Néel-Temperatur $T_N = 0.601$ K zu dem wahrscheinlichsten Wert: $J/k = -0.0242$ K [3].

Löslichkeit. Für die Auflösung von Cs_3MnCl_5 in der 1800fachen Molmenge H_2O bei 25°C ergeben kalorimetrische Bestimmungen die Lösungsenthalpie $\Delta H_L = 5.12 \pm 0.03$ kcal/mol [5], für die Lösung in der eutektischen LiCl-KCl-Schmelze erhält man bei 455°C $\Delta H_L = 14.31 \pm 0.10$ kcal/mol. Für den Zerfall von Cs_3MnCl_5 in $CsMnCl_3 + 2\,CsCl$ ergibt sich aus den Lösungsenthalpien der Komponenten $\Delta H = -2.7$ kcal/mol [2]. Die von Ehrlich u.a. [5] gemessene Lösungsenthalpie von Cs_3MnCl_5 in H_2O entspricht fast der Summe aus den Werten (in kcal/mol) für $CsMnCl_3$ (−3.19) + 2 CsCl (2 × 4.12), was auf ein Gemisch dieser Komponenten bei den Messungen von Ehrlich u.a. [5] hinweist [2].

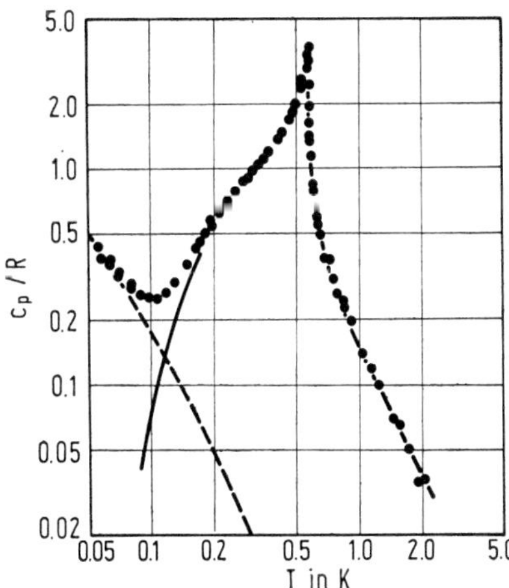

Fig. 45

Temperaturabhängigkeit der Wärmekapazität bei Cs_3MnCl_5 (unterbrochene Kurve theoretisch berechnet, durchgezogene Kurve nach Abzug des Hyperfeinanteils).

Literatur:

[1] J. Goodyear, D. J. Kennedy (Acta Cryst. B **32** [1976] 631/2). — [2] G. N. Papatheodorou (J. Inorg. Nucl. Chem. **35** [1973] 465/71, 467/9). — [3] H. W. J. Blöte, W. J. Huiskamp (Physica **53** [1971] 445/70, 447; J. Phys. [Paris] **32** [1971] Suppl. S. C1-1005/C1-1007). — [4] M. Kestigian, W. W. Holloway (Phys. Status Solidi A **6** [1971] K19/K22). — [5] P. Ehrlich, F. W. Koknat, H.-J. Seifert (Z. Anorg. Allgem. Chem. **341** [1965] 281/6).

[6] T. A. Zordan, L. G. Hepler (Chem. Rev. **68** [1968] 737/45, 744). — [7] D. J. W. Ijdo (Diss. Univ. Leiden 1960, S. 1/56, 30, 33, 38). — [8] P. Andersen (9. Nord. Kemikermoede, Aarhus 1956, S. 7). — [9] A. Jablonski, R. Wojciechowska, B. Lemanczyk (Prace Nauk. Inst. Chem. Nieorg. Met. Pierwiastkow Rzadkich Politech. Wroclaw Nr. 16 [1973] 69/78; C.A. **80** [1974] Nr. 150295). — [10] R. W. Asmussen (Proc. Symp. Coord. Chem., Copenhagen 1953 [1954], S. 27/30).

Cs_2MnCl_4

5.3.1.1.38 Cs_2MnCl_4 (= $2CsCl \cdot MnCl_2$)

Zur Darstellung schmilzt man ein Gemisch aus stöchiometrischen Anteilen CsCl und wasserfreiem $MnCl_2$ 1 bis 2 d bei 600°C [1] oder 100 bis 150°C oberhalb des Schmelzpunktes (538°C) von Cs_2MnCl_4 [2, 3] in evakuierten Quarzkapseln und tempert etwa zwei Wochen bei 300 bis 400°C [1], s. auch [4, 5]. Man kann auch $Cs_2MnCl_4 \cdot 2H_2O$ (s. S. 156) 2 h auf 105°C [6] oder mehrere Tage auf 150°C in Ar-Atmosphäre erhitzen [1]. Zur Fällung aus einer Lösung von $MnCl_2$ in konzentriertem, wäßrigem HCl durch CsCl s. [7].

Aus kalorimetrischen Bestimmungen der Lösungsenthalpie von Cs_2MnCl_4, CsCl und $MnCl_2$ in H_2O bei 25°C ergibt sich für die Bildung aus $2CsCl + MnCl_2$ die Bildungsenthalpie $\Delta H = -11.21$ kcal/mol [8]. Messungen in einer eutektischen LiCl-KCl-Schmelze bei 455°C ergeben $\Delta H = -6.56 \pm 0.09$ kcal/mol; die starke Abweichung von ΔH bei Ehrlich u.a. [8] ist wahrscheinlich durch die polymorphe Umwandlung (s. unten) bedingt [9]. Für die Bildung aus den Elementen wird mit dem Wert von Ehrlich u.a. [8] die Standardbildungsenthalpie $\Delta H^\circ_{298} = -333.8$ kcal/mol erhalten [10].

Kristallographische Eigenschaften. Von Cs_2MnCl_4 existiert eine Hoch- und Tieftemperaturmodifikation [11]. Die Bezeichnungsweise ist in der Literatur nicht einheitlich. Im folgenden wird die allgemein übliche, ursprünglich von Andersen [12] eingeführte verwendet: α für die Tieftemperatur- und β für die Hochtemperaturmodifikation. Der Umwandlungspunkt liegt bei $t_u = 297$°C [13].

Orangerosa [6] gefärbtes α-Cs_2MnCl_4 kristallisiert nach Pulveraufnahmen tetragonal, Raumgruppe I4/mmm-D_{4h}^{17} (Nr. 139) [2, 11] mit a = 5.135(3), c = 16.88(1) Å [1], a = 5.137 ± 0.005, c = 16.93 ± 0.01 Å; Z = 2 [2], s. auch [11]. Neutronenbeugungsaufnahmen ergeben a = 5.15, c = 17.0 Å [3]. Die Struktur ist vom K_2NiF_4-Typ (s. „Nickel" B 3, S. 1032) [2, 11]. Der Parameter des Cs beträgt z ≈ 0.35, der von Cl z ≈ 0.15 [2], was durch Neutronenbeugungsaufnahmen bestätigt wird [3].

Die gelbe [11] bis blaßgrüne [12] β-Modifikation kann auf Temperaturen unterhalb t_u abgeschreckt werden [5, 9]. Sie ist isotyp mit Cs_2CoCl_4 (s. „Kobalt" Erg.-Bd. A, S. 832), Raumgruppe Pnma-D_{2h}^{16} (Nr. 62); Z = 4 [13], s. auch [5], bzw. mit rhombischem K_2SO_4 ($H1_6$-Typ) [14].

Thermische Eigenschaften. Cs_2MnCl_4 schmilzt bei 538°C [15]. Nach kalorimetrischen Bestimmungen beträgt die Schmelzenthalpie $\Delta H_f = 6.29 \pm 0.80$ kcal/mol und die Schmelzentropie $\Delta S_f = 7.8$ cal · mol^{-1} · K^{-1}. Messungen von 592 bis 1059 K ergeben für die Funktion $H_T - H_{298} = a_0 + a_1 T$ cal/mol: $a_0 = -6269 \pm 390$ und a_1 (= C_p) = 23.091 bei festem Cs_2MnCl_4 bis 538°C, $a_0 = -3433 \pm 700$ und $a_1 = 27.354$ für die Schmelze von 538 bis 786°C [4].

Tieftemperaturmessungen an abgeschrecktem, metastabilem β-Cs_2MnCl_4 (im Original als α-Form bezeichnet) bei 0.05 bis 3.00 K ergeben für die Wärmekapazität ein Maximum ähnlich wie bei Cs_3MnCl_5 (s. S. 149) bei $T_N = 0.935$ K mit $c_p/R = 2.49$ cal · mol^{-1} · K^{-1}. Der bei tiefen Temperaturen gefundene Hyperfeinstrukturanteil (vom Schottky-Typ) deutet einen merklichen kovalenten Anteil bei den Mn^{2+}-Cl^--Bindungen an. Die nach mehrtägigem Stehen bei Zimmertemperatur beobachtete starke Abnahme von c_p/R zeigt eine langsame Umwandlung in die stabile α-Form mit sehr niedrigem c_p/R an [5].

Für die magnetische Suszeptibilität gilt zwischen 200 und 680 K das Curie-Weiss-Gesetz. Die reziproke Molsuszeptibilität der Tieftemperaturphase nimmt von $1/\chi_{mol} = 75$ auf 155 mol/cm^3 bei 570 K zu, diejenige der Hochtemperaturphase steigt von $1/\chi_{mol} = 135$ bei 590 K auf 155 mol/cm^3 bei 680 K. Das effektive magnetische Moment $\mu_{eff} = 6.08\ \mu_B$ wird durch die Änderung der Kristallstruktur bei 570 K nicht beeinflußt [16]. Aus diesen Daten leiten Blöte, Huiskamp [5] für die Hoch- und Tieftemperaturmodifikation die Curie-Temperatur $\Theta_p = -25 \pm 30$ K bzw. -140 ± 10 K ab. Bei ihren eigenen Messungen an der unterkühlten Hochtemperaturphase beobachten sie zwischen 2 und 4 K ebenfalls Curie-Weiss-Verhalten. Messungen an vier pulverförmigen Proben zwischen 100 und 300 K zeigen unterschiedliche Ergebnisse (die reziproke spezifische Suszeptibilität nimmt von etwa 20×10^3 auf etwa 40×10^3 g/cm^3 zu). Der Unterschied (maximal 12% zwischen zwei Proben) kann durch die Verwendung von nicht vollständig kristallinem Material bedingt sein. Die Werte werden ebenfalls durch das Curie-Weiss-Gesetz beschrieben ($\Theta_p \approx -100$ K) und sind bei gewöhnlicher Temperatur von derselben Größenordnung wie die von Asmussen [16] erhaltenen [17].

Die Tieftemperaturphase geht bei $T_N = 52$ K in einen geordneten Zustand über. Bei 4.2 K ist die magnetische Struktur dieselbe wie bei K_2MnF_4 (s. „Mangan" C 4, S. 108). Das effektive Moment beträgt 4.9 μ_B [3]. Vorläufige Angaben über Strukturuntersuchungen bei 21 K s. bei Legrand, Verschueren [13]. — Die Wärmekapazität der unterkühlten Hochtemperaturphase hat bei 0.935 K ein scharfes Maximum, das als Néel-Temperatur gedeutet werden kann. In dieser Phase hat der Austauschparameter einen Wert von etwa −0.5 K [5].

Chemisches Verhalten. Cs_2MnCl_4 ist in H_2O sehr leicht, in konzentriertem, wäßrigem HCl ziemlich schwer löslich [7]. Für die Lösung in der 1800fachen Molmenge H_2O bei 25°C erhält man die Lösungsenthalpie $\Delta H_L = 2.35 \pm 0.03$ kcal/mol [8], in einer eutektischen LiCl-KCl-Schmelze bei 455°C ist $\Delta H_L = 12.24 \pm 0.08$ kcal/mol [9]. Für die Reaktion mit CsCl nach $Cs_2MnCl_4 + CsCl \rightarrow Cs_3MnCl_5$ erhält man (aus den Lösungsenthalpien der Komponenten in H_2O) $\Delta H = +1.4$ kcal; mit $MnCl_2$ nach $Cs_2MnCl_4 + MnCl_2 \rightarrow 2\,CsMnCl_3$ $\Delta H = -8.35$ kcal [8]. — β-Cs_2MnCl_4 bildet bei Raumtemperatur mit Cs_2ZnCl_4 Mischkristalle bis etwa 60 Mol-% Cs_2MnCl_4 [12], s. auch [9].

Literatur:

[1] H. T. Witteveen (J. Solid State Chem. **11** [1974] 245/53, 247). — [2] D. J. W. Ijdo (Diss. Univ. Leiden 1960, S. 1/56, 30, 33, 38). — [3] A. Epstein, E. Gurewitz, J. Makovsky, H. Shaked (Phys. Rev. [3] B **2** [1970] 3703/6). — [4] A. S. Kucharski, S. N. Flengas (Can. J. Chem. **52** [1974] 946/50). — [5] H. W. J. Blöte, W. J. Huiskamp (Physica **53** [1971] 445/70, 447, 461; J. Phys. [Paris] **32** [1971] Suppl. S. C1-1005/C1-1007).

[6] J. J. Foster, N. S. Gill (J. Chem. Soc. A **1968** 2625/9). — [7] R. Godeffroy (Arch. Pharm. **212** [1878] 47/54, 48; Z. Allgem. Österr. Apothekerver. **13** [1875] 21/8, 24, 28). — [8] P. Ehrlich, F. W. Koknat, H.-J. Seifert (Z. Anorg. Allgem. Chem. **341** [1965] 281/6). — [9] G. N. Papatheodorou (J. Inorg. Nucl. Chem. **35** [1973] 465/71, 467/9). — [10] T. A. Zordan, L. G. Hepler (Chem. Rev. **68** [1968] 737/45, 744).

[11] P. Andersen (9. Nord. Kemikermoede, Aarhus 1956, S. 7). — [12] P. Andersen (Acta Cryst. **16** [1963] A 25). — [13] E. Legrand, M. Verschueren (J. Phys. [Paris] **25** [1964] 578/81). — [14] C. Hermann, O. Lohrmann, H. Philipp (Strukturbericht, Bd. 2, 1928/32 [1937], S. 86/8). — [15] B. Markov, R. V. Chernov (Ukr. Khim. Zh. **24** [1958] 139/42; C.A. **1958** 17932).

[16] R. W. Asmussen (Proc. Symp. Coord. Chem., Copenhagen 1953 [1954], S. 27/30). — [17] A. van den Bosch (Vacuum Microbalance Tech. **7** [1970] 9/18).

5.3.1.1.39 $CsMnCl_3$ (= $CsCl \cdot MnCl_2$) *$CsMnCl_3$*

Darstellung. Die Verbindung erhält man analog zu $RbMnCl_3$ (s. S. 137) durch Zusammenschmelzen von gleichen Molmengen CsCl und $MnCl_2$ bei 700°C [1 bis 3], aus CsCl und $MnCl_2$ im trocknen HCl-Strom [4, 5] oder durch Entwässerung von $CsMnCl_3 \cdot 2\,H_2O$ im trocknen HCl-Strom bei 600°C [6, 7]. Einkristalle werden durch langsames Abkühlen der Schmelze im evakuierten Quarzrohr (5 grd/h) auf Zimmertemperatur [2] oder nach der vertikalen Bridgman-Methode gezüchtet [5, 6]. *Preparation*

CsMnCl₃ Thermodynamic Data of Formation

Aus kalorimetrischen Bestimmungen der Lösungsenthalpie von $CsMnCl_3$, CsCl und $MnCl_2$ in H_2O bei 25°C ergibt sich für die Bildung aus CsCl und $MnCl_2$ die Bildungsenthalpie $\Delta H = -9.78$ kcal/mol [8], Messungen in einer eutektischen LiCl-KCl-Schmelze bei 455°C ergeben $\Delta H = -9.86 \pm 0.06$ kcal/mol [9]. Für die Bildung aus den Elementen wird mit dem Wert von Ehrlich u.a. [8] die Standardbildungsenthalpie $\Delta H^\circ_{298} = -228.8$ kcal/mol erhalten [10].

Crystallographic Properties

Kristallographische Eigenschaften. Die unter Normalbedingungen stabile rhomboedrische Modifikation $CsMnCl_3$I wandelt sich bei 700°C und 8 kbar in die hexagonale Modifikation $CsMnCl_3$II um. Die Umwandlung ist temperaturunabhängig. Bei weiter steigendem Druck entsteht bei 27 kbar die kubische Modifikation $CsMnCl_3$III, deren Umwandlungspunkt sich mit steigender Temperatur zu höheren Drücken verschiebt, s. **Fig. 46** [4]. Die Umwandlungen werden später im wesentlichen bestätigt (Umwandlungsdrücke etwa 10 und 25 kbar) [11]. — Die Hochdruckformen sind unter N_2 bei Temperaturen bis 200°C mäßig beständig, bei 300°C wandeln sie sich schon nach wenigen Stunden in die bei Atmosphärendruck stabile Form um [4].

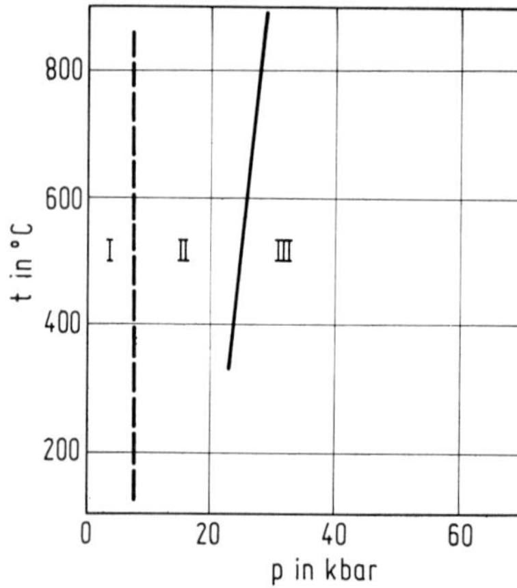

Fig. 46

Existenzbereiche der Modifikationen I, II und III von $CsMnCl_3$.

Das rote [6, 12], hygroskopische [2, 6] $CsMnCl_3$I bildet trigonale Prismen [6] und hat die Gitterkonstanten a = 10.07 Å, α = 42°26'; Z = 3 [1]; bei hexagonaler Indizierung a = 7.288, c = 27.44 Å; Z = 9 [5], a = 7.290(5), c = 27.317(4) Å [6], a = 7.29(1), c = 27.48(5) Å [2]; d-Werte s. [5]. Die meisten Autoren nehmen die höhersymmetrische, zentrosymmetrische Raumgruppe $R\bar{3}m$-D^5_{3d} (Nr. 166) an. Danach würde $CsMnCl_3$I im $BaRuO_3$-Typ (s. „Ruthenium" Erg.-Bd., S. 255) kristallisieren [1, 4, 6, 11]. Parameter aus Neutronenbeugungsaufnahmen an Pulverpräparaten (R = 6.7%) s. [1], aus Röntgenuntersuchungen an Einkristallen (R = 8.9%) s. [6]. Dagegen wird bei anderen Röntgenuntersuchungen an Einkristallen der nicht zentrosymmetrischen Raumgruppe R3m-C^5_{3v} (Nr. 160) der Vorzug gegeben. Die Struktur ist eng verwandt mit dem $CsNiCl_3$-Typ (s. „Nickel" B, S. 1102) [2], was auch von anderen Autoren [6] bemerkt wurde. Atomlagen bei hexagonaler Zellenwahl:

Atom	Punktlage	x	y	z
Cs(1)	3a	0	0	0.2817(1)
Cs(2)	3a	0	0	−0.2816(1)
Cs(3)	3a	0	0	0.4968(2)
Mn(1)	3a	0	0	−0.0002(7)
Mn(2)	3a	0	0	0.1160(3)
Mn(3)	3a	0	0	−0.1159(3)
Cl(1)	9b	0.1608(6)	0.3216(6)	0.0571(3)
Cl(2)	9b	−0.1558(5)	−0.3116(5)	−0.0573(2)
Cl(3)	9b	−0.1606(9)	−0.3212(9)	0.1675(5)

R = 6.4%. In den $MnCl_6$-Oktaedern beträgt der mittlere Mn-Cl-Abstand 2.55 Å, der mittlere Cl-Cl-Abstand 3.60 Å. Die Cs-Atome sind von zwölf Cl-Atomen im mittleren Abstand von 3.70 Å umgeben. Jedes $Mn(1)Cl_6$-Oktaeder ist mit je einem weiteren $MnCl_6$-Oktaeder über entgegengesetzte Flächen verknüpft und dadurch trigonal verzerrt. Der Mn-Mn-Abstand innerhalb der Dreiergruppe ist 3.18 Å. Die endständigen Oktaeder der Gruppe sind über die drei Ecken mit weiteren $MnCl_6$-Oktaedern anderer Gruppen verknüpft. Es resultiert eine Struktur aus neun dicht gepackten $CsCl_3$-Schichten ··· BABACACBC ··· oder $(chh)_3$ (c = kubisch, h = hexagonal dichte Schicht) in Richtung der c-Achse. Eine neunfache Schichtenfolge $(chh)_3$ ist auch für den $BaRuO_3$-Typ charakteristisch. Der Mn-Mn-Abstand zwischen den Schichten beträgt nur 2.79 Å [2]. — Gitterenergie (nach dem Kreisprozeß berechnet) U = 765.2 kcal/mol [8].

$CsMnCl_3$II kristallisiert hexagonal mit a = 7.268(5), c = 17.85(5) Å; Z = 6; d-Werte s. Original [4]. Die Struktur ist wie bei $CsMnF_3$I (s. „Mangan" C 4, S. 189) vom hexagonalen $BaTiO_3$-Typ (s. „Titan", S. 442), Raumgruppe $P6_3mmc\text{-}D_{6h}^4$ (Nr. 194), besteht also aus sechs Schichten $(hhc)_2$ [4, 11].

$CsMnCl_3$III ist kubisch, a = 5.111(3) Å; Z = 1; d-Werte s. Original [4]. Es kristallisiert im Perowskit-Typ ($CaTiO_3$), Raumgruppe $Pm3m\text{-}O_h^1$ (Nr. 221), kann also aus drei kubisch dichten Schichten aufgebaut werden [4, 11].

Mechanical and Thermal Properties

Pyknometrisch bestimmte Dichte in g/cm^3: 3.48 (Immersionsmethode) [2, 5], 3.35(4) bei 23°C [6]; Röntgendichte: 3.48 [2], 3.49 [6].

$CsMnCl_3$ schmilzt bei 585 [13] bis 617 ± 5°C [5], s. auch S. 146. — Nach kalorimetrischen Bestimmungen beträgt die Schmelzenthalpie bei 593°C $\Delta H_f = 15.70 \pm 0.41$ kcal/mol und die Schmelzentropie $\Delta S_f = 18.0$ cal · mol^{-1} · K^{-1}. Messungen von 437 bis 1076 K ergeben die Enthalpiefunktion $H_T - H_{298} = a_0 + a_1 T$ cal/mol mit $a_0 = -10890 \pm 280$ und a_1 (= C_p) = 34.587 bei festem $CsMnCl_3$ bis t_f = 593°C, a_0 = +1911 ± 300 und a_1 = 37.937 für die Schmelze von 593 bis 803°C [3].

Magnetic Properties

Magnetische Eigenschaften. Im Bereich zwischen 200 und 680 K, in dem die reziproke Molsuszeptibilität von 80 auf 180 mol/cm^3 zunimmt, gilt das Curie-Weiss-Gesetz; das effektive magnetische Moment beträgt bei gewöhnlicher Temperatur 6.13 μ_B [14]. Zwischen 280 und 77.5 K (als Néel-Temperatur angesehen) finden Shane u.a. [15] eine Abweichung vom Curie-Weiss-Gesetz (Abnahme von $1/\chi_{mol}$ = 95 auf 45 mol/cm^3). Zwei unterhalb 77 K beobachtete Maxima, denen ein scharfer Anstieg in der Magnetisierung folgt, könnten durch unterschiedliche Entstehungsprozesse der Anisotropie bedingt sein, bei denen zwei verschieden verkantete Konfigurationen gebildet werden [15].

Nach Messungen der Neutronenstreuung ist die magnetische Struktur unterhalb 67 K vom G-Typ mit einem $\vec{k}$-Vektor (1/2, 1/2, 1/2), bezogen auf das rhomboedrische Gitter; die magnetische Elementarzelle ist doppelt so groß wie die kristallographische: $a'_h = a_h$ und $c'_h = 2c_h$ oder $a'_r = 2a_r$ (vgl. S. 152). Die Spinrichtung verläuft senkrecht zur Raumdiagonale der rhomboedrischen Elementarzelle. Die magnetische Symmetrie ist monoklin, Raumgruppe $C_{2c}2/m$ (nach Opechowski, Guccione [16]), wenn die Spins senkrecht zur kristallographischen Spiegelebene in der Raumgruppe $R\bar{3}m$ sind, andernfalls $C_{2c}2/m'$ [1].

Untersuchungen der paramagnetischen (EPR) und antiferromagnetischen (AFMR) Resonanz als Funktion der Temperatur bei 9.5 und 25 GHz ergeben im paramagnetischen Bereich (d.h. oberhalb 69 ± 3 K) keine konstante Linienbreite ΔH. Sie verbreitert sich zwischen 297 und 100 K von ΔH = 40 auf 62 Oe, nimmt dann schnell auf ΔH = 240 Oe bei 77 K zu und verschwindet asymptotisch [17], s. auch [13]. Die AFMR-Linie verengt sich asymmetrisch mit abnehmender Temperatur auf ΔH = 36 Oe bei 5 K [17].

NMR

Untersuchungen der kernmagnetischen Resonanz von ^{35}Cl (I = 3/2) an Einkristallen bei 77 und 20 K ergeben reine Kernquadrupolübergänge (auf 10 kHz genau) bei 5.350 bzw. 5.360 MHz für $^{35}Cl(1)$ (gewinkelte Mn-Cl-Mn-Bindung zwischen zwei Oktaedern) und bei 9.253 bzw. 9.263 MHz für $^{35}Cl(2)$ (lineare Mn-Cl-Mn-Bindung). Da eine Kompensation der inneren Felder wegen der niedrigen Symmetrie am Ort des Cl auszuschließen ist, sollte hiernach entgegen Shane u.a. [15] oberhalb 20 K kein Übergang zum geordneten Zustand stattfinden [18]. Messungen bei 300 K führen auf eine Quadrupolkopplungskonstante $e^2qQ/2h$ = 5.2645 MHz ($^{35}Cl(1)$) bzw. 9.1835 MHz ($^{35}Cl(2)$, beide ±1.5 kHz) und einen Asymmetrieparameter η = 0.2683 bzw. 0.0234, beide ±0.0004. Aus der gemessenen paramagnetischen Verschiebung (s. Original) ergeben sich die

CsMnCl₃ NMR

Komponenten $A_{\parallel}$ und $A_{\perp}$ des Tensors der übertragenen Hyperfeinwechselwirkung (in 10^{-4} cm^{-1}), der als axialsymmetrisch um die zugehörige Mn-Cl-Bindung angenommen wird, in der Form $A_s = (A_{\parallel} + 2A_{\perp})/3 = 1.46$ (Cl(1)), 1.70 (Cl(2)), $A_{\sigma-\pi} = (A_{\parallel} - A_{\perp})/3 = 0.06$ bzw. 0. Die entsprechenden Spindichten betragen $f_s = 0.50$ bzw. 0.57%, $f_{\sigma-\pi} = 0.6$ bzw. 0%. Der mit einem atomaren Vergleichswert $e^2qQ/h = 110.70$ MHz gebildete Parameter f_Q (s. S. 141) ergibt sich zu 7.4% bzw. 8.2% [18]. Das Kernquadrupolresonanzspektrum von ^{35}Cl und ^{37}Cl ist von Moskalev [19] an Einkristallen und Pulvern bei 298 und 37 K untersucht worden.

Optical Properties

Optische Eigenschaften. $CsMnCl_3I$ ist optisch einachsig positiv mit $n_\varepsilon = 1.720$ und $n_\omega = 1.692$ in weißem Licht [5]. Im einzelnen werden folgende Werte gemessen:

λ in nm	643.3	629	605	579.1	546.1
n_ε	1.7186	1.7197	1.7217	1.7241	1.7279
n_ω	1.6920	1.6930	1.6948	1.6971	—

Aus der graphischen Auftragung von $(n^2-1)^{-1}$ gegen λ^{-2} abgeleitete Dispersionsparameter s. Original [20].

Chemical Behavior

Chemisches Verhalten. Unter N_2 hergestellte Präparate sind bei Raumtemperatur gegenüber Luftfeuchtigkeit beständig, dagegen sind die in HCl-Atmosphäre erhaltenen hygroskopisch [4]. — Für die Auflösung von 1 mol $CsMnCl_3$ in 1200 mol H_2O folgt aus kalorimetrischen Bestimmungen bei 25°C die Lösungsenthalpie $\Delta H_L = -3.19 \pm 0.03$ kcal/mol [8], für die Lösung in der eutektischen LiCl-KCl-Schmelze erhält man bei 455°C $\Delta H_L = 14.08 \pm 0.04$ kcal/mol. Für die Reaktion mit CsCl nach $CsMnCl_3 + 2CsCl \rightarrow Cs_3MnCl_5$ erhält man daraus $\Delta H = +2.7$ kcal [9], mit Cs_3MnCl_5 nach $CsMnCl_3 + Cs_3MnCl_5 \rightarrow 2Cs_2MnCl_4$ $\Delta H = -2.83$ kcal [8].

Literatur:

[1] M. Melamud, J. Makovsky, H. Shaked (Phys. Rev. [3] B **3** [1971] 3873/7). — [2] J. Goodyear, D. J. Kennedy (Acta Cryst. B **29** [1973] 744/8). — [3] A. S. Kucharski, S. N. Flengas (Can. J. Chem. **52** [1974] 946/50). — [4] J. M. Longo, J. A. Kafalas (J. Solid State Chem. **3** [1971] 429/33). — [5] M. Kestigian, W. J. Croft, F. D. Leipziger (J. Chem. Eng. Data **12** [1967] 97/8).

[6] Ting-i Li, G. D. Stucky, G. L. McPherson (Acta Cryst. B **29** [1973] 1330/5). — [7] G. L. McPherson, Jin Rong Chong (Inorg. Chem. **12** [1973] 1196/8). — [8] P. Ehrlich, F. W. Koknat, H.-J. Seifert (Z. Anorg. Allgem. Chem. **341** [1965] 281/6). — [9] G. N. Papatheodorou (J. Inorg. Nucl. Chem. **35** [1973] 465/71, 467/9). — [10] T. A. Zordan, L. G. Hepler (Chem. Rev. **68** [1968] 737/45, 744).

[11] J. A. R. van Veen (Mater. Res. Bull. **6** [1971] 1269/71). — [12] P. Andersen (9. Nord. Kemikermoede, Aarhus 1956, S. 7). — [13] C. N. Owston (Brit. J. Appl. Phys. [2] **1** [1968] 1839/40). — [14] R. W. Asmussen (Proc. Symp. Coord. Chem., Copenhagen 1953 [1954], S. 27/30). — [15] J. R. Shane, R. W. Kedzie, M. Kestigian, D. H. Lyons, F. F. Y. Wang (AD-645366 [1966] 1/137, 15, 17; C.A. **68** [1968] Nr. 34287).

[16] W. Opechowski, R. Guccione (in: G. T. Rado, H. Suhl, Magnetism, Bd. IIa, Academic Press, New York – London 1965, S. 105/65). — [17] R. W. Kedzie, J. R. Shane, M. Kestigian, W. J. Croft (J. Appl. Phys. **36** [1965] 1195/6). — [18] H. Rinneberg, H. Hartmann (J. Chem. Phys. **52** [1970] 5814/20). — [19] A. K. Moskalev (Fazovye Perekhody Krist. **1975** 130/4 nach C.A. **84** [1976] Nr. 157677). — [20] A. T. Anistratov, E. A. Popov, B. V. Beznosikov, I. T. Kokov (Opt. i Spektroskopiya **39** [1975] 692/6; Opt. Spectry. [USSR] **39** [1975] 390/2).

CsMn₄Cl₉

5.3.1.1.40 $CsMn_4Cl_9$ (= $CsCl \cdot 4MnCl_2$)

Darstellung. Die Verbindung erhält man durch Zusammenschmelzen von CsCl mit der vierfachen Molmenge $MnCl_2$ im evakuierten Quarzrohr und langsames Abkühlen (5 grd/h) auf Zimmertemperatur [1] oder aus CsCl und $MnCl_2 \cdot 4H_2O$ (vierfache Molmenge) analog zu $RbMnCl_3$ (s. S. 137) [2]. — Einkristalle werden nach der vertikalen Bridgman-Methode mit 1.5 mm/h im Temperaturgefälle von 100 grd gezüchtet und mit 10 bis 20 grd/h auf Zimmertemperatur abgekühlt [2].

Kristallstruktur. Die roten, sehr hygroskopischen, plättchenförmigen Kristalle sind nach Einkristall-Aufnahmen tetragonal, Raumgruppe $I4_1/a$-C_{4h}^6 (Nr. 88) mit a = 11.62(2) und c = 10.28(2) Å; Z = 4. Atomlagen:

Atom	Punktlage	x	y	z
Cs	4a	0	0	0
Mn	16f	0.2926(6)	0.3950(7)	0.0073(5)
Cl(1)	16f	0.1041(10)	0.3021(10)	−0.0060(10)
Cl(2)	16f	0.2097(3)	0.5961(9)	−0.0057(9)
Cl(3)	4b	0.5	0.5	0

R = 9.6%. Die Cs- und Cl-Atome bilden kubisch dicht gepackte Schichten || (132); der Cs-Cl-Abstand beträgt im Mittel 3.72 Å. Die Mn-Atome sind oktaedrisch von Cl-Atomen umgeben mit den mittleren Abständen Mn-Cl = 2.54 und Cl-Cl = 3.58 Å. Jedes $MnCl_6$-Oktaeder ist über fünf Kanten und über eine Ecke mit weiteren $MnCl_6$-Oktaedern verknüpft, wobei die Atome Cl(1), Cl(2) und Cl(3) mit zwei, drei bzw. vier Mn-Atomen verbunden sind, s. **Fig. 47.** Die Cl-Cl-Abstände der gemeinsamen Kanten sind mit 3.447 bis 3.554 Å deutlich kürzer als die freien Kanten (3.611 bis 3.673 Å). Mit der Mn-Mn-Abstoßung lassen sich die langen Mn-Cl(3)- und Mn-Cl(2)-Abstände (2.702 bzw. 2.589 Å) und die starke Streuung der Cl-Cl-Abstände erklären. Weitere Abstände und Winkel s. Original [1].

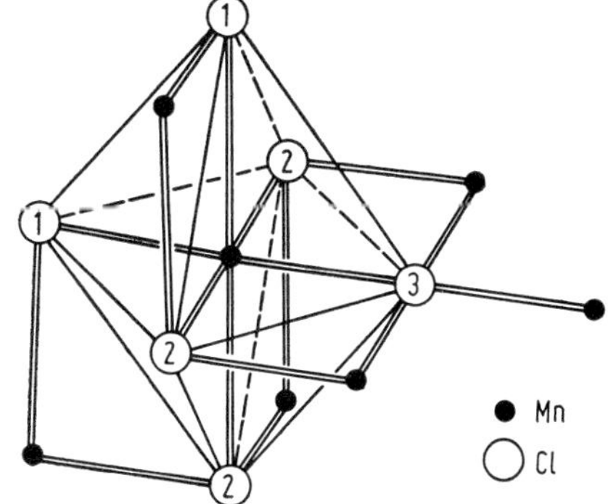

Fig. 47

Verknüpfung der Atome eines $MnCl_6$-Oktaeders mit Atomen benachbarter $MnCl_6$-Oktaeder bei $CsMn_4Cl_9$ (Doppellinien entsprechen Mn-Cl-Bindungen).

Dichte pyknometrisch 3.26, Röntgendichte 3.22 g/cm³ [1]. — Zum Schmelzpunkt s. S. 146.

Nach der zwischen 85 und 1200 K bestimmten Temperaturabhängigkeit der Suszeptibilität gehorchen die Werte im gesamten Bereich dem Curie-Weiss-Gesetz. Für den festen und geschmolzenen Zustand beträgt die paramagnetische Curie-Temperatur übereinstimmend $\Theta_p = -40$ K, das effektive magnetische Moment $\mu_{eff} = 5.74$ bzw. $5.62\ \mu_B$ [3].

Literatur:

[1] J. Goodyear, D. J. Kennedy (Acta Cryst. B **29** [1973] 2677/80). — [2] M. Kestigian, W. W. Holloway (Phys. Status Solidi A **8** [1971] K19/K22). — [3] A. Jabłoński, R. Wojciechowska, B. Lemanczyk (Prace Nauk. Inst. Chem. Nieorg. Met. Pierwiastkow Rzadkich Politech. Wroclaw Nr. 16 [1973] 69/78; C.A. **80** [1974] Nr. 150295).

5.3.1.1.41 Das System $CsCl$-$MnCl_2$-H_2O

The CsCl-$MnCl_2$-H_2O System

Aus Messungen der Relaxationszeit des ¹³³Cs-Isotops in wäßrigen $CsCl$-$MnCl_2$-Lösungen nach der Spin-Echo-Methode bei verschiedenen Mn^{2+}- und Cs^+-Konzentrationen und Temperaturen ergeben sich Hinweise auf die Bildung eines kurzlebigen Komplexes der Zusammensetzung $[Mn^{2+}Cl_2^-Cs^+]$, für den die Bildungskonstante $\beta_2 = [Mn^{2+}Cl_2^-Cs^+]/[Cs^+][Mn^{2+}][Cl^-]^2 = 0.025$

(l/mol)^2 bei der Ionenstärke I = 6.0 berechnet wird, G. M. Gusakov, I. I. Evdokimov, R. K. Mazitov (Zh. Strukt. Khim. **12** [1971] 580/4; J. Struct. Chem. [USSR] **12** [1971] 531/4). — Über die zu diesem System gehörigen Caesiumchloromanganat(II)-hydrate s. die beiden folgenden Kapitel 5.3.1.1.42 und 5.3.1.1.43.

$Cs_2MnCl_4 \cdot 2H_2O$

5.3.1.1.42 $Cs_2MnCl_4 \cdot 2H_2O$ (= $2CsCl \cdot MnCl_2 \cdot 2H_2O$)

Preparation

Darstellung. Die Verbindung kristallisiert beim langsamen Eindampfen einer wäßrigen Lösung von $MnCl_2 \cdot 4H_2O$ und CsCl im Molverhältnis 1:3 [1, 2] oder 1:2 bei 20°C [3, 4], s. auch [5], einer $CsMnCl_3$-Lösung mit überschüssigem CsCl [6] oder bei der Einwirkung von wäßriger CsCl-Lösung auf festes $MnCl_2 \cdot 4H_2O$ [7]. Ältere Angaben zur Bildung von Hydraten mit 2.5 und 3 mol H_2O s. [8].

Crystal Structure

Kristallstruktur. Die Kristalle sind blaßrosafarbene, in der [011]-Richtung gestreckte und häufig verzwillingte, trikline Prismen [3, 4, 7], s. auch [6], oder Nadeln [2], mit der Zwillingsachse normal zur (011)-Ebene [3]. Sie sind stark anisotrop [7] und leicht spaltbar [6]. Nach Pulver- und Einkristall-Aufnahmen ist $Cs_2MnCl_4 \cdot 2H_2O$ isotyp mit $Rb_2MnCl_4 \cdot 2H_2O$ (s. S. 140), Raumgruppe $P\bar{1}$-C_i^1 (Nr. 2), a = 5.74, b = 6.66, c = 7.27 Å (je ±0.01 Å) und α = 67.0°, β = 87.8°, γ = 84.3° (je ±0.1°); Z = 1 (Zellwahl nach Dirichlet). Atomlagen von Cs, Mn, Cl und O aus der Röntgenbeugung mit R = 9.9% [3], die Lagen der H-Atome sind aus dem elektrostatischen Modell von Baur [9] abgeleitet [10]:

Atom	Punktlage	x	y	z
Cs	2i	0.244(3)	0.168(3)	0.115(4)
Mn	1g	0	0.5	0.5
Cl(1)	2i	0.774(13)	0.877(12)	0.375(14)
Cl(2)	2i	0.259(12)	0.630(11)	0.192(12)
O	2i	0.771(30)	0.378(28)	0.353(30)
H(1)	2i	0.226	0.773	0.633
H(2)	2i	0.385	0.550	0.684

Kürzeste Atomabstände innerhalb der $MnCl_4(H_2O)_2$-Oktaeder (in Å): Mn↔Cl = 2.54(1), Mn↔O = 2.13(3), Cl(1)↔Cl(2) = 3.57(2), 3.62(2), Cl↔O = 3.24(2) bis 3.39(3); um die Cs-Atome: Cs↔Cl(1) = 3.52(1) bis 3.70(1), Cs↔Cl(2) = 3.35(1) bis 3.58(1), Cs↔O = 3.56(3) bis 4.15(3); weitere Abstände und Winkel s. Original [3]. H-Brückenbindungen bestehen zwischen H(1) und Cl(1) sowie H(2) und Cl(2); Winkel und Abstände s. Original [10]. Eine Projektion der Struktur ist in **Fig. 48** [3] wiedergegeben, Strukturbeschreibung s. bei $Rb_2MnCl_4 \cdot 2H_2O$, S. 140.

Density. Heat Capacity

Nach der Schwebemethode bestimmte Dichte D^{20} = 3.23, Röntgendichte 3.25 g/cm³ [3]. — Kalorimetrische Bestimmungen bei 0.05 bis 5 K ergeben für die Wärmekapazität c_p/R ein steiles Maximum von ähnlicher Form wie bei Cs_3MnCl_5 (s. S. 149) bei T_N = 1.81 K mit c_p/R = 3.89 cal · mol⁻¹ · K⁻¹ [11].

Magnetic Properties

Magnetische Eigenschaften. Die zwischen 20 und 0.35 K gemessene Molsuszeptibilität χ_{mol} parallel und senkrecht zur O-Mn-O-Achse (diese liegt fast parallel zur magnetischen Vorzugsrichtung im geordneten Zustand bzw. stimmt mit ihr überein) ergibt zwischen 20 und 14 K die gleichen Werte (Zunahme von χ_{mol} = 0.19 auf 0.27 cm³/mol). Bei etwa 2.05 K durchläuft $\chi_{\parallel}$ ein Maximum (0.75 cm³/mol); die Ableitung nach der Temperatur hat ihren maximalen Wert bei etwa 1.8 K (= T_N). Unterhalb dieser Temperatur fällt $\chi_{\parallel}$ schnell auf Null bei T→0. Für $\chi_{\perp}$ wird ein flaches Maximum bei etwa 1.76 K beobachtet ($\chi_{\perp} \approx 0.72$ cm³/mol), dem bei weiterer Temperaturabnahme ein nahezu konstanter Wert ($\chi_{\perp} \approx 0.70$ cm³/mol) folgt. Für die Werte zwischen 14 und 20 K gilt das Curie-Weiss-Gesetz, $\chi_{\parallel} = (4.43 \pm 0.06)/[T + (2.7 \pm 0.3)]$ bzw. $\chi_{\perp} = (4.47 \pm 0.09)/[T + (3.4 \pm 0.4)]$ [4]. Sehr ähnliche $\chi_{\parallel}$-Werte erhält Hoel [12] zwischen 20.4 und 14.0 K.

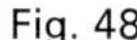

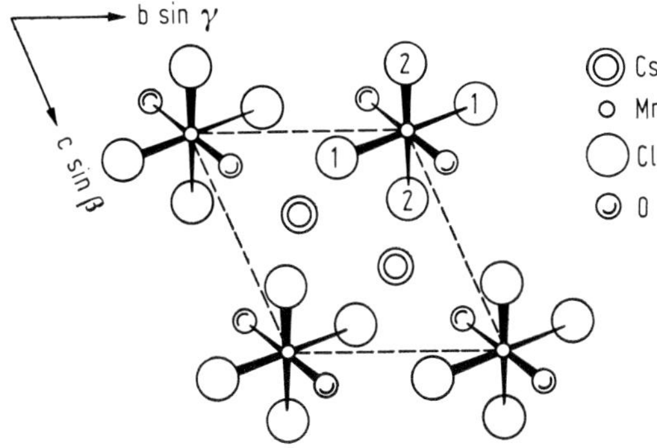

Projektion der Kristallstruktur von $Cs_2MnCl_4 \cdot 2\,H_2O$ entlang [100].

Die bei 0.5 K gemessene Magnetisierung erreicht ihren Sättigungswert $M \approx 3 \times 10^4$ cm^3/mol in einem Feld senkrecht zur O-Mn-O-Richtung bei höherer Feldstärke (40 kOe) als in einem longitudinalen Feld (30 kOe) [12].

Die aus NMR-Spektren bestimmte magnetische Struktur ist, analog zur kristallographischen Struktur, isotyp mit $Rb_2MnCl_4 \cdot 2\,H_2O$ (s. S. 140).

Die Néel-Temperatur des Cs-Salzes ist vermutlich auf Grund der größeren Dimensionen der Elementarzelle und der damit verbundenen Schwächung der Austauschwechselwirkung niedriger [13]. Aus der Temperaturabhängigkeit der Wärmekapazität ergibt sich $T_N = 1.84 \pm 0.01$ K [14] bzw. 1.81 K [11], aus der Temperaturabhängigkeit der Suszeptibilität $T_N = 1.8$ [4].

Wie bei $Rb_2MnCl_4 \cdot 2\,H_2O$ wird die Erscheinung des Spin-Flops beobachtet, wenn das Magnetfeld in O-Mn-O-Richtung verläuft. Der experimentelle Wert des Spin-Flop-Feldes ist $H_{SF} = 11.6$ kOe, der berechnete Wert $H_{SF} = 13.1$ kOe [12] in Übereinstimmung mit dem Wert $H_{SF} = 13.0$ kOe von Smith, Friedberg [4]. Für das Austausch- und das Anisotropiefeld wird $H_E = 16.5$ kOe und $H_A = 6.5$ kOe erhalten [12].

Die Bestimmung des Austauschparameters J/k nach verschiedenen Methoden ergibt −0.535 K aus der Curie-Temperatur, −0.487 K aus der Suszeptibilität bei T_N und −0.443 K aus der Magnetisierungskurve [12]. Nach den beiden ersten Methoden erhalten Smith, Friedberg [4] J/k = −0.543 und −0.487 K. Die Analyse des Spinwellenspektrums bestätigt den aus χ-Messungen erhaltenen Wert J/k = −0.49 ± 0.02 K [11].

NMR

Die kernmagnetische Resonanz der Protonen, untersucht an einem Einkristall im antiferromagnetischen Bereich ohne äußeres Feld, besteht aus zwei Linien, die noch eine auf Kerndipolwechselwirkung beruhende Aufspaltung von etwa 35 kHz zeigen. Die Frequenzen stimmen für entsprechende Werte von T T_N im wesentlichen mit denen von $Rb_2MnCl_4 \cdot 2\,H_2O$ überein, s. S. 141; bezüglich der inneren Felder an allen Protonen gilt ebenfalls das dort Gesagte [13]. — Die Cl-Resonanz besteht im paramagnetischen Bereich aus je zwei reinen Quadrupolübergängen von ^{35}Cl und ^{37}Cl. Frequenz für $^{35}Cl(1)$: 5.497 MHz, für $^{35}Cl(2)$: 4.433 MHz [13], s. auch [15]. Im antiferromagnetischen Bereich werden für jeden Kern sechs Linien beobachtet (s. S. 141). Frequenzen bei 1.1 K für $^{35}Cl(1)$: 7.265, 9.095, 10.000, für $^{35}Cl(2)$: 5.805, 8.280, 10.670 MHz [13]. Zugehöriges $\nu_Z = \gamma(^{35}Cl) \cdot H/2\pi = 8.490$ bzw. 8.086 MHz. Auf Grund der Hyperfeinkopplungskonstante (s. [13]) wird die Spindichte $f_s = 0.41$ bzw. 0.38% angegeben, auf Grund der Quadrupolkopplungskonstante der Parameter $f_Q = 9.8$ bzw. 7.8% [15]. — Die Cs-Resonanz besteht im antiferromagnetischen Bereich aus sieben eng benachbarten Linien, deren Frequenzen bei 1.1 K zwischen etwa 1.095 und 1.17 MHz liegen (Temperaturabhängigkeit s. im Original); dort, wie auch bei Swüste u. a. [15], ferner Angaben zum Hyperfeinfeld am Cs [13]. Hiernach ist $\nu_Z = \gamma(^{133}Cs) \cdot H/2\pi = 1.15$ MHz bei 1.15 K [15].

$Cs_2MnCl_4 \cdot 2H_2O$
Optical Properties

Die Schwingungen des Anions $[MnCl_4(H_2O)_2]^{2-}$ haben nahezu die gleichen Wellenzahlen wie in der isotypen Rb-Verbindung (s. S. 141):

Schwingung	$\nu_1(A_{1g})$	$\nu_2(A_{1g})$	$\nu_3(B_{1g})$	$\nu_4(B_{2g})$	$\nu_5(E_g)$
Wellenzahl in cm^{-1}	290	234	196	146	170
Zuordnung	$\nu(MnOH_2)$	$\nu(MnCl_4)$	$\nu(MnCl_4)$	$\delta(ClMnCl)$	$\omega(MnO)$

Schwingung	$\nu_6(A_{2u})$	$\nu_7(A_{2u})$	$\nu_9(E_u)$	$\nu_{10}(E_u)$	$\nu_{11}(E_u)$
Wellenzahl in cm^{-1}	295	117	235, 210	195	160, 147
Zuordnung	$\nu(MnOH_2)$	$\Gamma(MnCl_4)$	$\nu(MnCl_4)$	$\omega(MnO)$	$\delta(ClMnCl)$

Für die deuterierte Verbindung werden Absorptionsmaxima bei $\nu_6 = 282$, $\nu_7 = 117$, $\nu_9 = 215$, $\nu_{10} = 204$ (T = 77 K), $\nu_{11} = 152$, 144 cm^{-1} beobachtet. Weitere Banden im IR-Spektrum von $[MnCl_4(H_2O)_2]^{2-}$ bzw. von $[MnCl_4(D_2O)_2]^{2-}$ treten auf bei 3380 cm^{-1} [ν(OH)], 1625 bzw. 1197 cm^{-1} [δ(HOH)], 570 bzw. 430 cm^{-1} [ω(HOH)], 455 bzw. 350 cm^{-1} [ρ(HOH)] und 80 bzw. 86 cm^{-1} (Gitterschwingungen) [16].

Chemical Behavior

Chemisches Verhalten. $Cs_2MnCl_4 \cdot 2H_2O$ ist an gewöhnlicher Luft und im Exsikkator über $CaCl_2$ beständig [6], es zersetzt sich bei 84°C [3], bei 105°C unter quantitativer H_2O-Abspaltung in 2 h [2, 6].

Literatur:

[1] H. T. Witteveen (J. Solid State Chem. **11** [1974] 245/53, 247). — [2] J. J. Foster, N. S. Gill (J. Chem. Soc. A **1968** 2625/9). — [3] S. J. Jensen (Acta Chem. Scand. **18** [1964] 2085/97). — [4] T. Smith, S. A. Friedberg (Phys. Rev. [2] **177** [1969] 1012/6). — [5] T. Smith, S. A. Friedberg (Phys. Rev. [2] **176** [1968] 660/5).

[6] C. E. Saunders (Am. Chem. J. **14** [1892] 127/52, 143/8). — [7] J. Vermande (Pharm. Weekblad **55** [1918] 1031/4). — [8] R. Godeffroy (Arch. Pharm. **212** [1878] 47/54, 48). — [9] W. H. Baur (Acta Cryst. **19** [1965] 909/16). — [10] Z. M. el Saffar (J. Chem. Phys. **52** [1970] 4097/9).

[11] H. W. J. Blöte, W. J. Huiskamp (Physica **53** [1971] 445/70, 453, 466; J. Phys. [Paris] **32** [1971] Suppl. S. C1-1005/C1-1007). — [12] L. A. Hoel (Phys. Status Solidi **36** [1969] 119/24). — [13] R. D. Spence, J. A. Casey, V. Nagarajan (Phys. Rev. [2] **181** [1969] 488/98). — [14] N. D. Love, J. N. McElearney, H. Forstat (Bull. Am. Phys. Soc. [2] **12** [1967] 285). — [15] C. H. W. Swüste, W. J. M. de Jonge, J. A. G. W. van Meijel (Physica **76** [1974] 21/58, 38, 54/5).

[16] D. M. Adams, P. J. Lock (J. Chem. Soc. A **1971** 2801/6).

$CsMnCl_3 \cdot 2H_2O$ (D_2O)

5.3.1.1.43 $CsMnCl_3 \cdot 2H_2O$ (D_2O) (= $CsCl \cdot MnCl_2 \cdot 2H_2O$ (D_2O))

Preparation. Crystallographic, Mechanical, and Thermal Properties

5.3.1.1.43.1 Darstellung, kristallographische, mechanische und thermische Eigenschaften

$CsMnCl_3 \cdot 2H_2O$ kristallisiert bei langsamem Abkühlen (6 d) einer bei 30°C gesättigten, wäßrigen Lösung von äquimolaren Anteilen $MnCl_2 \cdot 4H_2O$ und CsCl auf 18°C in Kristallen bis zu 18 × 12 × 7 mm Größe [1]. Man erhält das Hydrat auch durch langsames Eindunsten der Lösung bei 30°C in bis zu 10 × 6 × 2 mm großen Kristallen [2], s. auch [3 bis 5], auf dem Dampfbad [6] oder durch Vermischen der Lösungen von $MnCl_2$ und CsCl in konzentriertem wäßrigem HCl und Umkristallisieren des Niederschlags aus H_2O [7]. — $CsMnCl_3 \cdot 2D_2O$ wird durch Entwässern von $CsMnCl_3 \cdot 2H_2O$ bei 100°C und Lösen des entstandenen $CsMnCl_3$ (s. S. 151) in D_2O [1] oder durch Lösen von CsCl + $MnCl_2$ in D_2O erhalten [8].

$CsMnCl_3 \cdot 2H_2O$ bildet blaßrosafarbene luftbeständige [7], rhombische Kristalltafeln [3, 7], rosafarbene, rechteckige oder achtseitige Prismen [4]. Die orangerosa gefärbten Prismen sind nach [100] gestreckt und haben meist ausgeprägte {001}-Flächen [9], s. auch [3, 7, 10]. — Sie lassen sich leicht nach (001) spalten [3, 11], s. auch [7, 10]. — Pulver- und Einkristallaufnahmen ergeben rhombische Symmetrie, Raumgruppe Pcca-D_{2h}^8 (Nr. 54), a = 9.060, b = 7.285, c = 11.455 Å (je ±0.005 Å); Z = 4 [4]. Die Lagen der Atome Cs, Mn, Cl und O in der Tabelle folgen aus röntgenographischen Untersuchungen mit R = 9.3 bis 10.1% für verschiedene Projektionen [4]. Die Lagen der H-Atome sind aus NMR-Messungen abgeleitet [1] und stimmen mit den Angaben anderer Autoren [12] weitgehend überein, nicht dagegen mit den Werten aus dem elektrostatischen Modell von Baur [13], s. [14].

Atom	Punktlage	x	y	z
Cs	4d	0.25	0	0.146
Mn	4c	0	0.467	0.25
Cl(1)	4e	0.25	0.5	0.146
Cl(2)	8f	0.085	0.228	0.391
O	8f	0.080	0.669	0.361
H(1)	8f	0.187	0.676	0.370
H(2)	8f	0.028	0.676	0.436

Die Struktur von $CsMnCl_3 \cdot 2\,H_2O$ ist mit der von α-$RbMnCl_3 \cdot 2\,H_2O$ (s. S. 143) isotyp. Kürzeste Atomabstände im $MnCl_4(H_2O)_2$-Oktaeder (in Å): Mn↔Cl(1) = 2.57, Mn↔Cl(2) = 2.50, Mn↔O = 2.08, Cl↔Cl = 3.58 bis 3.75, Cl↔O = 3.15 bis 3.24, O↔O = 2.92; um das Cs-Atom: Cs↔Cl = 3.48 bis 3.67, Cs↔O = 3.78 bis 4.33; weitere Abstände s. Original [4]. Zur Lage der H-Brücken s. **Fig. 49** [1].

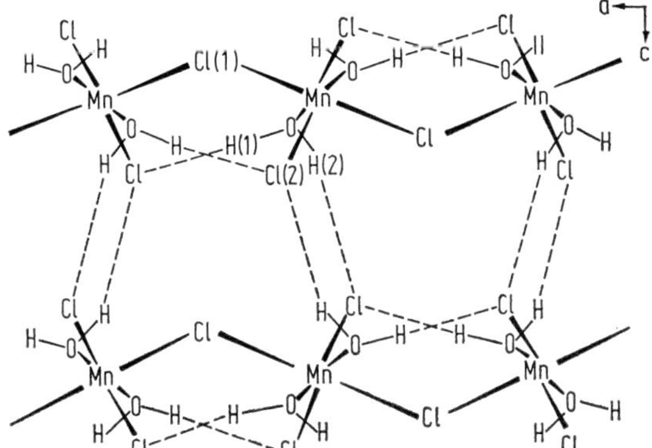

Fig. 49

Anordnung der H-Brückenbindungen in $CsMnCl_3 \cdot 2\,H_2O$.

Nach der Schwebemethode (in $CCl_4 + C_2H_2Br_4$) bestimmte Dichte D^{20} = 2.84, Röntgendichte = 2.89 g/cm³ [4]. — Für die Wärmekapazität C_p ergeben Messungen im Vakuumkalorimeter zwischen 1.1 und 52 K ein Maximum bei $T_N = 4.885 \pm 0.008$ K mit $C_p \approx 6.7$ J · mol⁻¹ · K⁻¹ und einen fast linearen Anstieg sowohl für den magnetischen als auch den Gitteranteil von C_p [5]. Für $CsMnCl_3 \cdot 2\,D_2O$ ergeben C_p-Messungen von 0 bis 20 K ein scharfes Maximum bei 5.06 K mit $C_p \approx 1.4$ cal · mol⁻¹ · K⁻¹, dem oberhalb etwa 7 K ein fast linearer Anstieg von C_p folgt [8]. *Density. Heat Capacity*

Literatur:

[1] H. Bug, H. Haas, M. Fleissner, H. Hartmann (J. Chem. Phys. **55** [1971] 280/7). — [2] T. Smith, S. A. Friedberg (Phys. Rev. [2] **176** [1968] 660/5). — [3] P. Day, L. Dubicki (J. Chem. Soc. Faraday Trans. II **69** [1973] 363/74, 364). — [4] S. J. Jensen, P. Andersen, S. E. Rasmussen (Acta Chem. Scand. **16** [1962] 1890/6). — [5] K. Kopinga, T. de Neef, W. J. M. de Jonge (Phys. Rev. [3] B **11** [1975] 2364/9); korrigierte Auswertung der Meßergebnisse s. bei K. Kopinga (Phys. Rev. [3] B **16** [1977] 427/32).

$CsMnCl_3 \cdot 2H_2O$

[6] Ting-i Li, G. D. Stucky, G. L. McPherson (Acta Cryst. B **29** [1973] 1330/5). — [7] C. E. Saunders (Am. Chem. J. **14** [1892] 127/52, 143/8). — [8] H. Forstat, D. M. Rudick (Phys. Letters A **42** [1972] 125/6). — [9] R. D. Spence, W. J. M. de Jonge, K. V. S. Rama Rao (J. Chem. Phys. **51** [1969] 4694/700). — [10] C. E. Saunders (Z. Krist. **23** [1894] 617).

[11] I. R. Jahn, J. B. Merkel, H. Ott, J. Herrmann (Solid State Commun. **19** [1976] 151/5). — [12] W. J. M. de Jonge, J. P. A. M. Hijmans, E. C. A. Gevers (Physica **52** [1971] 129/34). — [13] W. H. Baur (Acta Cryst. **19** [1965] 909/16). — [14] Z. M. el Saffar (J. Chem. Phys. **52** [1970] 4097/9).

Magnetic Properties

5.3.1.1.43.2 Magnetische Eigenschaften

Susceptibility

Suszeptibilität

Bei Messungen der Suszeptibilität von $CsMnCl_3 \cdot 2H_2O$ und $CsMnCl_3 \cdot 2D_2O$ (99.75% D_2O) zwischen 0.35 und 35 K wird ein breites Maximum beobachtet, das für einen eindimensionalen Heisenberg-Antiferromagneten (unabhängige eindimensionale Ketten von antiferromagnetisch gekoppelten Spins) charakteristisch ist, s. **Fig. 50**. Das Minimum in der Kurve für die Richtung der c-Achse zeigt die Néel-Temperatur (4.89 K) an. Der Kurvenverlauf für das Deuterat stimmt innerhalb des experimentellen Fehlerbereichs mit der des Hydrats überein. Die durchgezogene Kurve wurde nach einer neuen Theorie mit dem Austauschparameter $J/k = -3.00$ K berechnet [1]. Aus der Spinwellendispersion läßt sich der Verlauf von χ_{mol} unterhalb 4 K in guter Übereinstimmung mit diesen Meßdaten ableiten [2]. Ein ähnlicher Verlauf wurde schon früher gefunden; damals wurde zur Beschreibung der Werte oberhalb etwa 9 K die Theorie von Fisher [3] (mit $J/k = -3.115$ K) für ausreichend gehalten [4].

Fig. 50

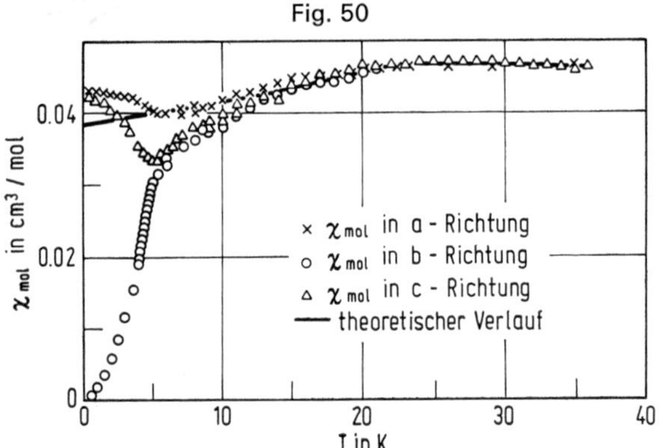

Temperaturabhängigkeit der Molsuszeptibilität χ_{mol} von $CsMnCl_3 \cdot 2H_2O$.

Die aus Messungen der magnetischen Drehung (Rotation eines äußeren Magnetfeldes in der ab- und der bc-Ebene) zwischen 4.2 und 77.3 K bestimmte Anisotropie der paramagnetischen Suszeptibilität (graphische Wiedergabe der Werte für $\chi_a - \chi_b$ und $\chi_c - \chi_b$) ist außergewöhnlich groß und hat oberhalb 10 K auf Grund der Spinwechselwirkungen großer Reichweite eine einachsige Symmetrie, bezogen auf die Richtung der Ketten (||a-Achse) [5]. — Zwischen 10 und 15 K ist χ_{mol} in Feldern ||a oder ||b von der Feldstärke (20 bis 45 kOe) abhängig [6].

Magnetic Transitions

Magnetische Umwandlungen

Die Néel-Temperatur ergibt sich aus Messung der Neutronenstreuung zu $T_N = 4.8925 \pm 0.001$ K [7]. Das Maximum der Wärmekapazität (s. S. 159) liegt bei $T_N = 4.885 \pm 0.008$ K [8] oder 4.877 ± 0.001 [9]. Aus dem Maximum der Suszeptibilität leiten Kobayashi u.a. [1] $T_N = 4.89$ K ab, und aus der Temperaturabhängigkeit der differentiellen thermischen Ausdehnung wird $T_N = 4.88$ K erhalten [10]. — Für $CsMnCl_3 \cdot 2D_2O$ (99.5% D_2O) ergibt sich aus dem Maximum der Wärmekapazität $T_N = 5.06 \pm 0.01$ K [11].

Nach Messungen der Magnetisierung hat das Spin-Flop-Feld bei 1.07 K die Stärke $H_{SF} =$ 17.3 kOe und nimmt zwischen 1 und 4 K gemäß $H_{SF} = 16.4 + 0.84\,T$ (H_{SF} in kOe, T in K) zu [12]. Eine etwas stärkere Temperaturabhängigkeit finden Butterworth, Woollam [13] nach einer magnetothermischen Methode: $H_{SF} = 16.10 + 1.02\,T$. Bei Feldstärken $H > H_{SF}$ sind die Momente in Richtung der c-Achse ausgerichtet [12]. — Die Änderung von H_{SF} mit dem Winkel Θ zwischen der leichten Achse und dem Magnetfeld H in der ab-Ebene wird durch $H_{SF}(\Theta) = H_{SF}(0) \cdot \sec^2 \Theta$ wiedergegeben [9].

Das magnetische Phasendiagramm, das Butterworth u.a. [9] aus eigenen Messungen der Magnetostriktion (s. S. 162) und früheren Untersuchungen der Wärmekapazität und der adiabatischen Magnetisierung (Bestimmung der Knickpunkte der Isentropen) [13] ableiten, ist in **Fig. 51** dargestellt. Es stimmt mit dem von Aron u.a. [10] erhaltenen Phasendiagramm im wesentlichen überein. — Deuterierung bewirkt nicht nur eine Erhöhung von T_N, sondern auch eine Verschiebung des Tripelpunkts: 4.34 K und 21.1 kOe [11].

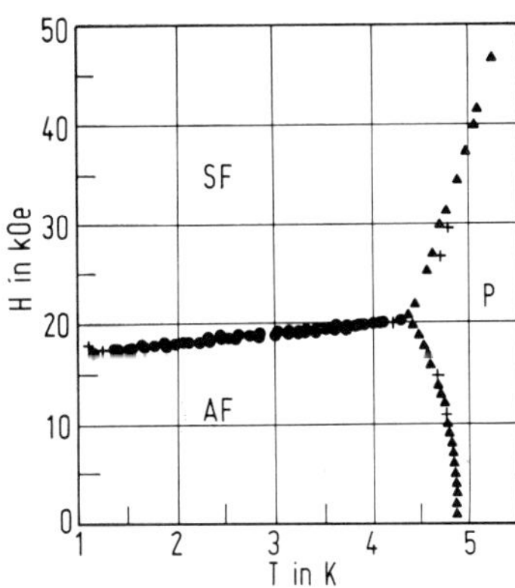

Fig. 51

Magnetisches Phasendiagramm von $CsMnCl_3 \cdot 2H_2O$ (Meßwerte: + Magnetostriktion, ▲ Wärmekapazität, • Magnetisierung; AF = antiferromagnetisch, P = paramagnetisch, SF = Spin-Flop).

Untergittermagnetisierung M_S

Sublattice Magnetization

Nach einer durch Messung der Neutronenstreuung erhaltenen Bestimmung der relativen Magnetisierung im Bereich der Néel-Temperatur T_N ist die Untergittermagnetisierung M_S unterhalb T_N (4.8925 K) proportional $[(T_N - T)/T_N]^{\beta}$ mit $\beta = 0.30 \pm 0.01$ [7]. Diese Temperaturabhängigkeit von M_S kann mit Hilfe der Spinwellendispersion befriedigend erklärt werden [2]. Auch die aus NMR-Messungen erhaltene Kurve für $M_S(T)$ weicht wenig von obigen Daten ab, sie ist somit in Einklang mit dem Spinwellenspektrum [3].

Magnetische Struktur, Austauschwechselwirkung

Magnetic Structure. Exchange Interaction

$CsMnCl_3 \cdot 2H_2O$ gehört wie α-$RbMnCl_3 \cdot 2H_2O$ zu den eindimensionalen Antiferromagnetika, d.h., wegen starker Superaustausch-Kopplung der paramagnetischen Ionen in nur einer Richtung besteht eine kettenförmige magnetische Struktur, s. Fig. 43, S. 144. Dies ergibt sich aus Neutronenstreuversuchen von Skalyo u.a. [7] (s. auch die Abbildung der Struktur bei Butterworth u.a. [9]), wobei die magnetische Raumgruppe $P_{2b}c'ca'$ gefunden wird, in Übereinstimmung mit NMR-Messungen von Spence u.a. [15]. Verglichen mit der Austauschwechselwirkung in den -Mn^{2+}-Cl^--Ketten parallel zur a-Achse ist der Superaustausch zwischen benachbarten Ketten sehr schwach, da die Mn^{2+}-Ionen in b- und in c-Richtung durch mindestens zwei dazwischenliegende Atome getrennt sind; auch die Dipolwechselwirkungen sind schwach [16]. Schon bei früheren Suszeptibilitätsmessungen wird gefunden, daß die Meßdaten oberhalb von etwa 9 K durch ein Modell beschrieben werden, das aus linearen Ketten von Mn^{2+}-Ionen besteht, die durch annähernd isotropen Austausch gekoppelt sind. Wenn bei tieferen Temperaturen die Kopplung zwischen den Ketten stark genug wird, kommt antiferromagnetische Ordnung großer Reichweite zustande [4].

$CsMnCl_3 \cdot 2H_2O$

Von Forstat u.a. [17] wird bei Messungen der Wärmekapazität beobachtet, daß etwa 80% der mit der magnetischen Ordnung verbundenen Abnahme der Spin-Entropie oberhalb der Néel-Temperatur ($T_N = 4.89$ K) stattfindet. Dies stimmt mit der auf einem Modell für lineare Ketten begründeten Annahme überein, daß die Spinwechselwirkungen innerhalb der Ketten schon oberhalb T_N zu kleinen geordneten Bereichen führt. Wie Messungen der quasielastischen Neutronenstreuung ergeben [7], sind in solchen Teilbereichen schon bei $T \approx 3\ T_N$ die Momente in Gruppen von etwa je fünf Mn-Ionen antiferromagnetisch ausgerichtet.

Der Austauschparameter für die Wechselwirkung innerhalb der Ketten ergibt sich aus Messungen der Suszeptibilität [1, 4] und aus Untersuchung der EPR [18] zu $J/k = -3.00$ K, ebenso aus dem Verlauf der Wärmekapazität [37], wobei eine frühere Auswertung [8] korrigiert wird. $J/k = -3.13 \pm 0.15$ K wird aus der linearen magnetischen Doppelbrechung [19] abgeleitet. — Zahlenwerte für die beiden Austauschparameter, die die sehr schwache Wechselwirkung zwischen den Ketten in b- und in c-Richtung charakterisieren, werden von Iwashita, Uryu [20] zusammengestellt; sie können zusammen mit J/k aus der Spinwellendispersion (s. S. 163) abgeleitet werden.

Magnetostriction

Magnetostriktion

Nach Messungen an Einkristallen in einem Magnetfeld H, das genau oder nahezu parallel zur b-Achse gerichtet war, weist die Deformation $\varepsilon = \Delta l/l$ in Richtung der c-Achse bei 1.08 und 4.2 K die in **Fig. 52** dargestellte Feldabhängigkeit auf. Beide Kurven zeigen die aus der Phasenumwandlung vom antiferromagnetischen (AF) in den Spin-Flop(SF)-Zustand (s. S. 161) resultierende stark ausgeprägte Dimensionszunahme. Im AF-Bereich ($H \leqq 0.8\ H_{SF}$) wird die Feldabhängigkeit der Deformation in c-Richtung bei 1.08 bzw. 4.2 K durch $\varepsilon \sim H^n$ mit $n = 2.0 \pm 0.1$ bzw. 2.5 ± 0.1 beschrieben. Für die Feldabhängigkeit der Magnetostriktion in Richtung der a-Achse gilt eine ähnliche Beziehung. Für Deformation bei kleinem H ist $n = 2.6 \pm 0.1$ und 2.2 ± 0.1 bei 1.24 und 4.2 K (Diagramm für Feldstärken bis 30 kOe s. im Original). Aus der Figur ist auch ersichtlich, in welcher Weise die Schärfe des Umwandlungsmaximums vom Winkel zwischen H und b abhängt; schon bei Abweichung der H-Richtung um wenige Grade von b in der bc-Ebene ist die Phasenumwandlung schwer zu beobachten. Die Feldabhängigkeit der longitudinalen Deformation in Richtung der b-Achse bei 4.2 K wird unterhalb der AF-SF-Umwandlung durch obige Beziehung mit $n = 2.2 \pm 0.1$ beschrieben. Außer einer zunehmenden Schärfe des Wendepunkts bei niedrigeren Temperaturen ist der Kurvenverlauf wenig temperaturabhängig (s. Figur im Original) [9].

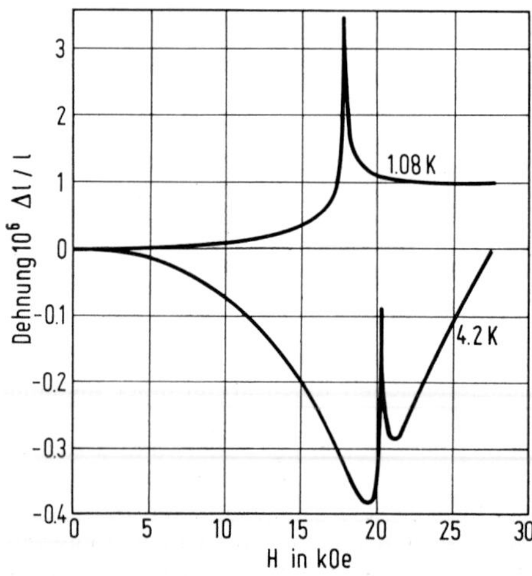

Fig. 52

Magnetostriktive Dehnung $\Delta l/l$ von $CsMnCl_3 \cdot 2H_2O$ in Richtung [001] bei ‖[010] gerichteten Feldern.

Spin Waves

Spinwellen

Aus Neutronenbeugungsuntersuchungen [7] ist zu schließen, daß das Spinwellenspektrum unterhalb T_N stark anisotrop ist; senkrecht zur a*-Richtung im reziproken Raum ist die Dispersion nur gering. Spinwellen kurzer Reichweite bestehen innerhalb der linearen Ketten noch bis etwa $T \approx 2\ T_N$.

Dieser Befund wird durch Messungen an $CsMnCl_3 \cdot 2D_2O$ in den Richtungen [ζ00] und [0ζ2ζ] bestätigt. Die Spinwellenenergie E in der von Keffer [21] für einen eindimensionalen Antiferromagneten mit zwei Untergittern angegebenen Form wird als Funktion von ζ bei 2.4 und 4.2 K graphisch dargestellt [16].

Der Berechnung der Spinwellendispersion in Richtung der Kristallachsen legen Iwashita, Uryu [2] ein Modell mit drei Austauschparametern und zwei Anisotropiekonstanten zugrunde. Die Anpassung der fünf Parameter an verschiedene Meßdaten ergibt erwartungsgemäß, daß der Austausch innerhalb der Ketten viel stärker ist ($J_1/k = 6.4$ K für $CsMnCl_3 \cdot 2H_2O$, 6.16 K für $CsMnCl_3 \cdot 2D_2O$) als senkrecht dazu ($J_2/k = 0.040$ bzw. 0.028 K, $J_3/k = 0.008$ bzw. 0.007 K). Die Anisotropiekonstanten ergeben sich zu $D/k = -0.075$ bzw. -0.070, $E/k = 0.030$ bzw. 0.020.

Antiferromagnetische Resonanz (AFMR)

AFMR

Messungen an Einkristallen bei 1.5 K im Mikrowellenbereich ergeben die in **Fig. 53** dargestellte Resonanzfrequenz als Funktion des statischen Magnetfeldes H_0 im Bereich bis etwa 14 kOe. Die durchgezogenen Kurven sind nach der Nagamiya-Yosida-Theorie [22] für einen Antiferromagneten mit zwei Untergittern von rhombischer Anisotropie berechnet [23]. Ein damit übereinstimmendes AFMR-Spektrum wird von Anders u.a. [24] bei 1.55 K erhalten; bei Feldstärken, die größer sind als H_{SF} (s. S. 161), tritt noch eine zusätzliche asymmetrische Absorptionsbande auf, deren Intensität mit steigender Temperatur und abnehmender Frequenz zunimmt und die durch Zwei-Magnonen-Absorption gedeutet wird. Weitere Untersuchungen [25] im Frequenzbereich von 25 bis 130 GHz bei Feldstärken bis 18 kOe und 1.46 K ermöglichen genauere Angaben über das Spinwellenspektrum und bestätigen die Gültigkeit der Theorie von Nagamiya u.a. [22].

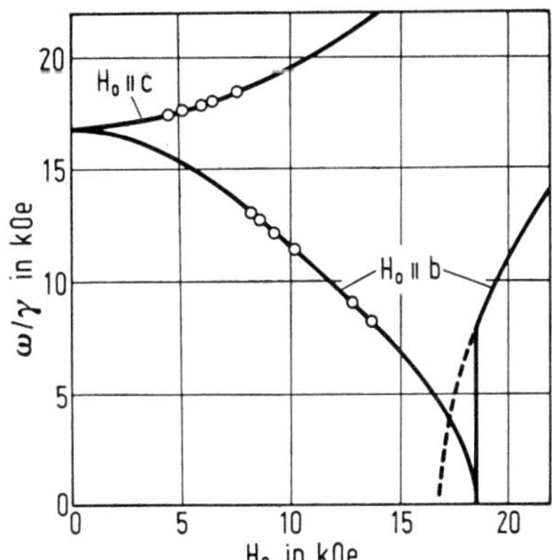

Fig. 53

Abhängigkeit der durch $\gamma = g\mu_B/\hbar$ dividierten Resonanzfrequenz ω von der Stärke H_0 des äußeren Feldes ($g = 2$).

Kernmagnetische Resonanz (NMR), Kernquadrupolkopplung

NMR

¹H-Resonanz

H Resonance

Im paramagnetischen Bereich werden an einem Einkristall (gewöhnliche Temperatur, äußeres Feld H_0 in einer Koordinatenebene) vier Resonanzlinien beobachtet, wovon je zwei zu einem der dann vorliegenden beiden nichtäquivalenten Protonenpaare gehören. Verschiebungen ΔH der Resonanzfelder für $H_0 = 13.2$ kOe in der bc-Ebene in Abhängigkeit vom Winkel Φ zwischen H_0 und b s. im Original [26]. Die beiden Linien eines Paares beruhen auf der Dipolkopplung der zugehörigen Protonen; deren unterschiedliche Lage führt auf Grund eines schnellen intramolekularen Austausches (behinderte Rotation des H_2O-Moleküls) zu keiner weiteren Aufspaltung [26, 27]. Eine solche Aufspaltung wird von Vega, Fiat [26] bei −130°C beobachtet (ΔH für $H_0 = 13.2$ kOe in Abhängigkeit von Φ), von Bug u.a. [27] bereits bei −95°C (ΔH in Abhängigkeit von der Richtung von $H_0 = 13.25$ kOe in jeder der drei Koordinatenebenen). Aus der Temperaturabhängigkeit der Linienform werden für die behinderte Rotation „Aktivierungsenergien" E = 7.3 [26] und 9.0 ± 1.0 kcal/mol [27] abge-

NMR of $CsMnCl_3 \cdot 2H_2O$

leitet. Die Spin-Gitter-Relaxationsgeschwindigkeit ergibt sich für $H_0 \| a$ (2 bis 17 kOe) und 300 K zu $1/T_1 = 4.3 \times 10^3 + 3.6 \times 10^5/H_0^{1/2}\ s^{-1}$ (H_0 in Oe). Für $H_0 \perp a, c$ wird keine Feldabhängigkeit beobachtet [28]. Von Ferrieu [29] werden übereinstimmende Werte für $H_0 \| a$ (2 bis 24 kOe) gemessen; dort ferner Feldabhängigkeit von $1/T_1$ für $H_0 \| c$ und Abhängigkeit von T_1 von der Richtung von H_0 in der bc- und der ac-Ebene. — Die ^2D-Resonanz in der deuterierten Verbindung zeigt bei gewöhnlicher Temperatur eine auf Quadrupolwechselwirkung beruhende Aufspaltung. Als Mittelwerte für das einem schnellen Austausch unterworfene Deuteronenpaar werden $e^2qQ/h = 122.6 \pm 0.6$ kHz und $\eta = 0.824 \pm 0.008$ angegeben. Werte für $-125\,°C$ im Original. Für den Austausch wird $E = 8.4 \pm 0.6$ kcal/mol gemessen [27].

Im antiferromagnetischen Bereich werden an einem Einkristall ohne äußeres Feld zwei Resonanzlinien beobachtet, die zwei nichtäquivalenten Protonen entsprechen (bei ≈ 11.9 und ≈ 12.4 MHz für 1.0 K, Abnahme mit steigender Temperatur bis ≈ 4.2 K s. Figur im Original) [15]. T_1 nimmt bei Erniedrigung der Temperatur von 3.9 auf 1.1 K um mehr als zwei Größenordnungen zu (von $<10^{-2}$ auf >1 s). Aus dem Verhältnis der Relaxationszeiten für die beiden nichtäquivalenten Protonen wird geschlossen, daß bei der tiefen Temperatur ein 2-Magnonenprozeß, bei der hohen ein durch Austausch verstärkter 3-Magnonenprozeß (s. „Mangan" C 4, S. 52) vorherrscht [30].

Cl Resonance

^{35}Cl-Resonanz

Messungen bei gewöhnlicher Temperatur ergeben die Quadrupolkopplung in der Form $e^2qQ[1 + 1/3\,\eta^2]^{1/2}/2h = 6.106 \pm 0.003$ und 4.192 ± 0.002 MHz mit $\eta = 0.285$ und 0.727 (beide ± 0.001) für die zwei nichtäquivalenten Lagen Cl(1) (mit zwei Oktaedern längs der Kette verknüpft) bzw. Cl(2) (an nur ein Mn^{2+}-Ion gebunden). Aus den gemessenen Resonanzverschiebungen (im Original) ergeben sich die isotrope und die anisotrope Hyperfein(HF)-Kopplungskonstante (in $10^{-4}\ cm^{-1}$, s. „Mangan" C 4, S. 56/8) zu $A_s = 1.30$ bzw. $A_\sigma - A_\pi = 0.14$ (annähernd gleich für Cl(1) und Cl(2)). Die entsprechenden Spindichten f_s, $f_\sigma - f_\pi$ und der Parameter f_Q werden mit 0.44, 1.4 bzw. 8.2% angegeben [27]. Im antiferromagnetischen Bereich werden ohne äußeres Feld fünf Resonanzlinien beobachtet: Zwei nur schwach von der Temperatur abhängige Frequenzen (≈ 6.0 und ≈ 6.4 MHz bei 1.0 K) gehören zu Cl(1) und fallen beim Überschreiten von T_N in eine einzelne reine Quadrupollinie (6.16 MHz) zusammen; drei stark von T abhängige Frequenzen (etwa 8.0, 8.75 und 10.8 MHz bei 1.0 K) gehören zu Cl(2), wofür eine reine Quadrupolresonanzfrequenz von 4.18 MHz angegeben wird [15]. Aus den hierauf basierenden Werten $e^2qQ/h = 12.12$ ($\eta = 0.24$ [15]) und 8.04 MHz für Cl(1) bzw. Cl(2) bei Swüste u.a. [31] (im Original vertauscht) folgt mit einem atomaren Vergleichswert von 109.74 MHz $f_Q = 11.0$ bzw. 7.3% [31].

Cs Resonance

^{133}Cs-Resonanz

Messungen bei gewöhnlicher Temperatur ergeben $e^2qQ/14\,h = 23.88 \pm 0.15$ kHz, $\eta = 0.293 \pm 0.006$. Die Verschiebung der Resonanz wird zwischen 80 und 300 K proportional $1/T$ gefunden. $T_1 \approx 0.12$ s für $H_0 \| a$ und (vermutlich) gewöhnliche Temperatur. Unter der Annahme, daß die Relaxation im wesentlichen auf der HF-Wechselwirkung mit den zwei äquivalenten nächstbenachbarten Mn^{2+}-Ionen beruht, wird eine HF-Wechselwirkungskonstante $A = 0.11 \times 10^{-4}\ cm^{-1}$ abgeleitet [27]. Bei 4.2 K werden in einem äußeren Feld von 5320 Oe in der ab-Ebene vier Resonanzen beobachtet (Richtungsabhängigkeit s. Figur im Original), deren jede auf Grund der kleinen Quadrupolwechselwirkung $e^2qQ/h = 0.30$ MHz in sieben Komponenten aufgespalten ist; $\eta = 0.33$. Angaben zum Dipol- und übertragenen HF-Feld im Original [15].

EPR

Paramagnetische Resonanz (EPR)

Die an Einkristallen bei gewöhnlicher Temperatur und 8.68 GHz ($H \| a$-Achse) gemessene Resonanzlinie hat nicht die Lorentz-Linienform, sondern diese wird bei einer um 54° von der a-Achse ($\triangleq$ Kettenrichtung) abweichenden Richtung beobachtet. Die Halbwertsbreite beträgt $2\Delta H_{1/2} = 230$ Oe [18]. Zuvor fanden Tazuke, Nagata [32] $2\Delta H_{1/2} = 232$ Oe. Die Linienform ist etwa dieselbe [18] wie bei früheren Messungen von Ajiro u.a. [33]. Nach Tazuke, Nagata [34] muß dagegen wegen der nicht vernachlässigbaren Stärke der Wechselwirkungen zwischen den Ketten die Resonanzlinie für $H \| a$-Achse die Lorentz-Form haben. Die zwischen 10 und 300 K untersuchte Temperaturabhängigkeit von $2\Delta H_{1/2}$ (graphische Wiedergabe für die Feldorientierungen $H \| a$

und H||b bei 24.7 GHz) zeigt übereinstimmend mit früheren Untersuchungen [32] an keiner Stelle ein breites Maximum; die Kurve steigt unterhalb $T \approx 10\ T_N$ steil an. Da das Spinsystem oberhalb 10 K im wesentlichen eindimensional ist, wird für die Linienbreite oberhalb $2\ T_N$ eine $T^{-\gamma}$-Abhängigkeit erwartet. Der empirische Wert für γ ist 2.5 ± 0.3 für beide Richtungen [34]. Die Verschiebung der Resonanzfeldstärke (34.4 GHz) für H||a, H||b und H||c wird von Nagata, Tazuke [35] im Bereich von 10 bis 70 K untersucht.

Die Linienbreite ΔH, bei verschiedenen Temperaturen zwischen 16 und 50 K (24.7 GHz) in der ab- und in der bc-Ebene untersucht, hängt vom Winkel Θ zwischen dem Magnetfeld und der a-Achse ab. Die Winkelanisotropie zeigt die Tendenz, sich in eine auf die a-Achse bezogene axiale Symmetrie zu ändern; bei sehr tiefen Temperaturen ist sie proportional zu $1 + \cos^2\Theta$. Bei gewöhnlicher Temperatur tritt ein Minimum in der Winkelabhängigkeit von ΔH auf, das das Vorherrschen von $q \sim 0$-Schwingungen (q = Wellenvektor) bei dem langdauernden Abklingen der Spinkorrelationen innerhalb einer Kette anzeigt [34]. Analoge Untersuchungen bei gewöhnlicher Temperatur und 9.54 GHz, auch für H in der ac-Ebene, führen zu dem gleichen Ergebnis und werden durch eine Theorie, die eine genaue Korrektur für die Entkopplung der Spinkorrelationen innerhalb einer Kette berücksichtigt, beschrieben [36].

Literatur:

[1] H. Kobayashi, I. Tsujikawa, S. A. Friedberg (J. Low Temp. Phys. **10** [1973] 621/33, 626); vgl. auch J. Skalyo, G. Shirane, S. A. Friedberg, H. Kobayashi, I. Tsujikawa (AD-714515 [1970] 1/6; C.A. **75** [1971] Nr. 55402). — [2] T. Iwashita, N. Uryu (J. Phys. Soc. Japan **39** [1975] 1226/32). — [3] M. E. Fisher (Am. J. Phys. **32** [1964] 343/6). — [4] T. Smith, S. A. Friedberg (Phys. Rev. [2] **176** [1968] 660/5; Proc. 11th Intern. Conf. Low Temp. Phys., St. Andrews, Scot., 1968 [1969], Bd. 2, S. 1345/8). — [5] K. Nagata, Y. Tazuke, K. Tsushima (J. Phys. Soc. Japan **32** [1972] 1486/92).

[6] K. Katsumata, Y. Kikuchi (J. Phys. Soc. Japan **41** [1976] 449/53). — [7] J. Skalyo, G. Shirane, S. A. Friedberg, H. Kobayashi (Phys. Rev. [3] B **2** [1970] 1310/7). — [8] K. Kopinga, T. de Neef, W. J. M. de Jonge (Phys. Rev. [3] B **11** [1975] 2364/9). — [9] G. J. Butterworth, J. A. Woollam, P. Aron (Physica **70** [1973] 547/62), J. A. Woollam, P. R. Aron (NASA-TN-D-6652 [1972] 1/21, 17/20; C.A. **76** [1972] Nr. 105527). — [10] P. R. Aron, J. A. Woollam, G. J. Butterworth (Phys. Letters A **35** [1971] 422/3).

[11] H. Forstat, D. M. Rudick (Phys. Letters A **42** [1972] 125/6). — [12] A. C. Botterman, W. J. M. de Jonge, P. de Leeuw (Phys. Letters A **30** [1969] 150/1). — [13] G. J. Butterworth, J. A. Woollam (Phys. Letters A **29** [1969] 259/60). — [14] W. J. M. de Jonge, K. Kopinga, C. H. W. Swüste (Phys. Rev. [3] B **14** [1976] 2137/41). — [15] R. D. Spence, W. J. M. de Jonge, K. V. S. Rama Rao (J. Chem. Phys. **51** [1969] 4694/700).

[16] J. Skalyo, G. Shirane, S. A. Friedberg, H. Kobayashi (Phys. Rev. [3] B **2** [1970] 4632/5). — [17] H. Forstat, J. N. McElearney, N. D. Love (unveröffentlicht, laut Skalyo u.a. [16]). — [18] M. J. Hennessy, C. D. McElwee, P. M. Richards (Phys. Rev. [3] B **7** [1973] 930/47, 937, 942). — [19] I. R. Jahn, J. B. Merkel, H. Ott, J. Herrmann (Solid State Commun. **19** [1976] 151/5), I. R. Jahn, J. B. Merkel (J. Magn. Magn. Mater. **4** [1977] 254/7). — [20] T. Iwashita, N. Uryu (J. Chem. Phys. **65** [1976] 2794/7).

[21] F. Keffer (in: S. Flügge, Handbuch der Physik, Bd. 18, Tl. 2, Berlin – Heidelberg – New York 1966, S. 1/273, 116/7). — [22] T. Nagamiya, K. Yosida, R. Kubo (Advan. Phys. **4** [1955] 1/122, 43), K. Yosida (Progr. Theoret. Phys. [Kyoto] **7** [1952] 425/32). — [23] K. Nagata, Y. Tazuke (Phys. Letters A **31** [1970] 293/4). — [24] A. G. Anders, A. I. Zvyagin, Yu. V. Pereverzev, A. I. Petutin, A. A. Stepanov (Fiz. Nizk. Temp. [Kiev] **1** [1975] 1409/12; Ref. Zh. Fiz. **1976** 5 E 1570). — [25] A. G. Anders, A. I. Zvyagin, A. I. Petutin (Fiz. Nizk. Temp. [Kiev] **3** [1977] 237/40; C.A. **87** [1977] Nr. 47374).

[26] A. J. Vega, D. Fiat (J. Magn. Resonance **7** [1972] 278/88). — [27] H. Bug, H. Haas, M. Fleissner, H. Hartmann (J. Chem. Phys. **55** [1971] 280/7). — [28] F. Borsa, M. Mali (Phys. Rev. [3] B **9** [1974] 2215/9). — [29] F. Ferrieu (Phys. Letters A **49** [1974] 253/4). — [30] H. Nishihara, W. J. M. de Jonge, T. de Neef (Phys. Rev. [3] B **12** [1975] 5325/34, 5330).

$CsMnCl_3 \cdot 2H_2O$

[31] C. H. W. Swüste, W. J. M. de Jonge, J. A. G. W. van Meijel (Physica **76** [1974] 21/58, 54). — [32] Y. Tazuke, K. Nagata (J. Phys. Soc. Japan **30** [1971] 285). — [33] Y. Ajiro, N. S. van der Ven, S. A. Friedberg (AIP [Am. Inst. Phys.] Conf. Proc. Nr. 5 [1971] 433). — [34] Y. Tazuke, K. Nagata (J. Phys. Soc. Japan **38** [1975] 1003/10). — [35] K. Nagata, Y. Tazuke (J. Phys. Soc. Japan **32** [1972] 337/45).

[36] K. Nagata, T. Hirosawa (J. Phys. Soc. Japan **40** [1976] 1584/92). — [37] K. Kopinga (Phys. Rev. [3] B **16** [1977] 427/32).

Optical Properties

5.3.1.1.43.3 Optische Eigenschaften

Raman- und IR-Spektren von $CsMnCl_3 \cdot 2H_2O$- und $CsMnCl_3 \cdot 2D_2O$-Einkristallen bei Raumtemperatur sind zwischen 30 und 324 cm^{-1} gemessen und folgendermaßen zugeordnet (in Klammern Symmetrierasse der Faktorgruppe D_{2h}, Wellenzahlen in cm^{-1}): Im IR-Spektrum treten $\nu(MnO)$-Schwingungen bei 324 (B_{2u}), 306 (B_{3u}) und 303 (B_{1u}), $\nu(MnCl_t)$-Schwingungen (Cl_t = endständiges Cl-Atom) bei 256 (B_{1u}), 240 (B_{3u}) und 228 (B_{2u}) auf. Ramanbanden bei 203 ($B_{1g} + B_{2g}$) bzw. 137 (A_g) und 131 (A_g) werden versuchsweise den $\nu(MnCl_b)$- bzw. $\delta(MnCl_bMn)$-Schwingungen zugeordnet (Cl_b = Brücken-Cl-Atom). Weitere Frequenzen ohne nähere Zuordnung s. im Original [1]. Es werden erheblich weniger Frequenzen beobachtet, als auf Grund von Faktorgruppen-Aufspaltungen bei starker Kopplung zwischen den Mn-Cl-Ketten zu erwarten wären, vermutlich deshalb, weil die Intensitäten vieler Banden, besonders der Raman-aktiven B_{1g}-, B_{2g}- und B_{3g}-Banden unbeobachtbar klein sind. Das bei T = 80 K gemessene Ramanspektrum von $CsMnCl_3 \cdot D_2O$ unterscheidet sich nur geringfügig von dem Spektrum bei Raumtemperatur [1].

Für λ = 546 nm werden bei Raumtemperatur folgende Brechungsindizes n und Achsenwinkel 2V der optisch negativen Verbindung gemessen: $n_a (\triangleq n_\gamma) = 1.644$, $n_b (\triangleq n_\alpha) = 1.576$, $n_c (\triangleq n_\beta) = 1.609$, $2V = 87°$. Bei Temperaturerniedrigung wird 2V größer, aber der Charakter der Doppelbrechung bleibt unverändert [2]. Eine graphische Darstellung der Doppelbrechung $\Delta(T) = \Delta n(T) - \Delta n(300)$ für λ = 632.8 nm, gemessen an Spaltflächen (100), (010) und (001) zwischen T_N und Raumtemperatur, geben Jahn, Merkel [3].

Magnetische Doppelbrechung. Die lineare optische Doppelbrechung Δn zeigt auf Grund der eindimensionalen magnetischen Ordnung einen magnetischen Anteil: die lineare magnetische Doppelbrechung Δn_m. Die bei optischen Messungen zwischen 1.7 und 125 K an Spaltflächen (001) erhaltene Temperaturabhängigkeit $\Delta n_m^{001}(T) = \Delta(T) - K \cdot \Delta^{001}(T)$, wobei $\Delta(T) = [\Delta n(T) - \Delta n(300)]$ ist und K für T > 200 K berechnet wurde, zeigt, daß die Ordnung kurzer Reichweite noch bei 120 K zu beobachten ist. In der Umgebung von T_N zeigt $d\Delta n_m/dT$ auch einen schwachen dreidimensionalen Beitrag [3]; vorläufige Angaben s. bei Jahn u.a. [2].

Literatur:

[1] D. M. Adams, D. C. Newton (J. Chem. Soc. A **1971** 3499/506). — [2] I. R. Jahn, J. B. Merkel, H. Ott, J. Herrmann (Solid State Commun. **19** [1976] 151/5). — [3] I. R. Jahn, J. B. Merkel (J. Magn. Magn. Mater. **4** [1977] 254/7).

Chemical Behavior

5.3.1.1.43.4 Chemisches Verhalten

$CsMnCl_3 \cdot 2H_2O$ zersetzt sich oberhalb 58°C unter H_2O-Abspaltung, die bei 100°C quantitativ verläuft [1], s. auch [2].

Literatur:

[1] S. J. Jensen, P. Andersen, S. E. Rasmussen (Acta Chem. Scand. **16** [1962] 1890/6). — [2] C. E. Saunders (Am. Chem. J. **14** [1892] 127/52, 143/8).

5.3.1.1.44 Das System $NaCl-CsCl-MnCl_2$

The $NaCl$-$CsCl$-$MnCl_2$ System

Randsysteme $NaCl-MnCl_2$ s. S. 101, $CsCl-MnCl_2$ s. S. 146. — Aus EMK-Messungen an Schmelzen bei 650 bis 927°C werden für $MnCl_2$ die folgenden partial-molaren Mischungsenthalpien $\Delta\bar{H}$ in kcal/mol, Entropien $\Delta\bar{S}$ in $cal \cdot mol^{-1} \cdot K^{-1}$, Aktivitäten a und Aktivitätskoeffizienten γ in Abhängigkeit von x_1 sowie t $(= x_2/(x_2 + x_3))$ und y $(= x_2 + x_3 = 1 - x_1)$ bei 810°C berechnet (x_1, x_2 und x_3 = Molenbruch von $MnCl_2$, CsCl bzw. NaCl); Werte in Auswahl:

x_1	x_2	t	y	$-\Delta\bar{H}$	$-\Delta\bar{S}$	$10^4 a(MnCl_2)$	$10^4 \gamma(MnCl_2)$
0.01	0	0	0.99	7.2	9.06	3.99	399
0.01	0.2475	0.25	0.99	9.6	8.47	1.48	148
0.05	0.2375	0.25	0.95	10.3	4.35	9.48	190
0.01	0.495	0.50	0.99	12.3	8.26	0.547	54.7
0.05	0.475	0.50	0.95	12.7	4.39	3.60	72.0
0.01	0.7425	0.75	0.99	14.8	7.65	0.204	20.4
0.05	0.7125	0.75	0.95	15.5	3.30	1.37	27.4
0.01	0.99	1.00	0.99	17.6	7.24	0.0755	7.55

Die integrale Mischungsenthalpie $-\Delta H$ bei 810°C ist in **Fig. 54** wiedergegeben. Für die Konzentrationsabhängigkeit aller thermodynamischen Größen des Systems (ΔH, ΔS, a und γ) wird die allgemeine Gleichung $(\Delta Z)_{1,2,3} = (1-t)(\Delta Z)_{1,2} + t(\Delta Z)_{1,3}$ angegeben, wobei die Indizes 1, 2 und 3 die Komponenten des ternären bzw. der binären Systeme und Z die integrale oder partiale Eigenschaft bedeuten [1]. Weitere Gleichungen zur Berechnung von ΔH bei 820°C unter Berücksichtigung der Bildungsenthalpien von Cs_2MnCl_4 und Na_2MnCl_4 als Teil der Gesamtmischungsenthalpie s. [2].

Literatur:

[1] D. R. Sadoway, S. N. Flengas (J. Electrochem. Soc. **122** [1975] 515/20). — [2] S. N. Flengas, J. M. Skeaff (Can. J. Chem. **50** [1972] 1345/52, 1351/2).

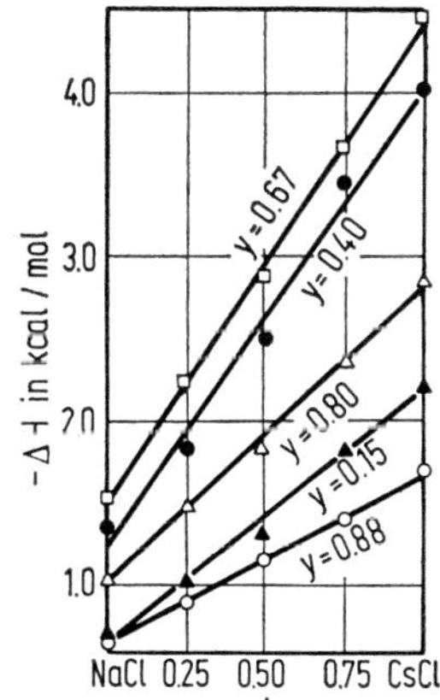

Fig. 54

Integrale Mischungsenthalpie ΔH bei 810°C im System $NaCl-CsCl-MnCl_2$; $t = x(CsCl)/[x(CsCl) + x(NaCl)]$, $y = x(NaCl) + x(CsCl)$.

The KCl-CsCl-MnCl$_2$ System

5.3.1.1.45 Das System KCl-CsCl-MnCl$_2$

Randsysteme KCl-MnCl$_2$ s. S. 108, CsCl-MnCl$_2$ s. S. 146.

Aus EMK-Messungen an Schmelzen bei 750 bis 1250 K werden für MnCl$_2$ die folgenden partialmolaren Mischungsenthalpien $\Delta\bar{G}$ und $\Delta\bar{H}$ in kcal/mol sowie Aktivitätskoeffizienten γ in Abhängigkeit vom MnCl$_2$-Gehalt bei 1100 K berechnet:

Mol-% MnCl$_2$	$-\Delta\bar{G}(MnCl_2)$	$-\Delta\bar{H}(MnCl_2)$	$10^3\gamma(MnCl_2)$	$\gamma(K_{0.5}Cs_{0.5}Cl)$
1.00	22.503	24.7	3.54	1.000
1.81	21.003	24.9	3.67	0.998
5.00	18.803	26.0	3.89	0.983
10.00	17.203	26.0	4.48	0.927

Der Wert lg $\gamma(MnCl_2)$ ist von der MnCl$_2$-Konzentration in der Schmelze praktisch unabhängig, die Schmelzen verhalten sich demnach (bis 10 Mol-% MnCl$_2$) ideal [1]. Für die Bildung von idealen verdünnten MnCl$_2$-Lösungen in Schmelzen aus äquimolaren Anteilen CsCl und KCl ergibt sich aus EMK-Messungen bei 927 bis 1229 K in Abhängigkeit von der Temperatur und Mn^{2+}-Ionenkonzentration die freie Mischungsenthalpie $\Delta G = -30000 + (16.97 + 4.576 \lg [Mn^{2+}])T$ cal/mol [2]. Die beachtliche Mischungswärme (s. Original) spricht für eine Komplexbildung in der Schmelze [1], s. auch [2].

Literatur:

[1] A. F. Alabyshev, A. G. Morachevskii, M. V. Kamenetskii, V. A. Petrov, V. E. Lisinskii (Zh. Prikl. Khim. **49** [1976] 215/7; J. Appl. Chem. USSR **49** [1976] 212/4). — [2] A. F. Alabyshev, M. V. Kamenetskii, A. G. Morachevskii, V. A. Petrov (Zh. Prikl. Khim. **47** [1974] 437/9; J. Appl. Chem. USSR **47** [1974] 431/3).

RbCsMn$_2$Cl$_6$

5.3.1.1.46 RbCsMn$_2$Cl$_6$ (= RbCl · CsCl · 2 MnCl$_2$)

Die Verbindung erhält man durch Zusammenschmelzen von CsCl, RbCl und MnCl$_2$ (Molverhältnis 1:1:2) im evakuierten Quarzrohr bei 700°C und Tempern bei 450°C (etwa 12 h).

Pulveraufnahmen ergeben hexagonale Symmetrie, Raumgruppe $P6_3/mmc-D_{6h}^4$ (Nr. 194), a = 14.418(6), c = 12.017(6) Å; Z = 8. Die geordnete Verteilung der Rb- und Cs-Ionen, die sich in einigen schwachen Röntgenreflexen zu erkennen gibt, macht eine Verdoppelung der ursprünglichen Gitterkonstante von a = 7.209 Å nötig. Bei idealer Anordnung ergibt sich folgende Besetzung:

Atom	Punktlage	x	y	z
Rb	2a	0	0	0
Rb	6h	$^5/_6$	$2\,^5/_6$	0.25
Cs	2c	$^1/_3$	$^2/_3$	0.25
Cs	6g	0.5	0	0
Mn	12k	$^1/_6$	$^1/_3$	$^1/_8$
Mn	4f	$^1/_3$	$^2/_3$	$^5/_8$
Cl	12i	$^1/_4$	0	0
Cl	12j	$^1/_{12}$	$^5/_{12}$	0.25
Cl	12k	$^1/_4$	$^1/_2$	0.0
Cl	6h	$^1/_{12}$	$^1/_6$	0.25
Cl	6h	$^7/_{12}$	$2\,^7/_{12}$	0.25

Die Struktur besteht aus einer Folge von vier abwechselnd hexagonal und kubisch dichten Schichten $(hc)_2$, s. **Fig. 55**, und ist mit der von $BaMnO_3$ (s. „Mangan" C 2, S. 242) verwandt, J. A. R. van Veen (Mater. Res. Bull. **6** [1971] 1269/71).

Fig. 55

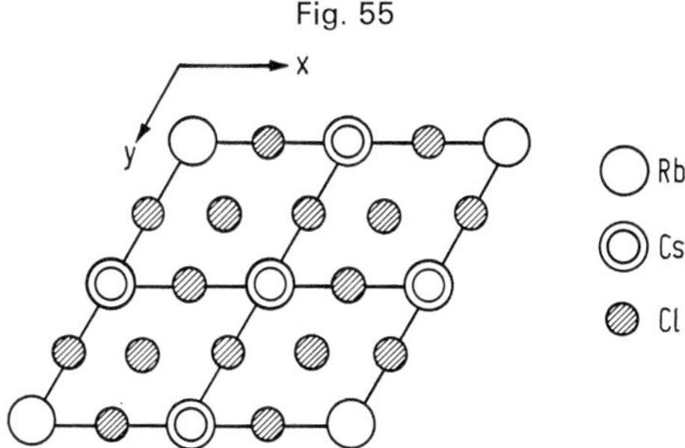

Verteilung der Rb- und Cs-Atome in der Struktur von $RbCsMn_2Cl_6$. In den benachbarten Schichten sind die Rb-Atome auf den Plätzen von Cs und umgekehrt.

5.3.1.2 Verbindungen mit Mangan(III) und Mangan(IV)

Compounds of Manganese(III) and Manganese(IV)

5.3.1.2.1 $K_2MnCl_5 \cdot H_2O$ ($= 2\,KCl \cdot MnCl_3 \cdot H_2O$)

$K_2MnCl_5 \cdot H_2O$

Die Verbindung wird in der älteren Literatur meist H_2O-frei formuliert, die dort angegebenen Darstellungsmethoden sprechen jedoch für das hydratisierte Salz.

Zur Darstellung vermischt man eine möglichst konzentrierte wäßrige Lösung von 5 g $Ca(MnO_4)_2 \cdot 4\,H_2O$ bei 0°C mit 100 ml konzentriertem wäßrigem HCl, sättigt mit HCl-Gas und versetzt nach anfänglich heftiger Reaktion nach 2 h Stehen bei Zimmertemperatur (gelegentlich umschütteln) mit 15 ml gesättigter KCl-Lösung. Nach Abkühlen auf 0°C wird erneut mit HCl-Gas gesättigt und der Niederschlag nach 30 min abgesaugt, mit gesättigtem, wäßrigem HCl gewaschen und im Vakuum getrocknet, Ausbeute 76%. An Stelle von $Ca(MnO_4)_2 \cdot 4\,H_2O$ kann man auch eine Lösung von MnO_2 oder MnOOH in Salzsäure bei −10 bzw. 0°C mit HCl-Gas sättigen und nach Abfiltrieren des Ungelösten wie oben weiterbehandeln, Ausbeute 60 bzw. 78% [1]. Ältere Angaben zur Darstellung der Verbindung aus $KMnO_4$ und CH_3COOK in Eisessig unter Kühlung und Sättigung mit HCl-Gas, Waschen des Niederschlags mit Eisessig und Trocknen über KOH und H_2SO_4 s. [2, 3]. Darstellung analog zu Levason, McAuliffe [1] aus höheren Mn-Oxiden s. [4, 5], durch Abscheidung aus der bei der Darstellung von K_2MnCl_6 (s. S. 171) erhaltenen Mutterlauge mit gesättigter KCl-Lösung im Überschuß s. [6, 7], durch Elektrolyse einer Lösung von $MnCl_2 \cdot 4\,H_2O$ und KCl in konzentriertem wäßrigem HCl, wobei sich die Verbindung anodisch abscheidet, s. [8], s. auch S. 172.

$K_2MnCl_5 \cdot H_2O$ bildet dunkelpurpurfarbene [1], dunkelviolette, an den Kanten amethystartig durchscheinende [4] bis durchscheinend rubinrote, monokline Kristalle von oktaederähnlichem Habitus, die mit $K_2FeCl_5 \cdot H_2O$ und den entsprechenden NH_4-Salzen isomorph sind [5]. Es können auch dunkelrote Würfel oder Oktaeder entstehen [6]. — Das IR-Spektrum zeigt drei nicht zugeordnete Banden bei 370, 350 und etwa 200 cm^{-1} sowie H_2O-Banden bei ungefähr 3400 und 1600 cm^{-1}; letztere lassen vermuten, daß H_2O als Kristallwasser und nicht koordinativ gebunden vorliegt [1].

Die Kristalle zersetzen sich im Dunkeln langsam, am Licht sehr viel rascher und schmelzen bei 168°C unter Zersetzung (Cl_2-Abspaltung), geben aber vorher H_2O ab [1], s. auch [5]. Durch H_2O wird $K_2MnCl_5 \cdot H_2O$ sofort zersetzt unter Abscheidung eines rotbraunen Niederschlags [1, 4], der aus höheren Mn-Oxiden besteht [1, 5]. In konzentriertem, wäßrigem HCl entstehen schwarzgrüne Lösungen, die beim Verdünnen mit H_2O rotbraun werden [1]. Beim Erhitzen im HCl- oder Cl_2-Strom spaltet $K_2MnCl_5 \cdot H_2O$ ebenfalls Cl_2 ab und gibt einen Rückstand aus $MnCl_2 + 2\,KCl$. In kaltem H_2SO_4 entwickelt die Verbindung Cl_2 und HCl, während $MnSO_4$ auskristallisiert. Beim Vermischen mit P_2O_5 erhält man ein permanganatfarbenes Mn^{III}-Phosphat [5].

Literatur:

[1] W. Levason, C. A. McAuliffe (J. Chem. Soc. Dalton Trans. **1973** 455/8). — [2] R. J. Meyer, H. Best (Z. Anorg. Allgem. Chem. **22** [1900] 169/91, 185/7). — [3] O. Stelling, F. Olsson (Z. Physik. Chem. B **7** [1930] 210/25, 218). — [4] G. Neumann (Monatsh. Chem. **15** [1894] 489/94). — [5] C. E. Rice (J. Chem. Soc. **73** [1898] 258/61; Proc. Chem. Soc. **14** [1898] 53).

[6] R. F. Weinland, P. Dinkelacker (Z. Anorg. Allgem. Chem. **60** [1908] 173/7). — [7] J. G. F. Druce (Chem. News **134** [1927] 161/3). — [8] J. B. Martines, B. R. Rios (Anales Real Soc. Espan. Fis. Quim. [Madrid] B **45** [1949] 519/32, 529/30).

$(NH_4)_2$-$MnCl_5 \cdot H_2O$

5.3.1.2.2 $(NH_4)_2MnCl_5 \cdot H_2O$ ($=2NH_4Cl \cdot MnCl_3 \cdot H_2O$)

Die Verbindung läßt sich aus der bei der Darstellung von $(NH_4)_2MnCl_6$ (s. S. 173) anfallenden Mutterlauge durch Fällung mit konzentrierter NH_4Cl-Lösung abscheiden [1]. Man erhält sie auch durch Lösen von feingepulvertem MnOOH [2], Mn_3O_4, Mn_2O_3 oder MnO_2 [3, 4] bzw. Mangandioxidhydrat [5] in wäßriger, bei 0°C mit HCl-Gas [2] oder bei Kühlung im Eis-NaCl-Gemisch mit Cl_2 und HCl-Gas [5] gesättigter Salzsäure, Abfiltrieren vom Ungelösten und Fällung mit gesättigter NH_4Cl-Lösung. Die Kristalle werden mit wenig kalt gesättigtem, wäßrigem HCl gewaschen und im Vakuum getrocknet [2], s. auch [3, 4]. Zur Bildung s. auch S. 173.

Die Kristalle sind dunkelviolett [5] bis dunkel-purpurfarbig [2] und an den Kanten amethystartig durchscheinend [5]. Unter dem Mikroskop erscheinen sie durchsichtig rubinrot [3]. Sie bilden dunkelrote Würfel oder Oktaeder [1]. Im IR-Spektrum treten dieselben Banden wie beim K-Salz (s. S. 169) auf (H_2O-Banden bei ≈3400 und 1610 cm^{-1}) [2].

$(NH_4)_2MnCl_5 \cdot H_2O$ zersetzt sich im Dunkeln nur langsam, am Licht sehr viel rascher und schmilzt bei 162°C unter Zersetzung (Cl_2-Abspaltung), verliert aber vorher H_2O [2]; auch im Vakuum zerfällt es rasch [5]. Durch H_2O wird es sofort unter Abscheidung eines rotbraunen, wohl aus höheren Mn-Oxiden oder deren Hydraten bestehenden Niederschlags zersetzt [2, 3] (vermutlich Mangandioxidhydrat [4]), ein Teil wird als $MnCl_2$ gelöst [3, 4]. In konzentriertem wäßrigem HCl entstehen tief schwarzgrüne Lösungen, die beim Verdünnen mit H_2O rotbraun werden [2]. Beim Erhitzen im HCl- oder Cl_2-Strom sowie gegen H_2SO_4 und P_2O_5 verhält sich die Verbindung wie $K_2MnCl_5 \cdot H_2O$ (s. S. 169) [3]. In konzentriertem H_2SO_4 löst sie sich unter HCl-Entwicklung mit dunkelolivgrüner Farbe; die Lösung scheidet bei Kühlung mit Eis-NaCl-Gemisch einen rosafarbenen Niederschlag ab. Ohne Kühlung erwärmt sich die Lösung unter reichlicher Gasentwicklung [5].

Literatur:

[1] R. F. Weinland, P. Dinkelacker (Z. Anorg. Allgem. Chem. **60** [1908] 173/7). — [2] W. Levason, C. A. McAuliffe (J. Chem. Soc. Dalton Trans. **1973** 455/8). — [3] C. E. Rice (J. Chem. Soc. **73** [1898] 258; Proc. Chem. Soc. **14** [1898] 53). — [4] J. G. F. Druce (Chem. News **134** [1927] 161/3). — [5] G. Neumann (Monatsh. Chem. **15** [1894] 489/94).

Rb_2MnCl_5

5.3.1.2.3 Rb_2MnCl_5 ($=2RbCl \cdot MnCl_3$)

Die Verbindung scheidet sich aus der bei der Darstellung von Rb_2MnCl_6 (s. S. 173) anfallenden Mutterlauge auf Zusatz von überschüssigem RbCl als rotes kristallines Pulver ab, das aus mikroskopisch kleinen Würfeln oder Rhomboedern besteht. Sie löst sich in konzentriertem wäßrigem HCl nur schwer, R. F. Weinland, P. Dinkelacker (Z. Anorg. Allgem. Chem. **60** [1908] 173/7).

$Rb_2MnCl_5 \cdot H_2O$

5.3.1.2.4 $Rb_2MnCl_5 \cdot H_2O$ ($=2RbCl \cdot MnCl_3 \cdot H_2O$)

Die Verbindung erhält man durch Lösen von gepulvertem MnOOH in wäßriger, bei 0°C mit HCl-Gas gesättigter Salzsäure, Abfiltrieren vom Ungelösten und Fällung mit gesättigter RbCl-Lösung in Form rotbrauner Kristalle, die mit kaltgesättigter Salzsäure gewaschen und im Vakuum getrocknet werden, s. auch S. 173. — Das IR-Spektrum zeigt außer den Banden des Kristallwassers bei etwa

3400 und 1620 cm^{-1} drei weitere, nicht zugeordnete Banden bei 380, 355 und etwa 200 cm^{-1}. Die Verbindung wird beim Pulvern tief purpurrot, zersetzt sich im Dunkeln nur sehr langsam, am Licht wesentlich rascher und schmilzt nach vorheriger Abgabe des Kristallwassers bei 160°C unter Zersetzung (Cl_2-Abspaltung). Von H_2O wird sie sofort unter Abscheidung eines braunen, wohl aus höheren Mn-Oxiden bestehenden Niederschlags zersetzt. Mit konzentriertem wäßrigem HCl entstehen tiefgrüne Lösungen, die beim Verdünnen mit H_2O rotbraun werden, W. Levason, C. A. McAuliffe (J. Chem. Soc. Dalton Trans. **1973** 455/8).

5.3.1.2.5 Cs_2MnCl_5 (= 2 CsCl · $MnCl_3$)

Cs_2MnCl_5

Die Verbindung scheidet sich aus der Lösung von $CsMnO_4$ in Eisessig beim Einleiten von trocknem HCl-Gas als brauner, kristalliner Niederschlag ab [1]. Aus der Lösung von MnOOH in bei 0°C mit HCl gesättigter Salzsäure [2] sowie aus der bei der Darstellung von Cs_2MnCl_6 (s. S. 174) anfallenden Mutterlauge [3] läßt sie sich durch gesättigte, wäßrige CsCl-Lösung als schwarzer, kristalliner Niederschlag abscheiden [2, 3], der aus mikroskopischen dunkelroten, durchscheinenden Kriställchen besteht [3]. — Zur Bildung eines Hydrats s. S. 174.

Das IR-Spektrum zeigt drei Banden bei 360, 340 und 220 cm^{-1}. Die Verbindung schmilzt bei etwa 185°C unter Zersetzung (Cl_2-Abspaltung) und verhält sich bei Lichteinwirkung sowie gegen H_2O und konzentriertes HCl wie $Rb_2MnCl_5 \cdot H_2O$ (s. oben) [2]. In konzentrierter Salzsäure ist sie sehr schwer löslich [3]. Der Vergleich mit den übrigen Alkalipentachloromanganaten(III) ergibt eine Abnahme der Löslichkeit in der Reihenfolge $K^+ \approx NH_4^+ \gg Rb^+ > Cs^+$ [2].

Literatur:

[1] R. J. Meyer, H. Best (Z. Anorg. Allgem. Chem. **22** [1900] 169/91, 187/8). — [2] W. Levason, C. A. McAuliffe (J. Chem. Soc. Dalton Trans. **1973** 455/8). — [3] R. F. Weinland, P. Dinkelacker (Z. Anorg. Allgem. Chem. **60** [1908] 173/7).

5.3.1.2.6 $K_5Mn_2Cl_{12}$ (= 5 KCl · $MnCl_3$ · $MnCl_4$)

$K_5Mn_2Cl_{12}$

Die Verbindung scheidet sich bei der Darstellung von $K_2MnCl_5 \cdot H_2O$ (s. S. 169) aus $KMnO_4$ und CH_3COOK in Eisessig als braunes kristallines Zwischenprodukt ab, wenn die Lösung gut gekühlt und das HCl-Gas nicht bis zur Sättigung eingeleitet wird, so daß kein Cl_2 entweicht. Sie wird durch Licht und H_2O leichter als $K_2MnCl_5 \cdot H_2O$ zersetzt, R. J. Meyer, H. Best (Z. Anorg. Allgem. Chem. **22** [1900] 169/91, 185).

5.3.1.2.7 K_2MnCl_6 (= 2 KCl · $MnCl_4$)

K_2MnCl_6

Darstellung. Die Verbindung scheidet sich als feinkristalliner Niederschlag ab, wenn man $Ca(MnO_4)_2$ (5 g) und konzentrierte KCl-Lösung (2 g in 8 ml H_2O) gleichzeitig in 40%iges wäßriges HCl (50 g) einträgt, das mit Eis-NaCl-Mischung gekühlt ist. Bei der Darstellung aus $KMnO_4$ und 40%igem HCl ist das Salz schwerer von der Mutterlauge zu trennen und enthält auch Verunreinigungen [1]. Dieses Verfahren ist aber in folgender Weise geeignet: In mit HCl-Gas bei 0°C gesättigtes wäßriges HCl (50 ml) wird feingepulvertes $KMnO_4$ (5 g) eingetragen (starke Reaktion unter Steigen der Temperatur auf 15°C), der Niederschlag wird nach 15 min abgesaugt, mit Eisessig gewaschen und 30 min im Luftstrom getrocknet, Ausbeute 82% [2]. In die Lösung von $KMnO_4$ in Eisessig wird (unter Kühlung) trocknes HCl-Gas bis zur Sättigung eingeleitet, wobei sich unter Cl_2-Entwicklung K_2MnCl_6 abscheidet [3 bis 5]. Bei einem weiteren Verfahren versetzt man eine Lösung von $(CH_3COO)_3Mn \cdot 2H_2O$ in Eisessig mit der etwa 100fachen Molmenge CH_3COCl, das in Eisessig gelöst ist, und mit der in bezug auf Mn äquimolaren Menge CH_3COOK. Der Niederschlag wird abzentrifugiert, mit CH_3COCl gewaschen und im Vakuum getrocknet [6].

K_2MnCl_6

Kristallstruktur. Die tief dunkelroten, fast schwarzen Kriställchen [1 bis 3] besitzen nach Pulveraufnahmen kubische Symmetrie, Raumgruppe Fm3m-O_h^5 (Nr. 225) mit a = 9.6445 ± 0.0020 Å; Z = 4. Die Struktur ist vom K_2PtCl_6-Typ [7], wie bei den entsprechenden Ammonium-, Rubidium- und Caesium-Verbindungen (s. S. 173 und 174). Der Parameter des Cl-Atoms beträgt x = 0.2360 ± 0.0004, R = 5.6%. Atomabstände in Å: Mn↔Cl = 2.276 ± 0.004, K↔Cl = 3.412 ± 0.004. Der Abstand Mn↔Cl entspricht fast einer Ionenbindung nach Pauling (2.35 Å) [2]. — Bis 4.2 K ist bei Neutronenbeugungsuntersuchungen an Pulverpräparaten keine Änderung der Struktur erkennbar [9]. — Röntgendichte 2.560 g/cm^3 [8].

Messungen der Molsuszeptibilität χ_{mol} ergeben:

T in K.	68	77	168	192	295
χ_{mol} in 10^{-6} cm^3/mol	19143	17255	9470	8490	5865

Die Werte gehorchen dem Curie-Weiss-Gesetz mit der paramagnetischen Curie-Temperatur $\Theta_p = -35$ K; das effektive magnetische Moment ist $\mu_{eff} = 3.92\ \mu_B$ [9]. Damit sind Meßergebnisse von Elliott [10] zwischen 63 und 295 K (Abnahme von $\chi_{mol} = 19140 \times 10^{-6}$ auf 5815×10^{-6} cm^3/mol, $\Theta_p = -30$ K, $\mu_{eff} = 3.90\ \mu_B$) praktisch bestätigt. Einzelwert für die spezifische Suszeptibilität bei 20°C: $\chi = 18.05 \times 10^{-6}$ cm^3/g; das entspricht dem Moment $\mu_{eff} = 3.89\ \mu_B$ [5]. — Aus der bei 4.2 K durchgeführten Neutronenbeugung ist kein Anzeichen von magnetischer Ordnung zu erkennen, offensichtlich wegen des sehr kleinen Wertes des Austauschparameters; nach Suszeptibilitätsmessungen beträgt er nur 1.6 cm^{-1} [9].

Die Kernquadrupolresonanz von ^{35}Cl wird als einzelne Linie mit einer Frequenz ν = 18.816 MHz bei 298 K, 18.843 MHz bei 77 K beobachtet. Für 298 K wird dν/dT = −0.12 kHz/K angegeben. Vergleich mit weiteren Komplexen, insbesondere hinsichtlich der M-Cl-Bindung (M auch aus 2. und 3. Übergangsmetallreihe) im Original [12].

Von den Schwingungen des oktaedrischen Anions $Mn^{IV}Cl_6^{2-}$ werden im IR-Spektrum der kristallinen Verbindung in Nujol-Paste die Banden $\nu_3 = 358$, $\nu_4 = 200$ cm^{-1} beobachtet; eine weitere nicht zugeordnete Bande tritt bei 102 cm^{-1} auf [11].

Chemisches Verhalten. K_2MnCl_6 zersetzt sich auch an trockner Luft bei Zimmertemperatur langsam unter stetiger Cl_2-Entwicklung [1, 3, 6], rascher an feuchter Luft [3] oder beim Erwärmen auf über 90°C. An feuchter Luft entsteht $K_2MnCl_5 \cdot H_2O$ (s. S. 169) [2]. Bei 152°C erhält man ein rosafarbenes Abbauprodukt der Bruttozusammensetzung K_2MnCl_4, das wahrscheinlich ein Gemisch aus $KMnCl_3$ und $K_3Mn_2Cl_7$ ist, eine weitere Abbaustufe bei 130°C ließ sich nicht fassen [6].

Literatur:

[1] R. F. Weinland, P. Dinkelacker (Z. Anorg. Allgem. Chem. **60** [1908] 173/7). — [2] P. C. Moews (Inorg. Chem. **5** [1966] 5/8). — [3] R. J. Meyer, H. Best (Z. Anorg. Allgem. Chem. **22** [1900] 169/91, 186). — [4] J. G. F. Druce (Chem. News **134** [1927] 161/3). — [5] S. S. Bhatnagar, B. Prakash, J. C. Maheshwari (Proc. Indian Acad. Sci. A **10** [1939] 150/5; C.A. **1940** 2221).

[6] H.-D. Hardt, M. Fleischer (Z. Anorg. Allgem. Chem. **357** [1968] 113/21, 117, 120). — [7] P. P. Ewald, C. Hermann (Strukturbericht, Bd. 1, 1913/28 [1931], S. 429). — [8] J. D. H. Donnay, H. M. Ondik (Crystal Data, Determinative Tables, 3. Aufl., Bd. 2, Inorganic Compounds, Washington, D.C., 1973, S. C-251). — [9] R. A. Lalancette, N. Elliott, I. Bernal (J. Cryst. Mol. Struct. **2** [1972] 143/9). — [10] N. Elliott (J. Chem. Phys. **46** [1967] 1006).

[11] D. M. Adams, D. M. Morris (J. Chem. Soc. A **1968** 694/5). — [12] P. J. Cresswell, J. E. Fergusson, B. R. Penfold, D. E. Scaife (J. Chem. Soc. Dalton Trans. **1972** 254/62).

5.3.1.2.8 $(NH_4)_2MnCl_6$ (= 2 $NH_4Cl \cdot MnCl_4$)

$(NH_4)_2$-$MnCl_6$

Die Verbindung wird aus $Ca(MnO_4)_2$ und NH_4Cl in mit HCl-Gas bei 0 °C gesättigtem wäßrigem HCl analog K_2MnCl_6 (s. S. 171) erhalten [1, 2], wobei das NH_4Cl der salzsauren $Ca(MnO_4)_2$-Lösung direkt zugesetzt wird [3]. Der schwarze kristalline Niederschlag wird mit Eisessig gewaschen und im Luftstrom getrocknet [1].

$(NH_4)_2MnCl_6$ kristallisiert kubisch mit a = 9.80 ± 0.02 Å [2], 9.820(10) Å [3]; Z = 4. Die Struktur ist vom K_2PtCl_6-Typ wie bei K_2MnCl_6 (s. S. 172) [2, 3]. Der Parameter des Cl-Atoms beträgt x = 0.2280(10); R = 3.4%. Atomabstände in Å: Mn ↔ Cl = 2.239(10), Cl ↔ Cl = 3.777(10), NH_4 ↔ Cl = 3.479(10) [3].

Für die Molsuszeptibilität χ_{mol} gilt nach Messungen zwischen 67 und 295 K das Curie-Weiss-Gesetz mit der paramagnetischen Curie-Temperatur $\Theta_p = -25$ K; einzelne Meßwerte:

T in K	67	77	168	195	295
χ_{mol} in 10^{-6} cm³/mol	22318	19474	10400	9121	6237

Das effektive magnetische Moment beträgt 3.99 μ_B [3].

An feuchter Luft zersetzt sich $(NH_4)_2MnCl_6$ zu $(NH_4)_2MnCl_5 \cdot H_2O$ (s. S. 170) [2].

Literatur:

[1] R. F. Weinland, P. Dinkelacker (Z. Anorg. Allgem. Chem. **60** [1908] 173/7). — [2] P. C. Moews (Inorg. Chem. **5** [1966] 5/8). — [3] R. A. Lalancette, N. Elliott, I. Bernal (J. Cryst. Mol. Struct. **2** [1972] 143/9).

5.3.1.2.9 Rb_2MnCl_6 (= 2 $RbCl \cdot MnCl_4$)

Rb_2MnCl_6

Die Verbindung erhält man durch Einrühren einer Aufschlämmung von 5 g $Ca(MnO_4)_2 \cdot 4H_2O$ und etwa 1.5 g RbCl in wenig H_2O in 50 ml bei −20 °C mit HCl-Gas gesättigte Salzsäure, wobei unter lebhafter Cl_2-Entwicklung die Temperatur auf 15 °C ansteigt [1], s. auch [2], oder man gibt RbCl zur Lösung von $Ca(MnO_4)_2$ in hochkonzentrierter Salzsäure [3]. Nach 15 min wird der schwarze Niederschlag abgesaugt, mit Eisessig, dann mit Acetonitril gewaschen und im Luftstrom [1] oder auf Ton kurz getrocknet [2].

Rb_2MnCl_6 kristallisiert nach Pulveraufnahmen kubisch mit a = 9.838(10) Å [3], 9.82 ± 0.02 Å; Z = 4 [1]. Die Struktur ist vom K_2PtCl_6-Typ wie bei K_2MnCl_6 (s. S. 172). Der Parameter des Cl-Atoms beträgt x = 0.2320(7); R = 2.7%. Atomabstände in Å: Mn ↔ Cl = 2.282(7), Cl ↔ Cl = 3.729(7), Rb ↔ Cl = 3.483(7) [3].

Wie beim Ammoniumsalz (s. oben) gilt für die Temperaturabhängigkeit der Molsuszeptibilität χ_{mol} das Curie-Weiss-Gesetz mit $\Theta_p = -26$ K; einzelne Meßwerte:

T in K	68	77	169	195	298
χ_{mol} in 10^{-6} cm³/mol	21814	19222	10076	8849	6078

Das effektive magnetische Moment beträgt 3.94 μ_B [3].

An feuchter Luft zersetzt sich die Verbindung schnell zu $Rb_2MnCl_5 \cdot H_2O$ (s. S. 170) [1].

Literatur:

[1] P. C. Moews (Inorg. Chem. **5** [1966] 5/8). — [2] R. F. Weinland, P. Dinkelacker (Z. Anorg. Allgem. Chem. **60** [1908] 173/7). — [3] R. A. Lalancette, N. Elliott, I. Bernal (J. Cryst. Mol. Struct. **2** [1972] 143/9).

Cs_2MnCl_6

5.3.1.2.10 Cs_2MnCl_6 ($=2\,CsCl \cdot MnCl_4$)

Die Verbindung wird aus $Ca(MnO_4)_2 \cdot 4\,H_2O$ (5 g) und CsCl (2 g) in bei −20°C gesättigter HCl-Lösung wie das analoge Rb_2MnCl_6 (s. S. 173) dargestellt [1, 2]. — Pulveraufnahmen ergeben die kubische K_2PtCl_6-Struktur, $a = 10.17 \pm 0.02$ Å, Raumgruppe Fm3m-O_h^5 (Nr. 225). Cs_2MnCl_6 ist also isotyp mit K_2MnCl_6 (s. S. 172), $(NH_4)_2MnCl_6$ und Rb_2MnCl_6 [2].

Die Kernquadrupolresonanz von ^{35}Cl wird als einzelne Linie mit einer Frequenz $\nu = 19.516$ MHz bei 298 K, 19.539 MHz bei 77 K beobachtet. Für 298 K wird $d\nu/dT = -0.10$ kHz/K angegeben [3].

An feuchter Luft zersetzt sich die Verbindung rasch zu $Cs_2MnCl_5 \cdot H_2O$ [2].

Literatur:

[1] R. F. Weinland, P. Dinkelacker (Z. Anorg. Allgem. Chem. **60** [1908] 173/7). — [2] P. C. Moews (Inorg. Chem. **5** [1966] 5/8). — [3] P. J. Cresswell, J. E. Fergusson, B. R. Penfold, D. E. Scaife (J. Chem. Soc. Dalton Trans. **1972** 254/62).

Organically Substituted Ammonium and Other Onium Chloromanganates

5.3.2 Chloromanganate organischer Stickstoffbasen und anderer Onium-Verbindungen

Review in German

Übersicht

Die Verbindungen, in denen der Wasserstoff des Ammonium-Ions ganz oder teilweise durch organische Reste ersetzt ist, unterscheiden sich deutlich von den reinen Ammonium-Verbindungen (s. Kapitel 5.3.1), so daß sie hier gesondert behandelt werden. Zunächst werden die Chloromanganate(II) mit primären, sekundären, tertiären und quartären Alkylammonium-Ionen, dann die entsprechenden Aryl-Verbindungen und schließlich die Verbindungen mit Heterocyclen sowie weiteren Onium-Verbindungen mit P, As und S beschrieben. Die Methylammonium-Verbindungen sowie die mit Pyridin sind ausführlich dargestellt, während die analogen Verbindungen mit größeren organischen Resten summarisch zusammengefaßt werden, da sie in der Regel ähnliche Eigenschaften haben. — Hauptsächlich sind zwei Verbindungstypen vertreten: Tetrachloromanganate mit dem Verhältnis Base : $MnCl_2 = 2:1$ und Trichloromanganate mit dem Verhältnis 1:1. Die Trichloromanganate sind, soweit bekannt, aus Ketten von $MnCl_6$-Oktaedern aufgebaut. Die Struktur der rosa gefärbten Tetrachloromanganate der primären Alkylamine besteht aus Schichten von $MnCl_6$-Oktaedern, die mit zunehmender Länge des Alkylrestes immer weiter auseinanderrücken. Dadurch erhalten die Verbindungen Eigenschaften, die denen der smektischen flüssigen Kristalle ähnlich sind. Im Gegensatz dazu enthalten die grünen Tetrachloromanganate mit Tetraalkylammonium und Pyridinium isolierte $MnCl_4$-Tetraeder. — Innerhalb der Ketten und Schichten bestehen stärkere magnetische Wechselwirkungen der Mn-Ionen als zwischen den Ketten bzw. Schichten. Die Verbindungen sind infolgedessen magnetisch intensiv untersucht, zumal durch Variation des organischen Restes die Anordnung der Ketten und Schichten vielfach variiert werden kann.

Unter 5.3.2.2 werden Chloromanganate(III) und Chloromanganate(IV) beschrieben. In den Pentachloromanganaten(III) treten isolierte $MnCl_5^{2-}$-Ionen in Form vierseitiger Pyramiden auf. Die bisher bekannten Hexachloromanganate(IV) zeigen keine wesentlichen Unterschiede gegenüber den entsprechenden Alkaliverbindungen (s. 5.3.1.2, S. 169).

Review in English

Review. Properties of the organically substituted ammonium chloromanganates clearly differ from those of ammonium chloromanganates (see chapter 5.3.1). For that reason the substituted ammonium compounds are discussed here in a separate chapter. In this chapter the chloromanganates are arranged by cation: first alkylammonium (primary, secondary, tertiary, and quaternary), next arylammonium, next heterocyclic, and finally certain onium ions of P, As, and S. Only methylammonium and pyridinium compounds are thoroughly discussed. Compounds with larger organic groups usually are similar and their properties are summarized. Two types of compounds occur: tetrachloromanganates M_2MnCl_4 and trichloromanganates $MMnCl_3$, where M is used to represent cations in this chapter. So far as is known the trichloromanganates consist of chains of octahedrally complexed manganese. The primary alkylammonium tetrachloromanganates are composed of sheets of octahedrally complexed manganese. The larger the alkyl group, the farther apart the sheets. Such a structure gives the compounds properties similar to smectic liquid crystals. Within chains and sheets there is greater magnetic exchange than between chains or sheets. Changing the size of the organic groups changes the arrangement of chains or sheets and thus the magnetic properties. The octahedral complexes are always pink. On the other hand the green tetraalkylammonium and pyridinium tetrachloromanganates have isolated tetrahedral $MnCl_4^{2-}$ ions.

The chloromanganate(III) and chloromanganate(IV) compounds are in 5.3.2.2. The pentachloromanganate(III) ion $MnCl_5^{2-}$ is square pyramidal. The hexachloromanganates(IV) show no significant difference in structure or properties from the corresponding alkali compounds (see 5.3.1.2, p. 169).

5.3.2.1 Verbindungen mit Mangan(II)

Compounds of Manganese(II)

5.3.2.1.1 $(CH_3NH_3)_2MnCl_4$ (= $2\,CH_3NH_3Cl \cdot MnCl_2$), $(CH_3ND_3)_2MnCl_4$, $(CD_3ND_3)_2MnCl_4$

$(CH_3NH_3)_2$-$MnCl_4$, $(CH_3$-$ND_3)_2$-$MnCl_4$, $(CD_3$-$ND_3)_2$-$MnCl_4$

5.3.2.1.1.1 Darstellung

Preparation

Eine bei 90°C bereitete, möglichst konzentrierte wäßrige Lösung von $MnCl_2 \cdot 4H_2O$ und der doppelten Molmenge CH_3NH_3Cl (etwa 1% Überschuß) wird langsam auf Zimmertemperatur abgekühlt [1] oder im Vakuum eingeengt [2], s. auch [3]. Man erhält die Verbindung auch durch Umsetzung der Komponenten in äthanolischer oder methanolischer Lösung [3] oder aus CH_3NH_2 und $MnCl_2$ in überschüssiger siedender Salzsäure [4]. Das abgeschiedene Salz wird mehrmals aus heißem H_2O [1 bis 3] oder Äthanol [2, 3] umkristallisiert, mit wenig H_2O gewaschen und im Vakuum über $CaCl_2$ getrocknet. — $(CH_3ND_3)_2MnCl_4$ und $(CD_3ND_3)_2MnCl_4$ werden analog aus CH_3ND_3Cl bzw. CD_3ND_3Cl und $MnCl_2 \cdot 4H_2O$ in möglichst wenig D_2O dargestellt [1]. — Bei diesen Verfahren fallen die Verbindungen in kristalliner Form an. Einkristalle, die nicht mit $MnCl_2 \cdot 4H_2O$ verunreinigt sind, werden durch langsames Eindampfen einer möglichst wasserfreien, äthanolischen Lösung der Komponenten erhalten [5].

Literatur:

[1] G. Heger, E. Henrich, B. Kanellakopulos (Solid State Commun. **12** [1973] 1157/65). — [2] H. Arend, R. Hofmann, F. Waldner (Solid State Commun. **13** [1973] 1629/32). — [3] J. J. Foster, N. S. Gill (J. Chem. Soc. A **1968** 2625/9). — [4] H. Payen de la Garanderie (Compt. Rend. **254** [1962] 2739/40). — [5] W. D. van Amstel, L. J. de Jongh (Solid State Commun. **11** [1972] 1423/9, 1424).

5.3.2.1.1.2 Kristallographische Eigenschaften, Dichte

Crystallographic Properties. Density

$(CH_3NH_3)_2MnCl_4$ bildet bei Zimmertemperatur rosafarbene Kristallblättchen [1 bis 5] nach (001), die parallel zur Schichtebene gut spaltbar [5] und häufig nach (110) verzwillingt sind [5, 6]. Die leicht biegbaren Plättchen bilden bei der geringsten Deformation Druckzwillinge [5].

Polymorphism

Polymorphie. $(CH_3NH_3)_2MnCl_4$ tritt nach Röntgen- und Neutronenbeugungsaufnahmen sowie optischen Untersuchungen (Doppelbrechung) zwischen 5 und 600 K in vier kristallographischen Modifikationen mit den folgenden Umwandlungstemperaturen auf [5]:

$$\delta\,(\text{monoklin}) \underset{93.7\,K}{\overset{95.1\,K}{\rightleftharpoons}} \gamma\,(\text{rhombisch}) \underset{256.5\,K}{\overset{256.9\,K}{\rightleftharpoons}} \beta\,(\text{rhombisch}) \overset{393.8\,K}{\rightleftharpoons} \alpha\,(\text{tetragonal})$$

Die Bezeichnungsweise mit griechischen Buchstaben folgt den Angaben von Depmeier u.a. [7]. Mit dieser Zuordnung der Kristallsymmetrien sind frühere Bestimmungen einzelner Modifikationen [1, 2, 6] überholt [5]. Die γ-Modifikation ist entgegen früheren Angaben [5, 8] nur pseudotetragonal,

$(CH_3NH_3)_2$-$MnCl_4$
Polymorphism

die wahre Symmetrie ist rhombisch [9]. Die angegebenen Umwandlungstemperaturen sind in guter Übereinstimmung mit den durch thermische Analysen [4, 7], optische Untersuchungen [4] sowie Röntgenaufnahmen erhaltenen Daten [4, 7]. Bei Untersuchungen mit Hilfe der NMR von ^{35}Cl (s. S. 181) wird bei 256.5 K keine Hysterese gefunden; der Übergang $\alpha\rightleftharpoons\beta$ liegt danach bei 393.7 K [10] und für $(CH_3ND_3)_2MnCl_4$ bei 394 K (NMR von ^1H und ^2D) [11]. Die $\gamma\rightleftharpoons\delta$- und $\beta\rightleftharpoons\gamma$-Umwandlungen verlaufen diskontinuierlich (1. Art) [5, 7], die $\alpha\rightleftharpoons\beta$-Umwandlung ist dagegen kontinuierlich (2. Art) [5] zwischen 380 und 420 K [7]. Sie ist ihrer Natur nach ein Ordnungs$\rightleftharpoons$Fehlordnungsübergang [5, 10], der mit den H-Brückenbindungen zwischen den N-Atomen der $CH_3NH_3^+$-Ionen und den Cl-Atomen der $MnCl_6$-Oktaeder verbunden ist (s. S. 178). Dies wird durch das ^1H-, ^2D- und ^{35}Cl-NMR-Spektrum bestätigt [10, 12]. Zu einer gruppentheoretischen Behandlung der Umwandlung s. [13]. Bei $(CH_3ND_3)_2MnCl_4$ sind die $\beta\rightleftharpoons\gamma$- und $\alpha\rightleftharpoons\beta$-Umwandlungstemperaturen um +1.0 bzw. −4.0 K gegenüber $(CH_3NH_3)_2MnCl_4$ verschoben [4]. — IR- und Raman-Spektren bei verschiedenen Temperaturen (mit nicht zugeordneten Gitterschwingungsbanden) zur Untersuchung der Phasenübergänge und der Umordnungsdynamik s. [16 bis 19].

Für den Übergang $\gamma\rightleftharpoons\delta$ wird thermoanalytisch die Übergangsenthalpie $\Delta H = 164 \pm 4$ [7], für den $\beta\rightleftharpoons\gamma$-Übergang etwa 10 [4] und 27 ± 0.5 cal/mol [7] erhalten. Für den $\alpha\rightleftharpoons\beta$-Übergang wird aus den Maxima der Wärmekapazität $\Delta H = 15 \pm 3$ cal/mol berechnet [14, 15]. Für die entsprechenden Übergänge von $(CH_3ND_3)_2MnCl_4$ bei 258 und 389 K erhält man $\Delta H = 2.6$ bzw. 14.8 J/mol [15]. — Der $\gamma\rightleftharpoons\delta$-Übergang ist von einer Volumenänderung von etwa 0.26% begleitet, während beim Übergang $\beta\rightleftharpoons\gamma$ das Volumen annähernd unverändert bleibt [5], s. auch [8].

Crystal Structure

Kristallstruktur. In der folgenden Tabelle sind die Raumgruppe und die Gitterkonstanten der einzelnen Modifikationen zusammengefaßt. Zur Temperaturabhängigkeit der Gitterkonstanten s. **Fig. 56** [5].

Fig. 56

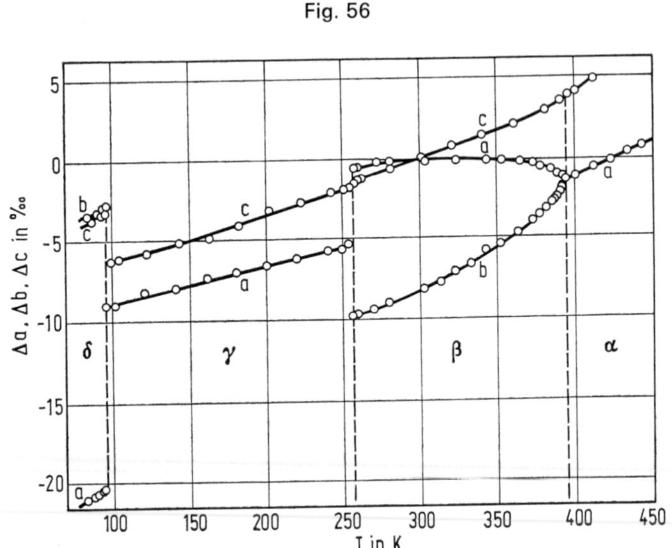

Relative Änderung Δ der Gitterkonstanten a, b und c mit der Temperatur bei den Modifikationen α, β, γ und δ von $(CH_3NH_3)_2MnCl_4$.

Modifikation	T in K	Raumgruppe (Nr.)	a in Å	b in Å	c in Å	β	Z	Lit.
α	404	I4/m-C_{4h}^3 (87)	5.119	5.119	19.48	—	2	[20]
α	404		5.133 (4)	5.133 (4)	19.51 (1)	—	2	[5,21]
β	293	Cmca (Abma)-D_{2h}^{18} (64)	7.276 (3)	7.215 (3)	19.41 (1)	—	4	[5,21]
β	293	(F-Zelle)	7.271 (1)	7.200 (1)	19.406 (2)	—	4	[22]
γ	188	Pccn-D_{2h}^{10} (56)	7.23 (1)	7.23 (1)	19.32 (2)	—	4	[5,8,9]
γ	150		7.31 (3)	7.31 (3)	19.01 (3)	—		[22]
δ	90	$P2_1/a-C_{2h}^5$ (14)	7.13_3	7.25_3	19.3_5	92°10′	4	[5,7]

Die ältere Bestimmung der Raumgruppe von α-$(CH_3NH_3)_2MnCl_4$ (I4/mmm) [21] ist durch die erneute Untersuchung [20] überholt. — γ-$(CH_3NH_3)_2MnCl_4$ bildet Mehrfachzwillinge nach (110), wodurch die pseudotetragonale Symmetrie hervorgerufen wird. Die wahre rhombische Symmetrie ist hauptsächlich durch die Lage der H-Atome bedingt [9].

Aus Neutronenbeugungsuntersuchungen an Einkristallen ergeben sich folgende Atomlagen bei den oben angegebenen Temperaturen:

Atom	Punktlage	x	y	z	Besetzung
α-$(CH_3NH_3)_2MnCl_4$, R = 5.6% [20]:					
Mn	2a	0	0	0	1
Cl(1)	8g	0	0.5	0.0111 (1)	1/2
Cl(2)	16i	0.0569 (8)	−0.0073 (4)	0.1269	1/4
C	16i	0.0341 (5)	0.0704 (3)	0.3123 (1)	1/4
N	16i	0.0285 (9)	0.0383 (8)	0.3838 (1)	1/4
H(1)	16i	0.1956 (5)	0.1238 (2)	0.3979 (6)	3/8
H(2)	16i	−0.0936 (3)	0.0772 (1)	0.4085 (5)	3/8
H(3)	16i	0.1690 (4)	0.1521 (1)	0.3008 (1)	1/4
H(4)	16i	−0.0413 (1)	0.1753	0.2912 (2)	1/2
β-$(CH_3NH_3)_2MnCl_4$, R = 13% [21]:					
Mn	4e	0	0	0	
Cl(1)	8e	0.25	0.25	−0.0125 (8)	
Cl(2)	8f	0.038 (3)	0	0.1285 (6)	
C	8f	0.059 (5)	0	0.314 (1)	
N	8f	−0.024 (4)	0	0.389 (2)	
H(1)	8f	0.171 (8)	0	0.307 (3)	
H(2)	16g	−0.011 (4)	0.075 (27)	0.273 (10)	
H(3)	8f	−0.161 (5)	0	0.388 (2)	
H(4)	16g	0.007 (2)	0.085 (25)	0.418 (7)	

$(CH_3NH_3)_2$-$MnCl_4$
Crystal Structure

Atom	Punktlage	x	y	z
γ-$(CH_3NH_3)_2MnCl_4$, R = 4.8% [9]:				
Mn	4a	0	0	0
Cl(1)	4c	0.25	0.25	−0.0175(6)
Cl(2)	4d	0.75	0.25	0.0008(9)
Cl(3)	8e	0.0276(9)	0.0301(1)	0.1279(5)
C	8e	−0.0342(2)	0.0284(2)	0.3126(3)
N	8e	−0.0275(1)	−0.0156(5)	0.3846(12)
H(1)	8e	0.0350(8)	0.0574(4)	0.4185(1)
H(2)	8e	−0.1556(8)	0.0049(6)	0.3922(4)
H(3)	8e	0.0398(1)	−0.1489	0.3904(2)
H(4)	8e	0.1510(1)	−0.0021(5)	0.3007(17)
H(5)	8e	0.0023(1)	0.1742(8)	0.3049(26)
H(6)	8e	−0.0232(12)	−0.0622(10)	0.2776(9)

Wichtigste Atomabstände (in Å) und Winkel:

	α-Form bei 404 K [20]	β-Form bei 293 K [8, 21]	γ-Form bei 188 K [9]
Mn-Cl (in der Ebene)	2.569	2.57(2)	2.579, 2.556
Mn-Cl ($\perp$ zur Ebene)	2.491(6)	2.51(4)	2.489(2)
C-N	1.464(6)	1.58(6)	1.495(3)
C-H (Mittelwert)	0.974	0.96(18)	1.007
N-H (Mittelwert)	0.998	0.93(14)	0.997
Cl···H (Mittelwert)	2.53 [8, 21]	2.42	2.6
Cl-Mn-Cl	84.35°, 86.08°	89.1°, 91.0°	90.05° bis 90.64°
Mn-Cl-Mn	—	169.2°	146.91°, 179.31°

Weitere Abstände und Winkel, speziell bei den H-Brücken, s. Originale [8, 9, 20, 21].

Die Struktur der $(CH_3NH_3)_2MnCl_4$-Modifikationen besteht aus Schichten ähnlich wie im Perowskit-Typ ($CaTiO_3$), wobei die Mn-Atome die B-Plätze besetzen. Die CH_3NH_3-Ionen befinden sich auf den A-Plätzen, und zwar so, daß die Ammoniumgruppe zur Schicht hin gerichtet ist. Die einzelnen Schichten sind nur durch van der Waals-Kräfte miteinander verbunden, s. **Fig. 57** [21]. Dieses Bauprinzip findet sich auch bei längeren Alkylresten (s. S. 182). Diese Schichtstruktur hat zur Folge, daß gewisse Ähnlichkeiten zu smektischen flüssigen Kristallen bestehen, s. beispielsweise [4, 5, 7, 10, 12, 13]. Die α-Modifikation kann als Aristotyp [23] aufgefaßt werden, aus dem sich durch Fixierung der CH_3NH_3-Ionen und Verzerrung der Mn-Cl-Schichten die anderen Modifikationen ergeben, s. Fig. 57 [7]. In der Struktur der α-Form sind die Cl- und CH_3NH_3-Ionen ungeordnet [20, 21], wobei die letzteren zickzackförmig angeordnet sind und damit die tetragonale Symmetrie ermöglichen [20], s. auch [10]; zu $(CH_3ND_3)_2MnCl_4$ s. [11]. Die Struktur der β-Form kann als eingefrorene Momentaufnahme der α-Form mit einer zusätzlichen Verschiebung der CH_3-Gruppe aufgefaßt werden [21]. Liegt hier nur e i n e dominante H-Bindung vor, so sind es in der γ-Form drei [8]. Die CH_3NH_3-Gruppen sind nahezu parallel zur (110)-Ebene. Die übrigen Atome erfahren beim Phasenübergang nur leichte displazive Verschiebungen [9].

Density

Röntgendichte bei Zimmertemperatur $D_{rö} = 1.71\ g/cm^3$ [6], bei der γ-Modifikation ist $D_{rö} = 1.68\ g/cm^3$ bei 188 K [9].

Fig. 57

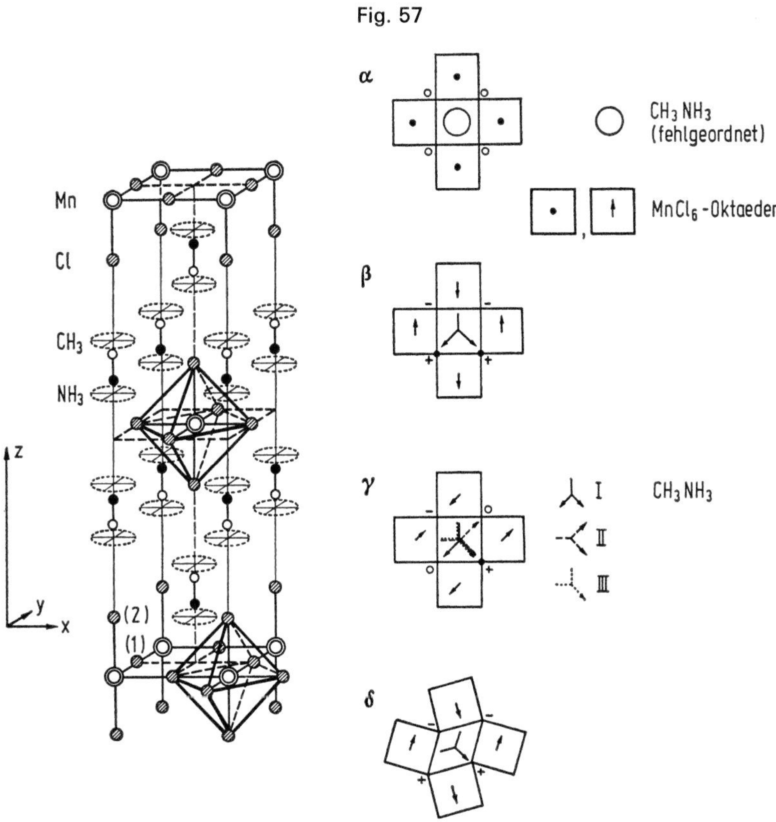

Schematische Anordnung der Schichten in den $(CH_3NH_3)_2MnCl_4$-Modifikationen nach Heger u.a. [21] (links) und Projektionen senkrecht zu den Schichten bei den Modifikationen α bis δ nach Depmeier u.a. [7] (rechts); mit o, + und – werden die Abweichungen der Cl-Atome von der Schichtebene angedeutet.

Literatur:

[1] J. J. Foster, N. S. Gill (J. Chem. Soc. A **1968** 2625/9). — [2] W. D. van Amstel, L. J. de Jongh (Solid State Commun. **11** [1972] 1423/9, 1424). — [3] G. Heger, E. Henrich, B. Kanellakopulos (Solid State Commun. **12** [1973] 1157/65). — [4] H. Arend, R. Hofmann, F. Waldner (Solid State Commun. **13** [1973] 1629/32). — [5] K. Knorr, J. R. Jahn, G. Heger (Solid State Commun. **15** [1974] 231/8).

[6] Y. Okaya, R. Pepinsky, Y. Takeuchi, H. Kuroya, A. Shimada, P. Gallitelli, N. Stemple, A. Beevers (Acta Cryst. **10** [1957] 798/801). — [7] W. Depmeier, J. Felsche, G. Wildermuth (J. Solid State Chem. **21** [1977] 57/65). — [8] G. Heger, D. Mullen, K. Knorr (Phys. Status Solidi A **35** [1976] 627/37). — [9] I. Mikhail (Acta Cryst. B **33** [1977] 1317/21). — [10] R. Kind, J. Roos (Phys. Rev. [3] B **13** [1976] 45/54, 45, 53).

[11] D. Brinkmann, U. Walther (Solid State Commun. **18** [1976] 1307/9). — [12] H. Arend, H. Gränicher (Ferroelectrics **13** [1976] 537/9). — [13] J. Petzelt (J. Phys. Chem. Solids **36** [1975] 1005/14). — [14] E. H. Bocanegra, M. J. Tello, M. A. Arrandiaga, H. Arend (Solid State Commun. **17** [1975] 1221/2). — [15] E. H. Bocanegra, M. A. Arrandiaga, M. J. Tello, H. Arend (4th Conf. Intern. Thermodyn. Chim. Compt. Rend., Montpellier 1975, Bd. 2, S. 12/8, 17; C.A. **84** [1976] Nr. 112572).

$(CH_3NH_3)_2$-$MnCl_4$

[16] M. Couzi, A. Daoud, R. Perret (Phys. Status Solidi A **41** [1977] 271/82). — [17] N. Lehner, K. Strobel, R. Geick, G. Heger (J. Phys. C **8** [1975] 4096/106). — [18] J. F. Scott (Vib. Spectra Struct. **5** [1976] 67/100, 90). — [19] W. Dultz (4th Conf. Raman Spectry., Brunswick, Maine, 1974 laut Scott [18]). — [20] I. Mikhail (Acta Cryst. B **33** [1977] 1321/5).

[21] G. Heger, D. Mullen, K. Knorr (Phys. Status Solidi A **31** [1975] 455/62), G. Heger (Tr. Mezhdunar. Konf. Magn., Moscow 1973 [1974], Bd. 1, Tl. 2, S. 312/9; C.A. **85** [1976] Nr. 27945). — [22] H. Arend, R. Hofmann, J. Felsche (Ferroelectrics **8** [1974] 413/5). — [23] H. D. Megaw (Crystal Structures. A Working Approach, Saunders, Philadelphia – London – Toronto 1973).

Magnetic and Electrical Properties

5.3.2.1.1.3 Magnetische und elektrische Eigenschaften

Susceptibility

Die bei verschiedenen Feldstärken parallel oder senkrecht zur c-Achse gemessene Temperaturabhängigkeit der Suszeptibilität χ ist in **Fig. 58** dargestellt; die Werte wurden für einen diamagnetischen Anteil von -0.58×10^{-6} cm^3/g korrigiert. Obgleich χ die für ein zweidimensionales Mn-Salz charakteristischen Eigenschaften hat, werden bei tiefen Temperaturen Abweichungen gefunden ($\chi_{\parallel}$ fällt nicht auf den Wert Null ab und $\chi_{\perp}$ erreicht bei $T \to 0$ Werte, die viel höher liegen als bei anderen zweidimensionalen Mn-Salzen), die auf Verunreinigungen, etwa $MnCl_2$ oder $MnCl_2 \cdot 4H_2O$, zurückzuführen sind [1]. In guter Übereinstimmung damit sind die χ-Werte, die Heger u.a. [2] zwischen 4.2 und 300 K bei Feldstärken zwischen 3.5 und 13.1 kOe erhielten. Unterhalb etwa 55 K ist eine stärkere Feldabhängigkeit von $\chi_{\perp}$ zu beobachten; bei 4.2 K ist beispielsweise $\chi_{\perp}$ bei 13.1 kOe um 15% niedriger als bei 3.5 kOe. Eine zwischen $\chi_{\perp}$ und $\chi_{\parallel}$ unterhalb 55 K verlaufende Kurve für eine pulverförmige Probe liegt nur wenig über der entsprechenden Kurve für $(CD_3ND_3)_2MnCl_4$ [2]. In dem von Rys, Baberschke [3] gezeigten Temperaturverlauf von $\chi_{\parallel}$ und $\chi_{\perp}$ (H = 1 kOe) steigen ebenfalls für sinkende Temperaturen beide (zusammenfallende) Kurven an und erreichen ein Maximum bei etwa 85 K. Der anschließende Abfall vor dem Erreichen des Ordnungspunktes deutet auf ein zweidimensionales Verhalten hin. Bei 43 K wird χ anisotrop: während $\chi_{\parallel}$ mit T monoton gegen Null abfällt, zeigt der Verlauf von $\chi_{\perp}$ einen unerwarteten Sprung zu einem höheren Wert an, um dann für ein weiteres Absinken von T noch weiter monoton anzusteigen; die Größe des Sprunges hängt nicht von der Stärke des angelegten Feldes ab.

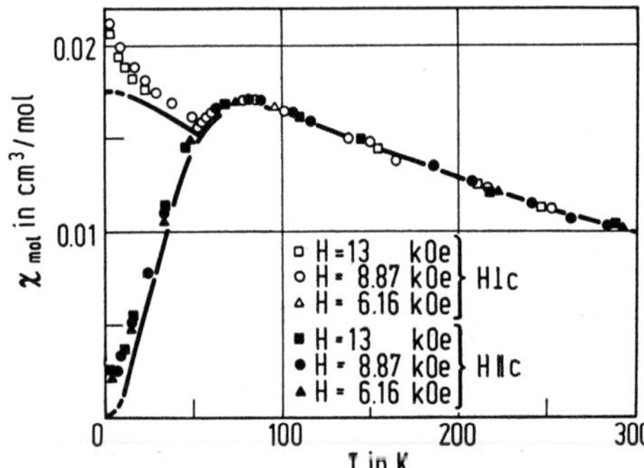

Fig. 58

Temperaturabhängigkeit der molaren magnetischen Suszeptibilität χ_{mol} in Feldern verschiedener Stärke und Richtung bei $(CH_3NH_3)_2MnCl_4$.

Im Gegensatz zu den Ergebnissen von van Amstel, de Jongh [1] beobachten Gerstein u.a. [4] bei der Bestimmung des Real- und Imaginärteils der Suszeptibilität χ' und χ'' eine scharfe Umwandlung in der Nähe von 46.3 ± 0.5 K. Aus dem Maximum von χ'' und der Feldabhängigkeit von χ' schließen sie auf eine Umwandlung in einen ferromagnetischen Zustand.

Magnetization

Die Magnetisierung M in einem Feld H∥c-Achse steigt bei 4.2 K zwischen etwa 3 und 27 kOe zunächst von M = 0.03 auf 0.21 $G \cdot cm^3 \cdot g^{-1}$ an, dann stärker auf M = 3.39 $G \cdot cm^3 \cdot g^{-1}$ bei 67 kOe [1]. Bei 1.8 K wird der Verlauf von M senkrecht zur Schichtebene bei Feldstärken bis 50 kOe gemessen [3].

Ihrer magnetischen Struktur nach gehören $(CH_3NH_3)_2MnCl_4$ und $(CD_3ND_3)_2MnCl_4$ zur Gruppe der quasizweidimensionalen Heisenberg-Antiferromagneten. Ein magnetischer Phasenübergang von einer zweidimensionalen antiferromagnetischen Vorordnung zu einer dreidimensionalen magnetischen Ordnung erfolgt bei 44.5 K. Die dreidimensionale magnetische Struktur wird durch die antiferromagnetischen $MnCl_4^{2-}$-Schichten senkrecht zur c-Achse und ferromagnetische Wechselwirkungen zwischen den übernächsten $MnCl_4^{2-}$-Schichten charakterisiert. Die magnetischen Momente der Mn-Ionen liegen in den antiferromagnetischen Schichten [2]. Aus der Diskontinuität in der Magnetisierungskurve ist auf einen Spin-Flop-Prozeß zu schließen; das Spin-Flop-Feld wird zu $H_{SF} = 36 \pm 3$ kOe bei 4.2 K bestimmt [1]. Die Superaustauschwechselwirkung zwischen benachbarten Schichten J' ist etwa um den Faktor 10^{-9} bis 10^{-8} kleiner als die Austauschwechselwirkung innerhalb der Schicht $J/k = -5.0 \pm 0.2$ K. Da die gemessene Anisotropie $H_A/H_E = 1.1 \times 10^{-3}$ um mehr als fünf Größenordnungen größer ist als die Kopplung zwischen den Schichten, ist anzunehmen, daß die Anisotropie die Abweichung vom idealen Heisenberg-Modell ist, die das System in eine Ordnung großer Reichweite bei $T = 47 \pm 3$ K bringt [1].

Magnetic Structure

Die kernmagnetische Resonanz der Deuteronen und Protonen in $(CH_3ND_3)_2MnCl_4$ wird zwischen 200 und 400 K untersucht, um Aufschluß über das dynamische Verhalten der Methylammonium(MA)-Gruppe zu erhalten. Die Quadrupolaufspaltung der ^2D-Resonanz (s. Figur im Original) führt auf folgende Kopplungskonstanten e^2qQ/h (in kHz, Temperatur in Klammern): 48.6 (233 K), 45.6 (300 K), 44.0 (346 K), 41.3 (385 K), 38.5 (399 K) [5]. Die reine Kernquadrupolresonanzfrequenz ν_Q von ^{35}Cl wird an der nichtdeuterierten Verbindung bei gewöhnlicher Temperatur zu 7.711 MHz für das (bindende) Cl(1), zu 4.564 MHz für Cl(2) ermittelt. Der Phasenübergang 1. Art bei 256.5 K verursacht einen Sprung in beiden ν_Q, der Übergang 2. Art bei 393.7 K nur einen Knick in ν_Q von Cl(2), während ν_Q von Cl(1) fast unbeeinflußt bleibt. Diskussion der Bewegung der MA-Gruppen im Original [6].

NMR

Die Linienbreite b_i der paramagnetischen Resonanz (9.3 GHz) ist stark abhängig von der Temperatur und der Richtung des äußeren Magnetfeldes in bezug auf die Achse senkrecht zu den Mn^{2+}-Schichten (Beschreibung durch den polaren Winkel Θ). Messungen bei 300 und 80 K ergeben für die maximale Linienbreite b_1 für $\Theta = 0°$ ($H \perp$ Ebene) 37 und 18 Oe, für das breite Maximum b_2 bei $\Theta = 60° \pm 5°$ 17 und 15 Oe und für b_3 bei $\Theta = 90°$ ($H \parallel$ Ebene) 22 und 16 Oe [7].

EPR

Die Dielektrizitätskonstante, gemessen bei 1.6 kHz in Richtung der c-Achse, beträgt bei gewöhnlicher Temperatur $\varepsilon_c = 9$ und nimmt bei der Phasenumwandlung bei 256.5 K (s. S. 175) um etwa 5% zu [8].

Dielectric Constant

Literatur:

[1] W. D. van Amstel, L. J. de Jongh (Solid State Commun. **11** [1972] 1423/9). — [2] G. Heger, E. Henrich, B. Kanellakopulos (Solid State Commun. **12** [1973] 1157/65). — [3] F. Rys, K. Baberschke (Helv. Phys. Acta **48** [1975] 438/40). — [4] B. C. Gerstein, K. Chang, R. D. Willett (J. Chem. Phys. **60** [1974] 3454/7). — [5] D. Brinkmann, U. Walther, H. Arend (Solid State Commun. **18** [1976] 1307/9).

[6] R. Kind, J. Roos (Phys. Rev. [3] B **13** [1976] 45/54, 46). — [7] H. R. Boesch, U. Schmocker, F. Waldner, K. Emerson, J. E. Drumheller (Phys. Letters A **36** [1971] 461/2), H. R. Boesch, F. Waldner (Magn. Resonance Relat. Phenomena, 17th Congr. AMPERE, Turku, Finland, 1972 [1973], S. 445/7). — [8] H. Arend, R. Hofmann, J. Felsche (Ferroelectrics **8** [1973] 413/5).

5.3.2.1.1.4 Optische Eigenschaften

Optical Properties

Die rhombische β-Modifikation ist bei Raumtemperatur optisch zweiachsig negativ mit $n_\alpha = 1.586$, $n_\beta = 1.626$, $n_\gamma = 1.632$ für die grüne Hg-Linie, spitze Bisektrix $\perp$ zur Spaltebene (001) [1] (die kristallographischen Achsen sind wie in der Tabelle auf S. 177 gewählt). Die tetragonale α- und die pseudotetragonale γ-Modifikation sind optisch einachsig negativ [2, 3]. Messungen der Doppelbrechung als Funktion der Temperatur zur Untersuchung der Strukturumwandlungen s. [3].

$(CH_3NH_3)_2$-$MnCl_4$

Literatur:

[1] H. Arend, R. Hofmann, F. Waldner (Solid State Commun. **13** [1973] 1629/32). — [2] I. Mikhail (Acta Cryst. B **33** [1977] 1321/5). — [3] K. Knorr, I. R. Jahn, G. Heger (Solid State Commun. **15** [1974] 231/8).

Chemical Behavior

5.3.2.1.1.5 Chemisches Verhalten

$(CH_3NH_3)_2MnCl_4$ ist hygroskopisch [1 bis 3]. Es zersetzt sich beim Erhitzen an der Luft schon unterhalb der $\alpha \rightleftharpoons \beta$-Umwandlungstemperatur (398 K) [2], nach thermogravimetrischen Untersuchungen unter Ar-Atmosphäre bei 150°C [4]. Als erstes Abbauprodukt entsteht $CH_3NH_3MnCl_3$ (s. S. 188), das bei weiterem Erhitzen in CH_3NH_3Cl und $MnCl_2$ zerfällt. Die Aktivierungsenergie E_A für die erste und zweite Abbaustufe wird mit 13.19 bzw. 5.98 kcal/mol angegeben. Die erste Stufe ist reaktionskontrolliert durch eine zweidimensionale Diffusion, die zweite Stufe durch eine statistische Keimauslösung [5].

Literatur:

[1] K. Knorr, J. R. Jahn, G. Heger (Solid State Commun. **15** [1974] 231/8). — [2] W. Depmeier, J. Felsche, G. Wildermuth (J. Solid State Chem. **21** [1977] 57/65). — [3] G. Heger, D. Mullen, K. Knorr (Phys. Status Solidi A **31** [1975] 455/62), G. Heger (Tr. Mezhdunar. Konf. Magn., Moscow 1973 [1974], Bd. 1, Tl. 2, S. 312/9; C.A. **85** [1976] Nr. 27945). — [4] H. Arend, R. Hofmann, F. Waldner (Solid State Commun. **13** [1973] 1629/32). — [5] M. J. Tello, E. H. Bocanegra, M. A. Arrandiaga, H. Arend (Thermochim. Acta **11** [1975] 96/100).

$(C_nH_{2n+1}$-$NH_3)_2$-$MnCl_4$

5.3.2.1.2 $(C_nH_{2n+1}NH_3)_2MnCl_4$ ($=2C_nH_{2n+1}NH_3Cl \cdot MnCl_2$), n = 2 bis 17

Preparation

Darstellung. Die Verbindungen werden aus $C_nH_{2n+1}NH_3Cl$ und $MnCl_2 \cdot 4H_2O$ analog $(CH_3NH_3)_2MnCl_4$ (s. S. 175) in H_2O [1 bis 3], Salzsäure [4], Äthanol-Wasser-Gemischen [5] oder Äthanol dargestellt und daraus umkristallisiert [6, 7], s. auch [8]. Zur Herstellung der lückenlosen Mischkristallreihe zwischen $(n\text{-}C_{12}H_{25}NH_3)_2MnCl_4$ und $(n\text{-}C_{16}H_{33}NH_3)_2MnCl_4$ werden äthanolische Lösungen der Amine mit konzentrierter Salzsäure und einer heißen äthanolischen Lösung von $MnCl_2 \cdot 6H_2O$ in stöchiometrischem Verhältnis versetzt und langsam auf Raumtemperatur abgekühlt. Dabei fällt ein Gemisch der reinen Verbindung im Überschuß und der Verbindung mit einem Molverhältnis 1:1 aus. Die Mischkristalle entstehen erst über die Schmelze [9]. — Die Verbindungen kristallisieren in blaßrosafarbenen Tafeln [7 bis 9] bis Plättchen nach (001) [10], die stark zur Zwillingsbildung neigen (bei n = 2 und 3) [7, 11].

Polymorphism

Polymorphie. Nach thermoanalytischen und polarisationsmikroskopischen Beobachtungen sind die Verbindungen meist polymorph, wobei die folgenden Umwandlungstemperaturen (T_u in K) und die damit verbundenen Enthalpien ΔH in cal/mol erhalten werden:

n	T_u	ΔH	T_u	ΔH	T_u	ΔH	T_u	ΔH	T_u	ΔH	Lit.
2	—	—	—	—	225	156±3	—	—	424	—	[3]
2	—	—	—	—	221	182	—	—	424	17±3	[1,12,13,14]
3	110	101 +2.5	165	12	344	190±5	396	60±5	446	—	[3]
3	116	—	161	—	323	280	383	60	445	22±3	[1,12,13,14]
4	—		—	—	—	—	371	2.4[1)]	—	—	[13]
5	—	—	203	53.2[1)]	208	2112	364	3.6[1)]	—	—	[1, 12, 13]
10	—	—	—	—	309	8073	—	—	437	16.8[1)]	[1, 12, 13]

1) in J/mol

Die Umwandlungen bei 424 bis 446 K sind kontinuierlich (2. Art) wie bei n = 1, die übrigen Übergänge sind diskontinuierlich (1. Art) [3, 13]. Zum Umwandlungsmechanismus bei n = 2 und 3 s. [15]. Temperatur und Enthalpie ΔH der Ordnungs $\rightleftharpoons$ Fehlordnungsübergänge bei n = 9 bis 17 steigen mit zunehmender Kettenlänge von T_u = 287 K bei n = 9 auf 373 K bei n = 17 mit einer deutlichen Hysterese, sowie von ΔH = 30.6 auf 63.9 kJ/mol [6] an; Zahlenwerte für n = ungerade s. [6], n = gerade s. [9, 16]. Die Umwandlungstemperaturen der Mischkristalle mit n = 12 und 16 liegen zwischen 310 und 350 K [9].

Crystal Structure

Kristallstruktur. In der folgenden Tabelle sind die Gitterkonstanten und die Raumgruppe der Verbindungen mit n = 2 und 3 zusammengefaßt. Zur Temperaturabhängigkeit der Gitterkonstanten zwischen 140 und 300 K (n = 2) bzw. 290 und 420 K (n = 3) s. Original [3]. (Die alte tetragonale Indizierung von β-$(C_2H_5NH_3)_2MnCl_4$ ist damit überholt [11].)

$(C_2H_5NH_3)_2MnCl_4$:

Modifikation	α	β	β	γ
T in K	424	293	295	127
a	5.20(1)	7.349(1)	7.353(1)	7.325(8)
b	5.20(1)	7.262(1)	7.258(1)	7.151(10)
c	22.33(5)	22.088(7)	22.087(4)	22.035(19)
Z	2	4	4	4
Raumgruppe	I4/mmm-D_{4h}^{17} (Nr. 139)	F-Zelle	Abma-D_{2h}^{18} (Nr. 64)	Pbca-D_{2h}^{15} (Nr. 61)
Lit	[3]	[17]	[3, 5, 8]	[3, 5]

(n-$C_3H_7NH_3)_2MnCl_4$:

Modifikation	α	β	γ	δ	δ	ε
T in K	>446	400	365	293	RT[2)]	130
a	5.20(1)	7.40(1)	7.42(1)[1)]	7.462(3)	7.29	7.45
b	5.20(1)	7.34(1)	7.30(1)[1)]	7.247(3)	25.94	21.41
c	27.89(5)	27.45(10)	26.97(5)[1)]	25.80(2)	7.51	25.54
Z	2	4	4	4	4	12
Raumgruppe	I4/mmm-D_{4h}^{17} (Nr. 139)	Abma (?)	Abma (?)	Abma-D_{2h}^{18} (Nr. 64)	Cmca-D_{2h}^{18} (Nr. 64)	Pbca-D_{2h}^{15} (Nr. 61)
Lit.	[3]	[3]	[3]	[3, 17]	[7]	[3]

1) Abmessungen der Subzelle; 2) Raumtemperatur

Von der ζ-(n-$C_3H_7NH_3)_2MnCl_4$-Modifikation unterhalb 110 K sind bisher keine Gitterkonstanten gemessen worden [3]. Über die Gruppen-Untergruppen Beziehungen der Raumgruppen s. [18]. (n-$C_{10}H_{21}NH_3)_2MnCl_4$ kristallisiert nach Einkristallaufnahmen bei 25 ± 3 °C monoklin, Raumgruppe $P2_1/a$-C_{2h}^5 (Nr. 14) mit a = 7.213(8), b = 7.337(2), c = 26.747(21) Å, β = 94.64(5)°; Z = 2 [10].

Die Hochtemperaturmodifikation α aller Verbindungen ist, wie bereits bei $(CH_3NH_3)_2MnCl_4$ (s. S. 178) ausgeführt, durch die hohe Beweglichkeit der Alkylreste charakterisiert, die sich zwischen den Schichten aus über Ecken verknüpften $MnCl_6$-Oktaedern befinden. Die Umwandlungstemperatur sinkt mit steigendem n, so daß die α-Form bei hohem n bereits bei Raumtemperatur vorliegt. Mit zunehmendem n rücken die Schichten immer weiter auseinander, z. B. von 26.35 Å (= c) bei n = 9 auf 43.66 Å bei n = 17. Die Beweglichkeit der Alkylreste wird so stark, daß sie mit dem flüssigen Zustand vergleichbar ist [6, 16]. Eine vollständige Strukturbestimmung an (n-$C_{10}H_{21}NH_3)_2MnCl_4$ ergibt die in **Fig. 59**, S. 184, wiedergegebene Anordnung [10], s. auch [16]. — Zur Kristallstruktur

($(C_nH_{2n+1}$-$NH_3)_2$-$MnCl_4$
Crystal Structure

von β-$(C_2H_5NH_3)_2MnCl_4$ s. [8] (Korrekturen s. [5]), von γ-$(C_2H_5NH_3)_2MnCl_4$ s. [5]. Die Aufweitung der Schichten bei hohem n ist bei den β-Formen geringer als bei den α-Formen: 26.58 Å bei n = 10 [16] bis 38.36 Å bei n = 17 [6]. — Zur Kristallstruktur von δ-(n-$C_3H_7NH_3)_2MnCl_4$ s. [7]; allgemeine Übersicht für n = 2 und 3 s. [3].

Fig. 59

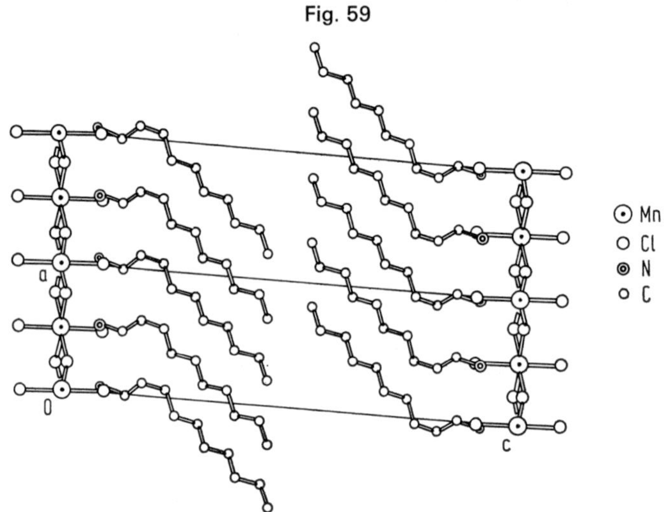

Projektion der Kristallstruktur von (n-$C_{10}H_{21}NH_3)_2MnCl_4$ entlang [010].

Experimentell bestimmte Dichte D_{exp} und röntgenographisch berechnete $D_{rö}$ in g/cm³:

n	2	2	2	3	10
D_{exp}	1.67 (295 K)	—	—	1.50	1.191
$D_{rö}$	1.627	1.62	1.66 (γ)	1.48	1.208
Lit.	[5, 8]	[11]	[5]	[7]	[10]

Magnetic Properties

Magnetische Eigenschaften. Die an einer pulverförmigen Probe von $(C_2H_5NH_3)_2MnCl_4$ gemessene Molsuszeptibilität χ_{mol} nimmt zwischen 4.2 K und einem breiten Maximum in der Umgebung von 75 K von $\chi_{mol} = 1.52 \times 10^{-2}$ auf 1.81×10^{-2} cm³/mol zu und fällt dann auf $\chi_{mol} = 1.06 \times 10^{-2}$ cm³/mol bei 300 K ab [2]. Bei $(C_3H_7NH_3)_2MnCl_4$ zeigt die zwischen 4 und 200 K (45 Hz) erhaltene Kurve ein durch eine magnetische Umwandlung entstandenes scharfes Maximum in der Nähe von 40 K, bei dem χ_{mol} etwa 7.7×10^{-2} cm³/mol beträgt (zwischen 4 K und dem scharfen Anstieg erfolgt eine Abnahme von $\chi_{mol} \approx 6 \times 10^{-2}$ auf 2.5×10^{-2} cm³/mol, nach dem steilen Abfall von $\chi_{mol} \approx 2.3 \times 10^{-2}$ auf 1.3×10^{-2} cm³/mol bei 200 K). Auch die in einem Feld von 19.5 Oe erhaltenen Kurven für den Real- und Imaginärteil der Suszeptibilität χ' und χ'' zeigen dieses Maximum: $\chi' \approx 7.6 \times 10^{-2}$ cm³/mol bei 39.5 K, $\chi'' \approx 4.7 \times 10^{-2}$ cm³/mol bei 39.25 K. $(C_{15}H_{31}NH_3)_2MnCl_4$ zeigt ebenfalls ein scharfes Maximum bei etwa 42 K (vor dem Maximum Abnahme von $\chi_{mol} = 10.6 \times 10^{-2}$ cm³/mol bei 4 K auf etwa 4.6×10^{-2} cm³/mol). Dieser Verlauf setzt sich nach dem steilen Anstieg bei etwa 42 K ($\chi_{mol} = 10.0 \times 10^{-2}$ cm³/mol) kontinuierlich fort bis zu dem Wert $\chi_{mol} \approx 2.1 \times 10^{-2}$ cm³/mol bei 160 K. Die magnetische Umwandlung ist feldabhängig, was aus den Kurven für den Real- und Imaginärteil χ' und χ'' bei 12 und 30 Oe ersichtlich ist [19].

Die Linienbreite ΔH der paramagnetischen Resonanz (9.3 GHz) ist bei $(C_2H_5NH_3)_2MnCl_4$ stark abhängig von der Temperatur und der Richtung des äußeren Magnetfelds H in bezug auf die Achse senkrecht zu den Mn^{2+}-Schichten (Beschreibung durch den polaren Winkel Θ). Messungen bei 300 und 80 K ergeben für die maximale Linienbreite bei Θ = 0° (H ⊥ zur Schicht) ΔH = 44 und 18 Oe, für das breite Minimum bei Θ = 60° ± 5° ΔH = 19 und 13 Oe und bei Θ = 90° (H ‖ zur Schicht) ΔH = 23 und 15 Oe [20].

$(C_2H_5NH_3)_2MnCl_4$ ist optisch zweiachsig negativ mit der optischen Achsenebene in (100) [11]. *Optical Properties*

Chemical Behavior

Chemisches Verhalten. Die stark hygroskopischen Verbindungen mit n = 2 und 3 schmelzen inkongruent [3]. Beim Erhitzen spalten sie $C_nH_{2n+1}NH_3Cl$ ab (n = 2 bis 5, 10), wobei man als erstes Abbauprodukt $C_nH_{2n+1}NH_3MnCl_3$ erhält, das bei weiterem Erhitzen in $MnCl_2$ und $C_nH_{2n+1}NH_3Cl$ zerfällt. Für die beiden Abbaustufen ergeben sich aus thermoanalytischen Untersuchungen in Abhängigkeit von n die folgenden Aktivierungsenergien E_A in kcal/mol:

n	2	3	4	5	10
E_A, erste Stufe	14.23	15.13	15.81	16.28	19.59
E_A, zweite Stufe . . .	7.04	7.76	8.83	9.63	11.90

Die Verbindungen mit n > 10 verfärben sich (auch im Vakuum) ab etwa 470 K nach schwarz [16]. Zum Reaktionsmechanismus s. unter $(CH_3NH_3)_2MnCl_4$, S. 182 [21]. — Die Löslichkeit der Verbindungen in Äthanol nimmt mit steigender Länge der Alkylkette ab [6].

Literatur:

[1] H. Arend, R. Hofmann, E. Waldner (Solid State Commun. **13** [1973] 1629/32). — [2] G. Heger, E. Henrich, B. Kanellakopulos (Solid State Commun. **12** [1973] 1157/65, 1158). — [3] W. Depmeier, J. Felsche, G. Wildermuth (J. Solid State Chem. **21** [1977] 57/65). — [4] H. Payen de la Garanderie (Compt. Rend. **254** [1962] 2739/40). — [5] W. Depmeier (Acta Cryst. B **33** [1977] 3713/8).

[6] M. Vacatello, P. Corradini (Gazz. Chim. Ital. **104** [1974] 773/80). — [7] E. R. Petersen, R. D. Willett (J. Chem. Phys. **56** [1972] 1879/82). — [8] W. Depmeier (Acta Cryst. B **32** [1976] 303/5). — [9] V. Salerno, A. Grieco, M. Vaccatello (J. Phys. Chem. **80** [1976] 2444/8). — [10] M. R. Cajolo, P. Corradini, V. Pavone (Gazz. Chim. Ital. **106** [1976] 807/16).

[11] Y. Okaya, R. Pepinsky, Y. Takeuchi, H. Kuroya, A. Shimada, P. Gallitelli, N. Stemple, A. Beevers (Acta Cryst. **10** [1957] 798/801). — [12] E. H. Bocanegra, M. J. Tello, M. A. Arrandiaga, H. Arend (Solid State Commun. **17** [1975] 1221/2). — [13] E. H. Bocanegra, M. A. Arrandiaga, M. J. Tello, H. Arend (Conf. 4th Intern. Thermodyn. Chim. Compt. Rend., Montpellier 1975, Bd. 2, S. 12/8, 17; C.A. **84** [1976] Nr. 112572). — [14] H. Arend, H. Gränicher (Ferroelectrics **13** [1976] 537/9). — [15] J. Petzelt (J. Phys. Chem. Solids **36** [1975] 1005/14).

[16] M. Vacatello, P. Corradini (Gazz. Chim. Ital. **103** [1973] 1027/36). — [17] H. Arend, R. Hofmann, J. Felsche (Ferroelectrics **8** [1974] 413/5). — [18] G. Heger, D. Mullen, K. Knorr (Phys. Status Solidi **35** [1976] 627/37, 635). — [19] B. C. Gerstein, C. Chow, R. Caputo, R. Willett (AIP [Am. Inst. Phys.] Conf. Proc. Nr. 24 [1974/75] 361/2). — [20] H. R. Boesch, N. Schmocker, F. Waldner, K. Emerson, J. E. Drumheller (Phys. Letters A **36** [1971] 461/2), H. R. Boesch, F. Waldner (Magn. Resonance Relat. Phenomena, Proc. 17th Congr. AMPERE, Turku, Finland, 1972 [1973], S. 445/7).

[21] M. J. Tello, E. H. Bocanegra, M. A. Arrandiaga, H. Arend (Thermochim. Acta **11** [1975] 96/100).

5.3.2.1.3 $H_3N(CH_2)_nNH_3MnCl_4$ (= $ClH_3N(CH_2)_nNH_3Cl \cdot MnCl_2$), n = 2 bis 5

$H_3N(CH_2)_n$-NH_3MnCl_4

Preparation

Die Verbindungen kristallisieren beim Eindampfen oder Abkühlen der wäßrigen [1 bis 3] oder (bei n = 3) alkoholischen [2] Lösung von gleichen Molmengen $MnCl_2$ und $ClH_3N(CH_2)_nNH_3Cl$. Die Äthylendiammoniumverbindung erhält man auch, indem man eine mit HCl angesäuerte, konzentrierte, wäßrige $MnCl_2$-Lösung mit Äthylendiamin fast neutralisiert und im Exsikkator über konzentriertem H_2SO_4 2 bis 3 d kristallisieren läßt. Die Zusammensetzung der Verbindung wird jedoch mit $NH_3(CH_2)_2NH_3MnCl_4 \cdot H_2O$ angegeben [4].

Crystal Structure

Die Kristalle sind bei geradem n nach der bc-Ebene verzwillingt [1]. — Bei n = 2 wird zwischen der magnetischen Umwandlung (s. S. 186) und der Zersetzungstemperatur keine strukturelle Umwandlung beobachtet [1, 5]. DTA und optische Untersuchungen ergeben für n = 3 eine polymorphe Umwandlung bei 33 bis 35°C (steigende Temperatur) mit einer ausgeprägten Temperatur-

$H_3N(CH_2)_n$-NH_3MnCl_4 Crystal Structure

hysterese sowie bei 63°C. Bei n = 4 und 5 werden Umwandlungen höherer Art bei etwa 110°C bzw. 28°C beobachtet [1, 6]. — Die blaßrosafarbenen Kristalle [4] (bei n = 3 dünne Plättchen [2]) sind nach Pulver- und Einkristallaufnahmen bei n = 2 und 4 monoklin mit Z = 2, bei n = 3 und 5 rhombisch mit Z = 4 und den folgenden Gitterkonstanten, Raumgruppen und Dichten bei Zimmertemperatur:

n	a in Å	b in Å	c in Å	γ	Raumgruppe	D_{gem}	$D_{rö}$	Lit.
2	8.6089(18)	7.1303(16)	7.1921(18)	92.685(24)°	$P2_1/b$-C^5_{2h} (Nr. 14)	1.93	1.949	[1]
3	7.172(4)	19.00(1)	7.361(4)	—	Imma-D^{28}_{2h} (Nr. 74)	1.83	1.81	[2]
3	7.1680(10)	19.0044(27)¹⁾	7.3588(12)¹⁾	—	—	1.80	1.808	[1]
4	10.7702(46)	7.1772(25)	7.3072(29)	92.669(49)°	$P2_1$-C^2_2 (Nr. 4)²⁾	1.65	1.689	[1]
5	7.1529(24)	23.9869(70)¹⁾	7.3603(25)¹⁾	—	Ima2-C^{22}_{2v} (Nr. 46)³⁾	—	1.583	[1]

¹⁾ b und c gegenüber dem Original vertauscht. — ²⁾ Oder $P2_1/m$-C^2_{2h} (Nr. 11). — ³⁾ Oder Imma-D^{28}_{2h} (Nr. 74).

Die Kristallstruktur ist ähnlich wie in den entsprechenden Monoalkylammoniumverbindungen (s. S. 178) aus perowskitartigen Schichten von $MnCl_6$-Oktaedern aufgebaut, die von den Alkylendiammonium-Ionen zusammengehalten werden, s. **Fig. 60**. Mit steigender Kettenlänge nimmt der Schichtabstand von 8.609 Å bei n = 2 auf 11.993 Å bei n = 5 zu [1]. Einzelheiten der Kristallstruktur bei n = 3 aus Neutronenbeugungsuntersuchungen (R = 9.1%) s. [2].

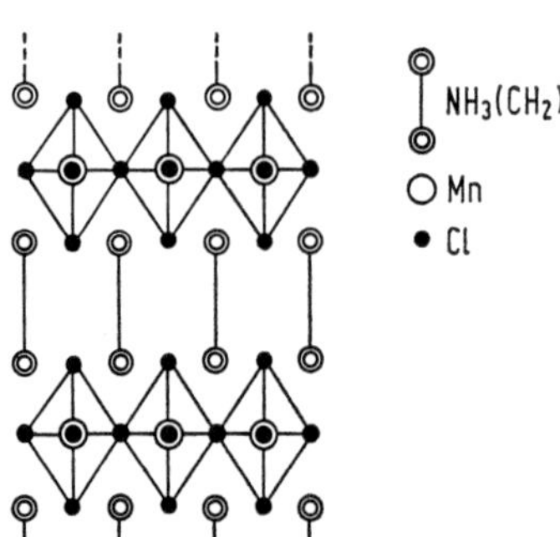

Fig. 60

Anordnung der Schichten in der Kristallstruktur von $NH_3(CH_2)_nNH_3MnCl_4$ mit n = 2 bis 5 (schematisch).

Magnetic Properties

Magnetische Eigenschaften. n = 2: Die Temperaturabhängigkeit der Suszeptibilität χ ist bei kleinen Feldstärken ähnlich wie bei n = 4, s. Fig. 61. Unterhalb der Néel-Temperatur $T_N = 43 \pm 4$ K verursacht eine schwache ferromagnetische Komponente der Magnetisierung parallel zur Schichtenebene eine leicht verkantete Spinordnung. Eine Spin-Flop-Umwandlung erfolgt bei der Feldstärke $H_{SF} = 35 \pm 2$ bzw. 38 ± 2 kOe für T = 1.6 und 40 K [1]. — Die bei gewöhnlicher Temperatur untersuchte Winkelabhängigkeit der Linienbreite der paramagnetischen Resonanz ΔH wird durch die Beziehung $\Delta H = 20 + 4\,(3\cos^2\Theta - 1)^2$ gut beschrieben, wobei Θ der Winkel zwischen der Feldrichtung und der Normalen zu den geordneten Schichten ist [7]. — Das NMR-Protonenspektrum weist bei 51 ± 2 K auf einen magnetischen Phasenübergang [5].

n = 3: Die zwischen 4.2 und 220 K entlang den drei Kristallachsen bei 10 kOe gemessenen Werte der Molsuszeptibilität χ_{mol} sind charakteristisch für einen zweidimensionalen Antiferromagneten. Unterhalb der Néel-Temperatur $T_N = 43.6$ K ist die b-Achse deutlich als magnetische Vorzugsachse zu erkennen (Abnahme von $\chi_{mol} \approx 15 \times 10^{-3}$ auf 3×10^{-3} cm³/mol bei 4.2 K; Zunahme von

$\chi_{mol} \approx 15 \times 10^{-3}$ auf etwa 18×10^{-3} in a-Richtung bzw. 22×10^{-3} cm^3/mol in b-Richtung). Die Suszeptibilität oberhalb 50 K ist innerhalb des experimentellen Fehlerbereichs isotrop und zeigt ein breites Maximum bei etwa 85 K ($\chi_{mol} \approx 17 \times 10^{-3}$ cm^3/mol) [8]. Das typisch antiferromagnetische Verhalten der parallel und senkrecht zur Vorzugsrichtung gemessenen Suszeptibilität in schwachen Feldern stimmt mit derjenigen der Verbindung mit n = 4 überein, s. Fig. 61 [1]. — Messungen von χ_{mol} bei 100 Oe unterhalb T_N zeigen ein komplizierteres Verhalten, das wegen der beobachteten Restmomente entlang der b- und c-Achse (s. unten) auf ein verkantetes Spinsystem schließen läßt [8]. Die unterhalb $T_N = 43$ K an pulverförmigen Proben bei H = 0 beobachtete Divergenz des Real- und Imaginärteils der Suszeptibilität ist charakteristisch für eine verkantete antiferromagnetische Spinstruktur [2]. — Aus Messungen von χ ergibt sich $T_N = 43 \pm 4$ K [1] bzw. $T_N \approx 43$ K [9].

Messungen der Magnetisierung bei 4.2 K in Feldern H < 15 kOe zeigen ein Nullfeld-Restmoment entlang der c-Achse (schwächer auch entlang der b-Achse), das in Richtung der a-Achse nicht beobachtet wird. Bei Magnetisierung in Richtung der b-Achse und in Feldern bis zu 50 kOe wird bei 4.2 K eine scharfe Umwandlung vom antiferromagnetischen in den Spin-Flop-Zustand bei der Feldstärke $H_{SF} = 24.2$ kOe beobachtet [8]. Zwischen 38 und 0 K fällt H_{SF} von 28.5 auf 24.5 kOe [9]; vorläufige Angaben s. bei Arend u.a. [1].

Aus der Anpassung der zwischen 77 und 220 K erhaltenen Daten für χ_{mol} an die von Lines [10] gegebene Reihenentwicklung bei hohen Temperaturen ergibt sich der Austauschparameter J/k = 4.6 K und g = 2.00 [8].

Die Winkelabhängigkeit der Linienbreite ΔH der paramagnetischen Resonanz wird gut durch die Gleichung $\Delta H = 19.4 + 1.1 (3 \cos^2 \Theta - 1) + 5.4 (3 \cos^2 \Theta - 1)^2$ beschrieben, wobei Θ der Winkel zwischen der Feldrichtung und der Normalen zur Mn-Cl-Schicht ist [2].

n = 4: Die Suszeptibilität χ, gemessen bei 1 kOe parallel und senkrecht zur leichten Achse (≙ b), weist die in **Fig. 61** dargestellte Temperaturabhängigkeit auf. — Unterhalb der Néel-Temperatur $T_N = 42 \pm 2$ K wird eine schwache ferromagnetische Komponente der Magnetisierung parallel zur Schichtenebene beobachtet; vermutlich liegt eine leicht verkantete Spinordnung vor. — Die zur Spin-Flop-Umwandlung erforderliche Feldstärke fällt zwischen 20 und 1.6 K von 36 ± 2 auf 33 ± 2 kOe [1].

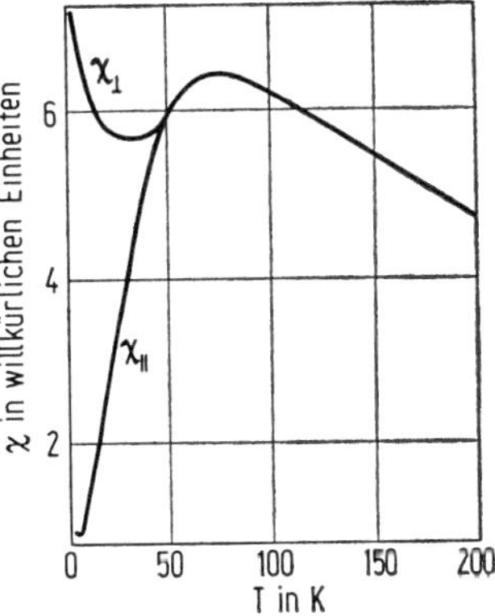

Fig. 61

Temperaturabhängigkeit der magnetischen Suszeptibilität χ von $NH_3(CH_2)_4NH_3MnCl_4$ parallel und senkrecht zur leichten Achse [010] bei 1 kOe.

Die Linienbreite der paramagnetischen Resonanz $\Delta H = 3417 \pm 42$ Oe bei 9.32 GHz verringert sich mit abnehmender Temperatur zu einem Minimum von 22 Oe für $H \parallel c$ und 17.8 Oe für $H \perp c$ bei 71 K. Unterhalb dieser Temperatur steigt sie bei Annäherung an T_N steil an [11].

Chemical Behavior

Chemisches Verhalten. Nach thermogravimetrischen Untersuchungen zersetzen sich die Verbindungen bei etwa 200°C [1]. $H_3N(CH_2)_2NH_3MnCl_4 \cdot H_2O$ schmilzt bei 270°C unter Zersetzung zu einer dunkelbraunen Schmelze, die bei 310°C einen schwarzen, $MnCl_2$ enthaltenden Rückstand ergibt. Die Verbindung löst sich leicht in H_2O mit saurer Reaktion [4]. Die Löslichkeit beträgt bei Zimmertemperatur etwa 0.05 bis 0.07 mol/mol H_2O für n = 2 bis 5 [1]. $H_3N(CH_2)_2NH_3MnCl_4 \cdot H_2O$

$H_3N(CH_2)_n$-NH_3MnCl_4 Chemical Behavior

ist in Alkohol und Äther nur sehr wenig löslich. Die elektrische Leitfähigkeit der wäßrigen Lösung spricht für einen 1:1-Elektrolyten. In Mineralsäuren (HCl, HNO_3, H_2SO_4) löst sich die Verbindung beim Erwärmen, durch wäßriges NH_3 und Alkalihydroxide wird sie unter Abscheidung von Mn-Oxidhydraten zersetzt [4].

Literatur:

[1] H. Arend, K. Tichy, K. Baberschke, F. Rys (Solid State Commun. **18** [1976] 999/1003). — [2] R. D. Willett, E. F. Riedel (Chem. Phys. **8** [1975] 112/22). — [3] M. S. Kachhawaha, A. K. Bhattacharya (Vijnana Parishad Anusandhan Patrika **4** [1961] 123/8 nach C.A. **57** [1962] 4284). — [4] O. E. Zvyagintsev, M. Chkoniya (Zh. Obshch. Khim. **10** [1940] 1647/52; C.A. **1941** 3187). — [5] H. Kammer (Helv. Phys. Acta **48** [1975] 442).

[6] H. Arend, H. Gränicher (Ferroelectrics **13** [1976] 537/9). — [7] D. B. Losee, J. W. Hall, W. E. Hatfield (Solid State Commun. **16** [1975] 389/91). — [8] D. B. Losee, K. T. McGregor, W. E. Estes, W. E. Hatfield (Phys. Rev. [3] B **14** [1976] 4100/5). — [9] K. Baberschke, F. Rys, H. Arend (Physica B + C **86/88** Pt. 2 [1977] 685/6). — [10] M. E. Lines (J. Phys. Chem. Solids **31** [1970] 101/16).

[11] H. Hagen, H. Reimann, U. Schmocker, F. Waldner (Physica B + C **86/88** Pt. 3 [1977] 1287/8).

C_nH_{2n+1}-NH_3MnCl_3 and Their Hydrates

5.3.2.1.4 $C_nH_{2n+1}NH_3MnCl_3$ (= $C_nH_{2n+1}NH_3Cl \cdot MnCl_2$), n = 1, 2, 3, 4, 5, 10, einschließlich der Hydrate

$CH_3NH_3MnCl_3$. Die stark hygroskopische Verbindung erhält man durch isothermen Abbau von $(CH_3NH_3)_2MnCl_4$ (s. S. 182) bei 240°C bis zur Gewichtskonstanz [1], s. auch [2]. — Pulveraufnahmen ergeben hexagonale Symmetrie, Raumgruppe $P6_3/mmc$-D^4_{6h} (Nr. 194) oder $P6_3mc$-C^4_{6v} (Nr. 186) mit a = 7.626(2), c = 6.399(1) Å; Z = 2, d-Werte s. Original. $CH_3NH_3MnCl_3$ ist mit $CsCdBr_3$ ($P6_3/mmc$) [3] isotyp [1]. — Beim Erhitzen zerfällt $CH_3NH_3MnCl_3$ in CH_3NH_3Cl und $MnCl_2$ [2], s. auch S. 182. Die Verbindung gibt beim Stehen an der Luft oder Umkristallisieren aus H_2O das Dihydrat $CH_3NH_3MnCl_3 \cdot 2H_2O$, s. unten [4].

$C_nH_{2n+1}NH_3MnCl_3$. Die Verbindungen mit n = 2 bis 5 und 10 entstehen bei der thermischen Zersetzung der entsprechenden Verbindungen $(C_nH_{2n+1}NH_3)_2MnCl_4$ (s. S. 185) [2].

$CH_3NH_3MnCl_3 \cdot 2H_2O$. Einkristalle der Verbindung erhält man durch Umkristallisieren von $CH_3NH_3MnCl_3$ aus H_2O oder durch langsames Abkühlen einer Lösung von $MnCl_2 \cdot 4H_2O$ und CH_3NH_3Cl (Molverhältnis 1:1 bis 5:1) in wäßrigem 8 M HCl von 60°C auf Zimmertemperatur.

Die Kristalle sind nach Pulver- und Einkristall-Aufnahmen monoklin, Raumgruppe $P2_1/c$-C^5_{2h} (Nr. 14), a = 7.795(2), b = 9.154(2), c = 11.462(4) Å, β = 91.28(3)°; Z = 4, d-Werte s. Original. Die Struktur ist wahrscheinlich mit der von α-$RbMnCl_3 \cdot 2H_2O$ (s. S. 143) nahe verwandt. Durch Entwässerung unterhalb 200°C entsteht wasserfreies $CH_3NH_3MnCl_3$ (s. oben) in topotaktischer Reaktion [4].

$CH_3NH_3MnCl_3 \cdot H_2O$ und **$C_2H_5NH_3MnCl_3 \cdot H_2O$** werden aus äquimolaren Anteilen $MnCl_2$ und CH_3NH_3Cl bzw. $C_2H_5NH_3Cl$ in überschüssiger HCl-Lösung durch Kristallisation bei Siedehitze erhalten. Die Verbindungen zeigen eine rosa bis rote Fluoreszenz (diffuse Bande) [5].

Literatur:

[1] W. Bachmann, H. R. Oswald, J. R. Günter (J. Appl. Cryst. **9** [1976] 243). — [2] J. M. Tello, E. H. Bocanegra, M. A. Arrandiaga, H. Arend (Thermochim. Acta **11** [1975] 96/100). — [3] H. E. Swanson, H. F. McMurdie, M. C. Morris, E. H. Evans, B. Paretzkin (Natl. Bur. Std. [U.S.] Monograph Nr. 25, Tl. 10 [1972] 20). — [4] W. Bachmann, H. R. Oswald, J. R. Günter (J. Appl. Cryst. **10** [1977] 201/2). — [5] H. Payen de la Garanderie (Compt. Rend. **254** [1962] 2739/40).

5.3.2.1.5 $[(CH_3)_2NH_2]_2MnCl_4$ (= $2(CH_3)_2NH_2Cl \cdot MnCl_2$)

$[(CH_3)_2$-$NH_2]_2$-$MnCl_4$

Die Verbindung kristallisiert aus äthanolischen oder methanolischen Lösungen von $MnCl_2 \cdot 4H_2O$ und der doppelten Molmenge $(CH_3)_2NH_2Cl$ in gelbgrünen Nadeln, J. J. Foster, N. S. Gill (J. Chem. Soc. A **1968** 2625/9).

5.3.2.1.6 $(CH_3)_2NH_2MnCl_3$ (= $(CH_3)_2NH_2Cl \cdot MnCl_2$)

$(CH_3)_2NH_2$-$MnCl_3$

Die Verbindung kristallisiert aus äthanolischen Lösungen von $(CH_3)_2NH_2Cl$ und $MnCl_2 \cdot 4H_2O$ (großer Überschuß) in blaßrosafarbenen Nadeln. Die Kristallisation darf wegen der leichten Umwandlung in $[(CH_3)_2NH_2]_2MnCl_4$ (s. oben) nicht künstlich angeregt werden [1]. Man erhält die Verbindung auch durch langsames Abkühlen einer heiß gesättigten Lösung von äquimolaren Anteilen $MnCl_2$ (wasserfrei) und $(CH_3)_2NH_2Cl$ in absolutem Äthanol [2].

Nach röntgenographischen Einkristallaufnahmen kristallisiert $(CH_3)_2NH_2MnCl_3$ monoklin, Raumgruppe $P2_1/c$-C_{2h}^5 (Nr. 14) mit a = 8.811(3), b = 13.265(4), c = 6.460(2) Å, β = 99.18(2)°; Z = 4. Alle Atome besetzen die allgemeine Punktlage (R = 5.1%, gewichtet 3.9%):

Atom	x	y	z
C(1)	0.78604(54)	0.41709(33)	0.10564(63)
C(2)	0.64066(55)	0.39109(43)	0.39606(77)
N	0.77163(35)	0.44062(23)	0.32340(46)
Mn	0.20340(5)	0.25460(3)	0.02072(6)
Cl(1)	0.19873(10)	0.39592(5)	0.27898(11)
Cl(2)	0.39497(8)	0.16840(5)	0.31110(11)
Cl(3)	0.00480(9)	0.17047(6)	0.21920(11)

Lagen der H-Atome s. Original. Atomabstände in Å: Mn↔Cl(1) = 2.514(1), Mn↔Cl(2), Mn↔Cl(3) je = 2.582(1), Mn↔Mn = 3.232; weitere Abstände und Bindungswinkel s. Original. Ähnlich wie in $(CH_3)_4NMnCl_3$ (s. S. 196) sind die $MnCl_6$-Oktaeder über gemeinsame Flächen zu Ketten ∥c verknüpft. Durch H-Brückenbindungen an Cl(2) und Cl(3) werden die Ketten nach dem Schema Mn-Cl-H-N-H-Cl-Mn zu Schichten in Richtung der a-Achse verbunden. Dadurch rücken die Ketten näher zusammen, sind aber auch stärker verzerrt als in $(CH_3)_4NMnCl_3$. — Die Röntgendichte beträgt 1.85 g/cm³ [2].

Die Molsuszeptibilität χ_{mol} nimmt zwischen 120 K und einem breiten Maximum in der Nähe von 60 K von χ_{mol} = 0.0187 auf 0.0210 cm³/mol zu. Nach der Abnahme auf ein Minimum bei etwa 15 K (χ_{mol} = 0.0173 cm³/mol) steigt sie steil auf χ_{mol} = 0.0269 bei 1.6 K an. Dieses Verhalten ist charakteristisch für einen eindimensionalen Antiferromagneten. Eine Anpassung der Daten an das eindimensionale klassische Heisenberg-Modell von Fisher [3] mit einer Molekularfeldkorrektur von McElearney u.a. [4] ergibt für die Austauschparameter innerhalb und zwischen den Ketten J/k = −6.9 K bzw. J′/k = −0.5 K [2].

Das paramagnetische Resonanzspektrum wird charakterisiert durch zwei diskrete Linien bei g ≈ 2: eine Linie mit sehr stark winkelabhängiger Breite ΔH (etwa 1 kG von Maximum zu Maximum) und eine schwächere Linie (etwa 0.1 kG von Maximum zu Maximum), die nahezu unabhängig vom Winkel ist und beim Trocknen der Probe verschwindet, also möglicherweise mit der Gegenwart von $(CH_3)_2NH_2MnCl_3 \cdot 2H_2O$ zu erklären ist. Die Winkelabhängigkeit der Linienbreite wird für 298 K durch $\Delta H = 147 + 44\,(3\cos^2\Theta - 1) + 151\,(3\cos^2\Theta - 1)^2$ gut beschrieben (Θ = Winkel mit der a-Achse) [2].

Literatur:

[1] J. J. Foster, N. S. Gill (J. Chem. Soc. A **1968** 2625/9). — [2] R. E. Caputo, R. D. Willett (Phys. Rev. [3] B **13** [1976] 3956/61). — [3] M. E. Fisher (Am. J. Phys. **32** [1964] 343/6). — [4] J. N. McElearney, S. Merchant, R. L. Carlin (Inorg. Chem. **12** [1973] 906/8).

$[(CH_3)_3$-$NH]_2$-$MnCl_4$

5.3.2.1.7 $[(CH_3)_3NH]_2MnCl_4$ ($=2(CH_3)_3NHCl \cdot MnCl_2$)

Die Verbindung wird als Nebenprodukt bei der Darstellung von $(CH_3)_3NHMnCl_3$ (s. S. 191) aus $(CH_3)_3NHCl$ und $MnCl_2 \cdot 4H_2O$ (Molverhältnis 2:1) in Äthanol erhalten, J. J. Foster, N. S. Gill (J. Chem. Soc. A **1968** 2625/9).

$[(CH_3)_3$-$NH]_3$-Mn_2Cl_7

5.3.2.1.8 $[(CH_3)_3NH]_3Mn_2Cl_7$ ($=3(CH_3)_3NHCl \cdot 2MnCl_2$)

Die Verbindung kristallisiert aus der heiß gesättigten Lösung von $(CH_3)_3NHCl$ und $MnCl_2$ (Molverhältnis 3:2) in absolutem Äthanol beim Abkühlen in rosafarbenen Nadeln [1]. Man erhält sie auch durch langsames Eindunsten der methanolischen Lösung von äquimolaren Anteilen der Komponenten in langen, dünnen, rotorangefarbenen Nadeln [2].

Nach röntgenographischen Einkristallaufnahmen ist $[(CH_3)_3NH]_3Mn_2Cl_7$ hexagonal, Raumgruppe $P6_3mc$-C_{6v}^4 (Nr. 186) mit a = 14.509(19), c = 6.415(7) Å; Z = 2. Atomlagen (R = 6.2%, gewichtet 3.9%):

Atom	Punktlage	x	y	z
C(1)	12d	0.82527(33)	−0.82527(64)	0.37410(140)
C(2)	12d	0.40149(56)	0.11453(64)	0.05610(115)
N	12d	0.79170(23)	−0.79170(64)	0.18081(98)
Mn(1)	2a	0	0	0
Mn(2)	3m	1/3	2/3	0.14313(45)
Cl(1)	3m	1/3	2/3	0.51797(70)
Cl(2)	12d	0.42284(7)	−0.42284(64)	0.02716(51)
Cl(3)	12d	0.07958(5)	−0.07958(64)	0.25119(46)

Lagen der H-Atome s. Original. Die Kristallstruktur von $[(CH_3)_3NH]_3Mn_2Cl_7$ ist bemerkenswert, da Mn(1) oktaedrisch und Mn(2) tetraedrisch von Cl-Atomen umgeben ist. Die Oktaeder sind wie bei $(CH_3)_4NMnCl_3$ (s. S. 196) über Flächen zu Ketten ||c verbunden. Die Ketten sind nahezu zentrosymmetrisch; Abstände Mn↔Cl = 2.559(3), Mn↔Mn = 3.208(3) Å. Zwischen den Ketten befinden sich isolierte $MnCl_4$-Gruppen und die Kationen. Der Mn(2)-Cl(1)-Abstand ist infolge von H-Brückenbindungen -N-H···Cl- mit 2.405(6) Å länger als die anderen Mn-Cl-Abstände mit 2.369(3) Å, s. **Fig. 62**. Weitere Winkel und Abstände s. Original [1]. — Pyknometrische und Röntgendichte 1.53 g/cm³ [1].

Die Temperaturabhängigkeit der Suszeptibilität resultiert aus der Tatsache, daß $MnCl_3$-Ketten und isolierte $MnCl_4^{2-}$-Tetraeder vorliegen, s. oben. Innerhalb der $MnCl_3$-Ketten ist auch hier die Austauschwechselwirkung bedeutend stärker (J/k = −11 ± 6 K) als zwischen solchen Ketten (J'/k = −0.20 ± 0.01 K). Die Intensität der Austauschwechselwirkung zwischen den $MnCl_4^-$-Tetraedern liegt dazwischen. Die Suszeptibilität in Richtung der c-Achse $\chi_{\parallel}$ ist bei 30 K etwa ebenso groß wie senkrecht dazu $\chi_{\perp}$; mit fallender Temperatur steigt $\chi_{\parallel}$ stärker als $\chi_{\perp}$, und beide erreichen ein Maximum bei 1.8 K [2]. An einer polykristallinen Probe wurde das Maximum von χ in der Nähe von 2 K ebenfalls beobachtet. Die Molsuszeptibilität fällt auf 0.0800 cm³/mol bei 68.40 K und folgt zwischen 70 und 150 K dem Curie-Weiss-Gesetz mit $\Theta_p = -43$ K [1]. Nach dem an Einkristallen erprobten Modell [2] werden die Austauschparameter zu −8 ± 1 bzw. −0.196 ± 0.003 K abgeleitet [1].

Literatur:

[1] R. E. Caputo, S. Roberts, R. D. Willett, B. C. Gerstein (Inorg. Chem. **15** [1976] 820/3). — [2] J. N. McElearney (Inorg. Chem. **15** [1976] 823/6).

Fig. 62

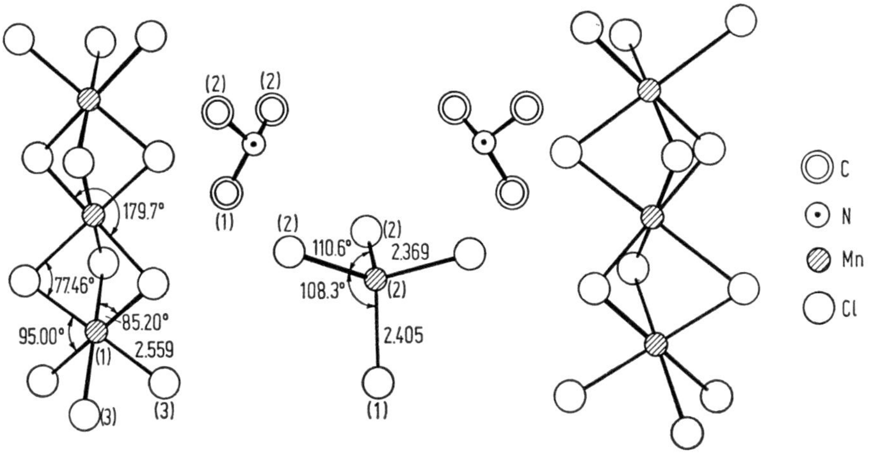

Projektion der Kristallstruktur von $[(CH_3)_3NH]_3Mn_2Cl_7$ entlang [110] (Abstände in Å).

5.3.2.1.9 $(CH_3)_3NHMnCl_3$ (= $(CH_3)_3NHCl \cdot MnCl_2$)

$(CH_3)_3NH$-$MnCl_3$

Die Verbindung scheidet sich beim Vermischen der äthanolischen oder methanolischen Lösungen von $(CH_3)_3NHCl$ und $MnCl_2 \cdot 4H_2O$ (großer Überschuß) in blaßrosafarbenen Nadeln ab. Bei äquimolarem Ansatz ist die erste Kristallfraktion nicht rein [1]. $(CH_3)_3NHMnCl_3$ wird auch durch Entwässerung des Dihydrats (s. unten) erhalten. Die Verbindung gibt eine orange getönte Lumineszenz [2].

Literatur:

[1] J. J. Foster, N. S. Gill (J. Chem. Soc. A **1968** 2625/9). — [2] H. Payen de la Garanderie (Compt. Rend. **254** [1962] 2739/40).

5.3.2.1.10 $(CH_3)_3NHMnCl_3 \cdot 2H_2O$ (= $(CH_3)_3NHCl \cdot MnCl_2 \cdot 2H_2O$)

$(CH_3)_3NH$-$MnCl_3 \cdot$ $2H_2O$

Preparation

Dic Verbindung wird durch langsames Eindampfen der gesättigten, wäßrigen Lösung von äquimolaren Anteilen $MnCl_2 \cdot 4H_2O$ und $(CH_3)_3NHCl$ bei Zimmertemperatur in rosafarbenen, entlang der b-Achse gestreckten, rhombischen Prismen erhalten [1 bis 3]. Zur Darstellung in salzsaurer Lösung s. [4].

Crystal Structure

Die Kristalle zeigen die Hauptformen {201}, {100}, {210} und {320} [3]. Aus Einkristallaufnahmen ergeben sich die Raumgruppe Pnma-D_{2h}^{16} (Nr. 62) [2, 3] und die Gitterkonstanten a = 16.733(3), b = 7.422(2), c = 8.198(2) Å [2], a = 16.779(3), b = 7.434(1), c = 8.227(1) Å; Z = 4 [3]. Die Struktur von $(CH_3)_3NHMnCl_3 \cdot 2H_2O$ ist mit der von $(CH_3)_3NHCoCl_3 \cdot 2H_2O$ [5] isotyp [1 bis 3]. Atomlagen (R = 2.9%):

$(CH_3)_3NH$-$MnCl_3 \cdot 2H_2O$

Crystal Structure

Atom	Punktlage	x	y	z
Mn	4a	0	0	0
Cl(1)	4c	−0.10180(3)	0.25	−0.00067(8)
Cl(2)	4c	0.10193(4)	0.25	−0.06443(9)
Cl(3)	4c	−0.08918(4)	0.25	0.49798(9)
O	8d	0.0227(1)	0.0380(2)	0.2594(2)
N	4c	0.1828(2)	0.25	0.3110(3)
C(1)	4c	0.1674(2)	0.25	0.4874(4)
C(2)	8d	0.2257(2)	0.0844(3)	0.2593(4)
H(01)	8d	0.038(2)	−0.044(3)	0.316(3)
H(02)	8d	−0.012(2)	0.084(5)	0.313(4)
H(11)	4c	0.218(2)	0.25	0.546(4)
H(12)	8d	0.139(2)	0.147(3)	0.511(3)
H(21)	8d	0.238(2)	0.098(3)	0.150(4)
H(22)	8d	0.196(2)	−0.026(4)	0.285(3)
H(23)	8d	0.274(2)	0.086(4)	0.303(3)
H(N)	4c	0.137(2)	0.25	0.257(4)

Die Mn-Atome sind oktaederförmig von vier Cl-Atomen im Abstand von 2.5241 (4) und 2.5807(5) Å sowie von zwei H_2O-Molekülen in trans-Stellung im Abstand von 2.1859(8) Å umgeben. Diese Oktaeder sind über Kanten von Cl-Atomen zu Ketten in Richtung der b-Achse verknüpft, Abstand Mn↔Mn = 3.7170(5) Å (≙ b/2), Winkel Mn-Cl-Mn = 94.83(2)° und 92.13(2)°. Die Ketten sind über H-Brücken der H_2O-Moleküle an die freien Cl(3)-Atome zu Schichten in Richtung der c-Achse verbunden, Abstände Mn↔Cl(3) = 4.7413(5) Å, H↔Cl = 2.34(2) und 2.35(3) Å, s. **Fig. 63**; weitere Abstände und Winkel s. Original. Die $(CH_3)_3NH^+$-Ionen liegen zwischen den Schichten [3], s. auch [2].

Fig. 63

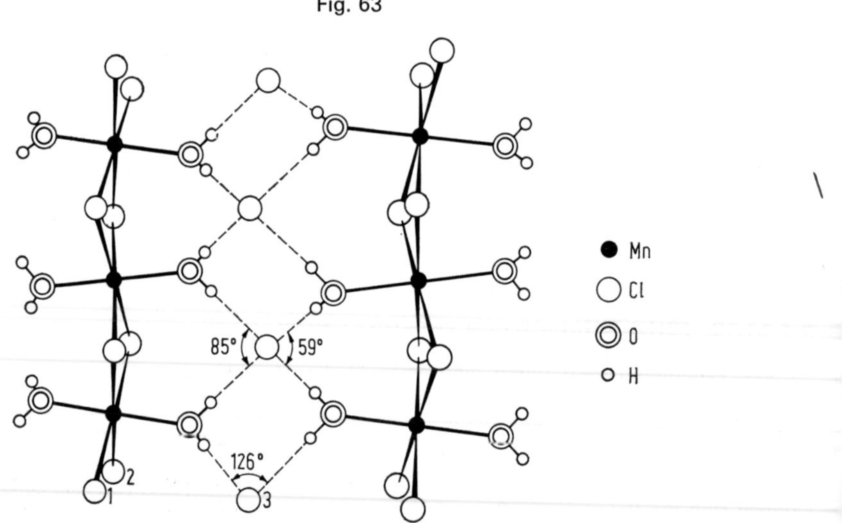

Verknüpfung der $MnCl_2(H_2O)_2$-Ketten in der Kristallstruktur von $(CH_3)_3NHMnCl_3 \cdot 2H_2O$ (Projektion ∥[100]).

Dichte nach der Schwebemethode (in $CCl_4 + CH_2J_2$) D = 1.67(1) [3], 1.65 g/cm³ [2], Röntgendichte 1.666 [3], 1.68 g/cm³ [2]. — Die Wärmekapazität zeigt zwischen 1 und 10 K die gleiche Temperaturabhängigkeit wie bei $(CH_3)_3NHMnBr_3 \cdot 2H_2O$ (s. S. 301) [1]. *Density Heat Capacity*

Die magnetischen Eigenschaften verhalten sich sehr ähnlich wie die auf S. 301 diskutierten von $(CH_3)_3NHMnBr_3 \cdot 2H_2O$ (vgl. die Figur für die Temperaturabhängigkeit der Suszeptibilität entlang der a-, b- und c-Achse in Original). Die Néel-Temperatur beträgt 0.98 K; aus den Daten für χ_a ergibt sich für die Wechselwirkung innerhalb der Kette J/k = −0.36 K [1]. *Magnetic Properties*

Die bei gewöhnlicher Temperatur und 9.54 GHz untersuchte Anisotropie der Linienbreite ΔH der paramagnetischen Resonanz wird für Felder in den bc-, ca- und ab-Ebenen graphisch wiedergegeben, s. Original. Die Winkelabhängigkeit von ΔH kann annähernd durch die Beziehung $\Delta H = 277\,[(3\cos^2\Theta_a - 1)^2 + (3\cos^2\Theta_b - 1)^2]^{1/n}$ mit $n \approx 1.37$ beschrieben werden, wobei Θ_a und Θ_b die Winkel zwischen den betreffenden kristallographischen Achsen und der Feldrichtung sind [2].

Literatur:

[1] S. Merchant, J. N. McElearney, G. E. Shankle, R. L. Carlin (Physica **78** [1974] 308/13), J. N. McElearney, G. E. Shankle, D. B. Losee, S. Merchant, R. L. Carlin (ACS Symp. Ser. Nr. 5 [1974] 194/204, 199; C.A. **82** [1975] Nr. 179764). — [2] K. Iio, M. Isobe, K. Nagata (J. Phys. Soc. Japan **38** [1975] 1212). — [3] R. E. Caputo, R. D. Willett, J. A. Muir (Acta Cryst. B **32** [1976] 2639/42). — [4] H. Payen de la Garanderie (Compt. Rend. **254** [1962] 2739/40). — [5] D. B. Losee, J. N. McElearney, G. E. Shankle, R. L. Carlin, P. J. Cresswell, W. T. Robinson (Phys. Rev. [3] B **8** [1973] 2185/99).

5.3.2.1.11 $[(CH_3)_4N]_2MnCl_4$ (= $2(CH_3)_4NCl \cdot MnCl_2$)

$[(CH_3)_4N]_2$-$MnCl_4$

Die Verbindung wird durch langsames Eindunsten der wäßrigen Lösung von $(CH_3)_4NCl$ und $MnCl_2$ (Molverhältnis 2:1) bei Raumtemperatur [1, 2], aus den Komponenten in methanolischer oder äthanolischer Lösung [3 bis 6] oder Umsetzung von $(CH_3)_4NMnCl_3$ (s. S. 194) mit $(CH_3)_4NCl$ in Äthanol dargestellt [3]. Die Kristalle werden mit Äthanol gewaschen und im Vakuum über H_2SO_4 getrocknet [5]. Sie können aus Nitromethan oder (weniger gut) Acetonitril umkristallisiert werden [6]. — Einkristalle lassen sich durch langsames Eindunsten der alkoholischen Lösung bei Raumtemperatur züchten [7]. — Für die Bildung aus $2(CH_3)_4NCl + 1\,MnCl_2$ ergeben kalorimetrische Bestimmungen der Lösungsenthalpie (s. unten) in H_2O bei 25°C die Bildungsenthalpie $\Delta H = -7.92$ kcal/mol [4].

$[(CH_3)_4N]_2MnCl_4$ bildet blaßgelbe [5, 6], grüngelbe [3] bis grüne flache Nadeln [1] oder Prismen [2]. Aus der Temperaturabhängigkeit der Wärmekapazität zwischen 80 und 300 K folgen zwei endotherme Umwandlungen unbekannter Natur bei 130 bis 170 und 180 bis 310 K mit ΔH = 299 bzw. 3105 J/mol und ΔS = 1.97 bzw. 11.7 $J \cdot mol^{-1} \cdot K^{-1}$ [8]. — Die Verbindung kristallisiert rhombisch mit den Gitterkonstanten a = 12.33, b = 9.06, c = 15.64 Å; Z = 4, Raumgruppe Pnma-D_{2h}^{16} (Nr. 62) [7]. Die Struktur ist bei Raumtemperatur mit den Strukturen der entsprechenden Zn- und Co-Verbindungen [9] isotyp, besteht also aus isolierten $MnCl_4^{2-}$-Ionen, in denen das Mn-Atom fast regelmäßig tetraedrisch koordiniert ist [2].

Die Verbindung schmilzt nicht unterhalb 400°C [5]. — Zum Verlauf der Wärmekapazität zwischen 80 und 300 K s. Figur im Original [8].

Die magnetische Suszeptibilität nimmt zwischen 300 und 1.3 K hyperbolisch zu, so daß $1/\chi$ gemäß dem Curie-Gesetz von 2.4×10^4 g/cm³ auf einen Wert nahe Null abnimmt; das effektive magnetische Moment beträgt 5.83 μ_B [7].

$[(CH_3)_4N]_2MnCl_4$ ist luftbeständig, wird aber durch H_2O sofort zersetzt [6]. Die Lösungsenthalpie in verdünnter $(CH_3)_4NCl$-Lösung (Molverhältnis 1:2000) hat innerhalb der Fehlergrenze den gleichen Wert wie in reinem H_2O, nämlich $\Delta H = -7.05 \pm 0.05$ kcal/mol [4]. — Die Verbindung ist in Äthanol nur wenig löslich und zerfällt darin beim Erhitzen langsam in $(CH_3)_4NMnCl_3$ (s. S. 194) und $(CH_3)_4NCl$. Der Zerfall verläuft schneller in Gegenwart von $MnCl_2$ [3], s. auch [5, 6]. In Nitromethan, Acetonitril und Dimethylformamid ist $[(CH_3)_4N]_2MnCl_4$ fast unlöslich [5, 6].

Literatur:

[1] K. E. Lawson (J. Chem. Phys. **47** [1967] 3627/33). — [2] B. Morosin, E. J. Graeber (Acta Cryst. **23** [1967] 766/70). — [3] J. J. Foster, N. S. Gill (J. Chem. Soc. A **1968** 2625/9). — [4] P. Paoletti, A. Vacca (Trans. Faraday Soc. **60** [1964] 50/5). — [5] F. A. Cotton, D. M. L. Goodgame, M. Goodgame (J. Am. Chem. Soc. **84** [1962] 167/72).

[6] C. Furlani, A. Furlani (J. Inorg. Nucl. Chem. **19** [1961] 51/60, 58). — [7] M. T. Vala, C. J. Ballhausen, R. Dingle, S. L. Holt (Mol. Phys. **23** [1972] 217/34, 218). — [8] T. P. Melia, R. Merrifield (J. Inorg. Nucl. Chem. **32** [1970] 1873/6). — [9] B. Morosin, E. C. Lingafelter (Acta Cryst. **12** [1959] 611/2), J. R. Wiesner, R. C. Srivastava, C. H. L. Kennard, M. di Vaira, E. C. Lingafelter (Acta Cryst. **23** [1967] 565/74).

$[(n\text{-}C_nH_{2n+1})_4N]_2MnCl_4$

5.3.2.1.12 $[(n\text{-}C_nH_{2n+1})_4N]_2MnCl_4$ ($=2(n\text{-}C_nH_{2n+1})_4NCl\cdot MnCl_2$), n = 2, 4

Die gelbgrünen Verbindungen lassen sich analog zu $[(CH_3)_4N]_2MnCl_4$ (s. S. 193) aus $(C_nH_{2n+1})_4NCl$ und $MnCl_2$ in wäßriger, methanolischer [1] oder äthanolischer Lösung [2 bis 5] sowie in $SOCl_2$ (n = 2) darstellen [6]. — Für n = 2 ergibt sich aus der Lösungsenthalpie (s. unten) die Bildungsenthalpie aus $2(C_2H_5)_4NCl$ und $MnCl_2$ zu $\Delta H = -14.07$ kcal/mol [7].

Die Temperaturabhängigkeit der Wärmekapazität weist bei 217.9 und 226.2 K auf scharfe endotherme Umwandlungen [8], die thermoanalytisch bei 218 und 224 K gefunden werden [9]. Die Struktur baut sich aus isolierten $(n\text{-}C_nH_{2n+1})_4N^+$-Kationen und tetraederförmigen $MnCl_4^{2-}$-Anionen auf [1, 2, 4, 5]. — $[(C_4H_9)_4N]_2MnCl_4$ schmilzt bei 127°C [5]. — EPR-Untersuchungen des Anions in reinem $[(C_4H_9)_4N]_2MnCl_4$ und im Gemisch mit $[(C_4H_9)_4N]_2CdCl_4$ zwischen 20 und 220°C s. [10], in Lösungen von $MnCl_2$ und $(C_2H_5)_4NCl$ in CH_3CN s. [11, 12].

Die Verbindungen werden von H_2O leicht hydrolytisch gelöst [3, 4]; Lösungsenthalpie in H_2O $\Delta H = -11.40 \pm 0.04$ kcal/mol bei n = 2 [7]. Beim Erhitzen auf höhere Temperaturen (280°C bei n = 2, über 167°C bei n = 4) zersetzen sie sich [3, 5]. $[(C_2H_5)_4N]_2MnCl_4$ löst sich in Nitromethan [3] und ist unlöslich in Nitrobenzol [2].

Literatur:

[1] J. J. Foster, N. S. Gill (J. Chem. Soc. A **1968** 2625/9). — [2] N. S. Gill, R. S. Nyholm (J. Chem. Soc. **1959** 3997/4007, 3999, 4006). — [3] D. V. Ramana-Rao, S. K. Naik (Current Sci. [India] **33** [1964] 109/10). — [4] N. S. Gill, F. B. Taylor (Inorg. Syn. **9** [1967] 136/42, 137). — [5] B. R. Sundheim, E. Levy, B. Howard (J. Chem. Phys. **57** [1972] 4492/6).

[6] D. M. Adams, J. Chatt, J. M. Davidson, J. Gerratt (J. Chem. Soc. **1963** 2189/94). — [7] P. Paoletti, A. Vacca (Trans. Faraday Soc. **60** [1964] 50/5). — [8] T. P. Melia, R. Merrifield (J. Inorg. Nucl. Chem. **32** [1970] 1873/6). — [9] T. P. Melia, R. Merrifield (J. Chem. Soc. A **1970** 1166/7). — [10] M. I. Pollack, B. R. Sundheim (J. Phys. Chem. **78** [1974] 1957/9).

[11] S. I. Chan, B. M. Fung, H. Lütje (J. Chem. Phys. **47** [1967] 2121/30). — [12] L. Burlamacchi, G. Martini, E. Tiezzi (J. Phys. Chem. **74** [1970] 3980/7).

$(CH_3)_4NMnCl_3$, $(CD_3)_4NMnCl_3$ (TMMC) Preparation

5.3.2.1.13 $(CH_3)_4NMnCl_3$ ($=(CH_3)_4NCl\cdot MnCl_2$) und **$(CD_3)_4NMnCl_3$** („TMMC")

5.3.2.1.13.1 Darstellung

Die oft als TMMC (**T**etra**m**ethylammonium**m**angantri**c**hlorid) abgekürzte Verbindung wird durch langsames Eindampfen der wäßrigen Lösung von äquimolaren Anteilen $(CH_3)_4NCl$ und $MnCl_2\cdot 4H_2O$ [1 bis 3] oder mit der 1.5fachen Molmenge $MnCl_2\cdot 4H_2O$ bei 30°C [4] erhalten. Die Darstellung gelingt auch in Äthanol [5] oder in 10%igem, wäßrigem HCl mit geringem $MnCl_2$-Überschuß [6 bis 8]. Die Präparate werden aus $MnCl_2$-haltigem Methanol umkristallisiert [5]. — $(CD_3)_4NMnCl_3$ erhält man aus der Lösung von wasserfreiem $MnCl_2$ und $(CD_3)_4NCl$ in 2 N $DCl(D_2O)$ beim Stehen (2 d) über P_2O_5 im Exsikkator und anschließendes Umkristallisieren aus 2 N DCl bei 70°C. Größere Einkristalle entstehen nach zwei bis drei Wochen mit Hilfe von Impfkristallen [9].

Literatur:

[1] K. E. Lawson (J. Chem. Phys. **47** [1967] 3627/33). — [2] P. S. Peercy, B. Morosin, G. A. Samara (Phys. Rev. [3] B **8** [1973] 3378/88). — [3] B. Morosin, E. J. Graeber (Acta Cryst. **23** [1967] 766/70). — [4] P. Day, L. Dubicki (J. Chem. Soc. Faraday Trans. II **69** [1973] 363/74, 364). — [5] J. J. Foster, N. S. Gill (J. Chem. Soc. A **1968** 2625/9).

[6] R. Dingle, M. E. Lines, S. L. Holt (Phys. Rev. [2] **187** [1969] 643/8). — [7] B. W. Mangum, D. B. Utton (Phys. Rev. [3] B **6** [1972] 2790/5). — [8] D. M. Adams, R. R. Smardzewski (Inorg. Chem. **10** [1971] 1127/9). — [9] M. T. Hutchings, G. Shirane, R. J. Birgeneau, S. L. Holt (Phys. Rev. [3] B **5** [1972] 1999/2014).

5.3.2.1.13.2 Kristallographische Eigenschaften

Crystallographic Properties

Polymorphie. Die unter Normalbedingungen stabile hexagonale Modifikation $(CH_3)_4NMnCl_3$I wandelt sich nach Röntgen- [1, 2], Neutronenbeugungs- [3] und Raman-Untersuchungen [1, 2] bei $T_u = 126.5 \pm 1$ K reversibel in die monokline Tieftemperaturmodifikation II um [2]. Die Temperaturabhängigkeit der Wärmekapazität (s. S. 198) zeigt ein scharfes Maximum bei 126.4 K [4], die der Wärmeleitfähigkeit (s. S. 198) ein Minimum bei 126 K [5]. Die Umwandlungstemperatur steigt nach Messungen der statischen Dielektrizitätskonstanten ε mit steigendem Druck nach $dT_u/dp = 5.4 \pm 0.1$ K/kbar [2, 6] bis zum Tripelpunkt an, s. **Fig. 64** [6]. Dem Phasenübergang liegt im wesentlichen ein Übergang der $(CH_3)_4N$-Ionen in geordnete Lagen zugrunde (s. S. 196). — Bei weiterer Temperaturerniedrigung wird mittels Protonen-NMR bei 39.5 K [7] und aus der Intensität von Röntgenreflexen sowie Ramanlinien bei 35 K [2, 6] ein weiterer Übergang gefunden. Die Temperaturabhängigkeit der Wärmekapazität zeigt nur ein breites Maximum um 50 K [4]. Diese Umwandlungstemperatur steigt vermutlich mit zunehmendem Druck an, s. Fig. 64 [6]. Es wird angenommen, daß bei dieser Temperatur keine Lageänderungen der $(CH_3)_4N$-Ionen stattfinden [7], sondern die Rotation der CH_3-Gruppen ohne Strukturänderung „einfriert" [2].

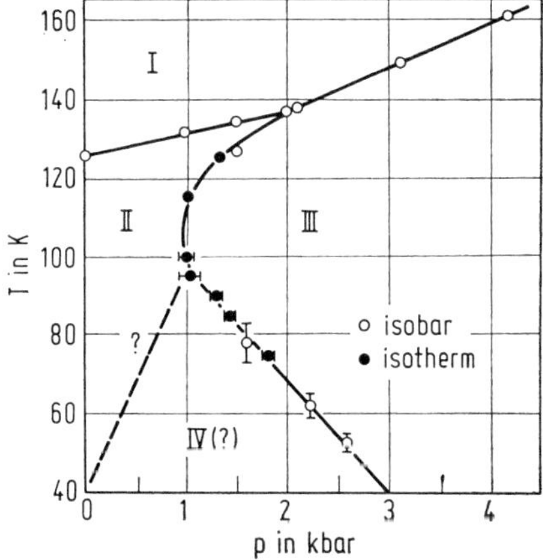

Fig. 64

Druck-Temperatur-Diagramm von $(CH_3)_4NMnCl_3$.

Mit Hilfe der Druckabhängigkeit von ε werden die Druckmodifikationen III und IV gefunden, s. Fig. 64 [6]. Die Grenze zwischen den Modifikationen I und III steigt nach $dT_u/dp = 11.5 \pm 0.4$ K/kbar an [2, 6]. Die Tripelpunkte liegen bei 2.0 kbar und 137 K sowie bei etwa 1.0 kbar und 95 K. Da sich der Übergang II⇌IV weder im Verlauf von ε noch bei den Gitterkonstanten zu erkennen gibt, kann die Grenze zwischen diesen beiden Modifikationen nur vermutet werden. Von der Modifikation III ist bisher nur die Raumgruppe $P2_1/m-C_{2h}^2$ (Nr. 11) bekannt, auf die in Analogie zur Struktur von $(CH_3)_4NCdCl_3$ geschlossen wird [6].

$(CH_3)_4N$-$MnCl_3$ Crystal Structures

Kristallstrukturen. $(CH_3)_4NMnCl_3I$ bildet rosafarbene, hexagonale Stäbe [7, 8], Prismen $\{10\bar{1}0\}$, meist mit aufgesetzten sechsseitigen Pyramiden [9] oder (bei der deuterierten Verbindung) in der c-Achse gestreckte Tafeln [3]. — Einkristallaufnahmen ergeben bei 298 K die Gitterkonstanten a = 9.1510(9), c = 6.4940(9) Å; Z = 2, Raumgruppe $P6_3/m$-C_{6h}^2 (Nr. 176) [9], s. auch [10], ebenso für die deuterierte Verbindung [3]. Zur Temperaturabhängigkeit der Gitterkonstanten s. **Fig. 65** [2], s. auch [3]. Mit steigendem Druck nimmt a stärker linear ab als c, was sich durch die Kettenstruktur (s. unten) erklären läßt; axiale Kompressibilitäten bei Raumtemperatur: $\partial \ln a/dp = 20.0 \times 10^{-4}$ und $\partial \ln c/\partial p = 4.2 \times 10^{-4}$ $kbar^{-1}$ [2].

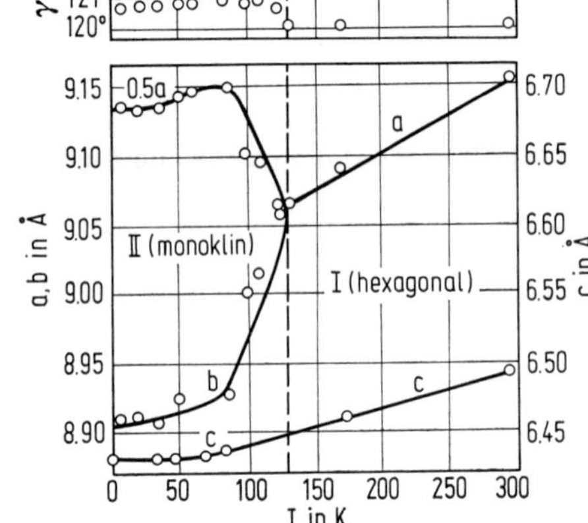

Fig. 65

Temperaturabhängigkeit der Gitterkonstanten bei den Modifikationen I und II von $(CH_3)_4NMnCl_3$.

Aus Einkristalluntersuchungen werden folgende Atomlagen erhalten:

Atom	Punktlage	x	y	z	Besetzung
C(1)	4f	$^2/_3$	$^1/_3$	0.4735(37)	0.5
C(2)	12i	0.6193(13)	0.4571(13)	0.1872(34)	0.5
N	2c	$^2/_3$	$^1/_3$	0.25	1
Mn	2b	0	0	0	1
Cl	6h	0.1499(1)	0.2481(1)	0.25	1

R = 3.6%. Die Mn-Atome sind verzerrt oktaedrisch von sechs Cl-Atomen im Abstand von 2.560(2) Å umgeben. Die Oktaeder sind über gemeinsame Flächen zu Ketten || c verknüpft, wodurch die trigonale Verzerrung entsteht; Abstand Mn↔Mn = 3.2470 Å (≙ c/2). Zwischen den Ketten befinden sich die sowohl statistisch wie lagemäßig fehlgeordneten $(CH_3)_4N$-Kationen [9], s. **Fig. 66** [3]. Andere Autoren würden die nicht zentrosymmetrische Raumgruppe $P6_3$-C_6^6 (Nr. 173) vorziehen. Die Cl-Atome hätten dann auf der Lage 2b einen freien z-Parameter ($^1/_3$, $^2/_3$, z usw.) [3]. Atomabstände und Winkel s. Original [9]. Aus $MnCl_6$-Oktaedern aufgebaute Ketten $(MnCl_3^-)_\infty$ treten auch in den Strukturen von $(CH_3)_2NH_2MnCl_3$ (s. S. 189) und $[(CH_3)_3NH]_3Mn_2Cl_7$ (s. S. 190) auf.

$(CH_3)_4NMnCl_3II$ fällt immer in verzwillingter Form an [1 bis 3, 6]. Bei der folgenden Achsenwahl kommt die Beziehung zur Modifikation I deutlich zum Ausdruck: a = 18.25 (≙ $2a_{hex}$), b = 8.95 (≙ a_{hex}), c = 6.45 Å (≙ c_{hex}), γ = 120.69° bei 105 K; Z = 4, Raumgruppe $P2_1/a$-C_{2h}^5 (Nr. 14) [2], s. auch [1, 3]. Zur Temperaturabhängigkeit der Gitterkonstanten s. Fig. 65. (Um einen möglichst wenig von 90° abweichenden Winkel β zu erhalten, wird folgende Achsenanordnung angegeben: a = 15.8, b = 6.45, c = 8.95 Å, β = 90.1°, Raumgruppe $P2_1/n$ [1, 2].) — Aus Beugungs- und Raman-Untersuchungen wird geschlossen, daß die Mn-Cl_3-Mn-Cl_3-Ketten im wesentlichen unverändert bleiben. Dagegen ordnen sich die $(CH_3)_4N$-Kationen um die dreizählige Achse, zeigen aber noch eine deutliche thermische Bewegung [1 bis 3].

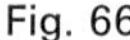

Fig. 66

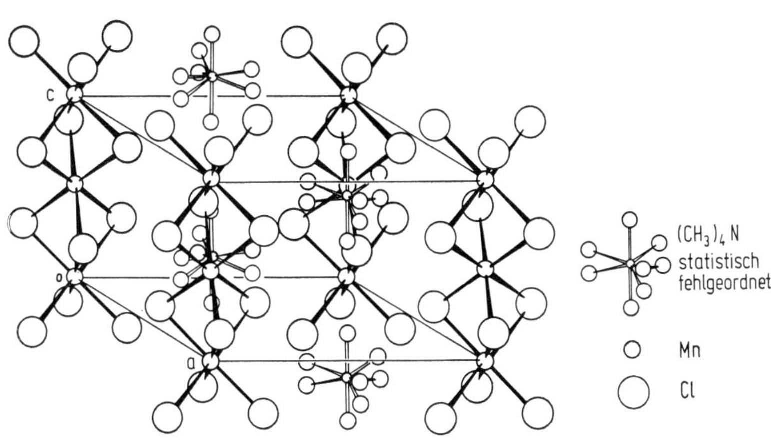

Kristallstruktur von $(CH_3)_4NMnCl_3I$.

Lattice Vibrations

Gitterschwingungen. Die kristallographische Elementarzelle der hexagonalen Modifikation I besitzt nach Abzug der inneren Freiheitsgrade des Kations und von Translations- und Librationsbewegungen der Elementarzelle als Ganzes 24 Freiheitsgrade. Wie sich diese auf die Symmetriespezies der Faktorgruppe C_{6h} sowie auf innere Schwingungen der $[Mn_2Cl_6^{2-}]_\infty$-Ketten, Librationen des Kations und Translationen verteilen, zeigt folgende Tabelle [11]:

Symmetrie	A_g	B_g	E_{1g}	E_{2g}	A_u	B_u	E_{1u}	E_{2u}
Gesamtzahl	3	2	2	3	3	4	4	3
Innere Schwingungen $[Mn_2Cl_6^{2-}]_\infty$	1	1	1	2	1	3	2	2
Kation-Librationen	1		1			1		1
Translationen		1		1	1		1	

Zu den A_g-Schwingungen gehört noch eine Libration der $[Mn_2Cl_6^{2-}]_\infty$-Ketten. Die g-Schwingungen sind Raman-, die u-Schwingungen IR-aktiv bis auf je eine Schwingung aus A_u und E_{1u}, die im akustischen Zweig liegen und inaktiv sind. Mit IR-Spektren bei Raumtemperatur und Raman-Spektren bei T = 120 K [11] bzw. Raman-Spektren bei Raumtemperatur [2] werden an Einkristallen folgende Wellenzahlen (in cm^{-1}) gemessen und zugeordnet (i = innere Schwingung der $[Mn_2Cl_6^{2-}]_\infty$-Ketten, L^+ = Kation-Libration, T = Translation):

A_g	E_{1g}	E_{2g}	A_u	E_{1u}	Lit.
256i	118i	182i, 129i, 88T	170i, 52T	224i, 148i, 91T	[11]
252i, 81L$^+$	118L$^+$	173i, 122i, 83T			[2]

Beim Übergang in $(CH_3)_4MnCl_3II$ bleiben für die inneren Schwingungen der Ketten die Wellenzahlen unverändert. Die Ramanlinie mit $\nu = 81\ cm^{-1}$ bei Raumtemperatur wird erheblich schmaler und hat bei T = 2 K die Wellenzahl 53 cm^{-1} [2] (vorläufige Ergebnisse s. [1]).

Literatur:

[1] P. S. Peercy, D. Morosin (Phys. Letters A **36** [1971] 409/10). — [2] P. S. Peercy, B. Morosin, G. A. Samara (Phys. Rev. [3] B **8** [1973] 3378/88). — [3] M. T. Hutchings, G. Shirane, R. J. Birgeneau, S. L. Holt (Phys. Rev. [3] B **5** [1972] 1999/2014). — [4] R. E. Dietz, L. R. Walker, F. S. L. Hsu, W. H. Haemmerle, B. Vis, C. K. Chau, H. Weinstock (Solid State Commun. **15** [1974] 1185/8). — [5] H. Miike, K. Hirakawa (J. Phys. Soc. Japan **39** [1975] 1133/4).

$(CH_3)_4N$-$MnCl_3$

[6] G. A. Samara, P. S. Peercy, B. Morosin (Solid State Commun. **13** [1973] 1525/9). — [7] B. W. Mangum, D. B. Utton (Phys. Rev. [3] B **6** [1972] 2790/5). — [8] R. Dingle, M. E. Lines, S. L. Holt (Phys. Rev. [2] **187** [1969] 643/8). — [9] B. Morosin, E. J. Graeber (Acta Cryst. **23** [1967] 766/70). — [10] J. J. Foster, N. S. Gill (J. Chem. Soc. A **1968** 2625/9).

[11] D. M. Adams, R. R. Smardzewski (Inorg. Chem. **10** [1971] 1127/9).

Mechanical and Thermal Properties

5.3.2.1.13.3 Mechanische und thermische Eigenschaften

Die nach der Schwebemethode bestimmte Dichte der hexagonalen Form I beträgt 1.678(6), die Röntgendichte 1.660 g/cm³ [1]. — Zur Kompressibilität s. S. 196.

Für die Wärmekapazität C_p ergeben Messungen an polykristallinem $(CH_3)_4NMnCl_3$ zwischen 10 und 300 K ein steiles Maximum bei 126.4 K mit $C_p = 573\ J \cdot mol^{-1} \cdot K^{-1}$ und ein breites Maximum um 50 K (s. auch S. 195) [2]. Kalorimetrische Bestimmungen zwischen 0.4 und 4.2 K bei der Magnetfeldstärke H = 0 ergeben ein weiteres scharfes Maximum bei $T_N = 0.829 \pm 0.002$ K mit $C_p = 0.39\ J \cdot mol^{-1} \cdot K^{-1}$ [3], bei 0.835 ± 0.010 K [4] oder bei 0.850 ± 0.005 K mit $C_p = 0.361\ J \cdot mol^{-1} \cdot K^{-1}$ [5]. Mit zunehmender äußerer Magnetfeldstärke verschiebt sich das Maximum nach höheren Temperaturen und wird flacher: bei H = 15 kOe parallel zur c-Achse liegt es bei 1.0 K mit $C_p = 0.25\ J \cdot mol^{-1} \cdot K^{-1}$ [3]. Unterhalb 4 K folgt C_p nach Messungen an Einkristallen bei H = 0 der Beziehung $C_p = (0.088 \pm 0.001)\ T + (0.047 \pm 0.001)\ T^2$, für $(CD_3)_4NMnCl_3$: $C_p = (0.086 \pm 0.001)\ T + (0.055 \pm 0.001)\ T^2\ J \cdot mol^{-1} \cdot K^{-1}$ [2], s. auch [3, 5]. Messungen von 2 bis 52 K ergeben, daß C_p oberhalb 5 K fast linear ansteigt und bei 52 K 81.988 $J \cdot mol^{-1} \cdot K^{-1}$ beträgt. Dieser Anstieg ist im wesentlichen durch den erhöhten Anteil der Gitterkomponente bestimmt, da die magnetische Komponente oberhalb 30 K praktisch konstant bleibt, s. Figur und Tabelle im Original. Für Temperaturen von 2 bis 6 K läßt sich C_p durch die Beziehung $C_p = 0.098T + 0.046T^2$, von 4 bis 10 K auch durch $C_p = 0.21T + 0.0044T^3\ J \cdot mol^{-1} \cdot K^{-1}$ wiedergeben [6].

Die Wärmeleitfähigkeit λ von $(CH_3)_4NMnCl_3$-Einkristallen ist zwischen 2.5 und 300 K deutlich anisotrop in bezug auf die Kettenrichtung in der Kristallstruktur. λ erreicht für beide Richtungen ein Maximum bei 6 K ($\lambda_{\parallel} \approx 800$, $\lambda_{\perp} \approx 80\ mW \cdot cm^{-1} \cdot K^{-1}$) und ein breites Minimum bei der Umwandlungstemperatur (s. S. 195) $T_u = 126$ K ($\lambda_{\parallel} \approx 11$, $\lambda_{\perp} \approx 4\ mW \cdot cm^{-1} \cdot K^{-1}$). Die Anisotropie der Wärmeleitfähigkeit ist nicht nur eine Eigenschaft der Kristallstruktur, sondern auch auf magnetische Einflüsse zurückzuführen [7].

Literatur:

[1] B. Morosin, E. J. Graeber (Acta Cryst. **23** [1967] 766/70). — [2] R. E. Dietz, L. R. Walker, F. S. L. Hsu, W. H. Haemmerle, B. Vis, C. K. Chau, H. Weinstock (Solid State Commun. **15** [1974] 1185/8). — [3] B. Vis, C. K. Chau, H. Weinstock, R. E. Dietz (Solid State Commun. **15** [1974] 1765/8), H. Weinstock (COO-1629-41 [1974] 1/26, 8/9; C.A. **81** [1974] Nr. 111997). — [4] K. Takeda (Phys. Letters A **47** [1974] 335/6). — [5] H. W. White, K. H. Lee, J. Trainor, D. C. McCoullum, S. L. Holt (A.I.P. [Am. Inst. Phys.] Conf. Proc. Nr. 18 [1974] 376/9; C.A. **81** [1974] Nr. 43174).

[6] W. J. M. de Jonge, C. H. W. Swüste, K. Kopinga, K. Takeda (Phys. Rev. [3] B **12** [1975] 5858/63). — [7] H. Miike, K. Hirakawa (J. Phys. Soc. Japan **39** [1975] 1133/4).

Magnetic Properties

5.3.2.1.13.4 Magnetische Eigenschaften

Statische Messungen (Suszeptibilität, Wärmekapazität, Neutronenstreuung) haben gezeigt, daß TMMC das idealste eindimensionale Heisenberg-System ist (antiferromagnetische Kette); die Wechselwirkung innerhalb der Ketten ist etwa 10^3 bis 10^4 mal größer als die Wechselwirkung zwischen den Ketten. Daher können die dynamischen Eigenschaften (Spinwellen, Spinrelaxation) über einen außerordentlich großen Temperaturbereich untersucht werden. Derartige Messungen zeigen, daß das Heisenberg-Modell bei der Erklärung der Eigenschaften von $(CH_3)_4NMnCl_3$ eine sehr gute Approximation ermöglicht [1].

Suszeptibilität, Magnetisierung

Susceptibility. Magnetization

Messungen der Molsuszeptibilität zwischen 300 und 0.3 K ergeben den in **Fig. 67** dargestellten Verlauf (Ende der Kurve bei 1.5 K). Das breite Maximum bei 55 K kommt durch die magnetische Kopplung entlang der Ketten von Mn-Ionen zustande und ist insofern charakteristisch für das von Fisher [2] theoretisch vorausgesagte Verhalten eines Heisenberg-Antiferromagneten mit linearen Ketten. Bei 0.84 K findet eine magnetische Umwandlung statt, darunter besteht vermutlich eine weitreichende Ordnung zwischen den Ketten. Wegen der möglichen Verunreinigung der Probe ist die Deutung der Suszeptibilität bei tiefen Temperaturen noch nicht sicher [3]. Das Maximum bei etwa 60 K wird von Richards [4] bestätigt.

Fig. 67

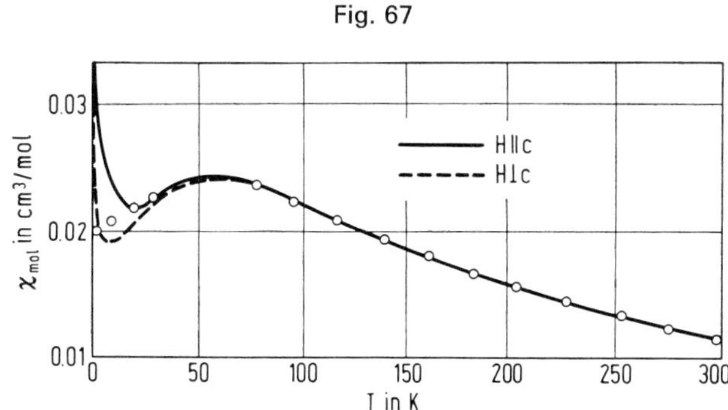

Temperaturabhängigkeit der Molsuszeptibilität χ_{mol} von $(CH_3)_4NMnCl_3$ parallel und senkrecht zur kristallographischen c-Achse.

Die parallel und senkrecht zur c-Achse bei 0.25, 10 und 50 kOe an sehr reinen Kristallen gemessene Suszeptibilität zeigt unterhalb 60 K deutliche Anisotropie; diese beruht, wie Dingle u.a. [3] auf Grund möglicher Verunreinigungseffekte nur vermuten konnten, auf anisotropen Dipol-Wechselwirkungen. Bei etwa 0.9 K steigt die Magnetisierung $\sigma \| c$ diskontinuierlich um 8 G · cm³/mol an, weil bei tieferen Temperaturen die magnetische Ordnung dreidimensional ist und durch Verkantung der Spins ein kleines Moment in Richtung der c-Achse resultiert [5]. Übereinstimmend mit den Untersuchungen von Dingle u.a. [3] finden Mangum, Utton [6] die Anisotropie in der Suszeptibilität bei tiefen Temperaturen und das Maximum bei 0.84 K, das für $H \| c$ viel schärfer ausgeprägt ist als für $H \perp c$.

Bei Proben mit geringen Konzentrationen von Cu^{2+}-Ionen ist das Maximum bei $T_N = 0.850$ K breiter und zu tieferen Temperaturen verschoben, z.B. auf 0.545 ± 0.015 K bei einer Konzentration von 2 Atom-% Cu [7]. Den Einfluß von Cu-Zusätzen (2.6 bzw. 22%) auf die Temperaturabhängigkeit der Suszeptibilität (4 bis 150 K) sowie auf die Anisotropie untersucht Richards [4], von Cu-, Ni- und Cd-Zusätzen Dupas, Renard [47]. Eine einfache modellmäßige Deutung der experimentellen Ergebnisse von Walker u.a. [5] s. bei Selke, Pesch [8].

Néel-Temperatur T_N, magnetisches Phasendiagramm

Néel Temperature. Magnetic Phase Diagram

Nach unterschiedlichen Methoden werden Werte zwischen $T_N = 0.83$ und 0.85 K erhalten. Aus der Temperaturabhängigkeit der Wärmekapazität ergibt sich $T_N = 0.829 \pm 0.002$ K [9], 0.835 K [10] und 0.850 ± 0.005 K [11]. Aus dem Maximum in der Suszeptibilität leiten Mangum, Utton [6] und Dingle u.a. [3] den Wert $T_N = 0.84$ K ab. $T_N = 0.85 \pm 0.005$ K aus Messungen der NMR [12] und $T_N = 0.841$ K aus Untersuchungen der Neutronenstreuung [13]. Den etwas höheren Wert $T_N = 0.95$ K erhalten Walker u.a. [5] aus der Magnetisierungskurve in einem Feld von 10 Oe.

Bei NMR-Messungen finden Dupas, Renard [14], daß T_N in einem zu c senkrechten Magnetfeld proportional zu H^2 ansteigt; bei $H \| c$ erfolgt die Umwandlung in den dreidimensionalen geordneten Zustand in einem größeren Temperaturbereich. Daß die Umwandlung dann allmählich erfolgt, beruht möglicherweise auf einer fortschreitenden Ausrichtung im Feld einer schwachen

$(CH_3)_4$-$MnCl_3$

ferromagnetischen Komponente (vgl. S. 199) parallel zur c-Achse. Für H ⊥ c besteht eine Umwandlungskurve H(T) zwischen dem antiferromagnetischen und paramagnetischen Zustand. Zwischen H = 0 und 66 kOe nimmt T_N auf 2.7 K, also stärker als um den Faktor 3 zu [48]. — Cu-, Ni- und Cd-Zusätze ergeben eine starke Abnahme von T_N; in einer Probe mit 0.4 Atom-% Cd ist $T_N = 0.57$ K [47]. Ein Spin-Flop-Zustand, den Mangum, Utton [6] auf Grund eines Maximums in der Kurve für $\chi_{\parallel}$ bei 11.5 kOe (T < 0.8 K) für möglich halten, kann nicht beobachtet werden [14].

Exchange Interaction

Austauschwechselwirkung

Wegen der Konfiguration im Gitter kann Superaustauschkopplung nur innerhalb der $MnCl_3$-Ketten auftreten, d.h. zur Beschreibung der magnetischen Eigenschaften von $(CH_3)_4NMnCl_3$ ist das von Fisher [2] entwickelte Modell für eindimensionale Heisenberg-Antiferromagnetika gültig.

Für die Wechselwirkung zwischen den nächsten Nachbarn innerhalb der Ketten (diese ist fast vier Größenordnungen größer als die Wechselwirkung zwischen den Ketten) ergibt sich aus Messungen der Suszeptibilität $J/k = -6.3$ K [3]. Zur Erreichung eines etwas genaueren Wertes passen Hutchings u.a. [16] ihre an $(CD_3)_4NMnCl_3$ durchgeführten Suszeptibilitätsmessungen bei hohen Temperaturen — die Ergebnisse unterscheiden sich nicht von denen für $(CH_3)_4NMnCl_3$ — der Reihenentwicklung von Rushbrooke, Wood [17] für die lineare Heisenberg-Kette an und gelangen mit den Daten für 170 bis 60 K zu $J/k = -6.47 \pm 0.13$ K. Aus der quasi-elastischen Neutronenstreuung leiten Birgeneau u.a. [18] $J/k = -7.7 \pm 0.3$ K ab. Nach einer Überschlagsrechnung [11] soll die Konstante für den Austausch zwischen benachbarten Ketten um den Faktor 8×10^{-5} kleiner sein als diejenige für den Austausch innerhalb einer Kette.

Spin Waves

Spinwellen

Eine Untersuchung der Spindynamik von TMMC durch Messung der unelastischen Neutronenstreuung zeigt gut ausgeprägte Spinwellen bei tiefen Temperaturen, falls der Betrag des Wellenvektors q wesentlich größer als die reziproke Korrelationslänge ist. Die Spinwellen folgen einer einfachen sinusförmigen Dispersionskurve. Bei Temperaturerhöhung von 1.9 auf 40 K wird die Intensität der Spinwellen schwächer [16]. Ähnliche Angaben für den Bereich bis 1.1 K s. bei Birgeneau u.a. [13, 18].

Unter Verwendung der selbstkonsistenten Theorie von Blume, Hubbard [19] werden die zeitabhängigen Spin-Korrelationsfunktionen für eine lineare Heisenberg-Kette bei begrenzten Temperaturen berechnet, die zur Bestimmung der Spindynamik benötigt werden. Es werden Ausdrücke für die Temperatur- und Wellenvektorabhängigkeit der Magnonenlebensdauer sowie für die Temperaturumnormierung ihrer Frequenzen erhalten. Die berechneten Strukturfaktoren zeigen bei tiefer Temperatur gut ausgeprägte Spinwellenmaxima, deren Form und Lage — beide als Funktion von Temperatur und Wellenvektor — gut mit den experimentellen Ergebnissen von Hutchings u.a. [16] übereinstimmen [20]. Ebenfalls in Übereinstimmung mit den Beobachtungen von Hutchings u.a. [16] sowie mit dem klassischen Modell von Fisher [2] ist das von Richards [21] bestimmte Spinwellenspektrum für einen isotropen eindimensionalen Heisenberg-Antiferromagneten, in dem die magnetische Ordnung nur eine geringe Reichweite hat; vgl. auch die Berechnung der temperatur- und frequenzabhängigen Spinkorrelationsfunktionen von Richards, Carboni [22]. — Über den Einfluß der kleinen, aber anisotropen Dipolwechselwirkung auf die Spindynamik eines quasi-eindimensionalen Antiferromagneten s. Hone, Pires [24].

Für die durch unelastische Neutronenstreuung untersuchte effektive Linienbreite Δ von spinwellenähnlichen Anregungen im Bereich von 4.3 bis 20 K ergibt sich $\Delta = AT^{\alpha}$. Dabei ist A = 0.093 und 0.084 meV, $\alpha = 0.88 \pm 0.10$ und 0.97 ± 0.10 für die reduzierten Wellenvektoren $q^* = 0.20\,\pi/a$ und $0.25\,\pi/a$ [25].

Nuclear Magnetic Resonance

Kernmagnetische Resonanz (NMR)

^1H Resonance

Im Protonenresonanzspektrum eines Einkristalls werden bei 0.42 K ohne äußeres Feld sieben Linien mit Frequenzen von 815 bis 2428 kHz beobachtet (rf-Feld ∥ c, s. Figur im Original) [12]. — In einem äußeren Feld $H_0 \perp c$ wird ein von T zwischen 1 und 4.2 K und von H_0 zwischen 0.5 und 2.7 kOe fast unabhängiges Spektrum mit drei gut aufgelösten Komponenten erhalten, die auf der Dipol-Dipol-Wechselwirkung zwischen den Protonen der CH_3-Gruppe beruhen. Unterhalb 0.8 K resultiert dagegen ein komplexes Spektrum [12]. Im Intervall 6 K < T < 39 K weist das Spektrum laut Mangum, Utton [6] auf stationäre Tetramethylammonium (TMA)-Gruppen hin. — Im Fall $H_0 \| c$ wird bei 4.4 K ein von H_0 (3.9 bis 6.3 kOe) unabhängiges Spektrum mit mehr als drei Linien beobachtet. Deren Anzahl erhöht sich mit abnehmender Temperatur immer mehr und bleibt erst unterhalb 0.8 K (bis 0.45 K) konstant [6]. Ähnlich komplexe Spektren bei 0.5 bis 3.5 K und $H_0 = 1$ und 5 kOe s. bei Dupas, Renard [14]. Zwischen 6 und 39 K besteht das Spektrum (unabhängig von T und H_0 zwischen 3.9 und 5.7 kOe) aus drei Linien und ist in Einklang mit stationären CH_3- und $(CH_3)_4N$-Gruppen (letztere mit einer dreizähligen Achse $\|$c gerichtet). Oberhalb 39 K entspricht das Spektrum einer inneren Rotation der TMA-Gruppen um die drei zweizähligen Achsen, von denen eine parallel c verlaufen sollte — entgegen den eigenen NMR-Untersuchungen unterhalb 39 K und Röntgenbeugungsuntersuchungen bei gewöhnlicher Temperatur. Oberhalb wird eine einzige unstrukturierte breite Linie gemessen, die mit zunehmender Temperatur schmäler wird [6].

Die Spin-Gitter-Relaxationszeit T_1 liefert Aufschlüsse über den zeitlichen Verlauf der Schwankungen der Mn^{2+}-Spins ($S = {}^5/_2$) in der $MnCl_3^-$-Kette und ist deswegen häufig untersucht worden. Näheres dazu in den zusammenfassenden Darstellungen über eindimensionale magnetische Systeme von Steiner u.a. [1] und über ein- und zweidimensionale von Hone, Richards [26]. — Die an einem Einkristall in Abhängigkeit von der Temperatur in verschiedenen äußeren Feldern $H_0 \| c$ gemessene Relaxationsgeschwindigkeit $1/T_1$, s. **Fig. 68** nach Hone u.a. [27], besitzt bei 18 K ein scharfes Minimum, das mit einer auf Moriya [28] basierenden Theorie gedeutet werden kann. Zwischen 4 und 12 K wird $1/T_1 \sim T^{-2}$ gefunden; theoretisch sollte dagegen $1/T_1 \sim T^{-3/2}$ sein. Für $H_0 \perp c$ ergibt sich ein qualitativ ähnlicher Verlauf [27]. Eine Erweiterung der Theorie durch Hone, Pires [24] beseitigt die erwähnte Diskrepanz. Theoretische Kurven, die nur bei hohen Temperaturen mit den Messungen [27] übereinstimmen, werden von Tucker [29] berechnet. Ein scharfes Maximum von $1/T_1$ wird zwischen 1.3 und 4.2 K bei den hohen, $\perp$c gerichteten Feldern von 29.2 und 46.5 kOe beobachtet [30]. An polykristallinen Proben wird bei 25 MHz zwischen 1.2 und 4 K $T_1 \sim T$ gefunden und im Rahmen eines Spinwellenmodells diskutiert [31]; Erweiterung bis 15 K und Vergleich mit dem Fall $S = {}^1/_2$ s. Richards, Borsa [32]. — Die an einem Einkristall in Abhängigkeit vom äußeren Feld H_0 (bzw. von der Frequenz ν) bei gewöhnlicher Temperatur gemessene Relaxationsgeschwindigkeit folgt bei 300 K für $H_0 \| c$ der Beziehung $1/T_1 = PH_0^{-1/2} + Q$ mit $P = 6.0 \times 10^4\ Oe^{1/2} \cdot s^{-1}$, $Q = 3.5 \times 10^2\ s^{-1}$, s. **Fig. 69**, S. 202 [33]. Von Boucher u.a. [23], die die Feldabhängigkeit von T_1 und $T_{1\varrho}$, der Relaxationszeit für die im rf-Feld quantisierten Spins, eingehend diskutieren, werden die Zahlenfaktoren präzisiert zu 6.1 ± 0.3 bzw. 3.5 ± 0.5. Dieses Verhalten wird im wesentlichen ebenfalls beobachtet von Bakheit u.a. [34], die für $H_0 \perp c$ auf eine Abnahme von $1/T_1$ mit abnehmendem H_0 (unterhalb 2 kOe) hinweisen, von Hone u.a. [27], die für $H_0 \| c$ und $\nu = 5$ bis 80 MHz $1/T_1 \sim \nu^{-1/2}$ finden, sowie von Tchao, Clément [35], die entsprechende Koeffizienten für die ν-Abhängigkeit zwischen 4.3 und 16 MHz auch für 77 K angeben. Zwischen 4 und 12 K wird $1/T_1$ unabhängig von ν gefunden, bei 1.4 K ist $1/T_1 \sim \nu^{-3/2}$ (jeweils für $H_0 \| c$) [27]. Bei 1.3 bis 4.2 K und $H_0 \perp c$ wird eine scharfe Abnahme von $1/T_1$ mit zunehmendem H_0 (6.45 bis 46.5 kOe) beobachtet [30]. — Zur Richtungsabhängigkeit von T_1 bei gewöhnlicher Temperatur und bei 77 K für 10 MHz s. [35, 36],

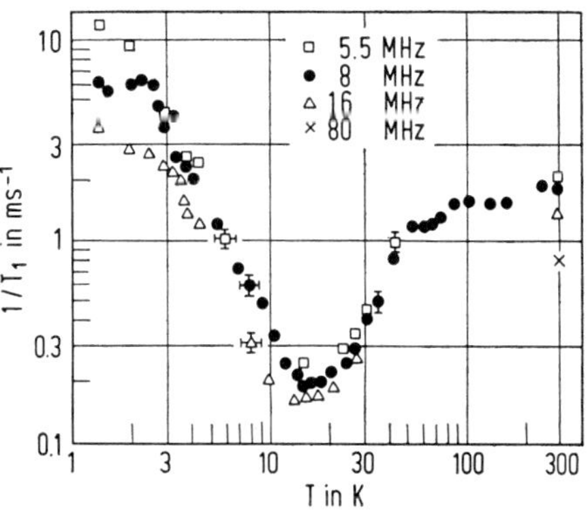

Fig. 68

Temperaturabhängigkeit der Spin-Gitter-Relaxationsgeschwindigkeit $1/T_1$ der Protonenresonanz bei verschiedenen Frequenzen und $H_0 \| [001]$ in $(CH_3)_4NMnCl_3$.

$(CH_3)_4N$-$MnCl_3$

bei gewöhnlicher Temperatur für 2 und 34 MHz s. [34], für 34 und 58 MHz s. [37]; dort auch Angaben zu $T_{1\rho}$ für 58 MHz und zu T_{1D} (Relaxationszeit für die aus der Dipol-Dipol-Wechselwirkung der Kerne resultierende Energie) für 34 MHz. — Untersuchungen an $(CH_3)_4NMn_{1-x}Cu_xCl_3$ für x = 0.04, 0.1 und 0.17 s. bei Nakajima u.a. [38].

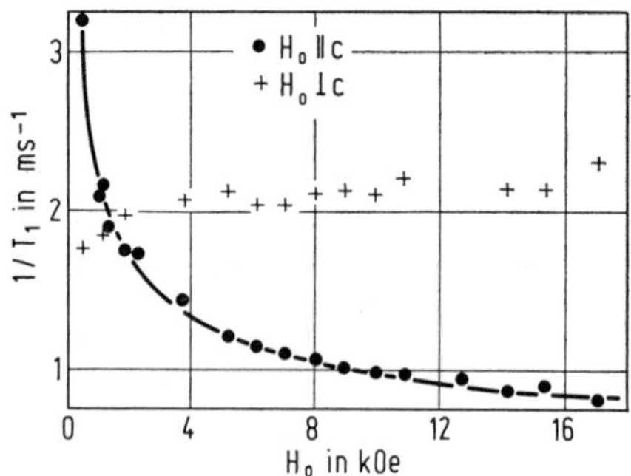

Fig. 69

Feldabhängigkeit der Spin-Gitter-Relaxationsgeschwindigkeit $1/T_1$ der Protonenresonanz bei 300 K in $(CH_3)_4NMnCl_3$.

^{14}N Resonance

Im ^{14}N-Resonanzspektrum eines Einkristalls werden bei gewöhnlicher Temperatur und 3.9 MHz zwei schwache Signale beobachtet. Das Zentrum des Spektrums ist gegenüber flüssigem CH_3CN um den temperaturabhängigen Betrag $\delta H/H = \delta + A\chi$ verschoben. Mit der Suszeptibilität χ nach Dingle u.a. [3] ergibt sich die chemische Verschiebung δ zu 190 ± 30 ppm, der Faktor A in der paramagnetischen Verschiebung zu 3.5 mol/cm³. Die beiden Komponenten resultieren aus einer Quadrupolaufspaltung. Die Kopplungskonstante $3e^2qQ/2h$ ergibt sich bei gewöhnlicher Temperatur zu 69 kHz (Werte zwischen 100 und 500 K s. Figur im Original), der Asymmetrieparameter η zu 0. Unterhalb des Phasenübergangs bei etwa 125 K (s. S. 195) ist $\eta \neq 0$. Hier wird im allgemeinen Fall ein aus vermutlich sechs sehr schwachen Linien bestehendes Spektrum beobachtet, das durch drei verschiedene Deformationsrichtungen der hexagonalen Anordnung bedingt sein könnte [39].

Electron Paramagnetic Resonance

Paramagnetische Resonanz (EPR)

Wie bei $CsMnCl_3 \cdot 2H_2O$ (s. S. 164) verschiebt sich die Resonanzfeldstärke mit fallender Temperatur zu größeren negativen (H ∥ [001]) bzw. positiven (H ⊥ [001]) Werten, s. **Fig. 70**. Der Verlauf der theoretischen Kurven stimmt mit den Meßdaten nur dann überein, wenn die Einzel-Ionen-Anisotropie in die Rechnung einbezogen wird [15].

Fig. 70

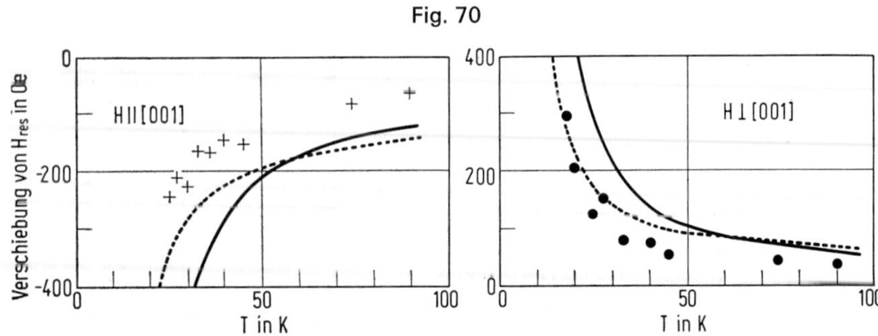

Temperaturabhängigkeit der Resonanzfeldstärke in $(CH_3)_4NMnCl_3$ bei 34.9 GHz.

Die Linienbreite ΔH, gemessen bei 297 K und 24.031 GHz als Funktion des Winkels Θ zwischen der Kettenrichtung und der Feldrichtung nimmt von 450 Oe bei $\Theta = -80°$ auf 0 bei $-55°$ ab. Es folgt eine Zunahme bis zu einem Maximum bei $\Theta = 0°$ ($\Delta H \approx 1400$ Oe), eine Abnahme auf $\Delta H = 0$ bei $\Theta = +55°$, dann ein erneuter Anstieg auf ein flacheres Maximum bei $\Theta = 90°$ ($\Delta H = 550$ Oe) und eine weitere Abnahme auf $\Delta H = 0$ bei $\Theta \approx 120°$ [40]. Die bei $\Theta = 54.7°$ (dem „magischen" Winkel) gemessene Linienbreite hängt ebenso wie die Resonanzfeldstärke selbst nach Messungen bei gewöhnlicher Temperatur zwischen $\omega = 2$ und $\omega = 35$ GHz linear von $\omega^{-1/2}$ ab [41]. Diese Abhängigkeit, die nur bei dieser Orientierung des Feldes auftritt, wurde zuvor theoretisch begründet [42]. Eine weitere Besonderheit, die nur bei paramagnetischen Stoffen mit Kettenstruktur auftreten kann, ein „Halb-Feld"-Übergang, wird an $(CH_3)_4NMnCl_3$ erstmals nachgewiesen und eingehend theoretisch erläutert [43].

EPR of Doped $(CH_3)_4N$-$MnCl_3$

Bei einem Einkristall (gewöhnliche Temperatur, 23.4 GHz), bei dem 4% der Mn^{2+}-Ionen durch Cu^{2+}-Ionen ersetzt wurden, ist ΔH bei $\Theta = 0°$ um 50% größer als für die reine Probe, jedoch gleich groß bei $\Theta = 55°$. Die Linienform ist für die reine und die dotierte Probe bei beiden Winkeln die gleiche. Die Zunahme um 50% bei $\Theta = 0°$ läßt sich durch eine Verlangsamung der Geschwindigkeit der Spindiffusion entlang der Kette durch die Cu^{2+}-Ionen erklären und stimmt mit den besonderen Eigenschaften der durch eindimensionale Spindynamik verursachten EPR überein [44]. Weitere Messungen der EPR in $(CH_3)_4NMn_{1-x}Cu_xCl_3$ mit x zwischen 3.4×10^{-4} und 0.22 bestätigen die Folgerungen der vorausgegangenen Untersuchungen [45], ebenso die Untersuchungen von Clément, Tchao [46] mit $x = 15 \times 10^{-4}$, 2×10^{-2} und 4×10^{-2}.

Literatur:

[1] M. Steiner, J. Villain, C. G. Windsor (Advan. Phys. **25** [1976] 87/209, 141). — [2] M. E. Fisher (Am. J. Phys. **32** [1964] 343/6), J. C. Bonner, M. E. Fisher (Phys. Rev. [2] **135** [1964] A640/A658). — [3] R. Dingle, M. E. Lines, S. L. Holt (Phys. Rev. [2] **187** [1969] 643/8). — [4] P. M. Richards (Phys. Rev. [3] B **14** [1976] 1239/47). — [5] L. R. Walker, R. E. Dietz, K. Andres, S. Darack (Solid State Commun. **11** [1972] 593/6).

[6] B. W. Mangum, D. B. Utton (Phys. Rev. [3] B **6** [1972] 2790/5). — [7] C. Dupas, J.-P. Renard (Phys. Letters A **55** [1975] 181/3). — [8] W. Selke, W. Pesch (Z. Physik B **24** [1976] 203/5). — [9] B. Vis, C. K. Chau, H. Weinstock, R. E. Dietz (Solid State Commun. **15** [1974] 1765/8). — [10] K. Takeda (Phys. Letters A **47** [1974] 335/6).

[11] H. W. White, K. H. Lee, J. Trainor, D. G. McCollum, S. L. Holt (AIP [Am. Inst. Phys.] Conf. Proc. Nr. 18 [1974] 376/9). — [12] C. Dupas, J.-P. Renard (Phys. Letters A **43** [1973] 119/20). — [13] R. J. Birgeneau, G. Shirane, T. A. Kitchens (Low Temp. Phys. LT 13 Proc. 13th Intern. Conf. Low Temp. Phys., Boulder, Colo., 1972 [1974], Bd. 2, S. 371/2; C.A. **82** [1975] Nr. 92267). — [14] C. Dupas, J.-P. Renard (Solid State Commun. **20** [1976] 581/4). — [15] K. Nagata, Y. Tazuke (J. Phys. Soc. Japan **32** [1972] 337/45).

[16] M. T. Hutchings, G. Shirane, R. J. Birgeneau, S. L. Holt (Phys. Rev. [3] B **5** [1972] 1999/2014). — [17] G. S. Rushbrooke, P. J. Wood (Mol. Phys. **1** [1958] 257/83, 277). — [18] R. J. Birgeneau, R. Dingle, M. T. Hutchings, G. Shirane, S. L. Holt (Phys. Rev. Letters **26** [1971] 718/21). — [19] M. Blume, J. Hubbard (Phys. Rev. [3] B **1** [1970] 3815/30). — [20] F. B. McLean, M. Blume (Phys. Rev. [3] B **7** [1973] 1149/79).

[21] P. M. Richards (Phys. Rev. Letters **27** [1971] 1800/3). — [22] P. M. Richards, F. Carboni (Phys. Rev. [3] B **5** [1972] 2014/8). — [23] J.-P. Boucher, M. A. Bakheit, M. Nechtschein, M. Villa, G. Bonera, F. Borsa (Phys. Rev. [3] B **13** [1976] 4098/118). — [24] D. Hone, A. Pires (Phys. Rev. [3] B **15** [1977] 323/32). — [25] M. T. Hutchings, C. G. Windsor (J. Phys. C **10** [1977] 313/22).

[26] D. W. Hone, P. M. Richards (Ann. Rev. Mater. Sci. **4** [1974] 337/63, 352). — [27] D. Hone, C. Scherer, F. Borsa (Phys. Rev. [3] B **9** [1974] 965/74). — [28] T. Moriya (Progr. Theoret. Phys. [Kyoto] **28** [1962] 371/400). — [29] J. W. Tucker (Phys. Letters A **51** [1975] 421/2). — [30] F. Borsa, J.-P. Boucher (Phys. Letters A **64** [1977] 256/8).

[31] P. M. Richards (Phys. Rev. Letters **28** [1972] 1646/9). — [32] P. M. Richards, F. Borsa (Solid State Commun. **15** [1974] 135/8). — [33] F. Borsa, M. Mali (Phys. Rev. [3] B **9** [1974] 2215/9). — [34] M. A. Bakheit, Y. Barjhoux, F. Ferrieu, M. Nechtschein, J. P. Boucher (Solid State Commun. **15** [1974] 25/8). — [35] Y. H. Tchao, S. Clément (J. Phys. [Paris] **35** [1974] 861/6).

$(CH_3)_4N$-$MnCl_3$

[36] Y. H. Tchao, S. Clément (Phys. Letters A **48** [1974] 295/7). — [37] F. Devreux, J.-P. Boucher, M. Nechtschein (J. Phys. [Paris] **35** [1974] 271/85, 283). — [38] Y. Nakajima, Y. Ajiro, Y. Furukawa, H. Kiriyama (Solid State Commun. **19** [1976] 1123/5). — [39] A. Baviera, G. Bonera, F. Borsa (Phys. Letters A **51** [1975] 463/4). — [40] R. E. Dietz, F. R. Merritt, R. Dingle, D. Hone, B. G. Silbernagel, P. M. Richards (Phys. Rev. Letters **26** [1971] 1186/8).

[41] A. Lagendijk, E. Siegel (Solid State Commun. **20** [1976] 709/12). — [42] A. Lagendijk (Physica B + C **83** [1976] 283/8). — [43] A. Lagendijk, D. Schoemaker (Phys. Rev. [3] B **16** [1977] 47/55). — [44] P. M. Richards (Phys. Rev. [3] B **10** [1974] 805/13). — [45] P. M. Richards (Phys. Rev. [3] B **13** [1976] 458/60).

[46] S. Clément, Y.-H. Tchao (Compt. Rend. B **282** [1976] 165/8). — [47] C. Dupas, J. P. Renard (Physica B + C **86/88** [1977] 705/6). — [48] J. P. Groen, T. O. Klaassen, N. J. Poulis (Phys. Letters A **62** [1977] 453/5).

Optical Properties

5.3.2.1.13.5 Optische Eigenschaften

$(CH_3)_4NMnCl_3I$ ist bei 25°C optisch einachsig positiv mit $n_\omega = 1.588(5)$ und $n_\varepsilon = 1.616(5)$ für $\lambda = 589.3$ nm, B. Morosin, E. J. Graeber (Acta Cryst. **23** [1967] 766/70).

Chemical Behavior

5.3.2.1.13.6 Chemisches Verhalten

$(CH_3)_4NMnCl_3$ ist sehr hygroskopisch [1]. Es reagiert beim Erhitzen mit äthanolischer $(CH_3)_4NCl$-Lösung zu $[(CH_3)_4N]_2MnCl_4$ (s. S. 193) [2].

Literatur:

[1] B. Vis, C. K. Chau, H. Weinstock, R. E. Dietz (Solid State Commun. **15** [1974] 1765/8), H. Weinstock (COO-1629-41 [1974] 1/26, 8/9; C.A. **81** [1974] Nr. 111997). — [2] J. J. Foster, N. S. Gill (J. Chem. Soc. A **1968** 2625/9).

Other Alkylammonium Chloromanganates(II)

5.3.2.1.14 Weitere Alkylammoniumchloromanganate(II)

Einige Verbindungen sind in der folgenden Tabelle mit ihren wichtigsten Eigenschaften zusammengefaßt. Bei der Darstellung wird in der Regel das entsprechende Alkylammoniumchlorid mit $MnCl_2$ in einem Lösungsmittel, das in der Tabelle angegeben ist, umgesetzt. Bei $[((CH_3)_2N)_2CH](CH_3)_2NH_2MnCl_4$ wird $MnCl_2$ in Dimethylformamid erhitzt und dann mit $(C_6H_5)_2SiCl_2$ versetzt. Nach dem Einengen und Zusatz von Toluol fällt die Verbindung aus. Bei $(C_5H_{10}NH_2)_2MnCl_4$ muß das Piperidin in großem Überschuß eingesetzt werden. — Mit t_f wird der Schmelzpunkt bezeichnet.

Kation, Formel	Darstellung in	Struktur	Weitere Eigenschaften	Lit.
Guanidinium $[C(NH_2)_3]_2MnCl_4$	H_2O	—	rosa, $t_f = 255°C$, in H_2O leicht löslich	[1]
Bis(aminoäthyl)ammonium $(NH_3C_2H_4)_2NH_2ClMnCl_4$	C_2H_5OH	Schichten aus $MnCl_6$-Oktaedern (s. S. 178), Schichtabstand 24.58 Å	rosa, $D = 1.72$ g/cm³	[2]

Kation, Formel	Darstellung in	Struktur	Weitere Eigenschaften	Lit.
Bis(dimethylamino)carbonium-dimethylammonium $[((CH_3)_2N)_2CH](CH_3)_2NH_2MnCl_4$	Dimethyl-formamid	isolierte reguläre $MnCl_4$-Tetraeder	$D = 1.404\ g/cm^3$, $t_f = 174°C$, zersetzt sich in Natronlauge	[3]
Piperidinium $(C_5H_{10}NH_2)_2MnCl_4$	Salzsäure	—	grün	[4]
$C_5H_{10}NH_2MnCl_3$	Salzsäure	—	rosa Fluoreszenz	[4]
Trimethylpiperazinium $[CH_3N(C_2H_4)_2N(CH_3)_2]_2MnCl_4$	C_2H_5OH, CH_3NO_2, $HC(OC_2H_5)_3$	isolierte $MnCl_4$-Tetraeder	grün, reagiert mit H_2O zu grünem $[(CH_3)_2N(C_2H_4)_2NHCH_3]MnCl_4$	[5]
Diaza-bicyclooctan $[HN(C_2H_4)_3NH]MnCl_4$	C_2H_5OH	isolierte reguläre $MnCl_4$-Tetraeder	grün, oberhalb 150°C Abspaltung von HCl	[6]

Zur elektrischen Leitfähigkeit von Gemischen aus $(C_4H_9)_4NCl$ und 0 bis 28 Mol-% $MnCl_2$ im flüssigen und glasig erstarrten Zustand s. [7].

Literatur:

[1] P. V. Gogorishvili, D. A. Gogorishvili (Issled. Obl. Khim. Kompleks. Prostykh Soedin. Nekot. Perekhodnykh Redk. Metal. **1970** 73/80, 75; C.A. **74** [1971] Nr. 71082). — [2] A. Daoud, R. Perret (Compt. Rend. C **280** [1975] 1377/9). — [3] V. D. Sheludyakov, A. I. Gusev, A. V. Uvarov, M. G. Los (Dokl. Akad. Nauk SSSR **220** [1975] 613/6; Dokl. Chem. Proc. Acad. Sci. USSR **220** [1975] 108/11), A. V. Uvarov, A. I. Gusev, V. D. Sheludyakov, E. A. Budreiko (Dokl. Akad. Nauk SSSR **225** [1975] 879/81; Dokl. Phys. Chem. Proc. Acad. Sci. USSR **225** [1975] 1305/7). — [4] H. Payen de la Garanderie (Compt. Rend. **254** [1962] 2739/40). — [5] A. S. N. Murthy, J. V. Quagliano, L. M. Vallarino (Inorg. Chim. Acta **6** [1972] 49/53).

[6] G. Brun, G. Jourdan (Compt. Rend. C **279** [1974] 129/31). — [7] N. Islam, M. R. Islam (Z. Physik. Chem. **253** [1973] 340/5; Indian J. Chem. **12** [1974] 705/11).

5.3.2.1.15 Arylammoniumchloromanganate(II) und verwandte Verbindungen

Arylammonium Chloromanganates(II) and Related Compounds

In der folgenden Tabelle werden einige Verbindungen mit ihren wichtigsten Eigenschaften zusammengefaßt. Zur Darstellung werden üblicherweise das Arylammoniumchlorid und $MnCl_2$ in einem geeigneten Lösungsmittel, das in der Tabelle aufgeführt ist, umgesetzt. Aus magnetischen Messungen wird auf $MnCl_4$-Tetraeder in $[(CH_3)_2NC_6H_4N_2]_2MnCl_4$ geschlossen. — t_f bezeichnet den Schmelzpunkt.

Kation, Formel	Darstellung in	Eigenschaften	Lit.
Anilinium $C_6H_5NH_3MnCl_3$	Salzsäure	rosa Fluoreszenz	[1]
Toluidinium $CH_3C_6H_4NH_3MnCl_3$	Salzsäure	rosa Fluoreszenz	[1]
Trimethylbenzylammonium $[(CH_3)_3C_6H_5CH_2N]_2MnCl_4$	CH_3COOH [2], C_2H_5OH [3]	hellgelb, $t_f = 156°C$, löslich in Methanol, Äthanol, Aceton, Nitrobenzol; unlöslich in Äther, Chloroform, Benzol	[2, 3]
p-Dimethylaminobenzoldiazonium $[(CH_3)_2NC_6H_4N_2]_2MnCl_4$	C_2H_5OH	$t_f = 139.5°C$, ab 144°C Zersetzung	[4, 5]

Literatur:

[1] H. Payen de la Garanderie (Compt. Rend. **254** [1962] 2739/40). — [2] L. Naldini, A. Sacco (Gazz. Chim. Ital. **89** [1959] 2258/67, 2265). — [3] C. Furlani, A. Furlani (J. Inorg. Nucl. Chem. **19** [1961] 51/60, 58). — [4] E. A. Boudreaux, H. B. Jonassen, L. J. Theriot (J. Am. Chem. Soc. **85** [1963] 2039/43). — [5] H. B. Jonassen, L. J. Theriot, E. A. Boudreaux, W. M. Ayres (J. Inorg. Nucl. Chem. **26** [1964] 595/9).

$(C_5H_5NH)_2$-$MnCl_4$

5.3.2.1.16 $(C_5H_5NH)_2MnCl_4$ ($=2\,C_5H_5NHCl \cdot MnCl_2$)

Die Verbindung kristallisiert aus der heißen Lösung von $MnCl_2$ und etwas mehr als der doppelten Molmenge C_5H_5NHCl in absolutem Äthanol beim Abkühlen [1, 2] oder beim Einengen einer wäßrigen Lösung der Komponenten auf dem Wasserbad [1, 3]. Man erhält sie auch durch Einengen einer Lösung von $MnCl_2 \cdot 4\,H_2O$ [1, 4 bis 7], Mn_2O_3, Mn_3O_4 [4] oder frisch gefälltem MnO_2 [1, 4, 8, 9] und überschüssigem Pyridin in Salzsäure auf dem Wasserbad. Bei nicht zu konzentrierten Lösungen scheidet sich dabei zunächst rosa gefärbtes $C_5H_5NHMnCl_3 \cdot H_2O$ (s. S. 208) ab. Das gewünschte grüne $(C_5H_5NH_2)_2MnCl_4$ fällt dann nach dem Einengen des grünen Filtrats aus [1, 10]. Die Verbindung entsteht ferner durch Behandlung von $MnCl_2 \cdot 2\,C_5H_5N$ mit HCl-Gas [4]. Die Kristalle werden mit absolutem Äthanol [1, 2, 8, 10] und Äther [8] gewaschen und im Vakuum [1, 4, 10] über konzentriertem H_2SO_4 getrocknet [2].

Die hellgrünen nadelförmigen Kristalle [1, 2, 11] sind nach Einkristallaufnahmen triklin, Raumgruppe $P\bar{1}$-C_i^1 (Nr. 2), Gitterkonstanten a = 12.771 (5), b = 8.158 (5), c = 7.681 (5) Å, $\alpha = 100.38°$, $\beta = 96.43°$, $\gamma = 88.78°$ (je ±0.05°); Z = 2 [12]. Die ältere monokline Indizierung [11] ist damit überholt. Alle Atome besetzen die allgemeine Punktlage mit folgenden Parametern (R = 5.6%):

Atom	x	y	z
Mn	0.7210(1)	0.6722(2)	0.5573(2)
Cl(1)	0.5528(2)	0.6839(3)	0.3948(3)
Cl(2)	0.8033(2)	0.9335(3)	0.6012(3)
Cl(3)	0.8248(2)	0.4564(3)	0.4151(3)
Cl(4)	0.6984(2)	0.6016(3)	0.8376(3)
N(1)	0.4259(6)	0.7365(11)	0.7506(11)
N(2)	0.9107(7)	0.3300(10)	0.7870(12)
H(1)	0.4480	0.6570	0.6500
H(12)	0.8650	0.3830	0.7190

Lagen der C- und übrigen H-Atome s. Original. Die Struktur besteht aus isolierten, nahezu regulären tetraedrischen $MnCl_4^{2-}$-Anionen mit Mn-Cl-Abständen zwischen 2.350(4) und 2.376(4) Å, die in der Mitte der Summe aus den kovalenten und Ionen-Radien liegen. Von den Pyridinium-Kationen ist eines (das mit N(1)) leicht fehlgeordnet, Abstände und Winkel s. Original. Beide Kationen sind über H-Brücken mit dem Anion verbunden, wodurch dessen geringe Verzerrung bewirkt wird, s. **Fig. 71** [12].

Pyknometrische Dichte = 1.45 ± 0.04 [11, 12], Röntgendichte = 1.496 ± 0.002 g/cm³ [12].

$(C_5H_5NH)_2MnCl_4$ ist hygroskopisch [1, 11, 12] und schmilzt bei 152°C [1, 2] bis 155°C [1] unter Zersetzung. Bei höheren Temperaturen dampft C_5H_5NHCl (aber nicht Cl_2 [8]) ab. An feuchter Luft bildet sich $C_5H_5NHMnCl_3 \cdot H_2O$ (s. S. 208). In H_2O löst sich $(C_5H_5NH)_2MnCl_4$ sehr leicht. Konzentrierte Lösungen sind grün ($MnCl_4^{2-}$), verdünntere blaßrosa und scheiden beim Einengen $C_5H_5NHMnCl_3 \cdot H_2O$ ab [1, 3], s. auch [8]. Kryoskopische und konduktometrische Messungen bestätigen die weitgehende Dissoziation der Verbindung in H_2O [4, 9]. Auch die Lösung des Salzes in Alkohol ist infolge Solvolyse rosa gefärbt [3]. Die Verbindung läßt sich daher aus H_2O und Alkohol nicht umkristallisieren [3, 4]. Beim Umkristallisieren aus Pyridin bildet sich $MnCl_2 \cdot 2\,C_5H_5N$ [4]. In Äther ist $(C_5H_5NH)_2MnCl_4$ unlöslich [3]. Durch wäßriges Alkali wird $Mn(OH)_2$ [1, 4], mit Ammoniumsulfidlösung MnS [8] und durch $AgNO_3$ das Chlor vollständig als AgCl gefällt [8].

Fig. 71

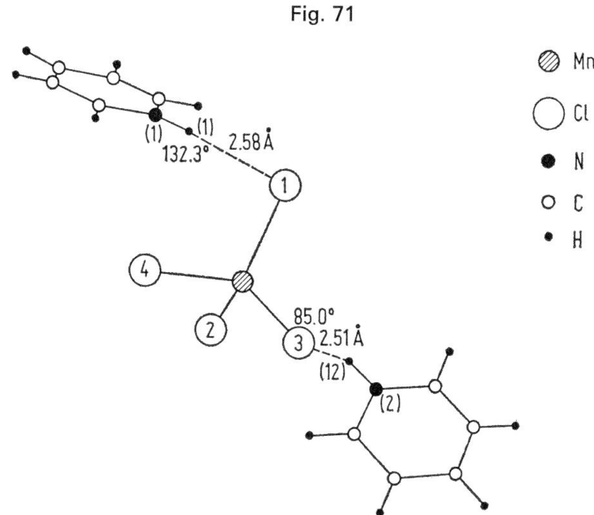

Lage der H-Brückenbindungen in der Kristallstruktur von $(C_5H_5NH)_2MnCl_4$.

Literatur:

[1] S. Taylor (J. Chem. Soc. **1934** 699/701). — [2] F. A. Cotton, D. M. L. Goodgame, M. Goodgame (J. Am. Chem. Soc. **84** [1962] 167/72). — [3] L. Pincussohn (Z. Anorg. Allgem. Chem. **14** [1897] 379/403, 388). — [4] W. S. Fyfe (J. Chem. Soc. **1950** 790/3). — [5] S. Schlivitch (Compt. Rend. **245** [1957] 2047/8).

[6] K. Nikolitch, H. Payen de la Garanderie, S. Schlivitch (Compt. Rend. **250** [1960] 4143/5). — [7] H. Payen de la Garanderie (Compt. Rend. **254** [1962] 2739/40). — [8] F. Reitzenstein (Z. Anorg. Allgem. Chem. **18** [1898] 253/304, 290). — [9] O. E. Zvyagintsev, O. Yu. Mamulaishvili, M. Chkoniya (Bull. Acad. Sci. URSS Classe Sci. Math. Nat. **1937** Nr. 5, S. 1255/9; C.A. **1938** 2862). — [10] S. S. Bhatnagar, B. Prakash, J. C. Maheshwari (Proc. Indian Acad. Sci. A **10** [1939] 150/5; C.A. **1940** 2221/2).

[11] R. Robert, C. Brassy, A. Mellier (Compt. Rend. B **274** [1972] 341/3). — [12] C. Brassy, R. Robert, B. Bachet, R. Chevalier (Acta Cryst. B **32** [1976] 1371/6).

5.3.2.1.17 $C_5H_5NHMnCl_3$ (= $C_5H_5NHCl \cdot MnCl_2$)

C_5H_5NH-$MnCl_3$

Die Verbindung wird durch Eindampfen einer wäßrigen Lösung von äquimolaren Anteilen C_5H_5NHCl und $MnCl_2$ [1, 2] oder einer Lösung von Pyridin und $MnCl_2$ in äthanolischem HCl dargestellt [3]. In konzentrierter Salzsäure entsteht das Hydrat (s. S. 208), das aber leicht thermisch entwässert werden kann [4 bis 6]. Man erhält die Verbindung auch durch thermischen Abbau von $(C_5H_5NH)_2MnCl_4$ (s. S. 206) bei 80°C [6]. Sie kann aus reinem Äthanol umkristallisiert werden [1, 2], nicht jedoch aus H_2O, da sich dabei das Hydrat bildet [1].

Die luftbeständigen mattrosa [1, 2, 6] oder rotorange gefärbten Kristalle geben eine orangerote Fluoreszenz (Maximum bei $\lambda = 650$ nm) [3, 4]. — Bei 170°C zersetzen sie sich unter Bildung von $C_5H_5NHMn_2Cl_5$ (s. S. 208) und C_5H_5NHCl [6], s. auch [1]. $C_5H_5NHMnCl_3$ löst sich in H_2O und Alkohol. 0.1molare wäßrige Lösungen reagieren sauer (pH = 3.2), was auf eine weitgehende Dissoziation hinweist. Durch NaOH wird $Mn(OH)_2$ bei pH $\geq$ 8 gefällt. In Äther ist die Verbindung unlöslich [6].

Literatur:

[1] S. Taylor (J. Chem. Soc. **1934** 699/701). — [2] L. Pincussohn (Z. Anorg. Allgem. Chem. **14** [1897] 379/403, 388). — [3] K. Nikolitch, H. Payen de la Garanderie, S. Schlivitch (Compt. Rend. **250** [1960] 4143/5). — [4] H. Payen de la Garanderie (Compt. Rend. **254** [1962] 2739/40). — [5] S. Schlivitch (Compt. Rend. **245** [1957] 2047/8).

[6] J. Lang, J. Millet (Bull. Soc. Chim. France **1960** 867/70).

C_5H_5NH-$MnCl_3 \cdot H_2O$

5.3.2.1.18 $C_5H_5NHMnCl_3 \cdot H_2O$ (= $C_5H_5NHCl \cdot MnCl_2 \cdot H_2O$)

Die Verbindung kristallisiert aus der Lösung von äquimolaren Anteilen C_5H_5NHCl und $MnCl_2$ in H_2O [1] oder Pyridin und $MnCl_2 \cdot 4H_2O$ in konzentrierter Salzsäure beim Einengen und Abkühlen [2] in rosafarbenen Kristallnadeln [1, 2], die mit Äthanol gewaschen und im Vakuum getrocknet werden [2], s. auch [3, 4]. Das Hydrat entsteht auch beim Umkristallisieren der wasserfreien Verbindung (s. S. 207) aus wäßriger Lösung [1]. Andere Autoren schreiben der Verbindung zwei Moleküle H_2O zu [5].

In weißem Licht wird ein Brechungsindex von $n_\beta = 1.62$ gemessen [3].

$C_5H_5NHMnCl_3 \cdot H_2O$ ist luftbeständig, verwittert aber im Exsikkator allmählich [1]. Durch längeres Erhitzen auf 130°C erhält man die wasserfreie Verbindung [5], s. auch [3]. In H_2O ist das Hydrat leicht löslich [1]; in verdünnten Lösungen wird es allmählich hydrolysiert [3].

Literatur:

[1] S. Taylor (J. Chem. Soc. **1934** 699/701). — [2] S. S. Bhatnagar, B. Prakash, J. C. Maheshwari (Proc. Indian Acad. Sci. A **10** [1939] 150/5; C.A. **1940** 2221/2). — [3] W. S. Fyfe (J. Chem. Soc. **1950** 790/3). — [4] K. Nikolitch, H. Payen de la Garanderie, S. Schlivitch (Compt. Rend. **250** [1960] 4143/5). — [5] J. Lang, J. Millet (Bull. Soc. Chim. France **1960** 867/70).

C_5H_5NH-Mn_2Cl_5

5.3.2.1.19 $C_5H_5NHMn_2Cl_5$ (= $C_5H_5NHCl \cdot 2MnCl_2$)

Die Verbindung wird durch Erhitzen von $C_5H_5NHMnCl_3$ (s. S. 207) auf 190°C im trocknen N_2-Strom in etwa 24 h erhalten. Die rosastichige Verbindung ist an feuchter Luft etwas hygroskopisch. Feuchte Präparate lassen sich bei 80°C leicht wieder trocknen. Bei 230°C entsteht $MnCl_2$ unter Abspaltung von C_5H_5NHCl. Die Verbindung löst sich in H_2O und Alkohol und ist unlöslich in Äther und Essigsäure, J. Lang, J. Millet (Bull. Soc. Chim. France **1960** 867/70).

Chloromanganates(II) with Other N-heterocyclic Cations

5.3.2.1.20 Chloromanganate(II) mit weiteren N-heterocyclischen Basen

Die Verbindungen werden üblicherweise aus entsprechenden Molmengen der Base (oder dem Chlorid) und $MnCl_2$ in Salzsäure oder Äthanol dargestellt. Mit einem Molverhältnis von Base · HCl : $MnCl_2$ = 2 : 1 sind gelb bis grün gefärbte Tetrachloromanganate folgender Heterocyclen dargestellt worden: Picolin [1], Chinolin [1 bis 3], Acridin [1], 2,4-Dimethyl-1H-1,5-benzodiazepin [4] und N,N'-Dimethyl-4,4'-bipyridyl [5]. Die Verbindungen enthalten isolierte $MnCl_4$-Tetraeder [3 bis 5]. Von der Chinolinium-Verbindung ist auch ein gelbgrünes Dihydrat bekannt [6].

Rosarot gefärbte Trichloromanganate mit einem Base · HCl : $MnCl_2$-Verhältnis von 1 : 1 kennt man mit Picolin [1] und Chinolin [7], Monohydrate mit Chinolin [1, 2], Isochinolin und Acridin [1] sowie ein Dihydrat mit Chinolin [2, 3].

Literatur:

[1] H. Payen de la Garanderie (Compt. Rend. **254** [1962] 2739/40). — [2] S. Taylor (J. Chem. Soc. **1934** 699/701). — [3] K. Nikolić (Glasnik Hem. Drustva Beograd **27** [1962] 209/11). — [4] P. W. W. Hunter, G. A. Webb (J. Inorg. Nucl. Chem. **34** [1972] 1511/8). — [5] A. J. Macfarlane, R. J. P. Williams (J. Chem. Soc. A **1969** 1517/20).

[6] J. V. Dubský, V. Dostál (Publ. Fac. Sci. Univ. Masaryk Nr. 196 [1934] 17/23; C. **1935** II 1123). — [7] E. Borsbach (Ber. Deut. Chem. Ges. **23** [1890] 431/40, 433).

5.3.2.1.21 Weitere Oniumtetrachloromanganate(II)

Other Onium Tetra-chloromanganates(II)

$[(C_6H_5)_3PH]_2MnCl_4$ ($=2(C_6H_5)_3PHCl \cdot MnCl_2$) scheidet sich beim Einleiten von HCl-Gas in die Lösung von $MnCl_2$ und Triphenylphosphin in Eisessig ab. Die fluoreszierenden Kristalle werden mit Eisessig und Äther gewaschen. — Sie schmelzen bei 235 bis 239°C. — Magnetische Suszeptibilität $\chi = 20.6 \times 10^{-6}$ cm³/g, magnetisches Moment $\mu = 5.97\ \mu_B$ bei 297 K. — Die Verbindung löst sich in Methanol, Äthanol sowie Aceton und ist unlöslich in $CHCl_3$, Äther und Benzol [1].

$[CH_3(C_6H_5)_3P]_2MnCl_4$ ($=2\,CH_3(C_6H_5)_3PCl \cdot MnCl_2$) wird wie $(C_5H_5NH)_2MnCl_4$ (s. S. 206) in Form von blaßgrünen Kristallen erhalten. Es zeigt Triboluminescenz und schmilzt bei 216°C. Die elektrische Leitfähigkeit der Lösung in Nitromethan entspricht einem 2:1-Elektrolyten. Daraus und aus optischen Untersuchungen wird gefolgert, daß das Mangan tetraedrisch von Chlor umgeben ist [2].

$[(C_6H_5)_4As]_2MnCl_4$ ($=2(C_6H_5)_4AsCl \cdot MnCl_2$) scheidet sich aus der Lösung von wasserfreiem überschüssigem $MnCl_2$ und $(C_6H_5)_4AsCl$ in absolutem Äthanol auf Zusatz von Diäthyläther in weißlichen, fluoreszierenden Kristallen ab, die aus einem Alkohol-Äther-Gemisch umkristallisiert werden [1]. — Aus dem Absorptionsspektrum wird auf ein tetraedrisch gebautes Anion $MnCl_4^{2-}$ geschlossen [3]. — Die Kristalle schmelzen bei 265°C. — Magnetische Suszeptibilität $\chi = 16.23 \times 10^{-6}$ cm³/g, magnetisches Moment $\mu = 6.07\ \mu_B$ bei 297 K. — Die Verbindung löst sich in Methanol, Äthanol, Aceton sowie Nitrobenzol und ist unlöslich in $CHCl_3$, Äther und Benzol [1], s. auch [3].

$[CH_3(C_6H_5)_3As]_2MnCl_4$ ($=2\,CH_3(C_6H_5)_3AsCl \cdot MnCl_2$) erhält man durch Eindampfen einer wäßrigen [4] oder äthanolischen [5 bis 7] Lösung von $MnCl_2$ und der doppelten Molmenge $CH_3(C_6H_5)_3AsCl$ und Umkristallisieren des Rückstandes aus Äthanol [4, 5].

Die blaßgrünen [5, 6] zerfließlichen Nadeln [5] kristallisieren kubisch, Raumgruppe $P2_13\text{-}T^4$ (Nr. 198) mit a = 15.597 [4], 15.63 ± 0.01 Å; Z = 4 [7]. Die Verbindung ist isotyp mit der analogen Nickel-Verbindung, in der das Ni von vier Cl-Atomen tetraedrisch umgeben ist [6, 7], s. auch [5]. — Das magnetische Moment beträgt $\mu = 5.88\ \mu_B$ bei 20°C [5, 6]. — Die in Nitromethan [2] und Nitrobenzol [6] bei 20°C gemessene molare elektrische Leitfähigkeit entspricht einem 2:1-Elektrolyten [5, 6].

Für die Auflösung in 2000 mol H_2O ergeben kalorimetrische Bestimmungen die Lösungsenthalpie $\Delta H_l = +0.89$ kcal/mol [4].

$(C_5H_7S_2)_2MnCl_4$ ($=2\,C_5H_7S_2Cl \cdot MnCl_2$). Zur Darstellung leitet man HCl und dann H_2S durch eine Lösung von wasserfreiem $MnCl_2$ und etwas mehr als der doppelten Molmenge Acetylaceton $C_5H_8O_2$ in absolutem Äthanol und läßt nach Zusatz des gleichen Volumens Petroläther über Nacht kristallisieren. — Auf Grund des UV- und IR-Spektrums wird ein Dithiolium-Kation $C_5H_7S_2^+$ angenommen. Das magnetische Moment von 5.92 μ_B weist auf Mn^{II} hin. — Die gelben Kristalle lösen sich leicht in H_2O, Methanol, Dimethyl-formamid und -sulfoxid, wahrscheinlich unter Zersetzung, da sie daraus nicht umkristallisierbar sind. In $CHCl_3$, Aceton, Benzol und ähnlichen Lösungsmitteln sind sie nur sehr wenig löslich [8].

Literatur:

[1] L. Naldini, A. Sacco (Gazz. Chim. Ital. **89** [1959] 2258/67, 2262). — [2] F. A. Cotton, D. M. L. Goodgame, M. Goodgame (J. Am. Chem. Soc. **84** [1962] 167/72). — [3] C. Furlani, A. Furlani (J. Inorg. Nucl. Chem. **19** [1961] 51/60). — [4] A. B. Blake, F. A. Cotton (Inorg. Chem. **3** [1964] 5/10). — [5] N. S. Gill, R. S. Nyholm (J. Chem. Soc. **1959** 3997/4007, 3999, 4006).

[6] N. S. Gill, R. S. Nyholm, P. Pauling (Nature **182** [1958] 168/70). — [7] P. Pauling (Inorg. Chem. **5** [1966] 1498/503). — [8] A. Furuhashi, K. Watanuki, A. Ouchi (Bull. Chem. Soc. Japan **41** [1968] 110/4).

Compounds of Mn^{III} and Mn^{IV}

5.3.2.2 Verbindungen mit Mangan(III) und Mangan(IV)

$(CH_3NH_3)_2$-$MnCl_5$?

5.3.2.2.1 $(CH_3NH_3)_2MnCl_5$ ($= 2\,CH_3NH_3Cl \cdot MnCl_3$)?

Wird eine Lösung von MnOOH in gesättigter wäßriger HCl-Lösung mit einer gesättigten Lösung von CH_3NH_3Cl versetzt, so entstehen geringe Mengen einer rotbraunen zähen Verbindung. Die chemische und mikroskopische Analyse ergibt jedoch, daß es sich hierbei nicht um reines $(CH_3NH_3)_2MnCl_5$ handelt, s. auch unten bei $[(CH_3)_2NH_2]_2MnCl_5 \cdot C_2H_5OH$. Nicht zugeordnete IR-Banden s. Original, W. Levason, C. A. McAuliffe (J. Chem. Soc. Dalton Trans. **1973** 455/8).

$[(CH_3)_2$-$NH_2]_2$-$MnCl_5 \cdot$ C_2H_5OH

5.3.2.2.2 $[(CH_3)_2NH_2]_2MnCl_5 \cdot C_2H_5OH$ ($= 2(CH_3)_2NH_2Cl \cdot MnCl_3 \cdot C_2H_5OH$)

Zur Darstellung wird zunächst eine Suspension von MnO_2 in CCl_4 bei $-10°C$ mit HCl zu einem schwarzen Produkt umgesetzt, das abfiltriert, gewaschen und mit Diäthyläther bei $-20°C$ extrahiert wird. Zu diesem purpurroten Extrakt wird eine verdünnte äthanolische Lösung von $(CH_3)_2NH_2Cl$ getropft, wobei die dunkelbraune Verbindung ausfällt. $(CH_3NH_3)_2MnCl_5$ (s. oben) läßt sich nach dieser Methode nicht rein darstellen [1, 2], s. auch [3].

Aus den elektronischen Spektren wird auf sechsfach koordiniertes Mangan geschlossen. — Die Verbindung schmilzt bei 85°C zu einer grünen Flüssigkeit. — Im Absorptionsspektrum im fernen IR werden nicht zugeordnete Banden bei 280, 240 und 220 cm^{-1} beobachtet. — Die Verbindung ist instabil am Licht, besonders wenn sie in organischen Lösungsmitteln gelöst ist, sie hydrolysiert an feuchter Luft und zersetzt sich im Vakuum selbst im Dunkeln innerhalb von 24 h. In konzentrierter Salzsäure entstehen grünschwarze Lösungen, die sich beim Verdünnen rotbraun färben [2].

Literatur:

[1] N. S. Gill (Chem. Ind. [London] **1961** 989/90). — [2] W. Levason, C. A. McAuliffe (J. Chem. Soc. Dalton Trans. **1973** 455/8). — [3] F. Olsson (Undersökningar över 3- och 4värdig Mangan samt 5värdig Krom, Uppsala 1927, S. 1/139, 22/43).

$[(CH_3)_3$-$NH]_2$-$MnCl_5$

5.3.2.2.3 $[(CH_3)_3NH]_2MnCl_5$ ($= 2(CH_3)_3NHCl \cdot MnCl_3$)

Die Verbindung wird analog zu $[(CH_3)_2NH_2]_2MnCl_5 \cdot C_2H_5OH$ (s. oben) dargestellt [1 bis 3]. — Nach den optischen Spektren ist das Mangan fünffach in Form einer quadratischen Pyramide koordiniert. Das IR-Spektrum zeigt Banden bei 280, 265 und 235 cm^{-1} sowie ν(NH)-Banden bei 2720, 2520 und 2460 cm^{-1} [3]. — Die Verbindung ist olivgrün und schmilzt bei etwa 110°C unter Abspaltung von Cl_2. In den übrigen chemischen Eigenschaften verhält sie sich ähnlich wie $[(CH_3)_2NH_2]_2MnCl_5 \cdot C_2H_5OH$ [3].

Literatur:

[1] F. Olsson (Undersökningar över 3- och 4värdig Mangan samt 5värdig Krom, Uppsala 1927, S. 1/139, 22/43). — [2] N. S. Gill (Chem. Ind. [London] **1961** 989/90). — [3] W. Levason, C. A. McAuliffe (J. Chem. Soc. Dalton Trans. **1973** 455/8).

5.3.2.2.4 $[(CH_3)_4N]_2MnCl_5$ (= $2(CH_3)_4NCl \cdot MnCl_3$), $[(CH_3)_4N]_2MnCl_5 \cdot H_2O$

$[(CH_3)_4N]_2$-$MnCl_5$, $[(CH_3)_4$-$N]_2MnCl_5 \cdot H_2O$

Die Verbindung erhält man durch Fällung einer aus $KMnO_4$ und kalt gesättigter HCl-Lösung in absolutem Äthanol bereiteten $MnCl_3$-Lösung mit der 2.25fachen Molmenge $(CH_3)_4NCl$, die in möglichst wenig konzentriertem äthanolischem HCl gelöst ist [1], oder man fällt eine verdünnte äthanolische Lösung von $(CH_3)_4NCl$ mit einer überschüssigen ätherischen $MnCl_3$-Lösung, die man durch Behandlung einer Suspension von MnO_2 in Äther mit CH_3COCl gewinnt [2]. Sie wird auch auf analoge Weise wie $[(CH_3)_2NH_2]_2MnCl_5 \cdot C_2H_5OH$ (s. S. 210) dargestellt [3, 4]. Der dunkelgrüne kristalline Niederschlag wird mit Äthanol und Äther gewaschen und im Vakuum über NaOH getrocknet [2], s. auch [3], oder mit äthanolischem HCl, zuletzt mit wenig absolutem Äthanol gewaschen und über konzentriertem H_2SO_4 getrocknet [1]. Wenn nicht unter vollständigem Ausschluß von H_2O gearbeitet wird, kann sich offensichtlich ein Hydrat der Zusammensetzung $[(CH_3)_4N]_2MnCl_5 \cdot H_2O$ bilden [2], s. auch S. 213.

Das Mn-Atom dürfte wie in $[(C_2H_5)_4N]_2MnCl_5$ (s. unten) von fünf Cl-Atomen pyramidal umgeben sein [3]. Dagegen wird aus optischen Untersuchungen des Hydrats auf eine sechsfache oktaedrische Koordination geschlossen [2]. Für die wasserfreie Verbindung wird im IR- bzw. Raman-Spektrum oberhalb 200 cm^{-1} die Schwingung ν-MnCl (axial, Rasse A_1) bei 360 cm^{-1} (IR) [3] bzw. 360 cm^{-1} (Ra) [5], ν-MnCl (äquatorial, Rasse A_1) bei 280 cm^{-1} (IR) [3] bzw. 291 cm^{-1} (Ra) [5] und δ-MnCl (Rasse E) bei 232 cm^{-1} (Ra) [5] beobachtet. — $[(CH_3)_4N]_2MnCl_5$ schmilzt bei 100 [3] bis 130°C [2] unter Abgabe von Chlor. Die übrigen Eigenschaften entsprechen weitgehend denen von $[(CH_3)_2NH_2]_2MnCl_5 \cdot C_2H_5OH$ [3].

Literatur:

[1] F. Olsson (Undersökningar över 3- och 4värdig Mangan samt 5värdig Krom, Uppsala 1927, S. 1/139, 22/43; Arkiv Kemi Mineral. Geol. **9** Nr. 10 [1924] 5/9). — [2] A. K. Das, D. V. Ramana Rao (Chem. Ind. [London] **1973** 186). — [3] W. Levason, C. A. McAuliffe (J. Chem. Soc. Dalton Trans. **1973** 455/8). — [4] N. S. Gill (Chem. Ind. [London] **1961** 989/90). — [5] C. F. Bell, D. N. Waters (J. Inorg. Nucl. Chem. **39** [1977] 773/5).

5.3.2.2.5 Weitere Pentachloromanganate(III) $(R_4N)_2MnCl_5$

Other Pentachloromanganates(III)

Zur Darstellung eignen sich die bei $[(CH_3)_4N]_2MnCl_5$ (s. oben) genannten Verfahren, nach denen folgende Verbindungen erhalten wurden: $[(C_2H_5)_4N]_2MnCl_5$ [1 bis 4] und $[(C_3H_7)_4N]_2MnCl_5$ [1], ferner mit den Kationen $C_6H_5(CH_3)_3N^+$, $C_6H_5(C_2H_5)_3N^+$, $C_6H_5(CH_3)_2C_2H_5N^+$, $C_6H_5CH_3$-$(C_2H_5)_2N^+$, $C_6H_5CH_3C_2H_5C_3H_7N^+$ und $CH_3C_6H_4(CH_3)_3N^+$ [1]. Zur Bildung von $[(C_2H_5)_4N]_2MnCl_5$ aus $(C_2H_5)_4NMnCl_4 \cdot 2CH_3COOH$ s. S. 212.

Aus der Kristallstruktur der reinen In-Verbindung $[(C_2H_5)_4N]_2InCl_5$ und aus dem Spektrum der Mischkristalle $[(C_2H_5)_4N]_2(Mn,In)Cl_5$ (s. S. 228) wird gefolgert, daß die Mn-Atome auch in reinem $[(C_2H_5)_4N]_2MnCl_5$ von fünf Cl-Atomen in Form einer vierseitigen Pyramide umgeben sind [5], s. auch [3, 4]. — Im IR- bzw. Raman-Spektrum oberhalb 200 cm^{-1} wird die Schwingung ν-MnCl (axial, Rasse A_1) bei 345 cm^{-1} (IR), ν-MnCl (äquatorial, Rasse A_1) bei 290 (IR) bzw. 289 cm^{-1} (Ra) und δ-MnCl (Rasse E) bei 233 cm^{-1} (Ra) beobachtet [6]; nicht zugeordnete Banden im IR-Spektrum s. [3, 6].

Die grünen Verbindungen werden an feuchter Luft leicht hydrolysiert [1, 3]. Die Tetraäthylammoniumverbindung zersetzt sich bei 160°C unter Abspaltung von Cl_2 [3]. Die weiteren Eigenschaften entsprechen denen der Methylammoniumverbindungen.

Literatur:

[1] F. Olsson (Undersökningar över 3- och 4värdig Mangan samt 5värdig Krom, Uppsala 1927, S. 1/139, 22/43; Arkiv Kemi Mineral. Geol. **9** Nr. 10 [1924] 5/9). — [2] T. S. Davies, J. P. Fackler, M. J. Weeks (Inorg. Chem. **7** [1968] 1994/2002, 1995). — [3] W. Levason, C. A. McAuliffe (J. Chem. Soc. Dalton Trans. **1973** 455/8). — [4] N. S. Gill (Chem. Ind. [London] **1961** 989/90). — [5] C. Bellitto, A. A. G. Tomlinson, C. Furlani (J. Chem. Soc. A **1971** 3267/71).

[6] C. F. Bell, D. N. Waters (J. Inorg. Nucl. Chem. **39** [1977] 773/5).

$(C_2H_5)_4N$-$MnCl_4$·$2CH_3COOH$

5.3.2.2.6 $(C_2H_5)_4NMnCl_4 \cdot 2CH_3COOH$ $(=(C_2H_5)_4NCl \cdot MnCl_3 \cdot 2CH_3COOH)$

Zur Darstellung erhitzt man $(C_2H_5)_4NMnO_4$ mit Eisessig bis fast zum Sieden und leitet trocknes HCl-Gas ein. Dabei scheidet sich die Verbindung unter Cl_2-Entwicklung als rotbrauner kristalliner Niederschlag ab, der zuerst mit HCl-gesättigtem, zuletzt mit reinem Eisessig gewaschen und im Exsikkator über H_2SO_4 und KOH getrocknet wird. Die sehr unbeständige Verbindung zersetzt sich an der Luft rasch, im Exsikkator langsamer unter Abspaltung von Cl_2 und Essigsäure. Bei 60°C erhält man bereits nach 1 h die (blaßrosafarbene) Mn^{II}-Verbindung. — Mit absolutem Alkohol entsteht eine braune, bei hoher Konzentration oder Zusatz von Äther eine grüne Lösung, die grünes $[(C_2H_5)_4N]_2MnCl_5$ (s. S. 211) abscheidet. In Eisessig lösen sich bei 19.8°C 0.089 g je 100 ml mit brauner Farbe. Die grünen Lösungen in Nitrobenzol sind nur wenig beständig und entfärben sich bald unter Bildung von Mn^{II}. In Lösungsmitteln, wie CCl_4, Benzol und Acetophenon, ist die Verbindung unlöslich, F. Olsson (Undersökningar över 3- och 4värdig Mangan samt 5värdig Krom, Uppsala 1927, S. 1/139, 33/6; Arkiv Kemi Mineral. Geol. **9** Nr. 10 [1924] 5/9).

$(C_5H_5NH)_2$-$MnCl_5$

5.3.2.2.7 $(C_5H_5NH)_2MnCl_5$ $(=2C_5H_5NHCl \cdot MnCl_3)$

Zur Darstellung löst man MnO_2, Mn_2O_3 oder Mn_3O_4 in mit HCl gesättigtem, absolutem Äther oder Äthanol und fällt mit einer konzentrierten äthanolischen Lösung von C_5H_5NHCl unter Zusatz von absolutem Äther. Man kann auch $KMnO_4$ mit halbkonzentriertem äthanolischem HCl reduzieren (ist der Alkohol mit HCl gesättigt, kann die Reaktion explosionsartig verlaufen!). Man kühlt die Lösung, trennt vom ausgefallenen KCl ab und gibt die äthanolische C_5H_5NHCl-Lösung hinzu. Dabei kristallisiert die Verbindung in glänzenden, schwarzgrünen Nadeln aus, die über konzentriertem H_2SO_4 getrocknet werden.

$(C_5H_5NH)_2MnCl_5$ ist in trockner Atmosphäre längere Zeit beständig. An der Luft spaltet es rasch Cl_2 ab und bildet $(C_5H_5NH)_2MnCl_4$ (s. S. 206). In absolutem Äthanol löst es sich mit brauner, in HCl enthaltendem mit grüner Farbe; durch Äther wird es daraus unter teilweiser Reduktion wieder gefällt. In H_2O entstehen zunächst rotbraune Lösungen, die aber bald braune Manganoxidhydrate abscheiden, R. J. Meyer, H. Best (Z. Anorg. Allgem. Chem. **22** [1899/1900] 169/91, 179).

C_5H_5NH-$MnCl_4$

5.3.2.2.8 $C_5H_5NHMnCl_4$ $(=C_5H_5NHCl \cdot MnCl_3)$

Zur Darstellung wird MnO_2 in 10% Essigsäureanhydrid enthaltendem und mit HCl gesättigtem Eisessig bei etwa 10°C gelöst. Nach 4 h wird die filtrierte Lösung mit C_5H_5NHCl (gelöst in 10% Essigsäureanhydrid enthaltendem Eisessig) versetzt. Der dunkelgrüne kristalline Niederschlag wird mit absolutem Äther gewaschen und getrocknet. $C_5H_5NHMnCl_4$ ist selbst in inerter Atmosphäre ziemlich unbeständig und geht bei längerem Stehen, Druckverminderung oder Erwärmen (auf 80°C) unter Abspaltung von Cl_2 in $C_5H_5NHMnCl_3$ (s. S. 207) über. Durch H_2O und Äthanol wird $C_2H_5NHMnCl_4$ sofort unter Abscheidung von Hydraten höherer Manganoxide zersetzt. In Äther ist es unlöslich, J. Lang, J. Millet (Bull. Soc. Chim. France **1960** 867/70).

Pentachloromanganates(III) of Other N-heterocyclic Cations

5.3.2.2.9 Pentachloromanganate(III) weiterer N-heterocyclischer Basen

Bei den in der folgenden Tabelle zusammengestellten Verbindungen beträgt das Base·HCl:$MnCl_3$-Verhältnis immer 2:1. Zur Darstellung werden Permanganate oder höhere Manganoxide mit HCl in H_2O oder organischen Lösungsmitteln, die in der Tabelle angegeben sind, zu $MnCl_3$ reduziert und mit dem Chlorid der Base gefällt. — t_f bezeichnet den Schmelzpunkt, $D_{rö}$ die Röntgendichte, μ das effektive magnetische Moment. Alle Verbindungen sind tief dunkelgrün. Die Phenanthrolinium-Verbindung soll nach einigen Autoren [1] braun gefärbt sein. Von anderen [2] wird dagegen beobachtet, daß sich die ursprünglich grünen Verbindungen unter Abspaltung von HCl in braune Komplexe $Mn(Base)(H_2O)Cl_3$ umwandeln.

Base	Darstellung in	Struktur	Weitere Eigenschaften	Lit.
2,4,6-Trimethylpyridin	C_2H_5OH	—	zersetzt sich an der Luft und bei 50°C	[3]
n-Cetylpyridin	CH_3COCl	$MnCl_6$-Oktaeder (?)	$t_f = 105°C$, $\mu = 5.00\ \mu_B$	[4]
2,2'-Bipyridyl	H_2O	vierseitige $MnCl_5$-Pyramiden [5, 6, 9]	D = 1.80(2) g/cm³ [6], $\mu = 4.88\ \mu_B$ [2,7], Zersetzung an der Luft, oberhalb 90°C Abspaltung von HCl [7 bis 9]	[2]
Chinolin	CH_3COOH	—	zersetzt sich an der Luft	[10]
N-Methyl- und N-Äthyl-o(p)-methylchinaldinium	C_2H_5OH	—	zersetzen sich an der Luft und beim Erwärmen	[3]
1,10-Phenanthrolin	H_2O	vierseitige $MnCl_5$-Pyramiden [1, 9]	$D_{rö} = 1.79$ g/cm³ [1], $\mu = 5.01\ \mu_B$ [2, 7], Zersetzung an der Luft, oberhalb 90°C Abspaltung von HCl [7 bis 9]	[2]

Die Eigenschaften des $MnCl_5^{2-}$-Anions sind auf S. 91 beschrieben. — Bei der 2,2'-Bipyridyliumverbindung werden folgende Schwingungsfrequenzen (in cm^{-1}) aus IR- und Raman-Spektren oberhalb 200 cm^{-1} beobachtet (in Klammern Symmetrierasse und Zuordnung): IR 362 (A_1, ν-MnCl-axial), IR 305, Ra 296 (A_1 ν-MnCl-äquatorial), IR 235 (δ-MnCl) [9]. Banden ohne Zuordnung s. [7, 9]. Bei der 1,10-Phenanthroliniumverbindung: IR 360, Ra 365 (A_1, ν-MnCl-axial), IR 300, Ra 296 (A_1, ν-MnCl-äquatorial), IR 227, Ra 235 (E, δ-MnCl) [9]. Banden ohne Zuordnung s. [7, 9].

Literatur:

[1] M. Matsui, S. Koda, S. Ooi, H. Kuroya, I. Bernal (Chem. Letters **1972** 51/3). — [2] H. A. Goodwin, R. N. Sylva (Australian J. Chem. **18** [1965] 1743/9). — [3] F. Olsson (Undersökningar över 3- och 4värdig Mangan samt 5värdig Krom, Uppsala 1927, S. 1/139, 29/32; Arkiv Kemi Mineral. Geol. **9** Nr. 10 [1924] 5/9). — [4] A. K. Das, D. V. Ramana Rao (Chem. Ind. [London] **1973** 186). — [5] C. Bellitto, A. A. G. Tomlinson, C. Furlani (J. Chem. Soc. A **1971** 3267/71).

[6] I. Bernal, N. Elliott, R. Lalancette (Chem. Commun. **1971** 803/4). — [7] W. Levason, C. A. McAuliffe (J. Chem. Soc. Dalton Trans. **1973** 455/8). — [8] K. Akabori (Chem. Letters **1974** 1481/6). — [9] C. F. Bell, D. N. Waters (J. Inorg. Nucl. Chem. **39** [1977] 773/5). — [10] R. J. Meyer, H. Best (Z. Anorg. Allgem. Chem. **22** [1899/1900] 169/91, 181).

5.3.2.2.10 $[(CH_3)_4N]_2MnCl_6$ (= $2(CH_3)_4NCl \cdot MnCl_4$) und weitere Hexachloromanganate(IV)

$[(CH_3)_4N]_2$-$MnCl_6$ and Other Hexachloromanganates(IV)

Zur Darstellung von $[(CH_3)_4N]_2MnCl_6$ eignen sich die bei K_2MnCl_6 (s. S. 171) beschriebenen Verfahren [1, 2]. Der schwarze kristalline Niederschlag wird mit Eisessig und Acetonitril gewaschen und im Luftstrom getrocknet [2] oder mit eiskalter gesättigter Salzsäure gewaschen und über konzentriertem H_2SO_4 getrocknet [1].

$[(CH_3)_4N]_2MnCl_6$ kristallisiert nach Pulveraufnahmen kubisch mit a = 12.70 ± 0.02 Å und ist isotyp mit K_2PtCl_6 wie K_2MnCl_6. — An feuchter Luft zersetzt sich die Verbindung schnell zu $[(CH_3)_4N]_2MnCl_5 \cdot H_2O$ (s. S. 211) [2].

Die Verbindungen $[C_6H_5(CH_3)_3N]_2MnCl_6$, $[C_6H_5(CH_3)_2C_2H_5N]_2MnCl_6$, $[C_6H_5CH_3(C_2H_5)_2N]_2$-$MnCl_6$ und $[p\text{-}CH_3C_6H_4(CH_3)_3N]_2MnCl_6$ werden aus $Ca(MnO_4)_2$ und den Chloriden der entsprechenden Basen in konzentrierter Salzsäure analog $[(CH_3)_4N]_2MnCl_6$ unter Kühlung mit CO_2-Schnee

$(R_4N)_2$-$MnCl_6$

dargestellt. Sie sind erheblich unbeständiger als $[(CH_3)_4N]_2MnCl_6$ und werden bereits nach etwa 2 d, an feuchter Luft schon nach 1 bis 2 h, zu Verbindungen mit Mn^{III} reduziert. Durch H_2O werden sie in der Kälte unter Abscheidung von $MnO_2 \cdot n\,H_2O$ hydrolysiert. Verdünnte HCl- und H_2SO_4-Lösung lösen die Verbindungen mit brauner bzw. violetter Farbe unter lebhafter Cl_2-Entwicklung [1].

Literatur:

[1] F. Olsson (Undersökningar över 3- och 4värdig Mangan samt 5värdig Krom, Uppsala 1927, S. 1/139, 22/43; Arkiv Kemi Mineral. Geol. **9** Nr. 10 [1924] 5/9). — [2] P. C. Moews (Inorg. Chem. **5** [1966] 5/8).

Compounds of Manganese with Chlorine and Elements of Subgroup 1 B

5.3.3 Verbindungen des Mangans mit Chlor und Elementen der 1. Nebengruppe

Wegen des Prinzips der letzten Stelle sind die entsprechenden Verbindungen mit Cu, Ag und Au bei den einzelnen Elementen behandelt. Einschlägige Angaben finden sich in den Bänden „Kupfer" B, S. 1246, „Silber" B 4, S. 379 und „Gold" S. 762.

Compounds of Manganese with Chlorine and Alkaline Earth Metals

5.3.4 Verbindungen des Mangans mit Chlor und Elementen der 2. Hauptgruppe

The $MgCl_2$-$MnCl_2$ System

5.3.4.1 Das System $MgCl_2$-$MnCl_2$

Nach thermischen Analysen bilden $MgCl_2$ und $MnCl_2$ eine lückenlose Mischkristallreihe, deren Schmelzpunkt vom $MnCl_2$ (650°C) zum $MgCl_2$ (712°C) fast linear ansteigt [1, 2]. Der größte Abstand zwischen Schmelz- und Kristallisationskurve beträgt etwa 15°C, s. Figur im Original [2].

Aus Dampfdruckbestimmungen nach der Siedepunktmethode erhält man für die Dampfdruckgleichung $\lg p = -A/T + B$ (p in Torr) die folgenden Konstanten A und B in Abhängigkeit vom $MnCl_2$-Gehalt der Schmelze:

Mol-% $MnCl_2$	$-A$	B	Temperaturbereich in K
20	7621	7.514	1331 bis 1453
40	8137	8.061	1290 bis 1428
50	8533	8.432	1327 bis 1410
60	8324	8.328	1323 bis 1423
80	8295	8.379	1280 bis 1420

Aus den Konstanten A und B für T = 1250 K berechnete Dampfdruckisotherme s. Figur im Original. Die Dampfdrücke zeigen eine positive Abweichung von der Additivität der Komponenten [3].

Hochtemperaturkalorimetrische Bestimmungen der Gesamtmischungsenthalpie ΔH von Schmelzen bei 810°C ergeben in Abhängigkeit von der Zusammensetzung die folgenden Werte in cal/mol, aus denen die Wechselwirkungsparameter $\lambda = \Delta H/x(1-x)$ berechnet werden, x = Molenbruch $MgCl_2$:

$x(MgCl_2)$ . . .	0.209	0.296	0.399	0.500	0.605	0.698	0.790	0.893
ΔH	43.9	61.0	77.0	78.5	79.6	83.1	55.6	35.0
λ	265	293	321	314	334	394	336	367

Im Vergleich mit den Systemen $CaCl_2$-$MnCl_2$, $CdCl_2$-$MnCl_2$ und anderen binären Chloridsystemen werden die Ergebnisse im Sinne eines zyklischen Prozesses gedeutet, der sich in eine negative Komponente (Ionen- und Dispersionswechselwirkungen) und eine positive Komponente (kovalente Wechselwirkungen zwischen den Ionen) zerlegen läßt [4].

Literatur:

[1] C. Sandonnini (Atti Reale Accad. Lincei Rend. Classe Sci. Fis. Mat. Nat. [5] **21** II [1912] 634/40, 637; Gazz. Chim. Ital. **44** I [1914] 290/386, 359). — [2] N. G. Korzhunov, M. I. Ozerova, K. G. Khomyakov, L. D. Onikienko (Vestn. Mosk. Univ. Ser. II Khim. **20** Nr. 4 [1965] 59/60; C.A. **63** [1965] 15617). — [3] B. P. Burylev, V. L. Mironov (Zh. Fiz. Khim. **49** [1975] 222/3; Russ. J. Phys. Chem. **49** [1975] 126). — [4] G. N. Papatheodorou, O. J. Kleppa (J. Chem. Phys. **51** [1969] 4624/32, 4626).

5.3.4.2 Das System $MgCl_2$-$MnCl_2$-H_2O

The $MgCl_2$-$MnCl_2$-H_2O System

Löslichkeitsbestimmungen nach der Restmethode (Gleichgewicht nach 8 bis 12 h) bei 25°C ergeben die in **Fig. 72** wiedergegebene Löslichkeitsisotherme, die neben den Kristallisationsbereichen EF bzw. AB der Hydrate $MnCl_2 \cdot 4H_2O$ („Mn 4") und $MgCl_2 \cdot 6H_2O$ („Mg 6") die Abschnitte der drei Doppelsalze $MgMn_2Cl_6 \cdot 12H_2O$ („Mg 2 Mn 12"), $MgMnCl_4 \cdot 8H_2O$ („MgMn 8") und $Mg_2MnCl_6 \cdot 12H_2O$ („2 MgMn 12") zeigt (DE, CD bzw. BC). Zweisalzpunkte (univariante Gleichgewichte), Zusammensetzung der an $MnCl_2$ und $MgCl_2$ gesättigten Lösungen in Gew.-% bei 25°C:

$[MnCl_2]$ . .	6.0	10.45	14.35	18.62
$[MgCl_2]$ . .	32.70	30.00	27.50	24.10
Bodenkörper:	Mg 6+2 MgMn 12	2 MgMn 12+MgMn 8	MgMn 8+Mg 2 Mn 12	Mg 2 Mn 12+Mn 4

Die inkongruent löslichen Doppelsalze sind blaßrosa, mit steigendem Mn-Anteil intensiver gefärbt, sehr hygroskopisch und an der Luft zerfließend, B. I. Zhelnin, G. I. Gorshtein (Zh. Neorgan. Khim. **16** [1971] 3143/5; Russ. J. Inorg. Chem. **16** [1971] 1666/7).

Fig. 72

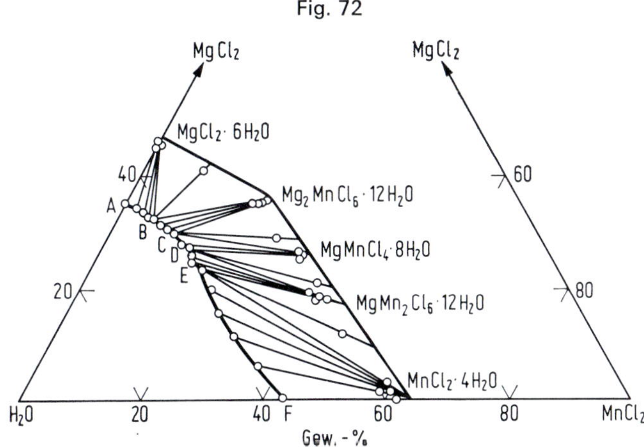

Löslichkeitsisotherme des Systems $MgCl_2$-$MnCl_2$-H_2O bei 25°C.

5.3.4.3 $Mg_2MnCl_6 \cdot 12H_2O$, $MgMn_2Cl_6 \cdot 12H_2O$ $(=2MgCl_2 \cdot MnCl_2 \cdot 12H_2O$, $MgCl_2 \cdot 2MnCl_2 \cdot 12H_2O)$

$Mg_2MnCl_6 \cdot 12H_2O$, $MgMn_2Cl_6 \cdot 12H_2O$

$Mg_2MnCl_6 \cdot 12H_2O$ kristallisiert aus der wäßrigen Lösung von $MnCl_2$ und überschüssigem $MgCl_2$ in großen, blaßrosafarbenen kurzen Prismen oder Tafeln [1]. Zur Kristallisation von $MgMn_2Cl_6 \cdot 12H_2O$ beim Einengen einer $MnCl_2$ und $MgCl_2$ enthaltenden Lösung s. [2]. Zum Auftreten im System $MgCl_2$-$MnCl_2$-H_2O s. oben.

$Mg_2MnCl_6 \cdot 12\,H_2O$, $MgMn_2Cl_6 \cdot 12\,H_2O$,

Die Kristalle von $Mg_2MnCl_6 \cdot 12\,H_2O$ sind nach (001) spaltbar (hexagonale Aufstellung). Sie kristallisieren rhomboedrisch, Raumgruppe $P\bar{3}$-C_{3i}^1 (Nr. 147), a = 9.74, c = 11.33 Å bei hexagonaler Indizierung; Z = 2 [3], s. auch [1].

Experimentell bestimmte Dichte 1.802 g/cm³ [1]. Die Kristalle sind schwach positiv doppelbrechend [1, 4], weitere Eigenschaften s. oben beim System $MgCl_2$-$MnCl_2$-H_2O.

$MgMn_2Cl_6 \cdot 12\,H_2O$ kristallisiert in Form hexagonaler Plättchen. Sie zeigen eine negative Doppelbrechung [4]. Über weitere Eigenschaften s. oben beim System $MgCl_2$-$MnCl_2$-H_2O.

Literatur:

[1] B. Gossner (Z. Krist. **38** [1904] 501/3). — [2] C. E. Saunders (Am. Chem. J. **14** [1892] 127/52, 148). — [3] A. Ferrari, L. Cavalca (Rend. Soc. Mineral. Ital. **3** [1946] 117/20; Structure Reports, Bd. 10, 1945/6, S. 130/1). — [4] B. I. Zhelnin, G. I. Gorshtein (Zh. Neorgan. Khim. **16** [1971] 3143/5; Russ. J. Inorg. Chem. **16** [1971] 1666/7).

$MgMnCl_4 \cdot 8\,H_2O$

5.3.4.4 $MgMnCl_4 \cdot 8\,H_2O$ (= $MgCl_2 \cdot MnCl_2 \cdot 8\,H_2O$)

Die Verbindung kristallisiert in Form von Plättchen, die wahrscheinlich rhombische Symmetrie besitzen. Über das Auftreten im System $MgCl_2$-$MnCl_2$-H_2O und weitere Eigenschaften s. oben, B. I. Zhelnin, G. I. Gorshtein (Zh. Neorgan. Khim. **16** [1971] 3143/5; Russ. J. Inorg. Chem. **16** [1971] 1666/7).

The $CaCl_2$-$MnCl_2$ System

5.3.4.5 Das System $CaCl_2$-$MnCl_2$

Nach thermischen Analysen (nur Abkühlungskurven) bilden $MnCl_2$ und $CaCl_2$ ein Eutektikum bei 590°C mit 68 bis 69 Gew.-% (≙ 59 bis 60 Mol-%) $MnCl_2$ sowie Mischkristalle auf $CaCl_2$-Basis, die bei 590°C etwa 20 Gew.-% (≙ 17.5 Mol-%) $MnCl_2$ enthalten [1]. Frühere thermische Analysen und Röntgenaufnahmen ergeben dagegen eine lückenlose Mischkristallreihe mit einem Schmelzpunktminimum bei 590°C und 65.4 Mol-% $MnCl_2$. Dabei neigen die mit der $MnCl_2$-Struktur kristallisierenden, $MnCl_2$-reichen Mischkristalle im Bereich von etwa 60 bis 80 Mol-% $MnCl_2$ beim Abkühlen zum Zerfall in $MnCl_2$ und $CaCl_2$-reiche Mischkristalle (mit 80 Mol-% $MnCl_2$ bei 473°C, mit 60 bis 70 Mol-% $MnCl_2$ bei 475°C) [2], s. hierzu auch [1, 3, 4].

Aus Dampfdruckbestimmungen nach der Siedepunktsmethode erhält man für die Dampfdruckgleichung $\lg p = -A/T + B$ (p in Torr) die folgenden Konstanten A und B in Abhängigkeit vom $MnCl_2$-Gehalt x (in Mol-%) der Schmelze:

$x(MnCl_2)$	−A	B	Temperaturbereich in K
20	7159	6.745	1340 bis 1457
40	7044	6.961	1316 bis 1450
60	7251	7.323	1319 bis 1432

Aus den Konstanten A und B für T = 1250 K berechnete Dampfdruckisotherme s. Figur im Original. Die Dampfdrücke zeigen eine schwach negative Abweichung von der Additivität der Komponentenwerte [5].

Kalorimetrische Bestimmungen der Gesamtmischungsenthalpie ΔH von Schmelzen bei 810°C ergeben in Abhängigkeit von der Zusammensetzung die folgenden Werte in kcal/mol, aus denen die Wechselwirkungsparameter $\lambda = \Delta H/x(1-x)$ berechnet werden, x = Molenbruch $CaCl_2$:

$x(CaCl_2)$ . .	0.101	0.201	0.302	0.400	0.503	0.600	0.700	0.800	0.901
ΔH	0.127	0.217	0.231	0.214	0.188	0.149	0.099	0.055	0.023
λ	1.405	1.352	1.096	0.894	0.744	0.624	0.472	0.347	0.259

Deutung der Ergebnisse analog zum System $MgCl_2$-$MnCl_2$ auf S. 214 s. Original [6].

Die durch hydrostatische Wägungen von $CaCl_2$-$MnCl_2$-Schmelzen zwischen 600 und 851°C bestimmte Dichte läßt sich durch die Dichte-Temperatur-Gleichung $D_t = a - bt$ wiedergeben. Koeffizienten a und b in Abhängigkeit vom $MnCl_2$-Gehalt (in Mol-%) mit Angabe des Temperaturbereichs:

$[MnCl_2]$ . .	10	20	30	40	50	60	70	80	100
a	2.409	2.570	2.667	2.702	2.739	2.695	2.748	2.788	2.760
10^3b . . .	0.443	0.550	0.652	0.684	0.648	0.560	0.614	0.636	0.615
Meßbereich in °C . . .	787 851	715 777	682 759	600 750	640 749	656 750	671 750	656 750	663 750

Die im System $CaCl_2$-$MnCl_2$ beobachtete Volumenkontraktion erreicht ein Maximum bei etwa 60 Mol-% $MnCl_2$, s. auch Figur im Original [7].

Literatur:

[1] V. A. Il'ichev, A. M. Vladimirova (Titan i Ego Splavy Akad. Nauk SSSR Inst. Met. **1961** Nr. 5, S. 148/66, 150; C.A. **57** [1962] 10574). — [2] A. Ferrari, A. Inganni (Atti Reale Accad. Lincei Rend. Classe Sci. Fis. Mat. Nat. [6] **10** [1929] 253/8; C. **1930** I 2840). — [3] C. Sandonnini (Atti Reale Accad. Lincei [5] **20** II [1911] 496/503, 502; C. **1912** I 400). — [4] C. Sandonnini (Gazz. Chim. Ital. **44** I [1914] 290/386, 340). — [5] B. P. Burylev, V. L. Mironov (Zh. Fiz. Khim. **49** [1975] 222/3; Russ. J. Phys. Chem. **49** [1975] 126).

[6] G. N. Papatheodorou, O. I. Kleppa (J. Chem. Phys. **51** [1969] 4624/32, 4626). — [7] B. F. Markov, V. D. Prisyazhnyi, G. P. Prikhod'ko (Ukr. Khim. Zh. **36** [1970] 251/3; Soviet Progr. Chem. **36** Nr. 3 [1970] 24/6).

5.3.4.6 Das System $CaCl_2$-$MnCl_2$-H_2O

The $CaCl_2$-$MnCl_2$-H_2O System

Löslichkeitsbestimmungen durch isotherme Aufhebung der Übersättigung (bei intensivem Rühren Gleichgewicht nach 8 bis 10 h) bei 25°C ergeben nach der Restmethode die in **Fig. 73** wiedergegebene Löslichkeitsisotherme, deren drei Abschnitte AB, BC bzw. CD den Verbindungen $CaCl_2 \cdot 6H_2O$ („Ca 6"), $CaMnCl_4 \cdot 8H_2O$ („CaMn 8") und $MnCl_2 \cdot 4H_2O$ („Mn 4") entsprechen. Zusammensetzung der an $MnCl_2$ und $CaCl_2$ gesättigten Lösungen in Gew.-% mit Angabe der koexistierenden festen Phasen (Werte in Auswahl):

$[MnCl_2]$ . .	—	4.50	5.46	12.04	18.60	19.19	19.33	32.50	43.50
$[CaCl_2]$ . .	45.10	42.00	42.00	32.03	26.00	26.09	26.99	10.04	—
Feste Phasen:	Ca 6	Ca 6	CaMn 8	CaMn 8	CaMn 8	CaMn 8 + Mn 4	Mn 4	Mn 4	Mn 4

B. I. Zhelnin, G. I. Gorshtein (Zh. Prikl. Khim. **45** [1972] 1347/8; J. Appl. Chem. USSR **45** [1972] 1391/2).

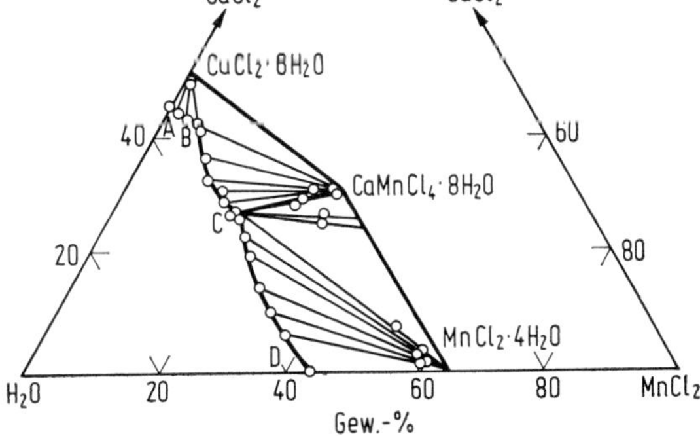

Fig. 73

Löslichkeitsisotherme des Systems $CaCl_2$-$MnCl_2$-H_2O bei 25°C.

$CaMnCl_4 \cdot 8H_2O$

5.3.4.7 $CaMnCl_4 \cdot 8H_2O$ ($= CaCl_2 \cdot MnCl_2 \cdot 8H_2O$)

Das inkongruent lösliche Doppelsalz bildet bei langsamer Kristallisation gut ausgebildete, blaßrosagefärbte, sehr hygroskopische Rhomboeder, die an der Luft zerfließen. Sie sind optisch negativ. Zum Existenzbereich im System $CaCl_2$-$MnCl_2$-H_2O s. oben, B. I. Zhelnin, G. I. Gorshtein (Zh. Prikl. Khim. **45** [1972] 1347/8; J. Appl. Chem. USSR **45** [1972] 1391/2).

The $MgCl_2$-$CaCl_2$-$MnCl_2$ System

5.3.4.8 Das System $MgCl_2$-$CaCl_2$-$MnCl_2$

Randsysteme $CaCl_2$-$MnCl_2$ s. S. 216, $MgCl_2$-$MnCl_2$ s. S. 214, $CaCl_2$-$MgCl_2$ s. „Kalium", Anhangband S. 195*, Ergänzungsband S. 149.

Das mit Hilfe der Randsysteme und thermischen Analysen von acht Innenschnitten aufgestellte Schmelzdiagramm in **Fig. 74** zeigt die beiden Kristallisationsflächen der mit $CaCl_2$ gesättigten $MgCl_2$-$MnCl_2$-Mischkristallreihe und der mit $MnCl_2$ und $MgCl_2$ gesättigten $CaCl_2$-Phase, die durch die eutektische Furche vom Randsystem $CaCl_2$-$MnCl_2$ (Eutektikum bei 590°C mit 32 Gew.-% $CaCl_2$) zum Randsystem $MgCl_2$-$CaCl_2$ (Eutektikum bei 606°C mit 50 Gew.-% $CaCl_2$) voneinander getrennt sind. Ein dritter Haltepunkt auf den Abkühlungskurven der Innenschnitte bei 562 bis 563°C deutet den Zerfall einer festen Phase an, V. A. Il'ichev, A. M. Vladimirova (Titan i Ego Splavy Akad. Nauk SSSR Inst. Met. **1961** Nr. 5, S. 148/66, 150; C.A. **57** [1962] 10574).

Fig. 74

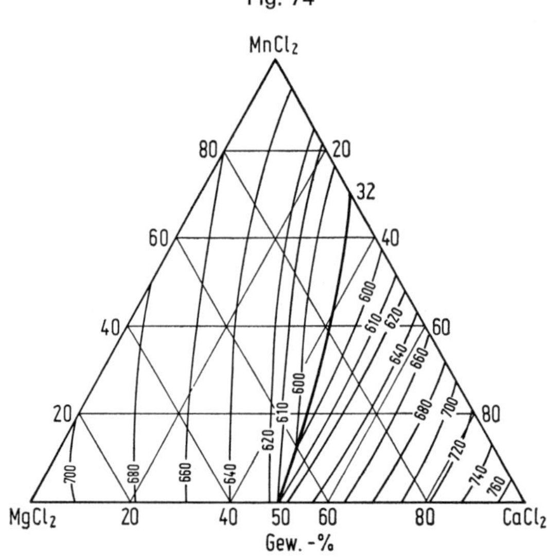

Schmelzdiagramm des Systems $MgCl_2$-$CaCl_2$-$MnCl_2$ (Temperaturen in °C).

The NaCl-$MgCl_2$-$CaCl_2$-$MnCl_2$ System

5.3.4.9 Das System NaCl-$MgCl_2$-$CaCl_2$-$MnCl_2$

Untersucht werden zwei Innenschnitte (Mg, Ca, Mn)Cl_2-NaCl mit Molverhältnissen $MnCl_2$: $CaCl_2$: $MgCl_2$ = 1:3:6 (I) und 1:1:1 (II), s. Tabellen und Figur im Original. Die Schnitte zeigen jeweils ein Eutektikum und ein Peritektikum. Das Eutektikum E liegt im Schnitt I bei 428°C mit 35 Gew.-% NaCl, im Schnitt II bei 416°C mit 30 Gew.-% NaCl. Das Peritektikum P liegt bei 449°C mit 45 Gew.-% NaCl (I) bzw. bei 431°C mit 40 Gew.-% NaCl (II). Demnach hat NaCl einen entscheidenden Einfluß auf das Schmelzverhalten des quaternären Systems (mehr als $MnCl_2$), das bei 25 Gew.-% NaCl am niedrigsten schmilzt, V. A. Il'ichev, A. M. Vladimirova (Titan i Ego Splavy Akad. Nauk SSSR Inst. Met. **1961** Nr. 5, S. 148/66, 161; C.A. **57** [1962] 10574).

5.3.4.10 Die Systeme $SrCl_2$-$MnCl_2$ und $SrCl_2$-$MnCl_2$-H_2O

$SrCl_2$-$MnCl_2$ and $SrCl_2$-$MnCl_2$-H_2O Systems

Die beiden Chloride bilden ein einfaches eutektisches System mit dem eutektischen Punkt bei 499°C und 45 Mol-% $MnCl_2$ [1, 2]. In Abhängigkeit vom $MnCl_2$-Gehalt der Schmelze werden für die Dampfdruckgleichung $\lg p = -A/T + B$ (p in Torr) nach der Siedepunktmethode folgende Konstanten erhalten:

Mol-% $MnCl_2$	−A	B	Temperaturbereich in K
20	5892	5.580	1329 bis 1440
40	7560	7.301	1250 bis 1437
50	9168	8.732	1289 bis 1405
60	9401	9.018	1280 bis 1423
80	7778	7.868	1247 bis 1420

Berechnete Dampfdruckisotherme bei 1250 K s. Original; der Gesamtdampfdruck weicht leicht negativ von der Additivität der Komponenten ab [3].

Die Löslichkeit von $MnCl_2$ in der gesättigten wäßrigen Lösung von $SrCl_2$ beträgt 0.6 g/100 ml bei 18°C [4].

Literatur:

[1] C. Sandonnini (Atti Reale Accad. Lincei [5] **20** II [1911] 646/53, 649; C. **1912** I 477). — [2] C. Sandonnini (Gazz. Chim. Ital. **44** I [1914] 290/386, 349, 357). — [3] B. P. Burylev, V. L. Mironov (Zh. Fiz. Khim. **49** [1975] 222/3; Russ. J. Phys. Chem. **49** [1975] 126). — [4] I. I. Krasikova, I. T. Ivanova (Zh. Russ. Fiz. Khim. Obshchestva Chast' Khim. **60** [1928] 561/3; C.A. **1929** 2342).

5.3.4.11 Die Systeme $BaCl_2$-$MnCl_2$ und $BaCl_2$-$MnCl_2$-H_2O

$BaCl_2$-$MnCl_2$ and $BaCl_2$-$MnCl_2$-H_2O Systems

Im System der Chloride tritt ein Eutektikum bei 503°C und 63 Mol-% $MnCl_2$ auf. Hinweise auf die Bildung einer wahrscheinlich inkongruent schmelzenden Verbindung mit 30 bis 40 Mol-% $MnCl_2$ geben die an Gemischen mit 10 bis 52 Mol-% $MnCl_2$ beobachteten Haltepunkte in den Schmelzkurven bei 533 bis 554°C, s. hierzu Figur und Tabelle im Original [1, 2]. Diese Angaben werden später bestätigt: die Zusammensetzung wird mit Ba_2MnCl_6 und das Peritektikum mit 581°C und 51 Mol-% $MnCl_2$ angegeben [3]. Dagegen wird auf Grund der Untersuchungen von Sandonnini [1, 2] eine inkongruent schmelzende Verbindung der Zusammensetzung $BaMnCl_4$ angenommen und deren Schmelzpunkt wahrscheinlich irrtümlich mit 650°C angegeben [4], da die Haltepunkte in den Schmelzkurven (s. oben) eher auf einen Schmelzpunkt von etwa 550°C schließen lassen.

Aus Dampfdruckbestimmungen nach der Siedepunktmethode erhält man für die Dampfdruckgleichung $\lg p = -A/T + B$ (p in Torr) die folgenden Konstanten A und B in Abhängigkeit vom $MnCl_2$-Gehalt der Schmelze:

Mol-% $MnCl_2$	−A	B	Temperaturbereich in K
20	7742	6.819	1369 bis 1489
40	8366	7.715	1319 bis 1421
50	8997	8.453	1253 bis 1425
60	8972	8.493	1271 bis 1425
80	8949	8.675	1210 bis 1432

Aus den Konstanten A und B für T = 1250 K berechnete Dampfdruckisotherme s. im Original. Der Dampfdruck zeigt eine stark negative Abweichung von der Additivität der Komponentenwerte [5].

Die Löslichkeit von $MnCl_2$ in der gesättigten wäßrigen Lösung von $BaCl_2$ bei 18°C beträgt 0.2 g/100 ml [6].

Literatur:

[1] C. Sandonnini (Gazz. Chim. Ital. **44** I [1914] 290/386, 349, 357). — [2] C. Sandonnini (Atti Reale Accad. Lincei [5] **21** I [1912] 208/12; C. **1912** I 1180). — [3] H. J. Seifert, E. Dau (Z. Anorg. Allgem. Chem. **391** [1972] 302/12, 306). — [4] G. M. Schwab, A. Karatzas (J. Phys. Chem. **52** [1948] 1053/60, 1055, 1059). — [5] B. P. Burylev, V. L. Mironov (Zh. Fiz. Khim. **49** [1975] 222/3; Russ. J. Phys. Chem. **49** [1975] 126).

[6] I. I. Krasikova, I. T. Ivanova (Zh. Russ. Fiz. Khim. Obshchestva Chast' Khim. **60** [1928] 561/3; C.A. **1929** 2342).

Ba_2MnCl_6

5.3.4.12 Ba_2MnCl_6 ($=2BaCl_2 \cdot MnCl_2$)

Die bei älteren Untersuchungen im System $BaCl_2$-$MnCl_2$ (s. S. 219) gefundene Verbindung schmilzt peritektisch bei 581 °C, H. J. Seifert, E. Dau (Z. Anorg. Allgem. Chem. **391** [1972] 302/12, 306).

$BaMnCl_4$

5.3.4.13 $BaMnCl_4$ ($=BaCl_2 \cdot MnCl_2$)

Die Verbindung bildet sich beim Zusammenschmelzen von äquimolaren Anteilen $MnCl_2$ und $BaCl_2$; die Existenz wird durch Röntgenaufnahmen bestätigt, G. M. Schwab, A. Karatzas (J. Phys. Chem. **52** [1948] 1053/60, 1055).

Compounds of Manganese with Chlorine and Elements of Subgroup 2B

5.3.5 Verbindungen des Mangans mit Chlor und Elementen der 2. Nebengruppe

The $ZnCl_2$-$MnCl_2$ System

5.3.5.1 Das System $ZnCl_2$-$MnCl_2$

Nach thermischen Analysen bilden $MnCl_2$ und $ZnCl_2$ ein Eutektikum mit Schmelzpunkt und Zusammensetzung nahe $ZnCl_2$ (275°C). Mit steigendem $MnCl_2$-Gehalt wird jedoch eine Erniedrigung des eutektischen Haltepunkts (bis auf 230°C bei etwa 90 Mol-% $MnCl_2$) beobachtet. Eine Mischkristallbildung läßt sich nicht nachweisen [1].

Die EPR von Mn^{II} zeigt bei 2.74 und 5.4 Mol-% $MnCl_2$ keine Hyperfeinstruktur; Abhängigkeit der Linienbreite von der Temperatur zwischen 25 und 500°C s. Original [2].

Literatur:

[1] C. Sandonnini (Atti Reale Accad. Lincei [5] **21** II [1912] 524/30, 529; C. **1931** I 62; Gazz. Chim. Ital. **44** I [1914] 299/386, 361). — [2] J. Brown (J. Phys. Chem. **67** [1963] 2524/9).

The $CdCl_2$-$MnCl_2$ System

5.3.5.2 Das System $CdCl_2$-$MnCl_2$

Nach thermischen Analysen bilden $MnCl_2$ und $CdCl_2$ eine lückenlose Mischkristallreihe, deren Schmelzpunkt vom $MnCl_2$ (650°C) zum $CdCl_2$ (568°C) stetig fällt, s. Figur im Original [1, 2].

Kalorimetrische Bestimmungen der Gesamtmischungsenthalpie ΔH von Schmelzen bei 690°C ergeben in Abhängigkeit von der Zusammensetzung die folgenden Werte in cal/mol, aus denen die Wechselwirkungsparameter λ ($=\Delta H/x(1-x)$) berechnet werden, x = Molenbruch $CdCl_2$:

$x(CdCl_2)$ . . .	0.198	0.300	0.405	0.500	0.598	0.700	0.798
ΔH	10.06	14.68	15.12	19.25	21.06	21.00	16.70
λ.	63.15	69.90	62.80	77.00	87.70	100.00	104.10

Deutung der Ergebnisse (analog wie beim System $MgCl_2$-$MnCl_2$ auf S. 214) s. Original [3].

Literatur:

[1] C. Sandonnini, G. Scarpa (Atti Reale Accad. Lincei [5] **20** II [1911] 61/8, 63; C. **1911** II 1424). — [2] C. Sandonnini (Gazz. Chim. Ital. **44** I [1914] 290/386, 366). — [3] G. N. Papatheodorou, O. J. Kleppa (J. Chem. Phys. **51** [1969] 4624/32, 4626).

5.3.5.3 Das System $CdCl_2$-$MnCl_2$-H_2O

The $CdCl_2$-$MnCl_2$-H_2O System

Löslichkeitsbestimmungen nach der Restmethode bei 25°C ergeben die in **Fig. 75** wiedergegebene Löslichkeitsisotherme, die neben den Abschnitten der Hydrate $MnCl_2 \cdot 4H_2O$, $CdCl_2 \cdot 2.5H_2O$ und $CdCl_2 \cdot H_2O$ (metastabil) den Kristallisationsbereich des Doppelsalzes $Cd_4MnCl_{10} \cdot 10H_2O$ zeigt (Abkürzungen: Mn4, Cd2.5, Cd1 bzw. 4CdMn10). Zweisalzpunkte (univariante Gleichgewichte) bei 25°C sowie Zusammensetzung der an $MnCl_2$ und $CdCl_2$ gesättigten Lösungen in Gew.-% mit Angabe der koexistierenden Bodenkörper (m = metastabil) [1]:

[$MnCl_2$]	15.3	18.0	27.5
[$CdCl_2$]	43.0	40.9	31.6
Bodenkörper	Cd1(m)+4CdMn10	Cd2.5+4CdMn10	Mn4+4CdMn10

Auf die Bildung einer 1:1-Verbindung verweisen ebullioskopische Untersuchungen des Systems bei 100°C, die beim Molverhältnis $MnCl_2 : CdCl_2 = 1:1$ eine maximale Abweichung der Siedepunkterhöhung vom additiv berechneten Wert zeigen [2].

Das von v. Hauer [3] beschriebene Doppelsalz $Cd_2MnCl_6 \cdot 12H_2O$ läßt sich bei 25°C auch durch Animpfen mit dem entsprechenden Cd-Mg-Doppelsalz nicht isolieren. Seine Existenz wird daher bezweifelt [1]. Nach Spacu, Caton [4] soll sich dieses Salz nach der Methode von v. Hauer [3] beim Eindunsten der Mischungen konzentrierter Lösungen von $MnCl_2$ und $CdCl_2$ im äquivalenten Verhältnis von 1:2 bei Zimmertemperatur nach etwa 15 bis 25 d in sehr hygroskopischen, rosagefärbten Nadeln abscheiden und mit Pyridin und Anilin (unter Verdrängung des H_2O) weiße Komplexe der Zusammensetzung $Cd_2MnCl_6 \cdot 6C_5H_5N$ bzw. $Cd_2MnCl_6 \cdot 6C_6H_5NH_2$ ergeben [4]. Zur Reaktion mit Pyridin s. auch [5].

Fig. 75

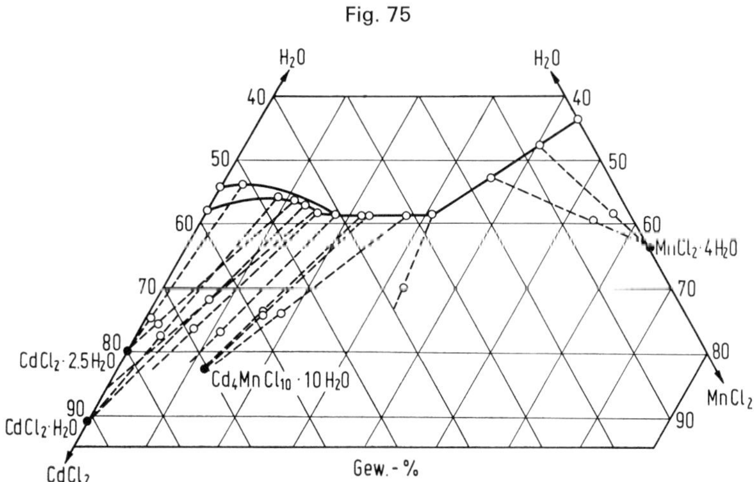

Löslichkeitsisotherme des Systems $CdCl_2$-$MnCl_2$-H_2O bei 25°C.

Literatur:

[1] H. Bassett, R. N. C. Strain (J. Chem. Soc. **1952** 1795/806). — [2] E. Rouyer (Ann. Chim. Phys. [Paris] [10] **13** [1930] 423/91, 473). — [3] K. v. Hauer (J. Prakt. Chem. **68** [1856] 385/99, 393). — [4] G. Spacu, L. Caton (Bull. Soc. Stiinte Cluj **2** [1924/25] 332/53, 334, 341). — [5] L. Caton (Ann. Sci. Univ. Jassy **17** [1931/32] 199/204; C. **1932** II 965).

$Cd_4MnCl_{10}\cdot 10H_2O$

5.3.5.4 $Cd_4MnCl_{10}\cdot 10H_2O$ (= $4CdCl_2\cdot MnCl_2\cdot 10H_2O$)

Das inkongruent lösliche Doppelsalz kristallisiert in optisch negativen, monoklinen oder rhombischen Nadeln. Zum Existenzbereich im System $CdCl_2$-$MnCl_2$-H_2O s. S. 221, H. Bassett, R. N. C. Strain (J. Chem. Soc. **1952** 1795/806, 1796).

$Cd_4Mn(OH)_7Cl_3$

5.3.5.5 $Cd_4Mn(OH)_7Cl_3$

Zur Darstellung digeriert man CdO in einer wäßrigen Lösung der doppelten Molmenge $MnCl_2$ 2 bis 4 d bei 75 bis 80°C. Der Niederschlag wird mit H_2O gewaschen und bei 110°C getrocknet. Nach thermogravimetrischen Analysen wird von 130 bis 380°C H_2O abgespalten: $2Cd_4Mn(OH)_7Cl_3 \rightarrow 2MnO + 5CdO + 3CdCl_2 + 7H_2O$. Die Reaktion ist von erster Ordnung mit einer Aktivierungsenergie $E_A = 28.7 \pm 0.3$ kcal/mol. Kalorimetrische Bestimmungen von 310 bis 430°C ergeben die Reaktionsenthalpie $\Delta H = 35.0 \pm 1.8$ kcal/mol $Cd_4Mn(OH)_7Cl_3$, Ah-Dong Leu, P. Ramamurthy, E. A. Secco (Can. J. Chem. **51** [1973] 3882/8).

The NaCl-$CdCl_2$-$MnCl_2$-H_2O System

5.3.5.6 Das System NaCl-$CdCl_2$-$MnCl_2$-H_2O

Mischkristalle in Form hexagonaler Blättchen kristallisieren beim Molverhältnis 2.2 $MnCl_2$: 1 $CdCl_2$ nur, wenn die Lösung bei 25°C mindestens 0.5 Gew.-% NaCl (bezogen auf die wasserfreie Gesamtsalzmenge) enthält. Sie werden mit zunehmendem NaCl-Gehalt (bis 15 Gew.-%) stabiler. Die Mischkristalle treten vorzugsweise im Bereich der Verbindungslinie $(Mn, Cd)Cl_2\cdot 2.5H_2O$-$Na_2CdCl_4\cdot 3H_2O$ auf. Sie lassen sich mit 10 Vol.-% H_2O enthaltendem Aceton, dann reinem Aceton und absolutem Äther unzersetzt waschen, H. Bassett, R. N. C. Strain (J. Chem. Soc. **1952** 1795/806, 1803).

Solid Solutions of K_4MnCl_6 with K_4CdCl_6

5.3.5.7 Mischkristalle zwischen K_4MnCl_6 und K_4CdCl_6

Man erhält die lückenlose $K_4(Mn, Cd)Cl_6$-Mischkristallreihe durch Züchtung aus einer wäßrigen Lösung der Komponenten. Dichtebestimmungen nach der Schwebemethode ($C_2H_2Br_4$ + Toluol) bei 20°C ergeben für 0, 25, 50, 70, 75 und 100 Mol-% K_4CdCl_6 $D_4^{20} = 2.312$, 2.362, 2.411, 2.489, 2.514 bzw. 2.655 g/cm^3. Bei etwa 50 Mol-% K_4CdCl_6 zeigt die Dichtekurve ihre maximale, negative Abweichung von der Linearität, A. Bellanca (Periodico Mineral. [Rome] **20** [1951] 257/69, 267; Atti Accad. Sci. Lettere Arti Palermo [4] **11** [1950/51] 67/78, 76; C.A. **1955** 5063).

Hg_2MnCl_6

5.3.5.8 Hg_2MnCl_6 (= $2HgCl_2\cdot MnCl_2$)

Für die Bildung aus 2 $HgCl_2$ und $MnCl_2$ in wäßriger Lösung wird $\Delta H = -1.12$ kcal/mol bei 17°C gemessen, R. Varet (Compt. Rend. **123** [1896] 421/3).

$HgMnCl_4\cdot 4H_2O$

5.3.5.9 $HgMnCl_4\cdot 4H_2O$ (= $HgCl_2\cdot MnCl_2\cdot 4H_2O$)

Die Verbindung scheidet sich beim Eindunsten einer an $MnCl_2$ und $HgCl_2$ gesättigten wäßrigen Lösung bei Zimmertemperatur über konzentriertem H_2SO_4 nach zwei bis drei Wochen in großen monoklinen Kristallen [1], hellroten Prismen oder Tafeln ab [2], die sich aus H_2O umkristallisieren lassen [1]. Kalorimetrische Bestimmungen in wäßriger Lösung ergeben für die Bildung aus $HgCl_2$ und $MnCl_2$ $\Delta H = -0.96$ kcal/mol bei 18°C [3].

Die sehr hygroskopische Verbindung zerfließt an feuchter Luft [2] und löst sich in Alkohol und Aceton. Mit trocknem Pyridin und Anilin ergibt sie in Alkohol die weißen Komplexe $[Mn(C_5H_5N)_4]HgCl_4$ bzw. $[Mn(C_6H_5NH_2)_4]HgCl_4$ [1]; zur Reaktion mit Pyridin s. auch [4].

Literatur:

[1] G. Spacu, L. Caton (Bull. Soc. Stiinte Cluj **2** [1924/25] 332/53, 336, 344). — [2] P. A. v. Bonsdorff (Ann. Physik Chem. [2] **17** [1829] 247/67, 247). — [3] R. Varet (Compt. Rend. **123** [1896] 421/3). — [4] L. Caton (Ann. Sci. Univ. Jassy **17** [1931/32] 199/204; C. **1932** II 965).

5.3.6 Verbindungen des Mangans mit Chlor und Metallen der 3. Hauptgruppe

Compounds of Manganese with Chlorine and Main Group 3 Elements

5.3.6.1 Das System $AlCl_3$-$MnCl_2$

The $AlCl_3$-$MnCl_2$ System

Nach thermographischen, kristalloptischen und röntgenographischen Untersuchungen bilden $MnCl_2$ und $AlCl_3$ ein Eutektikum bei 158°C und 5 Mol-% $MnCl_2$ sowie die bei 185°C inkongruent schmelzende Verbindung $MnAlCl_5$, Peritektikum bei 20 Mol-% $MnCl_2$, s. **Fig. 76**. Die Schmelzen neigen zur Unterkühlung und bei hohem $AlCl_3$-Gehalt auch zur Entmischung [1]. Nach älteren Bestimmungen der Liquidustemperatur im Konzentrationsbereich von 8.4 bis 34.9 Mol-% $MnCl_2$ wird eine Verbindung der Zusammensetzung $Mn(AlCl_4)_2$ vermutet, die bei 227°C inkongruent schmilzt; eutektische Temperatur 183°C [2]. Die Verbindung wird bei neueren Untersuchungen in der Gasphase gefunden, s. S. 224.

Fig. 76

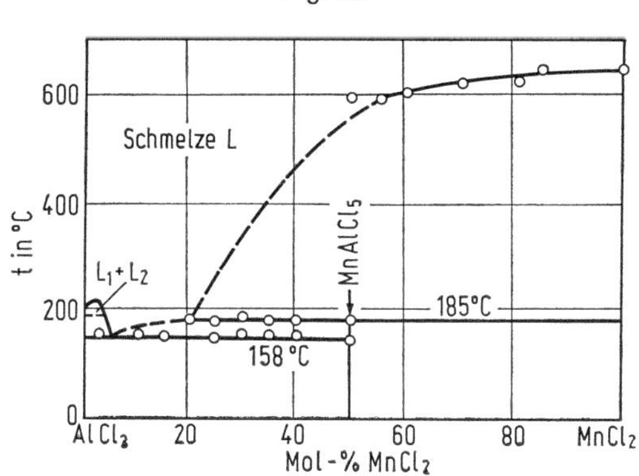

Zustandsdiagramm des Systems $AlCl_3$-$MnCl_2$.

Aus Absorptions- und Raman-Spektren von Schmelzen mit 0 bis 30 Mol-% $MnCl_2$ wird gefolgert, daß die Mn-Atome oktaedrisch koordiniert sind; das Aluminium bildet komplexe Anionen: $AlCl_4^-$ und $Al_2Cl_7^-$ [3, 4]. — Die Dichte dieser Schmelzen läßt sich bei 204°C durch die Gleichung $D_t = 1.208 + 0.934\,x(MnCl_2) + 0.273\,\sqrt{x(MnCl_2)}$ wiedergeben, wobei x den Molenbruch bezeichnet. Die Dichte einer Schmelze mit 30 Mol-% $MnCl_2$ folgt zwischen t = 200 und 500°C folgender Gleichung: $D_t = 1.628 - 6.12 \times 10^{-4}(t-200) - 1.99 \times 10^{-7}(t-200)^2$ [4]. Im angegebenen Konzentrationsbereich ist das System von Bedeutung für die manganothermische Reduktion von $AlCl_3$ (Toth-Prozeß) nach: $3\,Mn(fest) + 2\,AlCl_3(flüssig) \rightleftharpoons 3\,MnCl_2(flüssig) + 2\,Al(fest)$, s. beispielsweise [4, 5].

Für die Bildung von $Mn(AlCl_4)_2$ und $MnAl_3Cl_{11}$ in der Dampfphase sprechen die durch Dampfdruckmessungen beim Überleiten von $AlCl_3$(gas) über $MnCl_2$(fest) bei 400, 500 und 600°C erhaltenen Meßwerte, aus denen sich mit Hilfe des im Destillat gefundenen Molverhältnisses $MnCl_2:AlCl_3$ der Partialdruck p der Verbindungen unter Berücksichtigung des Dimerisationsgleichgewichts berechnen läßt [6].

Literatur:

[1] A. S. Kuz'menko, E. N. Ryabov, R. A. Sandler, E. F. Klyuchnikova, I. I. Kozhina (Zh. Neorgan. Khim. **21** [1976] 1975/7; Russ. J. Inorg. Chem. **21** [1976] 1085/6). — [2] J. Kendall, E. D. Crittenden, H. K. Miller (J. Am. Chem. Soc. **45** [1923] 963/96, 979). — [3] H. A. Øye, D. M. Gruen (Inorg. Chem. **3** [1964] 836/41). — [4] W. Bues, L. El-Sayed, H. A. Øye (Acta Chem. Scand. A **31** [1977] 461/8). — [5] K. Grjotheim, C. Krohn, H. A. Øye (Aluminium **51** [1975] 697/9).

[6] E. W. Dewing (Met. Trans. **1** [1970] 2169/74; Nature **214** [1967] 483).

$MnAl_3Cl_{11}$

5.3.6.2 $MnAl_3Cl_{11}$ (= $MnCl_2 \cdot 3\,AlCl_3$)

Die Verbindung bildet sich in der Gasphase aus den Chloriden bei erhöhter Temperatur, s. S. 223. Aus den Partialdrücken werden folgende thermodynamische Daten der Reaktion $MnCl_2$(fest) + 3 $AlCl_3$(gas) → $MnAl_3Cl_{11}$(gas) abgeleitet und die Wärmekapazität C_p abgeschätzt:

ΔH_{298}	ΔS_{298}	ΔH_{750}	ΔS_{750}	ΔC_p
−36.2	−48.0	−33.3	−42.0	6.5

ΔH in kcal/mol, ΔS und ΔC_p in cal · mol^{-1} · K^{-1}, E. W. Dewing (Met. Trans. **1** [1970] 2169/74).

$Mn(AlCl_4)_2$

5.3.6.3 $Mn(AlCl_4)_2$ (= $MnCl_2 \cdot 2\,AlCl_3$)

Die Verbindung wurde in früheren Untersuchungen des Systems $AlCl_3$-$MnCl_2$ (s. S. 223) beobachtet [1], ist aber bei neueren nicht bestätigt worden [2]. Sie bildet sich in der Gasphase nach $MnCl_2$(fest) + 2 $AlCl_3$(gas) → $Mn(AlCl_4)_2$(gas) mit folgenden thermodynamischen Daten:

ΔH_{298}	ΔS_{298}	ΔH_{750}	ΔS_{750}	ΔC_p
−16.9	−23.2	−15.8	−20.9	2.5

ΔH in kcal/mol, ΔS und ΔC_p (geschätzt) in cal · mol^{-1} · K^{-1} [3].

Die feste, rosa gefärbte Verbindung erhält man durch Zusammenschmelzen von $MnCl_2$ und der doppelten Molmenge $AlCl_3$ im verschlossenen Pyrexrohr bis zur Bildung einer klaren Schmelze (wenig oberhalb des $AlCl_3$-Schmelzpunkts). $Mn(AlCl_4)_2$ ist nach Pulveraufnahmen wahrscheinlich isotyp mit $Co(AlCl_4)_2$ [4] sowie den analogen Verbindungen von Mg, Fe, V und Cr. — Die Verbindung ist stark hygroskopisch [5].

Literatur:

[1] J. Kendall, E. D. Crittenden, H. K. Miller (J. Am. Chem. Soc. **45** [1923] 963/96, 979). — [2] A. S. Kuz'menko, E. N. Ryabov, R. A. Sandler, E. F. Klyuchnikova, I. I. Kozhina (Zh. Neorgan. Khim. **21** [1976] 1975/7; Russ. J. Inorg. Chem. **21** [1976] 1085/6). — [3] E. W. Dewing (Met. Trans. **1** [1970] 2169/74; Nature **214** [1967] 483). — [4] J. A. Ibers (Acta Cryst. **15** [1962] 967/72). — [5] R. F. Belt, H. Scott (Inorg. Chem. **3** [1964] 1785/8).

$MnAlCl_5$

5.3.6.4 $MnAlCl_5$ (= $MnCl_2 \cdot AlCl_3$)

Die Verbindung wird bei neueren Untersuchungen des Systems $AlCl_3$-$MnCl_2$ (s. S. 223) beobachtet. Sie kristallisiert in Form langer Prismen und ist entlang der Prismenflächen spaltbar; d-Werte s. Original. Brechungsindizes: $n_\alpha = 1.730$, $n_\gamma = 1.785$, A. S. Kuz'menko, E. N. Ryabov, R. A. Sandler, E. F. Klyuchnikova, I. I. Kozhina (Zh. Neorgan. Khim. **21** [1976] 1975/7; Russ. J. Inorg. Chem. **21** [1976] 1085/6).

5.3.6.5 Das System $NaCl$-$AlCl_3$-$MnCl_2$

The NaCl-$AlCl_3$-$MnCl_2$ System

Randsysteme: $AlCl_3$-$MnCl_2$ s. S. 223, $NaCl$-$MnCl_2$ s. S. 101, $NaCl$-$AlCl_3$ s. „Aluminium" B, S. 376.

Das mit Hilfe der Randsysteme und thermischen Analysen von neun von der NaCl-Ecke ausgehenden Innenschnitten aufgestellte Schmelzdiagramm (s. Figur im Original) zeigt die Kristallisationsflächen der Doppelsalze $NaMn_2Cl_5$, $NaMnCl_3$, Na_2MnCl_4, $NaAlCl_4$ und $MnAlCl_5$ neben den Feldern der Komponenten. Der stabile quasibinäre Schnitt $MnCl_2$-$NaAlCl_4$ mit dem Eutektikum bei etwa 138°C und 3 Mol-% $MnCl_2$ gliedert es in die Teilsysteme $MnCl_2$-$NaAlCl_4$-$AlCl_3$ und $MnCl_2$-$NaCl$-$NaAlCl_4$. Das Kristallisationsfeld zeigt zwei ternäre Eutektika und wahrscheinlich vier Peritektika, von denen nur eines näher bestimmt ist (s. unten), neben einer kleinen Entmischungszone mit zwei Schmelzen nahe der $AlCl_3$-Ecke. Temperatur und Zusammensetzung der Schmelze an den invarianten Punkten in Mol-% $MnCl_2$ und $AlCl_3$ mit Angabe der koexistenten, festen Phasen:

Punkt	t in °C	[$MnCl_2$]	[$AlCl_3$]	Feste Phasen
E_1	135	3	48	$NaMnCl_3$, Na_2MnCl_4, $NaAlCl_4$
P	145	2	48	Na_2MnCl_4, $NaAlCl_4$, NaCl
E_2	98	1	60	$MnCl_2$, $AlCl_3$, $NaAlCl_4$

E. N. Ryabov, A. S. Kuz'menko, R. A. Sandler (Izv. Vysshikh Uchebn. Zavedenii Tsvetn. Met. **1976** Nr. 1, S. 155/6; C.A. **84** [1976] Nr. 182847).

5.3.6.6 Das System KCl-$AlCl_3$-$MnCl_2$

The KCl-$AlCl_3$-$MnCl_2$ System

Randsysteme: $AlCl_3$-$MnCl_2$ s. S. 223, KCl-$MnCl_2$ s. S. 108, KCl-$AlCl_3$ s. „Aluminium" B, S. 451.

Das mit Hilfe der Randsysteme und thermographischen Analysen von neun von der KCl-Ecke ausgehenden Innenschnitten aufgestellte Schmelzdiagramm (s. Figur im Original) zeigt die Kristallisationsflächen der Doppelsalze $MnAlCl_5$, K_2MnCl_4, $K_3Mn_2Cl_7$, $KMnCl_3$ und $KAlCl_4$ neben den Feldern der Komponenten. Die beiden stabilen Schnitte $KMnCl_3$-$KAlCl_4$ und $MnCl_2$-$KAlCl_4$ gliedern es in die Teilsysteme $KMnCl_3$-$KAlCl_4$-KCl, $KMnCl_3$-$KAlCl_4$-$MnCl_2$ und $MnCl_2$-$KAlCl_4$-$AlCl_3$. Das Kristallisationsfeld zeigt drei ternäre Eutektika und nahe der $AlCl_3$-Ecke eine kleine Entmischungszone mit zwei Schmelzen. Temperatur und Zusammensetzung der Schmelze an den invarianten Punkten in Mol-% $MnCl_2$ und $AlCl_3$ mit Angabe der koexistenten, festen Phasen:

Punkt	t in °C	[$MnCl_2$]	[$AlCl_3$]	Feste Phasen
E_1	235	0.5	49.0	K_2MnCl_4, $K_3Mn_2Cl_7$, $KAlCl_4$
E_2	220	1.0	49.5	$KMnCl_3$, $KAlCl_4$, $MnCl_2$
E_3	123	0.5	67.0	$MnAlCl_5$, $KAlCl_4$, $AlCl_3$

A. S. Kuz'menko, E. N. Ryabov, R. A. Sandler, V. S. Dreger (Zh. Prikl. Khim. **49** [1976] 654/5; J. Appl. Chem. USSR **49** [1976] 680/1).

5.3.6.7 Das System Ga_2Cl_4-$MnCl_2$

The Ga_2Cl_4-$MnCl_2$ System

Nach thermischen Analysen bilden $MnCl_2$ und Ga_2Cl_4 ein sogenanntes entartetes Eutektikum bei 170°C, das mit dem Schmelzpunkt von Ga_2Cl_4 (170.5°C) fast zusammenfällt. Der Verlauf der Schmelzkurve deutet eine Neigung der Schmelze zur Entmischung an. Außerdem wird eine teilweise Disproportionierung nach $3\,Ga_2Cl_4 \rightarrow 4\,GaCl_3 + 2\,Ga$ beobachtet, da die Schmelzen stets etwa 3 bis 4 Mol-% $GaCl_3$ enthalten. Die polymorphe Umwandlung des Ga_2Cl_4 bleibt unverändert, s. Figur im Original, P. I. Fedorov, G. A. Lovetskaya, E. E. Sharkadi (Izv. Vysshikh Uchebn. Zavedenii Tsvetn. Met. **12** Nr. 6 [1969] 63/6; C.A. **73** [1970] Nr. 29501).

The $GaCl_3$-$MnCl_2$ System

5.3.6.8 Das System $GaCl_3$-$MnCl_2$

Das nach thermischen Analysen aufgestellte Schmelzdiagramm in **Fig. 77** zeigt die inkongruent schmelzende Verbindung $Mn(GaCl_4)_2$. Der peritektische Punkt liegt bei etwa 210°C und 11.5 Mol-% $MnCl_2$, der eutektische bei 76°C und < 0.3 Mol-% $MnCl_2$, P. I. Fedorov, S. K. Nedev (Zh. Neorgan. Khim. **12** [1967] 1301/3; Russ. J. Inorg. Chem. **12** [1967] 689/90).

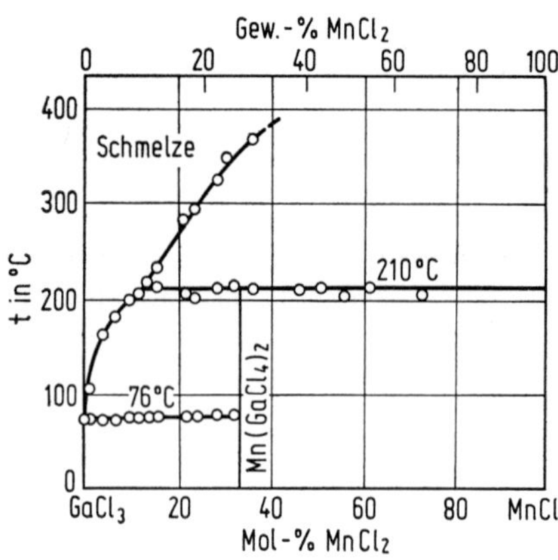

Fig. 77

Zustandsdiagramm des Systems $GaCl_3$-$MnCl_2$.

$Mn(GaCl_4)_2$

5.3.6.9 $Mn(GaCl_4)_2$ (= $MnCl_2 \cdot 2\,GaCl_3$)

Die aus den Chloriden in geschlossenem Quarzgefäß über die Schmelze dargestellte Verbindung schmilzt inkongruent bei etwa 210°C; zur Lage im System $GaCl_3$-$MnCl_2$ s. oben. Strichdiagramm der d-Werte s. Original, P. I. Fedorov, S. K. Nedev (Zh. Neorgan. Khim. **12** [1967] 1301/3; Russ. J. Inorg. Chem. **12** [1967] 689/90).

The InCl-$MnCl_2$ System

5.3.6.10 Das System InCl-$MnCl_2$

Nach differentialthermischen Analysen bildet sich die inkongruent schmelzende Verbindung $InMnCl_3$. Peritektischer Punkt bei 390°C und etwa 45 Mol-% $MnCl_2$, entartetes Eutektikum, dessen Schmelzpunkt mit dem von InCl praktisch zusammenfällt, bei 225°C, s. **Fig. 78**. — InCl ist in festem $MnCl_2$ etwas löslich, die Löslichkeit erreicht ein Maximum mit etwa 10 Mol-% InCl bei 390°C, P. I. Fedorov, N. S. Malova, I. I. Antonova (Izv. Vysshikh Uchebn. Zavedenii Tsvetn. Met. **14** Nr. 1 [1971] 92/4; C.A. **75** [1971] Nr. 26000).

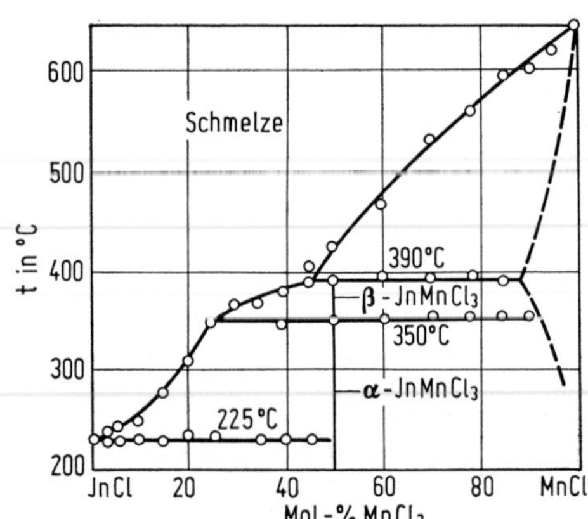

Fig. 78

Zustandsdiagramm des Systems InCl-$MnCl_2$.

5.3.6.11 **$InMnCl_3$** (= $InCl \cdot MnCl_2$)

$InMnCl_3$

Die Verbindung wird durch Tempern der Chloride bei 200°C in 200 h rein erhalten. Die bei Normalbedingungen stabile α-Form wandelt sich bei 350°C in die Hochtemperaturform β-$InMnCl_3$ um, die bei 390°C inkongruent schmilzt (s. S. 226). d-Werte s. Original, P. I. Fedorov, N. S. Malova, I. I. Antonova (Izv. Vysshikh Uchebn. Zavedenii Tsvetn. Met. **14** Nr. 1 [1971] 92/4; C.A. **75** [1971] Nr. 26000).

5.3.6.12 **Das System In_2Cl_3-$MnCl_2$**

The In_2Cl_3-$MnCl_2$ System

Nach differentialthermischen Analysen bildet sich die inkongruent schmelzende Verbindung In_2MnCl_5, s. **Fig. 79**. Peritektischer Punkt bei 345°C und 25 Mol-% $MnCl_2$, eutektischer Punkt bei 308°C und 10 Mol-% $MnCl_2$. In festem $MnCl_2$ ist In_2Cl_3 etwas löslich, die Löslichkeit erreicht ein Maximum mit etwa 7 Mol-% In_2Cl_3 bei 345°C, P. I. Fedorov, N. S. Malova, I. I. Antonova (Izv. Vysshikh Uchebn. Zavedenii Tsvetn. Met. **14** Nr. 1 [1971] 92/4; C.A. **75** [1971] Nr. 26000).

Fig. 79

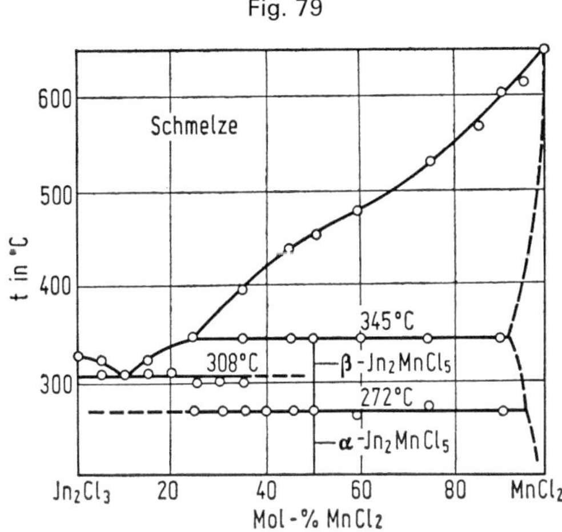

Zustandsdiagramm des Systems In_2Cl_3-$MnCl_2$.

5.3.6.13 **In_2MnCl_5** (= $In_2Cl_3 \cdot MnCl_2$)

In_2MnCl_5

Die Verbindung wird durch Tempern der Chloride bei 210°C in 250 h rein erhalten. Die unter Normalbedingungen stabile α-Modifikation wandelt sich bei 272°C in die Hochtemperaturmodifikation β-In_2MnCl_5 um, die bei 345°C inkongruent schmilzt, s. oben. d-Werte s. Original, P. I. Fedorov, N. S. Malova, I. I. Antonova (Izv. Vysshikh Uchebn. Zavedenii Tsvetn. Met. **14** Nr. 1 [1971] 92/4; C.A. **75** [1971] Nr. 26000).

5.3.6.14 **Das System $InCl_2$-$MnCl_2$**

The $InCl_2$-$MnCl_2$ System

Nach thermischen Analysen in trocknem Ar bilden die beiden Chloride ein einfaches eutektisches System; eutektischer Punkt bei 232°C und 2 Mol-% $MnCl_2$. Die polymorphe Umwandlung des $InCl_2$ bei 190°C bleibt nahezu unverändert, s. auch Figur im Original, P. I. Fedorov, N. S. Malova, A. I. Shaitan (Zh. Neorgan. Khim. **21** [1976] 1593/5; Russ. J. Inorg. Chem. **21** [1976] 870/2).

The $InCl_3$-$MnCl_2$ System

5.3.6.15 Das System $InCl_3$-$MnCl_2$

Nach differentialthermischen Analysen bildet sich ein einfaches eutektisches System, eutektischer Punkt bei 495°C und etwa 35 Mol-% $MnCl_2$. Die gegenseitige Löslichkeit von festem $MnCl_2$ und $InCl_3$ beträgt bei der eutektischen Temperatur etwa 4 Mol-% $MnCl_2$ bzw. $InCl_3$, s. Figur im Original, P. I. Fedorov, N. I. Il'ina (Zh. Neorgan. Khim. **14** [1969] 1432/4; Russ. J. Inorg. Chem. **14** [1969] 751/2).

Solid Solutions of $[(C_2H_5)_4N]_2MnCl_5$ and $[(C_2H_5)_4N]_2InCl_5$

5.3.6.16 Mischkristalle zwischen $[(C_2H_5)_4N]_2MnCl_5$ und $[(C_2H_5)_4N]_2InCl_5$

Blaßgrüne Mischkristalle lassen sich aus einer Lösung der Komponenten in frisch destilliertem Acetonitril unter Zusatz von wenig $(C_2H_5)_4NCl$ durch Eindampfen unter Licht- und Feuchtigkeitsausschluß oder aus den Lösungen von $MnCl_3$ in ätherischem HCl und von $InCl_3$ in absolutem Äthanol durch Zugabe von $(C_2H_5)_4NCl$ in geringem Überschuß darstellen. Sie werden aus etwas $(C_2H_5)_4NCl$ enthaltendem Acetonitril umkristallisiert und im Vakuum bei Dunkelheit getrocknet. Zur Struktur s. S. 211, C. Bellitto, A. A. G. Tomlinson, C. Furlani (J. Chem. Soc. A **1971** 3267/71).

The TlCl-$MnCl_2$ System

5.3.6.17 Das System TlCl-$MnCl_2$

Nach thermischen Analysen bildet sich in diesem System die kongruent schmelzende Verbindung $TlMnCl_3$. Die eutektischen Punkte liegen bei 328°C, 21.5 Mol-% $MnCl_2$ und 460°C, 62.0 Mol-% $MnCl_2$, s. **Fig. 80** [1]. Die Angaben werden durch neuere Untersuchungen mit 326°C, 20.0 Mol-% $MnCl_2$ und 462°C, 62.0 Mol-% $MnCl_2$ bestätigt [2], s. auch [3].

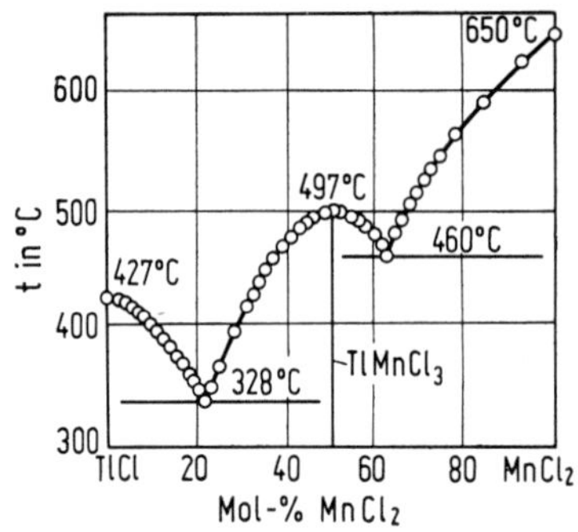

Fig. 80

Zustandsdiagramm des Systems TlCl-$MnCl_2$.

Literatur:

[1] E. R. Natsvlishvili, A. G. Bergman (Zh. Obshch. Khim. **9** [1939] 642/6; C.A. **1939** 7685). — [2] H. J. Seifert, T. Krimmel, W. Heinemann (J. Therm. Anal. **6** [1974] 175/82, 176). — [3] S. D. Gromakov (Zh. Fiz. Khim. **25** [1951] 1014/25, 1018; C.A. **1952** 6476).

$TlMnCl_3$

5.3.6.18 $TlMnCl_3$ (= TlCl · $MnCl_2$)

Preparation

Darstellung

Zum Auftreten im System TlCl-$MnCl_2$ s. oben. — Die orange- [1, 2] bis rosafarbene [3], sehr hygroskopische [3, 4] Verbindung erhält man durch mehrstündiges Erhitzen von äquimolaren Anteilen $MnCl_2$ und TlCl auf 520°C in evakuierter Quarzampulle [1, 2], s. auch [5]. Man kann ferner die Chloride im trocknen Cl_2-Strom [6] oder eine Mischung aus gleichen Molmengen $MnCl_2 \cdot 4\,H_2O$ und TlCl auf 600°C im trocknen HCl-Gasstrom mit Ar als Trägergas erhitzen [4]. — Einkristalle lassen sich nach der vertikalen Bridgman-Methode züchten [3, 4].

Kristallographische Eigenschaften

Cystallographic Properties

Polymorphie. Die Verbindung erfährt auf Grund von Messungen der Gitterkonstanten, s. **Fig. 81**, der Doppelbrechung und der Geschwindigkeit von Ultraschall mit fallender Temperatur folgende polymorphen Umwandlungen [3]:

G_0, kubisch	$\xrightleftharpoons{296\,K}$	G_1, tetragonal	$\xrightleftharpoons{276\,K}$	G_2, rhombisch (pseudotetragonal)	$\xrightleftharpoons{235\,K}$	G_3, monoklin-pseudorhombisch
Raumgruppe:						
$Pm3m\text{-}O_h^1$ (Nr. 221)		$P4/mbm\text{-}D_{4h}^5$ (Nr. 127)		$Cmcm\text{-}D_{2h}^{17}$ (Nr. 63)?		$P2_1/m\text{-}C_{2h}^2$ (Nr. 11)

Aus der Temperaturabhängigkeit der Wärmekapazität ergeben sich folgende Umwandlungstemperaturen: 296.45 K (mit einer Hysterese von $\Delta T = 0.11$ K), 276.11 K und 235.10 K ($\Delta T = 0.45$ K) [7]. Der Übergang $G_0 \rightleftharpoons G_1$ wird auch bei 300.5 K [6] und bei 303 K beobachtet [4], ferner bei 330 K, wobei allerdings der G_1-Modifikation rhombische Symmetrie zugeordnet wird [1]. Zwischen 303 K und dem Schmelzpunkt (s. S. 230) ist optisch keine weitere Umwandlung zu erkennen [4]. Von diesen Phasenumwandlungen sind $G_0 \rightleftharpoons G_1$ und $G_2 \rightleftharpoons G_3$ von 1. Ordnung, $G_1 \rightleftharpoons G_2$ von 2. Ordnung [3, 7], wobei die Übergänge 1. Ordnung Umwandlungsenthalpien von 80 ± 5 J/mol bei $G_0 \rightleftharpoons G_1$ und 5.0 ± 0.3 J/mol bei $G_2 \rightleftharpoons G_3$ zeigen [7]. Bei $G_0 \rightleftharpoons G_1$ werden auch 42 J/mol gefunden [6].

Fig. 81

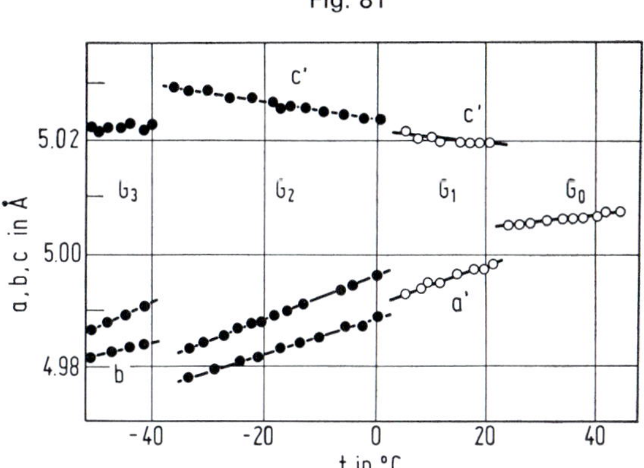

Temperaturabhängigkeit der Gitterkonstanten a, b und c der Modifikationen G_0 bis G_3 von $TlMnCl_3$ (a' und c' beziehen sich auf die kubische Elementarzelle der Modifikation G_0).

Kristallstruktur. Die Strukturen der Modifikationen G_1 bis G_3 lassen sich als leichte Verzerrungen des Perowskit-Typs, in dem die G_0-Modifikation kristallisiert [1, 2, 4], auffassen. Die Umwandlungen sind displaziv. Zur Temperaturabhängigkeit der Gitterkonstanten s. Fig. 81 [3].

Modifikation G_0. Die Kristalle zeigen entgegen der Erwartung keine ausgeprägte Spaltbarkeit nach (100) [3]. — Gitterkonstanten:

a in Å	5.004	5.01 ± 0.01	5.02	5.025 ± 0.003
T in K	300	> 303	330	297
Lit.	[3]	[4]	[1]	[2]

Tabelle der d-Werte s. Original. Atomabstände in Å: Mn ↔ Cl = 2.51, Tl ↔ Cl = 3.55, Tl ↔ Mn = 4.35 [2].

Die tetragonale G_1-Modifikation ist meist nach (110) verzwillingt [3]. Gitterkonstanten nach Pulveraufnahmen: $a = 5.02 \pm 0.01$, $c = 5.04 \pm 0.01$ Å [4].

TlMnCl₃
Crystal Structure

Modifikation G_2. Nach Neutronenbeugungsaufnahmen bei 272 K [1] ergibt sich eine rhombisch-pseudotetragonale Symmetrie mit $a \approx b \approx a_{kub} \sqrt{2}$ und $c \approx 2a_{kub}$ [3].

Modifikation G_3. Die Kristalle sind häufig komplex verzwillingt, gelegentlich nach (100) mit einem Winkel von 45° gegenüber der kubischen Zelle der Modifikation G_0 [3]. — Die pseudorhombischen Gitterkonstanten betragen $a = 7.077$ ($\triangleq a_{kub} \sqrt{2}$), $b = 9.962$ ($\triangleq 2a_{kub}$), $c = 14.15$ Å ($\triangleq 2a_{kub} \sqrt{2}$) bei 220 K; Z = 8 [3].

Mechanical and Thermal Properties

Mechanische und thermische Eigenschaften

Aus den Gitterkonstanten ergibt sich die Dichte (in g/cm³) bei Zimmertemperatur zu 4.725 [2], 4.81 [4] oder 4.856 [3]. Dichteänderung und thermische Ausdehnung folgen aus der Temperaturabhängigkeit der Gitterkonstanten, s. Fig. 81, S. 229. Nach der Immersionsmethode wird bei 24°C in n-Dodekan D = 4.74 [2], in Toluol D = 4.76 erhalten [4].

Die elastischen Moduln werden aus der Ultraschallgeschwindigkeit (10 MHz) in verschiedenen Richtungen abgeleitet: zwischen 23.5 und 40°C steigt c_{11} von $(44.14 \pm 0.05) \times 10^{10}$ auf $(47.73 \pm 0.03) \times 10^{10}$ dyn/cm², während c_{12} von $(28.47 \pm 0.07) \times 10^{10}$ auf $(26.88 \pm 0.04) \times 10^{10}$ dyn/cm² fällt und c_{44} von $(16.083 \pm 0.007) \times 10^{10}$ auf ein Maximum $(16.102 \pm 0.007) \times 10^{10}$ bei 24 bis 30°C steigt und dann auf $(16.069 \pm 0.007) \times 10^{10}$ dyn/cm² bei 40°C fällt [3].

Der zuerst bei Systemuntersuchungen (s. S. 228) gefundene Schmelzpunkt von 497 ± 5°C [8] wird später bestätigt [1, 2, 5]. Außerdem werden auch höhere Werte angegeben: 524°C [9], 570 ± 5°C [4].

Die Temperaturabhängigkeit der Wärmekapazität ist in **Fig. 82** dargestellt. Bei den Temperaturen, bei denen Phasenumwandlung stattfindet, nämlich bei 235.10, 276.11 und 296.45 K, treten scharfe Maxima auf [7]. Andere Autoren [6] finden das letzte Maximum bei 300.5 K beim Erwärmen und etwa 5 K tiefer beim Abkühlen.

Fig. 82

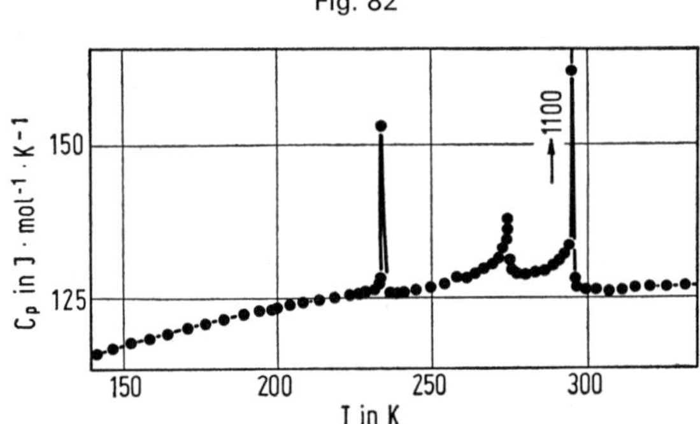

Temperaturabhängigkeit der Wärmekapazität bei $TlMnCl_3$.

Magnetic Properties

Magnetische Eigenschaften

Die zwischen 120 und 300 K an einer pulverförmigen Probe gemessene Suszeptibilität (Abnahme von etwa 37×10^{-6} auf 25×10^{-6} cm³/g) gehorcht oberhalb 160 K dem Curie-Weiss-Gesetz mit der paramagnetischen Curie-Temperatur $\Theta_p = -231$ K und der Curie-Konstante C = 4.89. Daraus wird das effektive Moment $\mu_{eff} = 4.89\ \mu_B$ abgeleitet [6]. Im geordneten Zustand ist, wie die Messung der Neutronenstreuung bei 4.2 K ergibt, $\mu_{eff} = 4.7 \mu_B$ [1].

Die Néel-Temperatur folgt aus Messungen der Neutronenstreuung zu $T_N = 118 \pm 2$ K, aus einer magnetometrischen Bestimmung zu $T_N = 120 \pm 5$ K; eine Umwandlung in einen schwach ferromagnetischen Zustand wird bei etwa 108 K beobachtet [1]. $T_N = 118$ bzw. 115 K aus Untersuchungen der Tl-NMR und EPR [6]. — Aus der Linienbreite der EPR berechnete Austauschparameter: $J_1 = -4.3 \pm 0.5$ cm⁻¹, $J_2 = 0.8 \pm 0.5$ cm⁻¹ [10]. Bei der Untersuchung der Temperaturabhängigkeit der Linienbreite zwischen 23 und −160°C an drei Proben verschiedener Größe beobachten Navalgund u. a. [11] eine kritische Verengung der EPR-Linie (19 G bei gewöhnlicher Temperatur) im Bereich $T_N + 20 > T > T_N$. — Zur Cl-Kernquadrupolresonanz s. Moskalev [14].

Optische Eigenschaften

Optical Properties

Der Brechungsindex, gemessen bei 546.1, 577.0 und 579.1 nm, beträgt n = 1.9527, 1.9459 bzw. 1.9455 bei 337 K und nimmt bis 296 K linear mit T zu; dn/dT ≈ 5.3×10^{-5} K^{-1}. Der Verlauf der Doppelbrechung im Bereich bis etwa 210 K (im Original graphisch dargestellt) läßt die Phasenumwandlungen erkennen [3]. Die lineare Abnahme wird auch in dem vergrößerten Meßbereich von 435.8 bis 643.3 nm beobachtet [12]; aus dem Vergleich mit einigen anderen Verbindungen vom Perowskit-Typ wird auf die Ähnlichkeit der Dispersion und des Bindungscharakters geschlossen. Da die Temperaturabhängigkeit durch die photoelastische Konstante bestimmt wird, kann diese aus den Meßdaten [3] zu $p_{11} + 2\,p_{12} = 0.6$ abgeleitet werden [13].

Literatur:

[1] M. Melamud, H. Pinto, G. Shachar, J. Makovsky, H. Shaked (Phys. Rev. [3] B **3** [1971] 2344/8). — [2] A. Zodkevitz, J. Makovsky, Z. H. Kalman (Israel J. Chem. **8** [1970] 755/62, 757). — [3] K. S. Aleksandrov, A. T. Anistratov, A. I. Krupnyi, L. A. Pozdnyakova, S. V. Mel'nikova, B. V. Beznosikov (Fiz. Tverd. Tela **17** [1975] 735/40; Soviet Phys.-Solid State **17** [1975] 471/3), K. S. Aleksandrov (Ferroelectrics **14** [1976] 801/5). — [4] M. Kestigian (Mater. Res. Bull. **5** [1970] 263/5). — [5] H. J. Seifert, T. Krimmel, W. Heinemann (J. Therm. Anal. **6** [1974] 175/82, 176).

[6] R. Vijayaraghavan, M. D. Karkhanavala, S. D. Damle, L. C. Gupta, U. R. K. Rao (Pramana **1** Nr. 3 [1973] 155/60; C.A. **80** [1974] Nr. 41769). — [7] I. N. Flerov (Fiz. Tverd. Tela **18** [1976] 848/50; Soviet Phys.-Solid State **18** [1976] 487/8). — [8] E. R. Natsvlishvili, A. G. Bergman (Zh. Obshch. Khim. **9** [1939] 642/6; C.A. **1939** 7685). — [9] S. D. Gromakov (Zh. Fiz. Khim. **25** [1951] 1014/25, 1018; C.A. **1952** 6476). — [10] E. A. Petrakovskaya, V. V. Velichko (Radiospektrosk. Tverd. Tela **1974** Nr. 1, S. 137/41; C.A. **84** [1976] Nr. 171867).

[11] R. R. Navalgund, S. Kasthurirengan, L. C. Gupta (J. Magn. Resonance **16** [1974] 65/8). — [12] A. T. Anistratov, E. A. Popov, B. V. Beznosikov, I. T. Kokov (Opt. i Spektroskopiya **39** [1975] 692/6; Opt. Spectry. [USSR] **39** [1975] 390/2). — [13] S. V. Mel'nikova, K. S. Aleksandrov, A. T. Anistratov, B. V. Beznosikov (Fiz. Tverd. Tela **19** [1977] 34/8; Soviet Phys.-Solid State **19** [1977] 18/20). — [14] A. K. Moskalev (Fazovye Perekhody Krist. **1975** 130/4; C.A. **84** [1976] Nr. 157677).

5.3.6.19 $Mn(TlCl_4)_2 \cdot 6\,H_2O$ (= $MnCl_2 \cdot 2\,TlCl_3 \cdot 6\,H_2O$)

$Mn(TlCl_4)_2 \cdot 6H_2O$

Die Verbindung entsteht beim Eindunsten der wäßrigen Lösung von $MnCl_2$ und $TlCl_3$ im Molverhältnis 1:2 in langen seidenglänzenden, schwach rosafarbenen Nadeln, die sich aus H_2O umkristallisieren lassen, J. Gewecke (Liebigs Ann. Chem. **366** [1909] 217/36, 224).

5.3.7 Verbindungen des Mangans mit Chlor und Metallen der 4. Hauptgruppe

Compounds of Manganese with Chlorine and Main Group 4 Elements

5.3.7.1 Das System $SnCl_2$-$MnCl_2$

The $SnCl_2$-$MnCl_2$ System

Nach thermischen Analysen bilden die Chloride ein einfaches eutektisches System, eutektischer Punkt bei 233°C und 5 Mol-% $SnCl_2$ [1], s. auch [2].

Literatur:

[1] C. Sandonnini, G. Scarpa (Atti Reale Accad. Lincei [5] **20** II [1911] 61/8, 66; C. **1911** II 1424), C. Sandonnini (Gazz. Chim. Ital. **44** I [1914] 299/386, 370). — [2] E. Kordes (Z. Anorg. Allgem. Chem. **167** [1927] 97/112, 101).

5.3.7.2 $MnSnCl_6 \cdot 6\,H_2O$ (= $MnCl_2 \cdot SnCl_4 \cdot 6\,H_2O$)

$MnSnCl_6 \cdot 6H_2O$

Die Verbindung wird durch Eindampfen einer wäßrigen Lösung von äquimolaren Anteilen $MnCl_2$ und $SnCl_4$ bei etwa 45°C und langsames Abkühlen in blaßrosafarbenen, klaren Rhomboedern oder flachen Tafeln, bei raschem Abkühlen von konzentrierten Lösungen in dünnen, hexagonalen Prismen erhalten [1, 2], s. auch [3].

$MnSnCl_6 \cdot 6H_2O$

Die Kristalle sind parallel zu den Prismenflächen vollkommen spaltbar [2]. Die Verbindung kristallisiert rhomboedrisch wie $NiSnCl_6 \cdot 6H_2O$ (s. „Nickel" B 3, S. 1192), Gitterkonstanten a = 7.18 Å, $\alpha \approx 96°$ [4], bei hexagonaler Indizierung: a = 10.35 ± 0.02, c = 11.23 ± 0.02 Å [3]. Eine perfekte Isotypie mit der Ni-Verbindung scheint nicht vorzuliegen [3]. — Die Kristalle sind optisch positiv [2].

$MnSnCl_6 \cdot 6H_2O$ zerfließt an feuchter Luft. In vollkommen trockner Luft spaltet es H_2O ab, ebenso beim Erhitzen auf 100°C zusammen mit $SnCl_4$. Wäßrige Lösungen des Salzes trüben sich bei Siedehitze, durch Na_2CO_3 wird Zinn(IV)-oxidhydrat gefällt. Konzentriertes H_2SO_4 zersetzt das Salz [1].

Literatur:

[1] S. M. Jørgensen (Overs. Kgl. Danske Videnskab. Selskabs Forh. [5] **6** [1865] Nogle Analogier mellem Platin og Tin, S. 1/17, 4). — [2] H. Topsöe, C. Christiansen (Ann. Chim. Phys. [5] **1** [1874] 5/99, 41). — [3] M. Giglio, H. Novales, A. Arias (Naturwissenschaften **52** [1965] 182). — [4] T. Arakawa (J. Phys. Soc. Japan **17** [1962] 703).

Solid Solutions of K_2MnCl_6 with K_2SnCl_6

5.3.7.3 Mischkristalle zwischen K_2MnCl_6 und K_2SnCl_6

Ziemlich große Kristalle der lückenlosen Mischkristallreihe scheiden sich aus der Lösung von $KMnO_4$ in mit K_2SnCl_6 gesättigtem 6 M wäßrigem HCl bei langsamem Eindunsten ab. Ihr Mn^{IV}-Gehalt läßt sich durch Zusatz der vierfachen Molmenge $MnCl_2 \cdot 4H_2O$ (bezogen auf $KMnO_4$) noch steigern. Die roten Mn^{IV}-reichen Präparate sind aber stark verunreinigt. Bei sehr langsamer Kristallisation nimmt der Mn^{IV}-Gehalt der Kristalle wegen der Reduktion durch HCl stark ab. Beim Ersatz von $KMnO_4$ durch MnO_2 wird nur wenig Mn^{IV} eingebaut, P. J. McCarthy, R. D. Bereman (Inorg. Chem. **12** [1973] 1909/14).

The $PbCl_2$-$MnCl_2$ System

5.3.7.4 Das System $PbCl_2$-$MnCl_2$

Nach thermischen Analysen bilden die Chloride ein einfaches eutektisches System mit dem eutektischen Punkt bei 408°C und etwa 30 Mol-% $MnCl_2$ [1], s. auch [2].

Literatur:

[1] C. Sandonnini, G. Scarpa (Atti Reale Accad. Lincei [5] **20** II [1911] 61/8; C. **1911** II 1424), C. Sandonnini (Gazz. Chim. Ital. **44** I [1914] 299/386, 372). — [2] E. Kordes (Z. Anorg. Allgem. Chem. **167** [1927] 97/112, 101).

Compounds of Manganese with Chlorine and Group 4 Transition Metals

5.3.8 Verbindungen des Mangans mit Chlor und Elementen der 4. Nebengruppe

$TiCl_3$-$MnCl_2$ and $TiCl_4$-$MnCl_2$ Systems

5.3.8.1 Die Systeme $TiCl_3$-$MnCl_2$ und $TiCl_4$-$MnCl_2$

Nach differentialthermographischen Analysen lösen sich in $TiCl_3$ etwa 10 Mol-% $MnCl_2$. Bei anderen Zusammensetzungen ist das System wegen der hohen Flüchtigkeit und Disproportionierung des $TiCl_3$ instabil [1]. — In $TiCl_4$ ist $MnCl_2$ praktisch unlöslich [2, 3].

Literatur:

[1] A. S. Kuz'menko, E. N. Ryabov, R. A. Sandler (Zh. Neorgan. Khim. **19** [1974] 2550/2; Russ. J. Inorg. Chem. **19** [1974] 1392/3). — [2] P. Ehrlich, G. Dietz (Z. Anorg. Allgem. Chem. **305** [1960] 158/68, 164). — [3] L. N. Eingorn (Ukr. Khim. Zh. **16** [1950] 404/13, 406; C.A. **1954** 3775).

5.3.8.2 Das System NaCl-$TiCl_3$-$MnCl_2$

The NaCl-$TiCl_3$-$MnCl_2$ System

Randsysteme: $TiCl_3$-$MnCl_2$ s. S. 232, NaCl-$MnCl_2$ s. S. 101. Im Randsystem $TiCl_3$-NaCl treten die bei 543°C inkongruent schmelzende Verbindung Na_3TiCl_6 und ein Eutektikum bei 460°C mit 43 Mol-% $TiCl_3$ auf.

Das mit Hilfe der Randsysteme und thermischen Analysen von neun von der NaCl-Ecke ausgehenden Innenschnitten aufgestellte Schmelzdiagramm in **Fig. 83** zeigt die Kristallisationsflächen der Doppelsalze $NaMn_2Cl_5$, $NaMnCl_3$, Na_2MnCl_4 und Na_3TiCl_6 neben $MnCl_2$, $TiCl_3$ und NaCl. Das Kristallisationsfeld zeigt fünf invariante Punkte, davon ein Eutektikum (E) und vier Peritektika (P). Der Bereich um $TiCl_3$ sowie ein großer Teil des Randsystems $TiCl_3$-$MnCl_2$ ist wegen der Disproportionierung des $TiCl_3$ nicht untersucht. Temperatur und Zusammensetzung der Schmelze in Mol-% an den invarianten Punkten sowie die koexistenten festen Phasen enthält die folgende Tabelle:

Punkt	t in °C	[$MnCl_2$]	[$TiCl_3$]	Feste Phasen
E	375	28	21	$NaMnCl_3$, Na_3TiCl_6, $TiCl_3$
P_1	425	26	16	Na_2MnCl_4, Na_3TiCl_6, NaCl
P_2	392	30	18	Na_2MnCl_4, $NaMnCl_3$, Na_3TiCl_6
P_3	390	29	21	$NaMnCl_3$, $NaMn_2Cl_5$, $TiCl_3$
P_4	420	34	22	$NaMn_2Cl_5$, $MnCl_2$, $TiCl_3$

E. N. Ryabov, A. S. Kuz'menko, R. A. Sandler (Zh. Neorgan. Khim. **21** [1976] 867/9; Russ. J. Inorg. Chem. **21** [1976] 474/6).

Fig. 83

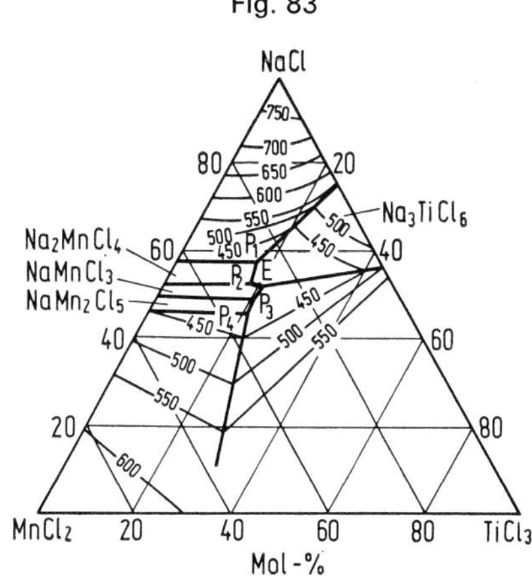

Schmelzdiagramm des Systems NaCl-$TiCl_3$-$MnCl_2$ (Temperaturen in °C).

5.3.8.3 Das System KCl-$TiCl_3$-$MnCl_2$

The KCl-$TiCl_3$-$MnCl_2$ System

Randsysteme: $TiCl_3$-$MnCl_2$ s. S. 232, KCl-$MnCl_2$ s. S. 108. Im Randsystem $TiCl_3$-KCl treten die bei 762°C kongruent schmelzende Verbindung K_3TiCl_6, die bei 574°C peritektisch zerfallende, dimorphe Verbindung $K_3Ti_2Cl_9$ (Umwandlungspunkt bei 550°C) sowie zwei Eutektika bei 675 und 520°C mit 15 bzw. 55 Mol-% $TiCl_3$ auf.

Das mit Hilfe der Randsysteme und thermischen Analysen von neun von der KCl-Ecke ausgehenden Innenschnitten aufgestellte Schmelzdiagramm in **Fig. 84**, S. 234, zeigt die Kristallisationsflächen der Verbindungen $KMnCl_3$, $K_3Mn_2Cl_7$, K_2MnCl_4, $K_3Ti_2Cl_9$ und K_3TiCl_6 neben den Feldern der

The KCl-$TiCl_3$-$MnCl_2$ System

Komponenten. Die beiden stabilen Schnitte $KMnCl_3$-K_3TiCl_6 und K_3TiCl_6-$MnCl_2$ gliedern das Diagramm in die drei Teilsysteme $KMnCl_3$-K_3TiCl_6-KCl, $KMnCl_3$-$MnCl_2$-K_3TiCl_6 und K_3TiCl_6-$TiCl_3$-$MnCl_2$. Das Kristallisationsfeld zeigt drei ternäre Eutektika (E) und zwei Peritektika (P). Der Bereich um $TiCl_3$ sowie ein großer Teil des Randsystems $TiCl_3$-$MnCl_2$ ist wegen der Disproportionierung des $TiCl_3$ nicht untersucht. Temperatur und Zusammensetzung der Schmelze an den invarianten Punkten in Mol-% $MnCl_2$ und $TiCl_3$ mit Angabe der koexistenten festen Phasen:

Punkt	t in °C	[$MnCl_2$]	[$TiCl_3$]	Feste Phasen
E_1	395	32	4	K_2MnCl_4, $K_3Mn_2Cl_7$, K_3TiCl_6
E_2	364	50	10	$KMnCl_3$, $MnCl_2$, K_3TiCl_6
E_3	372	45	23	$K_3Ti_2Cl_9$, $TiCl_3$, $MnCl_2$
P_1	425	30	4	K_2MnCl_4, K_3TiCl_6, KCl
P_2	410	33	5	$K_3Mn_2Cl_7$, $KMnCl_3$, K_3TiCl_6

A. S. Kuz'menko, E. N. Ryabov, R. A. Sandler (Zh. Neorgan. Khim. **19** [1974] 2550/2; Russ. J. Inorg. Chem. **19** [1974] 1392/3).

Fig. 84

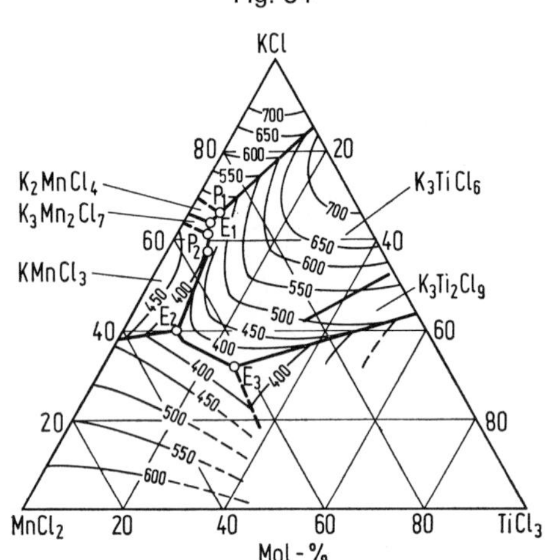

Schmelzdiagramm des Systems KCl-$TiCl_3$-$MnCl_2$ (Temperaturen in °C).

Compounds of Manganese with Chlorine and Main Group 5 Metals

5.3.9 Verbindungen des Mangans mit Chlor und Metallen der 5. Hauptgruppe

$MnBi_4Cl_{14} \cdot 12H_2O$

5.3.9.1 $MnBi_4Cl_{14} \cdot 12H_2O$ (= $MnCl_2 \cdot 4BiCl_3 \cdot 12H_2O$)

Die Verbindung kristallisiert aus einer Lösung von $MnCl_2$ und der fünffachen Molmenge $BiCl_3$ beim Stehen über konzentriertem H_2SO_4 in gut ausgebildeten, blaß fleischroten, sechseckigen Täfelchen, R. F. Weinland, A. Alber, F. Schweiger (Arch. Pharm. **254** [1916] 521/36, 534).

Compounds of Manganese with Chlorine and Group 5 Transition Metals

5.3.10 Verbindungen des Mangans mit Chlor und Elementen der 5. Nebengruppe

The $NbCl_5$-$MnCl_2$ System

5.3.10.1 Das System $NbCl_5$-$MnCl_2$

Nach thermischen Analysen ist das System entartet eutektisch, wobei Schmelzpunkt und Zusammensetzung des Eutektikums nahe bei $NbCl_5$ (t_f = 204°C) liegen. $MnCl_2$ ist demnach in geschmolzenem $NbCl_5$ praktisch unlöslich, N. D. Chikanov (Zh. Neorgan. Khim. **14** [1969] 1430/1; Russ. J. Inorg. Chem. **14** [1969] 749/50).

5.3.10.2 Das System $TaCl_5$-$MnCl_2$

The $TaCl_5$-$MnCl_2$ System

Die Chloride bilden ein einfaches eutektisches System mit dem eutektischen Punkt bei 203°C und 29.5 Mol-% $MnCl_2$ [1]. In älteren Untersuchungen wird es als entartet beschrieben, ähnlich dem System $NbCl_5$-$MnCl_2$ (s. S. 234) [2].

Literatur:

[1] V. V. Safonov, R. B. Ivnitskaya, N. V. Osipov (Zh. Neorgan. Khim. **21** [1976] 2947/9; Russ. J. Inorg. Chem. **21** [1976] 1626/8). — [2] N. D. Chikanov (Zh. Neorgan. Khim. **14** [1969] 1430/1; Russ. J. Inorg. Chem. **14** [1969] 749/50).

5.3.11 Verbindungen des Mangans mit Chlor und Elementen der 6. Nebengruppe

Compounds of Manganese with Chlorine and Group 6 Transition Metals

5.3.11.1 Das System $CrCl_2$-$MnCl_2$

The $CrCl_2$-$MnCl_2$ System

Nach differentialthermischen Analysen bilden die beiden Chloride Mischkristalle auf $CrCl_2$-Basis (α) und $MnCl_2$-Basis (β). β-Mischkristalle mit 41 bis 43 Mol-% $CrCl_2$ zerfallen peritektisch bei 660 ± 1°C (also oberhalb des Schmelzpunkts von $MnCl_2$ bei 652°C) in α-Mischkristalle mit etwa 10 Mol-% $MnCl_2$ und eine Schmelze mit etwa 78 Mol-% $MnCl_2$, s. **Fig. 85**. Die α-Mischkristalle bilden prismatische Kriställchen, die β-Mischkristalle sind hexagonal.

Fig. 85

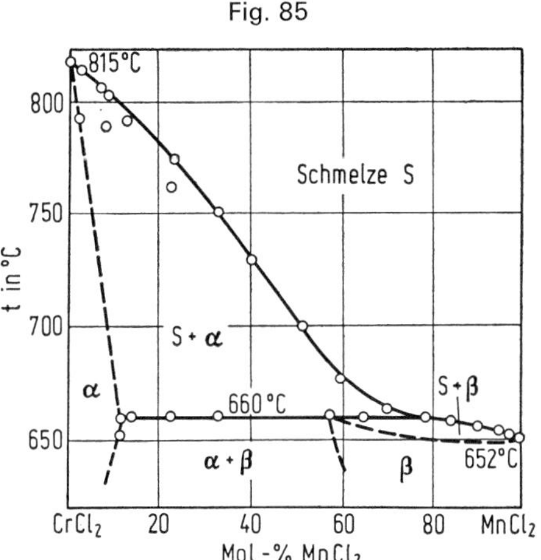

Zustandsdiagramm des Systems $CrCl_2$-$MnCl_2$.

Der Gesamtdampfdruck zeigt eine positive Abweichung vom Raoult'schen Gesetz, die mit steigender Temperatur und steigendem $MnCl_2$-Gehalt (bis 75 Mol-% $MnCl_2$) zunimmt, s. Figur im Original. Konstanten A und B der Dampfdruckgleichung $\lg p = -A/T + B$ (p in Torr) bei 1136 bis 1219 K, Siedepunkt T_S bei Atmosphärendruck sowie Verdampfungsenthalpie ΔH und -entropie ΔS am Siedepunkt in Abhängigkeit vom $MnCl_2$-Gehalt:

$[MnCl_2]$ in Mol-%	−A	B	T_s in K	ΔH in kcal/mol	ΔS in $cal \cdot mol^{-1} \cdot K^{-1}$
0	10812	9.73	1578	49.5	31.4
24.71	9306	8.89	1550	42.6	27.5
49.99	8755	8.60	1531	40.0	26.1
73.00	8672	8.69	1495	39.7	26.5
100	8438	8.60	1470	38.6	26.2

N. V. Galitskii, A. I. Lystsov, N. I. Shcherbina, A. P. Sidorenko, E. V. Sergach (Sb. Tr. Vses. Nauchn. Issled. Proekt. Inst. Titana **3** [1969] 103/13, 107, 112; C.A. **72** [1970] Nr. 48233; Obshch. i. Prikl. Khim. Nr. 1 [1969] 46/58, 52; C.A. **74** [1971] Nr. 131209).

The WCl_6-$MnCl_2$ System

5.3.11.2 Das System WCl_6-$MnCl_2$

Nach differentialthermischen Analysen bilden die Chloride ein einfaches eutektisches System mit dem eutektischen Punkt bei 189°C und 19.0 Mol-% $MnCl_2$. Die Umwandlung β-$WCl_6 \rightleftharpoons \gamma$-$WCl_6$ bei 174°C wird von $MnCl_2$ praktisch nicht beeinflußt, V. V. Safonov, R. B. Ivnitskaya, N. V. Osipov (Zh. Neorgan. Khim. **21** [1976] 2947/9; Russ. J. Inorg. Chem. **21** [1976] 1626/8).

The $TaCl_5$-WCl_6-$MnCl_2$ System

5.3.11.3 Das System $TaCl_5$-WCl_6-$MnCl_2$

Randsysteme: WCl_6-$MnCl_2$ s. oben, $TaCl_5$-$MnCl_2$ s. S. 235, WCl_6-$TaCl_5$ hat ein Eutektikum bei 158 bis 182°C und etwa 50 Mol-% WCl_6.

Das mit Hilfe der Randsysteme und thermographischen Analysen aufgestellte Schmelzdiagramm in **Fig. 86** zeigt die Kristallisationsflächen der Komponenten, die ein ternäres Eutektikum (E) bei 175°C und 17.0 Mol-% $MnCl_2$, 32.0 Mol-% $TaCl_5$, 51.0 Mol-% WCl_6 bilden, V. V. Safonov, R. B. Ivnitskaya, N. V. Osipov (Zh. Neorgan. Khim. **21** [1976] 2947/9; Russ. J. Inorg. Chem. **21** [1976] 1626/8).

Fig. 86

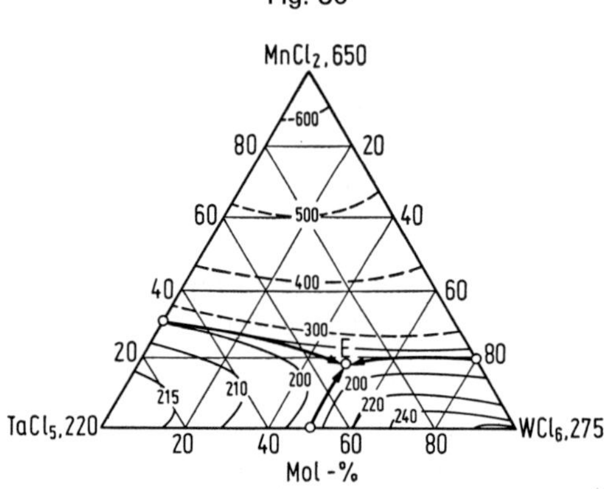

Schmelzdiagramm des Systems $TaCl_5$-WCl_6-$MnCl_2$ (Temperaturen in °C).

Compounds of Manganese with Chlorine and Group 7 and 8 Transition Metals

5.3.12 Verbindungen des Mangans mit Chlor und Elementen der 7. und 8. Nebengruppe

Wegen des Prinzips der letzten Stelle sind die entsprechenden Verbindungen bei den einzelnen Elementen behandelt. Einschlägige Angaben finden sich in den Bänden „Kobalt" A, S. 487/8, „Kobalt" Erg.-Bd., S. 879 und „Eisen" B, S. 1151.

5.4 Verbindungen des Mangans mit Cl und O einschließlich weiterer Metalle

Compounds of Manganese with Cl, O, and Metals

Vorbemerkung. In diesem Kapitel werden die Manganhydroxidchloride und -oxidchloride sowie die Mangansalze der Sauerstoffsäuren des Chlors beschrieben, ferner Systeme von $Mn(ClO_4)_2$ mit anderen Perchloraten. Die nach dem System der letzten Stelle ebenfalls hierher gehörigen Mischkristalle von $KMnO_4$ mit $KClO_3$, $KClO_4$ und NH_4ClO_4 sind bereits in „Mangan" C 2, S. 172, behandelt worden.

Remark. In this chapter the following manganese salts are discussed: hydroxide chlorides, oxide chlorides, salts of the oxoacids of chlorine, and the systems of $Mn(ClO_4)_2$ with other perchlorates. Solid solutions of $KMnO_4$ with $KClO_3$, $KClO_4$, and NH_4ClO_4 are covered in "Mangan" C 2 on page 172.

5.4.1 Das System Mn-O-Cl

The Mn-O-Cl System

Thermodynamische Berechnungen unter Verwendung von Daten aus der Literatur ergeben das in **Fig. 87** wiedergegebene Zustandsdiagramm bei 500 und 900 K. Tabelle der lg Kp-Werte für die Reaktionen der Manganoxide mit Cl_2 zu $MnCl_2$ bei 500, 700 und 900 K s. Original. Manganoxidchloride (s. Kapitel 5.4.4 bis 5.4.7) scheinen im untersuchten Bereich nicht aufzutreten, R. F. Pilgrim, T. R. Ingraham (Can. Met. Quart. **6** [1967] 333/46, 336). Über die Mangansalze der Sauerstoffsäuren des Chlors s. Kapitel 5.4.8 bis 5.4.18.

Fig. 87

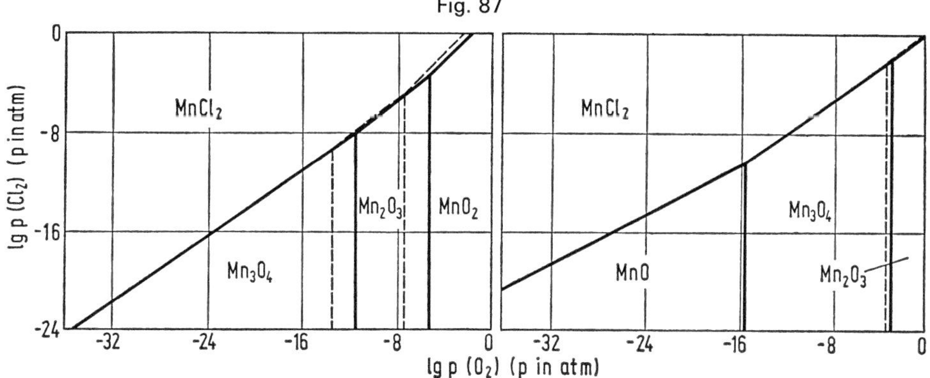

Zustandsdiagramm des Systems Mn-O-Cl bei 500 K (links) und 900 K (rechts); metastabile Bereiche gestrichelt.

5.4.2 MnOHCl

MnOHCl

Die Verbindung wird durch Umsetzung von festem $Mn(OH)_2$ in etwa 4.9 M $MnCl_2$-Lösung erhalten [1]. Eine ähnliche Methode benutzt Hayek [2], der frisch gefälltes, unter Luftabschluß gehaltenes $Mn(OH)_2$ in etwa 40%iger $MnCl_2$-Lösung mehrere Tage zum Sieden erhitzt. — Etwas besser ausgebildete kristalline Produkte entstehen durch Kochen von gesättigter (4.9 M) $MnCl_2$-Lösung unter Zusatz von Mn-Pulver unter O_2-Ausschluß. Die Ausbildung der Kristalle wird durch Alterung bei 110 bis 150°C nur wenig verbessert [3]. Bei der Fällung verdünnter wäßriger $MnCl_2$-Lösungen (0.002 bis 4.67 mol Mn^{2+}/l) mit Natronlauge hat der Niederschlag im pH-Bereich von 7.30 bis 8.60 die Zusammensetzung $MnCl_2 \cdot Mn(OH)_2$ [4, 5]. Über die Bildung von (wahrscheinlich) MnOHCl bei der Zersetzung von $MnCl_2 \cdot 4H_2O$ zwischen 20 und 200°C im Vakuum s. [6].

MnOHCl tritt in zwei Modifikationen auf. Das metastabile α-MnOHCl ist rein weiß und besteht aus zackigen, pseudohexagonalen, optisch zweiachsigen Plättchen. Nach 24 bis 48 h Behandlung im Einschlußrohr bei 300 bis 320°C werden hellrosafarbene, mehrere Millimeter große, zum Teil sechseckige, optisch einachsige Plättchen von stabilem β-MnOHCl erhalten. Die Indizierung des Röntgen-

MnOHCl

diagramms von α-MnOHCl ergibt eine rhombisch-pseudohexagonale Zelle mit a = 6.08_8, b = 6.93_0, c = 34.53 Å; Z = 24. Die Elementarzelle von β-MnOHCl ist hexagonal: a = 3.47, c = 34.50 Å; Z = 6. β-MnOHCl kristallisiert im Schichtengitter vom Mg-Hydroxid-Typ (vgl. „Magnesium" B, S. 60) mit sechs Schichten je Elementarzelle; der Schichtenabstand beträgt 5.75_0 Å. Raumgruppe $P6_1$-C_6^2 (Nr. 169) oder $P6_122$-D_6^2 (Nr. 178) [3, 7]. Die Struktur von α-MnOHCl ist ebenfalls aus sechs Schichten aufgebaut, die leicht deformiert sind [4].

Dichte D (in g/cm³): D = 2.26, nach der Verdrängungsmethode in Dekalin bei 20°C bestimmt; Röntgendichte 2.31 [3].

MnOHCl ist hygroskopisch; α-MnOHCl oder feinteiliges β-MnOHCl wird an der Luft rasch feucht und geht in β-$Mn_2(OH)_3Cl$ über (vgl. unten) [3].

Literatur:

[1] E. Ribi (Diss. Bern 1951, S. 1/15, 7/11). — [2] E. Hayek (Z. Anorg. Allgem. Chem. **210** [1933] 241/6). — [3] H. R. Oswald, W. Feitknecht (Helv. Chim. Acta **44** [1961] 847/58). — [4] A. L. Tseft, T. V. Kashcheeva (Izv. Akad. Nauk Kaz.SSR Ser. Met. Obogashch. i Ogneuporov **1960** Nr. 1, S. 70/8; C. A. **1961** 17333). — [5] T. V. Kashcheeva, A. L. Tseft (Tr. Vost. Sibirsk. Filiala Akad. Nauk SSSR Nr. 25 [1960] 43/51; C. A. **1961** 11053).

[6] R. Lecuir, R. Lecuir (Compt. Rend. **237** [1953] 1415/7). — [7] W. Feitknecht, H. R. Oswald, H. E. Forsberg (Chimia [Aarau] **13** [1959] 113).

$Mn_2(OH)_3Cl$

5.4.3 $Mn_2(OH)_3Cl$

Das stabile β-$Mn_2(OH)_3Cl$ tritt als Mineral Kempit auf.

Die Verbindung wird durch Fällung von 0.5 M $MnCl_2$-Lösung mit NaOH-Lösung im Unterschuß und Alterung des Niederschlags von Ribi [1] erhalten, der auch bereits die Bildung durch Umwandlung von metastabilem MnOHCl in Lösung feststellt (s. S. 237). Die durch unvollständige Fällung von 0.2 M $MnCl_2$-Lösung mit 0.4 M NaOH-Lösung bei 70°C in H_2 unter Rühren und anschließendes Altern über 200 bis 250 h erhaltene mikrokristalline Verbindung von García Martínez u.a. [2] dürfte auf Grund der angeführten analytischen Daten gleichfalls dem $Mn_2(OH)_3Cl$ entsprechen. Bei der Fällung verdünnter wäßriger $MnCl_2$-Lösungen (0.002 bis 4.67 mol Mn^{2+}/l) mit Natronlauge hat der Niederschlag im pH-Bereich von 6.52 bis 7.30 die Zusammensetzung $3MnCl_2 \cdot Mn(OH)_2$ [3, 4]. Guerrero Laverat u.a. [5] ermitteln die Zusammensetzung $Mn_4(OH)_{6.05}Cl_{1.95} \cdot 1H_2O$. — Nach Oswald, Feitknecht [6] wird α-MnOHCl oder feinteiliges β-MnOHCl an der Luft rasch feucht und geht in kristallines β-$Mn_2(OH)_3Cl$ über, während grobkristallines β-MnOHCl wesentlich beständiger ist. In 1 M $MnCl_2$-Lösung entsteht dagegen rasch β-$Mn_2(OH)_3Cl$ mit stark fehlgeordneter Kristallstruktur. — Die von Ribi [1] als „Mn-Hydroxidchlorid III" bezeichnete Verbindung mit einer Zusammensetzung von 3.9 bis $5.1Mn(OH)_2 \cdot 1MnCl_2$ entspricht dem metastabilen α-$Mn_2(OH)_3Cl$. Diese Verbindung geht unter der Mutterlauge in das stabile, stöchiometrisch zusammengesetzte β-$Mn_2(OH)_3Cl$ über, das durch Fällen bei höheren Mn-Konzentrationen auch direkt erhalten werden kann. Zur Darstellung wird 1 g reinstes Mn-Pulver 48 h in 100 ml 1.5 M $MnCl_2$-Lösung unter Luftabschluß zum Sieden erhitzt. β-$Mn_2(OH)_3Cl$ wird so als weißes kristallines Pulver erhalten [7].

α-$Mn_2(OH)_3Cl$ ist hexagonal, Gitterkonstanten a = 3.37 Å, c = 5.55 Å; Z = 1/2; Raumgruppe $P\bar{3}m1$-D_{3d}^3 (Nr. 164). Es kristallisiert im C6-Typ (CdJ_2), in dem ein Teil der OH^--Ionen des Hydroxids $Mn(OH)_2$ (s. „Mangan" C 1, S. 375) statistisch durch Cl^--Ionen ersetzt ist. Das Kristallgitter zeigt mehr oder weniger starke Fehlordnung und weist wechselnde Zusammensetzung auf [7].

β-$Mn_2(OH)_3Cl$ ist rhombisch, Gitterkonstanten a = 6.47_3, b = 9.52_0, c = 7.11_6 Å; Z = 4; Raumgruppe Pnam-D_{2h}^{16} (Nr. 62). Die Struktur ist isotyp mit der des Atacamits, δ-$Cu_2(OH)_3Cl$, s. „Kupfer" B, S. 328; Schichtabstand 5.70_0 Å [7], s. auch [8].

Dichte D (in g/cm³) von β-$Mn_2(OH)_3Cl$: D = 2.96, experimentell bestimmt [7], 2.51 [2]; Röntgendichte 2.97_3 [7].

Bei höherer Temperatur (160 bis 560°C) erfolgt Zersetzung in Mn_2O_3, HCl und H_2O [2].

Literatur:

[1] E. Ribi (Diss. Bern. 1951, S. 1/15, 7/11). — [2] O. García Martínez, A. Guerrero Laverat, J. Cano Ruiz (Anales Quim. B **64** [1968] 107/10). — [3] A. L. Tseft, T. V. Kashcheeva (Izv. Akad. Nauk Kaz.SSR Ser. Met. Obogashch. i Ogneuporov **1960** Nr. 1, S. 70/8; C.A. **1961** 17333). — [4] T. V. Kashcheeva, A. L. Tseft (Tr. Vost. Sibirsk. Filiala Akad. Nauk SSSR Nr. 25 [1960] 43/51; C.A. **1961** 11053). — [5] A. Guerrero Laverat, O. García Martínez, J. Cano Ruiz, E. Gutiérrez Ríos (Anales Quim. **69** [1973] 331/7).

[6] H. R. Oswald, W. Feitknecht (Helv. Chim. Acta **44** [1961] 847/58, 854). — [7] H. R. Oswald, W. Feitknecht (Helv. Chim. Acta **47** [1964] 272/89, 274, 279). — [8] W. Feitknecht (Fortschr. Chem. Forsch. **2** [1953] 670/757, 702, 705, 714, 742).

5.4.4 $Mn_8O_{10}Cl_3$

$Mn_8O_{10}Cl_3$

Der Verbindung wird auf Grund der Kristallstrukturanalyse (s. unten) die Formel $Mn^{II}Mn_7^{III}O_{10}Cl_3$ zugeschrieben. Sie wird durch Oxidation von wasserfreiem oder wasserhaltigem $MnCl_2$ im N_2-O_2-Strom bei Temperaturen von 650 bis 680°C erhalten. Der O_2-Gehalt des zu Beginn der Reaktion starken Gasstromes muß 2 bis 85% betragen. Das Oxidchlorid bildet sich in kleinen Kristallen auf der Oberfläche der Schmelze, mit fortschreitender Oxidation als schwarze Kruste [1, 2].

Die Verbindung fällt in Form verzwillingter quadratischer Pyramiden von tetragonaler Symmetrie an [2]. Sie wandelt sich bei $t_u = 360$°C in eine kubische Hochtemperaturform um [1, 2]. Zur Herstellung unverzwillingter Einkristalle werden die Pyramiden unter axialem Druck von 400°C auf Raumtemperatur abgekühlt [2].

Die tetragonale Modifikation hat bei Raumtemperatur die Gitterkonstanten a = 9.2898(6), c = 13.0247(9) Å; Z = 4, Raumgruppe I4/mmm-D_{4h}^{17} (Nr. 139) [1, 2]. Diagramm der linearen Zunahme von $a\sqrt{2}$ und c zwischen Raumtemperatur und t_u s. Original [1]. Die Strukturbestimmung an einem Einkristall ergibt folgende Atomlagen (R = 10.5%):

Atom	Punktlage	x	y	z
Mn(1)	16m	0.1758(5)	0.1758(5)	0.1764(2)
Mn(2)	8i	0.3524(4)	0	0
Mn(3)	4d	0.5	0	0.25
Mn(4)	2a	0	0	0
Mn(5)	2b	0	0	0.5
Cl(1)	8h	0.3022(12)	0.3022(12)	0
Cl(2)	4e	0	0	0.3014(7)
O(1)	16k	0.1535(35)	0.3465(35)	0.25
O(2)	8g	0.5	0	0.0941(11)
O(3)	16n	0.2046(10)	0	0.1025(7)

Aus den Atomabständen folgt, daß sich das zweiwertige Mangan in dem nahezu regulären $Mn(4)O_8$-Kubus mit Mn-O = 2.32 Å und in dem $Mn(5)Cl_6$-Oktaeder mit Mn-Cl = 2.59 und 2.60 Å befindet. Das dreiwertige Mangan ist im $Mn(3)O_6$-Oktaeder (Mn-O im Mittel 2.02 Å) und in den verzerrten Oktaedern $Mn(1)O_4Cl_2$ (Mn-Cl = 2.83 und 2.84 Å, Mn-O = 1.87 und 1.91 Å) und $Mn(2)O_4Cl_2$ (Mn-Cl = 2.84 Å, Mn-O = 1.84 und 1.92 Å) mit den Cl-Atomen in trans-Stellung. Zur Verknüpfung der Polyeder s. **Fig. 88**, S. 240 [2].

Die kubische Modifikation hat bei t_u die Gitterkonstante a ≈ 13.12 Å, wobei die Elementarzelle den ursprünglichen Richtungen $a_{tetr}\sqrt{2}$ und c_{tetr} der Tieftemperaturmodifikation entspricht. Bis 490°C steigt a linear auf etwa 13.21 Å [1]. Die Modifikation kristallisiert wahrscheinlich in der höchstsymmetrischen Raumgruppe Fm3m-O_h^5 (Nr. 225), vermutliche Atomlagen s. Original [2].

$Mn_8O_{10}Cl_3$

Fig. 88

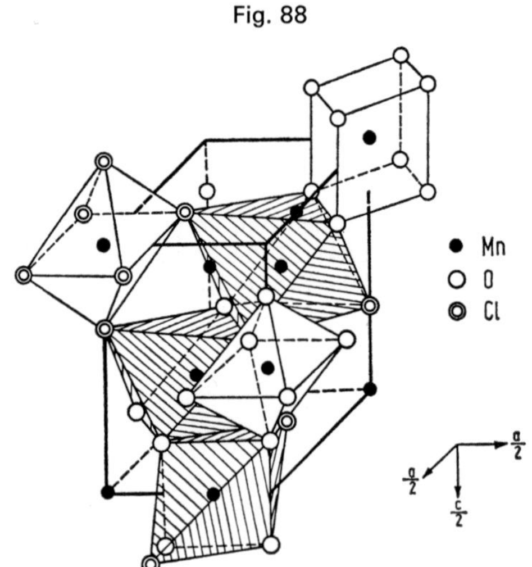

Ausschnitt aus der Kristallstruktur von $Mn_8O_{10}Cl_3$.

Auf Grund von TGA und DTA wird der Beginn der Zersetzung in Luft bei 680°C festgestellt, die entsprechend $Mn_8O_{10}Cl_3 + O_2 \rightarrow 4\,Mn_2O_3 + {}^3/_2\,Cl_2$ verläuft. Der Prozeß ist zunächst langsam; seine Geschwindigkeit nimmt bis 800°C, wo kein Oxidchlorid mehr existiert, zu [1].

Literatur:

[1] G. Buisson (J. Solid State Chem. **19** [1976] 175/8). — [2] G. Buisson (Acta Cryst. B **33** [1977] 1031/4).

$MnOCl_3$

5.4.5 $MnOCl_3$

Die Verbindung bildet sich bei der Zersetzung von Mn_2O_7 in CCl_4-Lösung neben $COCl_2$ und MnO_2. Sie ist das Endprodukt der Reduktion von MnO_3Cl-Lösungen (s. S. 244) mit SO_2 oder $CHCl_3$ über 100%igem H_2SO_4. Zur Darstellung einer Lösung wird $KMnO_4$-Pulver in eine Lösung von HSO_3Cl in reinem $CHCl_3$ eingetragen und das überschüssige HSO_3Cl mit 100%igem H_2SO_4 extrahiert. Die Reaktion verläuft bei 0°C wahrscheinlich nach $KMnO_4 + CHCl_3 + 2\,HSO_3Cl \rightarrow MnOCl_3 + COCl_2 + KHSO_4 + H_2SO_4$. Ein Teil des $MnOCl_3$ kann im Vakuum abgetrennt werden, doch sind die letzten Spuren $COCl_2$ und $CHCl_3$ schwer zu entfernen. Zur Reindarstellung dient die Reduktion von 1 g $KMnO_4$ in 30 ml HSO_3Cl mit Rohrzucker: Grüne MnO_3Cl-Lösung in HSO_3Cl von −30°C, deren Darstellung auf S. 242 angegeben ist, wird auf 0°C erwärmt und bei dieser Temperatur genau 45 s stehen gelassen; während dieser Zeit ändert sich die Farbe der Lösung von Grün nach Braun. Dann werden unter Rühren 2.5 g feingepulverter Rohrzucker zugesetzt. Die Lösung, die weiter bei etwa 0°C gehalten wird, entwickelt HCl, die Braunfärbung vertieft sich, und in weniger als 15 min tritt die grüne Färbung des $MnOCl_3$ auf. Die Abtrennung erfolgt durch Vakuumdestillation, wobei zu beachten ist, daß $MnOCl_3$ sehr empfindlich gegenüber Fett und Feuchtigkeit ist [1].

Messungen des Absorptionsspektrums von gasförmigem $MnOCl_3$ im Bereich von 12000 bis 52000 cm^{-1} ergeben für das $MnOCl_3$-Molekül eine pyramidale Koordination der drei Cl-Atome und des O-Atoms mit C_{3v}-Symmetrie. In Analogie zu dem isostrukturellen $VOCl_3$ (vgl. „Vanadium" B 1, S. 239/40) wird für die Abstände Mn-O = 1.56 Å, Mn-Cl = 2.12 Å und für den Winkel O-Mn-Cl = 100°12′ angegeben. Einzelheiten über die elektronischen Anregungszustände s. im Original [2]. Zum Absorptionsspektrum in CCl_4 zwischen 12000 und 31000 cm^{-1} bei 25°C im Vergleich mit MnO_2Cl_2, MnO_3Cl und Mn_2O_7 s. [1].

$MnOCl_3$ ist bei Raumtemperatur eine grüne Flüssigkeit, deren Dampf tiefgelb gefärbt ist und ähnlich wie Ozon riecht. Die Verbindung schmilzt kurz oberhalb −68°C. Reines $MnOCl_3$ zersetzt sich oberhalb 0°C oder in feuchter Luft (unter Umständen explosiv!) und bildet einen braunen Niederschlag von $MnCl_3$ (vgl. S. 88), das beim Stehen bei gewöhnlicher Temperatur in weißes $MnCl_2$ übergeht. Obgleich $MnOCl_3$ energisch hydrolysiert, werden keine Explosionen festgestellt. Nur in alkalischen Lösungen entstehen höhere Oxidationsstufen: in etwa 5 M OH^--Lösung erscheint blaues MnO_4^{3-}. $MnOCl_3$ löst sich in CCl_4 in jedem Verhältnis mit grüner Farbe, ebenso in CCl_3F; in reinem kalten H_2SO_4 ist es nur wenig löslich. Wasserfreie Lösungen von $MnOCl_3$ in CCl_4 können etwa 1 d bei gewöhnlicher Temperatur aufbewahrt werden, da $MnCl_3$ oder $MnCl_2$ und Cl_2 nur langsam entstehen. Oxidationsreaktionen von $MnOCl_3$ mit Jod, gesättigten Kohlenwasserstoffen, Alkohol oder Äther ergeben $MnCl_3$, aber kein MnO_2. Mit Benzol entsteht erst eine braune Lösung, schließlich ein dunkelgrüner Niederschlag, der noch nicht identifiziert ist. Mit Chlorwasserstoff oder alkoholfreiem $CHCl_3$ reagiert $MnOCl_3$ nicht [1].

Literatur:

[1] T. S. Briggs (J. Inorg. Nucl. Chem. **30** [1968] 2866/9). — [2] J. P. Jasinski, S. L. Holt (Inorg. Chem. **14** [1975] 1267/73).

5.4.6 MnO_2Cl_2

MnO_2Cl_2

Zur Darstellung wird $KMnO_4$-Pulver (10 mmol) langsam zu einem auf −60°C abgekühlten Gemisch von 20 ml HSO_3Cl und 10 ml 97%igem H_2SO_4 zugegeben. Dann werden 60 ml SO_2-Gas (3 mmol) unter Rühren zugesetzt und das Gemisch auf 0°C erwärmt; es nimmt jetzt eine braune Farbe an und wird rasch wieder auf −60°C abgekühlt. Nach Erwärmen auf −30°C kann MnO_2Cl_2 durch Vakuumdestillation abgetrennt werden [1, 2]. Die Verbindung tritt ferner als Zwischenprodukt bei der Reduktion von MnO_3Cl auf (vgl. S. 244).

Das MnO_2Cl_2-Molekül hat vermutlich [2] dieselbe Struktur wie CrO_2Cl_2 (vgl. „Chrom" B, S. 267), gehört also zur Punktgruppe C_{2v}; demnach sind die Atomabstände r(Mn-Cl) ≈ 2.12 Å, r(Mn-O) ≈ 1.57 Å und die Winkel α(O-Mn-O) ≈ 105°, β(Cl-Mn-Cl) ≈ 113°, γ(O-Mn-Cl) ≈ 109°. Die Besetzung der Molekülorbitale wird aus dem in CCl_4-Lösung bei 77 und 298 K registrierten EPR-Spektrum abgeleitet. Die einem d-d-Übergang entsprechende Bande bei 16000 cm^{-1} wird (ebenfalls in CCl_4-Lösung untersucht) von einer charge-transfer-Bande mit Maximum bei 16200 cm^{-1} überlagert, und die nächsten, bei 21500 und 32000 cm^{-1} beobachteten Absorptionsbanden kommen auch durch charge-transfer zustande [2]. An MnO_2Cl_2-Dampf ist bei 21 und 2°C zwischen diesen beiden Banden eine schwache Bande bei etwa 27000 cm^{-1} zu beobachten, die folgende läßt sich in sechs Komponenten auflösen (29764 bis 30464 cm^{-1}), und bei höheren Energien (>33000 cm^{-1}) treten noch vier Banden auf. Einzelheiten über die elektronischen Anregungszustände und die Analyse der Schwingungsstruktur s. im Original [3]. Zum Absorptionsspektrum in CCl_4 zwischen 12000 und 31000 cm^{-1} bei 25°C im Vergleich mit $MnOCl_3$, MnO_3Cl und Mn_2O_7 s. [1].

MnO_2Cl_2 ist bei Raumtemperatur eine ozonähnlich riechende Flüssigkeit, die kurz oberhalb −68°C erstarrt. Es ist das am wenigsten stabile von den höheren Oxidchloriden und beginnt bei ungefähr −30°C feste Substanzen auszuscheiden. Die reine Flüssigkeit ist braun und scheint nicht explosiv zu sein. Unter den Zersetzungsprodukten tritt Cl_2 auf und ein Gemisch fester Verbindungen, die zum Teil in Alkohol löslich sind. MnO_2Cl_2-Lösungen sind empfindlich gegen Feuchtigkeit und bilden bei der Zersetzung gewöhnlich etwas $MnOCl_3$. Verdünnte Lösungen können unter Feuchtigkeitsausschluß kurze Zeit bei gewöhnlicher Temperatur aufbewahrt werden. Bei Oxidationsreaktionen des MnO_2Cl_2 entstehen sowohl MnO_2 als auch in Alkohol lösliche Produkte, darunter $MnCl_3$. Die Hydrolyse verläuft rasch und ergibt in neutraler wäßriger Lösung Cl^-, MnO_2 und MnO_4^-. MnO_2Cl_2 ist in kaltem, reinem H_2SO_4 wenig löslich, dagegen in CCl_4 in jedem Verhältnis. Die verdünnte CCl_4-Lösung ist honigfarben, die konzentrierte ist braun [1].

Literatur:

[1] T. S. Briggs (J. Inorg. Nucl. Chem. **30** [1968] 2866/9). — [2] A. H. Al-Mowali, A. L. Porte (J. Chem. Soc. Dalton Trans. **1974** 366/72). — [3] J. P. Jasinski, S. L. Holt (J. Chem. Soc. Faraday Trans. II **71** [1975] 2002/15).

MnO_3Cl

5.4.7 MnO_3Cl (Permanganylchlorid)

Die Existenz der Verbindung, die bereits von Dumas [1] und Aschoff [2] angenommen wurde, wird durch die Untersuchungen von Briggs [3] bestätigt.

Preparation

Darstellung

$KMnO_4$-Pulver (10 mmol) wird langsam in auf etwa −60°C abgekühltes HSO_3Cl eingetragen. Unter raschem Rühren wird das Gemisch grün; es kann bis auf −20°C erwärmt werden, um die Auflösung des $KMnO_4$ zu erleichtern. Nach Erwärmen auf −30°C wird MnO_3Cl durch Vakuumdestillation abgetrennt. Es wird bei gewöhnlicher Temperatur als Lösung in CCl_4 oder $CFCl_3$ verwendet [3].

Molecule

Molekül

Experimentelle und theoretische Untersuchungen an MnO_3Cl sind meist parallel zu MnO_3F durchgeführt worden. Es sei daher — was Erläuterungen zu den Abschnitten „Elektronenkonfiguration", „Anregungszustände" oder „Molekülschwingungen" betrifft — auf die entsprechenden Abschnitte für MnO_3F in „Mangan" C 4, S. 263/7, verwiesen.

Elektronenkonfiguration. Ionisierungsenergien. Aus dem He(I)-Photoelektronenspektrum von MnO_3Cl-Gas ergeben sich folgende vertikale Ionisationspotentiale E_i (±0.05 eV) [4]; für den Grundzustand werden bei Kernabständen r(Mn-O) = 1.586 Å (von MnO_3F übernommen) und r(Mn-Cl) = 2.10 Å (geschätzt mit Hilfe bekannter Abstände in CrO_2F_2 und CrO_2Cl_2) nach der erweiterten Hückel-Methode (EH MO) [4] und nach der SCF-Xα-SW-Methode [5] folgende MO-Energien ε_i der Valenzorbitale berechnet:

MO	9e	$1a_2$	$14a_1$	8e	$13a_1$	7e	$12a_1$	6e
E_i in eV	11.98		12.98		13.27	13.96	14.36	15.01
$-\varepsilon_i$ (EH MO) in eV	12.51	12.47	12.79	12.76	13.07	14.43	15.25	16.26
$-\varepsilon_i$ (SCF-Xα) in eV	13.02	13.04	13.64	13.65	13.98	15.90	16.22	16.92

Aus der Form und Intensität der Banden im Photoelektronenspektrum sowie nach der Populationsanalyse (EH MO) lassen sich folgende Charakterisierungen der Valenzorbitale herleiten: 9e, $1a_2$, $14a_1$, 8e und $13a_1$ sind nichtbindende, an den Ligandenatomen O und Cl lokalisierte MOs; 7e, $12a_1$ und 6e enthalten beträchtliche Mn-Anteile und können als π-bindende Orbitale angesehen werden. — Beim MnO_3Cl-Molekül spalten (im Gegensatz zu MnO_3F) die den obersten Niveaus 9e, $1a_2$ und $14a_1$, 8e (T_d-Parentorbitale $1t_1$ bzw. $6t_2$; vgl. auch die Fußnote zur Tabelle auf S. 243) zugeordneten Banden nicht auf; MnO_3Cl kann daher als Molekül mit Pseudo-T_d-Symmetrie mit etwa gleichem Energieniveauschema wie das MnO_4^--Ion betrachtet werden [4].

Energien der 16 Rumpforbitale sowie von neun unbesetzten Orbitalen nach der Xα-Rechnung s. Original [5]. Die Verteilung der gesamten Elektronenladung (−66) auf die verschiedenen Bereiche bei der SCF-Xα-SW-Rechnung beträgt:

Bereich	Radius in at. Einheiten	Ladung
Mn-Sphäre	1.7385	−23.1667
O-Sphäre	1.2585	−19.2603
Cl-Sphäre	2.2298	−15.7579
Interatomarer Bereich		− 7.7052
Extramolekularer Bereich	6.1980	− 0.1100

Beiträge der einzelnen Orbitale zu den verschiedenen Bereichen s. Original [5].

Anregungszustände. Absorption im Sichtbaren und UV. Im Absorptionsspektrum von MnO_3Cl-Gas (t ≈ 0 °C, p ≈ 10 bis 300 Torr) werden fünf Bandensysteme zwischen 210 und 840 nm mit gut ausgeprägter Schwingungsstruktur und zwei breite strukturlose Banden zwischen 210 und 160 nm mit Maxima bei ≈ 196 nm und ≈ 175 nm beobachtet. Berechnung der Übergangsenergien ΔE nach der SCF-Xα-SW-Methode und Schwingungsanalyse der Absorptionsbanden führen zu folgender Zuordnung (die Zuordnung erfolgt mehr auf Grund von Energiedifferenzen zwischen den Banden — auch im Vergleich mit MnO_3F — als auf Grund der absoluten Energiewerte; Wellenzahlen in cm^{-1}):

Bande	Bereich	Ursprung	Übergang C_{3v}	Übergang T_d	ΔE berechnet
I	12000 bis 18000	12550	$1a_2 \rightarrow 10e$	$1t_1 \rightarrow 2e$	11940
			$^1A_1 \rightarrow {}^1E^a$ [1)]	$^1A_1 \rightarrow {}^1T_1$	
II	18000 bis 24000		$9e \rightarrow 10e$	$1t_1 \rightarrow 2e$	12710
		17881	$^1A_1 \rightarrow {}^3A_1$	$^1A_1 \rightarrow {}^3T_2$	
		17959	$^1A_1 \rightarrow {}^3E^b$		
		18047	$^1A_1 \rightarrow {}^1A_1$	$^1A_1 \rightarrow {}^1T_2$	
		18104	$^1A_1 \rightarrow {}^1E^b$		
III	27000 bis 33000	27505	$13a_1 \rightarrow 10e$ [2)]		16650
			$^1A_1 \rightarrow {}^1E^c$	$6t_2 \rightarrow 2e$	
			$8e \rightarrow 10e$	$^1A_1 \rightarrow {}^1T_2$	16460
			$^1A_1 \rightarrow {}^1A_1, {}^1E^c$		
IV	33000 bis 38000	33627	$7e \rightarrow 10e$ [3)]	$5t_2 \rightarrow 2e$	33990
			$^1A_1 \rightarrow {}^1A_1, {}^1E^d$	$^1A_1 \rightarrow {}^1T_2$	
V	40000 bis 46000	40738	$12a_1 \rightarrow 10e$ [4)]	$5t_2 \rightarrow 2e$	36480
			$^1A_1 \rightarrow {}^1E^e$	$^1A_1 \rightarrow {}^1T_1$	

[1)] Enthält vermutlich Beiträge vom verbotenen $^1A_1 \rightarrow {}^1A_2$-Übergang oder von Singulett-Triplett-Übergängen $^1A_1 \rightarrow {}^3E^a, {}^3A_2$.

[2)] Im Original mehrfach mit $14a_1 \rightarrow 10e$ angegeben. Laut Korrelationsdiagramm für die Orbitale von MnO_4^- und MnO_3Cl geht jedoch $13a_1$ aus $6t_2$ (T_d) und $14a_1$ aus $6a_1$ (T_d) hervor.

[3)] Überlappung durch Übergänge $1a_2, 9e \rightarrow 15a_1, 11e$ ($1t_1 \rightarrow 7t_2$), $\Delta E = 28280\ cm^{-1}$.

[4)] Überlappung durch $13a_1, 8e \rightarrow 15a_1, 11e$ ($6t_2 \rightarrow 7t_2$), $\Delta E = 32610\ cm^{-1}$.

Die breiten Banden im Vakuum-UV sind vermutlich Übergänge (mit dissoziativem Charakter) $12a_1, 7e \rightarrow 15a_1, 11e$ ($5t_2 \rightarrow 7t_2$), $\Delta E = 51410\ cm^{-1}$, und $6e \rightarrow 15a_1, 11e$ ($1e \rightarrow 7t_2$), $\Delta E = 58440\ cm^{-1}$ [5].

Neuere Untersuchungen der Absorption sowie des magnetischen Zirkulardichroismus von MnO_3Cl-Gas (t = 0 °C) im Bereich der Bandensysteme I und II bestätigen im wesentlichen die Zuordnungen. An der 520nm-Bande (II) werden nur zwei Ursprünge bei höheren Wellenzahlen beobachtet und den Übergängen $^1A_1 \rightarrow {}^1A_1$ (18860 cm^{-1}), $^1A_1 \rightarrow {}^1E$ (18940 cm^{-1}) von $9e \rightarrow 10e$ ($1t_1 \rightarrow 2e$, $^1A_1 \rightarrow {}^1T_2$) zugeordnet [6].

Untersuchungen an MnO_3Cl in CCl_4 bei t = 25 °C ergaben zwischen 320 und 770 nm drei Absorptionsbanden bei 16000, 20800 und 30500 cm^{-1} [3, 7].

Molekülschwingungen, Kraftkonstanten, IR-Absorption. Im IR-Spektrum von MnO_3Cl-Gas bei 273 K [4] und von MnO_3Cl in CCl_4-Lösung bei gewöhnlicher Temperatur [3] werden die Fundamentalschwingungen $\nu_1(A_1)$ und $\nu_4(E)$ (symmetrische bzw. antisymmetrische MnO-Streckung) sowie $\nu_2(A_1)$ (MnCl-Streckung) beobachtet (in cm^{-1}; in Klammern relative Intensitäten):

Zustand	ν_1	ν_4	ν_2	Lit.
Gas	892.1 (13)	955.2 (100)	459.6 (35)	[5]
CCl_4-Lösung	889.5	950.0	456.0	[7]

MnO_3Cl Molecule

Aus den Frequenzen in Lösung folgen mit Hilfe von Näherungsgleichungen die mittleren Schwingungsamplituden bei T = 298 K u(Mn-O) = 0.038 Å, u(Mn-Cl) = 0.045 Å und die Kraftkonstanten f(MnO) = 6.4, f(MnO/MnO) = 0.2, f(MnCl) = 2.6 mdyn/Å [7].

Schwingungen ν_1, ν_2 und ν_3 (A_1) (OMnO-Deformation) in elektronischen Anregungszuständen aus der Schwingungsstruktur im Elektronenbandenspektrum [5]:

Bande	I	II	III	IV	V
ν_i in cm^{-1}	$\nu_1 = 825$	$\nu_1 = 781$ *)	$\nu_2 = 402$	$\nu_1 = 618$	$\nu_1 = 711$
	$\nu_3 = 256$	$\nu_3 = 231$			

*) Durchschnittswert für die vier Progressionen.

Für Bande II finden Vliek u.a. [6] $\nu_1 = 786$ und 760 cm^{-1} für die beiden Progressionen $^1A_1 \rightarrow {}^1E$ bzw. $^1A_1$ und $\nu_2(E) = 230\ cm^{-1}$ (in der T_d-Nomenklatur, was $\nu_5(E)$ in C_{3v} entspräche).

Thermodynamische Funktionen. Für den Zustand des idealen Gases und das Modell des starren Rotators und harmonischen Oszillators berechnen Zavalishin, Mal'tsev [8] aus Literaturdaten und eigenen Messungen die molare Wärmekapazität C_p°, Funktion der freien Energie $-(G^\circ - H_0^\circ)/T$, Entropie S° und den Wärmeinhalt $H^\circ - H_0^\circ$ bei T = 100 bis 4000 K. Standardwerte: $C_{p,298}^\circ$ = 19.067 cal · mol^{-1} · K^{-1}, $-(G_{298}^\circ - H_0^\circ)/298$ = 60.658 cal · mol^{-1} · K^{-1}, S_{298}° = 74.047 cal · mol^{-1} · K^{-1}, $H_{298}^\circ - H_0^\circ$ = 3.992 kcal/mol.

Properties and Chemical Behavior

Eigenschaften und chemisches Verhalten

Lösungen und der ozonähnlich riechende Dampf von MnO_3Cl haben rosaorange Farbe in verdünntem, grüne in konzentriertem Zustand. Die reine Flüssigkeit erscheint im reflektierten Licht schwarz und verbrennt explosiv an der Luft bei Temperaturen über 0°C. Die Verbindung ist in kaltem, reinem H_2SO_4 wenig löslich, dagegen in CCl_4 in jedem Verhältnis. In CCl_4-Lösung ist MnO_3Cl sicher und gut zu handhaben. Die Lösung hydrolysiert durch Wasser langsam zu MnO_4^- und Cl^-. Die oxidierenden Eigenschaften entsprechen etwa denen des Mn_2O_7 (vgl. „Mangan" C 1, S. 366). Bei der Reduktion, die über MnO_2Cl_2 und $MnOCl_3$ verläuft (s. S. 241 und 240), entstehen im allgemeinen MnO_2 und $MnCl_2$. Lösungen von MnO_3Cl in inerten Lösungsmitteln können länger aufbewahrt werden als Mn_2O_7-Lösungen; sie können teilweise durch H_2SO_4 extrahiert werden, wobei instabile, rosaorange gefärbte Lösungen entstehen [3].

Literatur:

[1] J. Dumas (Ann. Chim. Phys. **36** [1827] 81/2). — [2] H. Aschoff (Monatsber. Kgl. Preuß. Akad. Wiss. Berlin **1860** 474/85, 483/5). — [3] T. S. Briggs (J. Inorg. Nucl. Chem. **30** [1968] 2866/9). — [4] E. Diemann, E. L. Varetti, A. Müller (Chem. Phys. Letters **51** [1977] 460/3). — [5] J. P. Jasinski, S. L. Holt, J. H. Wood, J. W. Moskowitz (J. Chem. Phys. **63** [1975] 1429/44), J. P. Jasinski, S. L. Holt (J. Chem. Soc. Chem. Commun. **1972** 1046/7).

[6] R. M. E. Vliek, P. R. Boudewijn, P. J. Zandstra (Chem. Phys. Letters **39** [1976] 405/10). — [7] P. J. Aymonino, H. Schulze, A. Müller (Z. Naturforsch. **24b** [1969] 1508/10). — [8] N. I. Zavalishin, A. A. Mal'tsev (Viniti Nr. 2763-75 [1975] 15 S. nach Ref. Zh. Khim. **1976** 2 B Nr. 874, 11 B Nr. 1024; Vestn. Mosk. Univ. Khim. **31** [1976] 123; C.A. **84** [1976] Nr. 170600).

Manganese Chlorite

5.4.8 Manganchlorit

Auf die Möglichkeit der Bildung einer Manganchlorit-Lösung verweisen Levi, Curti [1]: in wäßriger H_2O_2-Lösung frisch gefälltes $MnCO_3$ wird mit ClO_2 in Gegenwart von H_2O_2 umgesetzt und der Überschuß des Carbonats durch Filtrieren entfernt. Nach Bertoglio Riolo [2] wird H_2O_2 in 30%iger Lösung angewendet; das gebildete Hydrat ist nicht lange haltbar und ist mit überschüssigem H_2O_2 am stabilsten.

Literatur:

[1] G. R. Levi, R. Curti (Ric. Sci. **23** [1953] 1798/801). — [2] C. Bertoglio Riolo (Ann. Chim. [Rome] **43** [1953] 564/7).

5.4.9 Mangan(II)-chlorat-Lösung, $Mn(ClO_3)_2 \cdot 6H_2O$ (?)

Manganese(II) Chlorate Solution. $Mn(ClO_3)_2 \cdot 6H_2O$ (?)

Die Verbindung existiert in wäßriger Lösung und möglicherweise auch als Hydrat. — Durch Reaktion äquivalenter Mengen von $MnSO_4$ und $Ba(ClO_3)_2$ in Wasser sowie Entfernung des schwerlöslichen $BaSO_4$ wird eine $Mn(ClO_3)_2$-Lösung erhalten [1]. Die schwach rosa gefärbte Lösung ist beim Eindunsten nicht beständig; sie zerfällt zu ClO_2 unter Abscheidung von Mangan(IV)-oxidhydrat [2], s. auch [1, 3, 5].

Kalorimetrische Messungen der Umsetzung von $Mn(ClO_4)_2$-Lösung mit $NaClO_3$-Lösung bei pH = 4.00 ergeben für die Bildung von $Mn(ClO_3)^+$ in wäßriger Lösung bei 25°C und I = 1 mol/l als molare Enthalpie der Assoziationsreaktion $Mn^{2+} + ClO_3^- \rightarrow Mn(ClO_3)^+$ $\Delta H° = -5.21 \pm 0.07$ kJ/mol, als freie Bildungsenthalpie $\Delta G° = 1.54 \pm 0.74$ kJ/mol und als Entropie $\Delta S° = -22.6 \pm 2.5$ $J \cdot mol^{-1} \cdot K^{-1}$ (berechnete Werte); Komplexbildungskonstante $-\lg K = 0.27 \pm 0.13$. Aus diesen Daten wird geschlossen, daß das gebildete Ionenpaar zur äußeren Sphäre gehört, weil die Bindung Mn^{2+}-ClO_3^- nur schwach ist; H_2O-Moleküle aus der Hydrathülle des Mn^{2+}-Ions (vgl. „Mangan" B, S. 364) werden also nicht durch ClO_3^- ersetzt [7]. — Bei der Reaktion von $MnSO_4$ mit $NaClO_3$ in schwefelsaurer Lösung in Gegenwart von MnO_2 bei 80 bis 90°C wird die Bildung von Komplexen zwischen Mn^{2+}-Ionen und $HClO_3$ angenommen [6].

Aus wäßriger $Mn(ClO_3)_2$-Lösung wird durch Entfernung des Wassers bei −80°C eine feste, rosa gefärbte Substanz erhalten, die bei −10°C eine dicke, sehr viskose Flüssigkeit bildet. Die Analyse läßt auf das Hexahydrat $Mn(ClO_3)_2 \cdot 6H_2O$ schließen [1]. Die Bildungsenthalpie wird unter Einbeziehung der von Pauling angegebenen Elektronegativitäten unter Einführung neuer Parameter berechnet und ergibt für festes $Mn(ClO_3)_2$ unter Standardbedingungen $\Delta H^\circ_{298} = -80 \pm 15$ kcal/mol [4]. Nach $Mn(ClO_3)_2 \cdot 6H_2O \rightarrow MnO_2 + 2ClO_2 + 6H_2O$ zersetzt sich das Hydrat bei 6 bis 10°C, wobei die Zersetzung bei −13°C bereits langsam einsetzt; bei 20°C verläuft sie explosionsartig infolge Disproportionierung des ClO_2 in Cl_2 und Cl_2O_7, von denen letzteres explosiv ist [1].

Literatur:

[1] F. E. Brown, J. D. Woods (Proc. Iowa Acad. Sci. **60** [1953] 285/9). — [2] B. Carlson (Klason Festskrift Stockholm 1910, S. 247/99, 248, 259). — [3] A. Waechter (J. Prakt. Chem. **30** [1843] 321/34, 326). — [4] D. E. Wilcox (UCRL-10397 [1962] 1/120, 86; N.S.A. **16** [1962] Nr. 31586). — [5] A. Meusser (Ber. Deut. Chem. Ges. **35** [1902] 1414/24, 1414).

[6] B. Popyankov, K. Ivanova, N. Kolarov (God. Vissh. Khimikotekhnol. Inst. Sofia **14** [1967/71] 261/72; C.A. **77** [1972] Nr. 105984). — [7] R. Aruga (J. Chem. Soc. Dalton Trans. **1975** 2534/8).

5.4.10 Mangan(II)-perchlorat $Mn(ClO_4)_2$

Manganese(II) Perchlorate

Zur Darstellung dient die teilweise Fällung von Mn^{II}-Trifluoracetat in Trifluoressigsäure mit $HClO_4$ bei 25 bis 26°C; $Mn(ClO_4)_2$ wird als farbloser Niederschlag erhalten [1]. Zu etwa 75% wird $Mn(NO_3)_2$ mit wasserfreiem $HClO_4$ bei −80°C umgesetzt, wenn der Überschuß an $HClO_4$ durch 24 h Evakuieren bei 110°C entfernt wird. Dabei entsteht durch thermische Zersetzung des ursprünglich gebildeten Perchlorats teilweise basisches Perchlorat. $MnCl_2$ ist als Ausgangsverbindung ungeeignet [2]. — Die Entwässerung von Mn-Perchlorat-Hydrat (s. S. 248) unter Erhitzen ergibt kein reines Produkt [3]. Die Methode von Starke [4] (Trocknen des Hydrats über P_2O_5 und Behandeln mit 2,2-Dimethoxypropan) soll zu einem wasserfreien Produkt führen, das aber vermutlich als Solvat vorliegt [5]. Auch bei der Umsetzung von MnO_2 mit $NOClO_4$ oder NO_2ClO_4 bei 80 bis 210°C wird kein wasserfreies Mn-Perchlorat gebildet [6].

$Mn(ClO_4)_2$

Die **Bildungsenthalpie** wird unter Einbeziehung der von Pauling angegebenen Elektronegativitäten unter Einführung neuer Parameter berechnet und ergibt für festes $Mn(ClO_4)_2$ unter Standardbedingungen $\Delta H^\circ_{298} = -90 \pm 15$ kcal/mol [7]. Durch Berechnung unter Vergleich mit anderen Verbindungen wird als Mittelwert $\Delta H^\circ_{298} = -72$ kcal/mol erhalten [8]. — Die Berechnung der freien Bildungsenthalpie ergibt für die feste Verbindung den Standardwert $\Delta G^\circ_{298} = -40 \pm 15$ kcal/mol [7].

Eigenschaften. $Mn(ClO_4)_2$ bildet hellrosa gefärbte, zerfließliche nadelförmige Prismen [3, 9]. — Gitterenergie U = 470 kcal/mol, durch vergleichende Berechnung aus einer Gleichung von Kapustinskii; U = 510 kcal/mol, unter Berücksichtigung der Korrektur von Yatsimirskii erhalten [8]. — Für die Wärmekapazität bei 298 K wird aus Messungen an der wäßrigen Lösung in einem adiabatischen Doppelkalorimeter der Mittelwert $c_p = 0.67355$ cal · g^{-1} · K^{-1} berechnet [10].

Bei der Zersetzung von $Mn(ClO_4)_2$, die bis zu einer Temperatur über 230°C verfolgt wird, bildet sich MnO_2 als schwarzer Rückstand [3]. Untersuchungen bei 125 bis 155°C ergeben als Hauptreaktion eine Zersetzung nach $Mn(ClO_4)_2 \rightarrow MnCl_2 + 4\,O_2$, gleichzeitig in geringerem Maße auch $Mn(ClO_4)_2 \rightarrow MnO + Cl_2 + 3.5\,O_2$. Die möglichen kinetischen Schritte des Zersetzungsprozesses sind im Einklang mit den experimentell ermittelten Daten, da die Differenz der Bildungswärmen des Chlorids und Oxids ($\Delta H^\circ_{298} = -115.19$ bzw. -92.05 kcal/mol) nicht wesentlich ist [11].

Literatur:

[1] G. S. Fujioka, G. H. Cady (J. Am. Chem. Soc. **79** [1957] 2451/4). — [2] B. J. Hathaway, A. E. Underhill (J. Chem. Soc. **1960** 648/54, 648). — [3] J. G. F. Druce (J. Chem. Soc. **1938** 966). — [4] K. Starke (J. Inorg. Nucl. Chem. **11** [1959] 77/8). — [5] D. W. Meek, R. S. Drago, T. S. Piper (Inorg. Chem. **1** [1962] 285/9).

[6] A. Glasner, I. Pelly, M. Steinberg (J. Inorg. Nucl. Chem. **32** [1970] 33/41, 38). — [7] D. E. Wilcox (URCL-10397 [1962] 1/120, 86, 107; N.S.A. **16** [1962] Nr. 31586). — [8] N. V. Krivtsov, V. Ya. Rosolovskii (Zh. Neorgan. Khim. **13** [1968] 317/20; Russ. J. Inorg. Chem. **13** [1968] 164/6). — [9] Sérullas (Ann. Chim. Phys. [2] **46** [1831] 297/308, 305). — [10] V. A. Latysheva, O. A. Kozhevnikov (Vestn. Leningr. Univ. Ser. Fiz. i Khim. **1965** Nr. 22, S. 109/14; C. A. **64** [1966] 15084).

[11] R. Vîlcu, N. Georgescu (Rev. Roumaine Chim. **17** [1972] 1791/804, 1797; C. A. **78** [1973] Nr. 48468).

The $Mn(ClO_4)_2$-H_2O System

5.4.11 Das System $Mn(ClO_4)_2$-H_2O

Aus der Analyse der gesättigten Lösung nach Einstellung des Phasengleichgewichts bei Temperaturen von 20 bis 50°C berechnete Löslichkeit L in mol $Mn(ClO_4)_2 \cdot 6\,H_2O$/kg H_2O:

t in °C	20	25	30	35	40	45	50
L	7.726	8.066	8.406	8.746	9.086	9.426	9.766

Bodenkörper ist bei allen Temperaturen $Mn(ClO_4)_2 \cdot 6\,H_2O$ (s. S. 247). Temperaturkoeffizient der Löslichkeit dL/dt = 0.06799. Aus Dampfdruckmessungen an gesättigten Lösungen nach der Gasstrommethode bei 25, 35 und 45°C wird die Änderung der freien Energie für die Bildung von 1 mol der gesättigten Lösung aus den Komponenten $Mn(ClO_4)_2 \cdot 6\,H_2O$ und H_2O zu $\Delta G = -3.37$, -3.41 bzw. -3.33 kcal/mol berechnet. Für die gleichen Temperaturen werden die partialen Änderungen der Enthalpie und Entropie des Salzes bei der Auflösung von 1 mol $Mn(ClO_4)_2 \cdot 6\,H_2O$ in gesättigter Lösung zu $\Delta H_1 = 7.0$, 6.9 bzw. 6.8 kcal/mol und $\Delta S_1 = 23$, 22 bzw. 21 cal · mol^{-1} · K^{-1} aus den Löslichkeiten berechnet [1].

Bei gewöhnlicher Temperatur ist das Hexahydrat beständig. Außer den beiden als Bodenkörper im System $Mn(ClO_4)_2$-$HClO_4$-H_2O (vgl. S. 252) auftretenden Hydraten $Mn(ClO_4)_2 \cdot 6\,H_2O$ und $Mn(ClO_4)_2 \cdot 4\,H_2O$ (vgl. S. 249) soll nach Nikitin u. a. [2] bei der thermischen Zersetzung des Hexahydrats über das Tetrahydrat bei 180°C das Dihydrat $Mn(ClO_4)_2 \cdot 2\,H_2O$ (s. S. 249) entstehen. — Ein Hydrat der Zusammensetzung $Mn(ClO_4)_2 \cdot 8\,H_2O$ soll in Form dunkelroter Nadeln beim Eindunsten einer $Mn(ClO_4)_2$-Lösung (durch Umsetzung von $MnSO_4$ mit $Ba(ClO_4)_2$ erhalten) bei 15°C im Exsikkator gebildet werden [3]. — Das aus einer Lösung von $MnCO_3$ in etwa 10%iger mäßig erwärmter Perchlorsäure auskristallisierende, sehr wasserreiche Salz soll 10 mol H_2O enthalten [4].

Literatur:

[1] V. A. Latysheva, S. V. Karavan (Vestn. Leningr. Univ. Ser. Fiz. i Khim. **1967** Nr. 4, S. 113/21; C.A. **69** [1968] Nr. 54739). — [2] V. D. Nikitin, T. A. Degtyareva, F. F. Medovshchikova, K. P. Rozhko, A. I. Boldyreva, R. I. Tsyfanova (Tr. Ural'sk. Politekhn. Inst. Nr. 190 [1970] 89/92; C.A. **75** [1971] Nr. 157697). — [3] B. Carlson (Klason Festskrift Stockholm 1910, S. 247/99, 248/9). — [4] R. Weinland, K. Effinger, V. Beck (Arch. Pharm. **265** [1927] 352/79, 371).

5.4.12 Mangan(II)-perchlorat-hexahydrat $Mn(ClO_4)_2 \cdot 6H_2O$

Manganese(II) Perchlorate Hexahydrate

Das blaßrosa Hexahydrat tritt in den Systemen $Mn(ClO_4)_2$-H_2O und $Mn(ClO_4)_2$-$HClO_4$-H_2O als Bodenkörper auf (s. S. 246 und S. 252). Es ist das bei gewöhnlicher Temperatur aus $Mn(ClO_4)_2$-Lösung auskristallisierende Hydrat und das üblicherweise vorliegende Mn^{II}-Perchlorat, sofern keine Angaben über den H_2O-Gehalt gemacht sind.

Bildung und Darstellung

Formation and Preparation

Die angegebenen Methoden führen in den meisten Fällen zu einer wäßrigen $Mn(ClO_4)_2$-Lösung, aus der das Hexahydrat durch Auskristallisieren gewonnen wird.

Mangan wird in Form von Spänen tropfenweise mit 70%iger $HClO_4$-Lösung umgesetzt, bis das gesamte Metall reagiert hat. Das gebildete $Mn(ClO_4)_2 \cdot 6H_2O$ wird mehrmals aus Wasser umkristallisiert, bis alle Spuren von überschüssigem $HClO_4$ entfernt sind [1], s. auch [2]. Biedermann, Ferri [3] lösen Mn zuerst in konzentrierter HJ-Lösung. Nach Zugabe der berechneten Menge Perchlorsäure wird HJ durch 10% O_3 enthaltendes O_2 unterhalb 50 bis 60°C oxidiert und das gebildete Jod verflüchtigt.

Die durch Auflösen von $MnCO_3$ in Perchlorsäure erhaltene Lösung wird nach Filtrieren bis zur Kristallisation eingedampft; die erhaltenen Kristalle werden dreimal umkristallisiert [4]. Nach dreimaligem Umkristallisieren und Trocknen über H_2SO_4 werden Kristalle der Zusammensetzung $Mn(ClO_4)_2 \cdot 6 \pm 0.05\,H_2O$ erhalten [5], s. auch [6]. Als Ausgangsprodukte werden frisch bereitetes $MnCO_3$ und 57%ige $HClO_4$-Lösung verwendet [7, 8]; basisches Mn-Carbonat wird in Perchlorsäure gelöst und die Lösung verdampft [9]. $MnSO_4$ wird durch Fällung mit $NaHCO_3$ in Carbonat übergeführt, der Niederschlag gründlich mit Wasser gewaschen und mit Perchlorsäure bis zu pH = 5 versetzt [10]. — Zur Darstellung werden ferner etwa 120 g $MnCl_2 \cdot 4H_2O$ in kleinen Portionen, jeweils nach vollständiger Auflösung der vorangegangenen, zu etwa 105 ml 12 N $HClO_4$-Lösung zugegeben. Die Lösung wird bis zur Sirupkonsistenz schwach erhitzt und nach dem Abkühlen auf etwa 200 ml verdünnt. Diese Behandlung wird wiederholt, bis der Nachweis für Cl^- negativ ausfällt [11]. — Zur Bereitung einer 0.05 M reinen, säurefreien Standardlösung wird der Kationenaustauscher Amberlite IR 120 (H^+-Form) mit 0.1 M $MnCl_2$-Lösung behandelt, bis der pH-Wert dieser Lösung und des Effluats identisch sind. Nach Elution der überschüssigen $MnCl_2$-Lösung mit Wasser wird das an den Austauscher gebundene Mn^{2+} mit 0.052 M $Ba(ClO_4)_2$-Lösung als $Mn(ClO_4)_2$ herausgelöst, wobei Ba^{2+} gebunden wird [12]. — Das Perchlorat wird in Lösung durch Vermischen der kalten Lösungen von $MnSO_4$-Hydrat und überschüssigem Ba-Perchlorat sowie Filtrieren der Reaktionslösung erhalten [13], s. auch [14]. — Mn-Hydroxid wird mit konzentrierter Perchlorsäure eingedampft [15]. Auch MnO dient als Ausgangssubstanz [16]. In ähnlicher Weise wie bei Biedermann, Ferri [3] (vgl. oben) erfolgt die Reindarstellung nach Ciavatta, Grimaldi [17]: Zu einem Gemisch von 11 M $HClO_4$-Lösung und reinem Mn_3O_4, das in geringem Überschuß der stöchiometrisch erforderlichen Menge vorliegen soll, werden kleine Portionen konzentrierter HJ-Lösung zugesetzt und J_2 verkocht. Bei einer H^+-Konzentration von etwa 10^{-4} M wird ungelöstes Oxid abfiltriert und die Acidität wieder auf etwa 5×10^{-3} M gebracht. Überschüssiges Jodid wird mit O_2 zu J_2 oxidiert und mit dem O_2-Strom verflüchtigt; die Operationen werden wiederholt, bis J^- nicht mehr nachzuweisen ist. Die resultierende reine $Mn(ClO_4)_2$-Lösung enthält weniger als 10^{-5} mol J^- [17].

$Mn(ClO_4)_2 \cdot 6H_2O$ Preparation

Zur Herstellung von Einkristallen nach der Zirkulationsmethode mit einem konstanten Absinken der Lösungstemperatur von 30 auf 15°C s. [18]. Aus $HClO_4$-Lösung werden Einkristalle durch Auskristallisieren in einer Vakuumkammer erhalten [19].

Bildungsenthalpie unter Standardbedingungen aus der Lösungswärme berechnet: $\Delta H° = -526$ kcal/mol [5].

Properties and Behavior

Eigenschaften und Verhalten

$Mn(ClO_4)_2 \cdot 6H_2O$ kristallisiert hexagonal im $Mg(ClO_4)_2 \cdot 6H_2O$ ($H4_{11}$)-Typ (vgl. „Magnesium" B, S. 155) wie auch die Perchlorat-hexahydrate von Zn, Co, Ni und Fe. Gitterkonstanten a = 15.70, c = 5.30 Å; Z = 4 [20, 21]. — Möglicherweise findet ähnlich wie beim Fe-Salz bei etwa 120 K eine Umwandlung in eine monokline Modifikation statt [19]. — Gitterenergie U = 346 kcal/mol, berechnet nach der Gleichung von Kapustinskii [5].

Die Dichte ergibt sich aus den Gitterkonstanten zu 2.10 g/cm³, während eine direkte Messung zu D = 2.102 g/cm³ führt [20, 21]. — Die für die Schmelztemperatur angegebenen Werte (153°C [22], 155°C [23]) sind dem Tetrahydrat zuzuordnen, in welches das Hexahydrat bei etwa 100°C übergeht (s. S. 249). — Die Wärmekapazität weist nach Messungen an einem Einkristall zwischen 100 und 210 K ein scharfes Maximum bei etwa 134 K auf, das ähnlich wie beim Fe- und beim Co-Salz der Néel-Temperatur zugeordnet wird [24]. Bei der Untersuchung des magnetischen Moments zwischen 80 und 300 K wird allerdings die magnetische Umwandlung bei 120 ± 1 K gefunden [19].

Vom IR-Spektrum ist nur der Bereich der O-H-Dehnungsschwingung untersucht worden, die in flüssigem H_2O die Wellenzahl 3420 cm^{-1} hat. Die an einigen Perchlorat-Hydraten (und an der wäßrigen Lösung, s. S. 252) beobachtete Aufspaltung in zwei Komponenten — bei $Mn(ClO_4)_2 \cdot 6H_2O$ haben sie die Wellenzahlen 3440 und 3530 cm^{-1} — wird damit erklärt, daß von den 6 H_2O-Molekülen des Aquokomplexes einige mit H-Brücken an ein H_2O-Molekül, andere an ein ClO_4^--Ion gebunden sind [18, 25]. — Das UV-Spektrum weist die Banden des $Mn(H_2O)_6^{2+}$-Ions auf [26, 27], das in „Mangan" B, S. 182, kurz beschrieben worden ist; Einzelheiten werden in einem späteren Band behandelt.

Auf das hygroskopische Verhalten des Hexahydrats weist Chaudhuri [19] hin. — Bei 100°C spaltet das Hexahydrat Wasser ab und geht in festes Tetrahydrat über, das bei 150°C schmilzt und bei 180°C $Mn(ClO_4)_2 \cdot 2H_2O$ bildet. Bei der Entfernung der letzten 2 H_2O-Moleküle entsteht MnO_2 [9], s. auch [6, 23, 28]. Diese Ergebnisse stimmen mit Resultaten der DTA und kinetischen Messungen überein. Die Aktivierungsenergie der thermischen Zersetzung beträgt 21.4 kcal/mol. Die thermische Stabilität von $Mn(ClO_4)_2 \cdot 6H_2O$ ist geringer als die der Hexahydrate von Ni-, Co- oder Cu-Perchlorat [29].

Literatur:

[1] W. L. Purcell, R. S. Marianelli (Inorg. Chem. **9** [1970] 1724/8). — [2] H. Diebler, N. Sutin (J. Phys. Chem. **68** [1964] 174/80, 175). — [3] G. Biedermann, D. Ferri (Chem. Scr. **2** [1972] 57/61). — [4] Z. Libus, T. Sadowska (J. Phys. Chem. **73** [1969] 3229/36, 3230). — [5] S. N. Andreev, V. G. Khaldin, E. V. Stroganov (Zh. Obshch. Khim. **29** [1959] 1798/801; J. Gen. Chem. USSR **29** [1959] 1770/3).

[6] R. Salvadori (Gazz. Chim. Ital. **42** I [1912] 458/94, 473). — [7] V. A. Latysheva, O. A. Kozhevnikov (Vestn. Leningr. Univ. Ser. Fiz. i Khim. **1967** Nr. 16, S. 176/8; C. A. **68** [1968] Nr. 72529). — [8] V. A. Latysheva, O. A. Kozhevnikov (Termodin. Termokhim. Konstanty **1970** 146/52; C. A. **74** [1971] Nr. 57964). — [9] V. D. Nikitin, T. A. Degtyareva, F. F. Medovshchikova, K. P. Rozhko, A. I. Boldyreva, R. I. Tsyfanova (Tr. Ural'sk. Politekhn. Inst. Nr. 190 [1970] 89/92; C. A. **75** [1971] Nr. 157697). — [10] A. M. Bond, G. Hefter (J. Inorg. Nucl. Chem. **34** [1972] 603/7).

[11] L. J. Heidt, G. F. Koster, A. M. Johnson (J. Am. Chem. Soc. **80** [1958] 6471/7, 6472). — [12] E. P. Serjeant (Nature **186** [1960] 963). — [13] G. Davies, L. J. Kirschenbaum, K. Kustin (Inorg. Chem. **7** [1968] 146/54, 147). — [14] Sérullas (Ann. Chim. Phys. **46** [1831] 297/308, 305). — [15] R. Roth (Diss. München 1910, S. 1/57, 14, 24/5).

[16] A. I. Popov, D. H. Geske (J. Am. Chem. Soc. **79** [1957] 2074/9). — [17] L. Ciavatta, M. Grimaldi (J. Inorg. Nucl. Chem. **27** [1965] 2019/25, 2020). — [18] S. N. Andreev, T. G. Balicheva (Dokl. Akad. Nauk SSSR **148** [1963] 86/8; Dokl. Chem. Proc. Acad. Sci. USSR **148** [1963] 3/5), T. G. Balicheva, S. N. Andreev (Zh. Strukt. Khim. **5** [1964] 29/35; J. Struct. Chem. USSR **5** [1964] 23/8). — [19] B. K. Chaudhuri (Solid State Commun. **16** [1975] 767/72; Indian J. Pure Appl. Phys. **13** [1975] 363/5). — [20] C. D. West (Z. Krist. A **91** [1935] 480/93).

[21] K. C. Moss, D. R. Russell, D. W. A. Sharp (Acta Cryst. **14** [1961] 330). — [22] A. Benrath, P. Hartung, M. Wilden (J. Prakt. Chem. **251** [1935] 298/304, 302). — [23] J. G. F. Druce (J. Chem. Soc. **1938** 966). — [24] M. P. Sinha, A. Pal, S. K. D. Roy (J. Phys. C **9** [1976] 2783/7). — [25] S. N. Andreev, T. G. Balicheva (Vodorodnaya Svyaz Akad. SSSR Inst. Khim. Fiz. Sb. Statei **1964** 144/8; C.A. **62** [1965] 4784).

[26] D. Oelkrug (Naturwissenschaften **55** [1968] 206/8). — [27] L. L. Lohr, D. S. McClure (J. Chem. Phys. **49** [1968] 3516/21). — [28] C. Smeets (Natuurw. Tijdschr. [Ghent] **15** [1933] 105/24, 122). — [29] F. Solymosi, J. Raskó (Magy. Kem. Folyoirat **81** [1975] 479/86 nach englischer Zusammenfassung S. 486; C.A. **84** [1976] Nr. 22648).

5.4.13 Mangan(II)-perchlorat-tetrahydrat $Mn(ClO_4)_2 \cdot 4H_2O$

Manganese(II) Perchlorate Tetrahydrate

Das Tetrahydrat tritt im System $Mn(ClO_4)_2$-$HClO_4$-H_2O (vgl. S. 252) als Bodenkörper auf. $Mn(ClO_4)_2 \cdot 6H_2O$ (s. S. 246) geht bei 100°C unter Abspaltung von $2H_2O$ in das Tetrahydrat über [1], nach Salvadori [2] erst bei 115°C. — Schmelzpunkt: 150°C [1]. — Zur thermischen Zersetzung s. S. 248.

Literatur:

[1] V. D. Nikitin, T. A. Degtyareva, F. F. Medovshchikova, K. P. Rozhko, A. I. Boldyreva, R. I. Tsyfanova (Tr. Ural'sk. Politekhn. Inst. Nr. 190 [1970] 89/92; C.A. **75** [1971] Nr. 157697). — [2] R. Salvadori (Gazz. Chim. Ital. **42 I** [1912] 458/94, 473).

5.4.14 Mangan(II)-perchlorat-dihydrat $Mn(ClO_4)_2 \cdot 2H_2O$

Manganese(II) Perchlorate Dihydrate

Das Dihydrat entsteht als Entwässerungsprodukt von Hexa- oder Tetrahydrat durch Erhitzen auf 180°C (vgl. S. 246) [1]. Aus dem Hexahydrat kann es im Vakuum schon bei etwa 100°C erhalten werden [2].

Im Gitter sind die ClO_4-Gruppen über je zwei O-Atome an ein Mn-Ion oder an zwei benachbarte Mn-Ionen gebunden, so daß jedes Mn-Ion oktaedrisch von den beiden H_2O-Molekülen und vier O-Atomen von (2 bzw. 4) ClO_4-Ionen umgeben ist. Dieser Konfiguration entspricht das aus der Suszeptibilität bei Raumtemperatur abgeleitete magnetische Moment 5.90 μ_B [2]. Im IR-Spektrum treten nicht die Banden des tetraedrischen ClO_4^--Ions ($\nu_2 = 460$, $\nu_3 = 1120$, $\nu_4 = 625$ cm^{-1} [3, S. 68]) auf, sondern die acht infrarot-aktiven Schwingungen, die dem ClO_4^--Ion bei C_{2v}-Symmetrie zuzuordnen sind; vgl. die Angaben für das über zwei O-Atome gebundene SO_4^{2-}-Ion [3, S. 150]. Gemessene Wellenzahlen: $\nu_1 = 1130$, $\nu_2 = 945$, $\nu_3 = 666$, $\nu_4 = 453$, $\nu_6 = 1138$, $\nu_7 = 635$, 613, $\nu_8 = 1210$, $\nu_9 = 467$ cm^{-1} [2]. Die ν_5-Schwingung ist nur raman-aktiv.

Beim Erhitzen zersetzt sich das Dihydrat unter Wasserabspaltung und Oxidation zu MnO_2 [1], s. auch S. 248.

Literatur:

[1] V. D. Nikitin, T. A. Degtyareva, F. F. Medovshchikova, K. P. Rozhko, A. I. Boldyreva, R. I. Tsyfanova (Tr. Ural'sk. Politekhn. Inst. Nr. 190 [1970] 89/92; C.A. **75** [1971] Nr. 157697). — [2] B. J. Hathaway, D. G. Holah, M. Hudson (J. Chem. Soc. **1963** 4586/9). — [3] H. Siebert (Anwendungen der Schwingungsspektroskopie in der anorganischen Chemie, Berlin 1966).

Aqueous Solution of $Mn(ClO_4)_2$

5.4.15 Wäßrige Lösung von $Mn(ClO_4)_2$

Heat of Solution. Heat of Dilution

5.4.15.1 Lösungsenthalpie. Verdünnungsenthalpie

Lösungsenthalpie ΔH_L in kcal/mol von $Mn(ClO_4)_2 \cdot 6H_2O$, Konzentration m in mol/kg H_2O:

Bei 25°C:

m . .	8.07	6.06	4.46	2.93	0.95	0.40	0.069	0.028	0.018
$-\Delta H_L$.	4.52	3.75	3.08	2.51	1.96	1.73	1.55	1.51	1.31

Bei 35°C:

m . .	8.75	6.21	3.92	1.60	0.81	0.42	0.14	0.093
$-\Delta H_L$.	4.72	3.85	2.82	1.96	1.65	1.51	1.39	1.24

Bei 45°C:

m . .	9.43	7.41	4.44	1.82	0.81	0.185	0.06	0.038	0.021
$-\Delta H_L$.	4.93	4.37	3.16	1.97	1.59	1.25	1.04	0.99	0.87

Die Werte sind aus den Verdünnungsenthalpien und den Bildungsenthalpien der gesättigten Lösungen (aus den festen Hydraten und Wasser) unter Berücksichtigung der Wärmekapazität berechnet [1, 2]. Der Temperaturkoeffizient von $-\Delta H_L$ ist für den niedrigen Konzentrationsbereich bis etwa 3 molal negativ, bei höheren Konzentrationen bis zur Sättigung positiv [2]. Werte für die gleichen Temperaturen ohne Berücksichtigung der Wärmekapazität s. [3]; ältere Werte bei 25°C s. [4].

Aus den Werten von ΔH_L [1] und den relativen scheinbaren molaren Enthalpien [5] (s. unten) wird die Standardenthalpie zu $\Delta H_L^\circ = 1.26 \pm 0.045$ kcal/mol bei 25°C berechnet [5].

Relative scheinbare molare Enthalpien Φ_L für $Mn(ClO_4)_2$; n in mol H_2O, Φ_L in cal/mol (Werte in Auswahl):

n . . .	10^5	10^4	10^3	100	50	40	30	20	15
Φ_L . .	54	149	331	549	716	828	1053	1697	2536

Die Messungen werden kalorimetrisch bei 298.15 K ausgeführt [5].

Literatur:

[1] V. A. Latysheva, S. V. Karavan (Zh. Fiz. Khim. **42** [1968] 2338/41; Russ. J. Phys. Chem. **42** [1968] 1238/9). — [2] S. V. Karavan, V. A. Latysheva (Zh. Neorgan. Khim. **16** [1971] 2020/2; Russ. J. Inorg. Chem. **16** [1971] 1077/8). — [3] V. A. Latysheva, S. V. Karavan (Zh. Obshch. Khim. **37** [1967] 2420/5; J. Gen. Chem. USSR **37** [1967] 2304/7). — [4] S. N. Andreev, V. G. Khaldin, E. V. Stroganov (Zh. Obshch. Khim. **29** [1959] 1798/801; J. Gen. Chem. USSR **29** [1959] 1770/3). — [5] L. J. Gier, C. E. Vanderzee (J. Chem. Eng. Data **19** [1974] 323/5), s. auch L. J. Gier (Diss. Univ. of Nebraska, Lincoln 1974, 144 S., S. 59/60, 62, 71, 74/8; C.A. **82** [1975] Nr. 103980).

Nature of Solution

5.4.15.2 Konstitution der Lösung

Komplexbildung. Aus den für den osmotischen Koeffizienten erhaltenen Daten (s. S. 251) und den Absorptionsspektren ist zu schließen, daß im Konzentrationsbereich von 0.11 bis 3.5 molalen Lösungen oktaedrische Hexaquo-Komplexe vorliegen, wahrscheinlich mit einer zweiten Schicht von über H-Brücken gebundenen H_2O-Molekülen, entsprechend $\{[Mn(OH_2)_6](OH_2)_n\}^{2+}$. Die Perchlorat-Anionen werden außerhalb der Koordinationssphäre angenommen [1]. Würden ClO_4^--Ionen komplex an Mn^{2+} gebunden, so müßten im Raman-Spektrum zusätzliche Linien mit kleinen Wellenzahlen auftreten. Von 13 untersuchten Perchloratlösungen weisen nur drei (darunter die des Mn-Salzes) solche Linien auf, jedoch mit so geringer Intensität, daß die Komplexbildung nicht als bewiesen gelten kann [2]. Auch aus der Temperatur- und Konzentrationsabhängigkeit (Zusatz von $Zn(ClO_4)_2$) der Breite der EPR-Linien sind keine Anzeichen für Mn-ClO_4-Komplexe zu entnehmen [3].

Die Hydrolyse von $Mn(ClO_4)_2$-Lösung kann bei 200 bis 300°C zur teilweisen Fällung von Mn-Oxiden (wahrscheinlich MnOOH oder MnO_2) führen. Aus 0.05 M Lösung wird nach 24 h bei 300°C in einem Gefäß aus Ti oder rostfreiem Stahl 4% als braunschwarze, feste Substanz abgeschieden. Das gleiche Ergebnis wird auch nach Zusatz von 0.012 mol $HClO_4$ erhalten [4].

Osmotischer Koeffizient f_0, nach der isopiestischen Methode bei 25±0.01°C bestimmt; Konzentration m in mol/kg H_2O [1]:

m . .	0.1091	0.3641	0.6440	1.0079	1.6734	1.8299	2.7694	3.4562
f_0 . .	0.909	1.029	1.153	1.359	1.776	1.886	2.573	3.084

Zur Protonenresonanz wäßriger $Mn(ClO_4)_2$-Lösungen s. S. 63.

Literatur:

[1] Z. Libus, T. Sadowska (J. Phys. Chem. **73** [1969] 3229/36). — [2] M. M. Jones, E. A. Jones, D. F. Harmon, R. T. Semmes (J. Am. Chem. Soc. **83** [1961] 2038/42); vgl. hierzu auch G. H. Nancollas (Coord. Chem. Rev. **5** [1970] 379/415, 382). — [3] C. C. Hinckley, L. O. Morgan (J. Chem. Phys. **44** [1966] 898/905), C. C. Hinckley (Diss. Univ. of Texas 1964, S. 1/102 nach Diss. Abstr. **26** [1965] 723). — [4] P.-C. Kong, T. W. Swaddle, P. Bayliss (Can. J. Chem. **49** [1971] 2442/6).

5.4.15.3 Mechanische und thermische Eigenschaften

Mechanical and Thermal Properties

Dichte D in g/cm³ der wäßrigen $Mn(ClO_4)_2$-Lösung in Abhängigkeit von der molalen Konzentration m, pyknometrisch bei 25±0.01°C ermittelte Werte (in Auswahl) [1]:

m . .	0.051	0.204	0.600	1.002	1.800	2.805	3.803	4.225
D_4^{25} . .	1.0062	1.0336	1.1010	1.1647	1.2791	1.4027	1.5077	1.5474

Beim Auflösen von $Mn(ClO_4) \cdot 6H_2O$ in Wasser tritt selbst für ziemlich verdünnte Lösungen Volumenzunahme ein [2].

Der zwischen 24 und 26°C gemessene Ausdehnungskoeffizient γ hängt von der molalen Konzentration m folgendermaßen ab [1]:

m	0.051	0.204	0.799	1.800	2.197	2.805	3.198	4.002
γ in 10^{-4} K^{-1} . .	2.6	2.9	4.5	4.9	5.4	5.3	5.5	5.2

In Lösungen mit 0.10 bis 4.26 mol $Mn(ClO_4)_2$/kg H_2O nimmt bei 25°C die adiabatische Kompressibilität mit der Konzentration ab, so daß die Ultraschallgeschwindigkeit größer wird [3].

Der Dampfdruck p in Torr nimmt bei 25±0.01°C bei steigender Molalität ab:

m . .	0.289	0.785	1.764	2.412	3.383	3.757	4.149
p . .	23.397	22.635	20.050	17.693	13.847	12.370	10.830

Messungen nach einer Fließmethode und einer isopiestischen Methode zeigen gute Übereinstimmung [4].

Wärmekapazität C_p in cal · mol^{-1} · K^{-1} von $Mn(ClO_4)_2$-Lösungen bei 25°C, im adiabatischen Doppelkalorimeter gemessen, und scheinbare Wärmekapazität Φ_c (Definition s. „Kalium" S. 425), berechnete Werte (m in mol/kg H_2O):

m . . .	0.186	0.451	0.679	1.481	2.380	3.085	4.010
C_p . . .	0.95292	0.89507	0.85023	0.73524	0.64372	0.59004	0.53533
Φ_c . . .	−11.63	−5.35	−1.10	7.91	13.72	16.91	20.01

Aqueous Solution of $Mn(ClO_4)_2$ Heat Capacity

Die partielle Wärmekapazität C'_p und ebenso Φ_c verlaufen nicht als lineare Funktion von $\sqrt{m}$, sondern zeigen bei der Konzentration m = 1 einen merkbaren Knick. Abweichungen von berechneten Werten werden mit Wechselwirkungen zwischen H_2O-Molekülen und den Ionen des gelösten $Mn(ClO_4)_2$ erklärt [5]. Die Wärmekapazität der Lösung ist größer als die Summe der Wärmekapazitäten der reinen Komponenten, was auf die Bildung von relativ instabilen Hydrathüllen um das Kation $Mn(H_2O)_6^{2+}$ (s. S. 250) zurückgeführt wird, die mit ansteigender Temperatur leicht zerfallen [2].

Literatur:

[1] V. A. Latysheva, O. A. Kozhevnikov, L. P. Makarenko (Vestn. Leningr. Univ. Ser. Fiz. i Khim. **1969** Nr. 4, S. 161/4; C.A. **72** [1970] Nr. 104059). — [2] V. A. Latysheva (Zh. Obshch. Khim. **41** [1971] 1889/92; J. Gen. Chem. USSR **41** [1971] 1901/4). — [3] V. A. Latysheva, O. A. Kozhevnikov (Vestn. Leningr. Univ. Ser. Fiz. i Khim. **1967** Nr. 16, S. 176/8; C.A. **68** [1968] Nr. 72529). — [4] L. S. Lilich, P. P. Andreev (Zh. Neorgan. Khim. **13** [1968] 3141/2; Russ. J. Inorg. Chem. **13** [1968] 1619/20). — [5] V. A. Latysheva, O. A. Kozhevnikov (Termodin. Termokhim. Konstanty **1970** 146/52).

Optical and Magnetic Properties

5.4.15.4 Optische und magnetische Eigenschaften

Im Raman-Spektrum einer 1molalen Lösung treten außer den Linien des ClO_4^--Ions ($\nu_1 = 913$, $\nu_2 = 450$, $\nu_3 = 960$, $\nu_4 = 618$ cm^{-1}, vgl. „Chlor" Erg.-Bd. B 2, S. 441) drei Linien bei 765, 827 und 865 cm^{-1} auf, von denen zwei auch in Perchlorat-Lösungen von 12 anderen Kationen zu beobachten sind und daher ebenfalls dem ClO_4^- zugeordnet werden. Vier sehr schwache Linien bei 113, 155, 230 und 310 cm^{-1} könnten einem Mn-ClO_4-Komplex zuzuordnen sein [1]. Im IR-Spektrum ist dieser Bereich unterhalb 1000 cm^{-1} noch nicht untersucht worden, sondern nur der Bereich von 2900 bis 3700 cm^{-1}, in dem die O-H-Valenzschwingung auftritt. Deren Wellenzahl liegt für über H-Brücken verbundene H_2O-Moleküle bei etwa 3280 cm^{-1}; in der Perchlorat-Lösung sind einige H_2O-Moleküle über H-Brücken an ClO_4^- gebunden. Diese Brückenbindung ist schwächer, so daß ihr eine größere Wellenzahl entspricht: $\nu = 3534$ cm^{-1} [2]. — Im UV-Spektrum werden zwischen 18000 und 41000 cm^{-1} einige Banden beobachtet [3], die Übergängen zwischen Termen des Mn^{2+} (vgl. „Mangan" B, S. 182) zugeordnet werden [4].

Verdünnte, 0.01 M $Mn(ClO_4)_2$-Lösungen zeigen ein EPR-Spektrum mit 6 Hyperfeinabsorptionen, von denen jede aus 5, im wesentlichen übereinandergelagerten Feinstrukturkomponenten besteht. Bei zunehmender Salzkonzentration bewirkt Dipolwechselwirkung Linienverbreiterung. Bei einer Konzentration von 2 mol/l und höher fehlt die Auflösung ganz, und das Spektrum erscheint als eine einzige breite Linie [5]. Die Solvatation des Mn^{2+} wird aus der Form der EPR-Linien nicht nur in organischen Lösungsmitteln (s. S. 253), sondern auch in H_2O abgeleitet [6].

Literatur:

[1] M. M. Jones, E. A. Jones, D. F. Harmon, R. T. Semmes (J. Am. Chem. Soc. **83** [1961] 2038/42). — [2] S. A. Shchukarev, S. N. Andreev, T. G. Balicheva, L. N. Nechaeva (Vestn. Leningr. Univ. **16** Ser. Fiz. i Khim. **1961** Nr. 16, S. 120/4; C.A. **56** [1962] 1066). — [3] L. J. Heidt, G. F. Koster, A. M. Johnson (J. Am. Chem. Soc. **80** [1958] 6471/7). — [4] A. Mehra (J. Phys. Chem. **75** [1971] 435/7). — [5] C. C. Hinckley, L. O. Morgan (J. Chem. Phys. **44** [1966] 898/905), C. C. Hinckley (Diss. Univ. of Texas 1964 nach Diss. Abstr. **26** [1965] 723).

[6] B. B. Garrett, L. O. Morgan (J. Chem. Phys. **44** [1966] 890/7).

The $Mn(ClO_4)_2$-$HClO_4$-H_2O System

5.4.16 Das System $Mn(ClO_4)_2$-$HClO_4$-H_2O

Die Löslichkeitsisotherme bei 25 ± 0.01°C in **Fig. 89** zeigt, daß die Löslichkeit des Perchlorats mit steigender $HClO_4$-Konzentration bis zu einem Minimum bei 17.15 mol/kg H_2O abnimmt. Danach steigt sie bis zum eutonischen Punkt an. Die Zunahme der Löslichkeit nach dem Minimum kann mit der Verringerung der Dissoziation der Perchlorsäure mit wachsender Konzentration erklärt werden.

Das hat zur Folge, daß ein Teil des Wassers, das an H^+- und ClO_4^--Ionen gebunden war, frei wird. Eine Verringerung des Hydratationsgrades der Mn^{2+}- und ClO_4^--Ionen ist auch möglich. Ferner ist Komplexbildung zu berücksichtigen, obgleich das ClO_4^--Ion dafür kaum Neigung zeigt [1].

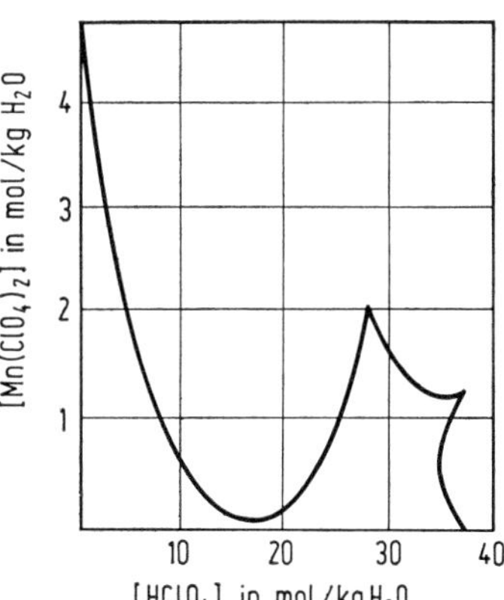

Fig. 89

Löslichkeitsisotherme von $Mn(ClO_4)_2$ in wäßriger Perchlorsäure bei 25°C.

Der Dampfdruck p (in Torr) nimmt bis zu hohen $HClO_4$-Konzentrationen (20 mol $HClO_4$/kg H_2O) einen normalen Verlauf; bei höheren $HClO_4$-Konzentrationen sind die Resultate ungenau und schwer zu deuten. Messungen nach einer Fließmethode und einer isopiestischen Methode zeigen gute Übereinstimmung. Bei 25 ± 0.01°C beträgt der Dampfdruck p = 9.894, 6.485 bzw. 0.568 für die Molalitätsverhältnisse m $Mn(ClO_4)_2$: m $HClO_4$ von 3.127 : 2.526, 0.771 : 9.477 und 0.0431 : 19.213 [2].

Im System existieren die festen, kristallinen Hydrate $Mn(ClO_4)_2 \cdot 6H_2O$ (s. S. 247) und $Mn(ClO_4)_2 \cdot 4H_2O$ (s. S. 249) in Abhängigkeit von der Zusammensetzung der flüssigen Phase (in Gew.-%) bei 25°C (Werte in Auswahl) [1]:

$[Mn(ClO_4)_2]$ . .	52.8	44.3	27.0	8.0	3.50	0.85	5.72	12.45
$[HClO_4]$	0	7.10	23.2	44.3	53.4	61.2	66.6	64.38
Feste Phase . . .				$Mn(ClO_4)_2 \cdot 6H_2O$				

$[Mn(ClO_4)_2]$ . .	11.82	7.10	6.45	6.33	5.54	2.71
$[HClO_4]$	65.32	71.32	74.17	74.10	74.14	76.00
Feste Phase . . .		$Mn(ClO_4)_2 \cdot 4H_2O$			$HClO_4 \cdot H_2O$	

Literatur:

[1] P. P. Andreev, L. S. Lilich, E. M. Ryabov (Zh. Neorgan. Khim. **12** [1967] 1979/82; Russ. J. Inorg. Chem. **12** [1967] 1041/3). — [2] L. S. Lilich, P. P. Andreev (Zh. Neorgan. Khim. **13** [1968] 3141/2; Russ. J. Inorg. Chem. **13** [1968] 1619/20).

5.4.17 Nichtwäßrige Lösungen von $Mn(ClO_4)_2$

Nonaqueous Solutions of $Mn(ClO_4)_2$

Alkohole. Auf Grund von EPR-Untersuchungen von $Mn(ClO_4) \cdot 6H_2O$-Lösungen in Methanol mit 0.01 M Mn^{2+} bei 20°C wird auf die Bildung eines oktaedrischen Komplexes mit den CH_3OH-Molekülen geschlossen (K = 0.4 ± 0.1) [1]. In wäßrig-methanolischen $Mn(ClO_4)_2$-Lösungen ändert sich die primäre Solvathülle der Mn^{2+}-Ionen mit der Zusammensetzung des Lösungsmittels. In 0.01 molaler Lösung ist Mn^{2+} von CH_3OH- und H_2O-Molekülen umgeben, und zwar von je 3 beim Molenbruch x(CH_3OH) = 0.5, wie aus EPR-Untersuchungen geschlossen wird [2]. Weitere EPR-Untersuchungen mit Konzentrationen unter 0.005 M Mn^{2+} im gesamten CH_3OH-H_2O-Konzentrationsbereich s. [3]. — In einer reinen methanolischen $Mn(ClO_4)$-Lösung bildet sich auf Zusatz von LiCl zunächst der Komplex $Mn(CH_3OH)_5Cl^+$. Mit steigender LiCl-Konzentration entsteht über Zwischenverbindungen schließlich $MnCl_4^{2-}$ (EPR-Untersuchungen) [4], s. auch [1]. — Aus Messungen des Verteilungskoeffizienten zwischen wäßriger, mit $HClO_4$ angesäuerter $Mn(ClO_4)_2$-Lösung und Butanol wird auf das Vorliegen verschiedener Komplexe in der Lösung geschlossen [5]. Nach spektralphotometrischen Untersuchungen wird in reinem Butanol Ionenassoziation angenommen. In wäßriger Butanollösung ist Mn^{2+} (ebenso wie die Kationen von Perchloraten anderer Übergangsmetalle) wahrscheinlich durch Wasser völlig solvatisiert, sogar über die erste Koordinationssphäre hinaus, da Butanol bevorzugt durch H_2O ersetzt wird [6].

In Äther bildet $Mn(ClO_4)_2$ eine farblose Lösung, die durch Umsetzung von $MnBr_2$ und $AgClO_4$ in wasserfreiem Äther erhalten wird [7]; auch $MnCl_2$ ist als Ausgangssubstanz geeignet, das in analoger Weise zur Darstellung von Lösungen in Nitromethan oder Benzol dienen kann [8]. — In Aceton-D_2O-Gemischen mit D_2O-Gehalten von etwa 0.4 bis 100%, wobei das Verhältnis von D_2O-Molekülen : Mn^{2+} konstant etwa 350 beträgt, ergibt sich aus Untersuchungen der Relaxation mit der Methode der Deuteronen-Kernresonanzspektroskopie, daß die Konzentration des D_2O in der Solvathülle des Mn^{2+} höher ist als im Lösungsmittel. Der Anreicherungsfaktor des D_2O in der Solvathülle wächst bis auf den Wert 180, während gleichzeitig die Hydratationszahl auf den dritten Teil des ursprünglichen Wertes zurückgeht. Dabei zeigt sich ein deutlicher Einfluß des Anions auf die selektive Solvatation, wie ein Vergleich mit $Mn(NO_3)_2$-Lösung erkennen läßt [9]. — In Furfural beträgt die Löslichkeit 90 g $Mn(ClO_4)_2 \cdot 6H_2O$/100 ml Lösungsmittel, in Cellosolve 130 g/100 ml Lösungsmittel. Messungen des Leitvermögens in 0.1 bis 0.00001 N Lösungen in Furfural s. im Original [10].

In Acetonitril ist $Mn(ClO_4)_2$ löslich; die Lösung entsteht durch Umsetzung von $MnCl_2$ mit Ag_2SO_4 und $Ba(ClO_4)_2$ in wasserfreiem Acetonitril [11]. Aus EPR-Untersuchungen wird auf die Bildung oktaedrischer solvatisierter Mn^{2+}-Ionen, $Mn(CH_3CN)_6^{2+}$, geschlossen. Bei Zusatz von $(C_2H_5)_4NClO_4$ werden im Gegensatz zur wäßrigen Lösung ein oder mehrere Lösungsmittelmoleküle in der ersten Koordinationssphäre durch das Anion als Ligand ersetzt, was sich durch zusätzliche Peaks im sichtbaren Spektrum zu erkennen gibt. Wenn auch das EPR-Spektrum in Gegenwart von überschüssigem ClO_4^- im wesentlichen unverändert bleibt, so tritt aber eine deutliche Verringerung der Resonanzintensität ein [12]. Leitfähigkeitsmessungen führen zu der Annahme, daß im Konzentrationsbereich von 0.001 bis etwa 0.085 mol $Mn(ClO_4)_2$/l das Mn-Perchlorat als komplexer Elektrolyt $Mn(CH_3CN)_6^{2+} \cdot 2ClO_4^-$ vorliegt; Äquivalentleitvermögen Λ in $\Omega^{-1} \cdot cm^2 \cdot val^{-1}$ bei 25°C, Konzentration c in mmol $Mn(ClO_4)_2$/l Acetonitril (Werte in Auswahl) [13]:

c . . .	1	2	4	6	8	10	20	40	60
Λ . . .	165.0	151.3	135.6	126.2	119.9	114.8	100.0	85.6	71.1

Polarographische Untersuchungen in Acetonitril s. [14]. — EPR-Untersuchungen bei Konzentrationen unter 0.001 M Mn^{2+} mit Zusatz von H_2O zwischen 0 und 100 Vol.-% s. [3].

In Dimethylformamid (DMF) bildet $Mn(ClO_4)_2$ eine klare, farblose Lösung. Nach den Ergebnissen aus EPR-Spektren von verdünnten Lösungen wird das Vorliegen von $Mn(DMF)_6^{2+}$ angenommen, dem eine oktaedrische Struktur zugeschrieben wird [15]; s. auch [16]. Nach EPR-Untersuchungen von $Mn(ClO_4)_2 \cdot 6H_2O$-Lösungen mit 0.01 M Mn^{2+} steigt die Komplexbildungskonstante von 0.20 ± 0.05 bei 20°C auf 0.7 ± 0.1 bei 100°C [1]. EPR-Untersuchungen in DMF-H_2O-Gemischen des gesamten Konzentrationsbereichs ($c < 0.005$ M Mn^{2+}) s. [3]. — Bei Zusatz von CsCl oder $(CH_3)_4NCl$ zu Lösungen von $Mn(ClO_4)_2 \cdot 6H_2O$ in DMF bilden sich nach EPR-Untersuchungen die komplexen Ionen $MnCl^+$ und $MnCl_4^{2-}$ [15].

Die Konzentrationsabhängigkeit des elektrischen Leitvermögens von $Mn(ClO_4)_2$ in Dimethylsulfoxid (DMS) bei 25°C ist bei niedrigen Konzentrationen die gleiche und bei höheren Konzentrationen angenähert die gleiche wie für Lösungen der Perchlorate von Zn, Ni, Co oder Cu. Aus den Leitfähigkeitsmessungen sowie dem Absorptionsspektrum im sichtbaren Bereich ergibt sich, daß $Mn(ClO_4)_2$ in DMS praktisch ausschließlich als $Mn(DMS)_6^{2+} \cdot 2ClO_4^-$ vorliegt [17]. Aus EPR-Messungen folgt eine Komplexbildungskonstante von 0.3 ± 0.1 bei 35°C ($c = 0.01$ M Mn^{2+}) [1]; zu Untersuchungen in DMS-H_2O-Mischungen s. auch [3].

Polarographische und oszillopolarographische Messungen an Lösungen von $Mn(ClO_4)_2$ in wasserfreiem Trimethylphosphat mit 0.1 mol $(C_2H_5)_4NClO_4$ lassen auf Reaktion mit dem Lösungsmittel unter Bildung von stabilen Komplexen schließen [18]. In Analogie zu Untersuchungen von Gutmann, Fenkart [19] mit $CoBr_2$ wird für diese Komplexe eine Koordination von Mn^{II} durch je 2 Dimethoxyphosphat-Gruppen angenommen [18].

Literatur:

[1] L. Burlamacchi, G. Martini, E. Tiezzi (J. Phys. Chem. **74** [1970] 3980/7, 3984). — [2] J. R. Bard, J. O. Wear (Z. Naturforsch. **26b** [1971] 1091/6). — [3] L. Burlamacchi, G. Martini, M. Romanelli (J. Chem. Phys. **59** [1973] 3008/14). — [4] H. Levanon, Z. Luz (J. Chem. Phys. **49** [1968] 2031/40, 2033). — [5] W. Libus, M. Siekierska, Z. Libus (Roczniki Chem. **31** [1957] 1293/302, 1300).

[6] T. E. Moore (TID-15379 [1962] 13 S.; N.S.A. **16** [1962] Nr. 14820). — [7] G. Monnier (Ann. Chim. [Paris] [13] **2** [1957] 14/57, 46). — [8] M. J. Baillie, D. H. Brown, K. C. Moss, D. W. A. Sharp (Proc. 8th Intern. Conf. Coord. Chem., Vienna 1964, S. 322/4). — [9] P. Diehl, T. Leipert (Helv. Chim. Acta **47** [1964] 545/57, 552/4). — [10] A. L. Chaney, C. A. Mann (J. Phys. Chem. **35** [1931] 2289/314, 2295/9).

[11] V. Gutmann, O. Leitmann (Monatsh. Chem. **97** [1966] 926/46, 928). — [12] S. I. Chan, B. M. Fung, H. Lütje (J. Chem. Phys. **47** [1967] 2121/30). — [13] W. Libus, H. Strzelecki (Electrochim. Acta **16** [1971] 1749/55). — [14] A. I. Popov, D. H. Geske (J. Am. Chem. Soc. **79** [1957] 2074/9). — [15] J. R. Bard, J. T. Holman, J. O. Wear (Z. Naturforsch. **24b** [1969] 989/93).

[16] B. B. Garrett, L. O. Morgan (J. Chem. Phys. **44** [1966] 890/7). — [17] W. Libus, M. Pilarczyk (Bull. Acad. Polon. Sci. Ser. Sci. Chim. **20** [1972] 539/47). — [18] V. Gutmann, R. Schmid (Monatsh. Chem. **100** [1969] 1564/73, 1569). — [19] V. Gutmann, K. Fenkart (Monatsh. Chem. **99** [1968] 1452/3).

5.4.18 Mangan(III)-perchlorat-Lösungen

Manganese(III) Perchlorate Solutions

$Mn(ClO_4)_3$ ist in fester Form nicht bekannt, aber Lösungen von Mn^{III} in Perchlorsäure lassen sich durch Oxidation von überschüssigem Mn^{II} durch Mn^{VII} oder durch elektrolytische Oxidation in $HClO_4$-Lösung darstellen [1], vgl. auch „Mangan" B, S. 381. — Bei der Reaktion von $KMnO_4$ mit H_2O_2 in $HClO_4$-Lösung werden Mn^{III}-Perchlorat-Komplexe als Zwischenprodukte angenommen [2].

Die Herstellung stabiler, bis zu 4 d haltbarer Lösungen geschieht durch Auflösen von 15.0 g $Mn(ClO_4)_2 \cdot 6\,H_2O$ in 25 ml Wasser und 5 ml 60%iger $HClO_4$-Lösung und Zugabe von 2 ml $KMnO_4$-Lösung (mit 1.0 mg $KMnO_4$/ml), die etwa 1.44 M an $HClO_4$ ist [3]. Die Lösung soll einen großen Überschuß an Mn^{II} in etwa 4 M saurer Lösung enthalten, um die Mn^{IV}-Konzentration zur Unterdrückung der Disproportionierung des Mn^{III} (vgl. „Mangan" B, S. 385, 389/90) klein zu halten [4]. Eine durch Oxidation von $Mn(ClO_4)_2$-Lösung (Mn in 4.5 M $HClO_4$-Lösung aufgelöst) mit $KMnO_4$ in 4.5 M $HClO_4$-Lösung hergestellte Mn^{III}-Lösung ist bei 0°C 4 bis 5 h beständig [5], s. auch [6]. Eine 0.05 und 0.005 N Mn^{III}-Lösung in 3 bis 6 M $HClO_4$-Lösung wird durch langsame Zugabe von 0.5 und 0.05 N $KMnO_4$-Lösung zu frisch bereiteter 0.05 bzw. 0.2 M $Mn(ClO_4)_2$-Lösung in $HClO_4$-Lösung unter konstantem Rühren hergestellt. Die Lösung wird anschließend durch eine Glasfritte filtriert, um Spuren MnO_2 zu entfernen [7].

Die Elektrooxidation von Mn^{II}-Perchlorat erfolgt an einer Pt-Anode bei gewöhnlicher Temperatur mit einer Stromdichte von etwa 2 mA/cm²; Konzentration des Mn^{II} bis zu 0.1 molar, meist 0.05 molar; Konzentration der $HClO_4$-Lösung 1 bis 6 molar. Bei kleineren Mn^{II}-Konzentrationen, besonders bei geringeren Aciditäten und höheren Stromdichten, tritt im letzten Stadium der Elektrolyse MnO_4^- auf, was bei höheren Mn^{II}-Konzentrationen und Aciditäten verhindert wird [8]. Durch langsame Elektrooxidation von Mn^{II} an Pt in 6 M $HClO_4$-Lösung bei niedriger Stromdichte (etwa 10 μA/cm²) wird eine 2 bis 0.004 M Mn^{III}-Lösung erhalten [9]. Die Oxidation wird unter N_2 durchgeführt. $Mn(ClO_4)_2$ soll in großem Überschuß vorhanden sein, um die Disproportionierung des Mn^{III} (vgl. oben) zu verringern und die Ionenstärke auf I = 4.0 zu halten. Die Mn^{III}-Lösungen werden jeweils frisch hergestellt und sofort nach Beendigung der Elektrolyse verwendet, da langsame, irreversible Veränderungen der Lösungen eintreten [10], s. auch [11]. Die Lösung wird während der Elektrolyse mit einem magnetischen Rührer oder einem Strom von gereinigtem N_2 gerührt [12].

Manganese(III) Perchlorate Solutions

Konstitution. Mn^{III} liegt in $HClO_4$-Lösung in Form von Aquokomplexen oder Hydroxoaquokomplexen vor; in 3.5 bis 7 M $HClO_4$-Lösung bildet Mn^{III} Hexaquokomplexe [5]. Bei der Elektrooxidation können polynukleare Mn^{III}-Spezies 10% der gebildeten Mn^{III}-Spezies übersteigen [9]. In frisch bereiteten Lösungen ist die Konzentration von polymeren Spezies so klein, daß sie vernachlässigt werden kann [13]. — Das Aquo-Mn^{III}-Ion in Perchloratlösung hat hellbraune Färbung, die jedoch in Gegenwart von Chlorid und Alkoholen (Methanol, Äthanol, n-Propanol) in Rosa übergeht. Bei einer Methanol-Konzentration von mehr als 4 mol/l liegt ein Komplex mit einem Molverhältnis von Mn^{III} : Methanol = 1 : 1 vor (wäßrig-alkoholische Lösungen mit 0.5 mol $HClO_4$ und 1.16 mol $Mn(ClO_4)_2$/l) [11], vgl. auch „Mangan" B, S. 191.

Eigenschaften. Mn^{III}-Perchlorat-Lösungen mit Konzentrationen bis zu 0.001 mol/l sind im allgemeinen mehrere Tage stabil, auch wenn sie später verdünnt werden, so daß $[H^+]$ etwa 1.5 mol/l erreicht. Werden die Lösungen jedoch auf 50°C erwärmt, so wird nach 90 min eine beträchtliche Menge MnO_2 gefällt [4]. Die Stabilität einer mit $KMnO_4$ hergestellten 0.005 N Mn^{III}-Lösung in $HClO_4$-Lösung wächst mit zunehmender Konzentration an $HClO_4$ und $Mn(ClO_4)_2$. Eine Abnahme der Mn^{II}-Konzentration hat einen wesentlich ungünstigeren Einfluß auf die Stabilität der Lösung als eine Abnahme der $HClO_4$-Konzentration. Die maximal möglichen Konzentrationen an $HClO_4$ und $Mn(ClO_4)_2$ werden durch die Löslichkeit des Mn^{II}-Salzes unter den gegebenen Bedingungen bestimmt. Außerdem nimmt der Titer der Lösung im Licht rascher als im Dunkeln ab. Bei einer 0.005 N Mn^{III}-Lösung in 6 M $HClO_4$-Lösung mit 0.4 mol $Mn(ClO_4)_2$/l tritt in 6 h bei 40°C eine Titerabnahme um 3% ein; bei 50°C wird nach 15 min MnO_2 abgeschieden. In einer 0.01 N Mn^{III}-Lösung in 6 M $HClO_4$-Lösung mit 0.4 mol $Mn(ClO_4)_2$/l beträgt die Abnahme in 12 h 1%; MnO_2 wird nach 24 h abgeschieden [7]. Zur Disproportionierung der Lösungen s. auch „Mangan" B, S. 389/90.

Die Perchloratlösungen unterliegen ferner der Hydrolyse; s. hierzu „Mangan" B, S. 371. Selbst in mittelstarker $HClO_4$-Lösung ist Mn^{III} beträchtlich hydrolysiert. Bei geringeren Aciditäten sind Mn^{III}-Perchloratlösungen, auch in Gegenwart eines sehr großen Überschusses an Mn^{II}, sehr instabil [13]. Nach Yatsimirskii u. a. [5] tritt Hydrolyse bei $HClO_4$-Konzentrationen unter 6 M ein. Die Zusammensetzung der Mn^{III}-Komplexe ändert sich entsprechend $Mn(H_2O)_6^{3+} + H_2O \rightleftharpoons Mn(H_2O)_5(OH)^{2+} + H_3O^+$. Die Hydrolysekonstante wird zu 1.8 (Ionenstärke 7.5) berechnet.

Literatur:

[1] G. Davies (Inorg. Chem. **10** [1971] 1155/9). — [2] S. Senent, J. Casado, J. Lizaso (Anales Quim. **67** [1971] 1133/44, 1137). — [3] J. P. Fackler, I. D. Chawla (Inorg. Chem. **3** [1964] 1130/4). — [4] D. R. Rosseinsky (J. Chem. Soc. **1963** 1181/6). — [5] K. B. Yatsimirskii, L. P. Tikhonova, V. P. Goncharik, G. V. Kudinova (Chem. Anal. [Warsaw] **17** [1972] 789/802, 790; C. A. **78** [1973] Nr. 92196).

[6] V. P. Goncharik, L. P. Tikhonova, K. B. Yatsimirskii (Zh. Neorgan. Khim. **18** [1973] 1248/54; Russ. J. Inorg. Chem. **18** [1973] 658/62). — [7] J. Barek, A. Berka, J. Korečková (Chem. Anal. [Warsaw] **20** [1975] 749/53; C. A. **84** [1976] Nr. 69073). — [8] H. Diebler, N. Sutin (J. Phys. Chem. **68** [1964] 174/80). — [9] D. R. Rosseinsky, R. J. Hill (J. Chem. Soc. Dalton Trans. **1972** 715/8). — [10] C. F. Wells, G. Davies (J. Chem. Soc. A **1967** 1858/61).

[11] C. F. Wells, D. Mays, C. Barnes (J. Inorg. Nucl. Chem. **30** [1968] 1341/4). — [12] G. Davies, L. J. Kirschenbaum, K. Kustin (Inorg. Chem. **7** [1968] 146/54, 147). — [13] G. Davies (Coordination Chem. Rev. **4** [1969] 199/224, 201/19).

Systems of $Mn(ClO_4)_2$ and Other Perchlorates

5.4.19 Systeme von $Mn(ClO_4)_2$ mit anderen Perchloraten

Zur Umsetzung von $Mn(ClO_4)_2$ mit $(C_2H_5)_4NClO_4$ in Acetonitril und Trimethylphosphat s. S. 254 und 255. Wegen des Prinzips der letzten Stelle ist das System $Co(ClO_4)_2$-$Mn(ClO_4)_2$-H_2O in „Kobalt" A, Erg.-Bd., S. 879/80, beschrieben.

5.4.19.1 Das System $TlClO_4$-$Mn(ClO_4)_2$-H_2O

The $TlClO_4$-$Mn(ClO_4)_2$-H_2O System

Die Untersuchung der Löslichkeit bei 25°C ergibt einen eutonischen Punkt bei 49.8 Gew.-% $Mn(ClO_4)_2 \cdot 6H_2O$ und 1.38 Gew.-% $TlClO_4$. Dichte und Viskosität der gesättigten Lösungen zeigen bei 25°C ein Maximum von etwa 1.8 g/cm³ bzw. etwa 4.5 cP beim eutonischen Punkt, S. A. Ivanov, M. N. Ovsyannikov (Sb. Nauchn. Tr. Yarosl. Gos. Ped. Inst. Nr. 135 [1975] 28/31; Ref. Zh. Khim. **1975** Nr. 16 B 960).

5.4.19.2 Das System $Ce(ClO_4)_3$-$Mn(ClO_4)_2$-H_2O

The $Ce(ClO_4)_3$-$Mn(ClO_4)_2$-H_2O System

Untersuchungen bei 25°C zeigen einen invarianten Punkt und 2 Kristallisationsäste mit $Mn(ClO_4) \cdot 6H_2O$ bzw. $Ce(ClO_4)_3 \cdot 9H_2O$ als Bodenkörper, G. V. Druzhinina (Uch. Zap. Yarosl. Gos. Ped. Inst. Nr. 154 [1976] 48/50 nach C.A. **87** [1977] Nr. 157746; Fiz. Khim. Issled. Ravnovesii v Rastvorakh **1976** 48/50 nach Ref. Zh. Khim. **1977** Nr. 11 B 732).

5.5 Verbindungen des Mangans mit Cl, N und weiteren Elementen

Compounds of Manganese with Cl, N, and Other Elements

5.5.1 Mangan(III)-nitrosylchlorid $[MnNO]Cl_3$

$[MnNO]Cl_3$

Die Verbindung wird durch Reaktion von bei 260°C sorgfältig getrocknetem $MnCl_2$ mit Nitrosylchlorid bei −10°C im zugeschmolzenen Rohr gebildet [1]. Bei der Reaktion wird zuerst NOCl angelagert, danach bildet sich die braune, paramagnetische [2] Nitrosylverbindung [1, 2], s. auch [3]. Als Beweis, daß nicht nur Addition von NOCl, sondern Verbindungsbildung eingetreten ist, dienen die Ergebnisse von Dampfdruckmessungen bei konstanter Temperatur. $[MnNO]Cl_3$ liefert selbst bei 0°C nur einen geringen Druck, der sich sehr langsam einstellt; die Isotherme bei −9.2°C zeigt keinen Haltepunkt [1]. — Beim Erwärmen unter Luftabschluß wird NO abgespalten nach $[MnNO]Cl_3 \rightarrow MnCl_3 + NO$; das entstehende instabile $MnCl_3$ (vgl. S. 88) zerfällt in $MnCl_2$ und Cl_2. Die Verbindung reagiert heftig mit Wasser oder verdünnten Säuren unter Entwicklung von Stickstoffoxiden, wobei die Lösung die Farbe des $MnCl_2$ annimmt [1].

Literatur:

[1] H. Gall, H. Mengdehl (Ber. Deut. Chem. Ges. **60** [1927] 86/91). — [2] R. W. Asmussen (Z. Anorg. Allgem. Chem. **243** [1940] 127/37, 131, 134). — [3] J. R. Partington, A. L. Whynes (J. Chem. Soc. **1948** 1952/8).

5.6 Systeme mit Chloriden und Fluoriden einschließlich weiterer Metalle

Systems with Cl, F, and Metals

5.6.1 Das System MnF_2-$MnCl_2$

The MnF_2-$MnCl_2$ System

Das System ist ein einfaches eutektisches ohne Mischkristalle. Der eutektische Punkt liegt bei 37.5 Mol-% MnF_2 und 520°C, I. N. Belyaev, O. Ya. Revina (Zh. Neorgan. Khim. **13** [1968] 2542/6; Russ. J. Inorg. Chem. **13** [1968] 1313/5).

5.6.2 Das reziproke System Na^+-Mn^{2+}-F^--Cl^-

The Na^+-Mn^{2+}-F^--Cl^- Reciprocal System

Randsysteme: NaCl-$MnCl_2$ s. S. 101, MnF_2-$MnCl_2$ s. oben, NaF-MnF_2 s. „Mangan" C 4, S. 99, NaCl-NaF s. „Natrium" S. 373 und „Natrium" Erg.-Bd. 7, S. 324. — Das aus den thermischen Analysen von 16 Innenschnitten aufgestellte Schmelzdiagramm in **Fig. 90**, S. 258, zeigt die Kristallisationsflächen der Doppelsalze Na_4MnCl_6, $NaMn_2Cl_5$ und $NaMnF_3$ sowie der Komponenten des Systems. (Bei neueren Untersuchungen des Systems NaCl-$MnCl_2$ konnten die Verbindungen Na_4MnCl_6 und $NaMn_2Cl_5$ jedoch nicht bestätigt werden, s. S. 101.) Die Schnitte NaCl-$NaMnF_3$, NaCl-MnF_2 und Na_4MnCl_6-MnF_2, von denen nur der erstgenannte stabil ist, teilen das adiagonale und irreversibel-

The Na^+-Mn^{2+}-F^--Cl^--Reciprocal **System**

reziproke System in 4 ternäre Teilsysteme. Aus dieser Einteilung fällt das sich nach dem peritektischen Punkt P_3 zuspitzende Kristallisationsfeld von $NaMn_2Cl_5$ heraus. Temperatur und Zusammensetzung der Schmelze in Mol-% $MnCl_2$, MnF_2, 2 NaCl und 2 NaF an den invarianten Punkten E_1, E_2 (ternäre Eutektika) und P_1 bis P_3 (Peritektika) mit Angabe der koexistierenden, festen Phasen [1]:

Punkt in Fig. 90	t in °C	[$MnCl_2$]	[MnF_2]	[2 NaCl]	[2 NaF]	feste Phasen
E_1	580	29.5	9.0	—	61.5	NaCl, NaF, $NaMnF_3$
E_2	370	72.0	—	6.5	16.5	Na_4MnCl_6, $MnCl_2$, MnF_2
P_1	480	66.0	1.5	—	32.5	NaCl, $NaMnF_3$, MnF_2
P_2	396	65.5	—	9.0	25.5	Na_4MnCl_6, NaCl, MnF_2
P_3	386	69.0	—	20.5	10.5	Na_4MnCl_6, $NaMn_2Cl_5$, $MnCl_2$

Der stabile Schnitt NaCl-$NaMnF_3$ hat ein Eutektikum bei 588°C mit 34 Mol-% 2 NaCl [1, 2]. Mit überschüssigem $MnCl_2$ werden bei Temperaturerniedrigung nacheinander die Schnitte NaCl-MnF_2 und Na_4MnCl_6-MnF_2 stabil. $NaMnF_3$, das sich auch durch Umsetzung von $MnCl_2$ mit überschüssigem (3 mol) NaF bildet, kristallisiert gut in Gegenwart von NaCl und $MnCl_2$ und bei überschüssigem NaF und MnF_2 [1], s. auch „Mangan" C 4, S. 100.

Fig. 90

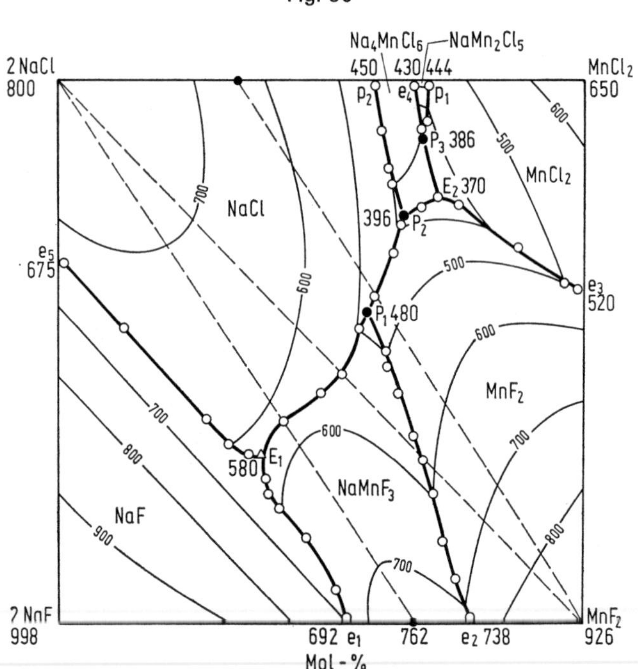

Schmelzdiagramm des reziproken Systems Na^+-Mn^{2+}-F^--Cl^- (Temperaturen in °C).

Literatur:

[1] I. N. Belyaev, O. Ya. Revina (Zh. Neorgan. Khim. **13** [1968] 2542/6; Russ. J. Inorg. Chem. **13** [1968] 1313/5). — [2] I. N. Belyaev, O. Ya. Revina (Izv. Vysshikh Uchebn. Zavedenii Khim. i Khim. Tekhnol. **10** [1967] 852/5; C.A. **68** [1968] Nr. 63155).

5.6.3 Das reziproke System K^+-Mn^{2+}-F^--Cl^-

The K^+-Mn^{2+}-F^--Cl^- Reciprocal System

Randsysteme KCl-$MnCl_2$ s. S. 108, MnF_2-$MnCl_2$ s. S. 257, KF-MnF_2 s. „Mangan" C 4, S. 103, KCl-KF s. „Kalium" S. 471.

Das nach thermischen Analysen aufgestellte Schmelzdiagramm in **Fig. 91** zeigt die Kristallisationsflächen der 4 Doppelsalze K_4MnCl_6, $KMnCl_3$, K_2MnF_4 und $KMnF_3$ sowie der 4 Komponenten des Systems. Die Schnitte $KMnCl_3$-$KMnF_3$, K_4MnCl_6-$KMnF_3$, KCl-$KMnF_3$ und $KMnCl_3$-MnF_2, von denen nur die beiden letztgenannten mit den Eutektika e_7 und e_8 stabil sind, teilen das adiagonale, irreversibel-reziproke System in 5 ternäre Teilsysteme, davon 3 stabile: $KMnF_3$-KCl-KF, $KMnF_3$-$KMnCl_3$-K_4MnCl_6 und $KMnCl_3$-$MnCl_2$-MnF_2 mit den Eutektika E_1, E_2 und E_3. Temperatur und Zusammensetzung der Schmelze in Äquiv.-% $MnCl_2$, KCl und KF an den invarianten Punkten E_1 bis E_3 (ternäre Eutektika) und P_1 bis P_3 (Peritektika) mit Angabe der koexistierenden, festen Phasen:

Punkt in Fig. 91	t in °C	$[MnCl_2]$	$[KCl]$	$[KF]$	feste Phasen
E_1	580	7.5	38.5	54	KCl, KF, $KMnF_3$
E_2	400	62.5	18	19.5	K_4MnCl_6, $KMnCl_3$, $KMnF_3$
E_3	387	82.5	2	15.5	$KMnCl_3$, $MnCl_2$, MnF_2
P_1	665	19	6	75	K_2MnF_4, $KMnF_3$, KF
P_2	438	55	26	19	K_4MnCl_6, KCl, $KMnF_3$
P_3	410	64	10	26	$KMnCl_3$, $KMnF_3$, MnF_2

Der stabile quasibinäre Schnitt KCl-$KMnF_3$ (s. Figur im Original) hat ein Eutektikum e_7 bei 700°C und 25 Äquiv.-% $KMnF_3$; Mischkristalle treten nicht auf. $KMnCl_3$ und $KMnF_3$ koexistieren nur unterhalb 410°C und bilden keine Mischkristalle, I. N. Belyaev, O. Ya. Revina (Zh. Prikl. Khim. **42** [1969] 1274/8; J. Appl. Chem. USSR **42** [1969] 1206/9).

Fig. 91

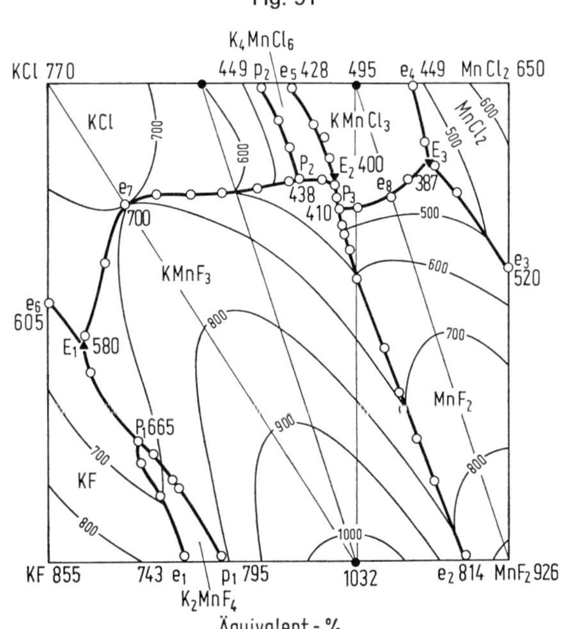

Schmelzdiagramm des reziproken Systems K^+-Mn^{2+}-F^--Cl^- (Temperaturen in °C).

The Na^+-K^+-MnF_3^--Cl^- Reciprocal System

5.6.4 Das reziproke System Na^+-K^+-MnF_3^--Cl^-

Randsysteme $NaMnF_3$-$KMnF_3$ s. „Mangan" C 4, S. 150, $KMnF_3$-KCl s. S. 259, $NaMnF_3$-NaCl s. S. 257, KCl-NaCl s. „Kalium" Anhangbd., S. 7 und „Kalium" Anhangbd. Erg.-Bd., S. 6.

Das nach thermischen Analysen von 8 Innenschnitten aufgestellte Schmelzdiagramm in **Fig. 92** zeigt die Schmelzflächen der lückenlosen Mischkristallreihen NaCl-KCl (mit dem Schmelzpunktminimum bei 655 °C und 50 Mol-% KCl) und $NaMnF_3$-$KMnF_3$ (mit dem Schmelzpunktminimum bei 759 °C und 5 Mol-% $KMnF_3$), von denen die letztere bereits auf Zusatz von 3 bis 4 Mol-% KCl oder NaCl in 2 nur begrenzt mischbare Reihen auf $KMnF_3$- bzw. $NaMnF_3$-Basis zerfällt. Das $KMnF_3$-Feld bedeckt den weitaus größten Teil (etwa 80%) der Gesamtschmelzfläche. Das ternäre Eutektikum liegt bei 548 °C mit (in Mol-%) 49 NaCl, 30 $NaMnF_3$ und 21 KCl. Der stabile quasibinäre Schnitt $KMnF_3$-NaCl mit dem eutektischen Punkt bei 554 °C und 27 Mol-% $KMnF_3$ teilt das irreversibel-reziproke System in die Teilsysteme $KMnF_3$-KCl-NaCl und $KMnF_3$-$NaMnF_3$-NaCl, die sich als Ausschnitte (6-Salze-Prisma, s. Original) des reziproken Systems Na^+-K^+-Mn^{2+}-F^--Cl^- darstellen lassen. Der Diagonalschnitt KCl-$NaMnF_3$ ist instabil und zeigt die Umsetzung zu $KMnF_3$ + NaCl an, I. N. Belyaev, O. Ya. Revina (Izv. Vysshikh Uchebn. Zavedenii Khim. i Khim. Tekhnol. **10** [1967] 852/5; C. A. **68** [1968] Nr. 63155).

Fig. 92

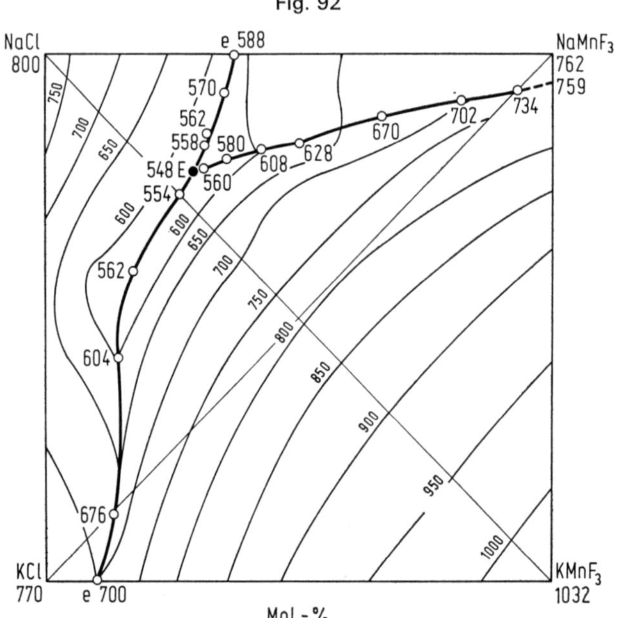

Schmelzdiagramm des reziproken Systems Na^+-K^+-MnF_3^--Cl^- (Temperaturen in °C).

The Cs^+-Mn^{2+}-F^--Cl^- Reciprocal System

5.6.5 Das reziproke System Cs^+-Mn^{2+}-F^--Cl^-

Randsysteme CsCl-$MnCl_2$ s. S. 146, MnF_2-$MnCl_2$ s. S. 257, CsF-MnF_2 s. „Mangan" C 4, S. 187. Das System CsF-CsCl ist einfach eutektisch mit dem eutektischen Punkt bei 440 °C.

Das mit Hilfe visuell polythermer und teilweise thermographischer Untersuchungen von 15 quasibinären Innenschnitten und den 4 Randsystemen aufgestellte Schmelzdiagramm in **Fig. 93** zeigt die Kristallisatisationsflächen der 6 Doppelsalze $CsMn_4Cl_9$, $CsMnCl_3$, Cs_2MnCl_4, Cs_3MnCl_5, $CsMnF_3$ und Cs_2MnF_4 sowie der 4 Komponenten des Systems. Die 6 Schnitte CsCl-MnF_2, CsCl-$CsMnF_3$, CsCl-Cs_2MnF_4, $CsMnCl_3$-MnF_2, Cs_2MnCl_4-MnF_2 und Cs_3MnCl_5-MnF_2 teilen das irreversibel-reziproke System mit den 2 stabilen adiagonalen Salzpaaren CsCl-$CsMnF_3$ und $CsMnCl_3$-MnF_2 in

7 ternäre Teilsysteme (Phasendreiecke) $CsCl$-CsF-Cs_2MnF_4 (I), Cs_2MnF_4-$CsMnF_3$-$CsCl$ (II), $CsCl$-$CsMnF_3$-MnF_2 (III), Cs_3MnCl_5-$CsCl$-MnF_2 (IV), Cs_3MnCl_5-Cs_2MnCl_4-MnF_2 (V), Cs_2MnCl_4-$CsMnCl_3$-MnF_2 (VI) und $CsMnCl_3$-$MnCl_2$-MnF_2 (VII), von denen nur I, IV und VII ternäre Eutektika haben. Dabei ist das Teilsystem VII nicht durch feste Phasen aus den Nachbarsystemen beeinflußt und daher über einen weiten Temperaturbereich stabil.

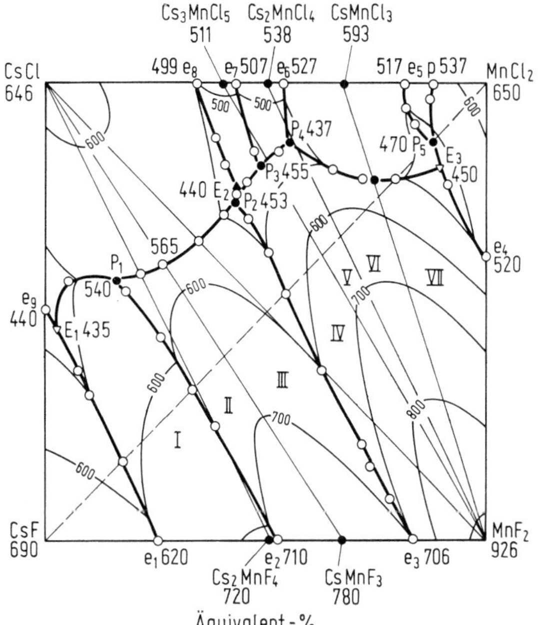

Fig. 93

Schmelzdiagramm des reziproken Systems Cs^+-Mn^{2+}-F^--Cl^- (Temperaturen in °C, zu den römischen Zahlen s. Text).

Temperatur und Zusammensetzung der Schmelze in Äquiv.-% $MnCl_2$, MnF_2, CsCl und CsF an den invarianten Punkten E_1 bis E_3 (ternäre Eutektika) und P_1 bis P_5 (Peritektika) mit Angabe der koexistierenden, festen Phasen:

Punkt in Fig. 93	t in °C	[$MnCl_2$]	[MnF_2]	[CsCl]	[CsF]	feste Phasen
E_1	435	2	–	46.5	51.5	Cs_2MnF_4, CsCl, CsF
E_2	440	43	–	34	23	Cs_3MnCl_5, CsCl, MnF_2
E_3	450	82	7	–	11	$CsMnCl_3$, $MnCl_2$, MnF_2
P_1	540	16	–	41	43	Cs_2MnF_4, $CsMnF_3$, CsCl
P_2	453	42	–	31	27	$CsMnF_3$, MnF_2, CsCl
P_3	455	49	–	32.5	18.5	Cs_3MnCl_5, Cs_2MnCl_4, MnF_2
P_4	487	54	–	33	13	Cs_2MnCl_4, $CsMnCl_3$, MnF_2
P_5	470	75	12.5	12.5	–	$CsMnCl_3$, $CsMn_4Cl_9$, $MnCl_2$

Der stabile, quasibinäre Schnitt CsCl-$CsMnF_3$ hat ein Eutektikum bei 565°C mit 60 Äquiv.-% CsCl. Von den Halogenomanganaten des Systems sind $CsMnCl_3$ und vor allem $CsMnF_3$, das in einem weiten Temperatur- und Konzentrationsbereich auftritt, am stabilsten. $CsMnF_3$ und Cs_2MnF_4 (nur unterhalb 540°C) bilden sich auch durch doppelte Umsetzung von $MnCl_2$ mit der drei- bzw. vierfachen Molmenge CsF. $CsMnF_3$ kristallisiert primär schon beim Äquivalentverhältnis CsF : $MnCl_2$ = 1 : 1 aus der Schmelze, bei höherem $MnCl_2$-Gehalt kristallisiert primär MnF_2 aus, I. N. Belyaev, O. Ya. Revina (Zh. Prikl. Khim. **42** [1969] 2220/5; J. Appl. Chem. USSR **42** [1969] 2086/90).

Manganese and Bromine

6 Mangan und Brom

Manganese Bromides and Their Hydrates

6.1 Die Bromide des Mangans und ihre Hydrate

Review in German

Übersicht

Mangan bildet mit Brom im wesentlichen die gleichen Verbindungen wie mit Chlor (s. S. 1), die oft auch im selben Strukturtyp kristallisieren. Die am meisten untersuchten Verbindungen sind dementsprechend $MnBr_2$ und $MnBr_2 \cdot 4H_2O$. Ihre Lösungen eignen sich als Ausgangsmaterial für die Darstellung komplexer Manganbromide. Bromide mit höherwertigem Mangan als Mn^{II} sind bisher nicht dargestellt worden und dürften noch instabiler als die entsprechenden Chloride sein. Auch Bromomanganate mit Mn^{III} oder Mn^{IV} sind nicht bekannt.

Review in English

Review. Manganese forms essentially the same compounds with bromine as with chlorine, see chapter 5.2, page 1. Frequently the structure type is even the same. The most studied compounds are $MnBr_2$ and $MnBr_2 \cdot 4H_2O$ (cf. $MnCl_2$ and its tetrahydrate). Manganese bromide solution is starting material for synthesis of complex manganese bromides. No one has yet prepared a manganese bromide in which the manganese has oxidation state greater than two. Such bromides must be even less stable than corresponding chlorides. Also no bromomanganates of Mn^{III} and Mn^{IV} are known.

MnBr

6.1.1 Manganmonobromid MnBr

Die Verbindung ist nur im gasförmigen Zustand bekannt.

Bildung. MnBr-Moleküle existieren im Dampf über $MnBr_2$. Sie werden an Hand eines Absorptionsspektrums im nahen UV oberhalb von 1270 K [1 bis 3] und an Hand der Emissionsspektren (nach Hochfrequenz- oder Gleichstromentladungen im Dampf über $MnBr_2$ ab 770 bis 870 K) im nahen UV [2 bis 6], Sichtbaren [7 bis 9] und nahen IR [10, 11] nachgewiesen. — In $H_2/O_2/N_2$-Flammen mit elementarem Brom und Spuren von Mn (verdünnte wäßrige Mangansalz-Lösung wird in die Flamme gesprüht) wird MnBr photometrisch an Hand der Intensitätsänderung charakteristischer Mn-Linien nachgewiesen (T = 1500 bis 2600 K) [12].

Die Bildungsenthalpie für die Bildung von MnBr(gas) aus den Elementen unter Standardbedingungen wird zu $\Delta H_0^\circ = 20.8$, $\Delta H_{298.15}^\circ = 19.1$ kcal/mol bestimmt [13].

Elektronenkonfiguration, Terme. Für die MO-Konfiguration von MnBr gelten die gleichen, mit Hilfe der Ligandenfeldtheorie abgeleiteten Aussagen [14] wie für MnCl, vgl. auch [3] und S. 2. Der Grundzustand erweist sich an Hand der Multiplettstruktur in den Absorptions- und Emissionsspektren ebenfalls als $^7\Sigma$-Zustand und wird als unterer Zustand der Übergänge $^7\Pi \rightleftharpoons {}^7\Sigma$ bei 365 bis 405 nm identifiziert [1 bis 6], s. auch Herzberg [15] und Rosen [16]. Anregungszustände: $^7\Pi$ mit dem Termwert $T_e = 26303.7$ cm^{-1} und der Spin-Bahn-Kopplungskonstante $A \approx 58$ cm^{-1} [6, 8, 16] (ältere Werte $T_e = 26307.7$ cm^{-1}, $A \approx 60$ cm^{-1} [1 bis 3, 15]) folgen aus den Spektren im nahen UV. Ferner ergeben sich aus den Emissionsspektren im Sichtbaren und nahen IR die Zustände $^5\Sigma$, $^5\Pi$, $0^\pm$, 1 sowie Π, Σ mit ungerader (unbekannter) Multiplizität und folgenden relativen energetischen Lagen [16]:

Übergang	$^5\Pi \rightarrow {}^5\Sigma$ *)	$0^\pm \rightarrow 1$	$? \rightarrow ?$ **)	$0^\pm \rightarrow {}^5\Sigma$ **)	$\Pi \rightarrow \Sigma$	$\Sigma \rightarrow \Sigma$
T_e in cm^{-1}	20024.6	≈19706 ≈19670	≈16375	≈15910	10682.1	10667.5
Literatur	[8]	[8]	[8, 9]	[8, 9]	[8, 10, 11]	[8, 10, 11]

*) Von Rao [7] beobachtet und als $^5\Pi \rightarrow {}^7\Sigma$(Grundzustand)-Interkombinationsübergang gedeutet.

**) Laut Rosen [16] Banden von CaBr-Verunreinigungen.

Schwingungskonstanten. Die Schwingungsanalyse des $^7\Pi\rightarrow{}^7\Sigma$-Übergangs ergibt $\omega_e''=286.7\ cm^{-1}$, $x_e''\omega_e''=0.8\ cm^{-1}$ und $\omega_e'=302.3\ cm^{-1}$, $x_e'\omega_e'=0.6\ cm^{-1}$ [6, 8, 16] (ältere Werte $\omega_e''=289.7$, $x_e''\omega_e''=0.9$, $\omega_e'=306.7$, $x_e'\omega_e'=0.7\ cm^{-1}$ [1, 15]). Konstanten der Übergänge im Sichtbaren und nahen IR s. in den Originalen [8 bis 11] und bei Rosen [16].

Die Kraftkonstante $k_e=1.609$ mdyn/Å [17] ergibt sich mit $\omega_e=289.7\ cm^{-1}$. Das Trägheitsmoment wird zu $I\approx 288\times10^{-40}\ g\cdot cm^2$ abgeschätzt [18].

Dissoziationsenergie. $D_0^\circ=74.2\pm2$ kcal/mol ($\triangleq 3.2\pm0.1$ eV) folgen aus dem Dissoziationsgleichgewicht in der $H_2/O_2/N_2$-Flamme, in die elementares Brom und Mangansalz-Lösungen eingeleitet sind [12]. Der Wert wird von Gaydon [19] und Vedeneyev u.a. [20] empfohlen. Lineare Birge-Sponer-Extrapolation der Schwingungsniveaus v = 0 bis 6 des Grundzustands (UV-System) nach Hayes, Nevin [6] ergibt ebenfalls $D_0^\circ=3.2$ eV [19]. Die Auswertung der älteren spektroskopischen Daten ergibt kleinere Werte mit großen Fehlerbereichen [15, 17, 20, 21].

Thermodynamische Funktionen sind mit den molekularen Konstanten nach Herzberg [15] berechnet und gelten für den Zustand des idealen Gases. Die molare Wärmekapazität beträgt $C_p^\circ=8.65\ cal\cdot mol^{-1}\cdot K^{-1}$ bei 298.15 K [18], die Interpolationsformel im Bereich T = 298 bis 2000 K lautet $C_p^\circ=8.94-0.27\times10^5T^{-2}$ [22]. Die Entropie beträgt $S_{298.15}^\circ=63.2\pm0.5\ cal\cdot mol^{-1}\cdot K^{-1}$ [18]. Wärmeinhalt $H_T^\circ-H_{298.15}^\circ$ (in cal/mol) und Entropiezuwachs $S_T^\circ-S_{298.15}^\circ$ (in $cal\cdot mol^{-1}\cdot K^{-1}$) in Abhängigkeit von der Temperatur [22, 23]:

T in K	400	600	800	1000	1200	1400	1600	2000
$H_T^\circ-H_{298.15}^\circ$	890	2655	4430	6210	7995	9780	11565	15140
$S_T^\circ-S_{298.15}^\circ$	2.56	6.14	8.69	10.68	12.31	13.68	14.87	16.87

Interpolationsformel für T = 298 bis 2000 K: $H_T^\circ-H_{298.15}^\circ=8.94\,T+0.27\times10^5T^{-1}-2756$ [22].

Elektronenbandenspektren sind in Absorption und Emission untersucht, s. Übersicht bei Rosen [16].

Im Absorptionsspektrum des Dampfes über $MnBr_2$ wird von Müller [2], Miescher, Müller [3] bei 1970 K zum erstenmal das β-System (vgl. MnCl, S. 3) zwischen 365 und 405 nm beobachtet. Bacher [1] gelang im Dampf über $MnBr_2$ mit einem Überschuß an Mangan schon bei Temperaturen zwischen 1270 und 1470 K die Aufnahme des β-Systems und deutete es analog zu MnCl als $^7\Pi\leftarrow{}^7\Sigma$-Übergang; das an MnF (vgl. „Mangan" C 4, S. 3/4) und MnCl beobachtete α-System im UV tritt bei MnBr nicht auf [1].

Zur Emission wird MnBr durch Hochfrequenz- oder Gleichstromentladung in $MnBr_2$-Dampf (gelegentlich mit Ne oder Ar als Trägergas) angeregt [2 bis 11, 24]. Sechs Bandensysteme werden insgesamt beobachtet, eines im nahen UV zwischen 365 und 405 nm, zwei nahe beieinander liegende im Blaugrünen zwischen 490 und 510 nm, zwei im Roten um 625 und 610 nm (offensichtlich irrtümlich zugeordnet, s. S. 264) und eines im nahen IR zwischen 885 und 970 nm.

Das β-System (365 bis 405 nm) zeigt insgesamt acht Bandengruppen ($\Delta v=0, \pm1, \pm2, \pm3, -4$) mit O-P-Q-Rotationsstruktur, Multiplettaufspaltung der Kanten sowie ^{79}Br-^{81}Br-Isotopieaufspaltung [1 bis 6] (älteste Beobachtung s. [24]). Folgende Wellenzahlen (in cm^{-1}) werden für die Kanten der 0-0-Bande bei einer neueren Untersuchung von Hayes, Nevin [6] hergeleitet:

n	1	2	3	4	5	6	7
O_n	26139.3	26183.8	26227.5	26288.9	26350.8	26414.3	—
P_n	26146.5	26195.3	26242.0	26302.2	26363.6	26426.3	26491.0
Q_n	26152.1	26201.6	26252.7	26311.6	26372.8	26434.6	26498.9

Das γ-System im Sichtbaren zeigt Bandengruppen mit $\Delta v=0, \pm1$ zwischen 490 und 507 nm und wird einem $^5\Pi\rightarrow{}^5\Sigma$-Übergang zugeordnet [7, 8] (älteste Beobachtung einiger Banden s. [24]). $\nu_{00}(Q)=20017.9$, $20019.7\ cm^{-1}$, $\nu_{00}(R)=20025.4$, 20027.9, 20029.3, 20030.2, $20031.2\ cm^{-1}$, $\nu_{00}(S)=20045.2$, 20046.5, 20048.3, $20049.4\ cm^{-1}$ (Multiplettaufspaltung) [8]. Ein weiteres

MnBr

System im blaugrünen Bereich zwischen 507 und 510 nm, das aus zwei Folgen ($\Delta v = 0$) mit doppelten Kanten besteht ($\nu_{00}(Q) = 19669.8$, $19705.9\ cm^{-1}$, $\nu_{00}(R) = 19684.9$, $19724.2\ cm^{-1}$), wird von Hayes [8] analysiert und entweder zwei $^1\Pi \rightarrow {}^1\Sigma$-Übergängen oder einem $0^{\pm} \rightarrow 1$-Übergang zugeschrieben. Zwei Bandensysteme im Roten zwischen 621 und 629 nm und bei etwa 610 nm von Hayes, Nevin [9] analysiert, sollen laut Rosen [16] die A→X- und B→X-Systeme von CaBr (vgl. „Calcium" B 2, S. 583) sein.

Im nahen IR zwischen 885 und 970 nm treten ferner zwei Systeme $\Pi \rightarrow \Sigma$ ($\nu_{00}(Q) = 10680.8\ cm^{-1}$, $\nu_{00}(R) = 10693.9\ cm^{-1}$; $\Delta v = 0, \pm 1, -2$) und $\Sigma \rightarrow \Sigma$ ($\nu_{00} = 10665.5\ cm^{-1}$; $\Delta v = 0, \pm 1, -2$) auf [10, 11].

Literatur:

[1] J. Bacher (Helv. Phys. Acta **21** [1948] 379/402). — [2] W. Müller (Helv. Phys. Acta **16** [1943] 3/32). — [3] E. Miescher, W. Müller (Helv. Phys. Acta **15** [1942] 319/20). — [4] E. Miescher (J. Phys. Radium [8] **9** [1948] 153/5). — [5] P. T. Rao (Indian J. Phys. **23** [1949] 517/24).

[6] W. Hayes, T. E. Nevin (Proc. Roy. Irish Acad. A **57** [1955] 15/30). — [7] P. T. Rao (Proc. Natl. Inst. Sci. India **19** [1953] 149/51). — [8] W. Hayes (Proc. Phys. Soc. [London] A **68** [1955] 1097/106). — [9] W. Hayes, T. E. Nevin (Proc. Phys. Soc. [London] A **68** [1955] 665/9). — [10] W. Hayes (Proc. Phys. Soc. [London] A **68** [1955] 670/4).

[11] W. Hayes, T. E. Nevin (Nuovo Cimento Suppl. [10] **2** [1955] 734/41). — [12] E. M. Bulewicz, L. F. Phillips, T. M. Sugden (Trans. Faraday Soc. **57** [1961] 921/31). — [13] D. D. Wagman, W. H. Evans, V. B. Parker, I. Halow, S. M. Bailey, R. H. Schumm (Natl. Bur. Std. [U.S.] Tech. Note 270-4 [1969] 108). — [14] C. K. Jørgensen (Mol. Phys. **7** [1963/64] 417/24). — [15] G. Herzberg (Molecular Spectra and Molecular Structure I. Spectra of Diatomic Molecules, Princeton, N.J. – Toronto – New York – London 1950, S. 550/1).

[16] B. Rosen (International Tables of Selected Constants, Bd. 17, Spectroscopic Data Relative to Diatomic Molecules, Oxford – New York – Toronto – Sydney – Braunschweig 1970, S. 256/7). — [17] T. L. Cottrell (The Strengths of Chemical Bonds, 2. Aufl., London 1958, S. 229, 286). — [18] K. K. Kelley, E. G. King (U.S. Bur. Mines Bull. Nr. 592 [1961] 63, 110). — [19] A. G. Gaydon (Dissociation Energies and Spectra of Diatomic Molecules, 3. Aufl., London 1968, S. 276). — [20] V. I. Vedeneyev, L. V. Gurvich, V. N. Kondrat'yev, V. A. Medvedev, Ye. L. Frankevich (Bond Energies, Ionization Potentials, and Electron Affinities, London 1966, S. 41, 93).

[21] T. L. Allen (J. Chem. Phys. **26** [1957] 1644/7). — [22] K. K. Kelley (U.S. Bur. Mines Bull. Nr. 584 [1960] 120). — [23] A. D. Mah (U.S. Bur. Mines Rept. Invest. Nr. 5600 [1960] 8). — [24] P. Mesnage (Ann. Phys. [Paris] [11] **12** [1939] 5/87, 51/9).

$MnBr_2$

6.1.2 Mangandibromid $MnBr_2$

Übersicht. $MnBr_2$ wird aus den Elementen oder durch Entwässern von $MnBr_2 \cdot 4H_2O$ dargestellt. Die farblose bis schwach rosafarbene Verbindung kristallisiert hexagonal (CdJ_2-Typ) und schmilzt bei 698°C. Sie ist unterhalb etwa 2.16 K antiferromagnetisch. $MnBr_2$ zersetzt sich beim Erhitzen im N_2-Strom vor Erreichen des auf etwa 1300 K extrapolierten Siedepunktes in die Elemente; gegenüber Luft ist es bis 229°C stabil. Mit Wasser bildet es die Hydrate $MnBr_2 \cdot nH_2O$ mit n = 1, 2, 4 und 6. Die Löslichkeit von $MnBr_2$ in Wasser ist beträchtlich (etwa 60 Gew.-% bei 25°C).

Formation. Preparation

6.1.2.1 Bildung und Darstellung

From Manganese and Its Compounds

6.1.2.1.1 Aus Mn und Mn-Verbindungen

Während wasserfreies Brom mit pulverisiertem Mn nach Ducelliez, Raynaud [1] bei gewöhnlicher Temperatur nicht und bei 80°C nur sehr schwach reagiert, setzt sich stärker erhitztes Mn mit Bromdampf zu $MnBr_2$ um [2]. Bei niedriger Temperatur kann $MnBr_2$ aus den Elementen dargestellt werden, indem zu einer Suspension von 0.1 mol feinverteiltem Mn in etwa 100 ml gekühltem wasserfreiem Methanol in kleinen Portionen ein Überschuß von flüssigem Brom unter Rühren zugefügt wird [3, 4].

In H_2O-freiem Diäthyläther reagieren stöchiometrische Mengen Brom und feinverteiltes Mn bei der Siedetemperatur des Äthers in 2 bis 3 h unter Bildung der Additionsverbindung $MnBr_2 \cdot (C_2H_5)_2O$. Sie zersetzt sich langsam schon bei gewöhnlicher Temperatur (in 12 d quantitativ), schnell bei 100°C zu reinem $MnBr_2$ [1]. Ein Überschuß an Brom ist zu vermeiden, da sonst $MnBr_3 \cdot 3(C_2H_5)_2O$ und aus diesem ein Produkt der Zusammensetzung $MnBr_{2.86}$ gebildet wird [5], s. auch S. 290.

Durch etwa fünfstündiges Überleiten von HBr über granuliertes (nicht pulverisiertes) Mn bei ungefähr 900°C in einer Quarzapparatur wird $MnBr_2$ erhalten, das sich am Ofenausgang kondensiert und als Ausgangsprodukt für die Züchtung von Einkristallen (s. S. 266) dient [6]. — Die Bildung von $MnBr_2$ nach $Mn + 2JBr \rightarrow MnBr_2 + J_2$ aus fein pulverisiertem Mn und einem Überschuß von geschmolzenem JBr erfolgt bei 100°C langsam und unvollständig; in 0.5 h werden 6 bis 8% des Mn umgesetzt [7].

Aus CuBr und Mn kann $MnBr_2$ dargestellt werden, indem eine Lösung von CuBr in wasserfreiem Acetonitril unter Verwendung einer Mn-Anode und Pt-Kathode elektrolysiert wird. Die Umsetzung ist beendet, wenn sich Mn auf der Kathode abzuscheiden beginnt; die erhaltene $MnBr_2$-Lösung wird dann im Vakuum unter strengem Ausschluß von Luftfeuchtigkeit eingedampft [8].

Nach $(CH_3COO)_2Mn \cdot 4H_2O + 6CH_3COBr \rightarrow MnBr_2 + 2(CH_3CO)_2O + 4CH_3COOH + 4HBr$ kann wasserfreies $MnBr_2$, ausgehend vom Tetrahydrat des Mn-Acetats, dargestellt werden, wenn das Acetat in Benzol mit einem 10%igen Überschuß von Acetylbromid unter Rühren bei gewöhnlicher Temperatur umgesetzt wird. Die Mischung wird 5 min gekocht und das abgeschiedene $MnBr_2$ nochmals mit einer Lösung von Acetylbromid in Benzol behandelt, um vollständige Umsetzung zu gewährleisten. Dann wird mit reinem Benzol drei- bis viermal gewaschen und 3 h bei 200°C in N_2-Atmosphäre getrocknet. Die Ausbeute ist praktisch quantitativ [9]. — Bei der thermischen Zersetzung der Komplexverbindung mit 1,4-Dioxan $[Mn(C_4O_2H_8)_2]Br_2$ in einem N_2-Strom von Atmosphärendruck oberhalb 373 K oder im Vakuum oberhalb 383 K wird $MnBr_2$ in stark endothermer Reaktion gebildet; die Reaktionsenthalpie beträgt zwischen 450 und 490 K im N_2-Strom $\Delta H = 280 \pm 20$ kJ/mol [10].

Literatur:

[1] F. Ducelliez, A. Raynaud (Bull. Soc. Chim. France [4] **15** [1914] 273/5). — [2] C. J. Löwig (Mag. Pharm. [2] **33** [1831] 6/13). — [3] H. M. Haendler, F. A. Johnson, D. S. Crocket (J. Am. Chem. Soc. **80** [1958] 2662/4). — [4] D. S. Crocket, H. M. Haendler (J. Am. Chem. Soc. **82** [1960] 4158/62). — [5] F. Ducelliez, A. Raynaud (Bull. Soc. Chim. France [4] **15** [1914] 408/13).

[6] S. Legrand (J. Cryst. Growth **35** [1976] 208/10). — [7] V. Gutmann (Monatsh. Chem. **82** [1951] 280/6, 285). — [8] H. Schmidt (Z. Anorg. Allgem. Chem. **271** [1953] 305/20, 310, 319). — [9] G. W. Watt, P. S. Gentile, E. P. Helvenston (J. Am. Chem. Soc. **77** [1955] 2752/3). — [10] J. C. Barnes, C. S. Duncan (J. Chem. Soc. Dalton Trans. **1972** 923/7).

6.1.2.1.2 Durch Desolvatisierung von $MnBr_2 \cdot 4H_2O$ und anderen Bromiden

By Desolvation of $MnBr_2 \cdot 4H_2O$ and Other Bromides

Zur Darstellung von $MnBr_2$ wird das aus $MnCO_3$ und wäßriger HBr-Lösung erhaltene $MnBr_2 \cdot 4H_2O$ (s. S. 275) entwässert [1 bis 5]. Nachdem die Hauptmenge des Wassers bei 100°C im Vakuum entfernt worden ist, wird die Substanz in einem Graphittiegel unter einem Gasstrom von trocknem HBr bis über ihren Schmelzpunkt hinaus auf 725°C erhitzt [1]. Von Foster, Gill [6] wird das zu entwässernde $MnBr_2$-Hydrat in einem aus HBr und O_2-freiem Stickstoff bestehenden Gasstrom geschmolzen und das Gasgemisch für kurze Zeit durch die Schmelze geleitet. Unter einem Gasstrom aus HBr und H_2 wird die Substanz von Devoto, Guzzi [7] geschmolzen. Die erstarrte $MnBr_2$-Schmelze wird anschließend einer Vakuumsublimation unterworfen [6]. Ohne das Salz zu schmelzen, wird von Monnier [8] im reinen HBr-Strom auf $\geqq 200$°C erhitzt. Man kann ferner das Hydrat durch dreistündiges Erhitzen auf 300°C in inerter Atmosphäre [2] oder durch mindestens 24stündiges Erhitzen auf 90°C im Vakuum [3] entwässern. Erstmals ist die Entwässerung des Hydrats durch Erhitzen unter Luftabschluß von Berthemot [9] beschrieben worden.

Durch Einwirkung von Benzoylbromid kann $MnBr_2 \cdot 4H_2O$ entwässert werden, indem man 1 g bei 100°C 10 min lang mit 10 ml C_6H_5COBr behandelt, wobei die entstehende Benzoesäure absublimiert [10].

$MnBr_2$ Preparation

Aus $MnCO_3$ und wasserfreier Lösung von HBr in C_2H_5OH erhaltenes $MnBr_2 \cdot C_2H_5OH$ spaltet bei vorsichtigem Erwärmen im N_2-Strom den Alkohol ab unter Bildung von $MnBr_2$ (starkes Erhitzen führt teilweise zu C_2H_5Br und HBr). Die Bildung von $MnBr_2$ über die Additionsverbindung mit iso-Propanol $MnBr_2 \cdot C_3H_7OH$ erfolgt analog [11].

Literatur:

[1] W. B. Hadley, J. W. Stout (J. Chem. Phys. **39** [1963] 2205/10). — [2] V. A. Rupcheva, T. V. Romanova, S. A. Amirova (Zh. Neorgan. Khim. **15** [1970] 324/9; Russ. J. Inorg. Chem. **15** [1970] 170/2). — [3] S. I. Chan, B. M. Fung, H. Lütje (J. Chem. Phys. **47** [1967] 2121/30, 2122). — [4] R. S. Nyholm, G. J. Sutton (J. Chem. Soc. **1958** 564/6). — [5] A. Ferrari, F. Giorgi (Atti Reale Accad. Lincei [6] **9** [1929] 1134/40, 1135).

[6] J. J. Foster, N. S. Gill (J. Chem. Soc. A **1968** 2625/9). — [7] G. Devoto, A. Guzzi (Gazz. Chim. Ital. **59** [1929] 591/600, 593). — [8] G. Monnier (Ann. Chim. [Paris] [13] **2** [1957] 14/57, 30). — [9] J. B. Berthemot (Ann. Chim. Phys. [2] **44** [1830] 382/96, 393). — [10] V. Gutmann, K. Utvary (Monatsh. Chem. **90** [1959] 751/61, 753).

[11] J. G. F. Druce (J. Chem. Soc. **1937** 1407/8).

Single Crystals

6.1.2.1.3 Einkristalle

Wasserfreies $MnBr_2$ wird in einem luftdicht verschlossenen Quarzgefäß (dessen Wände mit Aquadag bedeckt sind) langsam durch die erhitzte Region eines speziell konstruierten Ofens gezogen [1]. Das verwendete $MnBr_2$ muß dabei vollkommen wasserfrei sein und wird vorher in einem mit Br_2 gesättigten Ar-Strom getrocknet, im Vakuum von ungefähr 10^{-6} Torr im Quarzgefäß geschmolzen und durch einen vertikalen Röhrenofen mit einer Geschwindigkeit von 2 mm/h gezogen [2]. Nach der Methode von Bridgman werden von Legrand [3] bis zu 15 g schwere Einkristalle bei einer Ziehgeschwindigkeit von 2.7 mm/h und einem Temperaturgradienten von 10 bis 17 grd/cm aus speziell zu diesem Zweck hergestelltem $MnBr_2$ (s. S. 265) erhalten.

Literatur:

[1] E. O. Wollan, W. C. Koehler, M. K. Wilkinson (Phys. Rev. [2] **110** [1958] 638/46, 639). — [2] E. Catalano, G. S. Stratton (UCRL-6370 [1961] 1/20, 20; C.A. **1961** 19409). — [3] S. Legrand (J. Cryst. Growth **35** [1976] 208/10).

Thermodynamic Data of Formation

6.1.2.1.4 Thermodynamische Daten der Bildung

Standardbildungsenthalpie ΔH (in kcal/mol) für Mn(fest) + Br_2(fl) → $MnBr_2$(fest): $\Delta H^\circ_{298.15} = -92.0$, aus Literaturdaten berechnet [1]. $\Delta H^\circ_{298} = -92.6$ berechnen Zordan, Hepler [3] aus der experimentell bestimmten Bildungsenthalpie des hydratisierten Mn^{2+}-Ions, der von Paoletti [4] ermittelten Lösungsenthalpie von $MnBr_2$ sowie der geschätzten Verdünnungsenthalpie. Ältere Angaben s. [2, 5], zwischen 298 und 1500 K s. [6]. — Für die Bildung aus dem Metall und gasförmigem zweiatomigem Brom von 1 atm gibt Mah [7] $\Delta H^\circ_{298} = -97.2$ an als Mittelwert aus $\Delta H^\circ_{298} = -96 \pm 2$ von Brewer u.a. [8] und $\Delta H^\circ_{298} = -98.4$ [7] (erhalten durch Subtraktion der Bildungsenthalpie von gasförmigem Br_2 vom NBS-Wert $\Delta H^\circ_{298} = -90.7$ [2]). Zwischen 298.15 und 1300 K berechnete Werte [7] (in Auswahl):

T in K	298.15	400	500	600	700	800	1000	1200	1300
$-\Delta H^\circ$	97.2	96.9	96.55	96.25	95.9	95.6	88.45	87.25	86.7

Am Schmelzpunkt (971 K) wird $\Delta H^\circ = -95.1$ für festes und $\Delta H^\circ = -88.1$ für flüssiges $MnBr_2$ erhalten [7].

Die Bildungsenthalpie von gasförmigem $MnBr_2$ aus den Elementen unter Standardbedingungen bei 298 K wird aus der Sublimationsenthalpie und der Bildungsenthalpie von festem $MnBr_2$ zu $\Delta H^\circ_{gas} = -38$ kcal/mol berechnet [9].

Für die freie Bildungsenthalpie ΔG (in kcal/mol) von festem $MnBr_2$ aus dem Metall und flüssigem Brom unter Standardbedingungen wird $\Delta G^\circ_{298} = -89$ aus ΔH°_{298} (s. S. 266) und einem geschätzten Entropiewert berechnet [3]. $\Delta G^\circ_{298} = -86.8$, geschätzt auf Grund vergleichender Untersuchungen über das Verhältnis von ΔG zu ΔH bei einer Reihe von Bromiden [10]. Geschätzte Werte für $-\Delta G_T$ von T = 298 bis 1500 K s. bei Wicks, Block [6]. — Für die Bildung aus dem Metall und gasförmigem zweiatomigem Brom werden aus Angaben in der Literatur folgende Werte berechnet [7] (Auswahl):

T in K	298.15	400	500	600	700	800	1000	1200	1300
$-\Delta G$	87.45	84.15	81.0	77.95	74.95	71.95	66.3	62.0	59.9

Am Schmelzpunkt wird $\Delta G = -66.95$ erhalten [7]. Niedrigere Werte erhalten Devoto, Guzzi [11] aus Messungen der Zersetzungsspannung zwischen 700 und 900°C.

Literatur:

[1] D. D. Wagman, W. H. Evans, V. B. Parker, I. Halow, S. M. Bailey, R. H. Schumm (Natl. Bur. Std. [U.S.] Tech. Note 270-4 [1969] 108). — [2] F. D. Rossini, D. D. Wagman, W. H. Evans, S. Levine, I. Jaffe (Natl. Bur. Std. [U.S.] Circ. Nr. 500 [1952] 275). — [3] T. A. Zordan, L. Hepler (Chem. Rev. **68** [1968] 737/45, 744). — [4] P. Paoletti (Trans. Faraday Soc. **61** [1965] 219/24). — [5] H. W. Anderson, L. A. Bromley (J. Phys. Chem. **63** [1959] 1115/8).

[6] C. E. Wicks, F. E. Block (U.S. Bur. Mines Bull. Nr. 605 [1963] 75). — [7] A. D. Mah (U.S. Bur. Mines Rept. Invest. Nr. 5600 [1960] 8). — [8] L. Brewer, L. A. Bromley, P. W. Gilles, N. L. Lofgren (in: L. L. Quill, The Chemistry and Metallurgy of Miscellaneous Materials: Thermodynamics, New York – Toronto – London 1950, S. 76/192, 109). — [9] L. Brewer, G. R. Somayajulu, E. Brackett (Chem. Rev. **63** [1963] 111/21, 116). — [10] M. Kh. Karapet'yants (Zh. Fiz. Khim. **28** [1954] 353/8; C.A. **1955** 5953).

[11] G. Devoto, A. Guzzi (Gazz. Chim. Ital. **59** [1929] 591/600, 593).

6.1.2.2 Moleküle

Molecules

6.1.2.2.1 $MnBr_2$

$MnBr_2$

Experimentelle Ergebnisse liegen nicht vor. Lediglich geschätzte Schwingungsfrequenzen (vgl. $MnCl_2$, S. 11) $\nu_1 = 184$, $\nu_2 = 36$, $\nu_3 = 365$ cm^{-1} und ein geschätzter Kernabstand r(Mn-Br) = 2.24 Å für ein lineares Molekül dienen zur Berechnung thermodynamischer Größen [1] sowie der mittleren Schwingungsamplituden und des Bastiansen-Morino-Schrumpfeffekts [2 bis 4].

Die atomare Bindungsenthalpie $\Delta H^\circ_{at} = 159$ kcal/mol ergibt sich aus der Sublimationsenthalpie von $MnBr_2$ in Kombination mit der Bildungsenthalpie für festes $MnBr_2$, der Sublimationsenthalpie von Mn und der Dissoziationsenergie von Br_2 [1].

Literatur:

[1] L. Brewer, G. R. Somayajulu, E. Brackett (Chem. Rev. **63** [1963] 111/21). — [2] G. Nagarajan (J. Mol. Spectry. **13** [1964] 361/92). — [3] G. Nagarajan, E. R. Lippincott (J. Chem. Phys. **42** [1965] 1809/18). — [4] S. J. Cyvin, B. Vizi (Veszpremi Vegyip. Egyet. Kozlemen. **11** [1968] 83/9; C.A. **72** [1970] Nr. 24977).

6.1.2.2.2 Mn_2Br_4

Mn_2Br_4

Der gesättigte Dampf über $MnBr_2$ enthält neben monomerem $MnBr_2$ etwas dimeres Mn_2Br_4, wie massenspektrometrische Untersuchungen im Anschluß an die Verdampfung in einer Knudsen-Effusionszelle ergeben. Bei 848 K gemessener Partialdruck: $p(Mn_2Br_4) = 1.35 \times 10^{-6}$ atm (neben $p(MnBr_2) = 9.09 \times 10^{-5}$ atm). Dimerisationsenthalpie und freie Enthalpie: $\Delta H^\circ_{848} = 35.7$, $\Delta G^\circ_{848} = 8.6$ kcal/mol Mn_2Br_4, R. C. Schoonmaker, A. H. Friedman, R. F. Porter (J. Chem. Phys. **31** [1959] 1586/9).

$MnBr_2$

Crystallographic Properties

6.1.2.3 Kristallographische Eigenschaften

$MnBr_2$ kristallisiert hexagonal im CdJ_2-Typ (s. „Cadmium" Erg.-Bd., S. 549) [1], vgl. auch [2, 3]. Die Gitterkonstanten werden aus der Neutronenbeugung an Einkristallen zu a = 3.868, c = 6.272 Å [2], röntgenographisch aus Pulveraufnahmen zu a = 3.869, c = 6.271 Å [4] und a = 3.820, c = 6.188 kX bestimmt; Z = 1 [1]. Raumgruppe $P\overline{3}m1$-D_{3d}^3 (Nr. 164); d-Werte s. Original [3]. Die Br^--Ionen haben den Parameter z = 0.25 [1 bis 3].

Die nach dem Born-Haber-Kreisprozeß aus experimentellen thermodynamischen Daten für 25°C berechnete Gitterenergie (in kcal/mol) U = 583 [5], U = 580.9 [8] weicht erheblich von dem für rein ionische Bindung berechneten Wert U = 522 ab [5]. U = 582 wird aus der Differenz der Bildungsenthalpien der gasförmigen Ionen und der kristallinen Verbindung (Literaturwerte) erhalten [6, 7].

Chemische Bindung. Aus der Multiplettaufspaltung im Röntgenphotoelektronenspektrum wird für Mn eine Ladung von 0.69 abgeleitet. Ferner folgt, daß die Mn-Br-Bindung kovalenter ist als in MnF_2 und $MnCl_2$ (s. S. 13) [9]. Dies ergibt sich auch aus Kristallfeldberechnungen (Δ(Dq) = 8914, η = 0.923) [10], s. auch [11].

Literatur:

[1] A. Ferrari, F. Giorgi (Atti Reale Accad. Lincei [6] **9** [1929] 1134/40, 1138; Strukturbericht **2** [1928/32] 246/7), A. Ferrari (Atti 3° Congr. Nazl. Chim. Pura Appl., Firenze 1929 [1930], S. 452/60, 457). — [2] E. O. Wollan, W. C. Koehler, M. K. Wilkinson (Phys. Rev. [2] **110** [1958] 638/46, 638). — [3] H. E. Swanson, M. C. Morris, E. H. Evans (Natl. Bur. Std. [U.S.] Monograph Nr. 25, Tl. 4 [1966] 63). — [4] H.-J. Seifert, E. Dau (Z. Anorg. Allgem. Chem. **391** [1972] 302/12, 309). — [5] D. F. C. Morris (J. Inorg. Nucl. Chem. **4** [1957] 8/12).

[6] K. B. Yatsimirskii (Zh. Neorgan. Khim. **3** [1958] 2244/52; Russ. J. Inorg. Chem. **3** Nr. 10 [1958] 26/36, 29). — [7] M. Kh. Karapet'yants (Zh. Fiz. Khim. **28** [1954] 1136/52, 1151; C.A. **1955** 7917). — [8] P. Paoletti (Trans. Faraday Soc. **61** [1965] 219/24). — [9] J. C. Carver, G. K. Schweitzer, T. A. Carlson (J. Chem. Phys. **57** [1972] 973/82). — [10] B. R. Russell, R. M. Hedges (Theoret. Chim. Acta **19** [1970] 335/46, 339).

[11] J. Ferguson (Progr. Inorg. Chem. **12** [1970] 159/293, 241).

Mechanical and Thermal Properties

6.1.2.4 Mechanische und thermische Eigenschaften

Aus älteren Gitterkonstanten ergibt sich die Dichte zu D = 4.532 g/cm³ [1], während aus neueren Meßdaten das Molvolumen zu 48.975 cm³/mol erhalten wird [2]; das entspricht D = 4.3847 g/cm³. — Pyknometrisch ergibt sich bei 25°C in Toluol D = 4.385 g/cm³ [3]. — Für flüssiges $MnBr_2$ liegt nur eine ältere relative Angabe vor [4].

Für den Schmelzpunkt, experimentell zu t_f = 695°C [5] bestimmt, geben Rossini u.a. [6] t_f = 698°C an, umgerechnet T_f = 971 K [7, 8]. Geschätzte Schmelzenthalpie: $\Delta H_f \approx 7$ [8] oder 10 kcal/mol [7]. — Aus Dampfdruckdaten [9] läßt sich der Siedepunkt zu $T_s \approx 1300$ K extrapolieren [8, 9]. Geschätzte Verdampfungsenthalpie: $\Delta H_v \approx 27$ kcal/mol am Siedepunkt [8]. Als Sublimationsenthalpie bei 298.15 K erhalten Brewer u.a. [7] ΔH_s = 52.5 kcal/mol.

Die Wärmekapazität C_p ist nur zwischen 1.7 und 20 K gemessen worden. Meßwerte (in cal · mol⁻¹ · K⁻¹) und daraus abgeleitete Werte für die Enthalpie H (in cal/mol) und die Entropie S (in cal · mol⁻¹ · K⁻¹):

T in K	1.7	2.0	2.16	2.5	3.0	4	6	8	10	15	20
C_p	1.87	2.72	>30	2.19	1.45	0.96	0.57	0.45	0.49	0.99	1.79
$H-H_0$	1.16	1.83	2.66	3.95	4.83	5.99	7.45	8.4	9.4	12.9	19.7
S	1.02	1.38	1.78	2.34	2.67	3.00	3.30	3.45	3.55	3.83	4.22

Bei diesen Messungen wurden einerseits das Maximum von C_p am Néel-Punkt T_N (2.16 K, s. unten) eingehend untersucht, andererseits die magnetischen Anteile von H und S ermittelt; Einzelheiten s. im Original [10]. In der Nähe von T_N wurde C_p nochmals von Friedman [11] gemessen. — Für den Bereich von 298.15 bis 1300 K gibt Mah [12] geschätzte Enthalpie- und Entropiewerte an. Als Standardentropie wird dabei der Wert $S^{\circ}_{298.15} = 33.5\ cal \cdot mol^{-1} \cdot K^{-1}$ angenommen. Spätere geschätzte Werte: 32 $cal \cdot mol^{-1} \cdot K^{-1}$ [8], 33 $cal \cdot mol^{-1} \cdot K^{-1}$ [13]. Geschätzte Werte für die freie Enthalpiefunktion s. bei Brewer u.a. [7]. — Für den Dampf (Temperaturbereich 298.15 bis 1500 K) werden die Enthalpie und die freie Enthalpiefunktion von Brewer u.a. [7] abgeschätzt, die dazu Angaben von Mah [12] verwenden.

Literatur:

[1] H. E. Swanson, M. C. Morris, E. H. Evans (Natl. Bur. Std. [U.S.] Monograph Nr. 25, Tl. 4 [1966] 63). — [2] H.-J. Seifert, E. Dau (Z. Anorg. Allgem. Chem. **391** [1972] 302/12, 309). — [3] G. P. Baxter, M. A. Hines (J. Am. Chem. Soc. **28** [1906] 1560/80, 1573). — [4] S. Motylewski (Z. Anorg. Allgem. Chem. **38** [1904] 410/8, 414). — [5] G. Devoto, A. Guzzi (Gazz. Chim. Ital. **59** [1929] 591/600, 593).

[6] F. D. Rossini, D. D. Wagman, W. H. Evans, S. Levine, I. Jaffe (Natl. Bur. Std. [U.S.] Circ. Nr. 500 [1952] 703). — [7] L. Brewer, G. R. Somayajulu, E. Brackett (Chem. Rev. **63** [1963] 111/21, 112, 115, 118). — [8] C. E. Wicks, F. E. Block (U.S. Bur. Mines Bull. Nr. 605 [1963] 75). — [9] R. C. Schoonmaker, A. H. Friedman, R. F. Porter (J. Chem. Phys. **31** [1959] 1586/9). — [10] W. B. Hadley, J. W. Stout (J. Chem. Phys. **39** [1963] 2205/10); vgl. auch J. W. Stout, W. B. Hadley, C. L. Brandt (PB-143420 [1958] 1/4; C.A. **1961** 19406).

[11] A. J. Friedman (Diss. Florida State Univ. 1970 nach Diss. Abstr. Intern. B **31** [1971] 5564). — [12] A. D. Mah (U.S. Bur. Mines Rept. Invest. Nr. 5600 [1960] 8). — [13] T. A. Zordan, L. Hepler (Chem. Rev. **68** [1968] 737/45, 744).

6.1.2.5 Magnetische und elektrische Eigenschaften

Magnetic and Electrical Properties

Die Elektronenenergieniveaus von $MnBr_2$ sind vermutlich ähnlich wie bei $MnCl_2$ (s. S. 19). Bei der Analyse des Photoelektronenspektrums (AlKα-Strahlung) finden Carver u.a. [1] eine Aufspaltung des 3s-Niveaus zu einem Dublett mit dem Abstand $\Delta E = 4.8$ eV.

Die Molsuszeptibilität χ_{mol} steigt zwischen 370 und 68 K folgendermaßen an:

T in K	370.0	294.0	140.0	90.4	79.8	68.0
χ_{mol} in 10^{-3} cm³/mol	11.0	13.9	30.0	46.1	51.8	60.8

Obgleich χ nur wenige Prozente kleiner ist als die theoretischen Werte für das freie Mn^{2+}-Ion, wird das Curie-Weiss-Gesetz nicht erfüllt [2]. Im Bereich zwischen 46.4 und 77.3 K kann dagegen das Curie-Weiss-Gesetz mit der paramagnetischen Curie-Temperatur $\Theta_p = -4.7 \pm 0.6$ K als gültig angesehen werden [3]. Bei tiefen Temperaturen nimmt χ_{mol} zwischen 4.2 K und T_N (2.16 K) von 0.427 auf 0.470 cm³/mol zu und dann auf $\chi_{mol} = 0.433$ cm³/mol bei 1.3 K wieder ab [2]. — Eine schwache Feldabhängigkeit von χ_{mol} beobachten de Haas u.a. [2], und zwar nimmt χ_{mol} bei 14.60 K zwischen 0.25 und 10.9 kOe von 217.0×10^{-3} auf 223.0×10^{-3} cm³/mol und bei 20.38 K von 173.5×10^{-3} auf 174.1×10^{-3} cm³/mol zu. In stärkeren Feldern nimmt χ_{mol} wieder ab und erreicht bei 20.4 kOe die Werte 221.1×10^{-3} bzw. 169.4×10^{-3} cm³/mol (14.60 und 20.38 K). — Zwischen etwa 100 und 400 kOe wird von Stevenson [4] keine Abhängigkeit von der Feldstärke gefunden.

Die magnetische Struktur wurde von Wollan u.a. [5] durch Messung der Neutronenbeugung bei Temperaturen bis hinunter zu 1.35 K und in Magnetfeldern von 0 bis 13 kOe aufgeklärt. Unterhalb der Néel-Temperatur $T_N = 2.157$ K hat die magnetische Elementarzelle eine Spinanordnung in hexagonalen Schichten. Die antiferromagnetische Struktur wird durch eine in **Fig. 94**, S. 270, gezeigte rhombische Zelle dargestellt. Diese zeigt (ohne Magnetfeld) eine dreifache Symmetrie und ist mit der Bildung von antiferromagnetischen Domänen verbunden. Aus diesen Ergebnissen schließen Farge u.a. [6], daß in der antiferromagnetischen Phase alle Mn^{2+}-Momente in den Basisflächen der rhombischen Elementarzelle liegen und daß zwischen den Mn^{2+}-Ionen in angrenzenden

MnBr₂ Magnetic and Electrical Properties

Basisflächen durch die Br-Ionen entlang der ⟨611⟩-Richtungen eine starke antiferromagnetische Austauschkopplung besteht. Diese Richtungen haben dreifache Symmetrie in bezug zur c-Achse der Elementarzelle, und es können drei äquivalente antiferromagnetische Domänen gebildet werden, von denen jede eine dieser Richtungen als charakteristische Achse hat. Die antiferromagnetische Schichtstruktur wurde schon früher an pulverförmigen Proben nachgewiesen [7]. — Das Maximum der Wärmekapazität (s. S. 268) wird bei $T_N = 2.16 \pm 0.01$ K gefunden [8].

Fig. 94

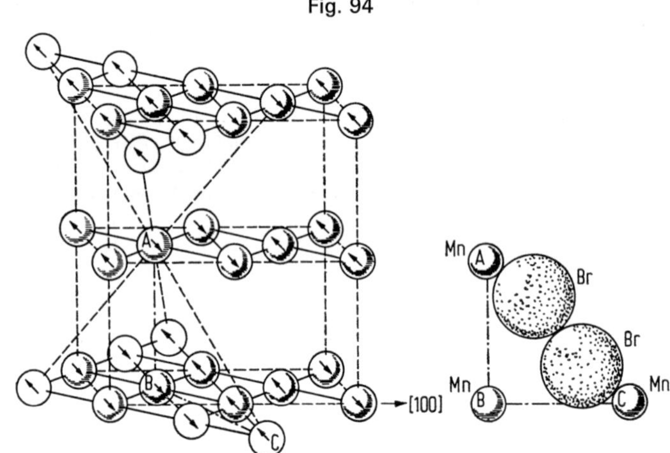

Magnetische Struktur von $MnBr_2$ unterhalb $T_N = 2.157$ K.

Aus optischen Messungen erhalten Farge u.a. [6] ein ähnliches Phasendiagramm wie für $MnCl_2$ (s. S. 21). Auch am Bromid werden zwei Umwandlungen von AF_1 nach AF_2 und von AF_2 nach P bei den Temperaturen 2.15 und 2.27 K erhalten. Die Phase AF_1 ist mit Sicherheit geordnet, während AF_2 entweder eine geordnete Phase mit einer unterschiedlichen magnetischen Elementarzelle oder eine teilweise ungeordnete Phase ist (möglicherweise wirken beide Faktoren gleichzeitig). — Aus den Strukturuntersuchungen [5] ergibt sich für die Austauschwechselwirkung jedes Mn^{2+}-Ions mit seinen sechs nächsten Nachbarn der Parameter $J = -0.17 \pm 0.03$ K [9].

Die charakteristischen Energieverluste, gemessen mit Elektronen von 800 eV beim Durchgang durch $MnBr_2$-Filme, haben folgende Energiebeträge: 8.0 ± 0.4, 15.3 ± 0.2, 22.4 ± 0.3, 36.3 ± 0.5, 50.8 ± 0.4, 62.5 ± 0.4 eV. Die Deutung der Energieverluste ist die gleiche wie für $MnCl_2$ (s. S. 23); das Maximum bei 62.5 ± 0.4 eV läßt sich durch die Bildung eines angeregten Zustands erklären [10].

Literatur:

[1] J. C. Carver, G. K. Schweitzer, T. A. Carlson (J. Chem. Phys. **57** [1972] 973/82, 977). — [2] W. J. de Haas, B. H. Schultz, J. Koolhas (Physica **7** [1940] 57/69, 60). — [3] J. W. Stout, W. B. Hadley, C. L. Brandt (Proc. 5th Intern. Conf. Low Temp. Phys. Chem., Madison, Wis., 1957 [1958], S. 553/6; PB-143420 [1958] 1/6; C.A. **1961** 19406). — [4] R. Stevenson (Can. J. Phys. **40** [1962] 1385/93). — [5] E. O. Wollan, W. C. Koehler, M. K. Wilkinson (Phys. Rev. [2] **110** [1958] 638/46; ORNL-2430 [1958] 56/65; N.S.A. **12** [1958] Nr. 8000), W. C. Koehler, M. K. Wilkinson, J. W. Cable, E. O. Wollan (J. Phys. Radium [8] **20** [1957] 180/3).

[6] Y. Farge, M. Régis, B. S. H. Royce (J. Phys. [Paris] **37** [1976] 637/44), M. Régis, Y. Farge, B. S. H. Royce (AIP [Am. Inst. Phys.] Conf. Proc. Nr. 29 [1976] 654/5). — [7] W. C. Koehler, E. O. Wollan (Pittsburgh Diffraction Conf. **1955**) laut C. G. Shull, E. O. Wollan (Solid State Phys. **2** [1956] 137/217, 190). — [8] W. B. Hadley, J. W. Stout (J. Chem. Phys. **39** [1963] 2205/10). — [9] E. Pleau, G. Kokoszka (J. Chem. Soc. Faraday Trans. II **69** [1973] 355/62). — [10] P. E. Best (Proc. Phys. Soc. [London] **80** [1962] 1308/21, 1312).

6.1.2.6 Optische Eigenschaften

Optical Properties

Festes $MnBr_2$ ist farblos (durch Zersetzung von $MnBr_2 \cdot (C_2H_5)_2O$ erhalten) [1] bis schwach rosafarben (durch Entwässern des Hydrats erhalten) [2], das Weiß des geschmolzenen Salzes zeigt eine blaßrosafarbene Tönung [3].

Bei UV-Bestrahlung fluoresziert $MnBr_2$ im roten Spektralbereich schon bei gewöhnlicher Temperatur und bei 90 K mindestens zehnmal so stark [4]. Abklingzeit und Quantenausbeute werden bei 77 und 300 K von Oelkrug, Wölpl [5] gemessen. Näheres über die Fluoreszenz s. im letzten Band von „Mangan" C.

Literatur:

[1] F. Ducelliez, A. Raynaud (Bull. Soc. Chim. France [4] **15** [1914] 273/5). — [2] W. Biltz, G. F. Hüttig (Z. Anorg. Allgem. Chem. **109** [1920] 89/110, 96). — [3] J. B. Berthemot (Ann. Chim. Phys. [2] **44** [1830] 382/96, 393). — [4] J. T. Randall (Proc. Roy. Soc. [London] A **170** [1939] 272/93, 275, 277; Nature **142** [1938] 113/4). — [5] D. Oelkrug, A. Wölpl (Ber. Bunsenges. Physik. Chem. **76** [1972] 1088/92).

6.1.2.7 Elektrochemisches Verhalten

Electrochemical Behavior

Zersetzungsspannung E von geschmolzenem $MnBr_2$ in Abhängigkeit von der Temperatur t [1]:

t in °C	700	750	800	850	900
E in V	1.465	1.412	1.360	1.278	1.130

Die Werte werden von Delimarskii u.a. [2] übernommen. Aus der freien Enthalpie bei 1000, 1100, 1200 und 1300 K berechnete Zersetzungsspannungen: 1.44, 1.39, 1.34 bzw. 1.30 V [3], s. auch „Mangan" B, S. 270.

Literatur:

[1] G. Devoto, A. Guzzi (Gazz. Chim. Ital. **59** [1929] 591/600, 593, 599). — [2] Yu. K. Delimarskii, E. M. Skobets, V. D. Ryabokon (Zh. Fiz. Khim. **21** [1947] 843/8; C.A. **1948** 2186), Yu. K. Delimarskii, A. A. Kolotti (Zh. Fiz. Khim. **23** [1949] 339/41; C.A. **1949** 6089). — [3] A. D. Mah (U.S. Bur. Mines Rept. Invest. Nr. 5600 [1960] 11).

6.1.2.8 Chemisches Verhalten

Chemical Behavior

6.1.2.8.1 Stabilität, Verhalten gegen Elemente

Stability. Reactions with Elements

$MnBr_2$ ist im N_2-Strom bis 650°C stabil, in statischer Luftatmosphäre bis 229°C [1]. Nach Rupcheva u.a. [2] ist $MnBr_2$ im Luftstrom bis 500°C stabil, darüber beginnt Gewichtsabnahme infolge Br_2-Abspaltung. — Im O_2-Strom (etwa 40 cm^3 O_2/min) beginnt die Zersetzung bei 300°C [3]. Für 400°C wird ein Br-Druck p (in atm) über festem $MnBr_2$ von $\lg p = -23.6$ angegeben [4]. Im N_2-Strom erfolgt zwischen 650 und 978°C Zersetzung nach $MnBr_2 \rightarrow Mn + Br_2$. In statischer Luftatmosphäre wird $MnBr_2$ zwischen 229 und 650°C oxidiert nach $MnBr_2 + 0.75\,O_2 \rightarrow 0.5\,Mn_2O_3 + Br_2$; Reaktionsordnung 0.7, Aktivierungsenergie 32.1 kcal/mol [1]. Im O_2-Strom setzt die Reaktion bei 300°C ein und hat zwischen 300 und 576°C eine Aktivierungsenergie von 38.8 ± 3 kcal/mol, Reaktionsordnung 1.45. Die gegenüber statischer Luftatmosphäre veränderte Kinetik ist weniger auf den O_2-Gehalt des Gases als auf den Unterschied zwischen strömender und ruhender Atmosphäre zurückzuführen [3]. Von Rupcheva u.a. [2] wird im O_2-Strom ein exothermer Effekt bei 407°C festgestellt. Oxidationsprodukte sind Mn_3O_4 und Mn_2O_3 [2]. Beim Glühen an Luft ist das Endprodukt Mn_3O_4 [5].

Für die Gleichgewichtsreaktion $MnBr_2$(fest oder flüssig) + H_2(gas) $\rightleftharpoons$ Mn(fest) + 2 HBr(gas) werden aus Literaturdaten die Enthalpie ΔH, freie Enthalpie ΔG und Gleichgewichtskonstante $K_p = p^2(HBr)/p(H_2)$ in Abhängigkeit von der Temperatur T berechnet (Werte in Auswahl):

$MnBr_2$ Reactions with Elements

T in K	298.15	500	600	800	1000	1300
ΔH in kcal/mol	72.2	71.2	70.7	69.8	62.45	60.5
ΔG in kcal/mol	60.9	53.55	50.1	43.35	37.05	29.7
K_p in atm	2.28×10^{-45}	3.92×10^{-24}	5.64×10^{-19}	1.44×10^{-12}	8.00×10^{-9}	1.02×10^{-5}

Das Gleichgewicht bleibt weitgehend zugunsten von $MnBr_2$ und H_2 verschoben, bei 1300 K und 1 atm Gesamtdruck werden nur 0.16% des H_2 in HBr umgewandelt [6]. Die Berechnungen werden durch experimentelle Untersuchungen von Jellinek, Uloth [7] und Rupcheva u.a. [2] im wesentlichen bestätigt. Bei der thermographischen Untersuchung der Reaktion stellen Rupcheva u.a. [2] am Schmelzpunkt von $MnBr_2$ und bei 700°C geringe HBr-Bildung fest. — Zwischen kristallinem $MnBr_2$ und flüssigem Brom werden bei 20°C in 180 min 9% der Br-Atome ausgetauscht, zwischen kristallinem $MnBr_2$ und Bromdampf bei 250°C 17%, wie Untersuchungen mittels der radioaktiven Tracermethode ergeben [8]. — Mit Na sowie K findet bei Stoß (Hammerschlag) bei gewöhnlicher Temperatur schwache Explosion statt [9].

Literatur:

[1] P. Lumme, M.-T. Raivio (Suomen Kemistilehti B **41** [1968] 194/202). — [2] V. A. Rupcheva, T. V. Romanova, S. A. Amirova (Zh. Neorgan. Khim. **15** [1970] 324/9; Russ. J. Inorg. Chem. **15** [1970] 170/2). — [3] P. Lumme, O. Vuokila (Suomen Kemistilehti B **42** [1969] 306/11). — [4] S. A. Shchukarev, M. A. Oranskaya (Zh. Obshch. Khim. **24** [1954] 2109/19, 2116; J. Gen. Chem. USSR **24** [1954] 2077/86, 2084). — [5] A. Gorgeu (Bull. Soc. Chim. France [2] **49** [1888] 664/71, 670).

[6] A. D. Mah (U.S. Bur. Mines Rept. Invest. Nr. 5600 [1960] 23/4). — [7] K. Jellinek, R. Uloth (Z. Anorg. Allgem. Chem. **151** [1926] 157/84, 176). — [8] Ya. A. Fialkov, Yu. P. Nazarenko (Izv. Akad. Nauk SSSR Otd. Khim. **1950** 590/8; C.A. **1951** 6025). — [9] J. Cueilleron (Bull. Soc. Chim. France [5] **12** [1945] 88/9).

With Inorganic Compounds

6.1.2.8.2 Gegen anorganische Verbindungen

Beim Durchleiten von überhitztem Wasserdampf durch erhitztes $MnBr_2$ werden auf dem Thermogramm endotherme Effekte bei 678°C (Schmelzen von $MnBr_2$) und 785°C beobachtet. Gleichzeitig mit dem zweiten Effekt wird die Entwicklung der Hauptmenge des HBr beobachtet. Als festes Reaktionsprodukt wird MnO röntgenographisch nachgewiesen; für die Reaktion $MnBr_2 + H_2O \rightarrow MnO + 2HBr$ werden die Reaktionsenthalpie ΔH = 3.86 kcal/mol (ohne Temperaturangabe) und die freie Enthalpie ΔG = −35.8 kcal/mol bei 1000°C berechnet [1]. — Über die Bildung von Hydraten des $MnBr_2$ s. S. 274.

Mit gasförmigem NH_3 bildet festes $MnBr_2$ die Komplexe $[Mn(NH_3)_x]Br_2$ mit x = 1, 2 und 6. Bei gewöhnlicher Temperatur dauert die Reaktion 6 h bis zur Sättigung mit NH_3 unter Bildung von $[Mn(NH_3)_6]Br_2$ [2], vgl. auch [3, 4]. Die NH_3-Aufnahme erfolgt unter lebhafter Erwärmung und erheblichem Aufblähen der Substanz [2 bis 4]. Mit flüssigem NH_3 setzt sich $MnBr_2$, das auf die Temperatur des festen CO_2 abgekühlt worden ist, bei längerer Einwirkung zu $[Mn(NH_3)_{10}]Br_2$ um [5]. Die Reaktionsenthalpie für die Bildung von $[Mn(NH_3)_x]Br_2$ mit x = 1, 2, 6 und 10, bezogen auf 1 mol angelagertes NH_3, beträgt ΔH = 20.03, 19.22, 14.86 [7] bzw. 11.78 [5] kcal/mol.

Konzentrierte Schwefelsäure zersetzt $MnBr_2$ unter Entwicklung von HBr und Brom [6]. Zur Reaktion mit anderen Metallbromiden s. Kapitel 6.2, S. 290.

Literatur:

[1] V. A. Rupcheva, T. V. Romanova, S. A. Amirova (Zh. Neorgan. Khim. **15** [1970] 324/9; Russ. J. Inorg. Chem. **15** [1970] 170/2). — [2] W. Biltz, G. F. Hüttig (Z. Anorg. Allgem. Chem. **109** [1920] 89/110, 96) — [3] F. Ephraim (Z. Physik. Chem. **81** [1913] 513/38, 536). — [4] F. Ephraim (Ber. Deut. Chem. Ges. **45** [1912] 1322/40, 1330). — [5] W. Biltz (Z. Anorg. Allgem. Chem. **148** [1925] 145/51, 146, 150).

[6] C. J. Löwig (Mag. Pharm. [2] **33** [1831] 6/13). — [7] W. Biltz (Z. Anorg. Allgem. Chem. **130** [1923] 93/139, 100).

6.1.2.8.3 Gegen organische Verbindungen

With Organic Compounds

Über die Adsorption von CH_4 an $MnBr_2$ bei −195°C s. bei Bonnetain u.a. [1]. — Mit Alkoholen bildet $MnBr_2$ die Additionsverbindungen $MnBr_2 \cdot 2CH_3OH$, $MnBr_2 \cdot C_2H_5OH$, $MnBr_2 \cdot 2C_4H_9OH$ und $MnBr_2 \cdot 3C_5H_{11}OH$, mit Aceton $MnBr_2 \cdot (CH_3)_2CO$, mit Ameisensäure $MnBr_2 \cdot HCOOH$, Essigsäure $MnBr_2 \cdot CH_3COOH$ und mit Essigsäureäthylester $MnBr_2 \cdot CH_3COOC_2H_5$ [2]. Äther werden von $MnBr_2$ zu 1:1-Additionsverbindungen angelagert [3]. Mit 1,4-Dioxan bildet $MnBr_2$ beim Erhitzen auf 50°C einen violettfarbenen, nicht näher definierten Komplex [4].

Gasförmiges Trimethylamin wird bei gewöhnlicher Temperatur von feinverteiltem $MnBr_2$ (bei strengem Ausschluß von Feuchtigkeit) chemisorbiert, wie auf Grund der IR-Absorptionsbanden von $N(CH_3)_3$ im Bereich von 400 bis 4000 cm^{-1} festgestellt wird. Bei der Bildung des nicht näher definierten $MnBr_2$-$N(CH_3)_3$-Komplexes, der bis zu $N(CH_3)_3$-Drücken von 10^{-5} Torr beständig ist, wird das Amin über eine Mn-N-Bindung gebunden [5]. Beim Lösen von $MnBr_2$ in überschüssigem siedendem Pyridin entsteht $MnBr_2 \cdot 6C_5H_5N$, das beim Abkühlen der Lösung auskristallisiert [6]. (Zur Bildung von $(C_5H_5NH)_2MnBr_4$ aus alkoholischer Lösung s. S. 303.) Beim Vermischen von $MnBr_2$ mit Anilin bei 21°C erwärmt sich das Gemisch auf 40°C und es bildet sich $MnBr_2 \cdot 2C_6H_5NH_2$ [7]. — Wird $MnBr_2$ in einer Lösung von Na-Cyclopentadienid in Tetrahydrofuran 1 h lang bei gewöhnlicher Temperatur unter N_2-Atmosphäre verrührt und dann das vom Lösungsmittel befreite Reaktionsgemisch bei hohem Druck und 250°C mit CO 12 h lang umgesetzt, so entsteht $C_5H_5Mn(CO)_3$ [8].

Literatur:

[1] L. Bonnetain, X. Duval, M. Letort, P. Souny (Compt. Rend. **242** [1956] 1979/81). — [2] A. Z. Chkhenkeli (Zh. Neorgan. Khim. **2** [1957] 787/90; Russ. J. Inorg. Chem. **2** Nr. 4 [1957] 118/22). — [3] A. Z. Chkhenkeli (Soobshch. Akad. Nauk Gruz.SSR **19** [1957] 415/9; C.A. **1958** 19319). — [4] R. S. Nyholm, G. J. Sutton (J. Chem. Soc. **1958** 564/6). — [5] G. G. Guilbault, S. M. Billedeau (J. Inorg. Nucl. Chem. **33** [1971] 1411/5).

[6] H. Grossmann (Ber. Deut. Chem. Ges. **37** [1904] 559/69, 564). — [7] A. R. Leeds (J. Am. Chem. Soc. **3** [1881] 134/51, 141). — [8] T. S. Piper, F. A. Cotton, G. Wilkinson (J. Inorg. Nucl. Chem. **1** [1955] 165/74, 166).

6.1.2.9 Löslichkeit

Solubility

Zur Löslichkeit in H_2O s. beim System $MnBr_2$-H_2O, S. 274. Die Lösungsenthalpie von $MnBr_2$ in Wasser wird kalorimetrisch zu $\Delta H_L = -18.45 \pm 0.08$ kcal/mol bei gewöhnlicher Temperatur bestimmt [1]. Der Wert $\Delta H_L = -19.4$ kcal/mol, durch Lösen von 1 mol $MnBr_2$ in 2000 mol H_2O experimentell bestimmt [2], wird von Yatsimirskii [3] übernommen. Zur Löslichkeit von $MnBr_2$ in wäßrigen $MnSO_4$-Lösungen bei 0, 25 und 50°C s. bei Dzhabarov u.a. [4].

Die Löslichkeit von $MnBr_2$ in flüssigem NH_3 beträgt 4.4, 7.8 und 11.8 mg/100 ml NH_3 bei −40, −55 bzw. −70°C (Genauigkeit ±10%); sie ist damit etwa zwei Zehnerpotenzen kleiner und ungefähr eine Zehnerpotenz größer als diejenige von MnJ_2 bzw. $MnCl_2$. Im Vergleich mit anderen Bromiden zeigt $MnBr_2$ größere Löslichkeit als $FeBr_2$, $CoBr_2$ und $NiBr_2$ [5].

Unlöslich ist $MnBr_2$ in flüssigem Dicyan [6]. In Propylencarbonat beträgt die Löslichkeit 32.28 g/100 g Lösungsmittel bei 25°C [7]. Löslichkeit bei 25°C in Formamid: 26.8 g/100 g Lösungsmittel, in N-Methylformamid: 32.8 g/100 g Lösungsmittel (Genauigkeit ±1%) [8].

Literatur:

[1] P. Paoletti (Trans. Faraday Soc. **61** [1965] 219/24). — [2] G. Devoto, A. Guzzi (Gazz. Chim. Ital. **59** [1929] 591/600, 599). — [3] K. B. Yatsimirskii (Dokl. Akad. Nauk SSSR **129** [1959] 354/6; Proc. Acad. Sci. USSR Chem. Sect. **129** [1959] 1001/3). — [4] A. I. Dzhabarov, A. I. Agaev, V. A. Aliev (Uch. Zap. Azerb. Gos. Univ. Ser. Khim. Nauk **1971** Nr. 2, S. 3/8; C.A. **78** [1973] Nr. 8444). — [5] A. Schneider, R. Gehrke (Naturwissenschaften **49** [1962] 467).

[6] M. Tsentnershver (Zh. Russ. Fiz. Khim. Obshchestva **33** [1901] 545/7). — [7] W. S. Harris (UCRL-8381 [1958] 1/77, 31; C.A. **1959** 4966). — [8] M. L. Berardelli, G. Pistoia, A. M. Polcaro (Ric. Sci. **38** [1968] 814/9).

The $MnBr_2$-H_2O System

6.1.3 Das System $MnBr_2$-H_2O

In dem System existieren die Bodenkörper Eis (I), $MnBr_2 \cdot 6H_2O$ (II), $MnBr_2 \cdot 4H_2O$ (III) und $MnBr_2 \cdot 2H_2O$ [1, 3].

Temperaturen t, bei denen sich die gesättigte Lösung im Gleichgewicht mit der angegebenen festen Phase befindet, in Abhängigkeit von der $MnBr_2$-Konzentration (Werte in Auswahl):

Gew.-% $MnBr_2$ . . .	5.0	10.2	17.7	28.9	40.4	45.0	45.4	47.1	49.1	50.2
t in °C	−1.3	−3.1	−7.5	−18.3	−40.6	−57.0	−59.2	−50.0	−40.0	−34.0
feste Phasen	I	I	I	I	I	I	I + II	II	II	II

Gew.-% $MnBr_2$ . . .	51.1	53.0	55.0	55.9	56.8	57.4	58.5	59.3	60.1	61.8
t in °C	−30.0	−20.0	−10.0	−5.0	0	4.0	10.0	15.0	20.0	30.0
feste Phasen	II	II	II	II + III	III	III	III	III	III	III

Der eutektische Punkt zwischen Eis und dem Hexahydrat liegt bei −59.2°C und 45.4 Gew.-% $MnBr_2$, der Übergangspunkt zwischen $MnBr_2 \cdot 6H_2O$ und $MnBr_2 \cdot 4H_2O$ bei −5.0°C und 55.9 Gew.-% $MnBr_2$ [1].

Löslichkeit in Wasser in Abhängigkeit von der Temperatur t, durch Interpolation der experimentellen Werte von Étard [2] erhalten [3] (in Auswahl):

t in °C	−20	−10	0	10	20	25	30	50	60	80	100
Gew.-% $MnBr_2$ . . .	52.3	54.2	56.0	57.6	59.5	60.2	61.1	64.5	66.3	69.2	69.5

Bis 70°C ist der Bodenkörper $MnBr_2 \cdot 4H_2O$, bei höheren Temperaturen $MnBr_2 \cdot 2H_2O$ [3].

Der Dampfdruck der gesättigten $MnBr_2$-Lösung beträgt etwa p = 5, 40 und 200 Torr bei 20, 60 bzw. 100°C [4].

Literatur:

[1] A. I. Dzhabarov, A. I. Agaev, V. A. Aliev (Uch. Zap. Azerb. Gos. Univ. Ser. Khim. Nauk **1970** Nr. 3, S. 6/11; C.A. **77** [1972] Nr. 10190). — [2] A. Étard (Ann. Chim. Phys. [7] **2** [1894] 503/74, 541). — [3] A. Seidell, W. F. Linke (Solubilities of Inorganic and Metal Organic Compounds, 4. Aufl., Bd. 2, Washington, D.C., 1965, S. 545). — [4] H. Lescoeur (Ann. Chim. Phys. [7] **2** [1894] 78/117, 103).

Manganese Dibromide Hexahydrate

6.1.4 Mangandibromid-hexahydrat $MnBr_2 \cdot 6H_2O$

Das Hexahydrat steht nach Dzhabarov u.a. [1] und Kuznetsov [2, 3] mit gesättigten wäßrigen $MnBr_2$-Lösungen bei tiefen Temperaturen im Gleichgewicht und kann daraus zwischen −5 und etwa −60°C [1], also auch bei −14°C [2, 3], abgeschieden werden; s. dazu das System $MnBr_2$-H_2O. Bei gewöhnlicher Temperatur zerfällt $MnBr_2 \cdot 6H_2O$ in $MnBr_2 \cdot 4H_2O$ und Lösung [2]. — Gelöst in Äthanol gibt es mit 1,4-Dioxan (dx) einen Niederschlag von $MnBr_2 \cdot 2dx$; ein Komplex mit Kristallwasser wird wider Erwarten nicht gebildet [4].

Literatur:

[1] A. I. Dzhabarov, A. I. Agaev, V. A. Aliev (Uch. Zap. Azerb. Gos. Univ. Ser. Khim. Nauk **1970** Nr. 3, S. 6/11; C.A. **77** [1972] Nr. 10190). — [2] P. Kuznetsov (Zh. Russ. Fiz. Khim. Obshchestva **29** [1897] 330/3; Z. Anorg. Allgem. Chem. **18** [1898] 387). — [3] P. Kuznetsov (Zh. Russ. Fiz. Khim. Obshchestva **29** [1897] 288; C. **1897** II 329). — [4] J. C. Barnes, C. S. Duncan (J. Chem. Soc. Dalton Trans. **1972** 923/7).

6.1.5 Mangandibromid-tetrahydrat $MnBr_2 \cdot 4H_2O$ und $MnBr_2 \cdot 4D_2O$

Manganese Dibromide Tetrahydrate

Übersicht. Das Tetrahydrat befindet sich bei gewöhnlicher Temperatur mit der Lösung im Gleichgewicht. Die rote Verbindung ist mit $MnCl_2 \cdot 4H_2O$ isotyp. Sie schmilzt bei 87°C im eigenen Kristallwasser. Unterhalb etwa 2.12 K ist $MnBr_2 \cdot 4H_2O$ antiferromagnetisch. An trockner Luft verwittert das Tetrahydrat bei gewöhnlicher Temperatur, beim Erhitzen im Luftstrom ist bei 190°C das gesamte Kristallwasser abgegeben. Oxidation durch O_2 erfolgt erst ab 300°C. An feuchter Luft ist $MnBr_2 \cdot 4H_2O$ zerfließlich.

6.1.5.1 Bildung und Darstellung

Formation and Preparation

Das Tetrahydrat scheidet sich bei gewöhnlicher und mäßig erhöhter Temperatur aus gesättigten wäßrigen $MnBr_2$-Lösungen ab. Nach Löslichkeitsuntersuchungen von Dzhabarov u.a. [1] beginnt die Abscheidung bei −5.0°C und endet nach Angaben von Seidell, Linke [2] bei etwa +70°C. Darüber beginnt die Abscheidung von $MnBr_2 \cdot 2H_2O$. Vgl. dazu das System $MnBr_2$-H_2O, S. 274. Über die Bildung von metastabilem trans-$MnBr_2 \cdot 4H_2O$ s. S. 276.

Die Darstellung von $MnBr_2 \cdot 4H_2O$ erfolgt durch Umsetzung von spektroskopisch reinem Mn mit wäßriger HBr-Lösung und Einengen der Lösungen [3 bis 6]. Um überschüssiges HBr zu entfernen, wird mehrfach umkristallisiert [3, 4, 7] oder wiederholt zur Trockne eingedampft und wieder mit Wasser aufgenommen [6].

Single Crystals

Zur Darstellung optisch reiner (Reinheitsgrad 99.99%) Einkristalle mit bis zu 5 cm Durchmesser werden mit $MnBr_2 \cdot 4H_2O$-Keimen versetzte Lösungen sechs Wochen bei 40°C [5] oder zwei Wochen bei 29.0 ± 0.4°C eingeengt [6]. Von Lowe, Whitson [8] werden durch Eindunsten bei 40°C in etwa zwei Wochen Einkristalle der Größe 1 × 1 × 0.5 cm erhalten. Durch Einengen der $MnBr_2$-Lösung bei 20°C im Vakuum über konzentrierter Schwefelsäure werden Kristalle von 3 mm Durchmesser gewonnen [9]. Von McElearney u.a. [10] ist aus wäßriger Lösung bei gewöhnlicher Temperatur ein 2 g schwerer Einkristall gezüchtet worden.

$MnBr_2 \cdot 4D_2O$

Zur Darstellung von $MnBr_2 \cdot 4D_2O$ löst man wasserfreies $MnBr_2$ in D_2O und läßt es aus dieser Lösung auf analoge Weise wie bei der Abscheidung des Tetrahydrats auskristallisieren [14]. $MnBr_2 \cdot 4(H,D)_2O$ mit einem Deuteriumanteil von 1 Atom-%, bezogen auf die Summe von H und D, wird von Hempstead, Mochel [15] erhalten, indem ein H_2O-D_2O-Gemisch (mit 1 Mol-% D_2O) mit durch Entwässern von $MnBr_2 \cdot 4H_2O$ im Vakuum frisch hergestelltem $MnBr_2$ gesättigt und die so erhaltene Lösung eingeengt wird.

Purification

Die Hauptverunreinigung von handelsüblichem $MnBr_2 \cdot 4H_2O$ ist Zn mit weniger als 0.2 Gew.-%. Daraus durch Umkristallisieren gewonnene Präparate enthalten nicht mehr als 0.004 Gew.-% Fe, 0.002 Gew.-% Mo, 0.0007 Gew.-% Cr und 0.0005 Gew.-% Cu; sonstige metallische Verunreinigungen sind spektroskopisch nicht nachweisbar [11].

Enthalpy of Formation

Die Bildungsenthalpie von kristallinem $MnBr_2 \cdot 4H_2O$ aus den Elementen unter Standardbedingungen beträgt $\Delta H^\circ_{298.15} = -380.1$ kcal/mol, auf Grund von Literaturwerten von Wagman u.a. [12] berechnet. Frühere Berechnung: $\Delta H^\circ_{298.16} = -367.5$ kcal/mol [13].

Literatur:

[1] A. I. Dzhabarov, A. I. Agaev, V. A. Aliev (Uch. Zap. Azerb. Gos. Univ. Ser. Khim. Nauk **1970** Nr. 3, S. 6/11; C.A. **77** [1972] Nr. 10190). — [2] A. Seidell, W. F. Linke (Solubilities of Inorganic and Metal Organic Compounds, 4. Aufl., Bd. 2, Washington, D.C., 1965, S. 545). — [3] R. L. Stein, R. A. Butera (J. Chem. Phys. **53** [1970] 1031/5). — [4] R. L. Stein, R. A. Butera (Phys. Rev. [3] B **6** [1972] 1823/7). — [5] R. A. Butera (NYO-3402-1 [1965] 1/25, 13, 17; N.S.A. **19** [1965] Nr. 21759).

[6] L. W. Kreps, S. A. Friedberg (J. Low Temp. Phys. **26** [1977] 317/38, 323). — [7] H. M. Gijsman, N. J. Poulis, J. van den Handel (Physica **25** [1959] 954/68, 956). — [8] I. J. Lowe, D. W. Whitson (Phys. Rev. [3] B **6** [1972] 3262/85, 3264). — [9] I. Tsujikawa, E. Kanda (J. Phys. Soc. Japan **18** [1963] 1382/90, 1384). — [10] J. N. McElearney, H. Forstat, P. T. Bailey (Phys. Rev. [2] **181** [1969] 887/95, 895).

$MnBr_2 \cdot 4H_2O$

[11] J. H. Schelleng, S. A. Friedberg (Phys. Rev. [2] **185** [1969] 728/34, 729). — [12] D. D. Wagman, W. H. Evans, V. B. Parker, I. Halow, S. M. Bailey, R. H. Schumm (Natl. Bur. Std. [U.S.] Tech. Note 270-4 [1969] 108). — [13] F. D. Rossini, D. D. Wagman, W. H. Evans, S. Levine, I. Jaffe (Natl. Bur. Std. [U.S.] Circ. Nr. 500 [1952] 275). — [14] C. L. Yue, B. G. Turrell (Solid State Commun. **8** [1970] 1261/4). — [15] R. D. Hempstead, J. M. Mochel (Phys. Rev. [3] B **7** [1973] 287/99, 288).

Crystallographic Properties

6.1.5.2 Kristallographische Eigenschaften

Die monoklinen [1 bis 3] Kristalle bilden Prismen [4] oder sechseckige Plättchen [5]. Sie weisen gut entwickelte (100)-Flächen auf [6] und zeigen ausgeprägte Tendenz zur Zwillingsbildung [7].

An Hand des diffusen Reflexionsspektrums im Bereich von 24000 bis 25500 cm^{-1} stellt Oelkrug [8] fest, daß vom Tetrahydrat (entsprechend den Verhältnissen beim $MnCl_2 \cdot 4H_2O$, s. S. 35) neben der bei Zimmertemperatur und bei 77 K stabilen cis-Form noch eine bei gewöhnlicher Temperatur metastabile trans-Form (Winkel Br-Mn-Br ≈ 180°) existiert [8]. Die trans-Form scheidet sich aus leicht übersättigter wäßriger Lösung bei 2°C ab [9], wandelt sich jedoch bei gewöhnlicher Temperatur schon beim Trennen von der Mutterlauge, besonders aber beim Zerdrücken der Kristalle, leicht in die cis-Form um [8]. Im Einklang hiermit steht die Beobachtung von Kusnetzoff [10], wonach sich aus wäßriger Lösung unter bestimmten Bedingungen (geschlossenes Gefäß) zunächst instabiles $MnBr_2 \cdot 4H_2O$ in Gestalt farbloser rhombischer Tafeln abscheidet, die sich langsam von allein, schneller bei mechanischer Einwirkung (Rühren) in das normale monokline, rote $MnBr_2 \cdot 4H_2O$ umwandeln.

cis-$MnBr_2 \cdot 4H_2O$ ist mit α-$MnCl_2 \cdot 4H_2O$ (s. S. 35) isostrukturell. Gitterkonstanten: a = 11.668(1), b = 9.824(3), c = 6.316(2) Å, β = 99.43(4)°; Z = 4 [11]; β = 99°6′ [1, 3]. Raumgruppe $P2_1/n$ ($P2_1/c$)-C_{2h}^5 (Nr. 14). Die Koordinaten der Mn-, Br- und O-Atome sind denen des Chlorids sehr ähnlich, Werte (auch der H-Atome) s. Original. Die $Mn(H_2O)_4Br_2$-Oktaeder sind größer und stärker verzerrt als beim Chlorid. Die Mn-Br-Abstände betragen 2.802(2) und 2.913(2) Å, die Mn-O-Abstände variieren von 2.221(6) bis 2.475(6) Å. Br-Mn-Br-Winkel: 86.8(1)°, weitere Bindungswinkel s. im Original [11], s. auch [12].

Literatur:

[1] J. C. G. de Marignac (Ann. Mines [5] **12** [1857] 1/74, 7; Jahresber. Fortschr. Chem. **1857** 208). — [2] I. Tsujikawa, E. Kanda (J. Phys. Soc. Japan **18** [1963] 1382/90, 1384). — [3] H. M. Gijsman, N. J. Poulis, J. van den Handel (Physica **25** [1959] 954/68, 956). — [4] P. Kuznetsov (Zh. Russ. Fiz. Khim. Obshchestva **29** [1897] 330/3; Z. Anorg. Allgem. Chem. **18** [1898] 387). — [5] R. A. Butera (NYO-3402-1 [1965] 1/25, 17; N.S.A. **19** [1965] Nr. 21759).

[6] C. H. W. Swüste, K. Kopinga (Physica **60** [1972] 415/26, 416). — [7] I. J. Lowe, D. W. Whitson (Phys. Rev. [3] B **6** [1972] 3262/85, 3264). — [8] D. Oelkrug (Naturwissenschaften **55** [1968] 206/8). — [9] D. Oelkrug, A. Wölpl (Ber. Bunsenges. Physik. Chem. **76** [1972] 1088/92). — [10] P. Kusnetzoff (Ann. Chim. Phys. [8] **18** [1909] 214/22, 215).

[11] K. Sudarsanan (Acta Cryst. B **31** [1975] 2720/1). — [12] A. Zalkin, J. D. Forrester, D. H. Templeton (Inorg. Chem. **3** [1964] 529/33).

Mechanical and Thermal Properties

6.1.5.3 Mechanische und thermische Eigenschaften

Density. Thermal Expansion

Dichte, thermische Ausdehnung

Über die Dichte liegen keine Literaturangaben vor. Bei der ersten Bestimmung der Gitterkonstanten wurde die explizite Berechnung der Dichte unterlassen. Aus den erhaltenen Werten (s. oben) ergibt sich D = 2.59_5 g/cm^3.

Der Ausdehnungskoeffizient α wurde an Einkristallen in Richtung der a- und b-Achse sowie senkrecht zur ab-Ebene zwischen 0.60 und 4.20 K gemessen, um die kritischen Exponenten der Formeln $\alpha = A + B \ln(1 - T/T_N)$ (unterhalb T_N) und $\alpha = A' + B'(T/T_N - 1)^{-p}$ (oberhalb T_N) zu bestimmen. Unabhängig von der Richtung ist $p = 0.42 \pm 0.08$; Werte für A, B, A' und B' (in $10^{-6}\ K^{-1}$):

Richtung	A	B	A'	B'
‖a	−1.28	6.86	−0.577	−0.405
‖b	−0.614	1.12	−0.588	−0.0556
⊥ab	−2.18	4.18	−0.16	−0.240

Im ganzen Bereich ist somit α in allen Richtungen negativ. Die Temperaturabhängigkeit des Betrages des räumlichen Ausdehnungskoeffizienten ist in der Nähe der Néel-Temperatur ähnlich wie bei $MnCl_2 \cdot 4H_2O$ [1].

Schmelzpunkt, Dampfdruck

Melting Point. Vapor Pressure

$MnBr_2 \cdot 4H_2O$ schmilzt bei 64.3 [2] bis 87°C [3] unter Abgabe von Kristallwasser und Bildung von wäßriger $MnBr_2$-Lösung und kristallinem $MnBr_2 \cdot H_2O$ (s. S. 285) [2]. Das Schmelzen erfolgt ohne Volumenzunahme [3]. — Der H_2O-Dampfdruck des Tetrahydrats steigt zwischen 20 und 100°C von 5.1 auf 200 Torr [4].

Wärmekapazität C_p, Entropie S

Heat Capacity. Entropy

Nach Messungen an einem Einkristall zwischen 0.2 und 1.0 K weist C_p bei $T \approx 0.32$ K ein Minimum auf, das durch die unterschiedliche Temperaturabhängigkeit des Kern- und des magnetischen Anteils bedingt ist [5]. Oberhalb 1 K ist C_p zunächst an polykristallinen Proben gemessen worden [6]. Bei neueren Messungen [7] im Bereich von 1.3 bis 4.1 K werden jedoch deutlich höhere C_p-Werte erhalten, die mit denjenigen unterhalb 1 K [5] gut vereinbar sind. Dagegen stimmen die Ergebnisse von Schelleng und Friedberg [8] mit den älteren Meßdaten [6] gut überein; ausgewählte Werte (in $cal \cdot mol^{-1} \cdot K^{-1}$):

T in K	1.373	1.604	1.805	2.012	2.114	2.131	2.537	3.021
C_p	2.366	3.261	4.353	6.343	10.464	3.179	0.8648	0.5324
T in K	4.117	5.047	6.269	7.920	10.178	14.901	17.278	19.978
C_p	0.2382	0.1972	0.190	0.286	0.608	1.99	2.85	3.50

Die an einem Einkristall zwischen 1.352 und 7.800 K erhaltenen Werte liegen im allgemeinen etwas tiefer [8]. In der Umgebung der Néel-Temperatur (s. S. 281) wurde C_p nochmals zwischen 1.91 und 2.31 K [9] sowie zwischen 2.11 und 2.13 K [10] gemessen, um (mit Einbeziehung der früheren Meßergebnisse [8]) die kritischen Exponenten zu ermitteln. Dabei zeigte sich, daß das C_p-Maximum durch Verunreinigungen stark „abgerundet" wird und daß dieser Effekt durch partielle Substitution von D_2O für H_2O nicht beeinflußt wird [9]. — Oberhalb T_N gilt die übliche Formel $C_p = a \cdot T^3 + b \cdot T^{-2}$, wonach C_p sich aus dem Gitteranteil und dem magnetischen Anteil zusammensetzt. Die Koeffizienten a und b wurden schon aus den ersten Meßreihen [6] abgeleitet. Nach neueren Messungen gilt zwischen 6 und 14 K $C_p/R = 2.8 \times 10^{-4} T^3 + 2.24 T^{-2}$ [8].

In magnetischen Feldern wird die am Néel-Punkt auftretende Anomalie zu tieferen Temperaturen verschoben; die C_p-T-Kurve verändert ihre Form, und der Betrag von C_p bei $T = T_N$ nimmt ab. Einzelheiten für den Feldstärkebereich bis 15 kOe s. bei Schelleng und Friedberg [8], für den Bereich bis 30 kOe bei Stein und Butera [7]. Die aus diesen Messungen sich ergebende Temperaturabhängigkeit der Entropie ist in **Fig. 95**, S. 278, dargestellt [7]. Von diesen Autoren [7] wird ebenso wie bei den vorausgegangenen Untersuchungen [8] der Zusammenhang zwischen Entropie und magnetischer Ordnung eingehend diskutiert.

$MnBr_2 \cdot 4H_2O$

Fig. 95

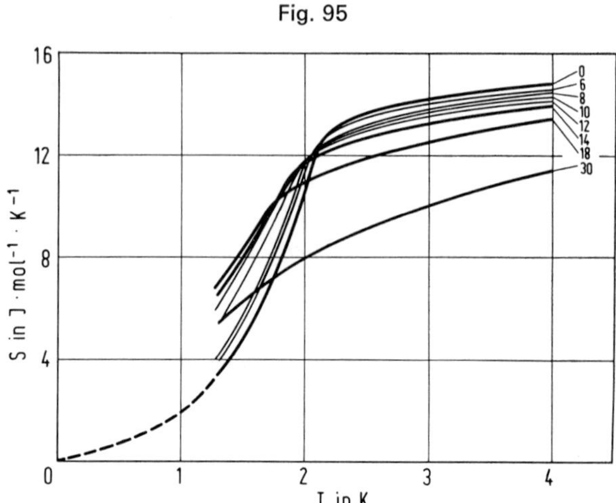

Temperaturabhängigkeit der Entropie S von $MnBr_2 \cdot 4H_2O$ bei verschiedenen Feldstärken (in kOe).

Thermal Conductivity

Wärmeleitfähigkeit λ

An Einkristallen werden bei sehr tiefen Temperaturen T senkrecht zur bc-Ebene folgende Werte (Fehlergrenze 10%) erhalten:

T in K	1.694	1.874	2.104	2.260	2.547
λ in 10^{-4} W · cm^{-1} · K^{-1}	3.13	2.70	2.79	2.75	5.00

Die λ-T-Kurve durchläuft ein Minimum bei T ≈ 2.03 K, dort ist λ ≈ 2.7 × 10^{-4} W · cm^{-1} · K^{-1} [11].

Literatur:

[1] J. W. Philp, R. Gonano, E. D. Adams (Phys. Rev. [2] **188** [1969] 973/81). — [2] P. Kuznetsov (Zh. Russ. Fiz. Khim. Obshchestva **29** [1897] 288, 330/3; C. **1897** II 329; Z. Anorg. Allgem. Chem. **18** [1898] 387). — [3] V. A. Rupcheva, T. V. Romanova, S. A. Amirova (Zh. Neorgan. Khim. **15** [1970] 324/9; Russ. J. Inorg. Chem. **15** [1970] 170/2). — [4] H. Lescoeur (Ann. Chim. Phys. [7] **2** [1894] 78/117, 103). — [5] A. R. Miedema, R. F. Wielinga, W. J. Huiskamp (Physica **31** [1965] 835/44, 837).

[6] D. G. Kapadnis, R. Hartmans (Physica **22** [1956] 181/8, 183). — [7] R. L. Stein, R. A. Butera (J. Chem. Phys. **53** [1970] 1031/5). — [8] J. H. Schelleng, S. A. Friedberg (Phys. Rev. [2] **185** [1969] 728/34, 730; J. Appl. Phys. **34** [1963] 1087/9). — [9] R. D. Hempstead, J. M. Mochel (Phys. Rev. [3] B **7** [1973] 287/99, 287, 295, 297), R. D. Hempstead (Diss. Univ. of Illinois 1970 nach Diss. Abstr. Intern. B **31** [1971] 7525). — [10] L. W. Kreps, S. A. Friedberg (J. Low Temp. Phys. **26** [1977] 317/38, 324, 329), L. W. Kreps (Diss. Carnegie-Mellon Univ. 1971, S. 1/156 nach Diss. Abstr. Intern. B **32** [1972] 7257/8).

[11] R. A. Butera (NYO-3402-1 [1965] 1/25, 21; N.S.A. **19** [1965] Nr. 21759).

Magnetic Properties

6.1.5.4 Magnetische Eigenschaften

Magnetic Susceptibility

6.1.5.4.1 Suszeptibilität χ

Als magnetische Vorzugsrichtung im geordneten Zustand wurde ursprünglich von Gijsman u. a. [1] auf Grund von Magnetisierungsmessungen die c-Achse angenommen. Da jedoch nach neueren magnetischen Untersuchungen mit H || c kein Spin-Flop oberhalb 1 K beobachtet wird, scheint es für Schmidt, Friedberg [2] wahrscheinlicher, daß die c'-Achse (orthogonal zur a- und zur b-Achse, also um 9.6° gegen die c-Achse in der ac-Ebene geneigt) näher zur Vorzugsrichtung liegt. Auch die Magnetisierungsdaten von Schelleng, Friedberg [3] sprechen für diese Annahme, obgleich die Lage der Vorzugsrichtung noch immer nicht genau geklärt ist oder wie genau das Feld und die Probe ausgerichtet sein müssen, um die Beobachtung des Spin-Flops in diesem Salz zu ermöglichen, wenn dieser oberhalb 1 K auftritt.

Nach Messungen in der Umgebung der Néel-Temperatur T_N entlang der c'-Achse bei einer Frequenz von 275 Hz (Magnetfeld nahezu Null) von Berger [4] steigt die Kurve für die Molsuszeptibilität χ_{mol} zwischen etwa 1.3 und 2.15 K von $\chi_{mol} = 0.29$ auf 0.95 cm^3/mol steil an, nach einem kurzen, nahezu horizontalen Verlauf bis etwa 2.25 K erfolgt eine Abnahme auf $\chi_{mol} = 0.70$ cm^3/mol bei 4.2 K.

Zwischen 1 und 300 K entlang der b- und c-Achse gemessene Werte [1]:

T in K	1.12	2.14	4.22	15.40	18.20	20.45	64.95	77.50	169.5	294.1
$\chi_b \cdot 10^4$	27.8	30.0	22.2	8.53	7.35	6.69	—	1.960	0.900	0.517
$\chi_c \cdot 10^4$	5.6*) 43.0**)	33.8	24.0	9.17	7.81	7.02	2.297	1.965	0.898	0.520

*) $(\partial\sigma/\partial H)_{H=0}$ (σ = Magnetisierung). — **) Wenn H = 17 kOe.

Kurven für die Suszeptibilität in der Nähe von T_N (H|| und $\perp$ zur c-Achse) in der Form $\chi_{/}/\chi_{\perp}$(2.2 K) als Funktion von T s. bei Gijsman [5].

Die Kurven für die isotherme und die adiabatische Suszeptibilität χ_T bzw. χ_{ad} sowie für χ''_{max} (Imaginärteil von χ bei einer Frequenz $\omega = \tau^{-1}$, τ = Relaxationszeit) als Funktion von H bei konstanter Temperatur $T < T_N$ zeigen bei T = 1.44 und 1.98 K ein Maximum bei etwa 5 kOe (für χ_{ad} nur schwach ausgeprägt). Für die Temperaturabhängigkeit von χ_T und χ_{ad} (H = 8 kOe) wird ein Maximum bei etwa 1.85 K beobachtet [6].

Literatur:

[1] H. M. Gijsman, N. J. Poulis, J. van den Handel (Physica **25** [1959] 954/68, 966). — [2] V. A. Schmidt, S. A. Friedberg (J. Appl. Phys. **38** [1967] 5319/26, 5323). — [3] J. H. Schelleng, S. A. Friedberg (Phys. Rev. [2] **185** [1969] 728/34). — [4] L. Berger, private Mitteilung an Schelleng, Friedberg [3]. — [5] H. M. Gijsman (Bull. Inst. Intern. Froid Annexe **1955** 202/5).

[6] A. J. van Duyneveldt, J. Soeteman, L. J. de Jongh (J. Phys. Chem. Solids **36** [1975] 481/4), A. J. van Duyneveldt, J. Soeteman, A. van der Bilt, L. J. de Jongh (Colloq. Intern. Centre Natl. Rech. Sci. [Paris] Nr. 242 [1975] 271/5).

6.1.5.4.2 Magnetisierung M

Magnetization

Die an einer pulverförmigen Probe untersuchte Temperaturabhängigkeit von M bei konstanten Feldstärken bis zu 30 kOe ist in **Fig. 96**, S. 280, dargestellt. Das Maximum, das die Umwandlung vom paramagnetischen in den ferromagnetischen Zustand anzeigt, verschiebt sich bei zunehmender Feldstärke zu tieferen Temperaturen und verschwindet oberhalb 18 kOe [1]. Die von Gijsman u.a. [2] an Einkristallen erhaltenen Magnetisierungskurven zwischen 1 und 4.2 K (H von 3.3 bis 17.45 kOe) haben bei Messungen in Richtung der c-Achse bis etwa 12 kOe einen ähnlichen Verlauf (bei größeren Feldern wird kein Maximum beobachtet), in Richtung der b-Achse ist das Maximum nur sehr schwach ausgebildet.

Die bei Messungen an Einkristallen erhaltenen Magnetisierungsisothermen (1.29 bis 2.24 K) bei H_i||c'-Achse (H_i = inneres Feld einer langen, nadelähnlichen Probe) zwischen 0 und 14 kOe zeigen ein durch die Phasenumwandlung bedingtes Maximum. Dieses ist bei Proben, für die das Feld entlang der c-Achse verläuft (bei einer vorgegebenen Temperatur), um etwa 2% höher als bei den Proben mit der Feldrichtung parallel zur c'-Achse. Dies läßt vermuten, daß die Vorzugsrichtung

$MnBr_2 \cdot 4H_2O$ Magnetization

im geordneten Zustand von $MnBr_2 \cdot 4\,H_2O$ näher zur c'- als zur c-Richtung verläuft [3]. Die Temperaturabhängigkeit der adiabatischen Magnetisierung $(\partial T/\partial H)_S$ von polykristallinen Proben, s. **Fig. 97**, weist im Feldstärkenbereich von 4 bis 14 kOe bei der Phasenumwandlung deutliche Minima auf, die jedoch nicht so scharf ausgeprägt sind wie bei Einkristallen von $MnCl_2 \cdot 4\,H_2O$ (s. S. 41 und [4]) [5].

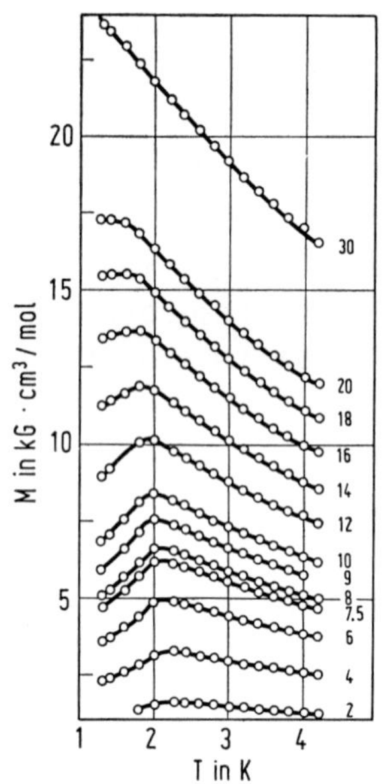

Fig. 96

Temperaturabhängigkeit der Magnetisierung M von $MnBr_2 \cdot 4\,H_2O$ bei verschiedenen Feldstärken (in kOe).

Fig. 97

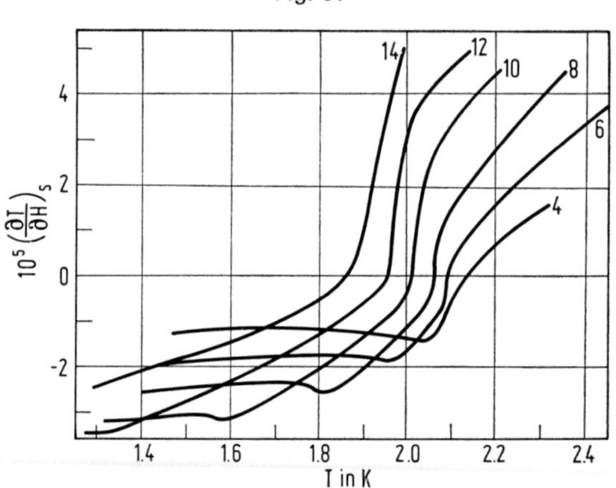

Temperaturabhängigkeit der adiabatischen Magnetisierung $(\partial T/\partial H)_S$ von $MnBr_2 \cdot 4\,H_2O$ bei verschiedenen Feldstärken (in kOe).

Literatur:

[1] R. L. Stein, R. A. Butera (J. Chem. Phys. **53** [1970] 1031/5), R. L. Stein (Diss. Univ. of Pittsburgh 1969, S. 1/22; Diss. Abstr. Intern. B **31** [1970] 158). — [2] H. M. Gijsman, N. J. Poulis, J. van den Handel (Physica **25** [1959] 954/68, 966). — [3] V. A. Schmidt, S. A. Friedberg (J. Appl. Phys. **38** [1967] 5319/26). — [4] T. A. Reichert, R. A. Butera, E. J. Schiller (Phys. Rev. [3] B **1** [1970] 4446/55, 4451). — [5] R. L. Stein, R. A. Butera (Phys. Rev. [3] B **6** [1972] 1823/30).

6.1.5.4.3 Magnetische Umwandlungen

Magnetic Transformations

Néel-Temperatur T_N. Aus der Temperaturabhängigkeit der Wärmekapazität wird T_N = 2.12375 K für einen Einkristall bzw. 2.12275 K für eine polykristalline Probe erhalten [1]. Nach der gleichen Methode bestimmte Werte: T_N = 2.136 K (polykristalline Probe) [2] und $T_N = 2.13 \pm 0.01$ K (pulverförmige Probe) [3]. Für polykristallines $MnBr_2 \cdot 4H_2O$ und $MnBr_2 \cdot 4D_2O$ ergibt sich aus dem Maximum der Suszeptibilität $T_N = 2.125 \pm 0.02$ bzw. 2.102 ± 0.02 K [4]. Bei einer weniger genauen Analyse ihrer Messungen erhalten diese Autoren [5] tiefer liegende Werte.

Spin-Flop. Auf eine Spin-Flop-Umwandlung bei 1.4 K und einem Spin-Flop-Feld H_{SF} = 8.8 kOe schließt Bolger [6] nach Messungen der paramagnetischen Resonanz; diese Umwandlung wird von Tsujikawa, Kanda [7] bestätigt, die die Absorption im UV-Bereich in einem Magnetfeld parallel zur c-Achse bei Zunahme der Feldstärke von 7.5 auf 10.0 kOe untersuchen. Von Mangum, Thornton [8] wird bei Messungen der Magnetisierung in Feldern bis zu 21 kOe eine Spin-Flop-Umwandlung bei 0.57 K beobachtet. Bei Messungen der Wärmekapazität in Magnetfeldern finden Schelleng, Friedberg [9] gewisse Anzeichen für eine Spin-Flop-Umwandlung bei etwa 9 kOe. Dagegen wird von Gijsman u.a. [10] bei Messungen der Suszeptibilität oberhalb 1 K und von Schmidt, Friedberg [11] bei Magnetisierungsmessungen bis hinunter zu 1.15 K diese Umwandlung nicht beobachtet.

Magnetisches Phasendiagramm. Zur Bestimmung der Phasengrenzen zwischen antiferromagnetischem (AF), Spin-Flop (SF)- und paramagnetischem (P) Zustand messen Stein, Butera [12] an polykristallinen Proben die Temperaturabhängigkeit der Wärmekapazität C_p und der Magnetisierung in konstanten Magnetfeldern bis zu 30 kOe. Das aus diesen Messungen in Verbindung mit einigen Untersuchungen an Einkristallen erhaltene Phasendiagramm (s. **Fig. 98**) zeigt, daß die aus C_p-Messungen erhaltenen Werte, die mit den Ergebnissen aus Untersuchungen der optischen Absorption [7] übereinstimmen, die Phasengrenzen für die parallel und senkrecht zum Magnetfeld verlaufenden Spinrichtungen ergeben. Die Daten aus den Bestimmungen der Magnetisierung liegen dazwischen; vgl. auch die aus Messungen der Wärmekapazität erhaltenen Werte für H || c'-Achse [9]. Die Richtungsänderung in der Phasengrenze für die parallele Spinachse oberhalb 8 kOe zeigt das Einsetzen einer Spin-Flop-Umwandlung an, die auch aus dem Einzelwert von Bolger [6] zu erkennen ist [12]. In einer späteren Untersuchung beobachten Stein, Butera [13] keinen Knick in der Kurve für H || c; eine mögliche Erklärung dafür wäre die unterschiedliche Durchführung der Messungen.

Für H || c beobachten Becerra u.a. [14] bei Messungen der differentiellen Magnetisierung unterhalb 0.55 K ein Aufspalten der AF-P-Phasengrenze in drei Komponenten, d.h., zwischen der AF- und der SF-Phase scheint eine „Zwischenphase" zu existieren.

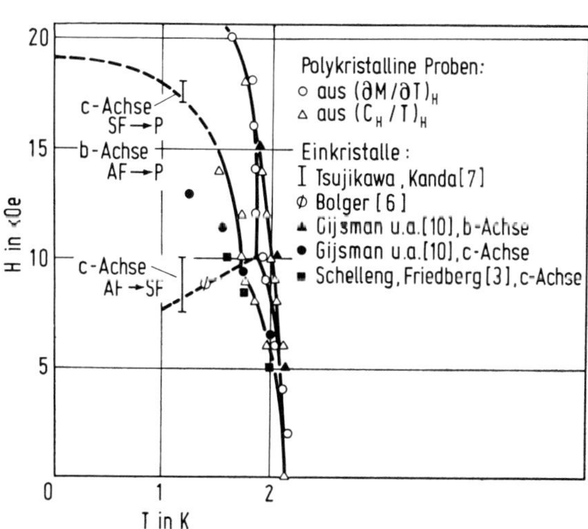

Fig. 98

Magnetisches Phasendiagramm von $MnBr_2 \cdot 4H_2O$ (P = paramagnetisch, AF = antiferromagnetisch, SF = Spin-Flop).

$MnBr_2 \cdot 4H_2O$

Literatur:

[1] L. W. Kreps, S. A. Friedberg (J. Low Temp. Phys. **26** [1977] 317/38, 323). — [2] D. G. Kapadnis, R. Hartmans (Physica **22** [1956] 181/8). — [3] J. H. Schelleng, S. A. Friedberg (J. Appl. Phys. **34** [1963] 1087/9; AD-290788 [1962] 1/5; C.A. **60** [1964] 7562). — [4] C. L. Yue, B. G. Turrell (Solid State Commun. **8** [1970] 1261/4). — [5] B. G. Turrell, C. L. Yue (Can. J. Phys. **49** [1971] 2520/4).

[6] B. Bolger (Proc. Intern. Low Temp. Phys. Conf., Paris 1955, S. 244). — [7] I. Tsujikawa, E. Kanda (J. Phys. Soc. Japan **18** [1963] 1382/90, 1387; J. Phys. Radium [8] **20** [1959] 352/4). — [8] B. W. Mangum, D. D. Thornton (Bull. Am. Phys. Soc. [2] **15** [1970] 338). — [9] J. H. Schelleng, S. A. Friedberg (Phys. Rev. [2] **185** [1969] 728/34). — [10] H. M. Gijsman, N. J. Poulis, J. van den Handel (Physica **25** [1959] 954/68, 966).

[11] V. A. Schmidt, S. A. Friedberg (J. Appl. Phys. **38** [1967] 5319/26). — [12] R. L. Stein, R. A. Butera (J. Chem. Phys. **53** [1970] 1031/5), R. L. Stein (Diss. Univ. of Pittsburgh 1969; Diss. Abstr. Intern. B **31** [1970] 158). — [13] R. L. Stein, R. A. Butera (Phys. Rev. [3] B **6** [1972] 1823/30). — [14] C. C. Becerra, A. Paduan Filho, N. F. Oliveira (Solid State Commun. **16** [1975] 791/3).

Nuclear Magnetic Resonance. Nuclear Quadrupole Coupling

6.1.5.4.4 Kernmagnetische Resonanz (NMR). Kernquadrupolkopplung

^1H Resonance

Protonenresonanz. Im antiferromagnetischen Zustand werden an einem Einkristall ohne äußeres Feld bei 1.11 K sieben Resonanzlinien beobachtet mit den Frequenzen $\nu_0 = 7.870$, 8.360, 8.823, 9.331, 17.59, 17.710 und 26.495 MHz. Mit einem kleinen äußeren Feld ergibt sich jedoch, daß zu $\nu_0 = 17.59$ MHz zwei verschiedene innere Felder (mit innerhalb des experimentellen Fehlers gleichem Betrag und nur schwach unterschiedlicher Richtung) gehören. Angaben für die insgesamt 32 lokalen Felder (an den Protonenplätzen) im Original [1]. Die Temperaturabhängigkeit von sechs Resonanzfrequenzen ($\nu_0 = 17.59$ und 17.710 MHz nicht getrennt) messen Swüste, Kopinga [2]. Die Spin-Gitter-Relaxationszeit T_1 zeigt in dem kleinen Intervall von 1.16 bis 1.57 K keine klare Temperaturabhängigkeit; die sechs gemessenen Werte bewegen sich zwischen 14.7 und 55.3 μs [3].

Br Resonance

Br-Resonanz. Im paramagnetischen Zustand wird die reine Quadrupolresonanz (im Gegensatz zu $MnCl_2 \cdot 4H_2O$, s. S. 49) nicht beobachtet [2]. — Im antiferromagnetischen Zustand werden an einem Einkristall ohne äußeres Feld zwölf NMR-Linien gefunden, wovon je drei zu den beiden Isotopen ^{79}Br und ^{81}Br auf den beiden nichtäquivalenten Plätzen Br(1) und Br(2) (Mn-Br(1)-Bindung um 66° gegen die c-Achse geneigt) gehören. Angaben (in MHz) für 0.4 K (Temperaturabhängigkeit zwischen 0.4 und 1.4 K s. Figur im Original):

$^{79}Br(1)$	28.507	51.320	67.633	$^{79}Br(2)$	35.228	44.709	50.135
$^{81}Br(1)$	34.293	53.209	68.172	$^{81}Br(2)$	39.234	46.887	52.016

Hiernach werden angegeben $\nu_Z = \gamma H/2\pi$ und $\nu_Q(1+{}^1/_3\eta^2)^{1/2}$ (beide in MHz, Fehlergrenzen ±30 kHz bzw. ±150 kHz; Symbole s. bei $MnCl_2 \cdot 4H_2O$):

Kern	$^{79}Br(1)$	$^{81}Br(1)$	$^{79}Br(2)$	$^{81}Br(2)$
ν_Z	46.714	50.358	41.726	44.981
$\nu_Q(1+{}^1/_3\eta^2)^{1/2}$	40.753	34.046	28.442	23.761

Asymmetrieparameter $\eta = 0.4$. Angaben für die inneren Magnetfelder am Ort von Br(1) und Br(2) und ihre Zerlegung in Dipol- und Hyperfeinfelder sowie für das Verhältnis der Spindichten von Br und Cl im Original [2].

Literatur:

[1] W. J. M. de Jonge, P. van der Leeden (Physica **37** [1968] 277/8). — [2] C. H. W. Swüste, K. Kopinga (Physica **60** [1972] 415/26). — [3] I. J. Lowe, D. W. Whitson (Phys. Rev. [3] B **6** [1972] 3262/85, 3275).

6.1.5.4.5 Paramagnetische Relaxation

Paramagnetic Relaxation

Das an Einkristallen im paramagnetischen und antiferromagnetischen Zustand untersuchte Relaxationsverhalten ist mit dem von $MnCl_2 \cdot 4H_2O$ (s. S. 45) vergleichbar und läßt sich ebenfalls durch die Beziehungen von Casimir, du Pré beschreiben, so daß nur eine Relaxationszeit τ erhalten wird. Die in Fig.13, S. 46, dargestellte Temperaturabhängigkeit von τ (Messungen in einem Magnetfeld von 8 kOe) zeigt beim Bromid ein Maximum bei etwa 1.83 K, der Néel-Temperatur bei dieser Feldstärke. Bei der in Fig. 14, S. 46, dargestellten Feldabhängigkeit (T = 1.98 K) liegt das Maximum bei 5.6 kOe [1]. Eine graphische Darstellung für die Temperaturabhängigkeit von τ im paramagnetischen Bereich in Magnetfeldern von 4 und 8.2 kOe s. bei Soeteman u.a. [2].

Literatur:

[1] A. J. van Duyneveldt, J. Soeteman, A. van der Bilt, L. J. de Jongh (Colloq. Intern. Centre Natl. Rech. Sci. [Paris] Nr. 242 [1975] 271/5), A. J. van Duyneveldt, J. Soeteman, L. J. de Jongh (J. Phys. Chem. Solids **36** [1975] 481/4), A. J. van Duyneveldt, J. Soeteman, C. J. Gorter (in: A. Haken, M. Wagner, Cooperative Phenomena, Heidelberg – New York 1973, S. 281/5). — [2] J. Soeteman, A. J. van Duyneveldt, C. J. Gorter (Physica **45** [1969] 435/44).

6.1.5.5 Optische Eigenschaften

Optical Properties

Die $MnBr_2 \cdot 4H_2O$-Kristalle (cis-Modifikation) sind nach Kuznetsov [1] intensiv rot, nach Lescoeur [2] fleischfarben und nach Marignac [3] etwas stärker rosenrot als $MnCl_2 \cdot 4H_2O$. Die Farbe der metastabilen trans-Form ist nach Oelkrug, Wölpl [4] nur äußerst blaß, nach Kusnetzoff [5] farblos. Bei Umwandlung der trans- in die cis-Form wird eine deutliche Farbvertiefung innerhalb weniger Minuten beobachtet [4].

Bei UV-Bestrahlung ist sowohl bei sehr tiefer als auch bei gewöhnlicher Temperatur Fluoreszenz im roten Spektralbereich zu beobachten [6]. Phosphoreszenz wird nur bei der cis-Form beobachtet, bei der trans-Form dagegen nicht [4].

Literatur:

[1] P. Kuznetsov (Zh. Russ. Fiz. Khim. Obshchestva **29** [1897] 330/3; Z. Anorg. Allgem. Chem. **18** [1898] 387). — [2] H. Lescoeur (Ann. Chim. Phys. [7] **2** [1894] 78/117, 103). — [3] J. C. G. de Marignac (Jahresber. Fortschr. Chem. **1857** 208). — [4] D. Oelkrug, A. Wölpl (Ber. Bunsenges. Physik. Chem. **76** [1972] 1088/92). — [5] P. Kusnetzoff (Ann. Chim. Phys. [8] **18** [1909] 214/22, 215).

[6] J. T. Randall (Nature **142** [1938] 113/4; Trans. Faraday Soc. **35** [1939] 2/14, 6; Proc. Roy. Soc. [London] A **170** [1939] 272/93, 277).

6.1.5.6 Chemisches Verhalten, Löslichkeit

Chemical Behavior. Solubility

Schon bei gewöhnlicher Temperatur soll $MnBr_2 \cdot 4H_2O$ an trockner Luft Kristallwasser abspalten [1]. Zum H_2O-Dampfdruck zwischen 20 und 100°C s. S. 277. Nach thermogravimetrischen Untersuchungen im Luftstrom schmilzt $MnBr_2 \cdot 4H_2O$ bei 87°C im eigenen Kristallwasser (s. S. 277). Bei 145°C werden drei Moleküle H_2O abgespalten (Bildung von $MnBr_2 \cdot H_2O$, s. S. 285) und bis 190°C das gesamte Kristallwasser [2]. Nach Angaben von Kuznetsov [3] schmilzt $MnBr_2 \cdot 4H_2O$ bei 64.3°C unter Bildung eines rosafarbenen Pulvers (vermutlich ein niedrigeres Hydrat) und einer wäßrigen Lösung, aus der beim Abkühlen $MnBr_2 \cdot 6H_2O$ auskristallisiert.

Im O_2-Strom (etwa 40 cm³/min) mit einer Geschwindigkeit von 330 grd/h erhitztes $MnBr_2 \cdot 4H_2O$ gibt zwischen 38 und 250°C das gesamte Kristallwasser ab; Oxidation durch den Sauerstoff (zu Mn_2O_3) erfolgt erst ab 300°C, wie thermogravimetrische Untersuchungen zeigen [4]. An feuchter Luft ist $MnBr_2 \cdot 4H_2O$ zerfließlich [5 bis 8], und zwar stärker als $MnCl_2 \cdot 4H_2O$ [5, 7].

$MnBr_2 \cdot 4H_2O$ Solubility

Molale Löslichkeit S von $MnBr_2 \cdot 4H_2O$ in Wasser in Abhängigkeit von der Temperatur t [9]:

t in °C	−20	0	20	40
S in mol $MnBr_2$/kg H_2O	5.10	5.8	6.6	7.7

Literatur:

[1] H. Lescoeur (Ann. Chim. Phys. [7] **2** [1894] 78/117, 104). — [2] V. H. Rupcheva, T. V. Romanova, S. A. Amirova (Zh. Neorgan. Khim. **15** [1970] 324/9; Russ. J. Inorg. Chem. **15** [1970] 170/2). — [3] P. Kuznetsov (Zh. Russ. Fiz. Khim. Obshchestva **29** [1897] 288, 330/3; C. **1897** II 329; Z. Anorg. Allgem. Chem. **18** [1898] 387). — [4] P. Lumme, O. Vuokila (Suomen Kemistilehti B **42** [1969] 306/11). — [5] J. C. G. de Marignac (Ann. Mines [5] **12** [1857] 1/74, 7; Jahresber. Fortschr. Chem. **1857** 208).

[6] D. G. Kapadnis, R. Hartmans (Physica **22** [1956] 181/8, 182). — [7] J. T. Randall (Proc. Roy. Soc. [London] A **170** [1939] 272/93, 275). — [8] J. B. Berthemot (Ann. Chim. Phys. [2] **44** [1830] 382/96, 393). — [9] S. S. Chin (Zh. Fiz. Khim. **26** [1952] 960/9, 963; C.A. **1953** 3661).

Manganese Dibromide Dihydrate

6.1.6 Mangandibromid-dihydrat $MnBr_2 \cdot 2H_2O$

Nach Löslichkeitsuntersuchungen von Étard [1] scheidet sich das Dihydrat aus gesättigten wäßrigen $MnBr_2$-Lösungen bei Temperaturen oberhalb etwa 70°C aus [2]; vgl. auch S. 274. So stellt beispielsweise Lawson [3] Einkristalle durch langsames Eindunsten einer wäßrigen $MnBr_2$-Lösung bei 70 ± 0.5°C dar. Lumme, Raivio [4] erhalten das Dihydrat als blaßrotes Pulver durch Mischen äquivalenter Mengen $MnCO_3$ und konzentrierter HBr-Lösung, Filtrieren der Lösung, Eindampfen und Trocknen im Vakuumexsikkator.

$MnBr_2 \cdot 2H_2O$ kristallisiert monoklin und ist mit $CoCl_2 \cdot 2H_2O$ isotyp wie $MnCl_2 \cdot 2H_2O$ (s. S. 55). Bei 298 K bestimmte Gitterkonstanten: a = 7.7634 ± 0.0006, b = 8.9904 ± 0.0004, c = 3.8811 ± 0.0005 Å, β = 97.620° ± 0.021°; Z = 2. Raumgruppe: C2/m-C_{2h}^3 (Nr. 12). Atomlagen:

Atom	Punktlage	x	y	z
Mn	2a	0	0	0
Br	4i	0.2454(2)	0	0.5533(4)
O	4g	0	0.2388(14)	0
H	8j	0.080(5)	0.330(5)	0.100(5)

R = 5.8%. Durch H-Brückenbindungen (parallel $(10\bar{2})$) sind die Br-O-Abstände benachbarter Ketten auf 3.394(12) Å verkürzt im Vergleich zu den übrigen Br-O-Abständen mit 3.894(12) Å. Die Mn-Br-Abstände in den Ketten (2.675(2) und 2.741(2) Å) liegen zwischen der Summe der Ionenradien und den kovalenten Radien für sechsfache Koordination. Der Mn-O-Abstand beträgt 2.147(12) Å, der Br-Mn-Br-Winkel 88.45(15)°. Weitere Atomabstände und Bindungswinkel s. im Original [5]. — Röntgendichte 3.102 g/cm³ [5].

In statischer Luftatmosphäre zersetzt sich das Dihydrat bei 70 bis 137°C zu $MnBr_2 \cdot H_2O$ und H_2O, Aktivierungsenergie 15.5 ± 1 kcal/mol, Reaktionsordnung 0.6. Im N_2-Strom findet diese Zersetzung bei 60 bis 146°C statt, Aktivierungsenergie 12.7 ± 0.5 kcal/mol, die Reaktionsordnung ist ebenfalls 0.6 [4].

Literatur:

[1] A. Étard (Ann. Chim. Phys. [7] **2** [1894] 503/74, 541). — [2] A. Seidell, W. F. Linke (Solubilities of Inorganic and Metal Organic Compounds, 4. Aufl., Bd. 2, Washington, D.C., 1965, S. 545). — [3] K. E. Lawson (J. Chem. Phys. **44** [1966] 4159/66, 4159). — [4] P. Lumme, M.-T. Raivio (Suomen Kemistilehti B **41** [1968] 194/202, 194, 197). — [5] B. Morosin (J. Chem. Phys. **47** [1967] 417/20).

6.1.7 Mangandibromid-monohydrat $MnBr_2 \cdot H_2O$

Manganese Dibromide Monohydrate

Der beim Erhitzen von $MnBr_2 \cdot 4H_2O$ (s. S. 283) im Luftstrom bei 145°C beobachtete endotherme Effekt wird auf die Bildung von $MnBr_2 \cdot H_2O$ zurückgeführt, der darauf folgende bei 190°C auf dessen Zersetzung in $MnBr_2$ und H_2O [1]. Durch thermische Zersetzung von $MnBr_2 \cdot 2H_2O$ (vgl. S. 284) wird das Monohydrat in statischer Luftatmosphäre bei 70 bis 137°C gebildet, im N_2-Strom zwischen 60 und 146°C [2]. Ältere Angaben zur Bildung des Monohydrats s. [3, 4]. — Die Bildungsenthalpie von kristallinem $MnBr_2 \cdot H_2O$ aus den Elementen unter Standardbedingungen wird aus Literaturwerten zu $\Delta H^\circ_{298.15} = -168.5$ kcal/mol berechnet [5]. Frühere Berechnung: $\Delta H^\circ_{298.16} = -164.4$ kcal/mol [6].

Die thermische Zersetzungsreaktion $MnBr_2 \cdot H_2O \rightarrow MnBr_2 + H_2O$ findet in statischer Luftatmosphäre zwischen 137 und 197°C statt; die Aktivierungsenergie beträgt $E_a = 12.8 \pm 1$ kcal/mol, Reaktionsordnung 0.45. Im N_2-Strom findet die Zersetzung zwischen 146 und 197°C statt, $E_a = 10.1 \pm 0.2$ kcal/mol, Reaktionsordnung 0.27 [2].

Literatur:

[1] V. A. Rupcheva, T. V. Romanova, S. A. Amirova (Zh. Neorgan. Khim. **15** [1970] 324/9; Russ. J. Inorg. Chem. **15** [1970] 170/2). — [2] P. Lumme, M.-T. Raivio (Suomen Kemistilehti B **41** [1968] 194/202, 197). — [3] H. Lescoeur (Ann. Chim. Phys. [7] **2** [1894] 78/117, 104). — [4] P. Kuznetsov (Zh. Russ. Fiz. Khim. Obshchestva **29** [1897] 288, 330/3; C. **1897** II 329; Z. Anorg. Allgem. Chem. **18** [1898] 387). — [5] D. D. Wagman, W. H. Evans, V. B. Parker, I. Halow, S. M. Bailey, R. H. Schumm (Natl. Bur. Std. [U.S.] Tech. Note 270-4 [1969] 108).

[6] F. D. Rossini, D. D. Wagman, W. H. Evans, S. Levine, I. Jaffe (Natl. Bur. Std. [U.S.] Circ. Nr. 500 [1952] 275).

6.1.8 Wäßrige Lösung von $MnBr_2$

Aqueous Solution of $MnBr_2$

6.1.8.1 Bildung. Konstitution

Formation. Nature

Die Enthalpie der Bildung einer hypothetischen, idealen 1molalen wäßrigen Lösung von $MnBr_2$ aus den Elementen unter Standardbedingungen wird aus Literaturwerten zu $\Delta H^\circ_{298.15} = -110.9$ kcal/mol neu berechnet [1] gegenüber dem älteren Wert von $\Delta H^\circ_{298.16} = -110.1$ kcal/mol [2].

Durch Kationenaustausch mit radioaktivem ^{54}Mn als Tracer werden die Stabilitätskonstanten von $MnBr_2$ und des Ions $MnBr^+$ in wäßriger Lösung $\beta_2 = [MnBr_2]/[Mn^{2+}][Br^-]^2$, $K_2 = [MnBr_2]/[MnBr^+][Br^-]$ sowie $K_1 = [MnBr^+]/[Mn^{2+}][Br^-]$ bestimmt. Sie betragen bei 20°C und der Ionenstärke $I = 0.691$ mol/l (eingestellt mit $HClO_4$) $\beta_2 = 1.01 \pm 0.2$ $(mol/l)^{-2}$, $K_2 = 0.55$ $(mol/l)^{-1}$, $K_1 = 1.85 \pm 0.1$ $(mol/l)^{-1}$ [3], vgl. auch [4, S. 202]. Die Stabilität von $MnBr_2$ und $MnBr^+$ ist geringer als diejenige von $MnCl_2$ bzw. $MnCl^+$ (vgl. S. 82/3) [3].

In verdünnter wäßriger $MnBr_2$-Lösung liegt das Mn^{2+}-Ion als komplexes Kation $Mn(H_2O)_6^{2+}$ vor, wie Messungen der Absorptionsspektren im sichtbaren und nahen UV-Bereich 1molarer [5] und bis zu 1.75molarer Lösungen [6] ergeben; s. auch „Mangan" B, S. 364. Mit zunehmender $MnBr_2$-Konzentration (untersucht bis 5.41 mol $MnBr_2$/l [6]) verschwinden die $Mn(H_2O)_6^{2+}$-Banden und es entstehen die Komplexe $Mn(H_2O)_5Br^+$ und $Mn(H_2O)_4Br_2$ [5, 6]. Die beginnende Assoziation macht sich schon in der 1molaren Lösung an einer schwachen Schulter bei etwa 24500 cm^{-1} bemerkbar [5].

Bei Br^--Zusatz von 3.20 bis 6.82 mol/l (in Form von LiBr) zu 1molarer $MnBr_2$-Lösung existieren nach spektroskopischen Untersuchungen die gleichen Komplexe wie in der reinen wäßrigen Lösung. Bei weiterem Br^--Zusatz (bis 8.68 mol/l) werden die Komplexe $Mn(H_2O)_3Br_3^-$ und $Mn(H_2O)_2Br_4^{2-}$ nachgewiesen [7]. Bei noch höheren Br^--Konzentrationen (9.3 bis 10.55 mol/l) entstehen tetraedrische Komplexe, die wahrscheinlich die Zusammensetzung $Mn(H_2O)_mBr_n^{2-n}$ haben mit $m + n = 4$. Außerdem enthalten die Lösungen geringe Mengen oktaedrischer Komplex-Ionen $MnBr_6^{4-}$, die mit den tetraedrischen im Gleichgewicht stehen [8]. Siehe dazu auch die spektroskopischen Untersuchungen wäßriger Lösungen mit 0.36 mol $MnBr_2$/l und 11.4 mol LiBr/l durch Lindenbaum, Boyd [9].

Aqueous Solution of $MnBr_2$ Complexes

Für das Eindringen der Br^--Ionen in die innere Koordinationssphäre von Mn^{2+} wird von McCain, Myers [10] ein Zweistufenprozeß angenommen und durch EPR-Untersuchungen bestätigt: 1) $Mn^{2+} + Br^- \underset{k_{ba}}{\overset{k_{ab}}{\rightleftharpoons}} Mn^{2+}(H_2O)Br^-$, Ionenpaarbildung mit Br^--Ionen in der äußeren Koordinationssphäre unter Aufrechterhaltung der vollen Solvatationssphäre des Mn^{2+}; 2) $Mn^{2+}(H_2O)Br^- \underset{k_{cb}}{\overset{k_{bc}}{\rightleftharpoons}} Mn^{2+}Br^-$, Eindringen von Br^- in die innere Koordinationssphäre. Aus der Änderung der Breite der EPR-Linie von Mn^{2+} bei Zugabe von 0.5 molarer NaBr-Lösung zu 0.05 molarer $Mn(ClO_4)_2$-Lösung wird für die Gleichgewichtskonstante $K_{ab} = k_{ab}/k_{ba} = 0.045$ l/mol bei 22°C und der Ionenstärke $I = 0.5$ erhalten [8], s. auch [4, S. 228]. Bei 160°C und der Ionenstärke $I = 0$ wird mit einer Aktivierungsenergie von 14.5 kcal der Wert $K_{ab} \cdot k_{bc} = 1.1 \times 10^{10}$ $l \cdot mol^{-1} \cdot s^{-1}$ ermittelt [10].

Literatur:

[1] D. D. Wagman, W. H. Evans, V. B. Parker, I. Halow, S. M. Bailey, R. H. Schumm (Natl. Bur. Std. [U.S.] Tech. Note 270-4 [1969] 108). — [2] F. D. Rossini, D. D. Wagman, W. H. Evans, S. Levine, I. Jaffe (Natl. Bur. Std. [U.S.] Circ. Nr. 500 [1952] 275). — [3] J. R. Fryer, D. F. C. Morris (Talanta **15** [1968] 1309/12). — [4] L. G. Sillén (Stability Constants of Metal-Ion Complexes, Supplement Nr. 1, London 1971). — [5] D. Oelkrug (Naturwissenschaften **55** [1968] 206/8).

[6] A. Łodzinska, F. Golinska (Roczniki Chem. **45** [1971] 309/14; C.A. **75** [1971] Nr. 69037). — [7] A. Łodzinska, F. Golinska (Roczniki Chem. **45** [1971] 521/7, 526; C.A. **75** [1971] Nr. 81997). — [8] A. Łodzinska, F. Golinska (Roczniki Chem. **45** [1971] 719/25, 720; C.A. **75** [1971] Nr. 156564). — [9] S. Lindenbaum, G. E. Boyd (J. Phys. Chem. **67** [1963] 1238/41). — [10] D. C. McCain, R. J. Myers (J. Phys. Chem. **72** [1968] 4115/22, 4118, 4122).

Physical Properties

6.1.8.2 Physikalische Eigenschaften

Die Dichte D nimmt bei 18°C mit steigender Konzentration c folgendermaßen zu [1]:

c in val/l	0.5	1	2	3	4
D in g/ml	1.04478	1.0889	1.1763	1.2630	1.3491

Für den Brechungsindex n werden von Limann [2] bei 18°C und den Wellenlängen der Wasserstofflinien H_α (6563 nm), H_β (486.1 nm), H_γ (434.0 nm) sowie bei 589.3 nm (Na-D-Linie) Relativwerte gemessen, aus denen sich nach Umrechnung wie für die $Mn(NO_3)_2$-Lösung (s. „Mangan" C 3, S. 287) folgende Werte ergeben (c in val/l):

c	n_α	n_D	n_β	n_γ
0.5	1.33990	1.34183	1.34627	1.34975
1	1.34826	1.35030	1.35500	1.35877
2	1.36457	1.36682	1.37204	1.37626
4	1.39635	1.39898	1.40531	1.41037

Heydweiller [3] übernimmt die Relativwerte für n_D und verwendet sie zur Berechnung der mittleren Molrefraktion $R_D = 26.54$ cm³.

Äquivalentleitfähigkeit Λ bei 18°C in Abhängigkeit von der Konzentration c [1]:

c in val/l.	0.5	1	2	3	4
Λ in $\Omega^{-1} \cdot cm^2 \cdot val^{-1}$	72.4	64.7	53.54	43.6	35.64

Der Grenzwert der Äquivalentleitfähigkeit bei unendlicher Verdünnung beträgt $\Lambda_\infty = 111$ $\Omega^{-1} \cdot cm^2 \cdot val^{-1}$ bei 18°C [4].

Literatur:

[1] A. Heydweiller (Z. Anorg. Allgem. Chem. **116** [1921] 42/4). — [2] G. Limann (Z. Physik **8** [1922] 13/9, 14). — [3] A. Heydweiller (Physik. Z. **26** [1925] 526/56, 532, 536, 538). — [4] A. Heydweiller (Z. Physik. Chem. **89** [1915] 281/6).

6.1.8.3 Chemisches Verhalten

Chemical Behavior

Siedende wäßrige 1.5 molare $MnBr_2$-Lösung reagiert mit pulverisiertem Mn unter Luftausschluß in 48 h unter Bildung von $Mn_2(OH)_3Br$ (s. S. 308) [1].

$MnBr_2$ reagiert in wäßriger Lösung mit zahlreichen Bromiden zu komplexen Verbindungen, die im Kapitel 6.2 näher beschrieben sind. Die Reaktionsenthalpie für die Umsetzung von 2 mol $HgBr_2$ mit 1 mol $MnBr_2$ bei 17°C in sehr verdünnter wäßriger Lösung beträgt $\Delta H = -2.92$ kcal, diejenige für die Umsetzung von 1 mol $HgBr_2$ mit 1, 2 oder 4 mol $MnBr_2$ $\Delta H = -2.48$, -4.77 bzw. -6.42 kcal [2]. — Aus einer Lösung mit 0.36 mol $MnBr_2$/l und 11.4 mol LiBr/l läßt sich das Mangan mit einer Lösung von Tri-n-octylaminhydrobromid in Toluol extrahieren [3]. — Die Bildung von Komplexen mit neutralen organischen Liganden wird in einem eigenen Band behandelt.

Literatur:

[1] H. R. Oswald, W. Feitknecht (Helv. Chim. Acta **47** [1964] 272/89, 280). — [2] R. Varet (Compt. Rend. **123** [1896] 497/500). — [3] S. Lindenbaum, G. E. Boyd (J. Phys. Chem. **67** [1963] 1238/41).

6.1.9 Nichtwäßrige Lösungen von $MnBr_2$

Nonaqueous Solutions of $MnBr_2$

Lösungen mit 0.022 mol $Mn(ClO_4)_2$/l und bis zu 0.5 mol LiBr/l in Methanol enthalten die oktaedrisch koordinierten Komplex-Ionen $Mn(CH_3OH)_6^{2+}$ und $Mn(CH_3OH)_5Br^+$. Aus der Abnahme der Intensität der EPR-Absorption bei Zugabe von LiBr zur $Mn(ClO_4)_2$-Lösung wird die Gleichgewichtskonstante $K_1 = [Mn(CH_3OH)_5Br^+]/[Mn(CH_3OH)_6^{2+}] \cdot [Br^-] = 10$ l/mol bestimmt. Die Tendenz, Komplex-Ionen der Form $[Mn(CH_3OH)_5X]^+$ mit $X = Br^-$, Cl^-, NCS^-, NO_3^- und ClO_4^- zu bilden, ist beim Br^- größer als bei NO_3^- und ClO_4^- und kleiner als bei Cl^- und NCS^- [1].

In Acetonitril liegt bei $[Br^-]/[Mn^{2+}]$-Verhältnissen <2 das Mn in Form der oktaedrischen Komplexe $Mn(CH_3CN)_6^{2+}$ und $Mn(CH_3CN)_5Br^+$ (auch als $MnBr^+$ bezeichnet) vor [1]. Bei $[Br^-]/[Mn^{2+}] = 2$ existiert nur ein geringer Teil als $Mn(CH_3CN)_6^{2+}$; der größere Teil liegt in Form von Ionenpaaren, Komplexen, $Mn(CH_3CN)_5Br^+$ und undissoziiertem tetraedrisch koordiniertem $MnBr_2$ vor, wie Messungen der Spektren, der elektrischen Leitfähigkeit und der EPR ergeben [1 bis 4]. Die Äquivalentleitfähigkeit der Lösung in Acetonitril beträgt bei der $MnBr_2$-Konzentration c = 0.001 mol/kg CH_3CN bei gewöhnlicher Temperatur $\Lambda = 49\ \Omega^{-1} \cdot cm^2 \cdot val^{-1}$. Sie ist im Konzentrationsbereich von $0.001 \leqq c \leqq 0.1$ mol/kg CH_3CN um ungefähr den Faktor 6 kleiner als diejenige einer Lösung von $Mn(ClO_4)_2$ in CH_3CN (s. S. 254) [2]. In Gegenwart von überschüssigem Br^- entstehen die tetraedrischen Komplexe $MnBr_3^-$ und $MnBr_4^{2-}$ [1 bis 4]. Zwischen $MnBr_4^{2-}$ und überschüssigem freien Br^- findet nach Crawford u.a. [5] ein Ligandenaustausch statt. Die Austauschreaktion verläuft bimolekular. Geschwindigkeitskonstanten k in Abhängigkeit von der Temperatur T, berechnet für Lösungen mit 0.05 mol Mn/kg CH_3CN aus der Zunahme der Linienbreite der EPR-Absorption bei Zusatz von Br^-:

T in K	268	289	300	317	337	354
k in $10^9\ l \cdot mol^{-1} \cdot s^{-1}$	2.2	1.7	1.7	1.8	1.3	1.3

Die Größenordnung von k läßt vermuten, daß die Diffusion der geschwindigkeitsbestimmende Schritt ist. Die Aktivierungsenergie der Austauschreaktion beträgt $E_a = -1$ kcal/mol, die Aktivierungsentropie $\Delta S_a = -22\ cal \cdot mol^{-1} \cdot K^{-1}$; der hohe negative Wert für ΔS_a läßt auf einen Assoziationsmechanismus beim Ligandenaustauschprozeß schließen. Der Austausch erfolgt beim $MnBr_4^{2-}$-Ion leichter als bei

Nonaqueous Solutions of $MnBr_2$

oktaederförmigen Komplexen [5, 6]. Bei MBr-Überschuß (M = Li^+, $(CH_3)_4N^+$, $(C_2H_5)_4N^+$, $(n\text{-}C_4H_9)_4N^+$) lagern sich M^+-Ionen um die $MnBr_4^{2-}$-Ionen unter Komplexbildung in der äußeren Koordinationssphäre auf dem Wege über die Bildung von Ionenpaaren nach der Reaktion $MnBr_4^{2-} + M^+ \underset{k_2}{\overset{k_1}{\rightleftharpoons}} (MnBr_4)^{2-} \cdot M^+$. Die Gleichgewichtskonstante $K = k_1/k_2$ wird aus der Verbreiterung der EPR-Absorptionslinie bei MBr-Zusatz zur $MnBr_4^{2-}$-haltigen Lösung (mit 0.005 bis 0.02 mol Mn/l) bestimmt. K-Werte bei 20°C in l/mol: 17 ± 2 (M = Li), 85 ± 5 (M = $(CH_3)_4N^+$), 20 ± 2 (M = $(C_2H_5)_4N^+$), 8 ± 1 (M = $(n\text{-}C_4H_9)_4N^+$) [7].

In Propandiol-1,2-carbonat gelöstes $MnBr_2$ unterliegt vollständiger Autokomplexbildung, d.h., das Gleichgewicht $2\,MnBr_2 + 6\,C_4H_6O_3 \rightleftharpoons Mn(C_4H_6O_3)_6^{2+} + MnBr_4^{2-}$ ist nach rechts verschoben, wie auf Grund des Absorptionsspektrums im sichtbaren und nahen UV-Bereich festgestellt wird. Das $Mn(C_4H_6O_3)_6^{2+}$-Ion ist oktaederförmig, das $MnBr_4^{2-}$-Ion tetraederförmig. Die Autokomplexbildung wird durch die hohe Donatorzahl, die große DK sowie sterische Einflüsse des Lösungsmittels gefördert [3, 4].

Die Lösungen von $MnBr_2$ in Dimethylsulfoxid und Trimethylphosphat enthalten oktaedrisches $Mn((CH_3)_2SO)_6^{2+}$ bzw. $Mn((CH_3O)_3PO)_6^{2+}$ und Br^--Ionen; tetraedrische Mn^{II}-Bromokomplexe werden nicht gebildet. Als Ursache wird die große Donatorstärke dieser Lösungsmittel und ihre bekannte allgemeine Förderung oktaedrischer Koordinationsformen angesehen [3, 4].

Literatur:

[1] H. Levanon, Z. Luz (J. Chem. Phys. **49** [1968] 2031/40). — [2] S. I. Chan, B. M. Fung, H. Lütje (J. Chem. Phys. **47** [1967] 2121/30). — [3] V. Gutmann, K. Fenkart (Monatsh. Chem. **98** [1967] 286/93, 289). — [4] V. Gutmann (Coord. Chem. Rev. **2** [1967] 239/56, 245). — [5] J. E. Crawford, L. Lynds, S. I. Chan (J. Am. Chem. Soc. **90** [1968] 7165/7).

[6] L. Lynds (Diss. California Inst. of Technology 1970 nach Diss. Abstr. Intern. B **31** [1970] 3306/7). — [7] L. Burlamacchi, G. Martini, E. Tiezzi (J. Phys. Chem. **74** [1970] 3980/7, 3984).

$HMnBr_3 \cdot O(C_2H_5)_2$

6.1.10 $HMnBr_3 \cdot O(C_2H_5)_2$

Das Ätherat der Tribromomangan(II)-säure wird durch Reaktion von HBr mit Mn-Blättchen in wasserfreiem Diäthyläther bei Abwesenheit von Luft erhalten. Die unter der Ätherschicht gebildete ölige, viskose, orangefarbene Flüssigkeit wandelt sich beim Entfernen des überschüssigen Äthers im Vakuum (15 Torr) langsam in eine feste, hellgelbe Masse um [1]. Die Auswertung des IR- und Raman-Spektrums führt zur Konstitution $(C_2H_5)_2OH^+MnBr_3^-$ mit einem pyramidalen Anion von C_{3v}-Symmetrie. Beobachtete Wellenzahlen (in cm^{-1}): $\nu_1(A_1) = 280$, $\nu_2(A_1) = 110$, $\nu_3(E) = 150$, $\nu_4(E) = 80$ [2]. — Die Verbindung wird durch feuchte Luft wie durch Wasser unter HBr-Bildung hydrolysiert, die wäßrige Lösung reagiert sauer. Mit überschüssigem Pyridin bildet sich bei absolutem Ausschluß von Feuchtigkeit in stark exothermer Reaktion der Komplex $HMnBr_3 \cdot 5\,C_5H_5N$ [1].

Literatur:

[1] E. Lehmann, J. Kouinis, A. Galinos (Monatsh. Chem. **106** [1975] 499/502). — [2] J. Kouinis, A. G. Galinos (Monatsh. Chem. **108** [1977] 835/7).

Ionic $MnBr_n^{2-n}$ Complexes

6.1.11 Komplexe Mangan(II)-bromid-Ionen $MnBr_n^{2-n}$, n = 1, 3, 4

In Acetonitril können die Ionen $MnBr^+$, $MnBr_3^-$ und $MnBr_4^{2-}$ nachgewiesen werden (s. S. 287); zum pyramidalen $MnBr_3^-$-Ion s. oben. Näher untersucht ist nur das $MnBr_4^{2-}$-Ion, das ebenso wie $MnCl_4^{2-}$ (s. S. 84) tetraedrische Struktur (Punktgruppe T_d) hat und somit dieselben Mn^{II}-Terme und ähnliche Kraftkonstanten aufweist. In $(R_4N)_2MnBr_4$ (R = CH_3, C_2H_5, n-C_4H_9) ist das $MnBr_4^{2-}$-Tetraeder leicht verzerrt, wie aus den elektronischen Spektren [1, 2] und dem IR-Spektrum (bei R = C_2H_5) [3] zu schließen ist. $MnBr_4^{2-}$-Ionen gibt es (analog wie $MnCl_4^{2-}$) auch in alkoholischen Lösungen (s. S. 287), in Alkalibromidschmelzen und in festen Alkalibromomanganaten (s. Kapitel 6.2, S. 290). Zum $MnBr_2Cl_2^{2-}$-Ion s. S. 309.

Im Grundzustand von $MnBr_4^{2-}$ hat das magnetische Moment μ des Mn^{2+} praktisch denselben Wert wie in $MnCl_4^{2-}$; an $[(CH_3)_4N]_2MnBr_4$ wird $\mu = 5.72\,\mu_B$ gemessen [1], an $[(C_2H_5)_4N]_2MnBr_4$ bzw. $[CH_3(C_6H_5)_3As]_2MnBr_4$ $\mu = 5.97$ bzw. $5.87\,\mu_B$ [4]. Aus dem EPR-Spektrum von $MnBr_4^{2-}$ in CH_3CN ergibt sich $g = 2.008 \pm 0.001$; die Konstante der Elektronenspin-^{55}Mn-Kernspin-Wechselwirkung beträgt 75 ± 1 G [21].

Für die Anregungsterme von Mn^{2+} wurden Energiewerte wiederholt aus den Absorptions- und Fluoreszenzspektren von Verbindungen, die $MnBr_4^{2-}$ als Anion enthalten, abgeleitet [1, 2, 5 bis 8]. Für $[(CH_3)_4N]_2MnBr_4$-Einkristalle ergeben sich aus den unterhalb 20 K aufgenommenen Spektren folgende Termenergien (in cm^{-1}), Vala u.a. [1]:

$T_1(G)$	$T_2(G)$	$A_1(G)$, $E(G)$	$T_2(D)$	$E(D)$	$T_1(P)$	$A_2(F)$	$T_1(F)$	$T_2(F)$
21140	22100	22755	25890	26300	27345	34300	35700	36150

Fünf Termwerte, $A_1(G)$, $E(G)$ bis $A_2(F)$, werden aus dem bei 77 K registrierten Spektrum von $[(C_2H_5)_4N]_2MnBr_4$ abgeleitet (22830 bis 33000 cm^{-1}) [2]. Ebenfalls bei 77 K untersuchen Burić u.a. [8] das Anregungsspektrum von Pyridiniumbromomanganat (s. S. 303) und bestimmen die sechs Termenergien bis 27451 cm^{-1} ($T_1(P)$) sowie einen darüber liegenden Term bei 36590 cm^{-1}. — Charge-Transfer-Banden von $MnBr_4^{2-}$ liegen oberhalb 41000 cm^{-1} [9]; Interhalogen-Banden treten bei 46100 und 51300 cm^{-1} auf [10].

Für die Racah-Parameter B und C sowie den Aufspaltungsparameter Dq werden folgende Werte erhalten: 630, 3024, 310 cm^{-1} [1], 649, 3229, 270 cm^{-1} [11], 536, 3530, 310 cm^{-1} [6] und Dq = 310 cm^{-1} [7]. Bei Pyridinium- und Piperidinium-Verbindungen mit verschiedenen Substituenten liegt B bei 298 K zwischen 497 und 587 cm^{-1}, bei 77 K zwischen 496 und 615 cm^{-1}, und für C werden Werte zwischen 3307 und 3615 cm^{-1} (298 K) bzw. 3327 und 3574 cm^{-1} (77 K) erhalten [8].

Der Kernabstand r(Mn-Br) liegt zwischen 2.496 und 2.516 Å, der Winkel α(Br-Mn-Br) zwischen 106.1° und 111.6°, wie die röntgenographische Strukturbestimmung von $(C_5H_5NH)_2MnBr_4$ ergibt (s. S. 303) [20]. Früherer geschätzter Wert: r(Mn-Br) ≈ 2.55 Å [9].

Den Schwingungen des $MnBr_4$-Tetraeders entsprechen in den Raman- und IR-Spektren von $[(n\text{-}C_4H_9)_4N]_2MnBr_4$ und Pyridiniumbromomanganat Linien bzw. Banden mit den Wellenzahlen (in cm^{-1}) $\nu_1 = 159$, $\nu_3 = 209, 221$, $\nu_4 = 89$ [12] bzw. $\nu_1 = 162$, $\nu_2 = 61, 65$, $\nu_3 = 205, 230$, $\nu_4 = 93$ [13]. Im Raman-Spektrum von in $CHCl_3$ oder CH_2Cl_2 gelöstem $[(n\text{-}C_4H_9)_4N]_2MnBr_4$ sind die Schwingungen bei $\nu_1 = 158$, $\nu_2 = 65$, $\nu_4 = 81$ cm^{-1} zu beobachten [12]. In $[(C_2H_5)_4N]_2MnBr_4$ sind Banden bei $\nu_3 = 221$, $\nu_4 = 85$ [14], $\nu_3 = 216$ cm^{-1} [15], $\nu_3 = 210, 221$ cm^{-1} [3] beobachtet worden. Auch in $[CH_3(C_6H_5)_3As]_2MnBr_4$ ist die ν_3-Bande aufgespalten (214, 223 cm^{-1}) [15]. Die Raman-Linie mit $\nu_1 = 157$ cm^{-1} bleibt beim Lösen in CH_3NO_2 praktisch unverändert (156 cm^{-1}) [16].

Aus den vorliegenden Wellenzahlen [14, 16] leiten Kovrikov und Quen [17] die Valenzkraftkonstanten $f_r = 0.9354$, $f_{rr} = 0.0704$ mdyn/Å ab. Basile u.a. [18] gelangen mit Hilfe von (inzwischen korrigierten) Angaben von Davidson [19] zu $f_r = 0.93$, $f_{rr} = 0.29$, $f_\alpha = 0.09$, $f_{\alpha\alpha} = 0.01$ mdyn/Å. Neuere Werte für f_r: 1.17 mdyn/Å [12], 1.16 mdyn/Å [16].

Literatur:

[1] M. T. Vala, C. J. Ballhausen, R. Dingle, S. L. Holts (Mol. Phys. **23** [1972] 217/34). — [2] D. Oelkrug, A. Wölpl (Ber. Bunsenges. Physik. Chem. **76** [1972] 680/6). — [3] D. M. Adams, J. Chatt, M. Davidson, J. Gerratt (J. Chem. Soc. **1963** 2189/94). — [4] N. S. Gill, R. S. Nyholm (J. Chem. Soc. **1959** 3997/4007). — [5] C. Furlani, A. Furlani (J. Inorg. Nucl. Chem. **19** [1961] 51/60).

[6] F. A. Cotton, D. M. Goodgame, M. Goodgame (J. Am. Chem. Soc. **84** [1962] 167/72). — [7] C. Furlani, E. Cervone, P. Cancellieri (Atti Accad. Nazl. Lincei Rend. Classe Sci. Fis. Mat. Nat. [8] **37** [1964] 446/56). — [8] I. Burić, K. Nikolić, A. Aleksić (Czech. J. Phys. B **27** [1977] 224/32). — [9] P. Day, C. K. Jørgensen (J. Chem. Soc. **1964** 6226/34). — [10] B. D. Bird, P. Day (Chem. Commun. **1967** 741/2).

[11] J. J. Foster, N. S. Gill (J. Chem. Soc. A **1968** 2625/9). — [12] H. G. M. Edwards, L. A. Woodward, M. J. Gall, M. J. Ware (Spectrochim. Acta A **26** [1970] 287/90), H. G. M. Edwards, M. J. Ware, L. A. Woodward (Chem. Commun. **1968** 540/1). — [13] A. Mellier, R. Robert (J. Chim. Phys. **73** [1976] 595/8). — [14] A. Sabatini, L. Sacconi (J. Am. Chem. Soc. **86** [1964] 17/20). — [15] R. J. H. Clark, T. M. Dunn (J. Chem. Soc. **1963** 1198/201).

[16] J. S. Avery, C. D. Burbridge, D. M. L. Goodgame (Spectrochim. Acta A **24** [1968] 1721/6). — [17] A. B. Kovrikov, Van Din Quen (Zh. Prikl. Spektroskopii **14** [1971] 1088/92; J. Appl. Spectry. [USSR] **14** [1971] 799/802). — [18] L. J. Basile, J. R. Ferraro, P. Labonville, M. C. Wall (Coord. Chem. Rev. **11** [1973] 21/69). — [19] G. Davidson (Diss. Oxford Univ. 1967 laut Edwards u.a. [12]). — [20] C. Brassy, R. Robert, B. Bachet, R. Chevalier (Acta Cryst. B **32** [1976] 1371/6).

[21] S. I. Chan, B. M. Fung, H. Lütje (J. Chem. Phys. **47** [1967] 2121/32).

Mn^{III} and Mn^{IV} Compounds with Bromine (?)

6.1.12 Verbindungen von Mangan und Brom mit Mn^{III} und Mn^{IV} (?)

Das Ion $MnBr^{2+} \cdot xH_2O$ wird als intermediäres Produkt bei der Reaktion von Mn^{III} mit Br^- in wäßriger Lösung diskutiert [1], s. auch „Mangan" B, S. 393. Wahrscheinlich tritt es auch als Zwischenprodukt bei der Oxidation von Mn^{II} durch das Radikal-Ion Br_2^- (gebildet durch Blitzlichtphotolyse von Br_3^-) in wäßriger Lösung auf. Seine Stabilitätskonstante wird auf 1 l/mol geschätzt [2].

Die Angabe von Ducelliez, Raynaud [3], wonach sich bei der Reaktion von Mn-Pulver mit überschüssigem Br_2 in Äther bei Siedehitze $MnBr_3 \cdot 3(C_2H_5)_2O$ bildet, kann von Druce [4] nicht bestätigt werden. In der gebildeten flüssigen Schicht unter dem Äther können nur $MnBr_2$ sowie einige Br-haltige organische Verbindungen (beispielsweise Monobromacetaldehyd) nachgewiesen werden [4]. Die Bildung von $MnBr_3$ über eine komplexe Säure (s. S. 288) [5] wird durch eine neuere Arbeit in Frage gestellt [6]. Angaben von Nicklés [7], wonach die bei Einwirkung von ätherischer HBr-Lösung auf MnO_2 gebildeten grünen Lösungen $MnBr_4$ enthalten, können von Meyer, Best [8] nicht bestätigt werden. Bei einer Wiederholung der Versuche werden gelbbraune Lösungen mit freiem Br_2 und zweiwertigem Mangan erhalten [8].

Literatur:

[1] C. F. Wells, D. Mays (J. Chem. Soc. A **1968** 577/83). — [2] G. S. Laurence, A. T. Thornton (J. Chem. Soc. Dalton Trans. **1973** 1637/44). — [3] F. Ducelliez, A. Raynaud (Bull. Soc. Chim. France [4] **15** [1914] 408/13). — [4] J. G. F. Druce (J. Chem. Soc. **1937** 1407/8). — [5] C. J. Askitopoulos, A. G. Galinos (Prakt. Akad. Athenon **32** [1959] 395/8; C.A. **1960** 147).

[6] E. Lehman, J. Kouinis, A. Galinos (Monatsh. Chem. **106** [1975] 499/502). — [7] J. Nicklés (Ann. Chim. Phys. [4] **5** [1865] 161/74, 167, 170). — [8] R. J. Meyer, H. Best (Z. Anorg. Allgem. Chem. **22** [1900] 169/91, 182).

Compounds of Manganese with Bromine and Metals

6.2 Verbindungen von Mangan mit Brom und weiteren Metallen

Review in German

Übersicht

Die Bromomanganate(II) und Systeme von $MnBr_2$ mit anderen Bromiden besitzen keine prinzipiell anderen Eigenschaften als die entsprechenden Verbindungen und Systeme mit Chlor, s. Kapitel 5.3, S. 93. Sie zeigen jedoch nicht deren Typenvielfalt und sind nicht so intensiv untersucht worden. Das gilt auch für die Bromomanganate(II) organischer Stickstoffbasen und anderer Onium-Verbindungen (Kapitel 6.2.2). Bromomanganate mit Mn^{III} und Mn^{IV} sind nicht bekannt.

Review in English

Review. The bromomanganates(II) and the systems of $MnBr_2$ with other bromides show essentially the same behavior as corresponding chloride systems, see chapter 5.3, page 93. But the bromine compounds do not present the variety that the chlorine compounds do and have not been investigated as thoroughly. The same can be said for organic ammonium and other onium bromomanganates(II) described in chapter 6.2.2. Bromomanganates of Mn^{III} and Mn^{IV} are not known.

6.2.1 Verbindungen von Mangan mit Brom, Metallen der 1. Hauptgruppe und Ammonium

Compounds of Manganese with Bromine, Alkali Metals, and Ammonium

6.2.1.1 Das System LiBr-$MnBr_2$

The LiBr-$MnBr_2$ System

LiBr und $MnBr_2$ bilden eine lückenlose Reihe von Mischkristallen mit einem Schmelzpunktsminimum bei 539°C und etwa 35 Mol-% $MnBr_2$, s. **Fig. 99**. Die Lage der Soliduskurve, die aus Aufheizkurven von vorher 3 d bei 500°C getemperten Proben erhalten wurde, besitzt eine Unsicherheit von ±5°C.

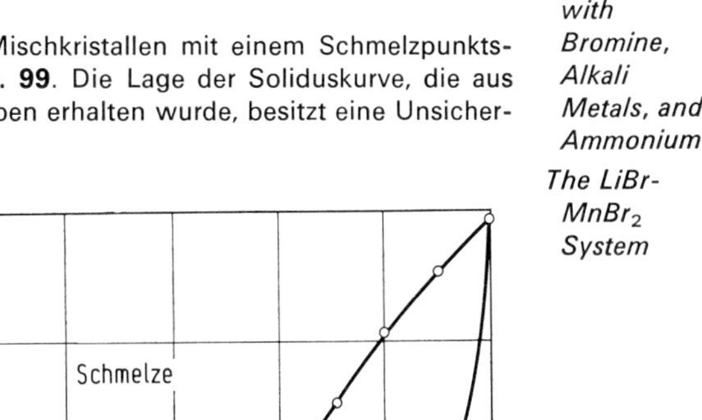

Fig. 99

Schmelzkurve des Systems LiBr-$MnBr_2$.

Die Struktur des hexagonalen $MnBr_2$ vom CdJ_2-Typ wird schon bei einem geringen Zusatz von LiBr (etwa 0.01 Mol-%) in die rhomboedrische Struktur vom $CdCl_2$-Typ umgewandelt. Gitterkonstanten bei hexagonaler Aufstellung (im Falle von LiBr bei gleichzeitiger Halbierung der hexagonalen a-Achse und Verdoppelung der c-Achse) aus Pulveraufnahmen:

Mol-% LiBr	0	≈0.01	25	60	100
a in Å	3.869	3.872	3.889	3.890	3.886
c in Å	18.813	18.850	19.051	19.056	19.039

Das Molvolumen der Mischkristalle besitzt ein Maximum mit V_{mol} = 50.135 cm^3/mol bei 70 Mol-% LiBr (reines LiBr: 50.005 cm^3/mol, reines $MnBr_2$: 48.975 cm^3/mol), H.-J. Seifert, E. Dau (Z. Anorg. Allgem. Chem. **391** [1972] 302/12, 309).

6.2.1.2 Li_2MnBr_4 und $Li_2MnBr_4 \cdot 10(C_2H_5)_2O$ (= 2 LiBr · $MnBr_2$, 2 LiBr · $MnBr_2 \cdot 10(C_2H_5)_2O$)

Li_2MnBr_4 and $Li_2MnBr_4 \cdot 10(C_2H_5)_2O$

Bei der Reaktion von metallischem Mn mit Br_2 in einer gesättigten Lösung von LiBr (120 g/l) in wasserfreiem Diäthyläther unter Ausschluß von Luftfeuchtigkeit entsteht eine rötliche Li_2MnBr_4-Lösung. Aus dieser Lösung lassen sich Kristalle von $Li_2MnBr_4 \cdot 10(C_2H_5)_2O$ abscheiden, die nach Umkristallisation aus Äther völlig farblos sind, an der Luft rauchen und im Vakuum den Äther abgeben [1]. Außerdem kann Li_2MnBr_4 dargestellt werden, indem man ätherische LiBr-Lösung 1 h bei 20°C auf überschüssiges wasserfreies $MnBr_2$ einwirken läßt, die farblose Lösung vom nicht umgesetzten $MnBr_2$ abfiltriert und den Äther vollständig abdampft [2, S. 30], vgl. auch [3].

Mit $LiAlH_4$ in leichtem Überschuß reagiert Li_2MnBr_4 in ätherischer Lösung bei −80°C unter Bildung von $Mn(AlH_4)_2$ und LiBr [2, S. 37], [3]. Bei gewöhnlicher Temperatur entsteht ein schwarzer, pyrophorer Niederschlag nach $Li_2MnBr_4 + 2\,LiAlH_4 \rightarrow Mn + 2\,Al + 4\,LiBr + 4\,H_2$ [2, S. 37]. Bei der Reaktion von $LiBH_4$ mit Li_2MnBr_4 in Äther bei gewöhnlicher Temperatur bildet sich ein Gemisch nicht identifizierter Produkte [2, S. 40].

Die Löslichkeit von Li_2MnBr_4 in Diäthyläther beträgt 0.59 mol/l Lösung bei 25°C [2, S. 54].

Literatur:

[1] J. R. Masaguer, A. Bustelo, M. Carballo (Anales Real Soc. Espan. Fis. Quim. [Madrid] B **55** [1959] 835/8). — [2] G. Monnier (Ann. Chim. [Paris] [13] **2** [1957] 14/57). — [3] J. Aubry, G. Monnier (Compt. Rend. **238** [1954] 2534/5).

The NaBr-$MnBr_2$ System

6.2.1.3 Das System NaBr-$MnBr_2$

Das System ist einfach-eutektisch mit dem Eutektikum bei 413°C und 41.0 Mol-% $MnBr_2$, H.-J. Seifert, E. Dau (Z. Anorg. Allgem. Chem. **391** [1972] 302/12, 305).

The KBr-$MnBr_2$ System

6.2.1.4 Das System KBr-$MnBr_2$

Wie das Zustandsdiagramm in **Fig. 100** zeigt, treten im System die beiden inkongruent schmelzenden Verbindungen K_4MnBr_6 und $KMnBr_3$ (s. unten und S. 293) auf. Die zugehörigen Peritektika befinden sich bei 385°C (im Text 358°C, vermutlich Druckfehler) und 49.0 Mol-% $MnBr_2$ bzw. 344°C und 31.5 Mol-% $MnBr_2$. Das Eutektikum liegt bei 326°C und 34.0 Mol-% $MnBr_2$, H.-J. Seifert, E. Dau (Z. Anorg. Allgem. Chem. **391** [1972] 302/12, 304).

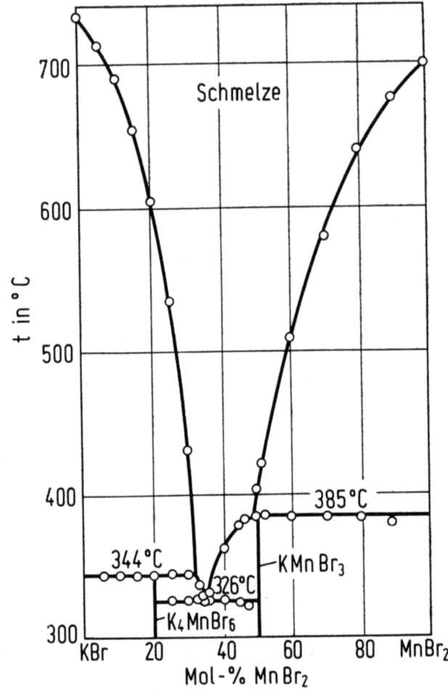

Fig. 100

Zustandsdiagramm des Systems KBr-$MnBr_2$.

K_4MnBr_6

6.2.1.5 K_4MnBr_6 (=4 KBr · $MnBr_2$)

Zur Lage der rosafarbigen, hygroskopischen Verbindung im System KBr-$MnBr_2$ s. oben. — Zur Darstellung wird die erstarrte Schmelze entsprechender Zusammensetzung homogenisiert und eine Woche dicht unterhalb der peritektischen Temperatur (344°C) getempert.

K_4MnBr_6 kristallisiert rhomboedrisch und ist mit K_4CdCl_6 isotyp wie K_4MnCl_6 (s. S. 113). Aus Pulveraufnahmen erhaltene hexagonale Gitterkonstanten: a = 12.68, c = 15.53 Å; Z = 6. Raumgruppe: $R\bar{3}c-D_{3d}^6$ (Nr. 167). — Pyknometrisch bestimmte und Röntgendichte D_4^{25} = 3.18 g/cm³, H.-J. Seifert, E. Dau (Z. Anorg. Allgem. Chem. **391** [1972] 302/12, 306, 311).

6.2.1.6 $KMnBr_3$ (= KBr · $MnBr_2$)

$KMnBr_3$

Die hygroskopische Verbindung tritt im System KBr-$MnBr_2$ auf, s. S. 292. — Zur Darstellung wird die erstarrte Schmelze entsprechender Zusammensetzung homogenisiert und etwa eine Woche kurz unterhalb der peritektischen Temperatur (385°C) getempert.

$KMnBr_3$ kristallisiert rhombisch im NH_4CdCl_3-Typ (s. „Cadmium" Erg.-Bd., S. 690). Aus Pulveraufnahmen erhaltene Gitterkonstanten: a = 9.185, b = 4.026, c = 15.48 Å; Z = 4. Raumgruppe: Pnma-D_{2h}^{16} (Nr. 62). Die Struktur besteht aus Ketten von kantenverknüpften $MnBr_6$-Oktaedern, die jeweils eine weitere Kante mit den Oktaedern einer zweiten Kette gemeinsam haben, so daß Doppelsäulen || [001] entstehen, in denen die Mn^{2+}-Ionen für sich allein betrachtet eine Zickzackkette bilden. Die einzelnen Doppelsäulen werden durch die K^+-Ionen zusammengehalten, denen ihrerseits jeweils neun Br^--Ionen benachbart sind. Der Aufbau des Strukturtyps ist so angelegt, daß er durch asymmetrische Wirkung der Mn^{2+}-Ionen auf die Br^--Ionen einen Gewinn an Polarisationsenergie ermöglicht, gleichzeitig aber dem Alkali-Ion eine seiner Größe angepaßte Umgebung verschafft.

Dichte (pyknometrisch) D_4^{25} = 3.85, Röntgendichte 3.87 g/cm³. — Das effektive magnetische Moment beträgt μ_{eff} = 5.67, 5.63 und 5.43 μ_B bei 293, 195 bzw. 86 K und entspricht damit annähernd dem spin-only-Wert für fünf ungepaarte Elektronen (5.91 μ_B), H.-J. Seifert, E. Dau (Z. Anorg. Allgem. Chem. **391** [1972] 302/12, 304, 306, 311).

6.2.1.7 Das System KBr-$MnBr_2$-H_2O

The KBr-$MnBr_2$-H_2O System

Zusammensetzung gesättigter Lösungen, Bodenkörper sowie Dichte D und Viskosität η der Lösungen bei 25°C:

Gew.-% $MnBr_2$ . . .	6.1	24.3	41.8	53.5	56.8	57.8	59.3
Gew.-% KBr	34.5	17.9	12.5	11.2	10.5	7.8	4.1
Bodenkörper		KBr			KBr + $MnBr_2 \cdot 4\ H_2O$	$MnBr_2 \cdot 4\ H_2O$	
D in g/cm³	1.3905	1.4853	1.7432	2.0321	2.0817	2.0482	2.0113
η in cP	1.23	3.65	10.48	19.91	24.11	21.26	17.48

Bei 0°C befindet sich der invariante Punkt bei einer Zusammensetzung der Lösung von 53.7 Gew.-% $MnBr_2$ und 7.7 Gew.-% KBr, ihre Dichte beträgt 1.9375 g/cm³ und die Viskosität 25.81 cP. Bei 50°C: 60 Gew.-% $MnBr_2$ und 13.8 Gew.-% KBr mit D = 2.1803 g/cm³ und η = 18.63 cP. Weitere Werte für 0 und 50°C s. im Original. An den invarianten Punkten haben Dichte und Viskosität ein Maximum, A. I. Agaev, V. A. Alliev, A. I. Dzhabarov (Uch. Zap. Azerb. Gos. Univ. Ser. Khim. Nauk **1971** Nr. 3, S. 13/7; C.A. **78** [1973] Nr. 20482).

6.2.1.8 $(NH_4)_2MnBr_4 \cdot H_2O$-$NH_4Br$-Mischkristalle

$(NH_4)_2MnBr_4 \cdot H_2O$-$NH_4Br$ Solid Solutions

Beim Einengen wäßriger Lösungen aus $MnBr_2$ und NH_4Br kristallisieren nacheinander fast reines NH_4Br, $(NH_4)_2MnBr_4 \cdot H_2O$-$NH_4Br$-Mischkristalle und schließlich reines $MnBr_2 \cdot 4H_2O$ aus, F. Ephraim, S. Model (Z. Anorg. Allgem. Chem. **67** [1910] 376/8).

6.2.1.9 Das System RbBr-$MnBr_2$

The RbBr-$MnBr_2$ System

In dem System treten nach DTA-Untersuchungen die kongruent bei 452 bzw. 424°C schmelzenden Verbindungen $RbMnBr_3$ und Rb_2MnBr_4 auf, s. **Fig. 101**, S. 294. Lage der Eutektika: 443°C und 55.0 Mol-% $MnBr_2$, 408°C und 38.0 Mol-% $MnBr_2$, 407°C und 30.5 Mol-% $MnBr_2$. Die Verbindung Rb_2MnBr_4 ist unterhalb 221°C instabil. Nach Röntgen-Pulveraufnahmen zerfällt sie mit geringer Geschwindigkeit in ein Gemisch von $RbMnBr_3$ und RbBr, H.-J. Seifert, E. Dau (Z. Anorg. Allgem. Chem. **391** [1972] 302/12, 303).

The RbBr-$MnBr_2$ System

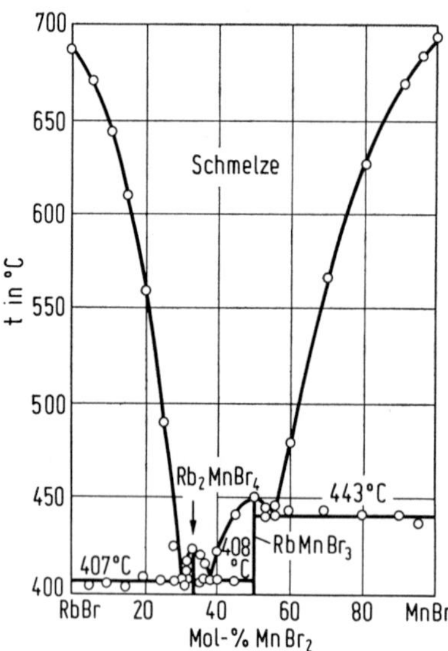

Fig. 101

Zustandsdiagramm des Systems RbBr-$MnBr_2$.

Rb_2MnBr_4

6.2.1.10 Rb_2MnBr_4 (= 2 RbBr · $MnBr_2$)

Die grüngelbe, hygroskopische Verbindung tritt im System RbBr-$MnBr_2$ auf, s. S. 293. Sie ist jedoch nur zwischen 221°C und dem Schmelzpunkt t_f = 424°C beständig; unterhalb 221°C ist sie metastabil und wandelt sich langsam in eine rosafarbene Substanz um, deren Röntgendiagramm bei gewöhnlicher Temperatur neben schwachen Fremdlinien die Linien von $RbMnBr_3$ und RbBr zeigt. Der Zerfall wird durch UV-Licht und Röntgenstrahlen beschleunigt; dabei tritt starke grüne Lumineszenz auf, die bei vollständiger Zersetzung verschwindet. Aus dem Vergleich des Reflexionsspektrums mit den Spektren von Verbindungen, für die eine tetraedrische Umgebung des Mn^{2+} gesichert ist, sowie aus dem Auftreten der antisymmetrischen Mn-Br-Valenzschwingung im fernen IR bei 230 cm^{-1} wird auf das Vorhandensein von $MnBr_4$-Koordinationstetraedern geschlossen, H.-J. Seifert, E. Dau (Z. Anorg. Allgem. Chem. **391** [1972] 302/12, 303, 307).

$RbMnBr_3$

6.2.1.11 $RbMnBr_3$ (= RbBr · $MnBr_2$)

Die hygroskopische Verbindung tritt im System RbBr-$MnBr_2$ auf (s. S. 293). — Zur Darstellung werden stöchiometrische Mengen Rb- und Mn-Carbonat in wäßriger HBr-Lösung gelöst, die Lösung eingedampft und der Rückstand in einer Atmosphäre von wasserfreiem HBr geschmolzen [1].

Die Verbindung kristallisiert hexagonal im $CsNiCl_3$-Typ (s. „Nickel" B, S. 1102) wie $CsMnBr_3$ (s. S. 297) [1, 2]. Gitterkonstanten: a = 7.462, c = 6.543 Å aus Röntgenuntersuchungen; a = 7.36, c = 6.52 Å bei 4.5 K aus Neutronenbeugungsmessungen [2]; Z = 2 [1, 2]. Raumgruppe: $P6_3/mmc$-D_{6h}^4 (Nr. 194) [1, 2]. Die Mn^{2+}-Ionen befinden sich auf der Lage 2a (0, 0, 0 usw.), die Rb^+-Ionen auf 2c (1/3, 2/3, 1/4 usw.) und die Br^--Ionen auf 6h (x, 2x, 1/4 usw.) mit x = 0.164 bei 4.5 K [1]. $MnBr_6$-Oktaeder sind über gemeinsame Flächen zu Ketten längs [001] verknüpft. Der Mn-Br-Abstand beträgt ungefähr 2.64 Å [2].

Dichte (pyknometrisch) D_4^{25} = 3.98, Röntgendichte 4.00 g/cm^3, Schmelzpunkt: t_f = 452°C [2]

Unterhalb T_N = 8.8 ± 0.1 K sind die Mn^{2+}-Momente spiralenförmig in der Basisebene angeordnet. In [001]-Richtung benachbarte Mn-Ionen sind antiferromagnetisch gekoppelt, |J| = 12 K. Die Extrapolation des Moments auf T→0 ergibt den auffallend kleinen Wert 3.6 ± 0.15 μ_B, der vermutlich durch starke Spinwellenabweichung bedingt ist. Oberhalb T_N fällt die reziproke Suszeptibilität $1/\chi$

bis etwa 75 K ab und steigt dann (bis 298 K gemessen) in üblicher Weise an [1]. Demgegenüber finden Seifert, Dau [2] einen Anstieg des magnetischen Moments von 3.15 μ_B bei 86 K auf 4.13 und 4.48 μ_B bei 195 und 293 K. — Die rosafarbenen Nädelchen von $RbMnBr_3$ sind optisch einachsig [2].

Literatur:

[1] C. J. Glinka, V. J. Minkiewicz, D. E. Cox, C. P. Khattak (AIP [Am. Inst. Phys.] Conf. Proc. Nr. 10 [1972] 659/63, 660). — [2] H.-J. Seifert, E. Dau (Z. Anorg. Allgem. Chem. **391** [1972] 302/12, 306).

6.2.1.12 $Rb_2MnBr_4 \cdot 2H_2O$ (= $2RbBr \cdot MnBr_2 \cdot 2H_2O$)

$Rb_2MnBr_4 \cdot 2H_2O$

Einkristalle können durch langsames Eindunsten wäßriger Lösungen von stöchiometrischen Mengen RbBr und $MnBr_2$ bei gewöhnlicher Temperatur dargestellt werden [1, 2]. Sie zeigen Abmessungen von etwa 1 × 1 × 1.5 mm [2]. — $Rb_2MnBr_4 \cdot 2H_2O$ ist isotyp mit $Cs_2MnBr_4 \cdot 2H_2O$ (s. S. 299), $Rb_2MnCl_4 \cdot 2H_2O$ und $Cs_2MnCl_4 \cdot 2H_2O$ (s. S. 140 und 156) [2], [5, S. 33]. Es kristallisiert triklin, Raumgruppe $P\bar{1}$-C_i^1 (Nr. 2); Z = 1 [3]. Die Gitterkonstanten sind annähernd ebenso groß wie bei $Rb_2MnCl_4 \cdot 2H_2O$ [5, S. 33].

Die Wärmekapazität C_p (in cal · mol^{-1} · K^{-1}), im Temperaturbereich von flüssigem He kalorimetrisch bestimmt, zeigt eine Anomalie bei der Néel-Temperatur T_N = 3.33 K. Bei T = 1.3 K ist $C_p \approx 0.8$, anschließend steigt C_p mit zunehmender Temperatur erst langsam, in der Nähe von T_N steil an; so ist beispielsweise C_p = 2.0, 3.0, 4.5 und 5.8 bei 2.0, 2.6, 3.0 und 3.2 K (alle C_p-Werte aus graphischer Darstellung abgeschätzt). In diesem Bereich gilt die Näherungsgleichung $C_p = 0.45\,T^{2.03}$. Oberhalb T_N fallen die Werte für C_p erst sehr steil, dann sehr allmählich ab: bei T = 3.4, 4.0 und 5.2 K ist C_p = 2.9, 1.2 bzw. 1.0 [1]. — Der Anteil an der Entropie, der durch die Änderung der magnetischen Ordnung bedingt ist, wird zu insgesamt ΔS_m = 3.60 cal · mol^{-1} · K^{-1} aus dem Temperaturverlauf der Wärmekapazität errechnet, in guter Übereinstimmung mit dem theoretischen Wert ΔS_m = 3.56 cal · mol^{-1} · K^{-1}. Annähernd 25% von ΔS_m entfallen auf den Temperaturbereich oberhalb des Umwandlungspunktes [1].

Bei etwa 3.3 K geht $Rb_2MnBr_4 \cdot 2H_2O$ in den antiferromagnetischen Zustand über. Im geordneten Zustand sind die magnetischen Momente parallel zu den Verbindungslinien zwischen den Mn-Ionen und den O-Atomen der H_2O-Moleküle ausgerichtet [3]. NMR-Messungen am ^{85}Rb ergeben, daß das Mittel aus der Temperatur, bei der die Resonanzlinien im geordneten Zustand zusammenfallen, und aus der Temperatur, bei der die Intensität der Quadrupolresonanz im paramagnetischen Zustand verschwindet, $T_N = 3.363 \pm 0.005$ K beträgt. Die Temperaturabhängigkeit der Untergittermagnetisierung M(T) läßt sich in der Nähe von T_N darstellen durch $M(T)/M(0) = C(1 - T/T_N)^{\beta}$. Die ^1H- und ^{85}Rb-NMR-Daten zwischen 0.8 T_N und 0.997 T_N führen auf C = 1.39, $\beta = 0.29 \pm 0.02$ [5, S. 43]. — Aus Messungen in Magnetfeldern bis 32 kOe geht hervor, daß die Néel-Temperatur bis 20 kOe nur wenig, darüber etwas stärker gesenkt wird, so daß $T_N = 3.35 \pm 0.03$ K bei H = 0 extrapoliert werden kann. Unterhalb des Tripelpunkts (2.5 K, 24 kOe) wird durch ein Magnetfeld in Richtung der O-Mn-O-Bindung zunächst (bei 22 bis 24 kOe) ein Umkippen der Momente bewirkt, und bei 24 bis 31 kOe erfolgt der Übergang in den paramagnetischen Zustand. Ist das Feld senkrecht zu den O-Mn-O-Bindungen orientiert, so findet kein Spin-Flop statt. Aus den auf T → 0 K extrapolierten Umwandlungsfeldstärken ergibt sich das Austauschfeld zu 24 kOe, das Anisotropiefeld zu 18 kOe [2]. Diskussion des magnetischen Phasendiagramms nach NMR-Untersuchungen auch bei Swüste u. a. [5, S. 46/7]; dort wird H_E = 25, H_A = 19 kOe angegeben.

Die kernmagnetische Resonanz der Protonen wird im antiferromagnetischen Zustand ohne äußeres Feld bei etwa 19 und 20 MHz (0.35 K) beobachtet (Temperaturabhängigkeit s. Figur im Original); die lokalen Felder (an den Protonen) sind dem Betrag und der Richtung nach denjenigen in der Cl-Verbindung sehr ähnlich [5, S. 33/5]. — Die für Br erwarteten vier Kernquadrupolresonanzfrequenzen (^{79}Br, ^{81}Br auf nichtäquivalenten Plätzen Br(1) und Br(2)) werden im paramagnetischen Zustand nicht beobachtet. Im antiferromagnetischen Zustand ohne äußeres Feld werden zwölf Resonanzfrequenzen gemessen (24 bis 58 MHz bei 0.35 K, Temperaturabhängigkeit bis $\lessapprox 2$ K s. Figur im Original). Hiernach werden für $^{79}Br(1)$ und $^{79}Br(2)$ angegeben $\nu_Z = \gamma(^{79}Br)H/2\pi = 44.25$

$Rb_2MnBr_4 \cdot 2H_2O$

bzw. 39.74 MHz (vermutlich für 1.1 K), wobei γ = gyromagnetisches Verhältnis, H = inneres Magnetfeld, $\nu_Q = e^2qQ(1+{}^1/_3\eta^2)^{1/2}/2\,h$ = 41.23 bzw. 29.91 MHz, Asymmetrieparameter η = 0.36 bzw. 0.26. Für den isotropen Anteil der übertragenen Hyperfeinwechselwirkung folgt A_s = 6.57 bzw. 5.81×10^{-4} cm^{-1}, für die zugehörige Spindichte f_s = 0.43 bzw. 0.38%. Der mit e^2qQ/h = 80.7 bzw. 59.16 MHz und einem atomaren Vergleichswert von 769.76 MHz gebildete Parameter f_Q (s. auch „Mangan" C 4, S. 142) ergibt sich zu 10.5 bzw. 7.7% [5, S. 35/6, 54/5]. — Für Rb werden im paramagnetischen Zustand ohne äußeres Feld drei reine Quadrupolresonanzen beobachtet (zwei für ^{85}Rb, eine für ^{87}Rb). Im antiferromagnetischen Zustand werden 14 Resonanzlinien zwischen 1.0 und 9.5 MHz gefunden (acht für ^{85}Rb, sechs für ^{87}Rb, Temperaturabhängigkeit s. Figur im Original). Hiernach wird für ^{87}Rb ($I = {}^3/_2$) angegeben $\nu_Z = \gamma(^{87}Rb)H/2\pi$ = 2.814 MHz (1.15 K), ν_Q = 2.567 MHz (Formel wie im Falle von Br, s. oben), η = 0.69 [5, S. 38/42].

Literatur:

[1] H. Forstat, J. N. McElearney, P. T. Bailey (Proc. 11th Intern. Conf. Low Temp. Phys., St. Andrews, Scot., 1968 [1969], Bd. 2, S. 1349/52). — [2] K. Carrander (Phys. Scr. **7** [1973] 295/7). — [3] K. Carrander, L. A. Hoel (Phys. Scr. **4** [1971] 135/6). — [4] S. J. Jensen (Acta Chem. Scand. **18** [1964] 2085/97, 2088). — [5] C. H. W. Swüste, W. J. M. de Jonge, J. A. G. W. van Meijel (Physica **76** [1974] 21/58).

The $CsBr$-$MnBr_2$ System

6.2.1.13 Das System $CsBr$-$MnBr_2$

Nach DTA-Untersuchungen treten in dem System die beiden kongruent bei 554 bzw. 518°C schmelzenden Verbindungen $CsMnBr_3$ und Cs_2MnBr_4 auf, s. **Fig. 102**. Lage der Eutektika: 512°C und 65.5 Mol-% $MnBr_2$, 502°C und 38.5 Mol-% $MnBr_2$, 487°C und 24.5 Mol-% $MnBr_2$. Die Verbindung Cs_2MnBr_4 ist nur zwischen 117°C und dem Schmelzpunkt stabil; unterhalb 117°C zerfällt sie langsam in ein Gemisch von $CsMnBr_3$ und CsBr, wie an Hand von Röntgen-Pulveraufnahmen festgestellt wird, H.-J. Seifert, E. Dau (Z. Anorg. Allgem. Chem. **391** [1972] 302/12, 303). Die Verbindung Cs_3MnBr_5 (s. unten) wird nicht beobachtet.

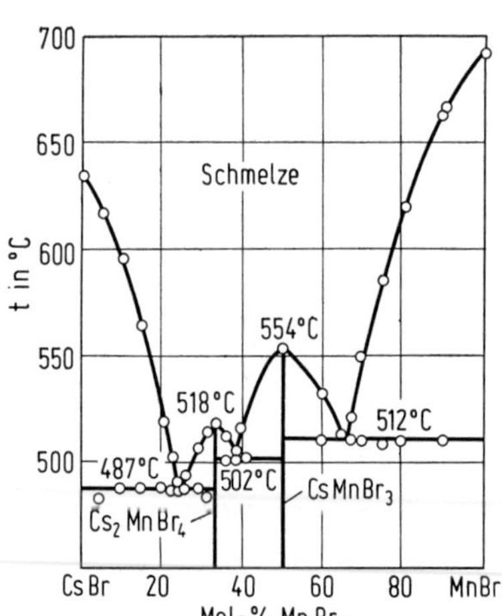

Fig. 102

Zustandsdiagramm des Systems $CsBr$-$MnBr_2$.

Cs_3MnBr_5

6.2.1.14 Cs_3MnBr_5 (= 3 CsBr · $MnBr_2$)

Die grünlichgelbe Verbindung wird durch Zusammenschmelzen stöchiometrischer Mengen von $MnBr_2$ und CsBr bei 650°C in evakuierten Quarzampullen dargestellt. Ausgangsprodukte und Endprodukt müssen in trocknem Ar gehalten werden.

Cs_3MnBr_5 kristallisiert tetragonal, Raumgruppe I4/mcm-D_{4h}^{18} (Nr. 140). Aus Pulveraufnahmen bestimmte Gitterkonstanten: a = 9.596 ± 0.006, c = 15.57 ± 0.01 Å; Z = 4. Die Verbindung ist wie Cs_3MnCl_5 (s. S. 148) mit Cs_3CoCl_5 isotyp. — Dichte (Immersionsmethode) D = 3.23 ± 0.06, Röntgendichte 3.95 g/cm³, M. Amit, A. Horowitz, E. Ron, J. Makovsky (Israel J. Chem. **11** [1973] 749/63, 749).

6.2.1.15 Cs_2MnBr_4 (= 2 CsBr · $MnBr_2$)

Cs_2MnBr_4

Die Verbindung tritt im System CsBr-$MnBr_2$ auf, s. S. 296. — Zur Darstellung wird ein Gemisch stöchiometrischer Mengen CsBr und $MnBr_2$ auf etwa 650°C im evakuierten Quarzrohr erhitzt und die Schmelze mit einer Geschwindigkeit von 10 grd/h auf gewöhnliche Temperatur abgekühlt. Die in der gelben Kristallmasse eingebetteten Einkristalle werden aussortiert und wegen der großen Empfindlichkeit gegenüber Luftfeuchtigkeit über P_2O_5 aufbewahrt [1].

Cs_2MnBr_4 kristallisiert rhombisch und ist mit Cs_2ZnBr_4 und Cs_2CuBr_4 isotyp. Gitterkonstanten: a = 10.150 ± 0.023, b = 7.806 ± 0.011, c = 13.70 ± 0.08 Å; Z = 4. Raumgruppe Pnma-D_{2h}^{16} (Nr. 62). Atomlagen (Ursprung bei $\bar{1}$; Standardabweichungen in Klammern) [1]:

Atom	Punktlage	x	y	z
Cs(1)	4c	0.1315(11)	0.25	0.0975(10)
Cs(2)	4c	−0.0200(8)	0.25	0.6749(9)
Mn	4c	0.2291(18)	0.25	0.4239(19)
Br(1)	4c	−0.0121(18)	0.25	0.4061(19)
Br(2)	4c	0.3166(18)	0.25	0.5907(19)
Br(3)	8d	0.3222(11)	0.5024(16)	0.3440(13)

Die Kristalle bauen sich aus Cs^+- und leicht verzerrten tetraedrischen $MnBr_4^{2-}$-Ionen auf [1, 2]. Jedes Cs(1) hat elf Br-Atome als nächste Nachbarn, jedes Cs(2) neun Br-Atome. Mittlerer Cs(1)-Br-Abstand: 4.04 Å, Cs(2)-Br: 3.75 Å. Weitere Atomabstände und Bindungswinkel s. im Original [1].

Nach der Auftriebsmethode bestimmte Dichte D_0 = 3.81; Röntgendichte 3.92 g/cm³ [1]. Schmelzpunkt t_f = 518°C [2]. — Die Verbindung ist grüngelb [2] bis gelb [1]. Im fernen IR tritt die Linie der antisymmetrischen Mn-Br-Valenzschwingung der tetraederförmigen $MnBr_4$-Gruppe bei 230 cm^{-1} auf [2], s. auch S. 288.

Cs_2MnBr_4 ist unterhalb 117°C metastabil. Der bei gewöhnlicher Temperatur äußerst langsam erfolgende Zerfall wird durch Einwirkung von UV-Licht oder Röntgenstrahlung beschleunigt. Dabei tritt bis zur vollständigen Zersetzung der Verbindung starke grüne Lumineszenz auf. Es entsteht eine rosafarbene Substanz, deren Röntgendiagramm die Linien von $CsMnBr_3$ (s. unten) und CsBr neben schwachen Fremdlinien aufweist [2]. — Cs_2MnBr_4 ist hygroskopisch [1, 2].

Literatur:

[1] J. Goodyear, G. A. Steigmann, D. J. Kennedy (Acta Cryst. B **28** [1972] 1231/3). — [2] H.-J. Seifert, E. Dau (Z. Anorg. Allgem. Chem. **391** [1972] 302/12, 303, 307).

6.2.1.16 $CsMnBr_3$ (= CsBr · $MnBr_2$)

$CsMnBr_3$

Die rosafarbige Verbindung tritt im System CsBr-$MnBr_2$ auf, s. S. 296. — Zur Darstellung werden stöchiometrische Mengen Cs_2CO_3 und $MnCO_3$ in verdünnter wäßriger HBr-Lösung gelöst und die Lösung unter einer IR-Lampe vorsichtig unter Vermeidung hydrolytischer Zersetzung zur Trockne eingedampft. Das pulverisierte Produkt wird in einem Graphitgefäß 3 h auf eine Temperatur unmittelbar oberhalb seines Schmelzpunkts in einer Atmosphäre von wasserfreiem, gereinigtem HBr-Gas erhitzt und dann in einem trocknen He-Strom abgekühlt. Einkristalle von 1.5 bis 2 cm *Preparation*

CsMnBr₃ Preparation

Länge werden aus dem Pulver nach der Methode von Bridgman gezüchtet: Ziehgeschwindigkeit 1 bis 3 mm/h, Temperaturgradient ungefähr 10 grd/cm [1]. McPherson, Chang [2] stellen $CsMnBr_3$ durch Entwässern des Hydrats (s. S. 300) bei 600°C im HBr-Strom dar, vgl. auch [6]. Goodyear, Kennedy [3] erhitzen ein stöchiometrisches Gemisch von CsBr und $MnBr_2$ in einem evakuierten Quarzrohr auf eine Temperatur oberhalb des Schmelzpunkts. Die Schmelze wird mit 10 grd/h auf gewöhnliche Temperatur abgekühlt und die in der Kristallmasse enthaltenen Einkristalle wegen der großen Empfindlichkeit gegenüber Luftfeuchtigkeit in einem trocknen N_2-Strom ausgelesen und über P_2O_5 aufbewahrt [3].

Crystallographic Properties

Kristallographische Eigenschaften. $CsMnBr_3$ kristallisiert hexagonal im $CsNiCl_3$-Typ wie $RbMnBr_3$ (s. S. 294) [3 bis 5]. Gitterkonstanten in Å: a = 7.609 ± 0.015, c = 6.52 ± 0.05 [3]; a = 7.618, c = 6.519 [4]; a = 7.61_6, c = 6.51_6 [1]; bei 100 K werden die Gitterkonstanten aus Neutronenbeugungsaufnahmen zu a = 7.56_1 und c = 6.45_1 Å bestimmt [5]. Raumgruppe $P6_3/mmc-D_{6h}^4$ (Nr. 194) [3 bis 5]; Z = 2 [3, 4]. Der Parameter der Br-Atome wird zu x = 0.1617(10) [3] und 0.153 [4] bestimmt. Bei 100 K ist x = 0.1625 [5]. Die Cs- und Br-Atome bilden eine angenähert hexagonal dichteste Packung, so daß jedes Cs-Atom zwölf Br-Atome als nächste Nachbarn hat. Die Mn-Atome sind verzerrt oktaedrisch von sechs Br-Atomen umgeben. Die Mn-Br-Oktaeder sind über gemeinsame Flächen zu Ketten $(MnBr_3)_n^{n-}$ ∥[001] verbunden [3, 4]. Der Kettenabstand beträgt 7.6 Å und ist damit mehr als doppelt so groß wie der Abstand der Mn-Atome in den Ketten (3.2 Å) [5]. Der Mn-Br-Abstand beträgt 2.683(6) Å; Winkel Br(1)-Mn-Br(1) und Br(2)-Mn-Br(2) jeweils 86.9(0.2)°, der Winkel Br(1)-Mn-Br(2) beträgt 93.1 (0.2)°; weitere Atomabstände s. im Original [3].

Mechanical and Thermal Properties

Dichte D in g/cm³: bei 25°C (pyknometrisch) D_4 = 4.30 [3, 4], Röntgendichte D = 4.34 [3] und 4.33 [4]. Schmelzpunkt t_f = 554°C [4] bis 565 ± 10°C [1].

Die Wärmekapazität C_p steigt zwischen 2 und 30 K — abgesehen vom Maximum bei der Néel-Temperatur T_N = 8.30 ± 0.03 K — etwas stärker als bei $CsMgBr_3$; die Differenz entspricht dem magnetischen Anteil, der unterhalb 13 K praktisch linear mit der Temperatur zunimmt [5].

Magnetic Properties

Magnetische Eigenschaften. Unterhalb T_N sind die Mn-Momente innerhalb der Basisebene so angeordnet, daß sie Dreiecke bilden; längs [001] (d.h. innerhalb der Ketten) sind sie antiferromagnetisch gekoppelt, Austauschparameter: J = 9.6 K. Das Moment steigt zwischen T_N und 4.5 K nur auf 3.5 ± 0.3 μ_B. Die Temperaturabhängigkeit der Suszeptibilität ist in **Fig. 103** dargestellt; das breite Maximum bei etwa 90 K ist charakteristisch für Verbindungen, deren magnetische Struktur lineare Ketten aufweist [5]. Aus dem Anstieg von χ_{mol} zwischen 297 und 195 K (11.01 × 10^{-3} bis 14.07 × 10^{-3} cm³/mol) ergibt sich die Curie-Temperatur zu Θ_p = −167 ± 20 K, das effektive Moment zu 6.4 μ_B [6]. Von Seifert und Dau [4] wird eine Abnahme des Moments von 4.90 μ_B bei 293 K auf 3.27 μ_B bei 86 K gefunden.

Fig. 103

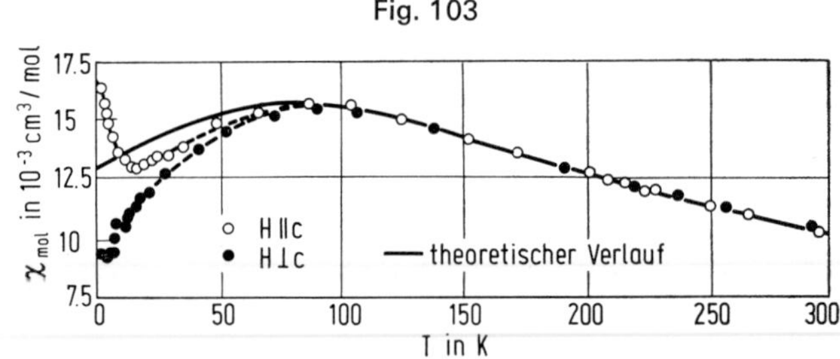

Temperaturabhängigkeit der Molsuszeptibilität χ_{mol} von $CsMnBr_3$ (H = 15.3 kOe).

Optical Properties

Das IR-Spektrum von festem $CsMnBr_3$ (Suspension in Nujol) zeigt im Bereich von 33 bis 400 cm⁻¹ Banden bei 190, 144, 99, 60 und 42 cm⁻¹. Während die drei höherfrequenten Banden von Mn-Br-Schwingungen herrühren, bei denen das Cs-Atom seine Lage beibehält, sind die den Banden bei 60 und 42 cm⁻¹ entsprechenden Schwingungen mit Translationen des Cs^+-Kations verbunden [2].

Chemisches Verhalten. $CsMnBr_3$ ist stark hygroskopisch [1, 4]. Quarz wird von geschmolzenem $CsMnBr_3$ dicht oberhalb des Schmelzpunkts nicht in nennenswertem Ausmaß angegriffen [1]. *Chemical Behavior*

Literatur:

[1] D. E. Cox, F. C. Merkert (J. Cryst. Growth **13/14** [1972] 282/4). — [2] G. L. McPherson, J. R. Chang (Inorg. Chem. **12** [1973] 1196/8). — [3] J. Goodyear, D. J. Kennedy (Acta Cryst. B **28** [1972] 1640/1). — [4] H.-J. Seifert, E. Dau (Z. Anorg. Allgem. Chem. **391** [1972] 302/12, 306). — [5] M. Eibschütz, R. C. Sherwood, F. S. L. Hsu, D. E. Cox (AIP [Am. Inst. Phys.] Conf. Proc. Nr. 10 [1972] 684/8).

[6] G. L. McPherson, H. S. Aldrich, J. R. Chang (J. Chem. Phys. **60** [1974] 534/7).

6.2.1.17 $Cs_2MnBr_4 \cdot 2H_2O$ ($= 2CsBr \cdot MnBr_2 \cdot 2H_2O$)

$Cs_2MnBr_4 \cdot 2H_2O$

Zur Darstellung von Einkristallen läßt man eine wäßrige Lösung stöchiometrischer Mengen CsBr und $MnBr_2$ bei gewöhnlicher Temperatur langsam eindunsten [1 bis 3].

$Cs_2MnBr_4 \cdot 2H_2O$ bildet nach [011] gestreckte blaßrosa Prismen. Entlang [011] wird häufig Zwillingsbildung beobachtet [3]. — Die Verbindung kristallisiert triklin und ist isotyp mit $Rb_2MnBr_4 \cdot 2H_2O$ (s. S. 295), $Rb_2MnCl_4 \cdot 2H_2O$ und $Cs_2MnCl_4 \cdot 2H_2O$ (s. S. 140 und 156) [1, 4]. Raumgruppe $P\bar{1}$-C_i^1 (Nr. 2); Z = 1 [2, 3]. Gitterkonstanten wurden bisher nicht bestimmt.

Die Wärmekapazität C_p (in $cal \cdot mol^{-1} \cdot K^{-1}$) von Einkristallen weist nach Messungen zwischen 1.2 und 5.2 K eine Anomalie bei der Néel-Temperatur $T_N = 2.82$ K auf. Im Bereich von 1.2 K bis T_N steigt C_p gemäß der Näherungsgleichung $C_p = 0.40\,T^{2.25}$. Oberhalb T_N fällt C_p zunächst sehr steil, dann allmählich auf etwa 1.0 bei 4 K und 0.8 im Bereich von 4.4 bis 5.2 K [1]. — Der Anteil an der Entropie, der durch die Änderung der magnetischen Ordnung bedingt ist, wird aus dem Temperaturverlauf der Wärmekapazität zu $\Delta S_m = 3.59$ $cal \cdot mol^{-1} \cdot K^{-1}$ abgeleitet; theoretisch berechneter Wert: 3.56 $cal \cdot mol^{-1} \cdot K^{-1}$. Von ΔS_m entfallen annähernd 26% auf den Bereich oberhalb der Néel-Temperatur [1].

Die Néel-Temperatur ergibt sich bei Magnetisierungsmessungen zu $T_N = 2.84$ K [2] in guter Übereinstimmung mit der Temperatur, bei der C_p ein Maximum aufweist [1]. Die Mn-Momente sind in Richtung der Mn-O-Bindungen orientiert. Aus der Sättigungsmagnetisierung parallel und senkrecht zu dieser Richtung ergibt sich das Austauschfeld zu $H_E = 18$ kOe, das Anisotropiefeld zu $H_A = 13$ kOe [2].

Die kernmagnetische Resonanz (NMR) der Protonen wird im antiferromagnetischen Zustand ohne äußeres Feld bei zwei Frequenzen beobachtet; die lokalen Felder (an den Protonen) sind dem Betrag und der Richtung nach denjenigen der entsprechenden Verbindung mit Cl sehr ähnlich [3]. — Die für Br erwarteten vier Kernquadrupolresonanzfrequenzen werden im paramagnetischen Zustand nicht beobachtet. Im antiferromagnetischen Zustand ergeben sich dagegen zwölf Linien. Hiernach werden für $^{79}Br(1)$ und $^{79}Br(2)$ angegeben (Symbole s. S. 296): $\nu_Z = 43.30$ bzw. 40.40 MHz (vermutlich für 1.1 K), $\nu_Q = 43.21$ bzw. 34.62 MHz, $\eta = 0.35$ bzw. 0.20. Für den isotropen Anteil der übertragenen Hyperfeinwechselwirkung folgt $A_s = 6.50$ bzw. 6.18×10^{-4} cm^{-1}, für die zugehörige Spindichte $f_s = 0.42$ bzw. 0.40%. Der mit $e^2qQ/h = 84.7$ bzw. 68.8 MHz und einem atomaren Vergleichswert von 769.76 MHz gebildete Parameter f_Q ergibt sich zu 11.0 bzw. 8.9% [3]. — Für ^{133}Cs ($I = 7/2$) wird bei 1.1 K eine sehr starke Resonanz bei 1.32 MHz beobachtet. Eine Aufspaltung in sieben Komponenten mit einem gegenseitigen Abstand von 15 kHz ist durch eine relativ kleine Quadrupolwechselwirkung bedingt. Hiernach werden angegeben $\nu_Z = \gamma(^{133}Cs)\,H/2\pi = 1.32$ MHz (1.15 K), $\nu_Q = e^2qQ(1 + 1/3\,\eta^2)^{1/2}/14\,h = 0.204$ MHz, $\eta = 0.81$ [3].

Literatur:

[1] H. Forstat, J. N. McElearney, P. T. Bailey (Proc. 11th Intern. Conf. Low Temp. Phys., St. Andrews, Scot., 1968 [1969], S. 1349/52). — [2] K. Carrander, L. A. Hoel (Phys. Scr. **4** [1971] 135/6). — [3] C. H. W. Swüste, W. J. M. de Jonge, J. A. G. W. van Meijel (Physica **76** [1974] 21/58, 33/7, 40, 54/5).

$CsMnBr_3 \cdot 2H_2O$

6.2.1.18 $CsMnBr_3 \cdot 2H_2O$ (= $CsBr \cdot MnBr_2 \cdot 2H_2O$)

Zur Darstellung wird eine wäßrige Lösung äquimolarer Mengen von CsBr und $MnBr_2$ [1] oder von CsBr und der doppelten molaren Menge von $MnBr_2 \cdot 4H_2O$ bei 30°C langsam eingedampft [2]. Swüste u.a. [4] empfehlen das Molverhältnis $MnBr_2 \cdot 4H_2O$ zu CsBr wie 6:1. — Die Verbindung ist isotyp mit $CsMnCl_3 \cdot 2H_2O$ (s. S. 158); Raumgruppe Pcca-D_{2h}^8 (Nr. 54). Gitterkonstanten: a = 9.61, b = 7.49, c = 11.94 Å [4].

Die Wärmekapazität weist im Bereich unterhalb 52 K eine sehr ähnliche Temperaturabhängigkeit auf wie diejenige von $CsMnCl_3 \cdot 2H_2O$ [3].

Die Néel-Temperatur ergibt sich aus der Protonenresonanz [4] und aus der Wärmekapazität [3] übereinstimmend zu $T_N = 5.75 \pm 0.1$ K. Für die Untergittermagnetisierung M(T) gilt unterhalb etwa 4 K, daß $1 - M(T)/M(0)$ proportional $T^{2.5}$ ist [4]. Der Austauschparameter wird aus C_p-Messungen zu $J_1/k = -2.6$ K abgeleitet; J_2 und J_3 sind gleich groß, dem Betrage nach 0.014 J_1 [3].

Die kernmagnetische Resonanz (NMR) der Protonen wird im antiferromagnetischen Zustand ohne äußeres Feld bei 11.57 und 11.82 MHz (1.15 K) beobachtet [4]. — Die für die Br-Kerne erwartete reine Kernquadrupolresonanz wird im paramagnetischen Zustand nicht beobachtet. Im antiferromagnetischen Zustand treten dagegen 20 Resonanzen zwischen 0.4 und 90 MHz auf (Temperaturabhängigkeit im Original), die durch verschiedene Übergänge in den beiden Isotopen ^{79}Br und ^{81}Br ($I = 3/2$) auf zwei nichtäquivalenten Plätzen Br(1) (Bindeglied zwischen den kettenförmig angeordneten Oktaedern) und Br(2) (in allgemeiner Lage) bedingt sind. Für $\nu_Z = \gamma(Br)H/2\pi$ und $\nu_Q = e^2qQ(1 + {}^1/_3\eta^2)^{1/2}/2h$ (Symbole s. S. 296) ergeben sich folgende Werte:

Kern	$^{79}Br(1)$	$^{79}Br(2)$	$^{81}Br(1)$	$^{81}Br(2)$
ν_Z in MHz*)	1.039	40.280	1.193	43.420
ν_Q in MHz	47.424	34.250	39.644	28.610
η	0.35	0.70	0.34	0.70

*) Vermutlich bei 1.15 K.

Für den isotropen Anteil der übertragenen Hyperfeinwechselwirkung folgt für $^{79}Br(2)$ $A_s = 5.84 \times 10^{-4}$ cm^{-1}, für die zugehörige Spindichte $f_s = 0.38\%$. Der mit $e^2qQ/h = 93.0$ (Br(1)) und 63.5 (Br(2), im Original vertauscht) und einem atomaren Vergleichswert von 769.76 MHz gebildete Parameter f_Q ergibt sich zu 12.1 bzw. 8.2% [4]. — Die Cs-NMR zeigt im antiferromagnetischen Zustand eine von der Richtung des äußeren Feldes abhängige Aufspaltung, woraus sich ein ∥[001] gerichtetes inneres Feld von 320 Oe (bei 1.15 K) ergibt. Die entsprechende Resonanz ohne äußeres Feld (178 kHz) wird nicht gefunden [4].

Die $CsMnBr_3 \cdot 2H_2O$-Kristalle geben im Vakuum bei gewöhnlicher Temperatur einen Teil ihres H_2O ab [2], zur vollständigen H_2O-Abspaltung werden sie in einem Strom von trocknem HBr auf 550 bis 600°C erhitzt [1].

Literatur:

[1] G. L. McPherson, H. S. Aldrich, J. R. Chang (J. Chem. Phys. **60** [1974] 534/7). — [2] P. Day, L. Dubicki (J. Chem. Soc. Faraday Trans. II **69** [1973] 363/76, 364). — [3] K. Kopinga (Phys. Rev. [3] B **16** [1977] 427/32). — [4] C. H. W. Swüste, W. J. M. de Jonge, J. A. G. W. van Meijel (Physica **76** [1974] 21/50, 25/33, 54/5).

Organic Ammonium and Other Onium Bromomanganates (II)

6.2.2 Bromomanganate(II) organischer Stickstoffbasen und anderer Onium-Verbindungen

$(C_nH_{2n+1}NH_3)_2MnBr_4$, $CH_3NH_3MnBr_3$

6.2.2.1 $(C_nH_{2n+1}NH_3)_2MnBr_4$ (n = 1 bis 3) und $CH_3NH_3MnBr_3$

$(CH_3NH_3)_2MnBr_4$ wird in wasserfreiem CH_3COOH als Lösungsmittel aus $MnBr_2$ und überschüssigem CH_3NH_3Br in Form von grüngelben Nadeln dargestellt [1]. Hygroskopisches **$(C_2H_5NH_3)_2MnBr_4$** und **$(C_3H_7NH_3)_2MnBr_4$** werden aus stöchiometrischen Mengen $MnBr_2$ und $C_2H_5NH_3Br$ bzw. $C_3H_7NH_3Br$ in 95%igem Alkohol dargestellt [2]. Einkristalle von $(C_2H_5NH_3)_2MnBr_4$

werden durch langsames Eindampfen wäßriger Lösungen von $MnBr_2$ (in größerem Überschuß) und $C_2H_5NH_3Br$ erhalten [3]. Aus den alkoholischen Lösungen können nur sehr schwer Einkristalle abgeschieden werden [2]. $(C_2H_5NH_3)_2MnBr_4$ bildet orangefarbene, flache Tafeln [3]. Nach Röntgen-Pulveraufnahmen sind die Verbindungen mit n = 2 und 3 mit den entsprechenden Cl-Verbindungen (s. S. 183) isotyp [2, 3].

Die Linienbreite ΔH der EPR bei $(C_2H_5NH_3)_2MnBr_4$ wurde bei 77 und 295 K als Funktion des Winkels zwischen Feldrichtung und [001] gemessen [2]. Bei der Untersuchung der Temperaturabhängigkeit ergab sich die Néel-Temperatur zu $T_N = 46 \pm 1$ K; bei etwa 160 K nimmt ΔH stark ab, vermutlich wegen einer Phasenumwandlung [3]. — Bei $(C_3H_7NH_3)_2MnBr_4$ nimmt ΔH zwischen 300 und 200 K allmählich ab, steigt aber unterhalb 150 K stark an bis zu einer kritischen Temperatur, die möglicherweise (wie beim Chloromanganat) bei etwa 40 K liegt [2].

$CH_3NH_3MnBr_3$ wird aus äquimolaren Mengen $MnBr_2$ und CH_3NH_3Br in Eisessig dargestellt und kann daraus in Form rosafarbener Nadeln umkristallisiert werden [1]. *CH_3NH_3Mn-Br_3*

Literatur:

[1] J. J. Foster, N. S. Gill (J. Chem. Soc. A **1968** 2625/9). — [2] R. D. WIllett, M. Extine (Phys. Letters A **44** [1973] 503/4). — [3] E. F. Riedel, R. D. Willett (Solid State Commun. **16** [1975] 413/6).

6.2.2.2 $[(CH_3)_2NH_2]_2MnBr_4$, $(CH_3)_2NH_2MnBr_3$ und ähnliche Verbindungen

$[(CH_3)_2$-$NH_2]_2$-$MnBr_4$. $(CH_3)_2$-NH_2MnBr_3 and Similar Compounds

$[(CH_3)_2NH_2]_2MnBr_4$ wird aus $MnBr_2$ und $(CH_3)_2NH_2Br$ (Molverhältnis 1:2) in Äthanol in Form grüngelber Nadeln dargestellt [1].

$(CH_3)_2NH_2MnBr_3$ wird aus überschüssigem $MnBr_2$ und $(CH_3)_2NH_2Br$ in Eisessig in Form rosafarbener Nadeln erhalten [1].

2-Methyl- und 2-Äthylpiperidiniumtetrabromomanganat $(RC_5H_9NH_2)_2MnBr_4$ ($R = CH_3$ bzw. C_2H_5) werden wie die Pyridinverbindung (s. S. 303) in Äthanol aus $MnBr_2$ und dem entsprechenden Piperidinderivat (Molverhältnis 1:2) in Gegenwart von überschüssigem HBr dargestellt. Sie zeigen grüne Lumineszenz, die für Verbindungen mit tetraedrischen $MnBr_4^{2-}$-Anionen charakteristisch ist. Sie sind in Wasser, Methanol, Äthanol und Acetonitril löslich [2].

Literatur:

[1] J. J. Foster, N. S. Gill (J. Chem. Soc. A **1968** 2625/9). — [2] I. Burić, K. Nikolić, A. Aleksić (Czech. J. Phys. B **27** [1977] 224/32, 224).

6.2.2.3 $(CH_3)_3NHMnBr_3$, $(CH_3)_3NHMnBr_3 \cdot 2H_2O$

$(CH_3)_3NH$-$MnBr_3$. $(CH_3)_3NH$-$MnBr_3 \cdot 2H_2O$

$(CH_3)_3NHMnBr_3$ wird aus $MnBr_2$ und $(CH_3)_3NHBr$ (Molverhältnis 1:1 und 1:2) in Eisessig erhalten und kann daraus in Form von rosafarbenen Nadeln umkristallisiert werden. (Die Verbindung $[(CH_3)_3NH]_2MnBr_4$ läßt sich aus $MnBr_2$ und $(CH_3)_3NHBr$ in Eisessig nicht darstellen, es entsteht immer $(CH_3)_3NHMnBr_3$) [1].

Einkristalle von $(CH_3)_3NHMnBr_3 \cdot 2H_2O$ werden durch langsames Eindunsten wäßriger Lösungen von $MnBr_2$ und $(CH_3)_3NHBr$ erhalten. Röntgenographische Untersuchungen zeigen, daß die Verbindung monoklin ist, Raumgruppe $P2_1/m$-C_{2h}^2 (Nr. 11) [2, 3]. Gitterkonstanten: a = 8.45, b = 7.65, c = 8.54 Å, $\beta = 91°56'$; Z = 2 [4]. — Die Wärmekapazität hat ein Maximum bei $T_N = 1.56 \pm 0.01$ K. Das breite Maximum bei etwas höheren Temperaturen (≈ 2 K) ist durch eine ferromagnetische Ordnung kurzer Reichweite bedingt [2], s. auch [3]. — Die Messung der Magnetisierung und der Suszeptibilität sowie die Analyse des NMR-Spektrums führen zu einem Modell mit vier Untergittern, in denen die Momente um 4° nach entgegengesetzten Seiten gegen [001] geneigt sind. In einem Feld von etwa 1.2 kOe werden die Momente zweier Untergitter gekippt, so daß ein resultierendes Moment in Richtung [010] zustande kommt [4]. Zur Anisotropie der Suszeptibilität s. auch [5].

Literatur:

[1] J. J. Foster, N. S. Gill (J. Chem. Soc. A **1968** 2625/9). — [2] S. Merchant, J. N. McElearney, G. E. Shankle, R. L. Carlin (Physica **78** [1974] 308/13). — [3] J. N. McElearney, G. E. Shankle, D. B. Losee, S. Merchant, R. L. Carlin (ACS Symp. Ser. Nr. 5 [1974] 194/204, 199, 201; C.A. **82** [1975] Nr. 179764). — [4] P. R. Newman, J. A. Cowen, R. D. Spence (AIP [Am. Inst. Phys.] Conf. Proc. Nr. 18 [1974] 391/5). — [5] I. Yamamoto, K. Nagata (J. Phys. Soc. Japan **43** [1977] 1581/8).

$[(CH_3)_4N]_2$-$MnBr_4$

6.2.2.4 $[(CH_3)_4N]_2MnBr_4$

Zur Darstellung werden alkoholische Lösungen von $MnBr_2$ und $(CH_3)_4NBr$ (Molverhältnis 1:2) vermischt [1, 2]. Die abgeschiedenen Kristalle werden aus Nitromethan oder Acetonitril umkristallisiert und können an der Luft getrocknet werden [1]. Die Bildung von $[(CH_3)_4N]_2MnBr_4$ in Äthanol ist vom Molverhältnis $(CH_3)_4NBr:MnBr_2$ weitgehend unabhängig, auch bei einem Verhältnis von 1:1 entsteht die Verbindung (und nicht $(CH_3)_4NMnBr_3$, s. S. 303) [2]. Durch vorsichtiges Eindampfen wäßriger Lösungen mit 2 mol $(CH_3)_4NBr$ und 1 mol $MnBr_2$ im Vakuum bei Zimmertemperatur wird die Verbindung von Oelkrug, Wölpl [3] dargestellt. Einkristalle werden durch langsames Eindunsten einer alkoholischen Lösung bei Zimmertemperatur erhalten [4].

$[(CH_3)_4N]_2MnBr_4$ bildet grüngelbe Nadeln [2] und ist isotyp mit rhombischem $[(CH_3)_4N]_2MCl_4$ (M = Zn, Ni und Co); Z = 4, Raumgruppe Pnma-D_{2h}^{16} (Nr. 62). Die Gitterkonstanten sind nicht bestimmt worden [5]. — Die Verbindung zeigt bei 6 K Fluoreszenz bei etwa 19000 cm^{-1} (aus graphischer Darstellung abgeschätzt) [4]. — Die magnetische Suszeptibilität folgt zwischen 1.3 und 300 K dem Curie-Gesetz. Das effektive magnetische Moment beträgt $\mu_{eff} = 5.72\ \mu_B$ [4].

Durch Wasser wird $[(CH_3)_4N]_2MnBr_4$ zersetzt; in Äthanol, Nitromethan, Acetonitril und Dimethylformamid ist die Verbindung sehr leicht und unzersetzt löslich. Die leicht gelbe Farbe der Lösungen in polaren organischen Lösungsmitteln ist durch die tetraedrischen $MnBr_4^{2-}$-Ionen bedingt, wie auf Grund des Absorptionsspektrums im sichtbaren bis nahen UV-Bereich geschlossen wird [1].

Literatur:

[1] C. Furlani, A. Furlani (J. Inorg. Nucl. Chem. **19** [1961] 51/60, 58). — [2] J. J. Foster, N. S. Gill (J. Chem. Soc. A **1968** 2625/9). — [3] D. Oelkrug, A. Wölpl (Ber. Bunsenges. Physik. Chem. **76** [1972] 680/6, 680). — [4] M. T. Vala, C. J. Ballhausen, R. Dingle, S. L. Holt (Mol. Phys. **23** [1972] 217/34, 218, 231). — [5] B. Morosin laut Vala u. a. [4].

$[(n$-$C_nH_{2n+1})_4$-$N]_2MnBr_4$

6.2.2.5 $[(n\text{-}C_nH_{2n+1})_4N]_2MnBr_4$, n = 2 bis 4

Die Verbindungen ähneln weitgehend der Methylverbindung (s. oben), so daß die wichtigsten Eigenschaften in der folgenden Tabelle zusammengefaßt werden können. Zur Darstellung werden in der Regel $(C_nH_{2n+1})_4NBr$ und $MnBr_2$ in einem geeigneten Lösungsmittel, das in der Tabelle angegeben ist, umgesetzt. Obwohl keine kristallographische Untersuchung vorliegt, dürften auf Grund optischer Untersuchungen alle Verbindungen $MnBr_4^{2-}$-Tetraeder enthalten [1, 2, 3]. t_f bezeichnet den Schmelzpunkt.

n	Darstellung in	Eigenschaften
2	H_2O [1, 4], Äthanol [5 bis 8], $SOBr_2$ [9]	grüne Nadeln [1, 5, 6, 7], $t_f = 300°C$ [10], $\mu_{eff} = 5.97\mu_B$ [7]
3	Isoamyl- und Oktylalkohol [2]	
4	Alkohol [8, 11, 12]	hygroskopisch, grüngelbe Farbe [8], $t_f = 101$ bis $102°C$ [8, 12]

Zur Leitfähigkeit von $[(C_2H_5)_4N]_2MnBr_4$ in organischen Lösungsmitteln s. [7, 8]. NMR von ^{14}N bei $[(n\text{-}C_4H_9)_4N]_2MnBr_4$ in CH_2Cl_2-Lösung s. [13].

Literatur:

[1] C. K. Jørgensen (Acta Chem. Scand. **11** [1957] 53/72, 66, 70). — [2] A. Sabatini, L. Sacconi (J. Am. Chem. Soc. **86** [1964] 17/20). — [3] H. G. M. Edwards, M. J. Ware, L. A. Woodward (Chem. Commun. **1968** 540/1). — [4] D. Oelkrug, A. Wölpl (Ber. Bunsenges. Physik. Chem. **76** [1972] 680/6, 680). — [5] N. S. Gill, F. B. Taylor (Inorg. Syn. **9** [1967] 136/42, 137).

[6] J. J. Foster, N. S. Gill (J. Chem. Soc. A **1968** 2625/9). — [7] N. S. Gill, R. S. Nyholm (J. Chem. Soc. **1959** 3997/4007, 3999). — [8] C. Furlani, A. Furlani (J. Inorg. Nucl. Chem. **19** [1961] 51/60, 58). — [9] D. M. Adams, J. Chatt, J. M. Davidson, J. Gerratt (J. Chem. Soc. **1963** 2189/94). — [10] F. A. Cotton, D. M. L. Goodgame, M. Goodgame (J. Am. Chem. Soc. **84** [1962] 167/72).

[11] B. D. Bird, P. Day (Chem. Commun. **1967** 741/2). — [12] B. R. Sundheim, E. Levy, B. Howard (J. Chem. Phys. **57** [1972] 4492/6). — [13] D. G. Brown, R. S. Drago (J. Am. Chem. Soc. **92** [1970] 1871/5).

6.2.2.6 $(CH_3)_4NMnBr_3$, $(C_2H_5)_4NMnBr_3$

$(CH_3)_4$-$NMnBr_3$. $(C_2H_5)_4$-$NMnBr_3$

Zur Darstellung von $(CH_3)_4NMnBr_3$ werden $MnBr_2$ und $(CH_3)_4NBr$ (Molverhältnis 1:1) in Eisessig umgesetzt. Die Verbindung kann daraus umkristallisiert werden und bildet rosafarbene Nadeln. (In Äthanol kann die Verbindung nicht erhalten werden, die Umsetzung führt immer zu $[(CH_3)_4N]_2MnBr_4$, s. S. 302.) — Nach Pulveraufnahmen kristallisiert $(CH_3)_4NMnBr_3$ hexagonal im $CsNiCl_3$-Typ wie $RbMnBr_3$ und $CsMnBr_3$ (s. S. 294 und 297), Gitterkonstanten a = 9.44, c = 6.76 Å. Jedes Mn-Atom ist oktaedrisch von sechs Br-Atomen umgeben [1].

$(C_2H_5)_4NMnBr_3$ bildet sich gelegentlich als Nebenprodukt bei der Darstellung von $[(C_2H_5)_4N]_2MnBr_4$ (s. S. 302) aus $MnBr_2$ und $(C_2H_5)_4NBr$ in wäßriger HBr-Lösung und macht sich im Reflexionsspektrum durch eine sehr breite Bande bei 560 nm bemerkbar [2].

Literatur:

[1] J. J. Foster, N. S. Gill (J. Chem. Soc. A **1968** 2625/9). — [2] C. K. Jørgensen (Acta Chem. Scand. **11** [1957] 53/72, 70).

6.2.2.7 $[(CH_3)_3C_6H_5CH_2N]_2MnBr_4$

$[(CH_3)_3C_6$-$H_5CH_2N]_2$-$MnBr_4$

Die Verbindung wird aus $MnBr_2$ und $(CH_3)_3C_6H_5CH_2NBr$ in heißer Acetonlösung dargestellt. Die sich beim Abkühlen der Lösung ausscheidenden gelbgrünen Kristalle schmelzen bei $t_f = 161°C$. Sie zeigen gelbgrüne Fluoreszenz. Magnetische Molsuszeptibilität $\chi_{mol} = 23.0 \times 10^{-6}$ cm³/mol, magnetisches Moment $\mu = 5.97\ \mu_B$ bei 287 K. — Die Verbindung ist löslich in Methanol, Aceton und Nitrobenzol, unlöslich in Diäthyläther, Chloroform und Benzol. Die molare elektrische Leitfähigkeit einer 10^{-3}molaren Lösung in Nitrobenzol (30.8 $\Omega^{-1} \cdot cm^2 \cdot mol^{-1}$ bei 15°C) entspricht der eines ein-zwei-wertigen Elektrolyten, L. Naldini, A. Sacco (Gazz. Chim. Ital. **89** [1959] 2258/67, 2265).

6.2.2.8 $(C_5H_5NH)_2MnBr_4$ und Derivate

$(C_5H_5NH)_2$-$MnBr_4$ and Derivatives

Zur Darstellung von $(C_5H_5NH)_2MnBr_4$ werden alkoholische oder wäßrige Lösungen stöchiometrischer Mengen Pyridiniumbromid und $MnBr_2$ miteinander vermischt [1]. Burić u. a. [2] versetzen eine Äthanollösung äquivalenter Mengen C_5H_5N und $MnBr_2$ mit überschüssigem HBr. Die sich beim Eindampfen abscheidenden Kristalle werden wiederholt aus Äthanol umkristallisiert und im Vakuum über P_2O_5 getrocknet [2]. Meyer, Best [3] erhalten die Verbindung aus frisch gefälltem MnO_2, alkoholischer HBr-Lösung und Pyridiniumbromid.

Die Verbindung kristallisiert triklin mit den Gitterkonstanten a = 13.128 ± 0.005, b = 8.350 ± 0.005, c = 7.939 ± 0.005 Å, $\alpha = 100.61° \pm 0.05°$, $\beta = 96.66° \pm 0.05°$, $\gamma = 87.63° \pm 0.05°$; Z = 2. Raumgruppe $P\bar{1}$-C_i^1 (Nr. 2). Die Verbindung ist mit $(C_5H_5NH)_2MnCl_4$ (s. S. 206) isotyp. Die Struktur baut sich aus tetraedrischen $MnBr_4^{2-}$- und Pyridinium-Ionen auf, die durch schwache H-Brückenbindungen

$(C_6H_5NH)_2$-$MnBr_4$

NH···Br miteinander verbunden sind. Die Mn-Br-Abstände sind nahezu gleich; sie betragen 2.496 bis 2.516 Å, die Br-Mn-Br-Winkel liegen zwischen 106.1° und 111.6°. Die Mn-Br-Bindung ist zu 50% ionisch, zu 50% kovalent. Atomkoordinaten s. im Original [4]. Die monokline Indizierung [5] ist damit überholt.

Die Dichte wird experimentell bei Normaltemperatur zu D = 2.06 ± 0.02 bestimmt, aus den Gitterkonstanten wird 2.043 ± 0.002 g/cm³ berechnet [4]. — $(C_5H_5NH)_2MnBr_4$ hat einen scharfen Schmelzpunkt bei t_f = 173°C (ohne Zersetzung) [1]. — Die feste Verbindung ist gelbgrün [1, 4] und zeigt starke grünliche Lumineszenz [2, 4]. Im IR-Spektrum (bei 27°C an einer durch Eindunsten der Lösung in CH_3CN hergestellten kristallinen dünnen Schicht aufgenommen) treten im Bereich von 4000 bis 300 cm^{-1} Linien bei 3225, 3165, 3095, 3067, ≈ 2900 (νNH), 1634, 1602, 1526, 1479, 1364, 1328, 1247, 1236 (δNH), 1187, 1076, 1070, 1047, 1025, 1006, 985, 892, 883 (γNH), 749, 673, 637, 608 und 382 cm^{-1} auf [5].

Die Verbindung ist stark hygroskopisch [4, 5]. Ihre Löslichkeit in Wasser ist geringer und in Äthanol größer als diejenige von $(C_5H_5NH)_2MnCl_4$ [1]; sie ist außerdem in CH_3OH und CH_3CN löslich [2].

Bromomanganates of Methylethylpyridinium

3-Äthyl-4-methyl- und 3-Methyl-4-äthylpyridiniumtetrabromomanganat werden analog in Äthanol aus äquivalenten Mengen $MnBr_2$ und den entsprechenden Pyridinderivaten in Gegenwart von überschüssigem HBr dargestellt. Sie zeigen die für das tetraedrische $MnBr_4^{2-}$-Anion charakteristische grüne Lumineszenz. Sie lösen sich in Wasser, Methanol, Äthanol und Acetonitril [2].

Literatur:

[1] F. S. Taylor (J. Chem. Soc. **1934** 699/701). — [2] I. Burić, K. Nikolić, A. Aleksić (Czech. J. Phys. B **27** [1977] 224/32, 224). — [3] R. J. Meyer, H. Best (Z. Anorg. Allgem. Chem. **22** [1900] 169/91, 182). — [4] C. Brassy, R. Robert, B. Bachet, R. Chevalier (Acta Cryst. B **32** [1976] 1371/6). — [5] R. Robert, C. Brassy, A. Mellier (Compt. Rend. B **274** [1972] 341/3).

Other N-Heterocycle Tetrabromomanganates (II)

6.2.2.9 Tetrabromomanganate(II) mit weiteren N-Heterocyclen

Chinolinium-tetrabromomanganat(II) $(C_9H_7NH)_2MnBr_4$ scheidet sich aus einem Gemisch der alkoholischen Lösungen von Chinoliniumbromid und $MnBr_2$ in Form blaß-gelblichgrüner Kristalle ab. In feuchter Luft verfärbt sich die Verbindung nach weiß, erhält aber in trockner Luft (Exsikkator) ihre ursprüngliche Farbe zurück [1].

Aus einer Lösung von Chinoliniumbromid und $MnBr_2$ in wäßriger HBr-Lösung (D = 1.5 g/cm³) kristallisiert gelblich-rosafarbenes $(C_9H_7NH)_2MnBr_4 \cdot 2H_2O$ aus [1].

Die 2- oder 4-Methyl- bzw. 2,3- 2,4-, 2,5- oder 2,6-Dimethyl-chinolinium-tetrabromomanganate(II) werden aus $MnBr_2$ und dem entsprechenden Chinolinhydrobromid (Molverhältnis 1:2) in alkoholischer Lösung dargestellt. Sie zeigen im festen Zustand grüne Fluoreszenz mit den Maxima bei λ = 526, 537, 522, 518, 528 bzw. 528 nm. Die Lösungen der Verbindungen in Wasser oder Äthanol fluoreszieren violett-blau. Während die Fluoreszenz in der festen Verbindung durch das $MnBr_4^{2-}$-Ion verursacht wird, ist es bei den gelösten Substanzen das substituierte Chinolinium-Ion [2, 3].

Über Darstellung und Eigenschaften von 2,4-Dimethyl-3H-1,5-benzodiazepinium-tetrabromomanganat(II) s. [4].

Literatur:

[1] F. S. Taylor (J. Chem. Soc. **1934** 699/701). — [2] I. Burić, K. Nikolić, K. R. Velašević (Czech. J. Phys. B **21** [1971] 917/22). — [3] K. Nikolić, A. Dukanović, K. Velašević (Acta Pharm. Jugoslav. **21** [1971] 29/32; C.A. **75** [1971] Nr. 20148). — [4] P. W. W. Hunter, G. A. Webb (J. Inorg. Nucl. Chem. **34** [1972] 1511/8).

6.2.2.10 Tetrabromomanganate(II) mit weiteren Onium-Verbindungen

Other Onium Tetrabromomanganates (II)

$[(C_6H_5)_3PH]_2MnBr_4$. Zur Darstellung wird in eine Mischung der gesättigten Lösungen von 2.14 g $MnBr_2$ in Aceton und 5.25 g Triphenylphosphin in Benzol überschüssiges gasförmiges HBr eingeleitet. Die abgeschiedenen Kristalle werden aus Benzol und Aceton umkristallisiert [1]. Negoiu, Furlani [2] lösen äquimolare Mengen $P(C_6H_5)_3$ und $MnBr_2$ in möglichst wenig heißem wasserfreiem CH_3COOH, worauf sich beim langsamen Erkalten der Lösung zunächst die Verbindung, dann nicht umgesetztes $P(C_6H_5)_3$ kristallin abscheidet [2]. — Die gelben fluoreszierenden Kristalle schmelzen bei 184 [2] oder 193 bis 195°C [1]. Die magnetische Molsuszeptibilität beträgt $\chi_{mol} = 16.55 \times 10^{-6}$ cm³/mol, das magnetische Moment $\mu = 5.95\ \mu_B$ bei 293 K [1]. — Die Verbindung ist löslich in Methanol, Äthanol und Aceton, unlöslich in Diäthyläther, Chloroform und Benzol. In Aceton gelöstes $[(C_6H_5)_3PH]_2MnBr_4$ verhält sich wie eine Säure und kann mit alkoholischer Na_2CO_3-Lösung titriert werden [1].

$[(C_6H_5)_4As]_2MnBr_4$ wird dargestellt, indem eine Lösung von 1.14 g $MnBr_2$ in wenig wasserfreiem Methanol mit einer alkoholischen Lösung von 5.4 g $(C_6H_5)_4AsBr$ versetzt wird. Bei Zugabe von wasserfreiem Diäthyläther scheiden sich schwach gelbe Kristalle ab, die aus einer Alkohol-Äther-Mischung umkristallisiert werden. — Sie schmelzen bei $t_f = 276$°C und zeigen gelbe Fluoreszenz; ihre magnetische Molsuszeptibilität beträgt $\chi_{mol} = 12.46 \times 10^{-6}$ cm³/mol, das magnetische Moment $\mu = 5.85\mu_B$ bei 298 K. — Die Verbindung ist löslich in Methanol, Äthanol, Aceton und Nitrobenzol, unlöslich in Diäthyläther, Chloroform und Benzol. Die molare elektrische Leitfähigkeit einer 10^{-3} molaren Lösung in Nitrobenzol bei 14.5°C von 46.0 $\Omega^{-1} \cdot cm^2 \cdot mol^{-1}$ entspricht der eines ein-zweiwertigen Elektrolyten [1].

$[CH_3(C_6H_5)_3As]_2MnBr_4$. Zur Darstellung werden die Lösungen stöchiometrischer Mengen $CH_3(C_6H_5)_3AsBr$ und $MnBr_2$ (nicht unbedingt wasserfrei) in Äthanol vermischt und die abgeschiedenen Kristalle aus C_2H_5OH umkristallisiert [3, 4]. — Die gelbgrünen Kristalle sind kubisch, Raumgruppe $P2_13$-T^4 (Nr. 198); Z = 4 [3, 4, 5]. $[CH_3(C_6H_5)_3As]_2MnBr_4$ ist isotyp mit den Verbindungen $[CH_3(C_6H_5)_3As]_2MX_4$ mit M = Zn, Mn (s. S. 209), Ni, Co, Fe und X = Cl, Br [5, 6], die das tetraedrische MnX_4^{2-}-Anion enthalten [4, 5]. IR-Spektrum s. [6]. Das magnetische Moment beträgt $\mu = 5.87\ \mu_B$ bei 20°C [3]. — Die Verbindung ist hygroskopisch [3].

Literatur:

[1] L. Naldini, A. Sacco (Gazz. Chim. Ital. **89** [1959] 2258/67, 2261). — [2] D. Negoiu, C. Furlani (Atti Accad. Nazl. Lincei Rend. Classe Sci. Fis. Mat. Nat. [8] **35** [1963] 58/67, 66). — [3] N. S. Gill, R. S. Nyholm (J. Chem. Soc. **1959** 3997/4007, 3999, 4004, 4006). — [4] N. S. Gill, R. S. Nyholm, P. Pauling (Nature **182** [1958] 168/70). — [5] P. Pauling (Inorg. Chem. **5** [1966] 1498/505, 1499, 1505).

[6] R. J. H. Clark, T. M. Dunn (J. Chem. Soc. **1963** 1198/201).

6.2.3 Verbindungen von Mangan mit Brom und Elementen der 1. Nebengruppe

Compounds of Manganese with Bromine and Group 1 Transition Metals

Wegen des Prinzips der letzten Stelle werden die entsprechenden Verbindungen mit Cu, Ag und Au bei den einzelnen Elementen behandelt. Bisher ist lediglich ein Manganbromoaurat in „Gold" S. 762 beschrieben. Untersuchungen des Systems $AgBr$-$MnBr_2$ s. bei H.-J. Seifert, T. Krimmel, W. Heinemann (J. Therm. Anal. **6** [1974] 175/82).

6.2.4 Verbindungen von Mangan mit Brom und Metallen der 2. bis 4. Hauptgruppe

Compounds of Manganese with Bromine and Main Group 2 Through 4 Metals

6.2.4.1 $Mg(MnBr_3)_2 \cdot 12\,H_2O$ (= $MgBr_2 \cdot 2\,MnBr_2 \cdot 12\,H_2O$)

$Mg(MnBr_3)_2 \cdot 12H_2O$

Beim Eindampfen einer Lösung mit stöchiometrischen Mengen $MgBr_2$ und $MnBr_2$ in 70%igem Äthanol scheidet sich $Mg(MnBr_3)_2 \cdot 12H_2O$ in Gestalt einer kompakten roten Kristallmasse ab. Auch beim Umkristallisieren werden kaum gut ausgebildete Einzelkristalle erhalten. — Die Verbindung ist hygroskopisch. Beim Trocknen über $CaCl_2$ wird kein Kristallwasser abgegeben. Beim Erhitzen auf 150°C werden etwa 16% des Kristallwassers abgespalten, daneben findet teilweise Zersetzung statt, C. E. Saunders (Am. Chem. J. **14** [1892] 127/52, 149).

CsMg$_x$-Mn$_{1-x}$Br$_3$

6.2.4.2 $CsMg_xMn_{1-x}Br_3$, x = 0.92, 0.74 (= $CsBr \cdot Mg_xMn_{1-x}Br_2$)

Im Gegensatz zu reinem $CsMnBr_3$ (s. S. 297) folgt die Verbindung $CsMg_{0.92}Mn_{0.08}Br_3$ zwischen 77 und 297 K dem Curie-Weiss-Gesetz; die Molsuszeptibilität beträgt χ_{mol} = 51220, 21880 und 15210 × 10^{-6} cm^3/mol bei 77, 195 bzw. 297 K. Die Curie-Temperatur ist nach $\Theta_p = -17 \pm 5$ K verschoben. Das effektive magnetische Moment bleibt fast unverändert 6.2 μ_B (für $CsMnBr_3$ ist μ_{eff} = 6.4 μ_B), G. L. McPherson, H. S. Aldrich, Jin Rong Chang (J. Chem. Phys. **60** [1974] 534/7).

CaMnBr$_4$ · 4H$_2$O

6.2.4.3 $CaMnBr_4 \cdot 4H_2O$ (= $CaBr_2 \cdot MnBr_2 \cdot 4H_2O$)

Die Verbindung wird beim Eindunsten der konzentrierten wäßrigen Lösung stöchiometrischer Mengen von $CaBr_2$ und $MnBr_2$ über konzentrierter Schwefelsäure bei gewöhnlicher Temperatur in Gestalt dicker, säulen- und tafelförmiger rosafarbener Kristalle erhalten. $CaMnBr_4 \cdot 4H_2O$ ist nur wenig hygroskopisch; es zersetzt sich leicht zu $CaBr_2$ und $MnBr_2$, F. Ephraim, S. Model (Z. Anorg. Allgem. Chem. **67** [1910] 376/8).

The BaBr$_2$-MnBr$_2$ System

6.2.4.4 Das System $BaBr_2$-$MnBr_2$

Die Bromide bilden ein einfach-eutektisches System mit dem Eutektikum bei 530°C und 53 Mol-% $MnBr_2$, H.-J. Seifert, E. Dau (Z. Anorg. Allgem. Chem. **391** [1972] 302/12, 306).

The AlBr$_3$-MnBr$_2$ System

6.2.4.5 Das System $AlBr_3$-$MnBr_2$

Erstarrungstemperaturen t von $AlBr_3$-$MnBr_2$-Schmelzen in Abhängigkeit vom $MnBr_2$-Gehalt (Werte in Auswahl):

Mol-% $MnBr_2$	0.68	0.68	1.98	4.6	13.8	20.6	24.0	29.6	31.0
t in °C . . .	96.3	127.1	171.6	199.1	210.8	223.8	232.9	242.6	> 300.0
feste Phase .	$AlBr_3$				$2AlBr_3 \cdot MnBr_2$ (?)				$MnBr_2$

Aus der Schmelze scheidet sich im angegebenen Bereich eine Verbindung aus, deren Zusammensetzung annähernd $2AlBr_3 \cdot MnBr_2$ entspricht [1]. Bei 100°C ist die Löslichkeit von $MnBr_2$ in geschmolzenem $AlBr_3$ niedriger als 20 Gew.-%, sie nimmt mit steigender Temperatur zu. $MnBr_2$-$AlBr_3$-Schmelzen sind gelblich; die spezifische elektrische Leitfähigkeit der Schmelze mit 15 Gew.-% $MnBr_2$ beträgt bei 160°C $\varkappa = 0.001\ \Omega^{-1} \cdot cm^{-1}$ [2].

Literatur:

[1] J. Kendall, E. D. Crittenden, H. K. Miller (J. Am. Chem. Soc. **45** [1923] 963/96, 975). — [2] B. A. Isbekow, W. A. Plotnikow (Z. Anorg. Allgem. Chem. **71** [1911] 328/40, 331).

The InBr$_3$-MnBr$_2$ System

6.2.4.6 Das System $InBr_3$-$MnBr_2$

Das Zustandsdiagramm ist in **Fig. 104** wiedergegeben, der eutektische Punkt liegt bei 13 Mol-% $MnBr_2$ und 410°C. $MnBr_2$ bildet mit $InBr_3$ Mischkristalle (α) mit maximal 30 Mol-% $InBr_3$ bei der eutektischen Temperatur. $InBr_3$-reiche Mischkristalle werden nicht beobachtet, A. G. Dudareva, Yu. E. Bogatov, V. Ya. Lityagov, A. K. Molodkin (Zh. Neorgan. Khim. **20** [1975] 2566/7; Russ. J. Inorg. Chem. **20** [1975] 1422/4).

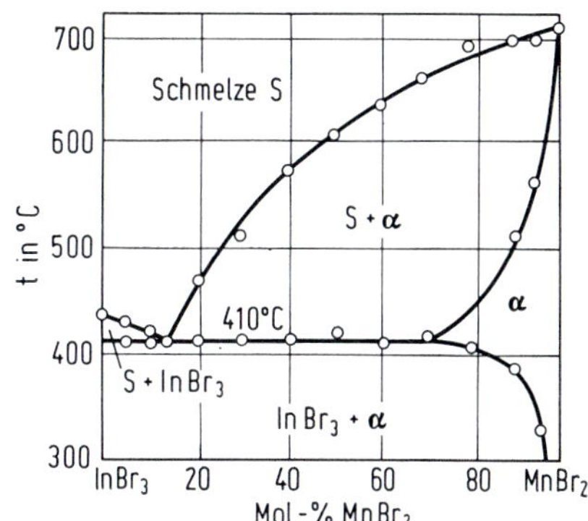

Fig. 104

Zustandsdiagramm des Systems $InBr_3$-$MnBr_2$.

6.2.4.7 Das System $TlBr$-$MnBr_2$

The TlBr-$MnBr_2$ System

In dem System, s. **Fig. 105**, tritt nach DTA-Untersuchungen die inkongruent bei 439°C schmelzende Verbindung $TlMnBr_3$ auf. Das zugehörige Peritektikum liegt bei 48.0 Mol-% $MnBr_2$; das Eutektikum bei 355°C und 22.5 Mol-% $MnBr_2$, H. J. Seifert, T. Krimmel, W. Heinemann (J. Therm. Anal. **6** [1974] 175/82, 177).

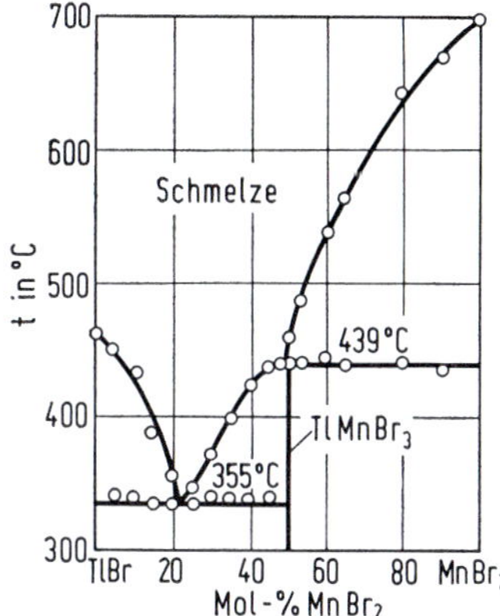

Fig. 105

Zustandsdiagramm des Systems $TlBr$-$MnBr_2$.

6.2.4.8 $TlMnBr_3$ (= $TlBr \cdot MnBr_2$)

$TlMnBr_3$

Die Verbindung tritt im System $TlBr$-$MnBr_2$ auf (s. oben). Sie wird aus $MnBr_2$ und $TlBr$ in Quarzampullen bei erhöhter Temperatur dargestellt. — $TlMnBr_3$ kristallisiert rhombisch im NH_4CdCl_3-Typ (wie $KMnBr_3$, s. S. 293). Gitterkonstanten: a = 9.383, b = 15.27, c = 4.039 Å; Z = 4. Raumgruppe Pnam-D_{2h}^{16} (Nr. 62). $TlMnBr_3$ ist außerdem isotyp mit $TlMnJ_3$ (s. S. 329). Die Dichte wird bei gewöhnlicher Temperatur pyknometrisch zu 5.73 bestimmt, Röntgendichte 5.77 g/cm^3, H. J. Seifert, T. Krimmel, W. Heinemann (J. Therm. Anal. **6** [1974] 175/82, 176, 179).

6.2.4.9 $MnSnBr_6 \cdot 6H_2O$ (= $MnBr_2 \cdot SnBr_4 \cdot 6H_2O$)

$MnSnBr_6 \cdot 6H_2O$

Die Verbindung wird durch Eindampfen einer wäßrigen Lösung stöchiometrischer Mengen $SnBr_4$ und $MnBr_2$ dargestellt. Sie bildet große (Durchmesser bis 1.5 cm), schwach gelbliche, hygroskopische Kristalle [1]. — Beim Verrühren der pulverisierten Verbindung mit wasserfreiem Pyridin entsteht $[Mn(C_5H_5N)_6]SnBr_6$. Mit Urotropin reagiert $MnSnBr_6 \cdot 6H_2O$ in der Kälte zu $[Mn(C_6H_{12}N_4)_6]SnBr_6$, wenn absoluter Äthylalkohol als Lösungsmittel verwendet wird, in 95%igem Äthanol zu $[Mn(C_6H_{12}N_4)_6]SnBr_6 \cdot 2H_2O$ [2].

Literatur:

[1] B. Rayman, K. Preis (Liebigs Ann. Chem. **223** [1884] 323/34, 332). — [2] G. Spacu, J. Dick (Bul. Soc. Stiinte Cluj **4** [1928/29] 84/103, 91, 94, 98; C. **1928** II 1196).

Compounds of Manganese with Bromine and Oxygen

6.3 Verbindungen des Mangans mit Brom und Sauerstoff

Vorbemerkung. Die Mischkristalle von $KMnO_4$ mit KBr und RbBr, die nach dem Prinzip der letzten Stelle in diesem Kapitel zu behandeln wären, sind bereits bei $KMnO_4$ in „Mangan" C 2, S. 171, beschrieben.

$Mn_2(OH)_3Br$

6.3.1 $Mn_2(OH)_3Br$

Bei 48stündigem Kochen von Mn-Pulver in 1.5molarer wäßriger $MnBr_2$-Lösung unter Luftausschluß entsteht $Mn_2(OH)_3Br$ als grobkristallines Pulver. — $Mn_2(OH)_3Br$ kristallisiert rhombisch im Atacamit-Typ (wie β-$Mn_2(OH)_3Cl$, s. S. 238), mit den Gitterkonstanten $a=6.56_2$, $b=9.65_7$, $c=7.23_1$ Å (Genauigkeit ±0.1%); Z=4. Raumgruppe Pnam-D_{2h}^{16} (Nr. 62), H. R. Oswald, W. Feitknecht (Helv. Chim. Acta **47** [1964] 272/89, 274, 282).

$Mn(BrO_3)_2$ Solution (?)

6.3.2 $Mn(BrO_3)_2$-Lösung (?)

Die bei der Neutralisation von wäßriger $HBrO_3$-Lösung mit $MnCO_3$ erhaltene Lösung von vermutlich $Mn(BrO_3)_2$ ist sehr instabil und zersetzt sich in kurzer Zeit unter Br_2-Entwicklung und Abscheidung des gesamten Mangans als Mangan(IV)-oxidhydrat [1]. Diese Zersetzungsreaktion kann in der analytischen Chemie als empfindlicher Nachweis für BrO_3^--Ionen verwendet werden [2].

Literatur:

[1] C. Rammelsberg (Ann. Physik Chem. [2] **55** [1842] 63/88, 66). — [2] H. Fukamauchi, S. Obata (Bunseki Kagaku **4** [1955] 25/6).

Compounds of Manganese with Bromine, Chlorine, Metals, and Ammonium

6.4 Verbindungen des Mangans mit Br und Cl einschließlich weiterer Metalle und Ammonium

$M_2MnBr_{4-x}Cl_x$

6.4.1 $M_2MnBr_{4-x}Cl_x$, M = NH_4, Rb, Cs; x = 2, 3

$(NH_4)_2MnBr_2Cl_2$ wird dargestellt durch mehrtägiges Erhitzen einer Mischung stöchiometrischer Mengen $MnCl_2$ und NH_4Br in einem Goldrohr auf 300 bis 400°C bei etwa 1 kbar. Zur Darstellung von **$Rb_2MnBr_2Cl_2$**, **$Rb_2MnBrCl_3$** und **$Cs_2MnBrCl_3$** werden stöchiometrische Mengen $MnCl_2$ und RbBr bzw. CsBr in evakuierten Quarzröhren ein bis zwei Tage bei 600°C zusammengeschmolzen und anschließend etwa zwei Wochen bei 300 bis 400°C getempert. Wegen des hygroskopischen Charakters der Verbindungen und von $MnCl_2$ muß unter trocknem N_2 gearbeitet werden. $Cs_2MnBrCl_3$ ist relativ instabil, $Cs_2MnBr_2Cl_2$ kann nach der geschilderten Methode nicht erhalten werden.

Nach Röntgen-Pulveraufnahmen kristallisieren die Verbindungen tetragonal im K_2NiF_4-Typ (wie Rb_2MnCl_4 und Cs_2MnCl_4, s. S. 134 und 150). Raumgruppe I4/mmm-D_{4h}^{17} (Nr. 139). Gitterkonstanten in Å:

Verbindung	$(NH_4)_2MnBr_2Cl_2$	$Rb_2MnBr_2Cl_2$	$Rb_2MnBrCl_3$	$Cs_2MnBrCl_3$
a	5.055(5)	5.073(2)	5.000(3)	5.109(3)
c	16.83(1)	16.924(3)	16.588(8)	17.25(1)

Bei $Cs_2MnBrCl_3$ wird durch thermische Analyse ein Phasenübergang bei 295°C (vermutlich analog dem β-Cs_2MnCl_4) festgestellt, H. T. Witteveen (J. Solid State Chem. **11** [1974] 245/53, 246).

6.4.2 Bromochloromanganate(II) organischer Stickstoffbasen $(R_4N)_2MnBr_2Cl_2$

Quaternary Ammonium Bromo-chloro-manganates (II)

Zur Darstellung von **$[(CH_3)_4N]_2MnBr_2Cl_2$** und **$[(C_2H_5)_4N]_2MnBr_2Cl_2$** werden alkoholische Lösungen stöchiometrischer Mengen von $MnCl_2$ und $(CH_3)_4NBr$ bzw. $(C_2H_5)_4NBr$ 1 h am Rückfluß gekocht. Beim Abkühlen scheiden sich die Verbindungen in Form hellgrüner Kristalle ab. Sie enthalten das tetraedrisch koordinierte $MnBr_2Cl_2^{2-}$-Ion, wie aus den elektronischen Absorptionsspektren geschlossen wird. Das magnetische Moment beträgt $\mu = 5.70\ \mu_B$ bzw. $\mu = 5.60\ \mu_B$. In den IR-Spektren der festen Verbindungen werden zwei Banden der Kationen gemessen mit den Wellenzahlen 720 und 950 cm^{-1} bzw. 795 und 1184 cm^{-1}.

Die Löslichkeit der Verbindungen in organischen Lösungsmitteln ist nur gering. Die molare elektrische Leitfähigkeit 10^{-3}molarer Lösungen in Aceton bei gewöhnlicher Temperatur $\Lambda = 204\ \Omega^{-1} \cdot cm^2 \cdot mol^{-1}$ bzw. $\Lambda = 196\ \Omega^{-1} \cdot cm^2 \cdot mol^{-1}$ entspricht derjenigen ein-zwei-wertiger Elektrolyte. Die Lösung von $[(CH_3)_4N]_2MnBr_2Cl_2$ in Methanol reagiert mit Pyridin oder einem seiner Derivate beim Kochen unter Rückfluß zu $(CH_3)_4N[MnBrCl_2L_3]$ mit L = Pyridin, γ-Picolin, 3,5-Lutidin oder 4-Vinylpyridin. Bei der Reaktion von $[(C_2H_5)_4N]_2MnBr_2Cl_2$ in Äthanol bilden sich je nach der Menge des zugesetzten Pyridins bzw. Pyridinderivats die Komplexverbindungen $(C_2H_5)_4N[MnBrCl_2L]$ oder $(C_2H_5)_4N[MnBrCl_2L_3]$ [1].

Synthese und Struktur von **$[(C_4H_9)_4N]_2MnBr_2Cl_2$** entsprechen den Methyl- und Äthylverbindungen. t_f = 83 bis 84°C. Die Verbindung ist hygroskopisch und in Wasser sehr leicht löslich [2].

$[(CH_3)_3C_6H_5CH_2N]_2MnBr_2Cl_2$ wird aus 2 g $MnBr_2$ und 3.7 g $(CH_3)_3C_6H_5CH_2NCl$ in wasserfreiem CH_3COOH in der Hitze erhalten. Beim Abkühlen scheiden sich gelbe Kristalle aus [3]. Beim Umkristallisieren aus Acetonitril kristallisiert die Verbindung mit 0.5 mol Acetonitril, das beim Erhitzen abgegeben wird [2]. — t_f = 144 bis 145°C [2, 3]. Die Verbindung zeigt gelbe Fluoreszenz [3]. Die magnetische Molsuszeptibilität beträgt $\chi_{mol} = -24.85 \times 10^{-6}\ cm^3/mol$, das magnetische Moment $\mu = 5.87\ \mu_B$ bei 293 K. $[(CH_3)_3C_6H_5CH_2N]_2MnBr_2Cl_2$ ist löslich in Methanol, Äthanol, Aceton und Nitrobenzol, unlöslich in Diäthyläther, Benzol und Chloroform [3].

Das **$MnBr_2Cl_2^{2-}$-Anion** scheint nicht stabil zu sein: bei viermaligem Umkristallisieren von $[(CH_3)_3C_6H_5CH_2]_2MnBr_2Cl_2$ aus CH_3CN vermindert sich das Br:Cl-Verhältnis kontinuierlich von 2.03:1.97 auf 1.78:2.22 [2].

Literatur:

[1] A. K. Das, D. V. Ramana Rao (J. Indian Chem. Soc. **48** [1971] 823/7). — [2] C. Furlani, A. Furlani (J. Inorg. Nucl. Chem. **19** [1961] 51/60, 58). — [3] L. Naldini, A. Sacco (Gazz. Chim. Ital. **89** [1959] 2258/67, 2266).

Manganese and Iodine

7 Mangan und Jod

Manganese Iodides and Their Hydrates

7.1 Die Jodide des Mangans und ihre Hydrate

Übersicht

Review in German

Die beim Vergleich zwischen den Manganchloriden und -bromiden erkennbare Tendenz setzt sich bei den Jodiden weiter fort: Die Verbindungen sind noch weniger stabil und haben bisher nur relativ geringes Interesse gefunden. Lediglich MnJ_2 ist häufiger untersucht worden.

Review in English

Review. The manganese iodides are less stable than the manganese bromides just as the bromides are less stable than the chlorides. The iodides are also the least studied of the three. Only MnI_2 has been frequently investigated.

Manganese Monoiodide

7.1.1 Manganmonojodid MnJ

Die Verbindung ist nur im gasförmigen Zustand bekannt.

MnJ-Moleküle werden an Hand des Absorptionsspektrums in überhitztem MnJ_2-Dampf bei etwa 1370 K nachgewiesen: Ein dem β-System ($^7\Pi \leftarrow ^7\Sigma$-Übergang) von MnCl und MnBr (s. S. 2, 262) entsprechendes (schlecht analysierbares) Bandensystem wird von Bacher [1] zwischen 390 und 420 nm beobachtet, woraus die Schwingungskonstanten $\omega_e'' \approx 240\ cm^{-1}$, $x_e''\omega_e'' \approx 1.5\ cm^{-1}$ und für den Anregungszustand $^7\Pi$ der Termwert $T \approx 25000\ cm^{-1}$ und die Spin-Bahn Kopplungskonstante $A \approx 200\ cm^{-1}$ folgen; s. auch Herzberg [2] und Rosen [3]. Zur Elektronenkonfiguration von MnJ s. Jørgensen [4] und vgl. S. 2.

Zur Emission ist MnJ nicht anzuregen; offensichtlich zersetzt es sich, da nur Mn-Atomlinien beobachtet werden [5, 6].

In einer $H_2/O_2/N_2$-Flamme (T = 1500 bis 2600 K), in die CH_3J und verdünnte wäßrige Mangansalz-Lösungen eingesprüht werden, wird MnJ photometrisch an Hand der Intensitätsänderung charakteristischer Mn-Linien nachgewiesen und die Dissoziationsenergie $D_0^\circ = 66.7 \pm 3$ kcal/mol ($\triangleq 2.9 \pm 0.13$ eV) hergeleitet [7]. Der Wert wird von Gaydon [8] und Vedeneyev u.a. [9] empfohlen; der ältere (spektroskopische) Wert 28 kcal/mol (1.2 ± 1 eV) [10, 11] ist laut Gaydon [8] unzureichend. Ein theoretischer Wert (berechnet nach einer Gleichung von Pauling [12]) beträgt 79 kcal/mol [13]. Die Bildungsenthalpie zur Bildung von MnJ aus den Elementen unter Standardbedingungen wird zu $\Delta H_0^\circ = 25.7$, $\Delta H_{298.15}^\circ = 25.5$ kcal/mol bestimmt [14].

Die thermodynamischen Funktionen für den Zustand des idealen Gases sind mit den molekularen Konstanten [1, 2] berechnet: Die molare Wärmekapazität bei 298.15 K beträgt $C_p^\circ = 8.74\ cal \cdot mol^{-1} \cdot K^{-1}$ [15], und die Interpolationsformel für T = 298 bis 2000 K lautet $C_p^\circ = 8.94 - 0.18 \times 10^5 T^{-2}$ [16]. Die Entropie beträgt $S_{298.15}^\circ = 51.00 \pm 0.10\ cal \cdot mol^{-1} \cdot K^{-1}$ [15]. Wärmeinhalt $H_T^\circ - H_{298.15}^\circ$ und Entropiezuwachs $S_T^\circ - S_{298.15}^\circ$ in Abhängigkeit von der Temperatur [16, 17]:

T in K	400	600	800	1000	1200	1400	1600	2000
$H_T^\circ - H_{298.15}^\circ$ in cal/mol	895	2670	4450	6235	8020	9805	11590	15165
$S_T^\circ - S_{298.15}^\circ$ in $cal \cdot mol^{-1} \cdot K^{-1}$	2.58	6.18	8.74	10.73	12.36	13.73	14.93	16.92

Interpolationsformel für T = 298 bis 2000 K: $H_T^\circ - H_{298.15}^\circ = 8.94T + 0.18 \times 10^5 T^{-1} - 2726$ [16].

Das Trägheitsmoment wird zu $I \approx 398 \times 10^{-40}\ g \cdot cm^2$ abgeschätzt [15].

Literatur:

[1] J. Bacher (Helv. Phys. Acta **21** [1948] 379/402). — [2] G. Herzberg (Molecular Spectra and Molecular Structure I. Spectra of Diatomic Molecules, Princeton, N.J. – Toronto – New York – London 1950, S. 551). — [3] B. Rosen (International Tables of Selected Constants, Bd. 17, Spectroscopic Data Relative to Diatomic Molecules, Oxford – New York – Toronto – Sydney – Braunschweig 1970, S. 260). — [4] C. K. Jørgensen (Mol. Phys. **7** [1963/64] 417/24). — [5] J. Bacher, E. Miescher (Helv. Phys. Acta **20** [1947] 245/7).

[6] E. Miescher (J. Phys. Radium [8] **9** [1948] 153/5). — [7] E. M. Bulewicz, L. F. Phillips, T. M. Sugden (Trans. Faraday Soc. **57** [1961] 921/31). — [8] A. G. Gaydon (Dissociation Energies and Spectra of Diatomic Molecules, 3. Aufl., London 1968, S. 276). — [9] V. I. Vedeneyev, L. V. Gurvich, V. N. Kondrat'yev, V. A. Medvedev, Ye. L. Frankevich (Bond Energies, Ionization Potentials, and Electron Affinities, London 1966, S. 41, 93). — [10] A. G. Gaydon (Dissociation Energies and Spectra of Diatomic Molecules, 2. Aufl., London 1953, S. 228).

[11] T. L. Cottrell (The Strengths of Chemical Bonds, 2. Aufl., London 1958, S. 229, 286). — [12] L. Pauling (The Nature of the Chemical Bond, 2. Aufl., Ithaca 1940, S. 60). — [13] T. L. Allen (J. Chem. Phys. **26** [1957] 1644/7). — [14] D. D. Wagman, W. H. Evans, V. B. Parker, I. Halow, S. M. Bailey, R. H. Schumm (Natl. Bur. Std. [U.S.] Tech. Note 270-4 [1969] 108). — [15] K. K. Kelley, E. G. King (U.S. Bur. Mines Bull. Nr. 592 [1961] 63).

[16] K. K. Kelley (U.S. Bur. Mines Bull. Nr. 584 [1960] 121). — [17] A. D. Mah (U.S. Bur. Mines Rept. Invest. Nr. 5600 [1960] 10).

7.1.2 Mangandijodid MnJ_2

Manganese Diiodide

Übersicht. Die Verbindung wird meist durch Entwässern von $MnJ_2 \cdot 4H_2O$ oder aus den Elementen in Äther dargestellt; geringe Mengen werden leicht durch thermische Zersetzung von $[Mn(NH_3)_6]J_2$ erhalten.

Das rosafarbene MnJ_2 kristallisiert wie $MnBr_2$ im CdJ_2-Typ. Bei Anwesenheit von Luftsauerstoff färbt es sich schon bei gewöhnlicher Temperatur braun und spaltet bei höherer Temperatur Jod ab. Die Löslichkeit in Wasser ist beträchtlich (etwa 70 Gew.-% bei 30°C), ebenso in flüssigem HJ.

7.1.2.1 Bildung und Darstellung

Formation. Preparation

Durch Entwässerung des Hydrats. Das aus $MnCO_3$ [1, 2] oder Mn [3] und wäßriger HJ-Lösung erhaltene Hydrat (vgl. S. 319) wird bei Abwesenheit von Luftsauerstoff [1] im Vakuum bei gewöhnlicher Temperatur [4], durch zehntägiges Aufbewahren im Vakuum unterhalb 80°C [5, 6], durch Erhitzen im Vakuum auf 100°C [3] oder bis auf 300°C entwässert [7]. Durch Schmelzen des Hydrats in einem trocknen H_2-Strom, dem etwas HJ beigemengt ist, wird die Entwässerung von Ferrari, Giorgi [2] durchgeführt. Beim Erhitzen im N_2-Strom ist bei etwa 160°C das gesamte H_2O abgespalten, in statischer Luftatmosphäre bei 170°C, wie bei thermogravimetrischen Untersuchungen festgestellt wird [8]. Die Entwässerung kann auch durch Aufbewahren des Hydrats über konzentrierter Schwefelsäure bei gewöhnlicher Temperatur erfolgen [9].

Aus metallischem Mangan. Aus Mn und elementarem Jod kann die Verbindung durch Erhitzen in einem evakuierten Quarzrohr synthetisiert werden, wobei wegen Explosionsgefahr die Temperatur nicht zu hoch steigen darf. Nach abgeschlossener Reaktion wird das Produkt geschmolzen und sublimiert [10]. Ducelliez [11] läßt Jod auf feinverteiltes Mn in wasserfreiem Diäthyläther bei Ausschluß von Luftfeuchtigkeit einwirken. Die Reaktion setzt sogleich lebhaft unter Sieden des Äthers ein, weshalb zu Beginn gekühlt werden muß; zur Beendigung der Reaktion wird auf dem Wasserbad erwärmt. Das erhaltene pulverförmige MnJ_2 wird durch Waschen mit Äther von überschüssigem Jod befreit. Wird von überschüssigem Mn ausgegangen, kann das MnJ_2 vom nicht umgesetzten Metall durch Hinwegspülen mit Äther getrennt werden [11]. Das in Diäthyläther aus Mn und Jod erhaltene MnJ_2 wird nach Abdestillieren des Äthers auf 150°C im Vakuum erhitzt und dann bei 750°C in evakuierten Vycor-Rohren sublimiert [12].

MnI_2 Formation. Preparation

Brimm u.a. [13] erhitzen ein Gemisch aus feinverteiltem Mn (5.5 g) und CuJ (57 g) in einem Rohr aus Pyrexglas langsam auf 400 bis 500°C in einer N_2-Atmosphäre. Die Reaktion, bei der Cu zum Metall reduziert wird, setzt bei 300°C ein und ist nach einstündigem Erhitzen auf 450°C beendet [13]. — Schmidt [14] elektrolysiert eine Lösung von CuJ in wasserfreiem Acetonitril unter Verwendung einer Mn-Anode und einer Pt-Kathode. Die Umsetzung ist beendet, wenn sich Mn auf der Kathode abzuscheiden beginnt; die erhaltene MnJ_2-Lösung wird unter strengem Ausschluß von Luftfeuchtigkeit im Vakuum eingedampft.

Aus Mn-Verbindungen. Mn_2O_3 wird mit der stöchiometrischen Menge AlJ_3 im evakuierten Pyrex- oder Quarzrohr 48 h bei 230°C umgesetzt. Die Reaktion verläuft nach $Mn_2O_3 + 2AlJ_3 \rightarrow 2MnJ_2 + Al_2O_3 + J_2$ [15]. Ähnlich kann das Jodid nach $3MnS_2 + 2AlJ_3 \rightarrow 3MnJ_2 + Al_2S_3 + 3S$ dargestellt werden [16]. Bei der Reaktion von MnS mit HgJ_2 bildet sich MnJ_2 neben HgS [17]. — Auf bequeme Weise wird wasserfreies MnJ_2 durch thermische Zersetzung von aus NH_3-haltiger wäßriger MnJ_2-Lösung mit Äthanol abgeschiedenem $[Mn(NH_3)_6]J_2$ erhalten [18]. — In Lösung wird es in reiner Form dargestellt, indem man eine Suspension von gefälltem $MnCO_3$ mit etwas weniger als der stöchiometrischen Menge reinster wäßriger HJ-Lösung versetzt und vom überschüssigen Mn-Carbonat abfiltriert [19].

Besondere Formen. Einkristalle können aus dem wasserfreien Salz nach der Methode von Bridgman gezüchtet werden [20]. Dünne kristalline Filme (für spektroskopische Zwecke) werden im Vakuum von $p < 10^{-5}$ Torr auf SiO_2 aufgedampft [21].

Literatur:

[1] R. S. Nyholm, G. J. Sutton (J. Chem. Soc. **1958** 564/6). — [2] A. Ferrari, F. Giorgi (Atti Reale Accad. Lincei [6] **10** [1929] 522/7). — [3] J. J. Foster, N. S. Gill (J. Chem. Soc. A **1968** 2625/9). — [4] W. J. de Haas, B. H. Schultz, J. Koolhaas (Physica **7** [1940] 57/69, 59). — [5] W. Peters (Ber. Deut. Chem. Ges. **42** [1909] 4826/36, 4833).

[6] W. Peters (Z. Anorg. Allgem. Chem. **77** [1912] 137/90, 160). — [7] G. Devoto, A. Guzzi (Gazz. Chim. Ital. **59** [1929] 591/600, 593). — [8] P. Lumme, M.-T. Raivio (Suomen Kemistilehti B **41** [1968] 194/202, 195). — [9] P. Paoletti, A. Sabatini, A. Vacca (Trans. Faraday Soc. **61** [1965] 2417/21). — [10] P. I. Fedorov, N. S. Malova, Yu. N. Denisov (Zh. Neorgan. Khim. **16** [1971] 3347/9; Russ. J. Inorg. Chem. **16** [1971] 1770/2).

[11] F. Ducelliez (Bull. Soc. Chim. France [4] **13** [1913] 815/6). — [12] G. L. McPherson, L. J. Sindel, H. F. Quarls, C. B. Frederick, C. J. Doumit (Inorg. Chem. **14** [1975] 1831/4). — [13] E. O. Brimm, M. A. Lynch, W. J. Sesny (J. Am. Chem. Soc. **76** [1954] 3831/5). — [14] H. Schmidt (Z. Anorg. Allgem. Chem. **271** [1953] 305/20, 310, 319). — [15] M. Chaigneau (Bull. Soc. Chim. France **1957** 886/8).

[16] M. Chaigneau (Bull. Soc. Chim. France **1958** 1192/3). — [17] E. Montignie (Bull. Soc. Chim. France [5] **8** [1941] 198/202). — [18] W. Biltz, G. F. Hüttig (Z. Anorg. Allgem. Chem. **109** [1920] 89/110, 99). — [19] W. Klemm nach K.-J. Hanszen (Z. Naturforsch. **9a** [1954] 930/8, 933). — [20] J. W. Cable, M. K. Wilkinson, E. O. Wollan, W. C. Koehler (Phys. Rev. [2] **125** [1962] 1860/4).

[21] M. R. Tubbs (J. Phys. Chem. Solids **29** [1968] 1191/203, 1191).

Thermodynamic Data of Formation

7.1.2.2 Thermodynamische Daten der Bildung

Standardbildungsenthalpie ΔH (in kcal/mol) für die Bildung nach $Mn(fest) + J_2(fest) \rightarrow MnJ_2(fest)$ bei 25°C: $\Delta H^\circ = -59.3$, von Rossini u.a. [1] aus Literaturwerten berechnet. $\Delta H^\circ = -64.2$, von Zordan, Hepler [2] aus der von Paoletti u.a. [3] experimentell bestimmten Lösungswärme von MnJ_2 sowie aus der Bildungswärme des hydratisierten Mn^{2+}-Ions errechnet. $\Delta H^\circ = -61.66$ wird von Anderson, Bromley [4] berechnet nach Modifizierung der von Pauling [5] angegebenen Beziehung zwischen Elektronegativitäten und Bildungswärmen unter Einführung neuer Parameter. — Geschätzte Werte für $-\Delta H_T$ bei T = 298, 500, 1000 und 1500 K: 57.1, 69.1, 60.7 bzw. 36.5 [6].

Für die Bildung aus festem Mangan und gasförmigem J_2 von Mah [7] aus Literaturangaben berechnete Enthalpie in Abhängigkeit von der Temperatur T (Auswahl):

T in K	298.15	400	500	600	800	900	1000*)	1000*)	1100
$-\Delta H$	73.1	72.35	71.55	70.7	68.9	67.95	60.8	61.3	60.7

*) Übergangspunkt von Mn.

Am Schmelzpunkt (911 K) beträgt die Bildungsenthalpie von festem MnJ_2 $\Delta H = -67.85$ und die des flüssigen $\Delta H = -61.3$ [7]. $\Delta H_{298} = -72 \pm 2$ bei gasförmigem J_2 [8].

Die Bildungsenthalpie von gasförmigem MnJ_2 wird von Brewer u.a. [9] unter Standardbedingungen zu $\Delta H^\circ_{gas} = -10$ aus der für 298.15 K bestimmten Sublimationsenthalpie errechnet.

Die freie Bildungsenthalpie ΔG (in kcal/mol) von festem MnJ_2 aus Mangan und Jod unter Standardbedingungen wird zu $\Delta G^\circ_{298} = -65$ aus ΔH°_{298} (s. S. 312) und dem eigenen Entropiewert berechnet [2]. $\Delta G^\circ_{298} = -59.4$ wird von Karapet'yants [10] aus vergleichenden Untersuchungen bei einer Reihe von Jodiden geschätzt. Geschätzte Werte für $-\Delta G_T$ bei T = 298, 500, 1000 und 1500 K: 57.0, 54.5, 40.0 bzw. 30.0 [6].

Freie Enthalpie der Bildung nach Mn(fest) + J_2(gas) → MnJ_2(flüssig) aus Potentialmessungen und thermochemischen Daten von Devoto, Guzzi [11] ermittelt für die Temperaturen t:

t in °C	650	700	750	800	850
$-\Delta G$	50.63	43.48	46.32	45.42	43.29

Für die Bildung mit gasförmigem J_2 aus Literaturwerten berechnete ΔG-Werte:

T in K	298.15	400	500	600	700	800	900	1000	1100
$-\Delta G$	63.15	59.9	56.85	54.0	51.3	48.7	46.25	44.5	42.85

Am Schmelzpunkt ist für festes und flüssiges MnJ_2 $\Delta G = -46.0$ [7].

Literatur:

[1] F. D. Rossini, D. D. Wagman, W. H. Evans, S. Levine, I. Jaffe (Natl. Bur. Std. [U.S.] Circ. Nr. 500 [1952] 275). — [2] T. A. Zordan, L. Hepler (Chem. Rev. **68** [1968] 737/45, 744). — [3] P. Paoletti, A. Sabatini, A. Vacca (Trans. Faraday Soc. **61** [1965] 2417/21). — [4] H. W. Anderson, L. A. Bromley (J. Phys. Chem. **63** [1959] 1115/8). — [5] L. Pauling (The Nature of the Chemical Bond, 2. Aufl., London 1948, S. 62).

[6] C. E. Wicks, F. E. Block (U.S. Bur. Mines Bull. Nr. 605 [1963] 75). — [7] A. D. Mah (U.S. Bur. Mines Rept. Invest. Nr. 5600 [1960] 10). — [8] L. Brewer, L. A. Bromley, P. W. Gilles, N. L. Lofgren (in: L. L. Quill, The Chemistry and Metallurgy of Miscellaneous Materials: Thermodynamics, New York – Toronto – London 1950, S. 76/192, 109). — [9] L. Brewer, G. R. Somayajulu, E. Brackett (Chem. Rev. **63** [1963] 111/21, 116). — [10] M. Kh. Karapet'yants (Zh. Fiz. Khim. **28** [1954] 353/8; C.A. **1955** 5953).

[11] G. Devoto, A. Guzzi (Gazz. Chim. Ital. **59** [1929] 591/600, 594, 599).

7.1.2.3 Molekül

Molecule

Experimentelle Ergebnisse liegen nicht vor. Lediglich geschätzte Schwingungsfrequenzen (vgl. $MnCl_2$, S. 11) $\nu_1 = 137$, $\nu_2 = 32$, $\nu_3 = 324$ cm^{-1} und ein geschätzter Kernabstand r(Mn-J) = 2.43 Å dienen zur Berechnung thermodynamischer Größen (s. S. 315) [1], der mittleren Schwingungsamplituden und des Bastiansen-Morino-Schrumpfeffekts [2 bis 4].

Die atomare Bindungsenthalpie $\Delta H^\circ_{at} = 128$ kcal/mol ergibt sich aus der Sublimationsenthalpie von MnJ_2 in Kombination mit der Bildungsenthalpie für festes MnJ_2, der Sublimationsenthalpie von Mn und der Dissoziationsenergie von J_2 [1].

MnI₂

Literatur:

[1] L. Brewer, G. R. Somayajulu, E. Brackett (Chem. Rev. **63** [1963] 111/21). — [2] G. Nagarajan (J. Mol. Spectry. **13** [1964] 361/92). — [3] G. Nagarajan, E. R. Lippincott (J. Chem. Phys. **42** [1965] 1809/18). — [4] S. J. Cyvin, B. Vizi (Veszpremi Vegyip. Egyet. Kozlemen. **11** [1968] 83/9; C.A. **72** [1970] Nr. 24977).

Crystallographic Properties

7.1.2.4 Kristallographische Eigenschaften

MnJ_2 kristallisiert hexagonal im CdJ_2-Typ [1], ist somit isotyp mit $MnBr_2$ (s. S. 268) [2]. Raumgruppe $P\bar{3}m1-D^3_{3d}$ (Nr. 164); Z = 1. Die röntgenographisch bestimmten Gitterkonstanten [1] werden von Pies, Weiss [3] als a = 4.16, c = 6.82 Å, von Swanson u.a. [4] als a = 4.17, c = 6.83 Å wiedergegeben. Neuere Messungen ergeben a = 4.15, c = 6.84 Å [5], a = 4.14, c = 6.82 Å [6]. Mittels Neutronenbeugung wird a = 4.146, c = 6.829 Å und der Parameter der J-Atome zu $z = 0.245 \pm 0.002$ erhalten [2]. Hieraus ergibt sich der Mn-J-Abstand nach Cable u.a. [2] zu $r = 2.92 \pm 0.03$ Å [7]; der ältere Wert r = 2.95 Å [8] beruht auf den röntgenographisch bestimmten Gitterkonstanten [1]. d-Werte s. [4].

Die Gitterenergie berechnet Morris [9] aus experimentellen thermodynamischen Daten zu U = 563 kcal/mol bei 25°C; den gleichen Wert erhält Yatsimirskii [10] aus den Bildungsenthalpien der Ionen. U = 561.1 kcal/mol berechnen Paoletti u.a. [11] aus der kalorimetrisch bestimmten Lösungsenthalpie; ferner wird U = 560 kcal/mol abgeschätzt [12].

Aus der Röntgenphotoelektronenspektroskopie folgt, daß die Mn-J-Bindung kovalenter als in den anderen Dihalogeniden ist. Für die formale Ladung des Mn ergibt sich der Wert 0.44 [13]. Die Dissoziationsenergie nach $MnJ_2(\text{fest}) \rightarrow Mn^{2+}(\text{gas}) + 2J(\text{gas})$ beträgt ungefähr 705 kcal/mol (aus graphischer Darstellung abgeschätzt) [14].

Literatur:

[1] A. Ferrari, F. Giorgi (Atti Reale Accad. Lincei [6] **10** [1929] 522/7), A. Ferrari (Atti 3° Congr. Nazl. Chim. Pura Appl., Firenze 1929 [1930], S. 452/60, 460). — [2] J. W. Cable, M. K. Wilkinson, E. O. Wollan, W. C. Koehler (Phys. Rev. [2] **125** [1962] 1860/4). — [3] W. Pies, A. Weiss (in: Landolt-Börnstein, Neue Serie, Gruppe III, Bd. 7, Tl. a, 1973, S. 622). — [4] H. E. Swanson, M. C. Morris, E. H. Evans (Natl. Bur. Std. [U.S.] Monograph Nr. 25, Tl. 4 [1966] 1/83, 63). — [5] L. Guen, N. H. Dung, R. Eholie, J. Flahaut (Ann. Chim. [Paris] [15] **1** [1976] 39/46, 40).

[6] W. van Eck (Diss. Groningen 1974, S. 12). — [7] Structure Reports, Bd. 27, 1962, S. 434. — [8] N. S. Huoh, M. H. L. Pryce (J. Chem. Phys. **28** [1958] 244/9). — [9] D. F. C. Morris (J. Inorg. Nucl. Chem. **4** [1957] 8/12). — [10] K. B. Yatsimirskii (Zh. Neorgan. Khim. **3** [1958] 2244/52; J. Inorg. Chem. [USSR] **3** Nr. 10 [1958] 26/36, 29).

[11] P. Paoletti, A. Sabatini, A. Vacca (Trans. Faraday Soc. **61** [1965] 2417/21). — [12] M. Kh. Karapet'yants (Zh. Fiz. Khim. **28** [1954] 1136/52, 1151; C.A. **1955** 7917). — [13] J. C. Carver, G. K. Schweitzer, T. A. Carlson (J. Chem. Phys. **57** [1972] 973/82, 980). — [14] R. A. Berg, O. Sinanoglu (J. Chem. Phys. **32** [1960] 1082/7).

Mechanical and Thermal Properties

7.1.2.5 Mechanische und thermische Eigenschaften

Aus den röntgenographisch bestimmten Gitterkonstanten (s. oben) [1] leiten Swanson u.a. [2] die Dichte D = 4.984 g/cm³ ab; pyknometrisch wurde bei gewöhnlicher Temperatur D = 4.84 g/cm³ erhalten [1]. Aus den von Cable u.a. [3] gemessenen Gitterkonstanten wird D = 5.04 g/cm³ berechnet [4]. — Zum Vergleich des Molvolumens von MnJ_2 und Dijodiden anderer Übergangsmetalle s. Klemm [5].

Für den Schmelzpunkt wird in Tabellenwerke [6 bis 8] der von Ferrari, Giorgi [1] gemessene Wert $t_f = 638$°C, $T_f = 911$ K übernommen. Spätere Untersuchungen ergeben 636°C [9], nach anderen Autoren soll MnJ_2 inkongruent bei 640°C schmelzen [10]. Der Wert $t_f = 613$°C [11] dürfte etwas zu tief liegen, wird allerdings durch neuere Messungen, bei denen $t_f = 620$°C gefunden wird [12], annähernd bestätigt. — Geschätzte Werte für die Schmelzenthalpie ΔH_f: 6.5 [8] und 10 kcal/mol [7].

Dampfdruckmessungen liegen nicht vor. Aus unveröffentlichten Meßdaten von J. M. Blocher werden der Siedepunkt $T_v = 1290$ K und die Sublimationsenthalpie $\Delta H_s = 49$ kcal/mol bei 298.15 K abgeleitet [7]. Werte für die Verdampfungsenthalpie [8] beruhen auf älteren Schätzungen.

Auch die Wärmekapazität von kristallinem MnJ_2 ist noch nicht gemessen worden; für sie sowie (im Bereich von 298.15 bis 1100 K) für Enthalpie und Entropie gibt Mah [13] geschätzte Werte an, die z.T. von Wicks, Block [8] übernommen werden. Von Brewer u.a. [7] wird außerdem die freie Enthalpie-Funktion $-(G - H_{298})/T$ für 298.1, 500 und 1000 K abgeschätzt. Für die Standardentropie geschätzte Werte liegen dicht beieinander: 35 [8], 36.5 [13] bzw. 37 cal · mol^{-1} · K^{-1} [14].

Für MnJ_2-Dampf berechnen Brewer u.a. [7] aus Moleküldaten $H^\circ_{298.15} - H^\circ_0 = 3.83$ kcal/mol sowie $-(G^\circ - H^\circ_{298.15})/T = 82.3, 84.0, 89.8, 94.3$ cal · mol^{-1} · K^{-1} bei 298.15, 500, 1000 bzw. 1500 K.

Literatur:

[1] A. Ferrari, F. Giorgi (Atti Reale Accad. Lincei [6] **10** [1929] 522/7). — [2] H. E. Swanson, M. C. Morris, E. H. Evans (Natl. Bur. Std. [U.S.] Monograph Nr. 25, Tl. 4 [1966] 1/83, 63). — [3] J. W. Cable, M. K. Wilkinson, E. O. Wollan, W. C. Koehler (Phys. Rev. [2] **125** [1962] 1860/4). — [4] Structure Reports, Bd. 27, 1962, S. 434. — [5] W. Klemm (Naturwissenschaften **37** [1950] 150/6, 151), W. Klemm, L. Grimm (Z. Anorg. Allgem. Chem. **249** [1942] 198/208, 207).

[6] F. D. Rossini, D. D. Wagman, W. H. Evans, S. Levine, I. Jaffe (Natl. Bur. Std. [U.S.] Circ. Nr. 500 [1952] 703). — [7] L. Brewer, G. R. Somayajulu, E. Brackett (Chem. Rev. **63** [1963] 111/21). — [8] C. E. Wicks, F. E. Block (U.S. Bur. Mines Bull. Nr. 605 [1963] 75). — [9] H. J. Seifert, T. Krimmel, W. Heinemann (J. Therm. Anal. **6** [1974] 175/82, 176). — [10] L. Guen, N. H. Dung, R. Éholie, J. Flahaut (Ann. Chim. [Paris] [15] **1** [1976] 39/46, 40).

[11] G. Devoto, A. Guzzi (Gazz. Chim. Ital. **59** [1929] 591/600, 593). — [12] P. I. Fedorov, N. S. Malova, Yu. N. Denisov (Zh. Neorgan. Khim. **16** [1971] 3347/9; Russ. J. Inorg. Chem. **16** [1971] 1770/2). — [13] A. D. Mah (U.S. Bur. Mines Rept. Invest. Nr. 5600 [1960] 10). — [14] T. A. Zordan, L. Hepler (Chem. Rev. **68** [1968] 737/45, 744).

7.1.2.6 Magnetische und optische Eigenschaften

Magnetic and Optical Properties

An einer polykristallinen Probe finden de Haas u.a. [1] zwischen 290 und 14.38 K einen Anstieg der Molsuszeptibilität χ_{mol} von 14.70×10^{-3} auf 204.5×10^{-3} cm³/mol; daraus ergibt sich die Curie-Temperatur zu $\Theta_p = -4$ K. Neuere Messungen an einem Einkristall bei 11.79 kOe zeigen, daß in einem $\|$[001] orientierten Feld das Curie-Weiss-Gesetz oberhalb etwa 15 K gilt; für Θ_p ergibt sich nunmehr der Wert -8 ± 2 K. Zwischen 4.2 und 2.5 K hat χ_{mol} ein Maximum [2].

Aus Neutronenstreuversuchen folgt, daß MnJ_2 bei $T_N = 3.40$ K in den antiferromagnetischen Zustand übergeht. Die magnetische Struktur ist nach Messungen bei 1.3 K durch spiralenförmige Anordnung der Mn-Momente charakterisiert; innerhalb von (307)-Ebenen sind die Momente parallel gerichtet [3]. Der Winkel, der zwischen den Richtungen in aufeinander folgenden (307)-Ebenen eingeschlossen ist, hat wahrscheinlich nicht den Wert $2\pi/16$, wie zunächst angegeben [3], sondern eher $2\pi/8$; nur dann lassen sich für die Austauschparameter J_1, J_2 und J_3 Werte finden, die zu einem Minimum der Austauschenergie führen [2].

Obgleich MnJ_2 oberhalb 3.4 K paramagnetisch ist, wird bei 4.2 K keine paramagnetische Resonanz beobachtet. Es zeigt sich vielmehr eine verschobene AFMR-Linie, die zwischen 4.2 und 1.5 K von etwa 24 auf 45 GHz zunimmt und oberhalb T_N möglicherweise auf eine Ordnung von geringer Reichweite zurückzuführen ist [4].

MnI_2 Magnetic and Optical Properties

Aus dem Mössbauer-Spektrum von ^{129}J wird bei 4.2 K die Isomerieverschiebung gegenüber ZnTe $\delta = 0.00 \pm 0.05$ mm/s bestimmt. Bei 1.7 K ist $\delta = -0.08 \pm 0.05$ mm/s, die Kernquadrupolkopplungskonstante ergibt sich zu $e^2qQ = 2.87 \pm 0.02$ mm/s, der Asymmetrieparameter zu 0.00 ± 0.05 und das innere Feld zu 140 ± 3 kOe. Hieraus werden Ladungsdichten und Bindungsparameter abgeleitet [5].

Aus dem Photoelektronenspektrum ergibt sich wie bei MnF_2 (s. „Mangan" C 4, S. 63) eine Aufspaltung des 2p-Niveaus des Mn-Atoms [6]. Diese könnte durch den Übergang eines 3d-Elektrons ins Leitungsband bedingt sein [7].

Die Farbe von MnJ_2 ist ebenso wie bei anderen Mn^{II}-Verbindungen rosa [8 bis 11] bis rot [12]. Eine früher manchmal beobachtete Braunfärbung ist auf Jodabscheidung infolge Oxidation durch Luftsauerstoff (s. unten) zurückzuführen [8].

Literatur:

[1] W. J. de Haas, B. H. Schultz, J. Koolhaas (Physica **7** [1940] 57/69, 59). — [2] W. van Erk (Diss. Groningen 1974, S. 26/7, 99/102). — [3] J. W. Cable, M. K. Wilkinson, E. O. Wollan, W. C. Koehler (Phys. Rev. [2] **125** [1962] 1860/4). — [4] J. J. Stickler, H. J. Zeiger (J. Appl. Phys. **39** [1968] 1021/3). — [5] J. M. Friedt, J. P. Sanchez, G. K. Shenoy (J. Chem. Phys. **65** [1976] 5093/102).

[6] G. A. Vernon, G. Stucky, T. A. Carlson (Inorg. Chem. **15** [1976] 278/84). — [7] J. A. Tossell (J. Electron Spectrosc. Relat. Phenomena **10** [1977] 169/75). — [8] W. Biltz, G. F. Hüttig (Z. Anorg. Allgem. Chem. **109** [1920] 89/110, 99, 102). — [9] S. A. Shchukarev, M. A. Oranskaya, T. S. Bartnitskaya (Vestn. Leningr. Univ. Fiz. Khim. **1956** Nr. 22, S. 104/10, 105, 107; C. A. **1957** 8516). — [10] P. Paoletti, A. Sabatini, A. Vacca (Trans. Faraday Soc. **61** [1965] 2417/21).

[11] P. I. Fedorov, N. S. Malova, Yu. N. Denisov (Zh. Neorgan. Khim. **16** [1971] 3347/9; Russ. J. Inorg. Chem. **16** [1971] 1770/2). — [12] G. Devoto, A. Guzzi (Gazz. Chim. Ital. **59** [1929] 591/600, 593).

Chemical Behavior

7.1.2.7 Chemisches Verhalten

Stability

Stabilität, Verhalten beim Erhitzen. Während MnJ_2 bei Gegenwart von Luftsauerstoff (s. unten) wenig stabil ist, kann es nach Shchukarev u.a. [1] in einer N_2-Atmosphäre, die frei von Spuren von O_2 ist, geschmolzen und auf 840°C erhitzt werden, ohne daß merkliche Jodabspaltung beobachtet wird. Devoto, Guzzi [2] erhitzen MnJ_2 in N_2-Atmosphäre unzersetzt bis auf 900°C. Nach Mesnage [3] kann MnJ_2 bei 500°C unzersetzt sublimiert werden. Der Dissoziationsdruck nach $MnJ_2 \rightarrow Mn + J_2$ beträgt bei 400°C erst $\lg p(J_2) = -15.7$ (p in atm) [4]. — In strömendem N_2 ist MnJ_2 bis 560°C stabil; darüber zersetzt es sich teilweise zu Mn und Jod, ein Teil sublimiert ab [5].

Reactions with Elements

Gegen Elemente. Für das Gleichgewicht MnJ_2(fest oder flüssig) + H_2(gas) $\rightleftharpoons$ Mn(fest) + 2 HJ (gas) berechnete Enthalpie ΔH, freie Enthalpie ΔG und Gleichgewichtskonstante $K_p = p^2(HJ)/p(H_2)$ in Abhängigkeit von der Temperatur T (Werte in Auswahl):

T in K	298.15	400	600	800	1000	1100
ΔH in kcal/mol	70.6	69.7	67.7	65.65	57.4	57.3
ΔG in kcal/mol	59.1	55.35	48.6	42.6	37.65	35.65
K_p in atm	4.76×10^{-44}	5.74×10^{-31}	1.99×10^{-18}	2.30×10^{-12}	5.92×10^{-9}	8.26×10^{-8}

Das Gleichgewicht bleibt weitgehend zugunsten von MnJ_2 und H_2 verschoben; bei 1100 K und einem Gesamtdruck von 1 atm werden weniger als 0.02% des H_2 in HJ umgewandelt. Am Schmelzpunkt (911 K) beträgt ΔH für das feste Jodid 64.5 und für das flüssige 58.0; ΔG = 39.45 und $K_p = 3.44 \times 10^{-10}$ für festes und flüssiges MnJ_2 [6].

Bei Einwirkung von Luftsauerstoff färbt sich MnJ_2 schon bei gewöhnlicher Temperatur braun [7]. Von Peters [8] wird an der Luft ab 80°C Jodentwicklung beobachtet, von Gorgeu [9] unterhalb 200°C, von Lumme u.a. [5, 10] ab 205°C. Selbst geringste Spuren O_2 in der N_2-Atmosphäre reichen aus, um schon unterhalb 100°C unter Braunfärbung Jod abzuspalten, weshalb diese Reaktion für den analytischen Nachweis von Spuren O_2 in Gasen verwendet werden kann [1]. Die Aktivierungsenergie der in statischer Luftatmosphäre zwischen 205 und 281°C ablaufenden Reaktion $MnJ_2 + 0.75\,O_2 \rightarrow 0.5\,Mn_2O_3 + J_2$ beträgt $E_a = 55.2 \pm 5$ kcal/mol, die Reaktionsordnung ist 2.3 [5]. In strömendem O_2 (etwa 40 cm^3 O_2/min) setzt die Reaktion erst bei 300°C ein [10].

Die Austauschreaktion zwischen kristallinem MnJ_2 und gasförmigem Jod ist bei 250°C in 4 h abgeschlossen, wie mit radioaktivem ^{131}J festgestellt wird [11]. — Während MnJ_2 mit Na bei gewöhnlicher Temperatur kaum reagiert, explodiert ein K-MnJ_2-Gemisch auf Stoß (Hammerschlag) bei gewöhnlicher Temperatur [12].

Reactions with Compounds

Gegen Verbindungen. Gasförmiges NH_3 wird von kristallinem MnJ_2 unter starker Wärmeentwicklung und Aufblähen des Salzes [8, 13] lebhaft absorbiert, wobei sich die Ammine $[Mn(NH_3)_2]J_2$ und $[Mn(NH_3)_6]J_2$ bilden; Reaktionsenthalpie −19.71 bzw. −16.01 kcal/mol NH_3 [14].

Mit NO reagiert reines MnJ_2 nicht; bei Anwesenheit von Fe oder Co tritt jedoch sofort Reaktion ein unter Bildung der Dinitrosoverbindungen der einwertigen Metalle: $Fe(NO)_2J$ bzw. $Co(NO)_2J$ [15]. — Zur Reaktion von MnJ_2 mit anderen Jodiden s. Kapitel 7.2, S. 323.

Mit verschiedenen sauerstoffhaltigen organischen Substanzen bildet MnJ_2 Additionsverbindungen: 1 mol MnJ_2 lagert 1, 4 und 6 mol Alkohol, 1 und 2 mol Äther, 2 und 4 mol Aldehyd, 2 und 3 mol Keton und 1 mol organische Säure an [16]. Dioxan reagiert mit MnJ_2 beim Erhitzen auf etwa 50°C unter Bildung eines violettfarbenen, nicht näher definierten Komplexes [17]. Beim Vermischen von Anilin mit festem MnJ_2 erfolgt unter Wärmeentwicklung Bildung von $MnJ_2 \cdot 2\,C_6H_5NH_2$ [18]. Gasförmiges Trimethylamin wird von einer dünnen Schicht von feinverteiltem MnJ_2 (im Gegensatz zu $MnBr_2$ und $MnCl_2$) bei gewöhnlicher Temperatur und $N(CH_3)_3$-Drücken bis 400 Torr nicht chemisorbiert, wie an Hand des IR-Absorptionsspektrums festgestellt wird [19].

Literatur:

[1] S. A. Shchukarev, M. A. Oranskaya, T. S. Bartnitskaya (Vestn. Leningr. Univ. Fiz. Khim. **1956** Nr. 22, S. 104/10, 107; C.A. **1957** 8516). — [2] G. Devoto, A. Guzzi (Gazz. Chim. Ital. **59** [1929] 591/600, 593). — [3] P. Mesnage (Compt. Rend. **204** [1937] 1929/31). — [4] S. A. Shchukarev, M. A. Oranskaya (Zh. Obshch. Khim. **24** [1954] 2109/19; J. Gen. Chem. USSR **24** [1954] 2077/86, 2084). — [5] P. Lumme, M.-T. Raivio (Suomen Kemistilehti B **41** [1968] 194/202, 195).

[6] A. D. Mah (U.S. Bur. Mines Rept. Invest. Nr. 5600 [1960] 24/5). — [7] J. C. G. Marignac (Jahresber. Fortschr. Chem. **1857** 208). — [8] W. Peters (Z. Anorg. Allgem. Chem. **77** [1912] 137/90, 160; Ber. Deut. Chem. Ges. **42** [1909] 4826/36, 4833). — [9] A. Gorgeu (Bull. Soc. Chim. France [2] **49** [1888] 664/71, 670). — [10] P. Lumme, O. Vuokila (Suomen Kemistilehti B **42** [1969] 306/11).

[11] Ya. A. Fialkov, Yu. P. Nazarenko (Ukr. Khim. Zh. **19** [1953] 356/64, 360; C.A. **1955** 9365). — [12] J. Cueilleron (Bull. Soc. Chim. France [5] **12** [1945] 88/9). — [13] F. Ephraim (Z. Physik. Chem. **81** [1913] 513/38, 536). — [14] W. Biltz (Z. Anorg. Allgem. Chem. **130** [1923] 93/139, 100; **148** [1925] 145/51, 146, 150). — [15] W. Hieber, R. Nast (Z. Anorg. Allgem. Chem. **244** [1940] 23/47, 27).

[16] A. Z. Chkhenkeli (Soobshch. Akad. Nauk Gruz.SSR **19** [1957] 415/9; C.A. **1958** 19319). — [17] R. S. Nyholm, G. J. Sutton (J. Chem. Soc. **1958** 564/6). — [18] A. R. Leeds (J. Am. Chem. Soc. **3** [1881] 134/51, 141). — [19] G. G. Guilbault, S. M. Billedeau (J. Inorg. Nucl. Chem. **33** [1971] 1411/5).

7.1.2.8 Löslichkeit

Solubility

In Wasser beträgt die Löslichkeit von MnJ_2 L = 9.68 Mol-% bzw. 64.80 Gew.-% bei 15°C und L = 12.03 Mol-% bzw. 70.12 Gew.-% bei 30°C [1]. Die Lösungsenthalpie in H_2O wird kalorimetrisch bestimmt zu $\Delta H_L = -15.12 \pm 0.04$ kcal/mol bei gewöhnlicher Temperatur [2]. Eine ältere Bestimmung (1 mol MnJ_2 in 1900 mol H_2O) ergibt $\Delta H_L = -19.7$ kcal/mol [3]. Der Wert wird von Yatsimirskii [4] übernommen.

MnI_2 Solubility

In flüssigem NH_3 ist MnJ_2 mäßig löslich [5]. Es lösen sich 0.02 g/100 g NH_3 bei 25°C (unter erhöhtem Druck) [6]. **Fig. 106** gibt die Temperaturabhängigkeit der Löslichkeit in flüssigem NH_3 zwischen −40 und −75°C wieder [7]. Mit fallender Temperatur nimmt die Löslichkeit zu im Gegensatz zu den Alkalihalogeniden. Sie ist um etwa zwei bzw. drei Zehnerpotenzen größer als bei $MnBr_2$ oder $MnCl_2$ [7] und um mehr als eine Zehnerpotenz niedriger als bei CuJ [8]. Die Löslichkeiten von MnJ_2, FeJ_2, CoJ_2 und NiJ_2 sind zwischen −40 und −75°C innerhalb der Fehlergrenzen fast gleich (unabhängig vom Kation) im Gegensatz zu den Alkalijodiden [7]. — In flüssigem HJ ist MnJ_2 gut löslich [9].

Fig. 106

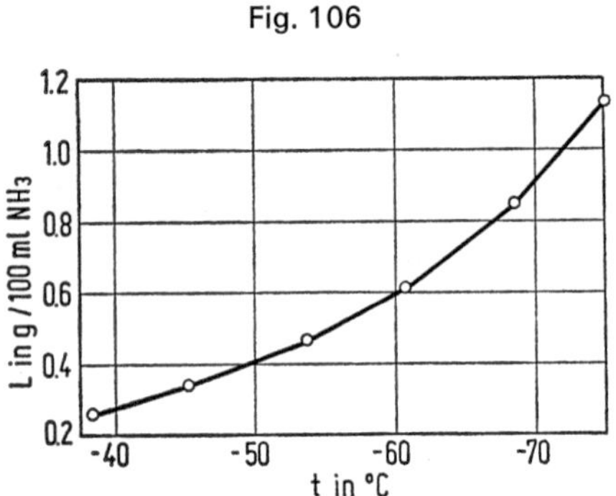

Temperaturabhängigkeit der Löslichkeit L von MnJ_2 in flüssigem NH_3.

Literatur:

[1] K. Adamkulov, K. S. Sulaimankulov, M. V. Chermashentseva (Khim. Kompleks. Soedin. Redk. Soputstv. Elem. **1970** 164/70, 166, 168; C. A. **76** [1972] Nr. 121000). — [2] P. Paoletti, A. Sabatini, A. Vacca (Trans. Faraday Soc. **61** [1965] 2417/21). — [3] G. Devoto, A. Guzzi (Gazz. Chim. Ital. **59** [1929] 591/600, 599). — [4] K. B. Yatsimirskii (Dokl. Akad. Nauk SSSR **129** [1959] 354/6; Proc. Acad. Sci. USSR Chem. Sect. **129** [1959] 1001/3). — [5] E. C. Franklin, C. A. Kraus (Am. Chem. J. **20** [1898] 820/36, 828).

[6] H. Hunt, L. Boncyk (J. Am. Chem. Soc. **55** [1933] 3528/30). — [7] A. Schneider, R. Gehrke (Naturwissenschaften **49** [1962] 467). — [8] A. Schneider, H. Klotz (Naturwissenschaften **50** [1963] 126). — [9] F. Klanberg, H. W. Kohlschütter (Z. Naturforsch. **16b** [1961] 69/71).

Manganese Diiodide Nonahydrate

7.1.3 Mangandijodid-nonahydrat $MnJ_2 \cdot 9H_2O$

Dieses Hydrat scheidet sich beim Abkühlen einer wäßrigen MnJ_2-Lösung der Zusammensetzung $MnJ_2 \cdot 9.9H_2O$ auf −20.5°C in Gegenwart von Impfkristallen aus. Die Impfkristalle werden durch Abkühlen einer solchen Lösung auf −40 bis −45°C erhalten. Die sich langsam ausscheidenden farblosen Täfelchen schmelzen kongruent bei −9.3°C, P. Kuznetsov (Zh. Russ. Fiz. Khim. Obshchestva **32** [1900] 290/7, 291, 294; C. **1900** II 525).

Manganese Diiodide Hexahydrate

7.1.4 Mangandijodid-hexahydrat $MnJ_2 \cdot 6H_2O$

Beim Abkühlen der bei 0°C gesättigten wäßrigen MnJ_2-Lösung auf −5°C scheidet sich erst etwas $MnJ_2 \cdot 4H_2O$ (s. S. 319) ab, dann folgen farblose, prismatische Säulen des Hexahydrats [1]. Die Standardbildungsenthalpie von kristallinem $MnJ_2 \cdot 6H_2O$ bei 298.16 K für die Bildung aus den Elementen wird aus Literaturwerten zu $\Delta H° = -451$ kcal/mol berechnet [2]. — Das Hexahydrat zerfällt bei −2.7°C in $MnJ_2 \cdot 4H_2O$ und eine gesättigte Lösung. Es ist stark hygroskopisch [1].

Literatur:

[1] P. Kuznetsov (Zh. Russ. Fiz. Khim. Obshchestva **32** [1900] 290/7, 291, 294; C. **1900** II 525). — [2] F. D. Rossini, D. D. Wagman, W. H. Evans, S. Levine, I. Jaffe (Natl. Bur. Std. [U.S.] Circ. Nr. 500 [1952] 275).

7.1.5 Mangandijodid-tetrahydrat $MnJ_2 \cdot 4H_2O$

Manganese Diiodide Tetrahydrate

Das Tetrahydrat ist das bei gewöhnlicher Temperatur mit der gesättigten Lösung im Gleichgewicht stehende Hydrat [1] (s. dort auch ältere Literatur). Es bildet sich aus dem Hexahydrat oberhalb −2.7°C (s. S. 318). Es wird durch Einleiten von HJ in eine Suspension von $MnCO_3$ in Wasser [2] oder durch Auflösen von Mn in J_2-freier HJ-Lösung und Konzentrieren der Lösung [3] dargestellt. Lumme, Vuokila [4] erhalten beim Auflösen von $MnCO_3$ in konzentrierter HJ-Lösung und Umkristallisieren der abgeschiedenen Kristalle aus H_2O ein Hydrat der Zusammensetzung $MnJ_2 \cdot 4.5H_2O$, das sich im O_2-Strom (40 cm^3/min) zwischen 70 und 133°C in das Tetrahydrat umwandelt. Das Kristallwasser wird zwischen 133 und 300°C abgespalten [4].

Die Standardbildungsenthalpie von $MnJ_2 \cdot 4H_2O$ aus den Elementen wird aus Literaturwerten zu $\Delta H^\circ_{298} = -343.9$ kcal/mol berechnet [5]. Nach einer älteren Berechnung ist $\Delta H^\circ_{298} = -327.5$ kcal/mol [6].

Literatur:

[1] P. Kuznetsov (Zh. Russ. Fiz. Khim. Obshchestva **32** [1900] 290/7; C. **1900** II 525). — [2] C. M. Loane (J. Phys. Chem. **37** [1933] 615/22, 618). — [3] J. J. Foster, N. S. Gill (J. Chem. Soc. A **1968** 2625/9). — [4] P. Lumme, O. Vuokila (Suomen Kemistilehti B **42** [1969] 306/11). — [5] D. D. Wagman, W. H. Evans, V. B. Parker, I. Halow, S. M. Bailey, R. H. Schumm (Natl. Bur. Std. [U.S.] Tech. Note 270-4 [1969] 108).

[6] F. D. Rossini, D. D. Wagman, W. H. Evans, S. Levine, I. Jaffe (Natl. Bur. Std. [U.S.] Circ. Nr. 500 [1952] 275).

7.1.6 Mangandijodid-dihydrat $MnJ_2 \cdot 2H_2O$

Manganese Diiodide Dihydrate

Das Dihydrat entsteht beim vorsichtigen Entwässern von $MnJ_2 \cdot 4H_2O$ (s. oben) [1]. Die Bildungsenthalpie von kristallinem $MnJ_2 \cdot 2H_2O$ aus den Elementen beträgt bei 298.15 K unter Standardbedingungen $\Delta H^\circ = -201.4$ kcal/mol (aus Literaturwerten berechnet) [2]. Frühere Berechnung: $\Delta H^\circ_{298.16} = -194.5$ kcal/mol [3]. — Beim Erhitzen spaltet $MnJ_2 \cdot 2H_2O$ Wasser ab; sein Zersetzungsdampfdruck beträgt p = 19, 47, 91 und 112 Torr bei 66, 100, 110 bzw. 120°C [1].

Literatur:

[1] H. Lescoeur (Ann. Chim. Phys. [7] **2** [1894] 78/117, 111). — [2] D. D. Wagman, W. H. Evans, V. B. Parker, I. Halow, S. M. Bailey, R. H. Schumm (Natl. Bur. Std. [U.S.] Tech. Note 270-4 [1969] 108). — [3] F. D. Rossini, D. D. Wagman, W. H. Evans, S. Levine, I. Jaffe (Natl. Bur. Std. [U.S.] Circ. Nr. 500 [1952] 275).

7.1.7 Mangandijodid-monohydrat $MnJ_2 \cdot H_2O$

Manganese Diiodide Monohydrate

Das Monohydrat entsteht bei vorsichtigem Entwässern von $MnJ_2 \cdot 4H_2O$ (s. oben) [1]. Es wird aus äquivalenten Mengen $MnCO_3$ und konzentrierter HJ-Lösung, Eindampfen der Lösung und Trocknen im Vakuumexsikkator dargestellt [2]. Die Bildungsenthalpie von kristallinem $MnJ_2 \cdot H_2O$ aus den Elementen unter Standardbedingungen wird aus Literaturwerten zu $\Delta H^\circ_{298.16} = -127.9$ kcal/mol berechnet [3].

$MnI_2 \cdot H_2O$

$MnJ_2 \cdot H_2O$ bildet schwarze Kristalle [2]. Beim Erhitzen in statischer Luftatmosphäre oder im N_2-Strom spaltet es zwischen 85 und 170°C das Wasser ab. Die Aktivierungsenergie der Reaktion beträgt 11.2 ± 1 kcal/mol in Luft, 14.5 ± 0.4 kcal/mol in N_2; die Reaktionsordnung ist 0.5 bzw. 0.63 [2]. Lescoeur [1] mißt bei 120, 130 und 133°C Zersetzungsdampfdrücke von p = 130, 180 bzw. 198 Torr.

Literatur:

[1] H. Lescoeur (Ann. Chim. Phys. [7] **2** [1894] 78/117, 110). — [2] P. Lumme, M.-T. Raivio (Suomen Kemistilehti B **41** [1968] 194/202, 194, 197). — [3] F. D. Rossini, D. D. Wagman, W. H. Evans, S. Levine, I. Jaffe (Natl. Bur. Std. [U.S.] Circ. Nr. 500 [1952] 275).

Aqueous Solution of MnI_2

7.1.8 Wäßrige Lösung von MnJ_2

Die Bildungsenthalpie einer hypothetischen, idealen 1molalen wäßrigen Lösung von MnJ_2 aus den Elementen wird für Standardbedingungen zu $\Delta H^\circ_{298.15} = -79.1$ kcal/mol aus Literaturwerten berechnet [1]. Frühere Berechnung: $\Delta H^\circ_{298.16} = -79.0$ kcal/mol [2]. — Lösungsenthalpie s. S. 317.

Komplexbildung. Da die innere Koordinationssphäre der Mn^{2+}-Ionen in verdünnten (0.5 molaren) wäßrigen MnJ_2-Lösungen infolge der starken Solvatation mit H_2O-Molekülen besetzt ist, erfolgt in diesen Lösungen eine schwache Ionenpaarbildung zwischen Mn^{2+}- und J^--Ionen in der äußeren Koordinationssphäre unter Aufrechterhaltung der vollen Solvatationssphäre. Diese Ionenpaarbildung vollzieht sich in einer Gleichgewichtsreaktion nach dem Schema $Mn^{2+} + J^- \underset{k_2}{\overset{k_1}{\rightleftharpoons}} Mn^{2+}(H_2O)J^-$. Für die Gleichgewichtskonstante $K = k_1/k_2$ wird aus der Linienbreite der EPR $K < 0.01$ l/mol bei 22°C und der Ionenstärke $I \approx 0.5$ ermittelt [3], s. auch [4].

Hydrolyse. Verdünnte MnJ_2-Lösungen sind nahezu farblos, konzentrierte schwach gelblich. Das Salz ist in der verdünnten wäßrigen Lösung nur in geringem Maße hydrolytisch gespalten und zeigt die Eigenschaften eines normalen Elektrolyten, wie aus den pH-Werten der Lösungen, der Konzentrationsabhängigkeit der Äquivalentleitfähigkeit und dem Verhalten bei der Elektrolyse geschlossen wird. Der pH-Wert der 0.05 und 0.01molaren Lösung beträgt nach potentiometrischen Messungen 4.45 bzw. 4.54 bei gewöhnlicher Temperatur [5]; Dissoziationsgrad s. unten.

Dampfdruck p gesättigter MnJ_2-Lösungen in Abhängigkeit von der Temperatur t [6]:

t in °C	20	50	60	80	100	110	120	130
p in Torr	3.5	7	13	13	42.5	104	154	210

Äquivalentleitfähigkeit Λ (in $\Omega^{-1} \cdot cm^2 \cdot val^{-1}$) bei der Verdünnung V (in l/val) und daraus errechneter Dissoziationsgrad α bei gewöhnlicher Temperatur [5]:

V	20	40	160	320	640	1280	2560	5120
Λ	101.13	105.89	115.18	119.94	122.37	123.55	126.37	127.32
α	0.7742	0.8108	0.8819	0.9184	0.9370	0.9460	0.9676	0.9750

Äquivalentleitfähigkeit bei unendlicher Verdünnung: $\Lambda_\infty = 130.6$ bei gewöhnlicher Temperatur. Die Kationen- und Anionen-Überführungszahl n_K bzw. n_A bei gewöhnlicher Temperatur wird für 0.05molare Lösung zu $n_K = 0.3768$ und $n_A = 0.6232$ bestimmt; Grenzwerte für unendliche Verdünnung: $n_K = 0.3923$, $n_A = 0.6077$ [5]. Hanszen [7] schätzt die Kationenüberführungszahl der 1molaren Lösung auf ungefähr 0.3.

Chemisches Verhalten. Wenn durch konzentrierte wäßrige MnJ_2-Lösung Luft geleitet oder wenn sie wiederholt unter Zutritt von Luftsauerstoff eingedampft wird, erfolgt Zersetzung unter Bildung von farblosem $MnJ_2 \cdot MnO \cdot 6H_2O$ (s. S. 330) [8]. — Beim Schütteln mit fein pulverisiertem festem Jod bei 25°C wird Jod addiert unter Bildung von Mn-Polyjodiden (s. S. 321) [5]. Mit NH_3

reagiert MnJ_2 in wäßriger Lösung zu $[Mn(NH_3)_6]J_2$, das durch Zugabe von mit NH_3 gesättigtem Äthanol aus der Lösung abgeschieden werden kann [9]. Mit HJ bildet MnJ_2 in wäßriger Lösung (bei einem HJ-Gehalt von 6.9 mol/l) kein Produkt, das mit Diäthyläther extrahiert werden könnte [10]. — As_2O_3 ergibt mit wäßriger MnJ_2-Lösung unlösliches weißes $MnJ_2 \cdot 4As_2O_3 \cdot 12H_2O$, mit Sb_2O_3 dagegen erfolgt keine Reaktion [11]. — Mit Acetamid bildet sich $MnJ_2 \cdot 4CH_3CONH_2$ bei 25°C [12].

Literatur:

[1] D. D. Wagman, W. H. Evans, V. B. Parker, I. Halow, S. M. Bailey, R. H. Schumm (Natl. Bur. Std. [U.S.] Tech. Note 270-4 [1969] 108). — [2] F. D. Rossini, D. D. Wagman, W. H. Evans, S. Levine, I. Jaffe (Natl. Bur. Std. [U.S.] Circ. Nr. 500 [1952] 275). — [3] D. C. McCain, R. J. Myers (J. Phys. Chem. **72** [1968] 4115/22, 4118, 4122). — [4] L. G. Sillén, A. E. Martell (Stability Constants of Metal-Ion Complexes, Supplement Nr. 1, London 1971, S. 228). — [5] W. Riedel (Diss. Halle-Wittenberg 1913, S. 1/57, 31, 33, 43, 50, 54).

[6] H. Lescoeur (Ann. Chim. Phys. [7] **2** [1894] 78/117, 112). — [7] K.-J. Hanszen (Z. Naturforsch. **9a** [1954] 930/8, 933). — [8] P. Kuznetsov (Izv. Alekseevsk. Donsk. Polytekhn. Inst. Novocherk. **2** [1913] 1/14; C. **1913** I 1659). — [9] W. Biltz, G. F. Hüttig (Z. Anorg. Allgem. Chem. **109** [1920] 89/110, 99). — [10] S. Kitahara (Rept. Sci. Res. Inst. [Tokio] **24** Nr. 8 [1948] 254/7, Nr. 9 [1948] 454/7; C.A. **1951** 2290).

[11] R. F. Weinland, P. Gruhl (Arch. Pharm. **255** [1917] 467/81, 478). — [12] B. Imanakunov, S. Baichalova, K. Alymkulova (Materialy Nauchn. Konf. Posvyashch. 100-[Sto] Letiyu Period. Zakona D.I. Mendeleeva, Frunze 1969 [1970], S. 143; C.A. **76** [1972] Nr. 28318).

7.1.9 Nichtwäßrige Lösungen von MnJ_2

Nonaqueous Solutions of MnI_2

In flüssigem NH_3 gelöstes MnJ_2 wird sehr lebhaft von metallischem Na reduziert unter H_2-Entwicklung und Bildung eines schwarzen glänzenden [1] oder graubraunen [2] Niederschlags von fein verteiltem, stark reaktionsfähigem (pyrophorem [2]) Mn, das die gleichzeitig ablaufende Reaktion zwischen Na und NH_3 zu $NaNH_2$ katalysiert und sich teilweise in Folgereaktionen zu $Mn(NH_2)_2$ und $Mn(NHNa)_2$ umsetzt [1], s. auch [3].

Die Lösung von MnJ_2 in flüssigem HJ ist dunkelrot und zeigt sehr geringe elektrische Leitfähigkeit; für 0.05 bis 0.2molare Lösungen ist die spezifische Leitfähigkeit $\varkappa < 5 \times 10^{-7}\ \Omega^{-1} \cdot cm^{-1}$ [4].

Die Lösung von MnJ_2 in Dioxan enthält einen violetten, nicht näher definierten Mn-Dioxan-Komplex [5].

Literatur:

[1] W. M. Burgess, E. H. Smoker (Chem. Rev. **8** [1931] 265/72, 267). — [2] C. M. Loane (J. Phys. Chem. **37** [1933] 615/22, 618). — [3] W. C. Fernelius, G. W. Watt (Chem. Rev. **20** [1937] 195/258, 212). — [4] F. Klanberg, H. W. Kohlschütter (Z. Naturforsch. **16b** [1961] 69/71). — [5] R. S. Nyholm, G. J. Sutton (J. Chem. Soc. **1958** 564/6).

7.1.10 Mangan(II)-polyjodide

Manganese (II) Polyiodides

Wäßrige MnJ_2-Lösungen nehmen beim Schütteln mit fein pulverisiertem Jod bei 25°C größere Mengen des Jods auf und es werden vermutlich Mn^{II}-Polyjodide gebildet. Die größte aufgenommene J_2-Menge entspricht der Formel $MnJ_{6.16}$. Beim Verdünnen mit H_2O wird so lange Jod abgespalten, bis die Zusammensetzung der gelösten Substanz der Formel MnJ_4 entspricht. Die MnJ_4-Lösung kann beliebig verdünnt werden, ohne daß weitere Zersetzung eintritt. Daher wird zumindest die Existenz des Polyjodids MnJ_4 als gesichert angesehen.

Manganese (II) Polyiodides

Äquivalentleitfähigkeit Λ (in $\Omega^{-1} \cdot cm^2 \cdot val^{-1}$) der MnJ_4-Lösungen bei der Verdünnung V (in l/val) und daraus errechneter Dissoziationsgrad α (für die Dissoziation in Mn^{2+}-Ionen) bei gewöhnlicher Temperatur:

V	20	40	160	320	640	1280	2560	5120
Λ	85.09	89.99	99.02	102.61	106.34	108.81	110.59	111.59
α	0.7438	0.7866	0.8657	0.8970	0.9296	0.9511	0.9667	0.9754

Bei unendlicher Verdünnung beträgt die Äquivalentleitfähigkeit $\Lambda_\infty = 114.39$ bei gewöhnlicher Temperatur, W. Riedel (Diss. Halle-Wittenberg 1913, S. 1/57, 33, 37, 54).

Ionic MnI_n^{2-n} Complexes

7.1.11 Komplexe Mangan(II)-jodid-Ionen MnJ_n^{2-n}, n = 1 bis 6

Nach polarographischen Untersuchungen bei 25°C enthalten Lösungen von Mn^{2+} (in Form von $Mn(ClO_4)_2$) und J^- (in Form von $(C_2H_5)_4NJ$) in Acetonitril nebeneinander die Ionen MnJ_6^{4-}, MnJ_5^{3-}, MnJ_4^{2-}, MnJ_3^-, MnJ^+ und Mn^{2+} neben undissoziiertem MnJ_2, s. **Fig. 107**. Das MnJ_6^{4-}-Ion dominiert, besonders bei hohen Jodidkonzentrationen.

Fig. 107

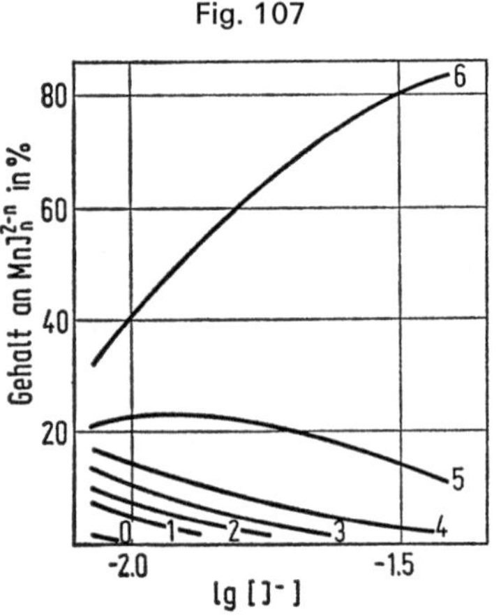

Konzentration der Spezies MnJ_n^{2-n} (n = 0 bis 6) in % des Gesamtgehalts an Mn als Funktion der J^--Konzentration (in mol/l) bei 5×10^{-4} molaren Mn^{2+}-Lösungen in Acetonitril von 25°C.

Die Bruttostabilitätskonstanten $\beta_n = [MnJ_n^{2-n}]/[Mn^{2+}][J^-]^n$ in Acetonitril werden polarographisch bei 25.0 ± 0.1°C und einer konstanten $(C_2H_5)_4N^+$-Ionenkonzentration von 0.1 mol/l unter Berücksichtigung der Ionenpaarbildung von $(C_2H_5)_4N^+$ mit J^- zu lg $\beta_1 = 3.5$, lg $\beta_2 = 5.6$, lg $\beta_3 = 7.8$, lg $\beta_4 = 10.0$, lg $\beta_5 = 12.2$ und lg $\beta_6 = 14.4$ bestimmt [1].

MnJ_4^{2-}-Ionen existieren wie die entsprechenden Chloro- bzw. Bromomanganat-Ionen (s. S. 84 bzw. 288) in M_2MnJ_4-Verbindungen mit großem Kation M. Sie haben ebenfalls, wie die Analyse der Elektronenbandenspektren [2 bis 5] und Schwingungsspektren [6 bis 8] ergibt, regulär tetraedrische Struktur, wenn auch in Einzelfällen Verzerrungen auftreten, die bei MnJ_4^{2-} ausgeprägter sind als bei $MnCl_4^2$ und $MnBr_4^{2-}$ [2].

Das magnetische Moment im elektronischen Grundzustand $^6A_1$ beträgt 5.87 μ_B (gemessen in $[CH_3(C_6H_5)_3As]_2MnJ_4$) [9], nahe dem theoretischen Wert des reinen Spinmoments (5.92 μ_B).

Die aus optischen Spektren (A = Absorptions-, R = Reflexionsspektrum, Ex = Fluoreszenzanregungsspektrum) kristalliner und gelöster Jodomanganate abgeleiteten elektronischen Termenergien, bezogen auf den Grundzustand, zeigt folgende Tabelle:

Kation	T in K	Methode	$T_1(G)$	$T_2(G)$	$A_1(G)$, $E(G)$	$T_2(D)$	$E(D)$	$T_1(P)$	$A_2(F)$	Lit.
$(C_2H_5)_4N^+$	77	R, Ex			22100	25000	25700	26780		[2]
$(C_2H_5)_4N^+$	298	R	20480	21560	22400	25800	25900	26800		[3]
$(C_2H_5)_4N^+$	298	Ex*)	20080, 20530	21010	22020	24390, 25910	26670	26880		[4]
$(n\text{-}C_4H_9)_4N^+$	298	A, R		21500	22500	26600	26900	28100	≈36000	[5]

*) Termenergien aus Absorptions-, Reflexions- und Lumineszenzspektren s. Original [4].

Charge-Transfer-Übergänge werden in dem bisher wenig untersuchten Gebiet oberhalb 35000 cm^{-1} vermutet [10]. — Für den Ligandenfeldparameter Dq und die Racah-Parameter B und C werden jeweils aus eigenen Messungen der Termenergien die Werte (in cm^{-1}) Dq = 270, B = 639, C = 3121 [3], B = 667, C = 3250 [5] und Dq ≈ 280 [4] erhalten.

Die gemessenen Schwingungsfrequenzen (in cm^{-1}) des Ions (ν_1 aus Raman-, ν_3 und ν_4 aus IR-Spektren kristalliner Proben) zeigt die folgende Tabelle:

Kation	$\nu_1(A_1)$	$\nu_3(F_1)$	$\nu_4(F_2)$	Lit.
$(C_2H_5)_4N^+$	108	193, 188	56	[6, 11]
$(n\text{-}C_3H_7)_4N^+$	—	185	—	[8]
$(n\text{-}C_4H_9)_4N^+$	111	—	—	[7]
$(n\text{-}C_4H_9)_4N^+$	107	—	—	[6, 11]

Im Raman-Spektrum einer Lösung von $[(n\text{-}C_4H_9)_4N]_2MnJ_4$ in $CHCl_3$ treten drei Linien mit $\nu_1 = 116$, $\nu_2 = 46$, $\nu_4 = 58$ cm^{-1} auf [6].

Aus den gemessenen Wellenzahlen [6] werden die Konstanten (in mdyn/Å) eines Valenzkraftfelds $f_r = 0.63$, $f_{rr} = 0.13$, $f_\alpha = 0.06$, $f_{\alpha\alpha} = 0.007$ und die Konstanten (in mdyn/Å) eines Urey-Bradley-Felds K = 0.60, F = 0.10 berechnet; Konstanten eines Orbital-Valenzkraftfelds s. Original [12]. Wird $f_{rr} = 0$ gesetzt, so ergibt sich aus den ν_1-Wellenzahlen der Tabelle $f_r = 1.01$ [6] bzw. $f_r = 0.92$ [7].

Literatur:

[1] S. Misumi, M. Aihara (Talanta **19** [1972] 549/57, 556). — [2] D. Oelkrug, A. Wölpl (Ber. Bunsenges. Physik. Chem. **76** [1972] 680/6). — [3] J. J. Foster, N. S. Gill (J. Chem. Soc. A **1968** 2625/9). — [4] C. Furlani, E. Cervone, P. Cancellieri (Atti Accad. Nazl. Lincei Rend. Classe Sci. Fis. Mat. Nat. [8] **37** [1964] 446/56). — [5] F. A. Cotton, D. M. L. Goodgame, M. Goodgame (J. Am. Chem. Soc. **84** [1962] 167/72).

[6] H. G. M. Edwards, M. J. Ware, L. A. Woodward (Chem. Commun. **1968** 540/1). — [7] J. S. Avery, C. D. Burbridge, D. M. L. Goodgame (Spectrochim. Acta A **24** [1968] 1721/6). — [8] A. Sabatini, L. Sacconi (J. Am. Chem. Soc. **86** [1964] 17/20). — [9] N. S. Gill, R. S. Nyholm (J. Chem. Soc. **1959** 3997/4007). — [10] P. Day, C. K. Jørgensen (J. Chem. Soc. **1964** 6226/34).

[11] M. Gall laut Edwards u.a. [6]. — [12] L. J. Basile, J. R. Ferraro, P. Labonville, M. C. Wall (Coord. Chem. Rev. **11** [1973] 21/69).

7.2 Verbindungen des Mangans mit Jod und weiteren Metallen einschließlich Onium-Verbindungen

Compounds of Manganese with Iodine, Metals, and Onium Compounds

Übersicht

Review in German

Nach den bisher vorliegenden Untersuchungen scheinen sich Jodomanganate(II) nur mit großen Kationen zu bilden: $CsMnJ_3$, $TlMnJ_3$ sowie Tetrajodomanganate organischer Stickstoffbasen und anderer Onium-Verbindungen. Darüber hinaus sind einige Systeme von MnJ_2 mit den Jodiden von Ba, In und Cr untersucht worden.

Review in English

Review. So far the only iodomanganates found are those with large cations: $CsMnI_3$, $TlMnI_3$, and the tetraiodomanganates of quaternary ammonium and other onium cations. The systems of MnI_2 with barium, indium, or chromium iodides have been studied.

$CsMnI_3$

7.2.1 $CsMnJ_3$ (= CsJ · MnJ_2)

Die Verbindung wird durch Zusammenschmelzen eines äquimolaren Gemisches von CsJ und MnJ_2 dargestellt. Die roten Kristalle sind extrem hygroskopisch und müssen in trocknem N_2 gehalten werden. Einkristalle werden aus der Schmelze nach der Bridgman-Methode mit einer Geschwindigkeit von 0.5 cm/h bei 650°C gezogen.

Röntgenographische Untersuchungen an Einkristallen ergeben, daß $CsMnJ_3$ hexagonal kristallisiert, Gitterkonstanten a = 8.18, c = 6.95 Å; Z = 2. Raumgruppe $P6_3/mmc-D_{6h}^4$ (Nr. 194), $P6_3mc-C_{6v}^4$ (Nr. 186) oder $P\bar{6}2c-D_{3h}^4$ (Nr. 190). Die Verbindung ist mit $CsVJ_3$ und $CsCrJ_3$ isotyp, vermutlich auch mit $CsMgCl_3$, $CsMnBr_3$ (s. S. 297), $CsNiCl_3$ sowie $CsCoCl_3$. Im Kristall ist Mn demnach verzerrt oktaedrisch von sechs J-Atomen umgeben. Die Oktaeder bilden über gemeinsame Flächen Ketten ‖ [001].

Magnetische Molsuszeptibilität χ_{mol} in Abhängigkeit von der Temperatur T:

T in K	77	195	239	273	295
χ_{mol} in 10^{-6} cm³/mol	17.170	13.760	12.260	11.350	10.750

$CsMnJ_3$ folgt oberhalb 195 K dem Curie-Weiss-Gesetz mit der Curie-Temperatur $\Theta_p = -165 \pm 10$ K; effektives magnetisches Moment $\mu_{eff} = 6.30\ \mu_B$. Die negative Curie-Temperatur und das Verhalten von χ weisen darauf hin, daß $CsMnJ_3$ bei tiefen Temperaturen antiferromagnetisch ist.

Verdünnte wäßrige NH_3-Lösung zersetzt festes $CsMnJ_3$ unter Abscheidung von Mn-Hydroxid. Durch KJO_4 wird das Mn zu MnO_4^- oxidiert; diese Reaktion kann für die Analyse verwendet werden, G. L. McPherson, L. J. Sindel, H. F. Quarls, C. B. Frederick, C. J. Doumit (Inorg. Chem. **14** [1975] 1831/4).

$[(n\text{-}C_nH_{2n+1})_4N]_2MnI_4$

7.2.2 $[(n\text{-}C_nH_{2n+1})_4N]_2MnJ_4$, n = 2, 3, 4 (= $2(n\text{-}C_nH_{2n+1})_4NJ \cdot MnJ_2$)

$[(C_2H_5)_4N]_2MnJ_4$ wird aus stöchiometrischen Mengen $MnJ_2 \cdot 4H_2O$ (oder MnJ_2) und $(C_2H_5)_4NJ$ dargestellt [1 bis 3]. Als Lösungsmittel eignet sich am besten heißer Eisessig; es wird gleich nach dem Mischen filtriert und die Kristalle werden im Vakuum bei Zimmertemperatur getrocknet (Ausbeute 91%) [2]. Bei Verwendung von jodfreier, wäßriger HJ-Lösung als Lösungsmittel wird die Verbindung mit geringerer Ausbeute erhalten [1]. Aus alkoholischer Lösung kann sie nur dann abgeschieden werden, wenn von großem MnJ_2-Überschuß ausgegangen wird ($MnJ_2 : (C_2H_5)_4NJ = 2:1$); das Salz muß von der noch heißen, eingeengten Lösung abfiltriert werden, um das Auskristallisieren von $(C_2H_5)_4NJ$ zu vermeiden [2]. Die Kristalle werden mit $CHCl_3$ gewaschen und wegen ihrer Zersetzlichkeit über festem CO_2 aufbewahrt [3].

$[(C_2H_5)_4N]_2MnJ_4$ bildet gelbe [2, 3] bis grüngelbe Nadeln [1], die fluoreszieren und bei 180°C unter Zersetzung schmelzen [3]. — Magnetische Molsuszeptibilität $\chi_{mol} = 17.96 \times 10^{-6}$ cm³/mol, magnetisches Moment $\mu = 5.94\ \mu_B$ bei 294 K [3]. — Im IR- und Raman-Spektrum werden die Schwingungsbanden des tetraedrischen MnJ_4^{2-}-Ions beobachtet (s. S. 322).

Die Verbindung zersetzt sich langsam bei längerer Aufbewahrung und kann nicht ohne teilweise Zersetzung umkristallisiert werden [2]. Die Lösungsenthalpie in Wasser wird kalorimetrisch zu $\Delta H_L = -0.41 \pm 0.07$ kcal/mol bei gewöhnlicher Temperatur bestimmt [4]. Die Verbindung ist löslich in CH_3OH, C_2H_5OH, Aceton und Nitrobenzol, unlöslich in $CHCl_3$, wasserfreiem Diäthyläther und Benzol [3].

$[(n\text{-}C_3H_7)_4N]_2MnJ_4$ wird aus MnJ_2 und $(n\text{-}C_3H_7)_4NJ$ in Isoamylalkohol oder sek-Oktylalkohol als Lösungsmittel dargestellt, da die Verbindung aus Äthanol schlecht zur Kristallisation gebracht werden kann [5]. — Im IR-Spektrum werden ebenfalls Schwingungsbanden des tetraederförmigen MnJ_4^{2-}-Anions beobachtet (s. S. 322).

$[(n\text{-}C_4H_9)_4N]_2MnJ_4$. Zur Darstellung werden 0.005 mol MnJ_2 in 65 ml Essigsäureäthylester mit 0.01 mol fein pulverisiertem $(n\text{-}C_4H_9)_4NJ$ versetzt. Beim Erhitzen scheidet sich ein gelbes Öl über der gelben Lösung ab. Die Zugabe von 6 ml absolutem Äthylalkohol führt zu einer homogenen gelben Lösung, aus der sich beim Abkühlen die Verbindung in Form blaßgrüner Nadeln abscheidet. Die Kristalle werden mit Essigsäureäthylester gewaschen und im Vakuum getrocknet. Ausbeute: 60% [6], vgl. auch [7]. Aus reinem Äthanol scheidet sich die Verbindung als amorphe, gummiartige Masse ab (die nachträglich nur schwer zur Kristallisation zu bringen ist). So können transparente Filme von amorphem $[(n\text{-}C_4H_9)_4N]_2MnJ_4$, die für spektroskopische Zwecke geeignet sind, durch Eindunsten der alkoholischen Lösung auf Quarzplatten erhalten werden [8].

Die Verbindung schmilzt bei 148 [6] bis 154°C [7]. — Im UV-Licht zeigt sie im festen Zustand ausgeprägte gelbgrüne Fluoreszenz [6, 7, 9]. Während die Schmelze bis etwa 50°C oberhalb des Schmelzpunkts ebenfalls gelbgrün fluoresziert [7, 9], weisen die Lösungen der Verbindung keine Fluoreszenz auf [6]. — Im Raman-Spektrum der Verbindung werden die Schwingungsfrequenzen des tetraedrischen MnJ_4^{2-}-Ions beobachtet (s. S. 322).

Die Verbindung kann in sehr reinem Zustand bei Ausschluß von Luft und Feuchtigkeit auf etwa 40°C oberhalb ihres Schmelzpunkts unzersetzt erhitzt werden. Bei höheren Temperaturen zersetzt sie sich langsam in MnJ_2, C_4H_9J, $(C_4H_9)_3N$ und Spaltprodukte der Butylgruppe [7].

Literatur:

[1] J. J. Foster, N. S. Gill (J. Chem. Soc. A **1968** 2625/9). — [2] N. S. Gill, F. B. Taylor (Inorg. Syn. **9** [1967] 136/42, 138). — [3] L. Naldini, A. Sacco (Gazz. Chim. Ital. **89** [1959] 2258/67, 2266). — [4] P. Paoletti, A. Sabatini, A. Vacca (Trans. Faraday Soc. **61** [1965] 2417/21). — [5] A. Sabatini, L. Sacconi (J. Am. Chem. Soc. **86** [1964] 17/20).

[6] F. A. Cotton, D. M. L. Goodgame, M. Goodgame (J. Am. Chem. Soc. **84** [1962] 167/72). — [7] B. R. Sundheim, E. Levy, B. Howard (J. Chem. Phys. **57** [1972] 4492/6). — [8] B. D. Bird, P. Day (Chem. Commun. **1967** 741/2). — [9] B. Howard, B. R. Sundheim (J. Chem. Phys. **50** [1969] 5035).

7.2.3 $[(CH_3)_3C_6H_5CH_2N]_2MnJ_4$ $(=2(CH_3)_3C_6H_5CH_2NJ \cdot MnJ_2)$

$[(CH_3)_3\text{-}C_6H_5CH_2\text{-}N]_2MnI_4$

Beim Versetzen der Lösung von 1.54 g MnJ_2 und 2.77 g $(CH_3)_3C_6H_5CH_2NJ$ in Aceton mit wasserfreiem Diäthyläther scheidet sich die Verbindung in Form gelber, fluoreszierender Kristalle ab, die aus einem Aceton-Äther-Gemisch umkristallisiert werden. Die magnetische Molsuszeptibilität beträgt $\chi_{mol} = 16.28 \times 10^{-6}$ cm³/mol, das magnetische Moment $\mu = 5.78\ \mu_B$ bei 293 K. Die Verbindung ist löslich in CH_3OH, C_2H_5OH, Aceton und Nitrobenzol, unlöslich in $CHCl_3$, Diäthyläther und Benzol. Die molare Leitfähigkeit einer 10^{-3}molaren Lösung in Nitrobenzol beträgt 38.92 $\Omega^{-1} \cdot cm^2 \cdot mol^{-1}$ bei 16°C; sie entspricht der eines ein-zwei-wertigen Elektrolyten, L. Naldini, A. Sacco (Gazz. Chim. Ital. **89** [1959] 2258/67, 2264).

7.2.4 Tetrajodomanganate weiterer Onium-Verbindungen

Other Onium Tetraiodomanganates

$[(C_6H_5)_3\text{-}PH]_2MnI_4$

$[(C_6H_5)_3PH]_2MnJ_4$. Zur Darstellung wird die Lösung von 3.3 g MnJ_2 und 5.26 g $(C_6H_5)_3P$ in wasserfreiem Aceton mit CH_3COOH versetzt, worauf sich die Verbindung in Form gelber Kristalle abscheidet, die erst mit Eisessig, dann mit Isopropyläther gewaschen werden. Auch beim Einleiten von gasförmigem HJ in ein Gemisch der Lösungen stöchiometrischer Mengen von MnJ_2 in Aceton und $(C_6H_5)_3P$ in Benzol oder beim Versetzen der Lösung von MnJ_2 und $(C_6H_5)_3PHJ$ in Aceton mit Benzol wird die Verbindung kristallin erhalten. Sie kann aus einem Aceton-Benzol-Gemisch umkristallisiert werden und wird in inerter Atmosphäre aufbewahrt.

[(C₆H₅)₃-PH]₂MnI₄

Die Verbindung schmilzt bei 170 bis 173°C unter Zersetzung. Die magnetische Molsuszeptibilität beträgt $\chi_{mol} = 13.8 \times 10^{-6}$ cm³/mol, das magnetische Moment $\mu = 5.98\ \mu_B$ bei 293 K. Die feste Verbindung fluoresziert im gelben Bereich. — Sie ist empfindlich gegenüber Luftsauerstoff, löslich in Alkohol, Aceton, CH_2Cl_2 sowie heißer wasserfreier Essigsäure, unlöslich in Diäthyläther, Benzol und kaltem CH_3COOH. Die molare Leitfähigkeit einer 10^{-3} molaren Lösung in Aceton beträgt 205.6 $\Omega^{-1} \cdot cm^2 \cdot mol^{-1}$ bei 16°C. Bei der Titration einer Lösung von 0.732×10^{-3} mol in 40 ml Aceton mit alkoholischer Natronlauge beginnt sich bei einem pH-Wert von etwa 4.3 bei gewöhnlicher Temperatur MnO_2 abzuscheiden [1].

[(C₆H₅)₄-As]₂MnI₄

$[(C_6H_5)_4As]_2MnJ_4$. Beim tropfenweisen Versetzen der Lösung von 1.5 g MnJ_2 und 3 g $(C_6H_5)_4AsJ$ (40% Überschuß gegenüber der stöchiometrischen Menge) in Aceton mit Benzol scheidet sich die Verbindung in Form gelber Kristalle ab. Sie wird aus einem Aceton-Benzol-Gemisch umkristallisiert. — $[(C_6H_5)_4As]_2MnJ_2$ schmilzt bei 216°C unter Zersetzung. Die magnetische Molsuszeptibilität beträgt $\chi_{mol} = 10.61 \times 10^{-6}$ cm³/mol, das magnetische Moment $\mu = 5.82\ \mu_B$ bei 297 K. Die Verbindung zeigt Fluoreszenz im gelben Bereich. — Sie ist löslich in Methanol, Äthanol, Aceton sowie Nitrobenzol, unlöslich in Diäthyläther, $CHCl_3$ und Benzol. Die molare Leitfähigkeit einer 10^{-3} molaren Lösung in Nitrobenzol beträgt 45 $\Omega^{-1} \cdot cm^2 \cdot mol^{-1}$ bei 14.5°C, die der eines ein-zweiwertigen Elektrolyten entspricht [1].

[CH₃-(C₆H₅)₃-As]₂MnI₄

$[CH_3(C_6H_5)_3As]_2MnJ_4$ wird durch Vermischen der Lösungen stöchiometrischer Mengen MnJ_2 (nicht unbedingt wasserfrei) und $CH_3(C_6H_5)_3AsJ$ in Äthanol erhalten und aus C_2H_5OH umkristallisiert [2 bis 4]. — Die blättchenförmigen, blaßgelben [1] Kristalle sind isotyp mit $[CH_3(C_6H_5)_3As]_2MJ_4$, M = Zn, Fe, Co, Ni. Obwohl sie tetraedrisch koordinierte MnJ_4^{2-}-Anionen enthalten, ist ihre Kristallstruktur von der der entsprechenden Cl- und Br-Verbindungen (s. S. 209 und 305) verschieden [2, 4]. Effektives magnetisches Moment $\mu_{eff} = 5.87\ \mu_B$ bei 20°C. — Die Verbindung ist schon bei gewöhnlicher Temperatur instabil und zersetzt sich beim Aufbewahren an der Luft langsam unter Braunfärbung infolge J-Abscheidung [2].

Literatur:

[1] L. Naldini, A. Sacco (Gazz. Chim. Ital. **89** [1959] 2258/67, 2260, 2262). — [2] N. S. Gill, R. S. Nyholm (J. Chem. Soc. **1959** 3997/4007, 3999, 4004, 4006). — [3] N. S. Gill, R. S. Nyholm, P. Pauling (Nature **182** [1958] 168/70). — [4] P. Pauling (Inorg. Chem. **5** [1966] 1498/505, 1499).

The BaI₂-MnI₂ System

7.2.5 Das System BaJ_2-MnJ_2

Das System ist einfach-eutektisch mit dem Eutektikum bei 511°C und 68 Mol-% MnJ_2, H.-J. Seifert, E. Dau (Z. Anorg. Allgem. Chem. **391** [1972] 302/12, 306).

Mercury Iodomanganates

7.2.6 Quecksilberjodomanganate

$Hg_2MnJ_6 \cdot 6H_2O$ (= $2HgJ_2 \cdot MnJ_2 \cdot 6H_2O$) scheidet sich beim Einengen der konzentrierten wäßrigen Lösung entsprechender Mengen MnJ_2 und HgJ_2 zuerst bei 100°C, dann bei gewöhnlicher Temperatur über konzentrierter Schwefelsäure im Exsikkator in Form gelber, prismatischer Kristalle ab. — Beim Erhitzen an der Luft zersetzt sich die Verbindung unter Bildung von Mn_3O_4. In verdünnter wäßriger Lösung ist sie nicht beständig; von H_2O wird die feste Verbindung zu wäßriger MnJ_2-Lösung und festem HgJ_2 zersetzt. Ohne Zersetzung löst sie sich in Alkohol und Aceton [1].

Eine Verbindung der Zusammensetzung $Hg_5Mn_3J_{16} \cdot 20H_2O$ (= $5HgJ_2 \cdot 3MnJ_2 \cdot 20H_2O$) soll sich beim vorsichtigen Einengen der wäßrigen Lösung stöchiometrischer Mengen von MnJ_2 und HgJ_2 bei 17°C über konzentrierter Schwefelsäure in Form langer Prismen abscheiden. — Dichte 3.8 g/cm³. — Die Verbindung ist ohne Zersetzung sehr gut löslich in Methanol und anderen organischen Lösungsmitteln. In Ameisensäure zersetzt sie sich unter Abscheidung von HgJ_2. Sie ist unlöslich in CCl_4, $CHCl_3$, CS_2, 1,2-Dibromäthan, Jodäthan, Toluol, Benzylchlorid, Chlor- und Brombenzol [2].

Literatur:

[1] D. Dobroserdov (Zh. Russ. Fiz. Khim. Obshchestva **32** [1900] 742/4; C. **1901** I 363). — [2] A. Duboin (Compt. Rend. **142** [1906] 1338/9; Ann. Chim. Phys. [8] **16** [1909] 258/88, 277).

7.2.7 Das System InJ-MnJ_2

The InI-MnI_2 System

Das System hat ein Eutektikum bei 340°C und 30 Mol-% MnJ_2, s. **Fig. 108**. Bei 236°C bildet sich peritektoid die Verbindung $InMnJ_3$ (s. unten). Sie wird röntgenographisch an 200 h bei 200°C getemperten Proben nachgewiesen, P. I. Fedorov, N. S. Malova, Yu. N. Denisov (Zh. Neorgan. Khim. **16** [1971] 3347/9; Russ. J. Inorg. Chem. **16** [1971] 1770/2).

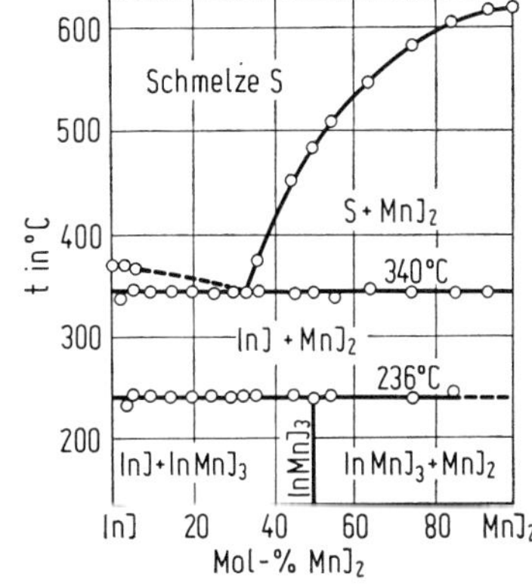

Fig. 108

Zustandsdiagramm des Systems InJ-MnJ_2.

7.2.8 $InMnJ_3$ (= InJ · MnJ_2)

$InMnI_3$

Die Verbindung tritt im System InJ-MnJ_2 auf (s. oben), Netzebenenabstände s. Original, P. I. Fedorov, N. S. Malova, Yu. N. Denisov (Zh. Neorgan. Khim. **16** [1971] 3347/9; Russ. J. Inorg. Chem. **16** [1971] 1770/2).

7.2.9 Das System InJ_2-MnJ_2

The InI_2-MnI_2 System

Nach DTA- und Röntgenuntersuchungen bildet InJ_2 mit MnJ_2 ein System mit stark entartetem Eutektikum, wobei der eutektische Punkt mit dem Schmelzpunkt von InJ_2 (226°C) zusammenfällt, s. Figur im Original. Die Umwandlungstemperatur von α-InJ_2 in β-InJ_2 bei 161°C bleibt im gesamten Konzentrationsbereich konstant, Yu. N. Denisov, N. S. Malova, P. I. Fedorov (Zh. Neorgan. Khim. **18** [1973] 1303/6; Russ. J. Inorg. Chem. **18** [1973] 722/4).

7.2.10 Das System InJ_3-MnJ_2

The InI_3-MnI_2 System

Das aus DTA- und Röntgenuntersuchungen erhaltene Zustandsdiagramm des Systems zeigt **Fig. 109**, S. 328. Die Proben werden zur Erreichung des Gleichgewichts 900 h bei 120 ± 2°C getempert. Bei 128°C wird peritektoid die Verbindung In_3MnJ_{11} (s. S. 328) gebildet. Im metastabilen Zustand (500 h Tempern) werden ferner inkongruent bei 220 bzw. 335°C schmelzende Phasen 2 InJ_3 · 3 MnJ_2 und InJ_3 · 3 MnJ_2 gefunden, P. I. Fedorov, V. M. Khazan, N. I. Evdokimova, L. G. Nosova (Uch. Zap. Mosk. Inst. Tonkoi Khim. Tekhnol. **1** Nr. 3 [1971] 95/9; C.A. **78** [1973] Nr. 140935).

The InI_3-MnI_2 System

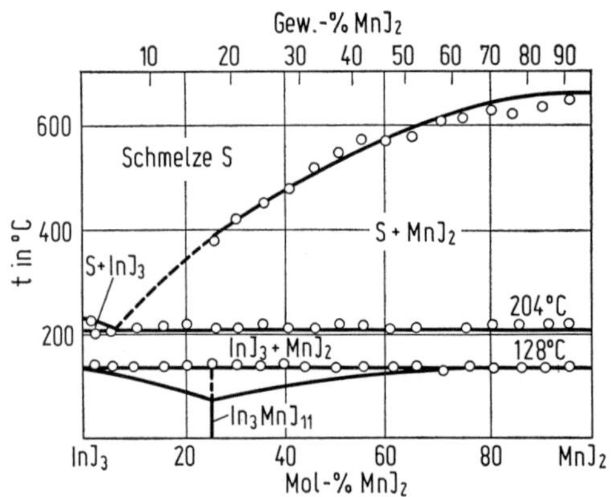

Fig. 109

Zustandsdiagramm des Systems InJ_3-MnJ_2.

In_3MnI_{11}

7.2.11 In_3MnJ_{11} (= $3\,InJ_3 \cdot MnJ_2$)

Die Verbindung bildet sich peritektoid im System InJ_3-MnJ_2 bei 128°C (s. S. 327). Ihre Existenz wird durch Röntgen-Pulveraufnahmen bestätigt, P. I. Fedorov, V. M. Khazan, N. I. Evdokimova, L. G. Nosova (Uch. Zap. Mosk. Inst. Tonkoi Khim. Tekhnol. **1** Nr. 3 [1971] 95/9; C.A. **78** [1973] Nr. 140935).

The TlI-MnI_2 System

7.2.12 Das System TlJ-MnJ_2

Nach DTA-Untersuchungen treten in dem System, s. **Fig. 110**, ein Eutektikum bei 340°C und 31.5 Mol-% MnJ_2, die bei 360°C (gerade noch) kongruent schmelzende Verbindung Tl_4MnJ_6 (s. unten) und die inkongruent schmelzende Verbindung $TlMnJ_3$ (s. S. 329) auf. Das Peritektikum befindet sich bei 364°C und 40.0 Mol-% MnJ_2, H. J. Seifert, T. Krimmel, W. Heinemann (J. Therm. Anal. **6** [1974] 175/82, 177).

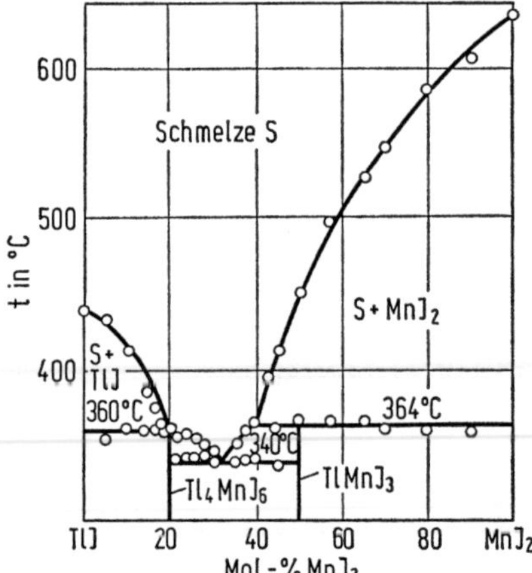

Fig. 110

Zustandsdiagramm des Systems TlJ-MnJ_2.

Tl_4MnI_6

7.2.13 Tl_4MnJ_6 (= $4\,TlJ \cdot MnJ_2$)

Die Verbindung tritt im System TlJ-MnJ_2 auf (s. oben). Die Kristallstruktur konnte aus Pulveraufnahmen nicht ermittelt werden, H. J. Seifert, T. Krimmel, W. Heinemann (J. Therm. Anal. **6** [1974] 175/82).

7.2.14 $TlMnJ_3$ (= $TlJ \cdot MnJ_2$)

$TlMnI_3$

Die Verbindung tritt im System TlJ-MnJ_2 auf (s. S. 328). — Sie wird aus MnJ_2 und TlJ in einer Quarzampulle bei erhöhter Temperatur dargestellt. — $TlMnJ_3$ kristallisiert rhombisch im NH_4CdCl_3-Typ wie $KMnBr_3$ und $TlMnBr_3$ (s. S. 293 und 307). Gitterkonstanten: a = 10.078, b = 16.17, c = 4.297 Å; Z = 4. Raumgruppe: Pnma-D_{2h}^{16} (Nr. 62). Pyknometrisch bei gewöhnlicher Temperatur bestimmte Dichte: 6.00, Röntgendichte 6.07 g/cm³. Die Verbindung schmilzt bei 364°C unter Zersetzung, H. J. Seifert, T. Krimmel, W. Heinemann (J. Therm. Anal. **6** [1974] 175/82, 179).

7.2.15 $Mn_2PbJ_6 \cdot 3H_2O$ (= $2MnJ_2 \cdot PbJ_2 \cdot 3H_2O$)

$Mn_2PbI_6 \cdot 3H_2O$

In einer siedenden, konzentrierten wäßrigen Lösung von MnJ_2 wird bis zur Sättigung PbJ_2 gelöst. Aus der anschließend bis zur Sirupkonsistenz eingedampften Lösung scheidet sich die Verbindung in Form kleiner, bräunlich-roter Kristalle ab. Die Bildungsenthalpie von $Mn_2PbJ_6 \cdot 3H_2O$ beträgt $\Delta H = -48.1$ kcal/mol bei gewöhnlicher Temperatur (für die wasserfreie Verbindung Mn_2PbJ_6, die nicht dargestellt worden ist, wird sie zu $\Delta H = -1.5$ kcal/mol berechnet). $Mn_2PbJ_6 \cdot 3H_2O$ wird von Wasser oder Alkohol unter Abscheidung von PbJ_2 zersetzt, A. Mosnier (Ann. Chim. Phys. [7] **12** [1897] 374/426, 408, 425).

7.2.16 Das System CrJ_2-MnJ_2

The CrI_2-MnI_2 System

Nach DTA- und Röntgenuntersuchungen treten in dem System, s. **Fig. 111**, neben CrJ_2-reichen α-Mischkristallen zwei inkongruent bei 726 bzw. 646°C schmelzende intermediäre Phasen β und γ auf (s. unten). Das Eutektikum liegt bei 630°C und etwa 95 Mol-% MnJ_2. MnJ_2 bildet vermutlich ebenfalls Mischkristalle mit CrJ_2, L. Guen, N. H. Dung, R. Éholie, J. Flahaut (Ann. Chim. [Paris] [15] **1** [1976] 39/46, 40).

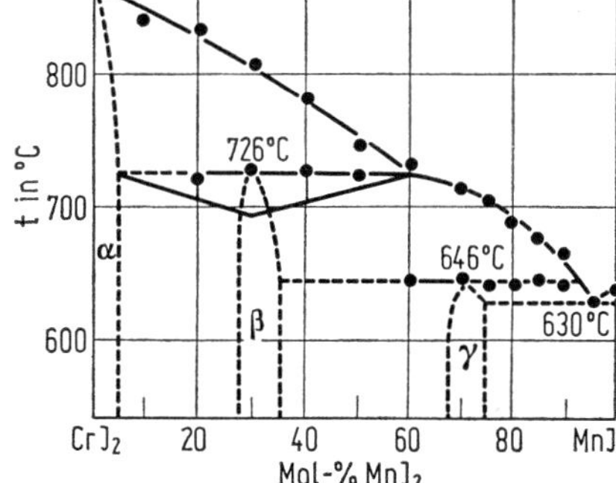

Fig. 111

Zustandsdiagramm des Systems CrJ_2-MnJ_2.

7.2.17 Intermediäre CrJ_2-MnJ_2-Phasen

Intermediate CrI_2-MnI_2 Phases

Zur Bildung der Phasen im System CrJ_2-MnJ_2 s. oben. — Einkristalle der β-Phase mit etwa 30 Mol-% MnJ_2 werden durch Erhitzen einer Mischung der Elemente zunächst eine Woche bei 600°C, dann vier Tage bei 300°C dargestellt [1].

Die Kristalle sind monoklin, Gitterkonstanten a = 7.441 (2), b = 7.448 (2), c = 3.978 (2) Å, γ = 113.66 (2)°; Z = 2; d-Werte s. Original [2]. Raumgruppe B2/m-C_{2h}^{3} (Nr. 12). Die Phase ist mit monoklinem CrJ_2 (s. „Chrom" B, S. 290) und mit β-$(Fe,Cr)J_2$ isotyp. Mn und Cr besetzen die Lage 2a (0, 0, 0 usw.) in statistischer Verteilung, J die Lage 4i mit x = 0.7374 (4), y = 0.2417 (5), z = 0,

Intermediate CrI_2-MnI_2 Phases

R = 6.5%. Jedes Metallatom M ist verzerrt oktaedrisch von sechs Jodatomen umgeben. Die MJ_6-Oktaeder sind über gemeinsame Kanten zu Schichten verbunden. Die Verzerrung (infolge des Jahn-Teller-Effekts der $3d^4$-Konfiguration von Cr^{II}) ist aber geringer als bei CrJ_2; das Verhältnis der Metall-Jod-Abstände (3.144(4) und 2.787(2) Å) beträgt 1.13 gegenüber 1.18 für CrJ_2 [1, 2].

Die γ-Phase kristallisiert rhomboedrisch. Die Gitterkonstanten werden an Kristallen mit 70 Mol-% MnJ_2 bei hexagonaler Indizierung zu a = 4.14 und c = 20.50 Å bestimmt; Z = 1. Raumgruppe $R\bar{3}m$-D_{3d}^5 (Nr. 166). Die Phase ist mit $CdCl_2$ (s. „Cadmium" Erg.-Bd., S. 467/8) isotyp. Die Metall-Jod-Abstände sind gleich lang. Wegen der großen Mn-Konzentration im Kristall tritt der auf die $3d^4$-Konfiguration von Cr^{II} zurückzuführende Jahn-Teller-Effekt nicht mehr auf [2].

Literatur:

[1] L. Guen, N.-H. Dung (Acta Cryst. B **32** [1976] 311/2). — [2] L. Guen, N.-H. Dung, R. Éholie, J. Flahaut (Ann. Chim. [Paris] [15] **1** [1976] 39/46, 42).

Compounds of Manganese with I, O, and Metals

7.3 Verbindungen von Mangan mit J und O einschließlich weiterer Metalle

Comments in German

Vorbemerkung. In diesem Kapitel werden neben Hydroxidjodiden hauptsächlich die Jodate und Perjodate des Mangans beschrieben. Außer einigen Jodatomanganaten(III) sind vor allem mehrere Jodato- und Perjodatomanganate(IV) mit Metallen der 1. und 2. Hauptgruppe näher untersucht worden. Entsprechende Verbindungen mit Cu und Ag sind wegen des Systems der letzten Stelle bereits in den Bänden „Kupfer" B, S. 1246, und „Silber" B 4, S. 379, beschrieben. Die ebenfalls hierher gehörenden Mischkristalle von $KMnO_4$ mit KJO_4 sind im Band „Mangan" C 2, S. 172, behandelt.

Comments in English

Comments. The manganese hydroxide iodides, manganese iodates, and periodates are described in this chapter. There are few iodatomanganates(III), but several alkali and alkaline earth iodato- and periodatomanganates(IV) have been investigated. The corresponding periodatomanganates of copper and silver are placed in "Kupfer" B, p. 1246, and "Silber" B 4, p. 379. Solid solutions of $KMnO_4$ and KIO_4 are covered in "Mangan" C 2, p. 172.

$Mn_2(OH)_3I$

7.3.1 $Mn_2(OH)_3J$

Die Verbindung wird durch 48stündiges Kochen von 1 g Mn-Pulver in 100 ml 2molarer MnJ_2-Lösung unter Luftausschluß als weißes Kristallpulver erhalten. Alterung unter der Mutterlauge im Autoklaven bei Temperaturen bis 290°C und Drücken bis 300 atm führt zu größeren Kristallen.

$Mn_2(OH)_3J$ kristallisiert monoklin im Botallackit-Typ (α-$Cu_2(OH)_3Cl$, s. „Kupfer" B, S. 329) mit den Gitterkonstanten $a = 5.89_3$, $b = 6.75_9$, $c = 6.49_9$ Å, β = 93°02'; Z = 2. Raumgruppe $P2_1/m$-C_{2h}^2 (Nr. 11). Die Struktur besteht aus geordneten Anionenschichten mit einem Schichtenabstand von 6.49_0 Å, H. R. Oswald, W. Feitknecht (Helv. Chim. Acta **47** [1964] 272/89, 274, 280).

$MnI_2 \cdot MnO \cdot 6H_2O$

7.3.2 $MnJ_2 \cdot MnO \cdot 6H_2O$

Die Verbindung bildet sich, wenn Luft durch konzentrierte wäßrige MnJ_2-Lösung geleitet oder MnJ_2-Lösung unter Luftzutritt wiederholt eingedampft wird, in Gestalt farbloser doppelbrechender, mikroskopischer Nadeln, die oberhalb 115°C Jod abspalten, P. Kuznetsov (Izv. Alekseevsk. Donsk. Politekhn. Inst. Novocherk. **2** [1913] 1/14; C. **1913** I 1659).

7.3.3 Mangan(II)-jodat $Mn(JO_3)_2$

Manganese (II) Iodate

Preparation

Darstellung. Die Verbindung wird durch Fällen einer Mn^{2+}-Salzlösung mit Jodatlösung oder durch Lösen von $MnCO_3$ in wäßriger Jodsäure erhalten [1]. Nach Hayes, Martin [2] fällt man $MnCl_2$-Lösung mit Jodsäure, wäscht den erhaltenen Niederschlag vorsichtig (wegen seiner nicht unerheblichen Löslichkeit) mit Wasser und trocknet ihn im Vakuum. Aus Mn^{2+}-Salzlösungen wird mit wäßriger Jodsäure oder neutraler wäßriger $LiJO_3$-Lösung zwischen 0 und 100°C ausschließlich die wasserfreie Verbindung ausgefällt [3]. Rammelsberg [4] fällt das Salz aus heißer, konzentrierter Mn-Acetat-Lösung mit $NaJO_3$ aus. Mit KJO_3 gefällte Niederschläge sind K^+-haltig [3]. Beim Lösen von metallischem Mn in warmer wäßriger HJO_3-Lösung wird ein Teil der Jodsäure reduziert und ein Teil des Mangans in die dreiwertige Oxidationsstufe überführt [5]. — Aus siedenden Lösungen kristallisieren bis zu 2 mm lange Einkristalle, die bei 100°C getrocknet werden [3].

Enthalpie ΔH und freie Enthalpie ΔG (in kcal/mol) der Bildung von kristallinem $Mn(JO_3)_2$ aus den Elementen unter Standardbedingungen: $\Delta H^\circ_{298.15} = -160$, $\Delta G^\circ_{298.15} = -124.4$, von Wagman u. a. [6] aus Literaturwerten berechnet. $\Delta H^\circ_{298} = -161.3$, $\Delta G^\circ_{298} = -124.9$, von Zordan, Hepler [7] aus der von Hayes, Martin [2] experimentell bestimmten Temperaturabhängigkeit des Löslichkeitsproduktes sowie Bildungsenthalpien der hydratisierten Ionen Mn^{2+} und JO_3^- berechnet.

Physical Properties

Physikalische Eigenschaften. Die nadelförmigen Kristalle [3] sind hexagonal [8]. Gitterkonstanten nach Einkristallaufnahmen: $a = 11.178 \pm 0.002$, $c = 5.035 \pm 0.001$ Å; $Z = 4$. Raumgruppe $P6_3$-C_6^6 (Nr. 173) oder $P6_322$-D_6^6 (Nr. 182). Die Verbindung ist isotyp mit β-$Ni(JO_3)_2$ und $Co(JO_3)_2$ [8].

Die Dichte wird bei gewöhnlicher Temperatur experimentell zu $D = 4.9 \pm 0.2$ g/cm³ bestimmt; aus den Gitterkonstanten berechnet: $D = 4.934$ g/cm³ [8]. — Die Standardentropie S (in $cal \cdot mol^{-1} \cdot K^{-1}$) von kristallinem $Mn(JO_3)_2$ wird aus Literaturdaten zu $S^\circ_{298.15} = 63$ berechnet [6]. Aus der Temperaturabhängigkeit der Lösungsenthalpie und Literaturdaten werden erhalten: $S^\circ_{298} = 61$ [7], $S^\circ_{298} = 58.1$ [2].

$Mn(JO_3)_2$ ist ein blaßrotes [4, 9] bis rosafarbenes, glänzendes [1] Pulver. Die Kristalle sind optisch einachsig negativ; Brechungsindizes: $n_x = 1.81$, $n_z = 2.00$. Sie zeigen Pleochroismus [3]. — Im IR-Spektrum der festen Verbindung treten im Bereich von 300 bis 1800 cm⁻¹ die vier Grundschwingungen des JO_3^{2-}-Ions bei 326 (ν_4), 374 (ν_2), 770 (ν_1) und 828 cm⁻¹ (ν_3) auf sowie eine starke Bande bei 406 cm⁻¹, vermutlich eine Kombinationsschwingung [10]. Messungen zwischen 35 und 4000 cm⁻¹ bestätigen die Bandenlagen. Im sichtbaren Spektrum wird die Absorption des Mn^{2+}-Ions beobachtet [3].

$Mn(JO_3)_2$ wird unterhalb $T_N = 6.5$ K antiferromagnetisch, aber mit einem schwachen ferromagnetischen Moment von 0.036 μ_B. Das gemessene effektive Moment von Mn^{2+} in der paramagnetischen Phase von 5.82 μ_B unterscheidet sich nicht wesentlich von dem für reinen Spinparamagnetismus (5.92 μ_B). Die paramagnetische Curie-Temperatur Θ_p beträgt −7.0 K, die Curie-Weiss-Konstante $C = 4.23$ $cm^3 \cdot K \cdot mol^{-1}$. Die antiferromagnetische Ordnung ist kollinear mit leicht verkanteten Spins [8].

Chemical Behavior

Chemisches Verhalten. Löslichkeit. Die Verbindung spaltet bei längerem Stehen an der Luft schon bei gewöhnlicher Temperatur Jod ab [2]. Beim Erhitzen in N_2-Atmosphäre zersetzt sie sich ab etwa 420°C, wie DTA und TG zeigen; das Endprodukt der Zersetzung ist Mn_2O_3 [3]. Beim Erhitzen an der Luft beginnt merkliche Gewichtsabnahme ab 342°C [11]. Beim Glühen an der Luft entsteht Mn_3O_4 [1, 4].

Gasförmiges NH_3 wird von $Mn(JO_3)_2$-Pulver bei mehrstündigem Überleiten nicht absorbiert [1]. Bei Einwirkung von BrF_3 wird der Sauerstoff des Jodats quantitativ freigesetzt, wobei ungefähr 63% des Mangans in MnF_3 und etwa 37% in MnF_2 überführt werden [12]. Verdünnte Schwefelsäure zersetzt das feste Salz bei Siedetemperatur zu $MnSO_4$ [1]. Durch Perjodsäure wird es zu Permanganat oxidiert [2]. Beim Übergießen von trocknem $Mn(JO_3)_2$ mit Acetylchlorid bilden sich unter starker Wärmeentwicklung Chlor, Jod, $MnCl_2$ und Essigsäureanhydrid [13].

$Mn(IO_3)_2$ Solubility

Die Löslichkeit von $Mn(JO_3)_2$ in Wasser beträgt 0.00568, 0.00658, 0.00713 und 0.00854 mol/kg H_2O bei 3, 25, 45 bzw. 90°C [2], s. auch [14], 3 g/l bei 100°C [3]. Die gesättigte Lösung enthält bei gewöhnlicher Temperatur 0.195 Gew.-% $Mn(JO_3)_2$ [9], s. auch [4]. Das Löslichkeitsprodukt in H_2O beträgt 4.79×10^{-7} bei 25°C, 3.52×10^{-7} $(mol/kg)^2$ bei 3°C [2].

Aus der Löslichkeit berechnete mittlere Ionenaktivitätskoeffizienten in H_2O: 0.783 und 0.749 bei 3 bzw. 25°C. Die Größe der Aktivitätskoeffizienten zeigt an, daß die Verbindung stark dissoziiert. Der pH-Wert der gesättigten wäßrigen Lösung beträgt 4.03 bei 3 und 25°C [2].

Aus der Temperaturabhängigkeit des Löslichkeitsprodukts wird die Lösungsenthalpie in Wasser unter Standardbedingungen zu $\Delta H_L^\circ = 2.28$ kcal/mol berechnet; die freie Lösungsenthalpie beträgt $\Delta G_L^\circ = 8.61$ kcal/mol und die Entropieänderung beim Lösen $\Delta S_L^\circ = -21.2$ $cal \cdot mol^{-1} \cdot K^{-1}$ [2].

In 1%iger wäßriger Salpeter- oder Schwefelsäure lösen sich bei gewöhnlicher Temperatur 0.2800 bzw. 0.5906 Gew.-% $Mn(JO_3)_2$ [9]. Löslichkeit L in wäßriger NaCl-Lösung in mol $Mn(JO_3)_2$/kg Lösung bei 3 und 25°C in Abhängigkeit von der NaCl-Konzentration c(NaCl) sowie pH-Wert der gesättigten Lösung und aus L berechneter mittlerer Ionen-Aktivitätskoeffizient $\gamma_\pm$ des gelösten $Mn(JO_3)_2$ [2]:

c(NaCl) in mol/kg H_2O	0.01007	0.02462	0.0554	0.1108	0.407
L bei 3°C	0.00621	0.00665	0.00751	0.00786	0.00902
L bei 25°C	0.00694	0.00761	0.00836	0.00896	0.01041
pH bei 3°C	3.83	3.95	3.80	3.88	3.91
pH bei 25°C	3.84	3.94	3.80	3.86	3.90
$\gamma_\pm$ bei 3°C	0.716	0.669	0.593	0.565	0.493
$\gamma_\pm$ bei 25°C	0.710	0.647	0.589	0.550	0.473

In 0.00688, 0.02213, 0.0622 und 0.1091 molaler wäßriger KJO_3-Lösung lösen sich 0.00474, 0.00211, 0.000685 bzw. 0.000301 mol $Mn(JO_3)_2$/kg Lösung bei 25°C, der pH-Wert der Lösungen beträgt 4.13, 4.28, 4.10 bzw. 4.43, der mittlere Ionen-Aktivitätskoeffizient des gelösten $Mn(JO_3)_2$ 0.722, 0.689, 0.557 bzw. 0.509. Von 0.01030 und 0.00743 molaler wäßriger $Mn(ClO_4)_2$-Lösung werden bei 25°C 0.00531 bzw. 0.00560 mol $Mn(JO_3)_2$/kg Lösung gelöst, pH-Werte der Lösungen: 3.00 bzw. 2.63, Aktivitätskoeffizienten: 0.647 bzw. 0.663 [2]. — Die Löslichkeit in Äthylalkohol beträgt 0.0116 und 0.0050 Gew.-% bei 50 bzw. 70°C, in mit Jodsäure gesättigtem Äthanol ist die Verbindung dagegen bei 70°C praktisch unlöslich [9].

Die siedende wäßrige Lösung von $Mn(JO_3)_2$ zersetzt sich sehr langsam unter teilweiser Oxidation des Mangans. In siedender salpetersaurer Lösung wird die Verbindung langsam in ein Oxid umgewandelt [3].

Literatur:

[1] A. Ditte (Ann. Chim. Phys. [6] **21** [1890] 145/88, 157). — [2] A. M. Hayes, D. S. Martin (J. Am. Chem. Soc. **73** [1951] 4853/5). — [3] K. Nassau, J. W. Shiever, B. E. Prescott (J. Solid State Chem. **7** [1973] 186/204, 194, 202). — [4] C. Rammelsberg (Ann. Physik Chem. [2] **44** [1838] 545/91, 558). — [5] G. R. Waterbury, D. S. Martin (J. Am. Chem. Soc. **75** [1953] 4162/7).

[6] D. D. Wagman, W. H. Evans, V. B. Parker, I. Halow, S. M. Bailey, R. H. Schumm (Natl. Bur. Std. [U.S.] Tech. Note 270-4 [1969] 108). — [7] T. A. Zordan, L. Hepler (Chem. Rev. **68** [1968] 737/45, 744). — [8] S. C. Abrahams, R. C. Sherwood, J. L. Bernstein, K. Nassau (J. Solid State Chem. **7** [1973] 205/12, 206). — [9] S. Minivici, C. Kollo (Chim. Ind. [Paris] **8** [1922] 499/500). — [10] C. Rocchiccioli (Compt. Rend. **250** [1960] 1232/4).

[11] T. Depuis, J. Besson, C. Duval (Anal. Chim. Acta **3** [1949] 599/605, 600). — [12] H. J. Emeléus, A. A. Woolf (J. Chem. Soc. **1950** 164/8). — [13] R. Uson Lacal, V. Menendez (Rev. Acad. Cienc. Exact. Fis. Quim. Nat. Zaragoza **23** [1968] 131/83, 135, 157; C.A. **72** [1970] Nr. 85797). — [14] A. Seidell, W. F. Linke (Solubilities of Inorganic and Metal Organic Compounds, 4. Aufl., Bd. 2, Washington, D.C., 1965, S. 556).

7.3.4 $MnJO_3^+$

$MnIO_3^+$

Das komplexe Ion bildet sich vermutlich in Lösungen von $Mn(JO_3)_2$ in wäßrigen Jodatlösungen. In solchen Lösungen weist $Mn(JO_3)_2$ eine höhere Löslichkeit auf als für einen einfachen 2-1-Elektrolyten zu erwarten ist [1, 2], vgl. auch S. 332.

Die Stabilitätskonstante $K = [MnJO_3^+]/[Mn^{2+}][JO_3^-]$ wird aus den Löslichkeitswerten von Hayes, Martin [1] zu 0.09 kg/mol abgeschätzt [2].

Literatur:

[1] A. M. Hayes, D. S. Martin (J. Am. Chem. Soc. **73** [1951] 4853/5). — [2] G. R. Waterbury, D. S. Martin (J. Am. Chem. Soc. **75** [1953] 4162/7).

7.3.5 Manganjodate mit Mn^{III} und Mn^{IV}?

Manganese Iodates of Mn^{III} and Mn^{IV}?

Die Existenz eines Mn^{III}-Jodats kann nicht als gesichert angesehen werden. Berg [1] erhält beim Erhitzen von MnO_2-Hydrat mit $Mn(JO_3)_2$ in wäßriger HJO_3-Lösung auf 90 bis 95°C ein grauviolettes bis tiefbraunviolettes Pulver der Zusammensetzung $Mn(JO_3)_3$, bei dem es sich möglicherweise um ein Mn^{III}-Jodat handelt. Olsson [2] bestätigt diese Angaben nicht.

Es ist nach Waterbury, Martin [3] nicht möglich, Lösungen zu erhalten, die ausschließlich Mn^{IV}-Jodat enthalten, ohne daß zugleich entweder MnO_4^--Ionen oder Mn^{III}-Komplex-Ionen in geringer Konzentration anwesend sind. Eine vorwiegend Mn^{IV}-Jodat enthaltende Lösung entsteht beim Lösen von frisch gefälltem MnO_2-Hydrat in wäßriger Jodsäure und anschließender vorsichtiger Nachbehandlung mit etwas Perjodsäure (zur Oxidation von vorhandenem Mn^{III}). Die Mn^{IV}-Lösungen, die in verschlossenen Quarzbehältern unter Luftabschluß aufbewahrt werden, sind bernsteinfarben bis braun. In JO_3^--haltiger Lösung werden negative Komplex-Ionen gebildet: Im elektrischen Feld wandert die Trennungsschicht zwischen einer Mn^{IV}-Lösung in HJO_3- oder $LiJO_3$-Lösung und reiner wäßriger Jodsäure zur Anode [1]. Bei längerem Stehen scheidet sich aus K^+-haltigen Lösungen ein rotbrauner Niederschlag von $K_2Mn(JO_3)_6$ ab (s. S. 335).

Bei Luftzutritt wird das vierwertige Mangan in der Lösung innerhalb einiger Tage unter Violettfärbung spontan zu dreiwertigem reduziert [1]. Bei Zusatz von Mn^{2+}-Ionen zur Lösung schlägt die Farbe nach Violett um und es entsteht Mn^{III} auf Grund des weitgehend nach rechts verschobenen Gleichgewichts $Mn^{IV} + Mn^{II} \rightleftharpoons 2\,Mn^{III}$ in 1molarer HJO_3-Lösung [3]. Angaben zu dem Gleichgewicht s. in „Mangan" B, S. 389.

Literatur:

[1] A. Berg (Compt. Rend. **128** [1899] 673/6). — [2] F. Olsson (Arkiv Kemi Mineral. Geol. **9** Nr. 10 [1924] 5/9). — [3] G. R. Waterbury, D. S. Martin (J. Am. Chem. Soc. **75** [1953] 4162/7).

7.3.6 $H_2Mn(JO_3)_6 \cdot 2\,H_2O$

$H_2Mn(IO_3)_6 \cdot 2\,H_2O$

Die Hexajodatomangan(IV)-säure wird durch Lösen von frisch gefälltem MnO_2-Hydrat in heißer, konzentrierter (etwa 75 Gew.-%) wäßriger HJO_3-Lösung dargestellt. Der sich aus der dunkelbraunen Lösung abscheidende rote Niederschlag von $H_2Mn(JO_3)_6 \cdot 2\,H_2O$ wird wiederholt mit CH_3OH-H_2O-Gemischen (1:1) aufgeschlämmt, bis in der abdekantierten Waschflüssigkeit keine braune Trübung mehr auftritt. Nach anschließendem Waschen mit reinem Methanol und Trocknen bei 90°C verbleibt ein rosafarben bis violettes, glänzendes Pulver, das unter dem Mikroskop Kristalle von kubischem Habitus erkennen läßt. Tabelle der d-Werte s. im Original.

Die Dichte der Verbindung wird bei 21°C pyknometrisch zu 2.42 g/cm³ bestimmt. — IR-Spektrum s. S. 335. Die Wellenzahl der Mn-O-Valenzschwingung ist gegenüber $K_2Mn(JO_3)_6$ um etwa 30 cm^{-1} zu kürzerer Wellenlänge verschoben.

Die Verbindung löst sich nicht in Wasser, Schwefelsäure, Essigsäure, Alkoholen, Aceton, Dioxan, Benzol, Dimethylformamid, Chloroform und Dimethylsulfoxid. In kaltem H_2O wird sie langsam hydrolysiert, in heißem Wasser schnell, A. V. Melezhik, V. L. Pavlov (Zh. Neorgan. Khim. **20** [1975] 1261/3; Russ. J. Inorg. Chem. **20** [1975] 709/11).

Complex Manganese (III) Iodate Ions

7.3.7 Komplexe Mangan(III)-jodat-Ionen

Nicht näher definierte $Mn(JO_3)_n^{3-n}$-Ionen mit n > 3 bilden sich, wenn eine Suspension von $Mn(JO_3)_2$ in wäßriger Jodsäurelösung langsam mit $KMnO_4$-Lösung im Unterschuß versetzt wird. Überschüssiges $Mn(JO_3)_2$ wird abfiltriert. Die Lösungen sind blaßviolett gefärbt. Sie haben ein Absorptionsmaximum bei 526 [1] oder 530 nm [2]; der Extinktionskoeffizient beträgt aber nur 5% des Wertes für MnO_4^-, das im gleichen Bereich absorbiert [1]. Daß die gebildeten Jodatomanganat(III)-Ionen negativ geladen sind, wird elektrolytisch nachgewiesen: Die Grenze zwischen der violetten Lösung und wäßriger 1 molarer HJO_3-Lösung entfernt sich von der Kathode [2].

In 0.5 molarer Jodsäurelösung werden die Jodatomanganat(III)-Ionen durch Perjodat zu Permanganat oxidiert. Nach spektralphotometrischen Untersuchungen ist diese Reaktion von erster Ordnung in bezug auf den Mn^{III}-Komplex und von zweiter Ordnung in bezug auf die Perjodat-Ionen. Die Geschwindigkeitskonstante $k = (d[MnO_4^-]/dt)/[Mn^{III}][H_5JO_6]^2$ beträgt bei 28°C ungefähr 3 $l^2 \cdot mol^{-2} \cdot min^{-1}$. Weitere Messungen bei 40°C ergeben eine Aktivierungsenergie von etwa 17 kcal. Die kurze Induktionsperiode der Reaktion wird vermutlich durch Mn^{II} verursacht, das sich in der Lösung auf Grund des Disproportionierungsgleichgewichts $2Mn^{III} \rightleftharpoons Mn^{II} + Mn^{IV}$ bildet (zu diesem Gleichgewicht s. „Mangan" B, S. 389). Für den Reaktionsmechanismus wird die intermediäre Bildung eines Jodat-Perjodat-Mischkomplexes der Form $[Mn^{III}(JO_3)_x(JO_4)_2]^{1-x}$ in einer schnellen Gleichgewichtsreaktion angenommen, der im nächsten Schritt unter Bildung von MnO_4^--, JO_3^-- und H^+-Ionen hydrolysiert wird [1].

Literatur:

[1] G. R. Waterbury, A. M. Hayes, D. S. Martin (J. Am. Chem. Soc. **74** [1952] 15/20). — [2] G. R. Waterbury, D. S. Martin (J. Am. Chem. Soc. **75** [1953] 4162/7).

Compounds of Manganese Iodates with Other Iodates

7.3.8 Verbindungen der Manganjodate mit anderen Jodaten

Pentaiodatomanganates (III)

7.3.8.1 Pentajodatomanganate(III) $M_2Mn(JO_3)_5$, M = K, NH_4, Rb, Cs

Zur Darstellung wird ein inniges Gemisch aus $Mn(CH_3COO)_3 \cdot 2H_2O$, der etwa 2.5fachen molaren Menge Alkalijodat und festem HJO_3 (2.2fache Gewichtsmenge des Mn-Acetats) mit Wasser versetzt und langsam auf 80 bis 90°C erhitzt. Nach 10 bis 15 min bildet sich ein Kristallpulver, das durch wiederholtes Aufschlämmen und Dekantieren in kaltem Wasser von überschüssigem HJO_3 und Alkalijodat befreit wird. — Die rhomboederförmigen Kristalle sind gelb bis bräunlichgelb und doppelbrechend. — Die Verbindungen sind gegenüber Luft und den üblichen Reagenzien einigermaßen stabil, F. Olsson (Arkiv Kemi Mineral. Geol. **9** Nr. 10 [1924] 5/9; Diss. Uppsala 1927, S. 48/50).

Hexaiodatomanganates (IV)

7.3.8.2 Hexajodatomanganate(IV)

Survey

7.3.8.2.1 Allgemeines

Die Verbindungen werden durch Reaktion von frisch gefälltem MnO_2-Hydrat mit HJO_3 und dem entsprechenden Metalljodat dargestellt, Näheres s. bei den einzelnen Verbindungen. Erstmalig werden Hexajodatomanganate(IV) von Berg [1] erhalten.

Die Verbindungen sind gelbbraun bis violett gefärbt. Die Kristalle haben kubischen Habitus. — Im Hexajodatomanganat(IV)-Anion ist das Jodat kovalent über Sauerstoff an Mn gebunden (Gruppierung Mn-O-JO_2), was zu einer Aufspaltung der zwei entarteten antisymmetrischen Schwingungen im IR-Spektrum des Jodat-Ions führt [2]. In der folgenden Tabelle sind die in Nujol oder Vaseline gemessenen Wellenzahlen der IR-Banden in cm^{-1} wiedergegeben. Ihre Zuordnung beruht auf Angaben von Dasent, Waddington [2] (die Werte der komplexen Säure $H_2Mn(JO_3)_6 \cdot 2H_2O$ (s. S. 333) sind zum Vergleich ebenfalls angegeben):

	ν(O-J)	$ν_{as}(JO_2)$	$ν_s(JO_2)$	ν(Mn-O)	weitere Banden	Lit.
$H_2Mn(JO_3)_6 \cdot 2H_2O$	640 s, br	799 s	767 s	514 m		[3]
$Na_2Mn(JO_3)_6 \cdot HJO_3 \cdot 5H_2O$	668 br 640 sh 620 sh	783 s	760 s	526 m		[4]
$K_2Mn(JO_3)_6$	630 s, br 630 s	793 s 786 s	762 s 755 s	484 m 480 m	508 w	[5] [2]
$(NH_4)_2Mn(JO_3)_6$	640 s	789 s	758 s	479 m		[2]
$MgMn(JO_3)_6 \cdot 2HJO_3 \cdot 6H_2O$	622 s	778 s	747 m	523 m	586 w, 520 w, 508 w	[4]
$SrMn(JO_3)_6 \cdot HJO_3 \cdot 7H_2O$	644 s	780 s	750 s, 726 sh	523 m	407 m	[4]

Literatur:

[1] A. Berg (Compt. Rend. **128** [1899] 673/6). — [2] W. E. Dasent, T. C. Waddington (J. Chem. Soc. **1960** 2429/32). — [3] A. V. Melezhik, V. L. Pavlov (Zh. Neorgan. Khim. **20** [1975] 1261/3; Russ. J. Inorg. Chem. **20** [1975] 709/11). — [4] A. V. Melezhik, V. L. Pavlov (Zh. Neorgan. Khim. **20** [1975] 952/4; Russ. J. Inorg. Chem. **20** [1975] 532/4). — [5] V. L. Pavlov, A. V. Melezhik (Zh. Neorgan. Khim. **20** [1975] 678/81; Russ. J. Inorg. Chem. **20** [1975] 378/80).

7.3.8.2.2 $Na_2Mn(JO_3)_6 \cdot HJO_3 \cdot 5H_2O$

$Na_2Mn(IO_3)_6 \cdot HIO_3 \cdot 5H_2O$

Zur Darstellung wird in 1.5molarer wäßriger HJO_3-Lösung so viel frisch gefälltes MnO_2-Hydrat gelöst, daß die Lösung 0.08molar an Mn ist (vorhandenes Mn^{III} wird durch Zusatz frisch bereiteter, 0.1 bis 0.2molarer wäßriger $HMnO_4$-Lösung oxidiert). Zu 30 ml dieser Lösung werden 20 ml 0.5molare wäßrige $NaJO_3$-Lösung zugegeben und durch Zutropfen von 30 ml Eisessig gelbes $Na_2Mn(JO_3)_6 \cdot HJO_3 \cdot 5H_2O$ abgeschieden. Der nach 24 h abgesaugte Niederschlag wird erst mit 70%iger Essigsäure, dann mit Eisessig gewaschen und im Vakuum über KOH getrocknet. — IR-Spektrum s. oben. — Die Verbindung löst sich kolloid in Wasser; das Sol koaguliert beim Erhitzen, A. V. Melezhik, V. L. Pavlov (Zh. Neorgan. Khim. **20** [1975] 952/4; Russ. J. Inorg. Chem. **20** [1975] 532/4).

7.3.8.2.3 $K_2Mn(JO_3)_6$ und $K_2Mn(JO_3)_6 \cdot x(KJO_3 \cdot 2HJO_3)$ mit $0 < x < 1$

$K_2Mn(IO_3)_6$ and $K_2Mn(IO_3)_6 \cdot x(KIO_3 \cdot 2HIO_3)$

Zur Darstellung wird frisch gefälltes MnO_2 mit wenig mehr als der dreifachen molaren Menge wäßriger HJO_3-Lösung und einem Überschuß von KJO_3-Lösung versetzt und einige Minuten auf Siedetemperatur erhitzt. Das sich abscheidende Kristallpulver wird mit Wasser gewaschen und über konzentrierter Schwefelsäure getrocknet [1]. Nach Untersuchungen von Pavlov, Melezhik [2] haben so dargestellte Kristallpulver in Abhängigkeit von der HJO_3- und KJO_3-Konzentration und ihrem relativen Überschuß gegenüber Mn wechselnde Zusammensetzung: Das JO_3 : Mn-Verhältnis variiert zwischen 5.5 und 8.8 : 1, während das JO_3 : K-Verhältnis nahezu konstant 3 : 1 bleibt. Die Verbindungen mit einem JO_3 : Mn-Verhältnis >6 können formal durch $K_2Mn(JO_3)_6 \cdot x(KJO_3 \cdot 2HJO_3)$ mit $0 < x < 1$ wiedergegeben werden. Der Verbindung mit dem höchsten Jodatgehalt kommt näherungsweise die Formel $K_2Mn(JO_3)_6 \cdot KJO_3 \cdot 2HJO_3$ zu. Für die Darstellung eines Produkts der Zusammensetzung $K_2Mn(JO_3)_6$ werden folgende Bedingungen als optimal angegeben: HJO_3- und KJO_3-Konzentrationen in der Mutterlauge von 0.048 bzw. 0.055 mol/kg bei 20°C oder 0.48 bzw. 0.10 mol/kg bei 100°C [2]. Von Goldenberg [3] wird die wechselnde Zusammensetzung auf Verunreinigung durch MnO_2 (gebildet infolge Hydrolyse beim Waschen) zurückgeführt.

Die Verbindungen sind, unabhängig von der Zusammensetzung, rot-violett bis braun-violett, in feiner Verteilung gelb [1, 2, 6]. Die Kristalle haben die Form leicht deformierter Würfel oder Rhomboeder [1, 2]. $K_2Mn(JO_3)_6$ ist isotyp mit $M_2Pb(JO_3)_6$ [4] und $M_2Zr(JO_3)_6$, M = K, NH_4, Rb, Cs [5].

$K_2Mn(IO_3)_6$ and $K_2Mn(IO_3)_6 \cdot x(KIO_3 \cdot 2HIO_3)$

Die Identität der Röntgen-Pulverdiagramme der K-Hexajodatomanganate mit JO_3 : Mn = 6 bis 8.8 (s. im Original [2]) wie auch die Ähnlichkeit der IR-Spektren (zum IR-Spektrum von $K_2Mn(JO_3)_6$ s. S. 334) stützen die Annahme, daß es sich um Mischkristalle auf der Basis von $K_2Mn(JO_3)_6$ handelt [2].

Die Dichte von $K_2Mn(JO_3)_6$ wird bei 21°C pyknometrisch zu 4.67 g/cm³ bestimmt [2].

Die spezifische magnetische Suszeptibilität von $K_2Mn(JO_3)_6$, gemessen an einem Produkt mit 7.98% Mn (theoretisch 4.65%) und anschließend korrigiert, beträgt 4.99×10^{-6} cm³/g bei 17°C, die Molsuszeptibilität 5902×10^{-6} cm³/mol und das magnetische Moment 3.82 μ_B [3].

Beim Erhitzen schmilzt $K_2Mn(JO_3)_6$ unter Entwicklung von Joddampf und Bildung eines schwarzen Rückstandes, vermutlich Mn_3O_4. Das Thermogramm zeigt drei (nicht näher definierte) endotherme Effekte bei 429 bis 437, 494 bis 500 und 668 bis 669°C. Von kaltem Wasser wird die Verbindung langsam, von heißem schnell hydrolysiert unter Bildung von MnO_2-Hydrat. Durch wäßrige Alkalien wird sofort $MnO_2 \cdot nH_2O$ abgeschieden. $K_2Mn(JO_3)_6$ ist ein starkes Oxidationsmittel; es reagiert mit konzentrierter Salzsäure, $POCl_3$, $SbCl_5$ oder Hydraten von $SnCl_4$ unter Cl_2-Entwicklung. H_2S wird unter Wärmeentwicklung und Jodabscheidung oxidiert [2].

$K_2Mn(JO_3)_6$ ist unlöslich in Alkoholen, Kohlenwasserstoffen sowie halogenierten Kohlenwasserstoffen, Aceton, Dioxan, Diäthyläther, Eisessig, Tributylphosphat und Nitrobenzol [2].

Literatur:

[1] A. Berg (Compt. Rend. **128** [1899] 673/6). — [2] V. L. Pavlov, A. V. Melezhik (Zh. Neorgan. Khim. **20** [1975] 678/81; Russ. J. Inorg. Chem. **20** [1975] 378/80). — [3] N. Goldenberg (Trans. Faraday Soc. **36** [1940] 847/54, 853). — [4] R. Frydrych (Chem. Ber. **100** [1967] 1340/3). — [5] J. Deabriges (Bull. Soc. Chim. France **1968** 3640/3).

[6] G. R. Waterbury, D. S. Martin (J. Am. Chem. Soc. **75** [1953] 4162/7).

$(NH_4)_2Mn(IO_3)_6$

7.3.8.2.4 $(NH_4)_2Mn(JO_3)_6$

Die Darstellung erfolgt auf analoge Weise wie bei der entsprechenden K-Verbindung (s. S. 335). — $(NH_4)_2Mn(JO_3)_6$ stellt ein violett-braunes Kristallpulver dar und ist dem K-Salz sehr ähnlich, A. Berg (Compt. Rend. **128** [1899] 673/6). — IR-Spektrum s. S. 334.

$Rb_2Mn(IO_3)_6$

7.3.8.2.5 $Rb_2Mn(JO_3)_6$

Zur Darstellung wird eine Aufschlämmung von frisch gefälltem MnO_2-Hydrat mit Jodsäure und $RbJO_3$ (bis zu einem Rb : Mn-Molverhältnis von 2.5 : 1) versetzt. Nach etwa fünf- bis zehnminütigem Erhitzen scheidet sich die Verbindung als feinkristallines Pulver ab, das mit kaltem Wasser durch Dekantieren gewaschen wird, F. Olsson (Arkiv Kemi Mineral. Geol. **9** Nr. 10 [1924] 5/9; Diss. Uppsala 1927, S. 52/3).

$Cs_2Mn(IO_3)_6$

7.3.8.2.6 $Cs_2Mn(JO_3)_6$

Die Verbindung wird analog zur Rb-Verbindung (s. oben) mit $CsJO_3$ im Molverhältnis Cs : Mn = 2.25 : 1 dargestellt, F. Olsson (Arkiv Kemi Mineral. Geol. **9** Nr. 10 [1924] 5/9; Diss. Uppsala 1927, S. 52/3).

7.3.8.2.7 $MgMn(JO_3)_6 \cdot 2HJO_3 \cdot 6H_2O$

$MgMn(IO_3)_6 \cdot 2HIO_3 \cdot 6H_2O$

Zur Darstellung wird eine 0.08 bis 0.10molare Mn^{IV}-Lösung von frisch gefälltem MnO_2-Hydrat in 1.3 bis 1.5molarer wäßriger HJO_3-Lösung (die zur Oxidation von etwas Mn^{III} mit einer kleinen Menge $HMnO_4$-Lösung versetzt worden ist) mit der stöchiometrischen Menge 0.1molarer $Mg(NO_3)_2$-Lösung in konzentrierter Essigsäure versetzt. Die CH_3COOH-Konzentration muß so hoch sein, daß das $H_2O:CH_3COOH$-Volumenverhältnis in der Endlösung 1.5 beträgt. Aus der Lösung scheidet sich zunächst ein schwarzes, harzartiges Produkt aus, das sich nach 2 bis 3 d bei Zimmertemperatur in ein gelbes Pulver umwandelt. Es wird abzentrifugiert, erst mit 70%iger Essigsäure, dann mit Eisessig gewaschen und im Vakuumexsikkator über KOH getrocknet. — IR-Spektrum s. S. 334, A. V. Melezhik, V. L. Pavlov (Zh. Neorgan. Khim. **20** [1975] 952/4; Russ. J. Inorg. Chem. **20** [1975] 532/4).

7.3.8.2.8 Calcium-hexajodatomanganat(IV)

Calcium Hexaiodatomanganate (IV)

Die nicht näher definierte, aber vermutlich HJO_3- und H_2O-haltige Verbindung wird analog wie $MgMn(JO_3)_6 \cdot 2HJO_3 \cdot 6H_2O$ (s. oben) durch Vermischen stöchiometrischer Mengen der Lösungen von $MnO_2 \cdot nH_2O$ in wäßriger Jodsäure und $Ca(NO_3)_2$ in konzentrierter Essigsäure dargestellt. Aus der entstehenden gelbbraunen Suspension scheidet sich die Verbindung erst bei mehrwöchigem Stehenlassen bei gewöhnlicher Temperatur als gelbes Pulver ab, das mit 70%iger Essigsäure, dann mit Eisessig gewaschen und im Vakuum über KOH getrocknet wird. Es ist mit $Ca(JO_3)_2$ verunreinigt, A. V. Melezhik, V. L. Pavlov (Zh. Neorgan. Khim. **20** [1975] 952/4; Russ. J. Inorg. Chem. **20** [1975] 532/4).

7.3.8.2.9 $SrMn(JO_3)_6 \cdot HJO_3 \cdot 7H_2O$

$SrMn(IO_3)_6 \cdot HIO_3 \cdot 7H_2O$

Die Verbindung wird analog wie $MgMn(JO_3)_6 \cdot 2HJO_3 \cdot 6H_2O$ (s. oben) aus einer $MnO_2 \cdot nH_2O$-Lösung in wäßriger Jodsäure und der stöchiometrischen Menge $Sr(NO_3)_2$ in konzentrierter Essigsäure dargestellt. Die beim Vermischen erhaltene gelbbraune Suspension scheidet bei mehrwöchigem Stehenlassen bei gewöhnlicher Temperatur die Verbindung in Form eines gelben Pulvers ab, das abzentrifugiert, zunächst mit 70%iger Essigsäure, dann mit Eisessig gewaschen und im Vakuum über KOH getrocknet wird. — IR-Spektrum s. S. 334, A. V. Melezhik, V. L. Pavlov (Zh. Neorgan. Khim. **20** [1975] 952/4; Russ. J. Inorg. Chem. **20** [1975] 532/4).

7.3.8.2.10 $BaMn(JO_3)_6$

$BaMn(IO_3)_6$

Zur Darstellung wird eine Suspension von MnO_2-Hydrat in Wasser mit HJO_3 und $Ba(JO_3)_2$ (Molverhältnis 1:4:1) mehrere Tage auf 90 bis 95°C erhitzt. Das schwere, gelbbraune $BaMn(JO_3)_6$-Kristallpulver wird von nicht umgesetztem $Ba(JO_3)_2$ und MnO_2 durch Aufschlämmen in Wasser abgetrennt, enthält jedoch meist noch eine geringe Menge $Ba(JO_3)_2$. Die gut ausgebildeten Kristalle ähneln denen des entsprechenden K- und Ammoniumsalzes (s. S. 335 und 336) [1]. Leichter gelingt die Darstellung aus $Mn(CH_3COO)_3 \cdot 2H_2O$, $Ba(JO_3)_2$ und HJO_3 in 10%iger HNO_3-Lösung [2]. Melezhik, Pavlov [3] vermischen eine 0.08 bis 0.10molare Lösung von frisch gefälltem $MnO_2 \cdot nH_2O$ in 1.3 bis 1.5molarer wäßriger Jodsäure (die zur Oxidation von Mn^{III} mit einer kleinen Menge $HMnO_4$-Lösung versetzt worden ist) mit der stöchiometrischen Menge 0.1molarer $Ba(NO_3)_2$-Lösung in einem CH_3COOH-H_2O-Gemisch. Die CH_3COOH-Konzentration muß so groß gewählt werden, daß das $H_2O:CH_3COOH$-Volumenverhältnis in der Endlösung 1.5 beträgt. Aus der zunächst gebildeten gelbbraunen Suspension scheidet sich nach mehreren Wochen bei gewöhnlicher Temperatur die $Ba(JO_3)_2$-haltige Verbindung in Form eines gelben Pulvers ab. Es wird abzentrifugiert, mit 70%iger Essigsäure, dann mit Eisessig gewaschen und im Vakuum über KOH getrocknet [3].

Literatur:

[1] A. Berg (Compt. Rend. **128** [1899] 673/6). — [2] F. Olsson (Arkiv Kemi Mineral. Geol. **9** Nr. 10 [1924] 5/9). — [3] A. V. Melezhik, V. L. Pavlov (Zh. Neorgan. Khim. **20** [1975] 952/4; Russ. J. Inorg. Chem. **20** [1975] 532/4).

Manganese (II) Pentaoxoperiodate

7.3.9 Mangan(II)-pentoxoperjodat $Mn_3(JO_5)_2$

Zur Darstellung wird überschüssiges Ag_5JO_6 schnell mit wäßriger $MnCl_2$-Lösung von 0°C versetzt, wobei sich AgCl abscheidet und eine rosafarbene Lösung entsteht. Die unter Eiskühlung filtrierte Lösung wird im Vakuumexsikkator über konzentrierter Schwefelsäure unterhalb 15°C eingedunstet. Nach zwei Tagen haben sich gut ausgebildete rosafarbene Kristalle von $Mn_3(JO_5)_2$ abgeschieden, die schnell abfiltriert und unter Kühlung im Vakuum getrocknet werden [1]. Die Verbindung kann auch durch Fällung einer Mn^{2+}-Salzlösung mit einer Lösung von $Na_3H_2JO_6$ in wäßriger Salpetersäure hergestellt werden [2]. Rammelsberg [3] erhält beim Vermischen von Mn^{2+}-Salzlösungen mit Alkaliperjodaten oder beim Eintragen von $MnCO_3$ in wäßrige Perjodsäure kein Mn-Perjodat, sondern MnO_2-Hydrat und Mn^{II}-Jodat [3].

$Mn_3(JO_5)_2$ ist nur unterhalb 15°C stabil; darüber zersetzt es sich unter Bildung von schwarzem Mn-Hydroxid [1]. Bei starkem Erhitzen wird Jod abgespalten, und es entsteht Mn-Oxid. Die Verbindung ist in Wasser und in wäßriger HNO_3-Lösung nicht löslich [2].

Literatur:

[1] P. C. Raychoudhury (J. Indian Chem. Soc. **18** [1941] 576/8). — [2] P. C. Raychoudhury (Sci. Cult. [Calcutta] **7** [1941] 57). — [3] C. Rammelsberg (Ann. Physik Chem. [2] **134** [1868] 499/536, 528).

Triperiodatomanganic (IV) Acid Solution

7.3.10 Triperjodatomangan(IV)-säure-Lösung $H_{11}Mn(JO_6)_3$

Die wäßrige Lösung der Verbindung wird beim Durchleiten einer Lösung von $Na_7H_4Mn(JO_6)_3 \cdot 17H_2O$ (s. S. 339) durch einen Kationenaustauscher (H-Form) erhalten. Die Verbindung ist nicht isoliert worden. Der pH-Wert einer 0.0025molaren wäßrigen $H_{11}Mn(JO_6)_3$-Lösung beträgt 2.30, was der Dissoziation von zwei H-Atomen je Molekül entspricht nach $(H_3O^+)_2 \cdot Mn(H_3JO_6)_3^{2-}$. Die pK-Werte dieser Dissoziationsstufen (pK_1 und pK_2) betragen vermutlich 1.5 oder weniger. Aus der pH-Kurve (Titration einer $Na_7H_4Mn(JO_6)_3$-Lösung mit Säure) wird für die weiteren Dissoziationsstufen erhalten: $pK_3 = 2.75$, $pK_4 = 4.35$, $pK_5 = 5.45$, $pK_6 = 9.55$ und $pK_7 = 10.45$. Bei der Titration der Säure mit NaOH werden dagegen für pK_4 mit 5.2 ein etwas höherer und für pK_5 mit 9.55 ein wesentlich höherer Wert gefunden. Dies wird mit einer Umlagerung der Perjodatomanganat-Ionen in saurer Lösung erklärt; möglicherweise wird eine Mn-Perjodat-Bindung durch eine Mn-H_2O-Bindung ersetzt [1, 2].

Das Absorptionsspektrum der wäßrigen $H_{11}Mn(JO_6)_3$-Lösung ist etwas verschieden von dem der Lösung des Na-Salzes und zeigt bei 480 nm eine Schulter anstelle eines Maximums [1].

Die Lösung zersetzt sich langsam bei gewöhnlicher Temperatur unter Bildung von Permanganat-Ionen, die nach 2 bis 3 d spektroskopisch nachgewiesen werden können. Bei der Titration mit $Ba(OH)_2$-Lösung bildet sich ein Niederschlag. Die erste Stufe auf der pH-Kurve entspricht der Zusammensetzung $Ba_2H_7Mn(JO_6)_3$ (pH = 4.7). Eine weniger ausgeprägte Stufe wird zwischen 3 Ba und 4 Ba gefunden (s. auch S. 341) [1].

Literatur:

[1] M. W. Lister, Y. Yoshino (Can. J. Chem. **38** [1960] 1291/9, 1294). — [2] M. W. Lister (Can. J. Chem. **39** [1961] 2330/5).

Periodates with Mn^{IV} and Metals

7.3.11 Perjodate mit Mn^{IV} und weiteren Metallen

$NaMnJO_6$

7.3.11.1 $NaMnJO_6$

$NaMnJO_6$ (und $KMnJO_6$, s. S. 341) ist nach Reimer, Lister [1] mit der von Price [2] mit der Formel $Na_2Mn_2J_2O_{11}$ (bzw. $K_2Mn_2J_2O_{11}$) sowie von Olsson [3] mit $Na_2Mn_2J_2O_{11} \cdot 3H_2O$ (bzw. $K_2Mn_2J_2O_{11} \cdot 2H_2O$) bezeichneten Verbindung identisch. Sie enthält Mn^{IV} und nicht Mn^{III}, wie in den älteren Untersuchungen [2, 3] irrtümlich angenommen wurde. Nach Untersuchungen von

Vannerberg, Blockhammar [4] an der entsprechenden Ni-Verbindung sind die in den früheren Arbeiten angegebenen 0.5 mol H_2O („$NaMnJO_6 \cdot 0.5\,H_2O$") kein echtes Kristallwasser, sondern an den Kristalloberflächen adsorbiert.

Zur Darstellung wird eine Lösung von $Na_2H_3JO_6$ in 0.75 N Schwefelsäure mit der wäßrigen Lösung der halben molaren Menge $MnSO_4 \cdot H_2O$ und einigen Tropfen Schwefelsäure vermischt, worauf sich langsam ein rotes Kristallpulver abscheidet. Nach einigen Stunden bei 40°C wird abfiltriert, mit Wasser gewaschen und über $CaCl_2$ getrocknet; Reaktionsgleichung: $MnSO_4 + 2\,Na_2H_3JO_6 \rightarrow NaMnJO_6 + NaJO_3 + NaSO_4 + 3\,H_2O$ [1]. Von Olsson [3] wird die Verbindung in 10%iger Salpetersäure aus $Mn(NO_3)_2$ und Na-Perjodat bei 30°C dargestellt. Bei der Verwendung von $Mn(CH_3COO)_3 \cdot 2\,H_2O$ anstelle von $Mn(NO_3)_2$ wird auf 80 bis 90°C erhitzt.

Die Verbindung kristallisiert trigonal und ist vermutlich mit der K-Verbindung sowie mit $NaNiJO_6$ und $KNiJO_6$ isotyp. Gitterkonstanten nach Pulveraufnahmen: $a = 4.972 \pm 0.002$, $c = 5.136 \pm 0.007$ Å. Vermutliche Raumgruppe: P312-D_3^1 (Nr. 149) [5].

Perjodatomanganate(IV) sind paramagnetisch [6]. Die spezifische magnetische Suszeptibilität beträgt 23.42×10^{-6} cm^3/g bei 24.8°C. Das magnetische Moment 4.17 μ_B weicht nur wenig von dem spin-only-Wert 3.87 μ_B für drei ungepaarte Elektronen von Mn^{4+} ab [1].

Beim Erhitzen auf 110°C wird das adsorbierte Wasser abgespalten [1, 3]. Die Verbindung färbt sich braun [3]. Bis 230°C wird keine weitere Zersetzung beobachtet, bei Rotglut wird Jod abgespalten [1].

Die Löslichkeit in Wasser ist bei gewöhnlicher Temperatur kleiner als 10 mg/l. In H_2O werden keine Permanganat-Ionen gebildet wie bei den Perjodatomanganaten(IV) mit höherem Perjodatgehalt (vgl. S. 340) [1]. Die Verbindung wird von kochendem Wasser, siedender verdünnter oder konzentrierter Salpetersäure sowie siedender verdünnter Schwefelsäure weder angegriffen noch (in nennenswertem Ausmaß) gelöst [2]. Auch gegenüber längerer Einwirkung wäßriger Alkalilaugen ist sie stabil. Die Reaktionen mit verschiedenen Reduktionsmitteln (Hydrazinhydrochlorid, Hydroxylaminhydrochlorid, SO_2, $(NH_4)_2Fe(SO_4)_2 \cdot 6\,H_2O$, KJ) werden zur Bestimmung der Wertigkeit des Mn herangezogen. Bei der Reduktion mit Hydroxylaminhydrochlorid werden je mol Verbindung 3.5 mol HCl gebildet; der Stickstoff wird zu N_2O und N_2 oxidiert. Hydrazinhydrochlorid reagiert nach $2\,NaMnJO_6 + 5\,N_2H_5Cl \rightarrow 2\,MnCl_2 + 2\,NaJ + HCl + 5\,N_2 + 12\,H_2O$. J^-- und Fe^{2+}-Ionen reduzieren in saurem Medium [1].

Literatur:

[1] I. Reimer, M. W. Lister (Can. J. Chem. **39** [1961] 2431/5). — [2] W. B. Price (Am. Chem. J. **30** [1903] 182/4). — [3] F. Olsson (Arkiv Kemi Mineral. Geol. **9** Nr. 10 [1924] 5/9; Diss. Uppsala 1927, S. 61/2). — [4] N. G. Vannerberg, I. Blockhammar (Acta Chem. Scand. **19** [1965] 875/8). — [5] I. D. Brown (Can. J. Chem. **47** [1969] 3779/82).

[6] L. Jenšovský (Omagiu Raluca Ripan, Bucuresti 1966, S. 293/7).

7.3.11.2 $Na_7H_4Mn(JO_6)_3 \cdot 17\,H_2O$

$Na_7H_4Mn(IO_6)_3 \cdot 17\,H_2O$

Preparation

Darstellung. Die Lösung von 20 g $Na_2H_3JO_6$ in einem Gemisch aus 200 ml H_2O und 25 ml 6 N Salpetersäure wird zuerst mit einer Lösung von 5 g $MnCl_2 \cdot 4\,H_2O$ in 20 ml H_2O und dann, bevor etwas auskristallisiert ist, mit dem Gemisch von 100 ml 1.5 molarer NaOCl-Lösung und 15 g NaOH in 20 ml Wasser versetzt. Etwas brauner Niederschlag (vermutlich MnO_2) wird abzentrifugiert und die rote Lösung mit soviel Äthanol versetzt, bis sie 40 Vol-% Alkohol enthält. Die sich abscheidende rote, klebrige Masse wird in 100 ml verdünnter Natronlauge gelöst und filtriert; erneutes Ausfällen durch Alkoholzusatz ergibt einen nun dunkelroten Niederschlag, der noch zweimal auf die gleiche Weise umgefällt wird. Abschließend wird die Verbindung in Wasser gelöst und die Lösung vorsichtig eingeengt, wonach sich beim Abkühlen rote Kristalle abscheiden, die mit etwas kaltem Wasser gewaschen werden. Die Ausbeute variiert zwischen 4.5 und 10 g [1]. Die Wertigkeit des Mn wird durch Titration mit J^- und Fe^{2+}, Reduktion mit SO_2 sowie mit Hilfe magnetischer Messungen bestimmt [1, 2], s. S. 340.

$Na_7H_4Mn(IO_6)_3 \cdot 17H_2O$

Nach Hadinek, Linek [3] ist es möglich, $Na_7H_4Mn(JO_6)_3 \cdot 17H_2O$ in Gestalt etwa 0.2 mm langer, gut ausgebildeter, roter Einkristalle abzuscheiden.

Physical Properties

Physikalische Eigenschaften. Nach Einkristallaufnahmen kristallisiert die Verbindung rhombisch, Gitterkonstanten a = 16.00, b = 19.57, c = 10.29 Å; Z = 4 [3]. Raumgruppe Pbcn-D_{2h}^{14} (Nr. 60) [3, 4]. Die Mn-Atome sitzen im Zentrum eines regulären Oktaeders, gebildet von je zwei Sauerstoffatomen drei verschiedener JO_6-Oktaeder. Mittlere Atomabstände in Å: Mn-J = 2.9_7, Mn-O = 1.9_0, J-O = 1.9_5 [4].

Experimentell bestimmte Dichte 2.489 bei gewöhnlicher Temperatur, Röntgendichte: 2.481 g/cm³ [3]. — Die spezifische magnetische Suszeptibilität der paramagnetischen festen Verbindung beträgt 4.695×10^{-6}, 4.323×10^{-6} und 4.154×10^{-6} cm³/g, die Molsuszeptibilität 5611×10^{-6}, 5166×10^{-6} und 4964×10^{-6} cm³/mol bei 3.0, 25.6 bzw. 39.7°C. Diese Werte folgen dem Curie-Weiss-Gesetz, Curie-Konstante C = 1.826, paramagnetische Curie-Temperatur Θ_p = 21 K. Das magnetische Moment von 3.84 μ_B weicht nur wenig von dem spin-only-Wert von Mn^{4+} (3.87 μ_B) ab [1].

Chemical Behavior. Aqueous Solution

Chemisches Verhalten. Wäßrige Lösung. Die Verbindung ist in Wasser mäßig löslich [2]. Der pH-Wert der 0.00253 molaren $Na_7H_4Mn(JO_6)_3$-Lösung beträgt 10.87 [1]. Die wäßrige Lösung ist rot und zeigt im Bereich von 400 bis 800 nm ein Absorptionsmaximum bei 482 und ein Absorptionsminimum bei 442 nm [1, 2], vgl. auch [5]. Extinktionskoeffizienten in Abhängigkeit von der Wellenlänge s. [1]. Beim Versetzen der Lösung mit 0.106 mol/l $HClO_4$ verschiebt sich das Absorptionsmaximum nach 479 nm und wird flacher [1]. Im ultravioletten Bereich weist die Lösung der reinen Verbindung starke Absorptionen auf [1, 5]. An einer 7×10^{-3} molaren Lösung wird eine Bande bei 33000 cm⁻¹ ($\varepsilon \approx 1.35 \times 10^4$) beobachtet [5].

Die wäßrige Lösung zersetzt sich bei gewöhnlicher Temperatur langsam nach der Bruttogleichung $2Na_7H_4Mn(JO_6)_3 + 2H_2O \rightarrow 2NaMnO_4 + 3NaJO_3 + 3Na_2H_3JO_6 + 3NaOH$. Nach spektralphotometrischen Messungen der Zersetzungsgeschwindigkeit in Abhängigkeit von den Konzentrationen von $Na_7H_4Mn(JO_6)_3$, $Na_2H_3JO_6$ und NaOH gilt $v = k[Na_7H_4Mn(JO_6)_3]/[Na_2H_3JO_6] \cdot [NaOH]^2$ [1, 2]. Aus der Temperaturabhängigkeit der Reaktionsgeschwindigkeit errechnet sich eine scheinbare Aktivierungsenergie von etwa 46 kcal [1]. Es werden zwei mögliche Reaktionsmechanismen diskutiert (Einzelheiten s. im Original [1]). Primär stellt sich in den Lösungen vermutlich schnell das Gleichgewicht $H_4Mn(JO_6)_3^{7-} + 2H_2O \rightleftharpoons H_3Mn(JO_6)_2^{3-} + H_3JO_6^{2-} + 2OH^-$ (1) ein; geschwindigkeitsbestimmend ist die weitere Reaktion von $H_3Mn(JO_6)_2^{3-}$ [1, 2]. Als Zwischenprodukt treten vermutlich auch MnO_4^{2-}-Ionen auf; in den Spektren teilweise umgesetzter Lösungen wird eine schwache Bande bei 610 bis 620 nm beobachtet [1]. Messungen in Abwesenheit von Perjodat ergeben für die Gleichgewichtskonstante von Gleichgewicht (1) den Wert $K = 2 \times 10^{-9}$ bei 35°C [2].

Bei der Titration von 0.00253 molarer $Na_7H_4Mn(JO_6)_3$-Lösung mit 0.1009 molarer $HClO_4$-Lösung zeigt die pH-Kurve einen Knick bei Zugabe von zwei Äquivalenten Säure bzw. einer der Formel $Na_5H_6Mn(JO_6)_3$ entsprechenden Zusammensetzung der Lösung; der pH-Wert ist dann von 10.87 auf 7.48 abgesunken. Wird dagegen angesäuerte $Na_7H_4Mn(JO_6)_3$-Lösung mit NaOH-Lösung titriert, weist die Kurve einen Knick bei der Zusammensetzung $Na_4H_7Mn(JO_6)_3$ auf. Dieses Verhalten (die Form der pH-Kurve ähnelt einer Hystereseschleife, s. im Original) wird auf eine Umgruppierung innerhalb des komplexen Anions zurückgeführt [1, 2], vgl. dazu auch die Angaben bei der Säure $H_{11}Mn(JO_6)_3$ (S. 338).

Durch SO_2 wird $Na_7H_4Mn(JO_6)_3$ in wäßriger Lösung nach $Na_7H_4Mn(JO_6)_3 + 13SO_2 + 8H_2O \rightarrow MnSO_4 + 3NaJ + 2Na_2SO_4 + 10H_2SO_4$ reduziert. Durch Titration des gebildeten H_2SO_4 wird die Vierwertigkeit des Mangans in der Verbindung bewiesen. Von Jodid wird die Verbindung langsam reduziert unter Abscheidung von Jod mit einer experimentell bestimmten Reaktionsgeschwindigkeit von $v = -(c/c_0)(0.9 + 3.0[J^-]) \cdot 10^{-6}$ bei 25°C, wobei c die Konzentration (in mol/l) der Verbindung zur Zeit t (in min) und c_0 die Ausgangskonzentration darstellt. In 1N Schwefelsäure reagiert $Na_7H_4Mn(JO_6)_3$ mit $(NH_4)_2Fe(SO_4)_2$ nach $2Na_7H_4Mn(JO_6)_3 + 16FeSO_4 + 17H_2SO_4 \rightarrow 2MnSO_4 + 8Fe_2(SO_4)_3 + 7Na_2SO_4 + 6HJO_3 + 18H_2O$. Beide Reaktionen werden zur titrimetrischen Bestimmung der Wertigkeit des Mangan verwendet [1].

Literatur:

[1] M. W. Lister, Y. Yoshino (Can. J. Chem. **38** [1960] 1291/9). — [2] M. W. Lister (Can. J. Chem. **39** [1961] 2330/5). — [3] I. Hadinek, A. Linek (Czech. J. Phys. B **12** [1962] 489/90). — [4] A. Linek (Czech. J. Phys. B **13** [1963] 398/9). — [5] R. Pappalardo, S. Losi (Ann. Chim. [Rome] **54** [1964] 156/69, 162).

7.3.11.3 $KMnJO_6$

$KMnIO_6$

Die Verbindung verhält sich weitgehend analog zur entsprechenden Na-Verbindung (s. S. 338). Das gilt auch für die richtige Formulierung der Zusammensetzung. — $KMnJO_6$ wird dementsprechend aus KJO_4 und $MnSO_4 \cdot 4H_2O$ in 2 bis 3N H_2SO_4 [1], K-Perjodat und $Mn(NO_3)_2$ oder $Mn(CH_3COO)_3 \cdot 2H_2O$ in salpetersaurer Lösung dargestellt [2]. — Die trigonal kristallisierende Verbindung ist vermutlich mit der Na-Verbindung isotyp, Gitterkonstanten aus Pulveraufnahmen: $a = 5.009 \pm 0.004$, $c = 6.000 \pm 0.021$ Å [3]. — Spezifische magnetische Suszeptibilität 18.20×10^{-6} cm^3/g bei 22.5°C, magnetisches Moment 3.76 μ_B [1]. — Zum chemischen Verhalten s. bei der Na-Verbindung.

Literatur:

[1] I. Reimer, M. W. Lister (Can. J. Chem. **39** [1961] 2431/5). — [2] F. Olsson (Arkiv Kemi Mineral. Geol. **9** Nr. 10 [1924] 5/9; Diss. Uppsala 1927, S. 61/2). — [3] I. D. Brown (Can. J. Chem. **47** [1969] 3779/82).

7.3.11.4 $K_7H_4Mn(JO_6)_3 \cdot 8H_2O$

$K_7H_4Mn(IO_6)_3 \cdot 8H_2O$

Die Verbindung wird aus KJO_4, $MnCl_2 \cdot 4H_2O$ und KOCl auf analoge Weise dargestellt wie $Na_7H_4Mn(JO_6)_3 \cdot 17H_2O$ (s. S. 339). Mit Alkohol scheidet sie sich als stark klebrige Masse ab, die wesentlich schwerer kristallin zu erhalten ist als das Na-Salz. Nach einer weiteren Darstellungsmethode wird eine wäßrige Lösung des Na-Salzes durch einen Kationenaustauscher (K^+-Form) geleitet und die Lösung über $CaCl_2$ langsam eingedunstet. Die Verbindung scheidet sich als dunkelrotbrauner Niederschlag ab, der in H_2O etwas leichter löslich ist als das Na-Salz, M. W. Lister, Y. Yoshino (Can. J. Chem. **38** [1960] 1291/9, 1292).

7.3.11.5 $Ba_5HMn(JO_6)_3 \cdot 10H_2O$

$Ba_5HMn(IO_6)_3 \cdot 10H_2O$

Beim Versetzen der wäßrigen Lösung von $Na_7H_4Mn(JO_6)_3 \cdot 17H_2O$ (s. S. 339) mit $Ba(OH)_2$-Lösung entsteht ein brauner Niederschlag, dessen Zusammensetzung etwas variiert und nur angenähert obiger Formel entspricht, s. auch S. 338. Die Verbindung ist vermutlich durch $BaCO_3$ und Ba-Perjodat verunreinigt. Sie kann nicht umkristallisiert oder umgefällt werden, da sie in Wasser schwer löslich ist und durch Säuren zersetzt wird, M. W. Lister, Y. Yoshino (Can. J. Chem. **38** [1960] 1291/9, 1292).

7.3.11.6 Weitere Perjodate

Other Periodates

Beim vier- bis sechsstündigen Erhitzen von $Mn(CH_3COO)_3 \cdot 2H_2O$ mit einer Lösung eines Metallperjodats in 10%iger wäßriger Salpetersäure auf 80 bis 90°C scheidet sich ein fein verteiltes, violettes Kristallpulver ab, das je nach Art des verwendeten Perjodats folgende Zusammensetzung hat: $M(MnJO_6)_2 \cdot nH_2O$ mit M = Mg(n = 3), Ca(n = 4), Sr(n = 4), Zn(n = 3.5), Cd(n = 5), ferner $Al_2O_3 \cdot 4MnO_2 \cdot 2J_2O_7 \cdot 10H_2O$ und $PbO \cdot MnO_2 \cdot J_2O_7 \cdot 2H_2O$. Die Substanzen sind sehr stabil, F. Olsson (Arkiv Kemi Mineral. Geol. **9** Nr. 10 [1924] 5/9).

Compounds of Manganese with I, Cl, and Other Elements

7.4 Verbindungen von Mangan mit J und Cl einschließlich weiterer Elemente

$Mn(ICl_4)_2 \cdot 8H_2O$

7.4.1 $Mn(JCl_4)_2 \cdot 8H_2O$

Zur Darstellung werden 7 g $MnCl_2$ in 10 ml wäßriger Salzsäure (D = 1.19 g/cm³) gelöst und mit 22 g Jod umgesetzt [1], oder man versetzt eine Lösung von 12 g $MnCl_2 \cdot 4H_2O$ in 10 g H_2O mit 22 g Jod und leitet Chlor bis zur Auflösung des Jods ein, wobei sich die Flüssigkeit erwärmt. Bei weiterem Einleiten von Cl_2 unter Kühlung scheidet sich $Mn(JCl_4)_2 \cdot 8H_2O$ in Form orangeroter feiner Nadeln ab [2]. — Experimentell bestimmte Dichte bei −10°C: D = 2.416 g/cm³; Schmelzpunkt 71.4°C [1]. — $Mn(JCl_4)_2 \cdot 8H_2O$ ist stabiler als eine Reihe analoger Verbindungen mit Be, Mg, Ca, Sr, Zn, Ni oder Co [2].

Literatur:

[1] M. Gutierrez de Celis (Anales Soc. Espan. Fis. Quim. [Madrid] **33** [1935] 203/24, 210, 216, 219). — [2] F. Weinland, F. Schlegelmilch (Z. Anorg. Allgem. Chem. **30** [1902] 134/43, 139).

$Rb_2MnI_2Cl_2$

7.4.2 $Rb_2MnJ_2Cl_2$

Zur Darstellung werden stöchiometrische Mengen von $MnCl_2$ und RbJ in einem evakuierten Quarzrohr ein bis zwei Tage bei 600°C geschmolzen und etwa zwei Wochen bei 300 bis 400°C getempert. Da die Verbindung und $MnCl_2$ hygroskopisch sind, müssen alle Manipulationen unter trocknem N_2 vorgenommen werden. — Die Verbindung kristallisiert tetragonal im K_2NiF_4-Typ wie Rb_2MnCl_4 (s. S. 134), Raumgruppe I4/mmm-D_{4h}^{17} (Nr. 139). Gitterkonstanten: a = 5.162(2), c = 17.84(1) Å, H. T. Witteveen (J. Solid State Chem. **11** [1974] 245/53, 247).

$(NH_4)_2MnI_2Cl_2$

7.4.3 $(NH_4)_2MnJ_2Cl_2$

Zur Darstellung wird ein stöchiometrisches Gemisch von $MnCl_2$ und NH_4J in einem Goldrohr unter einem Druck von 1 kbar einige Tage auf 300 bis 400°C erhitzt. — Die hygroskopische Verbindung kristallisiert tetragonal im K_2NiF_4-Typ wie $Rb_2MnJ_2Cl_2$ (s. oben) und $(NH_4)_2MnCl_4$ (s. S. 126), Gitterkonstanten: a = 5.102(4), c = 17.71(1) Å, H. T. Witteveen (J. Solid State Chem. **11** [1974] 245/53, 247).

$[(CH_3)_3C_6H_5CH_2N]_2MnI_2Cl_2$

7.4.4 $[(CH_3)_3C_6H_5CH_2N]_2MnJ_2Cl_2$

Zur Darstellung werden Acetonlösungen von 2.91 g MnJ_2 und 4 g $(CH_3)_3C_6H_5CH_2NCl$ vermischt. Nach Zugabe einiger Tropfen Diäthyläther scheidet sich die Verbindung in Form hellgelber, fluoreszierender Kristalle ab. — Schmelzpunkt: 119°C. Die magnetische Molsuszeptibilität der kristallinen Verbindung beträgt $\chi_{mol} = 20.05 \times 10^{-6}$ cm³/mol, das magnetische Moment $\mu = 5.76\ \mu_B$ bei 293 K. — Die Verbindung ist löslich in Methanol, Äthanol, Aceton sowie Nitrobenzol, unlöslich in Diäthyläther, Chloroform und Benzol. Die Lösung in Nitrobenzol zeigt die für ein-zwei-wertige Elektrolyte typische Leitfähigkeit, L. Naldini, A. Sacco (Gazz. Chim. Ital. **89** [1959] 2258/67, 2266).

$[(C_6H_5)_4As]_2MnI_2Cl_2$

7.4.5 $[(C_6H_5)_4As]_2MnJ_2Cl_2$

Beim tropfenweisen Versetzen der vereinigten Aceton-Lösungen von 0.35 g MnJ_2 (≙ 40% Überschuß) und 0.7 g $(C_6H_5)_4AsCl$ mit wasserfreiem Diäthyläther scheidet sich die Verbindung in Form blaßgelber, fluoreszierender Kristalle ab. Sie werden aus einem Aceton-Äther-Gemisch umkristallisiert. — Die Verbindung schmilzt bei 223°C unter Zersetzung. Magnetische Molsuszeptibilität $\chi_{mol} = 12.5 \times 10^{-6}$ cm³/mol, magnetisches Moment $\mu = 5.76\ \mu_B$ bei 280 K. — Die Verbindung ist löslich in Methanol, Äthanol, Aceton sowie Nitrobenzol, unlöslich in Diäthyläther, Chloroform und Benzol. Die molare Leitfähigkeit einer 10^{-3} molaren Lösung in Nitrobenzol beträgt 48.1 $\Omega^{-1} \cdot cm^2 \cdot mol^{-1}$ bei 14.5°C, L. Naldini, A. Sacco (Gazz. Chim. Ital. **89** [1959] 2258/67, 2263).

7.5 Verbindungen von Mangan mit J, Br und weiteren Elementen

Compounds of Manganese with I, Br, and Other Elements

7.5.1 $[(C_2H_5)_4N]_2MnJ_2Br_2$

$[(C_2H_5)_4N]_2$-MnI_2Br_2

Die Verbindung scheidet sich beim Vereinigen der warmen CH_3COOH-Lösungen von 2 g $MnBr_2$ und 5 g $(C_2H_5)_4NJ$ in Form gelber, fluoreszierender Kristalle ab. Sie werden abfiltriert, mit Benzol gewaschen und aus Eisessig umkristallisiert. — Schmelzpunkt 195°C. Magnetische Molsuszeptibilität $\chi_{mol} = 19.73 \times 10^{-6}$ cm³/mol, magnetisches Moment $\mu = 5.8\ \mu_B$ bei 290 K. — Die Verbindung ist löslich in Methanol, Äthanol, Aceton und Nitrobenzol, unlöslich in Diäthyläther, Chloroform und Benzol, L. Naldini, A. Sacco (Gazz. Chim. Ital. **89** [1959] 2258/67, 2266).

7.5.2 $[(C_6H_5)_4As]_2MnJ_2Br_2$

$[(C_6H_5)_4$-$As]_2$-MnI_2Br_2

Beim tropfenweisen Versetzen der vereinigten Aceton-Lösungen von 0.35 g MnJ_2 (≙ 20% Überschuß) und 0.9 g $(C_6H_5)_4AsBr$ mit wasserfreiem Diäthyläther scheidet sich die Verbindung in Form blaßgelber, fluoreszierender Kristalle ab. Sie werden abfiltriert und aus einem Aceton-Äther-Gemisch umkristallisiert. — Die Verbindung schmilzt bei 245°C unter Zersetzung. Magnetische Molsuszeptibilität $\chi_{mol} = 11.7 \times 10^{-6}$ cm³/mol, magnetisches Moment $\mu = 5.82\ \mu_B$ bei 290.5 K. — Die Verbindung ist löslich in Nitrobenzol, unlöslich in Diäthyläther, Benzol und Chloroform. Die molare Leitfähigkeit einer 10^{-3} molaren Lösung in Nitrobenzol beträgt 45.7 $\Omega^{-1} \cdot cm^2 \cdot mol^{-1}$ bei 14.5°C, L. Naldini, A. Sacco (Gazz. Chim. Ital. **89** [1959] 2258/67, 2263).

Withdrawn from
University Leicester Library